UNTERSUCHUNGEN ÜBER

DAS OZON UND SEINE EINWIRKUNG AUF ORGANISCHE VERBINDUNGEN

(1903—1916)

VON

CARL DIETRICH HARRIES

MIT 18 TEXTFIGUREN

SPRINGER-VERLAG BERLIN HEIDELBERG GMBH

1916

ISBN 978-3-642-98602-4   ISBN 978-3-642-99417-3 (eBook)
DOI 10.1007/978-3-642-99417-3

DER MATHEMATISCH-
NATURWISSENSCHAFTLICHEN ABTEILUNG
DER PHILOSOPHISCHEN FAKULTÄT DER
UNIVERSITÄT KIEL ZUR ERINNERUNG AN
LANGJÄHRIGE GEMEINSCHAFTLICHE ARBEIT

Vorwort.

Meine Arbeiten über die Einwirkung des Ozons auf organische Verbindungen und auch über das Ozon selbst sind so umfangreich geworden, daß es für den Fachgenossen schwierig ist, sich darin zurechtzufinden. Ich halte daher den Zeitpunkt für gekommen, sämtliche Abhandlungen, die in den verschiedenen Zeitschriften erschienen sind, in einem Buche zusammenzufassen. Bei dieser Gelegenheit habe ich auch auszugsweise den Inhalt einiger Dissertationen, so von Heinrich Neresheimer, H. v. Splawa Neymann, Robert Viner Stanford und Edgar Paulsen, die bisher noch nicht in Zeitschriften publiziert waren, mitgeteilt. Trotzdem steckt in anderen Dissertationen aus der Kieler Zeit noch eine große Menge nicht veröffentlichten Materials, welches mir zur Publikation nicht hinreichend durchgearbeitet erschien. Die mit Schülern ausgeführten Untersuchungen sind je nach der Veranlagung der einzelnen Experimentatoren trotz meiner Bemühungen nicht ganz gleichartig und daher in bezug auf das niedergelegte Material nicht von derselben Genauigkeit. Es kann nicht ausbleiben, daß auch später noch hier und dort Korrekturen angebracht werden müssen. Ich war zwar so glücklich, eine Anzahl ausgezeichneter Mitarbeiter zu finden, indessen mußte ich mich überzeugen, daß die „Ozonarbeiten" für manche jungen Chemiker, wie ich sie unter den Doktoranden zur Verfügung hatte, eigentlich zu schwer waren. Dies mag für einige nicht genügend ausgeführte Beobachtungen als Entschuldigung gelten.

Die Einteilung der Arbeiten ordnete ich nach der Materie in Gruppen, wobei ich möglichst ihrer historischen Entstehung Rechnung getragen habe. Einige ältere Abhandlungen von mir über Ketoaldehyde und Dialdehyde, wie Lävulinaldehyd und Succindialdehyd, sind einbezogen worden, da diese Aldehyde so häufig als Spaltungsprodukte beim oxydativen Abbau durch Ozon aus einfacheren und komplizierteren Körpern erhalten worden sind, ebenso ist eine Dissertation von Kurt Oppenheim an dieser Stelle veröffentlicht, welche die häufiger vorkommenden aliphatischen Aldehyde unter einheitlichem Gesichtspunkt behandelt, obwohl in derselben keine „Ozonarbeit" vorliegt.

Von den Untersuchungen auf dem Kautschukgebiet habe ich nur wenige, sofern sie historisch für die Entwicklung der Lehre von der Einwirkung des Ozons auf organische Verbindungen von Interesse sind, gebracht, da diese später in einem gesonderten Buche erscheinen sollen.

Im allgemeinen sah ich von Änderungen im Text ab und brachte nur kleinere Korrekturen an. Wenn experimentelle Ergebnisse später erweitert oder korrigiert werden mußten, habe ich in einer Fußnote auf die betreffende Mitteilung aufmerksam gemacht oder eine kurze Notiz über den derzeitigen Stand der Forschung auf diesem Gebiet angefügt.

Kiel, im Dezember 1915.

Carl Harries.

Inhaltsverzeichnis.

Ungesättigte Aldehyde und Ketone und daraus gewonnene Dialdehyde und Ketonaldehyde.

Ungesättigte Säuren.

Säuren mit dreifacher Bindung.

II. Zusammenfassende Abhandlung.

Einfache Olefine und die Zusammensetzung des Ozons.

III. Zusammenfassende Abhandlung.

Aliphatische Terpenkörper.

IV. Zusammenfassende Abhandlung.

Kautschuk.

Eiweiß und Eiweißspaltprodukte. Zucker.

Druckfehler-Berichtigung.

Auf Seite 453, Zeile 4 von oben muß es heißen CrO_3 statt CO_3.

Einleitung.

Die Lehre von der Einwirkung des Ozons auf organische Verbindungen habe ich in vier größeren Abhandlungen, welche seinerzeit in Liebigs Annalen der Chemie[1]) erschienen sind, begründet. Es dürfte sich deshalb erübrigen, hier nochmals darauf zurückzukommen; daher sei in dieser Beziehung auf die Seiten 60ff., 266ff., 340ff., 499ff. verwiesen. Historische Betrachtungen finden sich ebenda[2]); vgl. S. 58ff. und 263ff., 376.

Die Ziele der Arbeiten sind zuletzt S. 499ff. auseinandergesetzt.

An dieser Stelle will ich nur das Verhalten der einzelnen Körperklassen gegen Ozon kurz charakterisieren und die Methoden zur Spaltung der Ozonide erörtern.

I. Über die Einwirkung des Ozons auf gesättigte organische Verbindungen.

Die Einwirkung des Ozons auf gesättigte organische Verbindungen ist zwar, außer bei den gesättigten aliphatischen Aldehyden, nicht von besonders bemerkenswerten Erfolgen begleitet gewesen, muß aber doch hier kurz behandelt werden.

Die Kohlenwasserstoffe der aliphatischen Reihe, z. B. Hexan oder Gemische wie Petroläther, Ligroin, werden von Ozon langsam aber deutlich angegriffen. Man erhält dabei Gemenge von verschiedenen Verbindungen, unter denen sich sogar Ozonide bzw. Peroxyde befinden. Außerdem entstehen Aldehyde und Fettsäuren. Beim Hexan wurde so Adipinsäure gefunden. Vgl. S. 281.

Die Halogenderivate der Kohlenwasserstoffe, insbesondere Methyl und Äthylchlorid, werden auch vom stärksten Ozon nur sehr wenig angegriffen, so daß man sie zweckmäßig, da sie auch leicht absieden, als Lösungsmittel beim Ozonisieren benutzen kann. Jodmethyl wird dagegen stark verändert. Was daraus entsteht, wurde bisher nicht festgestellt. Die höher chlorierten Derivate, wie Chloroform und

---

[1]) Ann. d. Chem. I, **343**, 311 [1905]; II, **374**, 288 [1910]; III, **390**, 235 [1912]; IV, **410**, 1 [1915].

[2]) Berichte d. d. chem. Gesellsch. **41**, 1230 [1908].

Tetrachlorkohlenstoff werden allmählich verändert, ersteres stärker als letzteres. Aus Chloroform bildet sich dabei Salzsäure und Carbonylchlorid.

Von Alkoholen sind Methyl- und Äthylalkohol und Glycerin besonders untersucht worden. Methylalkohol gibt langsam Formaldehyd und Ameisensäure, wie schon länger bekannt. Äthylalkohol (vgl. S. 272) liefert neben Acetaldehyd und Essigsäure eine eigentümliche Verbindung von peroxydartigem, an das von Baeyer und Villiger untersuchte Äthylperoxyd erinnernden Charakter, die aber nicht unbeträchtlich höher siedet als dieses (vgl. S. 287). Möglicherweise ist hier ein Anhydrid aus 2 Molekülen Äthylperoxyd entstanden.

$$2\ CH_3.CH_2.OH \rightarrow 2\ CH_3.CH_2.O.OH = CH_3.CH_2.O.O.OCH_2.CH_3.$$

Hierauf stimmen annähernd die Analysenresultate, aber nicht die Eigenschaften.

Auch der Äthyläther nimmt, wie schon Berthelot zeigte, Ozon auf. Die Verbindung, welche stark explosiv ist, besitzt keine konstante Zusammensetzung und enthält nur verhältnismäßig wenig Kohlenstoff. Die von Berthelot angenommene Zusammensetzung eines Äthylperoxyds $(C_2H_5)_4O_3$ kann unmöglich richtig sein. Vgl. S. 108.

Sehr eingehend sind die gesättigten Aldehyde untersucht worden, von denen gezeigt wurde, daß sie mit Ozon unter Bildung von Peroxyden reagieren, und zwar nehmen sie, ohne Lösungsmittel behandelt, ein Atom Sauerstoff auf unter Bildung von Körpern der allgemeinen Formel

$$3\ RCHO + O_3 = 3\ RCHO:O.$$

In Lösungsmitteln behandelt binden sie mehr Sauerstoff, aber trotz langen Einleitens von Ozon nie soviel wie der Anlagerung von einem Molekül Ozon entspricht. Mit Wasser gehen diese Peroxyde in Aldehyd einerseits und Säure andererseits über. Mit Alkalien geben sie quantitativ die Alkalisalze der zugehörigen Säure. — Nur der wasserfreie Formaldehyd bildet eine Ausnahme, insofern er mit Ozon sofort Trioxymethylen erzeugt. Vgl. S. 298.

Die gesättigten Ketone geben ebenfalls peroxydartige Verbindungen mit Ausnahme des Acetons, welches, wie es scheint, ganz unangegriffen bleibt. Infolgedessen kann auch Aceton als Lösungsmittel beim Ozonisieren mit Erfolg benutzt werden, wenn man nicht etwa Aceton als Spaltungsprodukt nachweisen will. Vgl. S. 281.

Von Derivaten der Aldehyde und Ketone seien die Oxime und Semicarbazone erwähnt. Die Oxime werden langsam zersetzt unter Bildung von Aldehyden bzw. Ketonen und Salpetersäure. Die Semicarbazone dagegen bleiben größtenteils unverändert. Vgl. S. 508.

Die gesättigten Fettsäuren, Essigsäure und ihre Homologen scheinen von Ozon nicht oder nur wenig angegriffen zu werden. Vgl. S. 298.

Die Ester, z. B. Essigester, der häufig als Lösungsmittel beim Ozonisieren verwendet wird, werden langsam gespalten, so Essigester unter Bildung von Acetaldehyd und Essigsäure. Vgl. S. 546.

In einem besonderen Kapitel ist das Verhalten der Aminosäuren, soweit sie als Eiweißspaltungsprodukte in Frage kommen, geprüft worden. Sie bleiben meistens unverändert, wenn sie nicht einen aromatischen Rest enthalten. Auch ist die Einwirkung des Ozons auf Zuckerarten ebenfalls dort beschrieben worden. Ich muß aber bemerken, daß diese Untersuchung noch nicht endgültig durchgeführt ist. Da das Glycerin ein Gemenge von Glycerinaldehyd und Dioxyaceton liefert, wie durch die leichte Bildung des beiden gemeinsamen Ozazons nachgewiesen werden kann, ist es wahrscheinlich, daß auch die höheren Homologen in ähnlicher Weise verändert werden. Es sei in dieser Beziehung auf das Kapitel S. 645 verwiesen.

II. Die aromatischen Verbindungen.

Die aromatischen Kohlenwasserstoffe wie Benzol, Toluol und Xylole und die mehrkernigen Analoga bilden verhältnismäßig leicht gesättigte feste Ozonide, wenn man nur genügend konzentriertes Ozon anwendet. Diese Verbindungen sind wegen ihrer enormen Explosionsfähigkeit unangenehm zu untersuchen. Vgl. S. 104. Die Ozonide spalten sich leicht mit Wasser und verhalten sich insofern wie die Ozonide der ungesättigten Verbindungen.

Aromatische Verbindungen, welche negative Substituenten besitzen, wie Nitrobenzol, Chlorbenzol, werden nur sehr schwer angegriffen. Jodbenzol wird durch Ozon langsam in Jodosobenzol umgewandelt. Vgl. S. 31. Nur die Phenole sind sehr empfindlich gegen Ozon und gehen leicht Kernsubstituierung ein. So bildet Eugenolmethyläther mit starkem Ozon ein Triozonid, während es mit schwachem ein Monozonid liefert, Majima. Vgl. S. 280.

Die aromatischen Verbindungen mit ungesättigter Seitenkette verhalten sich wie die aliphatischen Kohlenwasserstoffe, zuerst tritt das Ozon in die Doppelbindung der Seitenkette. Beim Allylbenzol und Propenylbenzol wurde aber beobachtet, daß die Beständigkeit ihrer Ozonide verschieden ist. Während das Allylbenzol ein stabiles Ozonid liefert, erhält man von dem isomeren Propenylbenzol ein leicht zersetzliches, in reinem Zustand nicht isolierbares Ozonid. Vgl. S. 360.

Alle Benzalverbindungen verhalten sich ähnlich, so daß man aus dieser Eigenschaft auf die Stellung der Doppelbindungen in der Seitenkette Rückschlüsse ziehen kann. Vgl. S. 280.

III. Die ungesättigten Verbindungen.

Die aliphatischen Kohlenwasserstoffe mit einer oder mehreren Doppelbindungen, mit Ausnahme solcher mit konjugierten Doppelbindungen, binden leicht auf jede Doppelbindung ein Molekül Ozon, wenn man mit mittelstarkem Ozon arbeitet und genau die Sättigungsgrenze mit Brom und Eisessig verfolgt. Arbeitet man mit starkem Ozon, so wird mehr Sauerstoff aufgenommen als dem Sättigungsgrade des normalen Ozons entspricht, und es bilden sich sogenannte Oxozonide. — Die Ozonide sowohl wie die Oxozonide sind stets Gemische von im Vakuum siedbaren Ölen und dicken Sirupen. Die ersteren sind monomolekularer Natur, wie aus ihrem Siedepunkte hervorgeht, die zweiten Polymere davon. Die Molekularbestimmung nach der kryoskopischen Methode spricht für das Vorliegen von dimeren Verbindungen, doch sind hier die Molekulargewichtsbestimmungen, wie an dieser Stelle nochmals hervorgehoben sein möge, in Lösungsmitteln nach der kryoskopischen Methode nicht zuverlässig, da diese Verbindungen sich zu leicht zersetzen. Mit Sicherheit kann man aber sagen, daß die öligen Sirupe polymer sind und dieselbe Zusammensetzung besitzen. Die monomeren Ozonide lassen sich, wenn sie einmal gebildet sind, auch durch längere Behandlung mit starkem Ozon nicht oder nur sehr schwer weiter verändern, wohingegen die sirupösen polymeren Ozonide leicht in die polymeren Oxozonide umgewandelt werden. — Läßt man starkes Ozon auf aliphatische Kohlenwasserstoffe einwirken, so erhält man gewöhnlich Gemenge von allen vier Verbindungen: monomerem normalem Ozonid, Oxozonid und den zugehörigen beiden Polymeren. Vgl. S. 341. Kohlenwasserstoffe mit konjugierten Doppelbindungen sind nur sehr schwer vollkommen mit Ozon abzusättigen. Vgl. S. 279. 433.

Die ungesättigten Alkohole verhalten sich ähnlich wie die Kohlenwasserstoffe. Da bei den höheren Homologen leicht Wasserabspaltung eintritt, ist es nötig, die Ozonisation in sehr verdünnter Lösung mit schwachem Ozon vorzunehmen, dann erhält man normale Ozonide. So konnte selbst von dem sehr veränderlichen Cholesterin ein normales Ozonid gewonnen werden. Vgl. S. 371.

Auch ungesättigte Aldehyde sind in den Kreis der Untersuchungen einbezogen worden, z. B. das Acrolein und der Zimtaldehyd. Ersteres explodiert wegen seiner Flüchtigkeit außerordentlich leicht. Infolgedessen wurde sein Acetal benutzt. Vgl. S. 28. Dies gibt bei der Spaltung einen aldehydischen Körper, welcher erst als Semiacetal des Glyoxals angesprochen wurde. Nach neueren Untersuchungen ist es aber nicht wahrscheinlich, daß dieser Aldehyd selbst vorliegt, sondern es entsteht vielmehr ein Peroxyd desselben. Sein Auftreten erklärt sich nach folgender Formel:

$$H_2C \underset{\substack{| \\ O}}{\overset{}{\text{---}}} \underset{\substack{| \\ O}}{CH} . CH(OC_2H_5)_2 \rightarrow CH_2O + \underset{\substack{| \\ O}}{O} {>} CH . CH(OC_2H_5)_2$$

Dieses Peroxyd zerfällt mit Wasser leicht unter Bildung von Alkohol, Ameisensäure und Essigsäure[1]).

$$\underset{\substack{| \\ O}}{O} {>} CH \overset{CH(OC_2H_5)_2}{\underset{OH\,H}{O\,H}} \rightarrow 2\ HCOOH + 2\ OHC_2H_5\ \text{bzw.}\ CH_3COOH$$

Eine Reduktion des Peroxyds könnte vielleicht zum Semiacetal führen. Der Zimmtaldehyd nimmt in verdünnter Lösung leicht Ozon auf. Das Ozonid ist nicht isolierbar. Es zerfällt sofort in Benzoesäure bzw. Benzaldehyd und Glyoxal. Vgl. S. 110.

Die ungesättigten Ketone sind sehr ausführlich bearbeitet worden. Sie liefern zweierlei Arten von Ozoniden, und zwar, wenn man in Lösung gerade bis zur Sättigung mit mittelstarkem Ozon arbeitet, das normale Ozonid, welches durch Absättigung der Doppelbindung mit Ozon entstanden ist. Nur das Phoron bildet eine Ausnahme. Hier muß man starkes Ozon, um die zweite Doppelbindung abzusättigen, anwenden Überschreitet man bei den ungesättigten Ketonen die Grenze der Ozonisierung oder wendet man sehr starkes Ozon an, so bilden sich Verbindungen meist sehr explosiven Charakters, welche mehr Sauerstoff als der Sättigungszahl entspricht, enthalten. In dieser Beziehung zeigen die aliphatischen Ketone S. 64, die aromatischen und die hydroaromatischen Ketone wie Methylcyclohexenon S. 444, die gleichen Eigenschaften. Es ist angenommen worden, daß sich bei diesem Eintreten von mehr Sauerstoff eine besondere Reaktion abspielt, indem auch das Carbonyl, ähnlich wie das Carbonyl der gesättigten Aldehyde, mit Ozon unter Bindung eines Sauerstoffatoms reagiert. Diese Ozonide sind Ozonidperoxyde genannt worden, im Unterschied zu den Oxozoniden, welche beständiger sind und sich nicht wesentlich von den normalen Ozoniden in ihrer Explosivität unterscheiden.

Auch die ungesättigten Säuren verhalten sich ähnlich wie die ungesättigten Ketone. Bei genauer Regulierung der Ozonzufuhr bis zum Sättigungsgrade bilden sie normale Ozonide, indem jede doppelte Bindung ein Molekül Ozon aufnimmt. Überschreitet man aber die

---

[1]) Nach Untersuchungen von Theo Merten, die leider durch den Krieg am Abschluß verhindert wurden.

Grenze, so entstehen Ozonidperoxyde. Durch Waschen mit Wasser kann ein Sauerstoffatom wieder herausgenommen werden und es bilden sich die normalen Ozonide zurück. Die Ozonide der ungesättigten Säuren sind meistens stabile Sirupe. — Bei der Ölsäure ist gezeigt worden, daß außer dem Ozonidperoxyd noch ein drittes Ozonid wahrscheinlich ist, welches durch Anlagerung von noch mehr Sauerstoff (5O) entstanden ist. Möglicherweise hat sich hier ein Oxozonidperoxyd folgender Formel:

$$CH_3 . (CH_2)_7 CH - CH(CH_2)_7 CO_2 . OH$$
$$\diagdown O_4 \diagup$$

gebildet. Die letztere Verbindung ist wenig stabil. Vgl. S. 321.

Die Säuren mit dreifacher Bindung, wie Stearolsäure und Phenylpropiolsäure, reagieren mit schwachem Ozon sehr langsam, mit stärkerem dagegen sehr schnell unter Bildung hochexplosiver Ozonide. Nach der Gewichtszunahme nehmen sie nur ein Molekül Ozon auf. S. 257.

Die hydroaromatischen Kohlenwasserstoffe wie Cyclohexen, Tetrahydrotoluol, dann Cyclohexadien, verhalten sich im allgemeinen ähnlich wie die entsprechenden aliphatischen Verbindungen, nur liefern sie im Unterschied zu diesen meistens feste Ozonide, die, wenn man nicht sehr vorsichtig mit der Abmessung des Ozons ist und in konzentrierter Lösung arbeitet, meistens Gemische von normalen Ozoniden und Oxozoniden darstellen. Um normale Ozonide zu erhalten, muß man in verdünnter Lösung mit verdünntem gewaschenem Ozon arbeiten, während zur Darstellung der Oxozonide, ebenfalls festen Verbindungen polymerer Natur, ein Lösungsmittel benutzt werden muß, in dem das gebildete Oxozonid gelöst bleibt. Hierzu ist meistens Chloroform oder Tetrachlorkohlenstoff zu empfehlen. Vgl. S. 523 ff. Außerdem wendet man am besten sehr starkes Ozon an. Dieselben Erfahrungen gelten für die Terpene (Limonen, Pinen). Vgl. S. 443.

Der Kautschuk bildet mit schwachem Ozon in Chloroform ein normales Ozonid $(C_{10}H_{16}O_6)_x$, welches durch starkes Ozon in das Oxozonid $(C_{10}H_{16}O_8)_x$ umgewandelt wird. Vgl. S. 371.

Während die hydroaromatischen Kohlenwasserstoffe und Terpene schwer lösliche bis unlösliche Ozonide liefern, sind die Ozonide der Kautschukarten leichter löslich. Sie erinnern an die Ozonide der sogenannten aliphatischen Terpene, wie z. B. Myrzen usw.

Von komplizierteren Stoffen sind noch die Harze und Eiweißkörper untersucht worden.

Die Harze, die ja bisher noch wenig charakterisiert werden konnten und von denen man nicht weiß, ob sie einheitlich sind und welche Formel sie besitzen, werden durch das Ozon, soweit sie bisher untersucht wurden, sämtlich in schwer lösliche feste weiße Ozonide umgewandelt. Spaltet man diese Ozonide mit Wasser oder Eisessig, so erhält man harzartige Produkte neben kleinen Mengen von Fettsäuren, die sich im Äußern von den Ausgangsmaterien kaum unterscheiden und bei neuer Ozonisation wieder feste Ozonide liefern. Mir scheint hier ein Mittel in die Hand gegeben zu sein, der Konstitution der Harze näher zu kommen. Vgl. S. 671. Über eine von W. Franck und M. Hagedorn ausgeführte Untersuchung über die kristallisierte Abietinsäure mußte ich leider verzichten Mitteilungen zu machen, da das Manuskript infolge des Krieges verlegt worden ist.

Von Eiweißstoffen sind bisher Casein und Sericin bearbeitet worden. Die Untersuchungen sind sehr schwierig gewesen. Bei dem Sericin war es möglich, die Oxydation direkt durch Ozon in wässeriger Lösung vorzunehmen, wodurch man es vermied, anorganische Bestandteile in die Reaktionsmasse hineinzubringen. Man erhielt als Endprodukt einen weißen peptonartigen, in seinen Eigenschaften an die Polypeptide erinnernden Körper von immerhin noch beträchtlicher Molekulargröße. Bei der Einwirkung des Ozons auf die Eiweißstoffe werden alle Aminosäurereste, welche einen aromatischen Kern enthalten, vollkommen zerstört, denn man findet bei der Hydrolyse der Ozonoxydationsprodukte und Isolierung der Aminosäurespaltprodukte nach der Fischerschen Estermethode keine solchen Verbindungen. Vgl. S. 616.

Über die Elementaranalyse der Ozonide.

Während die Bereitung der Ozonide nach dem jetzigen Stande der Forschung keine großen Schwierigkeiten mehr macht, wird man bei der Elementaranalyse derselben stets mit großer Vorsicht zu Werke gehen müssen. Zur Reinigung werden die Produkte, wenn sie unlöslich sind, mit Alkohol und Äther möglichst gut gewaschen und dann im Vakuum getrocknet. Wenn man sie dann mit viel gepulvertem Kupferoxyd oder besser gepulvertem Bleichromat sorgfältig mischt und den Ofen sehr langsam anheizt, so wird kaum eine Explosion eintreten. Viele Ozonide lassen sich auch umkristallisieren und sind dann natürlich leichter rein zu erhalten. Gewöhnlich aber bilden die Ozonide dicke Sirupe, die manchmal glasartig erstarren. Diese halten naturgemäß Anteile von den Lösungsmitteln zurück und sind auch durch Chlorwasserstoffsäure verunreinigt, sofern man Chloroform oder Tetrachlorkohlenstoff als Lösungsmittel zu ihrer Darstellung benutzt. Um diese wenigstens einigermaßen in analysenreinen Zustand überzuführen, haben wir sie in Essigäther aufgenommen und mit möglichst niedrigsiedendem Petroläther oder Hexan gefällt, wobei sie sich als dicke Öle absetzen. Diese Operation wird mindestens dreimal wiederholt. Zur Entfernung des Essigesters wird dann, solange der Geruch noch wahrzunehmen ist, im Vakuumexsiccator über Schwefelsäure getrocknet. Sollten diese Sirupe sehr explosiv sein, so werden sie auf einem Porzellanschiffchen mit Kieselgur bestreut, durchgemischt und zur Analyse gebracht. Leicht flüssige, sehr explosive Ozonide wurden in Kugelröhrchen abgewogen, mit der geöffneten Spitze in Kieselgur gesteckt, so daß bei allmählichen Verdunsten während der Verbrennung das flüchtige Öl in den Kieselgur hineindestillieren mußte. Der Kieselgur muß natürlich vorher genügend ausgeglüht werden. Da diese Ozonide leicht Kohlenoxyd abgeben, so empfiehlt es sich im allgemeinen, Bleichromat zur Verbrennung zu benutzen. Bei den stark explosiven Ozoniden gehört immer einige Übung dazu, ehe man annehmbare Zahlen gewinnt. Im Anfang war man zufrieden, wenn die Analysen beim Kohlenstoff mit den theoretisch berechneten Werten auf ca. 2%, beim Wasserstoff auf 1% Übereinstimmung zeigten. Beim allmählichen Wachsen der Erfahrung sind aber die Resultate der Analysen erheblich besser geworden, so daß man die untere Grenze beim Kohlenstoff auf höchstens $\pm$ 1%, beim Wasserstoff auf $\pm$ $^4/_{10}$% ziehen darf. Häufig stimmen sie jetzt genau mit den theoretischen Werten überein wie die Analysenzahlen von kristallisierten Verbindungen. Bei der Ausführung der Elementaranalyse explosiver Ozonide schütze man sich stets gut durch starke Brillen.

Über die Spaltung der Ozonide und die Isolierung der Zersetzungsprodukte.

Die Spaltung der Ozonide kann mit Wasser, Eisessig, Methyl- und Äthylalkohol vorgenommen werden. Mit Wasser geht sie bei zahlreichen Vertretern schon in der Kälte vor sich, doch ist leichte Löslichkeit der Verbindung in Wasser kein Zeichen dafür, daß sie zersetzt worden ist. Beim Eisessig, Methyl- und Äthylalkohol muß man stets Wärme zu Hilfe nehmen. Als Produkte der Spaltung können Aldehyde, Säuren, Ketone oder Peroxyde derselben auftreten, bei Methyl- und Äthylalkohol erhält man deren Acetale bzw. Ester. Als Nebenprodukt bildet sich bei Anwendung von Wasser meistens Wasserstoffsuperoxyd. Ameisensäure ist sehr häufig zu beobachten; außerdem entstehen von gasförmigen Produkten meistens Sauerstoff, Wasserstoff, Kohlenoxyd und Kohlendioxyd. In der Hauptsache kann man aber annehmen, daß die Spaltung entweder direkt nach der allgemeinen Formel

$$\underset{\overset{\textstyle |}{O}\,.\,O\,.\,\overset{\textstyle |}{O}}{{>}C\!\!-\!\!-\!\!C{<}} + H_2O = {>}CO + OC{<} + H_2O_2$$

oder nach der sogenannten Peroxydumlagerung vor sich geht.

$$\underset{\overset{\textstyle |}{O}\,.\,O\,.\,\overset{\textstyle |}{O}}{{>}C\!\!-\!\!-\!\!C{<}} \rightarrow {>}C{<}^{O}_{O}\!\!| + OC{<} \qquad \text{oder} \qquad {>}CO + \overset{O}{\underset{O}{|}}{>}C{<}$$

Bei der Anwendung von Eisessig scheint die Peroxydumlagerung besonders begünstigt zu sein. Zusatz von etwas Ameisensäure bei der Reaktion kann zur Verminderung der Bildung von Peroxyden führen. — Über die ausnahmsweise Entstehung von Acetol statt Aceton aus Citronellacetal vgl. S. 510.

Die Ozonide, Oxozonide und Peroxonide scheinen bei der Spaltung sich nicht wesentlich verschieden zu verhalten. Die Oxozonide und Perozonide geben mehr Sauerstoff ab und bilden mehr Säuren als Aldehyde. Vgl. S. 355.

Die Ozonide der Säuren mit dreifach ungesättigter Bindung liefern keine aldehydischen Bestandteile, sondern nur Säuren als Spaltungsprodukte.

Die Isolierung der Spaltungsprodukte ist bei den einfacheren Verbindungen leicht, bei komplizierteren, namentlich wo mehrere Arten von Zersetzungskörpern entstehen können, häufig ziemlich schwierig.

Früher haben wir die Reaktionsflüssigkeit, sei es, daß sie durch Kochen des Ozonids mit Wasser oder Eisessig erhalten worden war, einfach zunächst durch Eindampfen im Vakuum vom Lösungsmittel befreit und die Bestandteile des Rückstandes durch Fraktionieren im Vakuum getrennt. Diese Art der Isolierung der Spaltprodukte wird bei der Anwendung von Eisessig als Zersetzungsmittel auch jetzt noch benutzt werden müssen, es sei denn, daß der Rückstand bei der Destillation sich im Vakuum nicht fraktionieren läßt, dann muß man ihn, wie nachher beschrieben, weiter behandeln.

Bei der Zersetzung durch Wasser ziehen wir es jetzt vor, zuerst die gesamte Reaktionsmasse durch Calciumcarbonat zu neutralisieren, wobei man einen Überschuß von Calciumcarbonat unter Turbinieren anwendet. Dann wird filtriert und im Vakuum eingedampft, wobei man dem Umstand Rechnung tragen muß, daß flüchtige Aldehyde und Ketone mit dem Wasser übergehen können und schwer kondensiert werden. Wir schalten infolgedessen zwischen Pumpe und Vorlage stets ein Gefäß ein, welches mit fester Kohlensäure und Äther gekühlt wird. Der wässerige Verlauf wird mit Kochsalz übersättigt und zehnmal ausgeäthert, der Ätherrückstand mit 10 kugeliger Kolonne fraktioniert. Der feste Destillationsrückstand enthält die Calciumsalze der Säuren. Außerdem sind ihm nicht so flüchtige ketonartige und aldehydische Bestandteile beigemengt. Zu deren Entfernung werden die Calciumsalze möglichst zerkleinert und im Soxhlet mit Äther vollkommen extrahiert. Den Ätherrückstand kann man dann mit dem ersten Ätherextrakt zur weiteren Verarbeitung vereinigen. Bei allen ersten Fraktionierungen unter vermindertem Druck empfiehlt es sich, möglichst niedriges Vakuum, 0,25—0,5 mm anzuwenden. — Die Calciumsalze werden am besten mit der berechneten Menge Schwefelsäure genau neutralisiert, nachdem man vorher eine Calciumbestimmung quantitativ ausgeführt hat, und mit Äther oder einem anderen Lösungsmittel wie Essigäther durchgearbeitet.

Zur Trennung der Säuren benutzt man am besten die Estermethode, weil sich hierbei auch Säuren isolieren lassen, die im freien Zustande nicht destillierbar sind.

Bei der Trennung der Aldehyde ist der Umstand besonders unangenehm, daß sie meistens Peroxyde enthalten, die recht beständig sind. Durch direkte Destillation kann solchenfalls eine Trennung selten erzielt werden. Man muß daher die Peroxyde zerstören. Dies kann man auf verschiedenem Wege erreichen, entweder schüttelt man bei niedrig siedenden Fraktionen, nötigenfalls unter Erwärmen, mit Pottaschelösung, oder man erhitzt bei höher siedenden Fraktionen mit Kalilauge. Man muß aber in Rücksicht ziehen, daß hierbei intramolekulare Kondensationen eintreten können. Man bearbeitet so lange mit Pottasche oder Kalilauge bis die Fraktionen kein Jod aus Jodkalilösung mehr in Freiheit setzen. Vgl. S. 506 u. 534.

Manche Ozonide, z. B. solche von Phenolen mit ungesättigter Seitenkette, lassen sich weder mit Wasser noch mit Eisessig ohne Verharzung spalten. In solchen Fällen kann man die Ozonide in ätherischer Lösung mit Zinkstaub und Eisessig reduzieren. Auch hier empfiehlt es sich, nachher die sauren Bestandteile durch Neutralisation mit Calciumcarbonat bei Gegenwart von etwas Wasser zu entfernen.

Die Reduktion der Ozonide mit Aluminiumamalgam hat sich nicht bewährt, weil sich das Reduktionsprodukt aus dem Aluminiumhydroxydschlamm sehr schwer entfernen läßt und die Reduktion teilweise weiter als unter Erhaltung der Aldehyde bzw. Ketone fortläuft. Es bilden sich Gemische mit Alkoholen, die natürlich schwer zu trennen sind.

Eine weitere Methode, die Ozonide zu spalten, besteht darin, daß man sie mit verdünnter Alkalilauge behandelt. Manche Ozonide werden durch verdünnte Alkalilauge sofort gelöst, indem sich die Alkalisalze der Spaltungssäuren bilden. Aldehydische Bestandteile gehen hierbei indessen vollkommen verloren. Vgl. S. 231.

Schließlich sei noch erwähnt, daß bei sehr schwer zersetzlichen Ozoniden oder, wenn sich die aldehydischen Spaltungsprodukte nicht isolieren lassen, die Oxydationsmethode angewendet werden kann. Dabei ist es nicht nötig, das Ozonid zu isolieren. Man sättigt den zu untersuchenden Körper in Eisessiglösung mit Ozon und fügt dann eine Eisessiglösung, die soviel kristallisierte Chromsäure enthält, daß auf jede Ozonidgruppe ein Sauerstoffatom entfällt, langsam hinzu und erwärmt vorsichtig bis zum Verschwinden der Farbe der Chromsäure.

Zur Isolierung wird im Vakuum eingedampft und der syrupöse Rückstand mit Äther oder Essigäther durchgearbeitet und von ungelöstem Chromsalz abgesaugt. Diese Methode ist entschieden in bezug auf die Ausbeute der gewöhnlich geübten vorzuziehen, wonach man den Rückstand in Wasser auflöst und dann mit Äther auszieht. Der Rückstand von den ätherischen Auszügen wird nun entweder direkt im Hochvakuum fraktioniert oder erst verestert und dann fraktioniert. Vgl. S. 453. Diese Methode wird sich namentlich immer dann anzuwenden empfehlen, wenn es sich um Konstitutionsbestimmungen von Körpern handelt, bei denen nicht viel Material zur Verfügung steht und wo es nicht darauf ankommt, die aldehydischen Zwischenprodukte zu gewinnen. Ich habe allerdings immer Wert darauf gelegt, möglichst auch die Aldehyde zu isolieren, weil man dann allein Sicherheiten besitzt, daß man wirklich die ersten Spaltungsprodukte in den Händen hat und Umlagerungen ausgeschlossen sind.

Über die Ozonbereitung.

In bezug auf Ozonbereitung verweise ich auf das in Liebigs Annalen **343**, 339—344 (1905) und ebenda **374**, 312 (1910) Gesagte. Dasselbe gilt von der Ozonbestimmung. Siehe dieses Buch S. 81. 284.

Bibliographie.

Die Ergebnisse der Untersuchungen über die Einwirkung des Ozons auf organische Verbindungen sind bereits mehrfach in Lehrbüchern aufgenommen. Ausführlichere Zusammenstellungen bzw. Monographien sind erst zwei erschienen, und zwar:

Erstens von Amand Valeur, Prof. agrégé à l'école supérieure de Pharmacie de l'Université de Paris (1909): „Action de l'Ozone sur les composés organiques", eine sehr sorgfältige Arbeit, in der der Verfasser meinen Untersuchungen nach jeder Richtung in freundschaftlicher Weise gerecht wurde.

Zweitens von meinem leider zu früh verstorbenen Schüler und Mitarbeiter Kurt Langheld, Privatdozent der Chemie in Würzburg „Über Ozonide", erschienen in den Methoden der organischen Chemie, herausgegeben von Theodor Weil, Band II, S. 397—409 (1911). — Meines Wissens ist aber die Arbeit schon 1909 angefertigt worden, so daß die Datierung reichlich spät erscheint. Die neueren Resultate sind nicht mehr darin enthalten.

In Bearbeitung befindet sich eine Monographie „Das Ozon" von meinem Assistenten und Mitarbeiter Dr. Ewald Fonrobert, welche in der Sammlung der Chemie in Einzeldarstellungen, herausgegeben von Professor Dr. Julius Schmidt, Stuttgart, im Verlage von Ferdinand Enke, Stuttgart, Mitte des Jahres 1916 erscheinen wird.

1. C. Harries: Über Bildung des Ozons.

**Vortrag, gehalten auf der Generalversammlung der Bunsengesellschaft
in Kiel 1911[1]).**

Das Ozon wurde schon im 18. Jahrhundert von van Marum entdeckt, aber erst in der Mitte des 19. Jahrhunderts von Schönbein genauer untersucht. Werner von Siemens hat die eigentümliche Einwirkung der dunklen elektrischen Entladung auf den Sauerstoff für die Darstellung des Ozons ausgenutzt und auf diesem Prinzip den ersten elektrischen Ozonapparat konstruiert. Berthelot gab demselben diejenige Form, die wir im Laboratorium noch heute vorwiegend benutzen, während in der Industrie vervollkommnete Siemenssche Röhren in Gebrauch sind. Letztere sind mir nicht genauer bekannt.

Zuerst nahm man wohl an, daß die Überführung von Sauerstoff in Ozon ein elektrolytischer Prozeß sei. Diese Annahme ist aber hinfällig geworden durch den von Warburg erbrachten Beweis, daß die durch Gleichstrom erzeugte Ozonmenge viel größer ist, als dem elektrochemischen Äquivalent entspricht. Die stille elektrische Entladung ist daher nach Warburg den photo- und kathodo-chemischen Wirkungen zuzurechnen.

Nun ergab aber ein älterer, vor vielen Jahren von mir konstruierter Apparat, der die Strahlen der Quarzquecksilberlampe zur Ozonisierung benutzte, nur ganz geringe Ausbeuten an Ozon, und andererseits zeigte Regener auf Warburgs Veranlassung, daß das ultraviolette Licht des Aluminiumfunkens auf schon gebildetes Ozon, welches sich in einem Quarzrohr befand, energisch desozonisierend wirkte. Daraus ist zu schließen, daß die violetten und ultravioletten Strahlen für das Ozon direkt schädlich sind und der günstigen Wirkung der stillen elektrischen Entladung die desozonierende Wirkung der ultravioletten Strahlen gegenübersteht. Der freiwillige, spontane Zerfall des Ozons kommt kaum in Betracht, da er zu langsam erfolgt. Von Warburg wurde in der Folge festgestellt, daß die Bildung des Ozons bei einer hohen Frequenz des Wechselstromes von einer nicht zu hohen Spannung abhängig gehalten werden muß. Die Temperatur muß niedrig gewählt werden. Eine zu

---

[1]) Abgedruckt: Zeitschr. f. Elektrochemie **17**, 629 [1911].

hohe Spannung, ebenso Spitzenentladung erregen viel ultraviolette Strahlen, und infolgedessen Zerfall des schon gebildeten Ozons. Nach Warburg beruht wahrscheinlich die ozonisierende Wirkung der dunklen elektrischen Entladung auf der Bildung gewisser Strahlen, die er kurze ultraviolette, vielleicht Lenard - Strahlen nennt. Wir erhielten die beste Ausbeute an Ozon bei 7400 Volt Wechselspannung und 20° Temperatur, nämlich durchschnittlich 18—19% Ozon bei Anwendung von Sauerstoff. Das Optimum liegt bei etwa 25%. Für Luft ist es bedeutend niedriger.

In Übereinstimmung hiermit steht der Befund von Franz Fischer und Massenez, daß bei Elektrolyse der verdünnten Schwefelsäure unter bestimmten Bedingungen mit innen und außen stark gekühlten Elektroden sogar bis 28% Ozon erhalten werden.

Denn es ist nicht ausgeschlossen, daß die Ursache der Entstehung des Ozons durch stille elektrische Entladung ebenso wie durch Elektrolyse die ursprüngliche Bildung atomistischen Sauerstoffes ist.

Bekanntlich liegt die Temperatur, bei der im Gleichgewicht merkliche Mengen Ozon vorhanden sind, recht hoch. Nach Rechnungen von Nernst, die durch Stephan Jahn und neuerdings durch von Wartenberg bestätigt sind, müßten bei 1900° erst etwa 0,1% Ozon vorhanden sein. Fr. Fischer und Marx haben beim Aufblasen von flüssiger Luft auf einen glühenden Nernststift auch dementsprechende Mengen erzielt.

Die reichliche Bildung des Ozons bei tiefen Temperaturen unter der Einwirkung dunkler elektrischer Entladung oder bei der Elektrolyse ist also auf eine, vielleicht völlige Änderung des Reaktionsverlaufes zurückzuführen.

Unter Berücksichtigung der vorhin aufgeführten Erfahrungen sind unsere Laboratoriums-Ozonapparate aufgebaut, welche für die meisten Zwecke hinreichend starkes, für viele sogar schon zu starkes Ozon liefern. (Demonstration.) Wir benutzten das Zehnröhrensystem, welches zuerst von Siemens & Halske ausgeführt wurde. Dasselbe ist jetzt ganz aus Glas gefertigt und steht in einem Holzrahmen, weil es bessere Ausbeute als der aus Metall gefertigte Apparat von Siemens & Halske liefert. Die zehn Röhren sind entweder parallel- oder hintereinandergeschaltet. Wie Ladenburg sen. schon beobachtete, kommt es für die Ausbeute an Ozon sehr auf die Geschwindigkeit des Durchleitens des Sauerstoffes an. Bei uns hat sich ergeben, daß bei nebeneinander geschalteten Röhren das Optimum bei einer Geschwindigkeit von 60 Liter/Stunde, bei hintereinander geschalteten bei 8,6 Stunden/Liter liegt. Neuerdings sind an verschiedenen anderen Orten Erfahrungen mit unserem Apparat gesammelt worden; die Resultate haben sich aber nicht so günstig wie bei uns gestaltet. Ich kann mir nur denken, daß die Hauptursache, weshalb die Herren geringere Ausbeuten an Ozon erhalten haben, darin zu suchen ist, daß die Frequenz des Wechselstromes nicht hoch genug ist. Es wird meistens der Wechselstrom der städtischen Lichtleitungen zum Betrieb des Apparates benutzt, deren Frequenz nur ganze 50 Perioden in der Sekunde beträgt, während wir die Frequenz 100 Perioden in der Sekunde benutzen.

Auf eine interessante, noch wenig bekannte Erscheinung möchte ich hinweisen. Wenn man reinen Sauerstoff durch den Ozonapparat schickt, so beobachtet man auch im Dunkeln kaum eine Lichterscheinung, nimmt man indessen Luft oder, besser noch, reinen Stickstoff, so tritt intensives bläuliches Leuchten der Röhren ein. Ein schönes Problem für einen Physikochemiker zur näheren Untersuchung. (Demonstration.)

Eigenschaften und Reaktionen des Ozons.

Das Ozon ist ein neutral reagierendes Gas, wie Manchot und Kampfschulte festgestellt haben. Im konzentrierten Zustande besitzt es eine azurblaue Farbe. (Demonstration.) Warburg und Leithäuser haben es als möglich hingestellt, daß diese blaue Farbe von einem beigemengten höheren Oxyd des Stickstoffes herrührt. Diese Möglichkeit scheint durch unsere Beobachtungen ausgeschlossen, indem wir zeigen konnten, daß stark blau gefärbtes Ozongas, aus reinem Sauerstoff bereitet, beim Durchleiten durch normale Kalilauge nicht die geringste Spur von Stickstoffverbindungen an diese abgibt. Daß hochprozentiges Ozon sehr explosive Eigenschaften besitzt, ist durch die Untersuchungen von Ladenburg sen. zur Genüge bekannt. H. Erdmann zeigte aber, daß nur das gasförmige, nicht das verflüssigte Ozon zu Explosionen neigt. (Demonstration.) Ersteres entzündet sich schon bei verhältnismäßig niederer Konzentration, etwa 9—10 prozentig, mit organischen Substanzen und explodiert damit bei höherer Konzentration. Ladenburg bestimmte den Siedepunkt zu $-106°$ und wies nach, daß die Molekulargröße gleich O_3 oder 48 ist.

Wie von Baeyer fand, verbindet sich Ozon mit festem Alkalihydroxyd zu einer stark braun gefärbten Verbindung, dem ozonsauren Alkali, die wahrscheinlich die Formel KO_4H bzw. NaO_4H besitzt. Dieselbe ist aber sehr unbeständig.

Von allgemeiner Bedeutung sind die Körper, welche durch additionelle Vereinigung des Moleküls des Ozons mit organischen, ungesättigten Verbindungen entstehen, die „Ozonide".

Es sei hier an die beiden einfachsten Vertreter erinnert, die erst kürzlich in Kiel das Licht der Welt erblickten. Das Äthylenozonid CH_2————CH_2 und das Propylenoxozonid $CH_3.CHCH_2$ sind ziemlich beständig, aber furchtbar explosive Öle von penetrantem Geruch, welche im Vakuum unzersetzt sieden. Mit Wasser zerfallen sie in Formaldehyd, Ameisensäure, Wasserstoffsuperoxyd bzw. Acetaldehyd und Essigsäure.

Einen analogen Zerfall zeigen alle Ozonide, und hierauf begründet sich die außerordentlich wichtige Anwendung des Ozons zur Konstitutionsaufklärung komplizierter organischer Stoffe; ich erinnere nur an diejenige des Kautschuks, welche im Kieler Laboratorium durchgeführt wurde.

Bei den beiden obengenannten Verbindungen zeigt sich das eigentümliche Verhalten des Ozons gegenüber organischen Substanzen. Wenn man nämlich mit schwachem, z. B. 7proz. Ozon, arbeitet, erhält man normale, d. h. durch Addition von O_3 an die Doppelbindung entstehende Körper, während bei Gebrauch von stärkerem, z. B. 14proz. Ozon, meistens mehr Sauerstoff angelagert wird, als dem Molekül des Ozons entspricht. Diese Erscheinung, die zuerst im Jahre 1904 beobachtet, aber später erst als allgemein erkannt wurde, haben wir damit zu erklären versucht, daß im Ozon noch ein anderes Gas beigemengt ist, das „Oxozon", welches die Formel O_4 bzw. O_8 besitzt. Auf die Untersuchungen, welche sich mit letzterer Frage genauer beschäftigen, komme ich nachher zurück.

Zerfall des Ozons.

Ozon wird von einer Reihe von Stoffen, wie verdünntem wässerigem Alkali, konzentrierter Schwefelsäure, Phosphorpentoxyd, glühendem Platin, katalytisch gespalten. Der Zerfall findet, wie St. Jahn bewies, gemäß der Gleichung: $O_3 = O_2 + O$ oder $2\,O_3 = 3\,O_2$ statt. Auch beim Einleiten in gesättigte organische Verbindungen scheint dieser Zerfall aufzutreten, denn es gelang uns, aus gesättigten Aldehyden Körper von peroxydartigem Charakter zu gewinnen, die wahrscheinlich nach der Gleichung gebildet wurden:

$$CH_3(CH_2)x\ CHO + O_3 = CH_3(CH_2)x\ CHO_2 + O_2.$$

Derselbe Zerfall spielt sich bei der oxydierenden Einwirkung des Ozons auf Jodkalium ab, der von Ladenburg sen. in ausführlicher Weise studiert worden ist.

$$O_3 + 2\,KJ + H_2O = O_2 + 2\,J + 2\,KOH.$$

Ladenburg und Quasig bewiesen, daß man die Jodkaliumlösung nicht vor dem Einleiten des Ozons, sondern erst nachher kurz vor der Titration mit Thiosulfat ansäuern darf. Säuert man vorher an, so erhält man stets wechselnde, meist viel zu hohe Werte. Die Ursache dieser Erscheinung konnte bisher nicht aufgeklärt werden.

Über die Einheitlichkeit des Ozons.

Im Jahre 1906 hat der verstorbene Ladenburg jun. in einer vortrefflichen Arbeit gezeigt, daß mit Hilfe der Goldsteinschen Vakuumröhre aus reinem Sauerstoff erzeugtes Ozon durch eine Art von fraktionierter Destillation in der Röhre in zwei Teile geschieden werden kann, von denen die zweite Fraktion ein höheres spezifisches Gewicht und ein anderes Absorptionsspektrum als die erste besaß. Ladenburg jun. hat die Vermutung ausgesprochen, daß hier eine neue Modifikation des Ozons vorläge.

Fast gleichzeitig mit Ladenburg jun. bin ich auf den Gedanken gekommen, daß das bis dahin für einheitlich gehaltene Ozon aus einem Gemenge von mindestens zwei Gasarten — Polymeren des Sauerstoffes — bestehen müsse, weil man beim Ozonisieren von ungesättigten organischen Verbindungen so häufig neben den normalen Ozoniden auch Körper, die durch Anlagerung von O_4 entstanden sind, erhält.

Unter diesem Gesichtspunkte sind die folgenden Experimente mit hochprozentigem Ozon schon vor 5 Jahren entstanden, die ich aber erst jetzt, dank der vortrefflichen Unterstützung des Herrn Dr. von Splawa-Neyman, so weit führen konnte, daß man genügende Anhaltspunkte für die Beurteilung erhielt.

Der Gedankengang ist einfach. Ladenburg sen. hat angegeben, wie man durch Kondensation von ozonisiertem Sauerstoff mit flüssiger Luft das flüssige Ozon durch mehrfaches Absiedenlassen des nichtkondensierten Sauerstoffes konzentrieren und so beim Vergasenlassen desselben ein hochprozentiges Ozon — er ist bis zu 86% gekommen — gewinnen kann. Ladenburg sen. hat dieses Ozon aber nur gewichtsanalytisch, nicht auch titrimetrisch auf Jodkalium bestimmt, und hierauf scheint es mir gerade anzukommen.

Ich stellte mir also die Aufgabe, hochprozentiges Ozon darzustellen, dasselbe zuerst in einem Ballon gewichtsanalytisch und nachher in demselben auch titrimetrisch zu ermitteln, gleichzeitig aber auch eine fraktionierte Destillation vorzunehmen, indem ich das absiedende Ozon zwei gleich große, gewogene, hintereinandergeschaltete Ballons passieren ließ. Waren in dem verflüssigten Ozon zwei Bestandteile vorhanden, so war vorauszusehen, daß das Ozon O_3 früher absiedete als das O_4 und sich mehr im zweiten Ballon befinden mußte. Die Gewichtsanalyse und die titrimetrischen Ergebnisse müßten dann im zweiten besser als im ersten übereinstimmen. Denn es war anzunehmen, daß O_3 und O_4 mit Jodkalium verschieden reagieren würden. Während sich ersteres bekanntermaßen nach der Gleichung umsetzt:

$$O_3 + 2\,KJ + H_2O = O_2 + 2\,J + 2\,KOH,$$

sollte letzteres nach Erfahrungen, die wir mit den organischen Oxozoniden gemacht haben, folgendermaßen zerfallen:

$$O_4 = O_2 + O + O,$$

also mit Jodkalium die doppelte Menge Jod ausscheiden:

$$O_4 + 4\,KJ + 2\,H_2O = O_2 + 4\,J + 2\,KOH.$$

Die Versuche wurden, um möglichst genaue Werte zu erzielen, mit großen Ballons von über 600 ccm Inhalt, in viel größerem Maßstabe als von Ladenburg jun., ausgeführt. Große Schwierigkeiten bestanden einerseits darin, reinen Sauerstoff in hinreichenden Mengen zu erhalten, andererseits die gefährlichen Explosionen zu verhindern. Wir fanden nach vielen vergeblichen Bemühungen, daß sich am besten für unsere Zwecke aus reinem Wasserstoffsuperoxyd mit Kaliumpermanganat entwickelter Sauerstoff eignet. Der Apparat wurde, nachdem er mit Sauerstoff durch Verdrängung gefüllt war, außerdem zweimal evakuiert. Dann erst begann die Ozonisation und Kondensation. Da wir erfahren hatten, daß 100 proz. vergastes Ozon fast regelmäßig explodiert, versuchten wir mit der Konzentration nicht höher, als bis auf 60 bis 80% zu gehen, was wir dadurch zu erreichen hofften, daß wir nicht mehr als 60 Liter Sauerstoff — durch eingeschalteten Rotamesser gemessen — hindurchschickten. Außerdem arbeiteten wir im Winter; im Sommer sind solche Versuche fast unausführbar. Auf weitere Einzelheiten will ich hier nicht eingehen, verweise auf unsere demnächst erscheinende genauere Publikation und gebe hier nur kurz einige Resultate an:

Versuch 1 (50 Liter O ozonisiert).

Kugel A: Gewichtsanalyse 40,49% Ozon, titrim. 41,58% Ozon.
Kugel B: Gewichtsanalyse 16,16% Ozon, titrim. 15,76% Ozon.

Versuch 2 (60 Liter O ozonisiert).

Kugel A: Gewichtsanalyse 64,31% Ozon, titrim. 71,2% Ozon.
Kugel B: Gewichtsanalyse 34,75% Ozon, titrim. 34,9% Ozon.

Versuch 3 (60 Liter O ozonisiert).

Kugel A: Gewichtsanalyse 90,26% Ozon, titrim. 119,7% Ozon.
Kugel B: Gewichtsanalyse 73,71% Ozon.

Die Differenzen in der Ausbeute in Versuch 1, 2 und 3 liegen in der Art der Vergasung, indem 3 bei nicht abgestelltem Ozonstrom vergast wurde. Man sieht aus den gefundenen Werten, daß starke Differenzen im ersten Ballon vorhanden sind, während im zweiten Ballon

Übereinstimmung zwischen gewichtsanalytischen und titrimetrischen Werten besteht. In Berücksichtigung der Resultate von L a d e n b u r g jun. und der Beobachtung, welche von uns bei den Ozoniden gemacht wurde, scheinen die Ergebnisse in der Tat für das Vorhandensein eines anderen Stoffes im Ozongas zu sprechen. (Demonstration.)

Meine Herren! Die Untersuchungen, die sich auf dem Gebiete des Ozons bewegen, sind sehr zahlreich, ich habe mich wegen der kurzen, mir zugemessenen Spanne Zeit in der Auswahl der hier zu berührenden Arbeiten sehr beschränken müssen. Wenn mein Vortrag dabei etwas zu „subjektivistisch" ausgefallen ist, so bitte ich dies damit zu entschuldigen, daß ich mich selbst so lange mit diesem Gase beschäftigt habe.

———

2. C. Harries: Über das Verhalten von Ozon gegen konzentrierte Schwefelsäure.

Aus dem Chemischen Institut der Universität Kiel.
Zeitschrift für Elektrochemie 18, 129 (1912).

Im Anschluß an meinen Vortrag über Ozon auf der Generalversammlung der Bunsen-Gesellschaft zu Kiel hat Herr R. Luther[1]) in der Diskussion Einwendungen gegen meine Angaben erhoben, daß Ozon durch konzentrierte Schwefelsäure teilweise zersetzt werde. Er hat sich dabei auf eine ältere Arbeit von Brodie berufen, der gefunden hat, daß sich der Titer von Ozon, welches über konzentrierter Schwefelsäure aufbewahrt wurde, nicht verändert habe. Ich hatte zwar ganz andere Versuchsbedingungen bei meinem Vortrag im Auge, jedoch erschien es mir nunmehr nötig, um diesen Widerspruch aufzuklären, das Verhalten des Ozons gegen Schwefelsäure erneut durchzuprüfen, und ich gebe im folgenden meine Resultate bekannt.

Wenn man ganz trockenes Ozon (d. h. Sauerstoff vor dem Ozonisieren über P_2O_5 geleitet) durch konzentrierte Schwefelsäure schickt, so wird immer etwas Ozon zerstört, und zwar bis über 1%. Benutzt man aber nicht so peinlich getrocknetes Ozon (Sauerstoff nur durch konzentrierte Schwefelsäure oder durch Wasser geleitet), so bleibt der Titer allerdings unverändert. Die Beobachtung, welche schon früher gemacht wurde, und auf die ich in meinem Vortrage Bezug genommen habe, ist aber folgende:

Leitet man Ozon durch Natronlauge, so findet eine Zersetzung des Ozons bis zu 3 oder 4% statt. Schaltet man dann noch dahinter eine Flasche mit konzentrierter Schwefelsäure ein, so wird abermals eine Verminderung des Titers von 2—3% wahrgenommen, so daß man also durch Waschen des Ozons mit Natronlauge und Schwefelsäure insgesamt eine Konzentrationsverringerung bis zu 6% erzielen kann.

A. Zehn-Röhrenapparat, parallelgeschaltet.

1 Liter technischer Sauerstoff mit Rotamesser gemessen.

---

[1]) Zeitschr. f. Elektrochemie **17**, 633 [1911].

I. Peinlichst getrocknetes Ozon.

Kontrollversuch: Vor der Behandlung mit konzentrierter Schwefelsäure.

| Geschwin-digkeit pro Stunde Liter | Spannung | | ccm 0,1 Thiosulfat | Ozon Prozent |
	primäre Volt	sekundäre Volt		
15	90	8200	75,4	13,9

Versuch: Nach der Behandlung mit konzentrierter Schwefelsäure. (Zwischen den drei Versuchen wurde immer $1\frac{1}{4}$ Stunde Ozon weiter durch die Schwefelsäure hindurchgeleitet.)

| Nr. | Ge-schwindig-keit pro Stunde Liter | Spannung | | ccm 0,1 Thiosulfat | Ozon Prozent |
		primäre Volt	sekundäre Volt		
1	15	90	8200	69,5	12,8
2	15	90	8200	66,1	12,2
3	15	90	8200	65,4	12,1

Man bemerkt hier ein allmähliches Zurückgehen der Konzentration. Mit Ozon länger behandelte konzentrierte Schwefelsäure scheint demnach stärker auf Ozon einzuwirken.

II. Feuchtes Ozon.

Kontrollversuch: Ohne Wasser und Schwefelsäure mit trockenem Ozon bei veränderter Spannung[1]).

| Geschwin-digkeit pro Stunde Liter | Spannung | | ccm 0,1 Thiosulfat | Ozon Prozent |
	primäre Volt	sekundäre Volt		
15	90	7800	67,8	12,5

Versuch: Das Ozon wurde vor der Behandlung mit Schwefelsäure durch Wasser gewaschen.

---

[1]) Bei unserem Apparat ist es nicht ganz leicht, die sekundäre Spannung genau einzuhalten; aus diesem Grunde haben sich für jede Versuchsserie erneute Kontrollbestimmungen nötig erwiesen. Zu bemerken ist ferner, daß das Ozon aus technischem Sauerstoff keine nachweisbaren Mengen von Oxyden des Stickstoffs enthielt.

| Nr. | Ge-schwindig-keit pro Stunde Liter | Spannung | | ccm 0,1 Thiosulfat | Ozon |
		primäre Volt	sekundäre Volt		Prozent
1	15	90	7800	68,1	12,6
2	15	90	7800	69,5	12,8
3	15	90	7800	67,4	12,4

Man sieht also, daß bei dieser Behandlung der Titer des Ozons unverändert bleibt.

III. Einfluß der Natronlauge und Schwefelsäure.

Kontrollversuch: Mit trockenem Ozon ohne Natronlauge und Schwefelsäure.

| Geschwin-digkeit pro Stunde Liter | Spannung | | ccm 0,1 Thiosulfat | Ozon |
	primäre Volt	sekundäre Volt		Prozent
15	90	8200	75,5	14,0

1. Versuch: Eingeschaltet eine Flasche mit 5proz. NaOH.

| Geschwin-digkeit pro Stunde Liter | Spannung | | ccm 0,1 Thiosulfat | Ozon |
	primäre Volt	sekundäre Volt		Prozent
15	90	8200	62,6	11,6
15	90	8200	56,3	10,4

2. Versuch: Schaltet man nun noch eine Flasche mit konzentrierter Schwefelsäure ein, so findet man:

Geschwindigkeit pro Stunde Liter	Primäre Spannung Volt	ccm 0,1 Thiosulfat	Ozon Prozent
15	90	50,5	9,3

Bei langsamerem Durchleiten wird aber mehr Ozon zerlegt.

Kontrollversuch: Ohne Natronlauge mit trockenem Ozon.

Geschwindigkeit pro Stunde Liter	Primäre Spannung Volt	ccm 0,1 Thiosulfat	Ozon Prozent
10	90	59,7	11,0
10	90	57,0	10,5

3. Versuch: Mit Natronlauge.

Nr.	Geschwindigkeit pro Stunde Liter	Primäre Spannung Volt	ccm 0,1 Thiosulfat	Ozon Prozent
1	10	90	33,9	6,3
2	10	90	37,1	6,8

4. Versuch: Durch NaOH und konzentrierte H_2SO_4.

Geschwindigkeit pro Stunde Liter	Primäre Spannung Volt	ccm 0,1 Thiosulfat	Ozon Prozent
10	90	26,2	4,8
10	90	24,0	4,4

B. Zehn-Röhrenapparat hintereinandergeschaltet.

Gemessen 1 Liter technischer Sauerstoff.

I. Peinlichst getrocknetes Ozon.

Kontrollversuche:

Nr.	Geschwindigkeit pro Stunde Liter	Spannung primäre Volt	Spannung sekundäre Volt	ccm 0,1 Thiosulfat	Ozon Prozent
1	10	90	8400	68,4	12,6
2	10	90	8400	68,8	12,7
3	10	80	7300	66,5	12,3

1. Versuch: Nach dem Durchleiten durch konzentrierte H_2SO_4.

Nr.	Geschwindigkeit pro Stunde Liter	Spannung primäre Volt	Spannung sekundäre Volt	ccm 0,1 Thiosulfat	Ozon Prozent
ad 1	10	90	8400	61,9	11,4
ad 3	10	80	7300	64,2	11,9

2. Versuch: Mit 5proz. NaOH.

Nr.	Geschwindigkeit pro Stunde Liter	Spannung primäre Volt	Spannung sekundäre Volt	ccm 0,1 Thiosulfat	Ozon Prozent
1	10	80	7300	56,2	9,4
2	10	80	7300	48,6	9,0

3. Versuch: Mit 5proz. NaOH und konzentrierter H_2SO_4.

Nr.	Ge-schwindig-keit pro Stunde Liter	Spannung		ccm 0,1 Thiosulfat	Ozon
		primäre Volt	sekundäre Volt		Prozent
1	10	80	7300	46,2	8,6
2	10	80	7300	42,6	7,9

Da man denken konnte, daß beim Durchstreichen des Ozons durch die Natronlauge irgend etwas mitgerissen würde, welches auf die Zersetzung dieses Gases beim Passieren der Schwefelsäure von Einfluß ist, wurde noch eine Flasche mit destilliertem Wasser zwischen NaOH und konzentrierter H_2SO_4 geschaltet. Hierbei wurden aber erhalten:

4. Versuch:

Nr.	Ge-schwindig-keit pro Stunde Liter	Spannung		ccm 0,1 Thiosulfat	Ozon
		primäre Volt	sekundäre Volt		Prozent
1	10	80	7600	41,0	7,6
2	10	80	7600	38,8	7,2

Wie man sieht, wird dadurch der Titer des Ozons nur noch weiter heruntergesetzt.

Man kann also nicht sagen, daß Ozon gegen konzentrierte Schwefelsäure absolut beständig sei, es kommt lediglich auf die Versuchsbedingungen an. Die Angabe von Brodie bedarf der Ergänzung.

Ich bin übrigens immer mehr zu der Überzeugung gelangt, daß die sogenannte katalytische Zersetzung des Ozons durch Natronlauge und konzentrierte Schwefelsäure mit dem Gehalt des Ozons an „Oxozon" O_4 in Beziehungen steht, d. h. daß das Oxozon es ist, welches hierbei zerstört wird.

Über die Gründe, welche mich zu dieser Erkenntnis geführt haben, werde ich demnächst an anderer Stelle ausführlich berichten[1]).

Herrn cand. chem. Fritz Evers danke ich herzlich für seine eifrige Unterstützung bei dieser Untersuchung.

---

[1]) Vgl. Berichte d. Deutsch. chem. Gesellschaft **45**, 936 [1912]; dieses Buch S. 367; Annalen d. Chemie u. Pharmazie **390**, 235ff. [1912]; dieses Buch S. 340.

3. C. Harries: Über einige Vorlesungsexperimente mit Ozon.

Aus dem Chem. Institut der Universität Kiel.
Berichte der Deutschen chemischen Gesellschaft **41**, 42 (1907).
(Eingegangen am 18. Dezember 1907.)

Den allgemein üblichen Experimenten über Ozon pflege ich folgende anzufügen, die sich ohne Schwierigkeiten ausführen lassen und zum Teil auf schon bekannte Beobachtungen begründet sind.

Absorbierbarkeit des Ozons durch Terpentinöl[1]).

Man füllt (am besten vor der Vorlesung) einen ca. 30 cm hohen Schüttelzylinder durch Luftverdrängung mit Ozon (5—6%) aus dem Ozonisator und zeigt nach dem Öffnen des eingeschliffenen Stopfens durch Einhalten von Jodkaliumstärkepapier, daß Ozon in dem Zylinder enthalten ist; darauf gießt man schnell ca. 50 cm Terpentinöl hinein[2]) und schüttelt durch. Führt man nunmehr einen neuen Jodkaliumstärkepapierstreifen in den Zylinder, so wird er absolut nicht gebläut. Alles Ozon ist vom Terpentinöl verschluckt, und man kann zeigen, daß letzteres die oxydierenden Eigenschaften durch „Ozonid“-Bildung übernommen hat, indem man das Jodkaliumstärkepapier in das Terpentinöl einsenkt.

Entzündbarkeit des Terpentinöls durch Ozon.

Es ist durch Versuche von Ladenburg und Landolt bekannt, daß sich Terpentinöl mit Ozon unter Umständen entzünden kann. Landolt hat empfohlen, Watte mit Terpentinöl zu tränken und Ozon darüber zu leiten. Nach meiner Erfahrung ist es aber gar nicht so leicht, selbst mit starkem Ozon, Terpentinöl zur Entzündung zu bringen.

---

[1]) Vgl. Ladenburg, Berichte d. Deutsch. chem. Gesellschaft **34**, 631 [1901].

[2]) Nimmt man weniger oder gießt langsam hinein, so kann evtl. Entzündung oder gar Explosion erfolgen; wendet man gleich eine ordentliche Portion auf einmal an, so ist diese Gefahr verringert.

Folgendermaßen gelingt es indessen sicher, dies Experiment zu realisieren, vorausgesetzt, daß man ein mindestens ca. 9% Ozon enthaltendes Gasgemisch besitzt.

Man füllt einen hohen und breiten Zylinder durch Luftverdrängung mit Ozon aus dem Ozonisator und gießt Terpentinöl auf einen langen Fließpapierstreifen, trocknet darauf mit Fließpapier den Überschuß des Öls gut ab und führt den getränkten Papierstreifen schnell in den Zylinder ein. Nach wenigen Sekunden entzündet sich das Terpentinöl mit dunkelrot leuchtender Flamme unter starker Rußbildung, ganz ähnlich wie bei dem analogen Versuch mit Chlor.

4. C. Harries: Über Oxydationen mittels Ozon.

Aus dem I. chemischen Universitäts-Laboratorium zu Berlin.
Berichte der Deutschen chemischen Gesellschaft **36**, 1933 (1903).
(Eingegangen am 8. Juni 1903.)

Es ist bekannt, daß schon seit längerer Zeit in der Technik das Ozon als Oxydationsmittel angewendet wird; ich erwähne die fabrikmäßige Darstellung des Vanillins (aus Isoeugenol) und ähnlicher Produkte, welche in Frankreich[1]) betrieben, und die Bereitung einer löslichen Stärke, welche in größerem Maßstabe in einigen deutschen Fabriken hergestellt wird. Zu wissenschaftlichen Zwecken ist indessen das Ozon noch wenig als Oxydationsmittel gebraucht worden. Der Hauptgrund dafür liegt wohl darin, daß bis jetzt in den meisten Laboratorien ein geeigneter Apparat zur Darstellung größerer Mengen Ozon fehlt; denn mit den alten kleinen Siemensschen oder Berthelotschen Röhren gelingt es nicht, den Sauerstoff zum präparativen Arbeiten hinreichend zu ozonisieren.

Ich wurde zur Bearbeitung dieses Gebietes durch meine Studien über Autoxydation geführt, indessen verliefen meine ersten Versuche unter Benutzung der alten Apparate völlig ergebnislos. Später habe ich mir dann einen größeren Apparat[2]), in welchem der Sauerstoff mit Strömen von 6000—7000 Volt Spannung ozonisiert werden kann, angeschafft, und seither sind meine Untersuchungen von Erfolg begleitet gewesen. Ich will hier einige Körper aufführen, deren Oxydation zum Teil genau studiert wurde.

Mesityloxyd. Leitet man in Mesityloxyd unter sehr guter Kühlung ozonisierten Sauerstoff ein, so wird das Ozon begierig verschluckt, und man erhält schließlich ein dickes, gelbes, stechend riechendes Öl, welches aber nach dem Herausnehmen aus der Kältemischung mit knatterndem Geräusch sich von selbst erhitzt, um dann unter Feuererscheinung mit großer Energie zu explodieren. Es ist bis jetzt nicht gelungen, diesen Explosivkörper genau zu charakterisieren. Er besitzt

---

[1]) Trillat, Compt. rend. de l'Acad. des Sc. **133**, 823 [1901]. Vgl. Otto u. Verley, D. R. P. 97 620.

[2]) Von der Firma Siemens & Halske angefertigt, wird allgemein abgegeben.

aber die Eigenschaften der Peroxyde. Ich nehme an, daß in ihm die Verbindung $(CH_3)_2C.CH.CO.CH_3$ vorliegt. Für diese Annahme erblicke

$$\overset{.}{O}.\overset{.}{O}$$

ich eine Stütze in dem Verhalten des Mesityloxyds bei Gegenwart von Wasser. Leitet man durch über Wasser[1]) (10 g) geschichtetes Mesityloxyd (2 g) ohne Kühlung einen langsamen Ozon-Sauerstoffstrom, so verschwindet allmählich nach 1—2 Stunden das Mesityloxyd vollständig. Die Lösung ist farblos und reduziert beim Erwärmen Fehlingsche Flüssigkeit. Durch essigsaures Phenylhydrazin wird ein gelbes Hydrazon abgeschieden, welches durch Waschen mit Alkohol fest wird. Es ließ sich als Methylglyoxalosazon leicht identifizieren. Das Mesityloxyd erleidet also an der doppelten Bindung eine Aufspaltung unter Oxydation, wahrscheinlich ist das explosive Peroxyd das Zwischenglied dieser Reaktion

$$(CH_3)_2C:CH.CO.CH_3 \;\rightarrow\; (CH_3)_2\,\overset{.}{C}.CH.CO.CH_3$$
$$\overset{.}{O}.\overset{.}{O}$$
$$\rightarrow (CH_3)_2CO + CHO.CO.CH_3.$$

Ich mache hierbei gleich auf die merkwürdige Tatsache aufmerksam, welche ich in fast allen bisher untersuchten Fällen beobachtet habe, daß hierbei nur sehr geringe Mengen von Säuren entstehen und die Oxydation bei der Bildung auch noch so empfindlicher Aldehyde stehen bleibt[2]). Das bisher noch nicht in reinem Zustande isolierte Methylglyoxal wird man nach diesem Verfahren rein erhalten können.

Methylheptenon. War diese Interpretation richtig, so mußte aus Methylheptenon das Pentanonal gewonnen werden:

$$\begin{array}{l}CH_3\\CH_3\end{array}\!\!\Big\rangle C:CH.CH_2.CH_2.CO.CH_3 = \begin{array}{l}CH_3\\CH_3\end{array}\!\!\Big\rangle CO + CHO.CH_2.CH_2.CO.CH_3.$$

Die Versuchsanordnung war dieselbe. 15 g Wasser, 3 g Methylheptenon, Dauer der Oxydation ca. 1 Stunde. Während dieser Zeit ging alles in Lösung, welche absolut farblos blieb. Durch Kaliumcarbonat konnte daraus ein farbloses Öl abgeschieden werden, welches sich identisch erwies mit dem von mir vor 6 Jahren beschriebenen Lävulinaldehyd oder Pentanonal, welchen ich durch Aufspaltung des Sylvans aus Buchenteer gewann. Ich hatte noch von jener Zeit

---

[1]) Man kann statt Wasser auch Eisessig oder Aceton als Lösungsmittel anwenden.

[2]) Diese Angaben sind später berichtigt; vgl. Harries u. Türk, Annalen d. Chemie u. Pharmazie **374**, 344 [1910]. Dieses Buch S. 306.

her ein kleines Präparat, mit welchem ich einen genauen Vergleich durchführen konnte[1]).

Durch dieses Verfahren ist der Lävulinaldehyd ein leicht zugänglicher Körper geworden, da die Ausbeute zufriedenstellend ist.

Genau wie Methylheptenon verhält sich auch das Allylaceton[2]). Aus letzterem entsteht ebenfalls ganz glatt der Lävulinaldehyd:

$$CH_2: CH.CH_2.CH_2.CO.CH_3 \leftarrow CHO.CH_2.CH_2.CO.CH_3.$$

Ob daneben, wie man erwarten sollte, Formaldehyd aus der Methylengruppe gebildet wird, ist noch nicht genau festgestellt worden, aber wahrscheinlich.

Aus diesem Ergebnis ersieht man auch gleich eine weitere Nutzanwendung der Oxydation mit Ozon. Sie kann nämlich als Hilfsmittel zur Bestimmung der Stellung der doppelten Bindung benutzt werden. So liefert z. B. Citral, welches gleichfalls sehr schnell oxydiert wird, nicht, wie man nach der jetzt gebräuchlichen Tiemannschen Formel:

$$(CH_3)_2C: CH.CH_2.CH_2.C: CH.CHO,$$
$$CH_3$$

erwarten sollte, das Pentanonal, sondern einen anderen, sehr empfindlichen Dialdehyd oder Ketoaldehyd, daneben sehr wenig Pentanonal[3]).

Die ungesättigten Aldehyde resp. deren Acetale lassen sich nämlich ebenso wie die Ketone oxydieren. Bei gleicher Versuchsanordnung entsteht aus Acroleinacetal ein Semiacetal des Glyoxals:

$$CH_2: CH.CH(OC_2H_5)_2 \rightarrow CHO.CH(OC_2H_5)_2,$$

3 g davon werden nach ca. $1^1/_2$ Stunden oxydiert. Das neue Acetal kann man durch Kaliumcarbonat als farbloses Liquidum von stechend süßlichem Geruch abscheiden, welches Fehlingsche Lösung beim Erwärmen reduziert. Es siedet bei 80—90° unter gewöhnlichem Druck nicht ohne Zersetzung, indem es dabei anscheinend in Glyoxal und Alkohol zerfällt. Essigsaures Phenylhydrazin bildet zuerst ein öliges Hydrazon, welches beim Erwärmen auf dem Wasserbade in goldgelben Nadeln erstarrt. Dieselben sind aber durch Abspaltung der Acetal-

---

[1]) Ich habe damals (Berichte d. Deutsch. chem. Gesellschaft **31**, 37 [1898]) angegeben, daß das aus dem Pentanonal mit Phenylhydrazin und verdünnten Mineralsäuren erhältliche Phenylmethyldihydropyridazin bei 196—197° unter Zersetzung schmilzt. Hierbei ist zu bemerken, daß diesmal keine Zersetzung beobachtet werden konnte.

[2]) Vgl. v. Braun u. Stechele, Berichte d. Deutsch. chem. Gesellschaft **33**, 1472 [1900].

[3]) Vgl. Harries u. Himmelmann, Berichte d. Deutsch. chem. Gesellschaft **40**, 2823 [1907]. Dieses Buch S. 475.

gruppen entstandenes Glyoxalphenylosazon. Diese Verbindung wird noch genauer beschrieben werden[1]).

Von ungesättigten Säuren wurde bisher Maleinsäure, Fumarsäuremethylester, Zimtsäure und Ölsäure untersucht. 2 g Maleinsäure wurden in 10 g Wasser gelöst und 2 Stunden mit Ozon behandelt. Die Lösung ergab, darnach mit essigsaurem Phenylhydrazin versetzt, 1,4 g chemisch reines Glyoxylsäurephenylhydrazon. Oxalsäure war nicht nachzuweisen. Die Reaktion vollzieht sich also wie folgt:

$$COOH.CH : CH.COOH = COOH.CHO + CHO.COOH.$$

2 g Fumarsäuremethylester wurden in 20 ccm Wasser suspendiert und ca. 2 Stunden mit Ozon behandelt. Nach dieser Zeit waren noch 1,4 g Fumarsäuremethylester unverändert; aus dem wasserklaren Filtrat schied sich auf Zusatz von essigsaurem Phenylhydrazin sofort ein goldgelbes, kristallinisches Phenylhydrazon ab (1 g). Dasselbe läßt sich leicht aus verdünntem Methylalkohol in schönen Nadeln gewinnen und schmilzt dann bei 139°. Da das Phenylhydrazon des Glyoxylsäuremethylesters noch nicht bekannt ist, wurde diese Verbindung analysiert.

0,1572 g Sbst.: 0,3507 g CO_2, 0,0838 g H_2O. — 0,1465 g Sbst. (im Vakuum getrocknet): 20,2 ccm N (23°, 761 mm).

$C_9H_{10}N_2O_2$. Ber. C 60,67, H 5,62, N 15,73.
  Gef. ,, 60,86, ,, 6,06, ,, 15,57.

Die Oxydation des Fumarsäureesters mit Ozon, bei welcher die Estergruppe intakt erhalten bleibt, verläuft folgendermaßen:

$$CH_3OOC.CH : CH.COOCH_3 = CH_3OOC.CHO + CHO.COOCH_3.$$

Ebenso wird Zimtsäure sehr langsam zu Benzaldehyd und Glyoxylsäure oxydiert. Zur präparativen Darstellung der Glyoxylsäure wird man gut die leicht lösliche Maleinsäure benutzen können. Die bei der Ölsäure gewonnenen Resultate sind noch nicht ganz klar.

Auch Alkohole werden oxydiert. Methylalkohol in 50 prozentiger, wässeriger Lösung liefert Formaldehyd. Weiter habe ich das Glycerin untersucht. Es gelang unschwer, aus der mit Ozon behandelten wässerigen Lösung durch essigsaures Phenylhydrazin das bekannte Osazon des Glycerinaldehyds bzw. des Dioxyacetons zu isolieren. Möglicherweise entsteht das letztere durch Angriff des mittelständigen Kohlenstoffatoms:

$$CH_2(OH).CH(OH).CH_2.OH \rightarrow CH_2(OH).CO.CH_2.OH.$$

---

[1]) Vgl. Einleitung S. 5.

Stilben und Wasser liefert langsam aber glatt Benzaldehyd.

Die Methode der Oxydation mit Ozon bietet in manchen Fällen Vorzüge von dem bisher zur Darstellung von Aldehyden benutzten Verfahren, und man wird mit ihrer Hilfe zu einer Reihe bisher ganz unzugänglicher Aldehyde, besonders Dialdehyde, Ketoaldehyde und Aldehydosäuren, gelangen. Bei der Ausführung der Versuche ist aber große Vorsicht am Platze, weil manche Verbindungen beim Behandeln mit Ozon infolge der intermediären Bildung von Peroxyden heftige Explosionen verursachen.

Herrn Dr. Wilhelm Antoni danke ich herzlich für seine geschickte Unterstützung.

5. C. Harries: Nachtrag zur Mitteilung über Oxydationen mit Ozon[1].

Aus dem I. Berliner Universitätslaboratorium.
Berichte der Deutschen chemischen Gesellschaft **36**, 2996 (1903).
(Eingegangen am 15. August 1903.)

Verhalten von Ozon gegen Jodbenzol. Läßt man durch Jodbenzol längere Zeit ozonisierten Sauerstoff streichen, so färbt sich dasselbe braun, und beim Verdunsten des unveränderten Jodbenzols hinterbleibt ein fester, brauner Körper. Wird dieser mit Chloroform und wenig verdünnter Salzsäure behandelt, dann scheidet sich Jodosobenzol[2]) in schönen Nadeln ab, welches alle von Willgerodt beschriebenen Eigenschaften anzeigt. Die Bildungsweise ist nicht so glatt, daß sie der älteren aus dem Dichlorid vorgezogen werden könnte, dagegen ist sie theoretisch von einigem Interesse.

Es ist bekannt, daß Jod durch Ozon zu Jodsäureanhydrid oxydiert wird; entsprechend diesem Vorgange sollte man eigentlich auch die Bildung von Jodobenzol aus Jodbenzol erwarten, da dieses der Jodsäure entspricht:

$$\mathrm{HO.J{=}O} \qquad\qquad \mathrm{C_6H_5.J{=}O}$$

$$\mathrm{HO.J{\Big\langle}^O_O} \qquad\qquad \mathrm{C_6H_5.J{\Big\langle}^{O.}_O}$$

Die Gegenwart von Jodobenzol unter den Oxydationsprodukten des Jodbenzols durch Ozon ist aber nicht nachgewiesen worden. '

Diese kurze Mitteilung gibt mir Gelegenheit zu einer Berichtigung.

In meiner Abhandlung „Über Oxydationen mit Ozon", welche vorwiegend Körper der aliphatischen Reihe berührte, habe ich auf die merkwürdige Tatsache hingewiesen, daß bei den von mir eingehaltenen Versuchsbedingungen die Oxydation bei der Bildung der Aldehyde stehen bleibt und auch nicht Spuren von den entsprechenden Säuren nachgewiesen werden können. Dieser Passus ist nun so verstanden worden, als ob Aldehyde überhaupt nicht durch ozonisierten Sauerstoff

---

[1]) Berichte d. Deutsch. chem. Gesellschaft **36**, 1933 [1903].

[2]) Dies ist ein Irrtum, es liegt Benzojoddichlorid vor, welches aus Jodosobenzol bei Gegenwart von Chloroform und Salzsäure entsteht. Der feste, braune Körper, welcher beim Abdunsten des ozonisierten Jodbenzols entsteht, zeigt alle Eigenschaften des Jodosobenzols.

verändert werden könnten. Meine Bemerkung bezog sich aber nur auf die von mir ausgeführten Versuche. Tatsächlich werden die Aldehyde der aromatischen Reihe, wenn lange genug behandelt, in die zugehörigen Säuren verwandelt, die der aliphatischen Reihe allerdings fast gar nicht[1]). Z. B. gibt Benzaldehyd Benzoesäure. Es ist indessen noch nicht mit hinreichender Sicherheit festgestellt, ob die oxydierende Wirkung vom Ozon selbst oder vom begleitenden Sauerstoff herrührt. Diese beiden Agenzien scheinen nämlich einen verschiedenen Einfluß zu besitzen. Ich hoffe, später eingehend diese Verhältnisse aufklären zu können.

[1]) Vgl. dazu Kötschau, Annalen d. Chemie u. Pharmazie **374**, 321 [1910].

6. C. Harries: Über die Wirkungsweise des Ozons bei der Oxydation. Ein Beitrag zur Chemie des Sauerstoffs.

Aus dem I. Berliner Universitätslaboratorium.

Berichte der Deutschen chemischen Gesellschaft **37**, 839 (1904).

(Eingegangen am 24. Februar 1904.)

In früheren Mitteilungen[1]) habe ich gezeigt, daß man mittels Ozon verschiedene Gruppen organischer Verbindungen oxydieren kann. Und zwar Alkohole zu Aldehyden, Jodbenzol zu Jodosobenzol, weiter besonders ungesättigte Körper unter Aufspaltung an der doppelten Bindung zu Aldehyden bzw. Ketonen. Letzterer Vorgang erschien geeignet, die Wirkungsweise des Ozons bei der Oxydation klarzustellen[2]).

Man muß bei der Einwirkung von Ozon auf ungesättigte Verbindungen zweierlei Reaktionen unterscheiden:

I. Direkte Einwirkung von Ozon auf die Substanz ohne Lösungsmittel unter Kühlung (oder in nicht dissoziierenden Lösungsmitteln).

II. Einwirkung von Ozon auf die Substanz bei Gegenwart von Wasser.

Es hat sich gezeigt, daß die erste Einwirkungsart bei den ungesättigten Körpern, soweit bis jetzt beobachtet wurde, ohne Gasentwickelung zu peroxydartigen Verbindungen führt, während die zweite in vielen Fällen Spaltung an der Stelle der doppelten Bindung zu Aldehyden bzw. Ketonen hervorruft, wobei meistens **Wasserstoffsuperoxyd** nachweisbar ist.

Die Bildung der peroxydartigen Verbindungen scheint der Spaltung in Aldehyde bzw. Ketone bei Gegenwart eines dissoziierenden Lösungsmittels voranzugehen und das Wasserstoffsuperoxyd seine Entstehung dem Zerfall der primären Produkte zu verdanken. Die primär gebildeten, peroxydartigen Körper geben an und für sich nicht die Reaktion auf Wasserstoffsuperoxyd; erwärmt man sie aber mit Wasser, so erhält man diese Reaktion und die Bildung von Aldehyden ist nachweisbar.

---

[1]) Berichte d. Deutsch. chem. Gesellschaft **36**, 1933, 2998, 3001, 3658 [1903]; **37**, 612 [1904].

[2]) In meinem Vortrag am 8. Februar habe ich die theoretische Seite dieser Frage anders als jetzt diskutiert. Durch die Entdeckung der Ozonide ist meine Anschauung wesentlich modifiziert worden.

Die einmal entstandenen Primärprodukte sind aber verhältnismäßig beständig und lassen sich schwerer spalten, als wie es bei der Einwirkung des Ozons auf die Kohlenwasserstoffe direkt bei Gegenwart von Wasser geschieht.

Sie bilden dicke, farblose oder hellgrüne Öle von eigentümlichem erstickendem Geruch; dieselben sind zum Teil furchtbar explosiv, wie beim Mesityloxyd und Acrolein, zum Teil aber nicht, z. B. bei Kohlenwasserstoffen; hier verpuffen sie nur beim Erhitzen auf dem Platinblech wie Schießpulver, lassen sich aber mitunter im Vakuum unter 10 mm Druck ohne wesentliche Zersetzung destillieren.

Welche Zusammensetzung haben nun die durch Ozon entstehenden Peroxyde? Dieselbe festzustellen, war mit vielen Schwierigkeiten verbunden, weil die Anwesenheit der geringsten Spuren von Wasser die Reindarstellung dieser Substanzen beeinträchtigt. Andererseits ist auch die Analyse der lebhaft verpuffenden Substanzen nicht einfach. Für einige Fälle hat sich aber jetzt genau ermitteln lassen, daß an eine Doppelbindung 3 Atome Sauerstoff addiert werden. Dies gilt sowohl für Körper mit einer wie mit zwei ungesättigten Bindungen. Es lagert sich also das Molekül des Ozons O_3 einfach an. Zum Unterschied von den schon bekannten Peroxyden[1]), welche von den neuen Körpern in bezug auf oxydierende Eigenschaften wohl noch übertroffen werden, nenne ich sie Ozonide. Noch nicht ganz klar ist die Einwirkung von Ozon auf ungesättigte zyklische Kohlenwasserstoffe; sicher treten aber auch an diese Körper immer mehr Sauerstoffatome heran, als der Bildung von einfachen Peroxyden entsprechen würde.

Nach dem vorhandenen experimentellen Material glaube ich die Wirkungsweise des Ozons auf ungesättigte Verbindungen folgendermaßen formulieren zu können:

$$\text{O zweiwertig}$$

$$\text{I} \quad {>}C:C{<} + O_3 = {>}\underset{.}{C}\underline{\qquad}\underset{.}{C}{<} \quad \text{oder} \quad {>}C:C{<} + O = O$$

$$O \cdot O \cdot O$$

$$\text{O vierwertig}$$

$$= {>}\underset{.}{C}-C{<}$$

$$\text{II} \quad {>}\underset{.}{C}\underline{\qquad}\underset{.}{C}{<} + H_2O = {>}CO + OC{<} + H_2O_2 \qquad O-O$$

$$O \cdot O \cdot O$$

Tritt bei Gegenwart von Wasser gleich Spaltung ein, so darf die Gleichung angewendet werden, die ich schon früher aufgestellt habe:

$$\text{III} \quad {>}C:C{<} + O_3 + H_2O = {>}CO + OC{<} + H_2O_2,$$

---

[1]) Engler, Frankenstein, Berichte d. Deutsch. chem. Gesellschaft **34**, 2933 [1901].

sie bedeutet zugleich die Erklärung für die Überführung des Ozons in Wasserstoffsuperoxyd, die bisher nicht bekannt war.

Natürlich kann das entstehende Wasserstoffsuperoxyd wieder die Spaltungsprodukte weiter oxydieren, z. B. Formaldehyd zu Kohlensäure[1]), und dann kann es geschehen, daß eines davon und das Wasserstoffsuperoxyd selbst auch ganz verschwindet. Bei kleinen Operationen, wenn man Erwärmung vermeidet, ist dies indessen, soweit ich beobachtet habe, meistens nicht der Fall.

Bezüglich der Gleichung III ist noch folgendes zu bemerken. Es ist möglich, daß weniger Wasser, als die Gleichung verlangt, zur vollständigen Spaltung nötig ist. Man kann sich denken, daß dieselbe nach Art der katalytischen Reaktionen weitergeht, wenn erst durch geringe Mengen von Wasser der Zerfall eingeleitet ist. Dieser Umstand dürfte besonders dann eintreten, wenn eines der Spaltungsprodukte durch das entstehende Wasserstoffsuperoxyd gleich weiteroxydiert wird, wobei sich natürlich immer wieder das Wasser regeneriert.

Einige Beobachtungen scheinen diese Annahme zu stützen[2]).

Ob die Ozonide wirklich die oben gegebene Konstitution besitzen oder nicht, wird sich später herausstellen; jedenfalls ist sie nicht unwahrscheinlich, da darin der Zerfall zu den Aldehyden und die oxydierenden Wirkungen zum Ausdruck kommen. Die Stabilität der Verbindungen erklärt sich vielleicht aus der fünfgliedrigen, ringförmigen Struktur.

Wenn ich die Vorgänge bei der Oxydation durch Ozon und diejenigen bei der Autoxydation miteinander vergleiche, so komme ich zu dem Resultat, daß diese beiden Prozesse voneinander verschieden sind, und daß die Annahme nicht zulässig ist, der Autoxydation laufe erst eine Bildung von Ozon voraus, welches dann in statu nascendi einwirke.

Über die Ozonerzeuger, welche ich zur Darstellung des Ozons benutzte, wie über die Apparatur, die zur Oxydation der Substanzen selbst angewendet wurde, will ich erst in einer späteren Mitteilung berichten, vorläufig bin ich noch mit der Verbesserung derselben beschäftigt.

---

[1]) Vgl. Blank, Finkenbeiner, Berichte d. Deutsch. chem. Gesellschaft **31**, 2979 [1898] und Gersow, Berichte d. Deutsch. chem. Gesellschaft **37**, 515 [1904].

[2]) Renard (Compt. rend. de l'Acad. des Sc. **120**, 1177 [1895]) hat bei der Einwirkung von Ozon auf Benzol das sogenannte Ozobenzol $C_6H_6O_6$ erhalten. Aus der Bildung einer Verbindung dieser Zusammensetzung geht nicht hervor, wie das Ozon mit dem Benzol reagiert hat, es könnte ein Diozonid $C_6H_6(O_3)_2$ oder ein Triperoxyd $C_6H_6(O_2)_3$ sein. Es wäre verständlicher, wenn das Ozobenzol die Formel eines Triozonids $C_6H_6O_9$ besäße. Renard gibt nichts darüber an, ob bei Berührung des Ozobenzols mit Wasser zunächst Wasserstoffsuperoxyd und Aldehyde entstehen.

7. C. Harries und A. S. de Osa: Über ein Phenylbuten.

Aus dem I. Berliner Universitätslaboratorium.

Berichte der Deutschen chemischen Gesellschaft **36**, 2997 (1903).

(Eingegangen am 15. August 1903.)

In verschiedenen Abhandlungen[1]) hat der eine von uns gezeigt, daß ungesättigte Kohlenwasserstoffe in sehr reinem Zustande durch Destillation der Phosphate von Aminen gewonnen werden können. Die Untersuchung ist jetzt auch auf die aromatische Reihe ausgedehnt worden, und es scheint, als ob auch hier die Methode einer allgemeinen Anwendbarkeit fähig ist. Wir sehen uns zur Veröffentlichung unserer noch nicht abgeschlossenen Arbeit genötigt, da sich die Forschungen von Herrn **Klages** und **Kunckel** auf nahe verwandtem Gebiet bewegen.

Zur Darstellung des Phenylbutens gehen wir vom Benzalacetoxim aus und reduzieren dieses mit Natrium und Alkohol zum Phenyl-3-aminobutan:

$$C_6H_5.CH:CH.C\,(:N.OH).CH_3 \;\rightarrow\; C_6H_5.CH_2.CH_2.CH\,(NH_2).CH_3\,.$$

Letzteres spaltet, mit Phosphorsäure destilliert, glatt Ammoniak ab und liefert das Phenylbuten, $C_6H_5.CH:CH.CH_2.CH_3$, bzw. $C_6H_5.CH_2.CH_2.CH:CH_2$. Mit Ozon ließ sich nämlich nachweisen, daß dieser Kohlenwasserstoff mindestens aus diesen beiden isomeren Produkten besteht, denn bei der Oxydation mit diesem Agens wurden Benzaldehyd und sehr wahrscheinlich Hydrozimtaldehyd gebildet.

Für die Abspaltung des Ammoniaks aus dem 1-Phenyl-3-aminobutan sind zuerst zwei Möglichkeiten in Betracht zu ziehen:

$$C_6H_5.CH_2.CH_2.CH.CH_3 \;\rightarrow\; \text{I}\;\; C_6H_5.CH_2.CH_2.CH:CH_2 \;\;\text{und}$$
$$NH_2 \qquad\qquad \text{II}\;\; C_6H_5.CH_2.CH:CH.CH_3\,.$$

I mußte bei der Oxydation Hydrozimtaldehyd, II Phenylessigaldehyd ergeben. Die Entstehung des ersteren ist wohl als sicher zu betrachten, letzterer konnte nicht nachgewiesen werden. Der Benzaldehyd, welcher übrigens nur in geringer Menge entsteht, entstammt

---

[1]) Vgl. Annalen d. Chemie u. Pharmazie **328**, 88 [1903].

einem Kohlenwasserstoff, bei dem sich die doppelte Bindung umgelagert haben muß:

$$\text{III}\quad C_6H_5.CH{:}CH.CH_2.CH_3 \rightarrow C_6H_5.CHO.$$

Danach ist der Kohlenwasserstoff ein Gemisch von zwei Substanzen, dem 1-Phenyl-buten-(3) und 1-Phenyl-buten-(1).

Reduziert man das Benzalacetonoxim nicht mit Natrium, sondern mit Zinkstaub und Eisessig (Näheres siehe experimenteller Teil), so gelingt es, die Reduktion auf die Oximgruppe zu beschränken, und man erhält eine ungesättigte Base, das 1-Phenyl-3-amino-buten (1).

$$C_6H_5.CH{:}CH.C({:}NOH).CH_3 \rightarrow C_6H_5.CH{:}CH.CH(NH_2).CH_3.$$

Es ist dies merkwürdigerweise ein umgekehrter Vorgang wie bei der Reduktion des Benzalacetons selbst, bei dem durch Zinkstaub und Eisessig nur die doppelte Bindung aufgehoben wird und nach Schneidewind[1]) Benzylaceton entsteht:

$$C_6H_5.CH{:}CH.CO.CH_3 \rightarrow C_6H_5.CH_2.CH_2.CO.CH_3;$$

außerdem steht sie mit der Thieleschen Theorie[2]) über die Natur der Doppelbindung in Widerspruch. Nach dieser Theorie sollte Phenylbutanonoxim gewonnen werden.

Die Destillation des Phosphates dieser α, β-ungesättigten Base — von solchen existieren bislang nur wenige Repräsentanten — ist noch nicht ausgeführt worden. Es ist aber nicht zu bezweifeln, daß sie zum 1-Phenyl-butadien (1,3) führen wird.

Experimenteller Teil.

Das **Benzalacetoxim** erhält man am besten, wenn molekulare Mengen Benzalaceton und Hydroxylaminchlorhydrat in methylalkoholischer Lösung 8 Tage bei gewöhnlicher Temperatur stehen gelassen werden. Nach dieser Zeit gießt man das Reaktionsprodukt in verdünnte Sodalösung. Die Ausbeute ist nach diesem Verfahren sehr gut.

1-Phenyl-3-aminobutan. Je 10 g Oxim werden in je 50 ccm absolutem Alkohol gelöst und mit 20 g Natrium reduziert. Dann wird aus der Reduktionsmasse die Base mit Wasserdampf abgetrieben. Fängt man den zuerst übergehenden Alkohol gesondert auf, so gelingt es, die mit dem Wasser übergehende Base, welche auf dem Destillat schwimmt, direkt abzuheben. Aus dem alkoholisch-wässerigen Destillat kann man durch Eindampfen mit Salzsäure den Rest als Chlorhydrat gewinnen. Das gelbe Öl wird nach dem Trocknen mit Stangenkali im Vakuum

[1]) Vgl. Annalen d. Chemie u. Pharmazie **296**, 295 [1897].
[2]) Annalen d. Chemie u. Pharmazie **306**, 87 [1899].

fraktioniert; es siedet unter 14 mm Druck zwischen $100-117°$, ist danach also ein Gemisch.

Zur Reinigung wurde dieses Öl in das gut kristallisierende Chlorhydrat (vgl. weiter unten) übergeführt und daraus durch konzentriertes Alkali abgeschieden. Bei der Destillation im Vakuum erhielten wir eine reine, farblose Base von folgenden Eigenschaften: Schwer löslich in Wasser, Sdp. $101-102°$ unter 14 mm, $221-222°$ (unkorr.) unter 750 mm Druck, korrigiert nach Diäthylanilin $224-225°$. Geruch schwach aromatisch-ammoniakalisch. $D_{20}^{20} = 0{,}9298$, $n_d^{20} = 1{,}51520$. Molekularrefraktion für $C_{10}H_{15}N$ ber. $\overline{\mid 3}$ 48,19, gef. 48,34.

Das Chlorhydrat, $C_{10}H_{15}N \cdot HCl$, wird am besten durch Eindampfen der Base mit konzentrierter Salzsäure erhalten, der Rückstand läßt sich durch Lösen in Alkohol und Fällen mit Äther umkristallisieren. Der Schmp. liegt bei $142-143°$.

0,1176 g Sbst. (im Vakuum getrocknet): 0,2782 g CO_2, 0,0925 g H_2O. — 0,1954 g Sbst.: 0,1508 g Cl. — 0,2171 g Sbst.: 15 ccm N (20°, 753 mm).

$C_{10}H_{16}NCl$.   Ber. C 64,69, H 8,63, N 7,55, Cl 19,13.
             Gef. ,, 64,52, ,, 8,74, ,, 7,83, ,, 19,09.

Aus 30 g Benzalacetoxim erhält man 18 g Chlorhydrat oder ca. 52% der Theorie.

Als Nebenprodukt bildet sich ein stickstofffreies Öl, wahrscheinlich der Alkohol $C_6H_5 \cdot CH_2 \cdot CH_2 \cdot CH(OH) \cdot CH_3$. Dasselbe findet sich in der Mutterlauge des Chlorhydrates.

Das saure Phosphat der Base wird erhalten durch Vermischen von alkoholischen Lösungen der Base und Phosphorsäure als weiße, pulvrige Masse, welche durch Lösen in viel absolutem Alkohol und Fällen mit Äther gereinigt werden kann. Der Schmelzpunkt liegt bei 172°

0,1811 g Sbst.: 8,9 ccm N (20,5°, 753,5 mm).

$(C_{10}H_{15}N)_2H_3PO_4$.   Ber. N 5,67.   Gef. N 5,56.

Der Schmelzpunkt des Oxalats, welches durch Fällen einer absoluten ätherischen Lösung der Base mit einer ebensolchen von wasserfreier Oxalsäure erhalten wurde, liegt nach dem Umkristallisieren desselben aus Wasser bei $110-112°$. Trocknet man dieses Salz einige Tage im Vakuum, so schmilzt es nachher bei 224° u. Z.

1-Phenyl-3-ureido-butan, $C_6H_5 \cdot CH_2 \cdot CH_2 \cdot CH(CH_3) \cdot NH \cdot CO \cdot NH_2$.

Erhält man durch Erwärmen einer wässerigen Lösung des Chlorhydrats und Kaliumcyanats. Aus Wasser umkristallisiert bildet es weiße Prismen vom Schmp. 119,5°.

0,1961 g Sbst.: 24,9 ccm N (18°, 753 mm).

$C_{11}H_{16}N_2O$.   Ber. N 14,58.   Gef. N 14,53.

1-Phenyl-3-benzoylamino-butan, $C_6H_5 . CH_2 . CH_2 . CH(CH_3) . NH . COC_6H_5$, wird am besten durch Vermischen einer Pyridinlösung der Base mit Benzoylchlorid gewonnen. Durch Eingießen in verdünnte Mineralsäure wird das Benzoylprodukt abgeschieden; aus Alkohol umkristallisiert, erhält man weiße Nadeln vom Schmp. 108°.

0,2078 g Sbst.: 0,6130 g CO_2, 0,1412 g H_2O. — 0,2216 g Sbst.: 10,9 ccm N (22°, 760 mm).

$C_{17}H_{19}NO$. Ber. C 80,63, H 7,51, N 5,53.
Gef. ,, 80,44, ,, 7,55, ,, 5,61.

Das durch Erhitzen der Base mit Essigsäureanhydrid entstehende Acetylderivat war bisher nicht zum Kristallisieren zu bringen.

Phenylbuten.

Unterwirft man das vorhin beschriebene Phosphat der Base der trockenen Destillation unter Einleiten von Kohlensäuregas, so erhält man in einer Ausbeute von ca. 75% einen Kohlenwasserstoff, der, nach dem Waschen mit verdünnter Phosphorsäure, Wasser und Trocknen mit Calciumchlorid, über Natrium unter 747 mm Druck bei 182—185° unkorrigiert, nach Anilin korrigiert bei 186—187° siedet; unter 12 mm Druck geht das Produkt bei 69—73°, Hauptmenge bei 71°, über.

0,0946 g Sbst.: 0,3325 g CO_2, 0,0823 g H_2O.

$C_{10}H_{12}$. Ber. C 90,91, H 9,09.
Gef. ,, 91,04, ,, 9,18.

Der Geruch ist sehr charakteristisch, scharf kresseartig.

$D_{19,5}^{19,5} = 0{,}8954$, $\quad D_4^{19,5} = 0{,}89405$.
$D_{24}^{24} = 0{,}8892$, $\quad n_d^{19,5} = 1{,}52085$.

Molekularrefraktion ber. $\sqrt{4}$ 44,54, gef. 44,87.

Die Bestimmung der Dielektrizitätskonstante im Apparat von Nernst ergab folgende Daten: Einstellung mit Luft 2,6, Benzol 4,3, Kohlenwasserstoff 4,5, Temperatur 24°. Daraus berechnet sich unter Einsetzung der Werte von Landolt und Jahn[1]) für C, H und $4 \sqrt{\ }$ die Zahl 69,56 als Molekularrefraktion. Dieselbe steht mit der theoretisch berechneten in keiner Übereinstimmung[2]).

Der Kohlenwasserstoff entfärbt leicht Brom, liefert aber kein festes Dibromid.

Nitrosit, $C_{10}H_{12}N_2O_3$. Unter Befolgung der Vorschrift von Wallach für die Darstellung des Terpinennitrosits erhält man leicht aus dem Phenylbuten eine weiße, kristallinische Verbindung der Zu-

---

[1]) Zeitschr. f. physikal. Chemie **10**, 289 [1892].

[2]) Ich habe für eine ganze Reihe von Cyclohexadienen die Dielektrizitätskonstante bestimmt, bisher aber noch nirgends eine Übereinstimmung von theoretisch berechneten und gefundenen Werten ermitteln können. Harries.

sammensetzung eines Nitrosits; dieselbe läßt sich schwer umkristallisieren, man wäscht sie am besten nur mit Äther und Wasser. Ihr Zersetzungspunkt liegt bei 110°.

0,1705 g Sbst.: 20 ccm N (22°, 753 mm).

$C_{10}H_{12}N_2O_3$.   Ber. N 13,46.   Gef. N 13,46.

Da die Ausbeute an dieser Substanz nur gering ist und 10% der Theorie nicht übersteigt, ist es wohl möglich, daß sie nicht dem Hauptkohlenwasserstoff des Phenylbutens, sondern der Beimengung eines Isomeren ihre Entstehung verdankt.

Oxydation des Kohlenwasserstoffs mit Ozon.

Je 1 g des Phenylbutens werden auf 2 g Wasser geschichtet und während 2 Stunden mit einem langsamen Strom von ozonisiertem Sauerstoff[1]) behandelt.

Das spez. Gewicht des Öles wird hierbei größer, und am Schluß sinkt alles zu Boden.

Die Flüssigkeit wird mit absolutem Äther ausgeschüttelt und nach dem Verdunsten des letzteren der ölige Rückstand mit Alkohol aufgenommen. Auf Zusatz von essigsaurem Phenylhydrazin fiel ein festes, gelbes Hydrazon aus, das sich bei näherer Untersuchung als Benzalphenylhydrazon vom Schm. 159° nach Analyse und Eigenschaften erwies. Die Ausbeute an diesem Phenylhydrazon war sehr gering: sie entsprach ungefähr derjenigen des Nitrosits, so daß es ziemlich sicher erscheint, daß der Hauptanteil des Kohlenwasserstoffs in anderer Weise oxydiert wird. Das rohe Oxydationsprodukt zeigt nämlich einen so ausgesprochenen Geruch nach Hydrozimtaldehyd, daß dieser Aldehyd sicher zugegen sein muß. Da die Bearbeiter dieses Körpers, E. Fischer und Hoffa[2]), ein Phenylhydrazon nicht beschrieben haben, so ist es wahrscheinlich, daß letzteres schwer im kristallinischen Zustand zu erhalten ist. In der Mutterlauge vom Benzalphenylhydrazon befindet sich ein dickes, rotes Öl, in welchem wir das Hydrozimtaldehydphenylhydrazon vermuten. Die Oxydation des Phenylbutens mit Ozon soll in größerem Maßstabe wiederholt werden.

1-Phenyl-3-amino-buten-(2), $C_6H_5 . CH : CH . CH(NH_2) . CH_3$.

Zur Darstellung dieser Verbindung wurde das Verfahren, welches Goldschmidt[3]) bei der Reduktion des Carvoxims zu Carvylamin befolgt hat, in modifizierter Weise angewendet.

---

[1]) Berichte d. Deutsch. chem. Gesellschaft **36**, 1933 [1903].

[2]) Berichte d. Deutsch. chem. Gesellschaft **31**, 1992 [1898].

[3]) H. Goldschmidt u. Fischer, Berichte d. Deutsch. chem. Gesellschaft **30**, 2069 [1897].

10 g Benzalacetoxim wurden in einer Mischung von je 80 ccm absolutem Alkohol und Eisessig gelöst und unter starker Kühlung 40 g Zinkstaub in kleinen Portionen eingetragen. Zum Schluß wird noch eine halbe Stunde auf dem Wasserbade erwärmt. Dann wird filtriert, darauf mit Wasserdampf zuerst der Alkohol und nach dem Alkalisieren mit Natronlauge die Base übergetrieben. Aus dem wässerigen Destillat wird die wasserlösliche Base mit festem Kali abgeschieden, ausgeäthert und nach dem Verdunsten des Äthers im Vakuum mit Bariumoxyd fraktioniert. Der Siedepunkt liegt unter 12 mm Druck bei 119°. Der Geruch ist ammoniakalisch, basischer als derjenige des Phenylaminobutans. Das Oxalat schmilzt, aus Wasser umkristallisiert, bei 120—122°. Zur Analyse wurde die Benzoylverbindung $C_6H_5.CH:CH.CH(CH_3)$ $.NH.COC_6H_5$ nach der Schotten-Baumannschen Methode dargestellt. Sie kristallisiert aus Alkohol in sternförmig gruppierten, glänzenden Nädelchen, welche bei 136—137° schmelzen. Die Benzoylverbindung entfärbt in Chloroformlösung Brom momentan und zeigt dadurch den ungesättigten Charakter der Base, während der zuerst beschriebene Benzoylkörper unter den gleichen Bedingungen Brom nicht entfärbt. Die Bromverbindung erstarrt beim Verdunsten der Chloroformlösung und läßt sich aus verdünntem Alkohol umkristallisieren, sie schmilzt bei 169—170° unter Bräunung.

Analyse der Benzoylverbindung:

0,1282 g der im Vakuum getrockneten Sbst.: 0,3813 g CO_2, 0,0810 g H_2O. — 0,1641 g der im Vakuum getrockneten Sbst.: 8,3 ccm N (22°, 755 mm).

$C_{17}H_{17}NO$.   Ber. C 81,27, H 6,77, N 5,58.
Gef. ,, 81,27, ,, 7,02, ,, 5,69.

Nach diesen Ergebnissen ist es sichergestellt, daß die ungesättigte Base $C_6H_5.CH:CH.CH(NH_2).CH_3$ vorliegt. Mit der Untersuchung derselben und homologer Verbindungen werden wir uns eingehend beschäftigen.

8. C. Harries und A. S. de Osa: Über Ozonide von einfach ungesättigten Kohlenwasserstoffen.

Aus dem I. Berliner Universitätslaboratorium.
Berichte der Deutschen chemischen Gesellschaft **37**, 842 (1904).
(Eingegangen am 24. Februar 1904.)

Wie mehrfach erwähnt, bilden sich durch die Behandlung mancher Kohlenwasserstoffe mit Ozon bei peinlichem Abschluß von Feuchtigkeit dicke Öle, die zuerst nach ihren Reaktionen als Peroxyde angesprochen wurden. In dieser Hinsicht wurden früher von dem einen von uns Amylen, Stilben u. a. m. untersucht; es glückte indessen nicht recht, die entstehenden Produkte in hinreichender Menge zu isolieren, obschon ihre charakteristischen Eigenschaften anzeigten, daß sie sich in erheblichem Maße gebildet hatten. Es gelang nun, die primären Oxydationsprodukte zu fassen, als wir nicht so flüchtige Kohlenwasserstoffe, wie das Amylen, oder so schwer lösliche wie das Stilben, anwendeten, nämlich das **Phenylbuten** und Homologe.

Oxydation der Phenylbutene mit Ozon.

Wie wir in unserer früheren Mitteilung[1]) angegeben haben, entsteht ein Phenylbuten bei der Destillation des Phosphates des 1-Phenyl-3-aminobutans. Wir haben auch schon einige Versuche publiziert, die darauf abzielten, die Stellung der doppelten Bindung durch Oxydation mit Ozon bei Gegenwart von Wasser zu ermitteln. Wir zeigten, daß der Kohlenwasserstoff anscheinend ein Gemisch ist von 1-Phenylbuten-(1) und ein 1-Phenylbuten-(3), da sich die Bildung von Benzaldehyd und von einem anderen Aldehyd, den wir für Hydrozimtaldehyd hielten, beobachten ließ.

Bei Wiederholung der Oxydation mit größeren Mengen hat sich nun herausgestellt, daß kein Hydrozimtaldehyd, sondern Phenylacetaldehyd entsteht.

In folgender Weise haben wir dies nachgewiesen.

3 g Phenylbuten wurden auf 6 g Wasser geschichtet und ca. 3 Stunden mit einem langsamen Strom von Ozon behandelt, gleichzeitig wurde Kohlensäure

---

[1]) Berichte d. Deutsch. chem. Gesellschaft **36**, 3000 [1903].

eingeleitet. Das anfangs oben schwimmende Öl sinkt am Schluß der Operation zu Boden. Mehrere solcher Portionen wurden vereint, das schwere Öl vom Wasser getrennt, mit Wasserdampf destilliert und das Destillat mit Äther ausgeschüttelt. Nach dem Verdampfen des letzteren wird der Rückstand mit Magnesiumsulfat getrocknet und im Vakuum fraktioniert. Es wurden drei Fraktionen aufgefangen von 70—80° und 80—110° bei 12—13 mm Druck. Die Hauptmenge sott bei 80—90°. Die erste Fraktion bestand hauptsächlich aus Benzaldehyd, die zweite aus Phenylacetaldehyd. Zum Nachweis wurde die von 80—90° siedende Portion nach der Vorschrift von Dollfus in das Oxim umgewandelt. Wir erhielten in entsprechender Ausbeute eine aus Petroläther in weißen Spießen kristallisierende Substanz, welche scharf bei 103° schmilzt (Dollfus, 97—99°).

$$C_8H_9NO. \quad Ber. \ N \ 10,37. \quad Gef. \ N \ 10,09.$$

Herr August Klages hatte die Freundlichkeit, uns ein Spezimen eines Phenylbutens, welches er aus dem Phenylbutadien[1]) durch Reduktion gewonnen hatte, zum Vergleich zur Verfügung zu stellen. Hierbei fanden wir, daß bei der Oxydation dieses Kohlenwasserstoffes reiner Phenylacetaldehyd entsteht; setzt man die Oxydation lange fort, so bildet sich auch etwas Phenylessigsäure. Benzaldehyd war nicht nachzuweisen. Es soll hier auf die Einzelheiten nicht näher eingegangen werden, da die Resultate Herrn Klages zur Verfügung gestellt worden sind.

Aus diesen Versuchen geht aber hervor, daß die Methode von Klages ein ganz reines 1-Phenylbuten-(2) liefert, während nach der unsrigen ein Gemisch von 1-Phenylbuten-(1) und 1-Phenylbuten-(2) gewonnen wird. Leider ist das Ausgangsmaterial von Klages, das Phenylbutadien, schwer in größeren Mengen zu erhalten. Das Phenylbuten-(2) von Klages gibt im Gegensatz zu unserem Kohlenwasserstoff kein Nitrosit, es scheint demnach, daß das von uns früher beschriebene Nitrosit, wie wir schon angedeutet haben, tatsächlich dem 1-Phenylbuten-(1) angehört. Es sei noch darauf hingewiesen, daß man wohl keine Methode besitzt, welche wie die Ozonoxydation mit so geringen Mengen Substanz eine solche scharfe Konstitutionsbestimmung gestattet.

Über 1-Phenylbuten-2-ozonid.

Im vorhergehenden ist die Lage der Doppelbindungen im Phenylbuten genau festgestellt worden. Wir haben darauf die Einwirkung von Ozon auf das Phenylbuten bei peinlichstem Ausschluß von Wasser studiert.

Hierzu wurde das Phenylbuten, sowohl nach unserer wie nach der Klageschen Methode gewonnen, zuerst sorgfältig über Natrium destilliert und dann unter gleichzeitigem Einleiten von Kohlensäure[2])

---

[1]) Berichte d. Deutsch. chem. Gesellschaft **35**, 2649 [1902].

[2]) Das Einleiten von Kohlensäure hat den Zweck, Explosionen zu vermeiden; hierüber soll später berichtet werden.

mit völlig trockenem Ozon bei starker Kühlung durch Eis-Kochsalz behandelt. Hierbei entsteht ein dicker, farbloser Sirup — 2 g Kohlenwasserstoff brauchen etwa $2^1/_2$ Stunden Ozonbehandlung —, welches unangenehm erstickend riecht und, auf Platinblech erhitzt, verpufft. Mit konzentrierter Schwefelsäure betupft, zersetzt er sich unter Verkohlung explosionsartig, dabei tritt Geruch nach Ozon auf. Der Körper ist in Alkohol-Äther leicht, in Wasser nicht löslich, scheint sich aber in Berührung mit Alkohol und Äther zu verändern. Er setzt aus Jodkalium Jod in Freiheit, färbt fuchsinschweflige Säure, entfärbt Indigolösung. Er gibt an und für sich nicht die Reaktion auf Wasserstoffsuperoxyd; wird er aber mit Wasser erwärmt, so bildet sich Wasserstoffsuperoxyd, welches man nach bekannten Reaktionen nachweisen kann. Außerdem läßt sich konstatieren, daß beim Erwärmen mit Wasser Spaltung unter Bildung von Aldehyd auftritt.

Zur Analyse haben wir den Sirup ca. 24 Stunden im Vakuumexsiccator getrocknet.

0,1543 g Sbst.: 0,3751 g CO_2, 0,0890 g H_2O.

$C_{10}H_{12}O_3$.   Ber. C 66,67, H 6,67.
Gef. ,, 66,30, ,, 6,45.

$C_{10}H_{12}O_2$.   Ber. C 73,17.   Gef. H 7,31.

Beim Destillieren von kleinen Portionen im Vakuum unter 11 bis 12 mm Druck schäumt der Sirup stark auf und geht zwischen 80° und 100° als ein Liquidum über, dessen Konsistenz dünnflüssiger als diejenige des Sirups ist. Die Analyse des Destillates zeigt aber, daß in der prozentischen Zusammensetzung kein wesentlicher Unterschied vorhanden war.

0,1351 g Sbst.: 0,3347 g CO_2, 0,0764 g H_2O.

$C_{10}H_{12}O_3$.   Ber. C 66,67, H 6,67.
Gef. ,, 67,57, ,, 6,34.

Molekulargewichtsbestimmung des destillierten Körpers nach der Gefriermethode: 0,2956 g Sbst.: Benzol 24,55 g, Depr. 0,374.

$C_{10}H_{12}O_3$. Mol. Ber. 180. Gef. 161.

Weiteres über die physikalischen Eigenschaften dieses Produktes soll später berichtet werden.

Die Konstitution des Ozonids, welches durch Oxydation des Klagesschen 1-Phenylbutens-(2) entsteht, ist nach unserer Annahme die folgende:

$$C_6H_5.CH_2.CH:CH.CH_3 + O_3 = C_6H_5.CH_2.CH.CH.CH_3$$
$$O:O:O$$

1- Phenyl- 3- methyl-buten- (2)-ozonid.

Nach derselben Methode ist unter Ausschluß von Feuchtigkeit der Kohlenwasserstoff $C_6H_5.CH_2.CH:C\begin{smallmatrix}CH_3\\CH_3\end{smallmatrix}$, welchen wir ebenfalls von Aug. Klages erhalten haben, oxydiert worden. Er ergab dabei ebenfalls ein farbloses, zähflüssiges Öl, dessen Eigenschaften denjenigen des ersteren vollständig gleichen.

0,1599 g Sbst.: 0,414 g CO_2, 0,1037 g H_2O.

$C_{11}H_{14}O_3$.   Ber. C 68,0, H 7,2.
Gef. ,, 70,6, ,, 7,2.

$C_{11}H_{14}O_2$.   Ber. C 74,11.   Gef. H 7,92.

Die Resultate der Untersuchung über die Einwirkung des Ozons auf den Kohlenwasserstoff $C_{11}H_{14}$ bei Gegenwart von Wasser sind Herrn Klages zur Verfügung gestellt worden.

9. C. Harries und Richard Weil: Über 2,6-Dimethylheptadien-2,5-diozonid.

Aus dem I. Berliner chemischen Universitätslaboratorium.
Berichte der Deutschen chemischen Gesellschaft **37**, 845 (1904).
(Eingegangen am 24. Februar 1904.)

I. Synthese des 2,6-Dimethyl-heptadiens-(2,5).

Als Ausgangsmaterial für unsere Versuche, das Verhalten eines aliphatischen Kohlenwasserstoffes mit zwei doppelten Bindungen gegenüber Ozon zu studieren, stellten wir uns das Dimethylheptadien nach dem Grignardschen Verfahren dar. Durch Einwirkung von Magnesiummethyljodid auf Methylheptenon[1]) entsteht das 2,6-Dimethyl-hepten-(2)-ol-(6): $(CH_3)_2C : CH.CH_2.CH_2.CO.CH_3 \rightarrow (CH_3)_2C : CH.CH_2.CH_2.C(OH)(CH_3)_2$. Dieser tertiäre Alkohol liefert mit Eisessig-Bromwasserstoffsäure ein Dibromid, welches nach der von A. Klages[2]) empfohlenen Methode durch Pyridin in das Dimethylheptadien umgewandelt wird.

2,6-Dimethyl-hepten-(2)-ol-(6).

5 g Magnesiumband werden mit 120 g absolutem Äther übergossen, worauf 30,3 g Methyljodid zugegeben werden. Wenn die Reaktion vorüber ist, erwärmt man 1 Stunde auf dem Wasserbade und fügt 20 g Methylheptenon hinzu. Nach einhalbstündigem Erwärmen gießt man das Ganze vorsichtig auf 120 g 50proz. Essigsäure, nimmt mit Äther auf und neutralisiert den abgehobenen Äther mit Natriumbicarbonat und Wasser. Beim Verdunsten des Äthers hinterbleibt ein schwach gelbes Öl vom Sdp. 73—75° unter 10,5 mm Druck. Ausbeute 20 g.

0,1911 g Sbst.: 0,5292 g CO_2, 0,2179 g H_2O.

$C_9H_{18}O$.   Ber. C 75,98, H 12,76.
            Gef. ,, 75,53, ,, 12,75.

$D_{20^0} = 0,85496$; n $d_{20^0} = 1,45062$.

Molekularrefraktion ber. $\sqcap$ 44,65, gef. 44,72.

---

[1]) Vgl. Grignard, Annales de Chimie et de Phys. [7] **24**, 433 (1901).
[2]) Berichte d. Deutsch. chem. Gesellschaft **35**, 2649 [1902].

2,6 - Dimethyl - 2,6 - dibrom-heptan.

20 g Dimethylheptenol werden in der doppelten molekularen Menge Eisessig-Bromwasserstoff in der Kälte gelöst, wobei sich alsbald ein fester, kristallinischer Körper ausscheidet. Derselbe kann direkt abfiltriert und mit Wasser zur Reinigung gewaschen werden. Ausbeute 36 g. Er kristallisiert aus abgekühltem Methylalkohol in langen Nadeln vom Schmp. 35°. Beim Trocknen im Vakuumexsiccator verliert er stets etwas Bromwasserstoff. Man sieht aber aus den Analysen genau, daß das Dimethylheptenol mit zwei Molekülen Bromwasserstoff reagiert hat.

0,1457 g Sbst.: 0,2004 g CO_2, 0,0812 g H_2O. — 0,1059 g Sbst.: 0,1409 g AgBr.

$C_9H_{18}Br_2$.   Ber. C 37,71, H 6,31, Br 55,94.
Gef. ,, 37,51, ,, 6,23, ,, 56,62.

2,6 - Dimethyl-heptadien - (2,5).

Kocht man dieses Dibromid mit der 5 fachen Menge wasserfreien Pyridins eine halbe Stunde lang am Rückflußkühler, so wird aller Bromwasserstoff abgespalten. Zur Isolierung des Kohlenwasserstoffes wird auf eisgekühlte, 5 proz. Schwefelsäure gegossen und mit Äther ausgeschüttelt. Nach dem Verdunsten des Äthers hinterbleibt ein angenehm blumenartig riechendes, farbloses Liquidum, welches erst über Magnesiumsulfat getrocknet und dann über Natrium destilliert wird. Der Siedepunkt liegt bei 140—142°; die Ausbeute beträgt 60%.

0,0949 g Sbst.: 0,2993 g CO_2, 0,1096 g H_2O. — 0,0999 g Sbst.: 0,3164 g CO_2, 0,1148 g H_2O.

C_9H_{16}.   Ber. C 87,01,   H 12,99.
Gef. ,, 86,01, 86,38, ,, 12,92, 12,57.
$D_{22^0} = 0,7626$; n $d_{22^0} = 1,44361$.
Molekularrefraktion ber. $\sqrt{2}$ 42,81, gef. 43,16.

Der Kohlenwasserstoff färbt sich mit konzentrierter Schwefelsäure nicht und gibt mit Eisessig-Bromwasserstoffsäure das vorher beschriebene feste Dibromhydrat (Schmp. 35°) zurück; er bildet kein kristallisierendes Nitrosat und Tetrabromid. Für seine Konstitution liegen nach der Entstehung aus Methylheptenon zunächst zwei Möglichkeiten vor:

$$(CH_3)_2C:CH.CH_2.CH_2.CO.CH_3 \rightarrow \text{I } (CH_3)_2C:CH.CH_2.CH:C\!\!<^{CH_3}_{CH_3}$$

$$\text{II } (CH_3)_2C:CH.CH_2.CH_2.C\!\!<^{CH_2}_{CH_3}.$$

Wir prüften, um diese Frage zu untersuchen, das Verhalten des Kohlenwasserstoffs gegenüber Ozon bei Gegenwart von Wasser. Das Dimethylheptadien geht dabei zum größeren Teil in Lösung, zum kleineren Teil bildet sich ein weißer, fester Körper. Die Lösung reduziert in der Wärme Fehlingsche Lösung, es ist also die Aldehydspaltung vor sich gegangen. Nach I müßten Malondialdehyd und Aceton, nach II Lävulinaldehyd, Aceton und Formaldehyd entstehen. Lävulinaldehyd ist nun mit der Pyrrolprobe sehr leicht zu identifizieren. Wir konnten dieselbe aber höchstens in Spuren erhalten. Konstitution II liegt also bestimmt nicht vor. Wahrscheinlich wird Malondialdehyd gebildet, den man bis jetzt noch schwer nachweisen kann. Darüber sollen weitere Untersuchungen folgen[1]).

2,6 - Dimethyl-heptadien - (2,5) - diozonid.

Nunmehr ließen wir Ozon auf den Kohlenwasserstoff bei peinlichem Ausschluß von Feuchtigkeit unter Einleiten von Kohlensäure und starker Kühlung einwirken. 2 g wurden nach 2 Stunden vollständig in einen sehr zähen, kristallhellen Sirup umgewandelt, welcher ähnliche Eigenschaften, wie die in der voranstehenden Abhandlung beschriebenen Ozonide aufweist, nur intensiver stechend riecht, stärker als diese explodiert und stärker oxydiert. Der Sirup gibt an sich nicht die Wasserstoffsuperoxydreaktion, wohl aber beim schwachen Erwärmen mit Wasser oder bei eintägigem Stehen mit Wasser in der Kälte. Die Ausbeute an dem Diozonid wäre wohl quantitativ, wenn nicht ein Teil des Kohlenwasserstoffs durch den Ozonstrom mitgerissen würde. Seine Lösung in Eisessig entfärbt nicht Brom, daraus geht schon hervor, daß beide doppelte Bindungen mit dem Ozon reagiert haben. Die Analyse, deren Ausführung ein Kunststück bedeutet, bestätigt dies. Die Substanz wurde vorher 24 Stunden im Vakuumexsiccator getrocknet.

0,2079 g Sbst.: 0,3829 g CO_2, 0,1432 g H_2O.

$C_9H_{16}O_6$.   Ber. C 49,1, H 7,3.

Gef. ,, 50,2, ,, 7,7.

$C_9H_{16}O_4$.   Ber. C 57,4, H 8,5.

Molekulargewichtsbestimmung nach der Gefriermethode im Beckmannschen Apparat.

Benzol 25,4. Sbst. 0,2265. Depression 0,16. Mol. ber. 220, gef. 278.

Wir geben dieser Verbindung vorläufig folgende Formel:

$$\underset{O}{\overset{O-O}{\vee}}\ \ \ \ \underset{O}{\overset{O-O}{\vee}}$$

$$\begin{matrix} CH_3 \\ CH_3 \end{matrix}\!\!>\!\!\underset{\cdot}{C}\!-\!\underset{\cdot}{CH} \cdot CH_2 \cdot \underset{\cdot}{CH}\!-\!\underset{\cdot}{C}\!\!<\!\!\begin{matrix} CH_3 \\ CH_3 \end{matrix}.$$

Auf die physikalischen Eigenschaften soll später noch zurückgekommen werden.

<hr>

[1]) Türk, Annalen d. Chemie u. Pharmazie **343**, 362 [1905]. Dieses Buch S. 98.

II. Synthese des α-Cyclogeraniolens. [1,1,3-Trimethyl-cyclohexen-(3)].

Aus dem 2,6-Dimethyl-hepten-(2)-ol-(6) kann durch Wasserabspaltung auch ein anderer Kohlenwasserstoff leicht gewonnen werden, wenn man nicht wie vorher beschrieben verfährt, sondern diesen tertiären Alkohol mit wässeriger Phosphorsäure kocht. Der Kohlenwasserstoff, welcher dann entsteht, ist identisch mit dem Cyclogeraniolen von Tiemann[1].

Der Vorgang ist wohl folgendermaßen zu erklären:

$$\begin{array}{ccc}
CH_3\ CH_3 & & CH_3\ CH_3 \\
\diagdown\diagup & & \diagdown\diagup \\
C.OH & & C \\
H_2C\diagup\ \ \diagdown CH_3 & \rightarrow & H_2C\diagup\ \ \diagdown CH_3 \qquad + H_2O. \\
H_2C\diagdown\ \diagup C.CH_3 & & H_2C\diagdown\ \diagup C.CH_3 \\
CH & & CH
\end{array}$$

Da das Methylheptenon durch Synthese zugänglich ist, so stellt seine Überführung in α-Cyclogeraniolen eine Totalsynthese der letzteren Verbindung dar. Die Gegenwart von β-Cyclogeraniolen wurde bisher nicht nachgewiesen.

α-Cyclogeraniolen.

10 g Dimethylheptenol werden mit einem großen Überschuß an geschmolzener Phosphorsäure übergossen. Unter Erwärmung färbt sich das Gemisch rot und wird darauf noch ca. 15 Minuten am Rückflußkühler erhitzt. Darauf wird bei umgelegtem Kühler im Kohlensäurestrom destilliert, worauf mit Wasser ein gelbes Öl übergeht, welches, abgehoben und mit Calciumchlorid getrocknet, bei 138—142° unter 735 mm Druck siedet. Es bildet ein schwach nach Cymol riechendes, farbloses Liquidum, welches sich mit konzentrierter Schwefelsäure zum Unterschied von dem isomeren Dimethylheptadien rot färbt. Ausbeute 7 g.

Zur Analyse wurde das Öl über Natrium destilliert.

0,1964 g Sbst.: 0,6255 g CO_2, 0,2296 g H_2O.

C_9H_{16}.   Ber. C 87,01, H 12,99.
    Gef. „ 86,86, „ 13,07.

$D_{21,5^0} = 0,7911$; n $d_{21,5^0} = 1,44612$.

Diese Konstanten stimmen mit den für Cyclogeraniolen ermittelten überein, denn Tiemann gibt an: Sdp. 139—141°,

---

[1] Berichte d. Deutsch. chem. Gesellschaft **26**, 2227 [1893]; **31**, 881 [1898]; **33**, 3711 [1900].

$D_4^{26} = 0,7981$; $n\,d_{20^0} = 1,4453$. O. Wallach[1]) hat nun gezeigt, daß das α-Cyclogeraniolen ein Nitrosat, $C_9H_{16}N_2O_4$, vom Schmp. 102—104° bildet, welches sich zur Identifizierung dieses Kohlenwasserstoffs gut eignet. In der Tat liefert unser Präparat, nach den Angaben von Wallach behandelt, das Nitrosat vom Schmp. 103°, so daß kein Zweifel über die Identität der beiden Verbindungen bestehen kann. Es sei noch auf den Unterschied der spezifischen Gewichte des Cyclogeraniolens und des isomeren Dimethylheptadiens aufmerksam gemacht.

Oxydation des Cyclogeraniolens mit Ozon.

Das Cyclogeraniolen liefert, bei Gegenwart von Wasser mit Ozon behandelt, ein dickes Öl, anscheinend ein Ozonid; eine Aldehydspaltung konnte kaum konstatiert werden. Wie schon bei anderen zyklischen Kohlenwasserstoffen beobachtet wurde, scheint die Doppelbindung im Kern nur schwer von Ozon gespalten zu werden. Leitet man Ozon in Cyclogeraniolen bei peinlichem Ausschluß von Wasser unter starker Kühlung, wie vorher angegeben wurde, so erhält man das Ozonid in besserer Ausbeute. Es bildet ein farbloses, dickflüssiges Öl von erstickendem Geruch.

Zur Analyse wurde das Öl im Vakuumexsiccator 24 Stunden getrocknet.

0,1827 g Sbst.: 0,3818 g CO_2, 0,137 g H_2O.

$C_9H_{16}O_4$.　Ber. C 57,4, H 8,5.
　　　　　Gef. ,, 57,4, ,, 8,6.
$C_9H_{16}O_3$.　Ber. ,, 62,8, ,, 9,3.

Es sind also nicht drei, sondern vier Sauerstoffatome eingetreten.

Spez. Gewicht: $D_{17^0} = 1,0083$; $n\,d_{17^0} = 1,46509$. Die Molekularrefraktion berechnet sich für Carbonylsauerstoff zu 48,47, für Äthersauerstoff zu 46,05, während 47,33 gefunden wurde.

Molekulargewichtsbestimmung nach der Gefriermethode im Beckmannschen Apparat. Benzol 28,3 g. Depression 0,16. Sbst. 0,3082 g.

Mol.-Gewicht ber. einfach 188, doppelt 376. Gef. 346.

Beim Sieden im Vakuum nimmt das Ozonid wahrscheinlich die einfache Molekulargröße an; denn es destilliert ohne weitergehende Zersetzung bei 80—100° unter 10 mm Druck, es wird aber dünnflüssiger.

0,0949 g der destillierten Sbst.: 0,1974 g CO_2, 0,0812 g H_2O.

$C_9H_{16}O_4$.　Ber. C 57,4, H 8,5.
　　　　　Gef. ,, 56,7, ,, 9,6.

Das Oxydationsprodukt des Cyclogeraniolens hat genau die gleichen Eigenschaften wie die anderen Ozonide; es verpufft beim schnellen Er-

---

[1]) Annalen d. Chemie u. Pharmazie 324, 102 [1902].

hitzen, zersetzt sich mit konzentrierter Schwefelsäure unter Verkohlung explosionsartig, entfärbt Indigolösung, macht Jod aus Jodkalium frei und bildet beim Kochen mit Wasser Wasserstoffsuperoxyd. Über die Konstitution können wir vorläufig nichts Näheres sagen; vielleicht ist bei der Einwirkung des Ozons auf das Cyclogeraniolen eine Ringaufspaltung erfolgt, wodurch die Aufnahme von 4 Sauerstoffatomen erklärt werden würde. Man kann dieses Produkt vorläufig nicht zur Interpretation der Wirkungsweise des Ozons mit heranziehen.

Der eine von uns (Harries) hat im Anschluß an diese Untersuchungen die Oxydation des Parakautschuks mit Ozon studiert. Dabei hat sich gezeigt, daß der Kautschuk sich ganz ähnlich wie das Dimethylheptadien gegenüber Ozon verhält. Über die Resultate wird bald berichtet werden.

---

10. C. Harries und Valentin Weiß: Über das Ozobenzol.

Aus dem I. chemischen Universitätslaboratorium zu Berlin.
Berichte der Deutschen chemischen Gesellschaft **37**, 3431 (1904).
(Vorgetragen von Herrn C. Harries in der Sitzung am 27. Juni 1904.)

Renard[1]) hat durch Einwirkung von Ozon auf Benzol eine gelatinöse, sehr explosible Masse erhalten, die er „Ozobenzol" nannte. Er schrieb ihr die Zusammensetzung $C_6H_6O_6$ zu, da er bei ihrer Zersetzung mit Wasser eine Quantität Kohlensäure erhielt, welche für diese Formel zu sprechen schien.

In der Abhandlung über die Wirkungsweise des Ozons bei der Oxydation hat der eine[2]) von uns darauf hingewiesen, daß die von Renard für das Ozobenzol aufgestellte Formel nicht richtig sein könne, wenn anders die Beobachtung allgemeine Gültigkeit besäße, daß bei der Einwirkung von Ozon auf ungesättigte Körper für jede Doppelbindung ein Molekül Ozon addiert werde. Da das Benzol drei Doppelbindungen aufweist, sollte das Ozobenzol die Formel $C_6H_6O_9$ besitzen.

Bei der Wiederaufnahme der Versuche von Renard und bei der mit großen Schwierigkeiten genau durchgeführten Elementaranalyse hat sich nun nachweisen lassen, daß die damals ausgesprochene Vermutung richtig ist, denn das Ozobenzol besitzt in der Tat die Zusammensetzung $C_6H_6O_9$, und die Konstitution dürfte folgende sein:

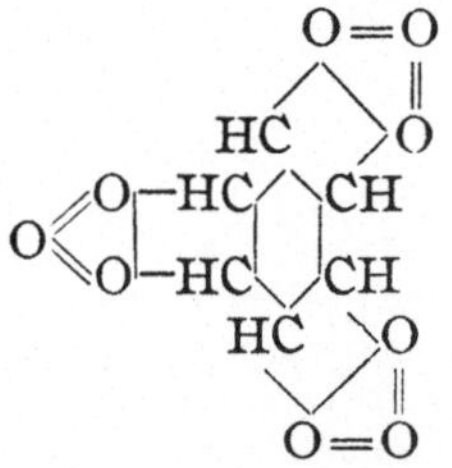

$$
\begin{array}{c}
\mathrm{O{=}O} \\
\diagup \quad \| \\
\mathrm{HC} \; \diagdown \mathrm{O} \\
\mathrm{O{-}HC} \diagup \diagdown \mathrm{CH} \\
\diagup \; \| \qquad | \qquad | \\
\mathrm{O} \diagdown \mathrm{O{-}HC} \diagdown\diagup \mathrm{CH} \\
\mathrm{HC} \; \diagdown \mathrm{O} \\
\diagdown \quad \| \\
\mathrm{O{=}O}
\end{array}
$$

Hiermit steht in Einklang, daß das Ozobenzol beim Kochen mit Wasser in Glyoxal gespalten wird, welcher Umstand von Renard

---

[1]) Compt. rend. **120**, 1177 [1895].
[2]) Berichte d. Deutsch. chem. Gesellschaft **37**, 840 [1904].

übersehen wurde; Wasserstoffsuperoxyd konnte indessen nicht nachgewiesen werden. Wahrscheinlich wird dasselbe in statu nascendi sofort
für die Oxydation eines Moleküls Glyoxal zu Kohlensäure verbraucht;
die Menge des noch vorhandenen Glyoxals, welches wir als Osazon isolierten, würde damit ungefähr übereinstimmen. Das Ozobenzol sollte
eigentlich gemäß früheren Erfahrungen folgendermaßen mit Wasser
reagieren:

$$C_6H_6O_9 + 3\,H_2O = 3\,CHO.CHO + 3\,H_2O_2,$$

vielleicht geht die Reaktion aber so vonstatten:

$$C_6H_6O_9 + 3\,H_2O = 2\,CHO.CHO + 2\,CO_2 + 4\,H_2O;$$

wir konnten indessen (im Gegensatz zu Renard) nur eine sehr schwache
Kohlensäureentwicklung bei der Zersetzung des reinen Ozobenzols mit
Wasser beobachten. Diese Differenz in den Beobachtungen beruht
möglicherweise auf verschiedener Reinheit des angewandten Materials.

Darstellung und Analyse des Ozobenzols.

Renard schreibt vor, man solle sich zur Darstellung des Ozobenzols eines Benzols, das aus Calciumbenzoat dargestellt ist, bedienen,
da das sogenannte kristallisierte Benzol des Handels dieses Produkt
nicht ergäbe. Wir wandten deshalb thiophenfreies käufliches Benzol
an, welches über Natrium destilliert war.

Leitet man in solches Benzol 1—2 Stunden lang bei einer Temperatur
von 5—10° einen 5proz. Ozonstrom, so scheidet sich eine gelatinöse
Masse aus, welche stark opalisiert. Renard brauchte für einige Kubikzentimeter Benzol 10—12 Stunden, wahrscheinlich arbeitete er mit
einem sehr geringprozentigen Ozon. Das Ozobenzol zeigt zunächst die
von Renard angegebenen Merkmale. Läßt man das unangegriffene
Benzol verdunsten, so bildet es eine weiße, amorphe Masse von furchtbar explosiven Eigenschaften. Selbst beim Übergießen mit warmem
Wasser detonierte diese Substanz heftig.

Übergießt man aber das gelatinöse Produkt mit eiskaltem Wasser,
so entsteht eine kristallinische Modifikation, die wohl möglich noch
heftiger als die amorphe bei der geringsten Berührung, ähnlich wie
Jodstickstoff, explodiert.

Im Vakuum und im Luftstrom verflüchtigt sich Ozobenzol allmählich, in den gewöhnlichen Solvenzien ist es nicht oder schwer löslich.

Wie schon gesagt, bot die Elementaranalyse der Substanz große
Schwierigkeiten. Wir haben dieselbe auf verschiedenem Wege ausgeführt und sind stets zu übereinstimmenden Resultaten gelangt.
Schließlich schritten wir auch zur gewöhnlichen Verbrennungsmethode
im Schiffchen, nachdem beobachtet worden war, daß die amorphe Sub-

stanz bei sehr langsamem Erhitzen sich allmählich zersetzt und dann
die Explosionsfähigkeit verliert. Hierbei war die Substanz 15 Stunden
lang bei 22° im trockenen Luftstrom von überschüssigem Benzol befreit worden.

$$0,0996 \text{ g Sbst.}: 0,1160 \text{ g } CO_2, \ 0,0339 \text{ g } H_2O.$$

$$C_6H_6O_6. \quad \text{Ber. C } 41,38, \ H \ 3,45.$$
$$C_6H_6O_9. \quad \text{Ber. ,, } 32,43, \ ,, \ 2,72.$$
$$\text{Gef. ,, } 31,76, \ ,, \ 3,80.$$

Wegen der Explosionsgefahr durften nur ganz geringe Mengen
(0,1 g) zur Analyse angewandt werden, daraus erklärt sich dann in
Rücksicht auf das hohe Molekül (222) das Mehr an Wasser, welches
gefunden wurde.

Spaltung des Ozobenzols mit Wasser.

Renard berichtet, daß das Ozobenzol sich mit Wasser in Kohlensäure und ein Gemenge fetter Säuren spalte. Wie schon angegeben,
beobachteten wir regelmäßig, daß diese Verbindung durch eiskaltes
Wasser von dem amorphen in einen kristallinischen Zustand übergeführt wird. Erwärmt man dann vorsichtig bis zum Sieden, so wird
das kristallinische Produkt vollständig farblos gelöst. Hierbei konnte
eine Kohlensäureentwicklung nur dann bemerkt werden, wenn das
Ozobenzol nicht ganz rein war. Die Lösung reduziert Fehlingsche
Flüssigkeit in der Wärme, besitzt saure Reaktion und liefert nicht
die Wasserstoffsuperoxydreaktion. Versetzt man sie mit einer essigsauren Lösung von Phenylhydrazin, so fällt ein gelbes Hydrazon aus,
welches sich, aus Benzol umkristallisiert, nach Schmelzpunkt und Zusammensetzung als Glyoxalosazon identifizieren ließ.

$$C_{14}H_{14}N_4. \quad \text{Ber. N } 23,53. \quad \text{Gef. N } 23,73.$$

Die Menge des Osazons beträgt mindestens so viel, wie wenn ein
Molekül Ozobenzol bei der Spaltung zwei Moleküle Glyoxal ergeben hätte.

Es sei noch darauf hingewiesen, daß die Reaktion des Ozons mit
dem Benzol eine wesentliche Stütze für die Kekulésche Formel bildet.
Das Ozobenzol ist jetzt als Benzoltriozonid zu bezeichnen.

11. C. Harries: Über Oxydation des β-Oxypropionacetals.

Aus dem I. Berliner chemischen Universitätslaboratorium.
Berichte der Deutschen chemischen Gesellschaft **36**, 3658 (1903).
(Vorgetragen in der Sitzung am 26. Oktober vom Verfasser.)

In der Sitzung der Deutschen chemischen Gesellschaft am **26.** Oktober ist über eine Untersuchung des Herrn Claisen[1]) referiert worden, welche die Darstellung des β-Oxyacroleins bzw. des Malondialdehyds behandelt. Seit einiger Zeit beschäftige ich mich in gleicher Richtung, bin aber leider augenblicklich durch andere Arbeiten derart abgezogen, daß ich vorläufig an eine Durchführung meiner Untersuchung nicht denken kann. Ich sehe mich nun genötigt, im Hinblick auf die erwähnte Publikation, um mir für später das Recht der Weiterarbeit auf diesem Gebiete zu sichern, die bisherigen Ergebnisse in nicht abgeschlossener Form zu veröffentlichen.

Ich habe gezeigt, daß Methylalkohol durch Ozon in Formaldehyd übergeführt wird[2]); hiernach sollte das β-Oxypropionacetal von Wohl[3]), in gleicher Weise behandelt, das Halbacetal des Malondialdehyds ergeben:

$$OH . CH_2 . CH_2 . CH(OC_2H_5)_2 \;\rightarrow\; OCH . CH_2 . CH(OC_2H_5)_2 .$$

Die Oxydation wurde in wässeriger Lösung ausgeführt und ging überraschend glatt. Aus der wässerigen Flüssigkeit ließ sich indessen das Halbacetal sehr schlecht durch Aussalzen abscheiden. Deshalb wurde im Vakuum vorsichtig eingedampft, und hierbei resultierte ein farbloser, dickflüssiger, bei längerem Stehen im Vakuumexsiccator glasartig erstarrender Sirup, der Fehlingsche Lösung bei mäßigem Erwärmen reduzierte und ein öliges Phenylhydrazon ergab. Dieser Sirup ließ sich nicht ohne Zersetzung destillieren, er bestand augenscheinlich aus einem Gemisch mehrerer Substanzen, unter denen das gesuchte Halbacetal neben einem großen Teil von freiem Dialdehyd sich befand. Um nun einen einheitlichen Körper, der sich destillieren ließ, zu gewinnen, nahm man den Sirup in absolutem Alkohol auf und

---

1]) Vgl. Berichte d. Deutsch. chem. Gesellschaft **36**, 3664 ff. [1903].
2]) Berichte d. Deutsch. chem. Gesellschaft **36**, 1936 [1903].
3]) Berichte d. Deutsch. chem. Gesellschaft **33**, 2761 [1900].

acetalisierte mit salzsaurem Formimidoäther nach Claisen. Aus dem Reaktionsprodukt konnte nachher durch fraktionierte Destillation im Vakuum ein farbloses Liquidum abgeschieden werden, welches bei der Analyse nur Werte ergab, die auf die Formel $(C_2H_5O)_2CH.CH_2.CH$ $(OC_2H_5)_2 + H_2O$ stimmen[1]. Auch das nach der gleichen Methode dargestellte Methylacetal lieferte analoge Werte. Die Acetale lassen sich verseifen, und man gewinnt dann einen mit Wasserdampf etwas flüchtigen Aldehyd, der einen dem des Succinaldehyds ganz ähnlichen, stechenden Geruch besitzt, Fehlingsche Lösung reduziert, aber nicht wie der Claisensche Aldehyd durch Eisenchlorid rot gefärbt wird. Ein festes Phenylhydrazon ist nur äußerst schwierig zu erhalten, dasselbe schmolz über 200°; für gewöhnlich erhält man ein leichtflüssiges Öl, vielleicht Phenylpyrazol. Es wäre nicht unmöglich, daß in dem von mir aufgefundenen Körper der wahre Malondialdehyd vorliegt, während das von Claisen aus Propargylaldehyd gewonnene Produkt die tautomere Oxymethylenverbindung darstellt.

Da aber die Existenz des wahren Malondialdehyds von mir noch nicht exakt bewiesen ist und selbst eine so einfache Reaktion wie die soeben beschriebene auch in anderer unvermuteter Richtung verlaufen könnte, möchte ich mir die endgültige Richtigstellung vorbehalten[2].

---

[1] Diese Acetale sind Derivate des Glyoxals, wie später festgestellt wurde.

[2] Vgl. Richtigstellung: Annalen d. Chemie u. Pharmazie **374**, 319 [1910]. Dieses Buch S. 290.

12. C. Harries: Über die Einwirkung des Ozons auf organische Verbindungen.

Mitteilungen aus dem chemischen Laboratorium der Universität Kiel.
Annalen der Chemie und Pharmazie **343**, 311 (1905).
(Eingelaufen am 24. Oktober 1905.)

[Erste Abhandlung.]

Obwohl seit der Entdeckung des Ozons durch Schoenbein im Jahre 1840 geraume Zeit vergangen ist und sich schon viele Forscher bemüht haben, dasselbe als allgemeines Oxydationsmittel in die Methodik der präparativen organischen Chemie einzuführen, so war dies bisher nur in beschränktem Maße gelungen, da über die Art und Weise der Wirkung des Ozons bis vor kurzem volle Unklarheit herrschte. Zum Teil mag dies Mißlingen seinen Grund darin gefunden haben, daß die Erzeugung eines genügend wirksamen Ozonstromes im Laboratorium Schwierigkeiten bereitete, zum Teil aber auch darin, daß Verbindungen zur Untersuchung herangezogen wurden, bei denen die einzelnen Phasen der Einwirkung schwer verfolgt werden konnten.

Wenn ich es jetzt unternehme, die bisherigen Ergebnisse meiner Untersuchungen auf diesem Gebiete in einer zusammenfassenden Abhandlung darzustellen, so geschieht dies nicht in der Meinung, daß dieselben bereits abgeschlossen seien, sondern vielmehr in dem Bedürfnis, die Erfahrungen, welche ich teils allein, teils gemeinschaftlich mit einer Reihe von Mitarbeitern gesammelt habe, unter einheitlichen Gesichtspunkten zu ordnen.

Die Namen dieser Mitarbeiter sind die folgenden: A. S. de Osa[1]), Richard Weil[2]), Kurt Langheld[3]), Hans Türk[4]), Paul Reichard[5]), Valentin Weiß[6]), Carl Thieme.

---

[1]) Inaug.-Diss. Berlin, Juli 1904; Berichte d. Deutsch. chem. Gesellschaft **37**, 842 [1904].

[2]) Inaug.-Diss. Berlin, Dezember 1904; Berichte d. Deutsch. chem. Gesellschaft **37**, 845 [1904].

[3]) Inaug.-Diss. Berlin, Dezember 1904.

[4]) Inaug.-Diss. Kiel 1905; Berichte d. Deutsch. chem. Gesellschaft **38**, 1630 [1905].

[5]) Inaug.-Diss. Kiel 1905; Berichte d. Deutsch. chem. Gesellschaft **37**, 612 [1904].

[6]) Inaug.-Diss. Kiel 1905; Berichte d. Deutsch. chem. Gesellschaft **37**, 3431 [1904].

Ältere Arbeiten.

Schon Schoenbein[1]) stellte fest, daß Ozon Äthylen in Formaldehyd, Ameisensäure und Kohlendioxyd unter Bildung weißer Nebel oxydiert.

Hautefeuille und Chappuis[2]) fanden, daß flüssiges Ozon beim Zusammenbringen mit brennbaren Gasen explodiert.

Maquenne[3]) erhielt bei der Behandlung von Leuchtgas mit Ozon Formaldehyd, Ameisensäure und andere Produkte, welche infolge eintretender Explosionen nicht untersucht werden konnten.

Otto[4]) hat später konstatiert, daß auch Methan allein durch Ozon bei gewöhnlicher Temperatur in Formaldehyd und Ameisensäure übergeführt wird.

Besson[5]) ließ Ozon auf Perchloräthylen einwirken und erhielt neben Phosgen nur wenig einer explosiven Flüssigkeit: Trichloracetylchlorid, $CCl_3.COCl$.

v. Gorup-Besanez[6]), später Houzeau[7]), zeigten, daß Alkohole durch Ozon bei Gegenwart von Wasser in Aldehyde und Säuren umgewandelt werden, wobei Wasserstoffsuperoxyd entsteht. Otto[8]) oxydierte dann insbesondere Methylalkohol und Äthylalkohol zu Formaldehyd und Ameisensäure bzw. Acetaldehyd und Essigsäure. Auch mehrwertige Alkohole werden angegriffen; so gelang Otto beim Glykol der Nachweis von Glyoxal und Oxalsäure, während er beim Glycerin nur die Bildung der Säure beobachten konnte.

Ich[9]) fand später, daß sich auch Glycerin zum Glycerinaldehyd oder Dioxyaceton oxydieren läßt, wie man durch das beiden gemeinsame Osazon leicht nachweisen kann.

Von Interesse sind die Angaben der älteren Literatur über das Verhalten von Äthyläther gegenüber Ozon. Schoenbein[10]) beobachtete, daß mit Ozon behandelter Äther oxydierend wirkt; v. Babo[11]) stellte unter den Einwirkungsprodukten Wasserstoffsuperoxyd, Aldehyd und Essigsäure fest. Berthelot[12]) erhielt aus trockenem Äther durch Ozon

---

1) Journ. f. prakt. Chemie **66**, 282 [1855].
2) Compt. rend. **94**, 1249 [1882].
3) Bull. de la Soc. chim. **37**, 298 [1882].
4) Annales de Chim. et de Phys. [7] **13**, 110 [1898].
5) Compt. rend. **118**, 1347 [1894].
6) Annalen d. Chemie u. Pharmazie **110**, 86 [1855].
7) Compt. rend. **75**, 142 [1872].
8) loc. cit.
9) Berichte d. Deutsch. chem. Gesellschaft **36**, 1933 [1903].
10) Journ. f. prakt. Chemie **66**, 282 [1855].
11) Annalen d. Chemie u. Pharmazie, Suppl. II, 265 [1862/63].
12) Compt. rend. **92**, 895 [1881].

eine dicke, sirupöse Flüssigkeit, welche sich destillieren ließ, aber regelmäßig zum Schluß der Operation explodierte. Er nannte diese Masse Äthylperoxyd. Die Zusammensetzung der Substanz wurde nur indirekt festgestellt. Da sie sich mit Wasser unter Bildung von Alkohol und Wasserstoffsuperoxyd mischte, so wurde letzteres mit Kaliumpermanganat direkt titriert. Hierbei erhielt er 11% wirksamen Sauerstoff. Eine colorimetrische Bestimmung mittels Chromsäure lieferte 10% wirksamen Sauerstoff. Destillierte er dagegen erst den Alkohol ab und titrierte im Rückstande das Wasserstoffsuperoxyd mit Kaliumpermanganat, so fand er nur 9% disponiblen Sauerstoff. Nach diesen Ergebnissen glaubte er das Peroxyd als ein Sesquioxyd der Formel $(C_2H_5)_4O_3$ ansprechen zu sollen.

Aus der Untersuchung von Berthelot geht wenigstens das eine hervor, daß Ozon unter Umständen peroxydartige Verbindungen mit organischen Substanzen einzugehen imstande ist. Eine ähnliche Beobachtung war indessen schon viel früher von Houzeau und Renard 1873[1]) gemacht worden, als sie trockenes Ozon auf ganz reines Benzol einwirken ließen. Hierbei erhielten sie einen gelatinösen, nach dem Trocknen im Vakuum weißen, amorphen Körper, das sog. Ozo- oder Houzeaubenzol. Dieckhoff[2]) gelang es später, dieselbe Verbindung in äußerst leicht zersetzlichen Oktaedern darzustellen. Durch rasches Erhitzen auf 50°, Berührung mit Schwefelsäure, konz. Ammoniak und Kalilauge explodiert dieses Peroxyd; wird es aber langsam erhitzt, so zersetzt es sich ohne Explosion. Es ist löslich in Eisessig und soll durch Wasser unter Bildung von Kohlensäure, Ameisensäure, Essigsäure und einer sirupösen Säure, welche nicht untersucht wurde, zerlegt werden. Durch Zersetzen einer bestimmten Menge der Substanz mit einer gewogenen Menge Wasser und Bestimmung der gebildeten Kohlensäure ermittelte Renard für das Ozobenzol annähernd die Formel $C_6H_6O_6$. Diese Formel gibt ebenfalls über die Wirkungsweise des Ozons auf das Benzol ungenügenden Aufschluß.

Dieckhoff[3]) erhielt durch Einwirkung von Ozon auf Toluol farblose Kristalle und eine klebrige Masse. Beide Körper haben stark explosive Eigenschaften. Renard[4]) zeigte, daß diese Verbindungen bei 0° beständig sind, sich aber schon bei 8° zersetzen. Mit Wasser sollen sie unter Wärmeentwicklung Benzoesäure, Ameisensäure, Kohlensäure liefern. Die Zusammensetzung glaubte er in ähnlicher Weise

---

[1]) Compt. rend. **76**, 572 [1873]. — Renard, Compt. rend. **120**, 1177 [1895]. — Vgl. Leeds, Berichte d. Deutsch. chem. Gesellschaft **14**, 975 [1881].

[2]) Habilitationsschrift Karlsruhe 1891.

[3]) loc. cit.

[4]) Compt. rend. **121**, 651 [1895].

wie beim Ozobenzol zu $C_7H_8O_6$ ermitteln zu können. Demnach scheinen beide Körper nur physikalische Modifikationen einer und derselben Verbindung, des Ozotoluols, zu sein. Auch Orthoxylol gibt nach Renard ein Ozoxylol.

Für die weitere Entwicklung der Ansichten über die Wirkungsweise des Ozons auf organische Verbindungen sind die Beobachtungen von Otto[1]) und Trillat[2]) hervorzuheben, nach denen aus Phenoläthern mit ungesättigter Seitenkette durch Eingriff des Ozons an der doppelten Bindung der Seitenkette Aldehyde entstehen. So z. B. gewinnt man aus Isoeugenol Vanillin,

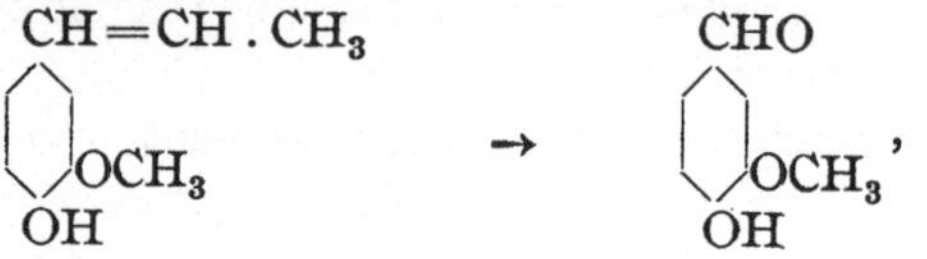

$$CH=CH.CH_3 \qquad\qquad CHO$$
$$\bigcirc OCH_3 \quad \rightarrow \quad \bigcirc OCH_3,$$
$$OH \qquad\qquad\qquad OH$$

aus Isosafrol Piperonal,

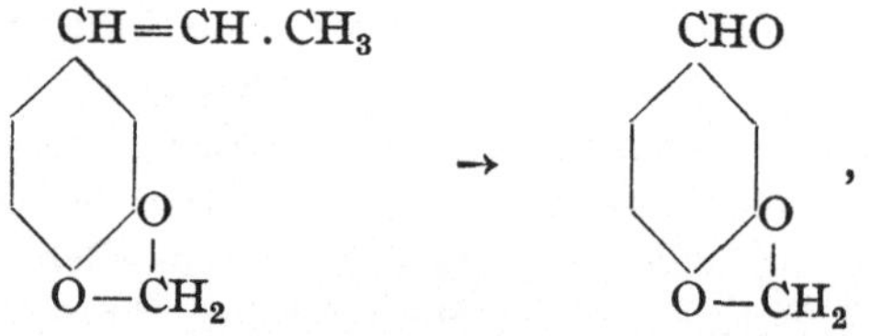

$$CH=CH.CH_3 \qquad\qquad CHO$$
$$\bigcirc O \quad \rightarrow \quad \bigcirc O,$$
$$O-CH_2 \qquad\qquad O-CH_2$$

der eigentliche Vorgang ist aber nicht klargestellt worden.

Im vorhergehenden habe ich diejenigen Arbeiten anderer Forscher zusammengestellt, die nach meiner Meinung für die Entwicklung der Anschauung über die Wirkungsweise des Ozons auf organische Verbindungen von Interesse sind. Es war also folgendes bekannt: Ozon kann gewisse Kohlenwasserstoffe, wie Methan und Äthylen, dann Alkohole unter Bildung von Aldehyden und Säuren und Wasserstoffsuperoxyd angreifen; unter Umständen können als erste Einwirkungsprodukte peroxydartige explosible Substanzen isoliert werden, deren Zusammensetzung und Konstitution aber unklar bleibt. Diese explosiblen Substanzen scheinen sich in komplizierter Weise mit Wasser zu zersetzen.

Eigene Arbeiten über das Ozon.

Die Veranlassung für mich, die oxydierende Wirkung des Ozons näher zu studieren, haben meine Untersuchungen über die Natur des Parakautschuks gegeben. Schon im Jahre 1890 beobachtete ich, daß

---

[1]) Otto, Annales de Chim. et de Phys. (7) **13**, 120 [1898]. — Otto u. Verley, D. R. P. 97 620.

[2]) Compt. rend. **113**, 823 [1901]; Mon. scient. 1898, S. 351.

Kautschukschläuche von Ozon heftig angegriffen werden, eine Beobachtung, die wohl jeder, der mit Ozon arbeitete, gemacht hat, und daß dabei eine eigentümliche schmierige Masse entsteht. Schon damals dachte ich daran, evtl. mit Hilfe des Ozons den Kautschuk abzubauen. Indessen zeigte es sich später, daß, wenn man gereinigten, nicht vulkanisierten Kautschuk der Einwirkung eines Ozonstromes aussetzt, wie man ihn mit dem alten Siemens- oder Berthelotschen Ozonisator erzeugt, keine Veränderung zu konstatieren war. Als es mir dann mit Hilfe der Firma Siemens & Halske gelang, einen Ozonisator für hochgespannten Wechselstrom zu erhalten, der ca. 5 proz. Ozon lieferte, nahm ich diese Versuche im Jahre 1903 wieder auf. Nun stellte sich heraus, daß auch reiner Kautschuk, wenn er nur in Lösung gebracht ist, in ein leicht lösliches, öliges Produkt umgewandelt wird. Ehe jedoch an eine Bearbeitung dieses anscheinend sehr komplizierten Stoffes herangegangen werden konnte, war es notwendig, an möglichst einfachen Beispielen die Wirkungsweise des Ozons besonders auf ungesättigte Verbindungen genau klarzulegen, und in diesem Bestreben entstanden die Untersuchungen, die bisher in den Berichten der Deutschen chemischen Gesellschaft erschienen sind.

In der ersten Abhandlung[1]) habe ich im wesentlichen die schon bekannten Tatsachen nur erweitert, indem ich nachwies, daß ganz allgemein ungesättigte Körper bei Gegenwart von Wasser an der doppelten Bindung gespalten werden, unter Bildung von Aldehyden bzw. Säuren oder Ketonen. Es wurde aber an dem Beispiele des Mesityloxyds gezeigt, daß bei Ausschluß von Wasser ölige, peroxydartige Verbindungen von sehr explosiven Eigenschaften entstehen. Es wurde dann erkannt, daß es für die Erklärung der Wirkungsweise des Ozons in erster Linie darauf ankomme, die Zusammensetzung der öligen Primärverbindungen durch direkte Elementaranalyse zu ermitteln, was zunächst wegen der explosiven Eigenschaften mit großen Schwierigkeiten verbunden war.

Es gelang dann aber mit Hilfe von zwei Kohlenwasserstoffen, dem Phenylbuten [de Osa[2])] und dem Dimethylheptadien [R. Weil[3])], festzustellen, daß beim Einleiten von Ozon in den wasserfreien Kohlenwasserstoff sich auf jede doppelte Bindung 1 Mol. Ozon addiert; die entstandenen explosiven Produkte wurden „Ozonide" genannt. Der Name „Ozonide" ist schon von Schoenbein für die Superoxyde des Silbers, Bleies usw. früher eingeführt worden, welche bei Abscheidung

---

[1]) Berichte d. Deutsch. chem. Gesellschaft **30**, 1933 [1903]; ferner ebd. **36**, 2996, 3658 [1903]; **37**, 612 [1904].
[2]) Berichte d. Deutsch. chem. Gesellschaft **37**, 842 [1904].
[3]) Berichte d. Deutsch. chem. Gesellschaft **37**, 845 [1904].

ihres Sauerstoffes Ozon liefern, hat sich aber nicht eingebürgert. Infolgedessen stand der Neueinführung dieser Bezeichnung für die Ozonadditionsprodukte an ungesättigte organische Verbindungen nichts entgegen.

Diese Bildung der Ozonide ist allgemein folgendermaßen zu formulieren[1]:

$$\text{>C=C<} + \underset{\underset{O}{\diagdown\diagup}}{O\!=\!O} = \text{>C}\underset{\underset{O}{\diagdown\diagup}}{\underset{|\quad|}{\underset{O-O}{}}}\text{C<}.$$

Wenn man die Ozonide mit Wasser stehen läßt oder damit erwärmt, zerfallen sie in Aldehyde bzw. Ketone und Wasserstoffsuperoxyd:

$$\text{>C}\underset{\underset{O}{\diagdown\diagup}}{\underset{|\quad|}{\underset{O-O}{}}}\text{C<} + H_2O = \text{>CO} + \text{OC<} + H_2O_2.$$

Jetzt läßt sich auch die Erklärung dafür geben, wie die Reaktion verläuft, wenn Ozon direkt auf die ungesättigte Verbindung bei Gegenwart von Wasser oder in wässeriger Lösung einwirkt:

$$\text{>C=C<} + H_2O + O_3 = \text{>CO} + \text{OC<} + H_2O_2.$$

In manchen Fällen findet die letztere Spaltung bei Gegenwart von sehr geringen Mengen Wassers leicht statt, in anderen sind die Ozonide sehr beständig, bilden sich sogar bei Gegenwart von Wasser und müssen erst zu ihrer Zerlegung mit Wasser gekocht werden. Sind die entstehenden Spaltungsprodukte empfindlich gegen Wasserstoffsuperoxyd, so ist letzteres bisweilen nicht oder nur sehr schwer nachzuweisen[2].

In der Folge hat es sich nun gezeigt, erstens, daß die Wirkungsweise des Ozons nicht immer so einfach ist, wie zuerst angenommen wurde, ja unter Umständen ganz anders verläuft, zweitens, daß auch die Spaltung der Ozonide in verschiedener Weise sich abspielen kann.

Als nämlich eine größere Zahl von Ozoniden der verschiedensten ungesättigten Verbindungen dargestellt wurde, machte man in einigen Fällen die Beobachtung, daß sauerstoffhaltige Substanzen nicht drei, sondern vier Atome Sauerstoff anlagern. Um zu konstatieren, welche Art von Sauerstoff diese Erscheinung hervorruft, sind systematisch primäre, sekundäre, tertiäre Alkohole mit Doppelbindung, dann ungesättigte Ketone, Aldehyde und einbasische Säuren mit Ozon bei Ausschluß von Wasser behandelt worden[3]. Die aus den Alkoholen

---

[1] Berichte d. Deutsch. chem. Gesellschaft **37**, 839 [1904].

[2] Vgl. Harries u. Weiß, Berichte d. Deutsch. chem. Gesellschaft **37**, 3431 [1904].

[3] Vgl. Kurt Langheld, Inaug.-Diss. Berlin, Dezember 1904.

gewonnenen Ozonide zeigten in keiner Beziehung eine Ausnahme von den bei den Kohlenwasserstoffen gemachten Erfahrungen. Dagegen konnte festgestellt werden, daß ganz allgemein ungesättigte Ketone, Aldehyde und einbasische Fettsäuren vier Atome Sauerstoff binden; es sind dies also Körper mit dem Carbonyl $>C = O$, einer ebenfalls ungesättigten Gruppe.

Diese neuen Ozonverbindungen unterscheiden sich sonst in keiner Weise von den bekannten Ozoniden. Sie sind von sirupöser Konsistenz, meistens sehr explosiv, machen Jod aus Jodkalium frei und zeigen die anderen, später beschriebenen Reaktionen. Die doppelte Bindung ist vollständig abgesättigt, wie sich aus ihrer Unfähigkeit, Bromeisessig zu entfärben, erweist. Bei der Behandlung mit Wasser liefern sie die zu erwartenden Spaltungsprodukte und Wasserstoffsuperoxyd. Von Wichtigkeit erschien es daher, zunächst zur Ermittlung, in welcher Art der vierte Sauerstoff gebunden sei, die Molekulargröße dieser Ozonide zu bestimmen, und hierbei ergab sich das merkwürdige Resultat, daß bei den meisten auf kryoskopischem Wege Zahlen gefunden wurden, die eindeutig auf den monomolekularen Bau hinwiesen.

Wie schon hervorgehoben, enthalten alle die Verbindungen, welche Ozonide mit vier Atomen Sauerstoff bilden, außer der Doppelbindung ein Carbonyl. Es ist deshalb von vornherein nicht unwahrscheinlich, daß dieses Carbonyl die Bindung des vierten Sauerstoffatoms verursacht. Wenn dem so ist, so könnte man denken, daß auch gesättigte Carbonylverbindungen additionelle Produkte mit Ozon zu bilden befähigt sein sollten, die dann aber nicht durch Hinzutritt des Ozonmoleküls, sondern nur eines Atomes Sauerstoff entstehen müßten. In mehreren Fällen ist nun in der Tat konstatiert worden, daß gesättigte Carbonylverbindungen mit Ozon behandelt, nachher die Reaktionen der Peroxyde oder Ozonide anzeigen. Aber auch die Isolierung einer solchen Substanz ist geglückt. Leitet man in wasserfreies Önanthol unter guter Kühlung Ozon ein, so erhält man einen Sirup, dessen Elementaranalyse und kryoskopische Untersuchung ergab, daß auf 1 Mol. Önanthol 1 Atom Sauerstoff gebunden worden ist. Diese Verbindung ist also isomer der Önanthylsäure, bei einigem Stehen geht sie unter Selbsterwärmung in diese Säure über, schüttelt man sie aber mit Eiswasser, so zersetzt sie sich wieder unter Rückbildung des Aldehyds, während im Wasser reichlich Wasserstoffsuperoxyd nachweisbar ist.

$$CH_3.CH_2.CH_2.CH_2.CH_2.CH_2.CHO + O_3$$
$$\downarrow$$
$$CH_3.CH_2.CH_2.CH_2.CH_2.CH_2.CH : O : O + H_2O$$
$$\downarrow$$
$$CH_3.(CH_2)_5.CHO + H_2O_2.$$

Es ist dies eine sehr merkwürdige Beobachtung und ich schließe daraus, daß es außer der früher geschilderten Wirkungsweise des Ozons noch eine zweite gibt, in der das Ozonmolekül sich nicht anlagert, sondern spaltet.

Für die Konstitution der Ozonidkörper mit 4 Sauerstoffatomen läßt sich aus den geschilderten Erfahrungen folgende Konsequenz ziehen.

An die ungesättigten Carbonylverbindungen lagert sich 1 Mol. Ozon unter Absättigung der Doppelbindung, während ein viertes Sauerstoffatom an das Carbonyl tritt. Man erhält z. B. dann für das Ozonid aus Mesityloxyd folgende Konstitution:

$$\begin{array}{c}CH_3 \\ CH_3\end{array}\!\!\!>\!C\!=\!CH \cdot CO \cdot CH_3 + O_3 + O = \begin{array}{c}CH_3 \\ CH_3\end{array}\!\!\!>\!\underset{\underset{\underset{O}{\diagdown O\diagup}}{|}}{\underset{|}{C}}-\underset{\underset{\underset{O}{\|}}{|}}{\underset{|}{CH}}\cdot\underset{\underset{O}{\|}}{C}\cdot CH_3 .$$

Die Spaltung mit Wasser würde dann nach dem früher gegebenen Schema folgendermaßen vor sich gehen:

$$\begin{array}{c}CH_3 \\ CH_3\end{array}\!\!\!>\!\underset{\underset{\underset{O}{\diagdown O\diagup}}{|}}{\underset{|}{C}}-\underset{\underset{\underset{O}{\|}}{|}}{\underset{|}{CH}}\cdot\underset{\underset{O}{\|}}{C}\cdot CH_3 + 2\,H_2O = \begin{array}{c}CH_3 \\ CH_3\end{array}\!\!\!>\!CO + OCH \cdot CO \cdot CH_3 + 2\,H_2O_2 .$$

Aber gerade bei der Untersuchung der hier aufgeführten ungesättigten Ketone hat sich gezeigt, daß die Spaltung auch in einem anderen Sinne verlaufen kann und dieselbe Beobachtung ist hernach auch bei Vertretern anderer Körperklassen gemacht worden. Langheld beobachtete beim Einleiten von Ozon in Methylheptenon, daß sich auch bei peinlichem Ausschluß von Wasser stets an den Gefäßwandungen ein Anflug von weißen Kristallen absetzte, die sich als Acetonsuperoxyd identifizieren ließen. Später ist bestätigt worden, daß überall, wo in Körpern die Gruppierung

$$\begin{array}{c}CH_3 \\ R\end{array}\!\!\!>\!C\!=\!C\!<$$

vorhanden ist, die analoge Erscheinung auftritt und besonders dann sich zeigt, wenn man die Behandlung mit Ozon länger als zur Absättigung der Doppelbindung nötig fortsetzt, wir haben diesen Vorgang „überozonisieren" genannt. Es findet dann also eine Sprengung an der Ozonidgruppe statt, die man folgendermaßen formulieren kann:

$$\begin{array}{c}CH_3 \\ R\end{array}\!\!\!>\!\underset{\underset{\underset{O}{\diagdown O\diagup}}{|}}{\underset{|}{C}}-\underset{|}{\underset{|}{CH}}\cdot R \;\rightarrow\; \begin{array}{c}CH_3 \\ R\end{array}\!\!\!>\!C\!\!<\!\!\begin{array}{c}O \\ | \\ O\end{array} + OCH \cdot R .$$

Bei einer derartigen Spaltung sollte dann, vorausgesetzt, daß sie quantitativ verläuft, kein Wasserstoffsuperoxyd auftreten. Beim Mesityloxyd und Methylheptenonozonid ist nun gleichwohl Wasserstoffsuperoxyd nachzuweisen, und ich schreibe die Ursache davon dem vierten, an das Carbonyl getretenen Sauerstoffatom zu[1]).

$$\begin{array}{c} CH_3 \\ \diagdown \\ \diagup \\ CH_3 \end{array} C - \underset{\underset{O - O}{|}}{CH} . \underset{\underset{O}{\|}}{\underset{\|}{C}} . CH_3 + H_2O = \begin{array}{c} CH_3 \\ \diagdown \\ \diagup \\ CH_3 \end{array} C \diagup^{O}_{O} + CHO . CO . CH_3 + H_2O_2 .$$

Eine Bestätigung dieser Annahme scheint in dem Verhalten des Phorons gegen Ozon gefunden zu sein. Das Phoron addiert 2 Mol. Ozon, also insgesamt 6 Sauerstoffatome, nicht 7, wie man nach den Erfahrungen beim Mesityloxyd u. a. erwarten sollte. Es verhält sich also dem Ozon ähnlich wie dem Hydroxylamin gegenüber, wo sich unter gewöhnlicher Bedingung bei der Einwirkung von überschüssigem freien alkoholischen Hydroxylamin nur zwei Hydroxylaminmoleküle an die doppelte Bindung anlagern und Triacetondihydroxylamin,

$$(CH_3)_2\, C = CH.CO.CH = C(CH_3)_2 + 2\, H_2NOH =$$
$$\underset{\qquad\quad HNOH \qquad\qquad OHNH}{(CH_3)_2 C - \underset{|}{CH_2} CO . \underset{|}{CH_2} - C(CH_3)_2,}$$

bilden. Das Carbonyl reagiert nicht mit. So verhält sich das Phoron auch gegen Ozon, es entsteht Phorondiozonid[2]),

$$(CH_3)_2 C - CH . CO . CH - C(CH_3)_2$$

Dies zerfällt beim Behandeln mit Wasser anscheinend quantitativ in 2 Mol. Acetonsuperoxyd und Mesoxaldialdehyd, daneben bildet sich keine Spur von Wasserstoffsuperoxyd, welches man erwarten sollte, wenn 7 Sauerstoffatome in das Molekül des Phorons eingetreten wären, d. h. wenn auch das Carbonyl noch 1 Atom Sauerstoff gebunden hätte, wie es z. B. beim Mesityloxyd geschieht. Man hätte übrigens zunächst auch an eine andere Interpretation des Auftretens des Acetonsuperoxyds denken können: daß nämlich die Spaltung der Ozonide mit Wasser zuerst normal nach der Gleichung

$$\begin{array}{c} CH_3 \\ \diagdown \\ \diagup \\ CH_3 \end{array} C - \underset{\underset{O - O}{|}}{CH} . Y + H_2O = \begin{array}{c} CH_3 \\ \diagdown \\ \diagup \\ CH_3 \end{array} CO + OCH . Y + H_2O_2$$

[1]) Harries u. Türk, Berichte d. Deutsch. chem. Gesellschaft 38, 1632 [1905].
[2]) Harries u. Türk, loc. cit.

verläuft, dann aber das Aceton und das Wasserstoffsuperoxyd in statu nascendi miteinander zu Acetonsuperoxyd zusammentreten. Indessen stehen dieser Auslegung mehrere Beobachtungen entgegen; man müßte z. B. erwarten, daß dort, wo sich Aceton bei der Spaltung bilden kann, dieses als Acetonsuperoxyd auftreten würde, dies ist aber nicht immer der Fall. Auch ist diese Frage nur dann schwierig zu entscheiden, wenn Acetonsuperoxyd selbst bei der Spaltung des Ozonids gewonnen wird, da es zufällig identisch mit dem Acetonsuperoxyd ist, welches auch durch direkte Einwirkung von Wasserstoffsuperoxyd auf Aceton leicht erhältlich ist. In anderen Fällen aber sind die Produkte, welche bei der Ozonidumlagerung einerseits und bei der direkten Einwirkung von Wasserstoffsuperoxyd auf die resultierenden Spaltungsprodukte an sich andererseits entstehen, verschiedenartig, z. B. bildet sich aus dem Diozonid aus Parakautschuk ein Lävulinaldehyddiperoxyd, welches man direkt aus Lävulinaldehyd und Wasserstoffsuperoxyd nicht gewinnen kann[1]).

Erwähnen will ich noch, daß ich auch das Verhalten der Stickstoffkohlenstoffdoppelbindung bzw. Stickstoffstickstoffdoppelbindung gegenüber Ozon untersucht habe. Vielleicht bildet sich auch hier ein Ozonid. Nimmt man die Oxydation z. B. eines Oxims bei Gegenwart von Wasser vor, so erhält man den zugehörigen Aldehyd bzw. Keton und Salpetersäure,

$$\mathrm{{>}C{=}NOH + O_3 = {>}\underset{\displaystyle \underset{\diagdown O \diagup}{O-O}}{C-NOH} = {>}CO + HNO_3}\,.$$

Dieses Gebiet wird augenblicklich näher untersucht, denn es ist für das Verhalten der Eiweißstoffe bzw. des Caseins gegen Ozon von Wichtigkeit[2]).

Eigenschaften der Ozonide.

Die Ozonide sind im allgemeinen dicke Öle oder glasige, farblose Sirupe, mehr oder weniger explosiv, von charakteristischem, unangenehm erstickendem Geruch. Soweit sie nicht beim Erhitzen explodieren, lassen sie sich im Vakuum teilweise unzersetzt destillieren. Einige zersetzen sich hierbei unter Abgabe des Ozons und regenerieren die Ausgangskörper. Die Ozonide niedrig siedender Kohlenwasserstoffe sind sehr flüchtig und konnten deshalb bisher nicht isoliert werden. Nur die Ozonverbindungen des Benzols und seiner Derivate sind in kristallinischem Zustande erhalten worden. Soweit bisher untersucht wurde, besitzen sie die einfache Molekulargröße.

---

[1]) **Harries**, Berichte d. Deutsch. chem. Gesellschaft **38**, 1195 [1905].
[2]) Vgl. **Harries**, Berichte d. Deutsch. chem. Gesellschaft **38**, 2990 [1905].

Die Ozonide zeigen die Reaktionen der Peroxyde, indem sie Jod aus Jodkalium frei machen, Indigolösung bleichen und Permanganat entfärben, mit konz. Schwefelsäure betupft unter Verkohlung explosionsartig aufbrausen, zum Teil sind sie aber viel beständiger als diese. Es hat dies vielleicht seine Ursache darin, daß sich durch Anlagerung des Ozons an eine Doppelbindung ein fünfgliedriger Ring bilden kann, den ich bisher unter der Annahme der Viervalenz des Sauerstoffs folgendermaßen formuliert habe:

$$\begin{array}{c} {>}C - C{<} \\ | \qquad | \\ O - O \\ {\diagdown}O{\diagup} \end{array}$$

Durch Wasser werden sie in der vorhin geschilderten Weise zersetzt, auch durch Brom werden sie allmählich angegriffen, es scheint dabei eine ähnliche Spaltung einzutreten wie durch Wasser. Die Ozonide lassen sich sehr bequem in ätherischer Lösung durch Aluminiumamalgam reduzieren, wobei man es in der Hand hat, je nach der Menge des angewandten Amalgams entweder Aldehyde bzw. Ketone oder die entsprechenden primären oder sekundären Alkohole zu erhalten. Nach folgenden Gleichungen ist dies zu erklären; z. B. beim Ozonid des Methylheptenons:

I.

$$\underset{CH_3}{\overset{CH_3}{>}}\!C\!-\!CH\,.\,CH_2\,.\,CH_2\,.\,\underset{\overset{\|}{O=O}}{C}\!-\!CH_3 + 4\,H =$$
$$O_3$$

$$\underset{CH_3}{\overset{CH_3}{>}}CO + OCH\,.\,CH_2\,.\,CH_2\,.\,CO\,.\,CH_3 + 2\,H_2O,$$

II.

$$\underset{CH_3}{\overset{CH_3}{>}}\!C\!-\!CH\,.\,CH_2\,.\,CH_2\,.\,\underset{\overset{\|}{O=O}}{C}\!-\!CH_3 + 10\,H =$$
$$O_3$$

$$\underset{CH_3}{\overset{CH_3}{>}}CHOH + OH\,.\,CH_2\,.\,CH_2\,.\,CH(OH)CH_3 + 2\,H_2O.$$

Die Einwirkung von Brom auf die Ozonide und ihre Reduktion wird augenblicklich näher untersucht.

Ergebnisse dieser Untersuchungen.

Es ist also klargestellt worden, daß die Einwirkung des Ozons auf organische Körper in zweierlei Weise vor sich gehen kann:

I. Das Molekül des Ozons lagert sich als O_3 an und es entstehen die Ozonide. Hier kommen die Verbindungen mit ungesättigter Kohlenstoffbindung in Betracht.

II. Das Molekül des Ozons spaltet sich bei der Einwirkung unter Bildung sehr labiler Peroxyde, indem nur 1 Atom Sauerstoff mit der oxydablen Gruppe in Reaktion tritt.

Nachprüfung der älteren Arbeiten.

Wenn man an der Hand dieser Tatsachen die älteren, vorhin besprochenen Arbeiten einer kritischen Nachprüfung unterzieht, so kommt man zu folgendem Resultat: Die Oxydation des Äthylens im wasserfreien Zustande erfolgt nach I. Es wird sich erst ein Ozonid bilden, welches sich unter Umlagerung direkt in Ameisensäure und Formaldehyd spalten kann,

$$CH_2\!=\!CH_2 + O_3 = \underset{\underset{\textstyle O}{\displaystyle O\!-\!\!-\!O}}{CH_2\!-\!CH_2} = CH_2O + HCOOH\,.$$

Die Oxydation der Alkohole zu Aldehyden erfolgt dagegen wahrscheinlich nach II, wie diejenige der Aldehyde zu den Säuren[1]).

Man könnte denken, daß 1 Mol. Ozon mit 3 Mol. Alkohol reagiert, indem sich je 1 Sauerstoffatom zunächst an je ein Hydroxyl anlagert unter Bildung von 3 Mol. eines Peroxyds:

$$3\,CH_3OH + O_3 = 3\,\underset{\underset{\textstyle O}{\displaystyle \|}}{CH_3\!-\!OH}\,.$$

Ein Teil Peroxyd zersetzt sich dann sofort weiter unter Abspaltung von Wasser,

$$C\!\!\begin{array}{l}H\\H\\H\\O\!=\!O\\H\end{array} \rightarrow C\!\!\begin{array}{l}H\\H\\O\end{array} + H_2O$$

ist aber einmal Wasser vorhanden, so kann sich aus einem anderen Teile des Peroxyds mit Wasser Wasserstoffsuperoxyd bilden:

$$CH_3O_2H + H_2O = CH_3OH + H_2O_2\,.$$

Die Einwirkung von Ozon auf die Alkohole geht in den meisten Fällen, wie ich mich überzeugte, nur sehr langsam vor sich.

---

[1]) Otto gibt folgende Gleichung an:

$$CH_3OH + O_3 = HCOH + H_2O + O_2,$$

dieselbe muß aber unvollständig sein, da sie die Bildung des Wasserstoffsuperoxyds nicht berücksichtigt.

Die Oxydation der Aldehyde zu Säuren ist ebenfalls nach II zu erklären. 1 Mol. Ozon reagiert mit 3 Mol. Aldehyd bei Ausschluß von Wasser, unter Bildung des labilen Peroxyds,

$$3\,R.CHO + O_3 = 3\,R.CH : O = O,$$

welches sich bei steigender Temperatur in die Säure umlagert:

$$R.CH = O : O \to R.C : O.OH.$$

Man hätte annehmen können, daß die Einwirkung des Ozons auf die Aldehyde auch so verläuft, daß 1 oder 2 Mol. Aldehyd mit 1 Mol. Ozon reagieren,

$$R.CHO + O_3 = R.CH : O : O + 2\,O,$$
$$2\,R.CHO + O_3 = 2\,R.CH : O : O + O.$$

Dann hätte man aber beim Einleiten des Ozons in den Aldehyd eine Gasentwicklung beobachten müssen, was bisher nicht geschehen ist.

Die Peroxyde der Aldehyde zersetzen sich mit Eiswasser unter Rückbildung der Aldehyde und so ist es zu erklären, daß sich bei niedriger Temperatur die Aldehyde, besonders in der Fettreihe, so schwer zu den Säuren oxydieren lassen und auch ihre Darstellung mit Hilfe des Ozons durch direkte Spaltung ungesättigter Körper bei Gegenwart von Wasser häufig so leicht gelingt.

Als ich die wahre Zusammensetzung der Ozonide festgestellt hatte, ging ich auch daran, die Angaben der älteren Arbeiten über peroxydartige Verbindungen, die bei der Einwirkung von Ozon auf Äther (Berthelot) und Benzol bzw. homologe Benzole (Renard) entstehen, zu revidieren. Beim Ozobenzol ließ sich bald durch genaue Elementaranalyse beweisen, daß es nicht nach der Formel $C_6H_6O_6$, wie Renard angenommen hatte, sondern $C_6H_6O_9$ zusammengesetzt ist[1]). Die weitere Untersuchung zeigte, daß sich dieses Benzoltriozonid auch gegen Wasser wie ein wahres Ozonid verhält, indem es sich unter Bildung von Glyoxal zersetzt:

$$C_6H_6O_9 + xH_2O \to 3\,HCO.CHO.$$

Bemerkenswert ist nur, daß hierbei kein Wasserstoffsuperoxyd wie sonst gewöhnlich nachzuweisen ist. Vielleicht wird ein Teil des zuerst gebildeten Glyoxals durch das Wasserstoffsuperoxyd zu Kohlensäure oxydiert.

Das Benzol reagiert also nach I (vgl. S. 76). Nun blieb noch das Äthylperoxyd übrig, dem Berthelot die Zusammensetzung $(C_2H_5)_4O_3$ beigelegt hatte. Auch diese Untersuchung habe ich in Gemeinschaft mit V. Weiß einer Nachprüfung unterzogen. Man erhält in der Tat nach den Angaben von Berthelot ein dickes, farbloses Liquidum,

---

[1]) Harries u. Weiß, Berichte d. Deutsch. chem. Gesellschaft **37**, 3431 [1904].

welches sich im Vakuum destillieren läßt, aber aus nicht erkennbaren Gründen häufig plötzlich mit furchtbarer Heftigkeit explodiert. Trotzdem gelang es uns, durch eine Reihe Elementaranalysen darzutun, daß hier weder eine Verbindung der Zusammensetzung $(C_2H_5)_4O_3$, noch ein Peroxyd etwa der Formel

$$\begin{array}{c} C_2H_5 \\ C_2H_5 \end{array}\!\!>\!O:O$$

nach II, oder ein Ozonid der Formel

$$\begin{array}{c} C_2H_5 \\ C_2H_5 \end{array}\!\!>\!O\!<\!\!\begin{array}{c} O \\ | \\ O \end{array}\!\!>\!O$$

nach I vorliegen kann.

Die Substanz enthält nach den Analysen ganz ausnahmsweise viel Sauerstoff, außerdem weichen die Resultate stark voneinander ab. Es scheint fast, als wenn der Äther eine beliebig große Quantität Ozon aufnehmen könnte. Wegen der Gefährlichkeit der Substanz gelang es uns bisher nicht, ihre wahre Natur aufzuklären (vgl. S. 109).

Unterschied zwischen Oxydation durch Ozon und Autoxydation.

Es ist hier eine passende Gelegenheit, auf den Unterschied der Ozonoxydation und der Autoxydation hinzuweisen. Engler[1]) hat bekanntlich die Hypothese aufgestellt, daß bei der Autoxydation sich immer zunächst ein Peroxyd aus dem oxydablen Körper durch Anlagerung molekularen Sauerstoffs bildet. Es ist ihm auch bei einigen ungesättigten Körpern gelungen, solche Peroxyde zu isolieren. Diese Peroxyde zeigen eine gewisse Ähnlichkeit mit den Ozoniden. Auch Baeyer und Villiger[2]) haben für die Autoxydation des Benzaldehyds einen gleichen Vorgang angenommen. Es bildet sich nach ihnen zuerst Benzoylwasserstoffsuperoxyd, welches sich mit einem weiteren Molekül Benzaldehyd zu Benzoesäure reduziert,

$$C_6H_5CHO + O_2 \rightarrow C_6H_5CO_2OH + C_6H_5CHO \rightarrow 2\,C_6H_5COOH.$$

Bei der Autoxydation addiert sich also das Molekül O_2, während sich in ähnlichen Fällen Ozon nach zweierlei Richtungen als O_3 oder als O anlagert. Hierdurch wird die Frage angeregt, ob nicht bei der Autoxydation auch unter Umständen noch eine andere Modalität eintreten kann. Die Körper, bei denen tatsächlich die Anlagerung von O_2 beobachtet wurde, sind nicht sehr zahlreich.

---

1) Vgl. Monographie: Kritische Studien über die Vorgänge der Autoxydation, von C. Engler u. J. Weißberg. Braunschweig 1904.

2) Berichte d. Deutsch. chem. Gesellschaft **33**, 1584 [1900].

Ozon als Hilfsmittel beim präparativen Arbeiten.

Das Ozon ist ein ganz ausgezeichnetes Hilfsmittel für das präparative organische Arbeiten; ich weise darauf hin, daß es mir mit seiner Hilfe gelungen ist, verschiedene bisher schwer zugängliche Ketoaldehyde und Dialdehyde zu isolieren. So gewinnt man den Lävulinaldehyd, $CH_3.CO.CH_2.CH_2.CHO$, leicht aus dem Methylheptenon und aus Allylaceton[1]). Aus Allylaminchlorhydrat ließ sich das entsprechende Salz des interessanten Aminoacetaldehyds erhalten[2]),

$$HCl.NH_2.CH_2.CH = CH_2 \rightarrow HCl.NH_2.CH_2.CHO.$$

Succindialdehyd entsteht bequem aus Diallyl[3]),

$$CH_2 = CH.CH_2.CH_2.CH = CH_2 \rightarrow CHO.CH_2.CH_2.CHO,$$

und man könnte die Methode der bisherigen aus Succindialdoxim vorziehen, wenn nicht das Diallyl ziemlich schwierig halogenfrei zu bereiten wäre. Weiter habe ich in Gemeinschaft mit Türk aus Mesityloxyd das Methylglyoxal und aus Phoron den Mesoxaldialdehyd dargestellt und man wird auf diese Weise noch eine Reihe anderer neuer interessanter Verbindungen isolieren können, die bisher unzugänglich waren. Wichtiger aber, weil allgemeiner, ist seine Verwendung zur

Bestimmung der Konstitution unbekannter Verbindungen.

Zunächst kann man durch Herstellung der additionellen Produkte, der „Ozonide", ähnlich wie mit Halogenen feststellen, ob ein Körper eine aliphatische Doppelbindung besitzt. Wie ich gesehen habe, wird der Trimethylenring nicht durch Ozon gesprengt. Dann aber läßt sich durch Spaltung dieser Ozonide mit Wasser oder durch Reduktion die Lage der doppelten Bindung an der Hand der Spaltungsprodukte ermitteln.

Ich erinnere hier daran, daß es mir gemeinschaftlich mit de Osa[4]) gelang, nachzuweisen, daß das Phenylbuten, welches man durch Abspaltung von Ammoniak aus dem 1-Phenyl-3-aminobutan, $C_6H_5.CH_2$. $CH_2.CH(NH_2).CH_3$, erhält, ein Gemisch von zwei isomeren Kohlenwasserstoffen darstellt, denn bei der Behandlung des Ozonids mit Wasser erhält man zwei aromatische Aldehyde, Benzaldehyd und Phenylessigaldehyd. Daraus geht hervor, daß in einem Falle ein 1-Phenylbuten-(1), im anderen ein 1-Phenylbuten-(2) vorliegt,

$$C_6H_5.CHO \leftarrow C_6H_5.CH = CH.CH_2.CH_3,$$
$$C_6H_5.CH_2.CHO \leftarrow C_6H_5CH_2.CH = CH.CH_3.$$

<hr>

[1]) Harries, Berichte d. Deutsch. chem. Gesellschaft **36**, 1933 [1903].
[2]) Harries u. Reichard, Berichte d. Deutsch. chem. Gesellschaft **37**, 612 [1904].
[3]) Türk, Inaug.-Diss. Kiel, 1905.
[4]) Harries u. de Osa, Berichte d. Deutsch. chem. Gesellschaft **37**, 842 [1904].

Gleichzeitig wurde mit Hilfe des Ozons nachgewiesen, daß das Phenylbuten von Klages[1]), welches aus 1-Phenylbutadien-(1,3) durch Reduktion erhalten war,

$$C_6H_5CH = CH.CH = CH_2 \rightarrow C_6H_5CH_2.CH = CH.CH_3,$$

ein ganz einheitliches Produkt ist, denn man erhielt nur Phenylessigaldehyd bzw. Phenylessigsäure.

Auch bei Kohlenwasserstoffen mit mehreren aliphatischen Doppelbindungen kann man aus den Oxydationsprodukten sehr gut einen Rückschluß auf seine Konstitution ziehen. So zeigt der Zerfall des Diozonids des Diallyls zu Succindialdehyd, daß die doppelten Bindungen in der Stellung 1,5 sich befinden und daß das Diallyl 1,5-Hexadien ist. Ein anderer Fall ist folgender: Türk versuchte vermittels des Grignardschen Verfahrens aus Bernsteinsäurediäthylester durch Magnesiumjodmethyl einen Kohlenwasserstoff der Formel

$$\begin{matrix} CH_3 \\ CH_3 \end{matrix} \!\!>\!\! C\!\!=\!\!CH . CH\!\!=\!\!C\!\!<\!\! \begin{matrix} CH_3 \\ CH_3 \end{matrix}$$

darzustellen, um mit Hilfe desselben durch Ozon reines Glyoxal zu gewinnen. Der Kohlenwasserstoff lieferte in der Tat ein Diozonid, welches mit Wasser aber nicht Glyoxal, sondern Acetylaceton gab:

$$\begin{matrix} & CH_3 & & CH_3 & \\ & | & & | & \\ CH_2-\!\!&C&.CH_2.CH_2.&C&-CH_2 + 2\,H_2O = \\ | & | & & | & | \\ O-\!\!&\!\!-O & & O-&O \\ & \diagdown O \diagup & & \diagdown O \diagup & \end{matrix}$$

$$2\,CH_2O + CH_3CO.CH_2.CH_2.COCH_3 + 2\,H_2O_2.$$

Daraus geht hervor, daß der zugehörige Kohlenwasserstoff 2,5-Dimethylhexadien-(1,5) ist. Gemeinschaftlich mit R. Weil[2]) habe ich ein Diozonid des Dimethylheptadiens beschrieben und dem Kohlenwasserstoff bzw. dem Diozonid folgende Formeln zuerteilt:

$$(CH_3)_2 : C = CH.CH_2.CH = C : (CH_3)_2;$$

$$\begin{matrix} (CH_3)_2:&C&-CH . CH_2 . CH&-C&:(CH_3)_2 \\ & | & | & | & | \\ & O-&O & O-&-O \\ & \diagdown O \diagup & & \diagdown O \diagup & \end{matrix}$$

Wir hatten uns zu dieser Auffassung verleiten lassen, weil man nach der Zerlegung dieses Diozonids mit Wasser nicht die sehr empfindliche Pyrrolprobe erhält, d. h. beim Kochen mit Essigsäure und

---

[1]) Berichte d. Deutsch. chem. Gesellschaft **35**, 2649 [1902].
[2]) Berichte d. Deutsch. chem. Gesellschaft **37**, 845 [1904].

Ammoniak färbt sich ein mit Salzsäure befeuchteter Fichtenspan nicht
rot. Dieses hätte man aber beobachten sollen, wenn das Diozonid
nach der Formel

$$(CH_3)_2 : \overset{\displaystyle |}{\underset{\underset{\displaystyle \searrow O \swarrow}{\displaystyle O - O}}{C}} - \overset{\displaystyle |}{\underset{\displaystyle O - O}{CH}} . CH_2 . CH_2 . \overset{\displaystyle CH_3}{\underset{\underset{\displaystyle \searrow O \swarrow}{\displaystyle O - O}}{\overset{|}{C}}} - \overset{|}{CH_2}$$

konstituiert wäre, weil dann Lävulinaldehyd entstehen müßte. Wie ich
nun später gemeinschaftlich mit H. Türk festgestellt habe, kommt
die letztere Konstitution dem Hauptanteile des Dimethylheptadien-
diozonids dennoch zu. Der Grund, daß wir früher diesen wahren Zusammenhang nicht erkannten, liegt in der verschiedenen Spaltbarkeit
der beiden Ozonidgruppen mit Wasser. Die eine wird nämlich sehr
leicht, die andere schwer gesprengt. Wenn man nicht lange genug
mit Wasser kocht, erhält man ein Zwischenprodukt:

$$(CH_3)_2 : C - CH . CH_2 . CH_2 . C - CH_2 \rightarrow OCH . CH_2 . CH_2 . C - CH_2 .$$

Dieses reduziert zwar Fehlingsche Lösung stark, liefert aber
nicht die Pyrrolprobe, erst bei längerem Kochen zerfällt es in Lävulinaldehyd und Formaldehyd und Wasserstoffsuperoxyd. Der Kohlenwasserstoff hat also die Konstitution eines 2,6-Dimethylheptadien-(2,6)

$$(CH_3)_2 C = CH . CH_2 . CH_2 . \overset{\displaystyle CH_3}{\overset{|}{C}} = CH_2 .$$

In ähnlicher Weise ist es gelungen, den den Kautschukarten zugrunde liegenden Kohlenwasserstoff aufzuklären[1]. Auch hier entstand
der Lävulinaldehyd als Spaltungsprodukt; die Existenz der Gruppe

$$= CH . CH_2 . CH_2 . \underset{\displaystyle CH_3}{\overset{|}{C}} =$$

scheint besonders bevorzugt zu sein.

Sehr bequem läßt sich die Ozonmethode zur Feststellung der
Stereoisomerie von ungesättigten Körpern verwenden, besonders der
Säuren der Malein- und Fumarreihe. Ich habe gezeigt[2], daß sowohl
Malein- wie Fumarsäure in Glyoxylsäure zerfallen, also die doppelte
Bindung an derselben Stelle besitzen.

<hr>

[1] Harries, Berichte d. Deutsch. chem. Gesellschaft **38**, 1195 [1905].
[2] Harries, Berichte d. Deutsch. chem. Gesellschaft **36**, 1933 [1903].

Indessen ist dies bei den genannten Verbindungen so oft nach anderen Methoden geglückt, daß das Resultat nicht besonders bemerkenswert erscheint. Weniger exakt ergründet waren indessen die Konstitutionsverhältnisse bei der Crotonsäure und der Isocrotonsäure. J. Wislicenus[1]) hat angenommen, daß die Isocrotonsäure dieselbe Konstitution wie die Crotonsäure besitze und daß die Isomerie der beiden Säuren auf sterische Gründe zurückzuführen sei. Langheld[2]) hat auf meine Veranlassung gezeigt, daß Croton- und Isocrotonsäure durch Ozon bei Gegenwart von Wasser in Glyoxylsäure und Acetaldehyd zerfallen,

$$CH_3 . CH = CH . COOH = CH_3CHO + OCH . COOH$$

mithin die Annahme von Wislicenus berechtigt ist.

Kein genügender Beweis war bisher für die Isomerie der Ölsäure und der Elaidinsäure, welch letztere bekanntlich durch die Einwirkung der salpetrigen Säure auf Ölsäure gewonnen wird, erbracht. Trotzdem wird meistens angenommen, daß zwischen beiden Säuren das Verhältnis der Stereoisomerie wie bei der Crotonsäure und Isocrotonsäure besteht. Thieme hat auf meine Veranlassung die beiden Säuren nach der Ozonmethode untersucht und hat den Beweis für ihre Stereoisomerie in einfacher und exakter Weise durchführen können.

Beide Säuren geben Ozonide der Formel $C_{18}H_{36}O_6$, welche beim Erwärmen mit Wasser dieselben Spaltungsprodukte liefern, nämlich Nonylaldehyd (bzw. Nonylsäure) und den Halbaldehyd der normalen Azelainsäure (bzw. Azelainsäure),

$$CH_3 . (CH_2)_7 . CH = CH . (CH_2)_7 . COOH \rightarrow$$
$$CH_3(CH_2)_7CH - CH . (CH_2)_7CO_2OH + 2\,H_2O,$$
$$\diagdown O_3 \diagup$$
$$CH_3 . (CH_2)_7 . CHO + OCH . (CH_2)_7 . COOH + 2\,H_2O_2 .$$

Bemerkenswert ist, daß der Halbaldehyd der Azelainsäure, $OCH . (CH_2)_7 . COOH$, so unbeständig ist, daß er sich schon mit dem Sauerstoff der Luft in kurzer Zeit oxydiert. Er konnte in reinem Zustande nicht isoliert werden. Der Nonylaldehyd ist als ein Bestandteil des Rosenöls von H. Walbaum und K. Stephan[3]) beschrieben worden.

Wir haben gesehen, daß eine ganze Reihe von Konstitutionsbestimmungen mit Hilfe des Ozons in einfacher Weise ausgeführt werden konnten. Ich will indessen nicht verschweigen, daß mir auch

---

[1]) Annalen d. Chemie u. Pharmazie **248**, 281 [1888].
[2]) Inaug.-Diss. Berlin, Dezember 1904.
[3]) Berichte d. Deutsch. chem. Gesellschaft **33**, 2502 [1900]. — Walbaum u. Hüthig, Ceylon-Zimtöl; Journ. f. prakt. Chemie (2) **66**, 51 [1902]. — Synthese: L. Bouveault, Bull. de la Soc. chim. (3) **31**, 1322 [1904].

einige Fälle aufgefallen sind, wo die Einwirkung des Ozons bisher nicht zu klaren Resultaten geführt hat. Diese Fälle beschränken sich allerdings bisher auf einige Körper der Terpenreihe. Es sind besonders die Verbindungen Pulegon und Pinen.

Pulegon in Chloroform liefert ein Ozonid wie das Mesityloxyd. Oxydiert man aber Pulegon bei Gegenwart von Wasser, so erhält man nicht wie zu erwarten war, Methylcyclohexandion und Aceton, sondern eine aldehydische Substanz, die beim Stehen an der Luft in wenigen Minuten anscheinend in Methyladipinsäure oder eine homologe Säure übergeht. Das ist sehr merkwürdig und wird zur Zeit weiter studiert.

Pinen läßt sich in Chloroform sehr bequem mit Ozon beladen. Das Ozonid hat aber nicht die einfache Formel $C_{10}H_{16}O_3$, wie ich geglaubt hatte, sondern enthält mehr Sauerstoff. Nach der Spaltung mit Wasser kann man indessen Pinonsäure nachweisen. Der Hauptanteil des Ozonids, welches man aus Pinen gewinnt, scheint aber ein Produkt zu sein, welches sich nicht mehr vom Pinen ableitet und durch Aufspaltung des bicyclischen Ringsystems entstanden ist[1]):

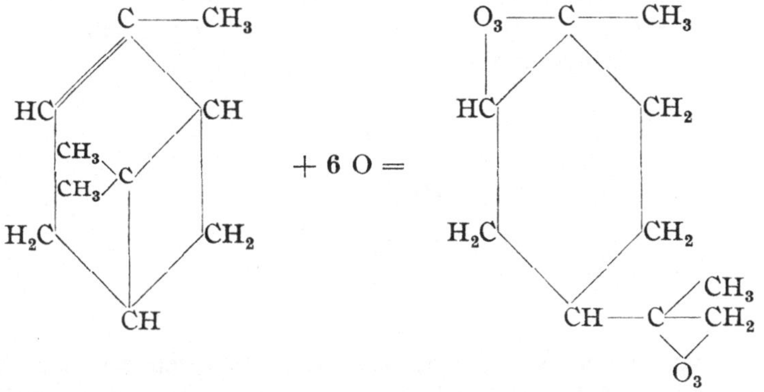

$$+ 6\,O =$$

Das Pinen würde sich so dem Ozon gegenüber ähnlich wie bei der Autoxydation verhalten, wobei Sobrerol entsteht[2]). Die Untersuchung dieser Verhältnisse ist im Gange, auch bin ich augenblicklich im Begriff, das Verhalten der Terpenkörper im allgemeinen gegenüber Ozon eingehend zu erforschen.

Behandlung der Frage nach der Konstitution des Benzols und seiner Derivate mit Hilfe des Ozons.

Aber nicht nur zur Konstitutionsbestimmung kann man das Ozon mit Erfolg anwenden, sondern es lassen sich auch Fragen theoretischer

---

[1]) Dieses Buch S. 456.
[2]) Vgl. Victor Meyer u. Jacobsohn II. S. 985 [1902].

Natur mit seiner Hilfe erörtern. Wie ich schon erwähnte, liefert das Benzol mit Ozon ein Triozonid[1]), dem nach seinem Verhalten gegen Wasser folgende Formel beigelegt wurde:

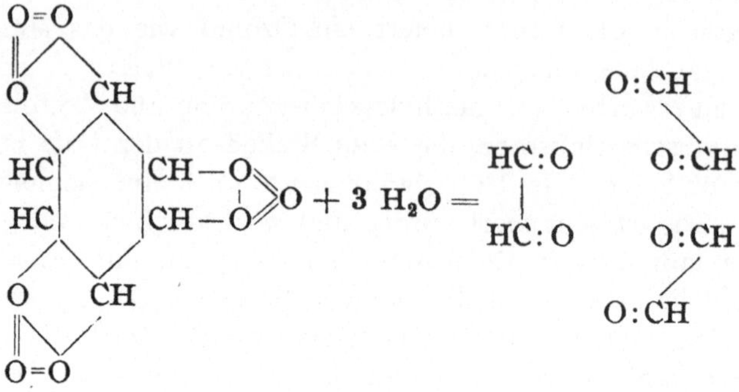

$$
\begin{array}{c}
O\!=\!O \\
\|\ \ \ \ \ \ \ \ \ \\
O \quad\ CH \\
HC\ \ \ \ CH\!-\!O \\
\ \ \ \ \ \ \ \ \ \ \ \ \ \ \ \ \ \rangle O \ +\ 3\ H_2O\ = \\
HC\ \ \ \ CH\!-\!O \\
O \quad\ CH \\
\|\ \ \ \ \ \ \ \ \ \\
O\!=\!O
\end{array}
\qquad
\begin{array}{c}
O:CH \\
HC:O \quad O:CH \\
| \\
HC:O \quad O:CH \\
O:CH
\end{array}
$$

Dieses Verhalten spricht nach meiner Meinung sehr für die Ke-kulésche und gegen die zentrische Formel des Benzols. Der aromatische Charakter des Benzols ist ja nach Thiele[2]) dadurch zu erklären, daß sich die Partialvalenzen ausgleichen und die ursprünglichen Doppelbindungen inaktiv werden:

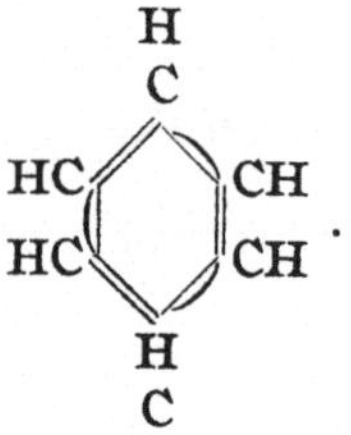

$$
\begin{array}{c}
H \\
C \\
HC\diagup\ \ \diagdown CH \\
HC\diagdown\ \ \diagup CH \\
H \\
C
\end{array}
$$

Es hat sich ferner gezeigt, daß die Homologen des Benzols, wie schon Renard fand, ebenfalls Ozonide liefern, die sich gegen Wasser analog verhalten. Zu erwähnen ist, daß Mesitylenozonid hierbei Methylglyoxal bildet:

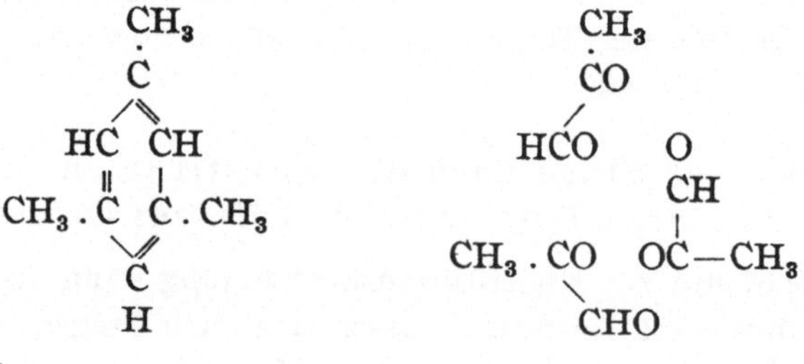

$$
\begin{array}{c}
CH_3 \\
C \\
HC\ \ \ CH \\
CH_3.C\ \ \ C.CH_3 \\
C \\
H
\end{array}
\qquad
\begin{array}{c}
CH_3 \\
CO \\
HCO\ \ \ O \\
CH \\
CH_3.CO\ \ \ OC\!-\!CH_3 \\
CHO
\end{array}
$$

---

[1]) Harries u. Weiß, Berichte d. Deutsch. chem. Gesellschaft **37** [1904].
[2]) Joh. Thiele, Annalen d. Chemie u. Pharmazie **306**, 87 [1899].

Weiter wurde die Untersuchung auf Naphthalin, Phenanthren (Anthracen), Diphenyl usw. ausgedehnt. Bamberger[1]) hat bereits durch seine Hydrierungsarbeiten gezeigt, daß sich die einzelnen Ringsysteme bei der Anlagerung von Wasserstoff verschieden verhalten. Er stellte fest, daß die beiden Systeme des Naphthalins keine wahren Benzolringe seien, eines werde aber zu einem solchen, sobald das andere 4 Atome Wasserstoff aufnehme. Der hydrierte Ring hat dann die Eigenschaften einer offenen aliphatischen Kette alicyklischen Systems. Die Tatsachen bringt er in folgender Formel I zum Ausdruck, während

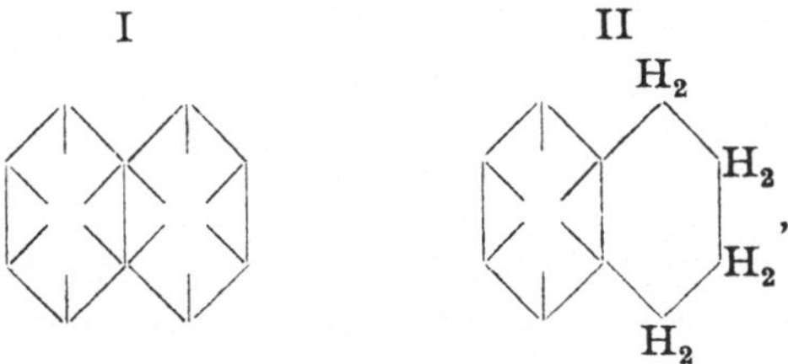

er für das hydrierte Naphthalin die Formel II wählt. Die von Bamberger gefundenen Eigentümlichkeiten des Tetrahydronaphthalins weiß Thiele mit seiner Theorie sehr gut in Einklang zu bringen.

Bei der Behandlung des Naphthalins mit Ozon hat sich nun gezeigt, daß dasselbe nur 2 Mol. davon addiert unter Bildung eines Naphthalindiozonids,

$$C_{10}H_8 + 2\,O_3 = C_{10}H_8O_6.$$

Dieses Diozonid hat folgende Struktur:

Denn bei der Spaltung mit Wasser erhält man o-Phthaldialdehyd und wahrscheinlich daneben Glyoxal.

---

[1]) Annalen d. Chemie u. Pharmazie **257**, 1 [1890]. — Bamberger u. Langfeld, Berichte d. Deutsch. chem. Gesellschaft **23**, 1124 [1890].

Die beiden Moleküle Ozon lagern sich also nur an einen Ring an. Es besteht daher Übereinstimmung zwischen den Bambergerschen und unseren Beobachtungen. Indessen könnte man aus den unsrigen den Schluß ziehen, daß in den beiden Ringen des Naphthalins die Bindungsverhältnisse verschieden sind.

In dem einen Ringe sind noch aliphatische Doppelbindungen wie im Benzol selbst, in dem anderen dagegen nicht mehr vorhanden. Die Bindungsverhältnisse sind festere, wie sich durch die zentrische Formel am besten ausdrücken läßt:

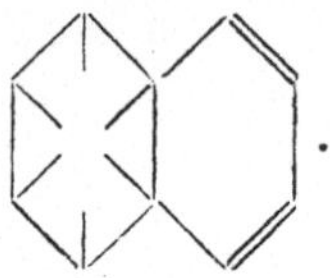

Auch das Phenanthren verhält sich ähnlich wie das Naphthalin, während Anthracen wegen seiner Schwerlöslichkeit nicht untersucht werden konnte.

Anders als das Naphthalin verhält sich das Diphenyl; dieses nimmt 4 Ozonmoleküle auf

$$C_{12}H_{10} + 4\,O_3 = C_{12}H_{10}O_{12}$$

und die Strukturformel ist vielleicht die folgende:

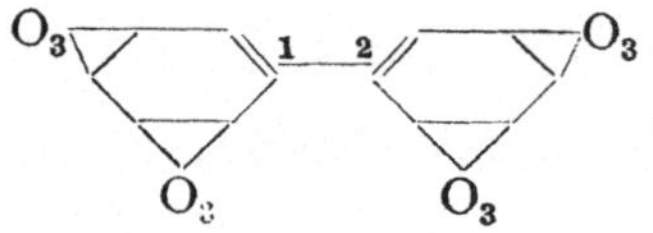

Möglicherweise sind sterische Einflüsse an der doppelten Bindung 1 und 2 der Grund, daß nicht 6 Mol. addiert werden. Bamberger beobachtete bei der Hydrierung nur die Addition von 4 Atomen Wasserstoff, zeigte aber, daß das Tetrahydrodiphenyl nachträglich noch 4 Atome Brom aufnehmen kann, so daß dann auch vier doppelte Bindungen wie bei dem Ozonid aufgehoben sind. Hieraus scheint hervorzugehen, daß im Diphenyl beide Ringe aliphatische Struktur und nicht zentrische besitzen:

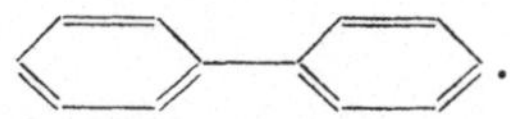

Im Naphthalin muß der eine Ring durch den anderen beeinflußt werden.

Man könnte daran denken, aus dem verschiedenen Verhalten gegen Ozon die Benzolderivate hinsichtlich ihrer Bindungsverhältnisse in den Ringsystemen in zwei Gruppen zu unterscheiden, d h. in solche, welche Ozon addieren, und solche, die es nicht tun. Wie wir gesehen haben, scheinen die meisten Benzole, welche durch Substitution eines

positiven Restes entstanden sind, wie Toluol, Xylol usw., Ozon zu
addieren, diejenigen aber, welche negativ sind, wie Nitrobenzole, Chlor-
benzole, Phenoläther, Säuren, desgleichen Ester usw., sich dem Ozon
gegenüber passiv zu verhalten[1]). In der ersten Klasse von Verbindungen
ließe sich dann die Bindungsweise noch aliphatischer Struktur I, in
der anderen die zentrische Struktur II annehmen[2]).

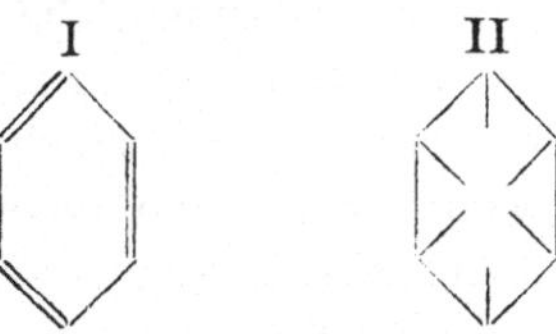

Natürlich wird es sich bei weiteren Untersuchungen zeigen, daß
mit dieser Auffassung mancherlei Widersprüche bestehen; indessen,
welche Theorie über die Konstitution des Benzols und seiner Derivate
wäre bisher ohne Kontroverse geblieben?

Ausführung der Versuche mit Ozon.

Als Apparate zur Ausführung der Ozonisierung haben sich im
Laufe der Zeit zwei weite Röhren von untenstehender Form als zweckmäßig erwiesen, welche durch mit Paraffin getränkte Korkstopfen verschlossen und untereinander verbunden sind.

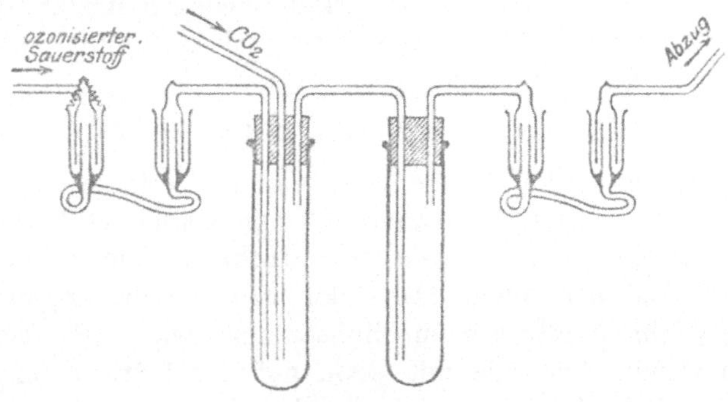

Fig. 1.

Diese Gefäße werden in Kältemischung gesetzt und nur das erste
Rohr mit der zu oxydierenden Substanz beschickt. Das zweite Rohr
dient zur Sicherheit, falls bei flüchtigen oder schäumenden Substanzen
etwas übergerissen wird. Am ersten Gefäß befindet sich noch ein

---

[1]) Dieses Buch S. 376.
[2]) Das Problem ist eingehender in der Inaug.-Diss. von Valentin Weiß,
Kiel 1905, behandelt worden.

Einleitungsrohr für Kohlensäure. Diese Vorrichtung hat den Zweck, die Explosionsgefahr herabzusetzen, und hat in manchen Fällen auch Erfolg gehabt. Das Ableitungsrohr am Ende des Apparates führt in den Abzug. Als bestes Dichtungsmittel bei dem Ein- und Ableitungsrohre kann das Quecksilberverschlußsystem von Siemens & Halske empfohlen werden.

Allmählich ist man dazu gekommen, die Ozonisierung in einem wasserfreien Lösungsmittel vorzunehmen und, wenn irgend angängig, zunächst die Ozonide zu isolieren. Natürlich dürfen diese Lösungsmittel selbst möglichst wenig von Ozon angegriffen werden, außerdem müssen sie leicht flüchtig sein, damit sie nachher bei niederer Temperatur im Vakuum abdestilliert werden können. Lösungsmittel von diesen Eigenschaften sind bei 60° siedender Petroläther und Chloroform. Petroläther läßt sich aber schwer ganz von höher siedenden Kohlenwasserstoffen befreien, und es ist zu befürchten, daß letztere nach dem Eindampfen im Vakuum durch das Ozonid zurückgehalten werden, außerdem sind die sich bildenden Ozonide meistens in Petroläther unlöslich und fallen aus. Ich habe daher Chloroform, welches peinlichst getrocknet sein muß, vorgezogen. Leitet man in reines Chloroform unter starker Kühlung Ozon ein, so erhält man eine tiefblau gefärbte Lösung, deren blaue Farbe beim Herausnehmen aus der Kältemischung bald verschwindet, indem das in Chloroform gelöste Ozon verdunstet. Bei längerer Einwirkung beobachtet man, daß kleine Mengen von Carbonylchlorid entstehen. Diese Bildung erklärt sich vielleicht nach der Gleichung:

$$2\,CHCl_3 + O_3 = 2\,COCl_2 + H_2O + 2\,Cl.$$

Infolgedessen enthalten die nach diesem Verfahren hergestellten Ozonide meistens Spuren von Chlor[1]). Zur Reinigung kann man die Ozonide dann in wenig Essigäther aufnehmen und durch niedrigsiedenden Petroläther fällen. Das Chloroform hat die Eigenschaft, die Explosionsgefahr herabzusetzen, Substanzen, wie z. B. das Diallyl, welche im reinen Zustande mit Ozon auf das heftigste explodieren, lassen sich in Chloroform ohne Schwierigkeit in die Ozonide überführen, nur muß man beim Abdampfen des Lösungsmittels vorsichtig sein und die Temperatur des Wasserbades nicht über 20° steigen lassen. Das Ende der Reaktion sieht man gewöhnlich daran, daß beim Einleiten des Ozons keine weißen Nebel mehr auftreten. Woraus diese Nebel bestehen, ist bis jetzt nicht festgestellt worden. Pro Gramm Substanz rechnet man dazu gewöhnlich $^3/_4$—2 Stunden.

---

[1]) Aber auch von HCl. Daher scheint die Gleichung richtiger:

$$CHCl_3 + O_3 = COCl_2 + HCl + O_2.$$

Zur Zerlegung werden die Ozonide dann in Eiswasser gegossen bzw. mit Eiswasser aus dem Kolben herausgespült, einige Zeit sich selbst überlassen und dann ganz allmählich auf dem Wasserbade am Rückflußkühler so lange erhitzt, bis man sieht, daß sie verschwunden sind oder sich verändert haben[1]).

Manchmal empfiehlt es sich, die öligen Ozonide direkt mit Wasserdampf zu behandeln[2]), doch ist hierbei Vorsicht am Platze. Ungesättigte Säuren sind manchmal mit Vorteil in Form der Natriumsalze in Wasser zu lösen und dann Ozon einzuleiten. Die Spaltprodukte zu isolieren, wird jedesmal Sache des Experimentierens sein.

Ozonerzeuger.

Es kann nicht meine Aufgabe sein, an dieser Stelle eine genaue Besprechung der elektrischen Apparate zu geben, die mir die Firma Siemens & Halske zu meinen Versuchen zusammengestellt hat. Denn ich habe keinerlei Verdienst an der Konstruktion derselben, auch sind sie im Prinzip schon anderwärts beschrieben worden. Ich will hier kurz nur meine, den Chemiker, welcher keine besondere Kenntnis von größeren elektrischen Betrieben besitzt, interessierenden Erfahrungen mitteilen. Vorher nehme ich aber gern Gelegenheit, den Herren Direktor Dr. Franke und Chefchemiker Dr. Erlwein für ihr freundliches Entgegenkommen bei meinen Bestrebungen bestens zu danken. Zur Ozonerzeugung dient wie früher die dunkle elektrische Entladung, d. h. nach Lenard die ultravioletten Strahlen, welche auf Sauerstoff einwirken. Um dieselbe zweckmäßig auszunützen, wird der Sauerstoff durch ein System von zehn nebeneinander (nicht hintereinander) geschalteten gläsernen Berthelot - Röhren geleitet, welche der Reihe nach in eine Metallröhre mittels Woodschem Metall eingekittet sind. Diese Röhren, in denen je ein Elektrodendraht steckt, sind mit Wasser gefüllt und stehen in einem großen Elementenglase, welches seinerseits ebenfalls bis zur gleichen Höhe mit Wasser beschickt ist. Die innen in den zehn Röhren stehenden Aluminiumelektroden werden oberhalb des Apparates durch einen langen Draht verbunden, welcher den einen Pol für den Strom bildet. Ein anderer Aluminiumdraht wird außen in das Wasserbassin gesteckt und bildet den anderen Pol. Dieser Apparat[3]), welcher zwar sehr elegant aussieht, besitzt mancherlei Nachteile.

---

[1]) Vgl. Harries u. Türk, Berichte d. Deutsch. chem. Gesellschaft **38**, 1630 [1905].

[2]) Vgl. Harries, Berichte d. Deutsch. chem. Gesellschaft **38**, 1195 [1905].

[3]) Wird von der Firma Siemens & Halske zum Preise von 250 M. abgegeben. Der nachher beschriebene Apparat kostet dagegen nur ca. 150 M. und wird jetzt von der Firma Warmbrunn & Quilitz, Berlin, angefertigt.

Erstens ist das viele Metall schädlich, wenn nicht gefährlich; zweitens kommt es häufig vor, daß einzelne der gläsernen Berthelot-Röhren durch den stark gespannten Strom zerschlagen werden. Man hat dann mit der Auswechslung große Schwierigkeiten und muß den ganzen Betrieb unterbrechen, drittens ist der Apparat recht teuer.

Diese Nachteile habe ich folgendermaßen aufgehoben. Der ganze Apparat, sowie Zu- und Ableitungsröhre besteht aus Glas, er wird der größeren Haltbarkeit wegen mit dem Elementenglase in einen einfachen hölzernen Kasten gesetzt. Die einzelnen Berthelot-Röhren stehen unter Quecksilberdichtung und können jederzeit herausgehoben und ausgewechselt werden.

Fig. 2 zeigt die Form einer Berthelot-Röhre und die Art, wie sie durch Quecksilberverschluß auf den Zu- und Ableitungsröhren a bzw. b aufsitzt, diese Röhren sind hier nur im Durchschnitt gegeben. Fig. 3 stellt eine Anordnung des ganzen Apparates von oben projiziert dar. c ist das Elementenglas, d der Holzkasten, an dem die Röhren a und b befestigt sind, Hg sind die Quecksilberverschlüsse, e und f die Elektroden.

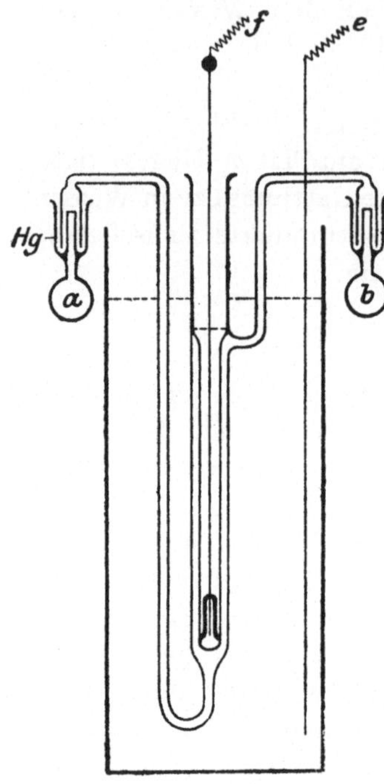

Fig. 2.

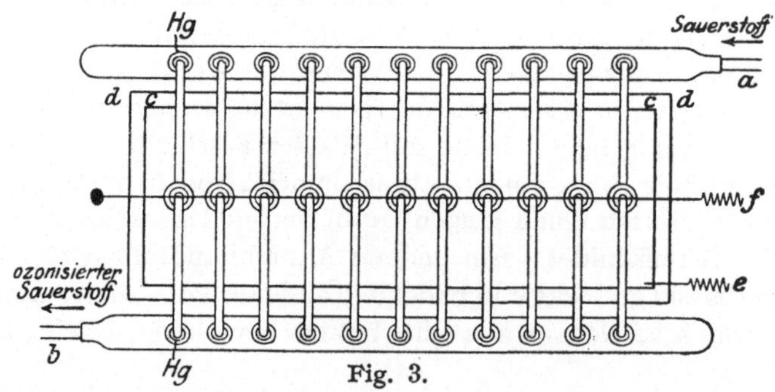

Fig. 3.

Zum Betriebe dient Wechselstrom, ca. 1 Amp. 110 Volt, der in einem Öltransformator auf ca. 10 000 Volt gespannt wird[1]). Da das

---

[1]) Später auf 90 Volt Primärspannung und ca. 8000 Volt Sekundärspannung reduziert.

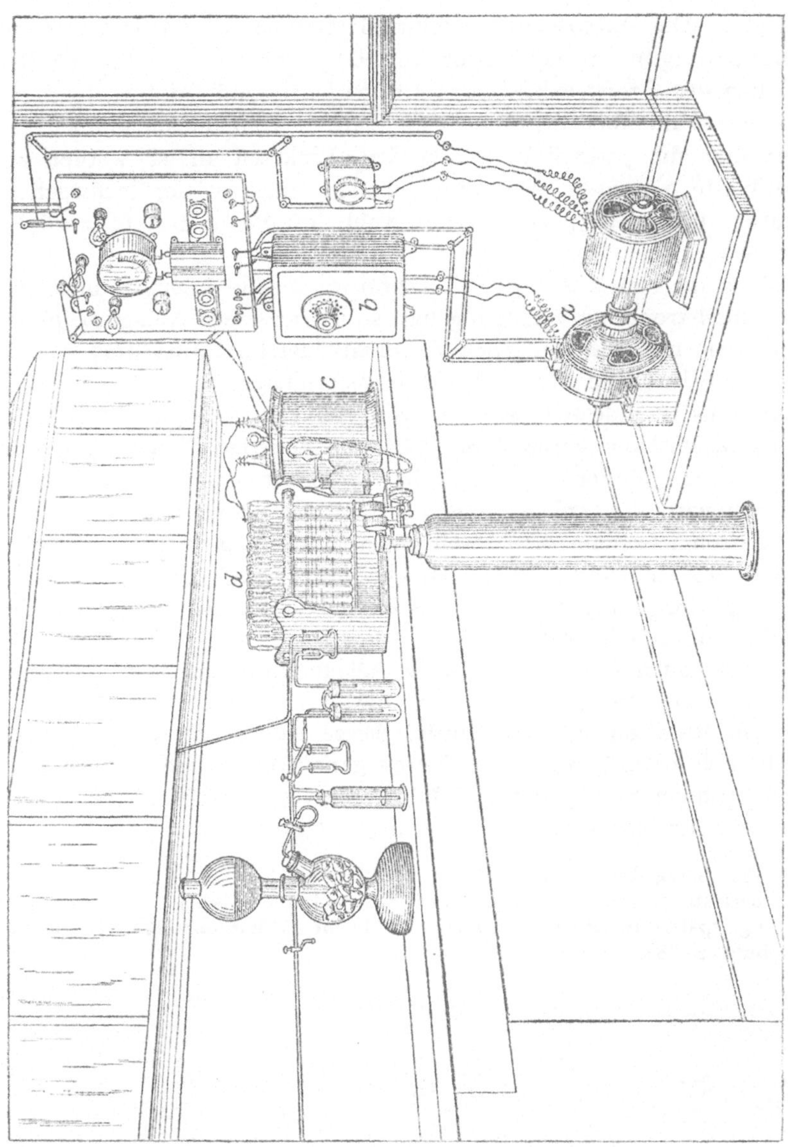

Fig. 4. Ozonanlage im Chemischen Institut Kiel.

a) Wechselstromdynamo. *b*) Vorschaltwiderstand. *c*) Transformator. *d*) Ozonisator.

Wasser im Ozonisator sich allmählich erwärmt, ist es gut, Vorrichtung zu treffen, daß es wie in einem Liebig - Kühler zur Kühlung ständig zu- und abfließen kann, denn es ist ja bekannt, daß die Bildung des Ozons mit steigender Temperatur abnimmt. Der Sauerstoff muß sehr gut vor dem Einleiten getrocknet werden, um Spitzenentladung zu

6*

vermeiden. Die Durchschnittsgeschwindigkeit von 5—6 l Sauerstoff in 12 Minuten ergibt ca. 5,6% Ozon auf 100 g Gas berechnet[1]). Die Bestimmung des Ozons wurde nach Ladenburg und Quasig[2]) ausgeführt, indem man das Gas in nicht angesäuerte Jodkalilösung einleitete. Säuert man die Jodkalilösung vor dem Einleiten an, so werden zu große Werte gefunden. Die relativ hohen Angaben der technischen Literatur, bis zu 20% Ozon, sind wohl auf diesen Irrtum zurückzuführen[3]).

Wenn man im chemischen Laboratorium eine Lichtstromleitung mit Wechselstrom zur Verfügung hat, so ist die ganze Anlage bequem einzurichten, man hat nur einen Vorschaltwiderstand anzubringen und kann den reduzierten Strom direkt transformieren.

Meistens ist indessen, wie in Berlin und Kiel, kein Wechselstrom, sondern Gleichstrom vorhanden. Man muß also den Gleichstrom, um ihn spannen zu können, erst durch die Wechselstrommaschine schicken. Hierdurch wird die Anlage komplizierter. Ich benutze in Kiel eine Wechselstrommaschine, die, durch einen Motor von $^3/_4$ PS getrieben, ca. 1300 Umdrehungen macht. Das beigefügte Bild (Fig. 4) zeigt die Ozonanlage im Laboratorium zu Kiel, indessen sind auf dem Bilde die Schutzanlagen fortgelassen.

In der von mir früher benutzten Anlage wurde der Wechselstrom durch einen kleinen Kommutator erzeugt, der vermittels eines kleinen Motors in Rotation versetzt wurde. Diese Anlage ist aber für den Dauerbetrieb zu präparativen Arbeiten ganz ungenügend, da er nach einigen Stunden häufig versagt. Ich kann vor derselben, obwohl sie billiger ist, nur nachdrücklich warnen.

---

[1]) Vgl. Inaug.-Diss. von V. Weiß, Kiel 1905.
[2]) Berichte d. Deutsch. chem. Gesellschaft **34**, 1184 [1901].
[3]) Vgl. spätere Erfahrungen: Annalen d. Chemie u. Pharmazie **374**, 312 [1910]. Dieses Buch S. 282.

13. Kurt Langheld: Über die Ozonide sauerstoffhaltiger Substanzen[1].

Annalen der Chemie und Pharmazie **343**, 345 (1905).

Zur Kenntnis der Darstellung der im folgenden beschriebenen Ozonide soll vorausgeschickt werden, daß die Ausgangskörper zunächst durch mehrtägiges Stehen über Magnesiumsulfat getrocknet und dann fraktioniert wurden. Die mittlere Fraktion wurde besonders aufgefangen und zur Ozonisation benutzt, während des Durchleitens des Ozons wurde stark gekühlt. Die Operation nahm für je 3 g im Durchschnitt 2 Stunden in Anspruch. Die auf diese Weise gebildeten Ozonide wurden zur Entfernung von überschüssigem Ozon oder Sauerstoff während mehrerer Stunden im Vakuumexsiccator an die Vakuumpumpe angeschlossen. Bei einigen sehr zersetzlichen Ozoniden wurde das Gefäß, in dem sie bereitet waren, direkt unter starker Kühlung evakuiert. Die Löslichkeitsverhältnisse sind bei den meisten Ozoniden ähnlich; sie werden von Äther, Benzol, Essigester, Chloroform leicht, in Petroläther, Ligroin schwer aufgenommen.

Normale Ozonide ungesättigter sauerstoffhaltiger Substanzen.

Im allgemeinen Teile ist besprochen worden, daß die ungesättigten Alkohole normale Ozonide bilden und daß das Hydroxyl bei Ausschluß von Wasser zunächst nicht verändert wird[2].

$$\text{Allylalkoholozonid, } CH_2{-}CH.CH_2.OH.$$
$$O_3$$

Das Ozonid ist ein wasserklarer Sirup, der sich bei gewöhnlicher Temperatur unter Gasentwicklung zersetzt. Beim Kochen mit Wasser erleidet er Aldehydspaltung, einen ähnlichen Zerfall scheint er bei der

---

[1] Kurt Langheld, Inaug.-Diss. Berlin, 1904.

[2] Es wäre denkbar, daß auch bei Ausschluß des Wassers ein primäres oder sekundäres Hydroxyl allmählich zum Carbonyl oxydiert würde, dann könnte aber auch noch ein viertes Sauerstoffatom unter Bildung einer Peroxydgruppe gebunden werden. Die Resultate einiger Analysen deuten auf diesen Vorgang hin.

Destillation im Vakuum zu erleiden; genauer wurden diese Vorgänge noch nicht untersucht.

I. 0,2044 g Sbst.: 0,2477 g CO_2, 0,1136 g H_2O. — II. 0,1805 g Sbst.: 0,2182 g CO_2, 0,1002 g H_2O.

	Berechnet für $C_3H_6O_4$	Gefunden ·I	II
C	33,96	33,05	32,98
H	5,66	6,17	6,17

Molekulargewicht nach der Gefriermethode im Beckmannschen Apparate.

I. Benzol 17,87 g, Sbst. 0,1888 g, Depression 0,400°.
II. Eisessig 21,00 g, Sbst. 0,2913 g, Depression 0,3840°.
Molekulargewicht: Ber. 106. Gef. I. 132, II. 140.

Sekundäres Methylheptenolozonid,

$(CH_3)_2C-CH.CH_2.CH_2.CHOH.$

Das sekundäre Methylheptenol[1]) wurde durch Reduktion von Methylheptenon mit Natrium und Alkohol gewonnen. Das Ozonid ist ein Öl wie der Ausgangskörper, sein spez. Gewicht beträgt 1,0992 bei 25,5°. Beim Kochen mit Wasser erleidet es Aldehydspaltung.

0,1603 g Sbst.: 0,3152 g CO_2, 0,1758 g H_2O.

	Berechnet für $C_8H_{16}O_4$	Gefunden
C	54,54	53,64
H	9,09	10,11

Molekulargewicht.

I. Benzol 20,01 g, Sbst. 0,2607 g, Depression 0,407°.
II. Eisessig 19,83 g, Sbst. 0,3823 g, Depression 0,5180°.
Molekulargewicht: Ber. 176. Gef. I. 160, II. 147.

Tertiäres Methylhexenolozonid, $CH_2-CH.CH_2.CH_2.COH(CH_3)_2$.

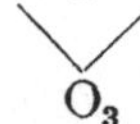

Das tertiäre Methylhexenol wurde nach dem Grignardschen Verfahren[2]) aus Allylaceton und Magnesiumjodmethyl dargestellt. Das wasserhelle, angenehm riechende Liquidum siedet bei ca. 57° unter 16 mm Druck.

0,1696 g Sbst.: 0,4588 g CO_2, 0,1875 g H_2O.

	Berechnet für $C_7H_{14}O$	Gefunden
C	73,68	73,77
H	12,28	12,28

---

[1]) Wallach, Annalen d. Chemie u. Pharmazie **275**, 171 [1893].
[2]) Annales de Chim. et de Phys. (7) **24**, 433 [1901].

Molekulargewicht.

Eisessig 20,26 g, Sbst. 0,2231 g, Depression 0,418°.
Molekulargewicht: Ber. 114. Gef. 102.

Das Ozonid dieses tertiären Alkohols ist äußerlich dem Ausgangskörper ähnlich. Sein spez. Gewicht beträgt bei 23,5° 1,0703. Durch
Kochen mit Wasser erleidet es die Aldehydspaltung.

0,2003 g Sbst.: 0,3707 g CO_2, 0,1609 g H_2O.

	Berechnet für $C_7H_{14}O_4$	Gefunden
C	51,85	50,47
H	8,64	8,64

Molekulargewicht.

I. Benzol 19,50 g, Sbst. 0,2310 g, Depression 0,350°.
II. Eisessig 17,30 g, Sbst. 0,1975 g, Depression 0,263°.
Molekulargewicht: Ber. 162. Gef. I. 165, II. 169.

Tertiäres Dimethylheptenolozonid,

$$(CH_3)_2C—CH . CH_2 . CH_2 . C:(CH_3)_2 .$$
$$\diagdown\diagup \qquad\qquad |$$
$$O_3 \qquad\qquad\quad OH$$

Das tertiäre Dimethylheptenol[1]) erleidet bei der Ozonisation keine
sichtbare Veränderung. Das spez. Gewicht des Ozonids beträgt bei
23,5° 1,0603. Beim Kochen mit Wasser spaltet es sich in Aldehyd
und Aceton.

I. 0,0872 g Sbst.: 0,1732 g CO_2, 0,0739 g H_2O. — II. 0,1546 g Sbst.: 0,3139 g
CO_2, 0,126 g H_2O.

	Berechnet für $C_9H_{18}O_4$	Gefunden I	II
C	56,84	54,17	55,38
H	9,47	9,18	9,06

Molekulargewicht.

I. Benzol 19,80 g, Sbst. 0,2567 g, Depression 0,380°.
II. Eisessig 20,05 g, Sbst. 0,2345 g, Depression 0,270°.
Molekulargewicht: Ber. 190. Gef. I. 170, II. 169.

Anormale Ozonide ungesättigter sauerstoffhaltiger
Substanzen.

Von den ungesättigten Alkoholen verhalten sich gegenüber Ozon
die ungesättigten Ketone, Aldehyde und Säuren verschieden; sie addieren
vier Sauerstoffatome (vgl. S. 64).

---

[1]) Harries u. Weil, Berichte d. Deutsch. chem. Gesellschaft **37**, 845 [1904].

Allylacetonozonid, CH_2—CH.CH_2.CH_2.C.CH_3.

$$\underset{O_3}{\diagdown\diagup} \qquad \underset{\underset{O}{\|}}{\overset{\|}{O}}$$

Das Ausgangsmaterial wurde durch Spaltung des Allylacetessigesters gewonnen. Das Ozonid ist ein wasserklarer, sehr explosiver Sirup. Beim Kochen mit Wasser zerfällt er, wie schon früher gezeigt wurde[1]), in Formaldehyd, Lävulinaldehyd und Wasserstoffsuperoxyd. Das spez. Gewicht beträgt 1,1814 bei 19°.

I. 0,1653 g Sbst.: 0,2697 g CO_2, 0,092 g H_2O. — II. 0,1586 g Sbst.: 0,2588 g CO_2, 0,0971 g H_2O.

	Berechnet für		Gefunden	
	$C_6H_{10}O_4$	$C_6H_{10}O_5$	I	II
C	49,31	44,44	44,50	44,50
H	6,85	6,17	6,17	6,80

Molekulargewicht.

I. Benzol 19,42 g, Sbst. 0,2345 g, Depression 0,311°.
II. Eisessig 18,80 g, Sbst. 0,2432 g, Depression 0,313°.
Molekulargewicht: Ber. 162. Gef. I. 192, II. 158.

Methylheptenonozonid, $(CH_3)_2$C—CH.CH_2.CH_2.C.CH_3.

$$\underset{O_3}{\diagdown\diagup} \qquad \underset{\underset{O}{\|}}{\overset{\|}{O}}$$

Das Ausgangsmaterial wurde durch Spaltung von Citral nach Verley erhalten. Die Ozonisation ergibt einen wasserhellen Sirup, der von kleinen weißen Kryställchen durchsetzt ist. Der Schmelzpunkt derselben liegt roh bei 127° und deutet darauf hin, daß Acetonsuperoxyd vorliegt[2]). Das spez. Gewicht beträgt bei 19° 1,1380.

---

[1]) Harries, Berichte d. Deutsch. chem. Gesellschaft **36**, 1933 [1903].

[2]) Später ist dies eingehend bewiesen worden. — Es mag hier bemerkt werden, daß das Methylheptenon sich jetzt am besten zur Darstellung von Lävulinaldehyd eignet. Zu dem Zwecke wird reines Methylheptenon (10 g) in Kältemischung mit Ozon 10 Stunden lang behandelt, das Ozonid mit 20 ccm warmen Wassers aus dem Einleitungsgefäß herausgespült und darauf langsam bis zum Sieden erhitzt. Im Kühler setzt sich in reichlicher Menge das Acetonsuperoxyd ab. Man filtriert, neutralisiert mit wenig Natriumbicarbonat, salzt mit Kaliumcarbonat aus und schüttelt den abgeschiedenen Aldehyd zehnmal mit Äther aus. Der Äther wird im Vakuum abgedampft. Nach einmaligem Sieden im Vakuum erhält man so in einer Ausbeute von 4—5 g reinen Lävulinaldehyd. Vgl. **ferner dieses Buch S. 310.**   C. Harries.

I. 0,1732 g Sbst.: 0,3181 g CO_2, 0,1120 g H_2O. — II. 0,1735 g Sbst.: 0,3132 g CO_2, 0,1136 g H_2O.

	Berechnet für		Gefunden	
	$C_8H_{14}O_4$	$C_8H_{14}O_5$	I	II
C	55,16	50,52	50,09	49,23
H	8,04	7,36	7,21	7,27

Molekulargewicht.

I. Benzol 19,67 g, Sbst. 0,2543 g, Depression 0,422°.
II. Eisessig 19,41 g, Sbst. 0,2247 g, Depression 0,289°.
Molekulargewicht: Ber. 190. Gef. I. 155, II. 158.

Citronellalozonid, $C_{10}H_{18}O_5$.

Das Ozonid ist ein wasserklarer, mitunter etwas gelblicher Sirup, der sehr beständig und fast gar nicht explosiv ist. Das spez. Gewicht beträgt bei 21° 1,0746. Bei der Destillation im Vakuum zerfällt das Ozonid zum Teil in den Aldehyd und Sauerstoff. Die Spaltung mit Wasser ist noch nicht genauer verfolgt worden; es scheint sich dabei ein Ketoaldehyd, $C_9H_{16}O_2$, zu bilden[1]).

0,1405 g Sbst.: 0,2917 g CO_2, 0,0960 g H_2O.

	Berechnet für		Gefunden
	$C_{10}H_{18}O_4$	$C_{10}H_{18}O_5$	
C	59,40	55,05	56,61
H	8,91	8,26	7,59

Molekulargewicht.

I. Benzol 18,95 g, Sbst. 0,2143 g, Depression 0,166°.
II. Eisessig 21,00 g, Sbst. 0,3011 g, Depression 0,200°.
Molekulargewicht: Ber. 218. Gef. I. 340, II. 281.

Bei diesem Ozonid wie bei dem des Citrals geben die Molekulargewichtsbestimmungen große Abweichungen von der monomolekularen Formel.

Citralozonid, $C_{10}H_{16}O_5$.

Das Citralozonid ist ein wasserklarer Sirup vom spez. Gewicht 1,1486 bei 21°. Wenn man Ozon direkt in Citral einleitet, erhält man ein Ozonid, das durch Aufnahme von nur 4 Atomen, nicht 7 Atomen Sauerstoff, wie man erwarten sollte, entstanden ist. Das Citralozonid zerfällt im Unterschiede zum Citronellalozonid sehr leicht beim Erwärmen mit Wasser; es ist bisher aber noch nicht gelungen, den eigentümlichen, sehr zersetzlichen Dialdehyd, welcher sich dabei bildet, genau zu charakterisieren. Die Aufklärung dieser Verhältnisse dürfte für die Chemie des Citrals interessant sein[2]).

---

[1]) Dieses Buch S. 506.
[2]) Dieses Buch S. 475.

I. 0,2009 g Sbst.: 0,3943 g CO_2, 0,1295 g H_2O. — II. 0,1856 g Sbst.: 0,3724 g CO_2, 0,1319 g H_2O.

	Berechnet für		Gefunden	
	$C_{10}H_{16}O_4$	$C_{10}H_{16}O_5$	I	II
C	60,00	55,55	53,53	54,72
H	8,00	7,40	7,16	7,90

Molekulargewicht.

I. Benzol 19,55 g, Sbst. 0,2089 g, Depression 0,150°.
II. Eisessig 22,30 g, Sbst.: 0,2563 g, Depression 0,149°.
Molekulargewicht: Ber. 216. Gef. I. 356, II. 300.

Isocrotonsäureozonid, $CH_3.CH-CH.C\diagdown_{O=O}^{OH}$.

Diese Verbindung ist wegen ihrer Eigenschaften von besonderem Interesse. Sie bildet einen gelblichen, klaren Sirup, der äußerst explosiv ist und, auf Zeug gebracht, dasselbe in kurzer Zeit entzündet. Bei einigem Stehen wird die Isocrotonsäure unter Sauerstoffentwicklung daraus regeneriert. Mit Wasser zersetzt sich das Ozonid unter Zischen. Trotz der Zersetzlichkeit der Substanz konnten recht genau stimmende Analysenwerte erhalten werden; man muß nur, wie bei allen explosiven Ozoniden, bei der Elementaranalyse zu Anfang sehr langsam anwärmen.

I. 0,2018 g Sbst.: 0,2372 g CO_2, 0,0766 g H_2O. — II. 0,1623 g Sbst.: 0,1937 g CO_2, 0,0627 g H_2O.

	Berechnet für		Gefunden	
	$C_4H_6O_5$	$C_4H_6O_6$	I	II
C	35,82	32,00	32,05	32,56
H	4,47	4,00	4,21	4,31

Molekulargewicht.

Eisessig 21,03 g, Sbst. 0,2564 g, Depression 0,424°.
Molekulargewicht: Ber. 150. Gef. 112.

Feststellung der Konstitution der Isocrotonsäure.

2 g Isocrotonsäure werden in 20 g Wasser gelöst und eine Stunde ozonisiert. Der reichlich gebildete Acetaldehyd wird im Vakuum abgedunstet und die zurückbleibende Flüssigkeit mit essigsaurem Phenylhydrazin versetzt. Es schied sich ein gelber Krystallbrei ab, welcher bereits, ohne umkrystallisiert zu werden, den Schmelzpunkt des Glyoxylsäurephenylhydrazons (144°) aufweist. Die Ausbeute ist quantitativ und entspricht der Spaltung:

$$CH_3.CH = CH.COOH + O_3 + H_2O = CH_3CHO + OCHCOOH + H_2O_2.$$

Einwirkung des Ozons auf einen gesättigten Aldehyd.
Önanthylperoxyd.

In der zusammenfassenden Abhandlung sind die Gründe dargelegt worden (S. 63), welche zu diesen Versuchen führten. Es wurde beobachtet, daß ungesättigte Körper mit Carbonyl statt drei vier Sauerstoffatome addieren. Um zu sehen, ob das Auftreten des vierten Sauerstoffs durch das Carbonyl bedingt sei, wurde in eine gesättigte Carbonylverbindung Ozon in der Kälte bei Ausschluß von Wasser eingeleitet. Es zeigte sich, daß hierbei Önanthol den gewünschten Aufschluß ergab.

2 g peinlich gereinigtes Önanthol wurden 2 Stunden lang ozonisiert. Äußerlich ist keine Veränderung zu beobachten; der Geruch des Önanthols ist aber vollständig verschwunden. Statt dessen hat die Flüssigkeit deutlich den eigentümlichen Geruch der Ozonide angenommen und zeigt beim Schütteln mit Wasser die Wasserstoffsuperoxydreaktion. Läßt man das Öl einige Zeit bei gewöhnlicher Temperatur stehen, so bildet sich unter starker Selbsterwärmung Önanthylsäure, was ebenfalls schon durch die Veränderung des Geruches zu konstatieren ist. Schüttelt man andererseits das ozonidartige Produkt mit Eiswasser, so wird das Önanthol zurückgebildet. Die Substanz zeigt im übrigen alle Ozonidreaktionen und ist in Alkohol, Äther, Benzol, Eisessig leicht löslich; Natronlauge bildet das Natriumsalz der Önanthylsäure, kalte verdünnte Schwefelsäure spaltet Sauerstoff ab. Eine größere Anzahl Elementaranalysen zeigen in Übereinstimmung an, daß das Molekül des Önanthols nur 1 Atom Sauerstoff aufgenommen hat:

$$CH_3CH_2CH_2 . CH_2 . CH_2 . CH_2 . CHO \rightarrow CH_3 . (CH_2)_5CH : O : O.$$

I. 0,1943 g Sbst.: 0,4559 g CO_2, 0,1944 g H_2O. — II. 0,1816 g Sbst.: 0,4193 g CO_2, 0,1799 g H_2O.

	Berechnet für $C_7H_{14}O_2$	Gefunden I	II
C	64,61	64,00	63,03
H	10,77	11,12	11,01

Molekulargewicht.

Eisessig 19,12 g, Sbst. 0,2314 g, Depression 0,393°.
Molekulargewicht: Ber. 130. Gef. 120.

$$n_d^{80} = 1,42876; \quad D_{80} = 0,9081.$$

Molekularrefraktion: 36,885, berechnet für Oenanthylperoxyd 36,653 (der angelagerte Sauerstoff als Carbonylsauerstoff nach Brühl in Rechnung gezogen).

Zum Vergleich Oenanthol:

$$n_d^{150} = 1,41617; \quad D_{150} = 0,82264.$$

Molekularrefraktion: 34,79, berechnet 34,32.

----

14. Carl Thieme: Über die Isomerie der Öl- und Elaidinsäure.

Annalen der Chemie und Pharmazie **343**, 354 (1905).

Wird Ölsäure mit Salpetrigsäuregas behandelt, so geht sie bekanntlich in Elaidinsäure über; da aus beiden Säuren nach Varrentrapp durch schmelzendes Alkali Palmitin- und Essigsäure gebildet wird, hielt man sie für isomer und legte ihnen die Formel

$$CH_3 . (CH_2)_{14} . CH = CH . COOH$$

bei. Spätere Erfahrungen mit anderen Oxydationsmitteln modifizierten jedoch die Anschauung über die Lage der Doppelbindung und man gelangte zu folgender Konstitution für die Ölsäure[1]:

$$CH_3 . (CH_2)_7 CH = CH(CH_2)_7 . COOH .$$

Da sowohl aus der Dibromölsäure wie Dibromelaidinsäure bei der Bromwasserstoffentziehung dieselbe Stearolsäure entsteht, so kam man zu dem Schlusse, daß sowohl Öl- wie Elaidinsäure die Doppelbindung an derselben Stelle besitzen müßten. Diese Beweisführung kann man indessen noch nicht als exakt ansprechen und es schien daher von Wert, mit Hilfe des Ozons einen exakten Beweis für diese Stereoisomerie zu erbringen.

Die Oxydation der beiden Säuren wurde zuerst in wässeriger Lösung mit Hilfe der Natriumsalze vorgenommen, man erhält hierbei ganz gute Resultate. Indessen schien es später zweckmäßiger, zunächst in Chloroformlösung die Ozonide darzustellen und diese dann mit Wasser zu zersetzen. Die Ozonide entstehen durch Addition von 4 Atomen Sauerstoff analog wie bei der Isocrotonsäure.

---

[1] J. Baruch, Berichte d. Deutsch. chem. Gesellschaft **27**, 172 [1894]. — Saytzeff, Journ. f. prakt. Chemie (2) **34**, 304; (2) **50**, 13. — Holde Marcusson, Berichte d. Deutsch. chem. Gesellschaft **36**, 2637 [1903]. — S. Marasse, Berichte d. Deutsch. chem. Gesellschaft **2**, 359 [1869]. — Overbeck, Annalen d. Chemie u. Pharmazie **140**, 42 [1866]. — Limpach, Annalen d. Chemie u. Pharmazie **190**, 294 [1876]. — Hazura, Monatshefte f. Chemie **9**, 469 [1888]. — A. Albitzky, Journ. f. prakt. Chemie (2) **61**, 65 [1900].

Beide Ozonide spalten sich folgendermaßen:

$$CH_3(CH_2)_7CH-CH(CH_2)_7CO_3H + 2\,H_2O =$$

$$O_3$$

resp.

$$CH_3(CH_2)_7COH + OCH(CH_2)_7CO_2H + 2\,H_2O_2$$

$$CH_3(CH_2)_7COOH + HOOC(CH_2)_7CO_2H + 2\,H_2O.$$

Der Halbaldehyd der Azelainsäure ließ sich nicht in reinem Zustande isolieren, jedoch konnte seine Existenz durch ein Semicarbazon bestätigt werden. Aus diesen Ergebnissen geht mit Sicherheit hervor, das Öl- und Elaidinsäure stereoisomer sind. Wahrscheinlich kommt der Ölsäure die maleinoide, der Elaidinsäure die fumaroide Konfiguration zu, da zwar erstere in letztere übergeführt werden kann, die Umkehrung dieses Versuches bisher aber nicht gelungen ist.

Untersuchung der Ölsäure.

5 g ölsaures Natrium werden in 100 ccm Wasser gelöst, die Lösung filtriert und nachher ca. 4—5 Stunden mit Ozon behandelt. Es entsteht eine milchige Suspension, aus der sich der Nonylaldehyd durch Äther schwierig ausschütteln läßt. Deswegen wird besser im Vakuum eingedampft, wobei der größte Teil des Aldehyds mit den Wasserdämpfen übergeht. Derselbe wird nunmehr mit Äther aufgenommen, auch läßt sich der noch im Rückstande verbliebene Anteil jetzt bequemer durch Äther isolieren. Beide Auszüge vereint liefern nach dem Verdunsten des Äthers und nach dem Trocknen ein farbloses Liquidum, ca. 2 g, von dem reichlich die Hälfte bei 80—85° unter 15 mm Druck siedet und aus Nonylaldehyd[1]) besteht.

Von dem Nonylaldehyd wurde das noch nicht bekannte Semicarbazon dargestellt, welches in glänzenden Blättern aus Methylalkohol krystallisiert. Es schmilzt bei 84°.

0,0632 g Sbst. (vakuumtrocken): 0,1403 g CO_2, 0,0594 g H_2O. — 0,1435 g Sbst.: 25,6 ccm Stickgas (14°, 763 mm).

	Berechnet für C_9H_{18} : $N.NH.CONH_2$	Gefunden
C	60,30	60,20
H	10,55	10,50
N	21,10	21,16

Der Rückstand des Nonylaldehyds siedet bei 120—145° unter 15 mm Druck und besteht aus Pelargonsäure.

---

[1]) Vgl. Zitate S. 74 Einleitung. Die Eigenschaften sind ganz, wie sie von Wallbaum u. Stephan zuerst bestimmt wurden.

In der im Vakuum eingeengten und ausgeätherten wässerigen Lösung befindet sich der andere Spaltungsanteil in Form des Natriumsalzes. Zu seiner Isolierung wird mit verdünnter Schwefelsäure angesäuert und mit Äther ausgeschüttelt. Beim Verdampfen des letzteren hinterbleibt ein weißer, fettglänzender Körper, der sich aus heißem Wasser umkrystallisieren läßt, dann schmilzt er regelmäßig bei ca. 86°. Diese Substanz besteht zum größten Teile aus Azelainsäure, enthält aber noch einen aldehydischen Bestandteil, wie aus ihrem Verhalten gegen ammoniakalisches Silbernitrat hervorgeht, beigemengt. Oxydiert man daher das Rohprodukt mit verdünnter Permanganatlösung, so erhält man nachher eine schöne, weiße, in Blättern krystallisierende Säure, welche bei 106° schmilzt und reine Azelainsäure ist.

0,1025 g Sbst. (vakuumtrocken): 0,2178 g CO_2, 0,0816 g H_2O.

	Berechnet für $C_9H_{16}O_4$	Gefunden
C	57,45	57,95
H	8,51	8,91

Untersuchung der Elaidinsäure.

Bei der Untersuchung der Elaidinsäure zeigte es sich, daß man nicht ebenso leicht ein Alkalisalz derselben wie bei der Ölsäure zur Oxydation verwenden kann, weil dieselben schwer löslich sind und beim Erwärmen mit Wasser hydrolisieren.

Ozonid der Elaidinsäure, $CH_3(CH_2)_7CH-CH.(CH_2)_7CO_3H$.

$$O_3$$

Deshalb wird besser die freie Säure (5 g) in Chloroform (100 ccm) aufgenommen und 4—5 Stunden in Kältemischung ozonisiert. Nach dem Abdampfen hinterbleibt das Ozonid als farblose, gelatinöse Masse. Die Ausbeute ist quantitativ. Dasselbe verbrennt auf dem Platinblech langsam ohne zu verpuffen. Die mit Wasser erhitzte Substanz ergab die charakteristischen Reaktionen: 1. Wasserstoffsuperoxydprobe, 2. Reduktion von Fehlingscher Lösung (schwach), 3. Oxydation von Jodkalium, 4. Entfärbung von Indigo und Kaliumpermanganatlösung.

Zur Elementaranalyse wurde das Ozonid in wenig Essigester aufgenommen und mit Petroläther gefällt, danach bis zur Gewichtskonstanz im Vakuumexsiccator getrocknet.

0,2119 g Sbst.: 0,4786 g CO_2, 0,1801 g H_2O.

	Berechnet für $C_{18}H_{34}O_6$ Anlagerung von 4 O	Gefunden
C	62,42	61,46
H	9,83	9,51

Das Ozonid der Ölsäure, ebenso bereitet, unterscheidet sich in keiner Weise von dem eben beschriebenen, indessen erhält man die Wasserstoffsuperoxydprobe hier nur sehr schwer.

Die Spaltung der Ozonide geschieht am besten wie folgt: Man erhitzt sie mit Wasser am Rückflußkühler 1—2 Stunden, dann wird das im Wasser schwimmende Öl mit Äther aufgenommen, getrennt und die ätherische Lösung mit Natriumbicarbonat und Wasser geschüttelt. Hierdurch wird der Halbaldehyd der Azelainsäure und diese Säure selbst dem Äther entzogen, dieselben gehen als Natriumsalze in das Wasser I, während Nonylaldehyd und die schwach saure Pelargonsäure im Äther II verbleiben.

Nachweis des Nonylaldehyds und der Pelargonsäure.

Zur Gewinnung der letzteren beiden Substanzen in II kann man den Äther abdampfen und den Rückstand im Vakuum destillieren. Bei größeren Quantitäten empfiehlt es sich, das zurückbleibende Öl vorher noch mit Wasserdampf überzutreiben. Man erhält zwei Fraktionen von $80—100°$ und $120—145°$. Die Fraktion $80—100°$ besteht aus Nonylaldehyd. Ausbeute ca. 1 g. Das Semicarbazon schmilzt, wie vorher angegeben, bei $84°$.

0,1025 g Sbst. (vakuumtrocken): 0,2278 g CO_2, 0,0965 g H_2O.

	Berechnet für $C_{10}H_{21}ON_3$	Gefunden
C	60,30	60,60
H	10,55	10,53

Die Fraktion $120—145°$ besteht aus Pelargonsäure. Ausbeute ebenfalls ca. 1 g. Zu ihrer Identifizierung wurde das Calcium- und das Silbersalz analysiert.

Das Calciumsalz entsteht, wenn die Säure mit Ammoniak abgesättigt, zur Entfernung von etwas Aldehyd mit Äther behandelt und nachher mit Calciumchlorid gefällt wird, als weißes Pulver. Es läßt sich aus heißem verdünnten Methylalkohol umkrystallisieren und schmilzt dann bei $216°$.

0,1272 g Sbst. (bei $100°$ getrocknet): 0,0208 g CaO.

	Berechnet für $[CH_3(CH_2)_7COO]_2Ca$	Gefunden
Ca	11,34	11,68

Das Silbersalz entsteht durch Fällen der ammoniakalischen Lösung mit Silbernitrat und bildet ein weißes, lichtempfindliches Pulver.

0,1722 g Sbst. (bei $100°$ getrocknet): 0,2585 g CO_2, 0,0980 g H_2O.

	Berechnet für $CH_3(CH_2)_7COOAg$	Gefunden
C	40,75	40,69
H	6,41	6,33

Nachweis des Halbaldehyds der Azelainsäure und der Azelainsäure.

Diese beiden Körper sind, wie gesagt, in der wässerigen Lösung I enthalten. Man zersetzt dieselbe mit verdünnter Schwefelsäure und nimmt das sich abscheidende Öl in Äther auf. Beim Abdunsten des Äthers hinterbleibt ein fester, weißer Körper, der bei ca. 80° schmilzt und einen schwach ranzigen Geruch besitzt (ca. 3 g). Er zeigt die Reaktionen der Aldehyde an, d. h. er rötet fuchsinschweflige Säure und bildet mit ammoniakalischer Silberlösung einen Silberspiegel. Bei der Elementaranalyse wurden stets Zahlen gefunden, die in der Mitte zwischen den auf den Halbaldehyd der Azelainsäure und Azelainsäure selbst berechneten Werten liegen. Es steht dies übrigens in Übereinstimmung mit anderen Erfahrungen, daß sich die Halbaldehyde der aliphatischen Dicarbonsäuren sehr leicht an der Luft oxydieren[1]). Auf die Reinigung dieses Produktes wurde daher zunächst verzichtet und nur ein Semicarbazon dargestellt. Dasselbe schmilzt, aus Alkohol umkrystallisiert, sowohl aus Elaidinsäure- wie aus Ölsäure-ozonid stammend, bei 163°.

0,1250 g Sbst. (bei 100° getrocknet): 0,2407 g CO_2, 0,0984 g H_2O. — 0,0877 g Sbst.: 14,2 ccm Stickgas (24°, 761 mm).

	Berechnet für	Gefunden
$COOH . (CH_2)_7CH : N . NH . CO . NH_2$		
C	52,40	52,52
H	8,30	8,80
N	18,34	18,20.

Die Bildung des Halbaldehyds ist damit bewiesen[2]).

Zum Nachweis der Azelainsäure wurde das Gemisch von Aldehyd und Säure in Natriumcarbonat aufgenommen und in der Hitze so lange mit verdünnter Permanganatlösung versetzt, bis keine Entfärbung mehr eintrat. Nach dem Eindampfen des Filtrats wird angesäuert und mit Äther ausgezogen. Der Rückstand des Äthers ist reine Azelainsäure vom Schmp. 106,5°.

0,1014 g Sbst. (vakuumtrocken): 0,2125 g CO_2, 0,0793 g H_2O.

	Berechnet für $(CH_2)_7(COOH)_2$	Gefunden
C	57,45	57,16
H	8,51	8,74

---

[1]) Vgl. Harries u. Schauwecker, Berichte d. Deutsch. chem. Gesellschaft **34**, 1498 [1901].

[2]) Schon Overbeck (Annalen d. Chemie u. Pharmazie **140**, 42 [1866]) glaubte bei der Oxydation der Ölsäure durch konz. Salpetersäure diesen Halbaldehyd erhalten zu haben. Limpach hingegen (Annalen d. Chemie u. Pharmazie **190**, 294 [1876]) hat später die Bildung desselben in Zweifel gestellt. Vgl. dieses Buch S. 236.

15. Hans Türk: Über die Ermittelung der Konstitution einiger Kohlenwasserstoffe durch Ozon[1].

Annalen der Chemie und Pharmazie **343**, 360 (1905).

1. Über die Konstitution des Diallyls. Neue Bereitungsweise des Succindialdehyds.

Das Diallyl entsteht nach der Methode von Würtz[2] bei der Einwirkung von Natrium auf Allyljodid,

$$2\,CH_2 = CH . CH_2J + 2\,Na = CH_2 = CH . CH_2 . CH_2 . CH = CH_2 + 2\,NaJ$$

in einer Ausbeute von ca. 20% der Theorie und siedet halogenfrei bei 59,5°.

Nach der Synthese ist für diesen Kohlenwasserstoff die Konstitution eines 1,5-Hexadiens als wahrscheinlich anzunehmen, indessen sind andere Möglichkeiten nicht ausgeschlossen.

$$1{,}5\text{-Hexadiendiozonid,}\quad CH_2{-}CH . CH_2 . CH_2 . CH{-}CH_2 .$$

Leitet man in den reinen Kohlenwasserstoff Ozon ein, so tritt auch bei starker Kühlung stets nach kurzer Zeit heftige Explosion ein. Diese Erscheinung kann man aber vermeiden, wenn man denselben (je 5 g) in 50 ccm Chloroform aufnimmt, es zeigen sich dann nur starke Nebel. Wenn diese nach 4—5 Stunden verschwinden, dampft man das Chloroform im Vakuum bei 20° ab und erhält als Rückstand einen zähflüssigen, wasserhellen Sirup, der die charakteristischen Merkmale und Löslichkeitsverhältnisse der Ozonide aufweist. Die Ausbeute beträgt ca. 5 g, da ein Teil des Diallyls mit dem Chloroform beim Ozonisieren sich verflüchtigt. Obwohl derselbe an Explosionsfähigkeit fast alle Ozonide der Fettreihe übertrifft, gelang es dennoch, eine Elementaranalyse fertigzustellen, nachdem allerdings vorher mehrere Verbrennungsröhren durch Explosion zertrümmert worden

---

[1] Vgl. Inaug.-Diss. von Hans Türk, Kiel 1905.
[2] Annales de Chim. et de Phys. [4] **3**, 129 [1864].

waren. Die Substanz wurde zuvor 24 Stunden im Vakuumexsiccator über Schwefelsäure getrocknet.

0,1660 g Sbst.: 0,2360 g CO_2, 0,0885 g H_2O.

	Berechnet für $C_6H_{10}O_6$	Gefunden
C	40,45	38,77
H	5,68	5,96

Überführung des Diozonids in Succindialdehyd.

Hierzu wird das freie Ozonid in ca. 20 ccm Wasser eingetragen und auf dem Wasserbade allmählich auf Siedetemperatur erhitzt, bis alles in Lösung gegangen ist. Zur Gewinnung des reinen Succindialdehyds, der mit Wasserdampf sehr flüchtig ist, dampft man bei möglichst niederer Temperatur und Druck ein, dann verbleibt im Kolben als Rückstand ein wasserheller Sirup, der mit Kristallen von Bernsteinsäure durchsetzt ist. Der Sirup läßt sich bei 65° unter 10 mm Druck destillieren und zeigt alle Eigenschaften des Succindialdehyds[1]). Das Diphenylhydrazon schmilzt, wie von Ciamician und Zanetti[2]) angegeben, bei 123°. Bei vorsichtigem Arbeiten ist die Ausbeute an Succindialdehyd gut. Diese Resultate beweisen die Konstitution des Diallyls in exakter Weise.

2. Über die Konstitution des Dimethylheptadiens nach Harries und Weil.

Die theoretischen Ergebnisse dieser Untersuchung sind schon im allgemeinen Teile erörtert worden, hier sollen nur ganz kurz die experimentellen Unterlagen wiedergegeben werden.

Harries und Weil[3]) hatten dem Kohlenwasserstoffe, welcher bei der Einwirkung von Magnesiumjodmethyl auf Methylheptenon entsteht, die Konstitution eines 2,6-Dimethylheptadien-(2,5), $(CH_3)_2C = CH . CH_2 . CH = C(CH_3)_2$, zuerteilt, weil sein Diozonid beim Kochen mit Wasser nicht in Lävulinaldehyd zerlegt wird. Wäre diese Interpretation richtig gewesen, so hätte man in diesem Kohlenwasserstoffe ein bequemes Ausgangsmaterial für die Gewinnung des Malondialdehyds gehabt, da bei der Zerlegung des Diozonids nur noch Aceton als Nebenprodukt auftreten kann. Indessen hat sich herausgestellt, daß der Hauptanteil des Kohlenwasserstoffs aus 2,5-Dimethylheptadien-(2,6) besteht und wohl nur geringe Mengen eines Isomeren beigemengt enthält.

---

[1]) Harries, Berichte d. Deutsch. chem. Gesellschaft **34**, 1488 [1901].

[2]) Berichte d. Deutsch. chem. Gesellschaft **23**, 1784 [1890].

[3]) loc. cit.

Die Überführung des Dimethylheptadiens in das von Weil beschriebene Diozonid bewerkstelligt man jetzt am besten in Chloroformlösung. 15 g Kohlenwasserstoff bedürfen etwa 8 Stunden Einleiten von Ozon. Nach dieser Zeit wird im Vakuum eingedampft, der zurückbleibende Sirup, der alle früher angegebenen Eigenschaften besitzt, in ca. 100 ccm Wasser eingetragen und auf dem Wasserbade erwärmt. Nach einiger Zeit ist das Öl verschwunden und die klare Lösung zeigt jetzt alle Reaktionen des Lävulinaldehyds. Zum exakten Nachweis wurde nach der Vorschrift von Harries[1]) das Phenylmethyldihydropyrazin mittels essigsaurem Phenylhydrazin und Zusatz von etwas verdünnter Mineralsäure dargestellt, es schmolz nach einmaligem Umkristallisieren aus Alkohol bei 197°.

0,0835 g Sbst. (bei 100° getrocknet): 11,8 ccm Stickgas (17°, 773 mm).

$$\text{Berechnet für } C_{11}H_{12}N_2 \qquad \text{Gefunden}$$
$$N \qquad 16{,}27 \qquad\qquad 16{,}64$$

Schichtet man das Dimethylheptadien auf Wasser und leitet dann Ozon hindurch, so geht nach kurzer Zeit alles in Lösung. Dieselbe ergibt die Wasserstoffsuperoxydreaktion, reduziert Fehlingsche Lösung stark, liefert aber nicht die Pyrrolreaktion. Mit Phenylhydrazin erhält man ein dickes Öl. Daraus läßt sich schließen, daß in der Lösung ein Aldehyd vorhanden ist. Beim Eindampfen derselben im Vakuum bleibt ein Sirup zurück, der aber regelmäßig beim Auseinandernehmen der Destillationsgefäße auf das heftigste explodiert, infolgedessen konnte er nicht näher untersucht werden. Möglicherweise liegt in diesem Sirup ein Körper vor, der nach folgender Gleichung entstanden ist:

$$(CH_3)_2 C = CH \,.\, CH_2 \,.\, CH_2 \,.\, C{\overset{\displaystyle CH_2}{\underset{\displaystyle CH_3}{\Big<}}} + 2\,O_3 \;=$$

$$(CH_3)_2 CO + OCH \,.\, CH_2 \,.\, CH_2 \,.\, C{\overset{\displaystyle \overset{O_3}{|}\,CH_2}{\underset{\displaystyle CH_3}{\Big<}}} + H_2O_2 \,.$$

3. Über die Konstitution eines Dimethylhexadiens.

Läßt man nach dem Grignardschen Verfahren Magnesiumjodmethyl auf Bernsteinester[2]) einwirken, so erhält man ein Glykol, welches durch sukzessive Behandlung mit Bromwasserstoff und Pyridin in ein Gemisch von zwei isomeren Kohlenwasserstoffen übergeführt werden kann. Die Reaktionsfolge stellt sich folgendermaßen dar:

---

[1]) Berichte d. Deutsch. chem. Gesellschaft **31**, 45 [1898].
[2]) Vgl. die Einwirkung von MgJCH₃ auf Oxalsäureester und MgJC₂H₅ auf Bernsteinsäureester von A. Valeur, Compt. rend. **132**, 833 [1901].

$$\begin{matrix} CH_2 . COOC_2H_5 \\ | \\ CH_2 . COOC_2H_5 \end{matrix} + \begin{matrix} 2\,MgJCH_3 \\ \\ 2\,MgJCH_3 \end{matrix} + 4\,H_2O =$$

$$\begin{matrix} CH_2 - C{<}^{(CH_3)_2}_{OH} \\ | \\ CH_2 - C{<}^{OH}_{(CH_3)_2} \end{matrix} + 2\,Mg(OH)_2 + 2\,MgJ_2 + 2\,C_2H_5OH \,,$$

$$\begin{matrix} CH_2 - C{<}^{(CH_3)_2}_{OH} \\ | \\ CH_2 - C{<}^{OH}_{(CH_3)_2} \end{matrix} + 2\,HBr = \begin{matrix} CH_2 - C{<}^{(CH_3)_2}_{Br} \\ | \\ CH_2 - C{<}^{Br}_{(CH_3)_2} \end{matrix} - 2\,HBr = C_8H_{14}\,.$$

2,5-Dimethylhexandiol-(2,5), $(CH_3)_2 : \underset{\underset{OH}{|}}{C} - CH_2 . CH_2 - \underset{\underset{OH}{|}}{C} : (CH_3)_2.$

Zu frisch bereitetem Magnesiumjodmethyl (24 g Mg, 142 g Jodmethyl) in 500 g abs. Äther werden vorsichtig 44 g Bernsteinsäureäthylester gegeben und nachher noch ca. $^1/_4$ Stunde auf dem Wasserbade erwärmt. Man gießt die Reaktionsmasse in 240 g einer 50 proz. Essigsäure, die mit Eisstücken versetzt ist und in einer guten Kältemischung auf niederer Temperatur gehalten wird. Nachher wird die ätherische Schicht abgehoben und mit Natriumbicarbonat und wenig Wasser zur Entfernung von etwas Essigsäure geschüttelt, auch wird die wässerige Schicht noch mehrfach mit Äther ausgezogen. Beim Abdampfen des Äthers hinterbleibt ein rein weißer Körper, der aus Petroläther in großen Blättern kristallisiert. Dieselben schmelzen bei 89° und sind in den meisten organischen Lösungsmitteln leicht löslich. Ausbeute ca. 45% der Theorie.

0,1568 g Sbst. (vakuumtrocken): 0,3767 g CO_2, 0,1762 g H_2O.

	Berechnet für $C_8H_{18}O_2$	Gefunden
C	65,75	65,51
H	12,33	12,51

2,5-Dimethylhexandibromid-(2,5),
$(CH_3)_2 : \underset{\underset{Br}{|}}{C} - CH_2 . CH_2 - \underset{\underset{Br}{|}}{C} : (CH_3)_2.$

60 g Diol werden in wenig Eisessig gelöst und unter Vermeidung jeglicher Erwärmung in 440 g Eisessig-Bromwasserstoff eingetragen. Nach kurzem Stehen erstarrt die Masse zu einem weißen Kristallbrei. Die Abscheidung der Kristalle wird durch Zusatz von Wasser begünstigt; sie werden am besten bei Luftabschluß getrocknet, da sie sonst

unter Bromwasserstoffentwicklung verwittern. Das Dibromid ist in allen organischen Lösungsmitteln leicht löslich, am besten läßt es sich aus wenig warmem Methylalkohol umkristallisieren. Der Schmelzpunkt liegt dann bei 71°. Die Ausbeute beträgt 90 g (= 95% der Theorie).

0,2317 g Sbst. (vakuumtrocken): 0,2982 g CO_2, 0,1218 g H_2O. — 0,1342 g Sbst.: 0,1846 g AgBr.

	Berechnet für $C_8H_{16}Br_2$	Gefunden
C	35,30	35,13
H	5,88	5,88
Br	58,79	58,54

$$2,5\text{ - Dimethylhexadien - }(1,5),$$

$$\begin{array}{c}CH_3\\CH_2\end{array}\!\!\!\!\diagdown\!\!\diagup\, C.CH_2.CH_2.C\!\!\diagup\!\!\diagdown\!\!\!\!\begin{array}{c}CH_3\\CH_2\end{array}.$$

Erhitzt man das wohlgetrocknete Dibromid mit der 5fachen Menge Pyridin $^3/_4$ Stunden lang unter Rückfluß, so scheidet sich nach dem Erkalten in reichlicher Menge bromwasserstoffsaures Pyridin ab. Um den Kohlenwasserstoff zu isolieren, wird mit viel Wasser verdünnt, mit etwas verdünnter Schwefelsäure angesäuert und das obenauf schwimmende Liquidum mit Äther aufgenommen. Der Äther wird darauf nochmals mit 5 proz. Schwefelsäure durchgeschüttelt. Das vom Äther befreite Öl siedet unter 50 mm Druck bei 55° ganz konstant und erstarrt in der stark gekühlten Vorlage zum Teil in großen Kristallen. Die Kristalle können schnell abgepreßt werden und man erhält auf diese Weise eine Trennung des bei 55° siedenden Rohproduktes in zwei Bestandteile, einen bei —21° nicht erstarrenden und einen bei —5° schmelzenden Kohlenwasserstoff. Beide Körper zeigen in Siedepunkt, spezifischem Gewicht und Brechungsexponenten deutliche Abweichungen voneinander.

Der nicht erstarrende Kohlenwasserstoff stellt den Hauptanteil dar und soll deshalb zuerst besprochen werden.

Er bildet eine leicht bewegliche, wasserhelle Flüssigkeit von nicht angenehmem Geruch; der Siedepunkt liegt bei 137° unter 755 mm Druck. Zur Analyse wurde er über Natrium wiederholt destilliert, da er rapid den Sauerstoff der Luft absorbiert.

I. 0,2508 g Sbst.: 0,7964 g CO_2, 0,2886 g H_2O. — II. 0,1644 g Sbst.: 0,5206 g CO_2, 0,1880 g H_2O.

	Berechnet für C_8H_{14}	Gefunden I	II
C	87,27	86,60	86,50
H	12,73	12,87	12,80

$$n_d^{21°} = 1,43995; \quad {}_D^{21°} = 0,7484.$$

Molekularrefraktion: Ber. 2 ⌐ 38,34, gef. 38,53.

Molekulargewichtsbestimmung:

Benzol: 24,55 g, Sbst.: 0,1778 g, Depression: 0,34°.
Mol.-Gewicht: Ber. 110. Gef. 108,5.

Auf eine merkwürdige Veränderung des Siedepunktes dieses Kohlenwasserstoffes sei aufmerksam gemacht. Wenn der bei 137° siedende Körper öfter destilliert wird, sinkt der Siedepunkt plötzlich auf 115—117°, die Ursache dieser Erscheinung ist bisher nicht ermittelt. Aus dem Verhalten gegenüber Ozon geht die Konstitution des bei 137° siedenden Produktes klar hervor, es ist 2,5-Dimethylhexadien-(1,5). Damit steht im Einklange, daß es durch Eisessig-Bromwasserstoff quantitativ in das bei 71° schmelzende Dibromid zurückverwandelt wird.

2,5 - Dimethylhexadiendiozonid - 1,5,

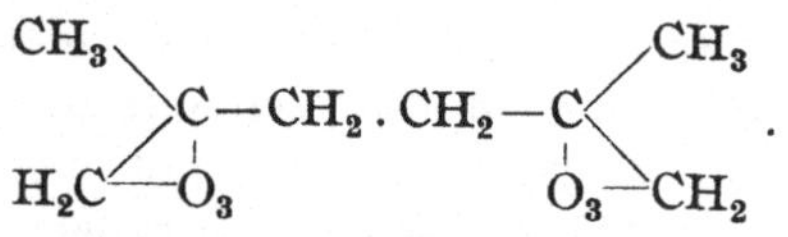

$$\begin{array}{c} CH_3 \\ \end{array}\!\!\!\!\diagdown\!\!\!\!\!\!\begin{array}{c} \\ C \\ | \\ O_3 \end{array}\!\!-CH_2 . CH_2-\!\!\!\!\begin{array}{c} \\ C \\ | \\ O_3 \end{array}\!\!\!\!\diagup\!\!\!\!\begin{array}{c} CH_3 \\ \\ CH_2 \end{array}$$

Dies Diozonid wird in der üblichen Weise durch Einleiten von Ozon in den stark gekühlten Kohlenwasserstoff erhalten; es ist ein schwach gelber, zähflüssiger, sehr explosiver Sirup. Bei mehrtägigem Stehen im Vakuumexsiccator zersetzt er sich, wobei der Geruch nach Formaldehyd auftritt. Die Analyse bot die bekannten Schwierigkeiten und wurde nur durch sehr langsames Anwärmen des Verbrennungsrohres ermöglicht.

0,1406 g Sbst.: 0,2385 g CO_2, 0,0875 g H_2O.

	Berechnet für $C_8H_{14}O_6$	Gefunden
C	46,58	46,26
H	6,84	6,96

Leitet man in den auf Wasser geschichteten Kohlenwasserstoff Ozon ein, so verschwindet derselbe bald, wobei sich der stechende Geruch des Formaldehyds bemerkbar macht. Die Flüssigkeit ergibt die Probe auf Wasserstoffsuperoxyd und zeigt, mit Ammoniak und Essigsäure gekocht, die bekannte Knorrsche Pyrrolprobe auf Acetonylaceton. Zur Isolierung dieses Diketons übersättigt man am besten die wässerige Lösung direkt mit Pottasche, äthert aus und siedet das nach dem Abdunsten des Äthers zurückbleibende Liquidum. Der Siedepunkt liegt bei 194°.

Mit essigsaurem Phenylhydrazin erhält man das Diphenylhydrazon, welches, aus verdünntem Alkohol umkristallisiert, bei 119—120° schmilzt. Die Analyse bestätigte die Zusammensetzung.

0,1024 g Sbst.: 16,7 ccm Stickgas (21°, 770 mm).

	Berechnet für $C_{18}H_{22}N_4$	Gefunden
N	19,05	18,88

Der isomere Kohlenwasserstoff C_8H_{14}.

Die Trennung dieses Körpers erfolgt am besten durch Ausfrieren von dem vorher beschriebenen. Indessen sei bemerkt, daß seine Bildung nicht regelmäßig konstatiert werden konnte, auch war es nicht möglich, so viel Material davon zu sammeln, um die Aufklärung der Konstitution vermittels Ozon durchzuführen.

Der Kohlenwasserstoff siedet bei 142° unter normalem Druck, der Schmelzpunkt liegt bei ca. —5°.

0,1622 g Sbst.: 0,5182 g CO_2, 0,1862 g H_2O.

	Berechnet für C_8H_{14}	Gefunden
C	87,27	87,13
H	12,73	12,84

$$n_d^{20^0} = 1,47000; \quad \tfrac{20^0}{D} = 0,7526.$$

Molekulargewicht.

Benzol: 23,65 g, Sbst.: 0,1316 g, Depression: 0,25°.
Mol.-Gewicht: Ber. 110. Gef. 113.

Der Kohlenwasserstoff ist sehr oxydabel durch den Sauerstoff der Luft; er geht dabei in einen festen Körper über, der nach dem Waschen mit Alkohol bei 58° schmilzt. Nach einer Analyse scheint er die Zusammensetzung $C_8H_{14}O_2$ zu besitzen.

0,1498 g Sbst. (vakuumtrocken): 0,3629 g CO_2, 0,1340 g H_2O.

	Berechnet für $C_8H_{14}O_2$	Gefunden
C	67,60	66,07
H	9,86	9,94

Bei dem Versuche, aus dem Kohlenwasserstoff durch Bromwasserstoff-Eisessig das Dimethylhexandibromid vom Schmp. 71° zurückzugewinnen, erhielt man statt dessen ein Öl, welches auch in der Kälte nicht erstarrte. Nach dem Resultate einer Brombestimmung hat sich nur 1 Mol. Bromwasserstoff addiert.

0,1639 g Sbst. (vakuumtrocken): 0,1589 g AgBr.

	Berechnet für $C_8H_{15}Br$	Gefunden
Br	41,88	41,25

Da das ölige Bromid noch Brom in Eisessig und Permanganat entfärbt, muß noch eine doppelte Bindung darin vorhanden sein. Es ist danach wahrscheinlich, daß der Kohlenwasserstoff selbst noch eine offene Kette enthält.

---

16. Valentin Weiß: Über Ozonide der aromatischen Kohlenwasser-stoffe[1].

Annalen der Chemie und Pharmazie **343**, 369 (1905).

Einwirkung des Ozons auf einkernige aromatische Kohlen-wasserstoffe.

In einer bereits publizierten Untersuchung über das Ozobenzol von Renard[2] ist gezeigt worden, daß dieser Körper die Zusammensetzung $C_6H_6O_9$ besitzt und sich bei der Spaltung mit Wasser wie ein wahres Benzoltriozonid verhält, indem es dabei hauptsächlich in Glyoxal zerfällt.

Renard[3] hat ferner beobachtet, daß auch Toluol und o-Xylol sich mit Ozon zu explosiven Körpern verbinden. Unter denselben Gesichtspunkten, wie das Ozobenzol, ist auch das Ozotoluol, wenn auch nicht mit demselben Erfolge, untersucht worden.

Nach Renard entsteht das Ozotoluol, wenn Ozon in auf $0°$ gekühltes reines Toluol eingeleitet wird. In seinem Äußeren soll es dem Benzoltriozonid ähnlich sein, indessen nicht dieselbe Explosivität wie dieses besitzen, bei $8—10°$ soll es sich bereits zersetzen. Renard ermittelte auf feuchtem Wege die Zusammensetzung $C_7H_8O_6$.

Im allgemeinen konnten zunächst Renards Angaben bestätigt werden, indessen wurden bei der Elementaranalyse dieses Stoffes Zahlen gefunden, die noch auf die Formel $C_7H_8O_7$ am ehesten stimmen. Zur Analyse wurde der Körper im feuchten Zustande auf das Schiffchen gebracht und bei ca. $10°$ im trocknen Luftstrome getrocknet.

I. 0,0776 g Sbst.: 0,1157 g CO_2, 0,0315 g H_2O. — II. 0,1004 g Sbst.: 0,1487 g CO_2, 0,0412 g H_2O.

	Berechnet für		Gefunden	
	$C_7H_8O_6$	$C_7H_8O_7$	I	II
C	44,6	41,16	40,66	40,39
H	4,28	3,92	4,54	4,59

---

[1] loc. cit.

[2] loc. cit.

[3] loc. cit.

Da nun die Formel $C_7H_8O_7$ keine rechte Erklärung für die Einwirkung des Ozons auf das Toluol lieferte, weil nach Analogie mit dem Benzoltriozonid die Formel $C_7H_8O_9$ zu erwarten war, wurde die Reaktion zwischen Ozon und Toluol eingehender untersucht. Hierbei hat sich herausgestellt, daß das Renardsche Ozotoluol gar nicht das eigentliche Toluoltriozonid, sondern bereits ein Zersetzungsprodukt desselben ist.

Behandelt man nämlich nicht, wie Renard vorschreibt, das Toluol bei 0°, sondern bei —21° mit Ozon, so erhält man ein anderes Produkt, das das Ozobenzol selbst an Heftigkeit der Explosivität noch übertrifft. Es ist bei gewöhnlicher Temperatur nicht haltbar, explodiert entweder oder zersetzt sich sofort. Infolge dieser Eigenschaften war die Ausführung einer Elementaranalyse ausgeschlossen. Es ist indessen sehr wahrscheinlich, daß diese Substanz das wahre Toluoltriozonid ist.

Verreibt man das Renardsche Ozotoluol mit Wasser und kocht nachher auf, so zeigt die Lösung gegenüber Fehlingscher Flüssigkeit Reduktionsvermögen. Mit Phenylhydrazin erhält man ein Osazon, das aus verdünntem Alkohol umkristallisiert, bei ca. 154° schmilzt und vielleicht als ein Gemisch von Methylglyoxalosazon und Glyoxalosazon anzusehen ist, da diese beiden Aldehyde bei der Spaltung entstehen sollten[1]).

Ganz ähnliche Resultate wurden auch bei der Untersuchung des m-Xylols erhalten. Auch das wahre m-Xylolozonid ist nur bei ganz niederer Temperatur existenzfähig; die bei 0° bereitete Substanz ist ein Zersetzungsprodukt.

Auch das Mesitylenozonid zeigt die gleichen Eigenschaften; es ist eine gelatinöse Masse, die noch feucht bei Zimmertemperatur von selbst explodiert. Dagegen konnte die Spaltung dieses letzteren Ozonids mit Wasser genauer studiert werden. Das noch feuchte Ozonid wurde mit wenig Wasser übergossen und unter Eiskühlung mehrere Stunden sich selbst überlassen. Schließlich wurde unter Rückflußkühlung aufgekocht. Eine Kohlensäureentwicklung wurde nicht beobachtet. Aus der klaren Lösung ließ sich mit Semicarbazidchlorhydrat und Kaliumacetat eine reichliche Quantität eines Semicarbazons abscheiden, das als das kürzlich beschriebene Methylglyoxaldisemicarbazon[2]) vom Schmp. 255—257° identifiziert wurde.

0,0545 g Sbst. (bei 100° getrocknet): 20,7 ccm Stickgas (16°, 770 mm).

	Berechnet für $C_5H_{10}O_2N_6$	Gefunden
N	45,16	44,98

---

[1]) Diesen Versuch hat auch Dieckhoff, loc. cit., schon ausgeführt; er erhielt ein Phenylhydrazon, dessen Schmelzpunkt am häufigsten bei 87° abgelesen wurde.

[2]) Harries u. Türk, Berichte d. Deutsch. chem. Gesellschaft **38**, 1633 [1905].

Da keine anderen aldehydischen Spaltprodukte beobachtet wurden, läßt sich der Schluß ziehen, daß die Einwirkung des Ozons auf Mesitylen bzw. Spaltung des Mesitylenozonids wie folgt verläuft:

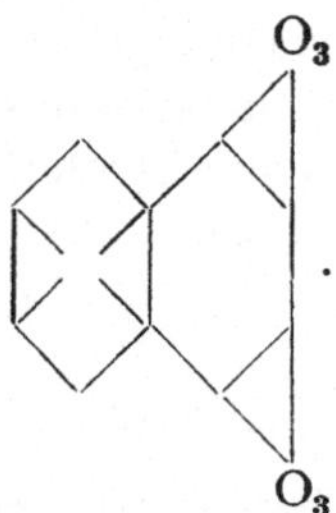

Einwirkung des Ozons auf mehrkernige aromatische Kohlenwasserstoffe.

Naphthalindiozonid,

Mit mehr Erfolg als die einkernigen, konnten die mehrkernigen aromatischen Kohlenwasserstoffe untersucht werden. Besonders das Naphthalin erwies sich als sehr geeignet.

Leitet man in eine Lösung von trocknem Naphthalin in Chloroform unter starker Kühlung Ozon ein, so erhält man nach dem Abdunsten des Chloroforms im Vakuum eine gelbliche, glasige Masse, die aus dem Ozonid und unverändertem Naphthalin besteht. Letzteres läßt sich durch Waschen mit abs. Äther entfernen. Dabei hinterbleiben farblose, weiße Kristalle, die wie das Benzoltriozonid sehr explosiv sind. Der Körper wurde zur Analyse, wie vorher beschrieben, getrocknet.

0,1447 g Sbst.: 0,2871 g CO_2, 0,0566 g H_2O.

	Berechnet für $C_{10}H_8O_6$	Gefunden
C	53,57	54,11
H	3,57	4,37

Darnach haben sich also 2 Mol. Ozon an das Naphthalin angelagert. Hiermit stimmen die Resultate der Spaltung durch Wasser überein.

Am besten läßt sich das Rohnaphthalinozonid mit Wasser zersetzen; es wird dazu, wie beim Mesitylen beschrieben worden ist, verfahren. Die wässerige klare Lösung zeigt alle von J. Thiele und Winter[1]) für den Phthaldialdehyd angegebenen Eigenschaften. Sie riecht schwach nach Benzaldehyd, färbt die Haut dunkelgrün und liefert die blauschwarze Fällung mit Ammoniak und Essigsäure.

Zur weiteren Identifizierung wurde das Einwirkungsprodukt des Hydroxylamins auf den Phthaldialdehyd[2]) nach Thiele und Winter dargestellt, welches nach diesen Forschern 2 Atome Wasserstoff weniger als das normale Oxim enthält. Es zeigte die erwartete Zusammensetzung und schmilzt bei 251° (unter Zersetzung), wie von Thiele und Winter angegeben worden ist.

0,1090 g Sbst.: 0,2382 g CO_2, 0,0397 g H_2O.

	Berechnet für $C_8H_6O_2N_2$	Gefunden
C	59,26	59,60
H	3,70	4,07

Bei der Spaltung des Naphthalindiozonids durch Wasser ist kein Wasserstoffsuperoxyd, dagegen reichlich Phthalsäure nachzuweisen.

Phenanthrendiozonid, $C_{14}H_{10}O_6$.

Behandelt man Phenanthren in genau derselben Weise wie beim Naphthalin angegeben ist, mit Ozon, so erhält man nach Entfernung von unangegriffenem Ausgangsmaterial durch abs. Äther einen farblosen, kristallinischen Körper, der ebenfalls explosiv ist. Die Analyse, unter den gewöhnlichen Vorsichtsmaßregeln ausgeführt, zeigte ebenfalls, daß 2 Mol. Ozon an 1 Mol. Phenanthren herangetreten sind.

0,1722 g Sbst.: 0,3830 g CO_2, 0,0688 g H_2O.

	Berechnet für $C_{14}H_{10}O_6$	Gefunden
C	61,31	60,66
H	3,65	3,57

Auch die Spaltung des Phenanthrenozonids mit Wasser ist ausgeführt worden, aber trotz der aufgewandten Mühe gelang es nicht, Spaltungsprodukte zu erhalten, welche einen Rückschluß auf die Konstitution des Ozonids zugelassen hätten[3]).

Diphenyltetraozonid, $C_{12}H_{10}O_{12}$.

Das mit abs. Äther gewaschene Ozonid ist eine farblose, kristallinische Masse, die beim Erhitzen stark explodiert. Die Ausbeuten an

---

[1]) Annalen d. Chemie u. Pharmazie **311**, 260 [1900].

[2]) Münchmeyer, Berichte d. Deutsch. chem. Gesellschaft **20**, 509 [1887].

[3]) Ausführlichere Angaben hierüber finden sich in der Inaug.-Diss. Kiel 1905.

demselben sind sehr gering; vielleicht findet dies in der großen Flüchtigkeit dieser Verbindung seinen Grund.

I. 0,0586 g Sbst.: 0,0889 g CO_2, 0,0261 g H_2O. — II. 0,0822 g Sbst.: 0,1239 g CO_2, 0,034 g H_2O. — III. 0,0906 g Sbst.: 0,1368 g CO_2, 0,0401 g H_2O.

	Berechnet für $(C_6H_5)_2O_{12}$	Gefunden I	II	III
C	41,62	41,37	41,11	41,18
H	2,89	4,98	4,62	4,95

Für jede Analyse wurde die Substanz neu dargestellt. Während der Kohlenstoffgehalt sehr gut auf die Formel $(C_6H_5)_2O_{12}$ stimmt, wurde regelmäßig ca. 2% zuviel Wasserstoff gefunden. Der Grund liegt vielleicht darin, daß einmal sehr wenig Wasserstoff in dem großen Molekül des Diphenyls enthalten ist und dann immer nur sehr geringe Substanzmengen wegen der Gefährlichkeit zur Analyse gebracht wurden. Die gleiche Erscheinung beobachtete ich übrigens beim Benzoltriozonid selbst. Die Spaltung mit Wasser konnte wegen der Schwierigkeit, genügendes Material zu erhalten, nicht ausgeführt werden. Aus früher dargelegten Gründen (S. 78) kommt dem Diphenylozonid wohl folgende Formel zu:

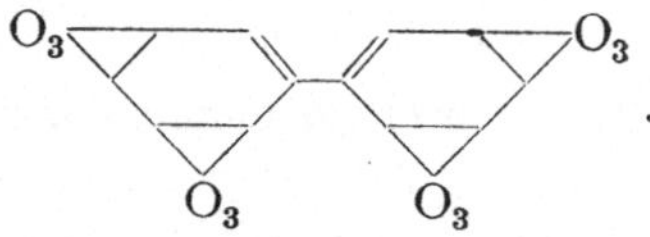

Anhang.

Über das Äthylperoxyd von Berthelot.

Von Demselben[1]).

Leitet man in stark gekühlten, absolut trockenen Äther Ozon bei Gegenwart von Kohlensäure ein, so nimmt man einen fruchtartigen Geruch wahr. Nachdem mehrere Stunden ozonisiert war, wurde der überschüssige Äther im Vakuum abgedunstet und der Rückstand bei 20 mm Druck destilliert. Bei 40—50° ging das sog. Peroxyd Berthelots als farblose, dickliche Masse über, aus der sich in der stark gekühlten Vorlage eine geringe Menge eines farblosen, kristallinischen Körpers abschied. Beim Eintreten der Luft in das evakuierte Gefäß, in dem sich noch ein sirupöser Rückstand befand, trat einmal eine äußerst heftige, weithin wirkende Explosion ein. Wie schon berichtet, konnten bei der Elementaranalyse übereinstimmende Werte nicht erhalten werden; auffällig ist der niedere Gehalt an Kohlenstoff.

---

[1]) Vgl. S. 58 und 69 allgemeiner Teil.

		Gefunden			
		I	II	III	IV
C	Sdp. 40—50° bei	25,65	24,95	18,63	15,28
H	20 mm Druck	6,48	6,61	7,08	7,00

Die Berthelotsche Formel $(C_2H_5)_4O_3$ verlangt: C 58,54, H 12,19.
Das sog. Äthylperoxyd verhält sich sonst den Ozoniden gegenüber nicht unähnlich; es verpufft auf Platinblech, liefert nach dem
Aufkochen mit Wasser reichlich Acetaldehyd[1]) und Wasserstoffsuperoxyd, mit konz. Kalilauge tritt der Geruch nach Ozon auf. Die Untersuchung dieser Substanz mußte wegen der bei ihrer Bereitung entstehenden Gefahren vorläufig aufgegeben werden.

---

[1]) Die Bildung von Acetaldehyd ist von Berthelot bei der Bestimmung
des aktiven Sauerstoffes durch Permanganat nicht in Rücksicht gezogen worden,
trotzdem sie von v. Babo schon konstatiert worden war (s. S. 58).

17. C. Harries und Paul Temme: Über monomolekulares und trimolekulares Glyoxal.

Aus dem chemischen Laboratorium der Universität Kiel.
Berichte der Deutschen chemischen Gesellschaft **40**, 165 (1906).
(Eingeg. am 6. Dez. 1906; vorgetr. in der Sitzg. am 10. Dez. v. Herrn P. Jacobson.)

Es sind gerade 50 Jahre her, seit Heinrich Debus[1]) das Glyoxal entdeckte. Aber trotzdem in dieser langen Zeit mancherlei Untersuchungen von anderen Forschern darüber ausgeführt wurden, hat man bis heute eigentlich nichts Näheres über diese merkwürdige Verbindung erfahren, als was nicht schon Debus selbst in der ersten Beschreibung[2]) seiner schönen Untersuchungen angegeben hätte.

Im folgenden wird nun die Kenntnis der Eigenschaften des Glyoxals wesentlich erweitert werden.

Es ist jetzt gelungen nachzuweisen, daß das monomolekulare Glyoxal, CHO.CHO, existenzfähig ist und sich von dem Glyoxal-Debus sehr wesentlich unterscheidet. Weiter wurde eine feste, in wasserfreiem Zustand leicht lösliche, trimolekulare $[(CHO)_2]_3$-Modifikation des Glyoxals aufgefunden, die im Gegensatz zum Glyoxal-Debus die Fehlingsche Lösung reduziert, und endlich eine ganz unlösliche Modifikation, welche wir zum Unterschiede von dem Glyoxal-Debus oder Polyglyoxal, $[(CHO)_2]_n$, jetzt Paraglyoxal, $[(CHO)_2]_x$, nennen. Von beiden letzteren ist die Molekulargröße unbekannt.

Um zum Glyoxal zu gelangen, haben wir folgenden Weg eingeschlagen.

Zimtaldehyd wurde durch Ozon in das Ozonid übergeführt und letzteres, eine sehr unbeständige Verbindung, mit Wasser zerlegt:

$$C_6H_5.CH{-}CH.CHO \rightarrow C_6H_5.CHO + CHO.CHO.$$
$$\diagdown\diagup$$
$$O_3$$

Hierbei resultiert das trimolekulare Glyoxal, welches Fehlingsche Lösung in der Kälte reduziert, sonst aber die gleichen Derivate wie

---

[1]) Annalen d. Chemie u. Pharmazie **100**, 5 [1856].
[2]) Annalen d. Chemie u. Pharmazie **102**, 20 [1857].

das Polyglyoxal von Debus, d. h. immer Abkömmlinge des monomolekularen Glyoxals, liefert. Das trimere Glyoxal zersetzt sich bei der Destillation im Vakuum.

Nun wurde aber gefunden, daß das trimere Produkt leicht in monomeres übergeführt werden kann, wenn man es einfach mit einem wasserentziehenden Mittel destilliert; ebenso verhält sich das Debussche Polyglyoxal.

Monomeres Glyoxal, CHO.CHO.

Zur Bereitung dieser Verbindung hat sich folgende Methode als zweckmäßig erwiesen.

Je 2,5 g technisches Glyoxal[1]) wurden fein gepulvert in einem kurzhalsigen Kölbchen von 50 ccm Inhalt mit ca. 15 g Phosphorpentoxyd innig gemischt. Das Kölbchen ist durch ein gebogenes Glasrohr mit einer in einem Dewar - Gefäß stehenden, durch feste Kohlensäure und Äther gekühlten Vorlage, am besten einem Siedekolben, verbunden,

deren Ableitungsröhre zum Abschluß von Luftfeuchtigkeit ein kleines, mit Phosphorpentoxyd gefülltes U-Röhrchen trägt. Der Apparat wird durch die nebenstehende Zeichnung veranschaulicht.

Die Einleitungsröhre darf nur eben in die Oberfläche der umgebenden Äther-Kohlensäure - Mischung reichen, weil sonst die übergehenden Dämpfe sofort erstarren und Verstopfung der Röhre eintritt.

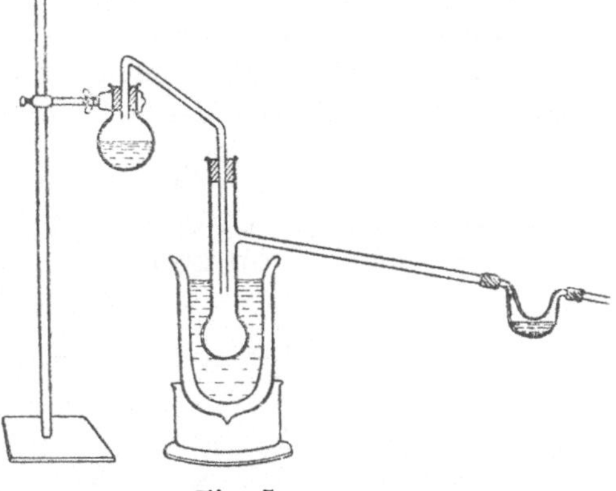

Fig. 5.

Man erhitzt nun das Glyoxal-Phosphorpentoxyd-Gemisch mit freier Flamme und beobachtet bald, daß sich unter Schwarzfärbung des Kolbeninhalts ein flüchtiges grünes Gas bildet, welches sich in der gekühlten Vorlage zu schönen Kristallen von gelber Farbe kondensiert.

Die neue Verbindung verdichtet sich nicht vollständig unter den angegebenen Bedingungen, sondern entweicht teilweise gasförmig durch das Phosphorpentoxydröhrchen; besser wäre es, flüssige Luft als Kühlmittel anzuwenden, doch diese steht uns in dem hiesigen einfachen Laboratorium nicht zur Verfügung. Unter den angegebenen Bedingungen erhält man ca. 0,7 g in der Vorlage. Man kann nun mehrere

---

[1]) Von Th. Schuchardt, Görlitz, bezogen.

solcher Destillationen wiederholen, bis die Vorlage hinreichend gefüllt ist. Nimmt man diese aus der Kältemischung heraus, so kann der goldgelbe kristallinische Inhalt direkt durch Erwärmen zum Schmelzen gebracht werden. Es wurde gefunden, daß der Körper bei 10° opak wird und bei 15° zu einer gelben Flüssigkeit schmilzt, die bei 51° unter 776 mm Druck oder 50° unter 742 mm Druck vom ersten bis zum letzten Tropfen siedet. Die Dämpfe sind intensiv smaragdgrün gefärbt und kondensieren sich zunächst zu einer grünen Flüssigkeit, die beim Abkühlen aber wieder gelb wird und unterhalb 16° ziemlich schnell zu schönen gelben Prismen oder Kristallflittern erstarrt; stark abgekühlt, werden dieselben weiß. Der Dampf riecht zunächst dem des Formaldehyds zum Verwechseln ähnlich, intensiv stechend, hinterher aber charakteristisch süßlich, nicht unangenehm; er brennt mit violetter Flamme. Mit Luft gemischt, bildet er ein sehr stark detonierendes Knallgas. Die Substanz ist nur wenige Stunden haltbar, sogar beim Aufbewahren in starker Kältemischung polymerisiert sie sich bald zum Paraglyoxal.

Durch Analyse und physikalische Untersuchung wurde festgestellt, daß in dem bei 15° schmelzenden und 51° siedenden, gefärbten Körper reines, monomolekulares Glyoxal vorliegt.

Elementaranalyse:

0,2923 g Sbst.: 0,4426 g CO_2, 0,0932 g H_2O.

COH.COH.   Ber. C 41,38, H 3,45.
Gef. ,, 41,30, ,, 3,60.

Dampfdichtebestimmung nach V. Meyer.

Heizflüssigkeit Xylol.

0,0869 g Sbst.: 28,45 ccm N (18°, 761,4 mm).

Mol.-Gewicht: Ber. 58. Gef. 68,26.

Refraktometrisches Verhalten und Molekularrefraktion.

Das spez. Gewicht beträgt bei 20° 1,14.

$$n_d^{20,5} = 1,3826.$$

Daraus ergibt sich die Molekularrefraktion $= 11,86$, während unter Benutzung der Conradyschen Zahlen für die Formel $\begin{matrix} HC:O \\ \cdot \\ HC:O \end{matrix}$ oder den wahren Dialdehyd sich der Wert 11,678 berechnet. Für eine Oxymethylenverbindung der Formel $\begin{matrix} HC.OH \\ \cdots \\ CO \end{matrix}$ würde 12,619 berechnet werden. Das Glyoxal erinnert sehr an das Diacetyl, welches ja auch eine gelbgefärbte Flüssigkeit ist und grüne Dämpfe bildet.

Brühl[1]) hat auf refraktometrischem Wege bestätigt, daß im Diacetyl eine wahre Dicarbonylverbindung vorliegt; er berechnete für $CH_3.CO.CO.CH_3$ 20,73 und fand 20,84. Es besteht also gute Übereinstimmung zwischen den Brühlschen und unseren Befunden. Das Glyoxal dürfte jetzt wohl der einfachste Repräsentant eines gefärbten Körpers sein, der nur aus Kohlenstoff, Wasserstoff, Sauerstoff besteht. Merkwürdig ist, daß die Oxalsäure, die doch nach allgemeiner Ansicht dasselbe System O : C.C : O wie das Glyoxal enthält, in dem nur die beiden Wasserstoffe durch Hydroxyle ersetzt sind, ungefärbt ist.

Das Glyoxal ist in den üblichen organischen Solvenzien, sofern sie wasserfrei sind, wie Benzol, Petroläther, Äther, Eisessig, leicht mit gelber Farbe löslich. Sind sie in geringem Maße wasserhaltig, so scheiden sich sofort Flocken von polymerisiertem Glyoxal ab. Demgemäß polymerisiert sich das Glyoxal bei Berührung mit geringen Mengen von Wasser, nach Art katalytischer Reaktionen, sogar mit getrockneter Luft augenblicklich; gießt man aber Glyoxal in eine größere Menge Wasser, so geht es unter Aufzischen und starker Erwärmung glatt in Lösung. Dieselbe ist farblos, reagiert schwach sauer, wird aber durch einen Tropfen $^1/_{10}$ n-Natronlauge alkalisch; sie reduziert stark ammoniakalische Silberlösung, nicht aber die Fehlingsche Flüssigkeit. Letzterer Punkt ist interessant, weil das trimolekulare Glyoxal reduziert, das Debussche Glyoxal wieder nicht. Es war daher von Wichtigkeit, zu ermitteln, in welcher Molekulargröße das Glyoxal in der wässerigen Lösung enthalten war.

Auf kryoskopischem Wege wurde festgestellt, daß sich diese Verbindung in monomolekularer Form in Wasser löst.

Molekulargewichtsbestimmung nach Raoult im Beckmannschen Apparat.
Wasser: 25,67 g. Sbst.: 0,5913 g. Depression: 0,635°.
Mol.-Gewicht: Ber. 58. Gef. 67,11.

Es liegt also ein Beispiel einer besonderen Art von Massenwirkung vor. Gibt man zu einem Überschuß von Glyoxal Wasser, so tritt Polymerisation zu dem vollständig unlöslichen Produkt, dem Paraglyoxal, ein; fügt man aber das Glyoxal zu einem Überschuß von Wasser, so geht das monomolekulare Produkt ohne Polymerisation in Lösung. Diese Beobachtung ist wohl bei Polymerisationsvorgängen noch nicht in dieser Klarheit gemacht worden. Das in Wasser gelöste Glyoxal ist mit Wasserdämpfen leicht flüchtig. Mit essigsaurem Phenylhydrazin liefert diese Lösung sofort das bekannte hellgelbe Glyoxalosazon, welches nach dem Umkristallisieren aus verdünntem Alkohol bei 167°

---

[1]) Journ. f. prakt. Chemie (2) **50**, 158 [1894].

bis 168° schmilzt. Eine Stickstoffbestimmung bestätigte seine normale Zusammensetzung.

0,1329 g Sbst.: 26,5 ccm N (19°, 771,7 mm).

(—CH : N.NH.C$_6$H$_5$)$_2$.   Ber. N 23,5.   Gef. N 23,28.

Trimeres Glyoxal, [(CHO)$_2$]$_3$.

Frisch destillierter Zimtaldehyd wird in Portionen von 10 g in Chloroformlösung unter guter Kühlung ozonisiert; pro Gramm wurde eine Stunde Ozon eingeleitet. Die anfangs klare, gelbe Flüssigkeit zeigt bald Trübung. Sodann wird das Chloroform bei 20° im Vakuum abdestilliert; es hinterbleibt eine gelbe, zähflüssige Masse: das Ozonid des Zimtaldehyds. Eine Probe davon, auf Platinblech erhitzt, verpufft heftig. Mit Wasser schwach erwärmt, zersetzt es sich stürmisch; die wässerige Lösung gibt schwache Reaktion auf Wasserstoffsuperoxyd und reduziert die Fehlingsche Flüssigkeit bereits in der Kälte. Es ist aber nicht gelungen, das Ozonid, da sich aus demselben stets Benzoesäure abschied, zu reinigen, und es wurde deshalb auf seine Analyse verzichtet.

Zur Gewinnung des Glyoxals wird das Ozonid mit 100 g Wasser auf 40 g ozonisierten Zimtaldehyd versetzt und langsam auf dem Wasserbade auf 60—70° erwärmt, bis die Blasenentwicklung aufhört und sich am Boden der Flüssigkeit eine deutliche Schicht eines braunen Öles abscheidet. Man trennt von dem Öl und läßt erkalten. Aus der wässerigen Lösung kristallisiert dann ein großer Teil Benzoesäure, welcher bei der Spaltung entsteht, heraus, den man abfiltrieren kann. Das abgetrennte Öl kann man trocknen und destillieren; es besitzt den Siedepunkt des Benzaldehyds, enthält aber auch Benzoesäure. Die wässerige Lösung wird nochmals mit Äther durchgeschüttelt und darauf im Vakuum bei 25—30° eingedampft; es hinterbleibt eine gelbliche, in Wasser und Alkohol leicht lösliche Masse: das Glyoxal. Geht man beim Einengen im Vakuum über 30° hinaus auf 40—50°, so erhält man eine Modifikation, die mehr dem technischen Produkt ähnelt, Fehlingsche Lösung nicht oder nur schwach reduziert.

Das bei 30° im Vakuum eingedampfte Glyoxal wird zunächst mit Äther durchgerührt, worin es ganz unlöslich ist, der ätherische Auszug abgegossen und der Rückstand im Vakuum über Phosphorpentoxyd zwei Tage bei 100° getrocknet. Die Ausbeute beträgt ca. 28%. Beim Erhitzen im Capillarrohre bläht sich die Substanz zwischen 100° und 130° auf, färbt sich bei 175° braun und verkohlt gegen 200°, ohne zu schmelzen. Mit Wasserdämpfen ist sie nicht flüchtig.

Die Analyse dieses Produkts zeigt, daß ganz reines Glyoxal vorliegt.

0,1185 g Sbst.: 0,1797 g CO_2, 0,0401 g H_2O.

$C_2H_2O_2$.   Ber. C 41,38, H 3,45.

Gef. ,, 41,36, ,, 3,78.

Die Molekulargewichtsbestimmung nach der kryoskopischen Methode im Wasser zeigte, daß dieses Glyoxal die dreifache Molekulargröße besitzt.

Wasser: 28,07 g.   Sbst.: 0,5835 g. Δ 0,225°.

Mol.-Gewicht: Ber. 174.   Gef. 170,9.

Das trimere Glyoxal bildet eine zerreibliche, amorphe, gelbliche Masse, welche in kaltem Wasser und warmem Alkohol ziemlich leicht aufgenommen wird. Bei längerem Stehen über Schwefelsäure im Vakuum verliert sie bisweilen ihre Löslichkeit in abs. Alkohol zum größten Teil. Das Glyoxal enthält keine Spur von Oxalsäure oder Glyoxalsäure, besitzt aber trotzdem saure Reaktion.

Die Titration seiner Lösung von 1 : 200 in Wasser mit $^1/_{10}$ n-Natronlauge und Phenolphthalein als Indicator zeigte folgende Werte:

I. 0,3066 g Sbst. verbrauchten 0,0060 g NaOH. — II. 0,4089 g Sbst.: 0,0068 g NaOH.

Daraus ergibt sich eine allerdings nur sehr geringe Basizität. Das Leitvermögen ist ebenfalls bestimmt worden; die Ergebnisse dieser Messungen sollen aber erst später veröffentlicht werden.

Die Bestimmung des Reduktionsvermögens für Fehlingsche Lösung gewichtsanalytisch ausgeführt, ergab, daß von 50 ccm Fehlingscher Lösung 4,166 g Glyoxal reduziert werden; dies entspricht ungefähr 5,7% von der des Traubenzuckers.

Zu bemerken ist, daß das trimere Glyoxal durch Natriumamalgam in essigsaurer Lösung schwierig reduziert wird; selbst nach längerer Behandlung damit verschwindet das Reduktionsvermögen für Fehlingsche Lösung nicht. Was hierbei entsteht, soll noch klargestellt werden. Beim Eindampfen mit Salpetersäure bildet sich Oxalsäure.

Das trimolekulare Glyoxal verhält sich sonst im allgemeinen ähnlich wie das Polyglyoxal-Debus; es zerfällt in wässeriger und alkoholischer Lösung bei Reaktionsvorgängen leicht zu einfach molekularem Glyoxal und bildet dann die Abkömmlinge dieses Körpers. Ein Derivat, welches sich von der trimolekularen Modifikation ableitete, haben wir nicht aufgefunden.

So bildet sich beim Zusammenmischen seiner Lösung mit Natriumbisulfit sofort die schön kristallisierende, wohlbekannte Bisulfitverbindung, und beim Stehen seiner wässerigen Lösung mit Hydroxylaminchlorhydrat und Natriumbicarbonat das von V. Meyer zuerst bereitete Glyoxim, welches nach unseren Beobachtungen bei 176° (V. Meyer 178°, Pinner 174°) schmilzt.

8*

Noch nicht bekannt ist das **Disemicarbazon**, $(-CH:N.NH.CO.NH_2)_2$. Es fällt aus der wässerigen Lösung des Glyoxals auf Zusatz von molekularen Mengen Semicarbazidchlorhydrat und Kaliumacetat als feiner, sandiger Niederschlag aus, der aus rhomboedrischen Prismen besteht. Dieselben sind gänzlich unlöslich in allen gebräuchlichen Lösungsmitteln und schmelzen, bis auf 270° erhitzt, nicht.

Zur Analyse wurde die Substanz mit Alkohol und Äther ausgekocht und bei 100° getrocknet.

0,1502 g Sbst.: 0,1548 g CO_2, 0,0633 g H_2O. — 0,0587 g Sbst.: 24,4 ccm N (19°, 766,5 mm).

$C_4H_8N_6O_2$.　Ber. C 27,87, H 4,65, N 48,91.
Gef. „ 28,11, „ 4,71, „ 48,22.

Zum Nachweis des Glyoxals eignen sich besser die verschiedenen Osazone, von denen wir das Phenylosazon vom Schmp. 167—168°, das Diphenylosazon vom Schmp. 203° (Wohl, Neuberg 207°)[1]), das Methylphenylosazon vom Schmp. 221°[2]) darstellten.

Ferner sind noch nicht genau bekannt die Acetale des Glyoxals. Hier gelang es uns nur, das **Tetraäthylacetal** nach dem E. Fischerschen Verfahren rein zu gewinnen; die entsprechende Methylverbindung konnte nicht in reinem Zustande erhalten werden; ihr Siedepunkt liegt anscheinend nicht hoch genug, um die vollständige Trennung vom Methylalkohol zu gestatten. Versuche, nach Claisen den salzsauren Formimidoäther zur Acetalisierung zu verwenden, verliefen resultatlos. Die Lösung von 6,5 g trimerem Glyoxal in der 4—5fachen Menge abs. Alkohol, dem 1 proz. Salzsäuregas zugesetzt war, wurde aufgekocht und dann 20 Stunden bei gewöhnlicher Temperatur sich selbst überlassen. Darauf wurde mit Silberoxyd neutralisiert, der Alkohol bei 0° im Vakuum verdampft und der Rückstand mit Magnesiumsulfat getrocknet. Bei der Destillation im Vakuum sott die Hauptmenge zwischen 80° und 90° unter 14 mm Druck. Bei nochmaligem Fraktionieren erhielt man daraus eine bei 88—89° unter 14 mm Druck siedende, leicht bewegliche, acetalartig riechende Flüssigkeit, die in Wasser nur wenig, in Alkohol, Äther aber leicht löslich, mit Alkohol und Wasserdämpfen sehr flüchtig ist. Die Ausbeute betrug nur 6 g Acetal.

0,1295 g Sbst.: 0,2751 g CO_2, 0,1243 g H_2O.

$[-CH(OC_2H_5)_2]_2$.　Ber. C 58,25, H 10,68.
Gef. „ 57,94, „ 10,74.
Spez. Gewicht bei 24° = 0,9303; $n_d^{20,5}$ = 1,40574.
Molekularrefraktion: Ber. 54,86. Gef. 54,37.

[1]) Berichte d. Deutsch. chem. Gesellschaft **33**, 3107 [1900].
[2]) v. Pechmann, Berichte d. Deutsch. chem. Gesellschaft **30**, 2877 [1897].

Von Pinner[1]) ist bereits das Glyoxaltetraäthylacetal, aber nicht in reinem Zustande, erhalten worden; er versuchte, es aus Dichloracetal durch Erhitzen mit Natriumäthylat zu bereiten.

Aus dem Reduktionsvermögen für Fehlingsche Lösung, welche das trimere Glyoxal im Unterschied zu den monomeren und polymeren Modifikationen besitzt, läßt sich darauf schließen, daß in seinem Molekül eine Gruppe vorhanden sein muß, welche dieses Reduktionsvermögen bewirkt. Vielleicht ist die Erklärung am einfachsten gegeben, wenn wir eine aldolartige Verkettung der drei Moleküle annehmen:

$$3\,(-CHO)_2 = OCH \,.\, CH(OH) \,.\, CO \,.\, CH(OH) \,.\, CO \,.\, CHO \,.$$

Dann sind es die punktierten Gruppen, die reduzieren, während die Gruppe des Glyoxals HCO.CHO selbst nicht reduziert. Die Verkettung im Polyglyoxal-Debus muß also eine andere sein. Darauf hinzuweisen ist noch, daß das trimere Glyoxal in naher Beziehung zur Zuckergruppe steht; mit dieser Beziehung gedenken wir uns noch zu beschäftigen.

Zu erwähnen ist noch, daß auch das polymere Methylglyoxal, welches Harries und Türk[2]) bei der Spaltung des Mesityloxydozonids mit Wasser erhielten, durch Destillation mit Phosphorpentoxyd in das monomere Methylglyoxal übergeführt wird. Dasselbe bildet ein gelbes Öl von stechendem Geruch, seine Dämpfe sind ebenfalls grün gefärbt. Der Siedepunkt liegt etwas höher als der des Glyoxals, konnte aber noch nicht genauer bestimmt werden, da die Ausbeute sehr gering ist.

---

[1]) Berichte d. Deutsch. chem. Gesellschaft 5, 151 [1872].
[2]) Berichte d. Deutsch. chem. Gesellschaft 38, 1630 [1905].

18. C. Harries: Notiz über das Glyoxal.

Aus dem Chemischen Institut der Universität Kiel.
Berichte der Deutschen chemischen Gesellschaft **46**, 294 (1913).
(Eingegangen am 24. Januar 1913.)

In Gemeinschaft mit P. Temme[1]) habe ich gezeigt, daß das lange
bekannte, feste, käufliche Glyoxal beim Erhitzen mit Phosphorpentoxyd
das monomere, mit grünem Dampf destillierende Glyoxal vom Sdp. 51°
liefert. In der Vorlesung habe ich schon seit Jahren demonstriert, daß
man das feste Glyoxal auch ohne Zusatz von Phosphorpentoxyd durch
Erhitzen in einem Reagensglas depolymerisieren kann, was durch das
Auftreten von grünen Dämpfen sichtbar wird.

Man braucht also zur Depolymerisierung kein Phosphorpentoxyd.
Indessen geht das so gewonnene Destillat immer sofort beim Herausnehmen aus der Kältemischung wieder in das polymere über. Der
Grund hierfür konnte nur darin bestehen, daß das feste Glyoxal Wasser
enthielt. Dieses Wasser ist allerdings nicht leicht zu entfernen. Es
wurde gefunden, daß man ein ziemlich wasserfreies polymeres
Glyoxal durch mehrtägiges sorgfältiges Trocknen der käuflichen festen
Verbindung im Vakuum bei ca. 95° über Phosphorpentoxyd erhalten
kann. Destilliert man das so vorbereitete feste Glyoxal für sich und
fängt die Dämpfe in guter Kältemischung auf, so erhält man das monomere Produkt von den früher angegebenen Eigenschaften. Die Ausbeute scheint aber nicht wesentlich günstiger als nach dem Verfahren
mit Phosphorpentoxyd zu liegen, so daß ich der älteren Methode, die
das langwierige Trocknen vermeidet, den Vorzug gebe.

Kürzlich hat J. Meisenheimer[2]) mitgeteilt, daß ihm die Überführung des polymeren Methylglyoxals in monomeres durch einfaches
Erhitzen gelungen sei. Er hat dabei festgestellt, daß das monomere
Methylglyoxal eine gelbe Flüssigkeit bildet, welche bei 72° unter Bildung eines grünen Dampfes siedet. In der oben erwähnten Arbeit waren
bereits Vorversuche abgegeben, die gezeigt hatten, daß beim Destillieren
des polymeren Methylglyoxals mit Phosphorpentoxyd eine gelbe Flüssig-

---

[1]) Berichte d. Deutsch. chem. Gesellschaft **40**, 166 [1907].
[2]) Berichte d. Deutsch. chem. Gesellschaft **45**, 2635 [1912].

keit entsteht, die etwas höher als Glyoxal mit grünem Dampfe siedet; der Siedepunkt, der damals zu ca. 71° beobachtet wurde, ist leider anzugeben unterlassen worden.

J. Meisenheimer hat diese Angabe zwar zitiert, aber nur nebenbei in einer Fußnote, während sie doch wohl etwas mehr Würdigung verdient hätte, da dadurch die Möglichkeit, daß das polymere Methylglyoxal, ebenso wie das Glyoxal depolymerisiert werden könne, vollständig klargelegt war.

Bei dieser Gelegenheit möchte ich noch kurz auf einen anderen Punkt in der Arbeit von Meisenheimer zurückkommen.

Er zählt am Schluß seiner von mir in experimenteller Beziehung sehr geschätzten Arbeit die verschiedenen Methoden zur Gewinnung von Methylglyoxal auf und erwähnt dabei, daß er mit dem von mir gefundenen, auf der Spaltung des Mesityloxydozonids mit Wasser beruhenden Verfahren keine „guten Erfahrungen" gemacht habe. Diese Bemerkung halte ich für nicht recht angebracht, denn ich habe schon in Gemeinschaft mit Türck[1]) früher ganz ausführlich dargelegt, wieso die geringen Ausbeuten an Methylglyoxal aus den Ozoniden zu erklären sind, und warum sich die Ozonidmethode zur Darstellung des Methylglyoxals nicht empfiehlt.

---

[1]) Annalen d. Chemie u. Pharmazie **374**, 338 [1910].

19. C. Harries: Über den Succindialdehyd. I.

Aus dem I. Berliner Universitätslaboratorium.
Berichte der Deutschen chemischen Gesellschaft **34**, 1488 (1901).
(Eingegangen am 15. Mai 1901.)

Auf der Naturforscherversammlung zu Aachen[1]) habe ich mitgeteilt, wie man von dem Succindialdoxim, welches nach den grundlegenden Untersuchungen von Ciamician und Dennstedt[2]) aus Hydroxylamin und Pyrrol entsteht, zum Succintetramethylacetal gelangen kann. Dasselbe wird gewonnen durch Einwirkung von methylalkoholischer Salzsäure auf das Dialdoxim unter Austritt von Hydroxylamin. Hauptprodukte dieser Reaktion sind aber Nitrilderivate, welche sich vornehmlich aus der einen Aldoximgruppe durch Wasserabspaltung bilden:

$$\begin{array}{lll} CH_2.CH:N.OH & \rightarrow \quad CH_2.CN & \rightarrow \quad CH_2.C{<}^{O.CH_3}_{NH} \\ CH_2.CH:N.OH & \quad\ \ CH_2.CH(O.CH_3)_2 & \quad\ \ CH_2.CH(O.CH_3)_2 \end{array}$$

Dieselben gehen beim Stehen mit Methylalkohol und Salzsäure in Imidoäther über. Obwohl die Isolierung des Succintetramethylacetals nach dieser Methode langwierig war, lehrte sie mich doch die Eigenschaften dieses Körpers wie des freien Succindialdehyds kennen. Hierdurch wurde es mir ermöglicht, eine einfache Darstellungsweise des Succinaldehyds selbst direkt aus dem Dialdoxim aufzufinden. Beim Einleiten von salpetriger Säure in eine wässerige Suspension von Succindialdoxim entsteht unter Stickstoffoxydulentwicklung eine Lösung des freien Dialdehyds, aus welcher der letztere gewonnen werden kann:

$$\begin{array}{lll} CH_2.CH:N.OH + HNO_2 & & CH_2.CHO + N_2O + H_2O \\ & = & \\ CH_2.CH:N.OH + HNO_2 & & CH_2.CHO + N_2O + H_2O. \end{array}$$

Schon Claisen[3]) hat eine ähnliche Methode bei der Darstellung des Campherchinons aus Isonitrosocampher benutzt.

---

[1]) Ref. Chem.-Ztg. 1900, S. 857.
[2]) Berichte d. Deutsch. chem. Gesellschaft **17**, 533 [1884].
[3]) Claisen u. Manasse, Berichte d. Deutsch. chem. Gesellschaft **22**, 530 [1889]; Annalen d. Chemie u. Pharmazie **274**, 71 [1892].

Der Succindialdehyd verdient nach verschiedenen Richtungen hin besondere Beachtung. Er ist der erste Vertreter der bis jetzt so wenig untersuchten Körperklasse der aliphatischen Dialdehyde, welcher in reiner monomolekularer Form isoliert wurde. Da das Glyoxal nicht unzersetzt destillierbar ist, konnte man es bisher nicht in eine reine Form bringen[1]). Das Octandial, welches sehr leicht veränderlich erscheint, hat Baeyer[2]) nur als polymeres Produkt analysiert.

Der Succinaldehyd besitzt auch historisches Interesse. Saytzeff[3]) hielt das Butyrolacton für den Aldehyd der Bernsteinsäure, bis Chanlaroff[4]) im Fittigschen Laboratorium endgültig nachwies, daß ein Lacton der γ-Oxybuttersäure vorlag. Ich habe auch alsbald versucht, das Butandial zum Butyrolacton zu isomerisieren:

$$\begin{array}{ccc} CH_2 \cdot CHO & & CH_2 \cdot CH_2 \\ & \rightarrow & \!\!\!\!\!\!\! \Big\rangle O \; . \\ CH_2 \cdot CHO & & CH_2 \cdot CO \end{array}$$

Dieser Vorgang geht aber nicht so leicht vonstatten, wie z. B. beim Glyoxal, welches durch Kalilauge in Glykolsäure umgewandelt wird. Das Butandial polymerisiert sich bei Berührung mit Alkalien sehr leicht, wobei, neben bittermandelartig riechenden Produkten, braune amorphe Substanzen entstehen. Es ist mir bisher nicht gelungen, das Butyrolacton zu fassen. Da Perkin[5]) gezeigt hat, daß der Halbaldehyd der Bernsteinsäure in Terephtalsäure übergeht, ist es nicht unwahrscheinlich, daß hier eine analoge Kondensation zu einem Dihydroterephtaldialdehyd stattfindet.

$$\begin{array}{ccc}
\begin{array}{c} CHO \\ \diagup \\ CH_2 \\ | \\ CH_2 \\ \diagdown \\ CHO \end{array}
&
\begin{array}{c} OCH \\ | \\ CH_2 \\ \diagup \\ CH_2 \\ | \\ CH_2 \\ | \\ CHO \end{array}
\rightarrow
&
\begin{array}{c} C \cdot CHO \\ H_2C \diagup\diagdown CH \\ HC \diagdown\diagup CH_2 \\ C \cdot CHO \end{array}
\end{array}$$

Der Succinaldehyd ist derjenige Grundkörper, der den einfachsten Übergang von der aliphatischen Reihe zu den drei wichtigen, typischen, heterocyclischen Fünfringen, dem Furan, Thiophen und Pyrrol, gestattet.

---

[1]) de Forcrand, Bulletin de la Soc. chim. **41**, 240—244 [1884].

[2]) Berichte d. Deutsch. chem. Gesellschaft **30**, 1962 [1897]. — Baeyer u. v. Liebig, Berichte d. Deutsch. chem. Gesellschaft **31**, 2106 [1898].

[3]) Berichte d. Deutsch. chem. Gesellschaft **6**, 1255 [1873]; **13**, 1061 [1880].

[4]) Bredt, Berichte d. Deutsch. chem. Gesellschaft **13**, 748 [1880]. — Fittig, Annalen d. Chemie u. Pharmazie **208**, 111 [1881]; **226**, 323 [1884].

[5]) Chem. Centralbl. 1899, I, 557.

Furan wird aus dem Dialdehyd beim Erhitzen mit Wasser gebildet, welche Reaktion wohl in folgender Weise verläuft:

$$\begin{array}{c} CH_2.CHO \\ | \\ CH_2.CHO \end{array} \rightarrow \begin{array}{c} CH_2.CH{<}^{OH}_{OH} \\ | \\ CH_2.CH{<}^{OH}_{OH} \end{array} \rightarrow \begin{array}{c} CH{=}CH \\ | \quad\quad {>}O \\ CH{=}CH \end{array}$$

Früher habe ich gezeigt[1]), daß sich das Furan durch Erhitzen im Rohr auf 120° mit methylalkoholischer Salzsäure zum Succintetramethylacetal aufspalten läßt:

$$\begin{array}{c} CH:CH \\ \quad\quad {>}O \\ CH:CH \end{array} \rightarrow \begin{array}{c} CH_2.CH(OCH_3)_2 \\ \\ CH_2.CH(OCH_3)_2 \end{array}$$

Doch geht diese Rückverwandlung des Furans in ein Succindialdehydderivat viel schwieriger vonstatten als die Überführung des α-Methylfurans in Lävulinaldehydacetal.

Die Umwandlung des Dialdehyds in Pyrrol läßt sich spielend beim Erwärmen mit Ammoniak und Essigsäure bewirken; man muß hier wohl in erster Phase ein Aldehydammoniak-Additionsprodukt annehmen, wie ich es schon beim Lävulinaldehyd gezeigt habe:

$$\begin{array}{c} CH_2.CHO \\ | \\ CH_2.CHO \end{array} \rightarrow \begin{array}{c} CH_2.CH{<}^{OH}_{NH_2} \\ | \\ CH_2.CH{<}^{NH_2}_{OH} \end{array} \rightarrow \begin{array}{c} CH:CH \\ | \quad\quad {>}NH \\ CH:CH \end{array}$$

Die Aufspaltung des Pyrrols durch Hydroxylamin zum Dialdehyddialdoxim gelingt unter den von Ciamician und Dennstedt[2]) ermittelten Bedingungen ziemlich glatt in einer Höchstausbeute von 40%. Sehr merkwürdig ist, daß dieselbe beträchtlich geringer wird, wenn das Pyrrol sehr rein ist.

Beim Erhitzen mit Phosphortrisulfid nach der Paalschen Methode[3]) endlich entsteht aus dem Butandial Thiophen.

$$\begin{array}{c} CH_2.CHO \\ \\ CH_2.CHO \end{array} + P_2S_3 \rightarrow \begin{array}{c} CH:CH \\ \quad\quad {>}S \\ CH:CH \end{array}$$

Zu bemerken ist, daß der Thiophenring der beständigste von den drei fünfgliedrigen Komplexen ist, da es mir bisher, trotz mannigfacher Bemühungen, nicht gelang, denselben in ein Succindialdehydderivat überzuführen.

---

1) Berichte d. Deutsch. chem. Gesellschaft **31**, 43 [1898].
2) loc. cit.
3) Paal, Berichte d. Deutsch. chem. Gesellschaft **19**, 551 [1886].

Experimenteller Teil.

Darstellung des Succindialdehyds, $OHC.CH_2.CH_2.CHO$.

Je 5 g fein gepulvertes Succindialdoxim werden mit 20 ccm Wasser übergossen und in die gut gekühlte Suspension ein kräftiger Strom salpetriger Säure eingeleitet, welche man aus Arsenik und Salpetersäure (spez. Gewicht 1,25) entwickelt. Unter lebhaftem Schäumen geht das Oxim in Lösung; ist das Schäumen vorüber, welcher Punkt nach ca. 5 Minuten eintritt, so neutralisiert man die braune Flüssigkeit mit gefälltem Calciumcarbonat und filtriert. Man hat so eine wässerige Lösung des freien Aldehyds, die etwas Calciumnitrit und -nitrat enthält. Es ist nicht leicht, aus derselben den Aldehyd zu isolieren, da er sehr flüchtig mit Wasserdämpfen ist und sich mit den gewöhnlichen Mitteln nicht aussalzen läßt. Ich habe nun die Flüssigkeit im Vakuum im Kohlensäurestrom bei möglichst niederer Temperatur zur Sirupskonsistenz eingedampft; hierbei wird ein wässeriger Vorlauf erhalten, der etwas Aldehyd enthält. Dann wird die Vorlage gewechselt und im Vakuum aus dem Ölbade destilliert, bis die Temperatur desselben 120° anzeigt. Höher darf man nicht erhitzen, weil der Rückstand manchmal explosionsartig verpufft. Bei der Destillation geht zunächst ein Hydrat, später der freie Aldehyd über, der gewöhnlich nicht in die Vorlage gelangt, sondern schon im Rohr des Fraktionskolbens zu einer weißen glasigen Masse erstarrt.

Man gewinnt also dreierlei Destillate. Das Destillat I ist eine verdünnte Lösung des Aldehyds; sie enthält etwa 1—1,5 g des Aldehyds in 15 ccm Wasser; man kann damit Derivate bereiten.

Das Destillat II besteht aus einer konzentrierten wässerigen Lösung; aus welcher man durch nochmaliges vorsichtiges Fraktionieren den Dialdehyd isolieren kann (etwa 1 g). Destillat III, die im Rohr des Fraktionskolbens erstarrende weiße glasige Masse (0,5 g), ist schon reiner Aldehyd. Zur Erreichung einer leidlichen Ausbeute ist schnelles Arbeiten erforderlich. Der Succinaldehyd existiert in zwei Modifikationen, einer in Wasser leicht löslichen, wahrscheinlich einem Hydrat, und einer in Wasser schwerlöslichen, der wasserfreien Form. Die erstere ist mit Wasserdämpfen leicht flüchtig, sie verliert aber durch wiederholtes vorsichtiges Destillieren bei niederer Temperatur und niederem Druck (ca. 30° und 10 mm Druck) das Wasser und wird dann schwerer flüchtig mit Wasserdämpfen.

Das Hydrat siedet bei ungefähr 55° unter 12 mm Druck, ist ein farbloses dickflüssiges Liquidum und scheint nach den Analysen ein Monohydrat zu sein. Beim Destillieren unter gewöhnlichem Druck bräunt es sich stark. Das wasserfreie Produkt ist eine harte glasige

Masse, welche bei 25° zähflüssig, bei 70° leicht beweglich ist und unter 11 mm Druck bei 65—66° als farbloser, dicker, schnell wieder erstarrender Sirup, ohne Rückstand zu hinterlassen, übergeht. Öfters habe ich auch die Beobachtung gemacht, daß sich in dem Sirup kleine Knöpfe von Kristallen bilden, doch gelang es nicht, die ganze Masse in diese Form umzuwandeln. Der Aldehyd ist auch bei gewöhnlichem Druck unzersetzt flüchtig, und zwar siedet er gegen 160—170°. Das spez. Gewicht beträgt bei 19° 1,23. Nach kurzem Stehen an der Luft wird er gelblich und schmierig. Er ist in Wasser, Äther, Benzol schwer löslich; von Alkohol wird er beim Erwärmen leicht aufgenommen. Er reduziert alkalische Fehlingsche Lösung in der Kälte stark, Fuchsinschwefligsäure, welche Acetaldehyd rot färbt, oxydiert er zu einer intensiv blauen Flüssigkeit. Der Geruch des festen Aldehyds ist stechend, stärker als der des Acetaldehyds, der Geruch des geschmolzenen Präparates erinnert an den des Formaldehyds und des Önanthols. Die Dämpfe wirken ätzend auf die Haut und erzeugen, namentlich im Gesicht, schmerzhafte Blasen. In dem von mir beschriebenen Produkt liegt nach meinem Dafürhalten die monomolekulare Form vor, wie man aus dem niedrigen Siedepunkt und dem starken Geruch schließen kann. Auch liefert der feste Aldehyd das monomolekulare Oxim und das Phenylhydrazon, Schmp. 125°, von Ciamician[1]). Jedenfalls ist die Annahme ausgeschlossen, daß er eine aldol- oder paraldehydähnliche Konstitution besitzt.

Wahrscheinlich wird die Kenntnis der Eigenschaften des Butandials die Anschauungen über die Molekulargröße des Glyoxals modifizieren. Auch dieses ist jedenfalls chemisch monomolekular und nicht, wie in manchen Lehrbüchern vertreten wird, polymolekular.

    I. 0,1457 g Sbst. (Sdp. unter 64° unter 14 mm Druck): 0,2964 g CO_2, 0,0963 g H_2O.

    II. 0,2082 g Sbst. (Sdp. 65—66° unter 11 mm Druck): 0,4241 g CO_2, 0,1332 g H_2O.

$C_4H_6O_2$.   Ber. C 55,81,   H 6,98.

Gef. „ 55,48, 55,56, „ 7,34, 7,11.

Nach diesen Analysen glaube ich, daß der Siedepunkt bei 65—66° unter 11 mm Druck liegt; sehr geringe Mengen Wasser erniedrigen denselben erheblich.

Gegen verdünnte Säuren ist der Dialdehyd in der Kälte beständig, mit konzentrierten färbt er sich rasch braun, mit konzentrierter Schwefelsäure rot, unter Verharzung. Gegen Alkalien ist er sehr empfindlich; so verträgt er schon nicht Erwärmen mit Natriumbicarbonatlösung,

---

[1]) Ciamician u. Zanetti, Berichte d. Deutsch. chem. Gesellschaft **23**, 1784 [1890].

indem er dabei in gelbe amorphe Substanzen übergeht und seine Reduktionskraft verschwindet. Dasselbe wird schneller durch Kaliumcarbonat bewirkt. Mit konzentrierter wässeriger Kalilauge zersetzt er sich explosionsartig und bildet eine dunkelbraune Lösung, aus welcher verdünnte Schwefelsäure eine braune amorphe Säure ausfällt. Die Überführung des Succindialdehyds in Bernsteinsäure wurde schon von Ciamician und Dennstedt vorgenommen, indem sie das Aldoxim mit Kalilauge kochten.

Siedet man eine wässerige Lösung des Aldehyds und führt in die Dämpfe einen mit Salzsäure befeuchteten Fichtenspan ein, so wird derselbe intensiv grün gefärbt. Es bildet sich also Furan. Glatter geht dieser Vorgang beim Erhitzen mit Wasser im Rohr auf 180°. Beim Einleiten von Ammoniak in eine äther-alkoholische Lösung erhält man eine kristallinische Abscheidung, wahrscheinlich von einem Ammoniakadditionsprodukt, welches beim Stehen in Pyrrol übergeht. Beim Kochen mit Ammoniak und Essigsäure entsteht sogleich Pyrrol. Wird der Aldehyd mit der doppelten Menge Phosphortrisulfid erhitzt, so bildet sich Thiophen; das in einer Kältemischung aufgefangene Destillat wird zu einer leicht beweglichen, farblosen Flüssigkeit verdichtet, welche mit Isatinschwefelsäure die bekannte blaue Farbenreaktion anzeigt.

Succintetramethylacetal, $(CH_3O)_2CH.CH_2.CH_2.CH(OCH_3)_2$.

Der wasserfreie Dialdehyd läßt sich nach der Claisenschen Methode mit 2 Mol.-Gewicht salzsaurem Formimidoäther glatt acetalisieren. Wegen der Flüchtigkeit des Produktes mit Äther- und Alkoholdämpfen gelingt es aber nicht, eine quantitative Ausbeute zu erzielen. Der Siedepunkt liegt unter 12—13 mm bei 87—89°, unter 772 mm bei 201—202°; das spez. Gewicht beträgt bei 19° 0,9897.

0,2342 g Sbst.: 0,4600 g CO_2, 0,2143 g H_2O.

$C_8H_{18}O_4$.   Ber. C 53,93, H 10,11.
                   Gef. ,, 53,57, ,, 10,17.

Die übrigen Eigenschaften sind vorhin beschrieben worden.

Die Disulfitverbindung, $\left(.CH_2.CH{<}{\overset{OH}{\underset{SO_3Na}{}}}\right)_2$, entsteht sehr leicht durch Eintropfen des geschmolzenen Aldehyds in Bisulfitlauge und scheidet sich sofort beim Durchschütteln in feinen Nadeln ab. Dieselben lassen sich aus 60 proz. Alkohol umkristallisieren.

0,2419 g Sbst.: 0,1143 g Na_2SO_4.

$C_4H_8O_8S_2Na_2$.   Ber. Na 15,65. Gef. 15,31.

Das Diphenylhydrazon, welches Ciamician und Zanetti[1]) schon früher durch Kochen von Succindialdoxim mit Wasser und Phenylhydrazin erhalten haben, entsteht leicht beim Zusammenbringen einer wässerigen oder alkoholischen Lösung aus beiden Modifikationen des Dialdehyds mit essigsaurem Phenylhydrazin. Aus konzentrierter Lösung scheidet es sich zuerst meist ölig ab, erstarrt aber in kurzer Zeit und bildet nach dem Umkristallisieren aus Alkohol schöne Blättchen vom Schmp. 125°. Das Diphenylhydrazon eignet sich am besten zum Nachweis des Dialdehyds, da es noch aus sehr verdünnten Lösungen ausfällt.

Auch p-Bromphenylhydrazin verbindet sich sofort in essigsaurer Lösung mit dem Dialdehyd. Indessen bilden sich je nach den Bedingungen mehrere Körper.

Ein Monobromphenylhydrazon,

$$CHO.CH_2.CH_2.CH : N.NH.C_6H_4Br,$$

entsteht in sehr verdünnter Lösung bei Gegenwart von überschüssigem Aldehyd; es bildet, aus Alkohol umkristallisiert, grünliche Blätter vom Schmp. 135—136°.

> 0,1512 g Sbst.: 0,1105 g AgBr.
> $C_{10}H_{11}ON_2Br.$ Ber. Br 31,37. Gef. Br. 31,10.

Das Dibromdiphenylhydrazon entsteht analog bei Gegenwart von überschüssigem Bromphenylhydrazin. Es bildet gelbe Quadrate, welche von Alkohol schwer aufgenommen werden, vom Schmp. 140 bis 145°.

Es ist sehr zersetzlich und nicht in ganz reinem Zustande isoliert worden.

Das Glyoxal kondensiert sich mit o-Phenylendiamin nach Hinsberg[1]) zum Chinoxalin; analog sollte der Bernsteinaldehyd ein zyklisches Produkt mit 8gliedrigem ringförmigem Komplex liefern.

$$\underset{NH_2}{\overset{NH_2}{\bigcirc}} + \underset{OCH.CH_2}{\overset{OCH.CH_2}{|}} \rightarrow \underset{N=CH.CH_2}{\overset{N=CH.CH_2}{\bigcirc}} .$$

Beim Vermischen äquimolekularer Mengen Aldehyd und salzsaurem o-Phenylendiamin in wässeriger Lösung tritt auch eine Kondensation ein. Auf Zusatz von Kaliumacetat wird ein gelbes, körniges Pulver abgeschieden, welches, durch Lösen in Benzol und Fällen mit Petroläther wiederholt umkristallisiert, undeutlich bei 175—177° schmilzt.

---

[1]) Annalen d. Chemie u. Pharmazie **237**, 327 [1887].

Die Substanz besitzt schwach basische Eigenschaften, wird von Säuren leicht aufgenommen und durch Kaliumcarbonat wieder abgeschieden.

Nach den Analysen scheint ein Körper $C_{10}H_{10}N_2$ vorzuliegen, doch sind die Versuche über die Molekulargröße desselben noch nicht abgeschlossen.

Zum Schluß möchte ich darauf hinweisen, daß man mit Hilfe des Succindialdehydtetracetales wahrscheinlich eine Reihe von anderen Dialdehyden gewinnen kann. Besonders scheinen mir die Dialdehyde der Apfel-, Fumar- und Weinsäure der Bearbeitung wert. Dieselben wird man durch Bromieren des Acetales, Abspaltung von Bromwasserstoff und Oxydation mit Permanganat erhalten, ähnlich wie es Wohl[1]) beim Glycerinaldehyd gezeigt hat:

$$
\begin{array}{lll}
CH_2 . CH(OCH_3)_2 & CH_2 \!\!-\!\!-\!\! CH(OCH_3)_2 & CH . CH(OCH_3)_2 \\
& \rightarrow & \rightarrow \\
CH_2 . CH(OCH_3)_2 & CH\, Br . CH(OCH_3)_2 & CH . CH(OCH_3)_2 \\
& \downarrow & \downarrow \\
& CH_2 . CH(OCH_3)_2 & HO . CH . CH(OCH_3)_2 \\
& HO . CH . CH(OCH_3)_2 & HO . CH . CH(OCH_3)_2
\end{array}
$$

Es ist mir eine besondere Freude, Herrn Dr. Friedrich Kaiser für seine vorzügliche Hilfe bei dieser Arbeit zu danken.

---

1) loc. cit.

20. C. Harries: Über den Succindialdehyd. II.

Aus dem I. Berliner Universitätslaboratorium.
Berichte der Deutschen chemischen Gesellschaft 35, 1183 (1902).
(Vorgetragen in der Sitzung von Herrn C. Harries.)

In einer früheren Abhandlung[1] habe ich die Darstellung und
Eigenschaften des Succindialdehyds kennen gelehrt. Inzwischen habe
ich die Methode der Bereitung dieses Körpers weiter ausgearbeitet, seine
physikalischen Eigenschaften eingehend studiert und auch einige Versuche angestellt, denselben synthetischen Zwecken dienstbar zu machen.

Die Darstellung des Succindialdehyds beruhte darauf, daß
das durch Aufspaltung des Pyrrols mit Hydroxylamin gewonnene
Succindialdoxim in wässeriger Suspension mit einem kräftigen, aus
Arsenik und Salpetersäure entwickelten Strom gasförmiger Oxyde des
Stickstoffs bis zur vollständigen Lösung unter starker Kühlung be-
handelt wurde:

$$\begin{aligned} CH_2.CH:N.OH + HNO_2 \\ CH_2.CH:N.OH + HNO_2 \end{aligned} = \begin{aligned} CH_2.CHO \\ CH_2.CHO \end{aligned} + 2\,N_2O + 2\,H_2O.$$

Es hat sich gezeigt, daß man am besten je 20 g feingepulverten
Aldoxims in 30 g Wasser suspendiert, diese mit N_2O_3 behandelt, darauf
mit ca. 6 g Calciumcarbonat neutralisiert, filtriert und in einem Kolben
von 300 ccm Inhalt unter Einleiten eines Kohlensäurestromes zuerst
bei 30° im Vakuum auf 15 ccm einengt, dann die Vorlage wechselt
und schnell bis 120° aus einem Ölbade destilliert. Der zuletzt übergehende Anteil wird dann nochmals fraktioniert und ergibt ca. 7 g
glasigen Succindialdehyd; im ersten Vorlauf befinden sich etwa noch
3—4 g davon, von denen man durch vorsichtiges Fraktionieren noch
ca. 1—2 g gewinnen kann. Die Umsetzung des Succindialdoxims zum
Dialdehyd geht zu ca. 70—80% vor sich, davon kann man aber nur
ca. 60% wegen der Flüchtigkeit der Substanz mit Wasserdampf isolieren. Nach diesem Verfahren sind einige 100 g davon dargestellt worden. Statt gasförmiger salpetriger Säure kann man mit ziemlich gleichem
Erfolg Äthylnitrit und Eisessig benützen.

---

[1] Berichte d. Deutsch. chem. Gesellschaft 34, 1488 [1901].

In bezug auf die Darstellung des Succindialdoxims selbst nach der Vorschrift von Ciamician und Dennstaedt ist folgendes zu bemerken. Nach Ciamician[1]) erhält man beim Behandeln von Pyrrol mit Hydroxylaminchlorhydrat und Soda in 80proz. alkoholischer Lösung nur eine Ausbeute von 35%. Ich kann bestätigen, daß dies durchschnittlich der Fall ist. Ich habe aber beobachtet, was früher übersehen worden ist, daß ein Drittel des angewandten Pyrrols hierbei unverändert bleibt und beim Eindampfen der Reaktionsmasse im Vakuum in den Vorlauf geht. Fraktioniert man diesen nachher in einer Kolonne, so kann man das unangegriffene Pyrrol leicht wiedergewinnen und abermals mit Hydroxylamin behandeln, wodurch die Ausbeute an Succindialdoxim auf 50% erhöht wird.

Physikalische Eigenschaften.

In meiner früheren Abhandlung habe ich den Succindialdehyd als eine glasige Masse beschrieben, welche unter 11 mm Druck bei 65—66° und unter gewöhnlichem Druck bei 160—170° siedet. Diese Angaben bedürfen nach der eingehenderen Untersuchung einiger Berichtigungen. Es sind nämlich jetzt etwa fünf Modifikationen des Succindialdehyds aufgefunden worden.

I. Flüssige, II. glasige oder gewöhnliche, III. feste, aus Wasser, IV. feste, aus Benzol, V. amorphe unlösliche Modifikation.

I., II., III., IV. gehen leicht ineinander über und sieden sämtlich ohne Zersetzung bei 169° unter 761 mm Druck.

I. Die flüssige Modifikation entsteht, wenn der frisch bereitete Succindialdehyd mehrfach durch Vakuumdestillation (Sdp. 67° unter 10 mm Druck) in ganz reinen Zustand gebracht wird. Sie bildet ein farbloses, leicht flüssiges Öl, welches sich in diesem Zustande ca. 5 Stunden erhalten läßt. Dann findet plötzlich Umwandlung in den glasigen Zustand unter starker Volumkontraktion statt. Letztere beträgt ca. 12%.

Nach 3—4stündigem Stehen kann man durch Molekularbestimmung auf kryoskopischem Wege bereits nachweisen, daß eine dreifache Molekulargröße vorhanden ist.

Molekulargewichtsbestimmung (nach 3—4 Stunden Stehen) in Benzol (Raoult-Beckmann): 13,5 g Benzol, 0,1431 g Sbst.: 0,201 Dp.

Mol.-Gewicht. Ber. 256. Gef. 263,7.

II. Die glasige Modifikation.

Eine eingehendere physikalische Untersuchung habe ich mit der glasigen Modifikation angestellt, da sie am leichtesten zu erhalten ist. Die experimentelle Behandlung dieses Themas war infolge der eigentümlichen zähklebrigen Beschaffenheit und des furchtbar beißen-

---

[1]) Ciamician u. Zanetti, Berichte d. Deutsch. chem. Gesellschaft **23**, 1792 [1890].

den Geruches dieses Körpers mit nicht unerheblichen Schwierigkeiten verbunden, und es ist in einigen Fällen überhaupt nicht möglich gewesen, absolut genaue Werte zu erhalten.

Ich habe diese Untersuchung besonders deshalb angestellt, weil mir schien, daß die glasige Modifikation mit gewissen Kolloiden[1]) einige Ähnlichkeit besitzt, und es interessierte mich deshalb, in diesem einfachen Falle die Abhängigkeit der Molekulargröße von Temperatur und Lösungsmittel zu untersuchen.

Molekulargröße.

Erhitzt man den glasigen Aldehyd bei gewöhnlichem Druck, so schmilzt er erst, wird dünnflüssig bei 65° und siedet bei 169° ganz konstant. Aus dem niedrigen Siedepunkt geht hervor, daß der Aldehyd bei dieser Temperatur monomolekular ist.

Bestätigt wurde dies durch eine Dampfdichtebestimmung nach V. Meyer im Naphthalindampf.

0,1314 g Sbst.: T 19,5°, V 48,8 ccm (764 mm).

Mol.-Gewicht. Ber. 86. Gef. 64.

Unter 11 mm Druck siedet der glasige Aldehyd bei 66—67°, auch bei dieser Temperatur wird er monomolekular sein (vgl. Molekularrefraktion bei dieser Temperatur).

Einen merkwürdigen Unterschied bemerkt man aber, wenn der Aldehyd unter $^1/_4$ mm Druck gesotten wird. Nach der Siedepunktskonstante unter 10 mm Druck sollte man erwarten, daß er unter 0,25 mm Druck zwischen 40—50° sieden würde. Statt dessen wurde beobachtet, daß der glasige Aldehyd sich hierbei aufbläht, bei 45° in geringer Masse überzugehen anfängt, um dann unter Erscheinungen, die einer Zersetzung ähneln, erst bei ca. 60—65° unregelmäßig zu sieden. Diese Beobachtung zeigt, daß die eigentliche Siedetemperatur ca. 45° bei $^1/_4$ mm Druck nicht genügend hoch ist, um eine Dissoziation der komplizierten Moleküle in einfache herbeizuführen. Aus dem niedrigen Siedepunkte bei 10 mm Druck kann also nicht darauf geschlossen werden, daß in der glasigen Modifikation selbst eine monomolekulare Form vor-

---

[1]) Vgl. Weber, Über die Natur des Kautschuks. Berichte d. Deutsch. chem. Gesellschaft **33**, 779 [1900].

Der Kautschuk ist ein Polymeres des Isoprens. Letzteres steht nun zum Succindialdehyd in einem gewissen Verwandtschaftsverhältnis, da beide Körper zwei ungesättigte Gruppen enthalten.

O : CH.CH$_2$.CH$_2$.CH : O   CH$_2$: C(CH$_3$).CH : CH$_2$.

Der glasige Aldehyd besitzt nun mindestens M_5, welche beim Erhitzen in M_3 und M_1 dissoziieren, der Kautschuk verhält sich ähnlich. M_x zerfällt in M_y, M_2 (Dipenten) in M_1 Isopren.

liegt. Vielmehr tritt hiernach vor dem Siedepunkt eine Dissoziation der komplizierteren in einfachere Aldehydmoleküle ein.

Die Molekulargewichtsbestimmungen nach der kryoskopischen Methode (Raoult-Beckmann) bestätigen diese Annahme.

I. Es wurde eine Molekularbestimmung in Benzol mit einer Substanz ausgeführt, die zum Lösen nur wenig auf ca. 30° erwärmt war (der glasige Aldehyd selbst löst sich sehr schwer), hierbei ergaben 0,1678 g Sbst. in 13,2 g Benzol, 0,142° Dp.

Mol.-Gewicht M_5. Ber. 430. Gef. 448.

II. Die Substanz wurde bis auf 55° erwärmt und dann in das Benzol gebracht. 0,1425 g Sbst.: 15,5 g Benzol, Dp. 0,225°.

Mol.-Gewicht M_3. Ber. 285. Gef. 204. Ber. M_2 172.

Man sieht, daß bei steigender Temperatur allmählich Dissoziation in einfache Moleküle erfolgt.

Die wirkliche Molekulargröße des glasigen Aldehyds ist vielleicht noch höher.

Bemühungen, dieselben Versuche in Wasser und Eisessig zu wiederholen, scheiterten an der Schwerlöslichkeit des Aldehyds. Löst man ihn bei 90—100° in Wasser, so ist er in monomolekularer Form in der Lösung enthalten.

Molekulargewichtsbestimmung nach Raoult-Beckmann in Wasser nach der Gefrierpunktserniedrigungsmethode ergab: bei 100 g Wasser 0,4264 g Sbst., Depr. 0,099°. M. ber. 86, gef. 81,4.

Diese Bestimmung zeigt auch, daß der Aldehyd kein wahres Hydrat bildet, wie früher angenommen wurde.

Die Molekulargewichtsbestimmung nach der Siedepunktsmethode konnte keine Anwendung finden, wegen der enormen Flüchtigkeit des Aldehyds mit den Dämpfen der in Betracht kommenden Lösungsmittel.

Beziehungen zwischen physikalischem Zustand und chemischen Eigenschaften.

Chemisch lassen sich die verschiedenen Molekularmodifikationen des glasigen Aldehyds nicht nachweisen, denn er reagiert sowohl in dissoziierenden — Wasser, Alkohol — wie nicht dissoziierenden Lösungsmitteln — Benzol — monomolekular.

Z. B. liefert derselbe sofort mit Phenylhydrazin das Diphenylhydrazon vom Schmp. 125°, wenn man ihn unter Bedingungen in Benzol löst, unter welchen er sicher M_5 besitzt, und reines Phenylhydrazin (ohne Essigsäure und ohne Erwärmung) hinzutropft.

Der Zusammenhalt der einzelnen Aldehydmoleküle zum Komplex M_5 der glasigen Modifikationen ist also äußerst labil, und man kann deshalb hier von einer „labilen Polymerie" sprechen.

9*

Weiter läßt sich der glasige Aldehyd nach der Claisenschen Methode quantitativ in das monomolekulare Tetramethyl- und Tetraäthylacetal überführen.

In meiner früheren Publikation habe ich gesagt, daß die quantitative Bildung des Acetals nicht verfolgt werden konnte. Fraktioniert man indessen die von der Darstellung herrührende äther-alkoholische Lösung mit der Kolonne, so gelingt es, die Acetale quantitativ zu gewinnen.

Das **Tetramethylsuccinacetal** siedet bei 201—202° unter 772 mm, bei 89° unter 13 mm, bei 99° unter 22 mm Druck.

$$\text{Brechungsindex } n_d^{20^0} = 1,41555.$$
$$\text{Spez. Gewicht bei } 19° = 0,9897.$$

Das **Tetraäthylacetal**, nach der gleichen Methode gewonnen, siedet bei 210—215° unter gewöhnlichem Druck im Gegensatz zum Methylacetal nicht unzersetzt, unzersetzt dagegen bei 137° unter 35 mm bzw. bei 116° unter 20 mm Druck.

$$C_2H_4[CH(OC_2H_5)_2]_2. \quad \text{Ber. C } 61{,}11, \text{ H } 11{,}11.$$
$$\text{Gef. } ,, \ 60{,}41, \ ,, \ 10{,}87.$$

Durch Reduktion mit Aluminiumamalgam in ätherischer Lösung geht der glasige Aldehyd merkwürdig glatt in **Tetramethylenglykol** (**Butan-1,4-diol**) über.

$$CHO.CH_2.CH_2.CHO \xrightarrow{+4\,H} H_2C(OH).CH_2.CH_2.CH_2.OH.$$

Ich fand den unangenehmen lauchartigen Geruch dieses Körpers und den Siedepunkt bestätigt[1]).

Bei der **Oxydation** mit Permanganat in wässeriger Lösung wird der Aldehyd vollständig zerstört.

Mit **konzentrierter Salpetersäure** in der Wärme entsteht Oxalsäure. Als Zwischenprodukt bildet sich dabei ein flockiges, in Wasser unlösliches Nitroderivat, welches sich mit intensiv brauner Farbe in Alkalien löst, aber nicht rein dargestellt werden konnte. Es ist dies ein Zeichen, daß mit der Oxydation zugleich eine Substitution in den Methylengruppen erfolgt.

$$CHO.CH_2.CH_2.CHO \rightarrow COOH.C(:NO_2H).C(:NO_2H).COOH$$
$$\rightarrow COOH.COOH.$$

Refraktometrische Untersuchung. Dieselbe wurde in der Absicht unternommen, auf Grund der Molekularrefraktion bei verschiedenen

---

[1]) **Dekkers**, Recueil de traveaux chim. des Pays-Bas **9**, 101 [1890]. — **Demjanow**, Journ. Russ. phys.-chem. Gesellschaft **24**, 354 [1892]. — **Hamonet**, Compt. rend. **132**, 631 [1901].

Temperaturen die Bindungsart der einzelnen Aldehydmoleküle untereinander in der glasigen Modifikation zu erkennen.

Der Brechungsindex (im Pulvrichschen Apparat) ist bei $19°$ 1,48744 D^{19} 1,23, $M_5 = 430$.

Also ergibt sich für die Molekularrefraktion berechnet für M_5 die Zahl **100,62**, während unter der Annahme von 2 Kohlenstoffdoppelbindungen [Oxymethylen, HC : CH.OH] ˙101,08, von 4 Kohlenstoffsauerstoffdoppelbindungen (C : O) **100,73** berechnet wird.

Daraus geht hervor, daß keine vollständige, sondern nur eine teilweise Aldolisierung eingetreten ist, vielleicht im folgenden Sinne:

$$CHO.CH.CH_2.CHO$$

$$OH.CH.CH.CH_2.CH.OH$$

$$OH.CH.CH . CH . CH.OH$$

$$HO.CH . CH_2.CH.CH.OH$$

$$CHO.CH.CH_2.CHO = 4\,C : O.$$

Solche Formeln können natürlich nur mit größter Vorsicht aufgestellt werden und stehen mit der chemischen Reaktionsfähigkeit nicht in Einklang.

Bei ansteigender Temperatur bemerkt man ein Sinken der Refraktion:

$$n^{20} = 1,47348$$
$$n^{30} = 1,47151 \text{ usw. bis}$$
$$n^{50-60} = 1,46954.$$

Bei ca. $65°$ findet indessen plötzlich ein deutlicher Sprung statt, man erhält wieder eine stärkere Refraktion:

$$n_d^{65} = 1,47151.$$

Das spez. Gewicht eines ebenso präparierten Spezimens ergab

$$D^{65} = 1,083.$$

Letztere Refraktionsbestimmung ergibt mit der Conradyschen Zahl berechnet den Wert **22,21** für das einfache Molekül (86), während aus der Atomrefraktion sich der Wert **21,06** für einfaches normales Molekül (mit 2 HC : O) berechnet. Diese Werte stimmen nicht sehr genau, bestätigen aber immerhin, daß bei ca. $65°$ eine Änderung des Molekularzustandes von M_5 in M_1 stattfindet.

Molekulares Reduktionsvermögen, bezogen auf Traubenzucker, und quantitative Bestimmung. 1,066 g Aldehyd wurden in 150 ccm Wasser am Rückflußkühler heiß gelöst, der Kühler hernach ausgespült und die Lösung in einer Meßflasche auf 250 ccm verdünnt. Eine Lösung von gleichem Gehalt an reinem Traubenzucker verbrauchte für 15 ccm 16,3 ccm Fehlingscher Lösung. Der Aldehyd läßt sich nur indirekt titrieren, da die Lösung sich tiefbraun färbt und dann der Verlauf der Reaktion nicht mehr zu verfolgen ist.

Es wurde daher so verfahren, daß je 1,5 ccm Fehlingsche Lösung in ein Reagensglas gegeben und zu diesen wechselnde Mengen der Aldehydlösung zugetropft und erhitzt wurden. Mit Ferrocyankalium und Essigsäure wurde dann geprüft, ob noch Kupferoxydsalz in der Lösung sich befinde. Hierbei wurde gefunden, daß bei Anwendung von 4,4 ccm noch Kupferoxydsalz vorhanden war, bei 4,6 ccm aber keines mehr. Folglich ist die gesuchte Zahl 4,5. Danach beträgt das absolute Reduktionsvermögen des Succindialdehyds 36,23% von dem des Traubenzuckers, das molekulare aber 17,24%. Man kann so den Gehalt einer wässerigen Lösung quantitativ bestimmen; einfacher, aber nicht so genau, läßt sich diese Bestimmung mit Phenylhydrazin ausführen. Es hat sich herausgestellt, daß 1 g Succindialdehyd in 100 ccm Wasser so viel Phenylhydrazon liefert, wie 0,9 g davon entsprechen.

Die übrigen Modifikationen. Die feste Form III des Succindialdehyds erhält man, wenn die geschmolzene glasige Form bei ca. 50° in Wasser der gleichen Temperatur getropft wird. Beim Abkühlen erstarrt der nicht gelöste Anteil in weißen Kristalldrusen vom Schmp. 64°. Nach den Resultaten der Analyse liegt kein Hydrat vor. Die Molekulargröße konnte wegen der Schwierigkeit, hinreichende Mengen zu beschaffen, nicht bestimmt werden.

Die feste Form IV wird in kleinen Mengen beim Abdunsten einer benzolischen Lösung des reinen Aldehyds gewonnen. Sie kristallisiert in feinen, langen Nadeln und schmilzt zwischen 130—140°.

Die amorphe Form V oder Parasuccinaldehyd wird gewonnen beim Stehenlassen einer Acetonlösung des Aldehyds mit wasserfreier Oxalsäure. Sie bildet ein undeutlich kristallinisches, weißes Pulver, welches von allen Lösungsmitteln sehr schwer aufgenommen wird. Die Substanz zersetzt sich bei 90—100° und geht dabei in geringem Maße, ebenso wie beim Kochen mit Salzsäure, in die einfache Form über.

$$C_4H_6O_2. \quad \text{Ber. C } 55,82, \text{ H } 6,98.$$
$$\text{Gef. ,, } 56,24, \text{ ,, } 6,85.$$

Auch an dieser Stelle möchte ich Herrn Dr. Heinrich Wieland für seine ausgezeichnete Unterstützung herzlich danken.

21. C. Harries und Paul Hohenemser: Über den monomolekularen Succindialdehyd.

Aus dem Chemischen Institut der Universität Kiel.
Berichte der Deutschen chemischen Gesellschaft **41**, 255 (1908).
(Eingegangen am 15. Januar 1908.)

Die verschiedenen Modifikationen des Succindialdehyds sind bereits vor einigen Jahren[1]) beschrieben worden. Es wurde damals gezeigt, daß dieser Dialdehyd bei der Darstellung zunächst immer in einer glasigen Form erhalten wird, die beim mehrfachen Destillieren im Vakuum in eine dünnflüssige Form übergeht. Molekulargewichtsbestimmungen ergaben, daß die glasige Form in der Kälte mindestens die fünffache Molekulargröße besitzt, daß diese aber bei steigender Temperatur allmählich abnimmt, um beim Siedepunkt von 169° unter Atmosphärendruck die einfache Molekulargröße anzunehmen. Messungen an der dünnflüssigen Form ergaben nach mehrstündigem Stehen eine dreifache Molekulargröße bei der kryoskopischen Methode.

Nun hat vor kurzem der eine von uns in Gemeinschaft mit P. Temme[2]) gezeigt, daß man das monomolekulare Glyoxal durch Destillation des polymeren Glyoxals mit Phosphorpentoxyd erhalten kann. Dieser Erfolg regte dazu an, dieselben Versuche auf den glasigen Succindialdehyd[3]) anzuwenden, um aus demselben vielleicht leichter das dünnflüssige Monomere zu gewinnen. Indessen war das Ergebnis negativ. Die glasige Form verkohlt mit Phosphorpentoxyd vollständig.

Wir kehrten daher, um den monomolekularen Dialdehyd näher zu charakterisieren, zu dem älteren Verfahren zurück, nämlich häufige Destillation unter vermindertem Druck. Es hat sich dabei herausgestellt, daß der monomolekulare Succindialdehyd ein dünnflüssiges Liquidum darstellt, der durch sehr geringe Mengen Wasser, ähnlich wie

---

[1]) C. Harries, Berichte d. Deutsch. chem. Gesellschaft **35**, 1184 [1902].
[2]) Berichte d. Deutsch. chem. Gesellschaft **40**, 165 [1907].
[3]) Der Succindialdehyd wurde nach dem bekannten Verfahren aus Pyrrol über das Dialdoxim mit salpetriger Säure gewonnen. Hierbei ist zu bemerken, daß die letztere aus Arsenik und Salpetersäure vom spez. Gewicht 1,3 und nicht 1,4 dargestellt werden muß. Salpetrige Säure aus Arsenik und konz. Salpetersäure liefert fast nur Bernsteinsäure.

das Glyoxal, polymerisiert wird. Der Unterschied ist nur der, daß das Glyoxal in ein ganz unlösliches Produkt, das sog. Paraglyoxal, welches sich schwierig in Glyoxal zurückverwandeln läßt, verändert wird, während der Succindialdehyd einfach in die glasige Form übergeht, die durch Destillation wieder verhältnismäßig leicht das Monomere liefert.

Der Siedepunkt des reinen, monomeren Succindialdehyds liegt etwas niedriger als bisher mitgeteilt wurde, nämlich bei 56,5° unter 8,5 mm Druck, während früher 65—66° unter 11 mm Druck angegeben worden ist. Dieser letztere Siedepunkt wird immer zuerst beobachtet, wenn der Dialdehyd nicht ganz wasserfrei ist. Der Siedepunkt unter gewöhnlichem Druck liegt bei 169—170°, wie früher angegeben wurde, doch ist dabei eine wenn auch kleine Zersetzung zu bemerken.

Schnell und glatt führt man den glasigen, rohen Dialdehyd in die monomere Form in folgender Weise über. Man destilliert zunächst unter gewöhnlichem Druck und fängt den Vorlauf so lange gesondert auf, bis das Thermometer 169° anzeigt, hierbei geht wasserhaltiger Dialdehyd über, dann trennt man und destilliert die Gesamtmenge in ein Vakuumdestillationskölbchen; hierbei steigt das Thermometer zum Schluß bis auf 171°. Wird die von 169—171° siedende Fraktion nunmehr 2—3 mal im Vakuum rektifiziert, wobei man den bei 56—57° bei 8—10 mm Druck übergehenden Anteil gesondert auffängt, so erhält man den Dialdehyd ganz rein als farblose, leicht bewegliche Flüssigkeit, die sich nunmehr gut verschlossen längere Zeit dünnflüssig erhält. Die Substanz wird von allen Lösungsmitteln leicht aufgenommen und besitzt den früher erwähnten intensiv stechenden, süßlichen Geruch nach Formaldehyd. Mit dem so bereiteten Liquidum sind folgende Messungen ausgeführt worden.

Molekulargewichtsbestimmung nach der kryoskopischen Methode im Beckmannschen Apparat; die Bestimmungen wurden direkt mit dem frisch destillierten Produkt an drei verschiedenen Proben ausgeführt:

a) Eisessig 25,58 g, angew. Sbst. 0,2234 g, $\varDelta = 0,30$.
b) Eisessig 26,56 g, angew. Sbst. 0,2252 g, $\varDelta = 0,30$.
c) Eisessig 25,59 g, angew. Sbst. 0,2449 g, $\varDelta = 0,285$.

M_1 ber. 86, gef. 107,68, 104,57, 111,21.

Aus diesen Werten geht hervor, daß der Aldehyd in der dünnflüssigen Form bei gewöhnlicher Temperatur monomolekular ist. Die spezifische Gewichtsbestimmung an zwei verschiedenen Proben ergab folgende Werte:

$$D_4^{18} = 1{,}069; \quad D_{21} = 1{,}064.$$

Molekularrefraktion und -dispersion.

α(C)-Linie	D-Linie	γ(G')-Linie
$n_\alpha = 1{,}42409$	$n_d^{18} = 1{,}42617$	$n_\gamma = 1{,}43754.$
Mol.-Refr. gef. 20,59	gef. 20,62	gef. 21,11.
Ber. für $CHO.CH_2.CH_2.CHO$		
20,73	ber. 20,88.	ber. 21,28.
[Ber. für Enolformel		
$CHO.CH_2.CH : CH.OH$		
21,74	ber. 21,82.	ber. 22,45.

Molekulardispersion.

$MD_{\alpha-\gamma}$ gef. 0,52.

Ber. Dialdehyd 0,55.

Enolform 1 $\overline{\ }$ 0,71.

Aus diesen Bestimmungen ergibt sich, daß der monomolekulare Aldehyd als wahrer Dialdehyd, $O:CH.CH_2.CH_2.CH:O$, vorhanden ist und in dieser Beziehung dem monomeren Glyoxal, $O:CH.CH:O$, gleicht[1]).

Bei der optischen Untersuchung im Pulfrichschen Apparat mit heizbaren Prismen zeigen die einzelnen Proben, welche von verschiedenen Darstellungen herrühren, gerade so, wie bei der spezifischen Gewichtsbestimmung, kleine Differenzen. Es wurde daher die Molekularrefraktion noch einmal mit den Werten einer anderen Probe bestimmt. Hierbei ergab sich aber auch vollständige Übereinstimmung mit den für die Dialdehydformel berechneten Zahlen:

$$D_{21,5} = 1{,}069; \quad n_d^{21,5} = 1{,}42617.$$

Molekularrefraktion: Ber. 20,88. Gef. 20.62.

Die entsprechenden Konstanten für den glasigen Aldehyd waren früher von dem einen von uns[2]) schon bestimmt worden. Sie hatten bis $n_d^{19} = 1{,}48744$, $D_{19} = 1{,}23$ ergeben, aus denselben konnte kein glatter Schluß auf die molekulare Struktur der Verbindung gezogen werden. Es war damals noch versucht worden, auf optischem Wege die allmählich stattfindende Depolymerisation bei steigender Temperatur durch Bestimmung des Brechungsindex zu verfolgen, und bei ca. $65°$ war auch eine kleine, anormale Änderung im Brechungswinkel konstatiert worden. Es wurde damals der Schluß gezogen, daß bei $65°$ der Dissoziationspunkt vom M_5 in M_1 läge. Diese Versuche beanspruchen aber keine besondere Bedeutung, da sie noch mit dem einfachen Pulfrichschen Apparat ohne heizbares Prisma ausgeführt wurden und sich hiermit keine Genauigkeit bei steigender Temperatur erreichen läßt. Nachdem wir den monomolekularen Dialdehyd und seine optischen Eigenschaften kennengelernt haben, lassen sich jetzt exaktere Schlüsse ziehen.

---

1) Vgl. J. W. Brühl, Berichte d. Deutsch. chem. Gesellschaft **40**, 1153 [1907].

2) loc. cit.

Vergleichende optische Untersuchung des monomolekularen (dünnflüssigen) und des polymeren (glasigen) Succindialdehyds.

Zu den folgenden Versuchen wurde ein glasiger Dialdehyd verwendet, der durch Selbstpolymerisation (Glasigwerden) aus dem reinen, monomeren Produkt entstanden war; er war also viel reiner als die früher für diesen Zweck verwendete Substanz.

Der Brechungswinkel und -index für Natriumlicht von der reinen, monomeren und der glasigen Form[1]) war folgender:

Monomere Form	Glasige Form
$n_d^{16} = 51°\,28' = 1{,}42067$	$n_d^{15} = 41°\,40' = 1{,}47947$
$n_d^{18} = 50°\,57' = 1{,}42397$	$n_d^{20} = 41°\,50' = 1{,}47849$
$n_d^{21} = 50°\,35' = 1{,}42617$	$n_d^{30} = 42°\,30' = 1{,}47457$
$n_d^{30} = 50°\,30' = 1{,}42667$	$n_d^{35} = 42°\,50' = 1{,}47261$
$n_d^{35} = 50°\,45' = 1{,}42517$	$n_d^{42} = 43°\,14' = 1{,}47016$
$n_d^{55} = 52°\quad = 1{,}41768$	$n_d^{45} = 43°\,30' = 1{,}46867$
$n_d^{65} = 52°\,45' = 1{,}41320$	$n_d^{48} = 43°\,45' = 1{,}46718$
	$n_d^{52} = 44°\,10' = 1{,}46470$
	$n_d^{58} = 44°\,25' = 1{,}46320$
	$n_d^{63} = 44°\,35' = 1{,}46220$
	$n_d^{66} = 45°\,10' = 1{,}45972$
	$n_d^{72} = 45°\,30' = 1{,}45673$
	$n_d^{74} = 45°\,50' = 1{,}45473$
	$n_d^{75} = 46°\quad5' = 1{,}45323$

Bei diesen Bestimmungen wurde so verfahren, daß vor jeder Ablesung die betreffende Temperatur ca. 10 Minuten bis zur Konstanz des Brechungswinkels eingehalten wurde.

Aus dieser Gegenüberstellung wird ersichtlich, daß die Indices bis zur gemessenen Temperatur von ca. 75°, soweit der Apparat zu benutzen ist, vom flüssigen und glasigen Aldehyd sehr verschieden sind. Trägt man die Brechungswinkel auf die Ordinate und die dazugehörigen Temperaturen auf die Abszisse eines Koordinatensystems ein, so erhält man 2 Kurven. Verlängert man diese Kurven über

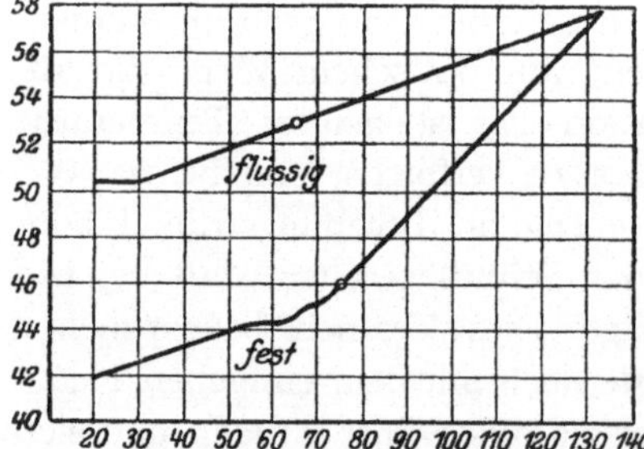

Fig. 6.   Kurve der Brechungswinkel des flüssigen und festen Succindialdehyds.

systems ein, so erhält man 2 Kurven. Verlängert man diese Kurven über

---

[1]) Die Dispersion des glasigen Dialdehyds ließ sich nicht bestimmen, da sich die rote wie die blaue Linie nicht scharf beobachten ließ.

die abgelesenen Werte hinaus, so beobachtet man ihren Schnittpunkt gegen 133°. Bei dieser Temperatur würden die Brechungswinkel und Dichten gleich und sodann eine vollständige Dissoziation des glasigen Aldehyds in die monomere Form erfolgt sein, wenn man allerdings annehmen darf, was nicht sehr wahrscheinlich ist, daß die beiden Kurven geradlinig verlaufen. Danach würde die Dissoziationstemperatur aber jedenfalls höher liegen als früher geschätzt wurde.

Um noch weitere Beziehungen zwischen den beiden Formen des Succindialdehyds zu studieren, haben wir die Dielektrizitätskonstante nach der Kondensatormethode von Nernst bestimmt. Herrn Dr. Preuner, der uns hierbei mit Rat und Tat unterstützte, danken wir auch an dieser Stelle verbindlichst.

Es wurde beobachtet:

I. S = korrigierte Verschiebung für Succindialdehyd = 4,55.
$\quad s$ =   ,,   ,,   ,, Luft   = 0,35.
$\quad s_0$ =   ,,   ,,   ,, Benzol   = 2,80.

Daraus berechnet sich nach der Gleichung

$$D = (D_0 - 1)\frac{S - s}{s_0 - s} + 1$$

für D, die Dielektrizitätskonstante des glasigen Succindialdehyds (Temperatur = 19°), der Wert 3,18, wenn D_0 die Dielektrizitätskonstante des als Eichflüssigkeit dienenden Benzols gleich 2,26 gesetzt wird.

II. S = korrigierte Verschiebung für Succindialdehyd = 4,9.
$\quad s$ =   ,,   ,,   ,, Luft   = 0,35.
$\quad s_0$ =   ,,   ,,   ,, Anilin   = 1,37.

Daraus berechnet sich für D, die Dielektrizitätskonstante des flüssigen Succindialdehyds (Temperatur = 20°), der Wert 28,5, wenn D_0 die Dielektrizitätskonstante des als Eichflüssigkeit dienenden Anilins = 7,2 gesetzt wird.

Die flüssige Form des Succindialdehyds hat also eine sehr hohe Dielektrizitätskonstante, was auf eine Absorption elektrischer Wellen hindeutet. Auch die aus der Dielektrizitätskonstante der glasigen Form berechnete Molekularrefraktion ergibt einen viel zu großen Wert.

Die Bestimmung der Dielektrizitätskonstante wurde durch die Änderung der spezifischen Leitfähigkeit während der Messung erschwert. Sie hatte anfangs den ungefähren Wert $1,0.10^{-5}$ und sank innerhalb dreier Stunden auf etwa $0,5.10^{-5}$. Da die Darstellung des Aldehyds Verunreinigungen ausschließt (auch die Zunahme des Widerstandes spricht gegen solche), ist die Leitfähigkeit verhältnismäßig groß, steht aber in Übereinstimmung mit den höchsten, an anderen Aldehyden von Walden[1]) beobachteten Werten.

Die beobachtete Abnahme der Leitfähigkeit beim dünnflüssigen Aldehyd deutet nach unserer Ansicht auf eine molekulare Veränderung (Polymerisation) hin, äußerlich war indessen noch kein Unterschied zu bemerken.

Herrn Dr. H. Neresheimer, der einige Kontrollversuche ausgeführt hat, danken wir freundlichst.

---

[1]) Zeitschr. f. physikal. Chemie **46**, 103 [1903].

22. C. Harries und Hermann Krützfeld: Über Umwandlungsprodukte des Succindialdehyds.

Aus dem chemischen Laboratorium der Universität Kiel.
Berichte der Deutschen chemischen Gesellschaft **39**, 3670 (1906).

(Eingegangen am 18. Oktober 1906.)

Zur Darstellung des Succindialdehyds kennt man bisher drei Methoden. Die erste beruht auf der Zerlegung des Succindialdoxims aus Pyrrol vermittels Salpetrigsäure-Gas[1]), die zweite[2]) auf der Spaltung des Diallyldiozonids mit Wasser, die dritte[3]) auf der Elektrolyse des Halbaldehydacetals der Malonsäure. Hat man Pyrrol zur Verfügung, so ist die erste Methode als bequemste vorzuziehen, da man gleich reinen wasserfreien Aldehyd erhält. Der früheren Beschreibung hierüber ist noch folgendes nachzutragen. Es genügt nicht, das Salpetrigsäure-Gas in die stark gekühlte wässerige Suspension des Succindialdoxims bis zur Lösung desselben einzuleiten. Dampft man nämlich eine solche mit Calciumcarbonat neutralisierte Lösung im Vakuum aus einem Ölbad ein, so sind mehrfach schon unter 120° heftige Explosionen erfolgt. Es muß sich wohl beim Einleiten der salpetrigen Säure zunächst ein lösliches Zwischenprodukt bilden, welches explosiver Natur ist. Man muß, um solche Explosionen zu vermeiden, durch die braun gefärbte Lösung noch so lange die nitrosen Dämpfe durchstreichen lassen, als noch weiße Blasen von Stickstoffoxydul gebildet werden. Bei einiger Übung gelingt es leicht, diesen Augenblick zu erkennen. Andererseits muß man sich hüten, die roten Gase zu lange einzuleiten, da dann plötzlich ein kristallinischer Niederschlag entsteht. Die Untersuchung ergab, daß es sich um Bernsteinsäure handelte. Damit ist gezeigt worden, daß der Succindialdehyd in wässeriger Lösung durch salpetrige Säure leicht zu Bernsteinsäure oxydiert werden kann.

---

[1]) Harries, Berichte d. Deutsch. chem. Gesellschaft **34**, 1488 [1901]; **35**, 1183 [1902].

[2]) Harries u. Türk, Annalen d. Chemie u. Pharmazie **343**, 360 [1905].

[3]) Wohl u. Schweitzer, Berichte d. Deutsch. chem. Gesellschaft **39**, 890 [1906].

I. Über einige Derivate des Succindialdehyds.

Succindialdehyd-disemicarbazon $(.CH_2.CH\!:\!N.NH.CO.NH_2)_2$.

Das Semicarbazon ist außerordentlich leicht löslich in Wasser und kann daher nicht, obwohl es schön kristallisiert, zur Identifizierung des Succinaldehyds empfohlen werden. Zu seiner Bereitung wird am besten wie folgt verfahren: 1 g Succinaldehyd wird in 10 g Wasser aufgenommen und in der Kälte mit einer möglichst konzentrierten, wässerigen Lösung von 2,5 g Kaliumacetat und 2,5 g Semicarbazidchlorhydrat versetzt. Es fällt dann sofort ein weißer Kristallbrei aus, dessen Ausbeute ca. 1,5 g beträgt. Aus heißem Wasser kristallisiert der Körper in sechsseitigen, weißen Prismen, von denen 1 g in 3—4 g siedendem Wasser löslich ist. Der Schmelzpunkt liegt bei 188°. Das Semicarbazon wird auch leicht von Methylalkohol, weniger von Äthylalkohol, aufgenommen. Trocknet man es im Vakuum über konzentrierter Schwefelsäure, so enthält es ein Molekül Wasser, welches erst bei 100° fortgeht.

0,1724 g Sbst. (im Vakuum getrocknet): 0,2075 g CO_2, 0,1020 g H_2O. — 0,1193 g Sbst.: 0,1436 g CO_2, 0,0695 g H_2O. — 0,1055 g Sbst.: 34,20 ccm N (15°, 768 mm).

$C_6H_{12}N_6O_2 + H_2O$.   Ber. C 32,96,   H 6,46,   N 38,57.
             Gef. ,, 32,83, 32,78, ,, 6,62, 6,52, ,, 38,32.

0,1219 g Sbst. (bei 100° getrocknet): 0,1603 g CO_2, 0,067 g H_2O. — 0,1168 g Sbst.: 42,00 ccm N (15°, 759 mm).

$C_6H_{12}O_2N_6$.   Ber. C 35,95, H 6,04, N 42,06.
             Gef. ,, 35,86, ,, 6,15, ,, 42,00.

Kürzlich hat Henle[1]) auf einem interessanten Wege Phenylhydrazone des Succindialdehyds gewonnen. Er zeigte, daß sich allgemein salzsaure Imidoäther in verdünnter mineralsaurer Lösung durch 3proz. Natriumamalgam bei Gegenwart von Phenylhydrazin oder substituierten Phenylhydrazinen zu den entsprechenden Hydrazonen des Aldehyds reduzieren lassen. Auf diese Weise gewann er aus dem Succindiimidoäther das Succindialdehyd-bis-Methylphenylhydrazon und das -bis-Diphenylhydrazon. Zum Vergleich stellten wir diese beiden Verbindungen auf direktem Wege dar und fanden bis auf geringe Abweichungen Übereinstimmung.

Succindialdehyd-bis-methylphenylhydrazon fällt in öliger Form beim Zusammenbringen der Lösungen beider Komponenten in verdünnter Essigsäure sofort aus und erstarrt beim Reiben im Kältegemisch. Es kristallisiert aus gewöhnlichem Alkohol in schönen, farblosen Nadeln, die bei 96° schmelzen (Henle 86°). Es wird von Wasser nicht, von den gewöhnlichen organischen Solvenzien leicht aufgenommen.

---

[1]) Berichte d. Deutsch. chem. Gesellschaft **38**, 1367 [1905].

Die farblose Lösung in konzentrierter Salzsäure, ebenso diejenige in Eisessig wird beim Erwärmen intensiv rot; diese Färbung verschwindet auf Zusatz von Alkalien.

0,1319 g Sbst. (im Vakuum getrocknet): 21,60 ccm N (20°, 765 mm). — 0,1463 g Sbst.: 0,393 g CO_2, 0,1014 g H_2O.

$C_{18}H_{22}N_4$.   Ber. C 73,47, H 7,53, N 19,08.
Gef. „ 73,26, „ 7,74, „ 18,85.

Succindialdehyd-bis-diphenylhydrazon, auf gleichem Wege gewonnen, bildet zuerst ein schmutzig weißes Öl, welches in Kältemischung alsbald erstarrt. Aus Alkohol kristallisiert es in wasserklaren, zu Bündeln vereinigten, breiten Nadeln, die bei 120° schmelzen. Henle fand denselben Schmelzpunkt. Es wird von den gewöhnlichen Solvenzien schwer, von Wasser nicht aufgenommen. Seine Lösung in Salzsäure, nicht aber die in Essigsäure färbt sich beim Erhitzen intensiv rot. Konzentrierte Schwefelsäure erzeugt schon in der Kälte diese Färbung, welche aber schnell in schmutzig Graublau übergeht.

0,133 g Sbst. (im Vakuum getrocknet): 15,4 ccm N (22°, 767 mm). — 0,1452 g Sbst.: 0,4284 g CO_2, 0,0827 g H_2O.

$C_{28}H_{28}N_4$.   Ber. C 80,00, H 6,71, N 13,37.
Gef. „ 80,47, „ 6,37, „ 13,24.

Succindialdehyd-bis-nitrophenylhydrazon ist bisher nicht beschrieben worden; es eignet sich sehr gut zum Nachweis des Succindialdehyds, da es auch noch aus einer ganz verdünnten, wässerigen Lösung desselben durch essigsaures Nitrophenylhydrazin gefällt wird. Aus absolutem Alkohol kristallisiert der Körper in goldgelben Nadeln vom Schmp. 185°; er wird von Wasser nicht, von gewöhnlichem Alkohol, Methylalkohol und Eisessig leicht aufgenommen. Das aus Alkohol umkristallisierte und im Vakuum über konzentrierter Schwefelsäure getrocknete Produkt enthält noch ein Molekül Wasser, welches erst bei 100° fortgeht.

0,1086 g Sbst.: 0,2048 g CO_2, 0,0486 g H_2O. — 0,0762 g Sbst. (im Vakuum getrocknet): 15,10 ccm N (24°, 760 mm).

$C_{16}H_{16}O_4N_6 + H_2O$.   Ber. C 51,28, H 4,84, N 22,50.
Gef. „ 51,43, „ 5,01, „ 22,24.

0,1026 g Sbst.: 0,202 g CO_2, 0,0436 g H_2O. — 0,0762 g Sbst. (bei 100° getrocknet): 16,20 ccm N (24°, 760 mm).

$C_{16}H_{16}O_4N_6$.   Ber. C 53,87, H 4,53, N 23,64.
Gef. „ 53,69, „ 4,75, „ 23,86.

Kondensation von Succindialdehyd mit o-Phenylendiamin.

Schon in der ersten Publikation[1]) über den Succindialdehyd ist diese Reaktion kurz beschrieben worden. Wir haben dieselbe jetzt

---

[1]) loc. cit.

näher untersucht und gefunden, daß das Produkt, welches beim Vermischen äquimolekularer Mengen Succindialdehyd und o-Phenylendiamin unter Zusatz von Kaliumacetat als gelber, amorpher Niederschlag entsteht, schwach basische Eigenschaften besitzt, von Benzol, Chloroform leicht, von absolutem Alkohol, Methylalkohol schwer, von Wasser, gewöhnlichem Alkohol, Petroläther und Ligroin nicht aufgenommen wird. Der Schmelzpunkt des Körpers liegt bei ca. 150°, wenn er nur im Vakuum über konzentrierter Schwefelsäure getrocknet wird. Nach der Analyse enthält er noch ein Molekül Wasser, welches erst beim Trocknen auf 100° verloren wird, sein Schmelzpunkt steigt dann auf ca. 177° (undeutlich).

0,1022 g Sbst.: 0,2559 g CO_2, 0,065 g H_2O. — 0,1426 g Sbst. (im Vakuum getrocknet): 19,9 ccm N (24°, 765 mm).

$C_{10}H_{12}ON_2$.   Ber. C 68,11, H 6,86, N 15,93.
Gef. „ 68,29, „ 7,06, „ 15,76.

0,1238 g Sbst.: 0,3436 g CO_2, 0,0735 g H_2O. — 0,1379 g Sbst. (bei 100° getrocknet): 21,39 ccm N (24°, 765 mm).

$C_{10}H_{10}N_2$.   Ber. C 75,95, H 6,37, N 17,75.
Gef. „ 75,69, „ 6,64, „ 17,52.

Die Molekulargewichtsbestimmung nach der Gefriermethode im Beckmannschen Apparat deutet auf die einfache Molekulargröße hin.

Eisessig 34,4 g, Sbst. 0,2336 g, Δ 0,16.
$C_{10}H_{10}N_2$.   Mol.-Gewicht. Ber. 158. Gef. 165,5.

Das wasserfreie Produkt erhält man sofort, wenn man bei der Darstellung zu der wässerigen Lösung des Succindialdehyds zuerst Kaliumacetat und dann das o-Phenylendiaminchlorhydrat hinzusetzt. Nach den Resultaten der Analyse und der Molekulargewichtsbestimmung hat also das Phenylendiamin mit dem Succindialdehyd ganz ähnlich wie mit Glyoxal reagiert und man wäre geneigt, anzunehmen, daß die Reaktion in analoger Weise sich vollzogen habe:

$$\begin{array}{ccc} \text{NH}_2 & \text{OCH.CH}_2 & \text{N:CH.CH}_2 \\ + & & \rightarrow \\ \text{NH}_2 & \text{OCH.CH}_2 & \text{N:CH.CH}_2 \end{array}$$

Da indessen J. Thiele[1]) bewiesen hat, daß bei der Kondensation zwischen o-Phenylendiamin und o-Phthaldialdehyd nicht ein achtgliedriges Ringsystem, sondern Benzylenbenzimidazol entsteht, müssen erst weitere Versuche, welche für die oben gegebene Konstitution sprechen, abgewartet werden. Denn es ist nicht unmöglich, daß der aliphatische Succindialdehyd in anderer Weise als der aromatische o-Phthaldialdehyd reagiert.

---

[1]) Annalen d. Chemie u. Pharmazie **347**, 112 [1906].

II. Über die Bromierung des Succindialdehyds bzw. seines Tetramethylacetals[1]).

Wir haben ca. 2 Mol. Brom sowohl auf das Succintetraacetal, wie auf den freien Aldehyd einwirken lassen und haben gefunden, daß man in beiden Fällen glatt zu Dibromsubstitutionsprodukten gelangt. Behandelt man das Acetal nur mit einem Molekül Brom, so erhält man ein Gemisch von unverändertem Acetal, Monobromacetal und Dibromacetal, woraus sich das Monobromacetal nur schwierig in reinem Zustande abscheiden läßt. Merkwürdig schwer läßt sich das Dibromacetal zum freien Aldehyd verseifen; aus diesem Grunde versuchten wir, den Dialdehyd direkt zu bromieren. Schon Pinner[2]) hat gezeigt, daß man den Paraldehyd in Eisessiglösung bei gewöhnlicher Temperatur bromieren kann. Neuerdings hat Freundler[3]) bei der Darstellung des Bromacetals den Paraldehyd ohne Lösungsmittel bei einer Temperatur zwischen $0°$ und $-5°$ unter mechanischem Rühren bromiert. Der glasige Succindialdehyd läßt sich nun zwar nicht direkt, wohl aber in Chloroformlösung sehr gut bromieren. Zur Neutralisation des sich bildenden Bromwasserstoffes wurde gefälltes Calciumcarbonat hinzugesetzt. Es entsteht so bei Anwendung von 2 Mol. Brom der Dibrom-succindialdehyd, $HCO.CHBr.CHBr.CHO$, in fester, monomolekularer Form. Bei der Destillation spaltet sich aus demselben Bromwasserstoff ab, und es entsteht der Monobrom-fumaraldehyd,

$$HCO.CHBr.CHBr.CHO \rightarrow HCO.CH : CBr.CHO.$$

Dibrom-succindialdehyd-tetramethylacetal,
$$CH(OCH_3)_2.CHBr.CHBr.CH(OCH_3)_2.$$

10 g Succintetramethylacetal werden mit etwas mehr als der berechneten Menge (7 g) gefällten Calciumcarbonats verrührt und hierzu unter guter Kühlung und beständigem Rühren 18 g Brom hinzugegeben. Nach einigen Stunden Stehens im Sonnenlicht tritt Entfärbung ein. Dann wird das Gemenge mit absolutem Äther ausgezogen und die ätherische Lösung mit etwas konzentrierter Natronlauge durchgeschüttelt. Beim Verdunsten des Äthers hinterbleibt dann ein wasserklares Öl, welches im Vakuum über Schwefelsäure getrocknet werden kann. Die Ausbeute beträgt etwa 15 g. Der Körper wird von Alkohol und Äther leicht, von Wasser nicht aufgenommen. Durch Destillation kann

---

[1]) Die Ziele, welche bei der Bromierung des Succindialdehyds verfolgt werden, sind schon früher in Formeln auseinandergesetzt. Vgl. Berichte d. Deutsch. chem. Gesellschaft **34**, 1488 [1901].

[2]) Annalen d. Chemie u. Pharmazie **179**, 67 [1875].

[3]) Chem. Centralbl. 1905, I, 1218.

er nicht gereinigt werden, da er sich beim Erwärmen selbst im Vakuum unter Bromwasserstoffabspaltung zersetzt.

0,1414 g Sbst.: 0,1493 g CO_2, 0,0571 g H_2O. — 0,274 g Sbst.: 0,3041 g AgBr.

$C_8H_{16}O_4Br_2$.   Ber. C 28,58, H 4,79, Br 47,59.
Gef. ,, 28,80, ,, 4,53, ,, 47,23.

n_d 17,5° = 1,50326; D 17,5° = 1,764.

Molekularrefraktion: Ber. (Brühl) 60,49. Gef. 56,35.

Das Dibromacetal ist einige Zeit haltbar. Das Brom ist darin sehr fest, wie im gewöhnlichen Bromacetal, gebunden; es ist bisher nicht gelungen, es gegen andere Reste auszutauschen.

Dibromsuccinaldehyd, $CHO.CHBr.CHBr.CHO$.

5 g Succindialdehyd werden geschmolzen und durch Eintropfen in etwa 20 g Chloroform gelöst. Hierzu fügt man etwas mehr als die berechnete Menge gefälltes Calciumcarbonat (ca. 7 g) und trägt 18,3 g Brom, in wenig Chloroform gelöst, unter starker Kühlung allmählich ein. Das Brom wird nur langsam aufgenommen, und erst nach einigen Stunden Stehens im Sonnenlicht tritt Entfärbung ein. Der flüssige Anteil wird nun getrennt und das Chloroform im Vakuum verdampft. Es hinterbleibt in fast quantitativer Ausbeute ein zähflüssiges, gelblich gefärbtes Öl von stechendem Geruch. Dasselbe reduziert Fehlingsche Lösung schon in der Kälte, liefert aber keine Pyrrolprobe. Diese zähflüssige Modifikation des Dibromsuccindialdehyds kann man leicht in eine feste monomolekulare Form überführen. Hierzu nimmt man das Öl in Eisessig unter schwachem Erwärmen auf und gibt nach dem Abkühlen unter Rühren langsam Wasser hinzu. Es fällt dann ein weißer, undeutlich kristallinischer Niederschlag aus, der in der Wärme leicht wieder zähflüssig wird. Man kühlt deshalb stark und wäscht mit kaltem Wasser. Der reine, feste Dibromaldehyd ist längere Zeit haltbar, er beginnt bei 50° zu sintern und schmilzt undeutlich bei 75°. Er ist leicht löslich in Eisessig, Methylalkohol, gewöhnlichem Alkohol, Chloroform, Äther und Benzol, unlöslich in Wasser und Petroläther.

0,1672 g Sbst. (im Vakuum getrocknet): 0,2578 g AgBr. — 0,2348 g Sbst.: 0,171 g CO_2, 0,0476 g H_2O. — 0,152 g Sbst.: 0,1087 g CO_2, 0,0269 g H_2O.

$C_4H_4O_2Br_2$.   Ber. C 19,67,   H 1,64,   Br 65,57.
Gef. ,, 19,86, 19,50, ,, 2,27, 1,98, ,, 65,61.

Molekulargewichtsbestimmung nach der Gefriermethode im Beckmannschen Apparat: Sbst. 0,2849 g, Eisessig 29,0 g, Δ 0,16°.

$C_4H_4O_2Br_2$.   Mol.-Gewicht. Ber. 243,95. Gef. 239,50.

Bisher ist es nicht gelungen, aus dem Dibromsuccindialdehyd ein Phenylhydrazon von konstanter Zusammensetzung zu gewinnen. Bei

der Einwirkung von Phenylhydrazin auf diesen Aldehyd spaltet sich
sehr leicht Bromwasserstoffsäure ab, und man erhält dann Gemische
von Phenylhydrazonen, die schwer zu trennen sind.

Monobromfumaraldehyd, $CHO.CBr : CH.CHO$.

Destilliert man den Dibromsuccindialdehyd im Vakuum aus dem
Ölbade, so spaltet er unter teilweiser Zersetzung Bromwasserstoff ab,
und unter 15 mm Druck geht dann zwischen 120 und 130° eine bräunlich gefärbte Flüssigkeit über. Aus dieser läßt sich durch wiederholtes
Fraktionieren ein farbloses, zähflüssiges Öl gewinnen, welches unter
15 mm Druck bei etwa 130° siedet. Der Körper riecht stechend, reduziert kräftig Fehlingsche Lösung und entfärbt Brom in Eisessig. Von
Chloroform, Alkohol, Äther wird er leicht, von Wasser schwer aufgenommen. Da er sich nach kurzer Zeit braun färbt, konnten bisher
die physikalischen Konstanten nicht ermittelt werden.

0,1722 g Sbst.: 0,1972 g AgBr. — 0,2169 g Sbst.: 0,2365 g CO_2, 0,0426 g H_2O.

$C_4H_3O_2Br$.   Ber. C 29,45, H 1,85, Br 49,05.

Gef. ,, 29,74, ,, 2,19, ,, 48,73.

Der Monobromfumaraldehyd wurde wegen seiner Zersetzlichkeit
sofort in das Tetraacetal übergeführt; er läßt sich nach der E. Fischer
schen Methode leicht acetalisieren. Man neutralisiert nachher mit Kaliumcarbonat und nimmt in Äther auf. Nach dem Verdampfen des
Äthers und des Methylalkohols im Vakuum bleibt ein gelblich gefärbtes,
schweres Öl zurück, welches unter 15 mm Druck bei 110—120° farblos
übergeht. Es besitzt angenehm acetalartigen Geruch, reduziert nicht
mehr Fehlingsche Lösung und ist gut haltbar. Zu einer genaueren
Untersuchung reichte die vorhandene Substanzmenge nicht aus.

Versuche zur Darstellung des Monobromsuccindialdehyds sind im
Gange.

23. C. Harries und Hans Türk: Über Methylglyoxal und Mesoxaldialdehyd.

Aus dem chemischen Institut der Universität Kiel.
Berichte der Deutschen chemischen Gesellschaft **38**, 1630 (1905).
(Eingegangen am 6. April 1905; vorgetragen in der Sitzung v. 27. März v. H. Türk.)

Die Ankündigung der Herren F. Henle und G. Schupp, betr. Darstellung des Mesoxaldialdehyds, nötigt uns zur Mitteilung folgender Versuche, obwohl dieselben noch nicht soweit abgeschlossen werden konnten, wie wir es eigentlich beabsichtigten.

Der eine von uns hat schon seit Jahren sich damit beschäftigt, Wege aufzufinden, um die interessanten Ketoaldehyde und Dialdehyde, das Methylglyoxal und den Mesoxaldialdehyd, darzustellen und ihre Eigenschaften kennenzulernen. Dabei hat er zuerst die bekannten Oxime Isonitrosoaceton und Diisonitrosoaceton nach dem Verfahren, welches zur Isolierung des Succindialdehyds[1]) führte, durch Einwirkung von Salpetrigsäure-Gas in diese Aldehyde überzuführen versucht. Indessen schien man auf diesem Wege nicht so glatt wie beim Succindialdehyd zum Ziele zu gelangen, und da in der Ozonmethode in der Folge ein bequemeres Verfahren zur Verfügung stand, ist nur noch das letztere benutzt worden.

Methylglyoxal (Propanonal).

Das Methylglyoxal ist von v. Pechmann[2]) als eine mit Wasserdampf flüchtige Verbindung beschrieben worden; er hat aber keinen anderen Nachweis für seine Existenz erbracht, als daß er in den wässerigen Destillaten mittels Phenylhydrazin das Osazon darstellte. Zur Isolierung des Methylglyoxals hat sich folgender Weg als brauchbar erwiesen: Mesityloxyd wird im Kältegemisch mit Ozon beladen und das Ozonid mittels Wasser zersetzt; dabei spaltet sich dasselbe im wesentlichen in Acetonsuperoxyd und Methylglyoxal.

Ozonid des Mesityloxyds. Diese Verbindung und ihre Darstellung ist schon früher[3]) kurz beschrieben worden. Es wurde gezeigt,

[1]) C. Harries, Berichte d. Deutsch. chem. Gesellschaft **35**, 1183 [1902].
[2]) v. Pechmann, Berichte d. Deutsch. chem. Gesellschaft **20**, 2543 [1887].
[3]) C. Harries, Berichte d. Deutsch. chem. Gesellschaft **36**, 1933 [1903].

daß der dicke, grüne Sirup, der beim Sättigen von trockenem, stark abgekühltem Mesityloxyd entsteht, sehr explosiv und bei Zimmertemperatur selbstentzündlich ist. Trotzdem gelang es uns, denselben zur Analyse zu bringen. Dabei wurde gefunden, daß das Mesityloxyd sich gegenüber Ozon analog verhält wie alle Körper, welche außer der doppelten Bindung noch ein Carbonylsauerstoffatom besitzen. Alle diese Substanzen addieren nämlich, wie Harries und Langheld[1]) gefunden haben, außer dem Ozonmolekül O_3 noch ein Atom Sauerstoff an die Carbonylgruppe. Das Ozonid des Mesityloxyds hat daher die Formel $C_6H_{10}O_5$ statt normal $C_6H_{10}O_4$.

0,1190 g Sbst.: 0,1839 g CO_2, 0,0651 g H_2O.

$C_6H_{10}O_4$.   Ber. C 49,31, H 6,85.
$C_6H_{10}O_5$.   ,,   ,, 44,44, ,, 6,17.
Gef. ,, 42,12, ,, 6,12.

Das Ozonid liefert beim Erwärmen mit Wasser starke Reaktion auf Wasserstoffsuperoxyd.

Darstellung des freien Aldehyds aus dem Ozonid.

Hierzu werden je 10 g Mesityloxyd im Kältegemisch mit Ozon beladen und das entstandene dicke Öl nach dem Herausnehmen aus der Kältemischung sofort auf etwa die 10fache Menge Eis gegossen. Unter häufigem Umschütteln wird die Mischung bis zum Verschwinden des Eises stehen gelassen. Die Lösung färbt sich gelb, jedoch schwimmt noch ein großer Teil des dicken Öles an der Oberfläche. Jetzt wird am Rückflußkühler vorsichtig erwärmt, bis alles verschwunden ist und im Kühler sich reichliche Mengen von weißen Kristallen abgeschieden haben. Diese Kristalle sind nach Schmelzpunkt ($132°$) und Eigenschaften Acetonsuperoxyd (vgl. weiter unten).

Die Reaktion geht also folgendermaßen vor sich:

$$(CH_3)_2C \overbrace{\underset{O:O:}{}}\big| CH.C.O.CH_3 + H_2O$$
$$= (CH_3)_2C{<}^O_O{\cdot} + O:CH.CO.CH_3 + H_2O_2.$$

Die klare, nach geschmolzenem Zucker riechende Lösung wird nun filtriert und langsam im Vakuum ($30°$, 11 mm) eingedampft. Sie ergibt alle Aldehydreaktionen, reduziert Fehlingsche Flüssigkeit in der Kälte und liefert mit Phenylhydrazin ein Hydrazon, das nach einmaligem Umkristallisieren aus Alkohol den richtigen, von v. Pechmann für das Methylglyoxaldiphenylhydrazon angegebenen Schmp. von $145°$

---

[1]) Vgl. Inaug.-Diss. Langheld, Berlin 1904. Die Resultate dieser Untersuchungen werden ebenfalls binnen kurzem veröffentlicht werden.

anzeigt. Die wässerige Lösung des Methylglyoxals, welche v. Pechmann in Händen hatte, muß sehr verdünnt gewesen sein, da er die Reduktion durch Fehlingsche Flüssigkeit nicht beobachtet hat. Nach dem Eindampfen im Vakuum hinterbleibt ein gelbliches, dickes Öl, aber ein großer Teil des Aldehyds destilliert mit den Wasserdämpfen über. Da das zurückbleibende dicke Öl nur unter starker Zersetzung im Vakuum siedet — der Anteil, welcher das Methylglyoxal enthält, vielleicht bei 45—60° unter 13 mm Druck — und die direkten Analysen des Öles keine gut stimmenden Werte lieferten, so wurden die an Methylglyoxal reichen, wässerigen Destillate nochmals ganz vorsichtig im Vakuum (30°, 10 mm) eingedampft, und nun hinterblieb ein fast farbloses Liquidum, das beim Trocknen über Schwefelsäure zu einer glasigen, sehr hygroskopischen Masse erstarrte. Die Analyse ergab, daß ein Körper der Zusammensetzung $C_3H_4O_2$ vorlag.

0,1012 g Sbst.: 0,1841 g CO_2, 0,0554 g H_2O.

$C_3H_4O_2$.   Ber. C 50,00, H 5,56.

Gef. ,, 49,62, ,, 6,12.

Molekulargewichtsbestimmung nach der Gefriermethode im Beckmannschen Apparat:

I. 0,1322 g Sbst.: 23,60 g Eisessig Δ 0,08.

II. 0,2808 g Sbst.: 22,60 g Eisessig Δ 0,16.

$(C_3H_4O_2)_4$. Ber. Mol.-Gewicht 288. Gef. Mol.-Gewicht I. 282, II. 302.

Hierzu war die Substanz 14 Tage im Vakuumexsiccator bei durchschnittlich 14° getrocknet worden und im Glasröhrchen unter Luftabschluß gewogen.

Hieraus geht hervor, daß das Methylglyoxal sich im freien Zustand bei gewöhnlicher Temperatur polymerisiert. Das polymere Produkt ist nicht mehr klar in kaltem Wasser, wohl aber beim Erhitzen löslich; es reduziert sehr stark und gibt alle dieselben Derivate, wie die wässerige Lösung vor dem Eindampfen, welche wohl die monomolekulare Form enthält. Das Methylglyoxal gleicht also in vieler Beziehung dem Succinaldehyd[1]), nur läßt es sich nicht wie dieser unzersetzt destillieren.

Das Methylglyoxim bildet sich beim Stehen einer konzentrierten, wässerigen Lösung von Methylglyoxal mit Hydroxylaminchlorhydrat und Natriumbicarbonat; es schmilzt, wie bekannt, bei 153°. Zuerst wurde es von V. Meyer[2]) aus Isonitrosoaceton und Hydroxylamin erhalten.

Das Disemicarbazon des Methylglyoxals ist noch nicht bekannt. Es scheidet sich als undeutlich kristallinisches, weißes Pulver ab, wenn

---

[1]) Berichte d. Deutsch. chem. Gesellschaft **35**, 1183 [1902].

[2]) V. Meyer, Berichte d. Deutsch. chem. Gesellschaft **15**, 1165 [1882].

man die wässerige Lösung mit Semicarbazidchlorhydrat und Kaliumacetat versetzt. Es wird sehr schwer von allen Solvenzien aufgenommen.
Aus viel heißem Wasser umkristallisiert, schmilzt es bei ca. 257°.

0,1182 g Sbst.: 0,1384 g CO_2, 0,0598 g H_2O. — 0,0654 g Sbst.: 24,9 ccm N
(19°, 776 mm).

$C_5H_{10}O_2N_6$.   Ber. C 32,26, H 5,38, N 45,16.
Gef. „ 31,93, „ 5,66, „ 44,86.

Methylglyoxalmonoacetal, $CH_3.CO.CH(OC_2H_5)_2$.

Da sich der glasige Succinaldehyd sehr gut nach Claisen mit
salzsaurem Formimidoäther acetalisieren läßt, so wurde zuerst diese
Methode auch bei dem wasserfreien Methylglyoxal angewandt; wir erhielten jedoch keine glatten Resultate. Daher wurde der Aldehyd nach
dem Verfahren von E. Fischer mit absolutem Alkohol, der 2 proz.
Salzsäure enthielt, acetalisiert. Zu dem Zweck ließen wir die Mischung,
nachdem zur Depolymerisation kurz aufgekocht war, drei Tage stehen,
schüttelten darauf mit Silberoxyd bis zur neutralen Reaktion, filtrierten
und trockneten die Lösung sorgfältig mit Magnesiumsulfat. Der Alkohol läßt sich dann durch Destillation im Vakuum entfernen, und es
hinterbleibt ein stark lichtbrechendes Liquidum, welches bei 30° unter
10 mm Druck siedet[3]).

0,1976 g Sbst.: 0,4144 g CO_2, 0,1717 g H_2O.
$C_7H_{14}O_3$.   Ber. C 57,54, H 9,59.
Gef. „ 57,20, „ 9,72.

Die Ausbeuten an dem Acetal sind bislang noch unbefriedigend,
da ein großer Teil desselben mit den Alkoholdämpfen bei der fraktionierten Destillation übergeht. Die Bestimmung der physikalischen
Konstanten soll noch nachgeholt werden. Beim Versuch, ein Semicarbazon des Acetals zu erhalten, wurde das Disemicarbazon des Methylglyoxals selbst vom Schmp. 257° gewonnen, obwohl statt des Kaliumacetats Bicarbonat angewendet wurde.

Mesoxaldialdehyd.

Nach diesen Erfolgen beim Mesityloxyd gingen wir dazu über,
auch die Oxydation des Phorons mit Ozon zu studieren. Auch das
Phoron läßt sich leicht in ein Ozonid umwandeln; man muß es dazu
nur in Lösung bringen.

---

[3]) Dieser Siedepunkt ist nicht richtig. Wie Wohl später fand, und wie wir
bestätigt haben, liegt er bei 54—55° bei 13—15 mm Druck. Vgl. Türk, Annalen
d. Chemie u. Pharmazie **374**, 339, Anm. [1910]. Dieses Buch S. 306.

Diozonid des Phorons. 10 g kristallisiertes Phoron werden in der 5fachen Menge Chloroform aufgenommen und unter guter Kühlung mit Ozon behandelt. Die Mischung nimmt eine dunkelgelbe Farbe an. Hierauf wird das Chloroform vorsichtig bei 20° im Vakuum eingedampft. Es hinterbleibt ein hellgrüner, zäher Sirup, der die Eigenschaften der Ozonide aufweist und sehr gefährlich wegen seiner Neigung zur Explosion ist. Beim Stehen an der Luft entzündet er sich von selbst und brennt mit helleuchtender Flamme.

Die Analysen stimmen am besten darauf, daß 2 Mol. Ozon, also 6 O, sich an das Molekül des Phorons angelagert haben, nicht 7 O, wie nach den Erfahrungen beim Mesityloxyd und anderen ungesättigten Verbindungen mit Carbonylgruppen zu erwarten war.

Zur Analyse wurde eine Probe des klaren Ozonidsirups längere Zeit im Vakuum abgesaugt.

0,1737 g Sbst.: 0,2871 g CO_2, 0,0912 g H_2O.

$$C_9H_{14}O_8. \quad \text{Ber. C } 43,20, \text{ H } 5,60.$$
$$C_9H_{14}O_7. \quad \quad ,, \quad ,, \ 46,15, \ ,, \ 5,98.$$
$$\text{Gef. } ,, \ 45,04, \ ,, \ 5,87.$$

Mit diesen Resultaten der Analyse stimmt überein, daß beim Zersetzen des Phorondiozonids mit Wasser in der Kälte keine Spur Wasserstoffsuperoxyd, sondern nur Acetonsuperoxyd und Mesoxalaldehyd auftritt, während, wenn noch ein siebentes Atom Sauerstoff an dem Carbonyl enthalten wäre, die Bildung von Wasserstoffsuperoxyd hätte beobachtet werden sollen.

Darstellung des Dialdehyds. Schüttelt man das frisch bereitete Phoronozonid von 10 g Phoron mit Eiswasser, so wird das dicke Öl allmählich zersetzt, wobei eine schwache Gasentwicklung zu bemerken ist. Nach 12 Stunden ist alles Ozonid zersetzt, und in der klaren Lösung schwimmen lange Nadeln, die aus Acetonsuperoxyd bestehen. Abfiltriert und mit Wasserdampf gereinigt, wurden sie nach dem Trocknen analysiert.

0,1224 g Sbst.: 0,2177 g CO_2, 0,0896 g H_2O.

$$C_3H_6O_2. \quad \text{Ber. C } 48,65, \text{ H } 8,11.$$
$$\text{Gef. } ,, \ 48,51, \ ,, \ 8,18.$$

Die nach dem Abfiltrieren des Acetonsuperoxyds gewonnene klare Lösung ergibt keinerlei Wasserstoffsuperoxydreaktion, zeigt saure Reaktion und reduziert Fehlingsche Flüssigkeit stark in der Kälte. Mit essigsaurem Phenylhydrazin fällt ein Öl aus, das beim Stehen fest wird. Die Reaktion verläuft also im wesentlichen gemäß folgender Gleichung:

$$(CH_3)_2C \overbrace{}^{} CH \cdot CO \cdot HC \overbrace{}^{} C(CH_3)_2$$
$$O : O : O \qquad\qquad O : O : O$$

$$= \left((CH_3)_2C \!<\!\!{}^{O}_{O} \right)_2 + CHO \cdot CO \cdot CHO .$$

Zur Gewinnung des freien Aldehyds wurde die wässerige Lösung bei 27° unter 10 mm Druck vorsichtig eingedampft. Es hinterbleibt wie beim Methylglyoxal ein dicker, wasserklarer Sirup, der beim Trocknen im Vakuum über Schwefelsäure glasig erstarrt. Die Elementaranalyse ergab Werte, die auf ein **Hydrat des Mesoxaldialdehyds** stimmen.

0,1831 g Sbst.: 0,2282 g CO_2, 0,0652 g H_2O.

$C_3H_4O_4$.   Ber. C 34,61, H 3,85.
Gef. ,, 33,99, ,, 3,98.

Da das Triketopentan von Sachs[1]) ebenfalls ein Hydrat bildet, so erscheint dieses Resultat natürlich. Das Wasser ist ziemlich fest in dem Hydrat gebunden. Erst beim längeren Erhitzen auf 65° im Vakuum über Phosphorsäureanhydrid entweicht das Wasser; man erhält dann ein sprödes, hellgelbes Produkt, welches außerordentlich hygroskopisch ist und an der Luft sofort zerfließt. Aus diesem Grunde wurde der Wasserstoffgehalt wohl immer etwas zu hoch gefunden.

0,2196 g Sbst.: 0,3328 g CO_2, 0,0751 g H_2O. — 0,2546 g Sbst.: 0,3928 g CO_2, 0,0912 g H_2O.

$C_3H_2O_3$.   Ber. C 41,86,   H 2,33.
Gef. ,, 41,32, 42,08, ,, 3,82, 3,99.

Dieser glasige Aldehyd ist natürlich eine polymere Form; die Molekulargröße wurde noch nicht bestimmt. In Wasser aufgenommen, besitzt er sehr starkes Reduktionsvermögen; beim Erhitzen zersetzt er sich unter starker Braunfärbung und riecht stechend nach verbranntem Zucker. Die monomere Form ist mit Wasserdampf flüchtig; beim Eindampfen der wässerigen Lösungen geht ein Teil sogar im Vakuum mit den Destillaten über. Diese Destillate haben wir benutzt, um das **Phenylhydrazon** darzustellen. v. Pechmann[2]) hat bereits das Triphenylhydrazon des Mesoxaldialdehyds beschrieben. Wenn man das wässerige Destillat mit essigsaurem Phenylhydrazin versetzt, so erhält man einen braunen Körper, der sich aus Methylalkohol leicht umkristallisieren läßt. v. Pechmann gibt für das Triphenylhydrazon einen Schmelzpunkt von 166° an, wir konnten bisher nur einen solchen von 156° erreichen. Indessen zeigte die Analyse dieses Produktes, daß der

---

[1]) Sachs, Berichte d. Deutsch. chem. Gesellschaft **34**, 3052 [1901].
[2]) v. Pechmann, Berichte d. Deutsch. chem. Gesellschaft **24**, 3258 [1891].

Körper noch nicht ganz rein war, wahrscheinlich ist noch eine Spur von einem anderen Phenylhydrazon beigemengt, welches den Schmelzpunkt herunterdrückt. Dennoch läßt sich nach der Zusammensetzung deutlich ersehen, daß das Triphenylhydrazon vorliegt.

0,1061 g Sbst.: 0,2740 g CO_2, 0,0655 g H_2O. — 0,0909 g Sbst.: 17,9 ccm N (20°, 750 mm).

$C_{21}H_{20}N_6$.   Ber. C 70,79, H 5,72, N 23,59.
Gef. „ 70,43, „ 6,55, „ 22,46.

Mit dem genauen Studium der Derivate des Mesoxaldialdehyds sind wir zur Zeit beschäftigt und gedenken darüber ausführlich zu berichten. Die Bearbeitung dieses Gebietes ist sehr schwierig und erfordert viel Zeit.

24. C. Harries: Über die Aufspaltung des Sylvans zum Aldehyd der Lävulinsäure, Pentanonal.

Aus dem I. chemischen Universitätslaboratorium zu Berlin.
Berichte der Deutschen chemischen Gesellschaft **31**, 37 (1898).

(Eingegangen am 6. Januar; vorgetragen in der Sitzung vom Verfasser.)

Aus dem leichtflüchtigen Anteil der Teeröle von Pinus sylvestris hat Atterberg[1]) vor längerer Zeit einen Körper isoliert, für welchen er die Formel C_5H_6O aufstellte. Er erkannte ihn als Methylfuran und legte ihm den Namen „Sylvan" bei.

Im Anschluß an eine Untersuchung über die Zuckeröle haben E. Fischer und Laycock[2]) die Mitteilung gemacht, daß auch Dimethylfuran und höher methylierte Furane im Vorlauf des Holzteers enthalten sind.

Ich habe nun gefunden, daß der Körper, den Atterberg wahrscheinlich unter den Händen gehabt hat, auch aus dem von $60-70°$ siedenden Bestandteil des Buchenteerkreosots gewonnen werden kann. Die Theorie läßt zwei isomere Monomethylfurane voraussehen, ein α- und ein β-Methylfuran. Durch die später beschriebene Aufspaltung zum Aldehyd der Lävulinsäure ist die Konstitution des Sylvans erklärt, es ist das α-Methylfuran.

$$\alpha\text{-Methylfuran},\ C_5H_6O = CH_3 \cdot \underset{HC_{\beta}\!-\!CH}{\overset{O}{C_{\alpha}\!\diagup\diagdown\ CH}}\ .$$

Folgendes Verfahren hat sich für die Isolierung dieser Substanz als geeignet erwiesen. Der bis $70°$ siedende Vorlauf des Buchenteeröles, 150 kg Teer lieferten ca. 10 kg davon, wird zur Entfernung der Aldehyde und Ketone mit Natriumbisulfit erschöpfend behandelt, wozu bei 10 kg etwa 12 kg einer 40 proz. Lösung erforderlich sind. Dann wird der übrigbleibende Anteil, um die Säuren zu entfernen, mit etwa 10 kg einer 10 proz. Natronlauge geschüttelt, der Rückstand mit Kaliumcarbonat getrocknet. Es verbleiben etwa 5 kg einer farblosen, leicht beweglichen Flüssigkeit. Nun wird vermittels eines 15 kugligen

---

1) Berichte d. Deutsch. chem. Gesellschaft **13**, 879 [1880].
2) Berichte d. Deutsch. chem. Gesellschaft **22**, 101 [1889].

Le Belschen Kolonnenapparates fraktioniert, dabei gehen unter 60° etwa 1,2 kg, von 60—70° 1,4 kg und oberhalb 70° die andere Menge, ca. 2,4 kg, über.

Die von 60—70° siedenden Öle enthalten das Sylvan, sind aber, wie schon Atterberg angibt, selbst durch oft wiederholte fraktionierte Destillation nicht zu trennen. Nun sind in dieser Fraktion außer dem Methylfuran auch Säureester und Acetylenderivate enthalten. Atterberg hat das Sylvan, um es zu reinigen, über metallischem Natrium destilliert. Ich beobachtete, daß dieses Metall zunächst nur träge auf die von 60—70° siedende Fraktion einwirkt; infolgedessen schien die Destillation über Natrium an sich nicht zu genügen, um die mit demselben reagierenden Bestandteile herauszuschaffen. Kocht man die Fraktion 60—70° mit einem Überschuß an Natrium auf dem Wasserbade am Rückflußkühler längere Zeit, so findet allmählich eine immer lebhafter werdende Einwirkung statt; es scheiden sich große Mengen von braunen festen Natriumverbindungen, Natracetessigester, Natracetylene usw., aus. Destilliert man das dann unangegriffene Öl über den festen Bestandteilen auf dem Wasserbade ab und wiederholt das Kochen mit Natrium mehrfach, so findet man schließlich einen Punkt, wo das Natrium auch nach längerem Kochen blank und die Flüssigkeit farblos bleibt. Um 500 g Rohöl erschöpfend zu behandeln, habe ich bei 15 stündigem Kochen im Durchschnitt 50 g Natrium verbraucht; die geringste Menge war 30 g, die größte 100 g. Man gewinnt bei Anwendung von 30 g Natrium etwa 350 g eines farblosen Liquidums. Nunmehr wird abermals im Kolonnenapparat fraktioniert, und hierbei ergibt sich das überraschende Resultat, daß der Siedepunkt des Öles fast konstant ist; die größte Partie (gegen 300 g) siedet bei 65° unter 759 mm Druck (Thermometer ganz im Dampf), ein kleiner Teil von 62—64° und ebensowenig von 66—68°. Bei dieser Gelegenheit möchte ich darauf hinweisen, daß es bei Destillationen mit der Le Belschen Kolonne außerordentlich auf Innehaltung gleicher Temperatur — man umgibt den ganzen Apparat zweckmäßig mit einem gleich hohen Schutzmantel — und langsames tropfenweises Destillieren ankommt.

Atterberg hat für sein Sylvan den Sdp. 63,5° angegeben; er hat folgende analytischen Belege mitgeteilt:

Ber. für C_5H_6O.	Sdp. 59—60°,	63—63,5°,	63,5—64°.
Proz. C 73,17.	Gef. 72,04,	73,50,	74,71.
Proz. H 7,32.	9,02,	8,78,	8,32.

Man bemerkt in denselben mit steigendem Siedepunkt eine Zunahme des Kohlenstoffgehaltes. Ich habe folgende Zahlen bestimmt, welche mir anzuzeigen scheinen, daß ich ein reineres Produkt unter den Händen hatte:

I. 0,2738 g Sbst.: 0,73 g CO_2, 0,204 g H_2O.
II. 0,2814 g Sbst.: 0,749 g CO_2, 0,2118 g H_2O.

Ber. für C_5H_6O.   Sdp. 65°.
Proz. C 73,17,   H 7,32.

Gef. Proz. I. 72,71, II. 72,59,   I. 8,27, II. 8,36.

Es fällt auf, daß auch bei meinen Analysen der Wasserstoffgehalt etwas zu hoch gefunden wurde. Dieser Umstand läßt sich vielleicht auf die Anwesenheit eines Kohlenwasserstoffes zurückführen. Die Menge desselben kann aber nur gering sein, da bei der später beschriebenen Analyse des Sylvans durch Aufspaltung mit verdünnter Salzsäure kein kohlenwasserstoffartiger Körper als Rückstand beobachtet werden konnte. Das spez. Gewicht fand Atterberg zu 0,887; ich bestimmte dasselbe zu 0,827 bei 18°, bezogen auf Wasser von 18°. Im übrigen kann ich die Angaben Atterbergs über die Eigenschaften des Sylvans bestätigen. Es ist eine leichtbewegliche farblose Flüssigkeit von angenehm ätherischem Geruch, welche sich bei 24stündigem Stehen hellgelb färbt. Diese gelbe Farbe kann man durch Zusatz einer ganz geringen Menge alkoholischer Salzsäure sofort entfernen. Mit rauchender Salzsäure geht es dagegen alsbald in tiefbraune harzartige Produkte über; ebenso verhält es sich gegen konzentrierte Natronlauge. Ein festes Additionsprodukt von Salzsäure konnte ich nicht gewinnen. Einen mit konzentrierter Salzsäure befeuchteten Fichtenspan färbt es smaragdgrün.

Analyse des Sylvans durch Aufspaltung mittels
verdünnter wässeriger Salzsäure.

Paal[1]) und Dietrich haben gezeigt, daß symmetrisches Dimethylfuran beim Erhitzen mit ganz verdünnter, wässeriger Salzsäure im Rohr auf 170° zu Acetonylaceton aufgespalten wird.

Diese Methode wandten E. Fischer[2]) und Laycock zur Analyse des Zuckeröls an; sie erhitzten die um 94° siedende, von Ketonen und Säuren befreite und mit Natrium behandelte Fraktion mit ganz verdünnter Salzsäure auf 170° und filtrierten von unangegriffenen Ölen. Aus der wässerigen Lösung konnten sie das Acetonylaceton durch Kaliumcarbonat abscheiden. Laycock[3]) hat dann später noch die um 115° siedenden Öle auf gleiche Weise untersucht und dabei das Methylacetonylaceton entdeckt.

---

[1]) Berichte d. Deutsch. chem. Gesellschaft **20**, 1085 [1887].
[2]) Annalen d. Chemie u. Pharmazie **258**, 230 [1890].
[3]) loc. cit.

Wenn das Dimethylfuran Acetonylaceton liefert, muß das Methylfuran bei analoger Behandlung einen Körper, der die Eigenschaften eines Ketoadehyds besitzt, ergeben:

$$CH_3 . C{\overset{O}{\diagup\diagdown}}C . CH_3 + H_2O = CH_3 . CO . CH_2 . CH_2 . CO . CH_3 .$$
$$HC{-}CH$$

$$CH_3 . C{\overset{O}{\diagup\diagdown}}CH \quad + H_2O = CH_3 . CO . CH_2 . CH_2 . CHO .$$
$$HC{-}CH$$

Zunächst bestimmte ich die Grenztemperatur für die Aufspaltung des Sylvans mit angesäuertem Wasser. Dabei ergab sich, daß dasselbe bei 170°, der von Paal für das Dimethylfuran gewählten Temperatur, vollständig zersetzt wird. Die Einwirkung beginnt bei 105° und verläuft bei 120° quantitativ. Über 130° treten größere Zersetzungen ein. Hierbei möchte ich hervorheben, daß mir der von E. Fischer beschriebene Schüttelofen für Einschlußröhren große Dienste geleistet hat; denn während 10 g Sylvan mit 30 g durch Salzsäure angesäuertem Wasser ohne Schütteln 24 Stunden auf 120° erhitzt, noch nicht vollständig umgesetzt waren und kaum 2 g davon in Lösung gingen, benötigte ich beim Erhitzen der nicht miteinander mischbaren Flüssigkeiten unter Schütteln bei sonst gleicher Behandlung nur 12 Stunden, um eine vollständige Veränderung des Sylvans zu erzielen. Hierbei gingen 5,5 g in Lösung und 4,5 g wurden in ein schweres, hellbraunes, in Wasser zu Boden sinkendes Öl verwandelt. Sowohl die in Lösung gegangenen wie die vom Wasser nicht aufgenommenen Anteile besitzen die Eigenschaften der Aldehyde, indem sie Fehlingsche Flüssigkeit stark reduzieren und sich dadurch charakteristisch erweisen, daß sie mit Ammoniak und Essigsäure gekocht einen mit verdünnter Schwefelsäure befeuchteten Fichtenspan stark kirschrot färben. Sie zeigen also die bekannte Pyrrolreaktion an, woraus man schließen kann, daß in den Aufspaltungsprodukten die Gruppe

$$C . CO . C . C . CHO$$

intakt erhalten ist.

Bei weiterer Bearbeitung zeigte es sich aber, daß sowohl der in Lösung gegangene Anteil, den man durch Natriumsulfat aussalzen kann, als der von Wasser nicht aufgenommene bereits Kondensationsprodukte des Pentanonals sind, welch letzteres sich bei dieser Methode nur in kleiner Menge bildet. Die Untersuchung dieses Teiles der Aufspaltungsprodukte ist nicht abgeschlossen worden.

Für die Isolierung des Aldehyds der Lävulinsäure hat sich folgendes Verfahren als brauchbarer erwiesen.

Aufspaltung des Sylvans mit absolut methylalkoholischer Salzsäure.

$$\text{Lävulinmethylacetal,} \quad C_7H_{14}O_3 = CH_3.CO.CH_2.CH_2.CH\Big\langle{}^{OCH_3}_{OCH_3}.$$

Viel leichter nämlich als durch Erhitzen mit angesäuertem Wasser wird das Sylvan durch verdünnte, absolut methylalkoholische Salzsäure umgewandelt. Schwefelsäure wirkt viel langsamer. Läßt man eine solche Lösung nur einen Tag bei Zimmertemperatur stehen, so bemerkt man eine Veränderung, indem eine Probe davon, in geeigneter Weise behandelt, deutliche Reduktion von Fehlingscher Flüssigkeit und die Pyrrolreaktion anzeigt.

Schneller geht die Aufspaltung beim Kochen am Rückflußkühler auf dem Wasserbade vor sich. Beim Erhitzen im Rohr über 120° verharzt die Substanz. Das Produkt, welches man bei dieser Methode erhält, ist aber nicht der freie Aldehyd, sondern sein Methylacetalderivat. Diese Reaktion ist wohl so zu erklären, daß die kleinen Mengen Wasser, welche auch dem absoluten Methylalkohol anhaften, unter dem Einfluß der Salzsäure zunächst aufspaltend einwirken und der Aldehyd in statu nascendi durch den Methylalkohol acetalisiert wird. Die regenerierten kleinen Mengen Wasser können nun von neuem mit dem noch unangegriffenen Sylvan in Wechselwirkung treten.

Dieser Vorgang wird in folgenden Formeln wiedergegeben:

$$\text{I.} \quad CH_3.C\underset{HC\underline{\quad}CH}{\overset{O}{\diagup\diagdown}}CH + H_2O(HCl) = CH_3.CO.CH_2.CH_2.CHO.$$

$$\text{II.} \quad CH_3.CO.CH_2.CH_2.CHO + 2\,OH.CH_3(HCl)$$
$$= CH_3.CO.CH_2.CH_2.CH(OCH_3)_2 + H_2O.$$

500 g Sylvan werden in 1500 ccm Methylalhokol gelöst, dazu so viel einer frisch bereiteten methylalkoholischen Salzsäure gegeben, daß die ganze Lösung etwa 6% Salzsäure enthält. Diese Mischung wird ca. 24 Stunden am Rückflußkühler auf dem Wasserbade gekocht. Man tut gut, den Kühler wegen der Flüchtigkeit des Sylvans oben zu verstopfen, doch muß man dann von Zeit zu Zeit den Stopfen etwas lüften, damit das sich nebenbei bildende Chlormethyl entweichen kann. Die dunkelbraune Lösung wird nun unter Kühlung in 300 ccm Wasser gegossen, mit Kaliumcarbonat entsäuert und getrocknet. Dann wird der Methylalkohol im Vakuum abdestilliert, der Rückstand nochmals mit Kaliumcarbonat getrocknet und im Vakuum fraktioniert. Die Ausbeute an Rohöl beträgt ca. 80%. Man beobachtet 2 Fraktionen: bei 10 mm Druck destilliert eine leicht-

bewegliche Flüssigkeit von 60—110°, das Lävulinmethylacetal, dann steigt das Thermometer schnell bis 180°, und nun gehen bis 220° dickflüssige Öle, welche auch noch acetalartigen Charakter besitzen, über. Dieselben sind vielleicht Polymerisations- oder Kondensationsprodukte des Lävulinacetals.

Die Fraktion von 60—110° läßt sich leicht reinigen; bei zweimaligem Fraktionieren erhält man einen durchaus konstanten Siedepunkt und eine wasserklare, stark lichtbrechende, leicht bewegliche Flüssigkeit von eigentümlich brenzlichem Geruch. Der Siedepunkt liegt unter 17 mm Druck bei 87—88°, unter 13 mm bei 79—80°. Das spez. Gewicht ist 0,9684 bei 18°, bezogen auf Wasser von 18°. Das Methylacetal ist reichlich in kaltem Wasser löslich, 1 g wird von ca. 6 g vollständig bei Siedehitze aufgenommen; mit Alkohol, Äther usw. ist es in jedem Verhältnis mischbar. Beim Kochen mit Alkalien bleibt es fast ganz unangegriffen; so erklärt es sich, daß Fehlingsche Flüssigkeit bei starkem Kochen erst nach längerer Zeit schwach reduziert wird. Ammoniakalische Silberlösung liefert dagegen schon in der Kälte einen Silberspiegel. Die Substanz ist mit Wasserdampf leicht flüchtig, die Kondensationsprodukte dagegen viel schwerer.

0,2608 g Sbst. (bei 79—80° unter 13 mm siedendem Öl): 0,2267 g H_2O, 0,5514 g CO_2.

$$C_7H_{14}O_3. \quad \text{Ber. C 57,53, H 9,59.}$$
$$\text{Gef. ,, 57,66, ,, 9,65.}$$

Das Methylacetal liefert mit essigsaurem Phenylhydrazin ein öliges Hydrazon, welches bei mehrtägigem Stehen kristallisiert, aber dabei in das später zu beschreibende Phenylmethyldihydropyridazin vom Schmp. 197° übergeht.

Das Oxim ist ebenfalls bisher nur als Öl erhalten worden.

Beim Stehen mit geringen Mengen einer Säure polymerisiert es sich und geht dabei in ein bei 180—220° im Vakuum siedendes, in Wasser unlösliches Öl über: dasselbe, welches oben schon erwähnt ist. Durch Behandlung des Körpers mit Benzaldehyd und Natriumäthylat in ätherischer Lösung gewinnt man einen festen gelben Körper, der noch nicht näher untersucht wurde.

Alkalische Permanganatlösung oxydiert sofort unter Bildung von Braunstein.

Nimmt man das Methylacetal in Wasser auf und versetzt mit alkalischer Bromlösung, so bemerkt man alsbald die Abscheidung von Bromoform. Ich habe diese Reaktion, die allem Anschein nach ganz glatt verläuft, genauer untersucht, doch bis jetzt das Endprodukt, welches nach folgender Gleichung entstehen und das Methylacetal des

Halbaldehyds der Bernsteinsäure sein sollte, nicht in reinem Zustande isolieren können:

$$(CH_3O)_2\ CH.CH_2.CH_2.CO.\ |\ CH_3$$
$$NaO\ |\ Br$$
$$=(CH_3O)_2\ CH.CH_2.CH_2.COONa + CHBr_3\ .$$

Ich hoffe darüber bald Näheres berichten zu können.

Lävulindiäthylacetal, $CH_3.CO.CH_2.CH_2.CH(OC_2H_5)_2$. Dasselbe entsteht beim Kochen des Sylvans in absolut alkoholischer Lösung unter den vorhin geschilderten Versuchsbedingungen, doch geht die Bildung dieses Körpers nicht so glatt vonstatten, auch die Ausbeute ist schlechter. Der Siedepunkt liegt unter 11—12 mm Druck bei 92° bis 93°. Es ist farblos, stark lichtbrechend, von angenehmem Geruch, in Wasser viel schwerer löslich, als das Methylacetal, und wird demgemäß zum freien Aldehyd viel schwerer verseift als dieses. Ich habe deshalb das Methylacetal zur weiteren Bearbeitung vorgezogen.

Lävulinaldehyd, Pentanonal, $C_5H_8O_2 = CH_3.CO.CH_2.CH_2.$ CHO. Das Methylacetal wird nur in geringem Maße beim Kochen mit verdünnter Schwefelsäure angegriffen. Mit sehr verdünnter Salzsäure geht die Verseifung indessen leicht vonstatten:

$$CH_3.CO.CH_2.CH_2.CH(OCH_3)_2 + H_2O(HCl)$$
$$= CH_3.CO.CH_2.CH_2.CHO + 2\ OH.CH_3\ .$$

10 g Methylacetal werden in 60 ccm Wasser heiß gelöst, dazu 3 g einer 40 proz. Salzsäure gegeben und diese Mischung am Rückflußkühler 10 Minuten tüchtig gekocht. War das Ausgangsmaterial rein, so tritt kaum eine Färbung ein, bei Anwesenheit geringer Quantitäten von Polymerisationsprodukten beobachtet man eine Gelb- oder Braunfärbung. Nach dem Kochen wird schnell abgekühlt und von kleinen Mengen in Wasser unlöslicher Öle filtriert. Neutralisiert man nun die farblose Flüssigkeit mit Kaliumcarbonat, so wird dieselbe alsbald tiefrot, der Aldehyd kondensiert sich, und es scheidet sich nur das Kondensationsprodukt als dickes rotes Öl ab; Calciumchlorid oder Natriumsulfat salzen nicht aus. Nun habe ich ermittelt, daß, wenn die Reaktionsflüssigkeit nicht mit Kaliumcarbonat, sondern mit Natriumbicarbonat vorsichtig neutralisiert wird, hinterher der Aldehyd als farblose Flüssigkeit mit Kaliumcarbonat abgeschieden werden kann. Hierbei gebraucht man aber noch die Vorsicht, die Lösung vorher mit absolutem Äther zu überschichten und bei jedesmaligem Zusatz des Kaliumcarbonats den freiwerdenden Aldehyd damit auszuschütteln. Nach dem Abdestillieren des Äthers hinterbleibt ein Öl, Ausbeute 4,5 g, welches im Vakuum unter 12 mm Druck bei 70°, unter 8,5 mm

bei 66° (Thermometer ganz im Dampf) konstant siedet. Unter gewöhnlichem Druck geht die Substanz, mit geringer Zersetzung, bei 186° bis 188° über, und das Destillat färbt sich hellbraun. Das Pentanonal ist ein leicht bewegliches, absolut farbloses, lichtbrechendes Liquidum, von nicht unangenehm aldehydartigem, etwas stechendem Geruch. Es erstarrt noch nicht bei — 21°. Das spezifische Gewicht habe ich zu 1,0156 bei 16° ermittelt; das zugehörige Pentanonol, der Acetopropylalkohol, $CH_3.CO.CH_2.CH_2.CH_2.OH$, besitzt nach Lipp[1]) das spez. Gewicht 1,01586 bei 0°. Der Lävulinaldehyd ist in jedem Verhältnis mit Wasser, Alkohol, Äther mischbar; mit Wasserdampf ist er flüchtig. Fehlingsche Lösung reduziert er in der Kälte augenblicklich, ebenso ammoniakalische Silberlösung. Mit konzentrierter Natronlauge färbt er sich alsbald tiefbraun, mit konzentrierter Schwefelsäure rot. Der Aldehyd greift die Haut stark an und ätzt dieselbe dunkelrot.

> I. 0,1536 g des bei 66° bei 8,5 mm Druck siedenden Öles gaben: 0,3376 g CO_2, 0,1148 g H_2O.
> II. 0,218 g Sbst.: 0,1639 g H_3O, 0,4752 g CO_2.
>> Ber. C 60,00,   H 8,00.
>> Gef. I. 59,94, II. 59,60, I. 8,30, II. 8,35.

Das Pentanonal ist in reinem Zustande durchaus beständig und hält sich wochenlang unverändert.

Oxydation des Lävulinaldehyds.

1 g Aldehyd wird mit 3—4 g frisch gefällten Silberoxyds und 20 g Wasser 10 Minuten am Rückflußkühler gekocht. Man bemerkt dabei starke Reduktion des Silberoxyds, dann wird heiß filtriert; aus dem Filtrate scheiden sich sofort reichliche Mengen eines in weißen Blättchen kristallisierenden Silbersalzes aus. Dieselben zeigen die Löslichkeitsverhältnisse des lävulinsauren Silbers in Wasser, welches Conrad[2]) bei 17° zu 1:150 bestimmt hat, indem sich 0,2574 g bei 17—18° in ca. 38—39 g Wasser lösen.

> Analyse des im Vakuum getrockneten Salzes. 0,1228 g Sbst.: 0,0788 g AgCl.
> Ber. für $C_5H_7O_3Ag$:   Ag 48,43, gef. 48,29.

Zur weiteren Charakterisierung wurde das Silbersalz mit verdünnter Salzsäure entsilbert, das Filtrat eingeengt, mit Kaliumcarbonat neutralisiert und mit einer Lösung von Phenylhydrazin in Essigsäure versetzt; es schied sich das schöne, bei 108° schmelzende Phenylhydrazon der Lävulinsäure, welches E. Fischer[3]) beschrieben hat, aus.

---

[1]) Berichte d. Deutsch. chem. Gesellschaft **22**, 1197 [1889].
[2]) Berichte d. Deutsch. chem. Gesellschaft **11**, 2179 [1878].
[3]) Annalen d. Chemie u. Pharmazie **236**, 146 [1886].

Verhalten des Pentanonals gegen Ammoniak.

Leitet man in eine ätherische Lösung des Aldehyds unter Kühlen Ammoniakgas ein, so bildet sich ein weißer kristallinischer Niederschlag, der an sich die Pyrrolreaktion nicht ergibt. Derselbe ist wahrscheinlich das Aldehyd-Ammoniakadditionsprodukt. Kocht man dasselbe in wässeriger Lösung mit Essigsäure oder unterwirft man es der trocknen Destillation, so gewinnt man ein Öl vom Sdp. 147°, welches einen mit verdünnter Schwefelsäure befeuchteten Fichtenspan stark kirschrot färbt und mit α-Methylpyrrol identisch ist. Die Reaktion wird in folgender Gleichung ausgedrückt:

$$\text{I. } CH_3.CO.CH_2.CH_2.CHO + NH_3 = CH_3.CO.CH_2.CH_2.CH\begin{smallmatrix}\diagup OH \\ \diagdown NH_2\end{smallmatrix}.$$

II.

$$\underset{HC}{\overset{CH_3.C\,OH}{\big|\big|}} \underset{CH\,H}{\overset{H\,NH}{\diagdown CH \diagdown OH}} = \underset{HC}{\overset{CH_3.C}{\big|\big|}}\overset{NH}{\underset{CH}{\diagup\diagdown CH}} + 2\,H_2O.$$

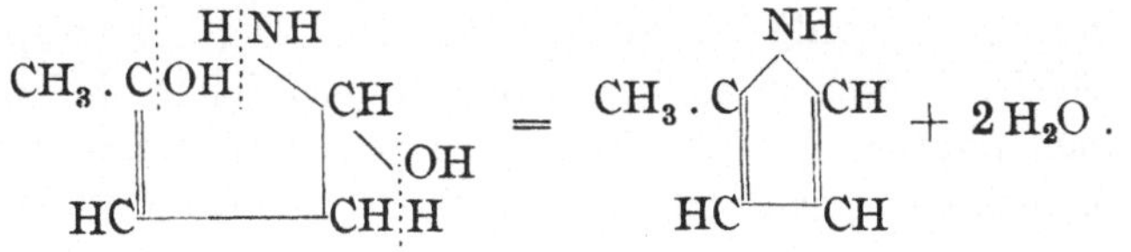

Phenylmethyldihydropyridazin, $C_{11}H_{12}N_2 = \underset{H_2C}{\overset{HC}{}}\underset{\diagup N}{\overset{\diagdown N}{}}\begin{smallmatrix}CH_3.C\end{smallmatrix}.C_6H_5$.

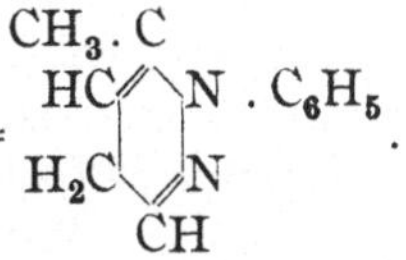

Das Pentanonal bildet kein Dihydrazon, sondern geht mit 1 Mol. Phenylhydrazin gleich Ringschluß ein. Versetzt man die wässerige Lösung des Aldehyds mit essigsaurem Phenylhydrazin, so fällt ein gelbes Öl aus, das bei einigem Stehen fest wird. Man erhält dasselbe sofort in kristallinischem Zustand, wenn man dem Reaktionsgemisch einige Tropfen sehr verdünnter Schwefelsäure zufügt. 1 g des Körpers läßt sich aus ungefähr 50—60 ccm siedenden absoluten Alkohols umkristallisieren; er schießt dann in feinen weichen Nadeln an, die bei 197° unter Aufschäumen schmelzen. In Wasser und Ligroin ist er ganz unlöslich.

Analyse der bei 105° getrockneten Substanz:

0,1968 g Sbst.: 0,1271 g H_2O, 0,5506 g CO_2.
0,1866 g Sbst.: 24,8 ccm N (14°, 775 mm).

$C_{11}H_{12}N_2$. Ber. C 76,64, H 6,99, N 16,27.
Gef. ,, 76,30, ,, 7,17, ,, 16,01.

Der Körper besitzt basische Eigenschaften, indem er von Alkalien nicht, von Säuren aber leicht aufgenommen wird. Eine ätherische Lösung desselben liefert, mit Salzsäuregas behandelt, ein weißes kristallinisches Chlorhydrat. Lipp[1]) hat aus dem Acetopropylalkohol

---

[1]) loc. cit.

ein öliges Tetrahydrophenylmethylpyridazin erhalten, dem er folgende Formel beilegt:

$$\begin{array}{c}
CH_3 . C \\
H_2C \diagup\!\!\!\diagdown N \\
\big| \quad \| \\
H_2C \diagdown\!\!\!\diagup N . C_6H_5 . \\
CH_2
\end{array}$$

Dioxim, $C_5H_{10}N_2O_2 = CH_3 . C (: N . OH) . CH_2 . CH_2 . CH : N . OH.$

Zu seiner Bereitung wird 1 g freier Aldehyd mit 1,4 g (2 Mol.) Hydroxylaminchlorhydrat in wenig Wasser vermischt. Dann versetzt man diese Mischung mit einer konzentrierten Lösung von Pottasche und nimmt das sich oben abscheidende Öl in Äther auf. Dasselbe kristallisiert beim Trocknen im Vakuumexsiccator zu prächtigen weißen, sternförmig angeordneten, dicken Prismen. Der Schmelzpunkt liegt bei 67—68° [1]). Dieselben sind in heißem Benzol leicht, in Ligroin und Petroläther unlöslich. Von Wasser, Natronlauge, Säuren wird das Oxim sehr leicht aufgenommen; es reduziert erst beim Erwärmen Fehlingsche Flüssigkeit.

Analyse der im Vakuumexsiccator getrockneten Substanz.

0,173 g Sbst.: 31,4 ccm N (18°, 766 mm).

0,2064 g Sbst.: 0,1446 g H_2O, 0,3464 g CO_2.

$$C_5H_{10}N_2O_2. \quad \text{Ber. N 21,53, C 46,16, H 7,70.}$$
$$\text{Gef. ,, 21,22, ,, 45,77, ,, 7,78.}$$

Das Semicarbazon ist ebenso zu bereiten; es ist ebenfalls sehr leicht in Wasser, aber schwer in Äther löslich und kristallisiert schön.

Die Natriumbisulfitverbindung erhält man durch Schütteln des Aldehyds mit der auf 2 Mol. berechneten Menge Natriumbisulfitlösung. Man verdunstet im Vakuumexsiccator und kristallisiert den Rückstand aus 60 proz. Alkohol um. Der Körper schießt daraus in schönen eisblumenartigen Gebilden an. Mit Ammoniak und Essigsäure gekocht färbt er einen mit Schwefelsäure befeuchteten Fichtenspan kirschrot.

Es lag nahe, die Reaktion, welche den Lävulinaldehyd in so einfacher Weise ergeben hatte, zu verallgemeinern und vor allem das Furan selbst auf sein Verhalten dabei zu prüfen. Das Furan sollte, unter gleichen Bedingungen in alkoholischer Lösung behandelt, das Diacetal des längst gesuchten Dialdehyds der Bernsteinsäure liefern:

$$\begin{array}{c}
O \\
\diagup\diagdown \\
CH \quad CH \\
\overset{..}{CH} - \overset{..}{CH}
\end{array}
+ 4\,OH . CH_3 =
\begin{array}{c}
CH_2 - CH\!\diagup^{OCH_3}_{OCH_3} \\
\big| \\
CH_2 - CH\!\diagup^{OCH_3}_{OCH_3}
\end{array}
+ H_2O .$$

---

[1]) Siehe dieses Buch S. 168.

Ich habe mir das Furan nach der im vorigen Jahre von Freundler[1]) mitgeteilten vortrefflichen Methode, durch Erhitzen von Brenzschleimsäure im Rohr auf 270°, dargestellt. Das Furan wird weit schwerer aufgespalten als das Sylvan, aber auch hier ist es mir gelungen, dieselbe Umwandlung zu bewirken. Ich habe ein Öl erhalten, welches nach dem Verseifen alle Eigenschaften eines Dialdehyds der Bernsteinsäure, Reduktion von Fehlingscher Lösung und Pyrrolreaktion beim Kochen mit Ammoniak und Essigsäure, anzeigt. Ich hoffe in kurzem Näheres darüber berichten zu können.

Auch andere Furanderivate, wie das ebenfalls im Buchenteer vorkommende noch nicht beschriebene β-Methylfuran, weiter das Cumaron, dann auch das Cumalin, werde ich unter gleichen Gesichtspunkten bearbeiten.

---

[1]) Compt. rend. de l'Acad. des Sc. **124**, 1157—1159 [1897].

25. C. Harries und Max Boegemann: Zur Kenntnis des Lävulin-aldehyds.

Aus dem Chemischen Institut der Universität Kiel.
Berichte der Deutschen chemischen Gesellschaft **42**, 439 (1909).
(Eingegangen am 19. Jan. 1909; mitgeteilt in der Sitzung v. Herrn J. Houben.)

Der Lävulinaldehyd ist im Jahre 1898[1]) bei der Aufspaltung des Methylfurans zuerst erhalten worden, nachdem vorher Ciamician und Zanetti[2]) beobachtet hatten, daß durch Einwirkung von Hydroxylamin auf α-Methylpyrrol sein Dioxim bereitet werden kann.

Später ist dieser Aldehyd bei der Einwirkung von Ozon auf eine ganze Anzahl ungesättigter Verbindungen, wie Allylaceton, Methylheptenon[3]), 2,6-Dimethylheptadien-(2,5)[4]), Citral[5]), Geraniol, Linalool[6]) Kautschuk[7]), Guttapercha[8]) gewonnen worden.

Da der Lävulinaldehyd beim Abbau synthetischer und natürlicher Körper so häufig aufgefunden wird, besitzt er für die Konstitutionsbestimmung Wichtigkeit. Eine eingehende Untersuchung hat nun gezeigt, daß er in nicht unwesentlichen Punkten von dem Succindialdehyd abweicht. Obwohl er durch mancherlei Reaktionen ganz zweifellos als wahrer Ketoaldehyd gekennzeichnet ist, sprechen wieder andere Erscheinungen dafür, daß er nicht die ihm bisher zugewiesene normale Konstitution besitzen dürfte; sicher allerdings erscheint, daß diese andersgearteten Erscheinungen nicht durch die gewöhnliche Enolkonfiguration bedingt werden.

Zur präparativen Darstellung benutzten wir zurzeit noch das früher angegebene Verfahren, indem wir Methylheptenon ozonisierten und das Ozonid

---

[1]) C. Harries, Berichte d. Deutsch. chem. Gesellschaft **31**, 37 [1898].
[2]) Gaz. chim. Ital. **22**, II, 269 [1892].
[3]) Harries, Berichte d. Deutsch. chem. Gesellschaft **36**, 1935 [1903].
[4]) Harries u. Weil, Berichte d. Deutsch. chem. Gesellschaft **37**, 1847 [1904]. — Türk, Annalen d. Chemie u. Pharmazie **343**, 362 [1905].
[5]) Harries u. Himmelmann, Berichte d. Deutsch. chem. Gesellschaft **40**, 2823 [1907].
[6]) Himmelmann, Inaug.-Diss., Kiel 1908.
[7]) Harries, Berichte d. Deutsch. chem. Gesellschaft **38**, 1200 [1905].
[8]) Harries, Berichte d. Deutsch. chem. Gesellschaft **38**, 3986 [1905].

darauf mit wenig Wasser spalteten[1]). Die **Ausbeuten** sind je nach der Erfahrung des betreffenden Experimentators wechselnd, da es nicht leicht ist, mit dem sehr empfindlichen Körper zu arbeiten. Über diesen Gegenstand sollen später noch genauere Angaben gemacht werden[2]).

Der Aldehyd bildet, wie früher schon mitgeteilt, ein farbloses, dünnflüssiges Liquidum von stechendem, önantholartigem Geruch. In Wasser ist er leicht löslich und reduziert Fehlingsche Flüssigkeit sofort in der Kälte. Wegen der dabei auftretenden Verharzung läßt sich das molekulare Reduktionsvermögen nicht genau ermitteln. Eine glasige Form wie beim Succindialdehyd scheint nicht zu existieren: selbst nach jahrelangem Stehen erhält er sich dünnflüssig. Früher wurde aus dem Siedepunkt geschlossen, daß die monomolekulare Form vorliegt, wir bestätigten dies jetzt dadurch, daß wir die Molekulargröße nach der kryoskopischen Methode in Eisessig und Benzol ermittelten und in beiden Fällen als einfach feststellten.

Mol.-Gewicht I. 0,2282 g Sbst.: 31,55 g Eisessig, Depr. 0,257°.
Mol.-Gewicht. Ber. 100,06. Gef. 109,74.
II. 0,211 g Sbst.: 25,215 g Benzol, Depr. 0,383°.
Mol.-Gewicht. Ber. 100,06. Gef. 107,40.

Die früher aus dem spez. Gewicht und dem Brechungsindex für Natriumlicht[3]) ermittelte **Molrefraktion** stimmte mit den für einen Ketoaldehyd und nicht für eine Enol- oder Dienolverbindung berechneten Werte überein. Wir haben nun von neuem diese Konstanten festgestellt und dabei gefunden, daß auch die **Moldispersion** genau mit den für die Ketoaldoform berechneten Werten zusammenfällt.

Molrefraktion und -dispersion des Pentanonals.

Sdp. 66—68° unter 10 mm Druck $D_4^{21,5} = 1,0184$, $n_d^{21,5} = 1,42567$, $n_\alpha = 1,42359$, $n_\gamma = 1,43658$.

	Gef. Werte	Ber. für Keto-aldoform	Ber. für 1 Enol	Ber. für 2 Enol	Ber. für $CH:C<^{CH_3}_{O}$ $\mid$ H_2C—$CH.OH$	Ber. für $CH_3.C\overset{O}{<}CH$— CH_2—CH_2—O
M.-R.$_d$	25,14	25,49	26,45	27,37	25,82	24,28
M.-R.$_\alpha$	25,03	25,30	25,32	27,33	25,65	23,96
M.-R.$_\gamma$	25,71	25,96	26,93	27,90	26,39	24,47
M.-D.$_{\gamma-\alpha}$	0,68	0,66	0,43	0,53	0,74	0,51

[1]) Annalen d. Chemie u. Pharmazie **343**, 349, Anm. [1905].
[2]) Vgl. dieses Buch S. 600.
[3]) Berichte d. Deutsch. chem. Gesellschaft **38**, 1200 [1905].

Nach der Moldispersion liegt also die Form $CH_3.CO.CH_2.CH_2.CHO$ vor, die Differenz von $0{,}68-0{,}66 = 0{,}02$ ist ähnlich wie beim Succindialdehyd[1]), bei dem nur eine solche von 0,01 gefunden wurde. Auch in anderen Fällen beim Halbaldehyd der Glutarsäure[2]) und der Bernsteinsäure[3]) ist die Differenz zwischen berechneter und gefundener Moldispersion für die Aldoform sehr gering. Die Bestimmung der **Dielektrizitätskonstante** nach der Kondensatormethode von Nernst ergab einen hohen Wert, der denjenigen des Succindialdehyds noch übertrifft, aber nicht so weit abweicht, daß man daraus auf eine andersgeartete Konstitution schließen könnte. Es wurde beobachtet:

S korrigierte Verschiebung für Lävulinaldehyd . 2,8

s „   „   „ Luft 0,3

s_0 „   „   „ Anilin 0,8

D_0 Dielektrizitätskonstante für Anilin 7,2

Nach der Formel

$$D_x = (D_0 + 1) \cdot \frac{S - s}{s_0 - s} + 1$$

ergibt sich für den Aldehyd der Wert 32 bei 18°; Succindialdehyd ergab den Wert 28,5 bei 20°.

Reaktionen, welche für die normale Konstitution des Pentanonals als Ketoaldehyd sprechen.

Wie früher gezeigt wurde, liefert der Lävulinaldehyd ein kristallisiertes **Dioxim** mit Hydroxylamin, dessen Schmelzpunkt zu $67-68°$ bestimmt worden ist. Herr Prof. Ciamician machte darauf aufmerksam, daß der Schmelzpunkt des aus Methylpyrrol durch Aufspaltung gewonnenen Dioxims bei 76° liegt. Nach seiner Angabe wurde daher das Oxim, welches bei $67-68°$ schmilzt, mehrfach aus Essigester umkristallisiert, wobei in der Tat ein Steigen des Schmelzpunkts bis auf $73-74°$ konstatiert werden konnte. Wie Herr Prof. Ciamician brieflich die Güte hatte mitzuteilen, besitzt das Dioxim, welches er aus einem von uns bereiteten und ihm übersandten Spezimen von reinem Lävulinaldehyd hergestellt hatte, genau den gleichen Schmelzpunkt, wie das aus α-Methylpyrrol gewonnene Präparat.

Das **Disemicarbazon** war bisher noch nicht bekannt. Es ist leicht löslich wie das Dioxim und man kann es nur isolieren, wenn man die Reaktionsflüssigkeit, nach Baeyer-Thiele bereitet, welche

---

[1]) Harries u. Hohenemser, Berichte d. Deutsch. chem. Gesellschaft **41**, 255 [1908].

[2]) Harries u. Tank, Berichte d. Deutsch. chem. Gesellschaft **41**, 1707 [1908].

[3]) Harries u. Alefeld, Berichte d. Deutsch. chem. Gesellschaft **42**, 159 [1909].

ca. 12 Stunden gestanden hat, im Vakuum vollständig zur Trockne eindampft und den Rückstand darauf mehrere Male mit wenig heißem absolutem Alkohol extrahiert. Diese Lösung wird wieder im Vakuum eingedampft und der weiße, kristallinische Rückstand aus dem 6—8fachen Volumen heißen Methylalkohols drei- bis viermal umkristallisiert. Man erhält so weiße Blätter oder Prismen vom Schmp. 178—180°. Die Werte der Analyse zeigen, daß ein normales Disemicarbazon,

$$CH_3 . C \, (: N : NH . CO . NH_2) . CH_2 . CH_2 . CH : N . NH . CO . NH_2,$$

vorliegt.

0,0963 g Sbst. (im Vakuum getrocknet): 30,55 ccm N (12°, 770,5 mm). — 0,1620 g Sbst.: 0,2282 g CO_2, 0,0951 g H_2O.

$C_7H_{14}N_6O_2$.   Ber. N 39,25, C 39,25, H 6,54.
Gef. ,, 38,10, ,, 38,42, ,, 6,60.

Es ist nicht gelungen, den Körper völlig analysenrein zu erhalten, da er sich schwierig umkristallisieren läßt.

Beim Zufügen einer Auflösung von Phenylhydrazin in 50proz. Essigsäure zu der wässerigen Lösung des Lävulinaldehyds erhält man ein dickes, gelbes Öl, welches nicht direkt zum Kristallisieren gebracht werden kann. Versetzt man aber die Reaktionsflüssigkeit mit verdünnter Salzsäure, so erstarrt das Öl in hellgelben Blättchen. Diese Blättchen sind dann das Phenyl-methyl-dihydro-pyridazin vom Schmp. 197°. Wahrscheinlich bildet sich zuerst das Bisphenyl-hydrazon, welches unter der Einwirkung der Mineralsäure ein Molekül Phenylhydrazin abspaltet und in den Ringkörper übergeht. Ähnlich verhält sich ja auch das Bisphenylhydrazon des Succindialdehyds, wie Ciamician[1]) früher gezeigt hat.

Daß der Lävulinaldehyd tatsächlich ein normales Bishydrazon zu bilden vermag, gelang uns mit Nitrophenylhydrazin nachzuweisen.

Das Bis-p-nitrophenylhydrazon bildet sich beim Versetzen einer Auflösung von Nitrophenylhydrazin in 50proz. Essigsäure mit einer ebensolchen von Lävulinaldehyd. Bei einigem Stehen in der Kälte scheiden sich rotbraune Flocken ab, welche aus heißem Alkohol ziemlich schwierig umkristallisiert werden können. Der Schmelzpunkt der so erhaltenen braunen Blättchen liegt bei ca. 106°. Der Körper wird von Methylalkohol, Alkohol, Aceton, Eisessig, Essigester, Chloroform leicht, von Äther, Benzol wenig, von Petroläther nicht aufgenommen und zeigt große Neigung zum Verharzen.

0,1519 g Sbst. (im Vakuum getrocknet): 24,2 ccm N (20,5°, 768,3 mm). — 0,1287 g Sbst.: 0,2682 g CO_2, 0,0615 g H_2O.

$C_{17}H_{18}N_6O_4$.   Ber. N 22,8, C 56,0, H 5,1.
Gef. ,, 22,9, ,, 56,8, ,, 5,3.

---

[1]) Ciamician, Berichte d. Deutsch. chem. Gesellschaft **22**, 3176 [1889]; **23**, 1784 [1890].

Mit salzsaurem Nitrophenylhydrazin bildet der Lävulinaldehyd in wässeriger Lösung ebenfalls einen schönen, rotgelben Niederschlag. Dieser besteht aber aus einem Gemisch von dem eben beschriebenen Bisnitrophenylhydrazon und einem Ringkörper, dem Nitrophenyl - methyl - dihydropyridazin vom Schmp. 202°. Man kann die beiden Verbindungen durch Waschen mit Alkohol trennen, da die letztere darin fast unlöslich ist. Die Ausbeute an dem Ringkörper ist aber sehr gering, so daß dadurch eine genauere Untersuchung verhindert wurde.

Für den Nachweis und die quantitative Bestimmung des Lävulinaldehyds eignet sich am besten seine Überführung in das Phenylmethyldihydropyridazin[1]). Es ist dies das einzige Derivat, welches schwer löslich ist und gut kristallisiert. Versuche mit anderen Phenylhydrazinen ergaben nur negative Erfolge.

Anwendung der Doebnerschen Reaktion.
2-[γ-Oxobutyl]-naphthocinchoninsäure.

Nach der Vorschrift von Doebner[2]) werden Brenztraubensäure und Lävulinaldehyd in molekularen Mengen in absolutem Alkohol gelöst und zu dieser Mischung 1 Mol.-Gew. β-Naphthylamin ebenfalls in absolutem Alkohol gelöst, hinzugegeben. Das Ganze wird dann drei Stunden am Rückflußkühler im Wasserbade erhitzt. Beim Erkalten scheiden sich schwach gelb gefärbte Nädelchen aus, die bei 290—291° schmelzen. Die Ausbeute betrug aus 1 g Aldehyd 2 g Oxobutylnaphtho-cinchoninsäure, die möglicherweise folgendermaßen konstituiert ist:

$$C_{10}H_6\begin{cases} N=C \cdot CH_2 \cdot CH_2 \cdot CO \cdot CH_3 \\ C=CH \\ \dot{C}OOH \end{cases}.$$

Der Körper zeigte sich in allen gewöhnlichen Lösungsmitteln sehr schwer löslich, weshalb er zur Analyse nur durch Auskochen mit Alkohol gereinigt wurde. Infolgedessen stimmen die Werte derselben nicht scharf mit den berechneten überein.

0,1528 g Sbst.: 7,3 ccm N (19°, 770 mm). — 0,0548 g Sbst.: 0,1520 g CO_2, 0,0324 g H_2O.

$C_{18}H_{15}O_3N$.   Ber. N 4,8, C 73,93, H 5,20.
Gef. ,, 5,5, ,, 75,45, ,, 6,61.

Anormales Verhalten des Lävulinaldehyds bei
verschiedenen Reaktionen.

Als anormal betrachten wir das Verhalten des Lävulinaldehyds, wenn er nicht wie der Succinaldehyd reagiert, der ja dieselbe Konfiguration der Carbonyle in 1, 4-Stellung besitzt.

---

[1]) Vgl. Harries, Berichte d. Deutsch. chem. Gesellschaft **38**, 1200 [1905].
[2]) Berichte d. Deutsch. chem. Gesellschaft **27**, 352 [1894].

Zunächst sei noch einmal hervorgehoben, daß der Lävulinaldehyd sich nicht polymerisiert wie der Succinaldehyd, welcher
bekanntlich mit Spuren von Wasser in die sogenannte glasige Form
übergeht.

Besonders wertvoll erscheint zurzeit zur Prüfung der Frage, ob
ein wahrer Aldehyd vorliegt oder nicht, die Reaktion von Angeli[1]).
Sie besteht darin, daß ein Aldehyd mit Benzolsulfhydroxamsäure in die
Hydroxamsäure der zugehörigen Säure übergeführt wird, welche man
durch charakteristische Reaktionen identifizieren kann. Diese Reaktion
liefert beim Succindialdehyd ganz glatt positive[2]), beim Lävulinaldehyd dagegen negative Resultate. Herr Prof. Angeli[3]) hat bereits
mitgeteilt, daß er dieselbe Beobachtung gemacht hat.

Zum Zweck des Versuchs wurde der Aldehyd (1,75 g = 1 Mol.) in Wasser
gelöst und mit einer wässerigen Auflösung von Benzolsulfhydroxamsäure (3,5 g
= 2 Mol.) im Wasserbad erwärmt, darauf mit normaler Kalilauge versetzt und
mit Essigsäure angesäuert. Mit Eisenchlorid bildet sich eine violettrote Färbung,
die sich bald als schmutzigbrauner Niederschlag absetzt, mit Kupferacetat nach
mehrtägigem Stehen eine geringe Abscheidung von blaßgrünen Blättchen, welche
sich bei der Analyse aber nicht als das Kupfersalz der Hydroxamsäure erwiesen.
Für letzteres berechnen sich nämlich 33,02% Kupfer, während nur 16,93% Kupfer
gefunden wurden.

Verhalten bei der Acetalisierung nach Claisen. Die Acetale des
Lävulinaldehyds sind bereits in der ersten Abhandlung[4]) beschrieben worden,
mit ihrer Hilfe gelang es, diesen Aldehyd aus den Umwandlungsprodukten des
Methylfurans durch 4—8% Chlorwasserstoff enthaltenden Methyl- oder Äthylalkohol zu isolieren. Der umgekehrte Weg, den reinen Lävulinaldehyd wieder
in die Acetale zu verwandeln, ist bisher noch nicht beschritten worden. Wir
benutzten hierzu nach den Methoden von Claisen[5]) sowohl orthoameisensaures
Äthyl als auch salzsauren Formidoäther, jedoch gelang es nur, die Bildung von
kleinen Mengen des Acetals nachzuweisen. Die Reaktion scheint ganz unvollkommen zu verlaufen. Wir erinnern hier daran, daß sich der Succindialdehyd
nach dieser Methode quantitativ acetalisieren läßt.

Kurz angeführt sei noch, daß alle Versuche, den Lävulinaldehyd in Methylfuran (Sylvan) zurückzuverwandeln, fehlgeschlagen sind.

Die direkte Bromierung, die beim Succindialdehyd zu dem kristallinischen
Dibromsuccindialdehyd[6]) in guter Ausbeute führt, liefert beim Lävulinaldehyd
ein dunkelbraunes Öl, welches sich im Vakuumexsiccator unter Abgabe von
Bromwasserstoffgas zu einem schwarzen Harz zersetzt.

---

[1]) Gazz. chim. Ital. **34**, I, 50 [1904].

[2]) Vgl. Hohenemser, Inaug.-Diss., Kiel 1908.

[3]) Angeli, Marchetti Rendic. della R. Accad. dei Lincei XVII, 5a, 2 fasc.,
8, 364 [1908].

[4]) loc. cit.

[5]) Berichte d. Deutsch. chem. Gesellschaft **29**, 1005 [1896]; **31**, 1010 [1898].

[6]) Harries u. Krützfeld, Berichte d. Deutsch. chem. Gesellschaft **39**,
3674 [1906].

Verhalten bei der Reduktion.

Besonders merkwürdig ist das Verhalten des Lävulinaldehyds bei der Reduktion. Für diese kommen nur neutrale Mittel in Betracht, da Mineralsäuren und Alkalien den empfindlichen Körper sofort unter Dunkelfärbung anderweitig verändern. Wir haben Natriumamalgam in schwach essigsaurer Lösung und Aluminiumamalgam angewendet. Mit Platinmohr und Wasserstoff nach der interessanten, von Willstätter[1]) kürzlich empfohlenen Methode trat in ätherischer Lösung keine Veränderung ein. Der Lävulinaldehyd wird nicht leicht durch Aluminiumamalgam angegriffen; so ist es möglich, Ozonide, die bei der Spaltung mit Wasser diesen Aldehyd liefern, in ätherischer Lösung mit Aluminiumamalgam in der Weise zu reduzieren, daß ein Gemisch von Aldehyd und Acetopropylalkohol entsteht. Will man zu dem Endprodukt der Reduktion, dem γ-Pentylenglykol, gelangen, so muß man einen großen Überschuß vom Reduktionsmittel anwenden.

5 g Lävulinaldehyd wurden mit 100 g Aluminiumamalgam in Äther reduziert, der Äther nach dem Filtrieren mit Magnesiumsulfat getrocknet und im Vakuum eingeengt. Es bleibt ein öliger Rückstand von ca. 2,5 g, der bei der Destillation zwei Fraktionen liefert.

I. 40—100° unter gewöhnlichem Druck,
II. 80—130° unter 16 mm Druck.

Fraktion I bildet bei nochmaliger Destillation ein unterhalb 80° siedendes dünnflüssiges Liquidum, welches der geringen Menge wegen nicht in reinem Zustande erhalten werden konnte. Es erinnert in seinen Eigenschaften an das von

Lipp[2]) beschriebene Anhydrid des Acetopropylalkohols, $CH_3 . C\begin{smallmatrix} O \text{---} CH_2 \\ \diagdown \\ CH \text{---} CH_2 \end{smallmatrix}$.

Wahrscheinlich entweicht der größte Teil dieses Produkts beim Abdestillieren des Äthers, da es sehr flüchtig ist. Nur so erklärt sich nämlich die geringe Ausbeute an Reduktionsprodukten.

Fraktion II siedet nach zweimaligem Rektifizieren unter 16 mm Druck bei 100—105°, bildet ein dickes, in Wasser lösliches Öl, welches Fehlingsche Lösung noch schwach reduziert und auch schwach die Pyrrolprobe anzeigt. Es enthält daher noch Spuren von Lävulinaldehyd beigemengt. Nach der Elementaranalyse scheint es ein Gemenge von Acetopropylalkohol und γ-Pentylenglykol[3]) zu sein.

0,139 g Sbst.: 0,2949 g CO_2, 0,127 g H_2O.

$C_5H_{10}O_2$.   Ber. C 58,82, H   9,80.
$C_5H_{12}O_2$.   ,,   ,, 57,69, ,, 11,54.
        Gef. ,, 57,86, ,, 10,29.

---

[1]) Berichte d. Deutsch. chem. Gesellschaft **41**, 1475, 2199 [1908].
[2]) Berichte d. Deutsch. chem. Gesellschaft **22**, 1199 [1889].
[3]) Berichte d. Deutsch. chem. Gesellschaft **22**, 2567 [1889]. — Freer u. Perkin jr., Berichte d. Deutsch. chem. Gesellschaft **19**, 2566 [1886]; Journ. Chem. Soc. 1887, S. 836.

Wir haben vorläufig diese Untersuchung wegen der Schwierigkeiten, größere Mengen von Material zu beschaffen, nicht fortgesetzt. Man ersieht aber aus den vorstehenden Mitteilungen, daß sich der Lävulinaldehyd wesentlich anders als der Succindialdehyd[1]) bei der Reduktion verhält, denn letzterer konnte mit Aluminiumamalgam leicht und quantitativ in das zugehörige Glykol umgewandelt werden.

Sollte das niedrig siedende Produkt mit dem Lippschen Anhydrid wirklich identisch sein, so könnte der Lävulinaldehyd den Furanring vorgebildet enthalten:

$$
\begin{array}{ccccc}
\overset{\displaystyle CH_3}{\underset{\displaystyle |}{HC\!=\!C\!-\!OH}} & & \overset{\displaystyle CH_3}{\underset{\displaystyle |}{HC\!=\!C}} & & \overset{\displaystyle CH_3}{\underset{\displaystyle |}{HC\!=\!C}} \\
| & \rightarrow & |\quad{>}O & \rightarrow & |\quad{>}O \\
H_2C\!-\!CH{<}^{OH}_{OH} & & H_2C\!-\!CH\,.\,OH & & H_2C\!-\!CH_2 \\
& & \text{Lävulinaldehyd} & & \text{Methyldihydrofuran}
\end{array}
$$

Damit stimmen allerdings die optischen Messungen bzw. die Moldispersion nicht überein, wie wir in der Übersicht schon gezeigt haben. Ein derartiges ringförmiges Produkt würde außerdem ebensowenig wie ein solches der Formel $CH_3\,.\,\overset{\displaystyle\frown O \frown}{\underset{\displaystyle\smile O \smile}{C\,.\,CH_2\,.\,CH_2\,.\,CH}}$ den aldehydischen Geruch und die Fähigkeit der Substanz, Fehlingsche Lösung schon in der Kälte zu reduzieren, erklären; außerdem erscheint es rätselhaft, warum es sich dann nicht in Methylfuran zurückverwandeln läßt.

Wir glauben vielmehr, daß das in mancher Beziehung abweichende Verhalten nur in sterischen Verhältnissen begründet ist.

---

[1]) Berichte d. Deutsch. chem. Gesellschaft **35**, 1187 [1902].

26. Kurt Oppenheim: Zur Kenntnis der aliphatischen Aldehyde.

Auszug aus der Inaugural-Dissertation, Kiel 1911.

Auf den verschiedensten Gebieten trifft man Aldehyde an, die zu charakterisieren und einwandfrei nachzuweisen, eventuell von anderen Aldehyden zu trennen, nicht leicht ist.

Diese Schwierigkeit hat sich in neuerer Zeit besonders gezeigt, als die aliphatischen Aldehyde häufig bei der Konstitutionsaufklärung komplizierter Verbindungen als Abbauprodukte erhalten wurden.

Es sei hier an die Ozonmethode von Harries[1]) erinnert, bei deren Anwendung oft fette Aldehyde als Spaltungskörper gefunden wurden[2]). Auch Langheld[3]) erhielt dieselben, als er nach seiner neuen Methode mit Natriumhypochlorit die Aminosäuren abbaute.

Zweck und Aufgabe dieser Arbeit ist es nun, die zahlreichen vorhandenen Aldehydreaktionen für eine Reihe aliphatischer Aldehyde zu prüfen, zu ergänzen und auf etwaige Zusammenhänge und Gesetzmäßigkeiten hinzuweisen.

Als Ausgangsmaterial zu diesen Untersuchungen dienten Aldehyde, die von der chemischen Fabrik von C. A. F. Kahlbaum bezogen wurden. Wo diese nicht erhältlich waren, wurden sie nach verschiedenen Methoden, auf die im experimentellen Teil näher eingegangen wird, dargestellt. Auch optische Konstanten wie Molekularrefraktion und Dispersion wurden bestimmt, da bisher nämlich nur einige aliphatische Aldehyde auf ihr optisches Verhalten hin untersucht waren und eine lückenlose systematische Übersicht fehlte[4]). Es mußte bei diesen Bestimmungen großer Wert auf Reinheit der Aldehyde gelegt werden. Deshalb wurde stets die Aldehyd-Natriumbisulfitverbindung hergestellt, aus der dann durch Zersetzen mit Säuren oder meist Alkali der Aldehyd in möglichster Reinheit in Freiheit gesetzt wurde.

---

[1]) Harries, Annalen d. Chemie u. Pharmazie **343**, 311 [1905].
[2]) Z. B. Majima, Berichte d. Deutsch. chem. Gesellschaft **42**, 674; ibid. S. 1418, 3664 [1909].
[3]) Langheld, Berichte d. Deutsch. chem. Gesellschaft **42**, 2360 [1909].
[4]) Die Eisenlohrsche Untersuchung. Zeitschr. f. physik. Chemie **75**, 585 [1910]; erschien erst nach der Drucklegung dieser Arbeit.

Durch Alkali oder verdünnte Säure spaltet sich die Aldehydbisulfitverbindung unter Rückbildung von Aldehyd. Wie sich im Laufe der Arbeit zeigen wird, ließ sich die Mehrzahl der Aldehydbisulfitverbindungen am besten mit Natriumcarbonat spalten.

Mit den auf diese Weise gereinigten Aldehyden wurden dann die folgenden Untersuchungen vorgenommen, aus denen Schlüsse über Güte und Brauchbarkeit der einzelnen Reaktionen gezogen werden konnten:

1. Aldehydammoniakverbindungen,
2. Oxime,
3. Hydrazinderivate,
   a) Semicarbacidchlorhydrat,
   b) Thiosemicarbazid,
   c) Nitrophenylhydrazin,
   d) Diphenylmethandimethyldihydrazin (Brauns Reagens),
4. Verhalten von Brenztraubensäure, Naphthylamin gegen Aldehyde (Doebners Reaktion),
5. Einwirkung von Benzolsulfonhydroxamsäure auf Aldehyde (Angelis Reaktion),
6. Verhalten der Aldehyde gegen naphthionsaures Natrium.

Zunächst soll der Verlauf der einzelnen Reaktionen im allgemeinen geschildert, dann über ihre Güte und Brauchbarkeit diskutiert werden.

Bringt man einen Aldehyd mit Ammoniak, bzw. einem primären oder sekundären Amin, zusammen, so findet eine ähnliche Additionsreaktion der beiden Körper wie bei den Natriumbisulfitverbindungen statt unter Bildung folgender Verbindungen:

$$R - \overset{\diagup H}{C} = O + NH_3 = R\overset{\diagup OH}{\underset{\diagdown NH_2}{CH}} \ .$$

Sie sind fast durchgängig von geringer Beständigkeit und zerfallen sehr leicht wieder in ihre Komponenten oder verändern sich unter Abspaltung von Wasser und daran anschließende Polymerisation. Bei den untersuchten Aldehyden war nur die Aldehydammoniakverbindung des Acetaldehyd, die ja kurzweg unter dem Namen „Aldehydammoniak" bekannt ist, und die Aldehydammoniakverbindung des Isovaleraldehyd beständig. Die anderen Aldehydammoniakverbindungen zersetzen sich schon bei einer Temperatur von wenigen Graden über dem Nullpunkt, so daß nähere Untersuchungen nicht angestellt werden konnten. Die Versuchsanordnung war so getroffen, daß in den Aldehyd, der in absolutem Äther gelöst war, trockenes Ammoniakgas geleitet wurde. Bei starker Kühlung der Lösung schied sich ein weißer kristal-

linischer Niederschlag ab, der bei den beständigen Verbindungen ab-
filtiriert und mit Äther gewaschen wurde.

In anderer Weise wie Ammoniak wirkt das demselben nahe verwandte Hydroxylamin NH_2OH auf Aldehyde ein.

Es reagiert nämlich mit einer Carbonylverbindung nach folgendem
allgemeinen Schema unter Bildung von Oximen:

$$>CO + H_2NOH = H_2O + >C:N.OH.$$

Diese Körperklasse wurde von Viktor Meyer[1]) entdeckt und unter-
sucht, sie hat zur Charakterisierung von Aldehyden und Ketonen
sowie durch interessante Umsetzungen und Isomerieerscheinungen große
Bedeutung gewonnen.   Man erhält die Aldoxime äußerst leicht, wenn
man auf 1 Mol. Aldehyd eine wässrige Lösung von 1 Mol. salzsaurem
Hydroxylamin und $1/_2$ Mol. Natriumcarbonat in der Kälte einwirken läßt.
Das Aldoxim wird dann mit Äther ausgezogen.   Bei Aldehyden, die in
Wasser unlöslich sind, arbeitet man in wässerig alkoholischer Lösung.
Von den untersuchten Aldehyden waren die Oxime sämtlich bekannt,
bei einigen wurden sie nachgeprüft und übereinstimmende Werte mit
den in der Literatur angegebenen gefunden.

Semicarbacid verbindet sich mit Aldehyden und Ketonen unter
Wasserabspaltung zu Semicarbazonen und leistet bei der Darstellung
fester Derivate sehr gute Dienste, da die Verbindungen im allgemeinen
schön kristallisieren und scharfen Schmelzpunkt besitzen.   Als Reaktionsmittel auf Carbonyl ist es wohl zuerst von Baeyer in einer
seiner Arbeiten über „Ortsbestimmungen in der Terpenreihe"[2]) mit
Erfolg angewandt worden.   Er gibt dort auch die allgemeine Vorschrift zur Darstellung der Semicarbazone, wie sie von Thiele ausgearbeitet worden ist.   Der Aldehyd oder der aldehydartige Körper wird in
Methylalkohol gelöst.   Die berechnete Menge Semicarbacidchlorhydrat
wird in wenig Wasser aufgenommen und mit der berechneten Menge
methylalkoholischen Kaliumacetats versetzt.   Von einer etwaigen
Trübung oder einem Niederschlag wird abfiltriert und die Aldehydlösung hinzugegeben.   Das Semicarbazon scheidet sich nach einigen
Stunden, häufig erst nach einigen Tagen aus.

Bei diesen Versuchen zeigte sich, daß die Semicarbazone der niederen
Aldehyde sehr schwer, erst nach längerem Stehen im Exsiccator zur
Kristallisation zu bringen waren.   Nur die höheren Aldehyde gaben
sofort schöne kristallinische Produkte.   Auch das Thiosemicarbacid
$NH_2.CSNHNH_2$, eine dem Semicarbacid analoge Schwefelverbindung,

---

[1]) Viktor Meyer, Berichte d. Deutsch. chem. Gesellschaft 15, 1324, 1525,
2778 [1882].

[2]) Baeyer, Berichte d. Deutsch. chem. Gesellschaft 27, 1915 [1894].

das Freund[1]) als Reagens auf Carbonyl zuerst angegeben und erprobt hat, wurde bisweilen angewandt. Beim Isovaleraldehyd zeigte sich, daß das Thiosemicarbazon besser kristallisierte als das ölig ausfallende Semicarbazon.

Während mit Semicarbacid die niederen Aldehyde nicht gut ausgebildete Semicarbazone und nur die höheren kristallinische Verbindungen lieferten, konnte man bei den Versuchen mit Nitrophenylhydrazin das Umgekehrte beobachten. Die Nitrophenylhydrazone der höheren Aldehyde fielen ölig aus, die der niederen waren fest und kristallinisch.

Die Bildung von Hydrazonen beim Zusammenbringen von Aldehyd und Phenylhydrazin war schon seit langem durch Arbeiten von E. Fischer[2]) bekannt.

In neuerer Zeit wird an Stelle des Phenylhydrazin, das nicht immer kristallisierte Hydrazone ergab, sein Nitroderivat, das p-Nitrophenylhydrazin $C_6H_4NO_2NHNH_2$ häufig gebraucht. Zuerst hat wohl Bamberger darauf aufmerksam gemacht und mit Hyde nähere Untersuchungen angestellt[3]). Dann hat Dakin einige Nitrophenylhydrazone kurz charakterisiert[4]), doch macht er keine Angaben über Ausbeute und Löslichkeit, so daß Näheres darüber noch nachzutragen ist. Es zeigte sich bei den Versuchen, die weiter unten näher beleuchtet werden, daß diese Reaktion nur vom Formaldehyd bis Isovaleraldehyd, den niedrigsten Gliedern der homologen Reihe, vorteilhaft anzuwenden ist, die höheren vom Önanthol bis Nonanal geben ölige Produkte, die nicht zur Kristallisation zu bringen waren; auch Versuche mit Bromphenylhydrazin verliefen ergebnislos.

Wie wir sahen, waren die eben genannten Hydrazinderivate in ihrer Anwendung auf einzelne Aldehyde beschränkt. Für alle untersuchten Aldehyde aber gleichmäßig gute Resultate lieferte eine von Braun[5]) entdeckte und zuerst als Reagens auf Aldehyde erprobte Dihydrazinverbindung: das Diphenylmethan-dimethyldihydrazin von der Formel

$$CH_2 : \left(C_6H_4 - N \big\langle {}^{CH_3}_{NH_2} \right)_2 .$$

Beim Arbeiten über Ditolylcadaverin machte v. Braun die Beobachtung, daß dessen Nitrosoverbindung zum zugehörigen Dihydrazin reduziert werden könne. Er verfolgte diese Reaktion genauer und hat eine ganze

<hr>

1) Freund u. Schander, Berichte d. Deutsch. chem. Gesellschaft **29**, 2501 [1896]; **35**, 2602 [1902].

2) E. Fischer, Annalen d. Chemie u. Pharmazie **190**, 67ff. [1878].

3) Bamberger, Berichte d. Deutsch. chem. Gesellschaft **32**, 1803ff. [1899].

4) Dakin, Chem. Centralbl. 1908, I, 1259.

5) v. Braun, Berichte d. Deutsch. chem. Gesellschaft **41**, 2169 [1908].

Reihe von disekundären Basen über die Nitrosoverbindungen zu Hydrazinen reduziert. Als erste wurde die von Kayser und v. Braun[1]) dargestellte Dinitrosoverbindung des Dimethyl-diamido-diphenylmethan

$$CH_2 : \left(C_6H_4 - N {<}{NO \atop CH_3} \right)_2$$

reduziert, wobei sie das „Braunsche Reagens" erhielten.

Was nun diesen Körper zu einem wichtigen Reagens auf Aldehyde macht, ist sein eigenartiges Verhalten gegen die Carbonylverbindungen. Bekanntlich verhält sich das Phenylhydrazin dem Keton und Aldehydsauerstoff ziemlich gleichartig, ein Unterschied von Aldehydcarbonyl gegen Ketoncarbonyl ist im allgemeinen auch in bezug auf Geschwindigkeit der Reaktion nicht vorhanden. Das Bild verändert sich, wenn man alkylierte Hydrazone anwendet. Methylphenylhydrazin reagiert weit besser mit Aldehyden als Ketonen, während das Äthylendiphenyldihydrazin von Michaelis und Burchard[2]) sogar äußerst leicht mit Aldehyden, sehr schwer dagegen mit Ketonen in Reaktion zu bringen ist. Diese Differenz in dem Verhalten gegen Aldehyde und Ketone muß beim Braunschen Reagens erheblich wachsen, da ja bei ihm die Atomgruppierung des Methylphenylhydrazin (oder eines seiner Substitutionsprodukte) sich zweimal im Molekül wiederholt. Diese Annahme fand Braun im allgemeinen vollauf bestätigt. Aldehyde reagieren schnell, fast momentan, die Kondensationsprodukte der aromatischen Aldehyde sind in den meisten organischen Lösungsmitteln fast unlöslich, so daß schon die kleinsten Mengen Aldehyd nachgewiesen werden können; auch gestaltete sich die Ausbeute in vielen Fällen fast quantitativ. Die Kondensationsprodukte der Fettaldehyde sind zwar leichter löslich, aber auch sämtlich fest von den untersten bis zu den höchsten Gliedern. Mit Ketonen dagegen reagiert das Dihydrazin sehr träge, so daß es ein willkommenes Mittel ist, die Frage zu lösen, ob eine vorliegende noch unbekannte Verbindung der Keton- oder Aldehydreihe angehört. Bei allen vom Verfasser untersuchten Aldehyden reagiert Brauns Reagens momentan, man erhielt stets durch ihren Schmelzpunkt und exakte Verbrennungswerte charakteristische Resultate.

Waren die bisher aufgeführten Reaktionen typisch für jeden einzelnen Aldehyd, so müssen die von Doebner und Angeli angegebenen Reaktionen, wenigstens für die vom Verfasser untersuchten Aldehyde

---

[1]) Kayser u. v. Braun, Berichte d. Deutsch. chem. Gesellschaft **37**, 2670 [1904].

[2]) Michaelis u. Burchard, Annalen d. Chemie u. Pharmazie **254**, 115 [1889].

dazu dienen, das Vorhandensein eines Aldehydes überhaupt ohne genauen Identitätsnachweis desselben zu prüfen. Bei den beiden Reaktionen nämlich sind bei den niedrigen Fettaldehyden wohl gut kristallisierende Verbindungen erhalten worden, die jedoch bei der Identifizierung Schwierigkeiten boten.

In verschiedenen eingehenden Arbeiten über Alkylchinoline und Chinolinsäuren[1]) fand Doebner eine allgemeine Synthese der α-Alkylcinchoninsäure durch Kombination von Aldehyden und Brenztraubensäure mit primären aromatischen Aminen, wobei sich unter Benutzung des Anilins folgende Bildungsgleichung ergab:

$$R-\overset{\diagup H}{C}=O + CH_3COCOOH + C_6H_5NH_2 = C_6H_4\Big\langle\begin{array}{c} N=C.R \\ | \\ C=CH \\ | \\ COOH \end{array} + 2\,H_2O + H_2.$$

Mit ebenfalls günstigem Erfolg wandte Doebner an Stelle des Anilins α- und β-Naphthylamin an, wobei er dann die entsprechende Naphthocinchoninsäure erhielt[2]).

$$C_{10}H_6\Big\langle\begin{array}{c} N:C.R \\ | \\ C:CH \\ | \\ COOH \end{array}.$$

Da nun diese Körper bei Anwendung verschiedener Aldehyde verschiedene Schmelzpunkte zu haben schienen, so gab Doebner diese Synthese als guten Nachweis für Aldehyde an.

Die allgemeine Vorschrift ist folgende[3]): Je 1 Mol. Brenztraubensäure und der betreffende Aldehyd oder der auf seine Aldehydnatur zu prüfende Körper werden in absolutem Alkohol gelöst, zu dieser Mischung wird 1 Mol. Naphthylamin in absolutem Alkohol gelöst gegeben; das Gemisch wird einige Stunden am Rückflußkühler auf dem Wasserbade erhitzt. Die Reaktion tritt auch schon in der Kälte ein, doch wird sie durch Erwärmung beschleunigt. Nach dem Erkalten scheiden sich die Kristalle der Alkylnaphthocinchoninsäuren aus, die das in dem Aldehyd vorhandene Radikal enthalten. Die von Doebner angegebenen Schmelzpunkte wurden nachgeprüft und teilweise ergänzt. Sie liegen alle über 200° und zeigen nach den von mir ausgeführten Versuchen nicht ganz so große Verschiedenheit, wie es zu einer exakten Identifizierung notwendig wäre. Auch durch Waschen der Kristalle mit Äther und Umkristallisieren aus heißem Weingeist ließ sich dieser Übelstand nicht beseitigen. Für weniger subtile Aldehyde ist diese

[1]) Annalen d. Chemie u. Pharmazie **242**, 265 ff. [1887].
[2]) Doebner, Annalen d. Chemie u. Pharmazie **249**, 109 [1888].
[3]) Doebner, Berichte d. Deutsch. chem. Gesellschaft **27**, 352, 2020 [1894].

Reaktion vielleicht mit größerem Erfolg anzuwenden, auch überall da, wo es sich nur um den Nachweis eines Aldehydes überhaupt handelt, weil auch schon geringe Mengen Aldehyd dieses Kondensationsprodukt geben; doch sei darauf hingewiesen, daß bei Abwesenheit von Aldehyd die Brenztraubensäure allein unter Spaltung in Acetaldehyd und Kohlensäure mit dem Naphtylamin eine α-Methyl-β-naphthocinchoninsäure, ein kristallinisches Produkt vom Schmp. 310° bildet.

Ebenfalls dort, wo es sich darum handelt, nur die Anwesenheit eines Aldehydes festzustellen, wird man Angelis Reaktion gut verwenden können. Auf Grund der Arbeiten von Angeli und Angelico[1]) fand nämlich Rimini[2]), daß sich die Benzolsulfonhydroxamsäure analog der von diesen Verfassern bearbeiteten Nitrohydroxylaminsäure verhält. Sie zerfällt in alkalischer Lösung gemäß der Gleichung $C_6H_5SO_2NHOH = C_6H_5SO_2H + NOH$ in Benzolsulfinsäure und den Rest NOH.

Dieser Rest NOH wird von Aldehyden unter Bildung von Hydroxamsäuren gebunden. Letztere geben typische Reaktionen, die zum Nachweis von Aldehyden dienen können. Der Reaktionsverlauf ist dann folgender:

$$RCHO + NOH \cdot H \cdot SO_2C_6H_5 = RC\!\!\begin{array}{c}\nearrow NOH\\\searrow OH\end{array} + C_6H_5SOOH \, .$$

Mit Kupferacetat kann man das Kupfersalz der Hydroxamsäure ausfällen, das meist gut kristallisiert.

$$R - C\!\!\begin{array}{c}\nearrow NOH\\| \\ OH\end{array} + Cu(CH_3COO)_2 = R - C\!\!\begin{array}{c}\nearrow NO\\\searrow O\end{array}\!\!\!Cu + 2\ CH_3COOH \, .$$

Während Angeli diese Reaktion nur für den allgemeinen Nachweis der Aldehydnatur empfohlen hatte, wollte Verfasser dieser Arbeit durch quantitative Bestimmung des Kupfers in den Aldehydkupfersalzen jeden einzelnen Aldehyd genau charakterisieren, was aber nicht gelang. Bei den mit den aliphatischen Aldehyden angestellten Versuchen ergab sich zwar stets ein Kupfersalz, jedoch war eine quantitative Bestimmung des Kupfers zur Identifizierung nicht mit Erfolg durchzuführen, man erhielt vielmehr ungenügende Werte, so daß ein sicherer Unterschied für die einzelnen Aldehyde nicht festzustellen war, zumal diese Körper auch keinen Schmelzpunkt besaßen.

Wo es sich also nicht um genaue Identifizierung handelt, ist diese Reaktion wohl anwendbar, sie ist auch von Rimini an einer ganzen Reihe von aromatischen und aliphatischen Aldehyden mit Erfolg

[1]) Angeli u. Angelico, Chem. Centralbl. 1900, II, 362.
[2]) Rimini, Chem. Centralbl. 1901, II, 99.

erprobt worden; auch die Charakterisierung von Dialdehyden, wie des Succindialdehyd, ist mit ihrer Hilfe gelungen[1]).

Zum Nachweis von Aldehyden ist ferner vom Verfasser eine Reaktion geprüft worden, die recht empfindlich und bei allen untersuchten Aldehyden angewandt worden ist. Erdmann[2]) hat gezeigt, daß sich Benzaldehyd mit naphthylaminsulfosaurem Natrium zu benzalnaphthylaminsulfosaurem Natrium ($C_6H_5CH = NC_{10}H_8SO_3Na$) unter Austritt von einem Molekül Wasser verbindet. Noch besser geht es mit dem Bariumsalz, da dessen Löslichkeitsverhältnisse günstiger als die des Natriumsalzes liegen. Ein anderer Vorteil dieser, auch auf andere Aldehyde ausgedehnten Reaktion sollte darin liegen, daß man aus dem Bariumsalz an Stelle der Bisulfitverbindung den Aldehyd durch einfache Wasserdampfdestillation ohne Zusatz von Säure oder Alkali wiedergewinnen könnte, was für Aldehyde der Terpenreihe zum Beispiel, die empfindlich gegen Säuren sind, von großer Wichtigkeit ist, desgleichen für Zimtaldehyd, Citral, Citronellal, die mit Bisulfit unter gewissen Bedingungen Hydrosulfonsäurederivate bilden, aus denen der Aldehyd nicht wieder regeneriert werden kann. Diese Rückspaltung jedoch gelang bei den Kondensationsprodukten der niederen Fettaldehyde nicht, da die Ausbeuten an freiem Aldehyd zu gering waren. Für sie ist also nur der qualitative Nachweis wichtig. Man verfährt bei dieser Reaktion folgendermaßen. Beliebige Mengen naphthylaminsulfosauren Natriums werden in Wasser gelöst und mit Chlorbarium versetzt, sodann wird der Aldehyd allein, oder falls er in H_2O unlöslich ist, in alkoholischer Lösung hinzugegeben, es scheidet sich sofort ein weißer, mitunter gelblicher Niederschlag ab, dessen genauer Schmelzpunkt nicht zu bestimmen war, da bei ungefähr 220° Zersetzung eintrat.

Außer diesen chemischen Reaktionen leisten auch zur Bestimmung und Identifizierung von Körpern physikalische Konstanten wichtige Dienste. Vor allem ist die Molekularrefraktion unter den Konstanten diejenige, die im engsten Zusammenhang mit der chemischen Konstitution der Körper steht.

Deshalb ist sie auch von mir wie in vielen neueren Arbeiten in den Kreis der Versuche gezogen und jeder Aldehyd auf sein optisches Verhalten hin untersucht worden. Meist wurden zwei voneinander unabhängige Bestimmungen ausgeführt; einmal an dem Kahlbaumschen Präparat direkt, das andere Mal an dem über die Bisulfitverbindung dargestellten Aldehyd. Aus anliegender Tabelle ersieht man eine gewisse Gesetzmäßigkeit. Die Zahlenwerte der optischen Konstanten wachsen mit steigender Kohlenstoffanzahl der Aldehyde, während die

<hr>

1) Paul Hohenemser, Inaug.-Diss., Kiel 1908.
2) Erdmann, Annalen d. Chemie u. Pharmazie **247**, 325 [1888].

spezifischen Gewichte bei den Isoverbindungen stets niedriger als bei den normalen sind. In allen untersuchten Fällen hat sich aus der Molekularrefraktion und der Dispersion bestimmen lassen, daß wahre Aldehyde mit Carbonyl $RCH = O$ und nicht Enole $= C\diagdown{}^H_{OH}$ vorliegen.

Nachdem ich so die Aldehyde einzeln untersucht hatte, erschien es von Wichtigkeit, zu versuchen, Gemische derselben in ihre einzelnen Komponenten zu zerlegen und voneinander zu trennen. Dieses gelang jedoch bisher nicht, obwohl verschiedene Methoden angewandt wurden, wie fraktionierte Destillation oder fraktionierte Kristallisation von Derivaten. Es ließen sich wohl einige Schlüsse auf das Vorhandensein bestimmter Aldehyde ziehen, doch war eine exakte Trennung nicht durchzuführen.

Diese und andere Schwierigkeiten, die im Verlauf der Arbeit zutage traten, beruhen wohl auf der großen Empfindlichkeit der Fettaldehyde. Bei einigen trat schon nach kürzerem Stehen Zersetzung oder Oxydation zur Säure ein.

Beim Zersetzen der Bisulfitverbindungen mit Säure, wie es anfänglich versucht wurde, bilden sich dicke Öle, die wohl durch eingetretene Polymerisation entstehen. Die große Veränderungsfähigkeit der Aldehyde zeigte sich deutlich bei einem Reduktionsversuch, der mit Önanthol ausgeführt wurde. Je nach den Versuchsanordnungen wechselte das Resultat. Es wurde sowohl Heptylalkohol, das erwartete Reduktionsprodukt als auch ein Kondensationsprodukt, der Diönanthylenaldehyd $C_{14}H_{26}O$ erhalten.

Experimenteller Teil.

Propionaldehyd, CH_3CH_2CHO.

Darstellung: Nach dem von Lieben und Zeisel[1]) angegebenen Verfahren wurden 150 g Propylalkohol mit einem Gemisch von 121 g Kaliumbichromat und 82 g konz. Schwefelsäure versetzt. Die sich dabei entwickelnde Wärme genügte, um den sich bildenden Aldehyd überzudestillieren. Die Ausbeute betrug 40 g Sdp. 49°. Durch fraktionierte Destillation oder über die Bisulfitverbindung wurde der Aldehyd gereinigt. Die nach beiden Methoden gewonnenen Präparate lieferten dieselben optischen Konstanten.

Optische Untersuchung.

$$D^{19}_{19} = 0,8171; \quad n^{19}_d = 1,36460; \quad n_\alpha = 1,36284; \quad n_\gamma = 1,37315.$$

Mol.-Refraktion M_D . . . . ber. 16,09, gef. 15,84.
Mol.-Dispersion $M_{\gamma-\alpha}$ . . . ,,   0,42,   ,,   0,4

---

[1]) Lieben u. Zeisel, Monatshefte f. Chemie Nr. 4, S. 14 [1884].

Die Aldehydammoniakverbindung wurde dargestellt, doch konnte sie nicht isoliert und näher untersucht werden, da sie sehr zersetzlich ist. Bei 0° trat Zersetzung ein.

Semicarbazon.

Zur Darstellung des Semicarbazon wurden angewandt: 2 g Aldehyd, 4 g Semicarbacidchlorhydrat, 3,2 g Kaliumacetat[1]). Nach einiger Zeit bildete sich ein Öl, das jedoch in keiner Weise zur Kristallisation zu bringen war. Daß tatsächlich ein Semicarbazon vorlag, konnte durch Zersetzen des Öles mit Phthalsäureanhydrid und Nitrophenylhydrazonbildung des zurückgewonnenen Aldehyds festgestellt werden.

Nitrophenylhydrazon[2]).

Folgende Mengen wurden angewandt: 0,6 g Aldehyd, 1,6 g Nitrophenylhydrazin. Die Ausbeute war fast quantitativ, sie betrug 1,8 g längliche gelbe Nadeln, die aus 50 proz. Alkohol umkristallisiert wurden. Schmp. 124°, löslich in Benzol, abs. Alkohol, Äther, weniger leicht in verdünntem Alkohol, schwer löslich in Wasser.

$$0,1261 \text{ g Sbst.: } 24 \text{ ccm N } (20°, 757,8 \text{ mm}).$$
$$C_9H_{11}N_3O_2. \quad \text{Ber. N } 21,76.$$
$$\text{Gef. ,, } 21,83$$

Die Darstellung der Nitrophenylhydrazone, die stets dieselbe ist, sei hier angegeben. Das Nitrophenylhydrazin wird in der Kälte in doppeltnormaler Salzsäure oder verdünnter Essigsäure gelöst, vom Ungelösten wird abfiltriert, der Aldehyd wird in alkoholischer Lösung hinzugegeben und umgerührt. Dann versetzt man vorsichtig tropfenweise die Lösung mit Wasser bis zur Trübung, erwärmt auf dem Wasserbade, bis die Trübung eben verschwunden ist. Allmählich beginnt beim Erkalten die Kristallisation, die nach einigen Stunden beendet ist. Aus der Mutterlauge kann durch Versetzen mit Wasser noch eine Ausfällung bewirkt werden.

Brauns Reagens[3]).

0,6 g Aldehyd wurden in Alkohol gelöst, 1,26 g Reagens in alkoholischer Lösung hinzugegeben. Es schied sich zuerst ein breiiger Niederschlag ab, der nach kurzer Zeit kristallinisch wurde. Die Ausbeute

---

[1]) Darstellung vgl. Allgemeiner Teil.
[2]) D a k i n, Chem. Centralbl. 1908, I, 1259.
[3]) B r a u n, Reaktionsgleichung s. Allgemeiner Teil und Vorschrift.

betrug 0,8 g gelbe seidige Nadeln. Schmelzpunkt nach mehrmaligem Umkristallisieren aus gewöhnlichem Alkohol 45°.

0,1317 g Sbst.: 19,5 ccm N (20°, 751,5 mm).

$$C_{21}H_{28}N_4.$$

Ber. N 16,66.
Gef. „ 16,74

Doebners Reaktion[1]).

Der von Doebner schon beschriebene Körper wurde ebenfalls erhalten. Schmp. 278—281°. Doebner hat 283° gefunden.

Angelis Reaktion.

0,6 g (1 Mol.) Aldehyd[2]) wurden in gewöhnlichem Alkohol gelöst und eine Lösung von 1,8 g Benzolsulfonhydroxamsäure (etwas mehr als ein Molekül) in Alkohol hinzugegeben. Mit Alkalilauge wird alkalisch gemacht, man erwärmt auf dem Wasserbade, kocht einmal mit freier Flamme auf und läßt erkalten. Dann säuert man mit Essigsäure an und fällt mit Kupferacetat ein grünes Salz; die Bestimmung des Kupfers in dem abfiltrierten und getrockneten Salze ergab, wie in den meisten anderen Fällen, zu hohe Werte für Kupfer.

Versetzte man die mit Essigsäure angesäuerte Lösung mit Ferrichlorid, so wurde die von Angeli angegebene starke rote Färbung beobachtet.

Butylaldehyd normal, $CH_3CH_2CH_2COH$.

Mit dem Kahlbaumschen Präparat wurde zunächst die Bisulfitverbindung hergestellt. Der Aldehyd wurde unter Kühlung mit $NaHSO_3$ versetzt, wobei sich allmählich ein schöner weißer Niederschlag ausschied. Es erwies sich als vorteilhaft, nur kleine Mengen Aldehyd zu verarbeiten, da man dann die besten Ausbeuten erhielt. Aus 1,4 g Aldehyd und ca. 10 g 40 proz. Natriumbisulfit erhielt man 3,3 g Aldehydbisulfit. Um den Aldehyd wiederzugewinnen, wurde die Bisulfitverbindung in Wasser suspendiert und mit konz. Schwefelsäure versetzt. 15 g Bisulfit brauchten 7,8 g Schwefelsäure. Später wurde zur Zersetzung Soda verwandt. Der sich beim Erwärmen der Mischung abscheidende Aldehyd wurde destilliert und bei 75° aufgefangen. Von etwa anhaftendem Wasser wurde er durch Chlorcalcium befreit. Die Ausbeute bei der Zersetzung war schwankend, meist betrug sie 40%.

---

[1]) Doebner, Reaktionsgleichung, ibidem.
[2]) Nach Angelis Vorschrift.

Optische Untersuchung.

Zwei Bestimmungen wurden nebeneinander ausgeführt.

$$D_{20}^{20} = 0,8048.$$

I. Aus der Natriumbisulfitverbindung.

II. Aus dem Kahlbaumschen Präparat direkt.

I. $n_d^{19,5} = 1,38356$; $n_\alpha = 1,38113$; $n_\gamma = 1,39137$.

Mol.-Refraktion M_d. . . . ber. 20,69, gef. 20,9.

Mol.-Dispersion $M_{\gamma-\alpha}$ . . ,, 0,53, ,, 0,49.

II. $n_d^{19} = 1,38224$; $n_\alpha = 1,38018$; $n_\gamma = 1,39050$.

Mol.-Refraktion M_d. . . . ber. 20,69, gef. 20,887.

Mol.-Dispersion $M_{\gamma-\alpha}$ . . ,, 0,53, ,, 0,53.

Semicarbazon.

Angewandt wurden 2 g Aldehyd, 3 g Semicarbacidchlorhydrat, 2,6 g Kaliumacetat. Eine Kristallisation war nicht zu erzielen. Die Lösung wurde deshalb im Vakuum zur Trockne eingedampft, der Rückstand mehrmals mit absolutem Alkohol extrahiert und im Exsiccator der Kristallisation überlassen. Erst nach Wochen schieden sich aus dem Öl längliche Kristalle aus. Der Schmelzpunkt lag ungefähr bei 77°.

Nitrophenylhydrazon[1]).

3 g Nitrophenylhydrazin wurden in 2 g normaler Salzsäure gelöst, vom Ungelösten filtriert und 1,4 g Aldehyd (äquimolekulare Mengen) hinzugegeben. Die Ausbeute aus Mutterlauge und Fällungen betrug 4 g und war fast quantitativ. Das Hydrazon scheidet sich in kurzen, prismenförmigen, gelben Nadeln ab. Schmp. 87°.

0,1151 g Sbst.: 19,8 ccm N (20°, 791 mm).

0,1238 g Sbst.: 0,2608 g CO_2, 0,0684 g H_2O.

$C_{10}H_{13}N_3O_2$. Ber. C 57,9 , H 6,28, N 20,3.

Gef. ,, 57,45, ,, 6,14, ,, 19,7

Brauns Reagens[2]).

Zur Darstellung wurden angewandt: 1,26 g Reagens, 0,7 g Aldehyd. Die Ausbeute betrug: 1,2 g. Schmp. 70,5°. Eine Analyse wurde nicht ausgeführt, da der Körper schon bekannt war.

Doebners Reaktion.

0,6 g Aldehyd, 0,8 g Brenztraubensäure (1 Mol.), 1,4 g Naphthylamin (1 Mol.) wurden in alkoholischer Lösung drei Stunden am Rückflußkühler

---

[1]) Dakin, Chem. Centralbl. 1908, I, 1259.

[2]) v. Braun, Berichte d. Deutsch. chem. Gesellschaft **41**, 2169 [1908].

gekocht. Beim Erkalten scheidet sich die Naphthocinchoninsäure aus, die mit Äther mehrmals gewaschen wurde. Schmp. 248°. Die Ausbeute betrug 1,1 g. Die Substanz wurde im Exsiccator getrocknet und ergab folgende Analysenwerte:

0,1300 g Sbst.: 6 ccm N (17°, 754 mm).

$$C_{17}H_{15}O_2N.$$

Ber. N 5,28.
Gef. ,, 5,31.

Der Körper, kleine weiße Nadeln, ist unlöslich in Wasser, schwer löslich in Benzol, Äther, abs. Alkohol, Petroläther, leichter löslich in heißem gewöhnlichem Alkohol.

Angelis Reaktion.

1,7 g Benzolsulfonhydroxamsäure wurde in Alkohol gelöst, 0,7 g Aldehyd, ebenfalls in Alkohol gelöst, dazugegeben, mit Kalilauge alkalisch gemacht, auf dem Wasserbade erwärmt, mit Essigsäure angesäuert und mit Kupferacetat versetzt; es fiel sofort ein grüngefärbter Körper aus. Die Kupferbestimmung ergab für Kupfer zu hohe Werte. Der Schmelzpunkt war nicht zu bestimmen. Die Ausbeute betrug 0,8 g.

Isobutylaldehyd, $\dfrac{CH_3}{CH_3}{>}CHCOH$.

Zunächst wurde wieder die Bisulfitverbindung hergestellt. Auch hier zeigte sich, daß die Ausbeute bei kleineren Mengen weit besser als bei größeren ist. Mehrfach wurden 0,7 g Aldehyd mit 4—5 g Bisulfit geschüttelt. Es wurde nicht mit Schwefelsäure, wie es zwar öfter versucht wurde, sondern mit Soda zersetzt. Bei 64° wurde der reine Aldehyd aufgefangen. 2,5 g Bisulfit ergaben 0,3 g Aldehyd (über 50% Ausbeute).

Optische Untersuchung.

$D_{19}^{19} = 0,7917;$ $n_d^{19} = 1,37326;$ $n_\alpha = 1,37117;$ $n_\gamma = 1,38271.$

Mol.-Refraktion M_d . . . .   ber. 20,69,   gef. 20,71.
Mol.-Dispersion $M_{\gamma-\alpha}$ . .   ,,   0,53,   ,,   0,58.

Semicarbazon.

Angewandt wurden 2 g Aldehyd, 3 g Semicarbacidchlorhydrat, 2,6 g Kaliumacetat. Nach einiger Zeit fielen weiße Prismen aus. Die Ausbeute betrug 1,4 g. Schmp. 121°.

0,1442 g Sbst.: 41,4 ccm N (18°, 751,1 mm).

$$C_5H_{11}ON_3.$$

Ber. N 32,6.
Gef. ,, 32,74.

Nitrophenylhydrazon.

Angewandt: 3 g Nitrophenylhydrazin, 0,3 g Aldehyd. Die Ausbeute betrug: 3,5 g Nitrophenylhydrazon. Es fielen gelbe prismenförmige Kristalle aus, die aus abs. Alkohol unter Zusatz von Wasser umkristallisiert wurden. Schmp. 130°[1]). Das Nitrophenylhydrazon wurde in salzsaurer und essigsaurer Lösung hergestellt.

Brauns Reagens.

Angewandt: 0,63 g Reagens, 0,3 g Aldehyd (ersteres wurde in Alkohol gelöst, der Aldehyd unverdünnt dazugegeben), umkristallisiert aus abs. Alkohol. Schmp. 93°. Die Ausbeute betrug: 0,6 g (über 50%). Glänzende, gelbe Blättchen.

0,1292 g Sbst.: 17,6 ccm N (19°, 762,9 mm). — 0,1257 g Sbst.: 0,3506 g CO_2, 0,0910 g H_2O.

$$C_{23}H_{32}N_4.$$

Ber. N 15,38, C 75,82, H 8,8.
Gef. „ 15,7, „ 76,07, „ 8,09.

Leicht löslich in Benzol, heißem Alkohol, Eisessig, Aceton, schwer löslich in kaltem Alkohol und Methylalkohol.

Doebners Reaktion[2]).

Angewandt: 1,6 g Brenztraubensäure, 2,3 g Naphthylamin, 1,4 g Aldehyd. Ausbeute: 1,2 g. Es fielen weiße Nadeln aus, die unlöslich in Alkohol, Äther, Petroläther, Eisessig, gering löslich in Benzol waren. Sie wurden nicht umkristallisiert, sondern mit Äther mehrmals ausgewaschen. Die im Exsiccator getrocknete Substanz zersetzte sich bei der Schmelzpunktbestimmung bei ca. 260° unter Schwarzfärbung.

0,2038 g Sbst.: 10,1 ccm N (19°, 560 mm).

$$C_{17}H_{15}NO_2.$$

Ber. N 5,28.
Gef. „ 5,60.

Die von Doebner ausgeführten Analysen ergaben folgende Werte:

Gef. C 76,23, H 6,18; ber. C 76,98, H 5,66.

Angelis Reaktion.

Angewandt: 1,7 g Benzolsulfonhydroxamsäure, 0,7 g Aldehyd. Zum Unterschied vom Kupfersalz des normalen Aldehyds war das Kupfersalz des Isobutylaldehyds leichter löslich, so daß es erst nach dem Einengen der Lösung ausfiel. Die Ausbeute betrug 0,7 g. Auch hier erhielt ich trotz mehrfach ausgeführter quantitativer Analysen beim Kupfer keine Übereinstimmung.

---

[1]) Auch von Dakin angegeben.
[2]) Doebner, Berichte d. Deutsch. chem. Gesellschaft **27**, 2022 [1894].

$$\text{Isovaleraldehyd,} \quad {}^{CH_3}_{CH_3}{>}CHCH_2COH .$$

Aus der Bisulfitverbindung ließ sich der Aldehyd am besten mit Soda abscheiden. Die Suspension der Bisulfitverbindung in Wasser wird gerade alkalisch gemacht. Bei der darauf folgenden Destillation bilden sich im Destillat zwei Schichten, da der Aldehyd im Wasser unlöslich ist. Man trennt sie im Scheidetrichter. In der oberen Schicht befindet sich der Aldehyd, der mit Chlorcalcium von den letzten Spuren Wasser befreit wird. Sdp. 92°. Die Ausbeute bei dieser Zersetzung war wechselnd. Die Molekularrefraktion wurde aus dem Kahlbaum-schen Präparat direkt und aus dem über die Bisulfitverbindung gereinigten Aldehyd genommen. Aus dem Kahlbaumschen Präparat wurden folgende Werte festgestellt:

Optische Untersuchung:

$$D^{20}_{20} = 0,7964; \quad n^{20}_d = 1,39215; \quad n_\alpha = 1,39032; \quad n_\gamma = 1,40212.$$

Mol.-Refraktion M_d . . . ber. 25,3, gef. 25,7.
Mol.-Dispersion $M_{\gamma-\alpha}$ . . ,, 0,6, ,, 0,7.

Aus dem über Bisulfit gereinigten Aldehyd erhielt man die Werte:

$$D^{20}_{20} = 0,7845; \quad n^{20}_d = 1,39023; \quad n_\alpha = 1,38789; \quad n_\gamma = 1,39940.$$

Mol.-Refraktion M_d . . . ber. 25,3, gef. 25,9.
Mol.-Dispersion $M_{\gamma-\alpha}$ . . ,, 0,6, ,, 0,7.

Thiosemicarbazon.

An Stelle des Semicarbazon, das ölig ausfiel, wurde das Thiosemi-carbazon dargestellt. Schmp. wie schon bekannt[1]) 52—53°, weiße Blätt-chen, die erst im Vakuum auskristallisieren.

Nitrophenylhydrazon.

Von Dakin ist der Schmp. 110° angegeben. Trotz mehrfachen Umkristallisierens blieb der Schmp. auf 101°, gelbe prismatische Tafeln. Angewandt wurden 0,8 g Aldehyd, 1,5 g Nitrophenylhydrazin, erhalten wurden 0,6 g Nitrophenylhydrazon. Der Körper war leicht löslich in Alkohol, Benzol, Aceton, schwer löslich in Wasser.

0,1354 g Sbst.: 22 ccm N (18,5°, 761,5 mm).

$$C_{11}H_{15}N_3O_2 . \quad \text{Ber. N } 19,0.$$
$$\text{Gef. ,, } 18,81.$$

---

[1]) Neuberg u. Neumann, Berichte d. Deutsch. chem. Gesellschaft **35**, 2052 [1902].

Brauns Reagens.

2,5 g Reagens, 1,7 g Aldehyd wurden angewandt. Die Ausbeute betrug 2,2 g, aus absolutem Alkohol umkristallisiert, gelbliche Prismen, leicht löslich in Eisessig, Essigäther, Aceton. Schmp. 85°.

0,1284 g Sbst.: 16,2 ccm N (20°, 762,0 mm).

$C_{25}H_{36}N_4$.   Ber. N 14,28.
Gef. ,, 14,48.

Doebners Reaktion.

Nachgeprüft. Schmp. 250°.

0,1518 g Sbst.: 6,7 ccm N (22°, 758,5 mm).

$C_{18}H_{17}O_2N$.   Ber. N 5,02.
Gef. ,, 4,99.

Önanthol, $CH_3(CH_2)_5COH$.

Die Bilsufitverbindung wurde in folgenden Mengenverhältnissen — hierbei erwies sich die Ausbeute am günstigsten — hergestellt: 2,4 g Aldehyd, 10 g Bisulfit. 5—6 g Bisulfitverbindung ergaben 1—2 g Aldehyd, der durch Zersetzen mit Soda gewonnen wurde. Der Aldehyd wurde bei gewöhnlichem Druck destilliert und bei 154° aufgefangen.

Bei dem Kahlbaumschen Präparat und bei dem über die Bisulfitverbindung erhaltenen Aldehyd fand man dieselben optischen Daten:

$$D_{19}^{19} = 0,8320;\quad n_d^{19} = 1,41370;\quad n_\alpha = 1,41105;\quad n_\gamma = 1,42312.$$

Mol.-Refraktion M_d . . .   ber. 34,50, gef. 34,59.
Mol.-Dispersion $M_{\gamma-\alpha}$ . .   ,, 0,86, ,, 0,88.

Semicarbazon.

1,1 g Semicarbacidchlorhydrat, 0,9 g Kaliumacetat, 1,1 g Aldehyd, erstere in wässeriger, letzterer in alkoholischer Lösung wurden zusammengegeben und einige Zeit stehen gelassen. Allmählich schieden sich weiße Kristalle in Form von kleinen Plättchen ab. Schmp. 109°. Ausbeute: 1,2 g aus gewöhnlichem Alkohol umkristallisiert.

0,1214 g Sbst.: 0,2485 g CO_2, 0,1073 g H_2O.
0,1191 g Sbst.: 26 ccm N (20°, 753,9 mm).

$C_8H_{17}N_3O$.   Ber. C 56,09, H 10,00, N 24,60.
Gef. ,, 55,82, ,, 9,88. ,, 24,76.

Nitrophenylhydrazin und Bromphenylhydrazin ergaben einen öligen Niederschlag.

Brauns Reagens.

Der von v. Braun angegebene Schmp. 54° wurde ebenfalls gefunden.

Doebners Reaktion

wurde nachgeprüft. Schmp. 249° bestätigt.

Angelis Reaktion.

Angewandt: 1,57 g Benzolsulfonhydroxamsäure, 1,3 g Aldehyd; erhalten: 1,1 g Kupfersalz.

$$C_6H_{13}C\underset{O}{\overset{NO}{<}}{>}Cu\,.$$

Die mehrmals ausgeführten Kupferbestimmungen ergaben wechselnde Werte.

Als Kontrolle für die mit dem käuflichen Aldehyd angestellten Versuche wurde Önanthol durch Oxydation von Heptylalkohol dargestellt.

Angewandt: 53 g Heptylalkohol, 93 g Kaliumbichromat, 98 g konz. Schwefelsäure. Das Chromsäuregemisch tropfte langsam zum Alkohol, der auf 100° erhitzt wurde. In die Vorlage destillierte Wasser und Aldehyd, letzterer wurde im Scheidetrichter und mit Chlorcalcium vom Wasser getrennt. Durch fraktionierte Destillation ließ sich dann der Aldehyd von Nebenprodukten reinigen. Die Ausbeute an der Fraktion zwischen 140° und 156° betrug 20 g, die mit Natriumbisulfit geschüttelt und mit Soda zersetzt wurden, man erhielt dann 8 g vom genauen Siedepunkt 155°.

$$D^{19}_{19} = 0,8256; \quad n^{19}_d = 1,41569; \quad n_\alpha = 1,41355; \quad n_\gamma = 1,42550.$$

Diese Werte stimmen mit den vorher gefundenen überein. Auch das Semicarbazon hatte denselben Schmp. 109°. Es ist schwer löslich in Wasser, leicht löslich in Aceton, Chloroform, Benzol.

Reduktion des Önanthols.

Die Reduktion wurde mit Natriumamalgam ausgeführt. Das von Jourdan[1]) angegebene Verfahren wurde den Versuchen zugrunde gelegt, aber folgendermaßen modifiziert.

An Stelle der von ihm und Croß[2]) angegebenen Mengenverhältnisse, 3 Teile Aldehyd, 2 Teile Natrium, wandte man für 3 Teile Aldehyd 3,6 Teile Natrium an, oder 6 Atome Natrium.

Das frisch hergestellte Amalgam gab man zu 30 g Önanthol, 30 g Wasser und 50 g gewöhnlichem Alkohol. Von Zeit zu Zeit fügte man etwas Essigsäure hinzu, um die Lösung sauer zu erhalten. Die Reaktionsmasse erwärmte sich, so daß Kühlung notwendig war. Nach Be-

---

[1]) Jourdan, Annalen d. Chemie u. Pharmazie **200**, 102 [1880].
[2]) Croß, Annalen d. Chemie u. Pharmazie **189**, 1ff. [1877].

endigung der Reaktion wurde das Gemisch noch auf der Schüttel-
maschine geschüttelt, die ausgeschiedenen Kristalle von Natriumacetat
ließen sich leicht abfiltrieren. Alkohol und Essigsäure dampfte man
im Vakuum ab und zog den Rückstand mit Äther aus. Nach dem
Abdestillieren des Äthers blieb eine gelbe dickflüssige Masse zurück,
die man mit Magnesiumsulfat trocknete. Dann fraktionierte man zunächst bei gewöhnlichem Druck und erhielt als Hauptfraktion bei
174—175° 8 g.

Diese wurden noch einmal der Destillation unterworfen, und man
erhielt bei 14 mm und bei 90° 5,5 g

> 0,1172 g Sbst.: 0,3122 g CO_2, 0,1474 g H_2O.
>
> $C_7H_{16}O$.   Ber. C 72,35, H 13,86.
>   Gef. ,, 72,73, ,, 14,0.

Hierbei hat sich also aus dem Aldehyd $CH_3(CH_2)_5CHO$, das
erwartete Reduktionsprodukt der Alkohol $CH_3(CH_2)_5CH_2OH$, gebildet.

Bei dieser Reduktionsmethode, die wesentlich schneller als das
etwas umständliche Verfahren von Jourdan zum Ziel führt, ist auf
zweierlei zu achten.

Das Reaktionsgemisch muß stets sauer gehalten werden, Natriumamalgam ist im Überschuß anzuwenden. Unterläßt man ersteres, so
erhält man an Stelle des Heptylalkohol den Diönanthylenaldehyd, der
schon von Perkin[1]) näher untersucht worden ist. Perkin erhielt ihn,
indem er Kaliumhydrat auf Önanthol einwirken ließ. Auch mit Zink-
chlorid bildete sich dasselbe Kondensationsprodukt.

Verfasser erhielt nun den Aldehyd bei der Reduktion des Önanthols,
als die beiden oben erwähnten Produkte, nämlich Natrium im Überschuß anzuwenden und die Reduktionsmasse sauer zu erhalten, außer
acht gelassen wurde. Bei derselben Versuchsanordnung wie die oben
erwähnte, aber mit der genau berechneten Menge Natrium, erhielt
man zum Schluß folgende Fraktionen, die aus dem Ölbade destilliert
wurden und zusammen 7 g ergaben.

> Fraktion I 65—74°.
> Fraktion II 74—98°.

Der Rückstand wurde mit freier Flamme im Vakuum destilliert. Bei
11 mm gingen bei 120—160° 6 g über. Eine nochmalige Destillation
dieser 6 g lieferte:

> I 120—130°.
> II 130—145°.
> III 145—160°.

---

1) Perkin, Berichte d. Deutsch. chem. Gesellschaft **15**, 2802 [1882]; **16**,
210 [1883].

Von dieser letzten Fraktion erhielt man 1,7 g. Während die Elementaranalyse der beiden ersten Fraktionen unbefriedigende Werte ergab, erhielt man aus Fraktion III folgende Werte:

$$0{,}1004 \text{ g Sbst.}: 0{,}2883 \text{ g } CO_2, \; 0{,}1105 \text{ g } H_2O.$$

$$C_{14}H_{26}O. \quad \text{Ber. C } 80{,}0, \quad H \; 12{,}47.$$
$$\text{Gef. ,, } 80{,}14, \text{ ,, } 12{,}31.$$

Der Körper reduzierte ammoniakalische Silbernitratlösung, sein spezifisches Gewicht betrug 0,8463 (20°). Perkin hatte gefunden $D_{15}^{15} = 0{,}8494$. Demnach scheinen die beiden Körper identisch miteinander zu sein. Es haben sich also zwei Moleküle Önanthol unter Austritt von einem Molekül Wasser zu einem neuen Aldehyd vereinigt.

$$\begin{array}{l} CH_3(CH_2)_5CHO \\ + \, CH_3(CH_2)_4 - CH_2 . COH \end{array} = \begin{array}{l} CH_3(CH_2)_5 . CH \\ \quad\quad\quad\quad\; \| \\ CH_3(CH_2)_4 . \overset{}{C}COH \end{array} + H_2O .$$

$$\text{Oktanal, } CH_3(CH_2)_6COH\,[1]).$$

Die Darstellung war die übliche: 55 g käuflicher Oktylalkohol werden mit 75 g Kaliumbichromat und 80 g konz. Schwefelsäure oxydiert. Wie auch in früheren Fällen ließ man das Chromsäuregemisch langsam zum Alkohol fließen, man trennte den Aldehyd vom Wasser durch Abheben. Bei der Destillation erhielt man 25 g einer Fraktion von 170—180°. Dann wurde mit Natriumbisulfit versetzt, mit Soda zerlegt und 10 g Aldehyd bei 171—173° unter gewöhnlichem Druck herausdestilliert.

Optische Untersuchung.

$$D_{20}^{20} = 0{,}82583; \quad n_d^{20} = 1{,}42167; \quad n_\alpha = 1{,}41957; \quad n_\gamma = 1{,}43175.$$
$$\text{Mol.-Refraktion } M_d \;\; . \; . \; . \quad \text{ber. } 39{,}1, \quad \text{gef. } 39{,}3.$$
$$\text{Mol.-Dispersion } M_{\gamma-\alpha} \; . \; . \quad \text{,, } 0{,}974, \text{ ,, } 1{,}00.$$

Semicarbazon.

Angewandt: 1,11 g Semikarbacidchlorhydrat, 0,9 g Kaliumacetat, 1,2 g Aldehyd. Die Ausbeute betrug 1 g. Kleine weiße Prismen, sie wurden aus Alkohol umkristallisiert. Schmp. 98°. Löslich in Alkohol, leicht löslich in Benzol, Aceton, Chloroform.

$$0{,}1232 \text{ g Sbst.}: 0{,}2598 \text{ g } CO_2, \; 0{,}1110 \text{ g } H_2O.$$

$$C_9H_{19}N_3O. \quad \text{Ber. C } 58{,}4, \quad H \; 10{,}3.$$
$$\text{Gef. ,, } 57{,}51, \text{ ,, } 10{,}08.$$

Nitro- und Bromphenylhydrazin ergaben ölige Niederschläge.

---

[1]) Schimmel gibt die Dichte des Oktylaldehyds zu $D^{15} = 0{,}827$. Chem. Centralbl. 1899, I, 1043. Semmler findet folgende Werte: $D_{20} = 0{,}8211$, $n_d = 1{,}41955$. Berichte d. Deutsch. chem. Gesellschaft **42**, 1161 [1909].

Brauns Reagens.

Angewandt: 0,63 g Reagens, 1,28 g Aldehyd. Die Ausbeute betrug 1,3 g aus gewöhnlichem Alkohol umkristallisiert; kleine, gelbe prismatische Tafeln, löslich in Aceton, Essigäther, abs. Alkohol, Benzol. Schmp. 60°.

0,1220 g Sbst.: 0,3484 g CO_2, 0,118 g H_2O. — 0,1390 g Sbst.: 13,8 ccm N (12,5°, 745,5 mm).

$$C_{31}H_{48}N_4. \quad \text{Ber. C } 78,1, \quad \text{H } 10,08, \quad \text{N } 11,74.$$
$$\text{Gef. } \text{,, } 77,88, \quad \text{,, } 10,25, \quad \text{,, } 11,53.$$

Doebners Reaktion.

Eine kurze Angabe von Schimmel für den Schmelzpunkt der Naphthocinchoninsäure[1]) des Oktanals ist vorhanden.

Angewandt: 1,2 g Aldehyd, 0,88 g Brenztraubensäure, 1,43 g Naphthylamin. Ausbeute: 1,1 g gelbe Plättchen, unlöslich in Äther, Benzol, Aceton, löslich in heißem Alkohol. Schmp. 240—243°.

0,1126 g Sbst.: 0,3214 g CO_3, 0,0694 g H_2O.

$$C_{21}H_{23}O_2N. \quad \text{Ber. C } 78,5, \quad \text{H } 7,17.$$
$$\text{Gef. } \text{,, } 77,8, \quad \text{,, } 6,89.$$

Angelis Reaktion.

Angewandt wurden 1,2 g Aldehyd, 1,5 g Benzolsulfonhydroxamsäure. Die Ausbeute betrug 1,2 g Kupfersalz; es wurden verschiedene Kupferbestimmungen sowohl als Oxyd wie als Sulfür ausgeführt. Die gefundenen Werte waren stets zu klein.

Nonanal, $CH_3(CH_2)_7COH$.

Der Nonylaldehyd wurde nach der von W. Franck[2]) ausgearbeiteten Methode der Zersetzung des Ölsäureozonids mit Eisessig und Ameisensäure dargestellt.

150 g Ölsäure wurden im drei- bis vierfachem Volumen Eisessig gelöst und der Ozonisation unterworfen. Nach Beendigung der Ozonisation (das Ende der Reaktion, das nach drei bis fünf Tagen eintrat, erkannte man daran, daß sich Bromeisessiglösung nicht mehr entfärbte) versetzte man die Lösung mit 60 g Ameisensäure, um die gebildeten Peroxyde zu reduzieren und kochte am Rückflußkühler. Nach durchgeführter Reduktion (aus Jodkaliumlösung schieden sich nur noch

---

[1]) Schmp. nach Schimmel 234°. Chem. Centralbl. 1899, I, 1043.
[2]) Franck, siehe dieses Buch S. 323.

geringe Mengen Jod ab) dampfte man den Eisessig und die Ameisensäure im Vakuum ab und nahm den gelbgefärbten Rückstand mit Äther
und Wasser auf. Nach der Neutralisation mit Natriumbicarbonat
trennte man die beiden Schichten im Scheidetrichter, der Rückstand
wurde nach Verdampfen des Äthers unter vermindertem Druck (12
bis 23 mm) destilliert. Die Fraktion bei 80—120° ergab eine Ausbeute
von 28 g. Bei nochmaliger Destillation dieser Fraktion erhielt man
15 g, welche bei 80—85° siedeten. Sämtliche Destillate wurden mit
Natriumbisulfit geschüttelt, um die letzten Reste Aldehyd zu erhalten.
Aus der Bisulfitverbindung wurde mit Soda der Aldehyd in Freiheit
gesetzt und mit Wasserdampf übergetrieben, hierbei betrug die Ausbeute 11 g.

Dieser Methode, den Aldehyd mit Wasserdampf überzutreiben,
gingen verschiedene andere Versuche voraus, ohne befriedigende Resultate zu ergeben. Beim direkten Ausäthern der alkalischen Lösung
bildete sich ein dickes Öl.

Optische Untersuchung[1]).

$$D_{19}^{19} = 0{,}8268; \quad n_d^{18{,}5} = 1{,}42417; \quad n_\alpha = 1{,}41876; \quad n_\gamma = 1{,}43357.$$
Mol.-Refraktion M_d . . . ber. 43,71, gef. 43,8.
,,   ,, $M_{\gamma-\alpha}$ . .   ,,   1,085,   ,, 1,323.

Das Semicarbazon[2]) schmilzt bei 100° und ist schon beschrieben
worden.

Nitrophenylhydrazin ergab einen öligen Niederschlag.

Brauns Reagens.

Angewandt: 0,6 g Reagens, 0,7 g Aldehyd in alkoholischer Lösung.
Ausbeute: 0,7 g; nach mehrmaligem Umkristallisieren aus verdünntem
Alkohol ergab sich der Schmp. 61°, feine dünne Blätter von gelber Farbe.

0,1243 g Sbst.: 21,1 ccm N (20°, 762 mm).
$C_{33}H_{52}N_4$.   Ber. N 11,12.
Gef. ,, 11,17.

Doebners Reaktion.

Angewandt wurde 1,4 g Aldehyd, 0,88 g Brenztraubensäure, 1,4 g
Naphthylamin. Die Ausbeute betrug 1 g. Schmp. 234°. Der Körper

---

[1]) Walbaum und Stephan, Berichte d. Deutsch. chem. Gesellschaft 33,
2302 [1900].

[2]) C. Harries u. H. O. Türk, Über die Spaltungsprodukte der Ölsäureozonide. Berichte d. Deutsch. chem. Gesellschaft 39, 733 [1906], 40, 2756 [1907]. —
Bayard, Bull. de la Soc. chim. (4) 1, 351 [1907].

zeigte denselben Schmelzpunkt wie die Naphthochinonsäure des Oktylaldehyds. Auch Walbaum[1]) und Stephan hatten dasselbe gefunden.

Versuche zur Trennung von künstlich dargestellten Gemischen von Aldehyde.

Je 10 g Acet, Propyl, Isobutyl, normaler Butylaldehyd wurden zusammengegossen und mit einem Fraktionieraufsatz destilliert. Folgende Fraktionen wurden erhalten:

I. 23—33°.	II. 33—40°.	III. 40—54°.
	Hauptmenge	Hauptmenge
	bei 35°	bei 45°
IV. 52—57°.	V. 58—65°.	VI. 65—71°.
Hauptmenge	Hauptmenge	Hauptmenge
bei 54°	bei 63°	bei 67°.

Siedepunkt der reinen Aldehyde.

Acetaldehyd 20,8°, Propylaldehyd 49°, Isobutylaldehyd 63°, normaler Butylaldehyd 73°.

Optische Untersuchungen:

I. Fraktionen: 1. $i_d^{18} = 64° 25'$ II. Reine Aldehyde.
2. $i_d^{18} = 64°$ Acetaldehyd 67° 10'.
3. $i_d^{18} = 62° 15'$
Propylaldehyd 61° 15'.
4. $i_d^{18} = 60° 20'$
5. $i_d^{18} = 59° 20'$ Isobutylaldehyd 59° 10'.
6. $i_d^{18} = 58° 45'$ norm. Butylaldehyd 57° 15'.

Man sieht, daß, wie bei den reinen Aldehyden auch bei den Gemischen die Größe der Winkel für die d-Linie mit wachsender Kohlenstoffzahl abnimmt.

Ferner sind in Fraktion 1, 2 und 3 vornehmlich Acet und Propylaldehyd; Fraktion 1 und 2 zeigen für reinen Acetaldehyd zu kleine Werte, folglich ist noch etwas Propylaldehyd dabei, Fraktion 3 zeigt einen zu großen Wert für reinen Propylaldehyd, folglich ist noch Acetaldehyd in dieser Fraktion vorhanden; auch Fraktion 4 enthält noch Spuren Propyl- und Acetaldehyd, während Fraktion 5 fast nur Isobutylaldehyd enthält, da beide Werte gut übereinstimmen. Fraktion 6 dagegen enthält größtenteils normalen Butylaldehyd, aber auch Isobutylaldehyd, wie aus dem größeren Brechungsindex zu ersehen ist. Diese Resultate konnten durch wiederholte Destillationen nicht verbessert

---

[1]) Berichte d. Deutsch. chem. Gesellschaft **33**, 2302 [1900].

13*

werden, deshalb versuchte man, leider auch vergeblich, eine Trennung
der Aldehyde aus den Gemischen durch Überführung in Derivate herbeizuführen. Nachdem bei den einzelnen Aldehyden die Löslichkeit der
Nitrophenylhydrazone ermittelt war, wurden Nitrophenylhydrazone
von den einzelnen Fraktionen dargestellt, um ihren Schmelzpunkt
und ihre Löslichkeit mit denjenigen der reinen Aldehyde vergleichen
zu können. Zu diesem Zwecke ließ man zu einer genau abgewogenen
Menge Nitrophenylhydrazon der verschiedenen Fraktionen bei bekannter
Temperatur aus einer Meßbürette tropfenweise abs. Alkohol fließen,
bis alles in Lösung gegangen war.

Für die Nitrophenylhydrazone der reinen Aldehyde ergab sich
folgendes:

Schmp. 128,5°. —	1 g Nitrophenylhydrazon des Acetaldehyds wurde in 17 ccm abs. Alkohol gelöst (Temp. 21°).
„ 124°.	1 g Nitrophenylhydrazon des Propylaldehyds wurde in 15 ccm abs. Alkohol gelöst (Temp. 23°).
„ 87°.	1 g Nitrophenylhydrazon des Butylaldehyds wurde in 9,1 ccm abs. Alkohol gelöst (Temp. 21°).
„ 130°.	1 g Nitrophenylhydrazon des Isobutylaldehyds wurde in 19,3 ccm abs. Alkohol gelöst (Temp. 23°).

Für die Nitrophenylhydrazone der einzelnen Fraktionen ergab sich:

Schmp. 124—126°.	1 g Nitrophenylhydrazon der Fraktion I und II wurde in 25 ccm abs. Alkohol gelöst (Temp. 21°).
„ 122—124°.	1 g Nitrophenylhydrazon der Fraktion III wurde in 6 ccm abs. Alkohol gelöst (Temp. 21°).
„ 125—128°. Der Schmelzpunkt war unscharf.	1 g Nitrophenylhydrazon der Fraktion IV wurde in 7 ccm abs. Alkohol gelöst (Temp. 19°).
Schmp. 129°.	1 g Nitrophenylhydrazon der Fraktion V wurde in 20 ccm abs. Alkohol gelöst (Temp. 21°).
Schmp., ein Teil schmolz bei 92°, geringe Spuren bei 120°.	1 g Nitrophenylhydrazon der Fraktion VI wurde in 7 ccm abs. Alkohol gelöst (Temp. 19°).

Die Schmelzpunkte der Nitrophenylhydrazone aus den Gemischen
ließen sich auch durch mehrfaches Umkristallisieren nicht ver-
bessern.

Auch die analogen Versuche, die Aldehyde mit Brauns Reagens
aus den Gemischen zu identifizieren, mißlangen. Die Schmelzpunkte
dieser Körper waren unscharf und ließen trotz Reinigen und Umkristallisieren keine Schlüsse auf den anwesenden Aldehyd zu. Die
Versuche, einen niederen Aldehyd aus Gemischen sicher zu identifizieren,
müssen also als mißlungen bezeichnet werden.

Körper	T	Sp. G.	M_d	M_α	M_γ	Mol.-Disp.	
1. Acetaldehyd	19°	0,7904	gef. 11,70	gef. 11,59	gef. 11,88	gef.	ber.
			ber. 11,493	ber. 11,47	ber. 11,778	0,29	0,308
2. Propyl-aldehyd	a) 19°	0,8171	gef. 15,84	gef. 15,77	gef. 16,17	0,4	0,42
			ber. 16,09	ber. 16,04	ber. 16,46		
3. Norm. Bu-tylaldehyd	a) 19°	0,8048	gef. 20,88	gef. 20,78	gef. 21,27		
			ber. 20,69	ber. 20,61	ber. 21,14	0,49	0,53
	b) 19°	0,8044	gef. 20,887	gef. 20,73	gef. 21,26	0,53	0,53
4. Isobutyl-aldehyd	a) 19°	0,7917	gef. 20,71	gef. 20,62	gef. 21,2	0,58	0,53
			ber. 20,69	ber. 20,61	ber. 21,14		
	b) 19°	0,7966	gef. 20,74	gef. 20,64	gef. 21,19	0,55	0,53
5. Isovaler-aldehyd	a) 20°	0,7845	gef. 25,99	gef. 25,8	gef. 26,5		
			ber. 25,3	ber. 25,2	ber. 25,8	0,7	0,6
	b) 20°	0,7964	gef. 25,7	gef. 25,6	gef. 26,3	0,7	0,6
6. Önanthol	a) 19°	0,8230	gef. 34,59	gef. 34,39	gef. 35,27		
			ber. 34,508	ber. 34,325	ber. 35,18	0,88	0,86
	b) 19°	0,8230	gef. 34,59	gef. 34,39	gef. 35,27		
			ber. 34,508	ber. 34,325	ber. 35,18	0,88	0,86
7. Octyl-aldehyd	a) 20°	0,82383	gef. 39,3	gef. 39,18	gef. 40,18		
			ber. 39,1	ber. 38,896	ber. 39,870	1,0	0,974
8. Nonyl-aldehyd	a) 19°	0,8268	gef. 43,87	gef. 43,391	gef. 44,714		
			ber. 43,714	ber. 43,467	ber. 44,552	1,323	1,085

a = Bestimmungen an dem über Bisulfit gereinigten Aldehyd.
b = Bestimmungen an dem Kahlbaumschen Präparat.
T = Temperatur bei den Bestimmungen.
Sp. G. = spez. Gewicht.

27. C. Harries und Paul Reichard: Über eine neue Darstellungsweise der Aminoaldehyde.

Aus dem I. Berliner Universitätslaboratorium.
Berichte der Deutschen chemischen Gesellschaft **37**, 612 (1904).
(Vorgetragen in der Sitzung von Herrn C. Harries.)

Die Ozonoxydationsmethode[1]) läßt sich mit Vorteil zur Darstellung der bisher so schwer zugänglichen, höchst empfindlichen Aminoaldehyde verwenden, wenn man als Ausgangsmaterial die ungesättigten Amine benutzt.

Oxydation von Allylamin.

Zunächst haben wir das Allylamin in den Kreis der Untersuchung gezogen. Für diese Oxydation ergaben sich nach früheren Erfahrungen drei Gesichtspunkte:

1. Einwirkung von Ozon auf freies Allylamin ohne Verdünnungsmittel.
2. Einwirkung von Ozon auf freies Allylamin in wässeriger Lösung.
3. Einwirkung von Ozon auf salzsaures Allylamin in wässeriger Lösung.

Wir haben bereits alle drei Einwirkungsarten untersucht, genauer indessen nur die letzte verfolgt.

Über zwei verschiedene Aminoacetaldehyde.

Leitet man in eine wässerige Lösung von Allylaminchlorhydrat Ozon ein, so bemerkt man nach kurzer Zeit, daß dieselbe stark Fehlingsche Lösung reduziert — ein Zeichen, daß die Aldehydspaltung vor sich gegangen ist; daneben läßt sich Wasserstoffsuperoxyd nachweisen. Die Reaktion erfolgt folgendermaßen:

$$CH_2 : CH . CH_2 . NH_2, \ HCl + O_3 + H_2O$$
$$\rightarrow CH_2O + OCH . CH_2 . NH_2, \ HCl + H_2O_2.$$

5 g Allylamin in 15 ccm verdünnter Salzsäure gelöst, sind nach $2^1/_2$ Stunden vollständig oxydiert. Die klare Flüssigkeit wird nunmehr

---

[1]) C. Harries, Berichte d. Deutsch. chem. Gesellschaft **36**, 1933, 2998, 3001, 3658 [1903].

im Vakuum bei 35° eingedampft, wobei das Wasserstoffsuperoxyd und auch durch die Gegenwart der Salzsäure aller Formaldehyd in den Vorlauf übergetrieben wird. Es hinterbleibt ein dicker, öliger, bei vorsichtigem Arbeiten farbloser Rückstand: das Chlorhydrat des Aminoacetaldehyds. Dasselbe konnte nicht zur Kristallisation gebracht werden. Nimmt man dieses dicke Öl in wenig Wasser auf und versetzt es mit Platinchlorid, so kristallisiert sofort ein hellgelber Brei von schönen zerschlissenen Tafeln heraus. Dieselben ergaben bei der Analyse folgende Resultate:

0,2048 g Sbst.: 0,0751 g Pt. — 0,2141 g Sbst.: 9,8 ccm N (20°, 758 mm).
$(CHO.CH_2.NH_2, HCl)_2PtCl_4$.   Ber. Pt 36,91, N 5,32.
Gef. ,, 36,68, ,, 5,19.

Daraus geht hervor, daß hier ein normales Platinat des Aminoacetaldehyds vorliegt.

Nun hat Emil Fischer[1] früher bei Gelegenheit seiner Untersuchungen über den Aminoacetaldehyd gezeigt, daß diese Verbindung, wenn man sie aus dem Aminoacetal durch Verseifen mit Salzsäure in Freiheit setzt, kein schwer lösliches Platinat in wässeriger Lösung liefert. Nimmt man aber das ölige Chlorhydrat in Alkohol oder Methylalkohol auf, so kristallisieren Platinate, welche die Elemente des Äthylalkohols oder Methylalkohols enthalten:

$$(CHO.CH_2.NH_2, HCl)_2PtCl_4 + 2 CH_3.CH_2.OH \text{ und}$$
$$(CHO.CH_2.NH_2, HCl)_2PtCl_4 + 2 CH_3.OH.$$

Es sind also Platinate von Halbacetalen des Aminoacetaldehyds, $CH_2(NH_2)CH(OH)(OC_2H_5)$. Um zu prüfen, ob sich der von uns gewonnene Aminoaldehyd analog verhielt, nahmen wir das ölige Chlorhydrat ebenfalls in Alkohol auf und fügten zu der alkoholischen Lösung Platinchlorid. Zu unserem Erstaunen zeigte sich aber bei der Analyse, daß das so gewonnene, in dreieckigen Prismen kristallisierende Doppelsalz nicht identisch mit dem Fischerschen alkoholhaltigen Platinat war, sondern genau so wie die aus der wässerigen Lösung gewonnene Verbindung, also normal, zusammengesetzt war.

Aus diesem Grunde erschien es wünschenswert, den Aminoacetaldehyd nach dem Fischerschen Verfahren aus Aminoacetal[2] darzustellen, um die beiden Verbindungen verschiedener Herkunft genauer miteinander zu vergleichen. Dabei hat sich folgendes herausgestellt:

Fügt man zu einer konzentrierten Lösung des Aminoacetaldehydchlorhydrats, nach E. Fischer bereitet, Platinchlorid, so erhält man

---

[1] E. Fischer, Berichte d. Deutsch. chem. Gesellschaft **26**, 92 [1893].

[2] Das Aminoacetal verdanken wir der Liebenswürdigkeit des Herrn Prof. Dr. Fritsch aus Marburg.

keine Abscheidung eines Platinats unter Umständen, wo man bei dem unsrigen sicher eine solche erreichen würde.

Verdunstet man dann aber die mit überschüssigem Platinchlorid versetzte, wässerige Lösung des Aminoacetaldehyds von Fischer im Vakuumexsiccator, so bildet sich als Rückstand ein festes, wenn auch nur undeutlich kristallinisches Platinat. Zur Reinigung wurde dasselbe mit wenig Alkohol gewaschen; bei der Analyse zeigte es sich, daß nach dieser Methode ebenfalls eine normal zusammengesetzte, alkoholfreie Platindoppelverbindung gewonnen werden kann.

0,2511 g Sbst.: 0,0939 g Pt. — 0,1410 g Sbst.: 6,5 ccm N (22°, 763 mm).

$(CHO.CH_2.NH_2, HCl)_2PtCl_4$.   Ber. Pt 36,91, N 5,32.
Gef. „ 37,41, „ 5,27.

Nun sind die beiden Platinate miteinander verglichen worden; hierbei haben wir beobachtet, daß sie verschiedene Löslichkeit und verschiedene Schmelzpunkte besitzen. Das nach der Ozonmethode gewonnene Platinat schmilzt bei ca. 185° unter Zersetzung, das aus dem Aminoacetal bei 125°; bis über 185° erhitzt, zersetzt es sich nicht. Die Löslichkeit beider Salze ließ sich nicht genau bestimmen, da sie beide von kaltem Wasser sehr schwer aufgenommen werden und sich dabei allmählich zersetzen. In siedendem Wasser rasch erhitzt, lösen sie sich beide unzersetzt; das Platinat aus dem Aminoacetal ist aber schwerer löslich als dasjenige aus dem Allylamin. Die Kristallform ist sehr verschieden: das letztere kristallisiert in glänzenden Blättchen, während das erstere aus wenig heißem Wasser in kleinen undeutlichen Prismen oder Täfelchen herauskommt.

Hiernach liegen also zwei deutlich verschiedene Platinate isomerer Zusammensetzung vor. Die Ursache der Isomerie könnte man auf zweierlei Ursachen zurückführen. Aus der Formel des Aminoacetaldehyds lassen sich zwei miteinander tautomere Formen ableiten, diejenige des wahren Aldehyds und die der Oxymethylenverbindung:

$$NH_2.CH_2.CHO \quad \text{und} \quad H_2N.CH:CH.OH.$$

Aus der leichten Additionsfähigkeit für Alkohol könnte hervorgehen, daß der Körper aus Aminoacetal die Oxymethylenverbindung ist. Andererseits ist es natürlich auch möglich, daß der eine Aldehyd mono-, der andere dimolekular ist. Letzteres dürfte wohl der Aldehyd aus Aminoacetal sein, weil seine Bereitung weniger glatt ist. Indessen spricht seine Darstellungsweise, Erhitzen mit verdünnter Salzsäure oder Stehenlassen mit rauchender Salzsäure in der Kälte, eher für eine Depolymerisation. Denn Formaldehyd wird z. B. durch Eindampfen mit Salzsäure in monomolekularen Zustand übergeführt, also depolymerisiert. Wenn wirklich hier zwei Isomere in der oben formulierten

Weise vorliegen sollten, so wäre damit der erste Fall dafür erbracht, daß **Aldehyd- und Oxymethylengruppe nicht identisch sind**. Die Untersuchung wird in diesem Sinne fortgeführt werden.

Bei der Oxydation von freiem Allylamin in wässeriger Lösung entsteht ebenfalls Aminoacetaldehyd; bisher ist es aber nicht gelungen, ihn daraus rein zu isolieren; beim Eindampfen der Lösung im Vakuum entsteht ein dunkles, nach Pyrazin riechendes Öl.

Bei der Einwirkung von Ozon auf freies Allylamin ohne Lösungsmittel unter starker Kühlung bildet sich ein dickes, gelbes Öl, anscheinend eine peroxydartige Verbindung.

Das **α-Aminopropionaldehyd-chlorhydrat** kann auf analogem Wege aus Phenylaminobuten-chlorhydrat,

$$C_6H_5.CH:CH.CH(NH_2.HCl).CH_3 + O_3 + H_2O$$
$$\rightarrow C_6H_5.CHO + OCH.CH(NH_2.HCl).CH_3 + H_2O_2,$$

welches der eine von uns kürzlich in Gemeinschaft mit de Osa[1]) beschrieben hat, in wässeriger Lösung gewonnen werden. Beim Eindampfen der oxydierten, vom abgeschiedenen Benzaldehyd befreiten Lösung hinterbleibt ein gelber, stark **Fehlingsche Lösung** reduzierender Sirup, der nach kurzer Zeit in langen Nadeln zum Chlorhydrat der α-Aminopropionsäure erstarrt. Es ist wahrscheinlich, daß sich nach diesem Verfahren eine Reihe noch nicht bekannter Aminoaldehyde[2]) bereiten lassen wird.

---

[1]) **Harries u. de Osa**, Berichte d. Deutsch. chem. Gesellschaft **36**, 3002 [1903].

[2]) Vgl. **Wohl**, Berichte d. Deutsch. chem. Gesellschaft **34**, 1914 [1901].

28. C. Harries und Irnfried Petersen: Über Versuche zur Synthese des Glycylaminoacetaldehyds.

Aus dem Chemischen Institut der Universität Kiel.
Berichte der Deutschen chemischen Gesellschaft **43**, 634 (1910).
(Eingegangen am 11. Februar 1910.)

Daß Aminoaldehyde in den Proteinen enthalten sein müßten, ist besonders von Loew behauptet worden; nach E. Fischers Ansicht kann dies aber nicht der Fall sein, weil man sie sonst bei der Hydrolyse solcher Stoffe infolge ihres Reduktionsvermögens müßte nachweisen können.

Es erschien uns daher von Interesse, auf synthetischem Wege durch Kombination von einer Aminosäure mit einem Aminoaldehyd den Dipeptiden verwandte Verbindungen, die wir Peptale nennen wollen, zu bereiten, um an diesen die Eigenschaften derartiger Körper zunächst einmal kennenzulernen und zu sehen, wie sie sich bei der Hydrolyse eigentlich verhalten.

Das Nächstliegende erschien uns, den Glycylaminoacetaldehyd darzustellen. Hierfür boten sich besonders zwei Wege[1]). Früher ist gezeigt worden, daß aus Allylamin-Chlorhydrat in wässeriger Lösung mit Ozon das Chlorhydrat des Aminoacetaldehyds[2]) entsteht. Wir führten daher in das Allylamin mit Chloracetylchlorid und Ammoniak den Glycylrest ein und oxydierten das Glycylallylaminchlorhydrat mit Ozon:

$$Cl.CH_2.CO.NH.CH_2.CH : CH_2 \rightarrow HCl, NH_2.CH_2.CO.NH.CH_2$$
$$.CH : CH_2 \rightarrow HCl, NH_2.CH_2.CO.NH.CH_2.CHO.$$

Hierbei erhielten wir einen stark reduzierenden Sirup, aus dem der Aldehyd aber bisher nicht rein erhalten werden konnte, er scheint außerordentlich empfindlich zu sein. Da wir fürchteten, daß bei dieser Oxydation viel Glycylglycin entsteht und dieses die Eigenschaften des Aldehyds verdecken würde, schlugen wir noch einen zweiten Weg zur

---

[1]) Ein anderer Weg ist von Neuberg angedeutet worden: Berichte d. Deutsch. chem. Gesellschaft **41**, 956 [1908].

[2]) Harries u. Reichard, Berichte d. Deutsch. chem. Gesellschaft **37**, 612 [1904]. Dieses Buch S. 198.

Gewinnung des Peptals ein. Wir behandelten Aminoacetal mit Chloracetylchlorid und Ammoniak und bereiteten so das Glycyl-aminoacetal, welches bei der Spaltung mit Chlorwasserstoffsäure, nach dem von E. Fischer[1]) beim Aminoacetal selbst früher angewandten Verfahren, ein dem vorher beschriebenen ganz ähnliches Produkt liefert:

$$Cl.CH_2.CO.NH.CH_2.CH(OC_2H_5)_2 \rightarrow NH_2.CH_2.CO.NH.CH_2$$
$$.CH(OC_2H_5)_2 \rightarrow HCl, NH_2.CH_2.CO.NH.CH_2.CHO.$$

Über die Bereitung des Aminoacetaldehyds aus Allylamin-chlorhydrat und Ozon sei noch folgendes nachgetragen: Der eine von uns hat früher in Gemeinschaft mit Reichard[2]) gezeigt, daß Allyl-aminchlorhydrat mit Ozon einen Aminoacetaldehyd liefert, der nicht identisch mit dem von E. Fischer beschriebenen Produkt ist, da er aus wässeriger Lösung ein schwer lösliches Platinat liefert. Als wir jetzt diese Befunde nachprüften, zeigte es sich, daß es uns nicht möglich war, die alten Resultate wieder zu erhalten; wir bekamen viel-mehr das salzsaure Salz eines Aminoacetaldehyds, das in jeder Beziehung mit dem von E. Fischer aus Aminoacetal gewonnenen als übereinstim-mend anzusprechen ist. Wir müssen dieses Resultat zunächst auf die ungenaue Protokollierung der Versuche seitens Reichards zurück-führen, der zufällig Bedingungen gefunden hat, die für die Bildung des anderen Aminoacetaldehyds günstig waren, die sich aber trotz großer Mühe nicht wieder herausfinden ließen.

Experimenteller Teil.

I. Chloracetylallylamin.

11,4 g (2 Mol.) Allylamin wurden in der 15fachen Menge absolutem Äther gelöst und unter starker Kühlung und beständigem Schütteln in 11,3 g (1 Mol.) Chloracetylchlorid, welches ebenfalls im 15fachen Volumen absoluten Äthers aufgenommen war, tropfenweise eingetragen. Von Beginn der Reaktion scheidet sich Allylaminchlorhydrat ab. Wenn alles Allylamin hinzugegeben ist, läßt man noch 2—3 Stunden bei ge-wöhnlicher Temperatur stehen, dann wird schnell vom Allylaminchlor-hydrat abfiltriert und das ätherische Filtrat im Vakuum eingedampft. Es hinterblieb eine sirupdicke, farb- und geruchlose Flüssigkeit, das Chloracetylallylamin, in fast quantitativer Ausbeute. Das Öl wurde zweimal im Vakuum destilliert, wobei es in der mit Kältemischung gekühlten Vorlage kristallinisch erstarrte. Sdp. 110—112° unter 14 mm Druck.

---

1) Berichte d. Deutsch. chem. Gesellschaft **26**, 92 [1893].
2) loc. cit.

0,2488 g Sbst.: 0,2704 g AgCl. — 0,1570 g Sbst.: 13,8 ccm N (19,5°, 766 mm).

C_5H_8ONCl.   Ber. N 10,49, Cl 26,56.

Gef. ,, 10,17, ,, 26,87.

$D_{19,5}^{19,5} = 1,1683$; $n_d^{19,5} = 1,48917$; $n_\alpha = 1,48621$; $n_\gamma = 1,50461$.

Mol.-Refraktion 1|⁼: Ber. 33,55. Gef. 32,99.

Mol.-Dispersion: Ber. 0,91. Gef. 1,05.

Als Atomrefraktion für N wurden die Werte eingesetzt, die Brühl[1]) für das Schema $NH(.C.)_2$ empfiehlt[2]).

Wenn man, anstatt Allylamin zum Chloracetylchlorid tropfen zu lassen, umgekehrt verfährt, so scheidet sich ein Öl ab, das zwar nicht näher untersucht wurde, aber höchstwahrscheinlich das Allylamino-acetylallylamin ist, indem beide Chloratome durch Allylamin ersetzt worden sind.

Glycylallylamin, $NH_2.CH_2.CO.NH.CH_2.CH : CH_2$.

Zur Überführung des Chloracetylallylamins in das Aminoacetyl-allylamin trägt man das erstere in kleinen Portionen in etwa die 20fache Menge konzentrierten wässrigen Ammoniaks unter ständigem Schütteln ein, wobei man mit dem weiteren Zusatz jedesmal wartet, bis sich alles aufgelöst hat. Nach mehrstündigem Stehen bei Zimmertemperatur fügt man genau die zur Bindung der Chlorwasserstoffsäure berechnete Menge n-Natronlauge hinzu und dunstet im Vakuum bei einer Badtemperatur von ca. 35° vollkommen ein. Es hinterbleibt hierbei neben Kochsalz ein gelbes Öl, welches durch mehrfaches Ausziehen mit absolutem Alkohol und Wiedereindampfen von ersterem befreit werden kann. Die Ausbeute ist dann beinahe quantitativ. Das Glycylallylamin wird zur vollständigen Reinigung im Vakuum unter möglichst geringem Druck destilliert, da es beim Fraktionieren unter 10 mm Druck Zersetzung erleidet. Es siedet unter 0,19 mm Druck (an der Ölpumpe) bei 85—91° restlos als farbloses und gleich nach der Destillation auch geruchloses Öl über. Beim Stehen tritt ein schwach basischer Geruch auf. Bei zweimaliger Destillation aus dem Glycerinbad ergab eine mittlere Frak-tion bei der Analyse folgende Werte:

0,1560 g Sbst.: 0,3060 g CO_2, 0,1254 g H_2O. — 0,1728 g Sbst.: 36,4 ccm N (20°, 760 mm).

$C_5H_{10}ON_2$.   Ber. C 52,63, H 8,77, N 24,56.

Gef. ,, 53,50, ,, 8,99, ,, 24,09.

$D_{20}^{20} = 1,0532$; $n_d^{20} = 1,49585$; $n_\alpha = 1,49242$; $n_\gamma = 1,51225$.

Mol.-Refraktion: Ber. 32,31. Gef. 31,64.

Mol.-Dispersion: Ber. 1,03. Gef. 1,07.

Die Base zieht äußerst lebhaft Kohlendioxyd aus der Luft an und bildet damit ein festes Carbaminat.

---

[1]) Zeitschr. f. physiol. Chemie **16**, 505 [1895].

[2]) Vgl. dieses Buch S. 208.

Sie ist leicht löslich in Wasser, Alkohol, Chloroform, schwerer in Essigester, fast gar nicht in Äther. Beim Stehen in Chloroform tritt ein widerlicher, an Isonitril erinnernder Geruch auf. Die meisten Salze sind zerfließlich.

In ätherischer Lösung entsteht aber mit Pikrinsäure ein **Pikrat**, das sich aus Wasser gut umkristallisieren läßt und daraus in schönen, zentimeterlangen Spießen kristallisiert. Schmp. 136—138°.

0,1483 g Sbst.: 0,2108 g CO_2, 0,0544 g H_2O. — 0,1272 g Sbst.: 22,6 ccm N (19°, 755 mm).

$$C_{11}H_{13}O_8N_5.$$ Ber. C 38,48, H 3,79, N 20,41.
Gef. ,, 38,76, ,, 4,10, ,, 20,36.

Benzoylaminoacetylallylamin wird nach der **Schotten-Baumann**schen Methode leicht erhalten. Es kristallisiert aus 90proz. Alkohol in weißen, schönen Blättchen vom Schmp. 138°.

0,1294 g Sbst. (im Vakuum getrocknet): 0,3112 g CO_2, 0,0766 g H_2O. — 0,1334 g Sbst.: 15,4 ccm N (21°, 742 mm).

$$C_{12}H_{14}O_2N_2.$$ Ber. C 66,02, H 6,47, N 12,85.
Gef. ,, 65,59, ,, 6,62, ,, 12,82.

Zur Oxydation mit **Ozon** wurde das Glycylallylamin mit verdünnter Salzsäure genau neutralisiert und mit einem Strom von ca. 12proz. Ozon behandelt. Beim Einengen der Lösung im Vakuum hinterblieb ein brauner Sirup, der beim Anrühren mit absolutem Alkohol fest wurde. Dieses feste Chlorhydrat reduziert die **Fehling**sche Flüssigkeit in der Kälte stark.

Führt man den Ersatz des Chlors im Chloracetylallylamin durch Amino statt mit wässerigem Ammoniak mit flüssigem Ammoniak im zugeschmolzenen Rohr aus und verfährt zur Isolierung der Base, wie vorher beschrieben, so erhält man bei der Destillation unter 0,19 mm Druck zwei Fraktionen. Die erste siedet bei 85—91° und enthält das Aminoacetylallylamin. Die zweite siedet bei 187° und bildet ein gelbes Öl, das alsbald kristallinisch erstarrt. Wahrscheinlich liegt in diesem Produkt das **Iminodiacetyldiallylamin**, $NH(CH_2.CO.NH.CH_2$ $.CH.CH_2)_2$, vor. — Die Analyse des nicht weiter gereinigten Körpers deutet darauf hin.

0,1833 g Sbst.: 0,3746 g CO_2, 0,1291 g H_2O.

$$C_{10}H_{17}O_2N_3.$$ Ber. C 56,9, H 8,0.
Gef. ,, 57,7, ,, 7,9.

In ätherischer Lösung liefert er ebenfalls ein festes Pikrat. Die Base wurde zunächst nicht näher untersucht.

II. Chloracetylaminoacetal, $ClCH_2.CO.NH.CH_2.CH(OC_2H_5)_2$.

Das Aminoacetal wird zur Kuppelung mit Chloracetylchlorid in genau der vorher beschriebenen Weise behandelt. Da aber Spuren von Säure, welche infolge von Nebenreaktionen leicht entstehen können, sehr schädlich sind, leitet man in die vom ausgeschiedenen chlorwasserstoffsauren Aminoacetal abfiltrierte ätherische Lösung trockenes Ammoniakgas ein[1]). Nachher wird der Äther im Vakuum abgedunstet und das zurückbleibende farblose Öl bei ganz niederem Druck destilliert. Es siedet unzersetzt bei 80—85° unter 0,14 mm Druck und erstarrt in der Vorlage zu einem weißen Kristallbrei, dessen Schmelzpunkt bei 29—30° liegt. Es ist leicht löslich in Äther und Benzol und Wasser, Essigester, Aceton, Chloroform.

0,1441 g Sbst.: 0,2406 g CO_2, 0,0988 g H_2O. — 0,0992 g Sbst.: 6,4 ccm N (24°, 737,7 mm). — 0,2042 g Sbst.: 0,1404 g AgCl.

$C_8H_{16}O_3NCl$.   Ber. C 45,81, H 7,69, N 6,69, Cl 16,92.
　　　　　　Gef. ,, 45,54, ,, 7,67, ,, 7,02, ,, 17,00.

Glycylaminoacetal, $NH_2.CH_2.CO.NHCH_2.CH(OC_2H_5)_2$.

Zur Überführung in das Aminoacetylaminoacetal trägt man das Chlorprodukt unter Einhaltung der beim Aminoacetylallylamin angegebenen Bedingungen in einen großen Überschuß an wässerigem Ammoniak ein. Darauf wird nach mehrstündigem Stehen die Reaktionsmasse zur Trockne im Vakuum eingedampft, wobei das Chlorhydrat in weißen Drusen auskristallisiert. Man nimmt es mit absolutem Alkohol auf, versetzt es nach dem Filtrieren mit absolutem Äther bis zur eintretenden Trübung und läßt einige Stunden bei 0° stehen, wobei das Salz als schöne, weiße Kristallmasse ausfällt. Aus der Mutterlauge kann man durch die gleiche Behandlung nochmals eine reichliche Portion gewinnen. Zur Analyse wurde das Salz im Vakuum getrocknet.

0,1308 g Sbst.: 0,2054 g CO_2, 0,1018 g H_2O. — 0,1334 g Sbst.: 14,7 ccm N (17°, 755 mm). — 0,1938 g Sbst.: 0,1207 g AgCl.

$C_8H_{19}O_3N_2Cl$.   Ber. C 42,36, H 8,45, N 12,36, Cl 15,65.
　　　　　　Gef. ,, 42,83, ,, 8,70, ,, 12,72, ,, 15,39.

Um aus dem Chlorhydrat die freie Base zu gewinnen, haben wir dasselbe in wenig Wasser aufgenommen, mit der berechneten Menge starkem Alkali in Freiheit gesetzt, abgehoben, mit Stangenkali getrocknet und bei einem möglichst niedrigen Vakuum aus dem Glycerinbad destilliert. Die Base siedet dann unter 0,07 mm Druck bei 107—110° als farbloses Öl über, welches in der Vorlage zu weißen, geruchlosen Kriställchen vom Schmp. 42—45° erstarrt. Sie ist leicht in Wasser, Alkohol, Benzol, schwerer in Äther löslich.

0,1190 g Sbst.: 0,2202 g CO_2, 0,1046 g H_2O. — 0,1230 g Sbst.: 15,8 ccm N (20,5°, 758,8 mm).

$C_8H_{18}O_3N_2$.   Ber. C 50,48, H 9,54, N 14,74.
　　　　　　Gef. ,, 50,47, ,, 9,83, ,, 14,44.

---

[1]) Hierbei wird ein kleiner Teil des Chloracetylamidoacetals in die Amidoverbindung umgesetzt, die als Chlorhydrat auskristallisiert und abfiltriert werden kann.

Das Acetal läßt sich durch verdünnte Salzsäure schon in der Kälte sehr leicht spalten, nach kurzer Zeit wird Fehlingsche Flüssigkeit stark reduziert. Dampft man das Reaktionsprodukt nach einigen Stunden Stehens vorsichtig im Vakuum zur Trockne ein, so erhält man einen bräunlichen Sirup, der ganz ähnliche Eigenschaften wie der durch Ozonisierung aus Glycylallylamin gewonnene besitzt. Mit einer genaueren Untersuchung dieses interessanten Produktes sind wir zurzeit beschäftigt[1]).

[1]) Vgl. J. Petersen, Inaug.-Diss., Kiel 1910.

29. C. Harries und Irnfried Petersen: Berichtigung.

Berichte der Deutschen chemischen Gesellschaft **43**, 1758 (1910).
(Eingegangen am 17. Mai 1910.)

Emil Fischer hat uns darauf aufmerksam gemacht, daß er in einer „Synthese von Polypeptiden: Derivate des Tyrosins und des Aminoacetals" betitelten Abhandlung[1]) bereits einen ähnlichen Weg zur Darstellung des Glycylaminoacetaldehyds wie wir[2]) beschritten hat. Zu unserem Bedauern ist uns dies entgangen. Da E. Fischer das Chloracetylaminoacetal und das Glycylaminoacetal selbst nicht in reinem Zustande isoliert hat, so ergänzten sich unsere beiderseitigen Arbeiten. Wir werden aber die Untersuchung des Glycylaminoacetals nicht weiter fortsetzen und uns auf diejenige der Oxydation des Glycylallylamins durch Ozon beschränken.

Bei dieser Gelegenheit sei auch eine Korrektur der in der genannten Arbeit aufgeführten Berechnung der Molekularrefraktion angebracht.

Herr Brühl hatte die Güte, uns darauf aufmerksam zu machen, daß uns hierbei ein Versehen unterlaufen ist.

Unter der Berücksichtigung nämlich, daß das Chloracetylallylamin kein sekundäres Amin, sondern ein sekundäres Amid und das Aminoacetylallylamin außerdem ein primäres Amin ist, ergibt sich nach Einsetzung der von Brühl[3]) hierfür ermittelten Werte folgendes:

$$C_5H_8O''Cl\overset{H}{N}{<}^{C}_{CO} = M_d \quad \ldots \quad \text{Ber. } 33{,}176. \quad \text{Gef. } 32{,}99.$$

Chloracetylallylamin $M_{\gamma-\alpha}$ . . . ,, 1,063. ,, 1,05.

$$C_5H_{10}O''\overset{H_2N}{{}^{\diagup}}{}^{CH}N{<}^{C}_{CO} = M_d \quad \text{Ber. } 31{,}726. \quad \text{Gef. } 31{,}64.$$

Aminoacetylallylamin $M_{\gamma-\alpha}$ . . ,, 1,033 ,, 1,07.

Man sieht, daß nunmehr die gefundenen und berechneten Werte ausgezeichnet übereinstimmen.

---

[1]) Berichte d. Deutsch. chem. Gesellschaft **41**, 2860 [1908].
[2]) Berichte d. Deutsch. chem. Gesellschaft **43**, 634 [1910].
[3]) Landolt - Börnstein, Tab., III. Aufl., S. 856.

30. C. Harries und Friedrich Düvel: Über Carboxäthylamino-acetaldehyd.

Aus dem Chemischen Institut der Universität Kiel.
Berichte der Deutschen chemischen Gesellschaft **47**, 3344 (1914).
(Eingegangen am 30. November 1914.)

Bisher sind die Versuche, zum freien Aminoacetaldehyd zu gelangen, nicht von Erfolg begleitet gewesen. Auch das Benzoylacetalamin läßt sich zwar mit Chlorwasserstoffsäure in das Hydrochlorid des Hippuraldehyds verwandeln, der freie Benzoylaminoaldehyd konnte bisher aber daraus nicht isoliert werden[1]).

In früheren Untersuchungen ist gezeigt worden, daß durch Ozon Allylaminchlorhydrat zum Chlorhydrat des Aminoacetaldehyds oxydiert werden kann[2]). Wir versuchten nun das Urethan des Allylamins zu ozonieren und konnten zeigen, daß das Carboxäthylallylamin auf diesem Wege in den Carboxäthylaminoacetaldehyd überführbar ist,

$$C_2H_5O.OC.NH.CH_2.CH\colon CH_2 \rightarrow C_2H_5O.CO.NH.CH_2.CHO + CH_2O,$$

während es nicht gelang, den Carboxymethylaminoaldehyd zu gewinnen. Hierbei beobachteten wir unter den Spaltungsprodukten Methylurethan. Es scheint dieser Vorgang in Analogie mit einem Zersetzungsprozeß des Hippuraldehyds zu stehen, bei dem nach E. Fischer[3]) Benzamid auftritt.

Das als Ausgangsmaterial benutzte Allylurethan wurde nach der Vorschrift von Manuelli und Commanducci[4]) erhalten. Es bildet ein langsam in großen Kristallen erstarrendes Dibromid.

Je 20 g des Urethans wurden in 200 g Eisessig mit gewaschenem Ozon (8—10 proz.) ca. 15 Stunden lang behandelt. Zur Zersetzung des gebildeten Ozonids wurde die Lösung während einer Stunde auf dem Wasserbade erhitzt, darauf der Eisessig im Vakuum (Heizbad 25°) vollständig abdestilliert. Es hinterblieb ein dickes, gelbliches, klares Öl, im Destillat wurden Formaldehyd und Ameisensäure nach-

---

[1]) E. Fischer, Berichte d. Deutsch. chem. Gesellschaft **26**, 92 [1893]; **27**, 165 [1894].

[2]) Harries u. Reichard, Berichte d. Deutsch. chem. Gesellschaft **37**, 612 [1904]. — Harries u. Petersen, Berichte d. Deutsch. chem. Gesellschaft **43**, 634, 1758 [1910].

[3]) loc. cit.

[4]) Gazz. chim. Ital. **29**, 136 [1899].

gewiesen. Der Rückstand ließ sich direkt bei hohem Vakuum über-
sieden. Man erhielt 2 Fraktionen:

Fraktion I. Sdp. 79 bis 81°, 0,5 mm Druck (2,5 g),
     ,, II. ,, 90 ,, 140°, 0,5 ,,   ,, (10 g)
Rückstand . . . . (5 g)

Von der ersten Fraktion wurden mehrere Portionen bereitet und
vereint durch Destillation gereinigt. Der von 79—80° unter 0,5 mm
Druck siedende Anteil war vollkommen farblos, von glycerinartiger
Konsistenz und starkem Reduktionsvermögen für Fehlingsche Flüssigkeit und ammoniakalische Silberlösung. In organischen Lösungsmitteln wird er leicht, von Wasser schwer aufgenommen. Nach Siedepunkt und physikalischen Eigenschaften liegt der monomere Aldehyd
vor. Die Analyse bestätigte die Zusammensetzung.

0,1539 g Sbst.: 0,2566 g CO_2, 0,0976 g H_2O. — 0,1973 g Sbst.: 18,4 ccm N
(21,5°, 762 mm).

$C_5H_9O_3N$.   Ber. C 45,80, H 6,87, N 10,69.
Gef. ,, 45,47, ,, 7,04, ,, 10,61.

$D_{40}^{21,50} = 1,1484;$ $n_d^{21,50} = 1,44221;$ $n_\alpha = 1,43970;$ $n_\beta = 1,44866;$ $n_\gamma = 1,45371.$

Molekularrefraktion und Dispersion[1]):

M.-R.$_d$ . . . . Ber. 30,44. Gef. 30,21.
$M_{\gamma-\alpha}$ . . . . ,, 0,83. ,, 0,83.
$M_{\beta-\alpha}$ . . . . ,, 0,53. ,, 0,53.

Von dem Aldehyd ließ sich bisher kein kristallisierendes Oxim,
Semicarbazon noch Phenylhydrazon gewinnen.

Indessen scheidet er auf Zusatz von essigsaurem p-Nitrophenylhydrazin langsam ein festes, gelbbraunes Hydrazon aus, welches zweimal aus Alkohol umkristallisiert undeutliche Aggregate bildet, die
noch nicht bei 270° schmelzen.

0,1347 g Sbst.: 0,2441 g CO_2, 0,0656 g H_2O. — 0,1332 g Sbst.: 24,6 ccm N
(17,5°, 753 mm).

$C_{11}H_{14}O_4N_4$.   Ber. C 49,6, H 5,3, N 21,05.
Gef. ,, 49,12, ,, 5,49, ,, 21,04.

Die zweite Fraktion, die teilweise kristallinisch erstarrte, enthielt
augenscheinlich ein Polymerisationsprodukt dieses Körpers noch
aldehydischer Natur, wie sein Reduktionsvermögen anzeigte. Da der
eine von uns dem Ruf ins Feld folgen mußte, ist die Fortführung der
Untersuchung vorläufig unterbrochen worden. Möglicherweise wird
die Polymerisation herabgesetzt, wenn man vor der Destillation die
Säureanteile durch geeignete Neutralisationsmittel entfernt.

---

[1]) Nach Landolt-Börnstein, IV. Aufl., Tab. 224. Setzt man die älteren
Brühlschen Werte ein (ebenda Tab. 224a), so erhält man:
M.-R.$_d$ . . . . Ber. 30,33. Gef. 30,21.
$M_{\gamma-\alpha}$ . . . . ,, 0,80. ,, 0,83.
In beiden Fällen ist die Übereinstimmung sehr gut.

31. C. Harries und Karl Kircher: Über Diacetylcarbonsäure.

Aus dem chemischen Institut der Universität Kiel.
Berichte der Deutschen chemischen Gesellschaft **40**, 1651 (1907).
(Eingegangen am 5. April 1907.)

Die Diacetylcarbonsäure, $CH_3.CO.CO.CH_2.COOH$, bildet das Zwischenglied vom Diacetyl, $CH_3.CO.CO.CH_3$, zu der Ketipinsäure, $COOH.CH_2.CO.CO.CH_2.COOH$, bzw. zu deren Ester, der von Fittig und von W. Wislicenus beschrieben wurde. Vermutlich kann sie zu mancherlei synthetischen Zwecken Verwendung finden.

Zur Darstellung der Diacetylcarbonsäure gehen wir von der β-Benzallävulinsäure[1]) aus und behandeln sie in chloroformischer Lösung mit Ozon. Beim Verdunsten des Chloroforms im Vakuum hinterbleibt eine wachsartige Masse, anscheinend das Ozonid, welches sich mit Wasser zersetzen läßt. Zur Entfernung des bei der Spaltung entstandenen Benzaldehyds und der Benzoesäure wird die Reaktionsflüssigkeit mit Äther tüchtig ausgeschüttelt. Die wässerige Lösung hinterläßt nach dem Eindampfen im Vakuum ein gelbliches, dickes Öl, welches ziemlich reine Diacetylcarbonsäure ist. Die Reaktion verläuft also in folgender Weise:

$$C_6H_5.CH:C\diagup_{CH_2.COOH}^{CO.CH_3} \rightarrow C_6H_5.CHO + OC\diagup_{CH_2.COOH}^{CO.CH_3}.$$

Diese Säure ist relativ beständig und wird auch bei längerem Kochen mit Wasser nicht zersetzt. Aus 7,6 g β-Benzallävulinsäure wurden 3,6 g Diacetylcarbonsäure erhalten.

Zu ihrer Charakterisierung bereiteten wir zunächst das Kupfersalz, welches beim Zusammengeben von wässerigen Lösungen der Säure und Kupferacetat sofort als schwer lösliches, grünes Pulver ausfällt.

$C_{10}H_{10}O_8Cu$. Ber. Cu 19,77.
Gef. ,, 20,01.

Besonders charakteristisch ist das Bis-Phenylhydrazon, welches aus Alkohol in goldgelben Prismen vom Schmp. 175° kristallisiert.

$C_{17}H_{18}O_2N_4$. Ber. C 65,80, H 5,80, N 18,07.
Gef. ,, 65,41, ,, 5,79, ,, 17,71.

---

[1]) Nach der Methode von H. Erdmann gewonnen. Annalen d. Chemie u. Pharmazie **254**, 187 [1889].

14*

Das Bis-Semicarbazon ist ein in Wasser schwer lösliches weißes Pulver und schmilzt bei ca. 240°. — Der Diacetylcarbonsäure-äthylester, $CH_3.CO.CO.CH_2.COOC_2H_5$, wird nach dem von v. Pechmann[1]) für die Veresterung der Acetondicarbonsäure angegebenen Verfahren aus der rohen Diacetylcarbonsäure leicht erhalten. Man gewinnt aus 9 g Rohsäure ca. 8 g Rohester. Eine unter 10 mm Druck bei 79—80,5° siedende Fraktion ergab folgende Analysenwerte:

$$C_7H_{10}O_4. \quad \text{Ber. C 53,17, H 6,33.}$$
$$\text{Gef. ,, 53,09, ,, 6,73.}$$

Sie bildete ein wasserhelles Öl, $D^{20} = 1{,}0498$, von an Acetessigester erinnerndem Geruch. Ein Phenylhydrazon des Esters kristallisierte aus verdünntem Alkohol in gelben Prismen vom Schmp. 115°.

Wolff[2]) hat früher eine isomere Säure aus Dibromlävulinsäure erhalten, für die er die Formel $CHO.CO.CH_2.CH_2.COOH$ aufstellt. Er beschreibt von ihr ein kristallinisches Oxim. Dieses konnten wir aus unserer Säure, deren Konstitution übrigens durch ihre Bildungsweise festgelegt ist, nicht gewinnen.

Eine eingehende Publikation über die Diacetylcarbonsäure und ihre Umwandlungsprodukte wird später an anderer Stelle erfolgen[3]).

---

[1]) Annalen d. Chemie u. Pharmazie **261**, 160 [1890].
[2]) Annalen d. Chemie u. Pharmazie **260**, 91 [1891].
[3]) Dieses Buch S. 316.

32. C. Harries und Ernst Alefeld: Über den Halbaldehyd der Bernsteinsäure.

Aus dem Chemischen Institut der Universität Kiel.
Berichte der Deutschen chemischen Gesellschaft **42**, 159 (1909).
(Eingegangen am 28. Dezember 1908.)

Schon vor längerer Zeit gelegentlich einer Untersuchung über den Lävulinaldehyd[1]) hat der eine von uns versucht, den Halbaldehyd der Bernsteinsäure durch Einwirkung von Brom und Natronlauge auf das Acetal $CH_3.CO.CH_2.CH_2.CH(OCH_3)_2$ zu erhalten. Indessen waren die Ausbeuten an dem Acetal so mangelhaft, daß die Aldehydosäure selbst nicht in reinem Zustande isoliert werden konnte. Dann haben W. H. Perkin jun. und Sprankling[2]) ein Jahr später diese Aldehydosäure durch Synthese aus Bromacetal und Natriummalonester gewonnen. Sie beschreiben sie als ein dickes, dunkelgelbes Öl, welches sehr leicht durch Autoxydation in Bernsteinsäure, durch Reduktion in Butyrolacton übergeht, Fehlingsche Lösung reduziert und, mit Phenylhydrazin erhitzt, ein Phenylhydrazidphenylhydrazon vom Schmp. 192° liefert. Destilliert wurde das Produkt nicht.

Im Jahre 1904 ist eine von W. Lossen inaugurierte Dissertation des Herrn von Ungern-Sternberg[3]) erschienen, in welcher die Bereitung der β-Aldehydopropionsäure aus Aconsäure beschrieben wird. Die Säure ist erst ölig, erstarrt aber bald zu einer weißen Kristallmasse vom Schmp. 147°, welche fast unzersetzt bei 234—236° unter gewöhnlichem Druck siedet. Ihr Verhalten im Vakuum ist nicht beschrieben worden. Das Hauptmerkmal der festen Verbindung ist ihre Beständigkeit gegenüber oxydierenden Agenzien, sie wird selbst durch Permanganat nur schwer verändert. Da sich nun diese Säure durch ihre Eigenschaften zweifellos als Aldehydosäure charakterisieren ließ, z. B. ein Phenylhydrazidphenylhydrazon vom Schmp. 182° bildet, so kommt der Verfasser zum Schluß, daß die Angabe Perkins über die leichte Oxydierbarkeit des Halbaldehyds der Bernsteinsäure auf

---

[1]) Harries, Berichte d. Deutsch. chem. Gesellschaft **31**, 42 [1898].
[2]) Journ. Chem. Soc. **75**, 11—19 [1899].
[3]) Inaug.-Diss., Königsberg 1904.

einem Irrtum beruhen, oder verschiedene Säuren vorliegen müßten. Wir sind nun zur Darstellung des Halbaldehyds der Bernsteinsäure von der **Allylessigsäure** ausgegangen, haben sie in das Ozonid übergeführt und das letztere mit Wasser gespalten. Hierbei entstehen, neben Formaldehyd bzw. Formaldehydperoxyd und Ameisensäure, Bernsteinsäure und der Halbaldehyd der Bernsteinsäure. Der Vorgang läßt sich kurz folgendermaßen formulieren:

$$CH_2 - \overset{|}{C}H.CH_2.CH_2.COOH = CH_2O_2 + COH.CH_2.CH_2.COOH$$
$$O.O.O$$

$$CH_2 - \overset{|}{C}H.CH_2.CH_2.COOH = CH_2O + COOH.CH_2.CH_2.COOH.$$
$$O.O.O$$

Wir erhielten die Aldehydosäure als ein farbloses, im Vakuum unzersetzt siedendes Öl, welches ebenso, wie **Perkin jun.** es beschreibt, leicht oxydabel ist und dabei in Bernsteinsäure übergeht. Nach der optischen Untersuchung liegt die wahre Aldehydosäure vor.

Das Phenylhydrazonhydrazid zeigt den gleichen Schmelzpunkt, wie ihn **Perkin jun.** für seine Säure angegeben hat. Es ist also kein Zweifel, daß **Perkin jun.**'s Beobachtungen richtig sind. Nun stellte sich aber heraus, daß unsere Säure, welche frisch destilliert einen charakteristischen Geruch besitzt, nach einigen Tagen geruchlos wird und dann zu einer weißen Kristallmasse erstarrt, die bei 147° schmilzt. Diese kristallisierte Säure besitzt mit Ausnahme der Löslichkeit alle Eigenschaften des flüssigen Aldehyds, nur ist sie gegen den Sauerstoff der Luft beständiger. Danach würden die Angaben von **Ungern-Sternbergs** nur auf die feste Säure zu beziehen sein. Wir vermuteten alsbald, daß es sich bei diesen beiden Modifikationen um eine Polymerie, ähnlich wie sie **Wohl**[1]) jüngst bei dem Milchsäurealdehyd beschrieben hat, handeln würde. Da von **Ungern-Sternberg** Molekulargewichtsbestimmungen nicht ausgeführt hat, so unterzog sich Herr Dr. **Himmelmann** der Mühe, diese Bestimmungen nachzuholen, und er konnte bestätigen, daß die feste Säure das zweifache Molekül besitzt, während unsere Versuche für die ölige Säure das einfache Molekül ergeben.

Experimenteller Teil.

Allylessigsäureozonid. Die Allylessigsäure bildet allem Anschein nach wie die Ölsäure zweierlei Ozonide, ein normales und ein Perozonid. Das letztere ist aber sehr unbeständig, indem es nach der Isolierung ständig Gasblasen entwickelt und dabei in das normale

---

[1]) **Wohl** u. **Lange**, Berichte d. Deutsch. chem. Gesellschaft **41**, 3608 [1908].

Ozonid übergeht. Nachdem wir vergebliche Mühe auf die Bereitung des Perozonids verwendet hatten, ozonisierten wir die Lösung der Allylessigsäure in der vierfachen Menge Tetrachlorkohlenstoff unter Kühlung nur gerade so lange, als bis eine Probe dieser Lösung Brom nicht mehr entfärbte. Hierzu war pro Gramm Substanz zirka eine Stunde Einleiten von 10 proz. Ozon nötig. Das Ozonid scheidet sich auf dem Tetrachlorkohlenstoff als zäher, wasserklarer Sirup ab, der bei Zimmertemperatur dünnflüssiger wird. Gleichzeitig wird regelmäßig die Bildung eines weißen Beschlages an den Wandungen des Gefäßes beobachtet, der als Trioxymethylen identifiziert werden konnte. Die Einwirkung des Ozons auf die Allylessigsäure ist also von einer Zersetzung begleitet, und man konnte damit rechnen, daß das rohe Ozonid ebenfalls Zersetzungsprodukte gelöst enthielt. Der Sirup kann vom Tetrachlorkohlenstoff durch Abheben getrennt werden, zur Reinigung wird er in Essigester gelöst, mit Hexan gefällt und im Vakuumexsiccator getrocknet. Das Ozonid bildet dann einen farblosen, noch nach Allylessigsäure riechenden Sirup, der von Essigester, Eisessig, Alkohol, Aceton leicht, von Petroläther, Äther, Benzol, Hexan, Chloroform, Tetrachlorkohlenstoff schwer aufgenommen wird. Die Ausbeute an dem Rohozonid beträgt ca. 83—84,5%. Mit Wasser reagiert das Ozonid bei gewöhnlicher Temperatur träge, beim Erwärmen schneller, die wässerige Lösung reduziert Fehlingsche Flüssigkeit stark und liefert die Wasserstoffsuperoxydreaktion mit Kaliumbichromat und verdünnter Schwefelsäure. Das Ozonid treibt Kohlensäure aus, denn es löst sich in Natriumbicarbonat vollständig auf, wobei wahrscheinlich Spaltung eintritt. Bei der Kontrolle der Reinheit des Ozonids durch die Elementaranalyse stießen wir auf Schwierigkeiten. Je sorgfältiger man die Reinigung ausführte, desto mehr unterschieden sich die gefundenen Werte von den berechneten. Es spaltet sich ständig Formaldehyd beim längeren Aufbewahren im Exsiccator ab. Wir haben die besten Zahlen gefunden, als wir das Ozonid nur einmal mit Essigester, Petroläther umgefällt und darauf ca. 12 Stunden im Vakuumexsiccator über Schwefelsäure getrocknet hatten.

0,1294 g Sbst.: 0,1976 g CO_2, 0,0692 g H_2O.

$C_5H_8O_5$.   Ber. C 40,54, H 5,40.
Gef. ,, 41,65, ,, 5,98.

Nach diesen Resultaten liegt das normale Ozonid vor:

$$CH_2\!-\!CH\,.\,CH_2\,.\,CH_2\,.\,COOH\,.$$
$$\diagdown\diagup$$
$$O_3$$

Die Bestimmung des spez. Gewichts der Substanz war wegen ihrer Dickflüssigkeit mit Schwierigkeiten verknüpft, die Zahlen sind deshalb nicht exakt.

$$\text{I.}\quad D_{21^0}^{21^0}\ 1{,}289.\qquad\qquad \text{II.}\quad D_{22^0}^{22^0}\ 1{,}297.$$
$$n_d^{21^0}\ 1{,}46552.\qquad\qquad n_d^{22^0}\ 1{,}47359.$$

Ber. Mol.-Refraktion 29,28 (für 3 Äther-Sauerstoff im angelagerten Ozon), gef. I. 31,76, II. 32,08. Wir geben diese Zahlen nur mit aller Vorsicht an und zögern vorläufig, daraus Schlußfolgerungen für die Konstitution des Ozonids zu ziehen.

Zersetzung des Ozonids mit Wasser.

10 g Ozonid werden mit 40 g Wasser auf dem Wasserbad am Rückflußkühler ca. $^3/_4$ Stunden erhitzt, wobei es sich klar unter Formaldehydentwicklung auflöst. Die Reaktionsflüssigkeit wird im Vakuum vom Wasser befreit (Fraktion I), der Rückstand erstarrt zu einer weißen Kristallmasse. Destilliert man nun weiter, so geht bei 135—145° unter 14 mm Druck (Fraktion II) ein Öl über, welches in der Vorlage teilweise erstarrt. Später übergehende Anteile (Fraktion III) erstarren sofort, der Rückstand wird beim Erhitzen über 180—190° braun. Diese Destillationen haben sich als sehr gefährlich erwiesen, da äußerst heftige Explosionen während des Erhitzens auf ca. 100° eintraten. Wahrscheinlich sind diese dem Formaldehydperoxyd zuzuschreiben. Wir teilten daher später die Reaktionsflüssigkeit von 10 g Ozonid immer in 2 Teile, weil dann die Gefahr des Explodierens herabgesetzt wurde. Die weitere Untersuchung der Spaltungsprodukte ergab folgendes:

Mit dem Wasser (Fraktion I) gehen Formaldehyd, Ameisensäure und etwas Halbaldehyd der Bernsteinsäure über. Ersterer ließ sich leicht durch sein Nitrophenylhydrazon (Schmp. 178°, statt 180°) nachweisen. Die Ameisensäure wurde durch ihr Reduktionsvermögen für Sublimat zu Kalomel bestimmt. Die Fraktion II, Sdp. 135—145°, wurde nochmals fraktioniert und so ein Öl vom Sdp. 134 bis 136° unter 14 mm Druck erhalten. Dieses ist der Halbaldehyd der Bernsteinsäure. Die Ausbeute ist gering und beträgt fast regelmäßig nur 10%. Die Kristalle, welche sich bei der ersten Destillation abscheiden, zeigen den Schmp. 135—145°, durch wiederholtes Umkristallisieren aus Wasser steigt er auf ca. 160°, durch weiteres Umkristallisieren wird eine abermalige Steigerung beobachtet. Bei der Analyse wurden Zahlen erhalten, die für eine fast reine Bernsteinsäure stimmten, indessen ist damit noch nicht bewiesen, daß tatsächlich Bernsteinsäure vorlag, worauf wir später noch zurückkommen.

Die kristallinische Substanz der Fraktion III, welche zunächst bei 145—160° schmilzt, ergab nach einmaligem Umkristallisieren aus Wasser den Schm. 182° und ließ sich damit als reine Bernsteinsäure identifizieren.

Es wurden gefunden aus 7,5 g Ozonid:

Formaldehyd	1,46%
Ameisensäure	1,57%
Bernsteinsäure	ca. 70,00%
Halbaldehyd	10,00%
Rückstand (undestilliert) . . .	10,00%
	93,03%

Es soll nicht unerwähnt bleiben, daß unter den 70% Bernsteinsäure die rohe Bernsteinsäure verstanden ist, und daß in diesem Produkt noch eine andere Substanz enthalten zu sein scheint, die sich
bisher nicht isolieren ließ. Vielleicht ist es das Peroxyd des Halbaldehyds der Bernsteinsäure, $CH(O_2).CH_2.CH_2.COOH$, das isomer
mit der Bernsteinsäure ist, und gegen 160° schmelzen dürfte. Neuerdings
konnten solche Peroxyde bei der Spaltung anderer Säureozonide aufgefunden und sicher charakterisiert werden. Bei der Zersetzung des
Allylessigsäureozonids durch Wasser unter Erhitzen auf dem Wasserbade bildet sich auch etwas Kohlensäure, wie man durch vorgelegtes
Bariumhydroxyd nachweisen konnte.

Über den Halbaldehyd der Bernsteinsäure.

Das aus der Fraktion II erhaltene Öl siedet bei 134—136° unter
14 mm Druck und bildet frisch destilliert eine farblose, schwach alde-
hydisch-ranzig riechende, dicke Flüssigkeit, die durch Äther-Kohlensäure fest wird, bei gewöhnlicher Temperatur aber wieder zu einer
klaren Flüssigkeit schmilzt. Nach mehrtägigem Stehen setzt sie Kristalle ab und erstarrt allmählich vollkommen zu einer festen Masse,
deren Schmp. bei 147°, wie von Ungern-Sternberg angibt, liegt.
Dieses feste Produkt läßt sich aber im Vakuum bei derselben Temperatur wie das ölige in kleinen Mengen unzersetzt destillieren, und
man erhält wieder die flüssige Modifikation.

Der flüssige Halbaldehyd reduziert sehr stark Fehlingsche
Lösung, ammoniakalische Silberlösung, er ist mit Wasserdampf etwas
flüchtig und liefert mit Eisenchlorid keine Färbung. Von Wasser,
Äther, Alkohol, Essigester und Benzol wird er leicht aufgenommen.
Als echter Aldehyd reagiert er mit Semicarbazid, Phenylhydrazinen
und zeigt die Angelische Reaktion[1]) auf Aldehyde mit Benzol-
sulfohydroxamsäure deutlich an. Das Oxim konnte nicht in kristallisierter Form isoliert werden.

Durch Luftsauerstoff wird er leicht verändert in Übereinstimmung
mit der Angabe von Perkin jun.

---

1) Gazz. chim. Ital. **34**, I, 50 [1904].

I. 0,1794 g Sbst.: 0,3134 g CO_2, 0,094 g H_2O. — II. 0,130 g Sbst.: 0,2278 g CO_2, 0,0706 g H_2O.

$C_4H_6O_3$. Ber. C   47,06,   H   5,88.
Gef. ,, I. 47,65, II. 47,79, ,, I. 5,86, II. 6,07.

Molekulargewichtsbestimmung nach der kryoskopischen Methode im Apparat von Beckmann.

Sbst. 0,1412 g, Eisessig 40,70 g; $\Delta = 0,14°$.

Ber. M 102.   Gef. M 96,64.

Spez. Gewicht $D_{23^0}^{23^0} = 1,2568$.

Molekularrefraktion: $n_d^{23^0} = 1,44873$; $n_\alpha = 1,44571$; $n_\gamma = 1,45911$.

Gef. M_d 21,75, ber. für Aldoform 22,40, ber. für Enolform 23,34,
,, M_α 21,65, ,,   ,,   ,,   22,24, ,,   ,,   ,,   23,25,
,, M_γ 22,19, ,,   ,,   ,,   22,80, ,,   ,,   ,,   23,77.

Molekulardispersion: $\alpha—\gamma$ ber. Aldoform 0,56, gef. 0,56.
,,   Enolform 0,52.

Nach diesen Resultaten, auch in Berücksichtigung des Ausbleibens der Eisenchloridreaktion, ist wohl anzunehmen, daß die Aldoform der Aldehydosäure vorliegt.

Bestimmung der Basizität der öligen Aldehydosäure.

Für 0,0687 g Aldehyd wurden verbraucht 7,0 ccm $^1/_{10}$-n-NaOH, während sich 6,80 ccm berechnen. Nach dreitägigem Stehen der Lösung wurden 8,2 ccm $^1/_{10}$-n-Natronlauge verbraucht, während sich für Bernsteinsäure 11,61 ccm berechnen.

Phenylhydrazidphenylhydrazon nach Perkin jun.

Gleiche Mengen Aldehyd und Phenylhydrazin wurden nach Perkins Vorschrift 10 Minuten auf 150° erhitzt. Nach dem Abkühlen wird das Reaktionsgemisch in Äther gegossen, wobei sich sofort ein rein weißer Niederschlag abscheidet, der nach dem Umkristallisieren aus Eisessig bei 190° scharf schmolz. Perkin 191—192° [von Ungern-Sternberg[1) 182°, Wislicenus[2)] 188—189°].

Semicarbazon, $NH_2.NH.CO.N : CH.CH_2.CH_2.COOH$.

Diese Verbindung scheidet sich bei Zusammengeben der wässerigen Lösungen von Aldehyd, Semicarbazidchlorhydrat und Kaliumacetat sofort ab. 1 g der Substanz wird von ca. 20 ccm heißem Wasser aufgenommen und kristallisiert daraus in kleinen Prismen oder Nadeln, welche bei 177—178° unter Zersetzung schmelzen.

0,124 g Sbst.: 0,1766 g CO_2, 0,0696 g H_2O. — 0,1256 g Sbst.: 0,1764 g CO_2, 0,0692 g H_2O. — 0,1014 g Sbst.: 23,2 ccm N (18°, 758 mm).

$C_5H_9O_3N_3$. Ber. C 37,7,   H 5,6,   N 26,4.
Gef. ,, 38,84, 38,30, ,, 6,27, 6,12, ,, 26,36.

[1) Vgl. Reitter u. Bender, Annalen d. Chemie u. Pharmazie **339**, 374 [1905].

[2) Wislicenus, Böklen u. Reuthe, Annalen d. Chemie u. Pharmazie **363**, 354 [1908].

Analog wie bei dem Semicarbazon der Aldehydobuttersäure (Pentanalsäure)[1] wurde auch hier der Kohlenstoffgehalt ein wenig zu hoch gefunden.

p - Nitrophenylhydrazon, $COOH.CH_2.CH_2.CH : N.NH.C_6H_4.NO_2$.

Diese Verbindung fällt beim Zusammengeben der Aldehydosäure mit einer Auflösung von p-Nitrophenylhydrazin in verdünnter Salzsäure sofort in Form eines gelben, flockigen Niederschlages aus, der, aus heißem Wasser umkristallisiert, in goldgelben Blättchen vom Schmp. 175° sich abscheidet.

0,0996 g Sbst.: 15,8 ccm N (20°, 767,3 mm).

$$C_{10}H_{11}O_4N_3.$$

Ber. N 17,7.
Gef. ,, 18,31.

Der feste Aldehyd bildet rein weiße, kleine Prismen, ist geruchlos und schmilzt, aus heißem Wasser umkristallisiert, bei 147°. In kaltem Wasser ist er schwer löslich. 1 Teil wird von 20 Teilen Wasser bei ca. 15° aufgenommen. Er unterscheidet sich durch seine größere Beständigkeit gegen den Sauerstoff der Luft von der öligen Form. Er liefert in wässeriger Lösung keine Rotfärbung mit Eisenchlorid und reduziert Fehlingsche Flüssigkeit stark.

0,1254 g Sbst.: 0,2136 g CO_2, 0,0660 g H_2O.

$$C_4H_6O_3.$$

Ber. C 47,06, H 5,88.
Gef. ,, 46,46, ,, 5,88.

Der feste Aldehyd ist von Ungern - Sternberg so ausführlich untersucht worden, daß wir es für überflüssig halten, uns weiter mit ihm zu beschäftigen.

---

[1] Harries u. Tank, Berichte d. Deutsch. chem. Gesellschaft **41**, 1709 [1908].

33. C. Harries und Alfred Himmelmann: Zur Kenntnis der β-Aldehydopropionsäure.

Aus dem Chemischen Institut der Universität Kiel.
Berichte der Deutschen chemischen Gesellschaft **42**, 166 (1909).
(Eingegangen am 28. Dezember 1908.)

In der vorstehenden Abhandlung ist gezeigt worden, daß der durch Zersetzung des Allylessigsäureozonids entstehende Halbaldehyd der Bernsteinsäure in zwei Formen auftritt, einer öligen und einer kristallisierten vom Schmp. 147°. Nun hat von Ungern - Sternberg[1]) eine β-Aldehydopropionsäure aus Aconsäure erhalten, die ebenfalls bei 147° schmilzt und nach der Beschreibung sehr große Ähnlichkeit mit der Säure aus Allylessigsäureozonid besitzt.

Wir haben zur Feststellung der Identität der beiden Verbindungen verschiedener Herkunft nach den Angaben von Ungern - Sternbergs die β-Aldehydopropionsäure aus Aconsäure bereitet und können dieselben im allgemeinen vollauf bestätigen. Wir erhielten zunächst eine ölige Aldehydosäure, die im Vakuum denselben Siedepunkt wie die ölige Aldehydosäure aus dem Ozonid anzeigte. Diese Säure war leicht autoxydabel und lieferte mit Eisenchlorid keine Färbung, sie ist aber nicht so rein wie die gleiche Verbindung aus dem Ozonid. Das spez. Gewicht war höher $D_4^{23} = 1,2730$; $n_d^{23} = 1,45723$; $n_\alpha = 1,45475$; $n_\gamma = 1,46749$. Die Elementaranalyse zeigte trotz mehrfacher Destillation ein Minus an Kohlenstoffgehalt. Nach kurzem Stehen schied die ölige Säure Kristalle aus, die, abgepreßt und aus Wasser umkristallisiert, bei 147° schmolzen. Proben der beiden Säuren verschiedener Herkunft zusammengerieben, zeigten bei der Schmelzpunktsbestimmung keine Depression, so daß die beiden festen Säuren als identisch angesehen werden müssen.

In der vorstehenden Abhandlung ist schon mitgeteilt worden, daß die ölige und die feste Säure im Verhältnis der Polymerie stehen. Die ölige Säure hat die einfache, die feste die doppelte Molekulargröße.

Molgewichtsbestimmung nach der kryoskopischen Methode im Beckmannschen Apparat ergab für die feste Säure folgende Werte:

---

[1]) Inaug.-Diss., Königsberg 1904.

I. 0,3466 g Sbst., 42,33 g Eisessig; $\varDelta = 0,17$. — II. 0,1246 g Sbst., 34,25 g Eisessig; $\varDelta = 0,065$. — III. 0,1360 g Sbst., 40,80 g Eisessig; $\varDelta = 0,072$.

Mol.-Gewicht: Ber. $[C_4H_2O_3]_2$ 204. Gef. I. 188, II. 218, III. 180.

Wir wählten Eisessig und nicht Benzol als Lösungsmittel, weil sich früher bei Aldehydosäuren[1]) gezeigt hatte, daß mit Benzol keine klaren Resultate erzielt wurden. Die feste Säure geht, in kleinen Mengen destilliert, unter 14 mm Druck bei 134—136° unter geringer Zersetzung als farbloses Öl über und bildet die monomere Form zurück[2]).

Der Halbaldehyd der Bernsteinsäure besitzt also ebenso wie der Dialdehyd die Neigung, sich zu polymerisieren. Die polymeren Formen sind dann viel beständiger als die monomeren. Da die Depolymerisierung durch einfache Destillation erfolgt, so erscheint es nicht wahrscheinlich, daß die Polymerisation durch Aldolisierung hervorgerufen wird. Die Beständigkeit des dimeren Halbaldehyds gegen Oxydationsmittel deutet vielmehr darauf hin, daß die beiden Carbonyle zusammentreten und sich dabei gegenseitig schützen:

$$\mathrm{COOH(CH_2)_2 \, . \, CH}\diagdown_{\mathrm{O}}^{\mathrm{O}}\diagup\mathrm{CH \, . \, (CH_2)_2 \, . \, COOH} \, .$$

Der Schmelzpunkt des Phenylhydrazonhydrazids ist von Ungern-Sternberg zu 182° angegeben, von Perkin jun.[3]) zu 191°. Schon Wislicenus[4]) hat diese Angabe korrigiert. Die Angabe von Perkin jun. ist also die richtigere. Wir fanden 189—190°.

---

[1]) Harries u. Tank, Berichte d. Deutsch. chem. Gesellschaft **41**, 1701 [1908].

[2]) Letzteres ist nicht zutreffend; vgl. Carrière, dieses Buch S. 223.

[3]) Journ. Chem. Soc. **75**, 11—19 [1899].

[4]) Annalen d. Chemie u. Pharmazie **363**, 354 [1908].

34. C. Harries: Zur Kenntnis der Aldehydobernsteinsäure.

Aus dem Chemischen Institut der Universität Kiel.
Berichte der Deutschen chemischen Gesellschaft **45**, 2583 (1912).
(Eingegangen am 3. August 1912.)

W. H. Perkin jr.[1]) hat zuerst die Aldehydobernsteinsäure durch Spaltung ihres Acetals als braunes Öl erhalten, von Derivaten aber nur das Phenylhydrazidphenylhydrazon beschrieben.

In Gemeinschaft mit Alefeld[2]) habe ich später dieselbe Säure durch Oxydation der Allylessigsäure mit Ozon bereitet und diese Gelegenheit benutzt, sie näher zu charakterisieren. Wir stellten auf spektrochemischem Wege ihre Aldehydnatur fest, bestimmten Siedepunkt und spez. Gewicht und gewannen von Derivaten das Semicarbazon und das Nitrophenylhydrazon. Weiter fanden wir, daß die ölige Aldehydosäure, Sdp. 134—136°, 10—12 mm beim Stehen in eine feste Säure vom Schmp. 147° übergeht. Letztere Säure war schon früher von von Ungern-Sternberg in seiner Dissertation[3]) ausführlich beschrieben und als Aldehydobernsteinsäure angesehen worden. Er erhielt sie nach sehr einfacher Methode aus Aconsäure durch Kochen mit Wasser. In Gemeinschaft mit Himmelmann[4]) konnte ich zeigen, daß die feste Säure die dimolekulare Form der öligen ist und beim Destillieren in kleinen Quantitäten wieder in die letztere zurückverwandelt wird. Bald darauf hat Langheld[5]) die Aldehydobernsteinsäure bei der Zersetzung der Glutaminsäure durch Natriumhypochlorit gewonnen, den Schmelzpunkt des dimolekularen Produkts zu 147° bestätigt und denjenigen des Nitrophenylhydrazons zu 174° angegeben.

Vor kurzem hat nun E. Carrière[6]) behauptet, daß die Aldehydobernsteinsäure noch wenig untersucht worden sei, da die bisher bekannten Methoden nicht gestattet hätten, eine reine Säure zu gewinnen. Er

---

[1]) Journ. Chem. Soc. **75**, 11—19 [1899].
[2]) Berichte d. Deutsch. chem. Gesellschaft **42**, 165 [1909].
[3]) Inaug.-Diss., Königsberg 1904.
[4]) Berichte d. Deutsch. chem. Gesellschaft **42**, 166 [1909].
[5]) Berichte d. Deutsch. chem. Gesellschaft **42**, 2771 [1909].
[6]) Compt. rend. de l'Acad. des Sc. **154**, 1173 [1912].

hat für die von mir, Alefeld und v. Sternberg angegebenen, durch Langheld bestätigten Schmelzpunkte der verschiedenen Derivate der Aldehydobernsteinsäure wesentlich höhere Zahlen gefunden. Außerdem behauptet er, daß die feste Form bei 167° statt bei 147° schmilzt und nicht dimer, sondern trimer sei. Bei der Destillation gehe diese zum Teil in das monomere Produkt, zum Teil unter Abspaltung von 1 Mol. Wasser zwischen 2 Mol. in ein Produkt vom Schmp. 146° über[1]).

Nach diesen Angaben schien es allerdings, als ob die Resultate der früheren Bearbeiter sämtlich ungenau wären. Ich sah mich deshalb genötigt, die älteren Angaben über die Aldehydobernsteinsäure aus Aconsäure bzw. Allylessigsäure zu prüfen, wobei ich zu dem Resultate gekommen bin, daß diese richtig sind, während die neueren von Carrière nicht bestätigt werden konnten. Ich fühle nicht die Verpflichtung nachzuforschen, woher die Differenzen zwischen diesen und denen von Carrière stammen, möchte aber betonen, daß es von letzterem Forscher zweckmäßig gewesen wäre, die Präparate verschiedener Herkunft auf ihre Identität zu prüfen, bevor er seine Publikation erfolgen ließ.

Im folgenden gebe ich kurz noch einmal die Ergebnisse der Nachprüfung bekannt.

Ich stellte die Aldehydobernsteinsäure durch 12 stündiges Kochen der käuflichen Aconsäure mit der 20 fachen Menge Wasser dar[2]). Das Reaktionsprodukt wird im Vakuum bis zur Sirupskonsistenz eingeengt und der Rückstand der Destillation im Vakuum unterworfen. Der Siedepunkt liegt unter 16—20 mm Druck bei 143—145°. Das farblose Destillat erstarrt nach 2 Tagen fast vollkommen zu einer harten, weißen Masse vom Schmp. 147°. Durch Umkristallisieren aus Wasser verändert sich der Schmelzpunkt nicht; unter dem Mikroskop betrachtet, zeigen sich feine, beiderseitig zugespitzte, zu Bündeln vereinigte Nadeln.

Durch die Elementaranalyse konnte bestätigt werden, daß ein Körper von hoher Reinheit vorliegt.

0,1222 g Sbst.: 0,2125 g CO_2, 0,0650 g H_2O. — 0,1256 g Sbst.: 0,2174 g CO_2, 0,0683 g H_2O.

$C_4H_6O_3$.   Ber. C 47,1,   H 5,9.
            Gef. ,, 47,43, 47,21, ,, 5,93, 6,08.

Die Molbestimmung (kryoskopisch) ergab wieder wie früher[3]) ganz genau auf die dimolekulare Formel stimmende Werte.

---

[1]) Diese letztere Angabe habe ich als richtig bestätigen können.

[2]) v. Ungern-Sternberg, loc. cit.

[3]) Vgl. Harries u. Himmelmann, loc. cit.

27,93 g Eisessig, 0,2670 g Sbst., 0,185 Depr. — 24,8 g Eisessig, 0,1906 g Sbst., 0,14 Depr.

$(C_4H_6O_3)_2$.   Mol.-Gewicht: Ber. 204. Gef. 202, 214.

Nach diesen Resultaten kann ich nicht umhin zu behaupten, daß das Produkt vom Schmp. 167°, welches Carrière beschrieben hat, durch irgendwelche andere Einflüsse aus seiner öligen Aldehydosäure entstanden sein muß, wenn diese überhaupt identisch mit der von uns beschriebenen öligen Säure ist.

Da Carrière auch einen erheblich höheren Schmelzpunkt für das Nitrophenylhydrazon angibt, so wurde dieses von neuem dargestellt und aus Wasser so lange umkristallisiert, bis der Schmelzpunkt konstant war.

Alefeld gibt 175°[1]), Langheld 174°, man kann ihn noch bis auf 177° hinauftreiben, er ist dann ganz scharf, aber auf 180—181°, wie Carrière angibt, konnte er nicht gebracht werden. Der Körper bildet schöne, rotgelbe und nicht rotviolette Nadeln.

Auch der von Alefeld angegebene Schmelzpunkt des Semicarbazons 178—179° ließ sich durchaus bestätigen. Allerdings findet man bei der Analyse dieses Derivates stets um etwa 0,6—1,0% zu hohe Werte für Kohlenstoff, wie schon Alefeld angegeben hat[2]).

Herrn Dr. F. Evers danke ich hiermit für seine Unterstützung bei der Revision.

---

[1]) Vgl. Alefeld, Berichtigung; Berichte d. Deutsch. chem. Gesellschaft **42**, 1426 [1909]. Diese Berichtigung ist von Carrière übersehen worden.

[2]) Die Herren Blaise und Carrière, Compte rendu de l'Acc. d. science **156**, 239 [1913] haben auf diese Publikation hin nochmals das Wort ergriffen und ihre früheren Behauptungen aufrecht erhalten. Herr Blaise hat sich dabei nicht gescheut, den Inhalt eines von mir an ihn gesandten Briefes willkürlich zu deuten. Aus diesem Grunde kann ich nicht mehr mit ihm verhandeln. Die Differenzen in den Schmelzpunkten rühren von den verschiedenen Methoden der Bestimmung her. Während ich wie die meisten Chemiker im Capillarrohr im Schwefelsäurebade die Bestimmung ausführe, benutzten die genannten Herren ein Metallbad wahrscheinlich nach Maquenne. Es ist bekannt, daß im letzteren Falle bei Körpern, die sich beim Erhitzen zersetzen, viel zu hohe Schmelzpunkte gefunden werden. Wenn Carrière gleich seine Methode angegeben hätte, wäre die ganze Diskussion überflüssig gewesen. In Bezug auf die Molgröße der festen Halbaldehydosäure kommt es nach meiner Meinung im wesentlichen nur darauf an, daß ihre polymere Natur im Gegensatz zu der öligen festgestellt wurde, welcher Umstand von v. Ungern-Sternberg nicht erkannt worden ist.

35. C. Harries und Carl Thieme: Über das Ozonid der Ölsäure.

Aus dem chemischen Institut der Universität Kiel.
Berichte der Deutschen chemischen Gesellschaft **39**, **2844** (1906).
(Eingegangen am 8. August 1906.)

Wir haben gezeigt[1]), daß sich die Ölsäure, wenn man sie in Chloroform aufnimmt und mit Ozon behandelt, in einen dicken Sirup überführen läßt, der nach den Resultaten der Analyse durch Anlagerung von 4 Atomen Sauerstoff an die Elemente der Ölsäure entstanden ist. Diese Beobachtung steht im Einklang mit den Erfahrungen, die bei anderen ungesättigten, sauerstoffhaltigen Verbindungen mit Carbonyl gemacht worden sind. Wäscht man nun diesen Sirup mit Wasser und Natriumbicarbonat und trocknet das mit Äther isolierte Produkt, so erhält man jetzt ein Liquidum, welches dünnflüssiger ist. Dasselbe liefert bei der Elementaranalyse Zahlen, die erheblich von den früher gefundenen abweichen, indem sie nunmehr ganz genau auf die Anlagerung von einem Molekül Ozon an die Elemente der Ölsäure hinweisen. Man erhält also ein normales Ozonid. Bei dem Waschen mit Wasser und Bicarbonat wird das vierte Sauerstoffatom herausgenommen und in Wasserstoffsuperoxyd übergeführt: die Waschwässer reagieren stark auf Wasserstoffsuperoxyd. Denselben Körper kann man direkt gewinnen, wenn man die Ölsäure in Eisessig ozonisiert, dann mit Wasser verdünnt und mit Bicarbonat neutralisiert. Wir nennen jetzt das Ozonid mit 4 Atomen Sauerstoff Ölsäureozonidperoxyd, das andere mit drei Atomen Sauerstoff norm. Ölsäureozonid.

Ölsäureozonidperoxyd, $CH_3(CH_2)_7.CH.CH.(CH_2)_7.CO_3H$,

$$\underset{O_3}{\diagdown\diagup}$$

entsteht quantitativ nach der früher beschriebenen Methode. Durch Auflösen in Essigester und Fällen mit Petroläther gereinigt, ist es ein wasserklares, beinahe glasiges Produkt, welches nur schwach auf dem Platinblech verpufft. Mit geringen Mengen Wasser zersetzt es sich beim Stehen allmählich unter Abscheidung von fester Azelainsäure. Präparate, die mit nicht genügender Sorgfalt vor dem Einleiten

---

[1]) Annalen d. Chemie u. Pharmazie **343**, 318 [1905].

des Ozons getrocknet waren, sind durch auskristallisierte Azelainsäure
getrübt.

> 0,1324 g Sbst. (im Vakuum getrocknet): 0,3022 g CO_2, 0,1146 g H_2O.
> $C_{18}H_{34}O_6$.   Ber. C 62,43, H 9,8.
> Gef. ,, 62,25, ,, 9,68.
>
> Mol.-Gewicht.   0,4079 g Sbst.: 25 g Eisessig, $\Delta = 0,29$.
> Mol.-Gewicht: Ber. 346. Gef. 219.

Das norm. Ölsäureozonid[1]), $CH_3 . (CH_2)_7 . CH.CH . (CH_3)_7 . CO_2H$,
$$\underset{O_3}{\vee}$$

ist ein farbloses, dickflüssiges Öl, welches ebenfalls nur schwach auf
Platin verpufft. Dasselbe verhält sich ganz ähnlich wie das erstere
Produkt, geringe Spuren von Feuchtigkeit verursachen Zersetzung
unter Abscheidung von fester Azelainsäure. Die Ausbeute an diesem
Körper nach dem vorher beschriebenen Verfahren ist wechselnd;
bisweilen gelingt es, denselben in sehr guter Ausbeute zu erhalten;
mitunter läßt sich aber die Spaltung in Azelainsäure und Nonylaldehyd
bzw. Nonylsäure beim Waschen des Ölsäureozonidperoxyds nicht
aufhalten und man gewinnt nur Spuren davon.

> I. 0,1332 g Sbst. (im Vakuum getrocknet): 0,3166 g CO_2, 0,1298 g H_2O. —
> II. 0,1351 g Sbst.: 0,3214 g CO_2, 0,1279 g H_2O.
>
> $C_{18}H_{34}O_5$.   Ber. C   65,45,   H   10,30.
> Gef. ,, I. 64,82, II. 64,88, ,, I. 10,90, II. 10,59.

Analyse I stammt von einem Präparat, welches durch Ozonisieren
in Eisessig, II von einem solchen, welches durch Ozonisieren in Chloroform und nachherige Behandlung mit Wasser und Natriumbicarbonat
bereitet war. Das spez. Gewicht beträgt 1,373 bei 16°[2]).

> Mol.-Gewicht.   0,2846 g Sbst. in 24 g Eisessig; $\Delta = 1,19$.
> Mol.-Gewicht: Ber. 330. Gef. 243.

---

[1]) Die Herren E. Molinari und E. Soncini haben in einer ,,Contributo
allo studio degli Olii‘‘ betitelten Abhandlung, welche im Annuario della Soc.
chimica di Milano, vol. XI, fasc. II, 1905, erschienen ist, ebenfalls das normale
Ozonid der Ölsäure beschrieben. Die Verfasser versuchen in dieser ,,prima communi-
cazione‘‘ einen Prioritätsanspruch mir gegenüber in bezug auf die Entdeckung der
Ozonide zu begründen, indem sie auf eine frühere, rein technische Mitteilung
zurückgreifen, die Herr Molinari an dieselbe Gesellschaft im Jahre 1903 machte
und in welcher die Absicht ausgesprochen ist, das Ozon auf verschiedene Öle einwirken zu lassen ,,per renderli essicativi e densi‘‘.

Es hat keinen Zweck, hier auf den Inhalt dieses Aufsatzes näher einzugehen,
zumal er den meisten Lesern der chemischen Literatur unzugänglich ist. Auch
ich bekam nur ganz zufällig Kenntnis davon, halte es aber doch für angebracht,
ihre Prioritätsansprüche für gänzlich unberechtigt und ihre Arbeiten für einen
Eingriff in das von mir eröffnete Gebiet zu erklären.   C. Harries.

[2]) Das spez. Gew. ist später berichtigt worden. Dieses Buch S. 242.

Die Löslichkeitsverhältnisse der beiden Ozonide sind ähnliche, indessen läßt sich das normale aus Essigester durch Petroläther nicht ausfällen.

Die beiden Ozonide unterscheiden sich hauptsächlich in ihrem Verhalten gegen Wasser; gleiche Mengen davon gleiche Zeit gekocht, geben verschieden starke Reaktion auf Wasserstoffsuperoxyd, und zwar liefert das Ölsäureozonidperoxyd eine intensivere Reaktion als das norm. Ozonid. In unserer Annalenarbeit ist fälschlich mitgeteilt worden, daß das Ozonid der Ölsäure mit 4 Atomen Sauerstoff nur schwer die Wasserstoffsuperoxydreaktion anzeigt. Dies sei hierdurch richtiggestellt. Die Spaltungsprodukte mit Wasser sind bei beiden Substanzen qualitativ identisch, nämlich Azelainsäurehalbaldehyd bzw. Azelainsäure und Nonylaldehyd bzw. Nonylsäure.

36. C. Harries: Bemerkungen zur Abhandlung der Herren Molinari und Soncini: Über die Konstitution der Ölsäure usw.

Aus dem chemischen Laboratorium der Universität Kiel.
Berichte der Deutschen chemischen Gesellschaft **39**, 3728 (1906).
(Eingegangen am 29. Oktober 1906; vorgetragen in der Sitzung vom Verfasser.)

Die Herren Molinari und Soncini[1]) haben ganz andere Resultate als ich und mein Mitarbeiter Thieme[2]) bei der Untersuchung der Einwirkung des Ozons auf Ölsäure und bei der Zersetzung des Ölsäureozonids durch Wasser erhalten. Sie behaupten, daß wir verschiedene der dabei entstehenden Spaltungsprodukte übersehen, andere fälschlich beobachtet und überhaupt die ganze Reaktion mißverstanden hätten. Mit diesen Befunden wollen sie ihren Prioritätsanspruch und ihre Unabhängigkeit uns gegenüber begründen. Wir wollen nun sehen, ob sie hierzu aus ihrer Arbeitsweise ein Recht herleiten können, und auf welcher Seite der Irrtum vorliegt. Zu diesem Ende ist es aber nötig, kurz noch einmal die Resultate darzulegen, welche ich und mein Mitarbeiter Thieme, der von Herrn Molinari nirgends erwähnt wird, früher gewonnen haben.

Die Ölsäure addiert, in Chloroform oder Tetrachlorkohlenstoff ca. 1 Stunde mit ozonisiertem Sauerstoff behandelt, pro Grammolekül 4 Atome Sauerstoff; das vierte Atom Sauerstoff hat eine andere Funktion als die drei anderen, denn es geht beim Waschen mit Wasser und Natriumbicarbonat heraus, und man erhält dann ein normales Ozonid:

$$CH_3 \,.\, [CH_2]_7 \,.\, \overset{\displaystyle |\diagup \qquad \diagdown|}{CH\!-\!\!-\!\!-\!CH} \,.\, [CH_2]_7 \,.\, COOH \,.$$
$$O\!=\!O\!=\!O$$

Die beiden Verbindungen unterscheiden sich in ihrer Viscosität erheblich — die eine ist dickflüssiger als die andere — weiter in der Löslichkeit gegenüber Petroläther und in der Reaktion auf Wasserstoffsuperoxyd — die erstere gibt sie stärker als die zweite. Herr Molinari will nur die letztere Verbindung beobachtet haben; die von ihm mitgeteilten Analysenwerte deuten aber darauf hin, daß er ein Gemisch

---

[1]) Berichte d. Deutsch. chem. Gesellschaft **39**, 2735 [1906].
[2]) Annalen d. Chemie u. Pharmazie **343**, 354 [1905].

von beiden in den Händen gehabt hat, denn die Kohlenstoffwerte liegen gerade in der Mitte der für die beiden Körper berechneten Zahlen. Solche Werte haben wir auch erhalten, wenn wir nicht genügende Sorgfalt auf die Reinigung des zweiten Produktes verwendet hatten.

Wir haben ferner gezeigt, daß, wenn man die Ölsäureozonide ca. 1 Stunde mit Wasser erhitzt, sie fast quantitativ in Nonylaldehyd und Nonylsäure einerseits und den Halbaldehyd der Azelainsäure bzw. Azelainsäure andererseits gespalten werden.

Es wurden gefunden aus 5 g Ozonidperoxyd 1 g der Fraktion des Nonylaldehyds, 1 g der Fraktion der Pelargonsäure und 3 g eines Gemisches vom Halbaldehyd der Azelainsäure mit Azelainsäure vom Schmp. 82°. Nonylaldehyd und der Halbaldehyd der Azelainsäure sind in ihre gut kristallisierenden Semicarbazone vom Schmp. 84° bzw. 164° übergeführt, durchanalysiert und hiermit in ihrer Existenz sichergestellt worden[1]). Ebenso sind die Pelargonsäure und die Azelainsäure selbst analysiert und genau charakterisiert worden.

Wir haben auf Grund der Beobachtung der Bildung des Wasserstoffsuperoxyds und der Aldehyde die Primärreaktion in folgender Gleichung, die ja für die Zerlegung der Ozonide durch Wasser im allgemeinen typisch ist, gedeutet:

$$CH_3 . [CH_2]_7 . CH\text{——}CH . [CH_2]_7 . CO_3H + 2\, H_2O$$
$$O\!=\!O\!=\!O$$
$$= 2\, H_2O_2 + CH_3 . [CH_2]_7 . CHO + OCH . [CH_2]_7 . COOH .$$

Wir haben es unentschieden gelassen, ob die Bildung der Säuren auf Kosten der oxydierenden Wirkung des Wasserstoffsuperoxyds auf die Aldehyde erfolgt oder auf die sogenannte Peroxydumlagerung zurückzuführen ist, die der eine von uns in der Annalenabhandlung ausführlich besprochen hat:

$$CH_3 . [CH_2]_7 . CH\text{——}CH . [CH_2]_7 . CO_3H$$
$$O\!=\!O\!=\!O \qquad + H_2O$$
$$= CH_3 . [CH_2]_7 . COOH + OCH . [CH_2]_7 . CO_2H + H_2O_2$$

oder

$$CH_3 . [CH_2]_7 . CH\text{——}CH . [CH_2]_7 . CO_3H$$
$$O\!=\!O\!=\!O \qquad + H_2O$$
$$= CH_3 . [CH_2]_7 . CHO + [CH_2]_7 (CO_2H)_2 + H_2O_2 .$$

---

[1]) Indem Herr **Molinari** die von uns veröffentlichten Beleganalysen für die Semicarbazone der Aldehyde vollständig ignoriert, verstößt er gegen die einfachsten Gesetze der in der wissenschaftlichen Welt geltenden Gebräuche.

Die Angabe des Herrn Molinari, wir setzten die Bildung der Säuren auf Kosten der oxydierenden Wirkung der Luft auf die Aldehyde, beruht auf einem Mißverständnis. Wir haben nur davon gesprochen, daß der Halbaldehyd der Azelainsäure leicht oxydabel ist.

Herr Molinari bestreitet nun ausdrücklich die Bildung der Aldehyde und des Wasserstoffsuperoxyds, er versichert, daß er niemals solche beobachtet hätte; dagegen hätten wir übersehen, daß sich außer Pelargonsäure und Azelainsäure zwei hochmolekulare Säuren und ein scharf, doch angenehm riechendes, indifferentes Öl vom Sdp. ca. 190° bei der Zerlegung des Ozonids durch Kochen mit Wasser oder Alkali bildeten. Aus der Zusammensetzung der beiden hochmolekularen Säuren käme für die Zerlegung des Ozonids mit Wasser zweifellos nur folgende Formulierung in Betracht. 3 Mol. Ozonid treten dabei in Reaktion, und eine Wasseraufnahme sei nicht nötig anzunehmen:

$$CH_3.[CH_2]_7.CH \underset{\underset{O=O\ =O}{\diagup\ \diagdown}}{\text{——}} CH.[CH_2]_7.COOH$$

$$CH_3.[CH_2]_7.CH \underset{\underset{O=\ O=O}{\diagup\ \diagdown}}{\text{——}} CH.[CH_2]_7.COOH\ =$$

$$CH_3.[CH_2]_7.CH \underset{\underset{O=O\ =O}{\diagup\ \diagdown}}{\text{——}} CH.[CH_2]_7.COOH$$

$$CH_3.[CH_2]_7.COOH + COOH.[CH_2]_7.COOH +$$

$$CH_3.[CH_2]_7-\underset{\underset{CH_3.[CH_2]_7 \diagdown\ COOH}{\diagup\ \diagdown}}{C}-OH \qquad +\ \begin{vmatrix} O-CH.[CH_2]_7.COOH \\ O-CH.[CH_2]_7.COOH \end{vmatrix}$$

Säure B.   Säure A.

Diese Reaktion soll quantitativ verlaufen, obwohl Belege dafür nicht angeführt werden. Es ist nicht nötig, mich auf eine Kritik dieser Interpretation einzulassen; denn der Irrtum, den Herr Molinari begangen hat, wird aus folgendem klar hervorgehen.

Herr Molinari teilt den experimentellen Teil seiner Abhandlung in zwei Abschnitte ein. I. Zersetzung des Ölsäureozonids auf trocknem Wege (in der Hitze). Hierbei erhält er nur wenig durchsichtige Resultate, die für die Konstitution des Ozonids ohne Belang sind. Da wir uns mit dieser Zerlegung in der Hitze früher nicht befaßt haben, so kann ich zunächst diesen Teil übergehen. II. Zersetzung auf nassem Wege. Er schreibt: „Das Ozonid zersetzt sich in der Kälte langsam, bei höherer Temperatur in Gegenwart von Wasser schneller und noch besser in Ätznatronlösung usw." Hiernach erscheint es ganz gleich, ob man das leicht zersetzliche Ozonid mit Wasser oder

Ätznatron behandelt, und, in dieser Ansicht befangen, hat Herr Molinari nur die Spaltung bei Gegenwart von Alkali untersucht und auch
nur hierüber Belegversuche veröffentlicht. Allerdings hätte er sich bei
einiger Vorsicht sagen müssen, daß etwa auftretende Aldehyde besonders
in statu nascendi durch siedendes Alkali leicht verändert werden. Ein
einfacher Versuch zeigt nämlich, daß, wenn man die Ozonide mit
Wasser aufkocht, keine Gasentwicklung erfolgt, daß aber beim Erwärmen selbst mit verdünntem Alkali Gasentwicklung beobachtet werden
kann (diese hebt Herr Molinari auch für die Zerlegung mit Wasser
hervor). Prüft man die nur mit Wasser aufgekochte Probe mit Kaliumbichromat und Äther, so erhält man auch bei dem normalen Ozonid
nach dem Ansäuern eine sehr intensiv blaue Ätherlösung, also Nachweis des Wasserstoffsuperoxyds, während bei der mit Alkali behandelten Probe die Lösung unter sonst gleichen Bedingungen farblos
bleibt, also das Wasserstoffsuperoxyd verschwunden ist. Diese Erscheinung ist nun sehr einfach so zu erklären, daß sich bei Gegenwart
von Ätznatron Natriumsuperoxyd bildet, welches die bei der Spaltung
auftretenden Aldehyde oxydiert und so selbst alsbald verschwindet.
Das Alkali kann aber noch unveränderte Anteile der Aldehyde dann
weiter kondensieren. Die Reaktion wird hierdurch komplizierter und
kann deshalb mit der Spaltung durch Wasser nicht verglichen werden.
An sich können die Befunde, die hierbei gemacht wurden, durchaus
richtig sein. Das Humorvolle an der Sache ist nun aber, daß Herr
Molinari, trotzdem er die Bildung der Aldehyde bestreitet, selbst
den Nonylaldehyd in den Händen gehabt hat, ohne ihn allerdings zu
erkennen. Als ich die Beschreibung des scharf und angenehm riechenden
Öles vom Sdp. 190° und von indifferenten Eigenschaften las, glaubte
ich gleich, daß hier nur dieser Aldehyd vorliegen könne. Eine Nachprüfung der Angaben des Verfassers über die trockne Zersetzung des
Ozonids durch die Hitze ergab, daß das beschriebene Liquidum sowohl
nach Geruch, Verhalten gegen fuchsinschweflige Säure und nach seinem
gut kristallisierenden Semicarbazon vom Schmp. 84° nichts anderes
als Nonylaldehyd ist. Verfasser gibt an, daß dieses Liquidum nicht
Fehlingsche Lösung reduziert. Dies ist auch richtig, denn die einfachen fetten Aldehyde reduzieren nicht die Fehlingsche Flüssigkeit.

　　Um es nun noch einmal zu wiederholen, so hat Herr Molinari
übersehen:

　　I. Daß sich verschiedene Ölsäureozonide bilden;

　　II. Daß dieselben deutlich die Wasserstoffsuperoxydreaktion geben;

　　III. Daß beim Erwärmen mit Wasser keine Gasentwicklung, wohl
aber mit Ätznatron eine solche erfolgt, wobei alles Wasserstoffsuperoxyd
zerstört wird;

IV. Daß sich beim Erwärmen mit Wasser außer Säuren Aldehyde bilden; den Nonylaldehyd, die Verbindung vom Sdp. ca. 190°, hat er nicht erkannt.

Ich habe nun, trotzdem der Irrtum so augenfällig auf seiten der Herren Molinari und Soncini lag, daß sich daraus alle Widersprüche erklären ließen, zur Sicherheit die Arbeit des Herrn Thieme einer genauen Nachprüfung in Gemeinschaft mit Herrn Dr. H. O. Türk unterzogen; die Resultate sollen in der folgenden Abhandlung mitgeteilt werden. Hierdurch sind die früheren Angaben im wesentlichen bestätigt worden, so daß man unbedingt daran festhalten kann, daß die von Thieme und mir gegebene Interpretation der Zerlegung der Ölsäureozonide durch Wasser die richtige ist.

Und nun noch ein Wort über die Konstitution der Ölsäure. Herr Molinari stellt in seiner Ausarbeitung die Sache so dar, als wenn man bis auf seine Untersuchung eigentlich noch ganz im unklaren über die Stellung der doppelten Bindung in dieser Säure gewesen und erst durch dieselbe der endgültige Beweis dafür erbracht wäre. Ich glaube vielmehr, daß seine komplizierten Befunde eher dazu geeignet sind, die Frage nach der Lage der doppelten Bindung zu verwirren als zu klären.

Außerdem wird durch seine Darstellung der verdienstlichen Arbeit von Baruch entschieden Unrecht getan, welche durch die Überführung der Ölsäure in Stearolsäure einen recht sicheren Rückschluß auf die Konstitution der ersteren und die Lage der Doppelbildung gestattete. Der exakte Beweis ist aber, wie ich früher schon hervorhob, durch die Untersuchung von mir und Thieme gebracht worden, da erst die Entdeckung der Aldehyde einen Rückschluß auf eine Umlagerung bei der Oxydation ausschließt.

37. C. Harries und H. O. Türk: Über die Spaltungsprodukte der Ölsäure-ozonide.

Aus dem chemischen Laboratorium der Universität Kiel.
Berichte der Deutschen chemischen Gesellschaft **39**, 3732 (1906).
(Eingegangen am 29. Oktober 1906.)

Um die Angaben des Herrn Thieme einerseits und diejenigen der Herren Molinari und Soncini andererseits (vgl. die voranstehende Abhandlung) nachzuprüfen und ihre Widersprüche aufzuklären, haben wir zunächst die Zerlegung der verschiedenen Ölsäureozonide mit Wasser quantitativ verfolgt. Wir sind hierbei von reiner, im Vakuum destillierter Ölsäure ausgegangen.

I. Zerlegung des dickflüssigen Ölsäureozonids (sog. Ölsäureozonidperoxyd).

15 g Ozonid wurden mit 60 g Wasser eine halbe Stunde lang auf dem Wasserbade erhitzt. Die Zerlegung geht sehr glatt vonstatten, und nach dieser Zeit ist das zunächst am Boden liegende, dicke Öl leichtflüssig geworden und schwimmt oben auf dem Wasser. Das Wasser reagiert stark auf Wasserstoffsuperoxyd. Beim Abkühlen erstarrt das oben schwimmende Öl; es wird in Äther aufgenommen und durch Schütteln mit Natriumbicarbonat und Wasser in zwei Teile (I und II) zerlegt. Durch das Natriumbicarbonat (Teil II) wird die Azelainsäure vollständig und eine andere Säure, der Halbaldehyd der Azelainsäure, unvollständig gelöst, im Äther (Teil I) bleiben eine schwach basische Säure, die Pelargonsäure, ein indifferenter Bestandteil, der Nonylaldehyd, und etwas von dem Halbaldehyd der Azelainsäure.

Untersuchungen von Teil I. Die ätherische Lösung wird zunächst über Magnesiumsulfat getrocknet, dann abgedampft und der ganz farblose, ölige Rückstand im Vakuum fraktioniert. Die Fraktion 80—105° unter 17 mm Druck beträgt 2 g und enthält als Hauptprodukt einen fetten Aldehyd, der sich durch Überführung in seine schön kristallisierende Bisulfitverbindung von etwas mitgerissener Pelargonsäure befreien läßt. Er siedet dann unter Atmosphärendruck bei

185—190°; **Walbaum** und **Stephan**[1]) geben für Nonylaldehyd als Sdp. 80—82° unter 14 mm Druck an. Hiermit fanden wir Übereinstimmung. Der Aldehyd läßt sich leicht in das schön kristallisierende Semicarbazon vom Schmp. 84°, welches **Thieme** beschrieben hat, überführen[2]). Zu wiederholten Malen wurde beobachtet, daß sich aus der Fraktion 80—105° ein fester, weißer Körper von nicht sauren Eigenschaften abschied, der, abgepreßt und aus Petroläther umkristallisiert, den Schmp. 78° besaß. Die geringe Menge gestattete bisher keine nähere Untersuchung[3]). Nach 105° steigt das Thermometer schnell auf 120—150°, wobei ein farbloses Öl übergeht, das sich nach seinen Eigenschaften als fast reine Pelargonsäure ansprechen ließ. Diese Fraktion betrug 4,2 g. Als man diese Säure in das Calciumsalz überführte, zeigte sich, daß kein anderer Körper in nennenswerter Menge beigemengt war.

Nach 150° steigt das Thermometer, und der nicht unbeträchtliche Rückstand färbt sich dunkel, indem Zersetzung eintritt. Beim Abkühlen wird er fest (Gewicht 3,7 g) und zeigt deutlich Aldehydreaktionen an. Infolgedessen wurde darauf verzichtet, denselben durch Destillation im Vakuum weiter zu reinigen. Um Klarheit darüber zu gewinnen, welche Bestandteile in dem Rückstand enthalten seien, haben wir ihn mit 4 proz., absoluter, alkoholischer Salzsäure nach E. **Fischer** acetalisiert bzw. verestert. Hierzu nahmen wir 6 g des festen, dunkelbraunen Rückstandes in 70 g 4 proz. alkoholischer Salzsäure auf und ließen in der Kälte 3 Tage stehen. Dann wurde mit Silberoxyd neutralisiert, der Alkohol im Vakuum abgedampft, der Rückstand nach dem Trocknen mit Magnesiumsulfat im Vakuum fraktioniert. Hierbei erhielten wir 3 Fraktionen von farblosen, leicht beweglichen Ölen von acetalartigem Geruch unter 15 mm Druck: 90—140° 0,5 g, 140 bis 170° 1,8 g, 170—200° 1 g. Es hinterblieb ein dunkler Rückstand 1,5 g. Summa 4,8 g. Die mittlere Fraktion, die Hauptmenge, sott bei nochmaligem Destillieren bei 158—160° unter 14 mm Druck. Eine Elementaranalyse bestätigte die Vermutung, daß wir es hier mit dem **Esteracetal des Halbaldehyds der Azelainsäure** zu tun hatten. Angenehm acetalartig riechendes Öl, unlöslich in Wasser.

0,1123 g Sbst.: 0,2688 g CO_2, 0,1118 g H_2O.

$(C_2H_5O)_2HC.[CH_2]_7.COOC_2H_5 = C_{15}H_{30}O_4$.   Ber. C 65,65, H 11,00.
                                        Gef. „ 65,28, „ 11,15.

---

1) Berichte d. Deutsch. chem. Gesellschaft **33**, 2305 [1900].

2) Aus Bisulfitverbindung in Freiheit gesetzt, liefert der Aldehyd ein Semicarbazon, das nach dem Umkristallisieren bei 100° schmilzt. Vgl. **Bayard**, Bull. de la Soc. chim. (4) **1**, 351 [1907].

3) Wahrscheinlich das Peroxyd des Nonylaldehyds.

Die Fraktion 170—200° enthält etwas Azelainsäureäthylester. Nach diesen Resultaten war es ausgeschlossen, daß in dem festen Rückstand von der Vakuumdestillation aus dem Ätherauszug I hochmolekulare Körper $C_{18}H_{32}O_6$ oder $C_{18}H_{36}O_2$ (Körper A und B), von denen Herr Molinari behauptet, daß sie die Hauptanteile der Spaltung darstellen, in irgendwie nennenswerter Menge enthalten sein konnten. Denn die Ester dieser Säuren mußten nach ihrer Molekulargröße weit höhere Siedepunkte besitzen[1]).

Untersuchung von Teil II. Aus der wässerigen, bicarbonathaltigen Lösung wurde durch verdünnte Schwefelsäure eine feste, weiße, kristallinisch aussehende Substanz abgeschieden, die sich bequem absaugen ließ. Aus dem Filtrat konnte durch Äther kein weiterer Bestandteil isoliert werden. Die feste kristallinische Masse beträgt 4,4 g und zeigt einen unscharfen Schmelzpunkt, ca. 80—82°, wie Thieme beobachtet hat. Sie rötet fuchsinschweflige Säure und reduziert stark ammoniakalische Silberlösung. Es ist also ein aldehydischer Bestandteil zugegen. Kocht man mit Wasser auf, so bemerkt man, daß ein großer Teil, etwa 3 Viertel, in Lösung geht, während ein anderer in heißem Wasser vollständig unlöslich ist und als fast farbloses, dickes Öl auf dem Wasser schwimmt. Man kann daher leicht von dem Öle trennen, und dann kristallisiert beim Erkalten aus der wässerigen Lösung die Azelainsäure aus, die jetzt schon bei 101° schmilzt; nach nochmaligem Umkristallisieren kann der Schmelzpunkt auf 106° gesteigert werden (vgl. Thieme).

Halbaldehyd der Azelainsäure. Das in Wasser unlösliche Öl erstarrt langsam beim Erkalten zu einer festen, weißen Masse von schwachem Geruch; erwärmt riecht sie stechend, angenehm aldehydisch und rosenartig. Sie fängt bei ca. 57° zu schmelzen an und schmilzt vollständig gegen 63°. Daß man es in diesem Produkt mit einem Aldehyd zu tun hat, geht deutlich aus seinen Reaktionen hervor. Es rötet fuchsinschweflige Säure stark, reduziert ammoniakalische Silberlösung in der Wärme stark. Mit Semicarbazid nach der Thiele-

---

[1]) Noch besser geht dies aus folgendem Versuch hervor. Wir acetalisierten bzw. veresterten direkt das mit Wasser $^1/_2$ Stunde erwärmte Ozonid nach der Fischerschen Methode und fraktionierten nachher die Gesamtmenge im Vakuum. Hierbei ergaben 24 g Ozonid 26 g Acetale bzw. Ester. Dieselben sotten unter 15 mm Druck: von 80—120° 7 g, 120—164° 16,5 g, bis 175° 1 g, Rückstand 1,5 g. Der reine Azelainsäurediäthylester siedet unter 14 mm Druck bei 161 bis 162°. Es ist also ganz ausgeschlossen, daß in diesen Fraktionen die Ester der Körper A und B von Molinari vorhanden sein können. In der Fraktion 165 bis 175° (1 g) ist eine freie Säure enthalten, die Silberlösung reduziert. Vielleicht liegt hier das Acetal des Halbaldehyds der Azelainsäure vor, dessen Carboxyl nicht verestert ist.

Baeyerschen Methode behandelt, läßt sich der Körper leicht in ein schön kristallisierendes Semicarbazon überführen, welches, aus Alkohol umkristallisiert, bei 164° schmilzt und nach Thieme die Zusammensetzung des normalen Semicarbazons des Halbaldehyds der Azelainsäure besitzt. Phenylhydrazon und Nitrophenylhydrazon sind dicke Öle. Gießt man den geschmolzenen Körper auf Natriumbisulfit und schüttelt durch, so geht er zunächst in Lösung, um sofort als teigige Bisulfitverbindung wieder herauszukommen. Dieselbe ist schwer löslich, verliert aber auch durch Auskochen mit Alkohol nicht die teigige Beschaffenheit.

Die Aldehydosäure ist ein außerordentlich empfindlicher Körper; Thieme konnte ihn deswegen nicht rein darstellen. Wir haben aber gesehen, daß er nach dem beschriebenen Verfahren in ziemlich reinem Zustande erhalten wird; jede weitere Operation macht ihn unansehnlich, und Färbungen treten ein. Besonders leicht wird er beim Erwärmen mit verdünnten Mineralsäuren angegriffen und dadurch in ein dunkles Öl verwandelt, welches in heißem Petroläther nicht löslich ist. Der Aldehyd selbst wird von allen organischen Solvenzien, Essigester, Benzol leicht, von Petroläther nur beim Sieden aufgenommen. Wir haben ihn daher direkt nach dem Trocknen auf Ton und im Vakuum analysiert und dabei durchaus befriedigende Werte erhalten.

0,1326 g Sbst.: 0,3046 g CO_2, 0,1179 g H_2O.

$CHO.[CH_2]_7.COOH = C_9H_{16}O_3$.   Ber. C 62,79, H 9,30.

Gef. ,, 62,65, ,, 9,94.

Molekulargewichtsbestimmung nach der Siedemethode Landsberger-Riiber. Sbst. 0,4081 g, Methylacetat 23,6 g, Depr. 0,20.

Ber. M 172.   Gef. M 178.

Die Verbindung schmilzt zunächst zu einem hellgelben Öl; dasselbe fängt unter 15 mm Druck bei ca. 100° zu schäumen an, färbt sich gegen 140° dunkel, zersetzt sich bei 160° unter starker Gasentwicklung und wird braunschwarz. Dabei destilliert ein hellgelbes Liquidum über, welches aus einem Gemisch von sehr wenig eines fetten Aldehydes und einer Säure besteht, vielleicht Octylaldehyd und Octylsäure[1]).

Die Aldehydosäure bildet eine Reihe schwer löslicher Salze, so mit konzentrierter Natronlauge übergossen ein seifenähnliches Salz, welches von viel Wasser aufgenommen wird. Das Ammoniumsalz ist leicht löslich; schwer löslich ist das Silbersalz, und unlöslich ist das Calciumsalz, welches auf Zusatz von Calciumchlorid zu der mit

---

[1]) Die reine Halbaldehydosäure destilliert unter 15 mm Druck bei 181—182° und schmilzt bei ca. 68—70°. Das vorliegende Präparat enthielt wahrscheinlich noch etwas Peroxyd der Halbaldehydosäure, vgl. Trennung davon, dieses Buch S. 247 u. 323, vgl. ferner Haller und Brochet, Compte rendu **150**, 496 [1910].

Ammoniak neutralisierten Säure als weißer, amorpher Niederschlag ausfällt. In der Mutterlauge von diesem Calciumsalz befindet sich keine andere Säure, die man durch Ansäuern daraus erhalten könnte. Aus der Reinigung des Körpers über das Calciumsalz hat man keinen Vorteil, da er dadurch nur dunkel gefärbt wird.

Dies ist nun ein sehr wesentlicher Punkt für die Beurteilung, ob Herr Molinari den Halbaldehyd in den Händen gehabt hat oder nicht. Er gibt an, daß er zwei Säuren $C_{18}H_{32}O_6$ (A) und $C_{18}H_{36}O_3$ (B) erhalten habe, welche er vermittels der verschiedenen Löslichkeit der Calciumsalze getrennt habe. Körper A besitzt nun einfach die doppelte Molekulargröße vom Halbaldehyd $C_9H_{16}O_3$, und die beiderseitig gefundenen Analysenzahlen stimmen genau überein. Nicht aber die Eigenschaften der Calciumsalze; das unsrige ist auch in heißem Wasser unlöslich, während das Molinarische leicht in kaltem Wasser löslich ist. Unser Halbaldehyd ist fest, weiß; Molinari hat dagegen ein dunkles, dickes Öl unter den Händen. Nach allem, was wir jetzt von dem Halbaldehyd kennengelernt haben, neigen wir zu der Annahme, daß in dem Körper A von Molinari ein Polymerisationsprodukt dieses sehr zersetzlichen Körpers vorliegt. Was den Körper B angeht, so haben wir keinerlei Anzeichen dafür gefunden, daß er bei der Zersetzung der Ozonide mit Wasser entsteht.

Wir stellen hierunter nun noch einmal die von uns erhaltenen Resultate der quantitativen Zerlegung zusammen.

Angewandt 15 g Ozonid.

Sdp. 80—105°	2,0 g	Nonylaldehyd
„ 120—150°	4,2 „	Pelargonsäure
Destillationsrückstand	3,7 „	
Azelainsäuregemisch	4,4 „	
Summa	14,3 g	

Wir haben gezeigt, daß der feste Destillationsrückstand nach dem Acetalisieren bzw. Verestern nur etwa ein Viertel seines Gewichts als Rückstand, der nicht weiter untersucht werden konnte, hinterläßt, so daß bei der Analyse nur ca. 1,5 g als unbestimmbar verlorengehen. Wenn man nun das von Herrn Molinari aufgestellte Reaktionsschema in Rücksicht zieht, von dem er behauptet, daß es quantitativ zutrifft, so dürfte man bei Anwendung von 15 g Ozonid nur ca. 2,5 g Pelargonsäure und ca. 2,5 g Azelainsäure, dagegen ca. 10 g der beiden hochmolekularen Säuren erhalten, die bei dem Verfahren, welches wir eingeschlagen haben, sicher nicht zu übersehen waren. Wir haben dann dieselbe Spaltung statt mit 15 g noch einmal mit 40 g vorgenommen, ohne andere Resultate zu erhalten.

II. Zerlegung des dünnflüssigen Ozonids.
(Normales Ölsäureozonid.)

Das Ozonid wurde durch Ozonisieren der Ölsäure in Eisessig gewonnen; 16 g davon wurden nach dem vorher beschriebenen Verfahren durch $1/2$ stündiges Erwärmen auf dem Wasserbade zersetzt. Die wässrige Lösung reagiert stark auf Wasserstoffsuperoxyd. Die weitere Verarbeitung geschah genau wie vorher angegeben. Wir erhielten so folgende Resultate:

16 g Ozonid gaben Fraktion	80—105° (18 mm)	2,8 g	Nonylaldehyd
	120—150°	5,0 ,,	Pelargonsäure
Destillationsrückstand		4,2 ,,	
Azelainsäuregemisch, Schmp. 80°		3,5 ,,	

Summa 15,5 g

Ein zweiter Versuch wurde noch genauer verfolgt.

24 g Ozonid gaben Fraktion	70— 90° (12 mm)	0,6 g	Nonylaldehyd
	90—100°	0,5 ,,	,,

(In dieser Fraktion befand sich der feste Körper vom Schmp. 78°.)

	100—120°	1,3 ,,	,,
	120—140°	5,7 ,,	Pelargonsäure
Destillationsrückstand		6,5 ,,	
Azelainsäure roh		8,5 ,,	

Summa 23,1 g

Eine nähere Bestimmung ergab, daß in der rohen Azelainsäure 3,5 g fester, reiner Halbaldehyd der Azelainsäure enthalten waren. Die Ausbeute an Halbaldehyd wird durch zu langes Kochen bei der Zerlegung des Ozonids mit Wasser zurückgedrängt.

Wir behalten uns vor, über diesen letzteren Körper noch weitere Untersuchungen anzustellen. Auf die Reklamation des Herrn Th. Weyl im letzten Heft der Berichte d. Deutsch. chem. Gesellschaft **39**, 3347 werden wir noch zurückkommen[1]).

---

[1]) Dazu bemerke ich jetzt folgendes. Man kann darüber streiten, ob auf Grund einer Patentanmeldung eine Prioritätsreklamation auf wissenschaftlichem Gebiet zulässig ist. Ich bin der Ansicht, daß dies nicht der Fall sein sollte, besonders aber nicht, wenn eine ganz ungenügende Beschreibung der bei einer Reaktion entstehenden Körperklasse in der Anmeldung erfolgt ist.

Herr Th. Weyl hat in seinem deutschen Patent erwähnt, daß durch Einleiten von Ozon in eine Seifenlösung ein Desinfektionsmittel entstehe. Wie ich und Thieme, Liebigs Annalen d. Chemie u. Pharmazie **343**, 355 [1905], dieses Buch S. 93 gezeigt haben, tritt aber bei diesem Prozeß vollkommene Spaltung des ölsauren Natriums ein und es bildet sich kein Ozonid. Die desinfizierende Wirkung der Lösung kann also nur auf die Gegenwart von Spuren von H_2O_2 bzw. NaO_2 zurückgeführt werden. In dem weiter zitierten englischen Patent ist nur von der Einwirkung des Ozons auf ungesättigte Fettsäuren die Rede, was dabei entsteht, ist nicht gesagt worden. Aus den beiden Patentanmeldungen geht in keiner Weise hervor, daß Weyl die Ozonreaktion in ihrem Wesen erkannt hat. Ich kann daher seine Prioritätsreklamation nicht anerkennen.   C. Harries.

---

38. C. Harries: Über die Einwirkung des Ozons auf Ölsäure.

(Der experimentelle Teil ist mitbearbeitet von Walther Franck.)
Aus dem Chemischen Institut der Universität Kiel.
Berichte der Deutschen chemischen Gesellschaft 42, 446 (1909).
(Eingegangen am 20. Januar 1909.)

Nach Molinari[1]) entsteht mit niedrigprozentigem Ozon ein anderes Ölsäureozonid als mit hochprozentigem; denn anders wären die verschiedenen Resultate bei der Spaltung nicht zu erklären.

Dies ist aber nicht der Fall. **Die durch Ozonisieren mit verschieden starkem Ozon in verschiedenen Lösungsmitteln oder durch Waschen des Perozonids mit Natriumbicarbonat und Wasser erhältlichen normalen Ölsäureozonide der Zusammensetzung $C_{18}H_{34}O_5$ sind identisch.**

Beweis, daß die normalen Ölsäureozonide verschiedener Bereitungsweise identisch sind.

I. Bereitung des normalen Ölsäureozonids mit Sauerstoff und 0,4prozentigem Ozon.

Da Molinari für seine Versuche einen ozonisierten Luftstrom, der weniger als einprozentiges Ozon enthält, verwendet, so wurde zunächst das Ölsäureozonid bei unseren Versuchen mit einem solchen, der nach genauer analytischer Kontrolle sowohl am Anfang, zur Mitte und am Ende des Prozesses 0,4% Ozon enthielt, dargestellt. Hierzu wurden 28 g reinste Ölsäure mit dem 1,5fachen Volumen Eisessig verdünnt und in vier Portionen zu je 7 g gleichzeitig 34 Stunden lang mit dem 0,4proz. Ozon behandelt. Im ganzen brauchten also 28 g ca. 120 Stunden bis zur Sättigung. Der Sättigungspunkt wurde als erreicht angenommen, wenn eine Probe der Lösung, mit Brom-Eisessig oder alkoholischem Jod-Quecksilberchlorid versetzt, keine Entfärbung verursachte.

Der Eisessig wurde bei 12 mm Druck und 40° Badtemperatur abdestilliert und der zurückbleibende farblose Sirup mehrere Tage im Vakuum bis zur vollständigen Entfernung des Eisessigs über Natron-

---

1) Berichte d. Deutsch. chem. Gesellschaft 41, 2782 [1908].

kalk und Kaliumhydroxyd getrocknet. Die Ausbeute betrug **33 g**, während die Theorie für die Bildung von $C_{18}H_{34}O_5$ 32,7 g verlangt. Dieses Ozonid wurde analysiert; der früher gegebenen Beschreibung der Eigenschaften[1]) ist zunächst nichts hinzuzufügen.

0,1994 g Sbst.: 0,4677 g CO_2, 0,1816 g H_2O.

$C_{18}H_{34}O_5$.   Ber. C 65,45, H 10,30.
Gef. ,, 63,97, ,, 10,19.
Molinari fand ,, 63,60, ,, 10,35.

Molekularrefraktion: D_{17} = 1,0402, $D_{20,5}$ = 1,0281.
$n_d^{20,5}$ = 1,46220; n_α = 1,46075; n_γ = 1,47341.

Molekularrefraktion ber. für 3 Äther-Sauerstoff für das angelagerte Ozon 89,609, gef. 88,27.

Moldispersion: $\alpha - \gamma$ ber. 2,057, gef. 2,045.

Probe auf Wasserstoffsuperoxyd.

Molinari[2]) bestreitet, daß bei der Zersetzung des normalen Ölsäureozonids mit Wasser Wasserstoffsuperoxyd auftrete. Wir teilen darüber folgendes mit:

Eine Probe des Ozonids wurde mit Wasser aufgekocht, dann wurde, um Nebenreaktionen zu vermeiden, der ungelöste Teil mit reinem Äther ausgeschüttelt und die wässerige Lösung in drei Teile geteilt. Der eine wurde mit Äther, Kaliumbichromat und Schwefelsäure, der zweite mit Titansäure und Schwefelsäure, der dritte endlich mit dem von Molinari empfohlenen Reagens von Arnold und Mentzel[3]), alkoholischem Benzidin und 10prozentigem wässerigem Kupfersulfat, versetzt[4]). Alle drei Reaktionen fielen wunderbar deutlich positiv aus, so daß kein Zweifel darüber bestehen kann, daß bei der Zersetzung des normalen Ölsäureozonids mit Wasser Wasserstoffsuperoxyd entsteht. Ob dasselbe ein primäres oder sekundäres Produkt ist, soll nachher erörtert werden. Zusatz eines Tropfen Alkali zu der aufzukochenden Reaktionsflüssigkeit macht die Reaktion sofort verschwinden.

Zu erwähnen ist, daß einmal, als die Ölsäure in Tetrachlorkohlenstofflösung mit ca. 10proz. Ozon gerade gesättigt worden war, die Wasserstoffsuperoxydreaktion, allerdings nur mit Chromsäure, ausblieb. Bei wiederholten Versuchen konnte dies Resultat aber nicht wiedererhalten werden. Ich hätte deshalb ohne weiteres auf die Mitteilung dieser Beobachtung verzichten können. Es läßt sich aber eine Erklärung für ein Ausbleiben der Wasserstoffsuperoxydreaktion geben,

---

[1]) Harries u. Thieme, Berichte d. Deutsch. chem. Gesellschaft **39**, 2844 [1906].

[2]) Berichte d. Deutsch. chem. Gesellschaft **41**, 2791 [1908].

[3]) Berichte d. Deutsch. chem. Gesellschaft **35**, 1324, 2902 [1902].

[4]) Zu bemerken ist, daß die Benzidinreaktion in saurer Lösung recht unsicher ist und leicht ausbleibt; daher ist die Azelainsäure zu entfernen.

und darum habe ich sie angeführt. Wie nachher gezeigt werden wird, zersetzt sich das Ozonid beim Kochen mit Wasser in Aldehyde und Peroxyde. Letztere sind sehr veränderlich und werden leicht zu Säuren umgelagert, andererseits zerfallen sie beim Kochen mit Wasser in Aldehyde und Wasserstoffsuperoxyd. Werden nun durch ein katalytisches Agens die Peroxyde sofort in Säuren umgelagert, so kann sich natürlich kein Wasserstoffsuperoxyd bilden. Nach unseren Beobachtungen entstehen aber solche katalytisch wirkenden Stoffe[1] nur bei der Ozonisation der Ölsäure in Chloroform oder Tetrachlorkohlenstoff, aber nicht in Eisessig; bei ca. 30 verschiedenartig geleiteten Versuchen wurde im letzteren Falle immer Wasserstoffsuperoxyd gefunden. Da Molinari Eisessig und niemals Tetrachlorkohlenstoff als Lösungsmittel für die Ölsäure angewendet hat, so kann er sich auf das oben mitgeteilte Resultat des einen Versuches nicht stützen.

II. Bereitung des normalen Ölsäureozonids mit hochprozentigem Ozon.

Wenn man Ölsäure mit hochprozentigem Ozon in Lösung nur so lange behandelt, bis eine Probe der Flüssigkeit Eisessig-Brom oder Jodlösung gerade nicht mehr entfärbt, so entsteht nicht gleich das früher beschriebene Ölsäureperozonid, sondern das normale Ozonid. 5 g Ölsäure, gelöst im 1,5fachen Volumen Eisessig, wurden nach dreistündigem Einleiten von einem Ozonstrom, der über 12% Ozon enthielt, bereits in knapp 3 Stunden gesättigt. Die Isolierung wurde wie vorher durchgeführt. Die Ausbeute an dem ganz wasserklaren, farblosen Öl betrug 5,7 g. Theorie 5,8 g.

0,1770 g Sbst.: 0,4199 g CO_2, 0,1603 g H_2O.

$C_{18}H_{34}O_5$. Ber. C 65,45, H 10,30.
Gef. , 64,70, ,, 10,13.

Der Kohlenstoffgehalt stimmt hier also um ca. 1% besser, als beim Ozonid, welches mit schwachprozentigem Ozon bereitet war.

Molekularrefraktion: $D_{21} = 1,0230$, $n_d^{21} = 1,46270$.
Molekularrefraktion ber. 89,609, gef. 88,81.

Eine andere Probe ebenso bereitet, lieferte folgende Werte:

$D_4^{20} = 1,0216$; $n_d^{20} = 1,46021$; $n_\alpha = 1,45775$; $n_\gamma = 1,47045$.
Molekularrefraktion: ber. 89,609, gef. 88,50.
Moleku lardispersion: $\alpha - \gamma$ ber. 2,06, gef. 2,10.

Nach diesen und den vorhergehenden Bestimmungen scheint im normalen Ölsäureozonid das Ozon als $-O-O-O-$, d. h. als drei ätherartig verkettete Sauerstoffatome angelagert zu sein.

Die Proben des Ölsäureozonids, nach dieser Methode dargestellt, gaben genau wie vorher die Wasserstoffsuperoxydreaktionen.

---

[1] Tetrachlorkohlenstoff wird ein wenig von Ozon unter Bildung von Chlorwasserstoffsäure und Phosgen angegriffen.

III. Bereitung des normalen Ölsäureozonids aus dem Ölsäureperozonid.

Nach Harries und Thieme[1]) kann man dem Ölsäureper-ozonid, $C_{18}H_{34}O_6$, welches beim längeren Einleiten eines kräftigen, 10 proz. Ozonstroms in eine Lösung von Ölsäure in Tetrachlorkohlenstoff (pro Gramm ca. 1 Stunde) entsteht, durch Waschen mit Natrium-bicarbonat und Wasser ein Sauerstoffatom entziehen und das normale Ölsäureozonid, $C_{18}H_{34}O_5$, erhalten. Ein solches Präparat, neu bereitet, ergab folgende Analysenwerte:

0,3949 g Sbst.: 0,9315 g CO_2, 0,3576 g H_2O.

$C_{18}H_{34}O_5$.   Ber. C 65,45, H 10,30.
Gef. ,, 64,33, ,, 10,13.

Molekularrefraktion: $D^{21,5} = 1,0253$; $n_d^{21,5} = 1,46370$.
Molekularrefraktion: ber. 89,609, gef. 88,84.

Das Ozonid lieferte deutliche Reaktionen auf Wasserstoffsuperoxyd.

Zusammenstellung der Resultate.

I. $D_{20,5}^{20,5} = 1,0281$; $n_d^{20,5} = 1,46220$.

II. $\begin{cases} D_{21}^{21} = 1,0230; & n_d^{21} = 1,46270. \\ D_4^{20} = 1,0216; & n_d^{20} = 1,46021. \end{cases}$

III. $D_{21,5}^{21,5} = 1,0253\,^2)$; $n_d^{21,5} = 1,46370$.

Molinari fand $D_{22} = 1,0205$.

Nach diesen Resultaten kann es kaum mehr zweifelhaft sein, daß die normalen Ozonide verschiedener Herkunft identisch sind. Ich habe übrigens nie anderes geglaubt, als daß niedrig- und hochprozentiges Ozon dieselben Ozonide liefern würden. Denn im Anfang meiner Unter-suchungen habe ich auch schwachprozentiges Ozon benutzt und später bei Verbesserung meiner Apparate keine Abweichungen beobachten können. Hauptsächlich der Umstand, daß hochprozentiges Ozon ein so sehr viel schnelleres Arbeiten gestattet, führte zu den Bestrebungen, die Ausbeute an Ozon zu erhöhen.

Spaltung des normalen, mit 0,4 proz. Ozon bereiteten Ölsäureozonids mit Wasser.

Nachdem es nunmehr feststeht, daß hoch- und niedrigprozentiges Ozon Ölsäure in dasselbe normale Ozonid umwandelt, war es eigentlich

---

[1]) Berichte d. Deutsch. chem. Gesellschaft **39**, 2844 [1906].
[2]) Der in Berichte d. Deutsch. chem. Gesellschaft **39**, 2844 [1906] angegebene Wert 1,373 bei 16° beruht entweder auf einem Irrtum oder Druckfehler. Da mein damaliger Mitarbeiter die Universität lange verlassen hat, konnte die Entstehung dieser Zahl nicht aufgeklärt werden.

selbstverständlich, daß das mit niedrigprozentigem Ozon bereitete Ölsäureozonid dieselben Spaltungsprodukte mit Wasser ergibt, wie das auf andere Weise dargestellte normale Ozonid. Diese Spaltung ist zuerst von Harries und Thieme[1]), später von Harries und H. O. Türk[2]) so eingehend verfolgt worden, daß an der Richtigkeit der Angaben kaum gezweifelt werden darf.

Da aber Molinari in seiner Abhandlung wieder bei seiner alten Auffassung verbleibt und von neuem behauptet, daß die Einwirkung von Wasser oder Alkalien auf das Ozonid ähnliche Zersetzungsprodukte ergeben müsse, und daß unter denselben Säuren C_{18} in erheblicher Menge vorhanden seien, so sehe ich mich genötigt, noch einmal auf die Spaltung des normalen Ölsäureozonids mit Wasser zurückzukommen und einige Versuche mitzuteilen, die meine frühere Auffassung vollauf bestätigen und ergänzen.

Um Einwände möglichst zu vermeiden, haben wir diesmal nur normales Ölsäureozonid verwendet, welches mit 0,4 proz. Ozon bereitet war. Die Spaltung mit Wasser wurde unter besonderer Berücksichtigung folgender Fragen untersucht:

I. Verläuft die Spaltung mono- (Harries) oder polymolekular (Molinari)?

II. Welches sind die primären Spaltungsprodukte, Aldehyde oder Säuren?

I. Die Spaltung mit Wasser verläuft monomolekular.

Es entstehen mit Wasser nur Zersetzungsprodukte mit 9 und nicht mit 18 Kohlenstoffatomen.

Zu diesem Nachweis wurde das Ozonid mit Wasser am Rückflußkühler $^{1}/_{2}$ Stunde auf dem Wasserbade erhitzt, nachher die Reaktionsflüssigkeit mit Äther wiederholt ausgeschüttelt, der nach Verdampfen des Äthers hinterbleibende ölige Rückstand sorgfältig mit Magnesiumsulfat getrocknet und sodann mit ca. 4 Volumen 4 proz. äthylalkoholischer Salzsäure nach E. Fischers Verfahren verestert resp. acetalisiert. Nach dreitägigem Stehen wurde das Reaktionsprodukt mit Silberoxyd von der Salzsäure befreit, der Äthylalkohol im Vakuum möglichst vollständig abdestilliert, der Rückstand nach dem Trocknen mit Magnesiumsulfat fraktioniert. Das Öl sott von 80—165° unter 12 mm Druck und hinterließ kaum einen wägbaren Rückstand. Der Siedepunkt des Azelainsäurediäthylesters liegt bei ca. 160—165° unter 10—12 mm Druck. Wären Säuren mit einem Kohlenstoffgehalt von C_{18} zugegen, so müßte deren Siedepunkt über 200° liegen.

Die Säuren C_{18} entstehen nicht bei der Spaltung mit Wasser, sondern nur nach dem Verfahren von Molinari beim Kochen mit wässeriger oder alkoholischer Kalilauge und Behandlung mit Wasserdampf. Auch ist es unstatthaft, die Resultate der Einwirkung von

<hr>

1) Annalen d. Chemie u. Pharmazie **343**, 354 [1905].
2) Berichte d. Deutsch. chem. Gesellschaft **39**, 3732 [1906].

16*

heißer, gesättigter Kaliumbisulfitlauge auf das Ölsäureozonid zur Aufklärung der primären Spaltung heranzuziehen, wie es **Molinari** versucht hat.

II. Die primären Spaltprodukte sind Aldehyde und Peroxyde derselben.

Im Anfang ist die Zersetzung der Ozonide allgemein nach folgendem Schema formuliert worden:

$$\underset{\overset{.}{O}\overset{.}{O}\overset{.}{O}}{>\!C\!-\!C\!<} + H_2O = {>}CO + OC{<} + H_2O_2 \,.$$

Die gleichzeitige Bildung der Säuren wurde aus einem sekundären Prozeß erklärt, indem man annahm, daß das Wasserstoffsuperoxyd in statu nascendi die Aldehyde beim Kochen in der wässerigen Lösung zu Säuren oxydierte. Nach dieser Erklärung hätte aber bei der quantitativen Bestimmung mehr Wasserstoffsuperoxyd gefunden werden müssen, als in der Tat ermittelt wurde. Wo sich die Titrationen ausführen ließen, betrug die gefundene Menge davon nur einige Zehntel Prozent. Ich habe auch mitgeteilt, daß in einer Reihe von Fällen gar kein Wasserstoffsuperoxyd nachgewiesen werden konnte.

Ferner habe ich auch schon vor mehreren Jahren auseinandergesetzt[1]), daß noch eine andere Interpretation in Frage kommen kann, die ich die **Peroxydspaltung** nannte. Häufig sind nämlich bei Zersetzungen der Ozonide Peroxyde aufgefunden worden. Deren Bildung kann auf einen einfachen Zerfall des Ozonids zurückgeführt werden, wobei das Wasser nur katalytisch wirkt und an der Reaktion selbst nicht teilnimmt. Die allgemeine Formulierung würde folgendermaßen lauten:

$$\underset{\overset{.}{O}\overset{.}{O}\overset{.}{O}}{>\!C\!-\!C\!<} + {>}CO + \underset{\overset{.}{O}}{\overset{O}{\,}}{>}C{<} \,.$$

Befindet sich das Peroxyd an einem primären Kohlenstoffatom, so tritt leicht Umlagerung zur isomeren Säure ein:

$$\underset{\overset{.}{O}}{\overset{O}{\,}}{>}C{<}^H \rightarrow HOOC{-} \,.$$

Bei dem Ölsäureozonid würden dann folgende Körper entstehen:

I. $CH_3 . [CH_2]_7 . CH\text{---}CH . [CH_2]_7 . COOH$

$\qquad O\text{---}O\text{---}O$

$$= CH_3 . [CH_2]_7 . CHO + \underset{O}{\overset{O}{\,}}{>}CH . [CH_2]_7 . CHO \,,$$

d. i. Nonylaldehyd und Azelainsäurehalbaldehydperoxyd oder

---

[1]) Berichte d. Deutsch. chem. Gesellschaft **38**, 1195 [1905]; Annalen d. Chemie u. Pharmazie **343**, 321 [1905].

$$\text{II. } CH_3 . [CH_2]_7 . CH \underset{O-O-O}{\underline{\quad\vdots\quad}} CH . [CH_2]_7 . COOH$$

$$= CH_3 . [CH_2]_7 . CH{\Big\langle}{\overset{O}{\underset{O}{\cdot}}} + OCH . [CH_2]_7 . CO_2H ,$$

d. i. Nonylaldehydperoxyd und Azelainsäurehalbaldehyd.

Durch die Isomerisierung der Peroxyde bilden sich dann die Säuren: Pelargonsäure und Azelainsäure. Ich habe in Gemeinschaft mit Lang-held[1]) gezeigt, daß Önanthylperoxyd durch einfaches Erwärmen Önanthylsäure liefert. Das sehr häufige Auftreten von Wasserstoffsuperoxyd würde aus einer sekundären Reaktion herzuleiten sein. Die Peroxyde der Aldehyde zersetzen sich nämlich mit Wasser zum Teil rückwärts in Aldehyd und Wasserstoffsuperoxyd, zum Teil gehen sie durch Isomerisierung in Säuren über. Da diese Peroxyde aber hauptsächlich bei dem mit Eisessig bereiteten Ozonid entstehen, bei dem mit Tetrachlorkohlenstoff dargestellten aber bisweilen zurücktreten, so ist noch nicht genau bewiesen, daß die letztere Interpretation des Spaltungsprozesses die allein richtige ist. Ob nicht vielmehr die frühere unter Umständen auch Geltung haben kann, soll hier nicht endgültig entschieden werden.

Für die Aufklärung des Spaltungsprozesses des Ölsäureozonids mit Wasser kam es daher darauf an, ob es gelingen würde, unter den Spaltungsprodukten die von der theoretischen Überlegung vorhergesehenen Peroxyde der Aldehyde aufzufinden. Dies ist nun in der Tat verwirklicht worden, beide Peroxyde, sowohl Nonylaldehydperoxyd wie Azelainsäurehalbaldehydperoxyd sind jetzt isoliert.

Schon Türk[2]) hatte aus den niedrigsiedenden Zersetzungsprodukten der Ölsäureozonide mit Wasser einen festen Körper vom Schmp. 78° abscheiden können, der als Nonylaldehydperoxyd angesprochen wurde. Wir haben diesen Körper jetzt genauer untersucht und die früher geäußerte Vermutung bestätigen können. Er ist ein wahres Peroxyd, da er Jod aus Jodkalium in Freiheit setzt. Beim Kochen mit Wasser zersetzt er sich unter teilweiser Bildung von Aldehyd und Wasserstoffsuperoxyd. Ebenso verhält sich das neu entdeckte Peroxyd des Azelainsäurehalbaldehyds. Es ist nun auch damit bewiesen, daß beim Kochen des Ölsäureozonids selbst mit Wasser Wasserstoffsuperoxyd auftreten muß. In unzersetztem Zustande geben die Peroxyde keine Reaktion mit Kaliumbichromat und Schwefelsäure. Ein ferneres Argument für die letztere Interpretation, d. h. daß sich

---

[1]) Annalen d. Chemie u. Pharmazie **343**, 352 [1905].
[2]) Berichte d. Deutsch. chem. Gesellschaft **39**, 3733 [1906].

Ozonide nach der Peroxydspaltung umsetzen, liegt darin, daß man die Spaltung auch bei Ausschluß von Wasser vornehmen kann. Sie findet nämlich sowohl in absolut-alkoholischer wie essigsaurer Lösung beim Erhitzen statt. Bei Gegenwart von Alkoholen bilden sich natürlich Ester bzw. Acetate, mit Eisessig allein aber ähnliche Verbindungen wie mit Wasser.

Daß Molinari die schön kristallisierten Peroxyde niemals beobachtet hat, ist nicht verwunderlich, da er mit Alkali kocht und die Peroxyde dadurch zu Säuren umgelagert werden.

Will man die bei der Zersetzung des Ölsäureozonids primär entstehenden Körper isolieren, so muß jedes Reaktionsmittel vermieden werden, welches eine sekundäre Einwirkung verursachen könnte. Wir haben unsere schon früher erprobte Methode als die hierfür allein zweckmäßige befunden. Sie bestand darin, daß die Reaktionsmasse mit Äther aufgenommen und die ätherische Lösung, zur Trennung von aldehydischen und schwach sauren von stärker sauren Bestandteilen, mit festem Natriumbicarbonat und Wasser durchgeschüttelt wurde.

Azelainsäure und das Peroxyd des Halbaldehyds der Azelainsäure treiben Kohlendioxyd aus und werden als Natriumsalze durch das Wasser gelöst, während im Äther Nonylaldehyd, Nonylaldehydperoxyd, Pelargonsäure und freier Halbaldehyd der Azelainsäure unverändert zurückbleiben. Erstere trennt man am besten durch Waschen mit Aceton, letztere durch Fraktionierung im Vakuum. Ein geringer Teil Azelainsäure verbleibt in der wässerigen Lösung, welche ausgeäthert wurde.

9,2 g des Ozonids, mit 0,4 proz. Ozon bereitet, wurden mit 37 g Wasser auf dem Wasserbade ca. $^1/_2$ Stunde erwärmt. Beim Aufnehmen in Äther blieben 0,6 g einer Substanz zurück, die sich in Äther schwer löste, diese wurde getrennt und erwies sich als ein Teil des Peroxyds des Halbaldehyds der Azelainsäure, welches nachher näher beschrieben wird. Die ätherische Lösung wurde darauf mit Natriumbicarbonat und Wasser behandelt, dann abgehoben und filtriert. Nach dem Abdunsten des Äthers hinterblieben 4,13 g schwach saure oder indifferente Produkte, die sich beim Destillieren unter ca. 12 mm Druck in drei Fraktionen scheiden ließen. I. Bis 80° Vorlauf 0,4 g (Nonylaldehyd enthaltend.) — II. 80—105° Vorlauf 0,75 g Nonylaldehyd und Nonylperoxyd. — III. 120—160° Vorlauf 0,95 g Pelargonsäure. — IV. Rückstand (fest kristallisiert) 1,45 g Halbaldehyd.

Nonylaldehydperoxyd.

Fraktion II erstarrte zum Teil kristallinisch; der feste Anteil ließ sich abpressen und konnte aus Petroläther umkristallisiert werden. Der Schmelzpunkt der glänzenden Blättchen liegt dann bei 73°. Türk hat früher 78° angegeben. Der Körper zeigt die Eigenschaften eines Peroxyds, indem er aus Jodkalium beim schwachen Erwärmen Jod frei macht; von kaltem Wasser wird er schwer, von organischen Lösungsmitteln und Alkalien leicht aufgenommen. Er verpufft, schnell erhitzt, nicht; manchmal treten aber bei der Destillation des Rohprodukts im Vakuum heftige Explosionen ein. Der Siedepunkt im Vakuum liegt etwas höher als der des Nonylaldehyds, niedriger als der der isomeren Pelargonsäure. Danach scheint die monomere Form vorzuliegen. Beim Kochen mit Wasser zersetzt sich das Peroxyd unter Abscheidung von Nonylaldehyd und Bildung von Wasserstoffsuperoxyd. Bei der Titration ergab sich die Menge der letzteren zu etwa 50% der berechneten. Die Analyse bestätigte die vermutete Zusammensetzung.

0,1003 g Sbst.: 0,2499 g CO_2, 0,1063 g H_2O.

$C_9H_{18}O_2$.   Ber. C 68,29, H 11,47.
Gef. ,, 67,95, ,, 11,85.

Zu denselben analytischen Befunden war schon früher Türk gelangt, doch waren sie seinerzeit nicht publiziert worden. Die Ausbeute an dem Peroxyd betrug 0,2—3 g. Der Nonylaldehyd aus Fraktion II wurde wie früher durch die schöne Bisulfitverbindung und das Semicarbazon identifiziert.

Fraktion III ist reine Pelargonsäure, denn sie erstarrt direkt beim Übergehen im Vakuum zu einer weißen Masse, die bei ca. $+12°$ schmilzt.

Fraktion IV bildet den Rückstand. Geht man beim Destillieren im Vakuum nicht über 150—160° hinaus, so färbt sich der Rückstand nur wenig und erstarrt kristallinisch beim Abkühlen; er besteht aus fast reinem Halbaldehyd der Azelainsäure, welcher das bekannte, bei 164° schmelzende, gut kristallisierende Semicarbazon[1]) liefert.

Untersuchung der durch Natriumbicarbonat gelösten Anteile Peroxyd des Halbaldehyds der Azelainsäure.

Die von dem Äther getrennte wässerige Lösung wird angesäuert und wiederholt mit Äther ausgeschüttelt; hierbei resultieren nach dem Abdampfen des letzteren 3,6 g einer festen, weißen Masse, die ungenau bei ca. 82—88° schmilzt. Dieselbe enthält einen peroxydartigen Bestandteil, der Jod aus Jodkalium freimacht. Durch kaltes Aceton kann sie in zwei Körper zerlegt werden, einen leicht und einen schwer löslichen. Der schwerlösliche bildet, aus heißem Aceton umkristallisiert, Nädelchen, welche, im Vakuum getrocknet, bei ca. 98° schmelzen. Beim Mischen mit Azelainsäure tritt eine Depression bis ca. 88° ein. Ganz rein haben wir das Peroxyd noch nicht erhalten; wahrscheinlich liegt der Schmelzpunkt des reinen Körpers etwas höher. Nach der Analyse liegt ein Isomeres der Azelainsäure vor.

0,1016 g Sbst.: 0,2122 g CO_2, 0,0799 g H_2O.

$C_9H_{16}O_4$.   Ber. C 57,41, H 8,57.
Gef. ,, 56,96, ,, 8,80.

Das Peroxyd des Halbaldehyds ist in heißem Wasser vollkommen löslich, wird aber allmählich beim Kochen in Wasserstoffperoxyd und den freien Halbaldehyd bzw. Azelainsäure zersetzt. Da der freie Halbaldehyd in Wasser schwer aufgenommen wird, so scheidet er sich dann auf dem Wasser in Öltropfen ab und kann als solcher identifiziert werden. Die Ausbeute an dem Peroxyd ist titrimetrisch nach dem Jodausscheidungsvermögen zu ca. 40% ermittelt worden. Die Peroxyde scheinen aber in reichlicher Menge nur zu entstehen, wenn Eisessig beim Ozonisieren als Lösungsmittel angewandt wurde. Bei Tetrachlorkohlenstoff und Chloroform treten sie manchmal zurück, vielleicht spielt hier Salzsäure als

---

[1]) Harries u. Thieme, Annalen d. Chemie u. Pharmazie **343**, 359 [1905].

Katalysator eine Rolle[1]). Wir behalten uns die weitere Untersuchung der beiden Peroxyde ausdrücklich vor.

Die Azelainsäure endlich kann durch Eindampfen der Acetonmutterlaugen und Umkristallisieren aus Wasser in kristallinischer Form vom richtigen Schmelzpunkt gewonnen werden.

Die eben beschriebene Methode zur Trennung der Zersetzungsprodukte des Ölsäureozonids ist besonders auch darum zu empfehlen, weil sie leicht zu ganz sauberen Körpern führt. Dunkle Öle, wie sie Molinari beschreibt, haben wir nie erhalten. Man beobachtet solche, wenn man nach diesem Forscher verfährt und Wasserdampf zur Trennung anwendet. Gegen Wasserdampf ist der Halbaldehyd der Azelainsäure äußerst empfindlich, er geht dabei unter Polymerisation in ölige Substanzen über, die wahrscheinlich die Säuren C_{18} enthalten. Sie sind uns öfter begegnet, aber bisher nicht näher untersucht worden, da sie mit dem primären Spaltungsprozeß nichts zu tun haben. Daß aldehydische Bestandteile bei der Zersetzung des Ölsäureozonids entstehen, wurde von Molinari früher überhaupt bestritten und wird erst neuerdings zugegeben[2]).

Molinari hat in seinen letzten Publikationen eine Reihe von Behauptungen aufgestellt, auf die ich nur, insoweit sie sich auf experimentelle Tatsachen beziehen, eingehen will.

Meine Auffassung über die Prioritätsfrage habe ich (Berichte d. Deutsch. chem. Gesellschaft **41**, 1230 [1908]) so deutlich auseinandergesetzt, daß ich auch den erneuten Auslassungen gegenüber nichts hinzuzufügen brauche. Hätte Molinari bereits in seiner ersten Abhandlung genaue Angaben über die Konzentration des von ihm verwendeten Ozons gemacht, so wäre das Mißverständnis mit der Stearolsäure, die, wie ich schon (Berichte d. Deutsch. chem. Gesellschaft **41**, 1230 [1908]) gezeigt habe, mit niedrigprozentigem Ozon in der Tat sehr langsam reagiert, nicht entstanden sein. Die Form, in der Molinari auf diesen Punkt zurückkommt, muß ich als irreführend bezeichnen, denn sie erweckt in dem nicht genau informierten Leser trotz der Einfügung des Zitats den Eindruck, als wenn bereits von Anfang an die Konzentration des Ozons mitgeteilt worden wäre. — Dies geschah aber erst auf meinen Angriff hin in seiner dritten Abhandlung[3]).

Außerdem ignoriert er meine experimentellen Angaben über das Verhalten der Stearolsäure gegen hoch- und niedrigprozentiges Ozon vollständig.

---

[1]) In früheren Untersuchungen wurde immer Chloroform als Lösungsmittel verwendet; daher konnten die Peroxyde nicht so gut beobachtet werden.

[2]) Berichte d. Deutsch. chem. Gesellschaft **41**. 2782 [1908].

[3]) Berichte d. Deutsch. chem. Gesellschaft **41**, 585 [1908].

Drei Punkte der Publikation von Molinari sind es, mit denen ich mich noch beschäftigen will.

I. Ich habe gezeigt, daß man die Konzentration des Ozons durch Waschen mit Natronlauge und Schwefelsäure herabsetzt.

Molinari behauptet nun, dies geschähe nur durch Anwendung von konzentrierter Natronlauge, er hätte aber verdünnte benutzt. Woher weiß Molinari, daß ich konzentrierte Lauge gebraucht habe? Nach meinen Erfahrungen spielt die Konzentration der Lauge keine wesentliche Rolle. Ich habe aber gar nicht nötig, eigene Versuche darüber zu publizieren, da von anderen dieselben Beobachtungen gemacht wurden. So verweise ich auf eine kürzlich erschienene Dissertation von Willy Kampfschulte[1]), in der ganz die gleichen Erfahrungen mitgeteilt werden.

II. Molinari bezweifelt die Zuverlässigkeit der Methoden des Nachweises von Wasserstoffsuperoxyd mit Kaliumbichromat, Schwefelsäure und Äther oder Titansäure und Schwefelsäure und behauptet, die höheren aliphatischen Aldehyde lieferten dieselben Reaktionen. Da diese Aldehyde nicht näher bezeichnet wurden, so ist eine Nachprüfung allerdings schwierig. Wir haben nun aber eine ganze Reihe aliphatischer Aldehyde, wie Formaldehyd, Acetaldehyd, Succindialdehyd, Lävulinaldehyd, Valeraldehyd, Önanthaldehyd, über Natriumbisulfit gereinigten Nonylaldehyd, Citronellal, Citral mit den oben erwähnten Reagenzien geprüft und nirgends eine Reaktion erhalten können, die mit der bekannten Wasserstoffsuperoxydreaktion Ähnlichkeit besäße, so daß wir die Angabe Molinaris als nicht glaubwürdig bezeichnen müssen. Roher, aus dem Ölsäureozonid gewonnener Nonylaldehyd gibt nach dem Aufkochen mit Wasser allerdings die Titansäurereaktion. Dies ist aber ganz natürlich, da er Nonylperoxyd enthält. Die Benzidinreaktion ist bei Gegenwart von nur geringen Mengen von Wasserstoffsuperoxyd unsicher, wenn Säuren zugegen sind.

III. Molinari hat das Ölsäureozonid durch 2stündiges Kochen mit gesättigter Kaliumbisulfitlösung zersetzt und scheint die Ergebnisse der Untersuchung der dabei entstehenden Spaltungsprodukte mit den Resultaten, welche ich bei der Spaltung des Ölsäureozonids mit Wasser gewonnen habe, vergleichen zu wollen. Ich halte hier jeden Vergleich für unzulässig; denn das Ölsäureozonid wirkt wie auf Jodkalium, auch auf Schwefeldioxyd lebhaft oxydierend ein, wobei es natürlich selbst reduziert wird. Wir haben gefunden, daß, wenn man normales Ölsäureozonid in feuchtem Äther löst und Schwefeldioxyd gasförmig einleitet, eine sehr heftige Reaktion eintritt, die man durch Kühlung mit Kältemischung mäßigen muß. Hierbei scheidet sich unter der

---

[1]) Würzburg 1908. S. 27ff.

ätherischen Schicht ölförmig Schwefelsäure ab, die wir quantitativ bestimmten. Die Menge betrug so viel, als wenn 1 Mol. Ozonid $^1/_2$ Atom Sauerstoff abgegeben hätte. Mit dem Studium der hierbei sich bildenden Reduktionsprodukte des Ölsäureozonids sind wir noch beschäftigt. Sicher erscheint aber schon jetzt, daß Molinari durch die Anwendung der Bisulfitlauge, sowie auch durch das unnötig lange Kochen mit derselben neue Momente hereingebracht hat, welche geeignet sind, die primären Vorgänge zu verdunkeln und das Studium der Reaktion zu erschweren.

Wie man sieht, hat die vorliegende Untersuchung nichts prinzipiell Neues erbracht. Ich habe mich aber noch einmal zur Publikation entschlossen und die vielen ungenauen und haltlosen Angaben Molinaris berichtigt, um zu verhindern, daß dieselben womöglich, wenn ich schweige, als von mir anerkannt, betrachtet werden. Künftighin werde ich indessen kaum mehr auf etwaige Entgegnungen Molinaris eingehen, denn die Mühe der Nachprüfung steht mit dem Wert der wissenschaftlichen Ergebnisse in keinem Verhältnis. Da die Ozonmethode sich jetzt allmählich auch in anderen Laboratorien einzubürgern beginnt, werden die Herren Kollegen ja bald selbst sehen, welche Angaben die zuverlässigeren sind.

Meinem Assistenten, Herrn Dr. Ludwig Tank, danke ich für die Ausführung zahlreicher Kontrollversuche bei dieser Arbeit herzlich.

39. Riko Majima: Zur Konstitution der Eläostearinsäure.

Aus dem Chemischen Institut der Universität Kiel.
Berichte der Deutschen chemischen Gesellschaft **42**, 674 (1909).
(Eingegangen am 10. Februar 1909.)

Aus dem Öl des Elaeococca Vernicia (japanisches Holzöl) isolierte zuerst Cloez[1]) eine kristallinische, sich leicht an der Luft oxydierende Fettsäure, welche nach ihm die Zusammensetzung $C_{17}H_{30}O_2$ und folglich den Namen Eläomargarinsäure besitzen sollte. Nach längerer Zeit untersuchte Maquenne[2]) diese Substanz wieder, und nach den Resultaten der vorsichtig ausgeführten Elementaranalyse gab er der Säure die Zusammensetzung $C_{18}H_{30}O_2$ und infolgedessen den neuen Namen Eläostearinsäure. Bei der Oxydation dieser Säure mit Kaliumpermanganat erhielt er daraus n-Valeriansäure und Azelainsäure. Kurz nachher konnte Kametaka[3]) aus der Eläostearinsäure ganz dieselbe Tetrabrom- und Tetraoxystearinsäure (Sativinsäure), wie aus der Linolsäure, darstellen. Demnach schrieb er der Säure die Zusammensetzung $C_{18}H_{32}O_2$ zu, und erblickte darin ein Isomeres der Linolsäure. Er oxydierte auch diese Säure mit Kaliumpermanganat, konnte aber nur Azelainsäure aus den Produkten isolieren[4]).

Seit einigen Jahren ist infolge der Arbeiten von Harries und seinen Schülern das Ozon als ausgezeichnetes Oxydationsmittel erkannt und bereits mit Erfolg auf die Konstitutionsbestimmung der Ölsäure[5]) angewandt worden. Es lag daher nahe, diese Methode zu Konstitutionsbestimmung der Eläostearinsäure zu benutzen. Es ergab sich dabei, daß die Eläostearinsäure zwei Moleküle Ozon aufnahm, und daher erhält die Ansicht, daß sie zwei Doppelbindungen und die Zusammensetzung $C_{18}H_{32}O_2$ besitzt, eine neue Stütze. Das Eläostearinsäureozonid zersetzt sich leicht beim Kochen mit Wasser. Unter den Spaltungsprodukten fand ich n-Valeraldehyd, n-Valeriansäure, Azelainsäurehalbaldehyd und Azelain-

<hr>

[1]) Compt. rend. de l'Acad. des Sc. **82**, 501 [1876]; **83**, 943 [1876].
[2]) Compt. rend. de l'Acad. des Sc. **135**, 696 [1902].
[3]) Journ. Chem. Soc. **83**, 1042 [1903].
[4]) Journ. of the College of Science, Tokyo, Vol. **25**, Art. 3.
[5]) Harries u. Türk, Berichte d. Deutsch. chem. Gesellschaft **39**, 3732 [1906].

säure. Daher müssen bei der Eläostearinsäure, wie übrigens schon
Maquenne annehmen zu sollen glaubte, zwischen dem 5. und 6.,
und dann zwischen dem 9. und 10. Kohlenstoffatom Doppelbindungen
vorhanden sein, wie folgende Formel anzeigt:

$$CH_3.CH_2.CH_2.CH_2.CH: CH.CH_2.CH_2.CH: CH.CH_2.CH_2.CH_2.CH_2.$$
$$CH_2.CH_2.CH_2.CO_2H.$$

Wenn dem wirklich so ist, sollte man unter den Spaltungsprodukten
des Ozonids auch Succindialdehyd, mit einer kleineren oder größeren
Menge von Bernsteinsäurehalbaldehyd bzw. Bernsteinsäure gemischt,
auffinden. Tatsächlich wurde stets in der wässerigen Lösung das Vorhandensein einer die Pyrrolprobe liefernden Substanz wahrgenommen,
und es ist sehr wahrscheinlich, daß man es hier mit Succindialdehyd
zu tun hat. Indessen ist die Menge so gering, daß kein Derivat davon
gewonnen werden konnte. Es gelang mir auch nicht, den Bernsteinsäurehalbaldehyd oder die Bernsteinsäure zu identifizieren. Es erscheint mir sicher, daß, wenn diese Substanzen in den Spaltungsprodukten als solche vorhanden wären, deren Menge ganz gering und
meistenteils in irgendeiner Weise weiter verändert sein muß. Es ist
Maquenne auch nicht gelungen, festzustellen, was aus den übrigen
vier Kohlenstoffatomen aus der Kette der Eläostearinsäure bei der
Oxydation wird. Sobald mir das zurzeit aufgebrauchte Material wieder
zur Verfügung steht, soll die Untersuchung darüber zu Ende geführt
werden.

Herrn Prof. Harries, der mir bei dieser Untersuchung mit freund-
lichen Ratschlägen zur Seite stand, gestatte ich mir meinen verbind-
lichsten Dank auszusprechen.

Die Eläostearinsäure war aus dem japanischen Holzöl nach Ka-
metakas Vorschrift[1]) dargestellt. Es wurde indessen neuerdings
gefunden, daß diese Säure unter 12 mm Druck in Kohlensäureatmosphäre
bei ungefähr 235° größtenteils unverändert destilliert. Im Kolben
bleibt dabei eine braune, amorphe, wahrscheinlich polymerisierte
Substanz zurück, deren Menge je nach der Schnelligkeit der Destillation
von ca. $^1/_5-^1/_7$ der ursprünglichen Säure beträgt. Die Eläostearinsäure schmilzt bei 48—49°.

n-Eläostearinsäurediozonid, $C_{18}H_{32}O_8$.

Je 5 g reine Säure wurden in 75 ccm Chloroform gelöst und unter
Kühlung mit Eis so lange ozonisiert, bis die Lösung nicht mehr Brom
entfärbte, welcher Punkt sich gewöhnlich nach 5—6 Stunden erreichen

---

[1]) Journ. Chem. Soc. **83**, 1043 [1903].

ließ[1]). Das Chloroform wurde im Vakuum verdampft, der Rückstand durch Lösen in Äther und Fällen mit Hexan zweimal gereinigt. Die Ausbeute an reinem Ozonid beträgt ca. 6 g. Das Ozonid bildet eine amorphe, ganz leicht gelblich gefärbte, halbfeste Substanz und verpufft an der Flamme. Nach zweitägigem Stehen über Schwefelsäure im Vakuumexsiccator wurde es analysiert.

0,1975 g Sbst.: 0,4088 g CO_2, 0,1451 g H_2O.

$C_{18}H_{32}O_8$.　Ber. C 57,42, H 8,54.

Gef. ,, 56,44, ,, 8,22.

$C_{18}H_{32}O_{11}$.　Ber. ,, 50,92, ,, 7,60.

Es wurde auch versucht, diese Säure in Eisessig zu ozonisieren, aber das so gebildete Ozonid war dickflüssig und nicht so rein.

0,1500 g Sbst.: 0,3023 g CO_2, 0,1067 g H_2O.

Gef. C 55,32, H 7,95.

Tetrachlorkohlenstoff erwies sich als Lösungsmittel beim Ozonisieren dieser Substanz nicht geeignet. Weil die Säure in dem Lösungsmittel in der Kälte schwer und das gebildete Ozonid darin fast gar nicht löslich ist, war das letztere immer nicht einheitlich.

Spaltung des Ozonids mit Wasser.

I. 28 g des in Chloroform dargestellten und gereinigten Ozonids wurden mit 200 g Wasser eine halbe Stunde über der direkten Flamme gekocht, wobei es sich unter Sauerstoffabgabe leicht zersetzte und allmählich gelbbraune Farbe annahm; aber niemals ging alles in Lösung, sogar nach längerem Kochen nicht. Unter den sich entwickelnden Gasen, deren Menge recht gering war, war kein Kohlendioxyd nachweisbar. Die Spaltungsprodukte rochen stark nach Valeraldehyd, und die wässerige Lösung zeigte Wasserstoffsuperoxydreaktion. Der ganze Kolbeninhalt wurde nun mit Äther und dann die abgehobene ätherische Lösung mit Natriumbicarbonatlösung durchgeschüttelt. So entstanden folgende drei Teile, die ätherische, die natriumbicarbonathaltige und die wässerige Lösung.

a) Verarbeitung der ätherischen Lösung. Sie wurde mit Magnesiumsulfat getrocknet, der Äther dann mit langem Dephlegmator sorgfältig abdestilliert, der Rückstand auf dem Wasserbad erst unter 90 mm und dann unter 12 mm Druck destilliert, wobei die Temperatur des Wassers zuletzt bis zur Siedehitze gesteigert wurde. Das gesamte Destillat betrug ca. 2 g. Bei der wiederholten Destillation unter gewöhnlichem Druck sotten zwischen 95—105° ca. 1,3 g. Das Hauptdestillat zeigte die Reaktionen des Valeraldehyds, und man konnte

---

[1]) Wenn man das Ozon länger einleitet, scheidet sich allmählich eine Gallerte — höchst wahrscheinlich das Perozonid — ab.

schon durch seinen Geruch diesen Aldehyd vermuten. Er gab tatsächlich nach Neubergs Angabe[1]) das bei 65° schmelzende Thiosemicarbazon und wurde so als n-Valeraldehyd (Sdp. 102°)
identifiziert.

0,0684 g Sbst.: 15,7 ccm N (19°, 762 m).

$C_6H_{13}N_3S$.   Ber. N 26,4.
             Gef. ,, 26,9.

Der dickölige Rückstand im Kolben wurde nun im Vakuum im Ölbade bis 140° erhitzt, wobei noch ca. 0,3 g Flüssigkeit mit aldehydischen
Eigenschaften übergingen. Da der Kolbeninhalt aber dann stark
schäumte, wurde ein weiteres Erhitzen aufgegeben. Der Rückstand
betrug ca. 4,5 g und kristallisierte auch nach langem Stehen nicht.
Aber wenn man ihn wieder in ein wenig Äther löste und mit Natriumbicarbonatlösung behandelte, so erwies er sich jetzt als größtenteils
darin löslich. Daß die von Natriumbicarbonat aufgenommene Substanz
die größere Menge des Azelainsäurehalbaldehyds enthielt, wurde
dadurch konstatiert, daß sie nach der Baeyer-Thieleschen Methode
leicht und mit guter Ausbeute das von Harries und Thieme[2]) beschriebene Semicarbazon dieses Körpers ergab. Das Semicarbazon,
aus absolutem Alkohol umkristallisiert, schmolz bei 165°.

0,1181 g Sbst.: 18,7 ccm N (21°, 757 mm).

$C_{10}H_{19}N_3O_3$.   Ber. N 18,34.
                Gef. ,, 18,31.

Der in der ätherischen Lösung gebliebene Teil (ca. 1,2 g) lieferte
ein öliges Semicarbazon und zeigte keine Pyrrolreaktion.

b) Verarbeitung der mit Natriumbicarbonat bereiteten
Lösung. Diese Lösung wurde sofort mit Salzsäure angesäuert und
mit Äther ausgezogen[3]). Nach dem Abdampfen des Äthers wurde
durch den Rückstand Wasserdampf ca. $1^1/_2$ Stunden durchgeleitet,
wobei alle flüchtigen Säuren herausdestillierten. Das Destillat wurde
mit n-Kalilauge neutralisiert, wozu ca. 21 ccm genügten. Die Lösung
wurde darauf eingeengt und der Rückstand mit verdünnter Schwefelsäure angesäuert, ausgeäthert und die ätherische Lösung mit Chlorcalcium getrocknet. Nach dem Abdestillieren des Äthers sott der
Rückstand mit geringem Vorlauf beinahe konstant bei 184—186°.
Die Ausbeute betrug ca. 1,5 g. Nach wiederholter Destillation wurde

---

[1]) Neuberg u. Neimann, Berichte d. Deutsch. chem. Gesellschaft **35**,
2052 [1902].

[2]) Annalen d. Chemie u. Pharmazie **343**, 318 [1905].

[3]) Die wässerige Lösung wurde nach dem Ausziehen mit Äther auf dem
Wasserbade verdampft; dabei blieb neben Kochsalz eine braune harzige Substanz
(ca. 0,8 g) zurück.

die Säure analysiert. Das Resultat zeigt, daß sicher hier Valeriansäure vorlag.

0,1676 g Sbst.: 0,3581 g CO_2, 0,1494 g H_2O.

$C_5H_{10}O_2$. Ber. C 58,7, H 9,87.
 Gef. ,, 58,3, ,, 9,97.

Daß diese Säure n-Valeriansäure ist, kann man schon durch ihren
Siedepunkt ersehen; aber es wurde noch durch die Überführung in
das Anilid festgestellt. Das Anilid schmolz bei 60°. Da es in der Literatur keine sichere Angabe über diese Substanz gibt[1]), wurde Kahlbaumsche n-Valeriansäure in das Anilid umgewandelt. Dieses Anilid
schmolz ebenfalls bei 60° und zeigte beim Mischen mit dem Anilid
der Valeriansäure aus dem Ozonid keine Schmelzpunktveränderung.
Der Rückstand der Wasserdampfdestillation kristallisierte langsam.
Die Menge betrug ca. 10 g. Beim Einengen der Mutterlauge erhielt
man noch ca. 2 g Kristalle. Diese zeigten alle gewöhnlichen Eigenschaften eines Aldehyds und ließen sich als ein Gemisch von Azelainsäurehalbaldehyd und Azelainsäure erkennen. Die Trennung dieser
Körper war in diesem Falle keineswegs leicht — das Gemisch wurde
zuerst aus möglichst wenig Aceton zweimal umkristallisiert und die
Kristalle als Magnesiumsalz weiter gereinigt und wieder aus Aceton
und dann aus Wasser umkristallisiert. So erhielt ich mit ziemlich großem
Verlust an Substanz bei 105—106° schmelzende reine Azelainsäure.

0,1105 g Sbst.: 0,2326 g CO_2, 0,0854 g H_2O.

$C_9H_{16}O_4$. Ber. C 57,42, H 8,57.
 Gef. ,, 57,40, ,, 8,64.

Der in der Acetonmutterlauge zurückbleibende Anteil wurde mit
wenig kochendem Wasser zweimal ausgekocht und der unlösliche
Rückstand nach der Baeyer-Thieleschen Methode mit Semicarbazid
behandelt, worauf sich reichlich das bei 165° schmelzende Azelain-
säurehalbaldehydsemicarbazon ausschied.

c) Die wässerige Lösung. Sie wurde im Vakuum aus dem Wasserbade (Badtemperatur unterhalb 40°) destilliert. Das wässerige Destillat,
wie auch die ursprüngliche Lösung zeigte auf Kochen mit Ammoniak
und überschüssiger verdünnter Essigsäure eine schwache Pyrrolreaktion. Der Rückstand nahm allmählich gelbe Farbe an und wurde

---

[1]) Man findet in Richters Lexikon zwei Angaben über den Schmelzpunkt
dieses Körpers — nämlich 103—105° (Chem. Centralbl. 1896, I, 37), und 95—96°
(ibid. 1899, I, 467). Aber in beiden Fällen ist er nur als Valeriansäureanilid und
nicht ausdrücklich als n-Valeriansäureanilid beschrieben. Es kann vielleicht auch
das Derivat der gewöhnlichen Isovaleriansäure sein; sonst kann man nicht leicht
die so großen Unterschiede zwischen jenen Angaben und dem Schmelzpunkt
meiner Substanz erklären.

bei weiterem Einengen braun[1]), seine Menge betrug ca. 1,2 g. Er zeigte keine Pyrrolreaktion mehr. Im Vakuum destilliert, lieferte er bis 240° (Badtemperatur) fast kein Destillat; dann mit direkter Flamme weiter erhitzt, destillierte er unter teilweiser Zersetzung. Aus dem Destillat konnte ich eine ganz kleine Menge von in kaltem Wasser leicht löslichen Kristallen isolieren. Aber wegen ihrer geringen Quantität gelang es mir nicht, sicher festzustellen, ob es Bernsteinsäure war.

Die bisher erhaltenen quantitativen Resultate sind also folgende:

28 g Ozonid gaben:

n-Valeraldehyd (Sdp. 95—105°) . . . . 1,3 g
n-Valeriansäure (Sdp. 184—186°) . . . . 1,5 „
Gemisch von Azelainsäure und -halbaldehyd . . . ca. 15,0 „
Summe der nicht aufgeklärten Substanzen . . . . . „ 4,5 „
                                            ca. 22,3 g (Verlust 4—5 g).

II. 19 g des in Eisessiglösung ozonisierten und gereinigten Ozonids wurden mit 50 g Wasser $^3/_4$ Stunden auf dem siedenden Wasserbade erhitzt. Dabei beobachtete man ganz ähnliche Erscheinungen wie bei dem ersten Versuch. Die Trennung der Spaltungsprodukte wurde in derselben Weise wie früher ausgeführt, wobei diesmal die Ausbeute der aldehydischen Substanzen auf Kosten der Säure sich etwas vermehrte. Die quantitativen Resultate folgen unten.

19 g Ozonid gaben:

n-Valeraldehyd (Sdp. 95—105°) . . . . 1,0 g
n-Valeriansäure (Sdp. 184—186°) . . . . 0,5 „
Gemisch von Azelainsäure und -halbaldehyd . . . ca. 9,5 „
Summe der nicht aufgeklärten Substanzen . . . . „ 3,2 „
                                            ca. 14,2 g (Verlust 3—4 g).

Da der Succindialdehyd zu den reaktionsfähigsten Körpern gehört, könnte man wohl denken, daß er unter diesen Umständen sich selbst oder aber auch mit anderen Körpern zu komplizierten Verbindungen kondensiert hat und darum nicht mehr leicht zu erkennen ist.

---

[1]) Die Braunfärbung rührt von einer Spur der vom Chloroform stammenden Salzsäure her. Im Falle des in Eisessiglösung ozonisierten Ozonids trat keine solche Färbung ein, aber der Rückstand zeigte ebenfalls keine Pyrrolreaktion.

40. C. Harries: Über die Einwirkung des Ozons auf dreifache Bindungen.

Aus dem Chemischen Laboratorium der Universität Kiel.
Berichte der Deutschen chemischen Gesellschaft **40**, 4905 (1907).
(Eingegangen am 21. November 1907; mitgeteilt in der Sitzung von Herrn O. Diels.)

Im vorletzten Heft der Berichte der Deutschen chemischen Gesellschaft teilt Herr Ettore Molinari[1]) der wissenschaftlichen Welt eine „neue allgemeine Reaktion zur Unterscheidung mehrfacher Bindungen in den ungesättigten Verbindungen der aromatischen und der Fettreihe" mit.

Gegen den Inhalt dieses Aufsatzes muß ich sehr entschieden Verwahrung einlegen, nicht sowohl weil er einen Eingriff in ein von mir seit langem bearbeitetes Gebiet bedeutet[2]) — er enthält nichts Wesentliches, auf was ich nicht schon Bezug genommen hätte — sondern weil die außerordentlich dürftigen experimentellen Angaben, auf denen dieser volltönende Titel basiert ist, entweder ungenau oder falsch sind.

Herr Ettore Molinari glaubt in dem Ozon ein Mittel gefunden zu haben, welches in einfacher Weise eine scharfe Unterscheidung aliphatischer Doppelbildung von aromatischer und dreifacher Bindung gestattet. Zum Nachweis, ob eine Substanz mit Ozon reagiert, benutzt er folgende Methode: er legt hinter die zu ozonisierende Substanz Jodkaliumstärkepapier. Absorbiert dieselbe Ozon, so bräunt sich das letztere nicht, absorbiert sie nicht, so tritt alsbald Dunkelfärbung ein. Mit Hilfe dieser Methode hat er zahlreiche Körper der Fett-, Benzol- und Acetylenreihe geprüft und gefunden, daß nur die aliphatischen Verbindungen bzw. diejenigen Benzolderivate, welche eine aliphatische Struktur besitzen, leicht mit Ozon reagieren, während die eigentlichen Benzole, wie Benzol, Toluol usw. nicht oder nur minimal verändert werden und die Acetylenkörper, wie Stearolsäure und Phenylpropiolsäure, durch dieses Reagens unangegriffen bleiben.

---

[1]) Berichte d. Deutsch. chem. Gesellschaft **40**, 4154 [1907].

[2]) Die Prioritätsansprüche Herrn Molinaris sind so wenig begründet, daß sie jeder, der sie genauer prüft, ebenso wie ich, zurückweisen wird. Vgl. Berichte d. Deutsch. chem. Gesellschaft **39**, 2845, Anm. [1906].

Ich habe nun früher gemeinschaftlich mit V. Weiß[1]) gezeigt, daß die Bildung der Ozonide der Benzole keineswegs minimal ist, nur Diphenyl reagiert sehr schwer. Die Reaktion ist zwar bedeutend langsamer als bei den Fettkörpern, aber man kann durchaus nicht sagen, daß diese Benzolderivate nicht vom Ozon angegriffen werden. Die Angabe Molinaris hierüber ist daher ungenau.

Falsch dagegen ist seine Behauptung, daß die dreifache Bindung von Ozon nicht verändert werde, im Gegenteil einige Körper dieser Reihe addieren fast noch mit größerer Schnelligkeit als die aliphatischen Substanzen mit Doppelbildung.

Ich habe die Stearolsäure schon im vorigen Jahre im Verein mit C. Thieme[2]) untersucht und gefunden, daß sie beim Ozonisieren in Chloroform oder Tetrachlorkohlenstoff quantitativ in Azelainsäure und Pelargonsäure zerfällt. Da damals eine Ozonidbildung nicht genau festzustellen war, konnte dieser Zerfall nur auf die Gegenwart geringer Mengen Wassers zurückgeführt werden. Molinari hat nun bei seinem Versuche die Stearolsäure in Hexan gelöst, und man hätte denken können, daß die Differenz zwischen unseren Beobachtungen durch die Wahl des Lösungsmittels zu erklären wäre. Um diesem Einwand zu begegnen, habe ich jetzt noch einmal die Ozonisierung der Stearolsäure in Hexan bei peinlichem Ausschluß jeder Feuchtigkeit vorgenommen und gefunden, daß die Stearolsäure auch hier rapide Ozon absorbiert, indem sich alsbald ein dickes, im Hexan schwer lösliches, hellgelbes Öl abscheidet, welches als Stearolsäureozonid anzusprechen ist. Es liefert alle typischen Reaktionen der Ozonide, verpufft beim Betupfen mit konzentrierter Schwefelsäure und ergibt, mit Wasser erwärmt, die Wasserstoffsuperoxydreaktion, reduziert aber nicht Fehlingsche Lösung, da ja bei der Spaltung keine Aldehyde auftreten können. Beim kurzen Aufbewahren im Vakuumexsiccator zersetzt sich das Ozonid, so daß es bisher nicht zur Analyse gebracht werden konnte. Nimmt man die Reaktionsprodukte von der Einwirkung des Wassers mit Äther auf und schüttelt die Lösung mit Natriumbicarbonat und Wasser, so gelingt es leicht, die Spaltungsprodukte — Azelainsäure und Pelargonsäure — zu trennen und quantitativ nachzuweisen, da die Pelargonsäure nicht an Natriumbicarbonat gebunden wird.

---

[1]) Vgl. Berichte d. Deutsch. chem. Gesellschaft **37**, 3431 [1904], sowie Annalen d. Chemie u. Pharmazie **343**, 335 u. 369 [1905]. Daselbst findet sich auch schon der Gedanke, die Ozonidreaktion zur Unterscheidung von aromatischen Körpern mit gewöhnlicher ungesättigter und zentrischer Bindung zu benutzen, sehr ausführlich diskutiert.

[2]) Vgl. die schon öfters zitierte Inauguraldissertation von C. Thieme, Kiel, 10. Juli 1906. Daselbst findet sich auch die Einwirkung des Ozons auf Eruca- und Brassidinsäure, Ricinusölsäure und Leinölsäure beschrieben.

2 g Stearolsäure brauchen zur vollständigen Ozonisation ca. 1 Stunde, wobei eine nicht unerhebliche Temperatursteigerung zu beobachten ist. Nach dem Abdampfen des Hexans beträgt der Rückstand 2,52 g, entsprechend der Zunahme von ca. 4 Atomen Sauerstoff. Die Stearolsäure würde sich demnach ähnlich wie die Ölsäure verhalten. Bei der Spaltung mit Wasser, die sehr leicht eintritt, werden 1,3 g Azelainsäure vom scharfen Schmp. 106° und 1,1 g ölige Pelargonsäure, beinahe die theoretischen Werte, erhalten. Von C. Thieme[1]) sind beide Säuren genau analysiert worden.

Als ich die Phenylpropiolsäure, ebenfalls in Hexan suspendiert, kurze Zeit ozonisierte, erfolgte eine sehr starke Explosion, wobei sich die Reaktionsmasse von selbst entzündete. Es konnte also kein Zweifel mehr bestehen, daß diese Substanz mit Ozon reagierte. Ungefährlicher erfolgt die Einwirkung in Tetrachlorkohlenstofflösung bei Zimmertemperatur: nach einiger Zeit scheidet sich ein feiner weißer Kristallbrei, das Phenylpropiolsäureozonid, ab; es ist dies die schönste Ozonidverbindung, die ich überhaupt bisher aufgefunden habe. Dieselbe ist aber wenig beständig: saugt man sie auf dem Filter ab, so entzündet sie sich, wenn die letzten Reste des Tetrachlorkohlenstoffs eben entfernt sind, alsbald von selbst explosionsartig. Die Substanz konnte daher nicht zur Analyse gebracht werden. Mit kaltem Wasser reagiert sie sehr energisch unter Aufzischen, wobei eine klare Lösung, die keine Reaktion auf Wasserstoffsuperoxyd liefert, erzielt wird. In derselben lassen sich leicht Oxalsäure und Benzoesäure nachweisen. Die Reaktion ist bisher noch nicht quantitativ verfolgt worden.

Während also die Spaltung der Doppelbildung durch Ozon nach dem Schema verläuft:

$$\mathord{>}C\!=\!C\mathord{<} + O_3 = \mathord{>}\underset{\underset{\displaystyle O\!-\!O}{\diagdown O \diagup}}{C}\!-\!\underset{}{C}\mathord{<} + H_2O = \mathord{>}CO + OC\mathord{<} + H_2O_2,$$

kann man die Einwirkung des Ozons auf die dreifache Bindung folgendermaßen beschreiben:

$$-C\!\equiv\!C- + O_3 = -\underset{\underset{\displaystyle O\!-\!O}{\diagdown O \diagup}}{C}\!=\!\underset{}{C}- + H_2O = -COOH + HOOC-$$

Wie es scheint, reagiert letztere nur mit einem Molekül Ozon, und die Wasserstoffsuperoxydreaktion bei der Stearolsäure dürfte auf Kosten des vierten mit dem Carbonyl in Reaktion getretenen Sauerstoffatoms zu setzen sein. Vielleicht werden hierüber weitere Untersuchungen näheren Aufschluß geben.

----

[1]) loc. cit.

Aus den angeführten Beispielen läßt sich ersehen, welchen geringen Wert Molinaris Methode zum Nachweis des Ozonabsorptionsvermögens besitzt, denn sie hat die starke Absorption des Ozons durch die Acetylensäuren nicht anzuzeigen vermocht. Klar ersichtlich ist ferner, daß das Ozon sich nicht zur Unterscheidung von aliphatischen, aromatischen und Acetylenbindungen benutzen läßt, und damit ist der Inhalt der ganzen Abhandlung Molinaris hinfällig.

Es ist nun schon das drittemal[1]), daß ich mir die Mühe geben mußte, Herrn Ettore Molinaris kapitale Irrtümer nachzuprüfen und richtigzustellen.

Herrn Dr. Heinrich Neresheimer danke ich für seine Unterstützung bei dieser Untersuchung.

---

[1]) Vgl. meine Abhandlungen in Berichte d. Deutsch. chem. Gesellschaft **39**, 3728 u. 2848, Anm. [1906].

41. C. Harries: Über die Einwirkung des Ozons auf dreifache Bindungen.

Aus dem Chemischen Institut der Universität Kiel.
Berichte der Deutschen chemischen Gesellschaft **41**, 1227 (1908).
(Eingegangen am 18. März 1908.)

Herr E. Molinari[1]) hat vor einigen Monaten eine Arbeit an dieser Stelle publiziert, betitelt: „Neue allgemeine Reaktion mehrfacher Bindungen in den ungesättigten Verbindungen der aromatischen und der Fettreihe." Er hat dort auseinandergesetzt, man könne die aliphatischen Doppelbindungen von den aromatischen, zentrischen Bindungen und den dreifachen Bindungen dadurch unterscheiden, daß die ersteren leicht, die letzteren schwierig oder gar nicht Ozon addieren. Die Ausführungen waren so allgemein gehalten, daß man annehmen mußte, die Reaktion sei nicht an ganz spezielle Bedingungen geknüpft. Seine experimentelle Methode besteht darin, daß er hinter die Substanz, die ozonisiert wird, ein Jodkaliumstärkepapier hält. Bei Körpern, die Ozon absorbieren, also solchen mit aliphatischen Doppelbindungen, wird das Jodkaliumstärkepapier erst nach längerer Zeit, bei anderen, die eine aromatische oder dreifache Bindung besitzen, sofort gebläut. Über die Konzentration des aus Luft dargestellten Ozons wird nichts mitgeteilt.

Ich habe dann gezeigt[2]), daß dieser Methode die wissenschaftliche Grundlage fehle. Ich habe nicht darüber diskutiert, ob ein durch Ölsäure oder Stearolsäurelösung geleiteter Ozonstrom ein dahinter angebrachtes Jodkaliumstärkepapier schnell oder langsam bläut. Vielmehr habe ich betont, daß man auf eine solche Beobachtung keine Methode gründen darf, weil sie zu argen Irrtümern Anlaß bieten kann. So konnte ich beweisen, daß Stearolsäure und Phenylpropiolsäure wohl charakterisierte Ozonide bilden, die sich mit Wasser äußerst leicht zersetzen.

Daraufhin nimmt Herr Molinari[3]) von neuem das Wort und behauptet, ich hätte die von ihm angegebenen Versuchsbedingungen nicht eingehalten, und hierauf sei das verschiedene Ergebnis zurückzuführen.

---

[1]) Berichte d. Deutsch. chem. Gesellschaft **40**, 4154 [1907].
[2]) Berichte d. Deutsch. chem. Gesellschaft **40**, 4905 [1907].
[3]) Berichte d. Deutsch. chem. Gesellschaft **41**, 585 [1908].

Das von ihm gebrauchte, durch Ozonisieren von Luft bereitete Ozon sei zehnmal verdünnter als das von mir durch Ozonisieren von Sauerstoff gewonnene Ozon.

Herr Molinari scheint danach nicht zu wissen, daß sich ozonisierte Luft von ozonisiertem Sauerstoff in der Konzentration des Ozons gar nicht so wesentlich unterscheidet.

Unter gleichen Bedingungen erhält man in meinem Apparat, den Herr Molinari auch benutzt[1]), bei Anwendung von Sauerstoff 9 bis 10% Ozon, bei Anwendung von Luft 6—7%. Dies war mir genau bekannt, und darum habe ich auf diese Verschiedenheiten der Versuchsbedingungen kein Gewicht gelegt. Daß ich darin recht hatte, zeigt folgender Versuch.

1 g Stearolsäure, in Hexan gelöst, brauchte zur vollständigen Ozonisierung ca. 10 l ozonisierte Luft, die innerhalb einer Stunde durch den Apparat geleitet wurde. Es passierte also 1 l Luft in 6 Minuten. Das aus der Hexanlösung ölförmig abgeschiedene Stearolsäureozonid ließ sich, wie früher angegeben, quantitativ in Azelainsäure und Pelargonsäure spalten.

Nun hat aber Herr Molinari auf S. 587 seiner letzten Mitteilung eine weitere speziellere Angabe in bezug auf das von ihm gebrauchte Ozon gemacht und diese verdient Beachtung. Er wäscht nämlich die ozonisierte Luft mit Natronlauge und trocknet dann mit Schwefelsäure. Hierdurch setzt er den Ozongehalt allerdings sehr herab. Es ist ja durch die Untersuchungen anderer Forscher längst bekannt, daß Ozon durch Natronlauge nicht unangegriffen passiert.

Folgende Tabelle zeigt den Ozongehalt von ozonisierter Luft vor (A) und nach dem Waschen mit Natronlauge und Schwefelsäure (B).

10 Röhren, Primärspannung 100 Volt.

Geschwindigkeit der Luft in Litern pro Stunde	% Ozon vor und nach dem Waschen mit NaOH und H_2SO_4	
	A.	B.
I. 8	6,55	3,45
II. 6	7,23	—
III. 3	0,94	0,68

Aus dieser Tabelle geht wieder zur Evidenz hervor, daß es in erster Linie bei der Darstellung von Ozon auf die Schnelligkeit des Durchleitens der Gase ankommt[2]). Wenn man sehr langsam das Gas durch

---

[1]) Herr Molinari teilt auch mit, daß er meinen Apparat mit 4 Röhren gebraucht, ich benutze dagegen 10 Röhren. Wie ich früher gezeigt habe, wird dann ca. 2% Ozon weniger erhalten; dies ist aber kein wesentlicher Unterschied. Viel wichtiger sind andere Bedingungen.

[2]) Vgl. Harries, Berichte d. Deutsch. chem. Gesellschaft **39**, 3667 [1906].

den Apparat hindurchschickt, erhält man schließlich gar kein Ozon mehr. Hierüber finden sich bei Molinari keine Angaben.

Dann zeigt sie, daß durch Waschen mit Natronlauge und Schwefelsäure der Prozentgehalt des Ozons wesentlich vermindert wird. Aus der Absorption von Oxyden des Stickstoffs, die als Nebenprodukte entstehen könnten, dürfte eine so große Differenz nicht zu erklären sein, denn erst jüngst hat ein amerikanischer Chemiker hervorgehoben, daß sich bei diesem Prozeß überhaupt keine Oxyde des Stickstoffs bilden.

Ich habe nun noch festgestellt, daß auch 3,45 proz. Ozon, nach I B erhalten, Stearolsäure quantitativ in das ölige Ozonid überzuführen vermag. $^1/_2$ g dieser Substanz verbrauchten in 2 Stunden 16 l ozonisierter Luft.

Selbstverständlich ist allerdings, daß man mit 0,68 proz. Ozon, nach III B erhalten, nur äußerst langsam eine Einwirkung auf Stearolsäure erzielen wird.

Ich habe schon in meiner ersten Mitteilung[1]) darauf hingewiesen, daß die vielen Mißerfolge früherer Forscher aus der Verwendung von zu geringprozentigem Ozon zu erklären sind. Zu dessen Bereitung braucht man sich auch nicht einen so kostspieligen Apparat, wie ich ihn in den Annalen der Chemie und Pharmazie beschrieben habe, und wie ihn Herr Molinari selbst benutzt, anzuschaffen.

Ich glaube nicht, daß Herr Molinari es versäumt hätte, das Stearolsäureozonid zu isolieren, wenn er über seine Versuchsbedingungen im klaren gewesen wäre. Denn bei richtiger Benutzung seines vortrefflichen Apparats hätte er dies realisieren können, darüber kann ein Zweifel kaum bestehen.

Wenn über die Heftigkeit meines Angriffs von Herrn Molinari Klage geführt wird, so möchte ich doch betonen, daß er es war, der schon in seiner ersten Publikation[2]) in schärfster Weise gegen mich vorging.

Zur Geschichte der Ozonreaktion.

In einem zweiten Teile berührt Herr Molinari wiederum die Prioritätsfrage der Ozonreaktion. Da diese Mitteilung eine ganz ungewöhnliche Auffassung der Sachlage verrät und außerdem ungenau ist, muß ich zu meinem Bedauern ausführlich darauf zurückkommen.

Wie Molinari selbst jetzt wörtlich angibt, hat er am 21. März 1903 nur mitgeteilt, daß er eine „Reihe von Versuchen über die Einwirkung von Ozon auf Milch und verschiedene Öle begonnen" habe, „um diese zu verdicken und sikkativ zu machen". Seit wann ist es Usus, seine Absichten öffentlich zu verkünden und gar darauf Prioritäts-

---

[1]) Berichte d. Deutsch. chem. Gesellschaft **36**, 1933 [1903].
[2]) Annuario della Soc. chim. di Milano 1905, S. 85.

reklamationen zu begründen? Mit Ozon ist in den vergangenen Jahrzehnten so viel und oft gearbeitet worden, man hat es auf alle möglichen Körper einwirken lassen, daß in der Absicht, mit Ozon zu arbeiten, so lange nichts Neues herausgebracht und durch Experimentalversuche festgelegt wurde, an sich keine Priorität begründet werden kann. Die oben wiedergegebene Mitteilung läßt aber neue Befunde noch nicht erkennen.

Ich habe am 8. Juni 1903 meine erste Abhandlung[1] „Über Oxydation mit Ozon" publiziert, die Versuche waren im Sommer 1902 begonnen. Ich habe darin zweierlei Einwirkungsarten des Ozons auf ungesättigte Verbindungen, speziell beim Mesityloxyd, beschrieben, unter Ausschluß und bei Gegenwart von Wasser. Im ersteren Falle entsteht ein dickes Öl von explosivem Charakter, dessen Eigenschaften Ähnlichkeit mit den damals allein bekannten Peroxyden aufwiesen, in letzterem werden Aldehyde und Säuren durch Spaltung der Substanzen an der Stelle der Doppelbindungen gewonnen. Die Beobachtung war durchaus neu; denn in der bekannten Arbeit von Otto und dem Patent von Verley und Otto über die Darstellung von Vanillin aus Isoeugenol mit Ozon war nur angegeben worden, daß man Ozon in die Eisessiglösung des Isoeugenols einzuleiten brauche. Ich habe auf die Rolle, welche das Wasser bei der Aldehydspaltung spielt, zuerst aufmerksam gemacht.

Die dicken Öle, welche sich beim Ausschluß von Wasser bilden, ließen sich zuerst wegen ihrer Gefährlichkeit nicht analysieren. Infolgedessen war alles, was über ihre Zusammensetzung gesagt werden konnte, Vermutung (vgl. dazu meine weitere Mitteilung Annalen der Chemie u. Pharmazie **300**, 219, welche vom 3. November 1903 datiert ist). Von der Existenz der Körper, die durch Anlagerung von O_3 an Doppelbindungen entstehen, war bis dahin nichts bekannt. Renard hatte dem Ozobenzol die Formel $C_6H_6O_6$ beigelegt, also für jede Doppelbindung die Fixierung von 2 O angenommen.

Es ist deshalb ungenau, wenn Molinari sagt, „die erste Arbeit von Harries auf diesem Gebiet datiert vom 8. Juni 1903, und während es ihm möglich war, allein die Zersetzungsprodukte der Einwirkung von Ozon auf ungesättigte Verbindung zu erhalten usw.".

In der Abhandlung „Über die Wirkungsweise des Ozons bei der Oxydation" vom 24. Februar 1904 habe ich die Ozonreaktion experimentell begründet und die Konstitution der dicken Öle aufgeklärt[2]. Die Form der Abhandlung ist so allgemein gehalten, daß klar daraus hervorgeht, alle in der ersten Publikation erwähnten ungesättigten

---

[1] Berichte d. Deutsch. chem. Gesellschaft **36**, 1933 [1903].

[2] Berichte d. Deutsch. chem. Gesellschaft **37**, 839 [1904] u. Harries u. de Osa, ibid. S. 842; Harries u. Weil, ibid. S. 845.

Körper, also auch die Ölsäure, seien darin eingeschlossen, wenn auch die letztere nicht wieder ausdrücklich erwähnt wird.

In kurzer Folge sind dann erschienen:

„Über den Abbau des Parakautschuks vermittels Ozon" vom 27. Juli 1904[1]). „Über das Ozobenzol" ebenda[2]). „Über Abbau und Konstitution des Parakautschuks" 13. März 1905[3]). „Über Methylglyoxal und Mesoxaldialdehyd" 27. März 1905[4]). In der letzteren Arbeit ist keine „neue Erklärung" für die Bildung der Ozonide, sondern nur eine Erweiterung für die Verbindungen mit Carbonyl gegeben.

Also in zahlreichen Abhandlungen hatte ich über die Ozonreaktion Mitteilung gemacht; da kommt Herr Molinari am 10. Juni 1905, also volle 15 Monate nach dem Erscheinen meiner Abhandlung „Über die Wirkungsweise des Ozons", und teilt in Gemeinschaft mit Soncini die dürftigen experimentellen Resultate seiner Untersuchungen über die Ölsäure und einige andere Verbindungen mit, indem er gleichzeitig die Absicht ausspricht, die „von ihm gefundene neue Reaktion" auf äußerst zahlreiche namentlich aufgeführte Körper ausdehnen zu wollen.

Ich hatte inzwischen mit Thieme bereits im März 1905 die Arbeit über die Ölsäure und Elaidinsäure fertiggestellt, und da ich die Ansicht hegte, daß durch meine bisherigen Publikationen meine Priorität auch für diesen Gegenstand hinlänglich gesichert sei, habe ich mit der Veröffentlichung bis zum Oktober 1905 gewartet, um über das gesamte Gebiet möglichst umfassendes Material zu erbringen. Die Arbeit ist in den Annalen der Chemie u. Pharmazie vom 24. Oktober 1905 datiert[5]).

Trotzdem hat Molinari noch im Jahre 1906 (Berichte d. Deutsch. chem. Gesellschaft **39**, 2735 [1906]) behauptet, daß bei der Spaltung des Ölsäureozonids kein Wasserstoffsuperoxyd und keine Aldehyde entstünden, und hat versucht, die Ergebnisse meiner früheren Untersuchungen als unsicher hinzustellen. Meine Entgegnung auf diese Arbeit erfolgte in den Berichten d. Deutsch. chem. Gesellschaft **39**, 3729 [1906][6]); in ihr habe ich auch nachgewiesen, daß Molinari bis dahin gar kein reines Ölsäureozonid in den Händen gehabt hat.

Nach dieser Sachlage kann ich die Prioritätsreklamationen Molinaris in keiner Weise anerkennen und werde dieselben auch in Zukunft nicht berücksichtigen.

---

[1]) Berichte d. Deutsch. chem. Gesellschaft **37**, 2708 [1904].

[2]) Zusammen mit V. Weiß, Berichte d. Deutsch. chem. Gesellsch. **37**, 3431 [1904].

[3]) Berichte d. Deutsch. chem. Gesellschaft **38**, 1195 [1905].

[4]) Zusammen mit H. O. Türk, Berichte d. Deutsch. chem. Gesellschaft **38**, 1631 [1905].

[5]) Annalen d. Chemie u. Pharmazie **343**, 311 [1905].

[6]) Vgl. ferner Harries u. H. O. Türk, Berichte d. Deutsch. chem. Gesellschaft **39**, 3787 [1906].

42. C. Harries: Über die Einwirkung des Ozons auf organische Verbindungen.

Aus dem Chemischen Institut der Universität Kiel.
Annalen der Chemie und Pharmazie **374**, 288 (1910).
(Eingelaufen am 21. Mai 1910.)

[Zweite Abhandlung.]

Seit dem Erscheinen meiner ersten zusammenfassenden Abhandlung[1]) über die Einwirkung des Ozons auf organische Verbindungen vor ungefähr 5 Jahren ist eine größere Anzahl eigener wie auch fremder Untersuchungen in anderen Zeitschriften veröffentlicht worden, welche dieses Arbeitsgebiet nach mancherlei Richtungen hin vertieft und erweitert haben. Die Grundlagen, welche ich damals gegeben habe, sind aber bestehen geblieben. Man darf daher nicht erwarten, daß in der vorliegenden zweiten Abhandlung wesentlich Neues mitgeteilt werden wird. Es liegen Ausarbeitungen von in der ersten Abhandlung schon angeregten Problemen vor, Ergänzungen und Korrektionen früherer Publikationen. Es soll nun nicht behauptet werden, daß das oben gestellte Thema bereits erschöpft sei. Im Gegenteil, der Leser wird aus den hier mitgeteilten Erfahrungen entnehmen können, daß viele Lücken nach verschiedenen Richtungen hin bestehen, die noch der Ausfüllung bedürfen.

Über die Wirkungsweise des Ozons.

In der ersten Abhandlung habe ich die Ergebnisse meiner Untersuchungen hierüber in folgenden Sätzen zusammengefaßt:

1. „Das Molekül des Ozons lagert sich als O_3 an und es entstehen die Ozonide. Hier kommen die Verbindungen mit ungesättigter Kohlenstoffbindung in Betracht."

2. „Das Molekül des Ozons spaltet sich bei der Einwirkung unter Bildung sehr labiler Peroxyde, indem nur 1 Atom Sauerstoff mit der oxydablen Gruppe in Reaktion tritt."

---

[1]) Annalen d. Chemie u. Pharmazie **343**, 311 [1905].

Die Anlagerung des Moleküls Ozon nach 1 erfolgt bei allen Verbindungen mit Kohlenstoffdoppelbindung nach der allgemeinen Gleichung:

$$>C=C< + O_3 = >C-\!\!-\!\!-\!\!-C<$$

Ich habe schon in der ersten Abhandlung hervorgehoben[1]), daß man diese Reaktion zur Bestimmung der ungesättigten Natur eines Körpers bzw. der Zahl der Äthylenbindungen benutzen könne, weil sie dort, wo keine weitergehenden Zersetzungen stattfinden, quantitativ verläuft. Es ist in noch früheren Arbeiten[2]) darauf hingewiesen worden, daß die Ozonide gesättigte Natur besitzen, Brom nicht mehr entfärben, dann aber auch, daß sie oxydierend wirken, indem sie Jod aus Jodkalium in Freiheit setzen. Ich betone meine Priorität in dieser Beziehung nochmals ausdrücklich, weil später von anderer Seite die Sache so dargestellt worden ist, als wenn ich und meine Mitarbeiter diese Eigenschaften übersehen hätten.

Die Zerfallreaktion des Ozons mit organischen Verbindungen nach 2 erfolgt bei gesättigten Kohlenwasserstoffen, Alkoholen, Ketonen und Aldehyden, bei ersteren drei sehr langsam, bei letzteren leicht. Bei Aldehyden entstehen sehr labile Peroxyde $RCHO + O_3 = RCHO_2 + O_2$. Früher wurde das Heptylperoxyd $CH_3(CH_2)_5CHO_2$ beschrieben. Jetzt sind eine ganze Reihe anderer Aldehyde von **Koetschau** untersucht worden, die fast sämtlich dieselbe Reaktion ergeben. Auf die Natur dieser Peroxyde komme ich nachher noch zurück. Liegen Körper mit ungesättigter Kohlenstoffbindung und Carbonyl vor, so wird erst O_3 an die Doppelbindung angelagert, bei längerer Einwirkung des Ozons wird noch mehr Sauerstoff aufgenommen. So z. B. bildet die Ölsäure zuerst ein normales Ozonid $CH_3(CH_2)_7CH-CH(CH_2)_7COOH$

$$O_3$$

und dann ein Perozonid $C_{18}H_{34}O_6$. Auch die ungesättigten Ketone verhalten sich analog. **Mesityloxyd** liefert erst ein normales Ozonid, welches nicht explosiv ist, während das Mesityloxydperozonid sich von selbst entzündet[3]).

Ich habe früher angenommen, daß das Carbonyl das vierte Sauerstoffatom aufnimmt, indem sich das normale Ölsäureozonid als eine gesättigte Carbonylverbindung analog wie die gesättigten Aldehyde verhält. In gewissen Beziehungen besteht auch Übereinstimmung.

---

[1]) Annalen d. Chemie u. Pharmazie **343**, 329 [1905].
[2]) Harries u. Weil, Berichte d. Deutsch. chem. Gesellschaft **37**, 847 [1904].
[3]) Vgl. die Abhandlung 47.

Das **Heptylperoxyd** gibt nämlich einen Teil seines Sauerstoffs durch Waschen mit Wasser unter Bildung von Wasserstoffsuperoxyd und Regenerierung des Aldehyds ab. Auch dem Ölsäureperozonid kann durch die gleiche Behandlung ein Sauerstoffatom entzogen und das normale Ozonid wiedergewonnen werden.

Aus diesem Grunde formulierte ich das **Ölsäureperozonid** folgendermaßen [1]:

$$CH_3(CH_3)_7CH-CH-(CH_2)_7CO_3H.$$
$$O_3$$

Im weiteren Verlauf der Untersuchung hat sich nun herausgestellt, daß auch die einfachen Ozonide ungesättigter Kohlenwasserstoffe durch Ozon noch weiter oxydiert werden können. Es ist noch nicht klar, ob diese Oxydation immer gleichzeitig schon mit der Anlagerung des O_3 oder sukzessive erfolgt, indem das angelagerte Ozon noch Sauerstoff aufnimmt. Es ist möglich, daß sich hierbei die einzelnen Verbindungen verschieden verhalten und daß es auch in den meisten Fällen auf die Stärke des Ozons selbst ankommt.

Die ungesättigten Säuren und Ketone werden aber auch mit schwach prozentigem Ozon in Perozonide übergeführt [2].

Beim **Äthylen** hat die Anwendung eines 7 proz. Ozonstroms unter genauer Einhaltung des Punktes, an dem das Äthylen Ozon nicht mehr direkt aufnimmt, zur Gewinnung des normalen Äthylenozonids [3] geführt. Beim **Propylen**, bei dem etwa 12—14 proz. Ozon angewandt wurde, konnte bisher nur eine Verbindung CH_3CH-CH_2 isoliert wer-
$$O_4$$

den [4]. Beim Amylen [5], Cyclohexen [6], Pinen [7] und anderen Körpern bildeten sich immer nebeneinander normale Ozonide und Verbindungen, welche mehr Sauerstoff enthielten, als sich für die Anlagerung von O_3 berechnet.

---

[1] Harries u. Thieme, Annalen d. Chemie u. Pharmazie, a. a. O.

[2] E. Erdmann, Bedford u. Raspe, Berichte d. Deutsch. chem. Gesellschaft **42**, 1334 [1909].

[3] Harries u. Koetschau, Berichte d. Deutsch. chem. Gesellschaft **42**, 3305 [1909].

[4] Harries u. Haeffner, Berichte d. Deutsch. chem. Gesellschaft **41**, 3101 [1908].

[5] Harries u. Haeffner, Berichte d. Deutsch. chem. Gesellschaft **41**, 3098 [1908].

[6] Harries u. v. Splawa-Neyman, Berichte d. Deutsch. chem. Gesellschaft **41**, 3552 [1908].

[7] Harries u. Neresheimer, Berichte d. Deutsch. chem. Gesellschaft **41**, 38 [1908].

Leider können diese Verhältnisse dort nicht völlig aufgeklärt werden, wo sie am einfachsten und klarsten liegen. Die Ozonverbindungen des Äthylens und Propylens sind nämlich derartig gefährliche aus unberechenbaren Gründen plötzlich detonierende Explosivkörper, daß ich die weitere Untersuchung, wenigstens vorläufig, notgedrungen aufgeben mußte.

Also nicht nur die ungesättigten Carbonylverbindungen, sondern auch die ungesättigten Kohlenwasserstoffe können mehr Sauerstoff aufnehmen, als dem Molekül O_3 und somit auch ihrem Sättigungsgrad entspricht. Dadurch wird die allgemeine Anwendbarkeit des Ozons zum Nachweis der Anzahl der Doppelbindungen stark beeinträchtigt[1]). Man könnte nun glauben, daß durch diese Erfahrungen meine alte Annahme, wonach bei den ungesättigten Carbonylverbindungen, wie z. B. der Ölsäure, das vierte Sauerstoffatom an das Carbonyl getreten sei, hinfällig werde.

Ich möchte diese Hypothese aber nicht ohne weiteres aufgeben, und zwar aus folgenden Gründen:

Die Perozonide der ungesättigten Säuren und Ketone lassen sich, wie vorhin erwähnt, durch Wasser in die normalen Ozonide zurückverwandeln, soweit dieselben nicht zu zersetzlich sind, die höher ozonisierten Derivate der ungesättigten Kohlenwasserstoffe aber nicht, sie sind meistens sehr stabil. Ich folgere daraus, daß es zwei Arten von Perozoniden gibt, solche, die durch Oxydation des Carbonyls und solche, die durch Sauerstoffaufnahme an der Ozonidgruppe selbst entstehen. Letztere sind dann als Derivate des hypothetischen O_4 — des

„Oxozon“ $O{-}O$ — zu betrachten, woraus sich vielleicht ihre Be-
$O{-}O$

ständigkeit erklären würde. Man wird daher die beiden Arten von Perozoniden zweckmäßig durch eine verschiedene Nomenklatur kennzeichnen müssen, die „Perozonide“ mit Peroxydeigenschaften unter diesen Namen fortführen, die anderen aber, dies sind besonders die Kohlenwasserstoffderivate, als „Oxozonide“ bezeichnen. So würde die Verbindung $(CH_3)_2C{-}{-}{-}CH{-}CO{-}CH_3$ „Mesityloxydperozonid“ wie

$$O{-}O{-}O\qquad O$$

bisher, das bisherige β-Cyclohexenozonid $C_6H_{10}O_4 =$

$$\begin{array}{c}CH_2{-}CH_2{-}CH\\ |\qquad\qquad | \quad\Big\rangle O_4\\ CH_2{-}CH_2{-}CH\end{array}$$

jetzt „Cyclohexenoxozonid“ heißen[2]).

----

[1]) Vgl. die von Diels u. Langheld beim Cholesterin und der Cholsäure gemachten Erfahrungen. Berichte d. Deutsch. chem. Gesellschaft **41**, 2596 [1908]; **41**, 1023 [1908].

[2]) Harries u. v. Splawa-Neyman, Berichte d. Deutsch. chem. Gesellschaft **41**, 3555 [1908].

Für die Bildung dieser Kohlenwasserstoffoxozonide kommen zweierlei Möglichkeiten in Betracht. Erstens, wie schon hervorgehoben wurde, können die zuerst auftretenden normalen Ozonide durch Einwirkung des Ozons weiter oxydiert werden.

Hierfür scheinen die Untersuchungen über das Äthylenozonid zu sprechen, außerdem andere Beobachtungen, welche gezeigt haben, daß die Perozonide noch nicht die letzten Einwirkungsprodukte des Ozons sind, sondern daß eine Reihe von Verbindungen bei sehr langer und energischer Behandlung mit Ozon noch ein fünftes Sauerstoffatom aufnehmen, so z. B. die Ölsäure, die Citronellasäure[1] u. a. m.

Zweitens könnte aber im Ozon, besonders im starkprozentigen, ein anderes Produkt, das „Oxozon", enthalten sein, welches sich, ebenso wie das Ozon, an die Doppelbindung anlagert und die Formel O_4 besitzt. Hierauf deuten die Untersuchungen von Ladenburg jun. hin[2]), der es wahrscheinlich gemacht hat, daß das gewöhnliche Ozon ein Gemisch von zwei Sauerstoffkörpern ist. Eine genauere Formulierung des dem Ozon beigemengten Körpers hat er aber nicht erbringen können. Ich habe früher aus eigenen Versuchen[3]), die sich mit der fraktionierten Destillation des flüssigen Ozons beschäftigten, entnommen daß die Beobachtungen von Ladenburg im wesentlichen richtig sein dürften.

Wir haben also gesehen, daß der in der ersten Abhandlung in I. aufgestellte Satz einer Erweiterung bedarf. Man könnte ihn besser jetzt so fassen:

„**Die organischen Körper mit Äthylenbindung lagern auf jede Kohlenstoffdoppelbindung ein Molekül Ozon an, indessen enthalten diese Ozonverbindungen, die Ozonide, leicht mehr Sauerstoff als dem Sättigungsgrad entspricht.**"

Ebenso wie die Äthylenbindungen verhalten sich auch die „Acetylenbindungen"[4]) gegen Ozon. Es bilden sich ebenfalls Ozonide, die aber wegen ihrer zersetzlichen Natur bisher nicht analysiert werden konnten. Nach der Gewichtszunahme zu schließen, addiert sich auf eine dreifache Bindung 1 Mol. Ozon. Die Reaktion findet mit hochprozentigem Ozon sehr schnell, mit niedrigprozentigem (weniger als 3%) sehr langsam statt.

Wir kehren jetzt zur Behandlung der Frage zurück, in welcher

---

[1]) Harries u. Himmelmann, Berichte d. Deutsch. chem. Gesellschaft **41**, 2196 [1908].

[2]) E. Ladenburg u. Lehmann, Berichte d. Deutsch. physikal. Gesellschaft **4**, 125 [1906]; Annalen der Physik [4] **21**, 305 [1906].

[3]) Kurze Mitteilung. Chem.-Ztg. **48**, 609 [1907].

[4]) Harries, Berichte d. Deutsch. chem. Gesellschaft **40**, 4905 [1907]; **41**, 1227 [1908].

Weise die zweite Reaktion des Ozons verläuft, bei der nicht Anlagerung von O_3, sondern Zerfall des Moleküls O_3 erfolgt.

Ich habe seinerzeit diese Reaktion aus der Bildung des **Heptylaldehydperoxyds** abgeleitet, weil hierbei tatsächlich unter Bedingungen, unter welchen sich sonst O_3 anlagert, nur 1 Atom Sauerstoff an das Carbonyl herantritt, wie sich analytisch nachweisen läßt. Ich habe dann weiter gefolgert, daß diese Zerfallsreaktion des Ozons immer dort einsetzt, wo keine Anlagerung des Ozonmoleküls wegen des Fehlens der Äthylenbindung statthaben kann.

Es wurde hierbei unentschieden gelassen, ob sich dieser Zerfall in der Weise abspielt, daß 1 Mol. O_3 entweder 1 Atom wirksamen Sauerstoff und 1 Mol. inaktiven Sauerstoff I oder 3 Atome wirksamen Sauerstoff II bildet, im Sinne der beiden Gleichungen:

$$\text{I} \qquad\qquad\qquad\qquad \text{II}$$
$$O_3 = O + O_2, \qquad\qquad O_3 = 3\,O.$$

Wahrscheinlicher ist aber der Zerfall nach I, worauf ja auch die physikalisch-chemischen Untersuchungen St. Jahns[1] hinweisen.

Nun könnte man aber einwenden, die Beobachtung, daß die gesättigten Aldehyde nur mit einem Atom Sauerstoff reagieren, möge an sich richtig sein, indessen wäre es doch möglich, daß auch an das Carbonyl zuerst das Molekül des Ozons herantrete und nur sofort unter Abgabe von molekularem Sauerstoff zerfalle:

$$CH_3 . (CH_2)_5 . CHO + O_3 = CH_3 . (CH_2)_5 . \underset{\underset{O-O-O}{|\qquad\;\;|}}{CH\!-\!\!-\!\!-\!O}$$

$$\rightarrow CH_3 . (CH_2)_5 . CHO_2 + 2\,O.$$

Dieser Einwand erscheint jedoch durch folgende experimentelle Beobachtungen widerlegt. Es hat sich nämlich herausgestellt, daß zwei Nonylaldehydperoxyde existieren. Das eine entsteht durch direkte Ozonisierung von Nonylaldehyd und ist ein sehr labiler unterhalb 10° schmelzender Körper (vgl. experimentellen Teil). Das andere bildet sich bei der Spaltung des Ölsäureozonids, kristallisiert schön, schmilzt bei **73°** und ist relativ beständig[2].

Nach meiner Ansicht müßte nun, wenn sich an den Aldehyd das Molekül des Ozons anlagerte, dasselbe Peroxyd wie aus dem Ölsäureozonid entstehen, da die Bedingungen sehr ähnlich sind:

$$CH_3 . (CH_2)_7 . \underset{\underset{O-O-O}{|\qquad\;\;|}}{CH\!-\!\!-\!CH} . (CH_2)_7 . COOH$$

$$CH_3 . (CH_2)_7\!\!-\!\!-\!\!-\!\!-\!\!-\!\underset{\underset{O-O-O}{|\qquad\;\;|}}{CH\!-\!\!-\!O}\,.$$

[1] Zeitschr. f. anorgan. Chemie **48**, 260 [1906].
[2] **Harries u. Franck**, Berichte d. Deutsch. chem. Gesellschaft **42**, 454 [1909].

Da dies nicht der Fall ist, so muß das Ozon auf die Aldehyde in anderer Weise als auf die ungesättigten Verbindungen einwirken, und diese Einwirkung erklärt man am besten nach dem in I gegebenen Reaktionsschema.

Die Theorie sieht übrigens eine Strukturisomerie der Peroxyde voraus im Sinne der beiden Formeln:

$$\text{I} \qquad\qquad\qquad\qquad\qquad\qquad \text{II}$$

$$CH_3 . (CH_2)_7 . CH\!\!<^{\displaystyle O}_{\displaystyle O} \quad \text{und} \quad CH_3 . (CH_2)_7 . CH = O : O .$$

Von diesen wird das stabilere Produkt dasjenige sein, welches nach der Formel I konstituiert ist. Somit kann man dem Peroxyd vom Schmp. 73° die Formel I, dem niedrigschmelzenden, durch direkte Einwirkung des Ozons auf Nonylaldehyd gewonnenen die Formel II zuweisen.

In meiner ersten Abhandlung hatte ich die Frage berührt, wie der Reaktionsvorgang bei der Bildung der Aldehyde durch Oxydation der Alkohole mit Ozon verläuft. Ich hatte angenommen, daß wegen des Auftretens von Wasserstoffperoxyd bei dieser Reaktion ebenfalls als primäre Produkte Peroxyde entstehen müßten, die sich dann unter Abspaltung von Wasser zersetzen:

$$R . C\!\!<^{\displaystyle H}_{\displaystyle OH}\!\!-H + O_3 = R . C\!\!<^{\displaystyle H}_{\displaystyle O:O}\!\!-H + 2 O \rightarrow R . C\!\!<^{\displaystyle H}_{\displaystyle O} + H_2O .$$
$$H$$

Die hierbei aus den Alkoholen sich bildenden Peroxyde sollten aber identisch oder doch tautomer sein mit den von v. Baeyer[1]) und Villiger beschriebenen Alkylhydroperoxyden und deshalb isoliert werden können.

Ich habe infolgedessen die Oxydation des Äthylalkohols durch Ozon sehr eingehend untersucht, um festzustellen, ob hierbei das Äthylhydroperoxyd $C_2H_5O.OH$ von Baeyer und Villiger zu beobachten ist. Man kann nun aus den Oxydationsprodukten tatsächlich einen peroxydartigen Körper abscheiden, der sehr explosiv ist, sein Siedepunkt liegt aber nicht unbeträchtlich höher als der des Äthylhydroperoxyds, außerdem liefert er bei der Titration weniger als die Hälfte des aktiven Sauerstoffs. Ich verweise hierbei auf den experimentellen Teil der Arbeit. Es bildet sich also wirklich ein Peroxyd bei der Oxydation des Alkohols, ob dasselbe aber in einfachen Beziehungen zum Ausgangskörper steht und das primäre Zwischenprodukt ist, konnte nicht aufgeklärt werden.

---

[1]) v. Baeyer u. Villiger, Berichte d. Deutsch. chem. Gesellschaft **33**, 3387 [1900]; **34**, 739 [1901].

Verhalten der Ozonderivate der Kohlenstoffverbindungen bei der Spaltung.

Früher habe ich angenommen, daß bei der Spaltung der Ozonderivate Wasser notwendig ist, und diesen Vorgang in folgenden beiden Gleichungen wiederzugeben versucht.

I

$$\text{>C}\underset{\underset{\text{O}-\text{O}-\text{O}}{|\qquad|}}{\text{------C<}} + H_2O = \text{>CO} + \text{OC<} + H_2O_2\,,$$

II

$$\text{>C}\underset{\underset{\text{O}-\text{O}-\text{O}}{|\qquad|}}{\text{------C<}} \;\rightarrow\; \text{>C}\overset{\text{O}}{\underset{\text{O}}{\diagdown|\diagup}} + \text{OC<}.$$

Auch für die zweite Gleichung nahm ich an, daß Wasser als Katalysator notwendig sei, wenn es auch in der Reaktion selbst nicht zur Wirkung kommt.

Später hat sich dann herausgestellt, daß diese Zersetzung auch in wasserfreien Lösungsmitteln, wie Eisessig, Alkohol, beim Erwärmen vor sich geht. Es ist also wahrscheinlich, daß das Wasser bei dieser Zersetzung nicht die ihm früher zugewiesene Rolle spielt. Bei der Spaltung in wasserfreien Lösungsmitteln bilden sich leicht Peroxyde, und zwar können alle von der Theorie vorausgesehenen Möglichkeiten auftreten. Z. B. zerfällt das Ölsäureozonid[1]) in Eisessig in folgender Weise:

$$CH_3 . (CH_2)_7 . CH\underset{\underset{\text{O}-\text{O}-\text{O}}{|\qquad|}}{\text{------CH}} . (CH_2)_7 . COOH \;\rightarrow$$

I

$$CH_3 . (CH_2)_7 . CHO \quad \text{und} \quad \overset{\text{O}}{\underset{\text{O}}{|}}\text{>CH} . (CH_2)_7 . COOH\,,$$

II

$$CH_3 . (CH_2)_7 . CH\overset{\text{O}}{\underset{\text{O}}{\diagup\diagdown}} \quad \text{und} \quad O:CH . (CH_2)_7 . COOH\,.$$

Da diese Peroxyde sich leicht in die isomeren Säuren umlagern, andererseits mit Wasser Aldehyde und Wasserstoffsuperoxyd liefern, so ist damit sowohl das Auftreten der Säuren wie die Bildung des Wasserstoffsuperoxyds bei der Spaltung der Ozonkörper erklärt. Bei der Zersetzung der Ozonkörper mit Eisessig erhält man fast durchweg bessere Ausbeuten an den Aldehyden als beim Kochen mit Wasser.

[1]) Harries u. Franck, Berichte d. Deutsch. chem. Gesellschaft 42, 446 [1909].

Es ist möglich, daß hierbei ein Teil des Sauerstoffes aus dem angelagerten Ozon gasförmig entweicht.

$$>C\!\!-\!\!-\!\!-\!\!-\!\!C< \;\rightarrow\; >CO + OC< + O\,.$$
$$\underset{O-O-O}{\phantom{>C\!\!-\!\!-\!\!-\!\!-\!\!C<}}$$

Tatsächlich findet beim Erwärmen der Eisessigozonidlösung stets eine lebhafte Gasentwicklung statt. In dem entweichenden Gasgemisch läßt sich häufig Kohlenoxyd oder Kohlendioxyd nachweisen, ein Zeichen dafür, daß die Reaktion teilweise eine kompliziertere ist. Dieselben Gase entstehen aber auch bisweilen bei der Zersetzung der Ozonide mit Wasser. Mit Natronlauge bilden sich Säuren, soweit nicht die zunächst auftretenden Aldehyde dadurch verharzt oder kondensiert wurden. Die Ergebnisse der Spaltung der Ozonkörper mit Wasser, Eisessig oder Natronlauge kann man mit Erfolg zur Bestimmung der Lage der Doppelbindungen in den ungesättigten Verbindungen benutzen. Indessen sind einige Fälle bekanntgeworden, in denen sich die Ozonkörper nicht so einfach zersetzen, wie man erwarten sollte.

Im allgemeinen kann man zwar annehmen, daß die bei der Spaltung auftretenden Aldehyde oder Ketone primäre Zersetzungsprodukte sind und daß das Carbonyl eines Aldehyds oder Ketons der Spaltungsstelle bei der ungesättigten Ausgangsverbindung entspricht. Man muß aber auch hierbei nicht außer acht lassen, daß es sehr labile Aldehyde bzw. Aldehydosäuren gibt, die als primäre Spaltungsprodukte entstehen können, sich aber leicht weiter zersetzen, wobei wieder Aldehyde auftreten. Diese Eigenschaft besitzen Körper vom Typus des Halbaldehyds der Malonsäure $CHO.CH_2.COOH$, der von Wohl[1]) entdeckt wurde. Er zerfällt beim Erwärmen über 50° in Kohlendioxyd und Acetaldehyd. Es sei hier an die Untersuchung von E. Erdmann, Bedford und Raspe[2]) über die Konstitution der Linolensäuren erinnert. Es ist ihnen in ausgezeichneter Weise gelungen, die Schwierigkeiten, welche die experimentelle Behandlung eines derartigen Falles darbietet, in einwandfreier Weise zu lösen. Übrigens hatte schon K. Enclaar[3]) ähnliche Beobachtungen bei der Untersuchung der Kohlenwasserstoffe, Myrcen und Ocimen gemacht. Kürzlich hat auch Majima[4]) beim Urushiol-Dimethyläther, einem Bestandteil des Japanlacks, nachgewiesen, daß man verschiedene Ausbeuten an Acetaldehyd erhält, je nachdem man die Ozonide in der Kälte oder in der Wärme zersetzt. Aus dem Umstande, daß beim Erhitzen mehr Acetaldehyd

---

[1]) Berichte d. Deutsch. chem. Gesellschaft **33**, 2760 [1900].

[2]) a. a. O.

[3]) Recueil des traveaux chim. des Pays-Bas **27**, 422 [1908].

[4]) Berichte d. Deutsch. chem. Gesellschaft **42**, 3664 [1909].

als in der Kälte auftritt, hat er auf das Vorhandensein des Halbaldehyds der Malonsäure geschlossen.

Man hat aber auch noch andere Anomalien beobachtet. So z. B. zersetzt sich das Mesityloxydozonid sowie sein Peroxyd nicht bloß zu Aceton und Methylglyoxal (I), sondern es entstehen auch beträchtliche Mengen Ameisensäure und Essigsäure (II), woraus sich die geringe Ausbeute an Methylglyoxal erklärt. Man darf wohl annehmen, daß die Säuren von einer Veränderung des zunächst gebildeten Methylglyoxalperoxydes herrühren.

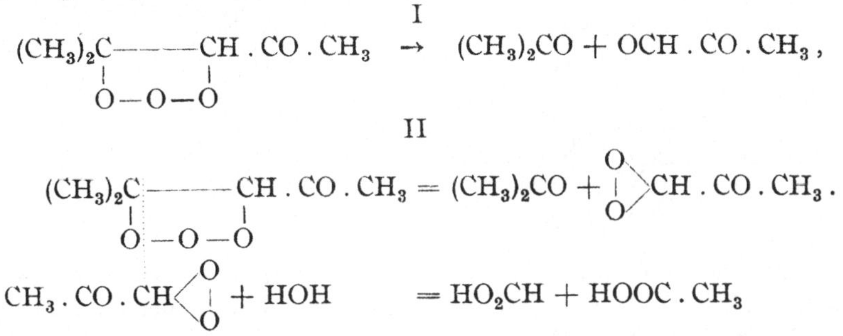

$$\text{I}$$

$$(CH_3)_2C\text{------}CH.CO.CH_3 \;\rightarrow\; (CH_3)_2CO + OCH.CO.CH_3\,,$$
$$\underset{O-O-O}{}$$

$$\text{II}$$

$$(CH_3)_2C\text{------}CH.CO.CH_3 = (CH_3)_2CO + \overset{O}{\underset{O}{>}}CH.CO.CH_3\,.$$

$$CH_3.CO.CH\overset{O}{\underset{O}{<}} + HOH \qquad = HO_2CH + HOOC.CH_3$$

Ein ähnlicher Prozeß findet bei der Zersetzung des Pulegonozonids statt, man erhält bei der Zersetzung mit Wasser fast quantitativ die β-Methyladipinsäure und nicht, wie man erwarten sollte, das 1-Methylcyclohexandion-(3,4) [1].

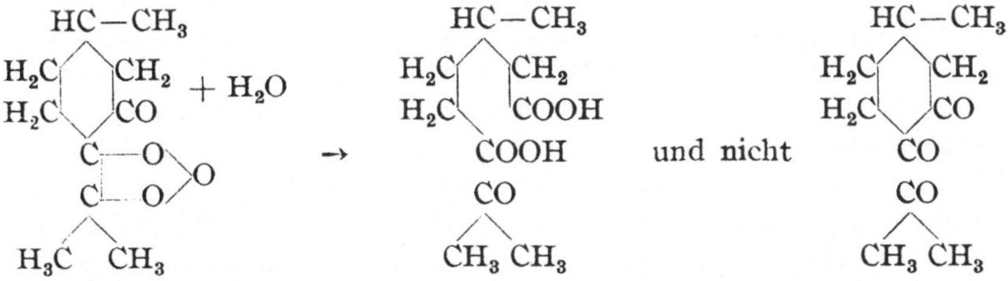

Interessant ist auch das Verhalten des Camphens, welches nach einem Patent[2] mit Ozon Camphenilon ergeben soll. Semmler[3] hat später festgestellt, daß neben Camphenilon eine Säure entsteht, die leicht in ein Lacton übergeht. Herr Baron John Palmén[4] hat nun gefunden, daß, wenn man das Camphenozonid mit Eisessig zersetzt, sich relativ wenig Camphenilon, sondern vorwiegend das Lacton bildet. Dieses Lacton ist identisch mit einer Verbindung, die Komppa[5]

[1] Neresheimer, Inaug.-Diss., Kiel 1907.
[2] D. R. P. Kl. 12 C 12 692 [1904]; ferner 64 180 Frdl. III 882.
[3] Berichte d. Deutsch. chem. Gesellschaft **42**, 246 [1909].
[4] Berichte d. Deutsch. chem. Gesellschaft **43**, 1432 [1910].
[5] Berichte d. Deutsch. chem. Gesellschaft **42**, 898 [1909].

synthetisch hergestellt hat. Man kann die Reaktion so erklären, daß sich das Camphenozonid nach der Peroxydspaltung zersetzt und das primär gebildete Peroxyd sich unter Ringsprengung sofort in das Lacton umlagert. Der Vorgang wird in folgender Formel wiedergegeben:

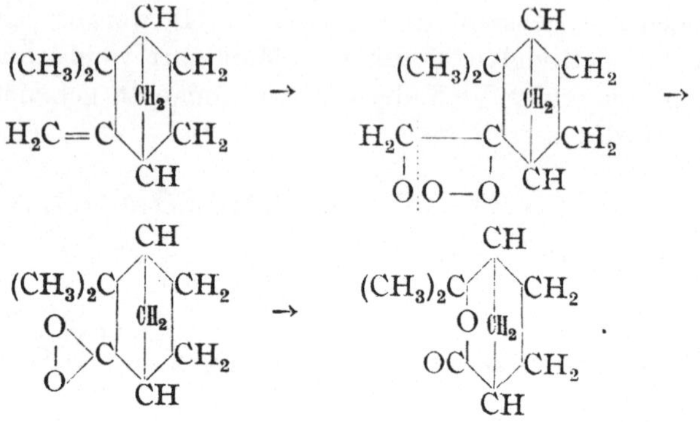

$$
\begin{array}{cccc}
 & CH & & CH \\
(CH_3)_2C\diagdown\diagup CH_2 & & (CH_3)_2C\diagdown\diagup CH_2 & \\
 \quad CH_2 & \rightarrow & \quad CH_2 & \rightarrow \\
H_2C{=}C\diagdown\diagup CH_2 & & H_2C{-}C\diagdown\diagup CH_2 & \\
 & CH & & O{\cdot}O{-}O \quad CH \\
\end{array}
$$

$$
\begin{array}{ccc}
 & CH & & CH \\
(CH_3)_2C\diagdown\diagup CH_2 & & (CH_3)_2C\diagdown\diagup CH_2 \\
O\;\quad CH_2 & \rightarrow & O\;CH_2 \\
\;\;\diagup C\diagdown\diagup CH_2 & & OC\diagdown\diagup CH_2 \\
O & CH & & CH \\
\end{array} \quad .
$$

Damit ist aber auch die Formel des Camphens endgültig sichergestellt. Man sieht, daß die Reaktionsanomalien immerhin nicht so weitgehend sind, als daß man nicht auch hier die Ozonmethode zur Konstitutionsbestimmung heranziehen könnte.

Zu erwähnen wäre noch, daß Ozon auf tertiäre Alkohole bisweilen wasserabspaltend wirken kann. So erhielt Neresheimer[1]) aus dem gewöhnlichen Terpineol nicht die erwartete Verbindung $C_{10}H_{18}O_4$, sondern $C_{10}H_{16}O_6$. Dies Resultat kann so erklärt werden, daß sich an die bei der Wasserabspaltung entstandene Doppelbindung noch 1 Mol. O_3 angelagert hat. Indessen könnte man auch noch eine andere Interpretation vornehmen, da sich später herausgestellt hat, daß manche Alkohole, wie z. B. Citronellol[2]), bei der Ozonisation mehr Sauerstoff aufnehmen, als sich für die einfache Absättigung der Doppelbindung berechnet. Hierüber müssen noch nähere Untersuchungen abgewartet werden.

Konstitution der Ozonide.

In meiner ersten Abhandlung habe ich unter der Annahme der Vierwertigkeit des Sauerstoffs die folgende allgemeine Formel für die Ozonide aufgestellt:

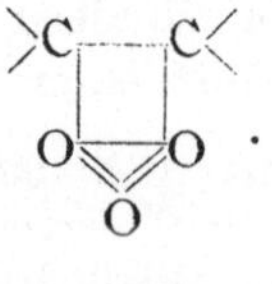

$$
\begin{array}{c}
{>}C{-}C{<} \\
O{\diagdown}\;O \\
O \\
\end{array} \quad \cdot
$$

---

[1]) Inaug.-Diss. Kiel 1907.

[2]) Harries u. Himmelmann, Berichte d. Deutsch. chem. Gesellschaft **41**, 2198 [1908].

Um die Richtigkeit dieser Annahme zu prüfen, habe ich sehr umfangreiche optische Untersuchungen bei den Ozoniden unternommen, die sehr schwierig sind, weil sich diese Verbindungen so schwer ganz rein erhalten lassen.

Das Ergebnis derselben spricht aber viel mehr für die einfachere Formel, in der die drei Sauerstoffatome ätherartig verkettet sind.

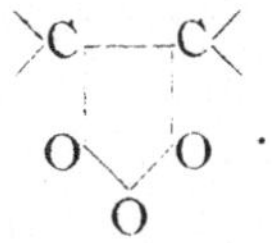

$$\begin{array}{ccc} {>}C & {-}{-}{-} & C{<} \\ & & \\ O & \diagdown\diagup & O \\ & O & \end{array}$$

Hier sind besonders die optischen Untersuchungen über das Äthylenozonid und das Ölsäureozonid zu erwähnen. Die sehr eingehenden Arbeiten von Häffner, die das Propylenoxozonid, das Amylen- und Hexylenozonid behandeln, und dabei z. T. abweichende Resultate erhielten, möchte ich nicht als entscheidend ansehen, weil mir scheint, daß Häffner in vielen Fällen noch Gemische von normalen Ozoniden und Oxozoniden in den Händen gehabt hat. Nichtsdestoweniger möchte ich die Bedeutung der Häffnerschen Untersuchungen nicht unterschätzt wissen, da sie außerordentlich mühselig waren und erst den Weg wiesen, wie man experimentell die flüchtigen Kohlenwasserstoffe der Fettreihe zu behandeln hat.

Nun ist aber noch eine andere Frage in meinem Laboratorium oft aufgeworfen worden, nämlich die, ob die Ozonide noch wirkliche Anlagerungsprodukte des O_3 an die Doppelbindung sind, oder ob nicht gleichzeitig mit der Anlagerung bereits eine Trennung dergestalt erfolgt, daß die Spaltstücke durch das Ozonmolekül verkettet werden, z. B.:

$$ {>}C = C{<} + O_3 \quad \rightarrow \quad {>}C - O - O - O - C{<}. $$

Diese Vermutung wurde deshalb häufig ausgesprochen, weil sich die Ozonide nicht zu den Ausgangskörpern reduzieren lassen. So z. B. sind alle Versuche, aus dem Kautschukozonid $C_{10}H_{16}O_6$, den Kohlenwasserstoff durch Reduktion zu regenerieren, fehlgeschlagen.

Ich möchte diese Möglichkeit aber ausschließen, weil es doch in einer Reihe von Fällen gelungen ist, aus Ozoniden durch einfaches Erhitzen die Ausgangskörper z. T. wiederzuerhalten.

Wenn man z. B. Mesityloxydozonid ohne Lösungsmittel erhitzt, so findet sich unter den hierbei auftretenden Zersetzungsprodukten in nicht unbedeutender Menge Mesityloxyd vor. Besonders charakteristisch verhalten sich auch einige ungesättigte Dicarbonsäuren der Fettreihe, wie die Fumarsäure. Dieselbe nimmt zwar Ozon auf, gibt dasselbe aber wieder alsbald beim Stehen bei gewöhnlicher Temperatur ab, so daß es nicht gelingt, das Ozonid dieser Säure zu fassen. Daraus geht nach meiner Meinung hervor, daß die Kohlenstoffbindung in den Ozoniden noch erhalten ist.

Spezielles Verhalten der verschiedenartigen Doppelbindungen gegen Ozon.

Dieses Thema erscheint mir im Hinblick auf eine eventuelle Konstitutionsbestimmung mit Hilfe des Ozons wichtig. Es wäre sehr einfach, wenn man schon aus dem direkten Verhalten der ungesättigten Verbindungen gegen Ozon, ohne erst die weitgehende Untersuchung der Spaltprodukte durch Wasser oder Eisessig abzuwarten, Rückschlüsse auf die Lage der Doppelbindung ziehen könnte. In dieser Richtung sind auch in der Tat mancherlei Beobachtungen gemacht worden, die aber noch weiter ausgearbeitet werden müssen.

Zunächst läßt sich feststellen, daß die aliphatische und im Kern enthaltene hydroaromatische Äthylenbindung bei ungesättigten Kohlenwasserstoffen ziemlich scharf unterschieden ist. Bisher ist kein Fall bekanntgeworden, daß ein aliphatisches Ozonid beim Ozonisieren aus Lösungsmitteln, wie Chlormethyl, Chloroform und Tetrachlorkohlenstoff, ausfiele. Die hydroaromatischen Kohlenwasserstoffe, auch solche mit anderen Ringsystemen, als dem Sechsring, scheiden sich fast ausnahmslos als dicke Öle oder als gelatinöse Masse häufig sogar quantitativ aus. Hinsichtlich der Spaltbarkeit gegen Wasser bestehen nicht solche große Unterschiede, wie ich das früher angenommen habe[1]). Die Ozonide der höheren aliphatischen, einfach ungesättigten Kohlenwasserstoffe sind sehr stabil, ebenso wie die hydroaromatischen Ozonkörper. Dagegen sind die Ozonide der zweifach ungesättigten aliphatischen Kohlenwasserstoffe leicht, die der hydroaromatischen schwer spaltbar.

Es liegt hier eine Anzahl von Versuchen vor, die sich damit beschäftigen, aus der Schnelligkeit der Spaltung durch kochendes Wasser Rückschlüsse auf die Konstitution zu ziehen. v. Splawa - Neyman[2]) und Kaessmann[3]) haben in dieser Beziehung verschiedene Ringsysteme einer Prüfung unterzogen. Dabei hat sich das bemerkenswerte Resultat ergeben, daß der 6- und 7-Ring ähnliche Stabilitätsverhältnisse aufweisen, der 5-Ring aber sich verschieden verhält, indem letzterer leichter als ersterer durch Wasser zersetzt wird.

---

[1]) Harries u. Neresheimer, Berichte d. Deutsch. chem. Gesellschaft **39**, 2846 [1906].

[2]) Harries u. v. Splawa - Neyman, Berichte d. Deutsch. chem. Gesellschaft **41**, 3552 [1908].

[3]) Inaug.-Diss., Kiel 1911.

Ich gebe hier die Resultate dieser Messungen in nebenstehenden Kurven wieder.

Bemerkenswert ist der Unterschied im Verhalten von Verbindungen, welche die sog. „konjugierten" Doppelbindungen anderen zweifach ungesättigten Körpern gegenüber besitzen. Die konjugierte Doppelbindung addiert schnell nur 1 Mol. Ozon, indessen ist es meistens schwer, dieses Monozonid rein zu isolieren, das zweite Molekül Ozon wird sehr langsam gebunden. Man braucht auch bei Anwendung von stärkstem Ozon mehr als die fünffache Zeit zur völligen Ozonisierung wie bei anderen zweifach ungesättigten Körpern. Da diese letzteren fast ausnahmslos sehr leicht 2 Mol. Ozon addieren, so hat man hier nach meiner Meinung ein ziemlich sicheres Zeichen dafür, ob eine konjugierte Doppelbindung vorliegt oder nicht.

Ich erinnere hier an meine Untersuchungen über das 1,5-Cyclooctadien[1]), das 1,3-Dihydrotoluol[2]), das 1,3-Cyclohexadien[3]). Auch das Phoron addiert nach neueren Untersuchungen von Türk sehr langsam das zweite Molekül Ozon. Bei der Ozonisierung zweifach ungesättigter Verbindungen muß man bei der Wahl der Lösungsmittel vorsichtig sein, z. B. zeigte sich beim

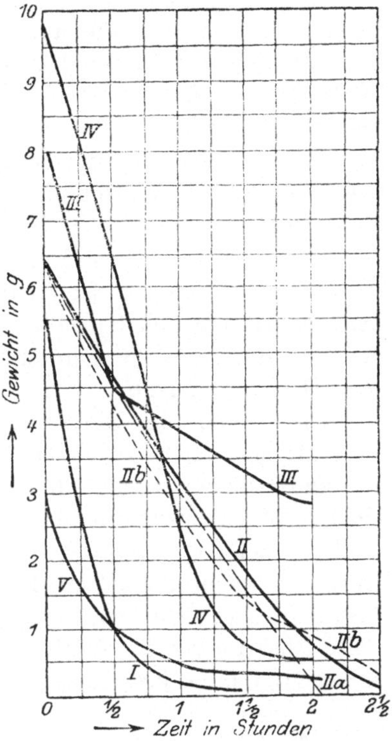

---

[1]) Harries, Berichte d. Deutschen chem. Gesellschaft **41**, 671 [1908].

[2]) Harries, Berichte d. Deutschen chem. Gesellschaft **41**, 1698 [1908].

[3]) Harries u. v. Splawa-Neyman, Beriehte d. Deutsch. chem. Gesellschaft **42**, 693 [1909].

Fig. 7.

I 5,55 g Cyclopentenozonid mit derselben Wassermenge 95 ccm, II 6,2 g α-Cyclohexenozonid mit derselben Wassermenge 95 ccm, IIa 6,2 g α-Cyclohexenozonid mit jedesmal neuem Wasser, IIb 6,2 g β-Cyclohexenozonid mit derselben Wassermenge 95 ccm, III 8 g Pinenozonid (fest) mit derselben Wassermenge 92 ccm, IV 9,8 g Cyclooctadienozonid mit derselben Wassermenge 100 ccm, V 2,7 g Cycloheptenozonid mit derselben Wassermenge 37,5 ccm.
(Die Kurve V ist in Anbetracht der geringen Menge Substanz, welche angewendet werden konnte, nicht direkt mit den anderen zu vergleichen; sie ähnelt indessen im Abfall und Verlauf am meisten derjenigen der Cyclohexenozonide.) (Der Abfall und Verlauf der Kurven des Cyclopentenozonids verhält sich gleich derjenigen des Cyclooctadienozonids.)

Citral[1]), daß in Hexan ein Monozonid, dagegen in Tetrachlorkohlenstoff oder Eisessig ein Diozonid ausfällt. Die Monozonide zeigen andere Löslichkeitsverhältnisse als die Diozonide, sind aber selten ganz einheitlich zu gewinnen.

Die Ozonderivate der sauerstoffhaltigen Fettkörper spalten sich fast sämtlich mit Wasser oder Eisessig sehr leicht, z. T. schon durch Eiswasser.

In der aromatischen Reihe ist ebenfalls ein Unterschied zu konstatieren zwischen den Doppelbindungen, die dem aromatischen Kern benachbart, also den Benzalkörpern, und solchen, welche weiter davon entfernt sind, wie die Formeln $C_6H_5CH = CHR$ und $C_6H_5—CH_2.CH = CHR$ wiedergeben.

Die Ozonide der Benzalverbindungen und ihrer sauerstoffhaltigen Derivate sind leicht zersetzlich[2]). Man hat sie bisher nicht in reinem Zustand isolieren können, da sie schon während des Ozonisierens Benzaldehyd und Benzoesäure abgeben. Die Ozonide anderer Kohlenwasserstoffe[3]) sind dagegen isolierbar. Zu erwähnen ist, daß man bei den Körpern der aromatischen Reihe mit ungesättigter Seitenkette bei Anwendung von starkem Ozon (14—18proz.) sehr leicht auch eine teilweise Absättigung der Bindungen im Benzolkern erzielt. Hierauf wies zuerst Majima[4]) hin; er zeigte, daß Methyleugenol mit starkem Ozon 3 Mol. Ozon, mit schwachem (3—6%) aber nur 1 Mol. Ozon bindet. Diese Beobachtung ist später durch v. Riedl in anderen Fällen bestätigt worden. Ja, es erscheint bei manchen Phenoläthern mit ungesättigter Seitenkette, wie dem Eugenol, überhaupt unmöglich, selbst bei Anwendung von sehr schwachem Ozon, die Kernaddition ganz zu verhindern.

Über das Verhalten der Ozonkörper, wie der normalen Ozonide, Perozonide und Oxozonide ist zu bemerken, daß sie sich bei der Zersetzung mit Wasser oder Eisessig nicht wesentlich verschieden zeigen. Mir scheint, daß die Perozonide und Oxozonide hierbei ihren Mehrgehalt an Sauerstoff größtenteils gasförmig abgeben, ohne ihn auf die Aldehyde zu übertragen, denn die Ausbeuten daran sind dieselben, auch wird nicht wesentlich mehr Wasserstoffsuperoxyd ermittelt[5]).

---

[1]) Harries u. Himmelmann, Berichte d. Deutsch. chem. Gesellschaft **40**, 2823 [1907].

[2]) Unveröffentlichte Mitteilung nach Versuchen von Baron Riedl von Riedenstein. Vgl. dieses Buch S. 359.

[3]) Vgl. z. B. Harries u. de Osa, Berichte d. Deutsch. chem. Gesellschaft **37**, 842 [1904].

[4]) Majima, Berichte d. Deutsch. chem. Gesellschaft **42**, 3666 [1909].

[5]) Harries und Türk, Berichte d. Deutsch. chem. Gesellschaft **39**, 3736 [1906].

Verhalten der Lösungsmittel bei der Ozonisation.

Als wasserfreies Lösungsmittel zur Darstellung der Ozonderivate von organischen Körpern sind bisher Tetrachlorkohlenstoff, Chloroform, Äthylchlorid, Chlormethyl, Eisessig, Hexan, Aceton, früher auch Benzol verwendet worden. Ich möchte hier eine kurze Kritik derselben einflechten. Tetrachlorkohlenstoff und besonders Chloroform haben den Nachteil, daß sie nicht unerheblich von Ozon selbst angegriffen werden, weshalb letzteres kaum noch gebraucht wird. Wenn man bei der Spaltung der Ozonide das Auftreten von empfindlichen Aldehyden erwartet, muß man Lösungsmittel anwenden, aus denen keine Chlorwasserstoffsäure entstehen kann.

Äthylchlorid und besonders Methylchlorid werden sehr wenig von Ozon verändert und sind aus diesem Grunde, sowie auch deshalb, weil sie schnell vollständig durch Verdunsten zu entfernen sind, sehr zu empfehlen. Leider verhindert ihr hoher Preis eine häufigere Anwendung. Eisessig wird kaum angegriffen, indessen sind die meisten Ozonide darin löslich und scheiden sich nicht ab. Ihre Isolierung durch Abdampfen des Eisessigs im Vakuum hat wegen seines verhältnismäßig hohen Siedepunktes gewisse Schwierigkeiten. Manche Ozonide fangen in dieser Temperatur schon an sich zu zersetzen, oder sie verflüchtigen sich mit dem Eisessig. Der Eisessig als Lösungsmittel hat aber trotzdem eine sehr weite Anwendungsfähigkeit. Aceton wird wenig verändert, Methyläthylketon dagegen stark, ersteres ist aber noch nicht häufig benutzt worden.

Hexan, welches früher sehr viel verwendet wurde, kommt neuerdings immer mehr ab, nachdem sich herausgestellt hat, daß das käufliche Hexan von Kahlbaum sehr stark Brom entfärbt. Aber auch Hexan, welches diese Eigenschaften nicht besitzt, ist recht unbeständig gegen stärkeres Ozon. Ich habe über das Verhalten des Hexans für sich gegen Ozon eine eingehende Untersuchung ausgeführt und dabei gefunden, daß es ziemlich leicht davon verändert wird. Unter den Einwirkungsprodukten fanden sich Aldehyde, wie Valeraldehyd, Monocarbonsäuren, peroxydartige Körper und Adipinsäure. Daraus geht hervor, daß in ihm wahrscheinlich Cyclohexan enthalten ist. Benzol, welches von Semmler besonders protegiert wird, ist bei hinreichend starkem Ozon gar nicht zu empfehlen, da es dann leicht selbst in Ozobenzol übergeführt wird. Letzteres ist aber wegen seines explosiven Charakters höchst gefährlich.

In bezug auf die experimentelle Handhabung der Ozonisation verweise ich auf das in meiner ersten Abhandlung über dieses Kapitel Gesagte. Es hat sich nichts Wesentliches in dieser Beziehung geändert.

Über Ozonisation und die Konzentration des Ozons.

In meiner ersten Abhandlung habe ich die Apparate, welche zur Bereitung des Ozons dienten, als da sind Wechselstrommotor, Transformator, Vorschaltwiderstand und Ozonisator ausführlich genug beschrieben. Dieselben sind jetzt seit $5^1/_2$ Jahren ununterbrochen in Tätigkeit gewesen und haben sich durchaus bewährt. Als ich zahlreiche Schüler beschäftigen mußte und die zu lösenden Aufgaben wuchsen, genügten die Leistungen der früher beschriebenen Apparate

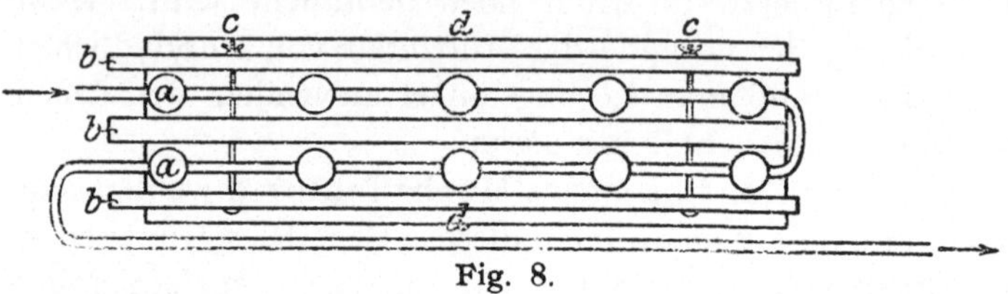

Fig. 8.

nicht mehr, und ich schaltete noch in den Stromkreis einen zweiten Transformator und Ozonisator. Um diesen mit der nötigen Elektrizitätsmenge zu speisen, mußte der alte Wechselstrommotor von $^3/_4$ PS gegen einen größeren von 2 PS ausgetauscht werden. Im Prinzip blieb aber alles unverändert. Später wurde der eine der beiden Ozonisatoren mit zehn parallel geschalteten Berthelotröhren gegen einen solchen mit zehn hintereinander geschalteten ebensolchen Röhren ausgetauscht, als festgestellt worden war, daß diese letztere Anordnung unter Umständen nicht unerheblich mehr Ozon liefert.

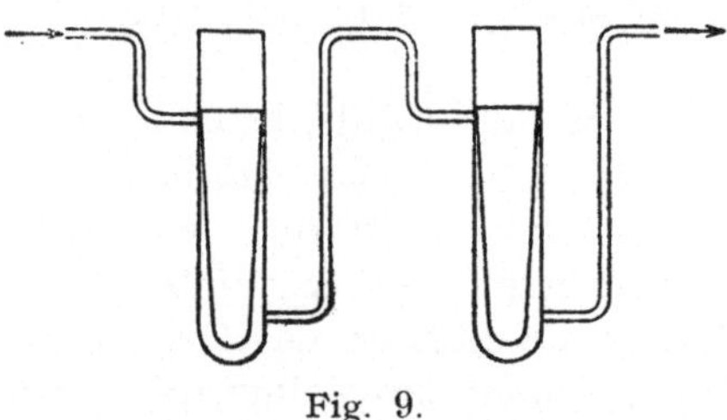

Fig. 9.

Dieser Ozonisator ist in der Weise konstruiert, daß 10 Berthelotröhren aneinander geschmolzen werden. Zwischen fünfter und sechster Röhre werden sie in entgegengesetzter Richtung gebogen, um den Apparat nicht zu lang zu gestalten. Um die Stabilität zu erhöhen, werden die 10 Röhren von innen und außen durch eine dreiteilige verschraubbare Holzklammer befestigt und dann in ein großes mit Wasser gefülltes Elementenglas gehängt.

In der Projektion von oben gesehen sieht der Apparat aus, wie Fig. 8 wiedergibt.

a sind die Berthelotröhren, b die Holzklammern, c die Schrauben, welche diese zusammenhalten, d das Elementenglas. Die Holzklammern liegen oben auf dem Rand des Elementenglases und dienen gleichzeitig dazu, die Röhren in der richtigen Stellung zu erhalten. Die Berthelotröhren sind in folgender Weise miteinander verschmolzen.

Der Betrieb dieser Einrichtung erfolgt genau in derselben Weise, wie bei dem früher beschriebenen mit zehn parallel geschalteten Röhren versehenen Apparat. Wie wir nachher sehen werden, liefert derselbe jetzt durchschnittlich 17,5 proz. Ozon, der andere 14,5 proz. Im praktischen Gebrauch ist der ältere vorzuziehen, weil die einzelnen Röhren, wenn sie durch den Strom zerschlagen werden, leichter auswechselbar sind. Im Kieler Institut sind indessen beide Apparate nebeneinander ständig im Gebrauch und man benutzt sie je nach Bedarf für schwächeres oder stärkeres Ozon.

Sehr merkwürdig ist, daß die Konzentration des Ozons gewachsen ist. Dieselben hier geschilderten Apparate ergaben vor 4 Jahren im Sommer 1906 ungefähr 10—12% Ozon[1]), wobei nur geringe Unterschiede in bezug auf die Schaltung zu konstatieren waren. Dieselben Resultate wurden im nächsten Jahre von verschiedenen meiner Assistenten wieder erhalten. Dann wurde vor 2 Jahren die überraschende Tatsache festgestellt, daß dieselben Apparate unter sonst ganz gleichen Bedingungen nicht unerheblich bessere Ausbeute an Ozon lieferten. Ein mir befreundeter Physiker erklärte diesen Befund damit, daß die Berthelotröhren infolge des langen Gebrauchs bei hochgespanntem Wechselstrom wahrscheinlich eine andere Struktur des Glases angenommen hätten. Wir erhalten jetzt unter denselben Bedingungen wie früher statt 10%, nebeneinander geschaltet, mindestens 14%, statt 12,8%, hintereinander geschaltet, mindestens 17% Ozon. Das sind nicht unerhebliche Mehrausbeuten. Im folgenden gebe ich zwei Tabellen über die Resultate wieder, welche bei der Analyse der aus beiden Apparaten entströmenden Gasgemische zu Anfang des Jahres 1909 ermittelt wurden. Zur Verwendung kam gewöhnlicher Bombensauerstoff, der vor dem Passieren des Ozonisators mit konz. Schwefelsäure und Phosphorpentoxyd getrocknet war. Das Volumen des Gases wurde in einem Spezialapparat, wie er in den städtischen Gas- und Wasserwerken in Kiel Verwendung findet, gemessen. Später wurde ein feiner Gasmesser der „Rotawerke" Aachen[2]), den ich für meine Zwecke als sehr geeignet befunden habe, benutzt. Dieser Gasmesser, der sich jederzeit leicht einschalten läßt, kann auch beim präparativen Arbeiten erfolgreich in Tätigkeit treten, wenn es sich z. B. darum handelt, eine ganz bestimmte Ozonkonzentration einzuhalten und deshalb eine Kontrolle der Geschwindigkeit des den Ozonisator passierenden Sauerstoffsatoms auszuüben.

---

[1]) Vgl. dazu die Mitteilung in: Berichte d. Deutsch. chem. Gesellschaft **39**, 3667 [1906].

[2]) Der Apparat, ein Muster der Feinmechanik, kostet für die Größe von 20 l in der Stunde 95 M.; des weiteren sei auf die Prospekte der Firma hingewiesen.

I. Ozonisationsröhren, parallel geschaltet.

Angewendet je 1 l technischen Sauerstoff.

Nr.	t in Min.	Geschwindigkeit = 1/St.	Primär-spannung Volt	Sekundär-spannung Volt	Temp. des Kühlwassers im Apparat Grad	ccm $^1/_{10}$- Thiosulfat verbraucht ccm	Gewichts-proz. O_3 Proz.	Mittelwert Proz.
1	1	60	100	9000	16	84	15,5	
2	1	60	100	9000	16	74	13,6	} 14,0
3	1	60	100	9000	16	70	12,9	
4	4	15	100	9000	16	79	14,6	
5	4	15	100	9000	16	79	14,6	} 14,6
6	8	7,5	100	9000	18	71	13,1	
7	8	7,5	100	9000	18	77	14,2	} 13,6
8	15	4	100	9000	18	68	12,5	
9	15	4	100	9000	18	66	12,2	} 12,3

II. Zehn Ozonisationsröhren hintereinander geschaltet.

Angewendet je 1 l technischen Sauerstoff.

Nr.	t in Min.	Geschwindigkeit = 1/Std.	Primär-spannung Volt	Sekundär-spannung Volt	Temp. des Kühlwassers im Apparat Grad	ccm $^1/_{10}$- Thiosulfat verbraucht ccm	Gewichts-proz. O_3 Proz.	Mittelwert Proz.
1	16	3,75	80	7400	16	99	18,2	
2	16	3,75	80	7400	17	103	19,0	} 18,1
3	16	3,75	80	7400	17	92	17,0	
4	7	8,6	80	7400	20	102	18,8	
5	7	8,6	80	7400	20	101	18,6	} 18,7
6	7	8,6	90	8400	19	95	17,5	
7	7	8,6	90	8400	19	89	16,4	
8	7	8,6	90	8400	19	93	17,1	} 17,2
9	7	8,6	90	8400	15	90	17,7	
10	7	8,6	100	9300	15	98	18,1	
11	7	8,6	100	9300	18	93	17,1	} 17,6
12	4	15	100	9200	18	97	17,9	
13	4	15	100	9200	18	90	16,6	} 17,2
14	1	60	100	9200	20	86	15,9	
15	1	60	100	9200	20	88	16,2	} 16,0

Man sieht aus den beiden Tabellen, daß bei nebeneinander geschalteten Röhren die Ausbeute an Ozon mit der Geschwindigkeit des durchgeleiteten Sauerstoffs immer besser wird, während bei dem anderen Apparat die höchste Ausbeute bei geringer Geschwindigkeit erzielt wird.

Es wäre mir sehr interessant zu wissen, ob von anderer Seite ähnliche Erfahrungen, wie die vorher mitgeteilten, gemacht wurden, daß nämlich die Ozonausbeute mit der Zeit wächst und welche Erklärungen dafür gegeben werden können. Wer nur mit einem Wechselstrommotor von $^3/_4$ PS arbeitet, wird natürlich nicht die hier angegebenen Konzentrationen erhalten.

Die durch die oben geschilderten Apparate erzeugten Ozonströme sind für viele Zwecke beim präparativen Arbeiten viel zu stark an Ozon. In der aromatischen Reihe wird durch solch hochprozentiges Ozon sehr leicht der Benzolkern mit angegriffen, wie vorher erwähnt wurde. Man mußte daher Verfahren ersinnen, um die Konzentration des Ozons unter Umständen herabsetzen zu können. Wir benutzen hierzu gewöhnlich eine Waschflasche mit Natronlauge und eine solche mit konz. Schwefelsäure, nachdem sich herausgestellt hat, daß Ozon durch Natronlauge katalytisch zersetzt wird[1]). Es kommt hier aber ebenfalls auf die Geschwindigkeit an, mit welcher der Ozonstrom die Waschflasche passiert. Bei langsamem Durchleiten wird das Ozon verhältnismäßig stärker zersetzt als bei schnellem. Auch die konz. Schwefelsäure greift das Ozon nicht unbedeutend an. Es ist früher schon darauf hingewiesen worden, daß ein Ozonstrom, der die Waschflaschen mit Natronlauge und Schwefelsäure passiert hat, nicht mehr ganz trocken ist[2]). Dies muß bei der präparativen Darstellung leicht zersetzlicher Ozonide in Rücksicht gezogen werden.

Von Straus[3]) ist der Vorschlag gemacht worden, die Konzentration des Ozonstroms durch Änderung der Klemmenspannung beliebig zu ändern. Diese Methode mag die beste sein, wenn man allein arbeitet; sie ist aber sicher nicht brauchbar in einem Laboratorium, wo täglich ein halb Dutzend Praktikanten oder mehr mit dem Ozonapparat zu tun haben. Man würde bald die traurigsten Erfahrungen machen, wenn man jedem gestattete, die Spannung beliebig zu ändern. Ich halte daher die Methode der teilweisen katalytischen Zerstörung des Ozons für den praktischen Gebrauch am zweckmäßigsten, weil

---

[1]) Vgl. Harries, Berichte d. Deutsch. chem. Gesellschaft **41**, 1229 [1908]; ferner Willy Kampfschulte, Inaug.-Diss., Würzburg 1908; ferner Stephan Jahn, a. a. O.

[2]) Harries u. Koetschau, Berichte d. Deutsch. chem. Gesellschaft **42**, 3305 [1909].

[3]) Berichte d. Deutsch. chem. Gesellschaft **42**, 2866 [1909].

sie außerdem gestattet, mit Hilfe derselben Apparate an einer Stelle 18 proz., an der zweiten 10 proz., an der dritten und vierten ein Ozon irgendeiner anderen Konzentration zu entnehmen. Ich erinnere daran, daß an unseren Ozonapparaten vier Auslaßhähne angebracht sind, so daß an einem Ozonisator zu gleicher Zeit vier verschiedene Arbeiten verrichtet werden können.

Auch noch eine andere Methode wäre zu erwähnen, die mir immer noch geeigneter für den Laboratoriumsbetrieb erscheint als die von Straus empfohlene. Sie besteht darin, daß man die Zahl der Berthelotröhren herabsetzt, bei Anwendung von nur vier oder fünf Röhren ist die Konzentration geringer als bei zehn. Bei dem von mir früher beschriebenen Ozonisator mit zehn nebeneinander geschalteten Röhren ist dies jederzeit leicht zu bewirken, indem man an den Stellen, wo die Röhren entfernt sind, die Zu- und Ableitungsöffnungen an den Quecksilberverschlüssen mit paraffinierten Korkstopfen verschließt.

Der in der ersten Abhandlung beschriebene Apparat hat nur einen Nachteil, und der besteht in seinem verhältnismäßig hohen Preise (etwa 1600 M. bei Gleichstrom, bei Wechselstrom ist er erheblich billiger).

Meine Bemühungen, einen leistungsfähigen Ozonapparat für Dauerbetrieb ausfindig zu machen, der billiger wäre, sind bisher erfolglos geblieben. Ich habe verschiedene Systeme, auch das neue Modell der Firma Siemens & Halke (Preisblatt El I Modell OZ) durchgeprobt, sie aber nicht zweckmäßig finden können.

Bei diesen Versuchen haben mich die Herren Dr. H. Brückner und Dr. L. Tank, beide zurzeit in Elberfeld, sodann die Herren Dr. P. Hohenemser und Dr. H. v. Splawa-Neyman tatkräftig unterstützt, wofür ich ihnen bestens danke.

43. C. Harries: Über die Oxydation des Äthylalkohols durch Ozon.

Annalen der Chemie und Pharmazie **373**, 315 (1910).

Bei der Oxydation der Alkohole bilden sich, wenn auch langsam, Aldehyde und Säuren, daneben entsteht Wasserstoffperoxyd, dies ist schon von Gorup-Besanez und Houzeau beobachtet worden. Ich habe früher[1]) als wahrscheinlich betrachtet, daß wegen des Auftretens des letzteren das Ozon mit den Alkoholen in erster Phase eine peroxydartige Verbindung eingehen müsse. Diese Peroxyde sollten aber identisch oder doch tautomer sein mit den von v. Baeyer und Villiger[2]) durch Einwirkung von Alkylsulfat und Wasserstoffsuperoxyd erhaltenen Alkylhydroperoxyden, und sich deshalb nach einem analogen Verfahren wie diese isolieren lassen.

Da von den genannten Forschern das Äthylperoxyd besonders genau untersucht worden ist, so war es zweckmäßig, zum Vergleich den Äthylalkohol mit Ozon zu oxydieren.

Über Natrium destillierter Alkohol wurde also in Portionen von je 10 g etwa 10 Stunden mit einem starken Ozonstrom behandelt; der Alkohol nimmt dabei einen an Acetaldehyd und Essigsäure, aber auch einen angenehmen an Ester erinnernden Geruch an. Die Flüssigkeit reagiert stark sauer, besonders auffallend ist aber die starke Reaktion auf Jodkalium und Wasserstoffsuperoxyd.

Vierzig solcher Portionen wurden zusammen nach Baeyer und Villiger wie folgt verarbeitet. Unter Abkühlung wurde die Flüssigkeit in eine etwa 16 proz. wässerige Kalilauge bis zur stark alkalischen Reaktion eingetragen, und darauf zur Entfernung vom unangegriffenen Alkohol im Vakuum bei etwa 30° bis auf das Volumen der Kalilauge eingedampft. Der Rückstand wurde wieder mit verdünnter Schwefelsäure unter Vermeidung jeder Temperaturerhöhung angesäuert und nun abermals im Vakuum bei 30—40° bis zu einem Drittel der Flüssigkeit abdestilliert. Wird das übergegangene Destillat mit Ammoniumsulfat gesättigt, so scheidet sich an der Oberfläche eine farblose, ölige Schicht ab, die im verstärkten Maße die vorhin beschriebenen Re-

---

1) Annalen d. Chemie u. Pharmazie **343**, 326 [1905].
2) Berichte d. Deutsch. chem. Gesellschaft **33**, 3387 [1900]; **34**, 739 [1901].

aktionen zeigt und sich beim Erhitzen im Röhrchen als furchtbar explosiv erweist. Die Ausbeute war aber gering; sie betrug aus 400 g abs. Alkohol nur etwa 17,5 g des rohen Öles.

Zur Identifizierung mit Äthylhydroperoxyd wurde das Rohprodukt zunächst über Magnesiumsulfat getrocknet und dann im Vakuum der fraktionierten Destillation unterworfen.

Nach Baeyer und Villiger destillierten von 15 g rohem Äthylhydroperoxyd 5,3 g bei 26—47° mit einem Gehalt von 62% Peroxyd, 2,8 g bei 47—49° mit 87,7% und 5,7 g bei 49—63° mit 72,6% Peroxyd unter 100 mm Druck. Das Äthylhydroperoxyd wurde bekanntlich im reinen Zustande bisher nicht gewonnen und daher auch nicht direkt analysiert. Schon bei der ersten Fraktionierung zeigte sich, daß das neue Produkt einen nicht unwesentlich höheren Siedepunkt als das Äthylhydroperoxyd besaß.

Es wurden erhalten:

I. Vorlauf bis 43° 80 mm Druck siedend (Badtemperatur 55°) 4,3 g,

II. Hauptfraktion von 55—56° (Badtemperatur 68°) unter 10 mm Druck siedend, 10,5 g,

III. Rückstand, weißlich trübe, 2,7 g.

Die Hauptfraktion wurde dann noch drei- bis viermal fraktioniert und jedesmal die Fraktion von 50—53° unter 9 mm Druck als wichtigster Anteil aufgefangen. Sie bildete ein farbloses Liquidum von schwachem Geruch und ergab folgende Analysenzahlen:

I. 0,1706 g Sbst.: 0,2668 g CO_2, 0,1388 g H_2O. — II. 0,2356 g Sbst.: 0,3784 g CO_2, 0,1905 g H_2O. — III. 0,1543 g Sbst.: 0,2404 g CO_2, 0,1232 g H_2O.

	Ber. für $C_2H_5O.OH$	Gef. I	II	III
C	38,70	42,65	43,81	42,49
H	9,07	9,10	9,04	8,93

I. war dreimal, II. viermal, III. fünfmal fraktioniert.

Man sieht daran, daß die Analysenwerte zwar untereinander leidlich, aber wenig befriedigend mit den auf die Formel $C_2H_5O.OH$ berechneten Werten übereinstimmen. Das Öl (II) besaß folgende Eigenschaften:

$$D_{21,5^0}^{21,5^0} = 1,028, \quad n_d^{21,5^0} = 1,40924.$$

0,4778 g verbrauchten nach 24 stündigem Stehen mit angesäuerter Jodkalilösung bei der Titration des ausgeschiedenen Jods 67,3 cm $^1/_{10}$ n-Natriumthiosulfat.

Daraus berechnet sich nur 11,3% aktiver Sauerstoff, während die Formel $C_2H_5O.OH$ 25,81% verlangt und von Baeyer und Villiger 21,07% gefunden wurde. Vorläufe und Nachläufe dieser Fraktionen lieferten noch bedeutend weniger aktiven Sauerstoff. Das von Baeyer und Villiger als charakteristisch angegebene Bariumsalz ließ sich nicht gewinnen. Aus diesen verschiedenen Gründen muß angenommen werden, daß nicht das Äthylhydroperoxyd CH_3-CH_2-O-OH selbst bei der Oxydation des Äthylalkohols durch Ozon entsteht, sondern ein damit verwandtes Produkt. Es wäre nicht unmöglich, daß in ihm das tautomere Peroxyd der Formel $CH_3.CH_2.O = O$ vorliegt. Diese

$$\overset{|}{H}$$

Verbindung muß nämlich leichter als das Äthylperoxyd zerfallen und sich ähnlich den Peroxyden der Aldehyde verhalten, die in der nächsten Abhandlung ausführlich beschrieben werden. Diese Peroxyde liefern bei der Behandlung mit Wasser immer höchstens die Hälfte des theoretisch berechneten Sauerstoffs, weil sie sich hierbei auch zum Teil in Säuren umlagern.

In folgenden Eigenschaften unterscheidet sich dieses Peroxyd des Äthylalkohols wesentlich vom Äthylhydroperoxyd. Fehlingsche Lösung wird sehr stark reduziert, oft schon in der Kälte, dabei ist lebhafte Entwicklung eines Gases zu beobachten. Dasselbe ist als Sauerstoff durch einen glimmenden Span leicht zu identifizieren.

Silbernitrat und wenig Ammoniak scheiden ein weißes Salz ab, das aber sofort zu metallischem Silber reduziert wird, wobei ebenfalls Sauerstoffentwicklung auftritt. Mit Bleiessig findet beim Erwärmen ebenfalls starke Sauerstoffentwicklung statt und gelbes Bleioxyd wird abgeschieden. Beim Vermischen mit Wasser entsteht Wasserstoffsuperoxyd und der Geruch nach Acetaldehyd macht sich bemerkbar. Alle diese Eigenschaften, wie die enorme Explosionskraft, weisen auf ein Peroxyd hin. Ich glaubte zuerst, daß ein Peroxyd des Acetaldehyds $CH_3.CH = O : O$ vorläge, indessen müßte sich dieses direkt aus Acetaldehyd gewinnen lassen. Nach den im folgenden beschriebenen Untersuchungen von Koetschau scheint aber Ozon mit Acetaldehyd andere nicht explosive Einwirkungsprodukte zu liefern.

Wegen der außerordentlich mühseligen Darstellungsweise dieses Körpers sah ich mich genötigt, die Versuche darüber abzubrechen, ohne daß seine Natur genügend aufgeklärt worden wäre.

Meinem früheren Assistenten, Herrn Dr. Valentin Weiß, danke ich für seine sachgemäße Unterstützung bei diesen Arbeiten bestens.

44. C. Harries: Über die Oxydation des β-Oxypropionacetals.

Annalen der Chemie und Pharmazie **374**, 319 (1910).

[Zur Richtigstellung.]

Eine meiner ersten Arbeiten[1]) auf dem Gebiete der Anwendung des Ozons als Oxydationsmittel betraf die Oxydation des β-Oxypropionacetals von Wohl[2]) zum Halbacetal des Malondialdehyds

$$OHCH_2 . CH_2 . CH(OC_2H_5)_2 \rightarrow CHO . CH_2 . CH(OC_2H_5)_2 .$$

Da sich die Überführung der Alkohole in die Aldehyde, wenn auch langsam, tatsächlich verwirklichen läßt, so sollte man erwarten, daß diese Reaktion Aussicht böte, den Malondialdehyd bzw. dessen Halbacetal zu gewinnen. Die damalige Publikation erfolgte etwas vorzeitig, da von Claisen[3]) auf anderem Wege das Oxyacrolein, das ist die tautomere Form des Malondialdehyds, bereitet worden war. Claisen zeigte, daß dieser Aldehyd in der Halbenolform existenzfähig ist, $CHOH = CH$. CHO, als solche mit Eisenchlorid eine tief rotviolette Färbung in wässeriger Lösung annimmt, mit Wasserdampf sehr flüchtig ist, dann aber wieder befähigt ist, mit Phenylhydrazin usw. normale Dikondensationsprodukte zu bilden, die sich vom wahren Malondialdehyd ableiten. Die freie Verbindung selbst isolierte er bisher nicht.

In meiner damaligen kurzen Publikation wurde die Meinung ausgesprochen, daß durch Oxydation des Oxypropionacetals der wahre Malondialdehyd erhalten werden könne, der sich mit Eisenchlorid nicht violett färbe. Ich bin lange Zeit durch verschiedene Umstände verhindert worden, diese Arbeit fortzusetzen und erst vor einigen Jahren darauf zurückgekommen.

Bei der Wiederaufnahme der Versuche hat sich aber herausgestellt, daß das Halbacetal des Malondialdehyds nicht bei der Oxydation des β-Oxypropionacetals entsteht. Vielmehr wird einfach — ich will die Einzelheiten der Versuche nicht mitteilen — die Acetalgruppe fortoxydiert und der zugehörige Aldehyd, der β-Oxypropionaldehyd, von

---

[1]) Berichte d. Deutsch. chem. Gesellschaft **36**, 3658 [1903].

[2]) Berichte d. Deutsch. chem. Gesellschaft **33**, 2761 [1900].

[3]) Berichte d. Deutsch. chem. Gesellschaft **36**, 3664 [1903].

Wohl[1]) gebildet. Daneben findet aber augenscheinlich noch eine andere Reaktion statt, die wenigstens auf ein primäres Auftreten des Malondialdehyds hindeutet. Es kann nämlich Glyoxal nachgewiesen werden; ich isolierte es in Form seines Tetraäthyl- bzw. Tetramethylacetals durch Acetalisieren des eingedampften Rohprodukts, wie früher schon angegeben wurde. Die Entstehung von Glyoxal ist aber nur folgendermaßen zu erklären. Es bildet sich zuerst unter gleichzeitiger Oxydation der Acetalgruppe Malondialdehyd, der in seiner Oxymethylenform in wässeriger Lösung durch Ozon normalerweise weiter zu Glyoxal und Ameisensäure oxydiert wird.

$$CHO.CH = CHOH, \qquad CHO.CHO + OCHOH.$$

Nach diesen Ergebnissen wurde die Untersuchung über diesen Gegenstand abgebrochen. Es ist darauf hinzuweisen, daß bei verschiedenen Ozonderivaten, als deren Spaltungsprodukt Malonsäure auftritt, in den wässerigen Destillaten ein flüchtiger Körper beobachtet wird, der sich mit Eisenchlorid tief violett färbt. Ich habe diese Reaktion immer auf das Vorhandensein des Claisenschen Malondialdehyds gedeutet (vgl. Enclaar).

Meinem früheren Assistenten, Herrn Dr. Hans Brückner, danke ich bestens für seine Unterstützung bei der Ausführung dieser Untersuchung.

---

[1]) Berichte d. Deutsch. chem. Gesellschaft **41**, 3599 [1908].

45. Rudolf Koetschau: Über das Verhalten der gesättigten aliphatischen Aldehyde gegen Ozon.

Annalen der Chemie und Pharmazie **374**, 321 (1910).

Von Harries und Langheld[1]) ist vor 5 Jahren beobachtet worden, daß Önanthaldehyd bei der Behandlung mit Ozon Sauerstoff aufnimmt und in einen sehr labilen peroxydartigen Körper übergeht. Derselbe bildet in der Klasse der Peroxyde einen neuen Typus, indem er als ein Derivat des tautomeren Wasserstoffsuperoxyds $H_2O = O$ betrachtet werden kann, während die bisher bekannten Peroxyde aus der anderen Form des Wasserstoffsuperoxyds HO.OH durch sukzessive Substitution des Wasserstoffatome entstanden zu denken sind. Durch die folgende Untersuchung sollte festgestellt werden, ob auch andere fette Aldehyde sich Ozon gegenüber in analoger Weise verhalten.

Heptylaldehydperoxyd.

Zunächst erschien es zweckmäßig, die früheren Angaben einer Nachprüfung zu unterziehen und dann die Versuche über die Einwirkung des Ozons auf das Önanthol dergestalt zu erweitern, daß der Aldehyd nicht allein für sich, sondern auch in Lösungsmitteln der Einwirkung von verschieden prozentigem, schwächerem und stärkerem Ozon ausgesetzt wurde.

a) Direkte Ozonisation.

Zum Vergleiche seien hier zunächst erst die von Langheld ermittelten Werte angegeben. Er benutzte damals etwa 6,5 proz. Ozon, leitete pro Gramm 1 Stunde unter Kühlung mit Kältegemisch ein und evakuierte das Produkt unter starker Kühlung zur Entfernung gelösten Ozons. Die Elementaranalyse ergab damals:

	Ber. für $C_7H_{14}O_2$	Gef. I	Gef. II
C	64,62	64,00	63,03
H	10,77	11,12	10,01.

$$D_{80}^{80} = 0,9081; \quad n_d^{80} = 1,42876.$$

Mol.-Bestimmung. Ber. für $C_7H_{14}O_2$: 130. Gef.: 120.

---

[1]) Annalen d. Chemie u. Pharmazie **343**, 352 [1905].

Bei der Wiederholung des Versuches wurde 5proz. Ozon, pro Gramm 1 Stunde Einleitungsdauer, unter Kühlung mit Kältemischung gewählt. Die Analyse ergab mit den früher gefundenen Werten gut übereinstimmende Resultate.

0,2447 g Sbst.: 0,5752 g CO_2, 0,2412 g H_2O.

	Ber. für $C_7H_{14}O_2$	Gef.
C	64,62	64,09
H	10,77	11,03

Das Präparat zeigte die von Langheld beschriebenen Eigenschaften, besonders auch die, daß es sich bei Zimmertemperatur unter Selbsterwärmung plötzlich quantitativ in die isomere Säure umlagerte. Eine Destillation des umgelagerten Produktes zeigte, daß nur noch Spuren von Aldehyd und Peroxyd darin vorhanden waren.

Es ließ sich daher auch von vornherein nicht erwarten, daß bei der Bestimmung des aktiven Sauerstoffs die von der Theorie vorausgesehenen Werte erhalten werden würden. Denn bei 24stündigem Stehen des Peroxyds mit angesäuerter Jodkaliumlösung bei gewöhnlicher Temperatur muß sich selbstverständlich der größte Teil in Säure umlagern. Demgemäß verbrauchten 0,2908 g 13,35 ccm $^1/_{10}$ n-Thiosulfat; daraus berechnen sich nur 29,82% $C_2H_4O_2$. In Eisessiglösung wird ein um 6% höherer Wert gefunden. Es ist deshalb nicht ganz korrekt, wenn Langheld angibt, daß aus dem Peroxyd durch Schütteln mit Wasser das Önanthol zurückgebildet wird. Tatsächlich wird nur etwa ein Drittel wieder gewonnen, zwei Drittel gehen in Säure über. Wenn man das mit Wasser geschüttelte Peroxyd nachher der Destillation unterwirft, so erhält man ein Drittel Aldehyd und zwei Drittel der angewandten Substanzmenge an Säure. In ähnlicher Weise verhalten sich alle die später beschriebenen Peroxyde der höheren Aldehyde.

b) Ozonisation in Lösung.

Wenn man das Önanthol (I) in Chloräthyl mit 15proz. Ozon pro Gramm 1 Stunde oder (II) in Chlormethyl mit 7proz. Ozon behandelt, so erhält man nach dem Abdunsten der Lösungsmittel ein Produkt, welches erheblich mehr Sauerstoff aufgenommen hat, aber in seinen Eigenschaften dem erst beschriebenen vollständig gleich. Indessen liegt anscheinend noch kein einheitlicher Körper vor. Die Analysenzahlen schwanken zwischen den für $C_7H_{14}O_2$ und $C_7H_{14}O_3$ berechneten Werten. Auffallend ist das starke Steigen des spezifischen Gewichts.

I. 0,2110 g Sbst.: 0,4727 g CO_2, 0,1974 g H_2O. — II. 0,1855 g Sbst.: 0,4144 g CO_2, 0,1708 g H_2O.

	Ber. für		Gef.	
	$C_7H_{14}O_2$	$C_7H_{14}O_3$	I	II
C	64,62	57,49	61,10	60,93
H	10,77	9,58	10,47	10,30

I. 0,2739 g verbrauchten 10 ccm $^1/_{10}$ n-Thiosulfat. — II. 0,2704 g verbrauchten 9,3 ccm $^1/_{10}$ n-Thiosulfat.

Gef. I. 26,65% $C_7H_{14}O_3$ II. 25,08% $C_7H_{14}O_3$

$$D_{17^0}^{17^0} = 0,9504; \qquad D_{21^0}^{21^0} = 0,9504.$$

I. $n_d^{17^0} = 1,42867$; $n_\alpha = 1,42610$; $n_\gamma = 1,43804$.

II. $n_d^{21^0} = 1,42367$; $n_\alpha = 1,42208$; $n_\gamma = 1,43271$.

Octylaldehydperoxyd.

Das n-Octanal wurde in liebenswürdiger Weise von der Firma Schimmel & Co. in Leipzig zur Verfügung gestellt, wofür ich ihr auch an dieser Stelle besten Dank ausspreche. Es zeigte folgende Konstanten[1]):

$D_{19^0}^{19^0} = 0,8254$; Sdp. 62—63° unter 10 mm Druck.

$n_d^{19^0} = 1,42117$; $n_\alpha = 1,41907$; $n_\gamma = 1,43127$.

Mol.-Refraktion: M_d . . . ber. 39,11,   gef. 39,40

Mol.-Dispersion: $M_{\gamma-\alpha}$ . . ,, 0,974, ,, 0,985.

Die durch Peroxydumlagerung daraus gewonnene n-Octylsäure besaß folgende Konstanten[2]):

$D_{22^0}^{22^0} = 0,915$; Sdp. 125—126° bei 10 mm Druck; Schmp. 16,5°.

$n_d^{22^0} = 1,42817$; $n_\alpha = 1,42610$; $n_\gamma = 1,43687$.

Mol.-Refraktion: M_d . . ber. 40,63,   gef. 40,56

Mol.-Dispersion: $M_{\gamma-\alpha}$.   ,, 0,993,   ,, 0,970.

Das Octanalperoxyd erstarrt im Kältegemisch zu weißen Kristallblättchen, die bei etwa —4° bis +3° schmelzen. Aus diesem Grunde erschien es nicht möglich, wie beim Önanthaldehyd durch direktes Einleiten des Ozons eine vollständige Absättigung zu erzielen, weil die ganze Masse vorher fest wird. Es zeigten sich dann später bei der Umlagerung des Peroxyds in die Säure durch Erwärmen kleine Mengen unveränderten Aldehyds. Deshalb wurde gleich dazu übergegangen, den Aldehyd in Lösung zu ozonisieren. Je nach der Dauer der Einwirkung erhielt ich das Peroxyd $CH_3(CH_2)_6CHO_2$ oder ein Produkt, welches mehr Sauerstoff enthielt und der Formel $CH_3(CH_2)_6CHO_3$ nahekam.

I. Lösungsmittel: Chloräthyl, 15proz. Ozon, Dauer pro Gramm 1 Stunde, Isolierung wie vorher.

0,1353 g Sbst.: 0,3241 g CO_2, 0,1354 g H_2O.

	Ber. für $C_8H_{16}O_2$	Gef.
C	66,57	65,33
H	11,10	11,19

$D_{19^0}^{19^0} = 0,9088$; $n_d^{19^0} = 1,42767$; $n_\alpha = 1,42610$; $n_\gamma = 1,43855$.

II. Chloräthyl, 15proz. Ozon, pro Gramm $1^1/_2$ Stunde.

---

[1]) Vgl. Semmler, a. a. O.

[2]) Vgl. dazu Kahlbaum, Zeitschr. f. phys. Chemie 13, 42 [1894]. — Scheij, Recueil des traveaux chim. des Pays-Bas 18, 184 [1899]. — Stephan, Journ. f. prakt. Chemie 62, 525 [1900]. Dieses Buch S. 192.

I. 0,2023 g Sbst.: 0,4583 g CO_2, 0,1862 g H_2O. — II. 0,2019 g Sbst.: 0,4633 g CO_2, 0,1950 g H_2O.

	Ber. für		Gef.	
	$C_8H_{16}O_2$	$C_8H_{16}O_3$	I	II
C	66,57	59,93	61,78	62,60
H	11,10	9,99	10,30	11,06

Titration nach 24 stündigem Stehen:

I. 0,3453 g gaben 11 ccm $^1/_{10}$ n-Thiosulfat. — II. 0,2735 g gaben 13,15 ccm $^1/_{10}$ n-Thiosulfat.

I. Gef. 24,88% $C_8H_{16}O_3$.   II. Gef. 37,55% $C_8H_{16}O_3$.

Optische Untersuchung:

II. $D_{19^0}^{19^0} = 0{,}9497$; $n_d^{19^0} = 1{,}43267$; $n_\alpha = 1{,}43012$; $n_\gamma = 1{,}44241$.

Nonylaldehydperoxyd.

Die Untersuchung der direkten Einwirkung von Ozon auf Nonylaldehyd gestaltete sich deswegen interessant, weil von Harries und Franck[1]) bei der Spaltung des Ölsäureozonids ein Nonylaldehydperoxyd vom Schmp. 73° erhalten worden war, welches relativ beständig ist und schön kristallisiert. Es war deshalb von Interesse festzustellen, ob dasselbe Peroxyd auch bei der direkten Einwirkung des Ozons auf den Aldehyd oder ein Isomeres sich bildet. Wie schon in der Einleitung bemerkt wurde, scheinen die beiden Peroxyde verschieden zu sein.

Das Nonanal wurde nach der Methode von Franck durch Spaltung des Ölsäureozonids mit Eisessig und Ameisensäure erhalten.

I. Direkte Ozonisation: 7 proz. Ozon, pro Gramm 1 Stunde, Eiswasserkühlung.

Das Nonylperoxyd erstarrt unter Eiskühlung, kristallisiert und schmilzt bei etwa $+6°$. Man ozonisiert zunächst so lange, bis alles fest geworden ist, hebt sodann das Ozonisationsgefäß heraus, bringt die Kristallmasse vorsichtig zum Schmelzen, leitet weiter ein und wiederholt diese Manipulation so oft, bis der charakteristische Geruch des Peroxyds überwiegt und der blumenartige Geruch des Aldehyds verschwunden ist.

0,1219 g Sbst.: 0,3074 g CO_2, 0,1274 g H_2O.

	Ber. für $C_9H_{18}O_2$	Gef.
C	68,27	68,78
H	11,38	11,69

$D_{21^0}^{21^0} = 0{,}8906$; $n_d^{21^0} = 1{,}43668$; $n_\alpha = 1{,}43466$; $n_\gamma = 1{,}44683$.

Titration nach 24 stündigem Stehen:

0,2556 g gaben 9,8 ccm $^1/_{10}$ n-Thiosulfat.

Gef. 30,33% von $C_9H_{18}O_2$.

---

[1]) a. a. O.

Durch Destillation dieses Produktes im Vakuum konnte festgestellt werden, daß das Peroxyd keine nachweisbaren Mengen Aldehyd mehr enthielt; es lagerte sich dabei quantitativ in Nonylsäure um. Mit Natronlauge erstarrte das Peroxyd sofort zu nonylsaurem Natrium, auf Zusatz einer Kupferlösung zu grünblauem pelargonsaurem Kupfer. Das andere Nonylaldehydperoxyd ist viel beständiger, es siedet zum Teil unzersetzt und besitzt ein hervorragendes Kristallisationsvermögen, indem es auch in geringen Mengen in Nonylaldehyd gelöst, nach einiger Zeit herauskristallisiert. Es läßt sich aus siedenden wasserfreien Lösungsmitteln umkristallisieren und seine Zersetzung beim Kochen mit Wasser erfolgt nur langsam, während sich der eben beschriebene Körper dabei schnell in Pelargonsäure umlagert. Obwohl das Peroxyd aus Ölsäureozonid sicher ganz rein zu erhalten ist, liefert es bei der Titration doch nur etwa die Hälfte der für die Formel $C_9H_{18}O_2$ berechneten Werte an aktivem Sauerstoff. Es kommt dies daher, daß bei diesen Aldehydperoxyden ein Teil des aktiven Sauerstoffs zur Oxydation des Aldehyds zur Säure nebenher verbraucht wird.

II. Ozonisierung in Lösung: Chlormethyl, 7 proz. Ozon, pro Gramm 1 Stunde.

0,2185 g Sbst.: 0,5136 g CO_2, 0,2132 g H_2O.

	Ber. für $C_9H_{18}O_3$	Gef.
C	62,00	64,11
H	10,33	10,92

$$D_{21^0}^{21^0} = 0,9334; \quad n_d^{21^0} = 1,43167.$$

Titration:

0,2679 g gaben 8,4 ccm $^1/_{10}$ n-Thiosulfat.

Gef. 27,31% $C_9H_{18}O_3$.

Auch der Dodecylaldehyd[1]) ist in analoger Weise untersucht worden und hat ein durchaus ähnliches Verhalten gezeigt.

Isovaleraldehydperoxyd.

Die Ozonisationsprodukte des Isovaleraldehyds sind sehr flüchtige, äußerst unangenehm stechend riechende Öle, welche in Kältemischung nicht erstarren.

a) Direkte Ozonisation, pro Gramm 1 Stunde; ca. 15 proz. Ozon, Kühlung mit Kältemischung, Isolierung wie beim Önanthol.

0,0916 g Sbst.: 0,1925 g CO_2, 0,0826 g H_2O.

	Ber. für $C_5H_{10}O_2$	Gef.
C	58,76	57,36
H	9,79	10,08

$$D_{23^0}^{23^0} = 0,9462; \quad n_d^{23^0} = 1,40826; \quad n_\alpha = 1,40681; \quad n_\gamma = 1,41743.$$

---

[1]) Vgl. R. Koetschau, Inaug.-Diss., Kiel 1910.

Mol.-Bestimmung nach der kryoskopischen Methode im Beckmannschen Apparat.

0,1760 g gaben 23,32 Benzol, $\Delta = 0,329°$.

Mol.-Gewicht: Ber. 102,1. Gef. 116,9.

Titration nach 24stündigem Stehen mit Eiswasser.

0,3042 g verbrauchten 11,7 ccm $^1/_{10}$ n-Thiosulfat.

Gef. 19,62% $C_5H_{10}O_3$.

Diesem Befund entspricht ziemlich genau die Menge Aldehyd, welche beim 24stündigen Stehen des Peroxyds mit Eiswasser zurückgebildet wird. Die wässerige Lösung wurde ausgeäthert und nachher bei gewöhnlichem Druck fraktioniert.

Dabei ergaben 3,26 g Peroxyd:

0,6 g Aldehyd	oder	18,42%
2,3 g Säure	,,	70,60%
0,2 g Rückstand	,,	6,14%
3,1 g		95,16%

Bei der Behandlung mit verdünnter Natronlauge geht das Peroxyd zum größten Teil in isovaleriansaures Natrium über, ein kleiner Teil Aldehyd wird aber ebenfalls regeneriert, der sich dann alsbald zu Valeraldol[1]) zu kondensieren scheint.

b) Ozonisation in Lösung. Chloräthyl, ca. 15proz. Ozon, pro Gramm 1 Stunde.

0,2249 g Sbst.: 0,4545 g CO_2, 0,1976 g H_2O.

	Ber. für		Gef.
	$C_5H_{10}O_2$	$C_5H_{10}O_3$	
C	58,76	50,80	55,12
H	9,79	8,47	9,82

$$n_d^{21°} = 1,40335.$$

Titration wie vorher.

0,2228 g gaben 10,6 ccm $^1/_{10}$ n-Thiosulfat.

Gef. 24,27% $C_5H_{10}O_2$.

Es wurde darauf versucht, das Peroxyd durch fraktionierte Destillation zu reinigen. Unter 12 mm Druck wurden erhalten:

I. 20—40° Siedepunkt: Spuren von Aldehyd.

II. 40—55° ⎫ lieferten starke Peroxydreaktion, insgesamt etwa 25% Ausbeute.

III. 55—65° ⎭ beute.

IV. 65—75° fast reine Isovaleriansäure, lieferte nur noch schwache Peroxydreaktion, 75% der Gesamtmenge.

Die Fraktionen II und III wurden analysiert.

II. 0,1701 g Sbst.: 0,3375 g CO_2, 0,1422 g H_2O. — III. 0,2034 g Sbst.: 0,4139 g CO_2, 0,1764 g H_2O.

	$C_5H_{10}O_2$	$C_5H_{10}O_3$	II	III
C	58,76	50,80	54,12	55,50
H	9,79	8,47	9,82	9,70

---

[1]) Kohn, Monatshefte f. Chemie 17, 129 [1896].

Da auch diese Analysenresultate auf das Vorliegen von Gemischen hinweisen, wurde von einer weiteren Untersuchung Abstand genommen.

Ganz ähnlich wie der Isovaleraldehyd verhält sich der Isobutylaldehyd und Acetaldehyd[1]). Besonders das Peroxyd des Acetaldehyds wird sehr leicht in Essigsäure umgewandelt, so daß es nicht näher untersucht werden konnte. Paraldehyd wird bei der Einwirkung von Ozon gespalten, wobei sich viel Essigsäure bildet.

Wasserfreier monomolekularer Formaldehyd in Chlormethyllösung ergab bei der Behandlung mit Ozon quantitativ Trioxymethylen. Eine Peroxydbildung konnte nicht konstatiert werden.

Die Ketone werden mit Ausnahme des Acetons selbst ebenfalls von Ozon angegriffen; ich untersuchte Methyläthylketon und Diäthylketon und erhielt ähnliche stark oxydierend wirkende Produkte peroxydartiger Natur wie bei den Aldehyden. Ob dabei etwa gleichzeitig eine Oxydation vor sich geht und z. B. das Äthylmethylketon in ein Diacetylperoxyd umgewandelt wird, ist nicht entschieden worden.

Die Fettsäuren bleiben von Ozon unverändert. Sie lösen zwar Ozon auf und wirken dann oxydierend, liefern aber zum Unterschied von den vorher beschriebenen Verbindungen beim Schütteln mit Wasser keine Spur Wasserstoffsuperoxyd. In diesem Sinne wurden besonders Eisessig und n-Octylsäure auf ihr Verhalten gegen Ozon geprüft. Man erhält also keine Persäuren.

Zusammenfassung. Es wurde festgestellt, daß die aliphatischen Aldehyde, mit Ausnahme des Formaldehyds, bei der Behandlung mit Ozon in peroxydartige Verbindungen übergehen.

Wegen ihrer großen Veränderlichkeit können dieselben in reinem Zustande nicht gewonnen werden, es ist aber nach den übereinstimmenden Analysenresultaten zu entnehmen, daß sie die Zusammensetzung $R.CHO_2$ besitzen; bei längerer Einwirkung in Lösungsmitteln wird noch mehr Sauerstoff aufgenommen, aber nicht so viel, wie der Anlagerung von O_3 an das Molekül des Aldehyds entspricht.

Die sukzessive Behandlung der fetten Aldehyde mit Ozon und Natronlauge erscheint zurzeit als sehr gute Methode, diese empfindlichen Körper in die zugehörigen Fettsäuren überzuführen.

---

[1]) Ausführlichere Angaben finden sich über diesen Gegenstand in der Inaug.-Diss. von Koetschau. Kiel 1910.

46. Karl Haeffner: Über die Ozonderivate einiger Olefine.

Annalen der Chemie und Pharmazie **374**, 330 (1910).

An anderer Stelle sind bereits über diese Untersuchungen einige kurze Mitteilungen gemacht worden[1]), und zwar sind dort die Ozonide des Amylens, Hexylens und Propylens, letztere ohne Angabe der Analysenresultate beschrieben. Von den Ozonderivaten dieser drei Kohlenwasserstoffe sind in der Folge besonders ausführlich diejenigen des Amylens bearbeitet worden. Trotzdem hat die Untersuchung bei diesen nicht zu klaren Resultaten geführt, so daß darüber vor einer endgültigen Publikation noch eine eingehende Nachprüfung angestellt werden muß[2]).

Klarere Ergebnisse, welche hier wiedergegeben werden mögen, erhielt ich bei den Ozonderivaten des Hexylens und Propylens.

I. Hexylenozonid.

Als Ausgangsmaterial benutzte ich das käufliche Hexylen von Kahlbaum, welches über Natrium getrocknet und destilliert, teils in Hexan, teils in Chloräthyl ozonisiert wurde. Für 10 g Hexylen waren 400—500 ccm Hexan oder 100 ccm Chloräthyl notwendig. Es wurde so lange ozonisiert, bis eine Probe der Flüssigkeit Brom in Eisessig nicht mehr entfärbte. Als Ozonisationsdauer waren für die Hexanlösung bei 10 g etwa $3^1/_2$ Stunden, für die Chloräthyllösung $1^1/_2$ Stunden, unter Anwendung eines etwa 15 proz. Ozonstromes notwendig. Die refraktometrische Untersuchung ergab zunächst, daß bei beiden Lösungsmitteln annähernd dieselben Ozonide entstanden, indessen erwiesen sich die spezifischen Gewichte als verschieden.

Zur Isolierung des Ozonids wird die Flüssigkeit vorsichtig im Vakuum eingedampft, indem man den Siedekolben im Wasserbad auf einer Temperatur von 20—30° hält. Es hinterbleibt ein wasserheller, leichtflüssiger Sirup, der zur Entfernung der letzten Spuren der Lösungsmittel noch 24 Stunden im Vakuumexsiccator über konz. Schwefelsäure und Paraffin getrocknet wird. Die Ausbeute ist etwa 80%.

---

[1]) Harries u. Haeffner, Berichte d. Deutsch. chem. Gesellschaft **41**, 3098 [1908].

[2]) Vgl. Karl Haeffner, Inaug.-Diss. Kiel 1909.

Diese Präparate ergeben bei jeder Darstellung wechselnde Resultate bei der Elementaranalyse, die zwischen den für die Formel $C_6H_{12}O_3$ und $C_6H_{12}O_4$ berechneten Werten liegen.

Infolgedessen wurde versucht, das Rohozonid durch Destillation im Vakuum zu reinigen. Hierbei darf das Destillationsgefäß nicht mit freier Flamme erhitzt werden, weil sonst infolge der leicht eintretenden teilweisen Überhitzung sehr heftige Explosionen stattfinden könnten, sondern man setzt den Fraktionskolben am besten in siedendes Wasser. Bei 60° unter 12 mm Druck wird der Siedepunkt annähernd konstant. Diese Fraktion behielt bei nochmaliger Destillation ihren Siedepunkt bei.

Die Analyse ergab, daß hier das normale Ozonid gebildet war.

I. 0,1310 g Sbst.: 0,2552 g CO_2, 0,1082 g H_2O. — II. 0,1184 g Sbst.: 0,2382 g CO_2, 0,0970 g H_2O.

	Ber. für $C_6H_{12}O_3$	Gef. I	II
C	54,54	53,13	54,87
H	9,09	9,24	9,16

Analyse I bezieht sich auf einmal, II auf zweimal destilliertes, bei 60° unter 12 mm Druck siedendes Präparat.

II. $D_{18^0}^{18^0} = 0,9709$; $n_d^{18^0} = 1,40586$; $n_\alpha = 1,40359$; $n_\gamma = 1,41460$.

Setzt man bei der Berechnung der Molrefraktion und -dispersion nicht die Werte für drei Äthersauerstoffe, sondern für zwei Äther- und einen Carbonylsauerstoff ein, so erhält man Zahlen, die mit den gefundenen recht gut übereinstimmen.

Mol.-Refraktion: M_d . . . ber. 33,27, gef. 33,38
Mol.-Dispersion: $M_{\gamma-\alpha}$ . . ,, 0,776, ,, 0,797.

Daraus würde sich ergeben, daß ein Sauerstoff in der Ozonidgruppe andere Eigenschaften als die beiden anderen hat. Indessen ist es verfrüht, aus diesen Bestimmungen allgemeinere Schlüsse auf die Konstitution dieser Körperklasse zu ziehen, da es bei ihr sehr schwierig ist, reine Verbindungen zu isolieren. Bei einem anderen Versuche wurden wieder etwas abweichende Zahlen gefunden, aus denen sich entnehmen läßt, daß die Ozonidgruppe drei ätherartig gebundene Sauerstoffatome besitzt. Dieses Präparat wurde genau so wie vorher beschrieben, in Chloräthyl bereitet und isoliert; es kochte bei etwa 60° unter 12 mm Druck.

$D_{22,5^0}^{22,5^0} = 0,9938$; $n_d^{22,5^0} = 1,39652$; $n_\alpha = 1,39471$; $n_\gamma = 1,40532$.
Mol.-Refraktion: M_d . . . ber. 32,66, gef. 31,95
Mol.-Dispersion: $M_{\gamma-\alpha}$ . . ,, 0,702, ,, 0,76.

Leider wurde es versäumt, dieses Präparat nochmals zu analysieren. Aus anderen Gründen mußte die Untersuchung an diesem Punkte abgebrochen werden. Bei einer Wiederaufnahme derselben wäre es zu empfehlen, das Hexylen bzw. Amylen nur in Chlormethyl oder Chloräthyl unter sorgfältigem Ausschluß der Feuchtigkeit mit einem Ozonstrom, welcher nicht mehr als 7% Ozon enthält, zu ozonisieren.

Eigenschaften des Hexylenozonids.

Das Hexylenozonid ist ein stark lichtbrechendes, wasserklares,
beständiges Öl von intensivem, betäubendem Geruch. Mit allen Lösungsmitteln ist es mischbar, nur von Petroläther und Wasser wird es schwerer
aufgenommen. Es ist beim Erhitzen ziemlich explosiv, aber nicht
gleichmäßig. Im übrigen zeigt es alle die früher für Ozonide als charakteristisch angegebenen Eigenschaften.

Zersetzung des Hexylenozonids durch Wasser.

Das Studium der Zersetzung des Hexylenozonids hat viele Schwierigkeiten bereitet. Als diese Versuche ausgeführt wurden, kannte man
noch nicht die Spaltungsfähigkeit in Wasser schwer löslicher Ozonide
durch Eisessig oder Alkohol. Die Versuche wurden also mittels Wasser
vorgenommen. Nun ist aber das Hexylenozonid auch gegen heißes
Wasser ziemlich beständig, kocht man es aber einige Zeit damit, so
explodiert es plötzlich. Nach vielem Probieren kam ich endlich zum
Ziel, indem ich jeweils nur ganz kleine Mengen der Verbindung auf
heißes Wasser tropfen ließ und so lange mit dem Hinzufügen weiterer
Mengen wartete, bis die Zersetzung vollständig war. In ganz kleinen
Mengen findet die Zersetzung verhältnismäßig leicht und ungefährlich
statt; dabei entstehen geringe Mengen von Kohlendioxyd.

Bei der Ausführung des Versuches wurden 8 g Hexylenozonid
innerhalb 8 Stunden zu 100 ccm Wasser, welches im Glycerinbad unter
Rückflußkühlung zum Sieden erhitzt war, tropfenweise hinzugegeben.
Am Ende der Operation ließen sich zwei Schichten beobachten. Die
Flüssigkeit wurde mit Äther ausgeschüttelt, der Äther abgehoben und
mit festem Natriumbicarbonat und Wasser behandelt, bis kein Aufschäumen des Natriumbicarbonates mehr erfolgte. Hierdurch wurden
die sauren von den aldehydischen Bestandteilen getrennt. Nach dem
Abdampfen des Äthers hinterblieben 2,2 g eines Öles, welches ungefähr bei 58—62° unter 90—120 mm Druck sott und deutlich aldehydische Eigenschaften und den Geruch der Valeraldehyde anzeigte. Zu
einer genaueren Identifizierung war die Menge indessen nicht ausreichend.

Zur Untersuchung der Säuren wurden sämtliche wässerigen und
bicarbonathaltigen Laugen vereint, mit normaler Natronlauge vollständig neutralisiert und eingedampft. Aus dem Rückstand ließen

sich nach dem Ansäuern mit verdünnter Mineralsäure 3,8 g Fettsäuren durch Äther isolieren. Bei der Destillation unter gewöhnlichem Druck stieg die Temperatur schnell auf 180—186°, dem Siedepunkt der Valeriansäuren. Die Fraktion betrug 1,3 g; sie besaß den ranzigen Geruch dieser Säuren. Zur weiteren Identifizierung wurde dieser Anteil vermittels Phosphortrichlorid und Anilin in das Anilid umgewandelt. Das Anilid schmolz nach mehrfacher Reinigung durch heißen Petroläther und Benzol bei 95°. Da nach Majima[1]) normales Valeriansäureanilid bei 60° schmilzt und in der Literatur[2]) für Valeriansäureanilid 95 bis 96° angegeben wird, so liegt hier wahrscheinlich die Isovaleriansäure vor.

Der Hauptanteil des Kahlbaumschen Hexylens und sein Ozonid würden dann folgende Struktur besitzen:

$$CH_2 : CH . CH_2 . CH(CH_3)_2 \quad \rightarrow \quad CH_2 . CH . CH_2 . CH(CH_3)_2 .$$
$$O{-}O{-}O$$

Zu bemerken ist, daß Formaldehyd nur in geringen Mengen unter den Spaltungsprodukten nachgewiesen werden konnte, statt dessen tritt etwas Kohlendioxyd auf.

II. Über Propylenoxozonid.

Das Propylen wurde durch Destillation von Normalpropylalkohol über Phosphorpentoxyd erhalten. Das Gas mußte zur Reinigung zwei mittels Kältemischung gekühlte Vorlagen passieren, welche mitgerissene Verunreinigungen kondensieren sollten, und wurde schließlich in einer dritten mit Äther-Kohlensäuremischung beschickten Vorlage verflüssigt. Es wurde dann nochmals fraktioniert und der bis —48° siedende Teil direkt in das mit Äther-Kohlensäure gekühlte Ozonisierungsgefäß geleitet.

Je 10 g flüssiges Propylen wurden mit 100—150 ccm Chloräthyl verdünnt und bei der Temperatur der Äther-Kohlensäuremischung mit Ozon behandelt. Die Konzentration des Ozons betrug etwa 10—12%, der Gasstrom wurde, bevor er in das Propylen eintrat, durch einen langen, mit Eis-Kochsalzmischung gekühlten Schlangenkühler geleitet, weil die Beobachtung gemacht worden war, daß ungekühltes Ozon beim Zusammentreffen mit der Propylenchloräthyllösung Explosionen hervorrief. Bei diesen Versuchen sind alle diejenigen Erfahrungen gesammelt worden, die es später Harries und Koetschau ermöglichten, das normale Äthylenozonid zu isolieren[3]). Als ich das Verhalten des Propylens gegenüber Ozon studierte, standen mir diese Erfahrungen

---

[1]) Berichte d. Deutsch. chem. Gesellschaft **42**, 678 [1909].
[2]) Chem. Centralbl. 1896, I, 37; 1899, I, 467.
[3]) Berichte d. Deutsch. chem. Gesellschaft **42**, 3305 [1909].

noch nicht zur Seite und so mag es zur Entschuldigung dienen, daß diese Versuche nicht wie beim Äthylenozonid zu ganz einwandfreien Resultaten geführt haben. Man würde jetzt zweckmäßig die Apparate, die in der zitierten Arbeit ausführlich beschrieben sind, benutzen. Ich habe noch einfacher gearbeitet. Ich überzeugte mich durch Herauspipettieren einer Probe der Propylenchloräthyllösung, ob sie noch Brom entfärbte und nahm an, wenn dieses nicht mehr der Fall war, daß das Propylen vollkommen mit Ozon gesättigt war. Diese Methode ist aber aus verschiedenen Gründen nicht zu empfehlen. Dann wurde das Chloräthyl durch Herausnehmen des Ozonisiergefäßes aus der Äther-Kohlensäuremischung langsam, zuletzt unter Evakuierung zum Abdunsten gebracht. Hierbei wurde die Ableitungsröhre mit einem Phosphorpentoxydröhrchen versehen, damit von außen keine feuchte Luft in das Ozonisiergefäß eintreten konnte. Es hinterblieb ein farbloses Liquidum von stechendem, äußerst unangenehmem, betäubendem Geruch. Dasselbe erstarrte bei $-40°$ zu einer grobblätterigen Kristallmasse. Das Ozonderivat verpufft beim Erhitzen auf dem Platinspatel mit stark rußender Flamme und explodiert im Reagensrohr wenig überhitzt mit der größten Heftigkeit. Es zeigt in vielen Beziehungen Ähnlichkeit mit dem Äthylenozonid. In Wasser gebracht, schwimmt es kurze Zeit in demselben als Öltröpfchen herum und löst sich beim Erwärmen langsam auf, um sich beim Erkalten teilweise wieder abzuscheiden. Die Lösung gibt sehr starke Reaktion auf Wasserstoffsuperoxyd und enthält mitunter Spuren von Chlorwasserstoffsäure, vom Äthylchlorid herrührend.

Zunächst wurde das Rohprodukt selbst analysiert; die Resultate wiesen schon darauf hin, daß nicht das normale Ozonid, sondern ein Oxozonid vorlag. Die Analyse dieses explosiven Körpers gestaltete sich sehr schwierig, weil er die unangenehme Eigenschft besaß, beim Erhitzen Kohlenoxyd zu entwickeln. Erst als die Elementaranalyse mit Bleichromat ausgeführt wurde, erhielt man übereinstimmende Werte bei verschiedenen Präparaten.

I. 0,2148 g Sbst.: 0,2800 g CO_2, 0,1160 g H_2O. — II. 0,1724 g Sbst.: 0,2248 g CO_2, 0,0940 g H_2O.

	Ber. für		Gef.	
	$C_3H_6O_3$	$C_3H_6O_4$	I	II
C	40,00	33,96	35,55	35,56
H	6,67	5,66	6,04	6,09

I. $D_{22^0}^{22^0} = 1{,}1541$. II. $D_{21,5^0}^{21,5^0} = 1{,}1542$.

I. $n_d^{22^0} = 1{,}40335$. II. $n_d^{21,5^0} = 1{,}39651$.

Nach diesen Resultaten wurde das Rohprodukt durch Destillation im Vakuum gereinigt. Das Destilliergefäß wurde im Wasserbad auf

40—80° erhitzt; bei 18 mm Druck fing das Ozonid bei etwa 28° zu sieden an und ging bis 34° unter Hinterlassung einer geringen Menge eines dickflüssigen Sirups über. In der durch Äther-Kohlensäure gekühlten Vorlage verdichtete sich das Destillat zu einem farblosen, stark lichtbrechenden, bei gewöhnlicher Temperatur leicht beweglichen Öl. Zwischen Vorlage und Wasserstrahlluftpumpe war noch ein längeres Phosphorpentoxydrohr eingeschaltet.

Der geringe Rückstand im Destillationskolben zeigte ebenfalls die charakteristischen Ozonideigenschaften und explodierte beim Erhitzen mit beispielloser Heftigkeit.

Die Elementaranalyse des Destillats ergab folgende Werte bei verschiedenen Darstellungen:

I. 0,1860 g Sbst.: 0,2275 g CO_2, 0,1007 g H_2O. — II. 0,1912 g Sbst.: 0,2288 g CO_2, 0,1014 g H_2O.

	Ber. für		Gef.	
	$C_3H_6O_3$	$C_3H_6O_4$	I	II
C	40,00	33,96	33,36	32,64
H	6,67	5,66	6,06	5,93

I. $D_{22^0} = 1,071$.   II. $D_{22^0} = 1,0672$.

I. $n_d^{22^0} = 1,38025$; $n_\alpha = 1,37874$; $n_\gamma = 1,38018$.

II. $n_d^{22^0} = 1,37978$; $n_\alpha = 1,37778$; $n_\gamma = 1,38788$.

Bei der Ablesung des Wertes von n_γ in I. ist wahrscheinlich ein Versehen vorgekommen, da die violette Linie sehr undeutlich war, man kann diesem Werte infolgedessen keine Bedeutung beimessen. Es soll auch darauf verzichtet werden, hier die Molrefraktion und -dispersion zu berechnen, da diese Werte leicht zu falschen Schlüssen hinsichtlich der Konstitution führen könnten.

Aus der Übereinstimmung der Analysenresultate des destillierten und nicht destillierten Produktes scheint aber mit einiger Sicherheit hervorzugehen, daß unter den von mir bei der Ozonisation des Propylens gewählten Bedingungen ein Oxozonid $CH_3—CH—CH_2$ entsteht. Als

$$\mathrm{CH_3-CH-CH_2}$$
$$\diagdown\ \diagup$$
$$O_4$$

die Untersuchungen über das Äthylenozonid beendet waren, versuchte ich auch das Propylen unter den dort mit Erfolg angewandten Bedingungen zu ozonisieren. Das normale Propylenozonid war aber äußerst unbeständig, es explodierte, nachdem es isoliert war, bei jeder Darstellung von selbst, so daß die Arbeiten hierüber notgedrungen aufgegeben werden mußten.

47. C. Harries und H. O. Türk: Über die Ozonderivate des Mesityl-oxyds, Methylheptenons und Phorons und ihre Spaltung.

Annalen der Chemie und Pharmazie **374**, 338 (1910).

Vor ungefähr 5 Jahren haben wir[1]) bereits eine Mitteilung über den gleichen Gegenstand veröffentlicht. In derselben sind eine Reihe von Fragen unerledigt geblieben, da wir vorzeitig zu der Publikation genötigt wurden, um unsere Priorität nach gewisser Richtung hin zu wahren. Erst im Winter 1908/1909 konnten wir darangehen, die bestehenden Lücken auszufüllen.

In der zitierten Untersuchung ist gezeigt worden, daß Mesityloxyd bei erschöpfender Behandlung mit Ozon in ein selbstentzündliches, explosives, dickes, grünes Öl übergeht, dessen Formel zu $(CH_3)_2 : C-C-CO_2$

$$O_3$$

$. CH_3$ ermittelt wurde. Es war also Anlagerung von 4 Atomen Sauerstoff erfolgt. Mit dem Phoron reagierten normalerweise nur 2 Mol. Ozon und wir erhielten das Phorondiozonid. Bei der Zersetzung mit Wasser ergab das Mesitylozonidperoxyd neben Acetonsuperoxyd Methylglyoxal und das Phorondiozonid Mesoxaldialdehyd. Die Bildung des Mesoxaldialdehyds konnte aber noch nicht endgültig bewiesen werden, da es nicht gelang, aus den Reaktionsprodukten des Phorondiozonids mit Wasser, durch Phenylhydrazin das von Pechmann beschriebene Triphenylhydrazon des Mesoxaldialdehyds in reiner Form auszuscheiden. Der Schmelzpunkt lag etwas tiefer als von diesem Forscher seinerzeit angegeben worden war.

Bei der Wiederaufnahme der Untersuchung hat sich gezeigt, daß das Mesityloxyd auch ein normales, nicht selbstentzündliches Ozonid liefert, wenn man genau den Sättigungspunkt beobachtet. Ebenso verhält sich das Methylheptenon.

Die Spaltung der Ozonide mit Wasser verläuft komplizierter als früher angenommen wurde. Es entstehen neben Methylglyoxal und Acetonsuperoxyd auch Aceton, Ameisensäure, Essigsäure und Kohlendioxyd. Hieraus erklärt es sich, warum aus Mesityloxydperozonid nur so geringe Mengen Methylglyoxal gewonnen werden können. Das

---

[1]) Berichte d. Deutsch. chem. Gesellschaft **38**, 1630 [1905].

Verfahren von Wohl und Lange[1]) zur Darstellung dieses Körpers ist ungleich besser. Das Phoron benötigt zur Überführung in das Diozonid außerordentlich lange Zeit, was früher nicht berücksichtigt wurde. Der Sättigungspunkt ist schwer zu erkennen. Leitet man kürzere Zeit Ozon ein, so entsteht ein Monozonid, welches zwar selbst nicht in reinem Zustand isoliert werden konnte, dessen Existenz aber unzweifelhaft durch sehr reichliches Auftreten von Dimethylacrylsäure $(CH_3)_2C = CHCOOH$ unter den Zersetzungsprodukten von nicht lange genug ozonisierten Präparaten dargetan wurde.

Endlich ist es jetzt gelungen, die Bildung des Mesoxaldialdehyds bei der Spaltung des Diozonids des Phorons genau nachzuweisen, indem wir sein Tri-p-nitrophenylhydrazon in reinem Zustande erhielten. Auch Dibenzalaceton konnten wir auf diesem Wege zu Mesoxaldialdehyd oxydieren.

A. Weitere Versuche über das Mesityloxyd.

Je 10 g frisch destilliertes Mesityloxyd werden mit einer Kältemischung gut gekühlt und unter Einleiten von wohlgetrocknetem Kohlendioxyd mit etwa 12—14 proz. Ozon behandelt. Nach etwa 5 Stunden entfärbt eine herausgenommene Probe nicht mehr Brom-Eisessiglösung, ein Zeichen, daß die Reaktion beendet ist. Das Gewicht des ozonisierten Produktes beträgt 15 g, das ist der genaue von der Theorie für die Addition von 1 Mol. Ozon berechnete Wert. Das Mesityloxydmonozonid unterscheidet sich von dem früher beschriebenen Ozonidperoxyd dadurch, daß es dünnflüssiger und nicht so gefährlich ist. Man kann es ohne Bedenken bei gewöhnlicher Temperatur aufbewahren. Mit Wasser erwärmt liefert es die Wasserstoffsuperoxydreaktion. In den meisten Solvenzien, mit Ausnahme von Petroläther, mischbar, wird es durch Wasser auch in der Kälte schnell unter Gasentwicklung zersetzt.

Die bei der Analyse dieses Präparates erhaltenen Werte zeigen, daß hier das normale Ozonid vorliegt.

0,1330 g Sbst.: 0,2372 g CO_2, 0,0768 g H_2O.

	Ber. für $C_6H_{10}O_4$	Gef.
C	49,31	48,64
H	6,85	6,46

$$D^{18,5^0}_{18,5^0} = 1,0754. \qquad n^{18,5^0}_d = 1,39409.$$

Mol.-Refraktion$_d$: Gef. 32,480, ber. 34,529 für drei Äthersauerstoffatome.

---

[1]) Berichte d. Deutsch. chem. Gesellschaft **41**, 3612 [1908]. Die Verfasser haben gefunden, daß der seinerzeit von uns für das Methylglyoxalacetal angegebene Sdp. 30° unter 10 mm Druck nicht richtig ist, sondern bei 54—55° unter 13—15 mm Druck liegt. Wir unterzogen daher unsere alte Angabe einer Nachprüfung und konnten hierbei die Befunde von Wohl und Lange bestätigen. Die erste Mitteilung war auch unter allem Vorbehalt gemacht worden.

Verschiedene Versuche über die Zersetzung des normalen Mesityloxydozonids.

1. Mit Wasser. 30 g Ozonid aus 20 g Mesityloxyd werden auf 60 g Eiswasser gegossen und über Nacht am Rückflußkühler stehen gelassen. Nach 12stündigem Stehen kann man das Reaktionsgemisch langsam im Glycerinbade auf 100° erhitzen, wobei sich schwache Gasentwicklung bemerkbar macht. Von etwa 60° fängt das bei der Spaltung entstandene Aceton zu sieden an. Ist alles in Lösung gegangen, so wird die Flüssigkeit im Vakuum eingedampft, wobei wir die Vorsicht gebrauchen, zwischen Vorlage und Pumpe ein mit flüssiger Luft gekühltes Gefäß einzuschalten. In letzterem verdichtet sich alles Aceton, etwa 10 g, das ist die quantitative Ausbeute; es entstand nur ganz wenig Acetonsuperoxyd, welches sich bei der Zersetzung im Rückflußkühler abschied. Als Rückstand beim Eindampfen hinterblieb nach dem Trocknen über Phosphorpentoxyd im Vakuumexsiccator ein gelblicher Sirup, etwa 2,0 g, der aus ziemlich reinem, polymerem Methylglyoxal bestand. Nach der Berechnung sollten aber etwa 15 g Methylglyoxal erhalten werden. Nun sind in dem wässerigen Destillat ziemlich reichliche Mengen von monomerem, mit Wasserdampf leicht flüchtigem Methylglyoxal enthalten, wie man leicht durch das schwerlösliche Methylglyoxalosazon nachweisen kann. Bei quantitativen Bestimmungen mit Phenylhydrazin ermittelten wir aber höchstens noch 5 g des Methylglyoxals in dem wässerigen Destillat. Es verschwanden also bei diesem Versuch immerhin etwa 8 g, deren Verlust durch die geringe Menge entweichenden Kohlendioxyds nicht erklärt werden konnte. Da sich nun in dem wässerigen Destillat wegen der Gegenwart des Methylglyoxals die anderen dort möglicherweise vorhandenen Körper nicht genau bestimmen ließen — es gelang uns zwar durch Neutralisieren mit Calciumcarbonat und Eindampfen des Filtrats wenigstens qualitativ reichlich Ameisensäure und Essigsäure nachzuweisen —, so beschritten wir andere Wege, um diese Nebenprodukte der Spaltung zu fassen. Zuerst zersetzten wir das Mesityloxydozonid mit Methylalkohol durch Erwärmen. Hierbei entstanden große Mengen von Estern, besonders Ameisensäure und Essigester neben Aceton, die sich schwer trennen ließen, deshalb untersuchten wir das Verhalten des Ozonids

2. beim Erhitzen für sich. Diese Versuche scheiterten zuerst daran, daß sich das Mesityloxydozonid beim Erhitzen meistens unter starker Kohlendioxydentwicklung so lebhaft zersetzte, daß der Kolben zertrümmert wurde. Läßt man dagegen das Ozonid über Nacht stehen und erwärmt dann ganz allmählich in einem Glycerinbad, so entweichen nur ganz geringe Mengen Kohlendioxyd, wie quantitativ nachgewiesen

werden konnte. Schließlich wird noch etwa 10 Minuten auf 105° erhitzt. Aus 15 g Mesityloxydozonid entstanden so etwa 12,2 g Reaktionsprodukt. Drei solcher Operationen wurden vereint, 46,5 g, und zusammen weiterverarbeitet.

Bei der Vakuumdestillation mit einer durch Kältemischung und einer zweiten durch Kohlensäure-Äther gekühlten Vorlage kondensierten sich in der letzteren etwa 10,5 g Aceton, die etwas Ameisensäure enthielten, Fraktion 1. In der ersten Vorlage befanden sich 21,5 g eines Liquidums, Fraktion 2. Dann wurden die Vorlagen gewechselt und nun ging von 28—80° ein dickes braunes Öl, 8 g, über, welches nach einer quantitativen Gehaltsbestimmung mit Semicarbazid 2 g Methylglyoxal enthielt. Der nicht ohne Zersetzung destillierende Rückstand betrug etwa 5 g, er enthielt noch etwa 1 g Methylglyoxal.

> Fraktion 1 Sdp. etwa 56° unter gewöhnlichem Druck 10,5 g (hauptsächlich Aceton).
> Fraktion 2 Sdp. 20—28° bei 12 mm Druck 21,5 g.
> Fraktion 3 Sdp. 28—80° bei 12 mm Druck 8 g (enthält 2 g Methylglyoxal).
> Rückstand 4. 5 g (enthält 1 g Methylglyoxal).

Von 46,5 g angewendetem Material entstanden also 45,0 g Zersetzungsprodukte.

Da die Fraktion 2 die Hauptmenge war, wurde sie einer genaueren Untersuchung unterzogen. Zu dem Zweck wurde sie zunächst bei gewöhnlichem Druck, später, als Zersetzung eintrat, im Vakuum destilliert. Wir erhielten dabei folgende Fraktionen:

> Fraktion 1 Sdp.   98—100° bei 766 mm Druck 2,5 g
> ,,   2   ,,   100—108° . . . . 3 g (dunkel gefärbt).
> ,,   3   ,,   24—30° bei 13 mm Druck 6,5 g
> ,,   4   ,,   30—38°   . . . . 3 g
> ,,   5   ,,   38—40°   . . . . 1,5 g
> Rückstand 6 . . . . etwa 3 g (enthält Methylglyoxal).

Fraktion 1 ist stark sauer, reduziert ammoniakalische Silbernitratlösung und Quecksilberoxyd, beim starken Abkühlen erstarrt die Flüssigkeit in langen Nadeln. Aus dem Reaktionsvermögen für Quecksilberoxyd wurde festgestellt, daß etwa 60% Ameisensäure darin enthalten waren.

Fraktion 2 besteht ebenfalls aus Ameisensäure und Essigsäure. Zur Bestimmung des Gehalts wurde 1 g dieser Fraktion mit normaler Natronlauge titriert, wobei 19,6 cm verbraucht wurden. Dann wurde ein weiteres Gramm mit überschüssigem geschlämmtem Quecksilberoxyd so lange gekocht, bis keine Reduktion mehr zu beobachten war, und wieder titriert, wobei zur Neutralisation nur noch 44 cm $^{1}/_{10}$ n-Lauge verbraucht wurden. Daraus ergibt sich ein Gehalt von 0,26 g Essigsäure und 0,7 g Ameisensäure, also für 3 g 2,1 g Ameisensäure und 0,78 g Essigsäure.

Fraktion 3 lieferte mit essigsaurem Phenylhydrazin ein öliges Hydrazon, aber mit salzsaurem p-Nitrophenylhydrazin ein orangefarbenes kristallinisches Kondensationsprodukt. Dasselbe kristallisiert aus verdünntem Alkohol in feinen seidenartigen Nadeln vom Schmp. 207°. Bei der Analyse stellte sich heraus, daß nichts anderes als das p-Nitrophenylhydrazon des Mesityloxyds vorlag. Durch einen Kontrollversuch wurde die Identität dieses Körpers mit dem direkt aus reinem Mesityloxyd erhaltenen Hydrazon bestätigt.

0,1392 g Sbst.: 0,3166 g CO_2, 0,0834 g H_2O. — 0,1428 g Sbst.: 23,7 ccm Stickgas bei 21° und 762 mm Druck.

	Ber. für $C_{12}H_{15}O_2N_3$	Gef.
C	61,80	62,03
H	6,44	6,70
N	18,02	18,89

Eine Bestimmung des Mesityloxyds in Fraktion 3 ließ sich schwer ausführen, da das Nitrophenylhydrazon nicht quantitativ ausfällt. Es scheinen aber bei der Zersetzung durch Erhitzen nicht unbedeutende Mengen von Mesityloxyd zurückgebildet zu werden, denn bei der Ozonisation wurde peinlichst darauf Rücksicht genommen, daß das Mesityloxyd quantitativ durch Ozon abgesättigt worden war. Das Mesityloxyd ließ sich ferner noch in den Fraktionen 4 und 5 mit Hilfe des Nitrophenylhydrazons in steigenden Quantitäten nachweisen. Es entsteht also bei der Zersetzung des Mesityloxydozonids durch die Hitze Aceton, etwas Acetonsuperoxyd, etwas Kohlendioxyd, viel Ameisensäure, Essigsäure, reichlich Mesityloxyd und verhältnismäßig wenig Methylglyoxal.

Bei seiner Spaltung mit Wasser bildet sich quantitativ Aceton, dann Ameisensäure, Essigsäure, etwas Wasserstoffsuperoxyd, Kohlendioxyd und Methylglyoxal. Das Auftreten von Mesityloxyd konnte hier nicht beobachtet werden.

B. Weitere Versuche über das Methylheptenon.

Vom Methylheptenon hat Langheld[1]) früher das Perozonid beschrieben, das normale Ozonid entsteht analog wie beim Mesityloxyd beim vorsichtigen Absättigen des Ketons ohne oder bei Gegenwart eines Lösungsmittels.

Das im nachfolgende beschriebene Präparat wurde in Tetrachlorkohlenstoff bereitet, weil sich ohne Lösungsmittel beim Methylheptenon der Sättigungspunkt mit der Bromentfärbungsmethode sehr schwer

---

[1]) loc. cit.

feststellen läßt. Das nach dem Abdampfen des Lösungsmittels im Vakuum hinterbleibende Öl war mit Kriställchen von Acetonsuperoxyd durchsetzt, ein Zeichen, daß schon partielle Spaltung vor sich gegangen war. Deshalb wurde es in wenig Essigester aufgenommen, das Acetonsuperoxyd wurde abfiltriert und das Ozonid durch Petroläther wieder ausgefällt. Die Ausbeute betrug statt 13,8 etwa 12 g. Nach dem Trocknen im Vakuumexsiccator über Schwefelsäure und Paraffin gab es bei der Analyse Werte, die auf ein normales Ozonid hinweisen.

0,1446 g Sbst.: 0,2872 g CO_2, 0,0928 g H_2O.

	Ber. für $C_8H_{14}O_4$	Gef.
C	55,16	54,17
H	8,04	7,34

Im übrigen gleicht dieses Ozonid dem von Langheld beschriebenen Perozonid in vielen Beziehungen.

Quantitative Spaltung des Methylheptenonozonids mit Wasser.

Eine genaue Prüfung dieses Prozesses erschien besonders deswegen erwünscht, weil das eine Spaltungsprodukt der Lävulinaldehyd ist und das Methylheptenonozonid bis jetzt als das einfachste Ausgangsmaterial zur Darstellung dieses interessanten Ketonaldehyds benutzt wurde[1]). Dieses Präparat wurde im Laufe der Zeit von zahlreichen Praktikanten, jedoch mit sehr wechselndem Erfolg, bereitet. Die einen erhielten aus 10 g kaum 1 g, dann 3 g, wieder andere 4—5 g Aldehyd.

Diese einander widersprechenden Resultate haben sich wenigstens teilweise aufklären lassen. Die geringste Ausbeute an Lävulinaldehyd erhält man, wenn das Methylheptenon ohne Lösungsmittel sehr lange ozonisiert wird. Bei 10 g Keton und 25 stündiger Einwirkung von 15 proz. Ozon erhielten wir 12 g Ozonid. Diese gaben nach der Spaltung mit Wasser und Eindampfen der Lösung im Vakuum 1 g Acetonsuperoxyd, welches sich kristallinisch im Rückflußkühler abgesetzt hatte, und als Rückstand 8 g unreine Lävulinsäure. Als das im Vakuum abgedampfte wässerige Destillat mit einer Kolonne fraktioniert wurde, konnten 0,8 g Aceton aufgefangen werden. Der Rückstand hiervon wurde mit essigsaurem Phenylhydrazin und etwas Chlorwasserstoffsäure versetzt; hierbei schieden sich etwa 1 g Methylphenyldihydropyridazin ab, die etwa 0,4 g Lävulinaldehyd entsprechen.

Etwas besser wurde die Ausbeute an diesem Aldehyd, wenn man das Methylheptenon ohne Lösungsmittel gerade bis zur Sättigung mit

---

[1]) Vgl. Annalen d. Chemie u. Pharmazie **343**, 350 [1905]; Berichte d. Deutsch. chem. Gesellschaft **42**, 439 [1909].

Ozon behandelte, man erhielt nachher auf gleiche Weise 2,2 g Pyridazin. Noch besser endlich wurde die Ausbeute, als das Methylheptenon, in Tetrachlorkohlenstoff gelöst, genau in das normale Ozonid umgewandelt wurde.

10 g Methylheptenon lieferten so 12 g Ozonid, welche bei der Spaltung mit Wasser 0,4 g Acetonsuperoxyd, 1,2 g Aceton, 3,5 g Methyl-phenyldihydropyridazin und 5,5 g Lävulinsäure ergaben. Diese Lävulin-säure war aber nicht rein, sondern reagierte sehr stark auf Jodkalium unter Jodabscheidung, ein Zeichen, daß darin ein peroxydartiges Produkt enthalten war. Zur Isolierung desselben wurde die wässerige Lösung mit gefälltem Calciumcarbonat neutralisiert, das Filtrat im Vakuum konzentriert und ausgeäthert. Es hinterblieb ein gelbes Öl, welches Peroxydeigenschaften zeigte. Dieses Öl konnte selbst nicht in analysenreinen Zustand gebracht werden, es lieferte aber mit Semi-carbazidchlorhydrat und Kaliumacetat ein leicht lösliches Semicarbazon vom Schmp. 180—182°. Dasselbe scheint identisch mit dem Disemi-carbazon[1]) des Lävulinaldehyds zu sein. Es bilden sich also bei der Spaltung des Methylheptenons wechselnde Mengen eines Peroxyds des Lävulinaldehyds, wodurch die widersprechenden Angaben der einzelnen Bearbeiter dieses Präparates Erklärung finden. Wie schon mehrfach hervorgehoben, hat man es nicht in der Hand, diese Peroxydbildung zu verhindern, es spielen wahrscheinlich bei ihrer Entstehung katalytische Prozesse eine Rolle.

C. Weitere Versuche über das Phoron.

Wie in der Einleitung schon bemerkt wurde, kann man aus dem Verhalten bei der Spaltung des ozonisierten Phorons mit Wasser deut-lich zwei Ozonisationsphasen unterscheiden. Bei unvollkommener Behandlung mit Ozon bildet sich anscheinend das Monozonid und erst bei sehr lang andauerndem Einleiten von starkem (15proz.) Ozon das früher beschriebene Diozonid[2]). Da der Sättigungspunkt des Phorons mit Ozon nach der Bromentfärbungsmethode wegen der grüngelben Farbe seiner Lösungen nur schwierig zu erkennen ist, so ist es mehrfach vorgekommen, daß sich beim Nacharbeiten dieses Präparates andere Resultate ergaben, als seinerzeit mitgeteilt wurden.

Unvollkommene Ozonisation des Phorons.

Wenn das Phoron in Chloroformlösung nur etwa 1 Stunde pro Gramm mit starkem Ozon behandelt wird, so bleibt beim Eindampfen

---

[1]) Harries u. Boegemann, Berichte d. Deutsch. chem. Gesellschaft **42**, 442 [1909]. Dieses Buch S. 168.

[2]) Harries u. Türk, a. a. O.

im Vakuum bei 20° Heizbadtemperatur ein gelbes Öl zurück, welches zwar im allgemeinen die früher schon geschilderten Eigenschaften des Phoronozonids besitzt, sich aber beim Zersetzen mit Eiswasser nicht klar auflöst. Auch nach 12 stündigem Schütteln auf der Maschine konnte keine vollständige Lösung bewirkt werden. Es schied sich ein dickes Öl ab, das beim Abkühlen kristallinisch erstarrte. Beim Abdampfen der wässerigen Lösung im Vakuum ließen sich noch weitere Mengen dieses Körpers isolieren. Derselbe kristallisiert aus Essigester in langen Nadeln vom Schmp. 69—70°, sein Siedepunkt liegt bei 199° unter gewöhnlichem Druck. Nach diesen Eigenschaften und den Resultaten der Analyse liegt Dimethylacrylsäure vor. Die Ausbeute betrug reichlich 30% vom angewandten Phoron.

0,1262 g Sbst.: 0,2772 g CO_2, 0,0984 g H_2O.

	Ber. für $C_5H_8O_2$	Gef.
C	60,00	59,90
H	8,00	7,83

Die Entstehung der Dimethylacrylsäure ist so zu erklären, daß das Phoron nur ein Molekül Ozon aufgenommen hat, bei der Spaltung bildet sich zuerst ein Peroxyd, das mit Wasser in Ameisensäure und die genannte Säure zerfällt.

$$(CH_3)_2 : C \quad\quad CH—CO . CH = C(CH_3)_2 = (CH_3)_2 : CO$$
$$\quad\quad | \quad\quad\quad |$$
$$\quad\quad O—O—O$$

$$+ O—CH . CO . CH = C(CH_3)_2 + H_2O = HO_2CH + CO_2H — CH = C(CH_3)_2 .$$
$$\quad |$$
$$\quad O$$

Acetonsuperoxyd wurde dann auch nur in ganz geringer Menge aufgefunden.

Beim weiteren Eindampfen der wässerigen Lösung, von der die Dimethylacrylsäure abgetrennt war, hinterblieb ein dicker, brauner, öliger Rückstand, der nicht unbeträchtliche Mengen Oxalsäure und aldehydische, die Fehlingsche Flüssigkeit stark reduzierende Substanzen enthält. Augenscheinlich verläuft die Zersetzung des unvollkommen ozonisierten Phorons, in dem sicher auch das Diozonid vorhanden ist, ziemlich kompliziert, infolgedessen wurde die Untersuchung nach dieser Richtung hin aufgegeben.

Erschöpfende Ozonisation des Phorons.

Je 10 g umkristallisiertes Phoron werden in 50 g Chloroform mit starkem Ozon mindestens 14 Stunden behandelt, darauf wird im Vakuum bei 20° Badtemperatur das Chloroform vorsichtig abgedampft. Der gelbe, dickölige, sehr explosive Rückstand betrug aus 22 g Phoron

28,5 g, während sich für völlige Absättigung durch 2 Mol. Ozon 30 g berechnen. Dieselbe Ausbeute wurde bei mehreren Operationen erhalten; es scheint schon beim Abdestillieren des Chloroforms eine Zersetzung vor sich zu gehen, da sich hierbei ein eigentümliches Schäumen beobachten läßt.

Die Spaltung durch Wasser verlief insofern etwas anders als früher geschildert, als diesmal nicht die quantitative Abscheidung von Acetonsuperoxyd nachgewiesen werden konnte. Es ließen sich nur etwa 2 g davon abfiltrieren. Dagegen löste sich das Ozonid vollkommen klar im Wasser auf, bis auf das erwähnte Acetonsuperoxyd, und durch Fraktionieren dieser wässerigen Lösung mit einer fünfkugeligen Kolonne konnten etwa 7 g reines Aceton herausdestilliert werden. Theoretisch berechnen sich etwa 14 g aus 28,5 g Ozonid. Der Kolbeninhalt färbt sich beim Erhitzen stark gelb, was früher ebenfalls nicht beobachtet wurde. Durch Ausschütteln mit Äther konnte man aber das gelbgefärbte Produkt entfernen (der Äther hinterläßt beim Abdunsten eine geringe Menge eines braunen Öles). Die wässerige Lösung wurde dann im Vakuum eingedampft, es hinterblieb ein dickes gelbes Öl, 6,2 g, welches den polymeren Mesoxaldialdehyd, aber auch etwas Oxalsäure, wahrscheinlich von einer weitergehenden Spaltung herrührend, enthielt. Mesoxalsäure konnte dagegen nicht nachgewiesen werden. Das wässerige Destillat reagierte stark sauer, es waren darin Fettsäuren, daneben aber nicht unbeträchtliche Mengen des mit Wasserdampf flüchtigen monomeren Mesoxaldialdehyds vorhanden. Beide Anteile, sowohl Rückstand wie wässeriges Destillat, reduzieren Fehlingsche Flüssigkeit stark in der Kälte und geben mit essigsaurem Phenylhydrazin und salzsaurem p-Nitrophenylhydrazin sofort sehr reichlich ausfallende kristallinische oder flockige Niederschläge. Auch diesmal ließ sich der Niederschlag mit essigsaurem Phenylhydrazin auch bei häufigem Umkristallisieren nicht rein erhalten. Dagegen wurde beobachtet, daß das Tris-p-nitrophenylhydrazon des Mesoxaldialdehyds verhältnismäßig einfach zu isolieren ist. Man benutzt hierzu am besten die wässerigen Destillate, erhitzt sie auf dem Wasserbade, fügt eine heiße Auflösung von p-Nitrophenylhydrazinchlorhydrat in Wasser hinzu, welche dieses Reagens im Überschuß enthält, und kocht noch 2 Stunden weiter. Es fällt schon in der Hitze ein intensiv rotgefärbter Körper aus, der noch heiß abgesaugt wird, wodurch man ihn von anderen Beimengungen, die erst beim Erkalten herauskommen, trennt. Der getrocknete Niederschlag wird zweimal aus viel heißem Eisessig umkristallisiert und mit Alkohol und Äther gewaschen. Man erhält feine, purpurfarbene Nadeln, die bei 297° unter Zersetzung schmelzen; vorher ist ein Sintern der Substanz zu bemerken.

Die Analyse ergab Werte, die auf das Tris-p-nitrophenylhydrazon stimmen; zum Vergleich wurde aus dem Diisonitrosoaceton durch Erhitzen mit p-Nitrophenylhydrazin ein Trisphenylhydrazon des Mesoxaldialdehyds bereitet, welches sich mit dem beschriebenen als identisch erwies.

0,2262 g Sbst.: 0,4316 g CO_2, 0,0834 g H_2O. — 0,1030 g Sbst.: 24,3 ccm Stickgas bei 25° und 748,5 mm Druck.

	Ber. für $C_{21}H_{17}O_6N_9$	Gef.
C	51,32	52,04
H	3,46	4,10
N	25,66	25,66

Wenn man das Nitrophenylhydrazon in der Kälte fällt, so erhält man gelbe Produkte von wechselndem Schmelzpunkt, unter denen jedenfalls das Bisnitrophenylhydrazon des Mesoxalaldehyds vorwiegt. Indessen gelang es uns nicht, dasselbe in reinem Zustand abzuscheiden. Erst beim Erhitzen mit überschüssigem Nitrophenylhydrazin gelangten wir zu eindeutigen Resultaten, die den endgültigen Beweis dafür erbrachten, daß der Mesoxaldialdehyd bei der Spaltung des Phorondiozonids in größerer Menge entsteht.

Zu bemerken ist noch, daß Versuche, aus dem polymeren Mesoxalaldehyd, der als Rückstand beim Eindampfen der wässerigen Lösung von der Zersetzung des Phorondiozonids hinterbleibt, durch Destillation mit Phosphorpentoxyd seine monomere Form zu gewinnen, nicht zu den gewünschten Resultaten wie beim Glyoxal[1]) geführt haben. Die ganze Masse zersetzt sich alsbald unter Schwarzfärbung und Gasentwicklung. Es ist aber zu erhoffen, daß es noch auf anderem Wege gelingt, diesen hochinteressanten Ketondialdehyd in seiner monomeren Form zu bereiten.

D. Mesoxaldialdehyd aus Dibenzalaceton.

Je 5 g getrocknetes Dibenzalaceton werden in 30 g Chloroform so lange ozonisiert, bis die gelbgrüne Farbe vollständig verschwunden ist, da die Bromentfärbungsprobe hier versagt. Es ist pro Gramm mindestens $1\frac{1}{2}$ Stunde dazu nötig. Dann wird das Chloroform bei etwa 20° Badtemperatur vorsichtig im Vakuum abgedampft. Sowie man hierbei eine beginnende Zersetzung beobachtet, muß der Destillationskolben sofort in eine bereitgehaltene starke Kältemischung gestellt werden, da sich diese Zersetzung so steigern kann, daß eine heftige Explosion eintritt. Nach dem Entfernen des Chloroforms hinterbleibt ein dickes gelbes Öl, welches nur bei niederer Temperatur beständig

---

[1]) Harries u. Temme, **Berichte** d. Deutsch. chem. Gesellschaft **40**, 167 [1907].

ist und häufig bereits bei Zimmertemperatur explodiert. Man fügt infolgedessen gleich zum Rückstand die doppelte Menge Eiswasser und erwärmt langsam auf dem Wasserbade. Beim Abkühlen scheidet sich dann ein Öl ab, welches teilweise erstarrt — Benzaldehyd und Benzoesäure. — Durch dreimal wiederholtes Ausschütteln mit Äther lassen sich diese beiden Spaltungsprodukte quantitativ entfernen. Beim Einengen der wässerigen Flüssigkeit gewinnt man von 10 g Dibenzalaceton etwa 1 g polymeren Mesoxaldialdehyd, der aber häufig noch andere Bestandteile, z. B. Oxalsäure, enthalten kann. Die theoretische Ausbeute würde 3 g betragen.

Der Sirup ergibt beim Erhitzen mit p-Nitrophenylhydrazin sofort das purpurfarbene Trishydrazon vom Schmp. 297°. Dagegen verhält sich der wässerige Vorlauf verschieden von dem auf gleiche Weise aus Phoron bereiteten. Mit salzsaurem p-Nitrophenylhydrazin läßt sich ein brauner aus Alkohol in schönen Blättchen vom Schmp. 178° kristallisierender Körper isolieren, der sich auch beim Kochen mit überschüssigem Nitrophenylhydrazin nicht veränderte.

Bei der Analyse werden folgende Werte erhalten:

I. 0,1246 g Sbst.: 0,2202 g CO_2, 0,0497 g H_2O. — II. 0,1510 g Sbst.: 0,2596 g CO_2, 0,0580 g H_2O. — III. 0,1068 g Sbst.: 21,5 ccm Stickgas bei 23° und 767,2 mm Druck.

$$\text{Gef.:} \quad \text{I. C } 47,08 \qquad \text{H } 4,35 \qquad \text{N } 22,89$$
$$\text{II. C } 46,89 \qquad \text{H } 4,29 \qquad \text{N } —$$

Daraus berechnet sich ungefähr die Formel

$$C_{15}H_{14}O_6N_6 \qquad \text{C } 48,1 \qquad \text{H } 3,7 \qquad \text{N } 22,5$$

Diese Bruttoformel entspräche einem Hydrat des B i s - p - n i t r o - p h e n y l h y d r a z o n s

$$CH = N \cdot NHC_6H_4NO_2$$
$$|$$
$$C(OH)_2 \qquad\qquad ,$$
$$|$$
$$CH = N \cdot NHC_8H_4NO_2$$

doch ist damit noch nicht bewiesen, daß diese Substanz wirklich vorliegt.

48. Karl Kircher: Über die Oxydation der β-Benzallävulinsäure durch Ozon.

Annalen der Chemie und Pharmazie **374**, 352 (1910).

In einer kurzen Mitteilung habe ich früher angegeben[1]), daß bei der Zerlegung des Ozonderivates der β-Benzallävulinsäure mit Wasser Benzoesäure, Benzaldehyd und Diacetylcarbonsäure entstehen.

$$C_6H_5-CH:C.CO.CH_3 \;\rightarrow\; C_6H_5-CHO + OC\!\!\begin{array}{l} CO-CH_3 \\ CH_2.COOH \end{array}.$$
$$\qquad\quad\; | $$
$$\qquad\quad CH_2.COOH$$

Die Benzoesäure und den Benzaldehyd kann man dem Reaktionsgemisch durch Ausschütteln mit Äther entziehen, in der wässerigen Lösung bleibt die Diacetylcarbonsäure zurück, die beim Eindampfen im Vakuum als gelbliches dickes Öl gewonnen wird. Ich habe als besonders charakteristisch das Kupfersalz und das Bisphenylhydrazon vom Schmp. 175° beschrieben. Die Angabe, daß die freie Säure relativ beständig sei und auch bei längerem Kochen mit Wasser nicht zersetzt werde, hat sich bei wiederholten Darstellungen als irrtümlich herausgestellt. Vielmehr zerfällt sie teilweise sogar beim Eindampfen ihrer wässerigen Lösung im Vakuum. Mit Hilfe des Bisphenylhydrazons hat sich dieses Verhalten quantitativ bestimmen lassen. Dabei ist allerdings die Voraussetzung gemacht worden, daß sich die Säure quantitativ mit essigsaurem Phenylhydrazin umsetzt und als Bishydrazon zur Abscheidung gelangt.

Man ozonisiert 10 g Benzallävulinsäure in Chloroformlösung, verdampft das Chloroform im Vakuum und spaltet das zurückbleibende Öl mit Wasser. Nachdem die Benzoesäure bzw. der Benzaldehyd entfernt waren, hinterblieb eine wenig gefärbte wässerige Flüssigkeit, die in drei gleiche Portionen geteilt wurde.

Die erste wurde sofort mit essigsaurem Phenylhydrazin versetzt, es fiel das Bisphenylhydrazon aus, welches getrocknet und gewogen 3,7 g betrug. Dies entspricht 1,6 g Diacetylcarbonsäure. Da nun der dritte Teil der Lösung angewendet worden war, sind also 4,8 g Di-

----

[1]) **Harries** u. **Kircher**, Berichte d. Deutsch. chem. Gesellschaft **40**, 1651 [1907].

acetylcarbonsäure aus 10 g Benzallävulinsäure statt theoretisch 6,3 g entstanden.

Die zweite Probe blieb 24 Stunden lang bei Zimmertemperatur stehen, danach wurden 3,4 g Bisphenylhydrazon erhalten. Es war also nur ein geringer Verlust zu konstatieren.

Die dritte blieb 10 Tage stehen. Hier wurden nur noch 1,8 g Bisphenylhydrazon gewonnen. In ähnlicher Weise vermindert sich auch die Ausbeute an Hydrazon bei kürzerem oder längerem Erwärmen der Lösung auf dem Wasserbade. Demgemäß ist das Öl, welches beim Abdampfen der wässerigen Lösung im Vakuum zurückbleibt, keine reine Diacetylcarbonsäure, sondern ein Gemisch von dieser mit wechselnden Mengen einer anderen Säure, die durch ihren Zerfall entsteht.

Es war deshalb von Wichtigkeit zu erfahren, wie dieser Zerfall vor sich geht. Zuerst wurde versucht, aus der öligen Säure, wie sie durch Eindampfen der wässerigen Lösung im Vakuum direkt erhalten wird, durch trockene Destillation Kohlendioxyd abzuspalten und daraus Diacetyl zu gewinnen. Man sollte annehmen, daß dieser Vorgang sich sehr leicht vollziehen würde:

$$COOH.CH_2.CO.CO.CH_3 \rightarrow CO_2 + CH_3.CO.CO.CH_3.$$

Die grünen Dämpfe des Diacetyls konnten aber nicht beobachtet werden, das Destillat bestand hauptsächlich aus Essigsäure. Hiernach untersuchte ich die ölige Säure selbst und fand, daß man daraus durch Auflösen in Essigester und Fällen mit Petroläther eine schön kristallisierende Verbindung abscheiden kann, welche kein Phenylhydrazon mehr liefert, dagegen ein schwer lösliches Calciumsalz auf Zusatz von Calciumchlorid und Ammoniak abscheidet. Die Ausbeute an dieser kristallisierten Säure beträgt aus 15 g Rohprodukt etwa 5 g. Bei nochmaligem Umkristallisieren schmolz die Säure bei $130-131°$ und erwies sich durch Zusammensetzung, Basizität, Molekulargröße als Malonsäure. Hierbei ist zu bemerken, daß in der noch nicht eingedampften wässerigen Lösung keine Spur von Malonsäure mittels Calciumchlorids nachgewiesen werden konnte. Sie entsteht erst allmählich beim Konzentrieren der wässerigen Lösung im Vakuum, das Destillat enthält Essigsäure. Der Zerfall der Diacetylcarbonsäure in Malonsäure und Essigsäure ist recht merkwürdig, den man nur erklären kann, wenn man annimmt, daß die oft erwähnte Peroxydbildung eine Rolle dabei spielt.

Die Diacetylcarbonsäure kann nämlich mit Wasser eigentlich nur Malonsäure und Acetaldehyd ergeben, weil 1 Atom Sauerstoff zur Bildung der Essigsäure fehlt.

$$H_2O + CH_3.CO.CO.CH_2.COOH = CH_3.CHO + COOH.CH_2.COOH.$$

Trotz verschiedener in dieser Richtung hin unternommener Versuche ließ sich aber das Auftreten von Acetaldehyd beim Eindampfen oder Erhitzen der wässerigen Diacetylcarbonsäurelösung nicht konstatieren. Wenn nun Essigsäure statt Acetaldehyd hierbei entsteht, so ist wahrscheinlich in der Lösung ein Peroxyd vorhanden, welches gemäß der folgenden Gleichung zerfällt:

$$C_6H_5CH\underset{\underset{O-O-O}{|}}{-}C\underset{CH_2 . COOH}{\overset{CO-CH_3}{<}} \rightarrow C_6H_5CHO + \underset{O}{\overset{O}{|}}C\underset{CH_2-COOH}{\overset{CO-CH_3}{<}},$$

$$H_2O + CH_3 . CO . \underset{\overset{O-O}{\wedge}}{C}-CH_2 . COOH = CH_3COOH + CO_2H . CH_2 . CO_2H ,$$

Merkwürdig ist dann aber, daß dieses Peroxyd mit essigsaurem Phenylhydrazin das Bisphenylhydrazon glatt und ohne Oxydationserscheinung liefert. In anderen Fällen wirken nämlich die Peroxyde direkt verschmierend, d. h. oxydierend, auf Phenylhydrazin ein. Es sei daran erinnert, daß Diacetyl selbst durch Wasserstoffsuperoxyd in analoger Weise in Essigsäure zerfällt.

In der ersten Mitteilung hatte ich einen Äthylester der Diacetylcarbonsäure vom Sdp. 79—80,5° unter 10 mm Druck beschrieben, der durch direkte Veresterung des beim Eindampfen der wässerigen Lösung entstehenden Rohöles bereitet war. Derselbe lieferte auch ein Phenylhydrazon, aber nicht in guter Ausbeute. Da nun in dem Rohöl Malonsäure enthalten ist, so muß dieser Ester ebenfalls ein Gemisch von Malonester und Diacetylcarbonsäureester sein. Durch die Elementaranalyse kann man diese beiden Verbindungen $C_7H_{10}O_4$ und $C_7H_{12}O_4$ kaum unterscheiden, auch fallen die Siedepunkte zusammen. Alle Versuche, den Ester auf anderem Wege, wie z. B. aus dem Silbersalz der Säure, zu gewinnen, sind erfolglos geblieben.

Das vorhin erwähnte Bisphenylhydrazon des Diacetylcarbonesters kristallisiert aus verdünntem Alkohol in gelben Prismen vom Schmp. 115°. Er ist schwer in kaltem, leichter in heißem Alkohol löslich. Er besitzt die Formel:

$$CH_3 . \underset{\underset{C_2H_5-CO_2 . CH_2 . C}{|}}{C} = N . NHC_6H_5$$
$$C_2H_5-CO_2 . CH_2 . C = N . NHC_6H_5$$

0,0930 g Sbst.: 13,3 ccm Stickgas bei 22° und 760,8 mm Druck.

	Ber. für $C_{19}H_{22}O_2N_4$	Gef.
N	16,56	16,22

Zu erwähnen ist ferner, daß die Diacetylcarbonsäure mit essigsaurem p-Nitrophenylhydrazin ein in roten Prismen kristallisierendes schwer lösliches Bis-p-nitrophenylhydrazon liefert, dessen Schmelz- und Zersetzungspunkt bei ungefähr 295° liegt. Mit Semicarbazidchlorhydrat und Natriumacetat erhält man ein in Wasser sehr schwer lösliches weißes Pulver, dessen Analyse auf ein Disemicarbazon hindeutet. Sein Schmelz- und Zersetzungspunkt liegt bei etwa 240° [1]).

Die seinerzeit ausgesprochene Erwartung, daß die Diacetylcarbonsäure zu zahlreichen Synthesen gebraucht werden könne, hat sich wegen der Unbeständigkeit der Substanz leider nicht verwirklichen lassen.

[1]) Vgl. Karl Kircher, Inaug.-Diss. Kiel 1907.

49. Walter Franck: Zur Kenntnis der Ozonderivate der Ölsäure und ihrer Spaltungsprodukte.

Annalen der Chemie und Pharmazie **374**, 356 (1910).

Die vorliegende Untersuchung ist eine Fortsetzung der im vorigen Jahre in den Berichten der deutschen chemischen Gesellschaft erschienenen Abhandlung „Über die Einwirkung des Ozons auf Ölsäure"[1]. Sie enthält einige nähere Angaben über das Ölsäureperozonid und das noch höher ozonisierte Ölsäureüberperozonid mit 5 angelagerten Sauerstoffatomen, sodann über die bei der Spaltung entstehenden Peroxyde, schließlich über einige Derivate des Halbaldehyds der Azelainsäure. Letzterer hat an allgemeinem Interesse dadurch gewonnen, daß er bei fast allen höheren ungesättigten Fettsäuren als Zersetzungsprodukt der Ozonide nachgewiesen werden kann.

Das normale Ölsäureozonid entsteht immer, wenn man den Sättigungsgrad beim Ozonisieren der Ölsäure in Lösung durch Probennehmen mit Brom-Eisessig genau einhält; es ist gleichgültig, ob man hierbei 0,5proz. oder 18proz. Ozon anwendet. Sowie man aber die Sättigungsgrenze überschreitet, bildet sich sofort das Perozonid. Dieses ist dann auch viel früher aufgefunden worden[2] als das normale Ozonid[3]. An dieser Stelle seien noch einige Konstanten des ersteren mitgeteilt.

$$\text{Ölsäureperozonid, } CH_3 . (CH_2)_7 . \underset{\underset{O_3}{\diagdown\diagup}}{CH . CH} . (CH_2)_7 . CO_3H.$$

Das Perozonid ist etwas dickflüssiger als das normale Ozonid, in das es sich durch Schütteln mit Natriumdicarbonat und Wasser verwandeln läßt. In chemischer Beziehung verhält es sich dem normalen Ozonid vollkommen gleich. Zur Kontrolle wurde die Substanz durch Ozonisieren in Eisessig (II) und in Tetrachlorkohlenstoff (I) (pro Gramm 1 Stunde Einleiten von $10-12\%$ Ozon) bereitet, im Vakuumexsiccator getrocknet und analysiert.

---

[1] Harries, mitbearbeitet von W. Franck, Berichte d. Deutsch. chem. Gesellschaft **42**, 446 [1909].

[2] Harries u. Thieme, Annalen d. Chemie u. Pharmazie **343**, 354 [1905].

[3] Harries u. Thieme, Berichte d. Deutsch. chem. Gesellschaft **39**, 2844 [1906].

I. 0,2439 g Sbst.: 0,5621 g CO_2, 0,2168 g H_2O. — II. 0,4062 g Sbst.: 0,9318 g CO_2, 0,3563 g H_2O.

	Ber. für $C_{18}H_{34}O_6$	Gef. I	II
C	62,38	62,85	62,56
H	9,89	9,94	9,81

Molekulargewichtsbestimmung nach der kryoskopischen Methode im **Beckmannschen** Apparat:

Sbst. 0,1626 g, Eisessig 37,045 g, $\varDelta$ 0,062.

Mol.-Gewicht: Ber. 346,26. Gef. 347,6.

1. besaß $D_{22,5^0}^{22,5^0} = 1,049$; $n_d^{22,5^0} = 1,47113$; $n_\alpha = 1,46967$; $n_\gamma = 1,48127$.

Ölsäureüberperozonid, $C_{18}H_{34}O_7$ [1]).

Die Ölsäure geht bei sehr langem Behandeln mit 10proz. Ozon, etwa 3stündigem Einleiten pro 1 g Ölsäure, noch in ein drittes Ozonid über, welches in chemischer Beziehung den schon beschriebenen Ozoniden völlig gleicht, in physikalischer aber von ihnen verschieden ist. Wenn man sehr starkes Ozon anwendet, so wird es schon bei kürzerer Einwirkungsdauer erhalten. Ich ozonisierte 5 g Ölsäure, die in 15 ccm Eisessig gelöst waren, 4 Stunden mit 16—18proz. Ozon, destillierte den Eisessig im Vakuum bei möglichst niederer Temperatur ab und trocknete den Rückstand im Vakuum über festem Kali und konz. Schwefelsäure. Das sehr zähflüssige farblose Produkt zeigt trotz seiner Mehraufnahme von Sauerstoff keine erhebliche Explosivität und zerfällt sehr leicht beim Erwärmen mit Wasser in dieselben Spaltungsprodukte, die auch aus den anderen Ozoniden erhalten werden.

0,1613 g Sbst.: 0,3508 g CO_2, 0,1318 g H_2O.

	Ber. für $C_{18}H_{34}O_7$	Gef.
C	59,63	59,31
H	9,45	9,14

$D_{22^0}^{22^0} = 1,079$; $n_d^{22^0} = 1,46817$; $n_\alpha = 1,46373$; $n_\gamma = 1,47684$.

Man könnte nun auf den Gedanken kommen, daß das O_4-Ozonid (Perozonid) kein einheitliches Individuum sei, sondern ein Gemisch von normalem Ozonid und Überperozonid. Vergleicht man aber die Brechungsindices bzw. die Brechungswinkel der drei Substanzen, so findet man, daß das normale Ozonid die höchsten Zahlen aufweist, dann erfolgt zum Perozonid ein starker Abfall und beim Überperozonid wieder ein Steigen.

$$O_3 = i_d^{20,5^0} = 44° 35'; \quad i_c = 43° 55'; \quad i_g' = 47° 0';$$
$$O_4 = i_d^{22,5^0} = 43° 5'; \quad i_c = 42° 35'; \quad i_g' = 45° 40';$$
$$O_5 = i_d^{22^0} = 43° 35'; \quad i_c = 43° 25'; \quad i_g' = 46° 25';$$
$$O_3 = D_{20,5^0}^{20,5^0} = 1,0281; \quad O_4 = D_{22,5^0}^{22,5^0} = 1,049; \quad O_5 = D_{22^0}^{22^0} = 1,079.$$

---

[1]) Eigentlich besser Ölsäureoxozonidperoxyd zu nennen.

Trägt man diese Werte in ein Koordinatensystem ein, wie es die folgende Tabelle zeigt, so erhält man Kurven, die für das Perozonid Knickpunkte zeigen. Danach würde dieses letztere als ein selbständiges Individuum und kein Gemisch anzusehen sein. Auch bei den spez. Gewichten ergibt sich beim Perozonid ein Knickpunkt.

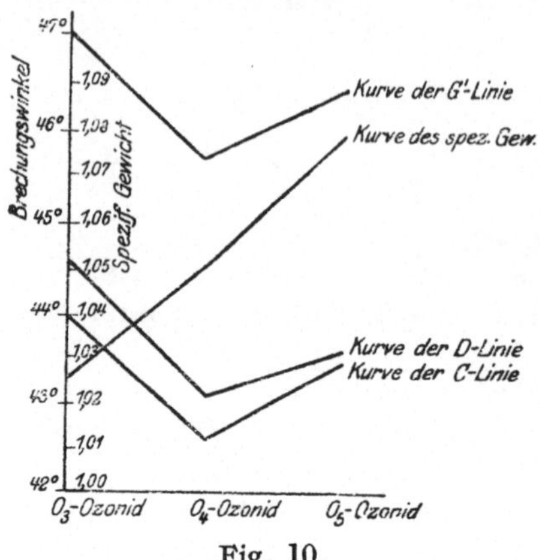

Fig. 10.

Normales Elaidinsäureozonid.

Von Harries und Thieme[1] ist das Elaidinsäureperozonid beschrieben worden, es erübrigte sich noch, das normale Ozonid dieser Säure zu bereiten. Dasselbe wurde genau wie das n-Ölsäureozonid beim Einleiten eines 10 proz. Ozonstroms in eine Elaidinsäureeisessiglösung unter genauer Einhaltung des Sättigungspunktes gewonnen. Es bildet ein farbloses Liquidum, welches sich vom normalen Ölsäureozonid in nichts unterschied. Ob es damit identisch ist oder nicht, läßt sich ohne weiteres nicht beurteilen.

0,2157 g Sbst.: 0,5015 g CO_2, 0,1958 g H_2O.

	Ber. für $C_{18}H_{34}O_5$	Gef.
C	65,45	63,41
H	10,30	10,15

$D_{20^0}^{20^0} = 1,027$; $n_d^{20^0} = 1,46171$; $n_\alpha = 1,45925$; $n_\gamma = 1,47192$.

Mol.-Refraktion: Ber. 89,609. Gef. 88,37. (Unter Einsetzung des Wertes für 3 Äthersauerstoffatome.)

Umwandlungen des Ölsäureozonids.

Spaltung mit Eisessig. In der ersten Abhandlung[2] ist kurz erwähnt worden, daß sich das Ölsäureozonid statt mit Wasser auch mit Eisessig zersetzen läßt, und daß hierbei dieselben Spaltungsprodukte gewonnen werden. Diese Angabe bedarf insofern einer Korrektur, als sich gezeigt hat, daß bei der Anwendung von Eisessig wesentlich mehr Peroxyde als bei derjenigen von Wasser entstehen.

12 g Ölsäureozonid, in der doppelten Menge Eisessig gelöst, wurden eine halbe Stunde auf dem Wasserbade erwärmt. Hierbei findet eine lebhafte Gasentwicklung statt. Wenn dieselbe nachläßt, kann man konstatieren, daß eine herausgenommene Probe eine angesäuerte Jod-

---

[1]) Annalen d. Chemie u. Pharmazie **343**, 354 [1905].
[2]) Ber. d. Deutsch. chem. Gesellschaft **42**, 453 [1909].

kaliumlösung nur noch langsam oxydiert. Danach wird die Reaktionsmasse bei möglichst niederer Temperatur im Vakuum destilliert. Zuerst
siedet der Eisessig über, der aber später nicht unbedeutende Mengen
von Nonylaldehyd mitreißt. Dann steigt die Temperatur auf etwa
80°, wo im Intervall bis 105° ein Gemisch von Nonylaldehyd und
seinem Peroxyd übergeht; von 120—145° siedet fast reine Nonylsäure,
im Rückstand bleiben Azelainsäurehalbaldehyd und Azelainsäure.
Diesen kann man in Äther mit festem Natriumbicarbonat und Wasser
behandeln. Hierbei werden die Azelainsäure und das Peroxyd des
Halbaldehyds vom Wasser als Natriumsalze aufgenommen, während
der größte Teil des Halbaldehyds selbst im Äther zurückbleibt. Man
kann übrigens auch so verfahren, daß man die Eisessiglösung direkt
vor der Destillation mit Wasser verdünnt und dann mit Äther und
festem Natriumbicarbonat behandelt. Hierdurch wird der Eisessig
besser von dem Nonylaldehyd getrennt.

Nach dieser Methode erhielt ich aus 12 g Ozonid: 3,4 g Azelainsäure (peroxydhaltig), 2,5 g Azelainsäurehalbaldehyd, 2,9 g Nonylsäure,
1,8 g Nonylaldehyd (peroxydhaltig), in Summa 10,6 g = 88,3%.

Spaltung mit Ameisensäure. Bei der Zersetzung des Ölsäureozonids mit Eisessig erhält man nicht unwesentlich bessere Ausbeuten an Aldehyden, wie bei der mit Wasser, indessen sind dieselben
meist stark peroxydhaltig. Es wurde deshalb der Versuch gemacht,
den Gehalt an Peroxyd durch Zusatz eines Reduktionsmittels herabzusetzen bzw. zu entfernen. Zu diesem Zwecke studierte ich das Verhalten des Ozonids gegen wasserfreie Ameisensäure in der Annahme,
daß die Peroxyde sie zu Kohlensäure oxydieren würden. Es stellte
sich aber heraus, daß das Ozonid in Ameisensäure nicht löslich ist.
Infolgedessen wurde der Eisessiglösung etwas Ameisensäure zugesetzt.

40 g Ölsäureozonid wurden in 90 g Eisessig und 10 g wasserfreier
Ameisensäure gelöst und 20 Minuten auf dem Wasserbade am Rückflußkühler erwärmt. Die Reaktion verlief genau wie vorher beschrieben.
Ebenso wurde das Reaktionsprodukt wie vorher verarbeitet. Man
erhielt: 12,3 g Azelainhalbaldehyd, 6,8 g Azelainsäure, 7,9 g Nonylaldehyd, 8,2 g Nonylsäure, in Summa 35,2 g = 88%.

Es entsteht also nach diesem Verfahren beinahe doppelt so viel
Nonylaldehyd und Halbaldehyd wie bei der Spaltung mit Wasser[1]).

Reduktion mit schwefliger Säure. Wie schon in den erwähnten Abhandlungen angegeben wurde, wird eine ätherische Lösung
des Ölsäureozonids durch Schwefeldioxyd unter starker Wärmeentwicklung reduziert. Um die Reaktion zu mäßigen, schlug ich folgendes Verfahren ein:

---

[1]) Harries u. Türk, Berichte d. Deutsch. chem. Gesellschaft **39**, 3732 [1906].

Das Ölsäureozonid wurde in wenig Äther aufgenommen, bei 0° mit einer feuchten ätherischen Lösung von Schwefeldioxyd vorsichtig vermischt und über Nacht unter guter Kühlung stehen gelassen. Es bildeten sich zwei Schichten; die obere ätherische wurde von der unteren — im wesentlichen Schwefelsäure — abgegossen, der Äther und das SO_2 verdunstet, und der Rückstand in der früher erwähnten Weise verarbeitet. Hierbei zeigte es sich, daß das Ozonid genau die gleiche Zersetzung bei der Reduktion erlitten hatte, wie beim Erhitzen mit Wasser oder Eisessig. Es wurden dieselben Quantitäten an Aldehyden und Säuren gefunden. Die Reduktion verläuft also in der Hauptsache nach der Gleichung:

$$CH_3 . (CH_2)_7 . CH\underset{\underset{O-O-O}{|\qquad\quad|}}{\text{————}}CH . (CH_2)_7 . COOH + SO_2 + H_2O$$

$$= CH_3 . (CH_2)_7 . CHO + OCH . (CH_2)_7 . COOH + H_2SO_4 .$$

Um zu beweisen, daß die Reduktion in der Tat in dieser Richtung verläuft, mußte die Schwefelsäure quantitativ bestimmt werden. Hierzu wurde wie vorher verfahren und die gebildete Schwefelsäure durch mehrfaches Ausschütteln der ätherischen Lösung isoliert und mit Bariumchlorid gefällt.

Angewandte Menge Ozonid: 2,5214 g. Bariumsulfat: Gef. 1,4665 g. Ber. 1,748 g.

Hiernach wurden 82,2% des aktiven Sauerstoffs zur Oxydation des Schwefeldioxyds verwendet. Die ätherische Lösung zeigte noch eine schwache Peroxydreaktion. Die schweflige Säure hatte also die Peroxyde nicht vollständig zu reduzieren vermocht.

Reduktion mit Aluminiumamalgam.

Schon früher[1]) ist mitgeteilt worden, daß die Ozonide durch Aluminiumamalgam in ätherischer Lösung reduziert werden, daß hierbei aber nicht die den Aldehyden zugehörigen Alkohole, sondern die Aldehyde selbst bzw. ihre Säuren entstehen, wenn man nicht einen sehr großen Überschuß des Reduktionsmittels anwendet. Die Reduktion verläuft also auch hier ganz ähnlich wie bei derjenigen durch Schwefeldioxyd.

8,2 g Ölsäureozonid wurden in feucht ätherischer Lösung mit etwa 50 g frisch bereitetem Aluminiumamalgam behandelt. Nach Verlauf von 24 Stunden wurde der Aluminiumhydroxydschlamm abfiltriert und die ätherische Lösung direkt nach bekanntem Verfahren mit festem Natriumbicarbonat und Wasser zur Entfernung der stark sauren

---

1) Harries, Annalen d. Chemie u. Pharmazie **343**, 324 [1905].

Bestandteile geschüttelt. Beim Verdampfen des Äthers hinterblieben die aldehydischen Bestandteile und die Nonylsäure. Ein Teil Azelainsäure (0,8 g) fand sich im Aluminiumschlamm als Salz gebunden. Durch Ansäuern mit verdünnter Chlorwasserstoffsäure und Aufnehmen mit Äther konnte sie isoliert werden.

Es wurden im ganzen erhalten: 1,8 g Azelainsäure, 1,2 g Halbaldehyd (peroxydhaltig), 1,5 g Nonylaldehyd (peroxydhaltig), 0,7 g Nonylsäure, 1,5 g hochsiedender Rückstand, in Summa 6,7 g = 86%.

Die Bildung von Alkoholen konnte bei dieser Versuchsanordnung nur in ganz unbedeutender Menge beobachtet werden.

Über die Zersetzungsprodukte des Ölsäureozonids.

Nonylaldehydperoxyd, $CH_3.(CH_2)_7.CH\diagdown\diagup_O^O$. Diese Verbindung ist schon früher[1]) beschrieben worden, hier sei noch folgendes über ihre Eigenschaften nachgetragen. Sie scheidet sich kristallinisch aus der Fraktion ab, welche bei 80—105° siedet, besonders reichlich wurde ihre Bildung bei der Zersetzung des Ölsäureozonids mit Eisessig beobachtet. Sie läßt sich durch Abpressen vom Aldehyd befreien und wird durch mehrfaches Umkristallisieren aus Petroläther in rein weißen, schönen glänzenden Blättchen vom Schmp. 72° erhalten. Das Peroxyd löst sich im kalten Wasser nicht, von heißem wird es zersetzt, organische Lösungsmittel nehmen es leicht auf, Alkalien lagern es in die Salze der Säure um. Sein Siedepunkt liegt ungefähr bei 80—90° unter 13 mm Druck, zwischen dem des Nonylaldehyds und der Nonylsäure.

Die Resultate der Elementaranalyse sind bereits mitgeteilt worden.

Beim Kochen mit angesäuerter Jodkaliumlösung scheidet das Peroxyd Jod aus.

0,0311 g Sbst. verbrauchten 1,93 $^1/_{10}$ n-Thiosulfatlösung.

	Ber. für $C_9H_{18}O_2$	Gef.
Aktiver Sauerstoff	10,12	4,95

Es wurden also nur 50% des theoretischen Gehalts an aktivem Sauerstoff ermittelt; dies hat seine Ursache darin, daß beim Kochen der Substanz mit der wässerigen Jodkaliumlösung etwa die Hälfte in die isomere Säure umgelagert wird.

Nach dem Siedepunkt zu urteilen, besitzt das Peroxyd die einfache Molekulargröße. Diese Annahme wurde bestätigt durch eine Bestimmung derselben nach der kryoskopischen Methode.

Erhitzt man das Peroxyd mit Nonylaldehyd zusammen im Reagensglas zum Sieden, so verschwindet die Reaktion auf Jodkalium voll-

---

[1]) Harries u. Franck, a. a. O.

ständig, ein Zeichen, daß es eine äquivalente Menge Aldehyd zur Säure oxydiert hat.

Der Beschreibung des **Azelainhalbaldehydperoxyds**

$$HOOC.(CH_2)_7.CH{\Large<}\begin{matrix}O\\|\\O\end{matrix} \;,$$

welche früher gegeben wurde, ist vorläufig nichts weiter hinzuzufügen.

Über einige Derivate des Azelainhalbaldehyds.

Der Azelainhalbaldehyd wurde bisher immer in Form seines Semicarbazons nachgewiesen, welches zwar in gut ausgebildeten Kristallen, aber langsam auskristallisiert; feste Kondensationsprodukte mit Hydrazinen konnten bisher nicht gewonnen werden.

Es hat sich nun gezeigt, daß man auch ein **p - Nitrophenylhydrazon** bereiten kann, wenn man folgendermaßen verfährt. Der Halbaldehyd wird in wenig absolutem Alkohol aufgenommen und mit einem geringen Überschuß einer alkoholischen Lösung von p-Nitrophenylhydrazin vermischt, welche mit der zur Salzbildung gerade notwendigen Menge Eisessig versetzt ist. Nach einer Stunde wird das Hydrazon durch Wasser als gelbes bald erstarrendes Öl ausgefällt. Die Ausbeute ist fast quantitativ. Der Körper wird von Aceton schon in der Kälte, von Benzol, Petroläther, Alkohol, Essigsäure in der Wärme aufgenommen. Man kristallisiert ihn am besten durch Lösen in heißem Alkohol um, indem man diese Lösung in der Hitze mit so viel Wasser versetzt, daß eben eine schwache Trübung eintritt. Beim Erkalten kommt er in gelben verfilzten Nädelchen oder Blättchen vom Schmp. 129—130° heraus.

0,1168 g Sbst.: 0,2496 g CO_2, 0,0712 g H_2O. — 0,1009 g Sbst.: 11,8 ccm Stickgas bei 18° und 773 mm Druck.

	Ber. für $C_{15}H_{21}N_3O_4$	Gef.
C	58,59	58,28
H	6,80	6,82
N	13,77	13,62

Äthylester des Azelainhalbaldehyds, $OCH.(CH_2)_7.COOC_2H_5$.

11 g Silbersalz des Azelainhalbaldehyds wurden mit 12 g Jodäthyl und 50 ccm Äther so lange auf dem Wasserbade erwärmt, bis der Bodenkörper die gelbe Farbe des Jodsilbers angenommen hatte. Nach dem Abfiltrieren des Niederschlags und dem Abdunsten des Äthers hinterblieb ein angenehm esterartig riechendes Öl zurück, welches ammoniakalische Silberlösung reduzierte. Dasselbe sott unter 12 mm Druck in der Hauptsache bei 151—154°.

0,1954 g Sbst.: 0,4669 g CO_2, 0,1788 g H_2O.

	Ber. für $C_{11}H_{20}O_3$	Gef.
C	65,95	65,17
H	10,07	10,23

Denselben Ester haben E. Erdmann, Bedford und Raspe[1]) aus den Zersetzungsprodukten des Linolensäureozonids isoliert, über den Siedepunkt machten sie indessen keine Angaben.

Esteracetal des Azelainhalbaldehyds,
$$(C_2H_5O)_2 = CH - (CH_2)_7 - CO_2C_2H_5.$$

Zur Acetalisierung nach der Fischerschen Methode[2]) löste ich 10 g Halbaldehyd in 70 g 4proz. alkoholischer Salzsäure und überließ das Gemisch 3 Tage lang sich selbst. Nachdem die Säure mit Silberoxyd neutralisiert und auch der Alkohol im voraus entfernt worden war, konnte das Reaktionsprodukt bei einem Druck von 12 mm ohne Zersetzung destilliert werden. Die Fraktion 156—158° gab bei der Analyse auf das Esteracetal stimmende Werte. Die reine Verbindung reduziert ammoniakalische Silberlösung nicht.

0,1824 g Sbst.: 0,4371 g CO_2, 0,1755 g H_2O.

	Ber. für $C_{15}H_{30}O_4$	Gef.
C	65,64	65,35
H	11,02	10,76

$D_{19^0}^{19^0} = 0,9682$; $n_d^{19^0} = 1,43668$; $n_\alpha = 1,43415$; $n_\gamma = 1,44634$.

Mol.-Refraktion: M_d . . ber. 76,38, gef. 74,17

Mol.-Dispersion: $M_{\gamma-\alpha}$. ,, 1,787, ,, 1,782

Dieselbe Substanz ist schon früher von Harries und Türk[3]) erhalten worden, als sie das Gemisch von Körpern, die bei der Zersetzung des Ölsäureozonids entstehen, acetalisierten und veresterten.

Über die Salzbildung des normalen Ölsäureozonids.

Es war von Interesse festzustellen, ob die Ölsäure nach der Überführung in ihr Ozonid ihre sauren Eigenschaften beibehalten hatte. Molinari und Soncini[4]) berichten, daß sie keine Salze des Ölsäureozonids erhalten konnten. Bei der Einwirkung von Ammoniak beobachteten sie die Entwicklung von Stickstoff und das Auftreten einer pyridinartigen Verbindung.

Wenn man aber vorsichtig arbeitet, peinlichst die Feuchtigkeit ausschließt und jede Erwärmung vermeidet, ist es wohl möglich, Salze des normalen Ölsäureozonids zu erhalten. Dieselben sind allerdings sehr zersetzlich.

---

[1]) Berichte d. Deutsch. chem. Gesellschaft **42**, 1338 [1909].

[2]) E. Fischer u. Giebe, Berichte d. Deutsch. chem. Gesellschaft **30**, 3053 [1897].

[3]) Berichte d. Deutsch. chem. Gesellschaft **39**, 3633 [1906].

[4]) Berichte d. Deutsch. chem. Gesellschaft **39**, 2735 [1906].

Ammoniumsalz. In die ätherische Lösung des Ölsäureozonids wurde unter starker Kühlung trocknes Ammoniak eingeleitet, hierbei schieden sich weiße Flocken ab, welche vom Äther getrennt auf Ton getrocknet werden können. Das Salz stellt zuerst eine weiße, gelatinöse Masse dar, die sich aber beim Stehen im Exsiccator allmählich gelb färbt, gleichzeitig tritt der Geruch nach Nonylaldehyd auf, wodurch sich die beginnende Zersetzung ankündigt, von Wasser wird es sofort zersetzt.

0,1586 g Sbst. gaben 4,2 ccm Stickgas bei 19° und 755 mm Druck.

	Ber. für $C_{18}H_{37}O_5N$	Gef.
N	4,03	3,01

Wenn man zu lange Ammoniakgas einleitet, werden Präparate erhalten, die bedeutend mehr Stickstoff enthalten, wahrscheinlich ist hierbei bereits eine Spaltung eingetreten, und man erhält die Ammoniumsalze der Spaltungsprodukte.

Natriumsalz. Zu der stark abgekühlten absolut alkoholischen Lösung des Ozonids wird langsam eine Auflösung von etwas weniger als der berechneten Menge Natrium in absolutem Alkohol gegeben. Hierbei scheiden sich schon geringe Mengen des Salzes von selbst aus, die man durch Zusatz von absolutem Äther vermehren kann. Es bildet eine weiße, seifenartige Masse, die sich mit Äther waschen und auf Ton trocknen läßt. Im Vakuumexsiccator bleibt das Salz farblos; in Methylalkohol ist es leicht löslich, durch Wasser wird es sofort zersetzt.

0,3324 g Sbst.: 0,5000 Na_2SO_4.

	Ber. für $C_{18}H_{33}O_5Na$	Gef.
Na	6,23	4,88

Kupfersalz. Zu seiner Bereitung wird das, wie vorher beschrieben, frisch dargestellte Natriumsalz in Methylalkohol gelöst und unter Kühlung mit einer methylalkoholischen Auflösung von Kupferacetat versetzt. Das Kupfersalz fällt zunächst als zähe Masse aus, die beim Trocknen bröcklich wird.

0,1172 g Sbst.: 0,0122 Cu.

	Ber. für $(C_{18}H_{33}O_5)_2Cu$	Gef.
Cu	8,81	8,32

Wenn man das Kupfersalz mit angesäuertem Wasser übergießt und stehen läßt, so findet allmählich Spaltung statt. Man kann die Zersetzungsprodukte dann in Äther aufnehmen und nach bekannter Methode trennen. So wurde gefunden, daß 2,3 g Kupfersalz 1,7 g = 81% organische Bestandteile abgab, dieselben bestanden aus 0,5 g Azelainsäure, 0,3 g Halbaldehyd und 0,7 g Nonylaldehyd bzw. Säure, in Summa 1,7 g. Das Kupfersalz enthält also noch die normalen Bestandteile des Ölsäureozonids.

50. C. Harries und Karl Haeffner: Über Ozonide der einfachen Olefine.

Aus dem Chemischen Institut der Universität Kiel.

Berichte der Deutschen chemischen Gesellschaft **41**, 3098 (1908).

(Eingegangen am 15. August 1908.)

Es war früher nicht möglich, die Ozonide der einfachen Olefine zu isolieren. Die gasförmigen Olefine explodieren nämlich beim Zusammentreffen mit Ozon schon bei sehr niedriger Temperatur[1]), Amylen und Hexylen entzünden sich unter Abscheidung von Kohle.

Das Prinzip, welches zur Lösung dieser Aufgabe führte, ist sehr einfach und beruht darauf, daß man, wie der eine von uns in Gemeinschaft mit Tank[2]) bereits mitgeteilt hat, den niedrig siedenden Kohlenwasserstoff mit einem gegen Ozon indifferenten, niedrig siedenden Lösungsmittel sehr stark verdünnt. So konnte das bei 44° siedende Cyclopenten zu 80% und jetzt Amylen und Hexylen in ähnlicher Ausbeute in das zugehörige Ozonid übergeführt werden.

Nach diesen Resultaten gingen wir zu dem Versuch über, auch die gasförmigen Olefine, wie Äthylen und Propylen, zu ozonisieren; das Gelingen dieser Operation hing nur davon ab, ob sich das richtige Lösungsmittel für diese Kohlenwasserstoffe auffinden ließ, da Hexan und Tetrachlorkohlenstoff nicht verwendet werden konnten. Flüssiges, bei −38° siedendes Propylen läßt sich nun gut in Chloräthyl ozonisieren; das letztere wird dabei selbst nur sehr wenig angegriffen, wegen der großen Flüchtigkeit der Stoffe muß aber mit Ätherkohlensäure gekühlt werden. Wir sind überzeugt, daß sich nach einem ähnlichen, etwas modifizierten Verfahren auch das Äthylen selbst ozonieren lassen wird.

Die Ozonide dieser Olefine sind, einmal isoliert, gut haltbare Öle, das Propylenozonid kristallisiert bei niederer Temperatur. Sie lassen sich im Vakuum unzersetzt destillieren, jedoch ist diese Operation mit großer Gefahr verbunden, denn ein wenig überhitzt, explodieren sie mit großer Heftigkeit.

Es scheint, daß immer zwei Modifikationen auftreten, eine dickölige und eine leicht flüssige Form; die letztere entsteht aus der ersteren

---

[1]) Schönbein, Journ. f. prakt. Chemie [1] **66**, 282 [1855]. — Hautefeuille u. Chappuis, Compt. rend. de l'Acad. des Sc. **94**, 1249 [1882]. — Maquenne, Bull. de la Soc. chim. [2] **37**, 298 [1882].

[2]) Berichte d. Deutsch. chem. Gesellschaft **41**, 1703 [1908].

durch Destillation oder Erhitzen im Vakuum. Sie unterscheiden sich durch Brechungsindex und spezifisches Gewicht, und wir glaubten zuerst, daß es sich um eine Polymerie handele. Indessen stehen mit dieser Annahme die Ergebnisse der Elementaranalysen und der Molekulargewichtsbestimmung nicht in Einklang. Diese deuten vielmehr darauf hin, daß die dickflüssigen Ozonide durch Anlagerung von mehr Sauerstoff, als dem Molekül des Ozons entspricht, entstanden sind, während die destillierten Produkte normale Ozonide sind. Indessen muß man zurzeit vorsichtig sein, endgültige Schlußfolgerungen aus diesen Resultaten zu ziehen, da die nicht destillierten Produkte keinem einwandfreien Reinigungsprozeß unterworfen werden konnten.

Bemerkenswert sind im Hinblick auf die Konstitution der Ozonide die Ergebnisse der refraktometrischen Untersuchung. Das Nächstliegende war wohl zu erwarten, daß die drei Sauerstoffatome ätherartig verkettet seien:

$$\begin{matrix} {>}C{-}C{<} \\ |\quad| \\ O\quad O \\ \diagdown\diagup \\ O \end{matrix}$$

, indessen ist dies nicht der Fall. Es hat sich vielmehr herausgestellt, daß ein Sauerstoffatom verschieden von den beiden anderen gebunden sein muß; es stimmen nämlich die für ein Carbonylsauerstoff und zwei Äthersauerstoff berechneten Werte der Molekularrefraktion und -dispersion sehr genau mit den gefundenen überein. Ehe wir aber hieraus für eine neue Formulierungsweise der Ozonide Konsequenzen ziehen, möchten wir umfassendere Resultate abwarten[1]).

Experimenteller Teil.

Amylenozonide. Man löst 10 g Amylen (Trimethyläthylen von Kahlbaum) in ca. 400—500 ccm über Natrium getrocknetem Hexan und kühlt während des Ozonisierens mit Kältemischung. Da das Hexan selbst durch Ozon angegriffen wird, so prüft man von Zeit zu Zeit mit Brom und Eisessig, ob noch Entfärbung zu beobachten ist. Da das Amylen sehr begierig Ozon aufnimmt, so ist nur eine Veränderung des Hexans zu befürchten, wenn man zu lange ozonisiert. Wir gebrauchten in der Regel $3^{1}/_{2}$ Stunden mit einem mäßig schnellen Ozonstrom von 8—10 proz. Ozon. Benutzt man weniger als die oben angegebene Menge Hexan, so tritt eine sehr eigentümliche Erscheinung auf: es verbrennt das Amylen ganz plötzlich im Hexan, und die Lösung wird durch abgeschiedene Kohlepartikel schwarz gefärbt.

---

[1]) Diese Annahme ist später hinfällig geworden. Es wird vielmehr jetzt allgemein das Vorhandensein von drei ätherartig gebundenen Sauerstoffatomen angenommen. Vgl. Annalen d. Chemie u. Pharmazie 374, 302 [1910].

Nach beendeter Ozonisation wird das Amylenozonid durch Destillation im Vakuum vom Hexan befreit, wobei die Temperatur des Wasserbades auf 20—30° gehalten wurde. Der farblose, dickölige Rückstand, der die typischen Ozonidreaktionen anzeigt, wurde dann noch mehrere Tage über Schwefelsäure und Paraffin im Vakuum zur Entfernung letzter Reste von Kohlenwasserstoffen stehen gelassen. Die Ausbeute betrug 14 g aus 10 g Amylen.

Man erhält aber von dem so behandelten Produkte bei der Analyse untereinander schwankende Werte; dies erklärt sich daraus, daß in dem Öle etwas Acetonsuperoxyd und auch Essigsäure enthalten ist. Da der Sirup von allen Lösungsmitteln mit Ausnahme von Wasser leicht aufgenommen wird, so kann man Fällungen zur Reinigung nicht anwenden.

Um von der Essigsäure und dem Acetonsuperoxyd zu befreien, schlugen wir zweierlei Wege ein. Einmal erhitzten wir den Sirup im Vakuum so lange, bis das Thermometer im Destillierkolben auf 60° stieg. Dabei destillierten Acetonsuperoxyd, welches sich im Kühlrohr kristallinisch abschied, Essigsäure und etwas unzersetztes Ozonid über Der Rückstand schäumt stark, und es hat den Anschein, als wenn sich Gas entwickelte. An diesem Punkt brachen wir die Destillation ab und behielten etwa zwei Drittel des angewandten Materials im Kolben als farblose bewegliche Flüssigkeit zurück.

Unterwarf man dieses Produkt nunmehr der Elementaranalyse, so erhielt man Werte, die auf ein „Normales Ozonid" hinweisen.

$0,1329$ g Sbst.: $0,2526$ g CO_2, $0,10$ g H_2O.

$$C_5H_{10}O_3. \quad \text{Ber. C } 50,84, \text{ H } 8,47.$$
$$\text{Gef. ,, } 51,83, \text{ ,, } 8,36.$$

Das andere Mal behandelten wir das Rohozonid, da es stark saure Reaktion anzeigte, mit Wasser und Natriumbicarbonat, nahmen darauf das sich nicht lösende Liquidum mit Äther auf und verdunsteten denselben. Bei längerem Stehen im Vakuumexsiccator scheidet sich das Acetonsuperoxyd kristallinisch ab, und man kann durch Dekantieren von ihm trennen.

Bei der Analyse erhielten wir übereinstimmende Werte, indessen liegen sie in der Mitte zwischen den für die Anlagerung von O_3 und O_4 berechneten Zahlen.

$0,3225$ g Sbst.: $0,5598$ g CO_2, $0,2494$ g H_2O. — $0,1216$ g Sbst.: $0,2108$ g CO_2, $0,0908$ g H_2O.

$$C_5H_{10}O_3. \quad \text{Ber. C } 50,84, \qquad \text{H } 8,47.$$
$$\text{Gef. ,, } 47,34, \ 47,28, \text{ ,, } 8,65, \ 8,35.$$
$$C_5H_{10}O_4. \quad \text{Ber. C } 44,77, \qquad \text{,, } 7,40.$$

Dieses Ozonid unterscheidet sich in vielen Punkten von dem zuerst beschriebenen: Brechungsindex und spez. Gewicht sind anders, besonders aber ist es charakterisiert durch seine viel größere Explosivität.

Die Hexylenozonide[1]) werden ganz analog bereitet und verhalten sich in vielen Beziehungen ähnlich wie die Amylenozonide. Das Hexylenozonid ist zuerst dickflüssig und siedet unter 12 mm Druck bei 60° ganz konstant zu einem leicht beweglichen Öle. Gegen den Schluß der Operation treten häufig sehr heftige Explosionen ein, und man darf infolgedessen nur kleine Portionen auf einmal destillieren. Hieraus erklärt sich, daß nicht ganz genau stimmende Analysenwerte erhalten wurden; indessen zeigen sie doch sicher an, daß ein normales Ozonid vorliegt.

0,131 g Sbst.: 0,2552 g CO_2, 0,1082 g H_2O. — 0,1184 g Sbst.: 0,2382 g CO_2, 0,0970 g H_2O.

$C_6H_{12}O_3$. Ber. C 54,54, H 9,09.

Gef. „ 53,13, 54,86, „ 9,02, 9,16.

$C_6H_{12}O_4$. Ber. „ 48,65, „ 8,10.

Sowohl die Amylenozonide, wie die Hexylenozonide lassen sich merkwürdig schwer durch Wasser spalten.

Propylenozonid.

3 g verflüssigtes Propylen, $CH_3.CH:CH_2$, werden in 100 g Chloräthyl gelöst und unter Kühlung mit Kohlensäure-Äther ozonisiert. Wir brauchten hierbei die Vorsicht, nicht zu hohe Ozonkonzentrationen anzuwenden und außerdem das Ozon vor dem Zusammentreffen mit der Mischung einen stark gekühlten Schlangenkühler passieren zu lassen. Nach $1\frac{1}{2}$ Stunden ist gewöhnlich das Ende der Operation erreicht; man dunstet das Chloräthyl ab und erhält als Rückstand ein dünnflüssiges Liquidum von stechendem, äußerst charakteristischem, betäubendem Geruch. Dieses Liquidum erstarrt bei —40° zu einer weißen Kristallmasse. Der Siedepunkt liegt unter 19,5 mm Druck bei 29 bis 30°. Der Siedekolben wurde hierzu in ein Wasserbad von 48—50° gestellt, die Vorlage, wegen der großen Flüchtigkeit der Substanz, mit Äther-Kohlensäure gekühlt.

Das Propylenozonid verbrennt auf dem Platinspatel langsam mit stark rußender Flamme; im Reagensrohr wenig überhitzt, explodiert es mit beispielloser Heftigkeit.

Das Propylenozonid konnte wegen seiner Gefährlichkeit noch nicht der Elementaranalyse unterworfen werden; es ist aber kein Zweifel, daß uns ihre Ausführung gelingen wird.

In Wasser sinkt das Propylenozonid zuerst zu Boden, zersetzt sich aber nach kurzer Zeit ziemlich schnell. Die Lösung gibt eine sehr starke Reaktion auf Wasserstoffsuperoxyd. Eine ausführlichere Beschreibung werden wir an anderer Stelle mitteilen.

---

[1]) Das Hexylen wurde bezogen von C. A. F. Kahlbaum; es scheint nach unseren Ermittlungen in der Hauptsache aus $CH_2:CH.CH_2.CH_2.CH_2.CH_3$ oder $CH_2:CH.CH_2.CH(CH_3)_2$ zu bestehen.

51. C. Harries und Rudolf Koetschau: Über das Äthylenozonid.

Aus dem Chemischen Institut der Universität Kiel.
Berichte der Deutschen chemischen Gesellschaft 42, 3305 (1909).
(Eingegangen am 15. August 1909.)

Schon Schoenbein[1]) hat die Einwirkung von Ozon auf Äthylen untersucht, indessen ist es weder ihm noch den späteren Bearbeitern[2]) dieser Reaktion gelungen, das erste Einwirkungsprodukt zu isolieren, da regelmäßig sehr heftige Explosionen beim Zusammentreffen der Gase eintraten. Die sorgfältigste Untersuchung stammt von Drugman[3]). Er brachte trocknen, ozonisierten Sauerstoff bei verschiedenen Temperaturen mit Äthylen zusammen. Bei 15—18° erhielt er eine Flüssigkeit, die der Elementaranalyse unterworfen wurde. Hierbei zeigte es sich, daß ein wechselndes Gemisch von Formaldehyd, Ameisensäure und Wasserstoffsuperoxyd wahrscheinlich durch spontane Zersetzung des primär gebildeten Produkts entstanden war. Außerdem beobachtete er noch das Auftreten von Kohlenoxyd und Wasserstoff. Danach verläuft die Zersetzung des Äthylen mit Ozon ziemlich kompliziert.

Nun haben vor kurzem Harries und Häffner[4]) gezeigt, daß man die einfachen Olefine gefahrlos mit Ozon zur Reaktion bringen kann, wenn man sie mit einem niedrig siedenden, indifferenten Lösungsmittel stark verdünnt. Auf diese Weise gelang es, die Ozonide vom Amylen, Hexylen und sogar vom Propylen zu bereiten. Als Lösungsmittel wurde Chloräthyl benutzt. Die beim Propylenozonid angewandte Methode hat sich, etwas modifiziert, auch bei der Darstellung des Äthylenozonids bewährt. Beim Propylenozonid[5]) konnte bisher nur ein bei 28° unter 10 mm Druck siedendes Liquidum erhalten werden, welches die Zusammensetzung $CH_3.CH{-}CH_2$ besitzt. Die Ursache,

$$\underset{O_4}{\diagdown\diagup}$$

[1]) Journ. f. prakt. Chemie [1] 66, 282 [1855].
[2]) Otto, Annales de Chim. et de Phys. [7] 13, 116 [1898].
[3]) Journ. of the Chem. Soc. 89, 943 [1906].
[4]) Berichte d. Deutsch. chem. Gesellschaft 41, 3098 [1908].
[5]) Vgl. Karl Häffner, Inaug.-Diss., Kiel 1909.

daß dieses und nicht das normale Ozonid, $CH_3 . CH—CH_2$, entstand,

$$O_3$$

schien in der zu hohen Konzentration des zum Ozonisieren des Propylens verwendeten Ozonsauerstoffstroms zu beruhen. Es wurde deshalb dieses Mal nur etwa 7 proz. Ozon benutzt, und so erhielten wir in der Tat beim Äthylen das normale Ozonid. Dies ist merkwürdigerweise ein ganz beständiger, allerdings äußerst explosiver Körper. Aus den Werten der Molekulargewichtsbestimmung und der Molekularrefraktion ergibt sich, daß ein normales Ozonid mit drei ätherartig verketteten Sauerstoffatomen vorliegt von der Formel $\begin{array}{c} CH_2 \!\!-\!\!\!-\!\! CH_2 \\ O—O—O \end{array}$.

Experimenteller Teil.

Das für unsere Zwecke erforderliche Äthylen stellten wir aus Alkohol und konz. Schwefelsäure nach der gewöhnlichen Methode dar und fingen es in einem Gasometer auf. Für die Versuche wurden diesem immer 5—6 l entnommen, zur Befreiung von Kohlenoxyd durch ammoniakalische Kupferchlorürlösung[1]) geleitet und mittels flüssiger Luft verdichtet. Als Lösungsmittel für das flüssige Äthylen diente uns flüssiges Chlormethyl, welches hierfür vortrefflich geeignet ist.

Will man indessen ein reines Äthylenozonid gewinnen, so ist es notwendig, von vornherein mit der größten Peinlichkeit jede Spur von Wasser auszuschließen, die Gase müssen daher über Phosphorpentoxyd vor der Kondensation getrocknet und außerdem muß jede Berührung der kondensierten Gase mit der Atmosphäre vermieden werden. Wir gebrauchten daher einen Apparat, dessen Zeichnung hier wiedergegeben ist.

a ist das Gefäß, welches zur Verdichtung der Gase und gleichzeitig zum Ozonisieren dient. Es besitzt ein Zu- und ein Ableitungsrohr, deren Enden außen bei d und d_1 stark erweitert sind, so daß man sie später leicht am Ozonapparat über die Quecksilberverschlüsse stülpen kann. Zunächst werden diese Zu- und Ableitungsröhren mit zwei mindestens 50 cm langen, mit Phosphorpentoxyd beschickten Röhren b und b_1 verbunden, die ihrerseits zum Schutze des Phosphorpentoxyds vor frühzeitigem Verbrauch noch mit Chlorcalciumröhren c und c_1 versehen sind. Darauf wird das mehrfach gewaschene und getrocknete Äthylen (ca. 5—6 l) durch b in a eingeleitet und mit flüssiger Luft kondensiert, nachdem man vorher kurze Zeit durch den nicht

---

[1]) Treadwell, Quantitative Analyse 1907, S. 568.

gekühlten Apparat einen ganz trocknen Luftstrom zur Entfernung von Feuchtigkeit geschickt hat. Sodann wird Chlormethyl aus einer Bombe entwickelt und ebenfalls bei *b* eingeleitet, indem man durch allmähliches Hinaufziehen des Einleitungsrohrs eine Verstopfung durch etwa gefrorenes Chlormethyl verhindert. Man kondensiert etwa 150 ccm flüssiges Chlormethyl. Nun wird die flüssige Luft aus dem Dewar - Gefäß bei *a* entfernt und vor dem Einleiten des Ozons Ätherkohlensäuremischung eingefüllt. Hierzu bewogen uns zweierlei Gründe, erstens ist das Chlormethyl bei der Temperatur der flüssigen Luft gefroren und zweitens dürfte eine Explosion, welche beim Einleiten des Ozons in die Äthylenchlormethyllösung eintreten könnte, durch die Gegenwart der flüssigen Luft im Kühlgefäß außerordentlich verstärkt werden.

Natürlich wird beim Durchleiten des Ozonstroms durch die Äthylenchlormethyllösung bei der Temperatur von ca. — 70° eine nicht unbedeutende Menge Äthylen und Chlormethyl gasförmig mitgerissen.

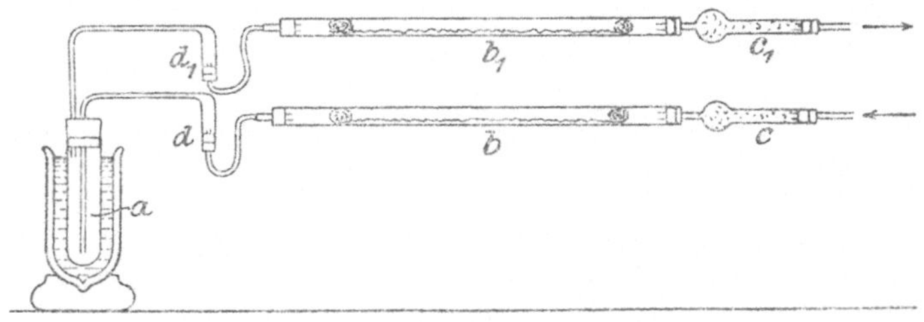

Fig. 11.

Man darf infolgedessen den Prozentgehalt an Ozon nicht zu niedrig wählen, weil, je länger durchgeleitet werden muß, desto mehr Äthylen verlorengeht. Wir wählten daher eine Konzentration des Ozons von 7%. Da nun unsere Apparate etwa 14—18% oder mehr Ozon liefern, so legten wir zwischen diese und die zu ozonisierende Lösung zwei Waschflaschen, die eine mit 5 proz. Natronlauge und die andere mit konz. Schwefelsäure zum Trocknen. Je nach der Schnelligkeit des Durchleitens wird mehr oder weniger Ozon zerstört, außerdem werden die eventuell gebildeten Oxyde des Stickstoffs zurückgehalten. Unter den von uns gewählten Bedingungen erhielten wir so einen Ozonstrom, der regelmäßig 7% Ozon enthielt. Aber nun ergab sich, daß dieses Ozon nicht absolut trocken war. Da man aber Ozon nicht über Phosphorpentoxyd leiten kann, so blieb uns nur übrig, eine Glasspirale, durch Äther-Kohlensäure gekühlt, zwischenzuschalten. Diese hat den Erfolg, daß die Wasserdämpfe, welche beim Passieren der Waschflasche mit konz. Schwefelsäure nicht zurückgehalten werden, sich kondensieren, bevor das Ozon in die Äthylenchlormethylmischung eintritt. Die Zeichnung (Fig. 12) verdeutlicht den von uns benutzten Apparat.

Hinter dem Gefäß mit der Ozonisierungsflüssigkeit befindet sich dann wieder ein langes Phosphorpentoxydrohr.

Wir haben ungefähr 6—8 mal auf diesem Weg Äthylen ozonisiert, es ist nicht einmal eine Explosion erfolgt.

Die Ozonisation erfordert pro Kubikzentimeter flüssiges Äthylen etwa eine halbe Stunde. Nicht einfach ist es, den Endpunkt der Reaktion zu erkennen, da hier aus verschiedenen Gründen die Anwendung der Bromentfärbungsprobe ausgeschlossen ist. Wir beobachteten nun, daß sich in dem Moment, in welchem alles freie Äthylen verschwunden ist, die Lösung durch freies Ozon schwach blau färbt. Sobald dieser Punkt eintritt, muß man also die Ozonisation unterbrechen, sonst wird das zunächst gebildete normale Äthylenozonid zu Oxozoniden mit höherem Sauerstoffgehalt weiter oxydiert. Um nun das

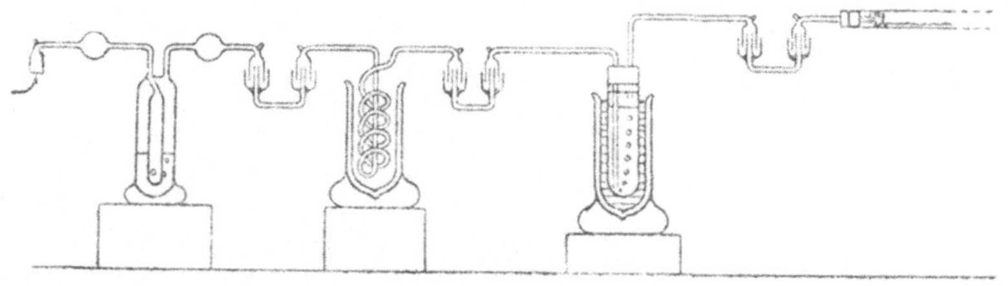

Fig. 12.

Äthylenozonid zu isolieren, braucht man nur das Gefäß aus der Kohlensäureäthermischung herausziehen und Zu- und Ableitungsrohr mit Phosphorpentoxydröhren zu verbinden, damit aus der Atmosphäre kein Wasser eintreten kann. Das Chlormethyl siedet allmählich ab, und am Schluß entfernt man die letzten Reste desselben durch Eintauchen des Gefäßes in Wasser von 20°.

Es hinterbleibt dann ein wasserklares, farbloses Öl von der Konsistenz etwa des Chloroforms, Ausbeute 2—3 g, von äußerst intensivem, betäubendem, etwas stechendem Geruch. Es ist sehr flüchtig und verdunstet, auf ein Uhrglas gebracht, nach kurzer Zeit wie Chloroform. Im Röhrchen erhitzt, explodiert es mit der größten Heftigkeit, ebenso wenn man einen Fichtenspan damit tränkt und in die Flamme hält. Es explodiert auch beim Reiben mit dem Glasstab. Auf dem Platinblech verbrennt es lebhaft unter Explosionserscheinung. Gießt man das Öl in Wasser, so sinkt es darin zu Boden, beim Umschütteln löst es sich langsam auf, umgekehrt wird von ihm wenig Wasser klar gelöst; taucht man aber in eine Kältemischung, so kann man das

Wasser zum Gefrieren bringen und solchermaßen wieder abscheiden. Beim Zusammentreffen mit Feuchtigkeit tritt sofort eine teilweise Zersetzung ein, wie sich durch den Geruch nach Formaldehyd und die saure Reaktion des Wassers kundgibt. Außerdem kann man die Bildung von Wasserstoffsuperoxyd nachweisen. Indessen geht die Zersetzung nur sehr langsam weiter; nach 24stündigem Stehen bei gewöhnlicher Temperatur ist immer noch deutlich der Geruch des Äthylenozonids wahrnehmbar, der erst dann beim Erwärmen verschwindet. Mit Natronlauge übergossen, zersetzt es sich mit Feuererscheinung explosionsartig unter Entwicklung von Formaldehyddämpfen.

Das Äthylenozonid ist wahrscheinlich unter gewöhnlichem Druck destillierbar, indessen ist die Explosionsgefahr hierbei eine sehr große. Wir untersuchten daher nur seinen Siedepunkt im Vakuum und fanden, daß es bei 18° unter 16 mm Druck ganz konstant siedet. Es hinterbleibt eine geringe Menge eines klebrigen Sirups von ebenfalls sehr explosiven Eigenschaften. Wir benutzten zu dieser Bestimmung etwa 2 g Öl und destillierten aus einem Wasserbad von etwa 22°. Zwischen Destillierapparat und Vakuumpumpe schalteten wir ein langes Phosphorpentoxydrohr.

Die Elementaranalyse im Verbrennungsrohr erscheint bei einer so flüchtigen und gefährlichen Substanz als sehr schwierig, indessen gelang sie schließlich nach mehreren vergeblichen Versuchen. Die Substanz wurde, um das Verdunsten beim Abwägen zu vermeiden, in einem Kügelchen mit nicht zu enger offner Capillare abgewogen. Die Öffnung der Capillare wurde dann im Verbrennungsrohr in Kieselgur gebettet, so daß das Öl in das letztere hineindestillieren konnte, bevor es verbrannte; außerdem wurde Bleichromat angewandt. Auf diese Weise gelang es, eine Verbrennung gut zu Ende zu führen.

Wir erhielten hierbei folgende Werte, die ganz zweifellos auf ein normales Ozonid hindeuten.

0,122 g Sbst.: 0,1390 g CO_2, 0,0606 g H_2O.

$C_2H_4O_3$.   Ber. C 31,58, H 5,26.
              Gef. ,, 31,07, ,, 5,52.
$C_2H_4O_4$.   Ber. ,, 26,09, ,, 4,35.

Diese analysierte Substanz besaß den Brechungsindex $n_d^{17,5}$ = 1,4099 und $D_{17,5}^{17,5}$ = 1,2650; daraus ergibt sich die Molekularrefraktion zu 14,60, während für 3 Äther-Sauerstoffatome 14,26 berechnet sind.

Auf die Bestimmung der Molekulardispersion aus der roten und violetten Linie haben wir verzichtet, da rotes Licht, wie beim Propylenozonid beobachtet wurde, Explosion erzeugen kann, und wir unseren kostbaren Apparat nicht gefährden wollten.

Die **Molekulargewichtsbestimmung** nach der kryoskopischen Methode im **Beckmannschen** Apparat ergibt, daß die Substanz in monomolekularer Form vorliegt.

0,6040 g Sbst.: 30,34 g Eisessig, $\Delta = 0,915$.

$C_2H_4O_3$.   Ber. M 76.   Gef. 84,86.

Zu erwähnen ist, daß, wenn man bei der Ozonisierung des Äthylens den Sättigungspunkt nicht genau innehält und zu lange einleitet, Öle entstehen, welche einen höheren Brechungsindex und steigendes spez. Gewicht aufweisen. So fanden wir z. B.

$$\text{I. } n_d^{17} = 1{,}41271; \quad D_{17}^{17} = 1{,}3140.$$
$$\text{II. } n_d^{18,5} = 1{,}41419; \quad D_{18,5}^{18,5} = 1{,}3025.$$

Bei I zeigte die Elementaranalyse einen zu niedrigen Kohlenstoffgehalt, der auf eine Beimischung von $C_2H_4O_4$ hinwies. Im übrigen besaß dieses länger ozonisierte Äthylenozonid ganz gleiche Eigenschaften wie das normale Produkt, welches vorhin beschrieben ist.

Zersetzung des Äthylenozonids durch Wasser.

Das Äthylenozonid kann in zweierlei Weise zerfallen.

I. 1 Mol. normales Äthylenozonid bildet 2 Mol. Formaldehyd und 1 Atom aktiven Sauerstoff:

$$\begin{aligned} C_2H_4O_3 = 2\ CH_2O &= 78{,}95\% \\ + 1\ O &= 21{,}05\% \\ \hline &\ 100{,}00\% \end{aligned}$$

oder

II. 1 Mol. Äthylenozonid bildet 1 Mol. Formaldehyd und 1 Mol. Ameisensäure:

$$\begin{aligned} C_2H_4O_3 = 1\ CH_2O &= 39{,}47\% \\ + 1\ HCO_2H &= 60{,}53\% \\ \hline &\ 100{,}00\% \end{aligned}$$

Das Auftreten von Kohlenoxyd oder Wasserstoff konnte nicht beobachtet werden, da keinerlei Gasentwicklung sich bemerkbar machte. Der Versuch lehrte, daß die Zersetzung nach beiden Richtungen nebeneinander verläuft, da zu wenig aktiver Sauerstoff und zu wenig Formaldehyd und relativ viel Ameisensäure gemessen wurde.

I. Versuch. 0,8857 g Ozonid wurden in 30 ccm Wasser bei Zimmertemperatur gelöst und 24 Stunden stehen gelassen. Nachher wurde die Lösung in drei gleiche Teile geteilt.

In Teil a wurde der aktive Sauerstoff durch angesäuerte Jodkaliumlösung und Titration des ausgechiedenen Jods mit $^1/_{10}$ n-Thiosulfat ermittelt. $\dfrac{0{,}887}{3}$ Ozonid brauchten 45,8 ccm $^1/_{10}$ n-Thiosulfat, d. h.

gef. **12,41%** aktiven Sauerstoff.

In Teil b wurde der Formaldehyd als p-Nitrophenylhydrazon gefällt; wir erhielten 0,2674 g Hydrazon oder 16,48% Formaldehyd.

In Teil c wurde die Ameisensäure mit $^1/_{10}$n-Natronlauge und Phenolphthalein titriert; verbraucht wurden 25,5 ccm $^1/_{10}$n-Natronlauge gleich 57,86% Ameisensäure.

II. In einem anderen Versuch wurde die Schnelligkeit der Spaltung durch Titration der gebildeten Ameisensäure verfolgt. 0,1570 g Ozonid wurden in 70 ccm Wasser bei 18° gelöst, wozu etwa zwei Stunden erforderlich waren. An diesem Punkt ergab die Titration 8 ccm $^1/_{10}$n-Natronlauge = 8,79% Ameisensäure oder 7,95% zur Oxydation von Formaldehyd verbrauchten Sauerstoff. Nach 24stündigem Stehen wurde aufgekocht und weiter titriert; es waren jetzt 19 ccm $^1/_{10}$n-Natronlauge zur Neutralisation nötig = 55,67% Ameisensäure oder 19,36% Sauerstoff waren säurebildend; aber selbst nach 48 Stunden konnten noch neue Mengen Ameisensäure nachgewiesen werden.

III. In einem dritten Versuch wurde noch einmal nach 24stündigem Stehen der aktive Sauerstoff nachgewiesen:

0,364 g Sbst.: 75 ccm $^1/_{10}$n-Thiosulfatlösung = 16,48% aktiver Sauerstoff.

Es scheint demnach, als wenn die Zersetzung nicht regelmäßig verläuft, sondern das eine Mal mehr, das andere Mal weniger aktiven Sauerstoff, Formaldehyd oder Ameisensäure liefert.

Die Untersuchung über die Ozonide der einfachen Olefine soll noch weiter geführt werden.

---

52. C. Harries: Über die Einwirkung des Ozons auf organische Verbindungen[1].

Mitteilung aus dem chemischen Institut der Universität Kiel.
Annalen der Chemie und Pharmazie **390**, 237 (1912).
(Eingegangen am 6. Mai 1912.)

[Dritte Abhandlung.]

In den vorliegenden Untersuchungen werden einige Fragen, die in der zweiten Abhandlung noch nicht genügend geklärt erschienen, ihrer Lösung zugeführt. In erster Linie war zu erforschen, wie sich das Auftreten von Ozoniden erklären läßt, welche mehr Sauerstoff enthalten als dem Sättigungsgrad entspricht. Das Resultat dieser Untersuchungen ist bereits unlängst in einer kurzen Zusammenfassung in den Berichten der deutschen chemischen Gesellschaft mitgeteilt worden[2]. Danach besteht offenbar das gewöhnliche, durch dunkle elektrische Entladung in einem 10-Röhrenapparat erzeugte Ozon aus einem Gemenge von verschiedenen Modifikationen des Sauerstoffs, welche sich mit verschiedener Geschwindigkeit je nach der Natur der damit behandelten Substanz an die ungesättigte Bindung anlagern dürften. Aus der Zusammensetzung der entstehenden Produkte kann man den Schluß ziehen, daß neben dem Ozon O_3 noch das Oxozon O_4 darin enthalten ist. Das letztere wird durch Behandlung des rohen Ozons mit Natronlauge und konzentrierter Schwefelsäure in erster Linie zerstört, wodurch es gelingt, beim Einleiten dieses gewaschenen Gases in die Lösung des zu ozonisierenden Körpers recht reine normale, durch Anlagerung von O_3 entstandene Ozonide zu gewinnen. Wie das Studium der Ozonderivate des Butylens durch Herrn F. Evers gezeigt hat, können diese bei den Olefinen in vier verschiedenen Modifikationen auftreten, und daraus erklären sich jetzt die merkwürdigen untereinander abweichenden Resultate, die früher Haeffner[3] bei den von ihm untersuchten Kohlenwasserstoffen beobachtet hat.

---

[1] Annalen d. Chemie u. Pharmazie **374**, 288 [1910].
[2] Berichte d. Deutsch. chem. Gesellschaft **45**, 936 [1912].
[3] Annalen d. Chemie u. Pharmazie a. a. O. und Berichte d. Deutsch. chem. Gesellschaft **41**, 3098 [1908].

Ozonisiert man das Butylen mit gewaschenem Ozon, so erhält man stets zweierlei Verbindungen, ein leicht flüchtiges dünnflüssiges Öl, das normale monomere Ozonid

$$\underset{\underset{\text{O . O . O}}{|\qquad\quad|}}{CH_3 . HC\!\!-\!\!-\!\!-\!\!CH . CH_3}\,,$$

und einen zähen farblosen Sirup derselben Zusammensetzung, aber von der doppelten Molekulargröße. Beim Ozonisieren mit rohem Ozon gewinnt man ebenfalls ein flüchtiges dünnflüssiges Liquidum, dessen Analysenresultate aber starke Abweichungen von dem normalen Ozonid ergeben. Es scheint ein Gemenge von monomerem normalen Ozonid und Oxozonid (O_3 und O_4) vorzuliegen, dessen Trennung nicht gelang. Daneben entsteht ein Sirup von Glycerinkonsistenz, dessen Zusammensetzung auf die Anlagerung von O_4 hinweist, mit der doppelten Molekulargröße

$$\left(\underset{\underset{O_4}{\diagdown\;\diagup}}{CH_3 . HC\!-\!CH . CH_3}\right)_2 . \; [1])$$

Während das normale monomere Ozonid durch Weiterbehandlung mit starkem Ozon nicht verändert wird, läßt sich das dimere hierdurch ziemlich leicht in das dimere Oxozonid überführen. Das letztere ist das Endprodukt der Oxydation mit Ozon. Ob das dimere Oxozonid durch Erhitzen in das entsprechende monomere Oxozonid umgewandelt werden kann oder dabei Sauerstoff verliert und das monomere normale Ozonid liefert, konnte wegen der Explosivität der Verbindung noch nicht näher festgestellt werden.

Gleichzeitig mit dem Butylen wurden auch einige Arylolefine durch Herrn Riedl von Riedenstein untersucht, das Allylbenzol, das isomere Propenylbenzol und das Methovinylbenzol.

Mit gewaschenem Ozon erhält man aus dem Allylbenzol nebeneinander ein destillierbares Öl, das normale monomere Ozonid

$$\underset{\underset{O_3}{\diagdown\;\diagup}}{C_6H_5 . CH_2 . HC . CH_2}\,,$$

und einen dicken Sirup derselben Zusammensetzung aber der doppelten Molekulargröße. Mit rohem Ozon entsteht eine feste sehr explosive Verbindung, deren Analyse auf die Anlagerung von mehr Sauerstoff

---

[1]) Aus dem Auftreten der beiden Ozonverbindungen könnte man schließen, daß Ozon O_3 und Oxozon O_4 bei niederen Temperaturen zum Teil als $(O_3)_2$ und $(O_4)_2$ vorhanden sind und sich als solche anlagern, bei höherer Temperatur aber zu $2\,O_3$ und $2\,O_4$ dissoziieren, ähnlich wie $(NO_2)_2$ in $2\,NO_2$ übergeht. Hierüber sollen noch Versuche angestellt werden.

hinweist. Nach den Ergebnissen der Spaltung zu urteilen, ist aber diese Mehranlagerung von Sauerstoff durch Eingriff in den Benzolkern erfolgt.

Das Propenylbenzol liefert auch mit ganz schwachem Ozon kein isolierbares Ozonid

$$C_6H_5-HC-CH \, . \, CH_3$$
$$\diagdown\!\diagup$$
$$O_3$$

Der Sirup, welchen man nach dem Abdampfen des Lösungsmittels erhält, besteht zum größten Teil aus Benzoesäure und Benzaldehyd. Das Ozonid ist also sehr zersetzlich.

Auf das verschiedene Verhalten von aromatischen Körpern, welche die Doppelbindung dem Benzolkern benachbart und nicht benachbart besitzen, habe ich schon in meiner zweiten Abhandlung hingewiesen und darauf aufmerksam gemacht, daß man hierauf Konstitutionsbestimmungen gründen könne.

53. Fritz Evers: Über die Ozonide des symmetrischen Butylens.

Annalen der Chemie und Pharmazie **383**, 238 (1912).

Das Ausgangsmaterial.

Die Bereitung des symmetrischen Butylens aus sekundärem Butylalkohol ist bereits früher[1]) ausführlich beschrieben worden. Es sei nur bemerkt, daß ich es für meine Zwecke vorgezogen habe, das käufliche technische Äthylmethylketon vor der Reduktion einer sorgfältigen Fraktionierung mittels des 15 kugligen Le Belschen Kolonnenapparats zu unterwerfen. Die Wasserabspaltung aus dem sekundären Butylalkohol wurde durch Destillation über Phosphorpentoxyd vorgenommen und das Butylen in einer mit Äther-Kohlensäure gekühlten Röhre kondensiert, aus der dann je nach Bedarf kleinere Portionen, gewöhnlich 5 g, für die Behandlung mit Ozon entnommen wurden.

Was die Zusammensetzung des nach dieser Methode gewonnenen Butylens anbetrifft, so kann kein Zweifel bestehen, daß es ganz einheitlich ist und die Konstitution $CH_3.CH = CH.CH_3$ besitzt. Dies geht einerseits aus seinem Verhalten bei der Bromierung, andererseits bei der Ozonisierung hervor. Bei der Bromierung erhält man fast die theoretische Menge eines Dibromids, welches bei $157-159°$ unter normalem Druck siedet, während der Siedepunkt des 1,2-Dibrombutans, $CH_2Br.CHBr.CH_2.CH_3$, bei $165-166°$, des 1,2-Dibromisobutans, $(CH_3)_2CBr.CH_2Br$, bei $148°$ liegt. Wäre in dem Butylen der Kohlenwasserstoff, $CH_2 = CH.CH_2.CH_3$, enthalten, so hätte man bei der Ozonisierung viel explosivere Ozonide und bei deren Spaltung die Bildung von Formaldehyd bzw. Ameisensäure beobachten müssen. Diese konnten jedoch nicht aufgefunden werden, man erhielt vielmehr nur Acetaldehyd und Essigsäure.

Nun ist aus den Untersuchungen von Johannes Wislicenus[2]) bekannt, daß das symmetrische Butylen in zwei cis-trans-isomeren Formen auftreten kann. Das eine bereitete er aus Hydrobromangelicasäure und das andere aus Hydrobromtiglinsäure. Bei dem Bemühen,

---

[1]) Harries, Annalen d. Chemie u. Pharmazie **383**, 180 [1911].

[2]) J. Wislicenus u. Henze, Annalen d. Chemie u. Pharmazie **313**, 239 [1900].

nach diesem Verfahren größere Mengen der beiden reinen Kohlenwasserstoffe zu erhalten, stieß ich auf Schwierigkeiten, welche die Durchführung dieser Untersuchung wegen Substanzmangel direkt hätte in Frage stellen können. Infolgedessen wurde auf die Reindarstellung des cis- und trans-Butylens verzichtet, da man überdies das aus sek. Butylalkohol gewonnene Butylen, welches den Sdp. $+ 1°$ besitzt, als ziemlich reine cis-Verbindung betrachten kann. Ferner ist von Harries und Frank[1]) früher beim Öl- und Elaidinsäureozonid gezeigt worden, daß zwischen den beiden stereomeren Ozoniden dieser Säuren keine oder nur sehr geringe Unterschiede bestehen. Selbstverständlich hätte bei einer ganz exakten Bearbeitung dieses Gebietes eigentlich auch das cis- und trans-Butylen getrennt der Einwirkung des Ozons unterworfen werden müssen.

Methode der Ozonisierung.

Ich benutzte die von Koetschau[2]) für das Äthylenozonid ausgearbeitete Methode und als Lösungsmittel für das Butylen flüssiges Chlormethyl. Für den Gebrauch des technischen Chlormethyls sei erwähnt, daß dasselbe meistens einen Körper ungesättigter Natur enthält. Infolgedessen wurde das von mir gebrauchte technische Chlormethyl zunächst einem Reinigungsverfahren unterworfen, indem ich so lange Brom zusetzte, wie noch Entfärbung erfolgte, darauf wurde das Chlormethyl erst durch Kalilauge zur Entfernung von überschüssigem Brom und dann zum Trocknen durch eine lange, mit Phosphorpentoxyd beschickte Röhre geleitet.

Die Versuche wurden meist in nicht größerem Maßstabe als zurzeit mit 5 g, höchstens 10 g flüssigem Butylen angesetzt. Dieses wurde aus der vorhin beschriebenen Vorratsröhre über Phosphorpentoxyd in das Ozonisierungsgefäß eingeleitet und dann darüber so lange Methylchlorid verdichtet, bis das ganze Volumen etwa 100 ccm bzw. 200 ccm betrug. Im weiteren sei auf die Einzelheiten der für die Darstellung des Äthylenozonids gegebenen Vorschrift verwiesen, die sich durchaus bewährt hat. Bei jeder Operation ist für peinlichen Ausschluß von Feuchtigkeit aus der Luft Sorge zu tragen. Auch hier konnte wieder beobachtet werden, daß das Methylchlorid durch Ozon gar nicht oder nur in sehr geringem Maße angegriffen wird. Man hielt es nicht für ratsam, eine größere Menge Butylen als die angegebene auf einmal zu ozonisieren, da damit gerechnet werden mußte, daß trotz aller Vorsichtsmaßregeln doch eine Explosion eintreten konnte. Ozonidmengen,

---

[1]) Annalen d. Chemie u. Pharmazie, II. Abh. Dieses Buch S. 322.

[2]) Harries - Koetschau, Berichte d. Deutsch. chem. Gesellschaft 42, 3305 [1909].

die mehr als 10 g Butylen entsprechen, dürften aber bei spontaner Explosion erheblichen Schaden anrichten. Vielleicht ist es dieser Vorsicht zuzuschreiben, daß während der ganzen Arbeit, im Verlaufe deren mehrere hundert Gramm Butylen allmählich ozonisiert wurden, nicht eine einzige unbeabsichtigte Explosion erfolgte; denn größere Portionen von Ozoniden explodieren häufiger spontan als kleinere.

Zur Ozonisation wurde ein Apparat mit zehn nebeneinandergeschalteten Berthelotröhren benutzt, der bei einer Frequenz des Wechselstroms von 100 Sekundenperioden und bei einer sekundären Spannung von etwa 8000 Volt, je nach der Geschwindigkeit des Durchleitens von 10 oder 15 l mit Phosphorpentoxyd getrocknetem technischen Sauerstoff, 11- oder 14proz. „Roh-Ozon" lieferte[1]). Durch Waschen mit 5 proz. Natronlauge und konz. Schwefelsäure wird die Konzentration auf 5,8 bzw. 9,3% herabgesetzt. Dieses Ozon wird jetzt als „Rein-Ozon" bezeichnet. Das mit konz. Schwefelsäure behandelte Ozon ist noch feucht, infolgedessen die schon von Koetschau[2]) empfohlene, durch Äther-Kohlensäure gekühlte Schlange eingeschaltet wurde, welche den Wasserdampf aus dem Reinozon vor dem Eintreten in das Chlormethyl kondensiert.

1. Behandlung des Butylens mit Reinozon.

Das Reaktionsprodukt.

Die Ozonisation des Butylens in flüssigem Chlormethyl wird unter guter Kühlung mit Kältemischung durchgeführt, es empfiehlt sich aus später zu erörternden Gründen möglichst schnell zu ozonisieren. Der Sättigungspunkt wird daran erkannt, daß sich die Lösung durch nicht mehr absorbiertes Ozon blau färbt. An diesem Punkt unterbricht man die Operation und läßt nun langsam das Chlormethyl durch eine lange, mit Phosphorpentoxyd gefüllte Röhre abdunsten, die zum Schutze gegen Luftfeuchtigkeit dienen soll. Nach dem vollständigen Verschwinden des Chlormethyls hinterbleibt ein farbloses Öl von Glycerinkonsistenz und sehr charakteristischem Geruch. Die Ausbeute beträgt ungefähr 75%. Das Produkt brennt, in die Flamme gebracht, lebhaft ab, explodiert aber auf das heftigste, wenn man es in einem Röhrchen auf etwa 125° im Glycerinbade erhitzt.

---

[1]) Vgl. Harries, Zeitschr. für Elektrochemie **18**, 130 [1912]. Es ist notwendig, diese Angaben ganz genau zu machen, da kleine Abweichungen, besonders in der Schaltung der Berthelotröhren, erhebliche Änderungen in der Zusammensetzung des Rohozons bedingen können.

[2]) Berichte d. Deutsch. chem. Gesellschaft **42**, 3305 [1909].

Weitere Verarbeitung.

Zur Reinigung wurde das Öl der Destillation im Vakuum unterworfen, wegen der Flüchtigkeit des einen Teiles durfte der Druck nicht zu niedrig gewählt werden.

Es wurden von 8,5 g Rohozonid folgende Fraktionen erhalten:

<pre>
  I. Vorlauf bis   19° unter 24—26 mm 0,3 g.
 II. Fraktion 19—30°   ,,   22—24 ,, 2,7 g.
III.   ,,   30—35°   ,,   19—23 ,, 0,4 g.
 IV. Rückstand   5,0 g.
</pre>

Die Ausbeute an flüchtigem Produkt beträgt im Durchschnitt etwa 38—40%, die an Rückstand etwa 60%. Koetschau und Haeffner fanden dagegen beim Äthylenozonid bzw. Propylenoxozonid viel flüchtiges Öl neben wenig Rückstand. Bemerkt sei, daß es für die Ausbeute an flüchtigem Ozonid nach meinen Erfahrungen vorteilhaft ist, beim Ozonisieren möglichst rasch zu arbeiten. Ein Versuch, der mit Reinozon von etwa 2% angesetzt wurde und deshalb sehr lange Zeit zur vollkommenen Absättigung des Butylens bedurfte, ergab sehr wenig flüchtiges Öl und viel Rückstand.

Monomeres normales Butylenozonid,

$$CH_3 . HC \text{———} CH . CH_3$$
$$\quad\; | \qquad\qquad\; |$$
$$O—O—O$$

Dieser Körper ist in der Fraktion II enthalten, bei mehrfacher Rektifikation durch Destillation im Vakuum wurde ein bei 15—16° unter 20 mm Druck siedendes farbloses Liquidum erhalten. Dasselbe besitzt einen betäubenden Geruch, ist sehr flüchtig, auf ein Uhrglas gebracht verdunstet es wie Chloroform, und wird von allen Lösungsmitteln, auch von Wasser, leicht aufgenommen. Mit Ätzalkalien zusammengebracht, zersetzt es sich langsam unter Braunfärbung, explodiert aber nicht wie das Äthylenozonid. Beim Erhitzen unter gewöhnlichem Druck zeigt es die gleichen Eigenschaften wie das Rohozonid. Durch kaltes Wasser wird es nur langsam zersetzt, schneller beim Erwärmen, wobei man dann die Bildung von Wasserstoffsuperoxyd reichlich nachweisen kann.

Die Elementaranalyse wurde in der schon früher beschriebenen Weise vorgenommen, indem man das Glaskügelchen in der Verbrennungsröhre in Kieselgur bettete und dann darin zerdrückte. Dadurch werden die explosiven Eigenschaften sehr herabgesetzt.

I. 0,0781 g Sbst.: 0,1314 g CO_2, 0,0534 g H_2O. — II. 0,1050 g Sbst.: 0,1784 g CO_2, 0,0655 g H_2O. — III. 0,1508 g Sbst.: 0,2558 g CO_2, 0,1019 g H_2O. — IV. 0,4765 g Sbst. in 26,7 Eisessig: 0,652° Depression (im Beckmannschen Apparat).

	Ber. für $C_4H_8O_3$	Gef. I	II	III	IV
C	46,1	45,9	46,3	46,2	—
H	7,7	7,7	7,0	7,6	—
M	104,1	—	—	—	106,7

Die Präparate stammen von verschiedenen Darstellungen, man sieht, daß man besonders in Analyse III ein chemisch reines Produkt in den Händen hatte. Dieses wurde zur Feststellung der physikalischen Konstanten benutzt.

Die optische Bestimmung ergab[1]:

$$\text{Analyse I:} \quad i_d^{20^0} = 57° 25'; \quad n_d^{20^0} = 1{,}38593.$$
$$\text{,,} \quad \text{II:} \quad i_d^{20^0} = 57° 35'; \quad n_d^{20^0} = 1{,}38499.$$
$$\text{,,} \quad \text{III:} \quad i_d^{20^0} = 57° 30'; \quad n_d^{22^0} = 1{,}38546.$$
$$\text{,,} \quad \text{III:} \quad D_{22^0}^{22^0} = 1{,}0217.$$

$$\text{Mol.-Refraktion: } M_d \quad . \quad . \quad \text{ber. } 23{,}46, \qquad \text{gef. } 23{,}93$$

Für die Berechnung der Molekularrefraktion wurden die Werte für drei Äthersauerstoffatome eingesetzt. Das Resultat steht im Einklang mit früheren Beobachtungen beim Äthylenozonid und bei der Ölsäure, wonach die Ozonide die Konstitution I und nicht II besitzen.

$$\text{I} \quad {>}C{-}{-}{-}C{<} \atop O{-}O{-}O \qquad\qquad \text{II} \quad {>}C{-}{-}{-}C{<}$$

Dimeres normales Ozonid,

$$\left(\begin{matrix} CH_3 . HC{-}CH . CH_3 \\ \diagdown\diagup \\ O_3 \end{matrix} \right)_2 .$$

Dieses Produkt ist in dem nicht flüchtigen Rückstand der Vakuumdestillation enthalten. Zuerst ist es noch von etwas beigemengtem monomeren Ozonid dickflüssig. Bewahrt man den farblosen glasklaren Sirup einige Tage im Vakuumexsiccator auf, bis sich das monomere Ozonid vollkommen verflüchtigt hat, so wird er ganz zähflüssig und fast geruchlos. In organischen Solvenzien ist er noch löslich, von Wasser wird er nur sehr wenig aufgenommen. Beim Erhitzen auf etwa 125° tritt heftige Explosion ein. Da sich der Körper weder destillieren noch aus einem Lösungsmittel durch ein anderes umfällen ließ, mußte auf eine weitere Reinigung verzichtet werden, und so ist es zu erklären, daß die gefundenen Analysenwerte nicht so genau mit den von der Theorie geforderten übereinstimmen wie bei dem monomeren.

---

[1] Die Mol.-Dispersion wurde nicht bestimmt, da eine dünne Schicht das violette Licht stark absorbierte.

I. 0,1125 g Sbst.: 0,1850 g CO_2, 0,0746 g H_2O. — 0,0254 g Sbst.: in 13,65 Eisessig: 0,02° Depression (im Beckmannschen Apparat). — II. 0,1015 g Sbst.: 0,1657 g CO_2, 0,0675 g H_2O. — 0,7685 g Sbst. in 24,47 Eisessig: 0,56° Depression.

	Ber. für $(C_4H_8O_3)_2$	Gef. I	II
C	46,1	44,9	44,5
H	7,7	7,4	7,4
M	208,2	209	219

Die optischen Konstanten ließen sich leider nicht feststellen, da der zähe Sirup nicht blasenfrei in den Apparat zu bringen war. Aus demselben Grunde ist das spezifische Gewicht auch nur annähernd ermittelt worden. Es betrug bei $\frac{20°}{20°}$ etwa 1,17. Über die Konstitution dieses dimeren Ozonids kann man nur Vermutungen anstellen, vielleicht kommt ihm folgende Formel zu:

$$
\begin{array}{c}
CH_3 . HC{-\!\!-\!\!-\!\!-}CH . CH_3 \\
|\qquad\qquad | \\
O-O-O \\
\| \\
O-O-O \\
|\qquad\qquad | \\
CH_3 . HC{-\!\!-\!\!-\!\!-}CH . CH_3
\end{array}
$$

Um das Verhältnis der beiden normalen Butylenozonide zueinander näher zu charakterisieren, sind von beiden zwei Reihen von Spaltungskurven aufgenommen worden, nämlich Geschwindigkeit der Spaltung durch Wasser und durch Jodkaliumlösung — Messung des aktiven Sauerstoffs. Der besseren Übersicht halber sollen sie in einem besonderen Kapitel zugleich mit den entsprechend aufgenommenen Kurven der Oxozonide zusammengestellt werden.

2. Behandlung des Butylens mit Rohozon.

Das Reaktionsprodukt.

Die Ozonisation des Butylens mit 14proz. Ozon wird genau in der vorher beschriebenen Weise vorgenommen, auch die Isolierung des Reaktionsproduktes ist die gleiche. Man erhält ein farbloses Liquidum von Sirupskonsistenz und ganz ähnlichen Eigenschaften wie früher angegeben. Da die Ozonisierung viel kürzere Zeit in Anspruch nimmt, so ist die Ausbeute besser, nämlich bis 86%, weil nicht soviel Butylen bei der Ozonisation zugleich mit dem Chlormethyl verdunstet. Zur weiteren Reinigung wurde das Rohozonid im Vakuum fraktioniert.

Es wurden von 9,2 g folgende Fraktionen erhalten:

I. Fraktion von 16—20° unter 24—25 mm Druck . 2,75 g
II.   „   „ 22—24°   „   14—18 „   „   . 0,95 g
III.   „   „ 22°   „   23 mm Druck . . . 0,15 g
IV. Rückstand . . . . 3,73 g

Die Ausbeute an dem flüchtigen Anteil beträgt im Durchschnitt etwa 60%, die an nicht flüchtigem 40%. Es gilt auch hier hinsichtlich der Ozonisationsdauer das schon auf S. 346 Gesagte.

Monomeres Butylenoxozonid,

$$CH_3 . HC - CH . CH_3$$

$$O_4$$

Während es bei dem vorher beschriebenen normalen Ozonid verhältnismäßig leicht war, ein konstant siedendes Produkt, welches gute Analysenwerte lieferte, zu isolieren, boten sich hier die größten Schwierigkeiten dar. Wie man aus der Fraktionstabelle ersehen kann, scheint der leicht flüchtige Teil ein Gemisch zu sein.

Um Klarheit zu schaffen, welche Fraktion das Ozonid vorwiegend enthielt, wurden bei mehreren Darstellungen von den einzelnen Fraktionen die physikalischen Konstanten bestimmt.

	Darstellung I	II	III
I. Fraktion:	$D_{23^0}^{23^0} = 1{,}033$ Sdp. 21° 20 mm	$D_{22^0}^{22^0} = 1{,}0259$ Sdp. 15—20° 25 mm	—
II. Fraktion:	$D_{24^0}^{24^0} = 1{,}0410$ $n_d^{22^0} = 1{,}38641$ Sdp. 21—23 20 mm Analyse I	$D_{20^0}^{20^0} = 1{,}0336$ $n_d^{20^0} = 1{,}38404$ Sdp. 20—22° 22 mm Analyse II	$D_{19^0}^{19^0} = 1{,}0256$ Sdp. 22° 20 mm Analyse III
III. Fraktion:	—	$D_{20^0}^{20^0} = 1{,}0356$ Sdp. 20—22° 23 mm	—

Auch wurden zahlreiche Analysen der Fraktionen ausgeführt, von denen einige hier angegeben werden mögen.

I. 0,1192 g Sbst.: 0,1912 g CO_2, 0,0831 g H_2O. — II. 0,1357 g Sbst.: 0,1878 g CO_2, 0,0848 g H_2O. — III. 0,1104 g Sbst.: 0,1604 g CO_2, 0,0625 g H_2O.

	Ber. für		Gef.		
	$C_4H_8O_3$	$C_4H_8O_4$	I	II	III
C	46,1	40,0	43,8	37,7	41,6
H	7,7	6,7	7,8	7,0	6,3

Man sieht aus diesen Resultaten, daß man bei jeder Darstellung bzw. Fraktionierung ein Produkt von anderer Zusammensetzung erhält. Daß aber in diesem Öl neben dem normalen Ozonid ein sauerstoffreicheres Produkt enthalten ist, geht aus seinem Verhalten gegen Jodkaliumlösung hervor. Die Substanzen, welche mit starkem Ozon gewonnen wurden, können mehr aktiven Sauerstoff entwickeln als die mit gewaschenem Ozon bereiteten. Siehe die Kurven S. 358. Wenn man die am reinsten Präparat des normalen Ozonids bestimmten physikalischen Konstanten: $n_d^{22^0} = 1{,}38546$, $D_{22^0}^{22^0} = 1{,}0217$, Sdp. 15—16°, 20 mm, mit denjenigen des neuen Produkts vergleicht, so kommt man zu dem Resultat, daß wohl die in Analyse II vorliegende Substanz das verhältnismäßig reinste Oxozonid darstellt, deren physikalische Konstanten folgende sind: $n_d^{20^0} = 1{,}38404$, $D_{20^0}^{20^0} = 1{,}0336$, Sdp. 20—22°, 22 mm. Aber auch diese seien mit allem Vorbehalt angegeben. Das Molekulargewicht eines solchen Präparates ergab auf die monomere Formel stimmende Werte.

0,3106 g Sbst. gaben in 23,15 Eisessig: 0,489° Depression (im Beckmannschen Apparat).

	Ber.	Gef.
M	120	107

Da kein reines Oxozonid zu gewinnen war, hat es auch keinen Wert, aus den physikalischen Konstanten die Molekularrefraktion zu berechnen.

Dimeres Butylenoxozonid,

$$\left(\begin{array}{c} CH_3 . HC{-}CH . CH_3 \\ \diagdown / \\ O_4 \end{array} \right)_2 .$$

Um diese Verbindung in reinem Zustande zu gewinnen, wurde der Destillationsrückstand im Vakuumexsiccator einige Tage evakuiert, bis der typische Geruch des flüchtigen Ozonids verschwunden war. Man erhält so ein Öl von Glycerinkonsistenz, welches nicht so zähflüssig wie das dimere normale Ozonid ist, ferner riecht es nach Paraldehyd, während das andere geruchlos ist. Beim Erhitzen auf 125° explodiert es sehr heftig. Wenn man nicht ganz auf diese Temperatur geht, beobachtet man Gasentwicklung, und manchmal gelingt es, natürlich bei kleinen Portionen, so lange zu erhitzen, bis die Gasentwicklung aufhört, ohne daß Explosion eintritt. Man erhält dann nach dem Abkühlen ein dünnflüssiges Liquidum von den Eigenschaften der monomeren Verbindung. Ob hierbei das normale Ozonid oder Oxozonid entsteht, konnte nicht festgestellt werden. Beim Abkühlen auf — 80° erstarrt das dimere Oxozonid zu einer harten glasigen Masse. Von organischen Lösungsmitteln wird es leicht aufgenommen mit Ausnahme von Petroläther und Wasser, in denen es sich schwerer löst. Es zeigt die allgemeinen Ozonidreaktionen wie die beschriebenen Butylenozonide.

Aus den Analysenbefunden geht hervor, daß, wenn man hinreichend lange ozonisiert hat, recht genau auf das dimere Oxozonid stimmende Werte erhalten werden (vgl. ferner das auf S. 341 Gesagte).

I. 0,2654 g Sbst.: 0,3888 g CO_2, 0,1720 g H_2O. — 0,4356 g Sbst.: in 21,2 Eisessig: 0,33° Depression. — II. 0,1565 g Sbst.: 0,2302 g CO_2, 0,1019 g H_2O. — 0,4974 g Sbst. in 21,2 Eisessig: 0,39° Depression.

	Ber. für $(C_4H_8O_4)_2$	Gef. I	II
C	40,0	39,9	40,1
H	6,7	7,2	7,1
M	240	243	239

Mol.-Refraktion: $n_d = 1{,}43167$; $D_{190}^{190} = 1{,}1604$.

MR$_d$ . . . ber. 51,56,   gef. 53,66.

Zur Berechnung der Molekularrefraktion wurden hier die Werte für 4 Äthersauerstoffatome und 4 vierwertige Sauerstoffatome eingesetzt. Wenn man für das monomere Ozonid die Formel I wählt, so kommt für das dimere Produkt die Formel II in Betracht.

$$\text{I}\quad CH_3.HC{-\!\!-\!\!-}CH.CH_3 \qquad\qquad \text{II}\quad CH_3.HC{-\!\!-\!\!-}CH.CH_3$$

$$\begin{array}{c} | \qquad\qquad | \\ O{-}O{-}O \\ \| \\ O \end{array} \qquad\qquad \begin{array}{c} | \quad O \quad | \\ \| \\ O{-}O{-}O \\ \| \\ O{-}O{-}O \\ \| \\ O \\ | \qquad | \\ CH_3.HC{-\!\!-\!\!-}CH.CH_3 \end{array}$$

Verhalten der Butylenozonide und Oxozonide bei der Weiterbehandlung mit Ozon.

Aus den oben dargelegten Gründen war es von Interesse zu untersuchen, wie sich die verschiedenen Butylenozonide bei der weiteren Einwirkung von starkem Ozon verhalten würden.

Zunächst habe ich ein Präparat (Analyse II) von normalem monomerem Ozonid in Methylchlorid mit 14 proz. Ozon eine Stunde lang behandelt. Gleich von Anfang an färbte sich die Flüssigkeit tief blau, darauf wurde die mit Ozon gesättigte Lösung noch 24 Stunden stehen gelassen. Nach dieser Zeit wurde in der früher beschriebenen Weise das Ozonid isoliert und im Vakuum destilliert. Der Siedepunkt war derselbe, auch war kein dickflüssiger Rückstand zu bemerken, ein Zeichen, daß infolge der langen Einwirkung des Ozons eine Polymerisation nicht mehr eintritt. Durch Kontrollanalyse wurde festgestellt, daß die Zusammensetzung des Produktes noch unverändert war.

0,1024 g Sbst.: 0,1697 g CO_2, 0,0670 g H_2O.

	Ber. für $C_4H_8O_3$	Gef.
C	46,1	45,2
H	7,7	7,3

Das dimere normale Butylenozonid wurde genau ebenso mit 14proz. Ozon behandelt, schon nach einer Stunde der Einwirkung ergab die Analyse (I) des isolierten Öles die Zusammensetzung des dimeren Oxozonids, auch die Eigenschaften des Präparats hatten sich in dem vorher beschriebenen Sinne geändert. Eine Depolymerisation war aber nicht zu beobachten.

I. 0,1307 g Sbst.: 0,1833 g CO_2, 0,0723 g H_2O. — II. 0,1750 g Sbst.: 0,2527 g CO_2, 0,1163 g H_2O.

	Ber. für $C_4H_8O_4$	Gef. I	II
C	40,0	38,3	39,4
H	6,7	6,2	7,3

Da das reine monomere normale Ozonid durch starkes Ozon nicht verändert wird, so bleibt natürlich das Gemisch von ihm mit monomerem Oxozonid auch unverändert.

Es war aber noch festzustellen, ob das dimere Oxozonid das Endprodukt der Oxydation durch Ozon ist, oder ob etwa noch höher sauerstoffhaltige Abkömmlinge des Butylens wie bei der Ölsäure und Citronellasäure gewonnen werden können. Hier ließ sich nur feststellen, daß das zur Oxydation verwendete Präparat auch bei sehr langer Dauer der Einwirkung des Ozons ganz unverändert blieb (Analyse II).

Teilweise Rückumwandlung des dimeren Oxozonids in das
dimere normale Ozonid.

Bei der Ölsäure ließ sich durch Behandlung des Ozonidperoxyds mit Wasser ein Sauerstoffatom herausnehmen und das normale Ozonid gewinnen. Dieser Versuch regte an, auch das dimere Butylenoxozonid in analoger Weise mit Wasser zu behandeln, um zu sehen, ob dabei das dimere normale Butylenozonid gebildet würde. Das monomere Oxozonid konnte hierfür keine Verwendung finden, weil es in Wasser leicht löslich ist und alsbald weitgehende Spaltung erleidet. Das dimere Oxozonid wird dagegen von Wasser schwer aufgenommen, die Zersetzung geht langsam vor sich. Wenn man ein solches Präparat mit der zehnfachen Menge Wasser einige Minuten lang tüchtig durchschüttelt, den ungelösten Teil dann mit abs. Äther aufnimmt und mit Magnesiumsulfat trocknet, so gewinnt man nach dem Verdunsten des Äthers einen Sirup, der viel zähflüssiger als das Ausgangsmaterial ist. Das zum Waschen benutzte Wasser zeigt starke Reaktion auf

Wasserstoffsuperoxyd aber auch deutliche Reduktion von ammoniakalischer Silberlösung.

Das im Vakuumexsiccator längere Zeit getrocknete Öl ergab bei der Analyse Werte, die ein Anwachsen des Kohlenstoffgehalts anzeigen.

0,1358 g gaben 0,2165 CO_2 und 0,0980 H_2O.

	Ber. für $C_4H_8O_3$	$C_4H_8O_4$	Gef.
C	46,1	40,0	43,5
H	7,7	6,7	8,1

Eine vollständige Überführung des Oxozonids in das normale Ozonid scheint dadurch aber noch nicht erfolgt zu sein. Daß das Oxozonid durch Wasser verändert wird, zeigt sich aus dem Vergleich des Oxydationsvermögens gegen Kaliumjodid. (Siehe hierzu die Versuche im letzten Kapitel S. 357 u. 358.)

Verhalten der Butylenozonide und Oxozonide bei der Spaltung mit Wasser.

Alle vier Verbindungen geben beim Kochen mit Wasser dieselben Spaltungsprodukte, nämlich Acetaldehyd, Essigsäure, Wasserstoffsuperoxyd und molekularen Sauerstoff, ob Acetaldehydperoxyd auftritt, konnte nicht nachgewiesen werden. Kohlendioxyd oder Kohlenoxyd entstehen nicht. Der Acetaldehyd macht sich schon durch seinen Geruch kenntlich, genau wurde er vermittels salzsauren p-Nitrophenylhydrazins identifiziert. Zu diesem Zwecke wird das Ozonid einige Tage auf der Maschine bei gewöhnlicher Temperatur geschüttelt, das Ungelöste abfiltriert, und die Lösung bis zur Hälfte abdestilliert. Das Destillat färbte Riminis Reagens blau. Mit salzsaurem Nitrophenylhydrazin fällt aus der Lösung momentan ein hellgelber kristallinischer Niederschlag, der bereits nach einmaligem Umkristallisieren denselben Schmp. 125° wie ein Kontrollpräparat, aus reinem Acetaldehyd bereitet, anzeigte.

Es ist durchaus notwendig, den Acetaldehyd aus der Reaktionsflüssigkeit mit Wasserdampf überzudestillieren, weil in derselben vorhandenes Wasserstoffsuperoxyd das Nitrophenylhydrazin anderweitig verändert. Besonders wichtig erscheint der Nachweis des Acetaldehyds für die Ozonide, im Hinblick auf die später gegebenen Zerfallsgleichungen.

Zum qualitativen Nachweis der Essigsäure wurde das Ozonid mit Wasser unter Rückfluß einige Stunden gekocht, dann mit $^1/_{10}$ n-Alkali genau neutralisiert, eingeengt, der Rückstand mit Silbernitrat umgesetzt. Das ausgefällte essigsaure Silber aus Wasser umkristallisiert. Es war durchaus einheitlich.

Die Spaltung kann bei den normalen Ozoniden nach folgenden Gleichungen vor sich gehen:

A.   I. $CH_3 . HC{-}CH . CH_3 + H_2O = 2\,CH_3CHO + H_2O_2$.
$$\underset{O_3}{\diagdown\diagup}$$

II. $CH_3 . HC{-}CH . CH_3 = CH_3 . CHO + CH_3 . CO_2H$.
$$\underset{O_3}{\diagdown\diagup}$$

III. $2\,CH_3 . HC{-}CH . CH_3 = 4\,CH_3 . CHO + O_2$ gasförmig .
$$\underset{O_3}{\diagdown\diagup}$$

Bei den Oxozoniden liegen die Verhältnisse noch komplizierter, es können sich folgende Reaktionen abspielen:

B.   I. $CH_3 . HC{-}CH . CH_3 + 2\,H_2O = 2\,CH_3 . CHO + 2\,H_2O_2$.
$$\underset{O_4}{\diagdown\diagup}$$

II. $CH_3 . HC{-}CH . CH_3 + H_2O = CH_3 . CHO + CH_3COOH + H_2O_2$.
$$\underset{O_4}{\diagdown\diagup}$$

III. $CH_3 . HC{-}CH . CH_3 = 2\,CH_3 . COOH$.
$$\underset{O_4}{\diagdown\diagup}$$

IV. $CH_3 . HC{-}CH_3 . CH_3 = 2\,CH_3CHO + O_2$ gasförmig .
$$\underset{O_4}{\diagdown\diagup}$$

In der Tat scheinen je nach den Bedingungen alle diese Reaktionen nebeneinander einzutreten.

Um dies zu verfolgen, sind zwei Versuchsreihen bei allen vier Ozonderivaten angestellt worden. Die eine Versuchsreihe bezog sich auf die Schnelligkeit der Spaltung durch Wasser, indem die gebildete Menge Essigsäure ermittelt wurde, die andere auf die Bestimmung des aktiven Sauerstoffs gegen Jodkaliumlösung.

A. Ermittlung der Essigsäure.

Hierzu wurde die Substanz am Rückflußkühler mit 250 ccm Wasser $1^1/_4$ Stunde gekocht, jede Viertelstunde eine Probe von 25 ccm gezogen und die Menge der darin gebildeten Säure titriert. Man erhielt so gleichzeitig ein Bild über die verschiedene Beständigkeit der vier Verbindungen.

<table>
<tr><td colspan="2">Monomeres normales
Ozonid. 0,4630 g.
Tabelle I.</td><td colspan="2">Dimeres normales
Ozonid. 0,2973 g.
Tabelle II.</td></tr>
<tr><td>Gef. ccm
$^1/_{10}$ n-KOH</td><td>Gef. Proz.
Essigsäure</td><td>Gef. ccm
$^1/_{10}$ n-KOH</td><td>Gef. Proz.
Essigsäure</td></tr>
<tr><td>3,1</td><td>40,2</td><td>1,83</td><td>36,9</td></tr>
<tr><td>3,3</td><td>42,8</td><td>1,99</td><td>40,2</td></tr>
<tr><td>3,5</td><td>45,4</td><td>2,84</td><td>57,3</td></tr>
<tr><td>3,7</td><td>47,9</td><td>3,31</td><td>66,8</td></tr>
<tr><td>4,0</td><td>51,8</td><td>3,54</td><td>71,4</td></tr>
</table>

Die theoretische Menge Essigsäure für Gleichung II (Zers. des monomeren norm. Ozonids) beträgt 57,7%.

Man sieht aus Tabelle II, daß das dimere Ozonid im Anfang langsamer zersetzt wird, später aber mehr Säure als das monomere bildet.

<table>
<tr><td colspan="2" align="center">Monomeres Oxozonid.
0,976 g.
Tabelle III.</td><td colspan="2" align="center">Dimeres Oxozonid.
0,5515 g.
Tabelle IV.</td></tr>
<tr><td align="center">Gef. ccm
$^1/_{10}$ n-Kali</td><td align="center">Gef. Proz.
Essigsäure</td><td align="center">Gef. ccm
$^1/_{10}$ n-Kali</td><td align="center">Gef. Proz.
Essigsäure</td></tr>
<tr><td align="center">1,60</td><td align="center">9,8</td><td align="center">3,67</td><td align="center">39,9</td></tr>
<tr><td align="center">6,05</td><td align="center">37,2</td><td align="center">4,15</td><td align="center">45,2</td></tr>
<tr><td align="center">6,85</td><td align="center">42,1</td><td align="center">4,57</td><td align="center">49,6</td></tr>
<tr><td align="center">6,75</td><td align="center">41,5</td><td align="center">4,87</td><td align="center">52,8</td></tr>
<tr><td align="center">6,85</td><td align="center">42,1</td><td align="center">5,00</td><td align="center">54,4</td></tr>
</table>

Aus Tabelle III geht hervor, daß sich das monomere Oxozonid langsamer als das normale Ozonid zersetzt und auch nicht so viel Säure wie dieses bildet.

Zu Tabelle IV. Theoretisch berechnet sich nach Gleichung II 50%, nach III dagegen 100% Essigsäure. Das dimere Oxozonid zersetzt sich danach leichter als das monomere, liefert aber in der gleichen Zeit weniger Säure. Die merkwürdige Erscheinung, daß beide Oxozonide in der gleichen Zeit weniger Säure als die beiden normalen Ozonide ergeben, findet vielleicht darin ihre Erklärung, daß die Verbindungen in der gemessenen Zeit von $1^1/_4$ Stunde noch nicht völlig zersetzt waren. Man hätte die Versuche länger fortsetzen müssen.

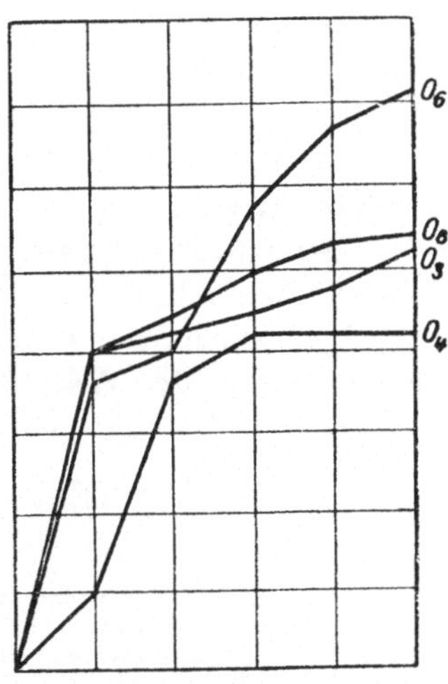

Fig. 13.

B. Ermittlung des aktiven Sauerstoffs.

Die Versuche wurden sämtlich in der Weise angestellt, daß die Substanz mit 250 ccm $^1/_5$ n-Jodkaliumlösung übergossen, durchgeschüttelt und auf etwa 70—80° erwärmt wurde. In Abständen von $^1/_4$ Stunde entnahm ich je 25 ccm, säuerte an und titrierte das ausgeschiedene Jod mit $^1/_{10}$ n-Thiosulfat. Gesamtzeit $1^1/_4$ Stunde. Bei der Ausführung der Versuche fand ich, daß sich in der ersten halben Stunde die Jodausscheidung vermehrte, sich dann aber schnell verringerte. Diese merkwürdige Erscheinung erklärt sich aus der Bildung von Jodoform, welche, wie ich es auch anstellte, nicht zu umgehen war.

23*

Monomeres normales Ozonid. 0,4303 g.

Tabelle I.

Gef. ccm $^1/_{10}$ n-Thiosulfat	Gef. Proz. akt. Sauerstoff	Bemerkung
0,40	1,86	färbt sich gleich gelb
1,50	7,00	
0,65	3,03	Es scheidet sich Jodoform ab
0,35	1,63	
0,40	1,86	

Es berechnet sich nach Gleichung I 15% aktiver Sauerstoff.

Da aber, wie vorhin gezeigt wurde, reichlich Essigsäure bei der Spaltung mit Wasser entsteht, so muß ein großer Teil des aktiven Sauerstoffs zur Bildung derselben Verwendung finden, man kann also von vornherein nicht darauf rechnen, daß die gefundenen mit den theoretisch ermittelten Werten übereinstimmen.

Zersetzt man das normale Ozonid in der Kälte, so erhält man ein anderes Resultat.

Bei 0,3153 g hatten sich nach 17stündigem Stehen mit 250 ccm $^1/_5$ n-Kaliumjodidlösung 0,5399 g Jod ausgeschieden, welche Menge 10,8% aktivem Sauerstoff entspricht. In der Kälte geht also die Spaltung anders als in der Wärme.

Dimeres normales Ozonid. 0,7076 g.

Tabelle II.

Gef. ccm $^1/_{10}$ n-Thiosulfat	Gef. Proz. akt. Sauerstoff	Bemerkung
0,35	0,89	färbt sich sofort gelb
1,35	3,73	Es scheidet sich Jodoform ab
1,25	3,55	
1,00	2,84	
1,00	2,84	

Arbeitet man in der Kälte, so findet man auch hier andere Werte.

0,4654 g hatten nach 17stündigem Stehen mit 250 ccm $^1/_5$ n-Kaliumjodidlösung 0,5813 g Jod ausgeschieden, welche Menge 7,9% aktivem Sauerstoff entspricht. In beiden Fällen gibt das monomere Produkt mehr aktiven Sauerstoff ab als das dimere.

Monomeres Oxozonid. 0,5058 g.

Tabelle III.

Gef. ccm $1/_{10}$ n-Thiosulfat	Gef. Proz. akt. Sauerstoff	Bemerkung
0,50	1,98	färbt sich sofort gelb
1,60	6,32	
2,55	10,07	Jodoformgeruch
1,90	7,51	
1,55	6,12	

Das Maximum tritt wieder nach $^3/_4$ Stunden ein, für die Gleichung B II würden sich 13,3% aktiver Sauerstoff berechnen. Das Resultat ist insofern interessant, als daraus hervorgeht, daß beim Oxozonid mehr aktiver Sauerstoff unter denselben Bedingungen als beim normalen Ozonid entsteht, was man ja auch eigentlich erwarten sollte.

Dimeres Oxozonid. 0,3994 g.

Tabelle IV.

Gef. ccm $1/_{10}$ n-Thiosulfat	Gef. Proz. akt. Sauerstoff	Bemerkung
1,52	7,7	färbt sich sofort gelb.
1,75	8,8	
1,25	6,3	Jodoformbildung.
0,80	4,0	
0,55	2,8	

Die Menge des gefundenen aktiven Sauerstoffs beträgt 66,3% des nach Gleichung B II berechneten Wertes.

Beim Stehen in der Kälte wurden von 0,2392 g nach 24 Stunden 1,02 $1/_{10}$ n-Thiosulfat verbraucht, was 6,8% aktivem Sauerstoff entspricht. Das Ozonid war aber noch nicht vollkommen zersetzt.

Wenn man nun dasselbe Präparat, welches die oben angeführten Werte bei der Zersetzung mit Jodkalium ergab, in der auf S. 352 geschilderten Weise mit Wasser wäscht, trocknet und dann analysiert, so findet man, daß das Produkt Sauerstoff verloren hat. Dies macht sich auch bei der Zersetzung mit Jodkalium in der Wärme geltend.

Gewaschenes dimeres Oxozonid. 0,3855 g.

Tabelle V.

Gef. ccm $1/_{10}$ n-Thiosulfat	Gef. Proz. akt. Sauerstoff	Bemerkung
0,78	4,1	färbt sich sofort gelb.
1,00	5,2	
1,00	5,2	Jodoformbildung.
0,65	3,4	
0,45	2,4	

Die Menge des gefundenen aktiven Sauerstoffs beträgt nunmehr nur noch 33,9% des nach Gleichung B II berechneten Wertes und stimmt ziemlich überein mit den bei der Zerlegung des dimeren normalen Ozonids in der Wärme ermittelten Zahlen. Sie läßt aber auch erkennen, geradeso wie es die Resultate der Elementaranalyse (siehe S. 353) anzeigen, daß das dimere Oxozonid durch die Behandlung mit Wasser noch nicht vollständig in das dimere Ozonid übergeführt worden ist.

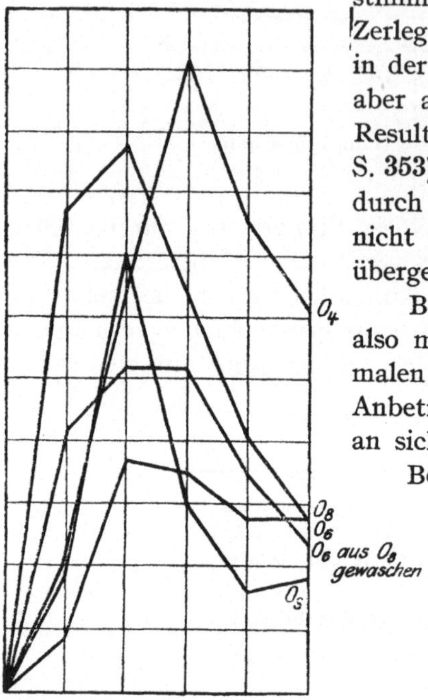

Beide Formen der Oxozonide ergeben also mehr aktiven Sauerstoff als die normalen Ozonide, welche Beobachtung in Anbetracht ihres höheren Sauerstoffgehaltes an sich nicht wunderbar erscheint.

Bezüglich weiterer Einzelheiten der Untersuchung der Ozonderivate des Butylens — wie Verhalten gegen Schwefeldioxyd, Brom u. a. m. — sei auf den Inhalt der Dissertation von Evers verwiesen, doch sei bemerkt, daß manche der dort mitgeteilten Tatsachen sich nicht mit den hier publizierten decken,

Fig. 14. Aktiver Sauerstoff.

weil nach Abschluß der Arbeit noch eine Anzahl Korrekturen bei der experimentellen Revision nötig wurden.

54. Erik Riedl v. Riedenstein: Über das Verhalten einiger Arylolefine gegen Ozon.

Annalen der Chemie und Pharmazie **383**, 259 (1912).

1. Allylbenzol.

Dieser Kohlenwasserstoff läßt sich bequem aus Magnesiumbrombenzol und Allylbromid nach Tiffeneau[1]) darstellen. Über Natrium siedet er bei 156—157°.

Verhalten des Allylbenzols gegen Reinozon.

Je 5 g Allylbenzol werden in 50 g reinem Tetrachlorkohlenstoff gelöst und mit gewaschenem Ozon (vgl. vorige Abhandlung) so lange behandelt, bis eine Probe der Flüssigkeit Brom-Eisessig nicht mehr entfärbt. Der Tetrachlorkohlenstoff wird darauf im Vakuum abdestilliert und das als Rückstand hinterbliebene Rohozonid im Vakuum zur Entfernung der letzten Spuren des Tetrachlorkohlenstoffs getrocknet, die Ausbeute betrug dann im Durchschnitt 6,5 g eines farblosen Öls von Glycerinkonsistenz, welches einen stechenden, die Schleimhäute reizenden Geruch besitzt. Auf dem Platinblech erhitzt, verpufft es heftig und zeigt sonst alle für die Ozonide charakteristischen Reaktionen.

Zur weiteren Reinigung wurde das Öl zuerst bei einem Druck von 10 mm destilliert. Hier ging ein farbloses Öl unter beständigem Steigen des Thermometers über, bis sich bei etwa 98° stärkere Zersetzungserscheinungen bemerkbar machten. Die von 70—80° übergegangene Fraktion schied Jod aus Jodkalium ab, reduzierte Fehlingsche Lösung und besaß einen stechenden, an den des Phenylacetaldehyds erinnernden Geruch. Eine Analyse dieses Präparats zeigte denn auch an, daß hier nicht mehr das normale Ozonid, sondern ein Zersetzungsprodukt desselben vorlag, nämlich ein Gemisch von Phenylacetaldehyd mit seinem Peroxyd.

0,1984 g Sbst.: 0,5416 g CO_2, 0,1236 g H_2O.

	Ber. für $C_6H_5CH_2 \cdot CHO$	Gef.
C	80,0	74,45
H	6,7	6,96

[1]) Compt. rend. de l'Ac. d. sc. **139**, 481 [1904].

Hieraus ergibt sich die Notwendigkeit, zur Destillation des Ozonids niedrigere Drucke anzuwenden.

Normales monomeres Phenylallylozonid.

$$C_6H_5-CH_2 . CH . CH_2 .$$
$$\overset{|}{O}-\overset{|}{O}-O$$

Zur Isolierung dieser Verbindung wird das Rohozonid in Portionen von 3 g aus dem Wasserbad bei 65—85° Heiztemperatur unter 0,4 bis 0,8 mm Druck (Gerykölpumpe) destilliert. Es ergaben sich hierbei folgende Fraktionen:

    I. Vorlauf von 30—45° wenige Tropfen, entfärbten Brom, anscheinend Allylbenzol.
    II. Fraktion 63—71°: 1 g.
    III. Rückstand: 1,5 g.

Mehrere Portionen der II. Fraktion wurden vereint und nochmals wie oben angegeben destilliert. Man erhielt so eine leicht bewegliche, farblose, stark lichtbrechende Flüssigkeit, Sdp. 67—71° unter 0,4 bis 0,8 mm Druck, deren intensiver Geruch weniger stechend als der des Rohozonids ist. Beim Erhitzen auf dem Platinblech verpufft es nur schwach. Von den meisten organischen Lösungsmitteln wird es leicht aufgenommen, es zeigt die bekannten Ozonidreaktionen.

    I. 0,1462 g Sbst.: 0,3579 g CO_2, 0,0827 g H_2O. — II. 0,1297 g Sbst.: 0,3163 g CO_2, 0,0704 g H_2O. — III. 0,1616 g Sbst.: in 15,55 Eisessig: 0,27° Depression.

	Ber. für $C_9H_{10}O_3$	Gef. I	II	III
C	65,06	66,76	66,51	—
H	6,02	6,32	6,07	—
M	166	—	—	150

Mol.-Refraktion: $D_{21^0}^{21^0} = 1,1362$.

$$n_d^{21^0} = 1,51761; \quad n_\alpha = 1,51371; \quad n_\gamma = 1,53722.$$

Mol.-Refraktion: M_d . . ber. 43,19,   gef. 44,26
Mol.-Dispersion: $M_{\gamma-\alpha}$. „ 1,437,   „ 1,678

Bei der Berechnung wurden für den Benzolkern die Werte für drei Äthylenbindungen und für die O_3-Gruppe diejenigen für drei Äthersauerstoffe eingesetzt[1].

----

[1] Da die Analysenwerte darauf hindeuten, daß den Präparaten etwas Phenylacetaldehyd beimengt war, so darf man eine besonders gute Übereinstimmung bei der Entwicklung der Mol.-Refraktion und -dispersion nicht erwarten. Nach meiner Meinung besteht aber kein Zweifel, daß bei einigem Geschick ein ganz reines Präparat zu gewinnen gewesen wäre.

Normales dimeres Phenylallylozonid,

$$\left(\underset{}{C_6H_5 - CH_2 . HC \underset{O_3}{\overset{}{\diagdown \diagup}} CH_2} \right)_2 .$$

Dieses Produkt findet sich als dickes farbloses Öl im Rückstand von der Vakuumdestillation. Direkt der Analyse unterworfen zeigten die Befunde (I) ähnliche Abweichungen von den berechneten Werten, wie diejenigen des monomeren Ozonids. Deshalb wurde der Sirup, da er sich nicht destillieren ließ, sondern beim Erhitzen heftig explodierte, aus Essigester mit Petroläther dreimal umgefällt. Die Ausbeute betrug dann nur 2,1 g aus 8,9 Rohozonid. Die Analysenresultate des gereinigten Präparats (II) zeigten aber nun nach dem Trocknen über Schwefelsäure im Vakuumexsiccator sehr befriedigende Übereinstimmung mit den berechneten Werten.

I. 0,1246 g Sbst.: 0,3057 g CO_2, 0,0684 g H_2O. — 0,1536 g Sbst. in 15,10 Eisessig: 0,13° Depression. — II. 0,1295 g Sbst.: 0,3103 g CO_2, 0,0701 g H_2O. — 0,2891 g Sbst. in 15,10 Eisessig: 0,23° Depression.

	Ber. für $(C_9H_{10}O_3)_2$	Gef. I	II
C	65,06	66,92	65,35
H	6,02	6,14	6,05
M	332	305,2	324

$D_{21^0}^{21^0} = 1{,}1766; \quad n_d^{21^0} = 1{,}54216$ (Analyse I).

Das dimere Ozonid ist ein zähflüssiger farbloser Sirup, der schwerer löslich als das monomere Liquidum ist. Im Paraffinbade in einem kleinen Röhrchen erhitzt, zeigt er bei 100° keine Veränderung, bei 100—104° steigende Gasentwicklung, bei 104—106° Explosion.

Spaltung der beiden Phenylallylozonide.

Die beiden Ozonide sind in heißem Wasser nur wenig löslich und werden auch bei längerem Kochen damit wenig verändert. Die Spaltung gelingt aber leicht durch Erhitzen in Eisessiglösung. Dazu wurden je 5 g Ozonid in Eisessig eine halbe Stunde im Wasserbade erhitzt. Nachdem die lebhafte Gasentwicklung nachgelassen hat, wurde die Reaktionsmasse direkt im Vakuum destilliert.

Fraktion I, von 40—70° unter 12 mm Druck übergehend, enthielt noch Eisessig und etwas Formaldehyd, welcher sich durch sein Phenylhydrazon vom Schmp. 151° nachweisen ließ.

Fraktion II, von 70—90° siedend, betrug 2 g und besaß den charakteristischen Geruch nach Phenylacetaldehyd. Da er aber noch Jod aus Jodkalium in Freiheit setzte, so lag hier kein reiner Aldehyd, sondern hauptsächlich das Phenylacetaldehydperoxyd vor, von dem es nicht gelingt, ein kristallisiertes Hydrazon, Oxim oder Semicarbazon zu bereiten.

Fraktion III, von 90—160° siedend, betrug 1 g, erstarrte zu einem Kristallbrei, der auf Ton abgepreßt und aus heißem Wasser umkristallisiert, farblose Tafeln lieferte, die den Schmelzpunkt von 76° und die Eigenschaften der Phenylessigsäure besaßen. Daraus geht hervor, daß die Spaltung bei beiden Ozoniden hauptsächlich nach der Peroxydumlagerung vor sich geht.

$$C_6H_5 . CH_2 . HC\!\!-\!\!-\!\!-\!\!-\!\!CH_2 \qquad C_6H_5 . CH_2 . CH\!\!<\!\!\genfrac{}{}{0pt}{}{O}{O}\!\!| + CH_2O .$$
$$\quad\quad\quad\quad\;\; |\quad\quad\quad |$$
$$\quad\quad\quad\quad O\!-\!O\!-\!O$$

Es sei noch bemerkt, daß bei dem Versuche, das monomere Ozonid durch Erhitzen mit 6 proz. Kalilauge zu spalten, eine sehr heftige Explosion eintrat, welche den weiteren Verfolg der Reaktion vereitelte.

Verhalten des Allylbenzols gegen Rohozon.

Ganz anders als in der geschilderten Weise verhält sich das Allylbenzol gegen nicht gewaschenes 14 proz. Ozon. 3 g wurden in Hexan so lange damit behandelt, bis eine Probe der Lösung Brom-Eisessig nicht mehr entfärbte. Dabei scheidet sich allmählich ein farbloses dickflüssiges Ozonid ab. Das überstehende Hexan wurde dekantiert, der Sirup dreimal aus Essigester und Petroläther umgefällt und bis zur Konstanz im Vakuumexsiccator getrocknet. Das so gereinigte Produkt bildete eine sehr explosive feste weiße Masse von äußerst penetrantem, die Schleimhäute reizendem Geruch. Aus der Analyse geht hervor, daß mit starkem Ozon erheblich mehr Sauerstoff als bei den früheren Versuchen eingetreten ist. Das Produkt war aber nicht rein zu erhalten.

0,1344 g Sbst.: 0,2596 g CO_2, 0,0822 g H_2O.

	Ber. für $C_9H_{10}O_6$	$C_9H_{10}O_5$	Gef.
C	50,46	54,54	52,68
H	4,67	5,05	6,84

Bei dem Versuch, die Substanz im Vakuum zu destillieren, erfolgte heftige Explosion. Auch bei der Ozonisation in Tetrachlorkohlenstofflösung erhielt man ein ganz ähnliches Produkt, welches auch nicht besser zu reinigen war.

Anscheinend ist Ozon in den Benzolkern eingetreten, da bei der Spaltung ganz andere Resultate als bei den anderen Ozoniden gewonnen wurden. Wäre nämlich ein Oxozonid entstanden, so hätte man ebenfalls Phenylacetaldehydperoxyd und Phenylessigsäure beobachten müssen. Statt dessen traten dicke, braune, stark reduzierende Öle auf, anscheinend durch Zertrümmerung des Benzolkerns gebildete Polyaldehyde.

Propenylbenzol[1]).

Verhalten gegen Reinozon. 3 g Kohlenwasserstoff werden in Tetrachlorkohlenstofflösung mit gewaschenem Ozon behandelt, bis Brom-Eisessig nicht mehr entfärbt wird. Nach dem Abdampfen des Lösungsmittels im Vakuum hinterbleibt ein gelblich gefärbtes Öl, welches sich sofort zu zersetzen beginnt. Nach kurzer Zeit erstarrt die ganze Masse zu einem Kristallbrei von Benzoesäure, das Ozonid läßt sich nicht isolieren.

Verhalten gegen Rohozon. Mit starkem Ozon verhält sich das Propenylbenzol in demselben Lösungsmittel etwas anders, es scheidet sich schon beim Ozonisieren teilweise ein dickes Öl ab, ein anderer Teil kann durch Eindampfen der Mutterlauge gewonnen werden. Die Produkte sind ebenfalls äußerst zersetzlich und enthalten nach der Analyse mehr Sauerstoff, als sich für ein Monozonid berechnet. Bei der Spaltung liefern sie keine Benzoesäure, woraus sich darauf schließen läßt, daß auch der Benzolkern bei der Ozonisation angegriffen wurde.

Umlagerung des Allylbenzols in Propenylbenzol.

J. F. **Eykman**[2]) hat gezeigt, daß Safrol in Isosafrol durch Kochen mit alkoholischem Kali umgelagert wird, ebenso verhalten sich die verwandten Verbindungen. Ich konnte aber keine Notiz darüber finden, ob derselbe Versuch schon auf das Allylbenzol ausgedehnt worden ist. Tatsächlich läßt sich das Allylbenzol in Propenylbenzol nach der Methode von **Eykman** umlagern, wie man mit Ozon leicht nachweisen kann.

10 g Allylbenzol wurden 14 Stunden mit alkoholischem Kali auf dem Wasserbade gekocht. Nach der Neutralisation wurde zuerst der Alkohol im Vakuum abdestilliert, der Rückstand ausgeäthert, der bei 73—74° unter 15 mm Druck siedende Anteil in Tetrachlorkohlenstoff mit gewaschenem Ozon bis zur Sättigung behandelt. Das auf die vorhin beschriebene Weise isolierte Ozonid war sehr zersetzlich und lieferte, mit Wasserdampf behandelt, neben wenig Allylbenzolozonid reichliche Mengen von Benzoesäure. Hierdurch war der Nachweis erbracht, daß die Umlagerung tatsächlich erfolgt war.

Methovinylbenzol[3]).

Man gewinnt die beste Ausbeute an diesem Kohlenwasserstoff, wenn man das Phenyldimethylcarbinol, das bei der Einwirkung von

---

[1]) Klages, Berichte d. Deutsch. chem. Gesellschaft **36**, 621 [1903].

[2]) Berichte d. Deutsch. chem. Gesellschaft **23**, 855 [1890].

[3]) Klages, Berichte d. Deutsch. chem. Gesellschaft **35**, 2636 [1902]. — Tiffeneau, Compt. rend. de l'Ac. d. sc. **139**, 481 [1904].

Magnesiumjodmethyl auf Acetophenon zunächst entsteht, mit Salzsäuregas sättigt und dann das Chlorid im Einschlußrohr mit Pyridin auf 120° erhitzt. Man erhält etwa 70% der Theorie des bei 161—162° siedenden Kohlenwasserstoffes.

<h3 align="center">Verhalten gegen Reinozon.</h3>

Das Methovinylbenzol wurde genau in der vorher beschriebenen Weise mit gewaschenem Ozon behandelt. Das Ozonid, ein zähflüssiges Öl, ist etwas beständiger als dasjenige des Propenylbenzols. Eine Reinigung konnte aber nicht vorgenommen werden, da nach kurzer Zeit Zersetzung eintrat. Immerhin zeigte eine Elementaranalyse deutlich an, daß das normale Ozonid, wahrscheinlich ein Gemenge von Mono- und Dimerem vorlag.

0,1254 g Sbst.: 0,3116 g CO_2, 0,0673 g H_2O.

	Ber. für $C_9H_{10}O_3$	Gef.
C	65,06	67,77
H	6,02	6,00

<h3 align="center">Spaltung des Ozonids.</h3>

Nach der Gleichung

$$2\,C_6H_5-\underset{\underset{O_3}{\diagdown\;\diagup}}{\overset{\overset{CH_3}{\diagup}}{C}}{-}\!{-}CH_2 = 2\,C_6H_5CO\,.\,CH_3 + 2\,CH_2O + O_2$$

waren hier Acetophenon und Formaldehyd zu erwarten. Tatsächlich wurde außer diesen Körpern noch ein festes Produkt beobachtet, das ich als dimolekulares Acetophenonperoxyd ansprechen möchte. 6,6 g Rohozonid wurden in 20 g Eisessig so lange erhitzt, bis die Gasentwicklung nachgelassen hatte. Nach dem Erkalten schieden sich lange farblose Nadeln ab, die getrocknet bei 182—183° schmolzen. Das Filtrat wurde im Vakuum fraktioniert, die I. Fraktion 40—60° unter 10 mm Druck bestand hauptsächlich aus Eisessig und Formaldehyd, die II. vom Sdp. 70—120° aus fast reinem Acetophenon, die III. vom Sdp. 157—165° bildete ein braunes Öl, welches beim Erkalten zum Teil kristallisierte. Die Kristalle schmolzen nach dem Abpressen auf Ton ebenfalls bei 182—183° und wogen mit dem ersten Anteil vereinigt 1,25 g.

Wenn man das Methovinylbenzol nicht in Tetrachlorkohlenstoff sondern in Eisessig ozonisiert und dann, ohne das Ozonid zu isolieren, direkt durch Erhitzen spaltet, erhält man den kristallisierten Körper merkwürdigerweise nicht, sondern nur Formaldehyd bzw. Ameisensäure und Acetophenon. Aus 5 g Kohlenwasserstoff wurden so 3,3 g Rohacetophenon gewonnen, welche beim Destillieren 2,6 g reines, bei 195° bis 200° siedendes Präparat ergaben.

Untersuchung des kristallisierten Körpers $(C_8H_8O_2)_2$.

Der Körper wird von Eisessig, Äther, Benzol, Chloroform, Tetrachlorkohlenstoff, Aceton in der Kälte schwer, leichter beim Erhitzen aufgenommen, peroxydartige Reaktionen lassen sich nicht nachweisen. Er wurde vor (I) und nach dem Umkristallisieren (II) analysiert, wozu er im Vakuum bei $100°$ getrocknet worden war.

I. 0,1047 g Sbst.: 0,2720 g CO_2, 0,0494 g H_2O. — II. 0,1297 g Sbst.: 0,3378 g CO_2, 0,0654 g H_2O. — III. 0,2760 g Sbst. in 21,20 Aceton (Sdp. 56,55°): 0,09° Erhöhung. (Riiber-Apparat.)

	Ber. für $(C_8H_8O_2)_2$	Gef. I	II	III
C	70,7	70,85	71,03	—
H	5,9	5,27	5,64	—
M	272	—	—	260,4

Der Körper ist außerordentlich beständig, er wird weder durch Kochen mit Kalilauge noch mit Chlorwasserstoffsäure oder rauchender Salpetersäure verändert. Nur beim Erwärmen mit konz. Schwefelsäure trat Verkohlung ein.

Auch beim Schmelzen mit Kaliumhydroxyd bis $340°$ blieb er größtenteils unverändert, indem er aus der Schmelze heraussublimierte. Indessen hatte sich eine kleine Menge Öl gebildet, welches ich nach Geruch und Eigenschaften für Acetophenon ansprechen zu können glaube.

Obwohl diese Verbindung nicht die Reaktionen eines Peroxyds anzeigt, kommt für sie doch sehr wahrscheinlich die Konstitution eines dimolekularen Peroxyds des Acetophenons in Betracht, und ihr Auftreten

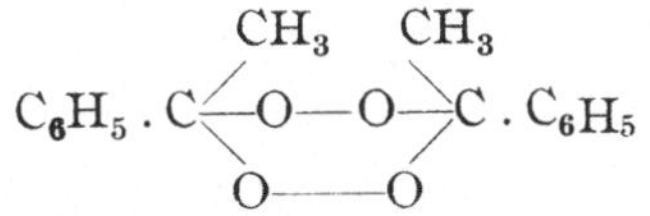

$$C_6H_5 \cdot C \underset{O \longrightarrow O}{\overset{CH_3 \qquad CH_3}{\diagup O \longrightarrow O \diagdown}} C \cdot C_6H_5$$

bei der Spaltung des Ozonids wäre dann leicht zu erklären.

Wenn man bei der Behandlung des Methovinylbenzols mit gewaschenem Ozon den Punkt der Sättigung vermittels der Bromentfärbungsmethode nicht genau einhält, sondern länger ozonisiert, so beobachtet man andere als die angegebenen Resultate. Es scheidet sich aus der Tetrachlorkohlenstofflösung allmählich ein bräunliches Öl ab, welches, vom Lösungsmittel durch Abgießen befreit, aus Essigester mit Petroläther umgefällt und getrocknet wurde. Das so erhaltene zähe gelbliche Öl war sehr explosiv und zeigte die typischen Ozonideigenschaften. Eine Elementaranalyse bestätigte die Vermutung, daß hier ein Gemenge von kernsubstituierten Ozoniden vorlag.

0,0885 g Sbst.: 0,1474 g CO_2, 0,0335 g H_2O.

	Ber. für $C_9H_{10}O_7$	Gef.
C	46,9	45,42
H	4,3	4,23

Da das Methovinylbenzol so leicht bereits mit gewaschenem Ozon überozonisiert wird, erübrigt sich die Untersuchung seines Verhaltens gegen starkes Ozon (Rohozon).

Anschließend sei bemerkt, daß ich noch eine ganze Reihe von Phenolderivaten des Allyl- bzw. des Propenylbenzols, wie Anethol, Eugenol usw. in ähnlicher Weise auf ihr Verhalten gegen gewaschenes und Rohozon geprüft habe. Dabei erhielt ich keine sehr befriedigenden Resultate, da die Phenole außerordentlich leicht außer mit der Doppelbindung der Seitenkette auch Kernadditionen mit dem Ozon eingehen[1]). Diese Untersuchungen sollen noch fortgesetzt werden.

---

[1]) Vgl. die Dissertation.

55. C. Harries: Zur Kenntnis der Bestandteile des Ozons.

Aus dem Chemischen Institut der Universität Kiel.
Berichte der Deutschen chemischen Gesellschaft **45**, 936 (1912).
(Eingegangen am 23. März 1912.)

In einer kürzlich erschienenen Mitteilung über das Verhalten des Ozons gegenüber der konz. Schwefelsäure[1]) habe ich am Schluß die Ansicht ausgesprochen, daß die sogenannte katalytische Zersetzung des Ozons durch Natronlauge und konz. Schwefelsäure zunächst auf der Zerstörung des Oxozons (O_4) beruhe.

Die Vermutung, daß das Ozon möglicherweise ein Gemenge sei, habe ich schon mehrfach geäußert, indessen glaubte ich, daß im gewöhnlichen 12—14 proz. Ozon verhältnismäßig wenig von dem Oxozon enthalten wäre, und daß eine Verflüssigung des Rohozons nötig sei, um den Gehalt an Oxozon anzureichern[2]).

Nun hat aber neulich A. Kailan[3]) darauf hingewiesen, daß, wenn das Oxozon, wie ich[4]) es als möglich hingestellt habe, nach der Gleichung $O_4 = O_2 + O' + O'$ reagiere, man beim Titrieren mit JK ganz dieselben Werte wie gravimetrisch erhalten müsse, denn $2 O_3$ würden bei beiden Methoden genau 1 Mol. O_4 vortäuschen. Wenn dies richtig ist, so ergibt sich daraus die Möglichkeit, daß das O_4 im O_3 immer vorhanden ist, wenn es auch nach den üblichen Methoden bisher nicht nachgewiesen werden konnte. Erst bei hohen Konzentrationen treten bei beiden analytischen Methoden Abweichungen hervor, die auf einen andersartigen Zerfall des O_4 hindeuten[5]).

Ein anderer Umstand, der die Kenntnis verhinderte, daß das gewöhnliche Ozon ein Gemisch sei, war der, daß man mit geringprozentigem, mit Natronlauge und Schwefelsäure gewaschenem Ozon von der Ölsäure[6]) aus nach Überschreitung der einfachen Absättigung

---

1) Zeitschr. f. Elektrochemie **18**, 130 [1912].
2) Zeitschr. f. Elektrochemie **17**, 63 [1911]; vgl. auch Ladenburg jun. u. E. Lehmann, Berichte d. Deutsch. physikal. Gesellschaft **4**, 106 [1906].
3) Zeitschr. f. Elektrochemie **17**, 966 [1911].
4) Ibid. loc. cit.
5) Harries, Zeitschr. f. Elektrochemie, loc. cit.
6) Harries u. Frank, Berichte d. Deutsch. chem. Gesellschaft **42**, 447 [1908].

der Doppelbindung zu einem Derivat gelangte, in dem mehr als O_3, nämlich O_4 angelagert war. Dies schien darauf hinzuweisen, daß es ganz gleichgültig für die Wirkung sei, ob man vor der Behandlung der ungesättigten Körper das Ozon durch Natronlauge und Schwefelsäure leitet oder nicht.

Wie nun neuere Untersuchungen gezeigt haben, ist diese Annahme nicht richtig, und man geht wohl nicht fehl, den Grund des abweichenden Verhaltens der Ölsäure und verwandter Verbindungen in dem Vorhandensein eines Carbonyls zu suchen, welches das vierte O addiert.

Ich hatte zwar bald erkannt, daß es für die Beurteilung der Reaktion des Ozons mit ungesättigten Verbindungen darauf ankomme, möglichst einfache Kohlenwasserstoffe heranzuziehen. Aber bei dem Studium der Ozonide der niederen Olefine war man in experimenteller Beziehung auf so große Schwierigkeiten gestoßen, daß sich zunächst keine rechte Klarheit gewinnen ließ. Der erste Erfolg[1]) war die Entdeckung des normalen Äthylenozonids vermittels mit Natronlauge und Schwefelsäure gewaschenen Ozons; aber damals mußte ich immer noch im Zweifel sein, ob die Möglichkeit der Isolierung der Verbindung $C_2H_4O_3$ nur der geringeren oxydierenden Wirkung des ca. 7 proz. Ozons zuzuschreiben sei, oder ob sie durch die Entfernung des Oxozons erzielt werde. Bei der Ozonisierung des Propylens[2]) mit 12—14 proz. Ozon war nämlich das Propylenoxozonid entstanden. Die furchtbar explosiven Eigenschaften dieser Substanzen verhinderten ihr eingehendes Studium.

Da nun seit langem die Beobachtung gemacht worden ist, daß aliphatische Verbindungen mit der Vinylgruppe $H_2C:C{<}$ bei der Ozonisation besonders zu Explosionen neigen, weniger aber die Äthylidengruppe $CH_3.C:C{<}$ hierzu Veranlassung gibt, so übertrug ich Herrn Fritz Evers die Aufgabe, das symmetrische Butylen, $CH_3.CH:CH.CH_3$, auf sein Verhalten gegen Ozon zu untersuchen. Hier ist es gelungen, nunmehr vollständige Klarheit über den Reaktionsverlauf des Ozons mit den aliphatischen Olefinen zu schaffen und die scheinbar bei früheren Arbeiten auftretenden Widersprüche aufzuhellen[3]). Es ist festgestellt worden, daß das Butylen zwei Arten von Ozoniden bildet. Erstens liefert es mit durch Natronlauge und Schwefelsäure gewaschenem (6—8 proz.) Ozon das normale monomere Ozonid,

---

    [1]) Harries u. Koetschau, Berichte d. Deutsch. chem. Gesellschaft **42**, 3305 [1909].

    [2]) Harries u. Haeffner, Annalen d. Chemie u. Pharmazie **374**, 335 [1910].

    [3]) Vgl. auch Riedl von Riedenstein, Über die Ozonide des Allylbenzols und verwandter Verbindungen. Inaug.-Diss., Kiel 1911.

$CH_3.CH-CH.CH_3$, ein dünnflüssiges, im Vakuum niedrig siedendes
$\dot{O}.O.\dot{O}$

Öl, daneben ein dimeres Produkt $(CH_3.CH.CH.CH_3)_2$ von zäher

Sirupkonsistenz, nicht destillierbar. O_3

Zweitens mit 14 proz. Ozon[1]) ein Gemenge von normalem Ozonid und Oxozonid, $CH_3.CH.CH.CH_3$, ein dünnflüssiges, im Vakuum

O_4

destillierbares Öl, daneben das dimere Oxozonid, $(CH_3.CH.CH.CH_3)_2$,

ein dickflüssiges Öl, nicht destillierbar. O_4

Nun aber die Hauptsache: Das normale monomere Ozonid bleibt nach der Isolierung bei Weiterbehandlung mit starkem Ozon unverändert. Daraus kann man folgern, daß das monomere O_4-Ozonid durch eine Beimengung des gewöhnlichen 14 proz. Ozons entstehen muß, die durch Natronlauge und Schwefelsäure zerstört wird.

Weiter geht klar daraus hervor, daß es sehr schwierig oder unmöglich ist, ein reines Butylenoxozonid zu erhalten, weil O_3 und O_4 wenigstens für das Butylen eine nicht genügend verschiedene Geschwindigkeit in der Absättigung der Doppelbildung besitzen. Bei anderen Körpern, besonders bei zyklischen, scheint dies allerdings anders zu sein. Dagegen hat sich der Umstand, daß man ein reines dimeres Butylenoxozonid als Endprodukt der Ozonisation gewinnen kann, dadurch erklären lassen, daß das dimere normale Butylenozonid bei der Weiterbehandlung mit Ozon in das dimere Oxozonid übergeführt wird.

Die Einzelheiten der Untersuchung werden später erscheinen, ich habe ihre Hauptergebnisse hier nur kurz mitgeteilt, weil sie Anregung für die folgenden neuen experimentellen Befunde gegeben haben.

Was nun die Zusammensetzung des gewöhnlichen Ozons angeht, so möchte ich aus den jetzigen Erfahrungen schließen, daß im 11—14 proz. Ozon, welches in parallel geschalteten Berthelot-Röhren bei einer sek. Spannung von ca. 8200 Volt und einer Frequenz des Wechselstroms von 100-Sekunden-Perioden erzeugt wird, etwa $^1/_3$ Oxozon enthalten ist. Denn durch Natronlauge und konz. Schwefelsäure werden von 14% 4,7% bei 15 l Stundengeschwindigkeit, von 11% 6,2% bei 10 l Stundengeschwindigkeit zerstört[2]). Es ist aber kaum anzunehmen, daß bei dieser Operation eine quantitative

---

[1]) Unter 14 proz. oder starkem Ozon ist im folgenden stets ein Gasgemisch gemeint, das mit Schwefelsäure und Natronlauge nicht gereinigt war.

[2]) Zeitschr. f. Elektrochemie **18**, 130 [1912].

Trennung der beiden Gase erfolgt, wahrscheinlich wird auch immer etwas O_3 gleichzeitig katalytisch zersetzt werden. Bei 4 nebeneinander geschalteten Berthelot-Röhren erhält man unter sonst gleichen Bedingungen wie oben angegeben etwa 5—6% Ozon, die auf 3—4% durch Natronlauge und Schwefelsäure heruntergedrückt werden. In diesem Ozon kann aber nicht soviel Oxozon enthalten sein, wie der Zersetzung entspricht, denn die mit dem rohen Ozongemisch bereiteten Ozonide stimmen oft ganz gut mit den für die normalen Derivate berechneten Werten überein.

Vielleicht lassen sich aus dem Gehalt von Oxozon die merkwürdigen Abweichungen erklären, die man beobachtet, wenn man das gewöhnliche Ozon vor dem Titrieren nicht in neutrale, sondern in angesäuerte Jodkaliumlösung einleitet, wie Ladenburg und Quasig gefunden haben. Hiermit werde ich mich jetzt näher beschäftigen. Ich hoffe auch, einen Körper zu finden, der eine besondere Verwandtschaft zum Oxozon besitzt, nur dieses aus dem Rohozon aufnimmt und so den Gehalt an demselben genau bestimmen läßt.

Wenn die Beobachtung richtig ist, daß aus 12—14 proz. Ozon durch Waschen mit Natronlauge und Schwefelsäure das Oxozon entfernt werden kann, so müssen sich aus allen den Verbindungen, welche bisher bei der Ozonisation Oxozonide oder Gemenge von O_3- und O_4-Ozoniden geliefert haben, mit gewaschenem Ozon normale Ozonide gewinnen lassen. Ich erinnere hier an die Untersuchungen über das Tetrahydrobenzol und das Pinen, weiter über das Citronellol, das Terpineol und das Cholesterin.

Beim Tetrahydrobenzol[1]) war festgestellt worden, daß ein großer Teil in ein festes Ozonid übergeführt werden kann, welches je nachdem man in Hexan oder Tetrachlorkohlenstoff ozonisiert hatte, etwas mehr oder weniger auf die Anlagerung von O_3 oder O_4 hindeutete. Aber selbst nach mehrfachem Umkristallisieren der Produkte konnten auf das normale Ozonid genau stimmende Werte nicht erhalten werden. Jetzt ist durch Herrn Seitz in Hexan mit gewaschenem Ozon ein festes Ozonid gewonnen worden, welches, ohne umkristallisiert zu werden, sehr scharf auf $C_6H_{10}O_3$ stimmende Werte lieferte. Im übrigen hat sich herausgestellt, daß die festen Verbindungen wahrscheinlich den dimeren Butylenozoniden und -oxozoniden entsprechen, während die öligen monomer sind. Alles genau wie beim Butylen. Die gleichen Resultate ergaben sich beim Pinen[2]), wo nunmehr die Analyse des festen Ozonids die Formel $C_{10}H_{16}O_3$ bestätigt.

---

[1]) Harries u. H. Neresheimer, Berichte d. Deutsch. chem. Gesellschaft **39**, 2846 [1906]. — Harries u. v. Splava-Neyman, ibid. **41**, 3552 [1908].

[2]) Harries u. H. Neresheimer, Berichte d. Deutsch. chem. Gesellschaft **41**, 38 [1908].

Weiter waren früher beim Citronellol[1]) und Terpineol[2]) Ozonide erhalten worden, die auf die Anlagerung von fünf Sauerstoffatomen hinwiesen, oder aber man mußte die Annahme machen, daß durch Abspaltung von einem Molekül Wasser ein zweifach ungesättigter Kohlenwasserstoff entstanden sei und dieser dann 2 Mol. Ozon gebunden habe. Jetzt zeigte sich, daß man ganz glatt normale Ozonide aus diesen Verbindungen gewinnen kann, wenn man nach den neuen Prinzipien arbeitet.

Auch beim Cholesterin liegen einander widersprechende Ansichten vor. Doré und Gardner[3]) erhalten in Chloroform ein normales Monozonid; sie scheinen allerdings das Produkt nicht analysiert zu haben. Diels[4]) findet dagegen Anlagerung von 4 O. Molinari und Fenaroli[5]) behaupten, daß Phytosterin 2 Mol. Ozon addiere.

Wir haben diese Untersuchungen nachgearbeitet und können zunächst nur die Befunde von Diels bestätigen. Wenn man wie Doré und Gardner und Diels in Chloroform oder Tetrachlorkohlenstoff mit 6 proz. gewaschenem Ozon ozonisiert, erhält man bei der Analyse des nicht umgelösten Produkts fast genau die gleichen Zahlen, wie sie von Diels gefunden worden sind. Indessen würden diese nach unserer Meinung auf ein Produkt hinweisen, welches sich durch Wasserabspaltung aus Cholesterin und Absättigung des zweifach ungesättigten Cholesterylens mit 2 Mol. O_3 gebildet hat, also statt $C_{27}H_{45}(OH)O_3$ $C_{27}H_{44}O_6$.

Da nun Tschugaeff und Kock[6]) in einer kürzlich erschienenen Abhandlung auf die vielen Unstimmigkeiten hingewiesen haben, welche sich aus der Deutung des Verhaltens des Cholesterins bei der Oxydation mit Ozon gegenüber anderen Beobachtungen ergeben, erschien es von Wichtigkeit, dieses Gebiet näher aufzuklären. Daher wurde von Herrn Seitz das Cholesterin in ganz verdünnter Lösung mit gewaschenem 6—8 proz. Ozon behandelt, wobei er ein Produkt erhielt, welches genau ein Molekül O_3 für die Formel $C_{27}H_{45}.OH$ aufgenommen hat. Also hiernach bestätigen sich die Schlußfolgerungen, welche Tschugaeff aus dem Brechungsvermögen des Cholesterins gezogen hat, daß es nur eine Doppelbildung enthält.

Endlich ist unter den neuen Gesichtspunkten auch der Kautschuk untersucht worden. Als ich die Ozonisation dieses Kohlenwasserstoffes

---

[1]) Harries u. Himmelmann, Berichte d. Deutsch. chem. Gesellschaft **41**, 2187 [1908].

[2]) H. Neresheimer, Inaug.-Diss., Kiel 1907.

[3]) Proc. of the Chem. Soc. **24**, 123 [1908].

[4]) Berichte d. Deutsch. chem. Gesellschaft **41**, 2596 [1908].

[5]) Berichte d. Deutsch. chem. Gesellschaft **41**, 2785 [1908].

[6]) Annalen d. Chemie u. Pharmazie **375**, 352 [1911].

vor nunmehr 8—9 Jahren studierte, benutzte ich einen Ozonapparat mit 4 Röhren, der nur ca. 6 proz. Ozon erzeugte. Damals[1]) wurden mit dem erhaltenen dicken Sirup, der manchmal glasig erstarrte, recht genau auf die Anlagerung von 2 Mol. O_3 stimmende Werte erhalten. Bei der Spaltung mit Wasser erhielt ich ca. $^2/_3$ an Lävulinaldehyd und $^1/_3$ an Lävulinsäure. Später ist mir oft aufgefallen, daß das wiederholt bereitete Ozonid dünner flüssig war und bei der Spaltung mehr Säure als Aldehyd lieferte. Nach den neuen Gesichtspunkten unternommene Kontrollversuche lieferten jetzt die Erklärung. Mit 6—8 proz. gewaschenem Ozon erhält man das Kautschukdiozonid $C_{10}H_{16}O_6$, einen dicken, zähen Sirup, beim Behandeln mit 12—14 proz. Ozon dagegen das Kautschukdioxozonid $C_{10}H_{16}O_8$, welches etwas dünnflüssiger und auch etwas löslicher ist. Bei der Spaltung mit Wasser geben sie ganz verschiedene Werte an Aldehyd und Säure im vorher besprochenen Sinne.

Experimentelles.

Über die normalen Ozonide des Cyclohexens, Pinens, Citronellols, Terpineols und Cholesterins.

Bearbeitet von Richard Seitz[2]).

Für alle Versuche wurde das gleiche Ozon benutzt, nämlich ein Ozonstrom von 11—14%, der je nach der Geschwindigkeit des Durchleitens durch 5 proz. Natronlauge und konz. Schwefelsäure auf 4,8 bis 9,3% Ozon heruntergesetzt wurde.

I. Cyclohexen. 4 g Cyclohexen, in 80 ccm Hexan gelöst, setzten nach dem Ozonisieren 3,7 g festes weißes Ozonid ab, welches nach dem Waschen mit Äther und dem Trocknen im Vakuumexsiccator bei 60—65° schmolz. Das Ozonid ist in den meisten Lösungsmitteln unlöslich, wird aber etwas (1 : 50) von Chloroform aufgenommen.

0,1306 g Sbst.: 0,2634 g CO_2, 0,0898 g H_2O.

$C_6H_{10}O_3$.   Ber. C 55,38, H 7,69.
                Gef. ,, 55,01, ,, 7,69.
$C_6H_{10}O_4$.   Ber. ,, 49,30, ,, 6,90.

Wahrscheinlich entspricht dieser Körper dem dimeren normalen Butylenozonid; wegen seiner Schwerlöslichkeit konnten Molekularbestimmungen nicht ausgeführt werden, indessen bleibt es bei der Weiterbehandlung mit starkem Ozon fast unverändert. Aus dem Hexan und dem Waschäther können nach dem Abdampfen im Vakuum 2,7 g öliges Ozonid gewonnen werden, von dem ein Teil im Vakuum

---

[1]) Berichte d. Deutsch. chem. Gesellschaft **37**, 2708 [1904]; **38**, 1197 [1905].
[2]) Dieses Buch S. 515.

unter 12 mm Druck bei ca. 59—60° als ein wasserhelles, stechend campherartig riechendes Liquidum übergeht. Es ist das normale monomere Cyclohexenozonid.

II. Pinen (Fraktion 159—160° Normaldruck). 9 g Pinen in 50 ccm Hexan schieden 1,3 g festes Ozonid aus, welche ebenso mit Äther gewaschen und getrocknet wurden.

0,1279 g Sbst.: 0,3016 g CO_2, 0,1021 g H_2O.

$C_{10}H_{16}O_3$. Ber. C 65,18, H 8,76.
Gef. ,, 64,13, ,, 8,93.
$C_{10}H_{16}O_4$. Ber. ,, 60,00, ,, 8,00.

H. Neresheimer hatte nahe an O_4 liegende Werte gefunden. Die Analyse des öligen Anteils ergab in Bestätigung der Befunde von Neresheimer für ein normales O_3-Ozonid stimmende Werte. Das letztere, wahrscheinlich das Monomere, soll noch näher untersucht werden.

III. Terpineol. 2 g kristallisiertes Terpineol von Schimmel, in 100 ccm Hexan gelöst, schieden beim Ozonisieren eine feste, weiße Masse aus, von der das Lösungsmittel dekantiert werden konnte. Durch Auflösen in wenig Äther und Fällen mit Petroläther wurde eine weiße, spröde, bei langem Trocknen etwas klebrig werdende Substanz gewonnen, die wenig explosiv ist und von fast allen organischen Lösungsmitteln mit Ausnahme von Benzol und Hexan leicht aufgenommen wird.

0,1262 g Sbst.: 0,2754 g CO_2, 0,1004 g H_2O.

$C_{10}H_{17}(OH)O_3$. Ber. C 59,37, H 8,97.
Gef. ,, 59,52, ,, 8,89.

H. Neresheimer[1]) hatte in Chloroform ozonisiert und dabei ein öliges Ozonid erhalten, welches ganz verschieden von dem eben beschriebenen war und bei der Analyse fast genau auf die Formel $C_{10}H_{16}O_6$ stimmende Werte ergab. Es war also jedenfalls 1 Mol. Wasser abgespalten und das dadurch entstandene Menthadien weiter ozonisiert worden.

IV. Citronellol. 5 g Citronellol (Sdp. 112—115° bei 12 mm Druck) wurden in 150 ccm Hexan ozonisiert, dabei schied sich ein dickflüssiges, farbloses Öl ab, welches wie vorher vom Hexan getrennt wurde. Die Menge betrug 6,3 g, aus dem Hexan konnten durch Eindampfen noch weitere 1,5 g gewonnen werden. Zur Reinigung wurde es einmal aus abs. Äther-Petroläther umgefällt. Leicht löslich in Äther, Essigester, Chloroform, schwerer in Eisessig, Benzol, Alkohol, sehr schwer in Tetrachlorkohlenstoff und Petroläther. Es explodiert nicht.

0,1278 g Sbst.: 0,2750 g CO_2, 0,1138 g H_2O.

$C_{10}H_{19}(OH)O_3$. Ber. C 58,78, H 9,87.
Gef. ,, 58,69, ,, 9,96.

---

[1]) Inaug.-Diss., Kiel 1907, S. 34.

Himmelmann hatte beim Ozonisieren in Tetrachlorkohlenstoff auf die Formel $C_{10}H_{20}O_6$ genau stimmende Werte erhalten, die ebenfalls darauf hindeuten, daß eine Wasserabspaltung eingetreten war.

V. **Cholesterin.** a) **In Tetrachlorkohlenstoff.** 2 g Cholesterin wurden in 50 ccm gelöst und ozonisiert; die Lösung schied nach dem Sättigen auf Zusatz von Petroläther eine feines, weißes, mikrokristallinisches Pulver aus, welches nach dem Trocknen im Vakuum folgende Zahlen lieferte:

0,1254 g Sbst.: 0,3189 g CO_2, 0,1106 g H_2O.

$C_{27}H_{44}O_6$.   Ber. C 69,20, H 9,55.
      Gef. „ 69,20, „ 9,86.
$C_{27}H_{45}(OH)O_3$.   Ber. „ 74,59, „ 10,68.

Die Werte stimmen mit den von **Diels** vor dem Umlösen gefundenen überein.

b) **In Hexan.** 1 g Cholesterin wurde in 80 ccm Hexan gelöst und ozonisiert. Hierbei schied sich ein weißes, mikrokristallinisches Pulver aus, welches, ohne weitere Reinigung im Vakuum getrocknet, bei der Analyse folgende Werte lieferte:

0,1278 g Sbst.: 0,3472 g CO_2, 0,1225 g H_2O.

$C_{27}H_{45}(OH)O_3$.   Ber. C 74,59, H 10,68.
      Gef. „ 74,09, „ 10,79.

Wir beabsichtigen, dieses Cholesterinozonid noch näher zu untersuchen.

Zur Kenntnis der Kautschukozonide.

Bearbeitet von Fritz Hagedorn.

Wie sich herausgestellt hat, bildet der gereinigte natürliche **Parakautschuk** zwei ganz verschiedene **Ozonide**, je nachdem man ihn in Chloroform mit gewaschenem, ca. 8 proz. oder starkem, 14 proz. Ozon behandelt.

I. **Normales Kautschukdiozonid,** $C_{10}H_{16}O_6$. Dies ist früher schon genau beschrieben worden, zum Vergleich wurde es nochmals mit **gewaschenem Ozon** hergestellt.

Eigenschaften wie früher angegeben, dreimal aus Essigester-Petroläther umgefällt, dicker, sehr zäher Sirup, löslich in Äther, unlöslich in Hexan.

0,1541 g Sbst.: 0,2798 g CO_2, 0,0949 g H_2O.

$C_{10}H_{16}O_6$.   Ber. C 51,72, H 6,90.
      Gef. „ 49,52, „ 7,11.

Molekularbestimmung: 26,43 g Eisessig, 0,2386 g Sbst., 0,171 Depression. Mol.-Gewicht: ber. 232, gef. 206.

II. **Kautschukdioxozonid,** $C_{10}H_{16}O_8$. Wird der Kautschuk mit 14 proz. Ozon behandelt, so gewinnt man nach der früher beschriebenen Reinigungsmethode nach dreimaligem Umlösen aus Essigester-Petroläther ein dickflüssiges Öl, welches etwas leichter von allen Lösungsmitteln als das vorhin beschriebene Diozonid aufgenommen wird. Sonst ist es diesem sehr ähnlich. Bei der Analyse erhält man aber abweichende Werte, die besser auf die Formel $C_{10}H_{16}O_8$ stimmen.

0,1539 g Sbst.: 0,2643 g CO_2, 0,0909 g H_2O. — 0,1262 g Sbst.: 0,2159 g CO_2, 0,0686 g H_2O.

$C_{10}H_{16}O_8$. Ber. C 45,45, H 6,06.
Gef. ,, 46,84, 46,66, ,, 6,61, 6,08.

Bei der Spaltung mit Wasser verhalten sich die beiden Substanzen sehr ähnlich; es wurden molekulare Mengen in 100 ccm Wasser gekocht und auf ihre Spaltungsgeschwindigkeit verglichen[1]).

Von 11,6 g Diozonid wurden in einer Viertelstunde zersetzt 11,15 g, in der zweiten 11,4 g.

Von 13,2 g Dioxozonid wurden in einer Viertelstunde zersetzt 12,8 g, in der zweiten 12,9; hieraus ergeben sich fast identische Spaltungskurven.

Nach dem Erhitzen wurden die Spaltungsprodukte nach der früher beschriebenen Methode quantitativ bestimmt, hierbei erhielt man aber folgende Resultate:

für $C_{10}H_{16}O_6$		für $C_{10}H_{16}O_8$	
Lävulinaldehyd	4,0 g	Aldehyd	2,8 g
Lävulinsäure im Vakuum destill.	3,0 ,,	Säure im Vakuum destilliert . .	4,0 ,,
Superoxyd und Harz	2,2 ,,	Superoxyd und Harz.	2,2 ,,
Summa	9,2 g	Summa	9,0 g
Angewandt	11,6 g	Angewandt	13,2 g
Abzüglich Verlust an Sauerstoff durch Bildung von Aldehyd usw.		desgl.	
berechnet	0,8 ,,	berechnet	2,3 ,,
verbleibt Gesamtverlust	1,6 g	desgl.	1,9 g

Der Gesamtverlust ist in beiden Fällen hauptsächlich auf Konto des Lävulinaldehyds zu setzen, dessen Bestimmung mit Hilfe von Phenylhydrazin als Phenylmethyldihydropyridazin in verdünnter Lösung nur auf ca. 80% genau ist. Es sei noch erwähnt, daß der künstliche Kautschuk ganz dieselben Spaltungskurven und Spaltungsmengen wie der natürliche liefert.

Wir behalten uns vor, ausführlicher auf diese Befunde zurückzukommen.

---

[1]) Harries u. v. Splava-Neyman, Berichte d. Deutsch. chem. Gesellschaft 41, 3552 [1908].

56. C. Harries und Reinhold Haarmann: Über das Verhalten der Phenole bzw. Phenoläther mit ungesättigter Seitenkette gegen Ozon.

Aus dem Chemischen Institut der Universität Kiel.
Berichte der Deutschen chemischen Gesellschaft **48**, 32 (1915).
(Eingegangen am 4. Januar 1915.)

Geschichtliches.

Von C. Harries.

Bekanntlich hat schon Schoenbein[1]) gezeigt, daß Äthylen zu Formaldehyd und Ameisensäure durch Ozon oxydiert wird. Analog läßt sich Isoeugenol, wie die französischen Chemiker Otto[2]) und Verley fanden, mit Ozon in Vanillin umwandeln. Da die spätere Entwicklung letzterer Erfindung weiteren Kreisen nicht bekannt sein dürfte, aber von allgemeinem Interesse ist, möchte ich sie zunächst wiedergeben, da auch die Resultate der vorliegenden Untersuchung hierdurch erst die richtige Würdigung erfahren werden.

Als ich im Jahre 1901 in Paris weilte, erzählte mir Professor Haller folgendes: Die französischen Chemiker hätten ihre Erfindung auch in Deutschland patentieren lassen bzw. zum Patent angemeldet[3]). Darauf wäre von seiten einer deutschen Firma beim deutschen Patentamt Beschwerde eingereicht worden, weil das Verfahren nicht ausführbar[4]) sei. Als Nachprüfer sei vom Deutschen Kaiserlichen Patentamt ein namhafter deutscher Chemiker (O. N. Witt) beauftragt worden, der auf Grund seiner Versuche die Angaben der deutschen Firma bestätigte und zu dem Ergebnis kam, daß das französische Verfahren nicht zu

---

[1]) Journ. f. prakt. Chemie [1] **66**, 282 [1855].

[2]) Otto, Annales de Chim. et de Phys. [7] **13**, 120 [1898]. — Trillat, Compt. rend. de l'Acad. des Sc. **133**, 823 [1901].

[3]) D. R. P. 97 620.

[4]) Es ist auch geltend gemacht worden, wie mir von anderer Seite mitgeteilt wurde, daß Isoeugenol schon durch Luftsauerstoff allein zu Vanillin oxydiert werde, und es sei nicht erwiesen, daß das Auftreten von Vanillin bei der Oxydation mit ozonhaltigem Sauerstoff von der Wirkung des Ozons herrühre. Daß dieser Einwand berechtigt ist, konnten wir zeigen; vgl. den von uns angestellten Kontrollversuch, der beweist, daß Sauerstoff allein aus Isoeugenol Vanillin zu erzeugen vermag.

den bezeichneten Resultaten führe. Man könne sich denken, welche Empörung über diesen Ausspruch in Frankreich herrsche, da tatsächlich eine Fabrik täglich soundso viel Kilo Vanillin nach dem „unmöglichen" Verfahren produziere. — Soweit Professor Haller. — Ich habe den Tatbestand später von verschiedenen Seiten bestätigen hören, und ich muß sagen, daß mir der Vorwurf, der in ihm für Deutschland lag, nicht angenehm war. Später erfuhr ich, daß die französische Firma ihre Tätigkeit habe einstellen müssen, da die Darstellung von Vanillin nach der Ozonmethode recht schlecht ginge und nicht rentabel sei. Meine während vieler Jahre fortgesetzten Bemühungen, die sich mit diesem Problem beschäftigten, haben jetzt zur vollständigen Klarlegung der Angelegenheit in chemischer Beziehung geführt.

Die ersten Versuche auf diesem Spezialgebiete entfallen in das Jahr 1904. Damals unternahm ich es gemeinschaftlich mit meinem Schüler Valentin Weiß, die Phenole Eugenol, Isoeugenol, Safrol und Isosafrol in ihre Ozonide umzuwandeln bzw. die Spaltungsprodukte derselben zu isolieren. Die Versuche, welche mit 10- bis 12 proz. Rohozon angestellt wurden, erfuhren viele Mißerfolge — wir erhielten meistens Schmieren und Harze —, beim Isoeugenol konnte indessen einmal die Bildung von wenig Vanillin konstatiert werden. Da aber Sauerstoff allein auch Vanillin erzeugt, war dieses Resultat nicht maßgebend, und im wesentlichen ließen sich also die Angaben von Witt bestätigen. Als ich noch weiter mit der Klärung dieser Frage beschäftigt war, veröffentlichte Semmler[1]) eine Arbeit über die Oxydation des Safrols mit Ozon, wobei er den Homopiperonyl-aldehyd gewann:

$$CH_2O_2 : C_6H_3 . CH_2 . CH : CH_2 \rightarrow CH_2O_2 : C_6H_3 . CH_2 . CHO.$$

Diese Arbeit zeigte, daß Semmler wohl die gleichen Resultate wie wir gehabt hatte, denn sonst hätte er auch das Eugenol zu dem viel interessanteren Homovanillin oxydiert. Aber dies war ihm nicht geglückt. Ferner ging aus diesen verschiedenen Arbeiten hervor, daß Phenole durch Ozon leicht weitergehend verändert werden, während neutrale Phenoläther beständiger sind. Eine Bestätigung dieser Ansicht brachte zuerst Majima[2]) im Kieler Laboratorium, der bewies, daß Methyleugenol mit 15 proz. Ozon ein Triozonid $C_{11}H_{14}O_2$, O_9, mit 6 proz. Ozon ein Monozonid $C_{11}H_{14}O_2$, O_3 liefert. Riedl von Riedenstein[3]) versuchte, aus dieser Beobachtung weitere Konse-

---

[1]) Semmler u. Bartelt, Berichte d. Deutsch. chem. Gesellschaft **41**, 2751 [1908]. Die Verfasser haben wahrscheinlich 6 proz. Ozon benutzt.

[2]) Riko Majima, Berichte d. Deutsch. chem. Gesellschaft **42**, 3868 [1909].

[3]) Vgl. Inaug.-Diss., Kiel 1911, S. 31—37; Annalen d. Chemie u. Pharmazie **390**, 259 [1912].

quenzen zu ziehen, indem er Anethol, Eugenol, Aceteugenol, Methyleugenol mit starkem und schwachem Ozon — er ging bereits auf 3—4% Ozon herunter — behandelte. Er konnte feststellen, daß Eugenol mit schwachem Ozon ein normales Ozonid bildet. Die Spaltungsversuche zeitigten aber keine erfreulichen Ergebnisse. Trotz dieser vielen Mißerfolge habe ich gemeinschaftlich mit Reinhold Haarmann das Problem erneut aufgenommen.

Wir sind zunächst noch weiter in der Konzentration des Ozons heruntergegangen und haben Eugenol, Methyleugenol, Aceteugenol, Isoeugenol, Acetisoeugenol mit einprozentigem, ganz trocknem Ozon behandelt, wobei es uns gelang, fast überall die normalen Ozonide zu isolieren. Die Versuche zur Spaltung der Ozonide mit Wasser oder Eisessig verliefen aber auch sehr wenig befriedigend. Isoeugenol lieferte zwar etwa 25—35% Vanillin neben viel Harz, Eugenol dagegen undefinierbare Öle, aber auch aus Aceteugenol entstand Vanillin neben Acethomovanillin und viel Harz. Wir nahmen zuerst an, daß das Vanillin aus einer Beimengung des Eugenols von Isoeugenol herstamme. Später aber kamen wir doch zu dem Ergebnis, daß die Bildung des Vanillins aus Aceteugenol direkt erfolgt. Bei der Spaltung des Ozonids mit Eisessig oder Wasser entsteht wahrscheinlich als Zwischenprodukt ein bisher nicht isolierbares Peroxyd des Homovanillins, das sich in Formaldehyd und Vanillin umlagert:

$$\mathrm{CH_3O \cdot (OH) \cdot C_6H_2 \cdot CH_2 \cdot CH : CH_2}$$

$$\rightarrow \mathrm{CH_3O \cdot (OH) \cdot C_6H_3 \cdot CH_2 \cdot CH - \!\!\!-CH_2}$$

$$\mathrm{O \cdot O - \!\!\!- O}$$

$$\mathrm{CH_3O \cdot (OH) \cdot C_6H_3 \cdot CH_2 \cdot CH \!\!<^{O}_{O} \rightarrow CH_3O \cdot (OH) \cdot C_6H_3 \cdot CHO + CH_2O .}$$

Als diese Versuche ergeben hatten, daß man durch die gewöhnliche direkte Zersetzung der Ozonide nur zum Teil beim Isoeugenol, beim Eugenol und Aceteugenol aber nicht den gewünschten Aldehyd erhalten konnte, kamen wir dazu, die Spaltung indirekt auf Grund älterer Erfahrungen auszuführen. Früher ist nämlich gefunden worden[1]), daß sich die Ozonide mit schwachen Reduktionsmitteln, z. B. Aluminiumamalgam, in ätherischer Lösung zu den jeweiligen Aldehyden bzw. Alkoholen reduzieren lassen. Die Versuche ergaben aber damals keine ausreichenden Resultate, weil die Ausbeuten gering waren und meistens Gemenge von Aldehyden mit den Alkoholen entstanden. Diese

---

[1]) Annalen d. Chemie u. Pharmazie **343**, 318 [1905]; Berichte d. Deutsch. chem. Gesellschaft **39**, 2850 [1906].

Methode ist nun dahin abgeändert worden, daß Zinkstaub und Eisessig in ätherischer Lösung unter guter Kühlung angewendet werden, wobei nur die Aldehyde neben etwas Ausgangsmaterial und wenig Harz entstehen. Wir erhielten so sehr glatt den lang gesuchten Homovanillinaldehyd aus Eugenol, aus Isoeugenol aber in einer Ausbeute von mindestens 71% das Vanillin.

Jetzt lassen sich die verschiedenen Ergebnisse der französischen Chemiker und des Nachprüfers des Kaiserl. Deutschen Patentamtes erklären. Die ersteren haben zunächst mit den früheren einfachen Ozonapparaten gearbeitet und nur schwachprozentige Ozonströme erhalten, welche, wie wir zeigten, die Bildung von Vanillin aus Isoeugenol mit einer Ausbeute bis zu höchstens 38% gestatten. Diese Ausbeute ist für technische Zwecke vielleicht noch rentabel. Wahrscheinlich haben sie später stärkere Ozonströme gebraucht und sind zu immer schlechteren Ausbeuten gelangt, worauf die Fabrikation eingestellt werden mußte. Der Nachprüfer des Kaiserl. Deutschen Patentamtes benutzte, wie ich erfahren habe, gleich die großen Ozonapparate der Firma Siemens & Halske, welche erheblich höherprozentiges Ozon erzeugen, und so konnte er beim Isoeugenol nur zu Harzen gelangen, wie wir es bestätigt haben. Die französischen Chemiker sind insofern an diesem zuerst anscheinend sich widersprechendem Ergebnis nicht unschuldig, als sie den wahren Vorgang nicht erkannten, indem sie die intermediäre Bildung der Ozonide übersahen. Allerdings hätte die Untersuchung ihrer Bildungsweise in dieser Gruppe gerade sehr erhebliche Schwierigkeiten verursacht, welcher Umstand ihnen wieder als Entschuldigung dienen kann.

Experimentelles.

Das zur Verwendung gelangende 1proz. Ozon wurde in der Weise bereitet, daß gewöhnliches 14proz. Ozon, mit dem Apparat von 10 neben einander geschalteten Röhren erzeugt, zunächst durch 5proz. Natronlauge, danach durch konz. Schwefelsäure und schließlich durch ein 40 cm langes, mit Phosphorpentoxyd beschicktes Rohr geleitet wurde; durch letzteres wird der Ozongehalt sehr erheblich herabgesetzt.

Kontrolle:

	Geschwindigkeit pro Stunde	Primäre Spannung	ccm $1/_{20}$ n-Thiosulfat	Prozent Ozon
1.	10 l	90 Volt	12,05	1,01
2.	10 l	90 ,,	12,25	1,03

Gehalt pro Liter Sauerstoff im Mittel: 1,02

I. Versuche mit Isoeugenol.

Isoeugenolozonid.

5 g Isoeugenol vom Sdp. 139—141° unter 13 mm Druck werden in 250 g Hexan mit 1 proz. Ozon gesättigt. Dabei scheidet sich ein gelber Sirup von wenig explosiven Eigenschaften ab. Einmal aus Essigester, Petroläther umgefällt und im Vakuum getrocknet, lieferte der recht zersetzliche Körper folgende Zahlen, die anzeigen, daß ein normales Ozonid vorliegt:

0,1226 g Sbst.: 0,2578 g CO_2, 0,0656 g H_2O.

$C_{10}H_{12}O_5$.　Ber. C 56,60, H 5,60.
Gef. ,, 57,35, ,, 5,99.

Aus der Hexanlösung ließ sich durch Einengen im Vakuum bei 20° ein stark explosives, gelbliches Öl in geringer Menge isolieren, welches nicht weiter untersucht wurde.

Ozonisierung des Isoeugenols in Eisessig und seine Spaltung

20 g Isoeugenol wurden in 160 g Eisessig mit 1 proz. Ozon gesättigt. Darauf wird die Lösung auf dem Wasserbade ca. 15 Minuten erhitzt, wobei Gasentwicklung erfolgt und Acetaldehyd entweicht. Der Eisessig wird darauf im Vakuum abdestilliert und der Rückstand fraktioniert. Unter 13 mm Druck siedet bei 150—200° ein gelbes Öl über, das nach einiger Zeit teilweise erstarrt. Der harzige Rückstand betrug 8 g. Die Fraktion 150—200° ergibt bei wiederholter Destillation 7,0 g eines festen Destillats, welches, aus Ligroin umkristallisiert, bei 79° schmolz und somit reines Vanillin darstellt. Die Ausbeute beträgt also ca. 37,8% der Theorie.

Oxydation des Isoeugenols mit Sauerstoff in Eisessiglösung.

Es ist bekannt, daß auch Sauerstoff allein in manchen Fällen die Doppelbindung ungesättigter Körper unter Bildung von Aldehyden zu sprengen vermag. Deshalb wurde zum Vergleich mit dem vorhergehend beschriebenen Versuch, Isoeugenol mit Sauerstoff behandelt, um zu sehen, welchen Einfluß der ozonisierte Sauerstoff auf die Ausbeute an Vanillin ausübt.

In die Lösung von 20 g Isoeugenol in 160 g Eisessig wurde trockner Sauerstoff aus der Bombe 120 Stunden eingeleitet. Die Lösung nahm hierbei allmählich dunkelbraune Färbung an. Die weitere Verarbeitung erfolgte darauf wie vorher geschildert. Man erhielt drei Fraktionen:

I.	135—148°	13 mm Druck	4,1 g unverändertes Isoeugenol
II.	148—240°	13 ,, ,,	4,6 ,, dunkles Öl
III.	240—260°	13 ,, ,,	1,3 ,, ,, ,,
IV.	Rückstand		10,0 ,, braunes Harz.

Die Fraktion II war nicht zum Erstarren zu bringen, enthielt aber Vanillin, wie aus der leichten Bildung des p - Nitrophenyl- hydrazons vom Schmp. 227° hervorging. Die Ausbeute an Vanillin dürfte danach auf mindestens 12% zu berechnen sein. Es ist damit festgestellt, daß auch Sauerstoff allein Isoeugenol zu Vanillin zu oxydieren vermag.

Reduktion des Isoeugenolozonids.

20 g Isoeugenol werden in 1000 g trocknem Essigester mit 1 proz. Ozon gesättigt, nachher wird der Essigester im Vakuum bei 20° Heizbadtemperatur abdestilliert, der ölige Rückstand, das Isoeugenolozonid, in ca. 300 ccm Äther aufgenommen und durch allmählichen Zusatz von 120 g reinem Zinkstaub[1]) und 60 g Eisessig unter guter Kühlung und Schütteln reduziert. Nach dem Absaugen des unverbrauchten Zinkstaubs wird die Ätherlösung mit 100 g gefälltem Calciumcarbonat und 200 ccm Wasser einige Stunden geschüttelt, darauf der Äther abgehoben, die wässerige Lösung mit Äther ausgeschüttelt, beide vereinigt und abgedampft. Der Rückstand liefert bei der Destillation im Vakuum 2 Fraktionen:

I.	120°	12 mm Druck	2 g Isoeugenol
II.	152—165°	12 ,, ,,	13 ,, Vanillin
III.	Rückstand		3 ,, Harz.

Die Fraktion II erstarrt sofort in der Vorlage zu einem Kristallkuchen vom Schmp. 73°, während reines Vanillin bei 79° schmilzt. Die Ausbeute beträgt ca. 71%.

Man erhöht die Ausbeute nicht unwesentlich, wenn die Destillation unter stark vermindertem Druck bei 0,3—0,5 mm vorgenommen wird.

Ozonisierung von Acetisoeugenol.

Bei diesem Versuche haben wir die merkwürdige Beobachtung gemacht, daß Acetisoeugenol, selbst mit 1 proz. Ozon in sehr verdünnter Essigesterlösung behandelt, mehr Ozon aufnimmt, als seinem normalen Sättigungsgrad entspricht. Der aus Essigester-Petroläther zweimal umgefällte Körper erstarrt im Vakuum vollkommen zu einer kristallinischen Masse, welche die bekannten Ozonidreaktionen anzeigt.

0,1345 g Sbst.: 0,2344 g CO_2, 0,0606 g H_2O. — 0,1253 g Sbst.: 0,2221 g CO_2, 0,0562 g H_2O.

$C_{12}H_{14}O_3 + O_3$.	Ber. C 56,70,	H 5,50.
$C_{12}H_{14}O_3 + O_6$.	,, ,, 47,70,	,, 4,70.
	Gef. ,, 47,53, 48,34,	,, 5,04, 5,02.

---

[1]) Von Merck bezogen; der von Kahlbaum gelieferte wirkt zu stark und ruft stets nach einiger Zeit explosionsartiges Aufkochen hervor.

Bei der Spaltung dieses Ozonids mit Eisessig konnten wir nur Acetvanillinsäure vom Schmp. 145° (Tiemann 142°) in nicht erheblicher Ausbeute erhalten.

II. Versuche mit Eugenol.

Das normale Eugenolozonid[1]) ist bereits von Riedl von Riedenstein beschrieben worden, wir erhielten mit 1proz. Ozon auch in Essigester dasselbe ölige Produkt, es ist erheblich explosiver und beständiger als Isoeugenolozonid. Die Zersetzung des Eugenolozonids durch Erhitzen mit Eisessig hat schon Riedl studiert, er erhielt bei der Destillation ein dunkles Öl, welches er als Homovanillin ansprach. Bei der Wiederholung dieser Versuche in größerem Maßstabe konnten wir aber nur ein braunes Öl vom Sdp. 120—200° unter 0,5 mm Druck erhalten, das alsbald verharzte. Homovanillin läßt sich auf diesem Wege nicht gewinnen.

Reduktion des Eugenolozonids. Homovanillin,

$CH_3O.(HO)C_6H_3.CH_2.CHO.$

40 g Eugenol werden in 2000 g Essigester mit 1proz. Ozon gesättigt, worauf im Vakuum zur Sirupkonsistenz vorsichtig eingedampft wird. Der Rückstand wird in Äther aufgenommen und mit 240 g Zinkstaub und 120 g Eisessig genau nach der vorhin angegebenen Methode reduziert, mit Calciumcarbonat und Wasser von Säuren befreit und das Reaktionsprodukt bei 0,4—0,5 mm Druck fraktioniert.

I.	80—102°	0,4 mm Druck		6,0 g	Eugenol
II.	108—126°	0,4 ,,	,,	17,7 ,,	Homovanillin
III.	Rückstand			Harz gering.	

Die Hauptmenge von II ging beim Rektifizieren bei 112—116° über. Diese sott bei weiterer Fraktionierung von 111—114° unter 0,45 mm Druck und betrug 8,5 g eines dicken, farblosen Öls, welches milchig getrübt war. Diese Trübung behielt das Präparat trotz mehrfacher Destillation bei. Die Analyse zeigte an, daß das Homovanillin vorlag, aber wahrscheinlich noch durch etwas Peroxyd verunreinigt war.

0,1415 g Sbst.: 0,3335 g CO_2, 0,0757 g H_2O.

$C_9H_{10}O_3$.   Ber. C 65,00, H 6,10.

Gef. ,, 64,28, ,, 5,98.

Das Homovanillin besitzt einen Geruch nach Vanille, ist in Wasser schwer löslich, oxydiert, in Methylalkohol aufgenommen, sofort fuchsinschweflige Säure und reduziert in der Kälte Fehlingsche Flüssigkeit. In ganz verdünnter Natronlauge löste es sich mit hellgelber Farbe, mit stärkerer verharzt es sofort. Die Derivate kristallisieren meistens schön.

---

[1]) Inaug.-Diss., Kiel 1911.

Das p - Nitrophenylhydrazon kristallisiert aus abs. Alkohol in dunkelgelben Nadeln vom Schmp. 150°.

0,1288 g Sbst. (im Vakuum bei 100° getrocknet): 0,2821 g CO_2, 0,0597 g H_2O. — 0,1134 g Sbst.: 13,9 ccm N (19°, 757 mm).

$$C_{15}H_{15}O_4N_3.$$ Ber. C 59,80, H 5,00, N 13,90.
Gef. ,, 59,73, ,, 5,19, ,, 14,04.

Das Semicarbazon nach v. Baeyer, Thiele bereitet, scheidet sich nur zum Teil direkt ab. Man dunstet die Reaktionsflüssigkeit ein und zieht den Rückstand mit heißem Methylalkohol aus. Wiederholt aus Methylalkohol umkristallisiert, bildet es wenig gefärbte harte Prismen, die bei 173° schmelzen.

0,1264 g Sbst. (bei 100° im Vakuum getrocknet): 0,2470 g CO_2, 0,0684 g H_2O. — 0,1263 g Sbst.: 21,0 ccm N (22°, 757,8 mm).

$$C_{10}H_{13}O_3N_3.$$ Ber. C 53,8, H 5,80, N 18,80.
Gef. ,, 53,3, ,, 6,05, ,, 18,81.

Das Oxim wird durch Versetzen einer Methylalkohollösung des Homovanillins mit einer wässerigen Auflösung von Hydroxylaminchlorhydrat und Neutralisieren mit Natriumacetat (Natriumbicarbonat wirkt verharzend) erhalten. Man dunstet die Reaktionsmasse ein und extrahiert den Rückstand mit Äther. Aus Essigester kristallisiert es in großen, glasklaren Blättern oder Nadeln vom Schmp. 115°. Die Ausbeute ist fast quantitativ.

0,1206 g Sbst.: 0,2628 g CO_2, 0,0644 g H_2O. — 0,1106 g Sbst. (bei 78° im Vakuum getrocknet): 7,8 ccm N (21°, 760,2 mm).

$$C_9H_{11}O_3N.$$ Ber. C 59,70, H 6,10, N 7,70.
Gef. ,, 59,43, ,, 5,97, ,, 8,04.

Das Homovanillin liefert beim Schütteln mit Natriumbisulfitlösung sofort eine schwer lösliche, weiße, pulverige Doppelverbindung, die aber nach den Resultaten der Analyse keine normale Zusammensetzung besitzt.

Aceteugenol bildet im Unterschied zum Acetisoeugenol ein normales Ozonid. Hierzu werden 5 g Aceteugenol in 250 g Hexan mit 1 proz. Ozon gesättigt, dabei scheidet sich eine weiße, feste, klebrige Masse aus, die aus Äther in weißen Täfelchen und Nädelchen vom Schmp. 63° kristallisiert.

0,1267 g Sbst. (im Vakuum getrocknet): 0,2666 g CO_2, 0,0646 g H_2O.
$$C_{12}H_{14}O_3 + O_3.$$ Ber. C 56,70, H 5,50.
Gef. ,, 57,39, ,, 5,71.

Die Spaltung des Aceteugenolozonids mit Eisessig ergab ein Öl und einen kristallinischen Körper. Das Öl scheint außer Vanillin Acethomovanillin zu enthalten — p - Nitrophenylhydrazon, hellgelbe Blättchen, Schmp. 179°. Die feste Substanz ist Acethomovanillinsäure, Schmp. 134°, die beim Verseifen mit Alkali Homovanillinsäure[1]), Schmp. 139°, liefert.

---

[1]) Tiemann u. Nagai (Berichte d. Deutsch. chem. Gesellschaft **10**, 202 [1877]) geben 140° bzw. 142—143° an. Wir konnten aber bei Nacharbeitung der Versuche von Tiemann u. Nagai nur den Schmp. 139° für reine Homovanillinsäure bestätigen.

Methyleugenolozonid ist bereits von Majima[1]) beschrieben worden. Bei seiner Spaltung in Eisessig konnten wir nur die Bildung von Methylvanillin konstatieren, wir stellten aus der Fraktion

$$95\text{—}120° \qquad 0{,}6 \text{ mm Druck}$$
$$\text{und } 120\text{—}155° \qquad 1{,}2 \quad ,, \qquad ,,$$

das p - Nitrophenylhydrazon dar; es schmolz bei 210° und war identisch mit Methylvanillin - p - nitrophenylhydrazon.

Reduktion des Methyleugenolozonids.

Methylhomovanillin.

Die Reduktion läßt sich genau wie beim Eugenol- und Isoeugenolozonid ausführen. Bei der Destillation des Reduktionsproduktes erhält man eine von 110—115° unter 0,6 mm (112—113°) übergehende Fraktion, welche ein hellgelbes, dickliches Liquidum bildet. Es rötet fuchsinschweflige Säure und reduziert Fehlingsche Lösung. Von Derivaten werden leicht erhalten das p-Nitrophenylhydrazon vom Schmp. 157° und das Semicarbazon, Schmp. 181°. Das Methylhomovanillin ist noch nicht genauer untersucht worden; wir behalten uns vor, die Angaben darüber später zu vervollständigen und evtl. zu rektifizieren. Auch das Homovanillin soll noch eingehender bearbeitet werden.

---

[1]) Berichte d. Deutsch. chem. Gesellschaft **42**, 3665 [1909].

57. C. Harries: Über das Verhalten von Phenolen mit ungesättigter Seitenkette gegen Ozon. Nachtrag.

Berichte der Deutschen chemischen Gesellschaft 48, 410 (1915).

(Eingegangen am 24. Februar 1915.)

Die Auslassungen des Herrn O. N. Witt im vorletzten Heft der Berichte d. Deutsch. chem. Gesellschaft[1]) nötigen mich, zugunsten des Herrn Prof. Haller folgende Bemerkungen zu machen:

Aus der von mir neulich gebrachten Erzählung des Herrn Prof. Haller[2]) geht nach meiner Meinung durchaus nicht hervor, daß derselbe bereits im Jahre 1900 über die Sachlage unterrichtet war. Ich war erst Ende November 1901 in Paris, also mindestens 1 Jahr später als Herr Witt. Ich hatte seinerzeit den Eindruck, daß Herr Haller erst kürzlich von der Angelegenheit erfahren hatte und noch frisch unter dem Eindruck des Gehörten stand, als er mir davon erzählte; ich sehe auch nicht ein, warum Herr Haller nicht genau so mit Herrn Witt wie mit mir darüber gesprochen haben sollte, wenn er schon damals informiert gewesen wäre.

Was mich übrigens damals in erster Linie unangenehm berührte, war der Umstand, daß aus dem Bericht des Herrn Haller ganz deutlich der Vorwurf einer gewissen Gruppe der französischen Industrie gegen das Kaiserlich Deutsche Patentamt hervorging, daß es sich nicht objektiv genug gegen französische Patentnehmer verhielte. Die Rolle, welche die Untersuchungen des Herrn Witt dabei spielten, schien mir weniger betont zu werden.

[1]) Berichte d. Deutsch. chem. Gesellschaft 48, 231 [1915].
[2]) Berichte d. Deutsch. chem. Gesellschaft 48, 32 [1915].

58. C. Harries: Über das Homovanillin.

Aus dem Chemischen Institut der Universität Kiel.
Berichte der Deutschen chemischen Gesellschaft **48**, 868 (1915).
(Eingegangen am 8. Mai 1915.)

Vor kurzem habe ich in Gemeinschaft mit Reinhold Haarmann[1]) das Homovanillin als ein dickes Öl beschrieben, welches nach den Analysenresultaten noch nicht ganz rein erschien. Wir nahmen an, daß diese Verunreinigung durch etwas Peroxyd verursacht war. Bei weiterer Untersuchung hat sich gezeigt, daß letztere Vermutung nicht zutreffend ist, wahrscheinlich enthält es noch etwas Vanillin.

Es hat sehr viel Schwierigkeiten gemacht, den Körper im kristallisierten Zustand und analysenrein zu gewinnen, da sich die schwerlösliche Bisulfitverbindung hierzu nicht eignet. Um dies Ziel zu erreichen, wurde das früher beschriebene Öl einer mehrfachen sorgfältigen Fraktionierung im Vakuum mit kleiner Kolonne unterworfen, wobei die bei 105—106° unter 0,25 mm Druck übergehenden Anteile allmählich beim Stehen in Winterkälte zu einer harten, weißen, strahligen Kristallmasse erstarrten. Nunmehr ließen sich sämtliche Fraktionen, auch die bedeutend niedriger siedenden Vorläufe, leicht durch Impfen in kristallinischen Zustand überführen, und auch die durch Reduktion des Eugenolozonids neu bereiteten Präparate, welche nur zweimal im Hochvakuum destilliert waren, erstarrten jetzt beim Impfen vollkommen.

Die Kristallmasse wird zur weiteren Reinigung zunächst in Schwefelkohlenstoff unter gelindem Erwärmen gelöst, beim Erkalten scheidet sich an der Oberfläche ein dickes, rötliches, gefärbtes Öl ab, von dem man mechanisch trennt. Beim Einstellen der Mutterlauge hiervon in Kältemischung kristallisiert das Homovanillin in schönen Nadeln aus, welche sodann aus Tetrachlorkohlenstoff mehrfach umkristallisiert werden. Hierbei schießen glänzend weiße, dicke Prismen oder Blätter an, deren Schmelzpunkt konstant bei 50—50,5° liegt. Die Analyse der im Vakuum getrockneten Substanz bestätigte ihre Reinheit.

---

[1]) Berichte d. Deutsch. chem. Gesellschaft **48**, 39 [1915].

0,1530 g Sbst.: 0,3657 g CO_2, 0,0818 g H_2O. — 0,1275 g Sbst.: 0,3050 g CO_2, 0,0677 g H_2O.

$C_9H_{10}O_3$. Ber. C 65,10, H 6,02.
Gef. „ 65,19, 65,24, „ 5,98, 5,94.

Auch das reine Homovanillin ist ein sehr empfindlicher Körper, der beim Destillieren im Vakuum ungenau (ähnlich wie Vanillin, aber etwas höher) unter 0,4 mm Druck etwa bei 116—118° siedet und dann sofort kristallinisch erstarrt; es sublimiert aber nicht so leicht wie Vanillin. Bei jedem Destillieren hinterbleibt ein dicköliger Rückstand. Das erwähnte dicke, rötliche Öl, welches sich beim Umkristallisieren aus der Lösung oben abscheidet, liefert beim Fraktionieren im Hochvakuum wieder kristallisiertes Homovanillin neben einem sirupösen Rückstand. Während das dicke rötliche Öl schon stark in der Kälte reduziert, verändert das kristallisierte gereinigte Homovanillin in der Wärme Fehlingsche Lösung nur mäßig. Es wird von den meisten Lösungsmitteln leicht, mit Ausnahme von Petroläther und Wasser, aufgenommen, letztere lösen erst in der Wärme. Spuren von Säuren oder Alkalien bewirken schnell Verharzung, und es ist deshalb jetzt zu verstehen, warum alle früheren Versuche, diesen Körper darzustellen, fehlgeschlagen sind.

Der Geruch der reinen Substanz ist angenehmer, blumenartiger, aber schwächer als der des Vanillins, vielleicht vanilleähnlicher.

Da in der früheren Mitteilung die Derivate wie p-Nitrophenylhydrazon, Oxim und Semicarbazon aus dem noch nicht reinen öligen Aldehyd bereitet beschrieben wurden, habe ich diese Verbindungen mit Hilfe des ganz reinen Produktes von neuem dargestellt und ihre Schmelzpunkte kontrolliert. Hierbei konnten die früheren Angaben bestätigt werden, nur das p - Nitrophenylhydrazon schmolz um 3° höher, bei 154,5°.

Meinem Assistenten, Herrn Dr. Reinhold Haarmann, der mich bei diesen Versuchen auf das sorgsamste unterstützte, danke ich herzlich.

59. C. Harries und Hans Adam: Weitere Untersuchungen über die Oxydation von Phenolen mit ungesättigter Seitenkette durch Ozon.

Aus dem Chemischen Institut der Universität Kiel.
Unveröffentlichte Mitteilung.

In der Fortsetzung der Untersuchungen über die Oxydation der Phenole bzw. Phenoläther mit ungesättigter Seitenkette durch Ozon haben wir nach der früher geschilderten Methode[1]), wie schon angekündigt, das Methylhomovanillin rein dargestellt und lassen darüber genauere Angaben folgen. Sodann wurde auch das Safrol ozonisiert und sein Ozonid reduziert, wobei wir den Homopiperonylaldehyd erhielten. Dieser Aldehyd war schon von Semmler[2]) durch Oxydation des Safrols mit Ozon in Benzollösung dargestellt und als fester Körper vom Schmp. 69° beschrieben worden. Unsere Befunde decken sich nun keineswegs mit denjenigen von Semmler. Brechungsindex und Dichte differieren stark, nur der Siedepunkt stimmt annähernd überein. Unser Aldehyd ist aber ein dünnflüssiges, fast farbloses Öl, welches auch nach langem Stehen keine Neigung zur Kristallisation anzeigt. Nach unserer Meinung muß der feste Aldehyd ein Polymeres sein, besonders da das Piperonal selbst niedriger, bei 37°, schmilzt. Auffällig ist, daß Semmler weder von dem Aldehyd noch seinen kristallisierten Derivaten irgendwelche Analysen veröffentlicht hat. Nur von der schon bekannten durch Oxydation daraus gewonnenen Homopiperonylsäure sind analytische Grundlagen mitgeteilt worden. Die Ausbeute an dem Aldehyd bzw. der Säure gibt er auf 80% der Theorie an. Diese Fassung führt leicht zu falschen Schlüssen. Es wäre richtiger gewesen, wenn nur die Ausbeute an Aldehyd berichtet worden wäre, auf die es hier doch allein ankommt. Wahrscheinlich war sie sehr gering. Wir erhielten nur 30%, und unser Verfahren ist bei weitem besser. — Unsere Beobachtungen der Eigenschaften des Homopiperonylaldehyds decken sich übrigens mit denen der Firma Haarmann & Reimer, Holzminden, sofern sie uns darüber Mitteilung machte. Weiter ist der Chavicolmethyläther in den Homoanisaldehyd übergeführt worden; hier läßt sich die Methode besonders gut gebrauchen. Ergebnislos verliefen dagegen die Versuche, aus Myristicin und Apiol die entsprechenden Aldehyde zu bereiten. Obwohl ganz schwaches Ozon angewandt wurde, scheint hier immer auch ein Eintritt des Ozons in den Benzolkern zu

---

[1]) Harries u. Haarmann, Berichte d. Deutsch. chem. Gesellschaft **48**, 32 [1915]. — Harries, ebd. **48**, 868 [1915].

[2]) F. W. Semmler u. Bartelt, Berichte d. Deutsch. chem. Gesellschaft **41**, 2751 [1908].

erfolgen. Für die freundliche Überlassung schöner Präparate von Myristicin, Methylchavicol und Apiol danken wir der Firma Schimmel in Leipzig verbindlichst.

Eugenolmethyläther und Homovanillinmethyläther. Je 5 g Eugenolmethyläther werden in 250 g Essigester gelöst und mit gewaschenem, ca. 5—7 proz. Ozon behandelt. Nach der Absättigung, wozu etwa 7 Stunden erforderlich sind, wird der Essigester im Vakuum (Heizbad ca. 20°) abdestilliert, das zurückbleibende dickölige, schwach bräunlich gefärbte Ozonid in 120 ccm Äther aufgenommen und durch allmählichen Zusatz von 45 g Zinkstaub, 23 g Eisessig und 6—7 ccm Wasser unter guter Kühlung reduziert. Man probt am besten mit Jodkalium auf Beendigung der Reduktion. Das ätherische Filtrat wird mit 50 g frisch gefälltem Calciumcarbonat und 100 ccm Wasser von Säuren befreit, der Ätherrückstand im Hochvakuum fraktioniert. Die Hauptmenge siedet unter 0,3—0,4 mm Druck bei 90—118° und beträgt aus 10 g Eugenolmethyläther 5,6 g. Bei nochmaliger Rektifikation erhielten wir ein hellgelbes, nicht besonders dickliches Liquidum, welches bei 121° unter 0,35 mm konstant siedet. Der Aldehyd ist in Wasser etwas löslich und reduziert Fehlingsche Lösung beim Erwärmen. Geruch schwach, aber angenehm vanillinähnlich.

0,2706 g Sbst.: 0,6621 g CO_2, 0,1655 g H_2O.

$C_{10}H_{12}O_3$.   Ber. C 66,67, H 6,67.
Gef. ,, 66,73, ,, 6,84.

$D_{200}^{200} = 1{,}155$; $n_d^{200} = 1{,}54257$; $n_\alpha = 1{,}53905$; $n_\beta = 1{,}55761$ [1]).
Mol.-Refraktion$_d$ ber. 3 $\mid\!\!\!=$ 48,07, gef. 49,12.
Mol.-Dispersion$_{\beta-\alpha}$,,   1,017, ,, 1,39.

Semicarbazon. Kleine, feine Blättchen aus Alkohol (früher 181° angegeben), Schmp. 163°.

0,1764 g Sbst.: 0,3580 g CO_2, 0,1016 g H_2O. — 0,1651 g Sbst.: 24,7 ccm N (761 mm, 10°).

$C_{11}H_{15}O_3N_3$.   Ber. C 55,7, H 6,57, N 17,7.
Gef. ,, 55,4, ,, 6,4,   ,, 17,9.

p - Nitrophenylhydrazon. Mikroskopische, derbe Aggregate aus Prismen aufgebaut aus wässerigem Alkohol, Schmp. 159° (früher 157° angegeben).

0,1585 g Sbst.: 0,3535 g CO_2, 0,799 g H_2O. — 0,1036 g Sbst.: 11,6 ccm N (761 mm, 10°).

$C_{16}H_{17}O_4N_3$.   Ber. C 60,9, H 5,4, N 13,35.
Gef. ,, 60,8, ,, 5,6, ,, 13,4.

Der Aldehyd liefert eine schwer lösliche Bisulfitverbindung[2]).

---

[1]) Die γ-Linie war wegen starker Absorption nicht abzulesen.

[2]) Das Oxim ist von Mannich und Jacobson beschrieben, es schmilzt bei 91°. Berichte d. deutsch. chem. Gesellschaft **43**, 196 [1910].

Safrol und Homopiperonal. Die Darstellung ist die gleiche wie vorhin beschrieben. Da das Safrolozonid aber in Äther unlöslich ist, so reduziert man dasselbe am besten in einer Mischung von 75 ccm Essigester und 75 ccm Äther. Das so gewonnene Homopiperonal ist ein ziemlich dünnflüssiges, fast farbloses Öl mit einem Stich ins Gelbliche, von schwachem, aber charakteristischem, angenehmem Geruch. Der Siedepunkt liegt bei 137° unter 10 mm Druck. Bei jeder Destillation hinterbleibt viel Harz, so beträgt die Ausbeute an reinem Aldehyd nur ca. 30%. Er reduziert Fehlingsche Lösung beim Erwärmen und ist etwas in kaltem Wasser löslich.

$$0,3112 \text{ g Sbst.}: 0,7458 \text{ g } CO_2, 0,1415 \text{ g } H_2O.$$
$$C_9H_8O_3. \quad \text{Ber. C } 65,81, \text{ H } 4,91.$$
$$\text{Gef. ,, } 65,36, \text{ ,, } 5,09.$$

$$D_{20^0}^{20^0} = 1,2626; \quad n_d^{20,5} = 1,55293; \quad n_\alpha = 1,54740; \quad n_\beta = 1,56701 \text{ [1]}.$$

Mol.-Refraktion$_d$ ber. 3 $|\overline{}$ 41,25, gef. 41,58.
Mol.-Dispersion$_{\beta-\alpha}$,, 0,901, ,, 1,22.

Semmler und **Bartelt** geben den Siedepunkt zu 143—144° unter 10 mm. Schmp. 69°.

$$D_{20^0} = 1,295; \quad n_d = 1,57117.$$
$$\text{Mol.-Refraktion gef. } 41,67 \text{ [2]}, \text{ ber. } 41,69.$$

Es sind also ganz erhebliche Differenzen vorhanden; ebenso geht daraus hervor, daß auch der von **Semmler** bereitete ölige Aldehyd nicht mit dem unserigen identisch ist.

Semicarbazon. Feine Nadeln aus Methylalkohol umkristallisiert. Schmp. 179—180°. Ausbeute 95%.

$$0,1728 \text{ g Sbst.}: 0,3425 \text{ g } CO_2, 0,0788 \text{ g } H_2O. - 0,1401 \text{ g Sbst.}: 22,3 \text{ ccm N}$$
(759,5, 9°).

$$C_{10}H_{11}O_3N_3. \quad \text{Ber. C } 54,27, \text{ H } 5,02, \text{ N } 19,0.$$
$$\text{Gef. ,, } 54,06, \text{ ,, } 5,10, \text{ ,, } 19,1.$$

Semmler fand 189° (nicht analysiert).

Oxim. Mit Hilfe von Hydroxylaminchlorhydrat und Natriumacetat in Methylalkohol bereitet. Glänzende Blätter, aus Wasser umkristallisiert. Schmp. 115°. Ausbeute 70%.

$$0,1502 \text{ g Sbst.}: 0,3315 \text{ g } CO_2, 0,0677 \text{ g } H_2O. - 0,1127 \text{ g Sbst.}: 7,7 \text{ ccm N}$$
(753 mm, 10°).

$$C_9H_9O_3N. \quad \text{Ber. C } 60,34, \text{ H } 5,03, \text{ N } 7,82.$$
$$\text{Gef. ,, } 60,19, \text{ ,, } 5,04, \text{ ,, } 8,09.$$

Semmler fand 124—125° (nicht analysiert).

Der Aldehyd liefert eine schwer lösliche Bisulfitverbindung, die sich nach unseren Erfahrungen zu seiner Reinigung nicht eignet.

Kiel, im Februar 1916.

---

[1]) Die γ-Linie war nicht abzulesen.

[2]) **Semmler** hat die Werte für zwei Hydroxylsauerstoffe statt zwei Äthersauerstoffe eingesetzt.

60. C. Harries und Heinrich Neresheimer: Über Ozonide hydroaromatischer Verbindungen und die Beständigkeit verschiedener Ringsysteme.

Aus dem Chemischen Universitätslaboratorium zu Kiel.
Berichte der Deutschen chemischen Gesellschaft **39**, 2846 (1906).
(Eingegangen am 8. August 1906.)

Gemeinschaftlich mit R. Weil hat der eine von uns[1]) schon früher das Ozonid eines ungesättigten zyklischen Kohlenwasserstoffes, des 1,1,3 - Trimethylcyclohexens-(3) oder Cyclogeraniolens, beschrieben. Dasselbe unterscheidet sich insofern scharf von den analogen Derivaten mit offener Kette und denjenigen der aromatischen Reihe, als es durch Wasser nur schwer verändert wird. Dasselbe Verhalten haben wir nun auch bei anderen Kohlenwasserstoffen der hydroaromatischen Reihe gefunden. Die Ozonide dieser Kohlenwasserstoffe sind gegen Wasser sehr beständig, sofern sie durch Anlagerung von Ozon an eine im sechsgliedrigen Kern vorhandene Doppelbindung entstanden sind.

Das Tetrahydrobenzolozonid zerfällt erst bei energischem und langem Kochen mit Wasser in wenig Hexandialdehyd und viel Adipinsäure. Das Dihydroxyloldiozonid läßt sich überhaupt nicht zu definierbaren Produkten spalten, beim Limonendiozonid bleibt eine Ozonidgruppe lange beständig, während die andere, in der Propenylseitenkette befindliche, schnell zersetzt wird. Wie leicht lassen sich dagegen Benzoltriozonid und die anderen Ozonide der Homologen in die Dialdehyde oder Ketoaldehyde umwandeln! Man sieht hieraus, daß hydroaromatisches und aromatisches Ringsystem etwas voneinander Verschiedenes ist. Aber auch von den aliphatischen Kohlenwasserstoffen, mit denen man die hydroaromatischen Verbindungen bisher immer in Beziehung setzte, weichen die letzteren ebenso stark ab. Wie kürzlich festgestellt worden ist, zerfällt das Diozonid aus Kautschuk, $C_{10}H_{16}O_6$, sehr leicht in Lävulinaldehyd bzw. -säure und aus diesen Produkten sowie der Molekulargröße des Diozonids ist auf das Vorhandensein des Kohlenstoffachtringes im Kautschuk geschlossen worden. Aus dieser Unter-

---

[1]) Berichte d. Deutsch. chem. Gesellschaft **37**, 845 [1904].

suchung geht hervor, daß im Kautschuk nach der Leichtigkeit der Spaltung ein anderes Ringsystem als das hydroaromatische vorhanden sein muß, und daß die höheren Ringsysteme eine geringere Festigkeit als dieses letztere besitzen. In dieser Richtung wird die Untersuchung fortgeführt und insbesondere der Fünf- und Siebenring genauer geprüft werden.

Hinsichtlich der Zusammensetzung der Ozonide der einfach ungesättigten hydroaromatischen Kohlenwasserstoffe selbst hat sich folgendes ergeben. Schon bei der Untersuchung der Zusammensetzung des Cyclogeraniolenozonids zeigten sich Unregelmäßigkeiten, indem das Cyclogeraniolen nicht, wie man erwarten konnte, nur mit einem Molekül Ozon (O_3) reagiert hatte, sondern es schien, als wenn sich an dasselbe noch mehr Sauerstoff (O_4) herangelagert hätte, denn es besaß nach der Analyse die Zusammensetzung $C_9H_{16}O_4$ und zeigte die doppelte Molekulargröße nach der kryoskopischen Bestimmung. Dasselbe Verhalten ist nun auch bei niederen Homologen des Cyclogeraniolens gefunden worden. Bei dem Tetrahydrobenzol stimmen die für das Ozonid ermittelten Werte noch einigermaßen mit den für die normale Verbindung berechneten überein, das Tetrahydrotoluol dagegen verhält sich schon wie das Cyclogeraniolen. Zum Teil kann dieser Umstand möglicherweise auf die mangelhaften Reinigungsmethoden zurückgeführt werden, welche man für diese sirupösen, nicht sehr beständigen Körper besitzt. Indessen liefern die Diozonide der zweifach ungesättigten Kohlenwasserstoffe bei gleichen Reinigungsmethoden ziemlich befriedigende Übereinstimmung mit den theoretisch berechneten Zahlen.

Die Unregelmäßigkeit in der Zusammensetzung wäre nun allein kein Grund, daß die Ozonide der hydroaromatischen Kohlenwasserstoffe nicht für Konstitutionsbestimmungen der letzteren Verwendung finden könnten, wie früher[1]) bei den Fettkörpern geschildert wurde, wenn sie nicht so schwer durch Kochen mit Wasser zerlegt würden. Aber hier ist ein Ausweg gefunden worden. Die Ozonide lassen sich nämlich, wie schon einmal angedeutet wurde[2]), reduzieren und hierbei bilden sich entweder dieselben Aldehyde bzw. Ketone, welche bei der Spaltung mit Wasser entstehen sollten, oder bei weitergehender Einwirkung der reduzierenden Agenzien die zugehörigen Alkohole. Dies Verfahren hat aber den Nachteil, daß man die Reduktionsprodukte nicht so gut quantitativ bestimmen kann, wie bei der Spaltung mit Wasser.

---

[1]) Annalen d. Chemie u. Pharmazie **343**, 318 [1905].
[2]) Annalen d. Chemie u. Pharmazie **343**, 318 [1905].

Tetrahydrobenzolozonid[1]).

Das Tetrahydrobenzol wird leicht durch Destillation von Cyclohexanol mit einem halben Gewichtsteil Phosphorsäureanhydrid gewonnen[2]); man erhält so aus 5 g Hexanol 2,4 g reinen Kohlenwasserstoff[3]) vom Sdp. 84°. Zur Überführung in sein Ozonid wurde derselbe in Chloroformlösung mit Ozon behandelt; nach kurzer Zeit scheidet sich eine feste, weiße Gallerte ab, die abfiltriert werden kann. Durch Waschen mit Äther wird sie in ein kristallinisch aussehendes, weißes Pulver verwandelt, das aus etwas klebrigen, elastischen Klümpchen besteht. Der Körper wird von allen gebräuchlichen Lösungsmitteln sehr schwer aufgenommen; beim Kochen in hoch siedenden Lösungsmitteln wird er zersetzt. Er besitzt einen schwachen aber charakteristischen Geruch und zeigt alle Ozonidreaktionen an.

Beim Erhitzen auf Platin und Betupfen mit konz. Schwefelsäure verpufft er lebhaft, beim Kochen mit Wasser liefert er eine schwache Reaktion auf Wasserstoffsuperoxyd und reduziert wenig Fehlingsche Flüssigkeit.

Zur Analyse wurde das Ozonid mit heißem Alkohol gewaschen und dann im Vakuum getrocknet.

$C_6H_{10}O_3$. Ber. C 55,39, H 7,69.
$C_6H_{10}O_4$. ,, ,, 49,31, ,, 6,84.
Gef. ,, 53,42, 53,10, ,, 7,94, 8,02.

Es scheint aus diesen Resultaten hervorzugehen, daß der Körper die Zusammensetzung $C_6H_{10}O_3$ besitzt. Die Bestimmung der Molekulargröße mußte wegen seiner geringen Löslichkeit unterbleiben.

Bei der Spaltung mit Wasser verhält sich die Substanz im allgemeinen wie ein wahres Ozonid, auffallend ist nur, daß die Menge des Aldehyds sehr gering und diejenige der Säure recht groß ist.

Einige Gramme des Ozonides wurden hierzu so lange am Rückflußkühler mit der zehnfachen Menge Wasser gekocht, bis nur mehr Spuren eines harzigen Rückstandes zu beobachten waren; hierzu waren ein bis zwei Stunden erforderlich. Die Lösung wurde dann im Vakuum eingedampft; es hinterblieb ein weißer Kristallbrei, der nach mehr-

---

[1]) Die Herren Molinari und Tornani haben in einer Abhandlung ,,Azioni del' Ozono sui composti ciclici" (nota prima, 10. VI. 1905 seduta della soc. chim. di Milano) ein Ozonid des Tetrahydrobenzols beschrieben. Sie haben dasselbe als gelbliches Öl durch Einwirkung von feuchtem Ozon auf Reinbenzol in geringer und auf technisches Benzol in größerer Ausbeute erhalten. Das Produkt besitzt zwar nach den Analysen die geforderte Zusammensetzung, kann aber nach den von den Verfassern angegebenen Eigenschaften, leichte Löslichkeit in fast allen Solvenzien, unmöglich Tetrahydrobenzolozonid sein.

[2]) Knoevenagel, Annalen d. Chemie u. Pharmazie **297**, 113 [1897].

[3]) Markownikoff, Annalen d. Chemie u. Pharmazie **302**, 27 [1898].

maligem Umkristallisieren aus Wasser den Schmp. 148—149° aufwies und sich somit als n - Adipinsäure charakterisierte. Das Destillat roch stechend aldehydartig. Zur Isolierung des Aldehyds wurde es mit Kochsalz übersättigt und oftmals mit Äther ausgeschüttelt. Beim Verdunsten des letzteren hinterblieb eine kleine Menge eines gelben Öles, das bei 99—100° unter 14 mm Druck farblos überging. Nach der Theorie sollten wir den Adipindialdehyd erhalten haben; derselbe ist kürzlich von Wohl[1]) genau untersucht und beschrieben worden. Wohl gibt den Siedepunkt zu 92—94° bei 9 mm Druck an und bezeichnet als besonders charakteristisches Derivat das Bisnitrophenylhydrazon vom Schmp. 169—170°. Unser Körper lieferte mit Nitrophenylhydrazin das gleiche Derivat vom nämlichen Schmelzpunkt; auch die anderen Eigenschaften stimmen mit den von Wohl angegebenen überein. Diese Spaltungsprodukte sind also folgendermaßen entstanden:

$$
\begin{array}{ccc}
\underset{\underset{CH_2}{\big|}}{\overset{CH_2}{\big|}} \substack{H_2C \diagup \diagdown CH.O \\ H_2C \diagdown \diagup CH.O} {\cdot}{\gt}O + H_2O & \rightarrow \quad \underset{\underset{CH_2}{\big|}}{\overset{CH_2}{\big|}} \substack{H_2C \diagup \diagdown CHO \\ H_2C \diagdown \diagup CHO} & \rightarrow \quad \underset{\underset{CH_2}{\big|}}{\overset{CH_2}{\big|}} \substack{H_2C \diagup \diagdown COOH \\ H_2C \diagdown \diagup COOH}
\end{array}
$$

m - Dihydroxyloldiozonid $(CH_3)_2C_6H_4(O_3)_2$.

Als Ausgangsmaterial diente das Dihydroxylol von Wallach, welches nach der Vorschrift von Verley[2]) aus Methylheptenon bereitet wurde. Dieser Kohlenwasserstoff wird in Chloroform gelöst und pro Gramm während einer Stunde mit Ozon behandelt. Danach destilliert man das Chloroform vorsichtig im Vakuum ab und reinigt den zurückbleibenden Sirup durch wiederholtes Fällen mit Petroläther aus seiner Lösung in Essigester. Beim Trocknen im Vakuum erhält man so einen wasserhellen Sirup von charakteristischem Geruch und relativer Beständigkeit, doch explodiert er manchmal beim Stehen an der Luft ohne erkennbare Ursache mit großer Heftigkeit. Er löst sich leicht in Alkohol, Äther, Essigester, Chloroform, Eisessig und wird von Ligroin schwer, von kaltem Wasser nicht aufgenommen.

$$C_8H_{12}O_6.\quad \text{Ber. C } 47{,}06,\ \text{H } 5{,}88.$$
$$\text{Gef. ,, } 47{,}92,\ \text{,, } 7{,}02.$$
$$n_d^{20} = 1{,}46634;\quad D_{20} = 1{,}284.$$

Konstitutionsbestimmung des m - Dihydroxylols mit Hilfe des Ozonids.

Das Diozonid geht bei längerem Kochen mit Wasser mit gelber Farbe in Lösung. Dieselbe zeigt stark die Reaktion auf Wasserstoff-

[1]) Wohl u. Schweitzer, Berichte d. Deutsch. chem. Gesellschaft 39, 894 [1906].
[2]) Bull. de la Soc. chim. 17, 180 [1897].

superoxyd an und reduziert auch in der Wärme die Fehlingsche Flüssigkeit. Indessen scheint kein freier Lävulinaldehyd darin enthalten zu sein, da man weder mit Phenylhydrazin aus ihr ein kristallisierendes Derivat, noch die Pyrrolprobe erhalten kann.

Nach der Bildungsweise aus Methylheptenon sollte man aber erwarten, daß das Dihydroxylol ein 1,3 - Dimethylcyclohexadien-(2,6) sei.

$$\begin{array}{ccc}
\text{C.CH}_3 & & \text{C.CH}_3 \\
\text{HC} \diagup \diagdown \text{CH}_3 & & \text{HC} \diagup \diagdown \text{CH} \\
\text{H}_2\text{C} \diagdown \diagup \text{CO.CH}_3 & \rightarrow & \text{H}_2\text{C} \diagdown \diagup \text{C.CH}_3 \\
\text{CH}_2 & & \text{CH}_2
\end{array}.$$

Das Diozonid daraus müßte dann mit Wasser in Lävulinaldehyd und Methylglyoxal zerfallen. Dieser Zerfall ist nun zwar direkt nicht zu beobachten, indessen ist es gelungen, bei der Reduktion des Diozonids die Bildung von Lävulinaldehyd nachzuweisen. Hieraus geht hervor, daß jedenfalls in dem Dihydroxylol das 1,3 - Dimethylcyclohexadien - (2,6) enthalten ist, wenn man noch vorläufig annimmt, daß es ein Gemisch ist. Die Reduktion läßt sich bequem mit Aluminiumamalgam in ätherischer Lösung ausführen. Man reduziert so lange, bis eine abfiltrierte Probe beim Verdunsten des Äthers keine Ozonidreaktionen mehr anzeigt — Betupfen des Öles mit konz. Schwefelsäure und Wasserstoffsuperoxydreaktion —, dann wird vom Aluminiumschlamm abgepreßt, derselbe mehrfach mit Äther ausgekocht, die ätherischen Lösungen vereint dephlegmiert und das zurückbleibende Öl fraktioniert. Hierbei wurden aus 10 g Diozonid 1,2 g Lävulinaldehyd vom Sdp. 77—80° unter 15 mm Druck erhalten. Die anderen Reduktionsprodukte, wahrscheinlich γ-Pentylenglykol und α-Propylenglykol konnten beide nicht genauer identifiziert werden. Die Untersuchung wird später ausführlicher anderweitig publiziert[1]).

---

[1]) Vgl. dazu Comberg, Inaug.-Diss. Kiel 1914.

61. C. Harries und Ludwig Tank: Über die Aufspaltung des Cyclopentens zum Halbaldehyd der Glutarsäure bzw. zum Glutardialdehyd.

Aus dem Chemischen Institut der Universität Kiel.
Berichte der Deutschen chemischen Gesellschaft **41**, 1701 (1908).
(Eingegangen am 30. April 1908.)

Man kann die verschiedenen Ringsysteme in bezug auf ihre Beständigkeit gegen Ozon vergleichen, wenn man die Zersetzungsprodukte ihrer Ozonide mit Wasser quantitativ bestimmt und hierbei die Geschwindigkeit des Verlaufs der Spaltung messend verfolgt.

Die Resultate dieser Messungen sollen später im Zusammenhange mitgeteilt werden. Soviel sei schon jetzt vorausgeschickt, daß sich Cyclopenten und Cyclohexen[1]) recht verschieden verhalten, obwohl man nach der Baeyerschen Spannungstheorie gerade bei diesen Kohlenwasserstoffen große Übereinstimmung erwarten sollte.

Cyclohexen besitzt mehr Verwandtschaft zum Cyclohepten als zum Cyclopenten, worauf übrigens Willstätter[2]) schon früher, von ganz anderen Beobachtungen ausgehend, aufmerksam gemacht hat.

Das Cyclopenten liefert ein Ozonid normaler Zusammensetzung $C_5H_8O_3$, welches von den üblichen organischen Solvenzien leicht aufgenommen wird und sich von Wasser wie ein aliphatisches Ozonid glatt spalten läßt. Hierbei entsteht neben Glutardialdehyd und Glutarsäure hauptsächlich der Halbaldehyd der Glutarsäure. Diese Spaltung erklärt sich in einfacher Weise:

$$
\begin{array}{c}
CH_2-CH \diagup O-O \diagdown O \\
| \qquad\qquad \diagup CH \underline{\quad\quad} \\
CH_2-CH_2
\end{array}
\ \rightarrow\ OCH\,.\,CH_2\,.\,CH_2\,.\,CH_2\,.\,COOH\,.
$$

Vom Cyclopentenozonid verschieden verhalten sich das Cyclohexenozonid[3]) und das Cycloheptenozonid, welche ihrerseits in vielen Beziehungen übereinstimmen. Letztere bilden analog zusammen-

---

[1]) Harries u. Neresheimer, Berichte d. Deutsch. chem. Gesellschaft **39**, 2846 [1906].

[2]) Berichte d. Deutsch. chem. Gesellschaft **38**, 1975 [1905].

[3]) loc. cit.

gesetzte Ozonide, deren gefundene Werte in der Mitte zwischen $C_6H_{10}O_3$ und $C_6H_{10}O_4$ bzw. $C_7H_{12}O_3$ und $C_7H_{12}O_4$ liegen. Sie sind schwer löslich und spalten sich schwer beim Kochen mit Wasser. Das Cycloctenozonid haben wir noch nicht untersuchen können, da das Azelaon sich leider als ein arges Gemisch herausgestellt hat[1]), in dem nur sehr wenig Cyclooctanon enthalten ist. Dasselbe müßte nach unserer An schauung analoge Eigenschaften wie das Cyclopentenozonid besitzen. Denn auch das kürzlich beschriebene Cyclooctadiendiozonid[2]) verhält sich diesem ähnlich bei der Spaltung. Diese Verbindungen sind allerdings direkt nicht vergleichbar, da die eine einfach, die andere zweifach ungesättigter Natur ist. Vielleicht gelingt es der Kunst Willstätters, aus dem Cyclooctadien das Cycloocten zu gewinnen.

Interessant ist es, die Eigenschaften des Succindialdehyds denen des neu entdeckten homologen Glutardialdehyds gegenüberzustellen. Man hätte letztere recht genau voraussagen können, da man es mit einem Mittelglied zwischen Succindialdehyd und dem von Wohl aufgefundenen Adipindialdehyd[3]) zu tun hat. Sein Siedepunkt liegt in der Tat etwa in der Mitte, der Geruch ist dem des Succindialdehyds ähnlicher, aber schon ein wenig ranzig, Fehlingsche Lösung wird erst in der Wärme reduziert. Im Polymerisationsvermögen gleicht er fast ganz dem Succindialdehyd, indem er leicht in die sogenannte glasige Form übergeht und erst bei wiederholter Destillation die monomere Form liefert. Bei einem Vergleich der optischen Eigenschaften dieser beiden Dialdehyde konnten wir feststellen, daß wir bisher weder die glasige, noch die monomere Form des Glutardialdehyds in ganz reiner Form erhalten hatten[4]). Die Brechungsindices müßten nämlich ziemlich ähnlich sein. Da dies noch nicht hinlänglich der Fall war, hatten wir bisher noch Gemische der monomeren mit der glasigen und umgekehrt der glasigen mit der monomeren Form in den Händen, zu deren genauerer Trennung uns vorläufig das Material fehlte.

Da bei der Aufspaltung des Cyclopentens hauptsächlich der Halbaldehyd der Glutarsäure entsteht, so konnten wir diesen nach verschiedenen Richtungen hin genauer untersuchen. Insbesondere gelang es uns, bei der optischen Prüfung nach Brühl festzustellen, daß er eine wahre Aldehydosäure ist.

<hr>

[1]) Berichte d. Deutsch. chem. Gesellschaft **40**, 4555 [1907].

[2]) Berichte d. Deutsch. chem. Gesellschaft **41**, 671 [1908]. Vielleicht entsteht bei der Spaltung des Cyclooctadiendiozonids mit Wasser auch der Halbaldehyd der Bernsteinsäure. Letzterer geht aber durch Autooxydation leicht in Bernsteinsäure über, so daß nur letztere gefunden wurde.

[3]) Wohl u. Schweitzer, Berichte d. Deutsch. chem. Gesellschaft **39**, 894 [1906].

[4]) Vgl. Harries u. Hohenemser, Berichte d. Deutsch. chem. Gesellschaft **41**, 255 [1908].

Es wird danach immer wahrscheinlicher, daß nur diejenigen Verbindungen der Fettreihe, welche die beiden Carbonyle in 1,3-Stellung besitzen, zur Bildung von Enolen befähigt sind; alle anderen sind wahre Dialdehyde, Ketoaldehyde, Diketone, Aldehydo- und Ketonsäuren. Körper dieser Reihe mit zwei Carbonylen in 1,3-Stellung wird man bei der Ozonmethode nur ausnahmsweise gewinnen können, da die sich enolisierenden Stoffe, z. B. $OCH - CH = CH(OH)$ an der hierbei entstehenden Doppelbindung gleich weiter oxydiert werden.

Experimenteller Teil.

Cyclopentenozonid, $C_5H_8O_3$.

Zur Bereitung des Cyclopentens gingen wir vom Cyclopentanon[1]) aus, reduzierten dasselbe nach den Angaben von Wislicenus und Hentzschel[2]), benutzten aber dann nicht das von diesen Forschern angewandte Verfahren der Wasserabspaltung, sondern destillierten das Cyclopentanol über Phosphorpentoxyd, wobei reichlich 50% Cyclopenten in recht reinem Zustande erhalten werden.

Das Cyclopenten[3]) besitzt den Sdp. 45—46°; weitere physikalische Konstanten waren bisher nicht bestimmt.

$$D_4^{14^0} = 0,7754; \quad n_d^{14^0} = 1,42080.$$

Molekularrefraktion: ber. $\models$ 22,620, Gef. 22,247.

Da dieser Kohlenwasserstoff sehr flüchtig ist, so war es nicht leicht, die experimentellen Bedingungen aufzufinden, unter denen sich eine gute Ausbeute an Ozonid daraus gewinnen läßt. Wir haben schließlich festgestellt, daß man auch sehr flüchtige Kohlenwasserstoffe ohne große Verluste zu erleiden, in die Ozonide überführen kann, wenn man sie in einem sehr großen Überschuß eines niedrig siedenden, indifferenten Lösungsmittels aufnimmt. Beim Durchleiten der Gasmenge verflüchtigt sich dann zwar immer ein Teil des Lösungsmittels, reißt aber nur so viel von dem gelösten Stoff mit sich, als der Konzentration entspricht. Das Cyclopenten wird nach dieser Methode in Portionen von 6—8 g in der 30—40 fachen Menge über Natrium destillierten Hexans gelöst, stark gekühlt und ozonisiert[4]). 1 g Kohlenwasserstoff beanspruchte etwa 1 Stunde der Behandlung mit einem 10 proz. Ozonstrom. Das Cyclopentenozonid scheidet sich, da es fast unlöslich in Hexan ist, als farbloser Sirup ab, wird dekantiert und im Vakuum getrocknet. Die Ausbeute betrug dann im Mittel 82%

---

[1]) Dasselbe ist jetzt käuflich zu haben bei Bender & Hobein, München.

[2]) Annalen d. Chemie u. Pharmazie **275**, 322 [1893].

[3]) Wislicenus u. Gärtner, Annalen d. Chemie u. Pharmazie **275**, 331 [1893].

[4]) Es ist zu beachten, daß Hexan von 10 proz. Ozon ebenfalls angegriffen wird; indessen tritt dies erst ein, wenn alles Cyclopenten in das Ozonid verwandelt worden ist.

der Theorie. Es besitzt den üblichen Ozonidgeruch und die typischen Ozonideigenschaften, verpufft schwach auf Platinblech erhitzt und zersetzt sich leicht beim Kochen mit Wasser; die wässerige Lösung gibt intensive Reaktion auf Wasserstoffsuperoxyd und reduziert in der Wärme stark Fehlingsche Flüssigkeit. Es ist leicht löslich in Essigester, Chloroform, Tetrachlorkohlenstoff, schwer in Äther, wird dagegen von Petroläther und Alkohol so gut wie nicht aufgenommen. Zur Analyse wurde die Substanz weiter keinem Reinigungsprozeß unterworfen.

$$0{,}1233 \text{ g Sbst.}: \quad 0{,}2309 \text{ g } CO_2, \quad 0{,}0812 \text{ g } H_2O.$$

$$C_5H_8O_3. \quad \text{Ber. C } 51{,}70, \text{ H } 6{,}90.$$
$$\text{Gef. ,, } 51{,}07, \text{ ,, } 7{,}36.$$

Spaltung des Cyclopentenozonids mit Wasser.

Das Ozonid wurde in kleinen Mengen von etwa je 10 g mit etwa 80—100 g Wasser am Rückflußkühler gekocht. Es geht sehr bald in Lösung, ohne irgendeine Verfärbung zu erleiden. Nach 2stündigem Kochen ist die Reaktion beendet. Die von mehreren Operationen vereinten und filtrierten Lösungen wurden nun bei 25—30° unter 11—12 mm Druck eingedampft, wobei ein dickes Öl als Rückstand verbleibt. Es konnte durch Destillation unter 10 mm Druck in folgende Fraktionen zerlegt werden:

1. Vorlauf bis 60°,
2. Fraktion 60—100°, riecht sehr stechend,
3. Fraktion 130—145°,
4. Fraktion 145—200°, zum Teil kristallisiert.

Fraktion 2, 3, 4 wurden dann mehrfach weiter unter 10 mm Druck fraktioniert, und so erhielten wir

aus 2. ein Öl vom Sdp.   70—72°, Glutardialdehyd,
,, 3.   ,,   ,,   ,,   ,,   139—140,5°, Glutaraldehydsäure,
,, 4.   ,,   ,,   ,,   ,,   190—195°, Glutarsäure.

Die Mengenverhältnisse waren folgende:

41,5 g Cyclopentenozonid ergaben
    2 g Glutaraldehyd oder 4,8%
   18 ,, Glutaraldehydsäure oder . . . . 43,3 ,,
   10 ,, Glutarsäure (Schmp. 98°) oder . . . . . 24,1 ,,
    5 ,, teeriger Rückstand . . . . 12 ,,
Summa 35 g   Summa 84,2%

Der Verlust beträgt somit 6,5 g oder 15,8%. Es dürfte sich hauptsächlich auf den Glutaraldehyd beziehen, da dieser Aldehyd sehr flüchtig mit Wasserdampf ist. Das wässerige Destillat wie die Vorläufe enthalten nicht unerhebliche Mengen davon.

I. Glutardialdehyd, $OCH.CH_2.CH_2.CH_2.CHO$.

Wir fanden den Siedepunkt zu $71-72°$ unter 10 mm Druck, doch dürfte der Siedepunkt der reinen monomeren Form noch etwas niedriger liegen. Er bildet ein dünnflüssiges, farbloses Liquidum, welches bei 760 mm Druck fast unzersetzt bei $187-189°$ übergeht. Der Geruch ist dem des Succindialdehyds ähnlich, etwas milder und süßlicher; er haftet beim Arbeiten den Kleidern an und wird unangenehm ranzig.

Der Glutardialdehyd geht, wie der Succindialdehyd, bei Gegenwart von Spuren von Wasser in eine zähflüssige oder gummiartige, die sogenannte „glasige" Form polymerer Natur über, die sich aber durch Destillation im Vakuum wieder in die dünnflüssige zurückverwandeln läßt. Er reduziert Fehlingsche Lösung bei einigem Stehen in der Kälte, schneller beim Erwärmen, färbt aber, mit Ammoniak und Essigsäure gekocht, einen mit Salzsäure befeuchteten Fichtenspan nicht kirschrot. Mit Wasserdämpfen ist er sehr flüchtig. Die monomere Form wird von Wasser leicht aufgenommen, nicht aber die glasige. Letztere verwandelt sich beim Kochen mit Wasser in ein ganz unlösliches, harziges Produkt. Will man die gummiartige Form in Lösung bringen, so depolymerisiert man sie erst durch Erhitzen und tropft sie dann in warmes Wasser. Der Aldehyd scheint leicht der Autoxydation zu unterliegen, leichter als der Succindialdehyd; darauf deuten die bei der Analyse gefundenen Zahlen hin, die immer auf eine geringe Beimengung an Aldehydosäure schließen lassen.

I. 0,1310 g Sbst.: 0,2804 g CO_2, 0,0958 g H_2O. — II. 0,1312 g Sbst.: 0,2827 g CO_2, 0,0919 g H_2O.

$C_5H_8O_3$.   Ber. C 51,72, H 6,89.
$C_5H_8O_2$.   ,,   ,, 60,00, ,, 8,00.
Gef. I. 58,38, II. 58,77. Gef. I. 8,18, II. 7,83.

Es wurde versucht, die Molekularrefraktion des Glutardialdehyds zu bestimmen. Das frisch destillierte, zunächst dünnflüssige Öl wurde aber bald während der Bestimmung zähflüssig, so daß ein Teil bereits in die polymere gummiartige Form übergegangen war.

$$D_4^{20} = 1,1238; \quad n_d^{20} = 1,45523.$$

Molekularrefraktion: Ber. für Dialdoform 25,48. Gef. 24,15.
Ber. für Enolform $\sqcap$ 26,42.

Eine andere frisch destillierte Probe ergab zuerst $i_d^{17,5} = 44° 50'$, nach einer halben Stunde war bereits der Brechungswinkel auf $i_d^{17,5} = 44° 5'$ gesunken, nach weiteren 4 Stunden wurde $i_d^{17,5} = 43° 45'$ abgelesen. Man sieht daraus, daß fortlaufende Veränderung durch Polymerisation stattfand, in der Tat war auch das Öl beinahe fest geworden.

Aus dieser Probe wurde nochmals die Molekularrefraktion berechnet. Es wurde gefunden:

$$D_4^{17,5} = 1,1455; \quad n_d^{17,5} = 1,46718. \,.$$

Molekularrefraktion: gef. 24,23, während für Dialdoform Molekularrefraktion ber. 25,48 ergibt.

Aus diesen Resultaten läßt sich darauf schließen, daß wir das polymere Produkt untersucht haben. Für den monomeren Succindialdehyd wurden folgende Werte gefunden[1]:

$$D_4^{21,5} = 1,069 \quad \text{und} \quad n_d^{21,5} = 1,42617.$$

Die analogen Werte für den reinen monomeren Glutardialdehyd müßten danach niedriger, diejenigen der reinen sogenannten glasigen Form dagegen noch etwas höher liegen, als sie bisher ermittelt wurden.

Vielleicht erhält man den Glutardialdehyd aus einem anderen Kohlenwasserstoff in besserer Ausbeute, damit diese Konstanten genau bestimmt werden können.

Die Eigenschaften der Derivate des Glutardialdehyds sind viel weniger gut ausgeprägt als diejenigen des Succindialdehyds. Es gelang uns bisher nur, ein Derivat fest zu erhalten. Dies ist das

Glutardialdehyd-bis-nitrophenylhydrazon, welches man durch Fällen einer wässerigen Lösung des Aldehyds mit salzsaurem Nitrophenylhydrazin erhält. Es ist äußerst leicht in Aceton, leicht in Chloroform und Essigester, schwer in Benzol, Eisessig, Alkohol und Äther, nicht in Ligroin löslich. Beim Versuche, das Nitrophenylhydrazon umzukristallisieren, erhielten wir negative Resultate, indem es dabei verharzte. Die Analyse wurde deshalb mit einem nur durch Chlorwasserstoffsäure gewaschenen Präparat, dessen Schmelzpunkt bei 79—80° lag, ausgeführt und ergab noch nicht genau stimmende Werte. Das Bisnitrophenylhydrazon würde sich zur quantitativen Bestimmung des Glutardialdehyds eignen, da es auch aus sehr verdünnter Lösung ausfällt.

II. Halbaldehyd der Glutarsäure, Pentanal-(5)-säure-(1), $OHC . CH_2 . CH_2 . CH_2 . COOH$.

Die Glutaraldehydsäure ist aus der Rohfraktion III (Sdp. 130 bis 145° bei 11 mm Druck) durch zweimaliges Fraktionieren leicht in reinem Zustande zu erhalten. Wir fanden den Siedepunkt unter 9 mm bei 136—138°, bei 139—140,5° unter 10 mm und bei 240° unter 760 mm Druck. Sie ist ein farbloses, dickliches Öl, dessen Geruch an den des Pentandials erinnert, aber schwächer als dieser ist. Sie ist leicht löslich in Wasser, Alkohol, Äther, Benzol und Eisessig, von stark saurer Reaktion; ammoniakalische Silberlösung wird schnell, Fehlingsche Flüssigkeit erst in der Wärme reduziert; durch Natronlauge wird sie allmählich verharzt. Die Aldehydsäure oxydiert sich in verschlossenen Gefäßen langsam, an der Luft in einigen Tagen zu Glutarsäure, die dann zum Teil auskristallisiert. Ganz rein ist die Aldehydosäure nur unmittelbar nach frisch erfolgter Destillation im Wasserstoffstrome. Mit einem solchen Präparat wurden alle folgenden Bestimmungen ausgeführt.

---

[1] Vgl. Harries u. Hohenemser, Berichte d. Deutsch. chem. Gesellschaft **41**, 257, 904 [1908].

Harries, Untersuchungen.   26

0,1588 g Sbst.: 0,302 g CO_2, 0,0988 g H_2O. — 0,1805 g Sbst.: 0,3432 g CO_2, 0,1112 g H_2O.

$C_5H_8O_3$.   Ber. C 51,72,   H 6,89.

Gef. ,, 51,87, 51,72, ,, 6,96, 6,85.

Molekularrefraktion und -dispersion.

$D_4^{18,5} = 1,1657$ (Sdp. 139—140,5°, 10 mm).

$n_\alpha = 1,44774$, $n_d = 1,44973$, $n_\gamma = 1,46078$.

Molekularrefraktion gef. . . . . 26,67, 26,75, 27,31.

,,   ber. für Aldoform . 26,81, 27,01, 27,48.

,,   ,,   ,, Enolform $\sqcap$ 27,82, 27,94, 28,66.

Molekulardispersion$_{\alpha-\gamma}$ ber. für Aldoform . . . . . . 0,67.

,,   ,,   ,, Enolform . . . . . . 0,84.

,,   gef. . . . . 0,68.

Aus diesen Bestimmungen ergibt sich, daß die Glutaraldehydsäure eine wahre Aldehydsäure ist.

Molekulargewichtsbestimmung. Nach der kryoskopischen Methode im Beckmannschen Apparat ergab sich für Eisessig als Lösungsmittel die einfache, für Benzol mehr als die doppelte Molekulargröße.

a) Eisessig: 22,4 g, Sbst.: 0,188 g, $\varDelta = 0,24$.

M_1. Ber. 116. Gef. 135,7.

b) Benzol: 23,3 g, Sbst.: 0,2103 g, $\varDelta = 0,163$.

M_1. Ber. 116. M_2. Ber. 232. Gef. 282,4.

Danach erscheint in Benzol eine Assoziation vor sich zu gehen.

Dielektrizitätskonstante nach der Kondensatormethode von Nernst. Temperatur 17°.

$$D_x = (D_0 - 1)\frac{S - s}{s_0 - s} + 1.$$

$D_0 = 7,2$ (Dielektrizitätskonstante für Anilin).

$S = 6,25$ (korrig. Verschiebung für Pentanalsäure).

$s = 0,35$ (,,   ,,   ,, Luft).

$s_0 = 1,95$ (,,   ,,   ,, Anilin).

Mithin ist die Dielektrizitätskonstante $= 23,86$, und die hohe Zahl läßt erkennen, daß die aldehydischen Eigenschaften überwiegen, denn die entsprechende Konstante der Säuren ist viel kleiner. Der monomere Succindialdehyd hat aber die Zahl 28,5.

Derivate der Pentanalsäure.

Auch das Studium der Derivate der Pentanalsäure zeigt, daß die Aldehydeigenschaften überwiegen. Außer dem Silbersalz gelang es uns nicht, ein leicht kristallisierendes Salz aufzufinden; die Alkali-, die Erdalkali- und die Kupfersalze sind leicht löslich. Das Silbersalz zersetzt sich nach kurzer Zeit.

Schön kristallisieren dagegen das Oxim, das Semicarbazon und das Nitrophenylhydrazon, während das Phenylhydrazon ein dickes, hellgelbes Öl bildet. Sehr eigentümlich ist es, daß diese Derivate bei der Analyse keine scharf stimmenden Werte lieferten, obwohl auf ihre Reinigung peinliche Sorgfalt gelegt wurde. Wir konnten bisher keine Erklärung dafür finden.

Pentanoxim - (5) - säure (1).

2 g Aldehydsäure wurden in wenig Wasser aufgenommen und mit 1,2 g Hydroxylaminchlorhydrat $+1,4$ g Natriumcarbonat versetzt. Nach dreitägigem Stehen scheidet sich eine weiße Kristallmasse ab, die zuerst aus heißem abs. Alkohol und darauf aus wenig heißem Wasser umkristallisiert wurde. Der Schmelzpunkt der feinen, weißen Nadeln wurde so nach dem Trocknen im Vakuum über Schwefelsäure bei 110—111° gefunden. Die Analyse ergab einen zu hohen Gehalt an Stickstoff.

0,1166 g Sbst.: 11,7 ccm N (12°, 764,5 mm).

$C_5H_9NO_3$.   Ber. N 10,69.   Gef. N 11,98.

Bei wiederholtem Umkristallisieren aus heißem Wasser sank der Schmelzpunkt auf 107—108°, und die Analyse zeigte einen noch größeren Gehalt an Stickstoff.

0,1128 g Sbst.: 11,4 ccm N (10°, 761,3 mm).

$C_5H_9NO_3$.   Ber. N 10,69.   Gef. N 12,13.

Pentanalsäuresemicarbazon.

2 g Aldehydsäure werden mit 2 g Semicarbazidchlorhydrat und 2 g Kaliumacetat in möglichst konzentrierter, wässeriger Lösung vermischt, wobei das Semicarbazon sofort als weißes, schweres Kristallpulver ausfällt. Aus heißem Wasser umkristallisiert, liefert die in Prismen kristallisierende Substanz nach dem Trocknen im Vakuum den konstanten Schmelz- und Zersetzungspunkt 165—166°.

I. 0,1316 g Sbst.: 27,2 ccm N (18°, 762,4 mm). — II. 0,1313 g Sbst.: 0,206 g CO_2, 0,0764 g H_2O. — III. 0,1352 g Sbst.: 0,2156 g CO_2, 0,0773 g H_2O. — IV. 0,1112 g Sbst.: 22 ccm N (11°, 760,5 mm). — 0,1334 g Sbst.: 0,2096 g CO_2, 0,0746 g H_2O.

$C_6H_{11}N_3O_3$.   Ber.   C 41,6,   H 6,3,   N   24,3.
                      Gef. II. ,, 42,79, ,, 6,5,   ,,   I. 24,0.
                      ,, III.   ,, 43,49, ,, 6,39, ,,   —
                      ,, II.   ,, 42,85, ,, 6,4,   ,,   IV. 24,22.

Während die für Wasserstoff und Stickstoff gefundenen Werte genau mit den berechneten übereinstimmten, wurde der Gehalt an Kohlenstoff trotz verschiedenartig geleiteter Reinigungsmethoden zu hoch gefunden.

Pentanalsäurenitrophenylhydrazon

bildet sich beim Versetzen der wässerigen Lösung der Aldehydsäure mit salzsaurem Nitrophenylhydrazin als gelbroter, flockiger Niederschlag. Nach zweimaligem Umkristallisieren aus viel heißem Wasser werden schöne, goldgelbe Prismen erhalten, die, im Vakuum getrocknet, konstant bei 148,5° schmelzen.

0,1243 g Sbst.: 20,2 ccm N (15°, 751,8 mm).

$C_{11}H_{13}N_3O_4$.   Ber. N 16,73.   Gef. N 17,4.

III. Glutarsäure.

Die Fraktion IV (Sdp. 145—200°) ergab bei einmal wiederholter Destillation einen bei 190—195° siedenden Anteil, der fest wurde.

26*

Die Kristallmasse wurde zweimal aus siedendem Benzol umkristallisiert und schmolz dann genau bei 78°. Im Vakuum getrocknet, lieferte sie bei der Analyse für Glutarsäure stimmende Werte.

0,1282 g Sbst.: 0,2144 g CO_2, 0,0656 g H_2O.

$C_5H_8O_4$.   Ber. C 45,45, H 6,06.
Gef. ,, 45,61, ·,, 5,72.

Über Cycloheptenozonid.

Das für unsere Versuche nötige Cyclohepten bereiteten wir uns nach den Angaben von Markownikoff[1]). Wir gingen von 157 g reiner Korksäure aus, welche bei der Destillation ihres Calciumsalzes 23 g reines Cycloheptanon lieferte. Bei der Reduktion mit Natrium und Alkohol resultierten 9,5 g Suberol, welche durch Destillation über Phosphorpentoxyd 4 g Cyclohepten ergaben. Da von Markownikoff die Molekularrefraktion noch nicht bestimmt wurde, ermittelten wir bei dieser Gelegenheit diese Konstante.

$$D_4^{20} = 0,823 \ (\text{Markownikoff}: D_{20} = 0,8245).$$
$$n_d^{20} = 1,45301.$$

Molekularrefraktion: Ber. $=$ 31,826. Gef. 31,559.

Markownikoff hat das Cyclohepten aus Suberyljodid mit alkoholischer Kalilauge hergestellt.

Je 2 g Suberen werden, in 20 g Tetrachlorkohlenstoff gelöst, zwei Stunden ozonisiert. Das Ozonid scheidet sich fast quantitativ ab und schwimmt als farbloses, zähes Öl auf dem Lösungsmittel. Es kann vermittels einer Capillarpipette abgehebert werden und läßt sich durch mehrfaches Aufnehmen in Essigester und Fällen mit Petroläther reinigen. Im Vakuum über Schwefelsäure getrocknet, wird es ein sehr dicker Sirup. Derselbe verpufft auf Platinblech schwach, zeigt aber sonst die bekannten Ozonideigenschaften an.

0,1499 g Sbst.: 0,3006 g CO_2, 0,1086 g H_2O.

$C_7H_{12}O_3$.   Ber. C 58,34, H 8,33.
$C_7H_{12}O_4$.   ,,   ,, 52,5, ,, 7,5.
Gef. ,, 54,69, ,, 8,1.

Wie man sieht, liegen die gefundenen Werte ziemlich in der Mitte zwischen den für $C_7H_{12}O_3$ und $C_7H_{12}O_4$ berechneten Zahlen.

Bei einer anderen Operation schied sich ein festes, dem Cyclohexenozonid sehr ähnliches Ozonid aus[2]). Es war aber nicht vollständig

---

[1]) Markownikoff, Journ. f. prakt. Chemie [2] **49**, 409 [1894]; vgl. auch Wislicenus u. Mager, Annalen d. Chemie u. Pharmazie **275**, 357 [1893].

[2]) Ich habe kürzlich bei einer Nachprüfung der Angaben über das Cyclohexenozonid gefunden, daß zwei verschiedene feste Cyclohexenozonide existieren. Das eine ist fast unlöslich und schmilzt bei 115—120°, das zweite, noch nicht bekannte, bildet sich beim Ozonisieren in Hexan, läßt sich aus Alkohol direkt umkristallisieren und schmilzt bei ca. 75°; es ist in einer Reihe von Lösungsmitteln, wenn auch schwer, löslich. Über diesen interessanten Befund soll in Kürze referiert werden.   C. Harries.

unlöslich wie dieses, sondern wurde von Essigester, wenn auch schwer, aufgenommen. Das feste Produkt wurde mit Äther gut gewaschen und dann im Vakuum getrocknet. Bei der Analyse wurden Zahlen gefunden, welche mit denen der zuerst aufgeführten übereinstimmen.

$$0{,}1558 \text{ g Sbst.}: 0{,}335 \text{ g } CO_2, \ 0{,}1196 \text{ g } H_2O.$$

$$C_7H_{12}O_4. \quad \text{Ber. C } 58{,}34, \text{ H } 8{,}33.$$
$$C_7H_{12}O_3. \quad \ \ ,, \quad ,, \ 52{,}5, \quad ,, \ 7{,}5.$$
$$\text{Gef. } ,, \ 55{,}11, \ ,, \ 8{,}07.$$

Die beiden wahrscheinlich identischen Ozonide werden beim Kochen mit Wasser sehr schwer gespalten; erst nach längerer Zeit erhält man eine schwache Reaktion auf Wasserstoffsuperoxyd.

Wenn man 4 g sirupöses Ozonid mit 50 g Wasser 4 Stunden am Rückflußkühler kocht, resultiert eine klare Lösung. Beim Verdampfen des Wassers im Vakuum hinterbleibt ein dicker Sirup, der Fehlingsche Flüssigkeit stark reduziert. Es ließ sich bisher aber nicht feststellen, ob darin der gesuchte Pimelindialdehyd, Pimelinsäurehalbaldehyd und Pimelinsäure enthalten waren, da für diese Untersuchung nicht genügend Substanz zur Verfügung stand.

Interessant ist die Tatsache, daß vom Cycloheptenozonid 4 g beim Kochen mit Wasser über 4 Stunden bis zur Lösung gebrauchen, während 10 g Cyclopentenozonid bereits innerhalb 2 Stunden vollständig zersetzt werden.

Die Spaltung des Cycloheptenozonids soll noch genauer verfolgt werden.

62. C. Harries: Zur Kenntnis des Glutardialdehyds.

Aus dem Chemischen Institut der Universität Kiel.
Berichte der Deutschen chemischen Gesellschaft **43**, 1194 (1910).
(Eingegangen am 29. März 1910.)

Der Glutardialdehyd[1]) bildet beim Stehen mit Natriumbicarbonat und Hydroxylaminchlorhydrat in konzentrierter, wässeriger Lösung ein Dioxim. Dasselbe kristallisiert aus heißem Wasser in schönen, beiderseitig zugespitzten, langen, weißen Nadeln, die bei 176° schmelzen[2]). Zur Analyse wurde die Substanz bei 100° getrocknet.

0,1196 g Sbst.: 0,2032 g CO_2, 0,0816 g H_2O. — 0,1374 g Sbst.: 24,8 ccm N (15°, 754,5 mm).

HO.N : HC.[CH_2]$_3$.CH : N.OH.   Ber. C 46,15, H 7,69, N 21,53.
Gef. ,, 46,33, ,, 7,60, ,, 20,92.

Seinerzeit wurde ein Nitrophenylhydrazon, Schmp. ca. 79 bis 80° beschrieben, welches sich nicht reinigen ließ und deshalb keine genügend stimmenden Werte bei der Analyse lieferte. Es wurde jetzt gefunden, daß man dieses Derivat aus Toluol umkristallisieren kann, wodurch der Schmelzpunkt auf 160—161° gesteigert wird, indessen dürfte auch dieser Schmelzpunkt noch nicht korrekt sein. Aus Mangel an Material konnte derselbe aber noch nicht endgültig geregelt werden.

---

[1]) Harries u. Tank, Berichte d. Deutsch. chem. Gesellschaft **41**, 1705 [1908].

[2]) In der Originalarbeit ist der Schmelzpunkt in Folge eines Versehens zu 171° angegeben. Vgl. v. Braun, Berichte d. Deutsch. chem. Gesellschaft **44**, 2526 [1911].

63. C. Harries: Zur Kenntnis des Dihydrotoluols ($\Delta^{1,3}$-Methyl-cyclohexadien).

Aus dem Chemischen Institut der Universität Kiel.
Berichte der Deutschen chemischen Gesellschaft 41, 1698 (1908).
(Eingegangen am 30. April 1908.)

Vor einigen Jahren habe ich gemeinschaftlich mit Ernest At-kinson[1]) ein Dihydrotoluol beschrieben, welches bei der trockenen Destillation des phosphorsauren 1,3-Diamino-1-methylcyclohexans entsteht. Bei der vorsichtig geleiteten Oxydation mit Permanganat bildet sich aus ihm dasselbe Dihydroxyketon wie aus dem Methylcyclohexenon. Daraus wurde gefolgert, daß in dem Dihydrotoluol als Hauptanteil das $\Delta^{1,3}$-Methylcyclohexadien enthalten ist.

Es sind nun eine Reihe von Untersuchungen über den Einfluß der konjugierten Doppelbindung auf die Molekularrefraktion von Auwers[2]), Brühl[3]) und Eykman[4]) mitgeteilt worden, aus denen hervorgeht, daß immer, wenn konjugierte Doppelbindungen bei Kohlenwasserstoffen nachweislich vorhanden sind, die gefundenen Werte der Molekularrefraktion ein Inkrement, eine sogenannte Exaltation, gegenüber den theoretisch berechneten anzeigen. Ferner hat Klages[5]) darauf aufmerksam gemacht, daß die seinerzeit von uns beim Dihydrotoluol für die Molekularrefraktion gefundenen Werte eine sehr genaue Übereinstimmung mit den theoretisch berechneten aufweisen. Daher könne entweder das Dihydrotoluol nicht die ihm zugewiesene Formel eines $\Delta^{1,3}$-Methylcyclohexadiens besitzen oder die Konstanten für spez. Gewicht und Brechungsindex seien nicht genau genug ermittelt worden.

Da ich diese Ausführungen als berechtigt anerkenne, habe ich das Dihydrotoluol von neuem dargestellt und die Messungen zunächst wiederholt.

[1]) Berichte d. Deutsch. chem. Gesellschaft **34**, 300 [1901]; **35**, 1171 [1902].

[2]) Auwers, Annalen d. Chemie u. Pharmazie **352**, 258 [1907].

[3]) Brühl, Berichte d. Deutsch. chem. Gesellschaft **40**, 878, 1153 [1907].

[4]) Eykmann, Berichte d. Deutsch. chem. Gesellschaft **22**, 2736 [1889]; **23**, 855 [1890].

[5]) A. Klages, Berichte d. Deutsch. chem. Gesellschaft **41**, 2362 [1908].

Der Kohlenwasserstoff, den man bei der trocknen Destillation des phosphorsauren 1,3-Diamino-1-methylcyclohexans erhält, siedet über Natrium innerhalb weniger Grade von 108—112° unter 770 mm Druck. Beim Fraktionieren wurden 3 Teile aufgefangen von 108 bis 109,5°, 110—110,5°, 111—112°. Der mittlere Anteil bildet die Hauptmenge und liefert bei der Analyse Zahlen, die scharf auf die für die Formel C_7H_{10} berechneten Werte in Bestätigung der früheren Befunde stimmen. Alle drei Fraktionen zeigen den gleichen Brechungsindex an. Die neuen Konstanten sind:

$$D_4^{20} = 0,8354; \quad n_d^{20} = 1,47628.$$

Molekularrefraktion: Ber. 31,43. Gef. 31,72.

Es läßt sich demnach in der Tat ein Inkrement (0,29) konstatieren. Früher ist das spez. Gewicht nicht genau genug ermittelt worden. Die ältere Messung hatte folgende Werte ergeben:

$$D_{18} = 0,8478; \quad n_d^{18} = 1,47887.$$

Molekularrefraktion: Ber. 31,43. Gef. 31,44.

Indessen erscheint das Inkrement im Vergleich zu den Befunden bei anderen Kohlenwasserstoffen mit konjugierten Doppelbindungen nur gering. Aus diesem Grunde hielt ich es für möglich, daß in dem Dihydrotoluol weniger von dem $\Delta^{1,3}$-Methylcyclohexadien enthalten sei, als ich bisher annahm und vielmehr ein anderes Isomeres mit nicht konjugierten Doppelbindungen den Hauptbestandteil darin ausmache. Denn da die früheren Oxydationsversuche sich nicht quantitativ durchführen ließen, konnten bisher keine genauen Rückschlüsse auf den Gehalt des Dihydrotoluols an $\Delta^{1,3}$-Methylcyclohexadien gezogen werden. Ich habe infolgedessen von neuem die Zusammensetzung des Dihydrotoluols festzustellen versucht und dabei gefunden, daß es mindestens zu 70% aus einem Kohlenwasserstoff besteht, der die konjugierte Doppelbindung besitzt, und soviel hatte ich auch früher angenommen. Es geht dies einmal aus seinem Verhalten bei der Bromierung, sodann bei der Ozonisierung hervor, deren Resultate annähernd übereinstimmen. Die Konstanten für das reine $\Delta^{1,3}$-Methylcyclohexadien bedürfen also einer Korrektur, die, wenn sie auch nicht erheblich sein dürfte, doch immerhin die Werte der Molekularrefraktion zugunsten des Inkrements beeinflussen könnte.

Bromierung des Dihydrotoluols. 3 g Kohlenwasserstoff werden in Eisessig gelöst und so lange mit Brom-Eisessig versetzt, bis die gelbe Farbe des Broms stehen bleibt. Durch Wasser läßt sich dann ein dickes Öl ausscheiden, welches in Äther aufgenommen und mit Wasser und Natriumbicarbonat durchgeschüttelt, nach dem Verdunsten des Äthers im Vakuum über Schwefelsäure getrocknet werden kann. Das Öl ist zuerst hellgelb, wird aber bald dunkel und verharzt nach mehrtägigem Stehen unter Abgabe von Bromwasserstoff.

0,3785 g Sbst.: 0,5934 g AgBr.

$C_7H_{10}Br_2$. Ber. Br 63,0. ⎱
$C_7H_{10}Br_4$. „ „ 77,3. ⎰ Gef. Br 66,72.

Nach den Erfahrungen, die man über die Bromierung von Kohlenwasserstoffen mit konjugierten Doppelbindungen gemacht hat, war zu erwarten, daß das $\Delta^{1,3}$-Methylcyclohexadien nur zwei Atome Brom unter Bildung eines Dibromids addieren würde. Nun hat aber die Analyse einen Gehalt von 3,72% Brom mehr, als sich für die Formel $C_7H_{10}Br_2$ berechnet, ergeben. Hieraus läßt sich folgern, daß außer diesem Produkt noch ein Isomeres mit nicht benachbarten Doppelbindungen zugegen ist, welches 4 Atome Brom addiert. Dann läßt sich berechnen, daß 75,6% $C_7H_{10}Br_2$ und 24,4% $C_7H_{10}Br_4$ vorhanden sind. Hiernach ist der Gehalt des Dihydrotoluols an $\Delta^{1,3}$-Cyclohexadien 75%.

Ozonisierung des Dihydrotoluols. 6 g Dihydrotoluol werden in 100 ccm Hexan gelöst und so lange mit Ozon behandelt, bis eine Probe der Flüssigkeit Brom nicht mehr entfärbt. Dazu sind etwa 4—5 Stunden notwendig. Das ausgeschiedene gallertartige Produkt wird von allen organischen Lösungsmitteln, mit Ausnahme von Essigester, nicht aufgenommen, zeigt aber alle charakteristischen Ozonideigenschaften an.

Zur Analyse wurde es wiederholt mit Hexan, dann mit Äther[1]) gewaschen und darauf im Vakuum über Schwefelsäure getrocknet.

0,1264 g Sbst.: 0,2510 g CO_2, 0,0754 g H_2O.

$C_7H_{10}O_3$. Ber. C 59,10, H 7,00.
$C_7H_{10}O_6$. „ „ 44,20, „ 5,30.
Gef. „ 54,14, „ 6,67.

Bei der Ozonisierung in anderen Lösungsmitteln, wie Chloroform oder Tetrachlorkohlenstoff, erhält man die gleichen Resultate. Wenn man nun annimmt, daß die gefundenen Werte auf ein Gemenge von $C_7H_{10}O_3$ und $C_7H_{10}O_6$ hindeuten, so ergibt sich, daß ca. 68% $C_7H_{10}O_3$ und ca. 32% $C_7H_{10}O_6$ vorhanden sind. Das Dihydrotoluol unterscheidet sich von anderen zyklischen Kohlenwasserstoffen mit zwei Doppelbindungen im Verhalten gegen Ozon scharf, denn diese haben bisher immer auf Diozonide genau stimmende Werte geliefert. Es liefert also ein Gemisch von einem Monozonid und einem Diozonid, das Monozonid gehört analog wie das Dibromid dem $\Delta^{1,3}$-Cyclohexadien an, das Diozonid dem Isomeren.

Mit dieser Anschauung stehen die Ergebnisse der Untersuchung über das Verhalten des Dihydrotoluolozonids beim Erhitzen mit Wasser in Einklang. Wäre ein normales Diozonid der Formel 1 entstanden, so hätte man

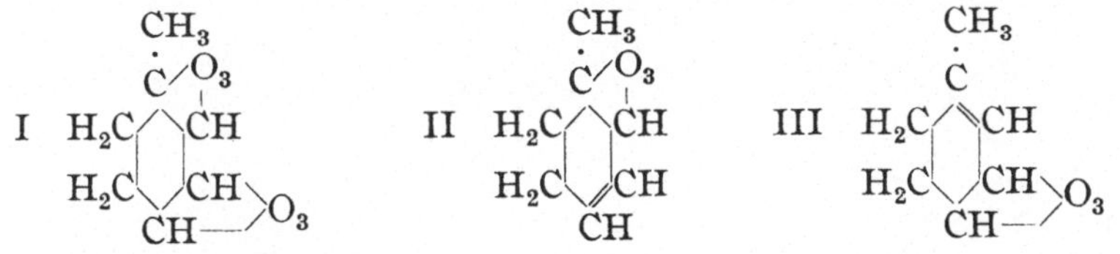

$$
\begin{array}{ccc}
\mathrm{CH_3} & \mathrm{CH_3} & \mathrm{CH_3} \\
\dot{\mathrm{C}}{<}\!\mathrm{O_3} & \dot{\mathrm{C}}{<}\!\mathrm{O_3} & \dot{\mathrm{C}} \\
\mathrm{I}\quad \mathrm{H_2C}{\diagup}\!\diagdown\mathrm{CH} & \mathrm{II}\quad \mathrm{H_2C}{\diagup}\!\diagdown\mathrm{CH} & \mathrm{III}\quad \mathrm{H_2C}{\diagup}\!\diagdown\mathrm{CH} \\
\mathrm{H_2C}{\diagdown}\!\diagup\mathrm{CH}{>}\mathrm{O_3} & \mathrm{H_2C}{\diagdown}\!\diagup\mathrm{CH} & \mathrm{H_2C}{\diagdown}\!\diagup\mathrm{CH}{>}\mathrm{O_3} \\
\mathrm{CH} & \mathrm{CH} & \mathrm{CH}
\end{array}
$$

Lävulinaldehyd erhalten müssen, der sich quantitativ gut bestimmen läßt. Aus einem Monozonid der Formel II oder III muß aber ein ungesättigter Ketoaldehyd

---

[1]) Dampft man den zum Waschen gebrauchten Äther ein, so resultiert eine kleine Menge eines Sirups von Ozonideigenschaften, der bei der Analyse Zahlen ergibt, die wesentlich näher an $C_7H_{10}O_6$ liegen.

bzw. Dialdehyd entstehen, der außerordentlich zersetzlich sein wird und den man deshalb nicht isolieren kann.

Das Ozonid läßt sich beim Kochen mit Wasser nur sehr schwer zersetzen. Ein großer Teil verharzt dabei. Durch Wasserdampf kann aus der Lösung eine geringe Menge flüchtigen Aldehyds, der Fehlingsche Lösung reduziert und die Pyrrolprobe anzeigt, übergetrieben werden. Da das daraus bereitete Phenylhydrazon sich aber nicht umkristallisieren ließ, so konnte nicht festgestellt werden, ob Succindialdehyd oder Lävulinaldehyd vorlag. Doch sprechen einige Befunde für den letzteren.

Herrn Dr. H. Neresheimer danke ich für seine Unterstützung bei dieser Untersuchung.

64. C. Harries und Hans von Splawa-Neyman: Über die Zersetzungsgeschwindigkeit der Ozonide einiger zyklischer Kohlenwasserstoffe.

Aus dem Chemischen Institut der Universität Kiel.
Berichte der Deutschen chemischen Gesellschaft **41**, 3552 (1908).
(Eingegangen am 13. Oktober 1908.)

Vor kurzem hat der eine von uns in Gemeinschaft mit Tank[1]) gezeigt, daß die Ozonide des Cyclopentens und Cyclohexens bei der Spaltung mit Wasser in ihrem Verhalten voneinander abweichen. Man kann nicht nur verschiedene Zersetzungsgeschwindigkeiten konstatieren, sondern es läßt sich auch feststellen, daß das Verhältnis der Quantitäten der betreffenden Spaltungsprodukte ein verschiedenes ist, indem das Cyclopentenozonid mehr aldehydische Bestandteile, das Cyclohexenozonid vorwiegend die offene Dicarbonsäure liefert. Bei der Untersuchung des Cyclohexenozonids haben wir gefunden, daß die Angaben der früheren Abhandlung von Harries und Neresheimer[2]) einer Ergänzung bedürfen. Es ist nämlich nicht gleichgültig, welches Lösungsmittel man beim Ozonisieren des Cyclohexens benutzt. Dort war angegeben worden, daß beim Ozonisieren in Chloroform ein ganz schwer lösliches Cyclohexenozonid gewonnen wird. Diese Angabe beruht indessen auf einer Verwechslung, man erhält das unlösliche Cyclohexenozonid, welches bei 115—120° unter Zersetzung schmilzt, beim Einleiten von Ozon in eine Lösung von Cyclohexen nur in Tetrachlorkohlenstoff, während sich bei der Behandlung dieses Kohlenwasserstoffs in Chloroform- oder besser in Hexanlösung ein ebenfalls festes Cyclohexenozonid vom Schmp. 75° abscheidet, welches aus Alkohol umkristallisiert werden kann. Die Resultate der Analysen der beiden Ozonide differieren in ganz ähnlicher Weise voneinander, wie dies kürzlich bei den beiden Formen der Ozonide des Amylens und Hexylens beschrieben worden ist. Die bei 115—120° schmelzende Verbindung liefert nämlich, wie schon früher mitgeteilt, zwischen $C_6H_{10}O_3$ und $C_6H_{10}O_4$ liegende Werte, während das bei 75° schmelzende,

---

1) Berichte d. Deutsch. chem. Gesellschaft **41**, 1701 [1908].
2) Berichte d. Deutsch. chem. Gesellschaft **39**, 2846 [1906].

kristallisierte Ozonid der normalen Formel $C_6H_{10}O_3$ recht nahe kommende Zahlen ergibt. Es ist dies von Wichtigkeit, da hier der erste Fall vorliegt, daß ein Ozonid umkristallisiert wurde und so zur Analyse gebracht werden konnte. Die Molekulargröße konnte bisher nicht ermittelt werden. Die Zersetzungsgeschwindigkeit und die Quantitäten der Spaltungsprodukte hierbei sind kaum voneinander verschieden.

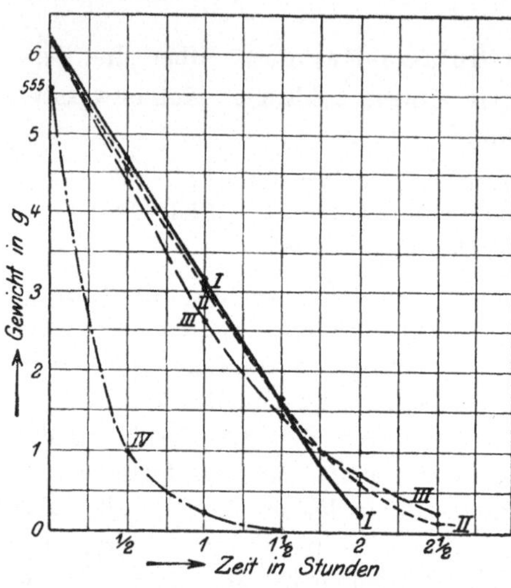

Fig. 15.

I. 6,2 g Cyclohexenozonid, Schmp. 75°, mit jedesmal neuem Wasser 95 ccm, II. 6,2 g Cyclohexenozonid, Schmp. 75°, mit derselben Wassermenge 95 ccm, III. 6,2 g Cyclohexenozonid, Schmp. 115—120°, mit derselben Wassermenge 95 ccm, IV. 5,55 g Cyclopentenozonid, Schmp. 115—120°, mit derselben Wassermenge 95 ccm.

Da die Zersetzungsgeschwindigkeit der Ozonide in Zukunft noch öfter bestimmt werden wird, so möchten wir über das Prinzip, welches hierbei befolgt wurde, einiges erwähnen. Wir brachten immer ein halbes Grammolekül auf 100 ccm Wasser zur Reaktion, benutzten dazu einen gewogenen, mit Rückflußkühler verbundenen Rundkolben von 300 ccm und erhitzten in einem Glycerinbad auf 125°. Dann wurde in halbstündigen Zwischenräumen die Quantität des bis dahin beim Kochen noch unverändert gebliebenen Anteils gewogen. Man führte dies am besten so aus, daß die wässerige Lösung nach dem Erkalten einfach abgegossen, der Kolben mit dem zähflüssigen Ozonid, im Vakuum getrocknet und gewogen wurde. Von einem Filtrieren und Wägen des unzersetzten Ozonids auf dem Filter mußte abgesehen werden, weil nachher bei der Weiterbehandlung mit dem gleichen Volumen Wasser bis zur vollständigen Zersetzung zu große Verluste entstanden.

Nach diesem Prinzip wird immer dann gearbeitet werden, wenn es sich darum handelt, in der gleichen Operation auch die Bestimmung der Spaltungsprodukte vorzunehmen, da man hierzu möglichst konzentrierte, wässerige Lösungen benutzen muß. Kommt es nur auf die Bestimmung der Zersetzungsgeschwindigkeit selbst an, so kann man jedesmal von halb Stunde zu halb Stunde neue, gleiche Gewichtsmengen Wasser anwenden. Die Zersetzung verläuft dann etwas glatter.

Trägt man die gefundenen Gewichtsmengen auf die Ordinate und die entsprechenden Zeiten auf die Abszisse eines Koordinatensystems auf, so erhält man Zersetzungskurven, welche die Verschiedenheit der Beständigkeit der beiden Ringsysteme verdeutlichen.

Man ersieht hieraus, daß das Cyclopentenozonid schon nach einer Stunde ebenso weit zersetzt ist wie die Cyclohexenozonide nach zweieinhalb Stunden.

Experimentelles.

Im folgenden werden die beiden Ozonide des Cyclohexens als α- und β-Form bezeichnet, wovon die α-Verbindung die kristallisierte, die β-Form die schwer lösliche ist.

α-Cyclohexenozonid. 10 g Cyclohexen werden in 200 ccm Hexan gelöst und so lange ozonisiert, bis eine Probe Brom nicht mehr entfärbt, wozu 5—6 stündiges Einleiten eines 8—10 proz. Ozonstroms nötig ist. Das ausgeschiedene Ozonid wird dann filtriert und mehrmals mit abs. Äther gewaschen. Man erhält direkt etwa 11 g festes Ozonid, während aus den Äther- und Hexanmutterlaugen noch etwa 5—6 g öliges Ozonid gewonnen werden können. Dieses ölige Ozonid wird aber bei einigem Stehen teigförmig und durch wiederholtes Waschen mit Äther lassen sich noch 3—4 g festes Ozonid daraus abscheiden, so daß schließlich nur ein geringer, öliger Rückstand verbleibt. Die Ausbeute ist also beinahe quantitativ[1]). Das Ozonid bildet eine weiße, körnige Masse und schmilzt gegen 75° unzersetzt. Es löst sich ziemlich leicht in Chloroform, warmem Essigester, Benzol, Toluol, schwerer in Eisessig, Äther, Aceton und Methylacetat, sehr wenig in Hexan, Methyl- und Äthylalkohol. Aus siedendem Alkohol läßt sich das Ozonid umkristallisieren und kommt dann in kleinen, sternförmig gruppierten, weißen Nädelchen heraus, die den vorhin angegebenen Schmelzpunkt besitzen und sich gegen 90° unter Aufschäumen zersetzen. Beim Umkristallisieren sind aber starke Verluste nicht zu vermeiden.

Die Analyse eines so bereiteten und im Vakuum getrockneten Präparats ergab folgende Werte, die den für die normale Formel berechneten ziemlich nahe kommen.

0,1258 g Sbst.: 0,2530 g CO_2, 0,0858 g H_2O. — 0,1622 g Sbst.: 0,3242 g CO_2, 0,1130 g H_2O.

$C_6H_{10}O_3$. Ber. C 55,38,   H 7,69.
Gef. ,, 54,85, 54,51, ,, 7,63, 7,79.
$C_6H_{10}O_4$. Ber. ,, 49,3   ,, 6,9.

---

[1]) In Chloroform ist die Ausbeute bedeutend geringer, dabei wird viel öliges Ozonid gebildet. Das ölige Ozonid hat dieselbe Zusammensetzung wie das feste (Schmp. 115—120°).

β - C y c l o h e x e n o z o n i d. 10 g Cyclohexen werden in 200 g Tetrachlorkohlenstoff mit Ozon behandelt, wozu etwa 8 Stunden bis zur Sättigung erforderlich sind. Das ausgeschiedene feste Ozonid (13 g) wird mit Äther ausgekocht, wobei 10,5 g ungelöst bleiben, aus dem Äther und Tetrachlorkohlenstoff lassen sich 5,5 g einer halbfesten Masse gewinnen, so daß im ganzen 16 g Ozonid erhalten werden, während sich für $C_6H_{10}O_3$ 15,8 g berechnen. Aus der halbfesten Masse kann durch wiederholtes Waschen mit Äther noch eine weitere Portion der festen Verbindung isoliert werden, so daß schließlich nur wenig öliges Produkt übrigbleibt. Dieses feste Ozonid ist aber ein Gemisch der α- und β-Form, zu ihrer Trennung kocht man es am besten mit der gleichen Menge abs. Alkohols 10 mal aus, dabei bleibt ungefähr die Hälfte an Gewicht ungelöst und zeigt dann den Schmelz- und Zersetzungspunkt 115—120° an. Aus dem Alkohol kristallisiert ein Teil des α-Ozonids vom Schmp. 75°. Bei der Analyse des β-Ozonids wurden wieder ähnliche Werte wie früher gefunden.

0,1232 g Sbst.: 0,2434 g CO_2, 0,0852 g H_2O. — 0,1702 g Sbst.: 0,3369 g CO_2, 0,1132 g H_2O.

$C_6H_{10}O_3$.   Ber. C 55,38,   H 7,69.
                Gef. ,, 53,88, 53,98, ,, 7,73, 7,44.
$C_6H_{10}O_4$.   Ber. ,, 49,3,   ,, 6,9.

Es erscheint hiernach nicht ausgeschlossen, daß auch das β-Ozonid eine normale, der Formel $C_6H_{10}O_3$ entsprechende Zusammensetzung hat, und daß die Abweichung nur auf die ungenügende Reinigung zurückzuführen ist. Das β-Ozonid wird von allen gebräuchlichen Lösungsmitteln nicht aufgenommen. Erhitzt man es längere Zeit mit abs. Alkohol oder Essigester unter Rückfluß, so geht es allerdings in Lösung; dabei tritt aber eine Veränderung ein, indem das nach dem Verdampfen des Lösungsmittels im Vakuum zurückbleibende Öl nicht wieder zum Erstarren zu bringen ist.

Bei der Zersetzung der beiden Ozonide mit Wasser erhält man sehr ähnliche Resultate.

Die Spaltung des unlöslichen β-Ozonids ist früher schon von Harries und Neresheimer beschrieben worden; es gelang ihnen damals nur, den Adipindialdehyd und die Adipinsäure nachzuweisen, eine quantitative Bestimmung wurde jedoch nicht ausgeführt. Nach der späteren Untersuchung von Harries und Tank bildet sich nun bei der Spaltung des Cyclopentenozonids als Hauptprodukt der Halbaldehyd der Glutarsäure, und es erschien daher von Wert, zu ermitteln, ob der homologe Aldehyd, der Halbaldehyd der Adipinsäure, nicht auch bei der Spaltung der Cyclohexenozonide auftrete. Dies ist auch in der Tat der Fall. Bei der Isolierung wurde die Methode von Harries und Tank gewählt, indem das Ozonid mit Wasser möglichst vollständig zersetzt, die filtrierte Lösung im Vakuum bei möglichst niederer Temperatur eingedampft und der ölige Rückstand direkt im Vakuum fraktioniert destilliert wird. Hierbei ergaben sich bei den beiden Ozoniden folgende Resultate:

α-Ozonid. 10 g Sbst. in 100 g Wasser 3 Stunden erhitzt: ungelöstes

```
Harz . . . . . . . . . . . . . . . . . . . . . . . . . . . . .  0,5 g
 I. Fraktion: Öl bei 60—110° unter 12—13 mm Druck siedend .  0,7 g
II. Fraktion: Öl bei 110—180° unter 12—13 mm Druck siedend.  2,5 g
Fester Rückstand, mit Wasser ausgekocht, löslich. . . . . . .  3,2 g
Fester Rückstand, mit Wasser ausgekocht, unlöslich . . . . .  1,3 g
                                                              ───────
                                                               8,2 g
```

Der Verlust beträgt also ungefähr 1,6 g, derselbe ist zum Teil auf Kosten der Bildung von Adipindialdehyd zu setzen, welcher mit Wasserdampf sehr flüchtig ist, denn das wässerige Destillat liefert mit Nitrophenylhydrazin in salzsaurer Lösung einen reichlichen gelben Niederschlag, welcher bereits nach einmaligem Umkristallisieren aus Alkohol den von Wohl und Schweitzer[1]) angegebenen Schmelzpunkt von 169—170° besitzt.

Fraktion I enthält zwei aldehydische Bestandteile. Der erste siedet zwischen 50—60° unter 11—12 mm Druck und bildet ein leicht bewegliches, farbloses, nach Benzaldehyd riechendes Liquidum, das in Wasser schwer löslich ist. Durch sein Semicarbazon[2]), welches aus 70proz. Alkohol unkristallisiert bei 208—209° schmilzt, konnte er als Cyclopentenaldehyd identifiziert werden. Die Analyse bestätigte die erwartete Zusammensetzung.

0,1436 g Sbst.: 34 ccm N (16,5°, 755,3 mm).

$C_7H_{11}ON_3$. Ber. N 27,49. Gef. N 27,27.

Der zweite siedet gegen 90° und besteht aus Adipindialdehyd, er liefert das vorhin erwähnte Bisnitrophenylhydrazon. Der Cyclopentenaldehyd bildet sich bei längerem Stehen aus dem Adipindialdehyd unter Wasserabscheidung.

Fraktion II ergibt bei nochmaligem Fraktionieren ein bei 150° bis 165° (unter 11—12 mm Druck) siedendes Öl, welches in der Kälte größtenteils erstarrt. Die Kristalle lassen sich aus heißem Wasser umkristallisieren und besitzen dann einen Schmelzpunkt von 124—125°. Ihre wässerige Lösung reagiert sauer, reduziert stark ammoniakalische Silberlösung, wenig aber Fehlingsche Flüssigkeit. Mit salzsaurem Nitrophenylhydrazin erhält man ein in schönen gelben Nadeln kristalli-

---

[1]) Berichte d. Deutsch. chem. Gesellschaft **39**, 890 [1906].

[2]) v. Baeyer u. v. Liebig, Berichte d. Deutsch. chem. Gesellschaft **31**, 2108 [1898]; vgl. Wohl u. Schweitzer, loc. cit.

sierendes Nitrophenylhydrazon, welches, aus Alkohol umkristallisiert, bei 134° schmilzt[1]). Die Elementaranalyse der bei 124—125° schmelzenden und im Vakuum getrockneten Verbindung ergab folgende Werte:

$$0,1779 \text{ g Sbst.}: 0,3545 \text{ g } CO_2, \ 0,1186 \text{ g } H_2O.$$

$$C_6H_{10}O_3. \quad \text{Ber. C } 55,4, \text{ H } 7,7.$$
$$\text{Gef. ,, } 54,4, \text{ ,, } 7,45.$$

Die Resultate scheinen zu beweisen, daß hier der Halbaldehyd der Adipinsäure, $CHO.CH_2.CH_2.CH_2.CH_2.COOH$, vorliegt. In der Fraktion II ist aber nur etwa 1,3 g davon enthalten; das übrige, 1,2 g, besteht aus Adipinsäure, von der im ganzen ca. 4,4 g vom Schmp. 149° erhalten wurden.

β-Ozonid. 20 g Sbst. in 100 ccm Wasser 3 Stunden erhitzt:

ungelöstes Harz	0,9 g
Vorlauf bis 60°	0,2 g
	Cyclopentenaldehyd.
I. Fraktion: 60—110° (11—12 mm)	1,5 g
	hauptsächlich Adipindialdehyd.
II. Fraktion: 110—180°	4,6 g
Rückstand	8,5 g
	15,7 g

Die II. Fraktion ergab beim nochmaligen Destillieren:

bis 150° Vorlauf	0,6 g
150—162°	2,7 g
	Aldehydosäure.
Rückstand	1,2 g
	Adipinsäure.

so daß im ganzen 9,7 g rohe Adipinsäure gebildet wurden.

Bei den α- und β-Cyclohexenozoniden entstehen also ca. 44% Dicarbonsäure und nur ca. 13% Aldehydosäure, während bei dem Cyclopentenozonid nach Harries und Tank[2]) ca. 44% Aldehydosäure und 24% Dicarbonsäure gewonnen werden. Die Ausbeute an Dialdehyd dürfte in beiden Fällen ziemlich gleich sein, konnte aber wegen der Flüchtigkeit dieser Substanzen nicht scharf bestimmt werden.

Der Halbaldehyd der Adipinsäure soll noch genauer untersucht werden.

---

[1]) Vgl. die Dissertation.
[2]) loc. cit.

65. C. Harries und Hans von Splawa-Neyman: Über das sog. reine $\Delta^{1,3}$-Dihydrobenzol und seine Molekularrefraktion.

Aus dem Chemischen Institut der Universität Kiel.
Berichte der Deutschen chemischen Gesellschaft **42**, 693 (1909).
(Eingeg. am 30. Jan. 1909, mitget. in der Sitzung am 8. Febr. v. Hrn. O. Mannich.)

Von Brühl, Eykman, Auwers, Klages und anderen Forschern ist in zahlreichen Untersuchungen dargetan worden, daß Körper mit konjugierter Doppelbindung eine Exaltation zwischen gefundener und berechneter Molekularrefraktion aufweisen.

Vor kurzem erschien nun eine Arbeit von Zelinsky und Gorsky[1] über die Cyclohexadiene, in der das $\Delta^{1,3}$-Dihydrobenzol und ein Homologes beschrieben wurden. Aus den Ergebnissen der optischen Untersuchung wurde gefolgert, daß „die Cyclohexadiene ungeachtet der in ihnen befindlichen konjugierten Doppelbindungen keine optische Exaltation bemerken lassen".

Brühl[2] hat dann in einleuchtender Weise darauf hingewiesen, daß die absolute Reinheit der in Frage kommenden Substanzen keineswegs endgültig festgelegt sei, und davor gewarnt, bei so leicht veränderlichen Produkten zu früh aus den gefundenen Konstanten endgültige Schlüsse zu ziehen.

Schneller, als man wohl glauben konnte, ist es uns gelungen, diese Ausführungen Brühls experimentell zu bekräftigen.

Das $\Delta^{1,3}$-Dihydrobenzol, nach der Methode von Crossley[3] und Zelinsky gewonnen, ist in der Tat kein einheitlicher Körper, sondern ein Gemisch von $\Delta^{1,3}$-Cyclohexadien und Cyclohexen. Bei der Behandlung von 1,2-Dibromcyclohexan mit Chinolin findet also wahrscheinlich eine partielle Reduktion statt[4].

---

[1] Berichte d. Deutsch. chem. Gesellschaft **41**, 2479 [1908].
[2] Berichte d. Deutsch. chem. Gesellschaft **41**, 3712 [1908].
[3] Journ. of the Chem. Soc. **85**, 1403 [1906].
[4] v. Baeyer hat (Annalen d. Chemie u. Pharmazie **278**, 108 [1893]) vor 16 Jahren die merkwürdige Bemerkung gemacht, daß bei der Behandlung von 1,2-Dibromcyclohexan aus Cyclohexen mit Chinolin das letztere regeneriert werde. Diese Angabe ist aber nur bedingt richtig.

Crossley hat seinerzeit in einer sorgfältigen Untersuchung gezeigt, daß in dem Kohlenwasserstoff, welcher durch Abspaltung von Bromwasserstoff aus 1,2-Dibromcyclohexan vermittels Chinolin entsteht, kein 1,4-Cyclohexadien enthalten ist, indem er nachwies, daß er nur 2 Atome Brom aufnimmt, während das 1,4-Cyclohexadien 4 Atome Brom unter Bildung eines festen Tetrabromids addiert. Die Addition von nur 2 Atomen Brom erklärt sich aus der Natur der konjugierten Doppelbindung nach Thiele:

$$\begin{array}{ccc}
\mathrm{H_2C-CH=CH} & & \mathrm{H_2C-CHBr-CH} \\
\mathrm{H_2C-CH=CH} & +\,2\,\mathrm{Br} \;\rightarrow & \mathrm{H_2C-CHBr-CH}
\end{array}$$

Diesen Ausführungen Crossleys kann man sich ohne weiteres anschließen. Indessen hat ihn seine Methode verhindert, die Beimengung von Cyclohexen zu beobachten, obwohl die Angabe eines so erfahrenen Experimentators wie Baeyer offenbar darauf hinwies. Denn Cyclohexen addiert auch glatt 2 Atome Brom, und es dürfte bei dem hohen Molekulargewicht der Bromide kaum möglich sein, durch analytische Methoden scharf zu unterscheiden, ob ein Gemisch von Cyclohexendibromid $\mathrm{C_6H_8Br_2} = 240$ und Cyclohexandibromid $\mathrm{C_6H_{10}Br_2} = 242$ oder ob reine Produkte vorliegen.

In der Ozon-Methode besitzen wir nun ein geeignetes Mittel zur Entscheidung dieser Fragen. War der Kohlenwasserstoff wirklich reines $\Delta^{1,3}$-Cyclohexadien, so durften sich unter den Spaltungsprodukten der Ozonide nur Succindialdehyd bzw. seine Abkömmlinge und Glyoxal bzw. Oxalsäure auffinden lassen.

$$\begin{array}{ccc}
\mathrm{CH_2\,.\,CH=CH} & & \mathrm{CH_2\,.\,CHO} \qquad \mathrm{CHO} \\
\mathrm{CH_2\,.\,CH=CH} & \rightarrow & \mathrm{CH_2\,.\,CHO} \;+\; \mathrm{CHO}
\end{array}$$

Bei Anwesenheit von $\Delta^{1,3}$-Cyclohexadien sollten Malondialdehyd bzw. Malonsäure, bei der von Cyclohexen[1]) aber Adipindialdehyd bzw. seine Abkömmlinge nachgewiesen werden können.

$$\begin{array}{ccc}
\mathrm{CH_2-CH=CH} & & \mathrm{CH_2\,.\,COOH} \qquad \mathrm{OCH}\!\diagdown \\
\mathrm{CH=CH-CH_2} & \rightarrow & \mathrm{COOH} \;\;+\;\; \mathrm{OCH}\!\diagup\!\!\!\diagdown\mathrm{CH_2}\,.
\end{array}$$

$$\begin{array}{ccccc}
\mathrm{CH_2-CH=CH} & & \mathrm{CH_2\,.\,CHO\;\;CHO} & & \mathrm{CH_2}\!\diagup\mathrm{CH_2\,.\,CH} \\
\mathrm{CH_2-CH_2-CH_2} & \rightarrow & \mathrm{CH_2\cdot CH_2\,.\,CH_2} & \rightarrow & \mathrm{CH_2}\!\diagdown\mathrm{CH_2\,.\,C\,.\,CHO}
\end{array}$$

Bei der Ausführung des Versuchs erhielten wir nun neben Succindialdehyd Adipindialdehyd, aus dem sich unter Wasserabspaltung der Cyclopentenaldehyd von v. Baeyer und v. Liebig[2]) leicht

---

[1]) Vgl. Berichte d. Deutsch. chem. Gesellschaft **39**, 2846 [1906]; **41**, 3556 [1908].

[2]) Berichte d. Deutsch. chem. Gesellschaft **31**, 2108 [1898].

bildet. Der durch seine Eisenchloridreaktionen scharf zu erkennende Malondialdehyd von Claisen[1]) wurde nicht beobachtet. Aus dieser Beimengung des Cyclohexens erklärt es sich, warum die optischen Konstanten und das spez. Gewicht des $\Delta^{1,3}$-Dihydrobenzols so auffallend niedrig gefunden wurden. Zur Darstellung von ganz reinen Dihydrobenzolen, d. h. von solchen, die nicht Gemische von Doppelbindungsisomeren sind, müssen wohl oder übel neue Methoden ersonnen werden. Unsere Ozonmethode hat sich aber als diagnostisches Hilfsmittel zur Bestimmung der Reinheit von ungesättigten Körpern wieder bewährt; es gehört jedoch Erfahrung und experimentelles Geschick zu ihrer richtigen Ausnutzung.

Experimentelles.

28 g Tetrahydrobenzol wurden in Eisessig bromiert, das durch Wasser daraus abgeschiedene rohe Dibromcyclohexan (ca. 76 g) wurde mit Bicarbonat und Wasser von Essigsäure befreit, sorgfältig getrocknet und im Vakuum fraktioniert. Es resultierten 60 g reines o - Dibromcyclohexan vom konstanten Sdp. 96° unter 12 mm Druck.

Dieses wurde nach Crossleys Vorschrift in 2 Portionen mit frisch destilliertem Chinolin zur Reaktion gebracht, die vereinigten Destillate von neuem mit Chinolin gemischt und abermals destilliert. Das so erhaltene Rohprodukt gab nach dem Waschen mit verdünnter Schwefelsäure, Trocknen über Chlorcalcium und Fraktionieren über Natrium 10 g reinen Kohlenwasserstoff vom Sdp. 80—81°. Die Konstanten von Zelinsky und Gorsky und die unserigen sind wohl als ähnlich anzusehen[2]).

$$\text{Zelinsky und Gorsky. .} \quad \begin{aligned} D_4^{20} &= 0{,}8376 \\ n_d^{20} &= 1{,}4700 \end{aligned} \Bigg\} \quad \begin{aligned} &\text{gef. Molekularrefraktion } 26{,}66 \\ &\text{ber. } \sqrt{2}\ \ 26{,}83. \end{aligned}$$

$$\text{Die unserigen. . . . . .} \quad \begin{aligned} D_4^{22} &= 0{,}8302 \\ n_d^{22} &= 1{,}46420 \end{aligned} \Bigg\} \quad \begin{aligned} &\text{gef. Molekularrefraktion } 26{,}60 \\ &\text{ber. } \sqrt{2}\ \ 26{,}83. \end{aligned}$$

$$n_\alpha^{22} = 1{,}46065, \quad n_\gamma^{22} = 1{,}48225.$$

$$\text{Crossley: } D_{40^0}^{15,40} = 0{,}83659,\ D_{250^0}^{250} = 0{,}8296\ \ H_\alpha = 1{,}46371\ (15{,}4°).$$

$$H_\gamma = 1{,}48493.$$

Der Kohlenwasserstoff absorbiert übrigens beim Stehen an der Luft leicht Sauerstoff und scheidet dann einen zähen, klebrigen Sirup ab von sehr explosiven Eigenschaften, wahrscheinlich ein Peroxyd.

---

[1]) Berichte d. Deutsch. chem. Gesellschaft **36**, 3668 [1903].

[2]) Ein anderes Präparat ergab wieder Werte, die mit denen von Crossley recht scharf übereinstimmen. Das Dihydrobenzol scheint daher eine wechselnde Zusammensetzung zu haben.

Verhalten gegen Ozon.

Nach den Erfahrungen, die früher beim $\Delta^{1,3}$-Dihydrotoluol[1]) gemacht worden sind, konnte erwartet werden, daß das $\Delta^{1,3}$-Dihydrobenzol nur schwierig mit 2 Molekülen Ozon in Reaktion treten würde. Wir haben lange experimentiert, ehe wir fanden, daß Dihydrobenzol sich am besten in Eisessig ozonieren läßt. Dabei erhielt man ein festes und ein öliges Ozonid; die Analysenzahlen liegen bei beiden zwischen den für Mono- und Diozonid des Dihydrobenzols berechneten Werten. Das ist ja nicht verwunderlich, wenn Cyclohexen zugegen ist; allein es scheint auch darin seine Erklärung zu finden, daß $\Delta^{1,3}$-Dihydrobenzol leicht nur ein Molekül Ozon, das zweite schwierig zu binden vermag.

9 g Kohlenwasserstoff wurden in 40 g Eisessig gelöst und so lange mit 10 proz. Ozon behandelt, bis eine Probe der Flüssigkeit Bromeisessig nicht mehr entfärbte. Der Prozeß dauerte ausnahmsweise lange und beanspruchte ca. 15—16 Stunden. Gegen Ende desselben wurde die ganze Masse dickflüssig und erstarrte über Nacht zu einer Gallerte. Die Hauptmenge des Eisessigs ließ sich durch Abpressen von der Gallerte entfernen, welche dann wiederholt mit Äther gewaschen wurde. Wir erhielten so nach dem Trocknen im Vakuum 7 g eines weißen, festen, vollkommen staubtrocknen Körpers, der sich als sehr schwer löslich erwies. Er ist nicht ungefährlich und explodiert heftig beim schnellen Erhitzen; vorsichtig erhitzt schmilzt er bei ca. 85° unter Aufschäumen.

0,1736 g Sbst.: 0,2950 g CO_2, 0,1012 g H_2O.

$C_6H_8O_3$.   Ber. C 56,25, H 6,25.
         Gef. ,, 46,34, ,, 6,52.
$C_6H_8O_6$.   Ber. ,, 40,91, ,, 4,5.
$C_6H_{10}O_3$.   ,, ,, 55,38, ,, 7,7.

Aus dem Eisessig bzw. dem zum Waschen des festen Ozonids gebrauchten Äther ließen sich durch Eindampfen im Vakuum noch 5 g eines dicken, ebenfalls explosiven Öles von Ozonideigenschaften gewinnen. Dasselbe wurde zur Analyse aus Essigester durch Ligroin umgefällt und im Vakuum getrocknet:

0,1234 g Sbst.: 0,2176 g CO_2, 0,0872 g H_2O.

Gef. C 48,09, H 7,90.

Beide Ozonide sind Gemische, wie die Untersuchung ihrer Spaltungsprodukte anzeigt.

Spaltung der Ozonide. Wasser ließ sich bei der Zersetzung der Ozonide nicht anwenden, weil sie schwer davon verändert werden und gewöhnlich beim Erhitzen auf dem Wasser explodieren. Wir benutzten daher Eisessig. Auch hier gebrauchten wir die Vorsicht, die

---

[1]) Berichte d. Deutsch. chem. Gesellschaft **41**, 1700 [1908].

Reaktionsflüssigkeit zunächst auf 50° im Wasserbade zu erwärmen, und dann die Temperatur langsam bis auf 100° zu steigern. Das feste Ozonid, ca. 6,8 g, löste sich in 40 ccm Eisessig langsam auf und zersetzte sich unter Entwicklung eines brennbaren Gases. Nun wurde der Eisessig im Vakuum bei ca. 35° Heizbadtemperatur abgedampft und der Rückstand fraktioniert.

Wir erhielten 3 Fraktionen.

    I. Sdp. 40— 70°, 10 mm Druck, ca. 2,0 g
    II. ,, 70—150°, — —   — ,, 2,0 ,,
    III. Rückstand   — —   — ,, 2,8 ,,

Der abdestillierte Eisessig enthält nicht unbedeutende Mengen von Succindialdehyd. Durch Zusatz von essigsaurem Nitrophenylhydrazin erhielten wir 0,4 g des bei 185° schmelzenden Succindialdehyd-bisnitrophenylhydrazons[1].

Die Fraktion I war dickflüssig, beinahe farblos glasig; sie besteht aus ziemlich reinem Succindialdehyd, wie sich durch Pyrrolreaktion, Reduktionsvermögen und den Schmelzpunkt des Succindialdehydbisphenylhydrazon[2] konstatieren ließ. Allerdings mußte das letztere mehrfach aus Alkohol umkristallisiert werden, bis der Schmelzpunkt von 122—123° erhalten werden konnte.

Die Fraktion II bildete ein etwas leichter flüssiges Öl, welches bräunlich gefärbt war. Es besaß den charakteristischen Geruch des Adipindialdehyds von Wohl und Schweitzer[3]; der Hauptanteil siedete bei 90—100°. Da der Adipindialdehyd nicht leicht zu reinigen war, weil er naturgemäß etwas Succindialdehyd beigemengt enthielt, ließen wir die Fraktion II über Nacht stehen, um die bekannte Umwandlung des Adipindialdehyds in Cyclopentenaldehyd, der leichter zu charakterisieren ist, zu begünstigen. Wir fraktionierten von neuem und erhielten jetzt ein Öl, welches erheblich niedriger, von 50—70° unter 10 mm Druck, sott. Dasselbe bildete ein schwach gelb gefärbtes Liquidum (0,7—0,8 g) von charakteristisch stechend bittermandelartigem Geruch. Zur weiteren Identifizierung bereiteten wir in methylalkoholischer Lösung das Semicarbazon, welches sich nach kurzer Zeit in fast reinen, sechseckigen Blättchen abschied. Das Semicarbazon des Succindialdehyds fällt wegen seiner großen Löslichkeit in Wasser nicht aus. Nach einmaligem Umkristallisieren aus 70proz. Alkohol erhielten wir bereits den genauen Schmp. 208—209°[4].

---

[1] Berichte der Deutsch. chem. Gesellschaft **39**, 3673 [1906].

[2] Ciamician u. Zanetti, Berichte d. Deutsch. chem. Gesellschaft **23**, 1784 [1890].

[3] Berichte d. Deutsch. chem. Gesellschaft **39**, 890 [1906].

[4] Die Analyse ergab ber. für $C_7H_{11}ON_3$ 27,4 N, gef. 27,4 N. v. Baeyer u. Liebig, Wohl u. Schweitzer, loc. cit.

Der Rückstand III wurde mit heißem Wasser zur Isolierung der Säuren behandelt; es ergab sich dabei beim Eindampfen des wässerigen Auszugs ein Gemisch von Säuren, die sich ihrer geringen Menge wegen nicht weiter verarbeiten ließen; der größte Teil war verharzt. Glyoxal konnte nicht aufgefunden werden; es ist dies nicht besonders auffällig, da dieses Produkt selten bei der Zersetzung der Ozonide beobachtet wird. Möglicherweise rührt die anfänglich erwähnte Gasentwicklung von einem Zerfall des Glyoxals in Kohlenoxyd bzw. Kohlendioxyd her.

Das ölige Ozonid wurde in 20 ccm Eisessig genau in derselben Weise wie vorhin beschrieben, erwärmt. Bei der Verarbeitung erhielten wir aus 5 g:

Fraktion I, bis 40° . . . . . . 0,6 g
Fraktion II, 40—160° . . . . . 1,2 „
Rückstand . . . . 2,0 „

Fraktion I bestand aus Succindialdehyd und etwas Eisessig; Fraktion II ergab nach 12stündigem Stehen beim nochmaligen Destillieren ein bei 45—70° siedendes Öl, welches in das Semicarbazon übergeführt wurde. Dabei schied sich wieder das Semicarbazon des Cyclopentenaldehyds vom Schmp. 208—209° in kleiner Menge ab.

Bei der Zerlegung der Ozonide mit Eisessig scheint also die Bildung der Aldehyde gegenüber derjenigen der Säuren begünstigt zu sein.

Die quantitative Bestimmung der Spaltungsprodukte der Ozonide ließ sich hauptsächlich wegen der Flüchtigkeit der entstehenden Aldehyde mit Eisessig nicht genau genug durchführen, als daß man sagen könnte, wie sich das prozentuale Verhältnis des Gemisches von $\Delta^{1,3}$-Cyclohexadien und Cyclohexen in dem Kohlenwasserstoff aus 1,2-Dibromcyclohexan gestaltet; nach unserer Meinung sind aber mindestens 10% an dem letzteren vorhanden, und das würde schon genügen, um die physikalischen Konstanten des $\Delta^{1,3}$-Cyclohexadiens erheblich zu beeinflussen. Die Reinheit aller Dihydrobenzole, welche mit der Chinolinmethode erhalten worden sind, ist daher zu beanstanden.

Herrn Dr. Ludwig Tank, der diese Untersuchung durch Nachprüfung kontrolliert hat, danken wir herzlich.

66. C. Harries: Neues über das $\Delta^{1,3}$-Cyclohexadien.

Aus dem Chemischen Institut der Universität Kiel.
Berichte der Deutschen chemischen Gesellschaft **45**, 809 (1912).
(Eingegangen am 8. März 1912.)

In einer früheren Abhandlung habe ich in Gemeinschaft mit
H. von Splava-Neyman[1]) gezeigt, daß das aus 1,2-Dibromcyclohexan
durch Bromwasserstoffabspaltung mittels Chinolin gewonnene Cyclohexadien nicht einheitlich ist, sondern reichliche Mengen von Cyclohexen enthält. Diese Methode zur Darstellung von Cyclohexadien
war zuerst von v. Baeyer[2]), später von Crossley[3]) und zuletzt von
Zelinsky und Gorsky[4]) benutzt worden. v. Baeyer hatte schon
auf die Bildung des Cyclohexens aufmerksam gemacht. Crossley
richtete nach dem Erscheinen unserer oben erwähnten Arbeit einen
Brief an mich, in dem er mitteilte, daß er auf anderem Wege zum
gleichen Ergebnis wie wir gekommen sei, von der Publikation desselben
aber nunmehr als überflüssig Abstand nehmen wolle. Dagegen erhalten
die Herrn Zelinsky und Gorsky in einer neuen Abhandlung[5]) ihre
Ansicht aufrecht, daß das von ihnen dargestellte Cyclohexadien im
wesentlichen rein sei. Wir hätten ein Präparat untersucht, welches
andere physikalische Eigenschaften besäße, und könnten daraus nur
schließen, daß das von uns, nicht aber das von ihnen dargestellte,
ein Gemisch gewesen sei.

Nun möchte ich zunächst darauf hinweisen, daß für die Darstellung des Cyclohexadiens aus 1,2-Dibromcyclohexan eine ausführliche
Vorschrift nur von Crossley gegeben worden ist. Zelinsky und
Gorsky erwähnen in der ersten Abhandlung mit keinem Wort, daß
sie diese geändert haben. Man konnte damals also nur annehmen,
daß sie ebenfalls der Vorschrift von Crossley, wie wir später, gefolgt
seien.

---

[1]) Berichte d. Deutsch. chem. Gesellschaft **42**, 693 [1909].
[2]) Annalen d. Chemie u. Pharmazie **278**, 108 [1893].
[3]) Journ. of the Chem. Soc. **85**, 1403 [1904].
[4]) Berichte d. Deutsch. chem. Gesellschaft **41**, 2479 [1908].
[5]) Berichte d. Deutsch. chem. Gesellschaft **44**, 2312 [1911].

Jetzt sind Zelinsky und Gorsky zu der Erkenntnis gelangt, daß es keineswegs gleichgültig ist, wie man die Einwirkung des Chinolins auf das 1,2-Dibromcyclohexan vornimmt und geben hierfür folgende Vorschrift:

„Am vorteilhaftesten ist es, 3—4 Teile Chinolin auf 1 Teil Dibromid zu gebrauchen. Wenn man zur Reaktion mehr Chinolin nimmt, bildet sich außer Cyclohexadien ein ungesättigtes Monobromid, dessen Ausbeute bis 15—20% der Theorie erreicht, wenn man das Dibromid tropfenweise in siedendes Chinolin einträgt. Die Kohlenwasserstoffe, welche sich im letzteren Falle bilden, sind ein Gemisch von ungefähr gleichen Mengen Cyclohexadien und Cyclohexen.“

Ich habe mich bemüht, nach diesen Angaben ein Dihydrobenzol von den physikalischen Konstanten, die Zelinsky und Gorsky für ihren Kohlenwasserstoff als charakteristisch bezeichnen, zu gewinnen. Trotz zahlreicher Versuche ist es nicht gelungen, dieselben Werte, wie diejenigen dieser Forscher, zu erreichen. Offenbar war die neue Vorschrift noch nicht genau genug. Es kann aber zugegeben werden, daß der Kohlenwasserstoff nicht mehr ganz soviel Cyclohexen enthält, wie früher[1]). Cyclohexenfrei habe ich aber, nach den Resultaten der Oxydation mit Ozon und dem Verhalten bei der Bromierung zu schließen, kein Präparat bereiten können. Der bei der Spaltung des Cyclohexen-ozonids auftretende Hexandialdehyd ist so charakteristisch schon durch seinen Geruch, daß man ihn kaum übersehen kann, wenn auch sehr viel Succinaldehyd beigemengt ist.

Nach diesen Mißerfolgen habe ich versucht, ein neues Verfahren zur Abspaltung des Bromwasserstoffes aus dem 1,2-Dibromcyclohexan ausfindig zu machen, welches die beim Chinolin offenbar nebenhergehende Reduktion ausschließt. Ich glaube dieses in der Behandlung des Dibromids mit Trimethylamin in alkoholischer Lösung gefunden zu haben. Ich verfuhr hierbei so, daß das Dibromid mit einer 33 proz. absoluten alkoholischen Lösung von Trimethylamin ca. 24 Stunden im Rohr auf ca. 80° erwärmt wurde. Beim Erkalten schießen in der Lösung schöne, lange Nadeln an. Sie bestehen zum größten Teil aus bromwasserstoffsaurem Trimethylamin; aus der Mutterlauge fällt abs. Äther ein anderes weißes Salz in recht guter Ausbeute, welches, dreimal aus abs. Alkohol und abs. Äther umgefällt, den Zersetzungspunkt 181° (roh 168—170°) anzeigt. Die Analyse ergab, daß ein Additionsprodukt von einem Molekül Trimethylamin an ein Monobromid vorlag.

0,1307 g Sbst.: 0,2258 g CO_2, 0,0977 g H_2O. — 0,1878 g Sbst.: 0,1635 g AgBr.

$C_9H_{18}NBr$. Ber. C 49,30, H 7,82, Br 36,50.

Gef. „ 47,12, „ 8,17, „ 37,05.

---

[1]) Ich habe früher mindestens 10% angegeben, in Wirklichkeit enthielt er ca. 50%.

Augenscheinlich war dieses Salz nach der beschriebenen Methode noch nicht ganz rein gewonnen worden und enthielt etwas bromwasserstoffsaures Trimethylamin beigemengt.

Man hätte nun annehmen können, daß folgende Reaktion vor sich gegangen sei:

$$\begin{array}{c} CH_2 \\ H_2C \diagup \diagdown CHBr \\ | \quad | \quad + N(CH_3)_3 \\ H_2C \diagdown \diagup CHBr \\ CH_2 \end{array} + N(CH_3)_3 \quad = \quad \begin{array}{c} CH_2 \\ H_2C \diagup \diagdown CH \\ | \quad | \\ H_2C \diagdown \diagup CH \\ CH \end{array} . N(CH_3)_3Br + HBrN(CH_3)_3 .$$

Indessen zeigte es sich bei der Prüfung, daß Brom nicht entfärbt wurde. Daraus müßte man den Schluß ziehen, daß die Abspaltung des Bromwasserstoffes in einer anderen Richtung erfolgt ist, und zwar unter Bildung eines bizyklischen Körpers. Allerdings müßte hierbei die Voraussetzung gemacht werden, daß Ammoniumsalze mit ungesättigter Kohlenstoffbindung Brom entfärben. Diese Tatsache scheint mir aber nicht hinlänglich erwiesen. Die weitere Untersuchung zeigte dann auch, daß doch eine ungesättigte Verbindung vorlag, denn ganz verdünnte Permanganatlösung wurde sofort angegriffen.

Das Ammoniumsalz läßt sich nun mit Silberoxyd in die Base umwandeln, welche beim Erhitzen leicht und glatt in Trimethylamin und einen Kohlenwasserstoff zerfällt, der nunmehr jedenfalls kein Cyclohexen mehr enthällt.

Er besaß nach dem Waschen mit verdünnter Schwefelsäure und Wasser, Trocknen über Chlorcalcium bei der Destillation über Natrium den Siedepunkt von $80—80,5°$, nur die letzten Tropfen gingen etwas höher über. Man erhielt aus 75 g Dibromcyclohexan statt 24 g 17 g Kohlenwasserstoff, eine Ausbeute, die jene beim Chinolin übertrifft. Mit konz. Schwefelsäure liefert er eine intensive, dunkelrote Färbung. Der Geruch ist nicht unangenehm, süßlich.

Hervorzuheben ist, daß diese Darstellungsweise bei dreimaliger Wiederholung stets einen Kohlenwasserstoff ergab, an dem scharf die gleichen physikalischen Konstanten beobachtet wurden, während diejenigen der nach der Chinolinmethode gewonnenen Präparate stets variieren.

Die Elementaranalysen lieferten bereits nach der ersten Destillation gute Werte.

0,1109 g Sbst.: 0,3660 g CO_2, 0,0982 g H_2O.

C_6H_8. Ber. C 89,93, H 10,07.

Gef. ,, 90,01, ,, 9,90.

Molekularrefraktion und -dispersion: $D_{20^0}^{20^0} = 0,8421$; $n_d^{20^0} = 1,47555$;

$n_\alpha = 1,47113$; $n_\gamma = 1,49593$.

Molekularrefraktion d 2 $\overline{}$: Ber. 26,83. Gef. 26,76.

Molekulardispersion$_{\gamma-\alpha}$: Ber. 0,982. Gef. 1,187.

Man sieht, daß bei der Dispersion eine Exaltation von etwa 20% hervortritt. Brühl hat oft darauf hingewiesen, daß es besonders auf die Bestimmung der Dispersion ankomme.

Zur weiteren Aufklärung der Konstitution wurde der Körper mit Ozon behandelt. 10 g Kohlenwasserstoff wurden in 100 ccm Eisessig mit ca. 8 proz. Ozon — gewaschen mit Natronlauge und Schwefelsäure — ozonisiert. Die ganze Flüssigkeit erstarrte allmählich zu einer gelatinösen Masse, wodurch die vollkommene Absättigung sehr erschwert wurde. Allmählich ging das Produkt in ein weißes, mikrokristallinisches Pulver über, von dem ein Teil (ca. 1 g) abfiltriert, mit Äther gewaschen und getrocknet, analysiert wurde.

0,1252 g Sbst.: 0,2089 g CO_2, 0,0684 g H_2O.

$C_6H_8O_6$.   Ber. C 40,91, H 4,50.
      Gef. „ 45,51, „ 6,11.
$C_6H_8O_3$.   Ber. „ 56,23, „ 6,30.

Aus diesen Resultaten erkennt man, daß ein Gemisch von Diozonid und Monozonid vorliegt. Wiederholte Ozonisationen lieferten ganz ähnliche Ergebnisse.

Die Hauptmasse des Ozonids wurde zur Spaltung einfach mit dem Eisessig auf dem Wasserbade so lange erhitzt, bis eine Probe der Flüssigkeit auf Zusatz von Wasser keine Fällung mehr ergab und dann sofort im Vakuum zur Entfernung des Eisessigs eingedampft. Im Rückstand konnte, soweit er von ca. 45—100° unter 10—12 mm Druck überging, nichts anderes als Succindialdehyd, aber nur in einer Ausbeute von höchstens ca. 2,0 g, vermittels des schönen Phenylhydrazons nachgewiesen werden, das sich diesmal bereits nach zweimaligem Umkristallisieren aus Alkohol auf den Schmelzpunkt von 124° bringen ließ. Die höhere Fraktion war gering und enthielt wahrscheinlich den Halbaldehyd der Bernsteinsäure, da sich daraus langsam etwas Bernsteinsäure absetzte.

Hexandialdehyd konnte nicht nachgewiesen werden. Bemerkenswert ist ein ziemlich beträchtlicher nicht destillierbarer Rückstand, aus dem sich keine definierbaren Produkte abscheiden ließen.

Dieses deutet nach meiner Erfahrung darauf hin, daß tatsächlich in dem Ozonid ein nicht vollständig mit Ozon abgesättigter Körper vorhanden ist. Solche Produkte werden nämlich sehr schlecht gespalten. Körper mit konjugierter Doppelbindung sättigen sich aber außerordentlich schwer mit Ozon.

War hiernach die Frage noch nicht völlig gelöst, ob ein reines Dihydrobenzol vorlag, so konnte ich durch die Untersuchung der Bromierungsprodukte den Nachweis hierfür erbringen. Ja noch mehr, aus Zelinskys und Gorskys eigenen Angaben über das Verhalten ihres Dihydrobenzols gegen Brom kann man beweisen, daß sie ein Gemisch mit Tetrahydrobenzol in den Händen hatten.

Die genannten Herren geben an, daß ihr Dihydrobenzol in leichtem Petroläther zunächst nur zwei Atome Brom aufnimmt. Die etwas überschüssiges Brom enthaltende Lösung scheidet dann nach dem Verdunsten des Petroläthers Kristalle vom Schmp. 140—141° aus, die nach der Analyse als Tetrabromid angesprochen werden. Der flüssig gebliebene Anteil wurde destilliert (Sdp. 105°, 14 mm) und erwies sich als Dibromid. Aus diesem scheiden sich wieder Kristalle vom Schmp. 102—104° ab. Das ölige Bromid ließ sich nicht weiter bromieren. Ausbeuten werden nicht mitgeteilt.

In diesen Angaben ist der Beweis enthalten, daß tatsächlich ein Gemisch von mindestens 2 Kohlenwasserstoffen vorgelegen hat. Denn das ölige, bei 105° unter 14 mm siedende, nicht weiter bromierbare Öl ist Tetrahydrobenzoldibromid.

Ich habe nun zunächst das neue, von mir dargestellte Dihydrobenzol bromiert. Zu diesem Zwecke wurden 1,7 g Kohlenwasserstoff in Chloroform mit 6,8 g (2 Mol.) Brom vorsichtig unter Kühlung versetzt, wobei festgestellt wurde, daß 3,4 g (2 Atome) Brom sofort unter Entfärbung aufgenommen wurden, die übrige Menge wurde erst nach 2 Tagen vollständig absorbiert. Nach dieser Zeit wurde das Chloroform abdestilliert, wobei der Rückstand kristallinisch erstarrte, ein Öl war nicht zu bemerken. Dieser Rückstand wog direkt 7,7 g, nach dem Abpressen auf Ton 7,2 g, während die Theorie für ein Tetrabromid 8,5 g verlangt. Der Schmelzpunkt lag roh bei 70 bis 80°. Nach mehrfachem Umkristallisieren aus Äther wurden dicke, weiße Prismen erhalten, deren Schmelzpunkt bei 87—89° annähernd konstant war. Die Analyse bestätigte die Erwartung, daß ein Tetrabromid vorlag.

0,2171 g Sbst.: 0,4060 g AgBr.

$C_6H_8Br_4$. Ber. Br 79,98. Gef. Br 79,58.

Der neue Kohlenwasserstoff verhält sich also ganz analog dem Butadien.

Da nun dieser Befund im Gegensatz zu den Angaben von Zelinsky und Gorsky zu stehen schien, wiederholte ich die Bromierung eines nach ihrer neuen Vorschrift vermittels Chinolin aus 1,2-Dibromcyclohexan dargestellten Präparates.

10,5 g dieses Kohlenwasserstoffes wurden, genau wie oben beschrieben, in Chloroform mit 40 g Brom (2 Mol.) vorsichtig versetzt, bis auf Zusatz von 20 g (1 Mol.) trat ebenfalls sofort Entfärbung ein. Nach 4 Tagen wurde das Chloroform, das noch viel freies Brom gelöst enthielt, abgedunstet; es hinterblieb eine halbfeste Masse. Durch Absaugen konnten daraus 20 g kristallinisches und 18 g öliges Produkt abgeschieden werden, zusammen 38 g statt theoretisch 50,5 g. Aus dem öligen schieden sich allmählich noch 1,3 g fest aus. Das feste Tetrabromid wurde aus Äther umkristallisiert und schmolz zunächst bei 75—80°. Durch fraktionierte Kristallisation konnten daraus ein höher, bei ca. 140°, schmelzender, etwas schwerer löslicher, in feinen Nadeln kristallisierender und ein niedrigerer, bei ca. 87—89°, schmelzender, in dicken Prismen kristallisierender Körper gewonnen werden. Der Schmelzpunkt der höher schmelzenden Form konnte durch mehrfaches Umkristallisieren aus Methylalkohol bis auf 155—156° gebracht werden. Wahrscheinlich stehen diese beiden Tetrabromide im Verhältnis der Cis- und Transisomerie. Der Hauptanteil ist aber bei weitem der Körper vom Schmp. 87—89°, der mit demjenigen vom gleichen Schmelzpunkt aus meinem neuen Dihydrobenzol identisch ist und der von Zelinsky und Gorsky anscheinend übersehen wurde.

Der ölige Anteil wurde fraktioniert. Dabei ergab Fraktion I: Sdp. 87—95° unter 7 mm Druck (Hauptmenge 87—88°) 8 g. Fraktion II: Sdp. 95—150°, 2,5 g. Rückstand stark geschwärzt 6 g. Aus diesem wurden durch Kochen mit Äther und Tierkohle noch 3,5 g Kristalle vom Schmp. 70—80° erhalten.

Die Fraktion I enthält ein gesättigtes Bromid, nämlich 1,2-Dibromcyclohexan, dessen genauer Siedepunkt bei 87—88° unter 7 mm Druck liegt. Aus der gefundenen Menge berechnet sich, daß der Kohlenwasserstoff selbst ca. 25% Cyclohexen enthalten hat.

Zum Schluß habe ich nun folgendes Experiment gemacht, welches meine Behauptung, daß das Zelinsky und Gorskysche Dihydrobenzol ein Gemenge sei, endgültig bestätigt.

Ich habe das Tetrabromid Schmp. 87—89° aus dem nach dem Zelinsky und Gorskyschen Verfahren dargestellten Dihydrobenzol nach Thiele mit Zinkstaub in methylalkoholischer Lösung reduziert und hierbei einen Kohlenwasserstoff erhalten, der sich als vollkommen identisch mit dem von mir nach meiner anderen Methode bereiteten Produkt erwies. Also auch hier völlige Analogie mit dem Butadien.

Zu diesem Zweck werden 20 g Tetrabromid in 100 ccm Methylalkohol heiß gelöst und mittels eines langen Trichterrohres durch den Rückflußkühler in kleinen Portionen in einen Rundkolben eingeführt, in dem sich 40 g Zinkstaub befinden. Hierauf wird noch eine halbe Stunde gekocht und dann direkt über dem Zinkstaub der Kohlenwasserstoff und der Methylalkohol abdestilliert. Das Destillat wird in das doppelte Volumen Wasser, dem wenig Kaliumcarbonat zugesetzt ist, gegossen und der sich oben abscheidende Kohlenwasserstoff abgehoben, mit Chlorcalcium getrocknet und über Natrium destilliert. Man erhielt ca. 2,5 g statt 4 g.

Die physikalischen Konstanten sind als identisch mit den vorhin angegebenen anzusehen.

$D_{20,5^0}^{20,5^0} = 0,842$, Sdp. $80,5\,°$, $n_d^{20,5^0} = 1,47506$; $n_\alpha = 1,47113$; $n_\gamma = 1,49544$.

Molekularrefraktion d 2 |⁻: Ber. 26,83. Gef. 26,78.

Molekulardispersion$_{\gamma-\alpha}$: ,, 0,98. ,, 1,17.

$$E_{\gamma-\alpha} = 0,19.$$

Zelinsky und Gorsky geben an:

$$D_{40}^{20^0} = 0,8376; \quad n_d^{20^0} = 1,4700.$$

Ich erhielt jetzt nach ihrem neu mitgeteilten Verfahren einen Kohlenwasserstoff von:

$$D_{18,5^0}^{18,5^0} = 0,8315;\ n_d^{18,5^0} = 1,46768;\ n_\alpha = 1,46373;\ n_\gamma = 1,48567.$$

Es sei bemerkt, daß ich nach der Trimethylaminmethode auch das 1-Methyl-3,4-dibromcyclohexan aus p-Hexahydrokresol untersucht habe. Hierüber werde ich später Näheres mitteilen.

Das Butylendibromid spaltet mit Trimethylamin quantitativ ein Molekül Bromwasserstoff ab und liefert neben sehr wenig des Salzes $CH_2: CH.CH(NCH_3)_3Br).CH_3$ hauptsächlich ein ungesättigtes Bromid, wahrscheinlich $CH_3.CBr: CH.CH_3$. Diese Beobachtung befindet sich in offenbarem Gegensatz zu der Angabe einer Patentanmeldung[1]) in der beschrieben wird, daß aus Butylenbromid und Pyridin Butadien glatt entsteht. Ich habe diese Reaktion nicht bestätigen können.

Herrn Dr. Karl Neresheimer, der mich bei diesen Versuchen sehr geschickt unterstützte, danke ich herzlich.

---

[1]) D. P. A. 161 937, 10. 4. 1911. C 19 598 IV 12 0.1.

67. C. Harries: Nachtrag zu meiner Arbeit über $\Delta^{1,3}$-Cyclohexadien.

Aus dem Chemischen Institut der Universität Kiel.
Berichte der Deutschen chemischen Gesellschaft **45**, 2586 (1912).
(Eingegangen am 3. August 1912.)

In meiner Abhandlung über das reine $\Delta^{1,3}$-Cyclohexadien[1]) habe ich versäumt zu erwähnen, daß dieses Produkt, mit Brom (1 Mol.) genau bis zur Entfärbung in Chloroformlösung versetzt, beim Eindunsten vollkommen zu einer weißen Kristallmasse erstarrt, welche nach dem Umkristallisieren aus Methylalkohol genau bei 108° schmilzt. Es ist dies das von Crossley schon früher beschriebene Dibromid des Cyclohexadiens. Herr Prof. Crossley ersuchte mich, festzustellen, ob dies Dibromid auch aus dem ganz reinen Cyclohexadien entstünde. Bei der Weiterbromierung geht dann das Dibromid in das feste Tetrabromid vom Schmp. 87—88° über.

---

[1]) Berichte d. Deutsch. chem. Gesellschaft **45**, 809 [1912].

68. C. Harries und Richard Seitz: Über das 1-Methylcyclo-hexadien-(2,4).

Aus dem Chemischen Institut der Universität Kiel.
Annalen der Chemie und Pharmazie **395**, 253 (1912).

Wenn man dem p-Methylcyclohexanol die Elemente des Wassers entzieht, darauf an das Δ_3-Methylcyclohexen Brom anlagert und wieder 2 Mol. Bromwasserstoff abspaltet, so sollte man zu dem $\Delta_{2,4}$-Dihydro-toluol gelangen. Dieses ist in seiner optisch-aktiven Form zwar schon von Zelinsky und Gorsky[1]) beschrieben worden, indessen erschien die Methode, welche von ihnen angewandt worden ist — Erhitzen des Dibrommethylcyclohexans mit Chinolin —, nicht einwandfrei. Denn beim Dibromcyclohexan ist früher[2]) gezeigt worden, daß mit Chinolin daraus kein reines $\Delta_{1,3}$-Dihydrobenzol gewonnen werden kann. Wir benutzten daher das kürzlich für die Bereitung des reinen $\Delta_{1,3}$-Dihydro-benzols ausgearbeitete Verfahren[3]). Das 1-Methyl-3,4-dibromcyclo-hexan wurde mit Trimethylamin umgesetzt, wobei unter Abspaltung eines Moleküls Bromwasserstoff das ungesättigte quaternäre Ammo-niumbromid glatt entsteht:

$$CH_3 . CH \begin{array}{c} {}^{/}CH_2 - CHBr \\ \searrow CHBr \\ {}^{\backslash}CH_2 - CH_2 \end{array} \rightarrow CH_3 . CH \begin{array}{c} {}^{/}CH_2 . CH . N(CH_3)_3Br \\ \diagup\!\!\!\diagdown CH \\ {}^{\backslash}CH_2 - CH \end{array} .$$

Dieses wird mit Silberoxyd umgesetzt und erzeugt beim Erhitzen 1-Methylcyclohexadien-(2,4). Die physikalischen Konstanten des nach dieser Methode bereiteten Präparates zeigten keine so große Abweichung von denjenigen, welche Zelinsky und Gorsky angegeben haben, wie man nach den Erfahrungen beim Cyclohexadien hätte erwarten sollen, nur der Siedepunkt liegt nicht unerheblich niedriger.

Das $\Delta_{2,4}$-Dihydrotoluol nimmt nach Willstätter[3]) bei der Hy-drierung 2 Mol. Wasserstoff auf und liefert in geeigneter Weise behandelt

---

[1]) Berichte d. Deutsch. chem. Gesellschaft **41**, 2479 [1908].
[2]) Harries u. v. Splawa-Neyman, Berichte d. Deutsch. chem. Gesell-schaft **42**, 693 [1909].
[3]) Harries, Berichte d. Deutsch. chem. Gesellschaft **45**, 809 [1912]; vgl. Willstätter, ebd. **45**, 1475 [1912].

ein normales Diozonid, woraus seine zweifach ungesättigte Natur deutlich hervorgeht.

Δ_3 - Methylcyclohexen vom Sdp. 102—103° wurde durch Erhitzen von p-Methylcyclohexanol mit geschmolzenem Kaliumdisulfat in einer Ausbeute von etwa 60% erhalten.

1 - Methyl - 3,4 - dibromcyclohexan entsteht daraus durch Eintragen von 1 Mol. Brom in Eisessiglösung. Es siedet bei 94—95° unter 12 mm Druck. Die Ausbeute ist fast quantitativ.

Methylcyclohexentrimethylammoniumbromid.

Das Dibromid wird im Einschlußrohr mit einer 33 proz., absolut alkoholischen Lösung von Trimethylamin im Verhältnis von 1 : 2 Mol. etwa 20 Stunden auf etwa 95° im Einschlußrohr erhitzt. Nach dem Erkalten wird vom ausgeschiedenen Trimethylaminhydrobromid abgepreßt, die bräunliche Mutterlauge auf ein geringes Volum im Vakuum eingeengt und mit Äther im Überschuß versetzt. Das ausgeschiedene weiße Ammoniumsalz enthält noch Trimethylammoniumbromid, welches aber nicht schwer durch fraktionierte Fällung abgetrennt werden kann. Nach mehrfachem Umfällen aus Alkohol-Äther erhält man das Salz ganz rein. Es ist in Wasser leicht löslich; diese Lösung entfärbt Brom nicht, wohl aber verdünntes Permanganat. Der Schmelzpunkt liegt bei 166—167°. Die Ausbeute betrug aus 95 g Dibromid ungefähr 60 g Salz.

0,1937 g Sbst.: 0,3612 g CO_2, 0,1490 H_2O, 0,0667 g Br (nach Dennstedt). — 0,1685 g Sbst.: 9,2 ccm Stickgas bei 23° und 767,7 mm Druck.

	Ber. für $C_{10}H_{20}NBr$	Gef.
C	51,26	50,86
H	8,61	8,61
Br	34,14	34,43
N	5,98	6,22

Aus dem 3,4-Dibrom-1-methylcyclohexan können mindestens zwei isomere Ammoniumsalze entstehen,

$$
\begin{array}{ccc}
\mathrm{CH\cdot CH_3} & & \mathrm{CH\cdot CH_3}\\
\mathrm{H_2C}\diagup\diagdown\mathrm{CH_2} & & \mathrm{H_2C}\diagup\diagdown\mathrm{CH}\\
\mathrm{HC}\diagdown\diagup\mathrm{CH\cdot N(CH_3)_3Br} \quad \text{und} \quad & \mathrm{H_2C}\diagdown\diagup\mathrm{CH}\\
\mathrm{CH} & & \mathrm{CH\cdot N(CH_3)_3Br}
\end{array}
$$

Es wäre möglich, daß das von uns analysierte Salz ein Gemenge dieser Verbindungen darstellt. Für die Abspaltung des Trimethylamins ist es aber gleichgültig, wo die Ammoniumgruppe eingetreten ist, da sich aus beiden dasselbe 1-Methylcyclohexadien-2,4 bilden muß.

1 - Methylcyclohexadien - 2,4.

Das Ammoniumbromid wurde in verdünnter wässeriger Lösung mit Silberoxyd umgesetzt, die Base im Vakuum vom Wasser möglichst befreit und dann unter gewöhnlichem Druck trocken destilliert. Der auf dem wässerigen Destillat schwimmende Kohlenwasserstoff wurde abgehoben, mit sehr verdünnter Schwefelsäure durchgeschüttelt, mit Wasser gewaschen, über Chlorcalcium getrocknet und schließlich über Natrium rektifiziert, Sdp. 100,5—101,5° bei 762 mm (Zelinsky gibt 105,5—106° an). Die Ausbeute betrug aus 60 g etwa 14,0 g. Die wasserhelle, leicht bewegliche Flüssigkeit besitzt angenehm süßlichen Geruch und oxydiert sich leicht an der Luft zu einem zähen Sirup.

0,1076 g Sbst.: 0,3518 g CO_2, 0,1024 g H_2O.

	Ber. für C_7H_{10}	Gef.
C	89,40	89,20
H	10,60	10,65

$D_4^{22,5} = 0,8252$; $n_d^{22,5} = 1,46619$; $n_\alpha = 1,46225$; $n_\gamma = 1,48519$.

Mol.-Refraktion MR_d ber. 2 ⌐ 31,43,   gef. 31,58.
Mol.-Dispersion $M_{\alpha-\gamma}$,,   1,09,   ,,   1,32.

Exaltation 0,23 oder 20%.

Zelinsky hat angegeben: $D_4^{20} = 0,8274$, $n_d^{20} = 1,4680$; Mol.-Refraktion MR_d: ber. 2 ⌐ 31,43, gef. 31,61.

Bei der **Bromierung** konnten wir in Bestätigung seiner Befunde feststellen, daß 1 Mol. Brom sehr schnell, das 2. Mol. Brom aber sehr langsam aufgenommen wird. Ein kristallisiertes Tetrabromid konnte ebenfalls nicht beobachtet werden.

Bei der **Hydrierung** nach **Willstätter**[1]) mit Platinschwarz absorbierten 0,1202 g Kohlenwasserstoff bei 761 mm und 20,5° 54,4 ccm Wasserstoff, im Verlauf von 3 Stunden war die Absorption beendet; umgerechnet auf 760 mm und 0° ergeben sich 50,66 ccm, während sich für C_7H_{14} 57,32 ccm berechnen. Daraus läßt sich folgern, daß der Körper ein zweifach ungesättigter Kohlenwasserstoff ist.

Diozonid. In dem beschriebenen Methylcyclohexadien liegt ein Kohlenwasserstoff mit einem System konjugierter Doppelbindungen vor. Nach früherer Erfahrung war zu erwarten, daß derselbe sich schwierig ozonisieren läßt und daß das ausfallende Ozonid ein Gemisch von $C_7H_{10}O_3$ und $C_7H_{10}O_6$ sein würde. Arbeitet man in Tetrachlorkohlenstofflösung mit gewaschenem Ozon, so scheidet sich eine Gallerte ab, die beim Waschen mit Äther fest wird; diese ergab Werte bei der Analyse, die in der Tat auf ein solches Gemisch hindeuteten. Sehr gute Resultate erhielt man aber, als ein Lösungsmittel, viel Chloroform,

---

[1]) a. a. O.

angewandt wurde, aus dem sich das Ozonid nicht abschied und unter Benutzung von stärkstem nicht gewaschenem Ozon (18—20 proz.). Das Chloroform wird nach der Absättigung im Vakuum abgedampft, wobei ein dickes, in Äther lösliches Öl zurückblieb, das beim Trocknen ohne weitere Reinigung folgende Werte ergab:

0,1240 g Sbst.: 0,2012 g CO_2, 0,0630 g H_2O.

	Ber. für $C_7H_{10}O_6$	Gef.
C	44,19	44,25
H	5,30	5,68

Aus 7,5 g Dihydrotoluol erhielt man 12,4 g Diozonid, welches beim Erhitzen verpufft. Diese Methode ist daher zur Absättigung von Kohlenwasserstoffen mit konjugierter Doppelbindung zu empfehlen.

Spaltung des Diozonids. Hierbei sollte Methylsuccindialdehyd und Glyoxal entstehen:

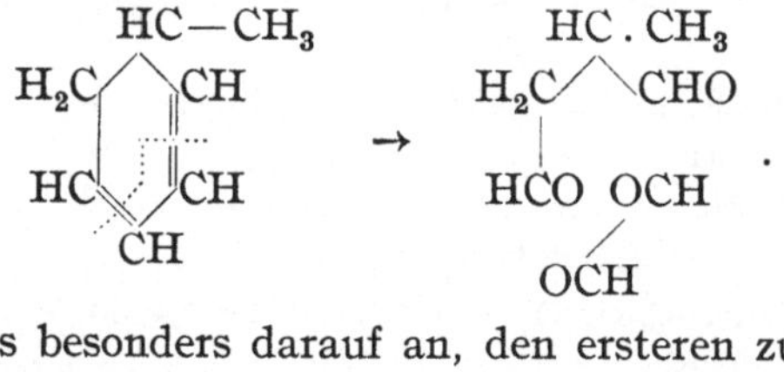

$$
\begin{array}{ccc}
\begin{array}{c}
HC-CH_3 \\
H_2C \diagup \quad \diagdown CH \\
HC \diagdown \quad \diagup CH \\
CH
\end{array}
& \longrightarrow &
\begin{array}{c}
HC.CH_3 \\
H_2C \diagup \quad \diagdown CHO \\
HCO\ OCH \\
\diagup \\
OCH
\end{array}
\end{array}
$$

Es kam uns besonders darauf an, den ersteren zu isolieren, da er noch nicht beschrieben wurde und seine Kenntnis für das Studium der Spaltungsprodukte der Terpenkörper-Ozonide von Wichtigkeit ist. Wir führten zuerst die Zersetzung mit Eisessig, darauf, als viel peroxydartige Beimengungen unter den Reaktionsprodukten gefunden wurden, mit Eisessig unter Zusatz von etwas Ameisensäure aus; aber auch hier waren die Resultate nicht besser.

Infolgedessen entschlossen wir uns zur Reduktion des Diozonids und benutzten hierbei das Kupferhydrür[1]).

12,2 g Diozonid werden in abs. Äther gelöst und hierhinein etwa 13,0 g in Äther suspendiertes Kupferhydrür in kleinen Portionen eingetragen, dann wurde das Ganze 24 Stunden geschüttelt und zuletzt noch etwas auf dem Wasserbade erwärmt. Der Niederschlag wird abfiltriert, der Äther im Vakuum abdestilliert, der ölige Rückstand (8,3 g) unter 15 mm Druck fraktioniert.

    I. Fraktion 35—100° (Hauptanteil 70—80°)   2,5 g
   II. Fraktion 100—155° . . . .   2,5 g
  III. Rückstand . . . .   3,5 g

Fraktion I liefert die Pyrrolprobe und reduziert in der Kälte Fehlingsche Flüssigkeit; es besteht kein Zweifel, daß in ihr der ge-

---

[1]) Vorländer u. Meyer, Annalen d. Chemie u. Pharmazie **320**, 143 [1902]. — Wohl u. Mylo, Berichte d. Deutsch. chem. Gesellschaft **45**, 328 [1912].

suchte Dialdehyd vorhanden ist. Derivate wollten sich aber nicht isolieren lassen. Nur mit p - Nitrophenylhydrazin in 50 proz. essigsaurer Lösung schied sich ein flockiges Hydrazon ab, welches aus Alkohol mit Wasser umgefällt wurde. Es zersetzt sich bei **163°**.

Nach den Resultaten der Elementaranalyse hatten wir aber auch hier keine reine Verbindung in den Händen.

0,0978 g Sbst.: 0,1928 g CO_2, 0,0482 g H_2O. — 0,1392 g Sbst.: 23,4 ccm Stickgas bei 21° und 762 mm Druck.

	Ber. für $C_{17}H_{18}N_6O_4$	Gef.
C	55,10	53,77
H	4,90	5,52
N	22,7	19,19

Wahrscheinlich liegt ein Gemisch mit dem Nitrophenylhydrazon der **Halbaldehydosäure** vor, die hauptsächlich in der **zweiten Fraktion** enthalten ist. Dieselbe reduziert ebenfalls stark **Fehling**sche Lösung, liefert aber nicht die Pyrrolreaktion. Mit p-Nitrophenylhydrazin wird ein sehr ähnliches Hydrazon wie das beschriebene erzeugt. Die Untersuchung soll später fortgesetzt werden.

69. C. Harries: Über die Konstitution des Cyclooctadiens aus Pseudopelletierin.

Aus dem Chemischen Institut der Universität Kiel.
Berichte der Deutschen chemischen Gesellschaft **41**, 671 (1908).
(Eingegangen am 18. Februar 1908.)

Willstätter und Veraguth[1]) haben aus Pseudopelletierin, dem Alkaloid der Granatwurzelrinde, vermittels der Methode der erschöpfenden Methylierung einen Kohlenwasserstoff abgebaut, den sie als Cyclooctadien ansprechen. Den Beweis für den darin enthaltenen Achtring erbringen sie durch Reduktion dieses Körpers zum gesättigten Kohlenwasserstoff und Oxydation des letzteren zur Korksäure. Unaufgeklärt blieb bisher die Stellung der Doppelbindungen, aber auch dieser Punkt erschien wegen der vermutlich nahen Beziehungen des Cyclooctadiens zum Kautschuk von hohem Interesse. Wenn man die Bildungsweise des Cyclooctadiens aus Pseudopelletierin in Betracht zieht, so sollte entweder Cyclooctadien-(1,5) oder Cyclooctadien-(1,4) entstehen, dieses könnte sich dann bei der hohen Bildungstemperatur aus der Ammoniumbase in Cyclooctadien-(1,3) umlagern:

$$
\begin{array}{l}
\mathrm{CH_2\!-\!CH\!-\!\!\!-\!\!\!-\!CH_2} \\
\mid \qquad\; \mid \qquad\qquad\quad\; \searrow \\
\mathrm{CH_2}\;\; \mathrm{N(CH_3)_2(OH)}\;\; \mathrm{CH_2} \\
\mid \qquad\; \mid \qquad\qquad\quad\; \nearrow \\
\mathrm{CH_2\!-\!CH\!-\!\!\!-\!\!\!-\!CH_2}
\end{array}
\;\rightarrow\;
\begin{array}{l}
\mathrm{CH_2\!-\!CH\!-\!\!\!-\!\!\!-\!CH_2} \\
\mid \qquad\; \mid \qquad\qquad\quad\; \mid \\
\mathrm{CH_2}\;\; \mathrm{N(CH_3)_2}\;\; \mathrm{CH_2} \\
\mid \qquad\qquad\qquad\qquad\quad \mid \\
\mathrm{CH_2\!-\!CH\!=\!\!=\!CH}
\end{array}
\;\rightarrow
$$

$$
\begin{array}{l}
\mathrm{CH = CH - CH_2} \\
\mid \qquad\qquad\; \mid \\
\mathrm{CH_2} \qquad\quad \mathrm{CH_2} \\
\mid \qquad\qquad\; \mid \\
\mathrm{CH_2 - CH = CH}
\end{array}
\;\rightarrow\;
\begin{array}{l}
\mathrm{CH_2 - CH = CH} \\
\mid \qquad\qquad\qquad \mid \\
\mathrm{CH_2} \qquad\qquad\; \mathrm{CH} \;\; . \\
\mid \qquad\qquad\qquad \| \\
\mathrm{CH_2 - CH_2 - CH}
\end{array}
$$

Willstätter scheint nun der Ansicht zuzuneigen, daß die Doppelbindungen von 1,5 oder 1,4 nach 1,3 gewandert sind, sich also in konjugierter Stellung befinden. Er weist hierbei unter anderem auch auf die Polymerisationsfähigkeit des Cyclooctadiens hin, welche er mit derjenigen des Cyclopentadiens von Krämer und Spilker[2]) in Parallele stellt. In letzterem ist aber sicher das konjugierte System vorhanden.

---

[1]) Berichte d. Deutsch. chem. Gesellschaft **38**, 1975 [1905]; **40**, 957 [1907].
[2]) Berichte d. Deutsch. chem. Gesellschaft **29**, 552 [1896].

Nach den Ergebnissen, die ich bei dem Abbau des Parakautschuks[1]) gewonnen habe, konnte aber die hervorragende Polymerisationsfähigkeit, die das Cyclooctadien besitzt, auch auf eine Eigenschaft der 1,5-Stellung der Doppelbindungen zurückzuführen sein. Denn ich halte ja das 1,5-Dimethylcyclooctadien-(1,5) für den Grundkohlenwasserstoff des Kautschuks.

Nach Rücksprache mit Herrn Kollegen Willstätter, der mir in freundschaftlicher Weise die Lösung dieser Frage überließ, habe ich vermittels der Einwirkung des Ozons auf das Cyclooctadien leicht über seine Konstitution Klarheit schaffen können.

Dabei hat sich ergeben, daß in diesem Kohlenwasserstoff ein Gemisch von zwei Körpern vorliegt, wie übrigens Willstätter und Veraguth bei der Behandlung mit Bromwasserstoff selbst beobachtet haben. Der Hauptanteil, ca. 80%, ist das Cyclooctadien-(1,5), und diesem kommt die Eigenschaft, sich leicht zu polymerisieren, zu.

Wird das Cyclooctadien in Tetrachlorkohlenstofflösung ozonisiert, so fällt sofort ein unlösliches Ozonid aus, welches sich als gesättigtes Diozonid von der Stellung 1,5 erweist. Bei der Spaltung mit Wasser zerfällt es nämlich in Succindialdehyd bzw. Bernsteinsäure.

$$
\begin{array}{ccc}
\begin{array}{c} CH_2-CH=CH-CH_2 \\ |\qquad\qquad\qquad| \\ CH_2-CH=CH-CH_2 \end{array}
& \rightarrow &
\begin{array}{c} O_3 \\ \diagup\diagdown \\ CH_2-CH-CH-CH_2 \\ |\qquad\qquad\qquad| \\ CH_2-CH-CH-CH_2 \\ \diagdown\diagup \\ O_3 \end{array}
\end{array}
$$

$$
\begin{array}{c} CH_2.CHO \\ | \\ CH_2.CHO \end{array}
+
\begin{array}{c} OCH.CH_2 \\ | \\ OCH.CH_2 \end{array}.
$$

In der Tetrachlorkohlenstoffmutterlauge befindet sich ein anderes öliges Ozonid, welches ungesättigter Natur ist und sich auch durch längeres Behandeln mit Ozon nicht in einen gesättigten Körper überführen läßt.

Dieses ungesättigte Monozid, dessen Spaltung mit Wasser sich nicht realisieren ließ, muß einem anderen Kohlenwasserstoff zugehören und zwar aller Wahrscheinlichkeit nach demselben, den Willstätter und Veraguth als Bicycloocten bezeichnen. Nun sollte aber ein Bicycloocten ein gesättigtes Monozonid bilden, da es meiner Meinung nach ausgeschlossen ist, daß die bizyklische Bindung durch Ozon gelöst wird. Wäre es nun nicht möglich, daß das Bicycloocten Cyclooctadien-1,3 ist und die konjugierten Doppelbindungen zu dem von den anderen Kohlenwasserstoffen dieser Reihe abweichenden Verhalten

---

[1]) Berichte d. Deutsch. chem. Gesellschaft 38, 1195 [1905].

Anlaß bieten? Ich beobachtete nämlich noch in einem anderen Falle, daß ein zyklischer Kohlenwasserstoff mit konjugierten Doppelbindungen nur mit einem Molekül Ozon reagiert. Dann bliebe für das β-Cyclooctadien die Formel eines Cyclooctadiens-(1,4) übrig, und es würde sich hiermit erklären lassen, warum α- und β-Verbindung anscheinend die gleichen Dihydrobromide liefern.

Experimenteller Teil.

Bei der Darstellung des Cyclooctadiens befolgte ich genau die ausgezeichnete Vorschrift von Willstätter. Ich ging, wie er, von 500 g Pseudopelletierin aus, dessen Reduktion zum Methylgranatanin nach der elektrolytischen Methode von Tafel die Firma E. Merck in Darmstadt in dankenswertester Weise übernahm. Die Reduktion verlief nicht ganz so günstig wie früher, denn es gelang, aus der Reduktionsmasse nur 260 g Methylgranatanin zu gewinnen, statt 312 g (W.). An Cyclooctadien resultierten dann ca. 40 g. Auch ich habe seine unangenehmen Wirkungen auf den Organismus, die Willstätter schildert, empfunden.

Cyclooctadiendiozonid - (1,5). 5 g des Kohlenwasserstoffs wurden in ca. 100 ccm trocknem Tetrachlorkohlenstoff gelöst und ca. 8 Stunden mit Ozon behandelt. Das gesättigte Diozonid fällt momentan aus, verstopft aber in Form eines gelatinösen Häutchens die Mündung der Einleitungsröhre, so daß der Prozeß häufig unterbrochen wird. Man wendet daher zweckmäßig ein weites Einleitungsrohr an und leitet durch dasselbe gleichzeitig mit dem Ozon einen Strom von Kohlensäure, um das Häutchen zu zerreißen und auch das Ozon zu verdünnen. Das ausgeschiedene Produkt wird abgesaugt, so lange mit Tetrachlorkohlenstoff gewaschen, bis eine Probe nicht mehr Brom entfärbt, und im Vakuum getrocknet. Die Ausbeute beträgt dann 7,5 g oder rund 80% der Theorie. Das Diozonid bildet eine in allen organischen Lösungsmitteln schwer lösliche, weiße, amorphe, feste Masse von beständigen Eigenschaften. Von verdünnter Natronlauge wird es unter Braunfärbung aufgenommen, durch konz. Schwefelsäure stürmisch zersetzt, auf Platinblech verpufft es sehr lebhaft. Mit Wasser gekocht, zeigt es nicht die Wasserstoffsuperoxydreaktion an; dieses merkwürdige Verhalten ist vielleicht daraus zu erklären, daß dabei eine lebhafte Gasentwicklung stattfindet, wobei der sonst das Wasserstoffsuperoxyd liefernde Sauerstoff entweicht. Die Analyse ergab für einen Körper, der nur durch Waschen gereinigt werden konnte, relativ gut stimmende Werte.

0,1317 g Sbst.: 0,2346 g CO_2, 0,0761 g H_2O.

$C_8H_{12}O_6$. Ber. C 47,10, H 5,88.
Gef. ,, 48,58, ,, 6,46.

Spaltung des Diozonids mit Wasser. Die Zerlegung dieses Körpers durch Wasser erfolgt nicht ganz leicht; man muß 7,0 g ca.

2 Stunden mit ca. 100 ccm Wasser am Rückflußkühler kochen, dann bleibt nur ein geringer harziger Rückstand ungelöst (ca. 0,6 g). Die Lösung zeigt durch ihre charakteristischen Eigenschaften, daß Succindialdehyd[1]) darin enthalten ist, starke Reduktion Fehlingscher Flüssigkeit, Pyrrolreaktion und intensiven Geruch. Zur Isolierung desselben wurde die Lösung bei gewöhnlichem Druck bis auf $^1/_3$ ihres Volumens abdestilliert, wobei sich ein Teil des Aldehyds mit Wasserdampf verflüchtigte. Aus dem Destillat kann durch Zusatz von essigsaurem Phenylhydrazin ein gelbes, dickes Öl abgeschieden werden, welches mit einigen Tropfen Alkohol sofort erstarrt. Nach zweimaligem Umkristallisieren aus absolutem Alkohol wurden hellgelbe, glänzende Blättchen erhalten, die scharf bei 125° schmolzen[2]). Eine Stickstoffbestimmung bestätigte die Zusammensetzung des Körpers als Succindialdehyddiphenylhydrazon. Aus dem Umstande, daß man so leicht das empfindliche Succindiphenylhydrazon isolieren kann, geht hervor, daß kein anderer Dialdehyd zugegen ist[3]).

Dampft man den Rückstand der $^2/_3$ abdestillierten Lösung zunächst im Vakuum ein, so erhält man einen stark reduzierenden Sirup. Aus demselben lassen sich durch Fraktionieren bei 65° unter 10 mm Druck im Ölbad einige Tropfen des glasigen Succindialdehyds abdestillieren, die ebenfalls leicht das Diphenylhydrazon liefern. Behandelt man den sirupösen Rückstand, der noch reduziert und Succindialdehyd enthält, mit Essigester, so scheidet sich ein Kristallbrei ab, der als reine Bernsteinsäure durch den Schmelzpunkt identifiziert wurde. Andere Produkte konnten nicht aufgefunden werden.

Cyclooctadienmonozonid, $C_8H_{12}O_3$. In der Tetrachlorkohlenstoffmutterlauge von dem unlöslichen Diozonid befindet sich ein klarer Sirup, der durch Abdampfen des Lösungsmittels im Vakuum gewonnen werden kann. Er zeigt alle Reaktionen der Ozonide, außer der Wasserstoffsuperoxydreaktion, und wird von den gebräuchlichen organischen Lösungsmitteln, mit Ausnahme von Hexan, leicht aufgenommen. Der Körper entfärbt Brom in Eisessig sofort unter Abscheidung eines festen, weißen Produktes, das aber leicht verharzt. Zur Analyse wurde das Ozonid dreimal aus Essigester-Hexan umgelöst und im Vakuum getrocknet.

0,1244 g Sbst.: 0,2713 g CO_2, 0,0850 g H_2O.

$C_8H_{12}O_3$. Ber. C 61,53, H 7,68.

Gef. ,, 59,48, ,, 7,64.

---

[1]) Harries, Berichte d. Deutsch. chem. Gesellschaft **34**, 1488 [1901]; **35**, 1183 [1902]; **39**, 3670 [1906]; **41**, 255 [1908].

[2]) Ciamician u. Zanetti, Berichte d. Deutsch. chem. Gesellschaft **23**, 1784 [1890].

[3]) Glutaraldehyd, der kürzlich im hiesigen Institut von mir und Herrn Tank entdeckt wurde, ebenso wie Adipindialdehyd liefern ölige Bisphenylhydrazone.

Wird dieses Ozonid mit Wasser gekocht, so verhält es sich wesentlich anders als das Diozonid. Nur ein geringer Teil geht in Lösung, während die Hauptmenge verharzt. Dem öligen Monozonid ist noch etwas Diozonid beigemengt, wie auch aus den Zahlen der Analyse zu entnehmen ist. Nur dieses wird beim Kochen mit Wasser gelöst, gespalten, und so zeigt dann die Flüssigkeit die dem Succindialdehyd charakteristischen Reaktionen, wenn auch schwach, an.

Aus diesen Resultaten geht hervor, daß in dem Cyclooctadien aus Pseudopelletierin ca. 80% des Cyclooctadiens-(1,5) enthalten sind. Damit stehen auch die Ergebnisse der optischen Prüfung im Einklang. Die gefundenen und berechneten Werte der Molekularrefraktion stimmen genau überein, was nach den neueren Untersuchungen von Brühl, Auwers und Klages nicht der Fall sein dürfte, wenn in dem Kohlenwasserstoffgemenge ein Cyclooctadien-(1,3) in überwiegender Menge vorhanden wäre. Um Herrn Willstätter nicht in sein Arbeitsgebiet einzugreifen, teile ich diese Werte nicht mit, ich habe sie nur zu meiner eigenen Informierung ermittelt.

Untersuchung der Polymerisationsprodukte.

Willstätter hat zwei Polymerisationsprodukte des Cyclooctadiens beschrieben, welche er teils durch Erhitzen dieses Kohlenwasserstoffs, teils durch freiwillige Polymerisation in der Kälte erhielt. Er trennte sie durch Äther voneinander: durch denselben wird das gut kristallisierende Dicyclooctadien gelöst, während eine weiße, körnige Masse zurückbleibt, das Polycyclooctadien. Ich kann diese Angaben bestätigen.

Bei der Behandlung des Dicyclooctadiens[1]) mit Ozon scheidet sich ein lösliches, explosives Ozonid ab, welches in seinen Eigenschaften dem Diozonid aus monomerem Cyclooctadien sehr ähnlich ist. Beim Kochen mit Wasser geht es wie dieses in Lösung, und es entsteht reichlich Succindialdehyd, daraus geht hervor, daß das Cyclooctadien-(1,5) es ist, welches sich zu diesem Körper polymerisiert. Man könnte daran denken, daß das Dicyclooctadien durch Zusammentritt zweier Moleküle Cyclooctadien unter Aufhebung einer Doppelbindung entstanden wäre:

$$\begin{array}{l}
\mathrm{CH-CH_2-CH_2-CH} \quad \mathrm{CH_2-CH_2-CH{=}CH} \\
\;\|\qquad\qquad\quad\;\|\quad\;| \qquad\qquad\qquad\quad| \\
\mathrm{CH-CH_2-CH_2-C\!\!-\!\!-\!\!-CH-CH_2-CH_2-CH_2} \;;
\end{array}$$

auch ein solcher Körper kann noch Succindialdehyd bei der Ozonidspaltung liefern.

Zunächst schienen die Analysenresultate darauf hinzudeuten, daß das Dicyclooctadien nur drei Moleküle Ozon, wie es die oben angegebene Formel verlangt, aufgenommen habe. Indessen wiederholt vorgenommene Ozonisierungsversuche ergaben untereinander abweichende Resul-

---

[1]) Das Dicyclooctadien, welches zu diesem Versuch verwendet wurde, erhielt ich durch freiwillige Polymerisation des Cyclooctadiens in der Kälte.

tate, und ich möchte der Ansicht zuneigen, daß der dimere Kohlenwasserstoff hierbei wenigstens zum Teil depolymerisiert wird und das dadurch entstandene Ozonid identisch mit dem Diozonid des monomeren Cyclooctadiens ist.

Zur Analyse wurde das Produkt in der früher beschriebenen Weise behandelt.

I. 0,1202 g Sbst.: 0,2292 g CO_2, 0,0668 g H_2O. — II. 0,1171 g Sbst.: 0,2187 g CO_2, 0,0659 g H_2O.

$C_{16}H_{24}O_9$. Ber.   C 53,3,   H   6,7.
            Gef. I. „ 52,00, II. 50,97, „ I. 6,21, II. 6,29.
$C_8H_{12}O_6$. Ber.   „ 47,06,   „   5,88.

Die gefundenen Zahlen liegen in der Mitte zwischen den für die Formeln $C_{16}H_{24}O_9$ und $C_8H_{12}O_6$ berechneten Werten.

Das Polycyclooctadien läßt sich auch in Tetrachlorkohlenstoff zur Lösung bringen, und beim Ozonisieren fällt hieraus eine weiße Gallerte aus, welche sich bei Berührung mit der Luft bräunt. Nach dem Trocknen kann dieselbe zu einem rotbraunen, harten Pulver zerrieben werden, welches keine explosiven Eigenschaften besitzt. Es wird von allen Lösungsmitteln nicht aufgenommen und beim Kochen mit Wasser sehr schwer zersetzt. Die wässerige Lösung liefert dann aber deutlich die Succindialdehydreaktionen. Die bei der Analyse ermittelten Werte liegen in der Mitte der für $C_8H_{12}O_3$ und $C_{16}H_{24}O_9$ berechneten Zahlen. Dies Produkt ist ganz augenscheinlich mit dem Diozonid der monomeren Form nicht identisch, und somit gelingt es nicht, das Polycyclooctadien durch Ozon zu depolymerisieren. Danach bestehen zwischen ihm und der Guttapercha[1]), mit der es äußerlich einige Ähnlichkeit besitzt, keine direkten Beziehungen.

Einige weitere Versuche über die Polymerisationsfähigkeit des Cyclooctadiens.

Es war für mich von Interesse zu erfahren, ob nicht durch verschieden gestaltete Versuchsbedingungen die Polymerisation in anderer Weise, als Willstätter sie beobachtete, geleitet werden könnte. Besonders, ob es nicht gelänge, das Cyclooctadien in ein guttapercha- oder kautschukartiges Produkt umzuwandeln. Das Charakteristicum solcher Polymerisationsprodukte sollte darin bestehen, daß sie sich bei der Behandlung mit Ozon glatt in das Diozonid der monomeren Form durch Depolymerisation überführen ließen. Da mir nur geringe Quantitäten von Cyclooctadien zur Verfügung standen, konnte diese komplizierte Frage bisher nur rein informierend behandelt werden. Auf die Beschaffung einer ausreichenden Materialmenge wurde aber zurzeit aus verschiedenen schwerwiegenden Gründen verzichtet.

Folgende Versuche sind dabei angestellt worden:

1. **Polymerisation durch langsames Erwärmen der Substanz im Ölbade.** Bei Anwendung von 2 g wurde beobachtet, daß bei 60° plötzlich Auf-

---

[1]) Vgl. Berichte d. Deutsch. chem. Gesellschaft **38**, 3985 [1905].

kochen eintritt und die ganze Masse fest wird. (Modifikation der Willstätter-Methode.) Es resultieren die beiden von Willstätter beschriebenen Körper, wenig von der dimeren und viel von der polymeren Form.

2. Freiwillige Polymerisation durch Stehenlassen der Substanz bei Zimmertemperatur. Nach ca. 4—5 Tagen wird die Flüssigkeit dick und ist ganz durchsetzt mit Kristallen, welche dem dimeren Produkt angehören. Beim Zusatz von Äther löst sich der größte Teil auf, und es bleibt ein weißes, körniges, guttaperchaartiges Produkt zurück, welches, im Capillarröhrchen erhitzt, bei 280° noch keine Veränderung anzeigt. Ich halte es für identisch mit dem Willstätterschen Polycyclooctadien. 4,5 g Cyclooctadien lieferten 0,3 g davon, während aus dem Äther durch Eindampfen ca. 4 g dimerer Körper isoliert werden konnten. Dieser letztere ist aber nicht rein; als er zum Umkristallisieren in einem Lösungsmittel (Benzol) aufgenommen wurde, schieden sich gelbliche Flocken ab, die sich zusammenballen ließen, und dann zähe, elastische Form annahmen. Leider reichte die Menge an dieser interessanten Substanz nicht zu einer eingehenderen Untersuchung aus.

Das rohe dimere Cyclooctadien scheidet übrigens, in Benzol gelöst, bei der Behandlung mit Salpetrigsäuregas ein festes Nitrosit aus, welches dem „Nitrosit c" aus Kautschuk recht ähnlich ist.

3. Polymerisation durch Fluorbor in der Kälte. Sättigt man das durch Kältegemisch stark abgekühlte Cyclooctadien mit gasförmigem Fluorbor, so färbt sich die Flüssigkeit gelb, aber nur ganz allmählich; nach etwa 24 stündigem Stehen wird sie dick. Durch Äther kann man wieder in zwei Teile trennen, ungelöst bleibt etwas Polycyclooctadien. In dem Äther gehen zwei Körper, das Dicyclooctadien (Willstätters) und ein anderes Polymeres, welches durch Alkohol aus der ätherischen Lösung in Flocken, die sich zusammenballen lassen, fällbar ist. Beim nochmaligen Umfällen aus Äther, Alkohol wird es fest, körnig und zersetzt sich dann bei ca. 115—120° im Capillarrohr. Bei der Ozonisierung in Tetrachlorkohlenstoff wurde ein gallertartiges Ozonid erhalten, welches nicht mit dem Diozonid der monomeren Form identisch ist. Es zersetzt sich sehr schwer beim Kochen mit Wasser, liefert aber dann die für Succindialdehyd charakteristischen Reaktionen. Also auch dieses Polymerisationsprodukt steht nicht in dem gesuchten Zusammenhang mit dem monomeren Cyclooctadien.

4. Polymerisation durch Fluorbor in der Wärme. Läßt man das wie vorhin beschriebene, mit Fluorbor gesättigte Cyclooctadien nicht in der Kälte stehen, sondern erwärmt im Ölbad, so tritt bei 70—80° plötzlich Aufkochen der Flüssigkeit ein, und die Masse erstarrt. Hierbei entstehen aber dieselben Produkte wie beim Erhitzen ohne Fluorbor (vgl. unter 1).

5. Polymerisation mit Salzsäure oder Phosphorpentoxyd in der Kälte. Diese Versuche lieferten ähnliche Resultate wie derjenige mit Fluorbor in der Kälte.

Das Ergebnis ist also, daß durch verschieden geleitete Versuchsbedingungen die Polymerisationsfähigkeit des Cyclooctadiens in der Tat nicht unwesentlich beeinflußt wird. Dieser Kohlenwasserstoff ist eine der merkwürdigsten Substanzen, die in den letzten Jahren entdeckt wurden.

Herrn Dr. P. Temme danke ich herzlich für seine tatkräftige Unterstützung bei dieser Arbeit.

70. Heinrich Neresheimer: Über die Einwirkung des Ozons auf einige Terpenkörper.

(Auszug aus der Inaug.-Diss. Kiel 1907.)

d-Limonen.

Das Limonen liefert in Tetrachlorkohlenstoff ein festes weißes Ozonid von normaler Zusammensetzung. Beim Lösen in Essigester hinterläßt dieses eine kleine Menge eines sauerstoffreicheren Rückstandes, der vielleicht das Oxozonid darstellt. Nach einigem Stehen geht es in das lösliche Ozonid über.

Kocht man das normale Ozonid kurze Zeit mit Wasser oder verdünnter Essigsäure, so wird nur die aliphatische Ozonidgruppe zerstört und man erhält ein flüssiges Ketonozonid, das sich durch seine Löslichkeit in Äther von dem Diozonid trennen läßt. Bei langem Kochen mit Wasser wird schließlich auch der Kern gesprengt unter Bildung eines Diketoaldehyds, der aber als 1,5-Diketon zu neuen Ringschließungen unter Wasseraustritt befähigt ist[1]):

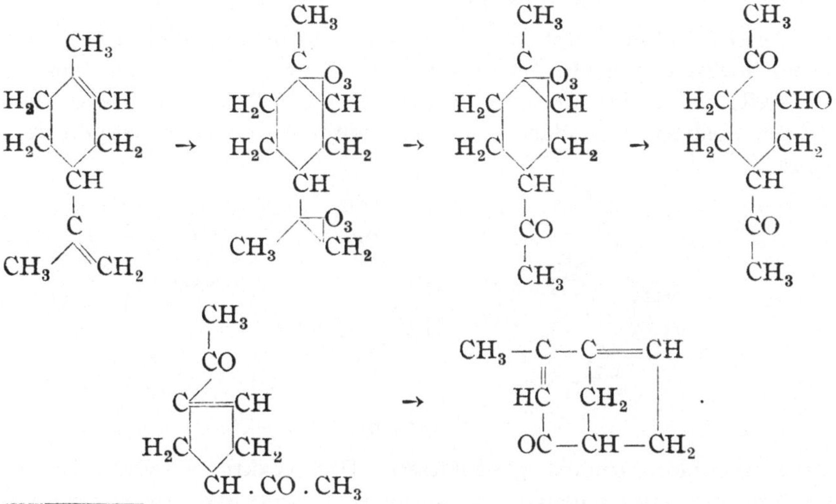

[1]) Knoevenagel, Annalen d. Chemie u. Pharmazie 281, 25 [1894]; 288, 321 [1896].

Die Analysen des im Vakuum destillierten Produktes stimmten auf Gemische dieser Körper; es gelang nicht, einen von ihnen für sich oder in Form eines Derivates rein zu erhalten.

Bei der Oxydation des Ozonids mit Chromsäureanhydrid entsteht die dem Aldehyd 1 entsprechende Diketosäure β, δ-Diacetylvaleriansäure, deren Bildung bei der Oxydation des Limonetrits schon Tiemann und Semmler vermutet hatten[1]).

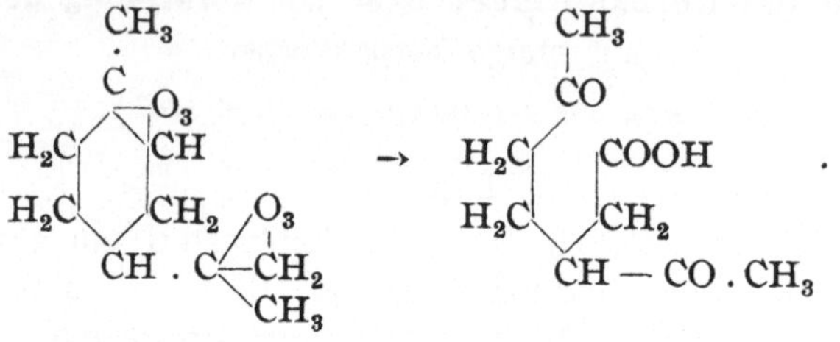

$$
\begin{array}{ccc}
& CH_3 & \\
& C & \\
H_2C & \diagup \diagup O_3 \diagdown CH & \\
H_2C & \diagdown CH_2 \diagup O_3 & \\
& CH . C\!-\!CH_2 & \\
& CH_3 &
\end{array}
\quad \rightarrow \quad
\begin{array}{c}
CH_3 \\
CO \\
H_2C \diagup \diagdown COOH \\
H_2C \diagdown \diagup CH_2 \\
CH - CO . CH_3
\end{array}
\quad .
$$

Ketone.

Die Ketone liefern neben den ziemlich beständigen normalen Ozoniden die sehr explosiven Ozonidperoxyde. Bei der Spaltung mit Wasser führen sie glatt zu den von der Theorie vorausgesehenen Säuren. Die dabei auftretenden Zwischenprodukte aldehydischer Natur, die sich durch ihre reduzierende Wirkung Fehlingscher Lösung gegenüber zu erkennen geben, konnten in keinem Fall gefaßt werden.

1 - Methylcyclohexen - 1 - on - (3).

Dieses Keton liefert mit Ozon einen grünlich-gelben Sirup, der seiner höchst explosiven Natur wegen nicht analysiert werden konnte. Es stellt wohl das 1-Methylcyclohexen-1-on-(3)-ozonidperoxyd dar. Bei der Spaltung mit Wasser gab er in guter Ausbeute γ-Acetylbuttersäure.

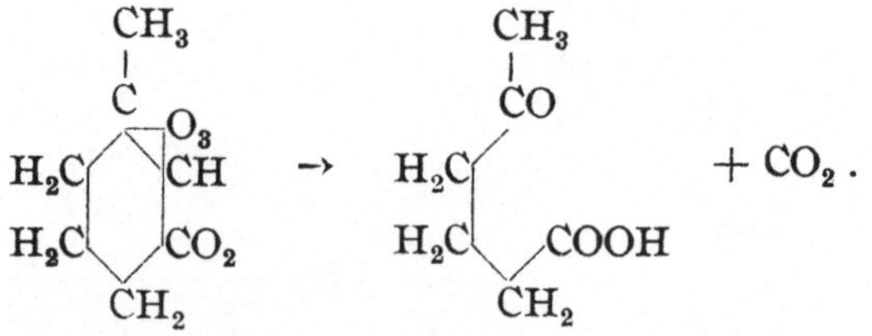

$$
\begin{array}{c}
CH_3 \\
C \\
H_2C \diagup \diagdown O_3 \; CH \\
H_2C \diagdown \diagup CO_2 \\
CH_2
\end{array}
\quad \rightarrow \quad
\begin{array}{c}
CH_3 \\
CO \\
H_2C \diagup \\
H_2C \diagdown COOH \\
CH_2
\end{array}
\quad + \; CO_2 \; .
$$

Pulegon

wurde in Chloroformlösung ozonisiert. Das Reaktionsprodukt ist der Analyse nach ein Gemenge von normalem Ozonid und Ozonidperoxyd.

---

[1]) Berichte d. Deutsch. chem. Gesellschaft **28**, 2150 [1895].

Da die Doppelbindung des Pulegons in der Seitenkette liegt, war anzunehmen, daß es sich sehr leicht durch Ozon spalten lassen werde. In der Tat scheiden sich aus dem Ozonid schon bei kurzem Stehen weiße Kristalle von β-Methyladipinsäure aus. Durch Kochen mit Wasser erhält man die Säure fast quantitativ.

Da dieser Zerfall schon bei Wasserausschluß vor sich geht, bleibt hier die Bildung von Acetonsuperoxyd vollkommen aus.

Die zur Entstehung der Carboxylgruppen nötigen Wasserstoffatome werden vielleicht durch Zersetzung des Acetons oder eines andern Moleküls Säure geliefert.

$$
\begin{array}{ccc}
\mathrm{CH_3} & & \mathrm{CH_3} \\
| & & | \\
\mathrm{CH} & & \mathrm{CH} \\
\mathrm{H_2C}\diagup\diagdown\mathrm{CH_2} & \rightarrow & \mathrm{H_2C}\diagup\diagdown\mathrm{CH_2} \\
\mathrm{H_2C}\diagdown\diagup\mathrm{CO_2} & & \mathrm{H_2C}\diagdown\ \ \mathrm{COOH} \\
\mathrm{C}\diagdown & & \mathrm{COOH} \\
|\ \ \ \mathrm{O_3} & & \\
\mathrm{C}\diagup & & \\
\mathrm{CH_3}\diagdown\ \diagup\mathrm{CH_3} & &
\end{array}
$$

Carvon.

Ozonisiert man Carvon in Tetrachlorkohlenstoff gelöst, so findet keine Ausscheidung statt, solange noch unverändertes Carvon vorhanden ist; beim Eindampfen der gelben Lösung erhält man ein gelbes Öl, das durch wiederholtes Lösen in Essigester und Fällen mit Petroläther gereinigt werden kann.

Es besitzt die Zusammensetzung eines normalen Carvondiozonides.

Wird eine Lösung dieses Ozonides in Tetrachlorkohlenstoff weiter mit Ozon behandelt, so beginnt alsbald die Ausscheidung eines dicken Sirups von außerordentlicher Unbeständigkeit. Selbst beim Stehen in Kältemischung explodiert er nach wenigen Stunden, in Berührung mit Eiswasser in erheblich kürzerer Zeit und beim Übergießen mit 40° warmem Wasser schon nach 30—35 Sekunden. Danach wäre er als das Carvondiozonidperoxyd anzusprechen. Eine Analyse war unter diesen Umständen natürlich unmöglich.

Bei der Explosion zerfällt er in Formaldehyd und ein gelbes Öl, das, in eine Flamme gehalten, oder auf dem Wasserbad erhitzt, verpufft, und ungefähr die Zusammensetzung $C_9H_{12}O_5$ hat. Es ist wohl ein Diketoozonid.

Beim Kochen mit Wasser liefert es ebenso wie das Diozonid δ-Acetylglutarsäure bzw. deren Ketodilacton.

Folgende Tabelle gibt eine Übersicht der beschriebenen Umwandlungen des Carvons:

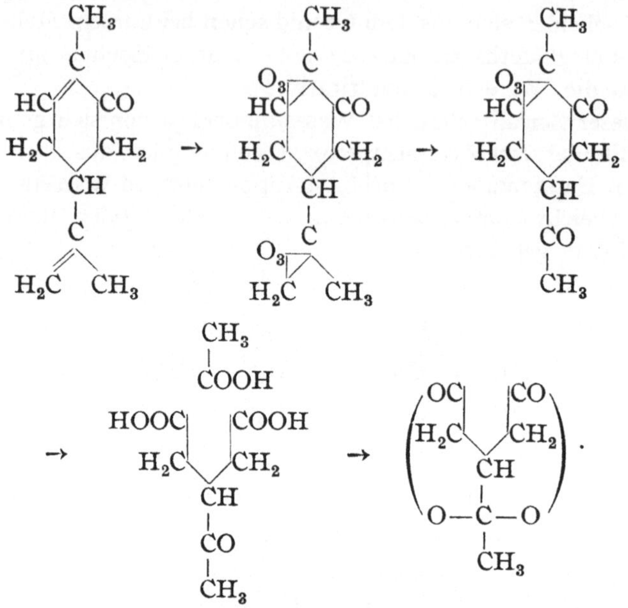

$$
\begin{array}{ccc}
\text{(Carvon)} & \rightarrow & \text{(Monozonid)} \\
& & \rightarrow \text{(Diozonid)}
\end{array}
$$

Experimenteller Teil.

d-Limonendiozonid.

wurde durch Ozonisieren von 10 g d-Limonen in Chloroform und Abdestillieren des Chloroforms im Vakuum als weiße Masse erhalten.
Es ist schwer löslich in Wasser, Alkohol, Äther, Benzol, Petroläther
und Tetrachlorkohlenstoff, leicht in Chloroform, Essigester und Eisessig. Im offenen Röhrchen erhitzt, schmilzt es unscharf zwischen 60 und
65° und zersetzt sich unter explosionsartigem Aufschäumen gegen 85°.

Ausbeute ca. 15 g.

Durch Analyse wurde es durch mehrmaliges Lösen in Essigester und
Fällen mit Petroläther, sowie durch Waschen mit abs. Äther gereinig:

0,1004 g Sbst.: 0,1894 g CO_2, 0,0637 g H_2O. — 0,1426 g Sbst.: 0,2686 g CO_2,
0,0907 g H_2O.

$C_{10}H_{16}O_6$.   Ber. C 51,72,   H 6,90.
                 Gef. ,, 51,45, 51,37, ,, 6,94, 7,12.

Eine 0,954 proz. Lösung des d-Limonendiozonids in Chloroform
zeigte im Dezimeterrohr die Drehung

$$a_d^{18} = -9°\,32' \text{ und die Dichte } D_4^{18} = 1,438,$$

daraus berechnet sich ein spezifisches bzw. molekulares Drehungsvermögen zu

$$[a] = -9°\,32',$$
$$[M] = 21,855.$$

10 g d-Limonen wurden in Tetrakohlenstoff gelöst ozonisiert und das ausfallende Ozonid in der Kälte mit einem großen Überschuß von Essigester digeriert. Eine kleine Menge (ca. 2%) blieb ungelöst und ergab nach mehrfachen Waschen mit Essigester und kurzem Trocknen im Vakuum folgende Analysenresultate:

0,1288 g Sbst.: 0,2353 g CO_2, 0,0789 g H.

$C_{10}H_{16}O_6$.   Ber. C 51,72, H 6,90.
$C_{10}H_{16}O_7$.   „   „ 48,39, „ 6,45.
Gef. „ 49,83, „ 6,85.

Partielle Spaltung des d-Limonendiozonids.

Ketoozonid aus d-Limonen.

Zu seiner Darstellung löst man 5 g Diozonid in Eisessig, setzt solange Wasser zu, als sich der entstehende Niederschlag beim Erhitzen wieder löst und kocht dann noch ca. 5 Minuten. Die Lösung wird nun im Vakuum eingedampft und der Rückstand mit warmem Äther extrahiert. Nach dem Verdampfen des Äthers hinterbleibt ein klarer Sirup, der nach 24stündigem Trocknen im Vakuum analysiert wurde:

0,1059 g Sbst.: 0,2186 g CO_2, 0,0740 g H_2O.

$C_9H_{14}O_4$.   Ber. C 58,07, H 7,53.
Gef. „ 56,28, „ 7,81.

Totalspaltung des d-Limonendiozonids.

Kocht man das d-Limonendiozonid 24 Stunden mit der 20fachen Menge Wasser und dampft dann die gelbe Lösung im Vakuum ein, so zeigt der braune schmierige Rückstand immer noch schwache aber deutliche Ozonidreaktion. Er wurde ohne Rücksicht darauf im Vakuum fraktioniert und lieferte ein bei 130—140° (9 mm) übergehendes Öl:

1. 0,1577 g Sbst.: 0,3799 g CO_2, 0,1108 g H_2O.

$C_9H_{14}O_3$.   Ber. C 63,53, H 8,24.
$C_9H_{12}O_2$.   „   „ 71,05, „ 7,89.
Gef. „ 65,70, „ 7,86.

Weder durch 10stündiges Sieden im Vakuum unter Rückfluß noch durch wiederholtes Destillieren änderte er seine Zusammensetzung wesentlich:

2. Sdp. 100—105° (3,5 mm).
0,1321 g Sbst.: 0,3210 g CO_2, 0,0944 g H_2O.
Gef. C 66,27, H 7,99.

Es gelang nicht, definierbare Derivate aus ihm zu gewinnen.

Darstellung der β, δ - Diacetylvaleriansäure.

30 g Diozonid werden in Eisessig gelöst und bei gelinder Wärme (50—60°) mit einer Lösung von 18 g Chromtrioxyd — entsprechend

zwei Atomen Sauerstoff — in Eisessig allmählich versetzt; die Reaktion steigert sich bis zum Sieden des Eisessigs und muß durch zeitweises Einstellen des Kolbens in kaltes Wasser gemäßigt werden. Hat die Flüssigkeit eine intensiv grüne Farbe angenommen, so wird abgekühlt und im Vakuum sorgfältig zur Trockne eingedampft. Der grüne Rückstand wird im Soxlethschen Apparat mit Essigester extrahiert. Beim Eindampfen der Lösung hinterbleibt ein gelbes Öl, das nach den Resultaten der Elementaranalyse und der Titration im wesentlichen aus einer einbasischen Säure von der Zusammensetzung $C_9H_{14}O_4$ besteht.

Die Ausbeute beträgt nur etwa 40% der Theorie; die Hauptmenge des Ozonids wird offenbar vollständig verbrannt[1]).

0,1920 g Sbst.: 0,4118 g CO_2, 0,1313 g H_2O. — 0,1174 g Sbst.: 0,2526 g CO_2, 0,0838 g H_2O.

$C_9H_{14}O_4$.   Ber. C 58,07,   H 7,53.
Gef. ,, 58,50, 58,68, ,, 7,65, 7,99.

Die Titration mit $^1/_{10}$ n-Natronlauge wurde unter Anwendung von Phenolphthalein als Indicator in der Siedehitze ausgeführt, da die Säure in kaltem Wasser sehr schwer löslich ist. Eine geringe Menge beigemengten Aldehyds machte durch Verharzung und Braunfärbung den Endpunkt der Reaktion sehr undeutlich.

0,2257 g Sbst.: 10,8 ccm $^1/_{10}$ n-NaOH.

$C_9H_{14}O_4$ (einbasische Säure).   Ber. 12,1 ccm.

Die Analyse des Silbersalzes, das durch Lösen der Säure in der eben genügenden Menge Ammoniak und Fällen mit Silbernitratlösung dargestellt wurde, gab dasselbe Resultat:

0,0990 g Sbst.: 0,0488 g AgCl.

$C_9H_{13}O_4Ag$.   Ber. Ag 36,86.
Gef. ,, 37,12.

Die Diacetylvaleriansäure ist ein 1,5-Diketon und spaltet als solches leicht Wasser ab. Dies geht schon bei der Destillation i. V. vor sich. Besser noch, wenn man die Säure mit Normalnatronlauge erwärmt. (Vgl. nächste Abhandlung.)

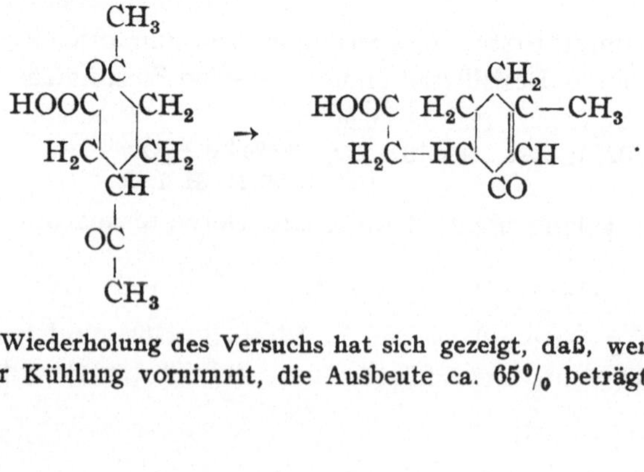

$$
\begin{array}{ccc}
& CH_3 & \\
& | & \\
& OC & \\
HOOC & \diagdown CH_2 & \\
H_2C & \diagdown CH_2 & \\
& CH & \\
& | & \\
& OC & \\
& | & \\
& CH_3 &
\end{array}
\qquad \rightarrow \qquad
\begin{array}{ccc}
& CH_2 & \\
HOOC\ H_2C & \diagdown C{-}CH_3 & \\
H_2C{-}HC & \diagdown CH & \\
& CO &
\end{array}
\quad \cdot
$$

---

[1]) Bei späterer Wiederholung des Versuchs hat sich gezeigt, daß, wenn man die Oxydation unter Kühlung vornimmt, die Ausbeute ca. 65% beträgt.

1 - Methylcyclohexen - (1) - on - (3) und Ozon.

Je 3 g Methylcyclohexenon wurden in Chloroform bzw. Eisessig ozonisiert und die Lösungen mit der zur Fällung des Ozonids nötigen Menge Petroläther versetzt. Es bildet einen grünlich-gelben, sehr explosiven, in allen Solventien, außer Petroläther (auch in Wasser), leicht löslichen Sirup.

Seine wässerige Lösung zeigt nach kurzem Kochen kräftige Hydroperoxydreaktion und reduziert Fehlingsche Flüssigkeit. Im Vakuum eingedampft hinterläßt sie einen weißen Kristallbrei, aus dem durch Umkristallisieren das Hydrat der γ-Acetylbuttersäure vom Schmp. 38° gewonnen wurde. (Angegeben sind 35°[1]) und 40°[2]).

Ausbeute ca. 3 g aus 3 g Keton.

Die Säure wurde noch durch ihr bei 170° schmelzendes Semicarbazon[3]) charakterisiert:

0,1293 g Sbst.: 25,3 ccm N (20°, 763 mm).

$C_7H_{13}N_3O_3$. Ber. N 22,46.

Gef. ,, 22,55.

Pulegonozonidperoxyd.

Durch Ozonisieren von Pulegon in Chloroformlösung und Abdestillieren des Chloroforms im Vakuum dargestellt, bildet es eine gelbe dickliche Flüssigkeit. Sie explodierte häufig schon beim Aufheben des Vakuums. Trotzdem gelang es, sie (in ungereinigtem Zustand) zu analysieren:

0,1230 g Sbst.: 0,2563 g CO_2, 0,0848 g H_2O.

$C_{10}H_{16}O_5$. Ber. C 55,57, H 7,41.

Gef. ,, 56,83, ,, 7,71.

Zur Spaltung mit Wasser braucht man das Ozonid nicht erst zu isolieren; dampft man seine Lösung in Chloroform mit der 5—6fachen Menge Wasser auf dem Wasserbade ein, so erhält man leicht bis zu 95% der Theorie an β-Methyladipinsäure. Sie ist durch geringe Mengen harziger Verunreinigungen gefärbt. Nach der Vorschrift von Tiemann & Schmidt[4]) durch wiederholtes Fällen mit Ligroin aus ihrer Auflösung in Benzol gereinigt, bildet sie farblose Nadeln vom Schmp. 84—85°.

0,1423 g Sbst.: 0,2722 g CO_2, 0,0969 g H_2O.

$C_7H_{12}O_4$. Ber. C 52,50, H 7,50.

Gef. ,, 52,18, ,, 7,62.

Ihre optische Drehung ist etwas höher als die von den genannten Forschern beobachtete; sie betrug für eine 33proz. wässerige Lösung

---

[1]) Vorländer, Annalen d. Chemie u. Pharmazie **294**, 273 [1897].

[2]) Perkin jr., Journ. of the Chem. Soc. **87**, 1074 [1905].

[3]) Perkin jr., l. c.

[4]) Berichte d. Deutsch. chem. Gesellschaft **29**, 908 [1896].

etwa $+ 2{,}5°$ im Dezimeterrohr, während Tiemann & Schmidt für eine Lösung gleicher Konzentration a $+ 2°$ fanden. Dieser Unterschied ist wohl auf die racemisierende Wirkung des Kaliumpermanganats zurückzuführen. (Tiemann und Schmidt erhielten die Säure aus Citronellal durch Oxydation mit Permanganat)[1].

Es sei hier noch bemerkt, daß die beschriebene Methode sich ihrer Bequemlichkeit und Sauberkeit halber auch zur präparativen Darstellung der β-Methyladipinsäure empfiehlt und jedenfalls überall da, wo Ozon in genügender Konzentration zur Verfügung steht, vor der bisher gebräuchlichen (Oxydation von Pulegon mit verdünnter Kaliumpermanganatlösung[2]) den Vorzug geben dürfte.

Carvondiozonid.

5 g Carvon wurden 4 Stunden in Tetrachlorkohlenstoff ozonisiert, durch Petroläther das Ozonid als gelbe Flüssigkeit gefällt, die durch Waschen mit Petroläther von anhaftendem Carvon befreit wurde. Es löst sich schwer in Wasser, Alkohol und Äther, leicht in Essigester, Chloroform, Eisessig und zersetzt sich beim Stehen langsam unter Entwicklung von Formaldehyd.

0,1656 g Sbst.: 0,3025 g CO_2, 0,1329 g H_2O.

$C_{10}H_{14}O_7$. Ber. C 48,80, H 5,70.

Gef. „ 49,81, „ 8,98.

Ein Präparat, das durch Ozonisieren des Carvons in Eisessig und Fällung mit Wasser aus dieser Lösung gewonnen war, hatte dieselbe Zusammensetzung:

0,1503 g Sbst.: 0,2738 g CO_2, 0,1187 g H_2O.

Gef. C 49,68, H 8,84.

Carvondiozonidperoxyd.

Leitet man Ozon durch eine Lösung von Carvondiozonid in Tetrachlorkohlenstoff, so scheidet sich alsbald auf der Flüssigkeit ein dickes gelbes Öl ab, das beim Reiben mit einem Glasstab oder beim Übergießen mit heißem Wasser sofort, beim Stehen in der Kältemischung nach einiger Zeit explodiert.

Partielle Spaltung des Carvondiozonids.

Diketoozonid aus Carvon.

Der Explosionsrückstand des Carvondiozonidperoxyds ergab nach mehrmaligem Waschen mit warmem Wasser und Fällen mit Petroläther aus seiner Lösung in Essigester folgende Analysenresultate:

---

[1] loc. cit.

[2] Semmler, Berichte d. Deutsch. chem. Gesellschaft **25**, 3515 [1892].

0,1009 g Sbst.: 0,1976 g CO_2, 0,0587 g H_2O.
$$C_9H_{12}O_5.\quad \text{Ber. C } 54,00,\ \text{H } 6,00.$$
$$\text{Gef. ,, } 53,41,\ \text{,, } 6,51.$$

Beim Erwärmen auf dem Wasserbad verpuffte er lebhaft und gab auch sonst alle Ozonidreaktionen.

Totalspaltung des Carvonozonids.

Die beim Ozonisieren des Carvons in Eisessig erhaltene Ozonidlösung wurde im Dampfstrom destilliert, solange noch Formaldehyd überging. Dann wurde sie eingedampft und der Rückstand im Vakuum destilliert. Die Destillation verlief unter starkem Schäumen, aus dem braunen Destillat kristallisierte über Nacht eine große Menge langer farbloser Nadeln aus. Aus heißem Wasser konnte der Körper leicht in zollangen Kristallen vom Schmp. 102° erhalten werden. Er löst sich in Wasser, Methyl- und Äthylalkohol, schwer in der Kälte, leicht bei Siedehitze. In Chloroform ist er mäßig, in Petroläther und Schwefelkohlenstoff fast gar nicht löslich. Seine wässerige Lösung reagiert schwach sauer. In all diesen Eigenschaften stimmt er vollkommen mit dem von Emery[1]) beschriebenen Ketodilacton der β-Acetylglutarsäure überein, das ja auch der Theorie nach entstehen muß. Seiner Struktur entsprechend ist er optisch inaktiv.

Ausbeute ca. 55% der Theorie.

---

[1]) Emery, Annalen d. Chemie u. Pharmazie **295**, 103 [1897].

71. C. Harries und Hans Adam: Über die Oxydation des Limonen durch Ozon.

(Aus dem Chemischen Institut der Universität Kiel.)

Heinrich Neresheimer[1]) hat in seiner Dissertation das Limonendiozonid beschrieben. Er hat gezeigt, daß man durch Oxydation desselben mit Chromsäure und Eisessig zu einer Säure gelangt, die als Diacetylvaleriansäure angesprochen worden ist.

Da diese Säure nur als Öl in nicht destilliertem Zustande analysiert wurde, erschien es notwendig, dieselbe noch etwas näher zu charakterisieren. Als Diketonsäure mit der Stellung der Ketoncarbonyle in 2,6 sollte sie zur Wasserabspaltung unter Ringschluß befähigt sein. Dies ist auch in der Tat der Fall. Die Wasserabspaltung erfolgt ziemlich leicht sowohl bei der Veresterung mit Methylalkohol und Chlorwasserstoffsäure schon in der Kälte, oder beim Erwärmen mit verdünntem Alkali. Zwei Möglichkeiten sind für diese Wasserabspaltung gegeben, die wir aber noch nicht entschieden haben.

$$
\begin{array}{ccccc}
CH_3 & & CH_3 & & CH_3 \\
C & & CO & & C \\
H_2C\diagup\diagdown CH & & H_2C\diagup\ COOH & & H_2C\diagup\diagdown CH \\
H_2C\diagdown\diagup CH_2 & \rightarrow & H_2C\diagdown\diagup CH_2 & \rightarrow & H_2C\diagdown\diagup CO \\
CH & & CH & & CH \\
C & & OC-CH_3 & & CH_2 \cdot COOH \\
H_2C\ CH_3 & & & &
\end{array}
$$

$$
\text{oder} \quad
\begin{array}{c}
CO \\
H_2C\diagup\diagdown CH \\
H_2C\diagdown\diagup C \cdot CH_3 \\
CH \cdot CH_2 \cdot COOH
\end{array}
$$

Es sei daran erinnert, daß eine isomere Säure bzw. ihr Methylester von ganz analogen Eigenschaften aus dem Regenerat I aus Kautschuk bei der Ozonoxydation entsteht[2]).

---

[1]) Siehe dieses Buch S. 446.
[2]) Harries u. Fonrobert, Annalen d. Chemie u. Pharmazie **406**, 224 [1914].

$$CH_3 , CO \cdot CH_2 \cdot CH_2 \cdot CH_2 \cdot CO \cdot CH_2 \cdot CH_2 \cdot COOH \quad \rightarrow$$

$$\begin{array}{c} CH_2 \\ H_2C\diagup\diagdown C \cdot CH_3 \\ H_2C\diagdown\diagup C \cdot CH_2 \cdot COOH \\ CO \end{array}$$

Auch hier sind zwei Möglichkeiten für die Wasserabspaltung vorhanden.

E x p e r i m e n t e l l e s. 30 g Limonen werden in 450 g Eisessig mit starkem Ozon bis zur Sättigung behandelt. Diese Lösung wird direkt mit einer solchen von 27—28 g CO_3 in ca. 2 kg Eisessig nach und nach versetzt und ca. 2 Tage sich selbst überlassen. Nachher wird der Eisessig möglichst weitgehend im Vakuum abgedampft, der sirupöse Rückstand mit Äther oftmals ausgezogen und der Extrakt vom Äther befreit. Als Rückstand hinterbleiben ca. 25 g (etwa 65% der Theorie) eines glasklaren, dicken Sirups, wie er schon von H. Neresheimer beschrieben wurde.

V e r e s t e r u n g der Diacetylvaleriansäure. Die Rohsäure wird mit 4 Teilen einer 3 proz. methylalkoholischen Salzsäure mehrere Tage bei gewöhnlicher Temperatur stehen gelassen. Nach dieser Zeit wird der größte Teil des Methylalkohols im Vakuum entfernt, der Rückstand mit frisch gefälltem feuchtem Bariumcarbonat bis zur Neutralisation versetzt, ausgeäthert und das resultierende Öl im Vakuum destilliert.

Es wurden drei Fraktionen unter 4 mm Druck erhalten:

    I. bis 100° 2 g,

    II. bis 120° 0,5 g,

    III. bis 160° 6,5 g.

Fraktion III wurde noch zweimal destilliert und lieferte dann ein bei 140—150° unter 10 mm Druck siedendes hellgelbes Liquidum, welches sich bei einigem Stehen allmählich dunkler färbte. Die Analyse zeigte, daß hier wahrscheinlich ein Gemisch von Diacetylvaleriansäuremethylester und seinem Anhydrisierungsprodukt vorlag.

    I. 0,2081 g Sbst.: 0,4842 g CO_2, 0,1440 g H_2O. — II. 0,2405 g Sbst.: 0,5557 g CO_2, 0,1648 g H_2O.

    $C_{10}H_{16}O_4$. Ber. C 60,0,   H 8,0.

    $C_{10}H_{14}O_3$.   ,, ,, 65,9,   ,, 7,7.

    Gef. I. 63,5, II. 63,0, I. 7,7, II. 7,7.

S e m i c a r b a z o n des A n h y d r o d i a c e t y l v a l e r i a n s ä u r e m e t h y l esters. Diese Fraktion liefert mit Semicarbazid nach der üblichen Methode behandelt, ein festes Semicarbazon. 1 g Ester gibt 0,65 g. Aus verdünntem Methylakohol mehrfach umkristallisiert erhält man schöne, glänzende Blättchen vom konstanten Schmp. 173—174°. Der Körper ist in kaltem Wasser, abs. Alkohol, Methylalkohol schwer, in der Wärme leicht löslich und wird von Ligroin, Äther, Benzol, Aceton, Essigester, Chloroform schwer aufgenommen.

I. 0,1510 g Sbst. (im Vakuum getrocknet): 0,3049 g CO_2, 0,0997 g H_2O. — 0,1433 g Sbst.: 22,3 ccm N (20°, 760 mm). — II. 0,1300 g Sbst.: 0,2622 g CO_2, 0,0861 g H_2O. — 0,0992 g Sbst.: 15,5 ccm N (19°, 746 mm).

$C_{11}H_{17}O_3N_3$.   Ber. C 55,19,   H 7,17,   N 17,57.
Gef. I. 55,07, II. 55,01, I. 7,39, II. 7,41, I. 17,75, II. 17,57.

Phenylhydrazon.   Der Ester ergibt mit essigsaurem Phenylhydrazin sofort ein Hydrazon (1 g Ester 0,85 g), schöne, goldgelbe Blättchen, welche sich aus abs. Alkohol umkristallisiert, bei 127 bis 128° bräunen und bei 135° unter Zersetzung schmelzen.

0,1600 g Sbst. (im Vakuum getrocknet): 0,4124 g CO_2, 0,1104 g H_2O. — 0,1165 g Sbst.: 10,8 ccm N (20°, 760 mm).

$C_{16}H_{20}O_2N_2$.   Ber. C 70,6, H 7,3,   N 10,26.
Gef. ,, 70,3, ,, 7,72, ,, 10,60.

Das p - Nitrophenylhydrazon, mit essigsaurem p-Nitrophenylhydrazin bereitet und aus abs. Alkohol umkristallisiert, bildet gelbbraune Nädelchen, welche bei 173° schmelzen.

0,0695 g Sbst.: (bei 80° im Vakuum getrocknet): 8,25 ccm N (20°, 762 mm).

$C_{16}H_{19}O_4N_3$.   Ber. N 13,2.   Gef. N 13,6.

Man kann auch zu derselben Verbindung gelangen, wenn man das Limonendiozonid direkt mit Normalkalilauge erhitzt. Dabei geht das feste Ozonid vollständig unter Braunfärbung in Lösung. Säuert man nachher mit verdünnter Schwefelsäure an und nimmt die sich abscheidende dunkle Masse mit Äther auf, so erhält man nach dem Abdampfen der letzteren ein dickes Öl, welches nur teilweise im Hochvakuum unzersetzt siedet. Daher wurde das Öl direkt, wie vorhin beschrieben, mit Methylalkohol verestert. Man erhielt nachher ähnliche Fraktionen bei der Destillation. Die Fraktion von 140—160° unter 16 mm Druck lieferte dasselbe Semicarbazon vom Schmp. 173° (vgl. Analysenresultate unter II) und dasselbe Phenylhydrazon und p-Nitrophenylhydrazon, so daß kein Zweifel besteht, daß auch durch Kalilauge das Limonendiozonid zu derselben Säure wie mit Chromsäure oxydiert wird. Das letztere Verfahren ist aber, obwohl umständlicher, vorzuziehen, weil die entstehenden Produkte viel reiner sind. Zu erwähnen ist, daß sich bei der Spaltung des Limonendiozonids mit Normalkalilauge auch ein neutrales mit Wasserdampf leicht flüchtiges Öl von angenehmem campherartigem Geruch in kleiner Menge bildet. Dasselbe liefert ein festes Semicarbazon. Mit der Untersuchung dieser letzteren Substanz sind wir noch beschäftigt.

Kiel, im Januar 1916.

72. C. Harries und H. Neresheimer: Über die Einwirkung des Ozons auf Terpentinöl (Pinen).

Aus dem Chemischen Institut der Universität Kiel.
Berichte der Deutschen chemischen Gesellschaft **41**, 38 (1908).
(Eingegangen am 18. Dezember 1907.)

Es ist bekannt, daß Terpentinöl Ozon absorbiert. Ladenburg[1]) benutzte diese Eigenschaft, um in einem Gemisch von Sauerstoff und Ozon, wie es beim Durchleiten von Sauerstoff durch die Ozonröhren entsteht, den Gehalt an Ozon zu bestimmen. Das Umwandlungsprodukt des Pinens, das unter der Einwirkung des Ozons entsteht, ist aber bisher niemals näher untersucht worden[2]).

Wir ozonisierten nach unserem Verfahren ein Pinen (Sdp. $50°$ unter 15 mm Druck; $\alpha_D^{19} = + 9°$, 10 ctm-Rohr) in Tetrachlorkohlenstofflösung pro Gramm 1 Stunde. Das Pinen absorbiert sehr lebhaft, und es scheidet sich alsbald meistens ein festes, weißes Ozonid ab, manchmal bildet sich statt dessen eine dickflüssige, farblose Schicht. Filtriert oder dekantiert man das feste Ozonid ab und dunstet die Mutterlauge im Vakuum ein, so bleibt ein dickflüssiges, farbloses Öl zurück, ebenfalls ein Ozonid, welches von dem ersteren in der Löslichkeit und der Zusammensetzung verschieden ist. Aus Hexan scheidet sich das gesamte Ozonid als Gallerte ab, die Trennung der festen von der öligen Form wird am besten durch Behandeln mit Äther bewerkstelligt.

Das feste Pinenozonid (Pinenoxozonid) entsteht in Tetrachlorkohlenstoff bis zu 10%, in Hexan bis zu 20% vom angewandten Pinen. Es besteht meistens aus kleinen, elastischen Klümpchen von undeutlich kristallinischem Gefüge und ist ganz unlöslich in allen gebräuchlichen Lösungsmitteln. In Tetrachlorkohlenstoff bereitet, hält es sich 1 bis 2 Tage und geht dann in ein dickes, farbloses Öl über; aus Hexan gewonnen, ist es länger haltbar. Auf Platinblech erhitzt, verpufft es, jedoch nicht heftig; mit Wasser gekocht, zersetzt es sich sehr langsam, und in der Reaktionsflüssigkeit ist Wasserstoffsuperoxyd nachweisbar.

Zur Analyse wurde es wiederholt mit Äther und Alkohol ausgewaschen und im Vakuum getrocknet. Der Zersetzungspunkt liegt zwischen $80°$ und $85°$.

---

[1]) Berichte d. Deutsch. chem. Gesellschaft **34**, 631 [1901].
[2]) Vgl. Harries, Annalen d. Chemie u. Pharmazie **343**, 334 [1905].

I. 0,1246 g Sbst.: 0,2831 g CO_2, 0,0943 g H_2O (aus Hexan).
II. 0,1271 g Sbst.: 0,2926 g CO_2, 0,0939 g H_2O⎫ (aus Tetrachlorkohlen-
III. 0,1298 g Sbst.: 0,2996 g CO_2, 0,0989 g H_2O⎭   stoff).

$C_{10}H_{16}O_4$. Ber. C   60,00,   H   8,00.
         Gef. ,, I. 61,96, II. 62,79, III. 62,95, ,, I. 8,70, II. 8,26, III. 8,52.
$C_{10}H_{16}O_3$. Ber. ,,   65,20.   ,,   8,70.

Man sieht aus diesen Analysen, daß das feste Pinenozonid keine normale Zusammensetzung besitzt. Die gefundenen Werte nähern sich viel mehr der Formel $C_{10}H_{16}O_4$ als $C_{10}H_{16}O_3$, die man eigentlich erwarten sollte. Man könnte daher glauben, daß nicht O_3, sondern O_4 an das Molekül des Pinens herangetreten wäre. Wir erinnern hier an unsere analogen[1]) Untersuchungen über das Cyclohexen, welche auch ein fast unlösliches Ozonid ergaben. Dasselbe lieferte bei der Analyse ebenfalls Zahlen, welche mehr auf die Formel $C_6H_{10}O_4$ als auf $C_6H_{10}O_3$ stimmten. Pinen und Tetrahydrobenzol verhalten sich demnach ähnlich. Da nun aber die Ausbeute an dem festen Pinenozonid im Höchstfalle nur etwa 20% beträgt, so war es möglich, daß dieses Produkt gar nicht dem normalen Pinen, sondern dem Pseudopinen angehörte. Eine Entscheidung darüber konnte bei der Spaltung mit Wasser erzielt werden.

Das Ozonid vom normalen Pinen sollte hierbei Pinonaldehyd bzw. Pinonsäure, das Ozonid des Pseudopinens Nopinon liefern. Wir erhielten nun hierbei kein Nopinon, sondern die Pinonsäure, welche durch ihren Siedepunkt und das Semicarbazon vom Schmp. 204° identifiziert wurde.

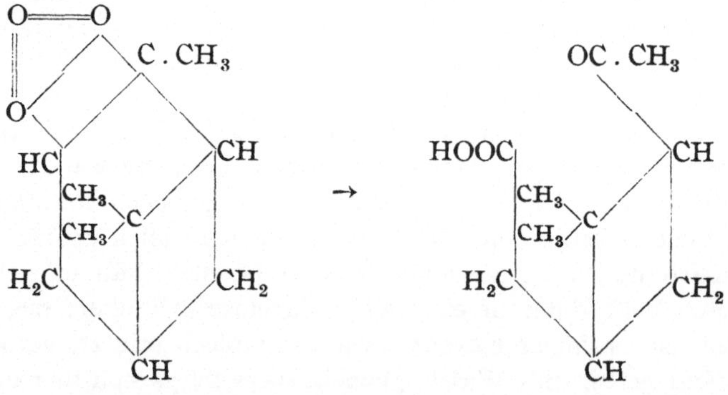

$$\xrightarrow{}$$

Durch diesen Versuch wird auch gezeigt, daß in dem Pinenozonid noch der Pinenkern enthalten und nicht, wie der eine von uns früher annahm[2]), beim Ozonisieren des Pinens bereits eine Aufspaltung des bizyklischen Systems erfolgt ist.

---

[1]) Berichte d. Deutsch. chem. Gesellschaft **39**, 2847 [1906].
[2]) loc. cit. Dieses Buch S. 75. 373. 463. 515.

Beim Stehen im Exsiccator verflüssigt sich das feste Pinenozonid allmählich und verändert dann seine Löslichkeitsverhältnisse, so daß wir erst glaubten, es habe sich ein neuer Körper gebildet. Indessen zeigte sich, daß nur ein Gemisch von dem festen mit dem öligen Pinenozonid, welches nachher beschrieben wird, entstand. Man kann diese Körper durch Waschen mit Tetrachlorkohlenstoff und Äther wieder trennen.

Das ölige Pinenozonid ist das Hauptprodukt der Einwirkung von Ozon auf Terpentinöl und bildet sich in einer Ausbeute von ca. 80—90%. Es wird im Unterschied zum festen von den meisten gebräuchlichen organischen Lösungsmitteln leicht, nur sehr schwer von Hexan aufgenommen. Durch Eindampfen der von dem festen Ozonid abfiltrierten Mutterlauge kann es leicht isoliert werden. Am reinsten erhält man es beim Ozonisieren in Hexan. Es enthält aber immer noch gewisse Anteile des festen gelöst, diese kann man durch mehrfaches Behandeln mit Tetrachlorkohlenstoff und Äther trennen. Man erhält dann nach dem Verdunsten der ätherischen Lösung und Trocknen des Rückstandes im Vakuum bei der Analyse Werte, die auf ein normales Ozonid stimmen:

0,1474 g Sbst.: 0,3490 g CO_2, 0,1170 g H_2O.

$C_{10}H_{16}O_3$. Ber. C 65,20, H 8,70.

Gef. ,, 64,57, ,, 8,87.

Das ölige Ozonid ist optisch-aktiv.

Lösung in Chloroform von 52,45%. $D_4^{20} = 1,310$,

$\alpha_d^{20} = + 8°$, $[\alpha] = + 11° 40'$;

es zeigt alle charakteristischen Merkmale der Ozonide, die schon öfters geschildert worden sind. Bei der Spaltung entsteht als einziges bisher faßbares Produkt die optisch - aktive ölige Pinonsäure.

Spaltung des öligen Pinenozonids.

a) Durch Kochen mit Wasser.

10 g dieser Substanz wurden mit der 20fachen Menge Wassers 20 Stunden am Rückflußkühler gekocht, die gelbe Lösung eingedampft und der Rückstand im Vakuum unter 10—12 mm Druck destilliert. Es wurden folgende Fraktionen beobachtet:

1. 100—170°: 2,5 g gelbliches Öl, das noch schwache Ozonidreaktionen anzeigte und wahrscheinlich den Pinonaldehyd enthält. Bisher ließ sich derselbe aber nicht isolieren.

2. 170—190°: 3,5 g flüssige Pinonsäure. Durch nochmaliges Fraktionieren erhielt man 2 g einer Säure vom Sdp. 178—180° und folgenden Konstanten:

$D_4^{15} = 1,108$; Dichte einer 5,34proz. Lösung in Chloroform $D_4^{22} = 1,449$,

$\alpha_d^{22} = + 1° 0'$ (100-mm-Rohr), $[\alpha] = + 12° 56'$.

Aus der von **Tiemann** und **Kerschbaum**[1]) beobachteten Drehung der flüssigen Pinonsäure $\alpha_d = + 19°$ berechnet sich $[\alpha] = + 17° 9'$.

3. Der Destillationsrückstand betrug 3 g.

b) Durch Erhitzen mit Kalilauge.

5 g flüssiges Pinenozonid wurden mit ca. 100 ccm 10 proz. Kalilauge bis zur vollständigen Lösung auf dem Wasserbade erwärmt, wozu 3—4 Stunden erforderlich sind. Nachher säuerte man die Flüssigkeit mit verdünnter Schwefelsäure an, nahm mit Äther auf und destillierte nach dem Verdunsten des Äthers den Rückstand im Vakuum. Die Ausbeute an Pinonsäure war ungefähr die gleiche wie bei a), dagegen wurde weniger von den niedriger siedenden Anteilen und mehr harziger Rückstand beobachtet.

c) Durch Destillation im Vakuum.

10 g flüssiges Pinenozonid wurden bei 12 mm Druck direkt destilliert. Dabei zersetzt sich die Substanz zum größten Teil und wenig geht unverändert über. Wenn man das Destillat durch nochmalige Fraktionierung reinigt, erhält man wieder zwei Anteile, 1. von 100° bis 170° und II. von 170—190° siedend; im ersteren sind alhehydische Bestandteile, im letzteren ist die Pinonsäure enthalten, Fraktion II betrug wieder etwa 3,5 g.

Semicarbazon der Pinonsäure.

Tiemann und **Semmler**[2]) gewannen aus den verschiedenen Fraktionen ihrer flüssigen aktiven Pinonsäure Semicarbazone, deren Schmelzpunkte zwischen 197° und 211° lagen. Wir erhielten von den nach verschiedenen Methoden aus dem Pinenozonid bereiteten Pinensäurefraktionen Semicarbazone, welche den Schmp. 203—204° anzeigten.

Ein Semicarbazon aus nach Methode a) dargestellter Pinonsäure lieferte, aus Alkohol umkristallisiert und im Vakuum getrocknet, folgende Werte:

0,1293 g Sbst.: 20,4 ccm N (15°, 756,2 mm). 0,1649 g Sbst.: 0,3300 g CO_2, 0,1134 g H_2O.

$$C_{11}H_{19}O_3N_3.$$

Ber. C 54,67, H 7,88, N 17,43.
Gef. ,, 54,58, ,, 7,69, ,, 18,41.

Es soll noch versucht werden, den Pinonaldehyd zu isolieren.

---

[1]) Berichte d. Deutsch. chem. Gesellschaft **33**, 2661 [1900].
[2]) Berichte d. Deutsch. chem. Gesellschaft **29**, 532 [1896]; vgl. dazu **Baeyer**, Berichte d. Deutsch. chem. Gesellschaft **29**, 2785 [1896].

73. C. Harries und Hans von Splawa-Neyman: Über einen Aldehyd aus Pinen.

Aus dem Chemischen Laboratorium der Universität Kiel.
Berichte der Deutschen chemischen Gesellschaft **42**, 879 (1909).
(Eingegangen am 23. Februar 1909.)

Bei der Zersetzung der Pinenozonide[1]) wurde hauptsächlich die Bildung der Pinonsäure festgestellt, daneben konnte aber auch in den Vorläufen ein aldehydischer Bestandteil beobachtet werden, der nicht näher charakterisiert wurde. Kürzlich ist nun von uns gefunden worden, daß die hydroaromatischen Ozonide sich besser durch Erwärmen mit Eisessig als mit Wasser zersetzen lassen, und daß hierbei die Bildung der Aldehyde begünstigt ist.

20 g Pinen[2]) (Sdp. 159—160°, Drehung im 10-cm-Rohr 0° 30′, t = 22°) werden in 50 g Eisessig gelöst und so lange ozonisiert, bis Brom-Eisessig nicht mehr entfärbt wird. Das Ozonid bleibt in Lösung und braucht für die weitere Verarbeitung nicht erst isoliert zu werden. Die Eisessiglösung wird auf dem Wasserbade langsam bis auf 90° erwärmt, wobei unter stürmischem Aufkochen ein mit blauer Flamme brennendes Gas entweicht, wahrscheinlich Kohlenoxyd. Darauf wird der Eisessig im Vakuum bei ca. 35° abgedampft und der Rückstand fraktioniert.

<pre>
        Fraktion   I: — 80°, 12 mm Druck, ca. . . 6—7 g
        Fraktion II: 80—100°, 12 mm Druck, ca. . .   3 g
        Fraktion III: 100—140°, 12 mm Druck, ca. . . 7—8 g
</pre>

Die I. Fraktion besteht hauptsächlich aus Eisessig, die II. enthält ein mentholartig riechendes Öl, die III. reduziert stark Silber- und Fehlingsche Lösung, riecht angenehm aldehydisch und bildet mit Semicarbazid nach der üblichen Methode ein schwer lösliches, aus verdünntem Alkohol in kleinen kugligen Aggregaten kristallisierendes Semicarbazon, welches konstant bei 214—215° unter Zersetzung schmilzt. Die Analyse zeigt, daß ein Disemicarbazon, und zwar wahrscheinlich vom Pinonaldehyd vorliegt.

---

[1]) Harries u. Neresheimer, Berichte d. Deutsch. chem. Gesellschaft **41**, 38 [1908].

[2]) Aus französischem Terpentinöl durch Fraktionierung gewonnen.

0,1665 g Sbst.: 0,3108 g CO_2, 0,1106 g H_2O. — 0,0902 g Sbst. (im Vakuum getrocknet): 23,7 ccm N (21°, 753,8 mm).

$C_{12}H_{22}N_6O_2$.   Ber. C 51,06, H 7,80, N 29,79.
Gef. ,, 50,91, ,, 7,40, ,, 29,66.

Die Fraktion des Aldehyds, welche zwischen 115° und 125° unter 12 mm Druck siedet, liefert die beste Ausbeute an Semicarbazon und kann nach dieser Methode bequem in jeder Quantität gewonnen werden. Über die Eigenschaften werden wir bald genauere Mitteilungen machen. Die Theorie sieht die Existenz zweier transisomerer Pinonaldehyde, $C_{10}H_{16}O_2$, voraus[1]).

<h2 style="text-align:center">H. von Splawa-Neyman: Nachtrag[2]).</h2>

Ein in größerem Maßstabe wiederholter Versuch ergab folgendes Resultat:

100 g Pinen in 250 g Eisessig ozonisiert und in vier Portionen zersetzt. Nach dem Abdampfen des Eisessigs aus dem Ölbade fraktioniert:

Fraktion   I: 115°, 12 mm . . . . . ca. 30 g
Fraktion II: 115—130°, 12 mm . . . . . 17—18 g
Fraktion III: 130—140°, 12 mm . . . . 14 g
Fraktion IV: 140—165°, 12 mm . . . . . 50—55 g.

Um festzustellen, welche Fraktion die größte Menge Aldehyd enthielt, setzte ich von den vier Fraktionen je ein Gramm mit Semicarbazidchlorhydrat an.

Fraktion II ergab die größte Menge Semicarbazon, ca. 0,7 g;
Fraktion III etwas weniger, ca. 0,45 g;
Fraktion   I und IV sehr wenig eines schmierigen Produktes.
Die vier Fraktionen wurden nun von neuem fraktioniert.

Von I ging bis 60° hauptsächlich Eisessig über, von 60—115° wurden 12 g eines hellgelben Öles von mentholartigem Geruch erhalten (I a). In den geringen Rückstand wurde II gegeben. Bis 115° gingen ca. 2 g über. Von 115—125° erhielt ich 12 g (II a). Zum Rückstand wurde III gegeben. Bis 125° gingen noch 7 g über, die wieder mit II a vereinigt wurden. Aus IV konnten bis 125° ebenfalls noch 4 g gewonnen werden. Der Rückstand ging von 125—160° über, ca. 4 g (III a).

Ergebnis: I a von   60—115° . . 14 g, mentholartig riechend.
IIa von 115—125° . . 23 g, hauptsächlich Aldehyd.
IIIa von 125—160° . . 4 g, verharzte Produkte.

____

[1]) Wir haben bei verschiedenen Darstellungen des Aldehyds Differenzen zwischen den Schmelzpunkten der Semicarbazone beobachtet. Das eine Mal erhielten wir den Schmelzpunkt konstant bei 214—215°, das andere Mal bei 220°. Die Zusammensetzung war die gleiche.
[2]) Auszug aus der Inaug.-Diss. Kiel 1910. S. 32—37.

Der Siedepunkt des Pinonaldehyds liegt demnach zwischen 115° bis 125°, etwa bei 121°.

Es ist mir bisher nicht gelungen, den Aldehyd selbst in völlig analysenreiner Form zu erhalten. Fraktionierte Destillation unter vermindertem Druck, selbst bei Anwendung eines Vakuums von 0,3 mm, führte nicht zum Ziel. Das bisher reinste Produkt wurde durch Wasserdampfdestillation und nachfolgendes Fraktionieren bei 12 mm erhalten.

Die Analyse ergab folgende Werte:

1. Zweimal bei 0,3 mm Druck destilliert. Sdp. 90—95°.

0,1835 g Sbst.: 0,4620 g CO_2, 0,1540 g H_2O.

$$C_{10}H_{16}O_2.\quad \text{Ber. C } 71,4,\quad \text{H } 9,52.$$
$$\text{Gef. ,, } 68,66,\quad \text{,, } 9,38.$$

2. Mit Wasserdampf übergetrieben und bei 12 mm Druck fraktioniert. Sdp. 120—124°.

0,1568 g Sbst.: 0,3477 g CO_2, 0,1298 g H_2O.

$$\text{Ber. C } 71,4,\quad \text{H } 9,52.$$
$$\text{Gef. ,, } 69,17,\quad \text{,, } 9,26.$$

Mit Wasserdampf destilliert und dann bei 12 mm Druck fraktioniert. Sdp. 119—121°.

0,1891 g Sbst.: 0,4814 g CO_2, 0,1564 g H_2O.

$$\text{Ber. C } 71,4,\quad \text{H } 9,54.$$
$$\text{Gef. ,, } 69,43,\quad \text{,, } 9,25.$$

Eigenschaften des Pinonaldehyds.

Der freie Aldehyd ist ein schwach gelb gefärbtes, optisch aktives Öl, das in verdünnter wässeriger Lösung einen angenehmen Geruch besitzt. Mit Wasserdämpfen ist er leicht flüchtig. Silber- und Fehlingsche Lösung werden schon in der Kälte reduziert, stärker beim Erwärmen. Gegen den Sauerstoff der Luft ist der Aldehyd ziemlich empfindlich. Schon nach kurzem Stehen reagiert er deutlich sauer infolge der Bildung von Pinonsäure. Ebenso wird er durch Säuren und Alkalien oder schon durch bloßes Erwärmen leicht verändert.

Wie schon erwähnt, gibt die Verbindung ein gut kristallisierendes Semicarbazon. Mit Nitrophenylhydrazin reagiert sie ebenfalls, doch verschmierten die erhaltenen Produkte beim Umkristallisieren regelmäßig. Ein festes Oxim konnte nicht gewonnen werden, ebensowenig ließ sich das Acetal darstellen, wahrscheinlich wegen der großen Empfindlichkeit des Aldehyds gegen Säuren. Erwärmt man den Aldehyd mit einer alkalischen Lösung von Benzsulfhydroxamsäure, so gibt er nach dem Ansäuern die charakteristische Rotfärbung mit Eisenchlorid und mit Kupferacetat Fällung eines grünen Kupfersalzes der entsprechenden Hydroxamsäure[1]).

---

[1]) Angeli u. Angelico, Gazz. chim. Ital. **30**, I, 5941 [1900].

Semicarbazon des Pinonaldehyds.

2 g Aldehyd wurden mit der berechneten Menge (2 Mol. auf 1 Mol. Aldehyd) Semicarbazidchlorhydrat und Kaliumacetat in methylalkoholischer Lösung zur Reaktion gebracht. Nach einigem Stehen fiel auf Wasserzusatz das Semicarbazon aus, ca. 1,8 g. Es ist in Wasser sowie in abs. Alkohol schwer löslich, leichter in verdünntem Alkohol. Aus 50 proz. Alkohol kristallisiert es in kleinen kugeligen Aggregaten (unter dem Mikroskop) vom Schmp. 214—215°. Bei einer anderen Darstellung wurde der Schmp. 220° beobachtet.

Die Analyse des im Vakuum getrockneten Produktes, Schmp. 214° bis 215°, zeigte folgende Werte:

1. 0,1665 g Sbst.: 0,3108 g CO_2, 0,1106 g H_2O. — 0,0902 g Sbst.: 23,6 ccm N (21°, 753,8 mm).

$$C_{12}H_{22}N_6O_2. \quad \text{Ber. C 51,06, H 7,80, N 29,79.}$$
$$\text{Gef. ,, 50,91, ,, 7,40, ,, 29,66.}$$

2. Semicarbazon Schmp. 220°.

0,1365 g Sbst.: 0,2580 g CO_2, 0,0964 g H_2O.

$$C_{12}H_{22}N_6O_2. \quad \text{Ber. C 51,06, H 7,80.}$$
$$\text{Gef. ,, 51,55, ,, 7,90.}$$

Die Versuche, den Aldehyd aus dem Semicarbazon wieder in Freiheit zu setzen und so seine Reindarstellung zu bewirken, schlugen fehl. Es resultierte aus etwa 10 g Semicarbazon nur ein Tropfen eines angenehm riechenden Öles, das seiner geringen Menge wegen nicht weiter untersucht werden konnte.

Optische Untersuchung des Aldehyds.

a) Molekularrefraktion.

Die spezifische Gewichtsbestimmung eines frisch bereiteten Präparates ergab den Wert

$$D_4^{19} = 1,022.$$

Die Brechungsindices waren folgende:

$$n_d^{19} = 1,46867.$$
$$n_\alpha^{19} = 1,46531.$$

(γ war wegen der gelben Farbe des Aldehyds nicht deutlich sichtbar.)

$$\text{Ber. MR} = 46,40.$$
$$\text{Gef. MR}_d = 45,75.$$

b) Bestimmung der optischen Aktivität.

Das Präparat zeigte im 5-cm-Rohr eine Drehung von $+ 7,5°$, $t = 20°$. Daraus berechnet sich:

$$\alpha_d^{20} = + 15°.$$
$$[\alpha]_d^{20} = + 14,67°.$$

Oxydation des Pinonaldehyds zu Pinonsäure.

10 g Aldehyd wurden in 100 ccm Wasser suspendiert und unter Kühlung und häufigem Umschwenken so lange mit einer gesättigten Permanganatlösung versetzt, bis die rote Farbe eben stehen blieb. Durch Zusatz eines Tropfens Aldehyds kann sie leicht zum Verschwinden gebracht werden. Dann wurde vom Manganschlamm abfiltriert, die schwach saure Lösung mit Kaliumcarbonat neutralisiert und auf dem Wasserbade auf 100 ccm eingedampft. Zur Entfernung neutraler Verunreinigungen wurde die Lösung mit Äther extrahiert, darauf angesäuert und von neuem mit Äther ausgeschüttelt. Nach dem Verdampfen des Äthers hinterblieben 7 g Rohsäure, die, getrocknet und im Vakuum bei 12 mm fraktioniert, 4 g reine Säure vom Sdp. 180—188°, 12 mm, lieferten. Die Säure blieb selbst bei längerem Stehen ölig. Das Drehungsvermögen einer 25,51 proz. Lösung in Chloroform (spez. Gewicht 1,39, t = 20°) betrug +1°, woraus $\alpha_d^{20} = +3,9°$.

Zur Identifizierung der Säure stellte ich das gut kristallisierende Semicarbazon dar.

1 g Säure lieferte mit Semicarbazidchlorhydrat in der üblichen Weise angesetzt, 1,1 g Rohprodukt, das nach einmaligem Umkristallisieren aus Alkohol in schönen, glasklaren Kristallen vom Schmp. 204° erhalten werden konnte. Die Säure ist also identisch mit der bei der Spaltung von Pinenozonid direkt gewonnenen[1]).

0,1612 g Sbst.: 0,3231 g CO_2, 0,1101 g H_2O. — 0,1248 g Sbst.: 19,4 ccm N (22°, 756 mm).

$C_{11}H_{19}O_3N_3$.   Ber. C 54,77, H 7,88, N 17,4.
　　　　　Gef. „ 54,66, „ 7,64, „ 17,5.

Untersuchung des bei der Spaltung von Pinenozonid auftretenden mentholartig riechenden Öles (Nopinon).

Bei der Spaltung von Pinenozonid entsteht, wie schon früher dargelegt, stets ein mentholartig riechendes Öl, das einen niedrigeren Siedepunkt besitzt als der Aldehyd. Es ist indessen stark mit aldehydischen und ungesättigten Verbindungen (Pinen?) verunreinigt, von welchen es sich durch bloße Destillation nicht befreien läßt. Ich versetzte daher so lange mit Pergamanatlösung, bis die rote Farbe eben stehen blieb und blies das Unveränderte mit Wasserdampf ab. Das wässerige Destillat wurde dann mit Äther extrahiert, der Äther verdampft und der Rückstand mit Magnesiumsulfat getrocknet. Es hinterblieb ein fast farbloses, angenehm riechendes, optisch aktives Öl. Es

---

[1]) Harries u. Neresheimer, loc. cit. Vgl. auch Gildemeister u. Köhler, Festschrift Otto Wallach. S. 414. (Verlag von Vandenhoeck u. Ruprecht, Göttingen.)

zeigt Ketoneigenschaften und ist gegen Permanganat recht beständig. Seine Drehung im 5-cm-Rohr wurde zu $+2,25°$, $t = 19°$ bestimmt, mithin

$$\alpha_d^{19} = + 4,5°.$$

Mit Semicarbazidchlorhydrat bildet es ein gut kristallisierendes Semicarbazon, das in Alkohol ziemlich leicht löslich ist. Aus verdünntem Alkohol einmal umkristallisiert, zeigte es den Schmp. 140°. Durch wiederholtes Umkristallisieren und Waschen mit Äther ließ sich der Schmp. auf 167° erhöhen, ohne daß eine wesentliche Änderung in der Zusammensetzung eintrat. Der von Wallach[1]) für Nopinonsemicarbazon angegebene Schmp. von 188° konnte nicht erreicht werden. Da es sich hier aber um ein optisch aktives Nopinon handelt, ist diese Differenz erklärlich. [Möglicherweise kommt außerdem noch Cis-trans-Isomerie in Betracht, wie das z. B. von Beckmann[2]) bei den Oximen des Menthons beobachtet wurde.]

Die Analyse des bei 140° schmelzenden Produktes ergab folgende Werte:

0,1715 g Sbst.: 0,3847 g CO_2, 0,1375 g H_2O. — 0,1369 g Sbst.: 25,2 ccm N (22°, 763 mm).

$C_{10}H_{17}ON_3$.   Ber. C 61,5,   H 8,7,   N 21,5,
Gef. ,, 61,18, ,, 8,97, ,, 20,93.

Das Semicarbazon, Schmp. 167°, ergab:

0,1242 g Sbst.: 22,5 ccm N (18°, 759,5 mm).

$C_{10}H_{17}ON_3$.   Ber. N 21,5.
Gef. ,, 20,92.

Benzalverbindung des Nopinon.

Zur weiteren Identifizierung des Nopinon stellte ich die leicht erhältliche Benzalverbindung dar. 1 g des Ketons wurde mit der berechneten Menge Benzaldehyd vermischt, in dem 5 fachen Volumen Methylalkohol gelöst und mit einigen Tropfen konz. Natronlauge versetzt. Nach einigem Stehen fiel dann durch Wasserzusatz ein Öl aus, das in Berührung mit wenig Methylalkohol allmählich zum größten Teil kristallinisch erstarrte. Die auf Ton abgepreßte und aus wenig Methylalkohol umkristallisierte Substanz zeigte den von Wallach[3]) angegebenen Schmp. von 106—107°.

Die Analyse ergab folgende Zahlen:

0,1252 g Sbst.: 0,3886 g CO_2, 0,1252 g H_2O.

$C_{16}H_{18}O$.   Ber. C 84,96, H 7,97.
Gef. ,, 84,65, ,, 8,23.

---

[1]) Wallach, loc. cit. Vgl. auch Gildemeister u. Köhler, loc. cit.
[2]) Beckmann, Annalen d. Chemie u. Pharmazie **250**, 322 [1889].
[3]) Wallach, Annalen d. Chemie u. Pharmazie **313**, 363 [1900].

74. George Francis Morrell: Über Dihydroterpenylamin.

Aus dem Chemischen Institut der Universität Kiel.
Berichte der Deutschen chemischen Gesellschaft **44**, 2560 (1911).
(Eingegangen am 2. August 1911.)

Als ich, einer Anregung von Herrn Prof. Harries folgend, Dihydrocarvylamin in salzsaurer Lösung mit Ozon behandelte, beobachtete ich, daß diese Verbindung bereits nach kurzem Stehen durch die Chlorwasserstoffsäure allein eine Veränderung erleidet, indem daraus eine gesättigte, chlorhaltige Base gebildet wird. Letztere spaltet leicht wieder Chlorwasserstoff ab, und es entsteht ein neues, ungesättigtes Amin, welches optisch-inaktiv ist und ein Gemisch von zwei stereoisomeren Formen darstellt.

Durch Oxydation der Benzoylverbindungen mit Ozon in Eisessiglösung wurden Aceton und Benzoylaminomethylcyclohexanon erhalten, wodurch die Konstitution der neuen Base als Dihydroterpenylamin aufgeklärt wird. Die Anlagerung und Abspaltung der Chlorwasserstoffsäure geht also in folgender Weise vor sich:

$$
\begin{array}{ccc}
\mathrm{CH\,.\,CH_3} & \mathrm{CH\,.\,CH_3} & \mathrm{CH\,.\,CH_3} \\
\mathrm{H_2C\diagup{\diagdown}CH\,.\,NH_2} & \mathrm{H_2C\diagup{\diagdown}CH\,.\,NH_2} & \mathrm{H_2C\diagup{\diagdown}CH\,.\,NH_2} \\
\mathrm{H_2C\diagdown{\diagup}CH_2} & \mathrm{H_2C\diagdown{\diagup}CH_2} & \mathrm{H_2C\diagdown{\diagup}CH_2} \\
\mathrm{CH\,.\,C\diagup^{CH_3}_{\diagdown CH_2}} & \mathrm{CH\,.\,CCl(CH_3)_2} & \mathrm{C:C(CH_3)_2}
\end{array}
$$

und die Oxydation mit Ozon verläuft:

$$
\begin{array}{cc}
\mathrm{CH\,.\,CH_3} & \mathrm{CH\,.\,CH_3} \\
\mathrm{H_2C\diagup{\diagdown}CH\,.\,NH\,.\,COC_6H_5} & \mathrm{H_2C\diagup{\diagdown}CH\,.\,NH\,.\,COC_6H_5} \\
\mathrm{H_2C\diagdown{\diagup}CH_2} & \mathrm{H_2C\diagdown{\diagup}CH_2} \\
\mathrm{C:C(CH_3)_2} & \mathrm{CO}
\end{array}
\;+\;\mathrm{OC(CH_3)_2}\,.
$$

Entsprechend erhält man aus dem Benzoyldihydrocarvylamin mit Ozon 1-Methyl-2-benzoylamino-4-acetylcyclohexan[1]):

$$
\begin{array}{cc}
\mathrm{CH\,.\,CH_3} & \mathrm{CH\,.\,CH_3} \\
\mathrm{H_2C\diagup{\diagdown}CH\,.\,NH\,.\,COC_6H_5} & \mathrm{H_2C\diagup{\diagdown}CH\,.\,NH\,.\,COC_6H_5} \\
\mathrm{H_2C\diagdown{\diagup}CH_2} & \mathrm{H_2C\diagdown{\diagup}CH_2} \\
\mathrm{CH-C\diagup^{CH_3}_{\diagdown CH_2}} & \mathrm{CH\,.\,CO\,CH_3}
\end{array}
$$

---

[1]) Genauere experimentelle Angaben findet man in der Inaug.-Diss., Kiel 1912.

Experimentelles.

Chlortetrahydrocarvylamin wird erhalten, wenn 20 g Dihydrocarvylamin in 150 ccm abs. Äther gelöst und mit wohlgetrocknetem Salzsäuregas zunächst unter Eiskühlung, später nach der Neutralisation ohne Kühlung behandelt werden. Der zunächst ausfallende Niederschlag löst sich dann vollkommen wieder auf. Durch Einstellen in Kältemischung bringt man einen Teil der neuen Verbindung in ziemlich reinem Zustande zur Abscheidung in langen, weißen Nadeln, während der Rest weniger rein durch Abdampfen des Äthers gewonnen werden kann. Wallach[1]) hat früher schon einmal eine ähnliche Beobachtung gemacht und gefunden, daß bei längerer Behandlung des Dihydrocarvylamins mit Chlorwasserstoffgas ein Dichlorhydrat entsteht. Es zeigte sich, als das auf oben beschriebenem Wege bereitete Salz über Kaliumhydroxyd einige Tage im Vakuum getrocknet wurde, daß es ständig Chlorwasserstoff abgab. Dagegen konnten bei einem nur kurze Zeit getrockneten Präparat auf ein Dichlorhydrat ziemlich befriedigend stimmende Werte erhalten werden.

0,1320 g Sbst.: 0,2631 g CO_2, 0,1097 g H_2O. — 0,1562 g Sbst.: 0,1908 g AgCl.

$C_{10}H_{20}NCl$, HCl.   Ber. C 53,10, H 9,29, Cl 31,41.
Gef. „ 54,35, „ 9,24, „ 30,19.

Der Schmelzpunkt der frisch gewonnenen weißen, festen Verbindung liegt bei 205°; sie wird von den meisten Lösungsmitteln spielend aufgenommen. Aus einer wässerigen Lösung wird durch starke Kalilauge eine ölige, chlorhaltige Base abgeschieden, die, mit Äther ausgeschüttelt und über festem Kalihydrat getrocknet, unter 12 mm Druck bei 119—121° unter geringer Zersetzung siedet. Beim Benzoylieren dieser Base nach Schotten - Baumann erhält man nur eine kleine Menge einer festen Substanz, die bei 205—210° schmilzt und sich als die Benzoylverbindung des später beschriebenen chlorfreien Dihydroterpenylamins erwiesen hat. Hieraus geht hervor, daß die Chlorbase nicht ganz einheitlich ist. Auch das nicht destillierte Öl gab dasselbe Resultat. Unter gewöhnlichem Druck siedet die Chlorbase unter starker Zersetzung; es entstehen Ammoniak und Terpene.

Dihydroterpenylamine.

So leicht die Chlorbase Chlorwasserstoff abzuspalten schien, so schwierig waren die Bedingungen herauszufinden, unter welchen diese Abspaltung quantitativ erfolgte. Schließlich ergab es sich, daß die neue Base in sehr guter Ausbeute erhalten werden kann, wenn man das

---

[1]) Annalen d. Chemie u. Pharmazie **275**, 123 [1893].

feste Chlorhydrat in der vierfachen Menge Pyridin (je 10 g in 40 g
Pyridin) im Einschlußrohr bei einer Temperatur von 140—145° 4 Stunden erhitzt. Die Reaktion tritt schon bei ca. 80° ein, indessen ist es
für die Ausbeute besser, mit der Temperatur höher zu gehen[1]). Aus der
Reaktionsmasse wird durch Destillation im Vakuum das Pyridin möglichst vollständig entfernt. Der feste Rückstand wird in Wasser gelöst
und daraus mit Ätzkali die Base abgeschieden, mit Äther aufgenommen
und die ätherische Schicht mit Wasser zur Entfernung des Pyridins
mehrfach durchgeschüttelt. Die Base siedet, über Kali getrocknet,
zwischen 95° und 106° unter 15 mm Druck und hinterläßt kaum einen
Rückstand. Die Ausbeute beträgt ca. 80%. Zur weiteren Reinigung
wurde das Chlorhydrat hergestellt, aus Wasser umkristallisiert und
hieraus die Base wieder abgeschieden. Der Siedepunkt liegt dann
bei 96—100° unter 16 mm Druck. Sie bildet eine farblose Flüssigkeit
von eigentümlichem, schwachem Geruch, die begierig Kohlendioxyd
aus der Luft anzieht. Sie ist optisch-inaktiv.

$$D_{16,5}^{16,5} = 0,8909; \; n_d^{16,5} = 1,49284; \; n_\alpha = 1,48906; \; n_\gamma = 1,50749.$$

Molekularrefraktion$_d$: Ber. für $C_{10}H_{19}N \sqrt{} = 49,13$. Gef. 49,83.

Nach Eykman läßt sich das Inkrement daraus erklären, daß das
Dihydroterpenylamin eine doppelte Bindung zwischen zwei tertiären
Kohlenstoffatomen $>C = C<$ besitzt.

Zur Analyse wurde das Pikrat durch Vermischen von absoluten ätherischen
Lösungen von Base und Pikrinsäure bereitet. Es schmilzt bei ca. 176°.

0,1148 g Sbst.: 0,2113 g CO_2, 0,0605 g H_2O. — 0,1028 g Sbst.: 12,9 ccm N
(19,5°, 772 mm).

$C_{10}H_{17} \cdot NH_2, C_6H_3N_3O_7$. Ber. C 50,26, H 5,76, N 14,66.
Gef. „ 50,17, „ 5,85, „ 14,62.

Bei der Untersuchung der Derivate dieser Base zeigte es sich,
daß sie nicht einheitlich ist und aus einem Gemisch von zwei Stereoisomeren besteht, die ich α- und β-Dihydroterpenylamin nenne. Die
Bildung dieses Isomeren ist deshalb merkwürdig, weil bei der Umwandlung von Dihydrocarvylamin in Dihydroterpenylamin kein neues
asymmetrisches Kohlenstoffatom erzeugt wird, und man von einer
ganz einheitlichen optisch-aktiven Verbindung, durch Reduktion von
d-Carvonoxim erhalten, ausgeht. Es muß also eine Umlagerung durch
die Wirkung des Pyridins stattfinden. Diese Umlagerung scheint aber
sehr leicht vor sich zu gehen, denn aus einem mit vieler Sorgfalt dargestellten Pikrat der β-Base wurde nachher bei der Benzoylierung

---

¹) Beim Erhitzen mit Pyridin auf ca. 80° bildet sich vorwiegend α-Dihydro-
terpenylamin, bei höherer Temperatur entsteht das beschriebene Gemenge. Erhitzt man aber α-Dihydroterpenylamin allein mit Pyridin bis auf 220°, so bleibt
es unverändert.

wieder ein Gemisch der Benzoylkörper von α- und β-Base erhalten, das aber hauptsächlich aus dem β-Körper bestand. Aus diesem Grunde ist es mir nicht gelungen, die beiden Basen in vollständig reinen Zustand überzuführen. Am ehesten scheint noch die β-Base rein zu sein, da ihre Salze viel schwerer löslich als diejenigen der α-Base sind. Indessen entsteht sie immer nur in sehr geringer Menge, während der Hauptanteil aus der α-Base besteht.

Benzoyl-α-dihydroterpenylamin. Benzoyliert man das Dihydroterpenylamin in Pyridin, welches, wie vorhin beschrieben, gereinigt wurde, so erhält man eine weiße Kristallmasse, die, unter dem Mikroskop betrachtet, als ein Gemisch von zweierlei Formen erscheint. Zur Trennung wird am besten folgender Weg eingeschlagen. Zunächst wird die Base im Vakuum (15 mm) fraktioniert und in zwei Fraktionen, ca. 95—100° und 100—105°, zerlegt. Die erste besteht hauptsächlich aus dem α-, die zweite enthält das β-Isomere.

Die erste Fraktion wird darauf in abs. Äther mit Salzsäuregas neutralisiert, wobei ein Teil als festes, reines Salz auskristallisiert, etwa ein Drittel aber in Lösung bleibt. Vom Ausgeschiedenen wird abfiltriert: es ist das Chlorhydrat der β-Base. Das in Äther gelöste α-Chlorhydrat wird darauf mit Kali zersetzt, die Base abgeschieden, getrocknet und destilliert. Sie siedet nunmehr hauptsächlich bei 96° bis 97° unter 15 mm Druck. Durch Benzoylieren in Pyridin erhält man ein Produkt, welches nach einmaligem Umkristallisieren aus Alkohol bei 219° schmilzt und weiße, lange Nadeln bildet.

0,0846 g Sbst.: 0,2458 g CO_2, 0,0709 g H_2O.

$C_{10}H_{17} \cdot NH \cdot COC_6H_5$. Ber. C 79,38, H 8,95.

Gef. ,, 79,25, ,, 9,31.

In der Mutterlauge findet sich noch etwas Benzoylderivat der β-Base, daher ist die α-Base noch nicht ganz rein oder sie lagert sich beim Benzoylieren um.

Andere feste Derivate der α-Base habe ich bisher in reinem Zustande nicht darstellen können, da sie alle leichter löslich als diejenigen der β-Base sind und deswegen immer von den letzteren Beimengungen enthalten.

Oxydation des Benzoyl-α-terpenylamins mit Ozon.

Die reine Verbindung wurde feingepulvert in der achtfachen Gewichtsmenge Eisessig suspendiert und mit ca. 10—12proz. Ozon so lange behandelt, bis eine klare Lösung entstand, die nicht mehr Brom entfärbte. Die Reaktionsmasse wurde hierauf während einer halben Stunde auf dem Wasserbade unter Rückflußkühlung erhitzt, damit sich das Ozonid zersetzte. Hierbei konnte eine Gasentwicklung nicht beobachtet werden. Darauf wurde die Flüssigkeit im Vakuum destilliert, wobei ich die erste Fraktion bis ca. 20°, bei 15 mm, getrennt auffing. Sie bestand zum großen Teil aus Aceton. Die zweite Fraktion enthielt Eisessig. Im Kolben verblieb eine weiße Masse, welche, aus Wasser oder besser sehr verdünntem Alkohol zweimal umkristallisiert, dünne, weiße Nadeln bildete, die bei 183—185° schmelzen.

0,1108 g Sbst.: 0,2954 g CO_2, 0,0748 g H_2O.

$C_{14}H_{17}NO_2$.   Ber. C 72,72, H 7,36.
Gef. ,, 72,78, ,, 7,50.

Da die Substanz Ketoncharakter besitzt, wie sich durch die leichte Überführung in ein Semicarbazon bzw. Nitrophenylhydrazon nachweisen läßt, so liegt hier sicher das 2 - Benzoylamino - 1 - methyl - cyclohexanon - (4) vor.

Derivate des β - Dihydroterpenylamins.

Die vorher erwähnte höher siedende Fraktion der Rohbase wurde zur Darstellung der β-Derivate benutzt, die mit Ausnahme der Benzoylverbindung viel schwerer löslich als diejenigen der α-Base sind.

Nitrat. Die Base wird in Wasser suspendiert, mit verdünnter Salpetersäure neutralisiert, wobei für die Gegenwart von so viel Wasser zu sorgen ist, daß nur ein Zehntel kristallinisch ausfällt. Nochmals aus Wasser umkristallisiert, erhält man rechtwinklige Tafeln, die bei 179° unter Zersetzung schmelzen.

Pikrat. Die Fraktion II wird in abs. Äther mit einer Auflösung von Pikrinsäure in Äther versetzt, wobei sofort das Rohpikrat ausfällt. Zur Abscheidung des β-Pikrats wird mit heißem Wasser behandelt, worin die α-Verbindung leichter löslich ist. Bei wiederholtem Umkristallisieren erhält man lange, goldgelbe Nadeln, die gegen 192° sintern und gegen 195° schmelzen.

Chlorhydrat. Der Unterschied in der Löslichkeit der Chlorhydrate der beiden Isomeren erscheint nicht so groß wie bei den bisher besprochenen Salzen. Immerhin erhält man ein ziemlich reines β-Chlorhydrat, wenn man das Gemenge der Chlorhydrate aus Wasser umkristallisiert und den hierbei sich zuerst abscheidenden kleineren Anteil abfiltriert. Es bildet flache, quadratische Tafeln, die gegen 235° unter Zersetzung schmelzen.

0,1471 g Sbst.: 0,3400 g CO_2, 0,1374 g H_2O. — 0,2079 g Sbst.: 0,0394 g Cl. — 0,1542 g Sbst.: 0,0291 g Cl.

$C_{10}H_{17} \cdot NH_2$, HCl.   Ber. C 63,32, H 10,55, Cl 18,73.
Gef. ,, 63,04, ,, 10,39, ,, 18,95, 18,87.

Benzoyl - β - dihydroterpenylamin.

Das β-Amin erhält man in ziemlich reinem Zustande durch Zersetzung der eben beschriebenen Salze mit Alkali. Es siedelt ein wenig höher als die α - Verbindung, nämlich bei 100—101° unter 16 mm Druck. Durch Benzoylierung dieser Base in Pyridin erhielt ich aus Alkohol breite Tafeln mit stumpfen Enden, die konstant scharf bei 178—179° schmelzen.

0,0861 g Sbst.: 0,2511 g CO_2, 0,0710 g H_2O.

$C_{10}H_{17}.NH.COC_6H_5$. Ber. C 79,38, H 8,95.
Gef. ,, 79,53, ,, 9,16.

Die Anlagerung von Chlorwasserstoffsäure an Dihydroterpenylamin ergab wieder dasselbe Hydrochlorprodukt wie aus Dihydrocarvylamin.

Oxydation des Benzoyldihydrocarvylamins mit Ozon.

2 g Benzoylkörper wurden in 20 ccm Eisessig suspendiert und bis zur Lösung mit Ozon behandelt. Die Reaktionsmasse wurde dann zur Zersetzung auf dem Wasserbade erhitzt. Beim Verdünnen mit Wasser fiel eine weiße Masse aus, die nach dem Umkristallisieren aus Alkohol bei 218—219° schmilzt.

0,1240 g Sbst.: 0,3362 g CO_2, 0,0908 g H_2O. — 0,1524 g Sbst.: 7,2 ccm N (18°, 781 mm).

$C_9H_{15}O.NH.COC_6H_5$. Ber. C 74,13, H 8,10, N 5,40.
Gef. ,, 73,93, ,, 8,13, ,, 5,66.

Der Körper besitzt Ketoneigenschaften und ist deshalb als **1-Methyl-2-benzoylamin-4-äthanoylcyclohexan** anzusprechen.

Es sollen besonders die Terpene, welche sich bei der Zersetzung des Dihydroterpenylaminchlorhydrats und -phosphats bilden, noch eingehend untersucht werden.

75. C. Harries und Baron John Palmén: Über die Oxydation des Camphens mit Ozon.

Aus dem Chemischen Institut der Universität Kiel.
Berichte der Deutschen chemischen Gesellschaft **43**, 1432 (1910).
(Eingegangen am 3. Mai 1910.)

In seiner Publikation: „Über die Konstitution des Camphens: seine Oxydation mit Ozon" hat Semmler[1]) festgestellt, daß Camphenozonid sowohl durch Spaltung mit Wasserdampf, wie durch Vakuumdestillation nicht nur Camphenilon, sondern auch δ-Oxycamphenilonsäure liefert. Dieser Säure erteilt er folgende Konstitution:

$$(CH_3)_2C(OH)-CH-CH_2$$
$$CH_2$$
$$HOOC.CH-CH_2$$

Über ihre Bildung äußert er sich dahin, daß sie nur durch eine ganz eigentümliche Ozonidspaltung entstanden sein könnte. Da nach einer D. R.-P.-Anmeldung[2]) bei der Einwirkung von Ozon auf Camphen glatt Camphenilon gewonnen werden sollte und Semmler angibt, daß er zu seinen Versuchen das Rohcamphen benutzt hat, so schien hier noch eine Unklarheit obzuwalten, insofern nämlich die δ-Oxycamphenilonsäure gar nicht vom eigentlichen Camphen, sondern von einer dem Rohcamphen beigemengten Verbindung herrühren konnte.

Für unsere Versuche versuchten wir nun ein möglichst reines inaktives Camphen zu benutzen, welches uns auch in einem Präparat von Kahlbaum zur Verfügung gestellt wurde. Es besaß den Schmp. 48—49° (korr.) und den Sdp. 158—159° (760 mm). Ferner wandten wir eine andere Methode zur Spaltung des Ozonids an, die sich neuerdings als sehr zweckmäßig gezeigt hat, wenn es gilt die primären Zersetzungsprodukte festzuhalten. Hierzu wurde das Camphen in der vierfachen Menge Eisessig gelöst und so lange mit starkem Ozon behandelt, bis eine Probe Brom-Eisessig nicht mehr entfärbte. In dieser Weise wurden 80 g Camphen bei einer Temperatur von 10° ozonisiert. Die Lösung erwärmten wir dann auf dem Wasserbade, ohne das Ozonid selbst zu isolieren, solange als Gasentwicklung stattfand. Darauf wurde

---

[1]) Berichte d. Deutsch. chem. Gesellschaft **42**, 246 [1909].
[2]) Kl. 12c, 12 692.

das Lösungsmittel unter 10 mm Druck so weit abdestilliert, bis die Temperatur im Siedekolben auf 60° stieg. Es ließ sich indessen nicht vermeiden, daß hierbei eine erhebliche Menge Camphenilon mit dem Eisessig überging.

Der farblose Kolbenrückstand betrug 85 g und erstarrte beim Abkühlen kristallinisch. Durch Abpressen ließen sich daraus 32 g einer kristallinischen weißen Substanz gewinnen, der flüssige Anteil wurde der Destillation im Vakuum unterworfen. Bei 8 mm Druck gingen unter 80° ca. 5 g über, welche mit dem früher abdestillierten Lösungsmittel vereinigt wurden, da sie noch etwas Eisessig und Camphenilon enthielten. Von 80—100° siedeten 8 g über, die in der Hauptsache aus Camphenilon bestanden. Von 120—140° destillierten unter geringer Zersetzung 15 g eines Öls, aus welchem noch 10 g von der oben erwähnten festen Substanz abgeschieden werden konnten. Der harzige Kolbenrückstand betrug 10 g.

Die feste Substanz, im ganzen 42 g, wurde viermal aus Äther umkristallisiert, schmolz dann bei 96—96,5° (korr.) und war optisch-inaktiv. Nach der Elementaranalyse besitzt sie die Formel $C_9H_{14}O_2$.

0,1533 g Sbst.: 0,3929 g CO_2, 0,1258 g H_2O.

$C_9H_{14}O_2$.　Ber. C 70,07, H 9,17.
　　　　　Gef. ,, 69,91, ,, 9,18.

Das Produkt ist identisch mit dem Semmlerschen δ - O x y - c a m p h e n i l o n s ä u r e l a c e t o n, welches er aus der δ-Oxycamphenilon-säure durch Destillation erhielt, und weiter mit dem von Komppa und Hintikka[1]) synthetisch bereiteten Dimethylnorcampholid von folgender Konstitution:

$$(CH_3)_2C - CH - CH_2$$
$$O \quad CH_2$$
$$OC - CH - CH_2$$

Dieses Lacton wird somit in einer Ausbeute von 50% bei der Spaltung des Camphenozonids gebildet. Wir glauben, daß es das direkte Zersetzungsprodukt derselben ist und nicht die δ-Oxycamphenilon-säure, denn nur in dieser Annahme läßt sich die eigentümliche Ring-aufspaltung des Camphens in natürlicher Weise erklären. Bei der Zersetzung des Camphenozonids findet nämlich, wie in vielen anderen Fällen[2]), die sog. Peroxydspaltung statt, und das primär entstehende Camphenilonperoxyd lagert sich sofort in das Dimethylnorcampholid um:

[1]) Berichte d. Deutsch. chem. Gesellschaft **42**, 898 [1909].
[2]) Vgl. H a r r i e s u. F r a n c k, Berichte d. Deutsch. chem. Gesellschaft **42**, 54 [1909].

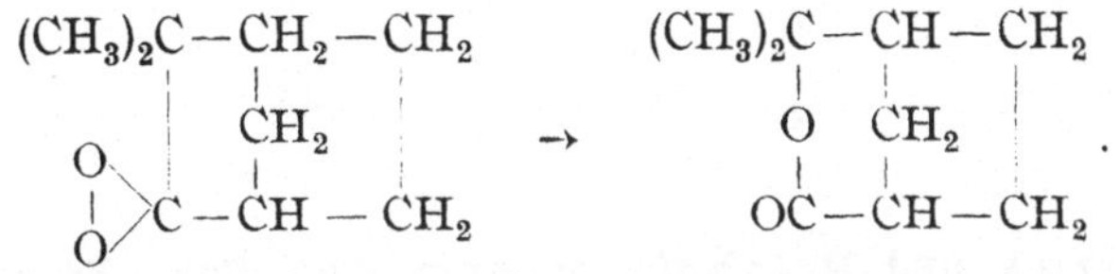

$$(CH_3)_2C-CH_2-CH_2 \qquad (CH_3)_2C-CH-CH_2$$

Mit dieser Umlagerung steht ersichtlich die von Baeyer und Villiger[1]) bei der Einwirkung von Caros Reagens auf gesättigte Ketone entdeckte Reaktion in nahen Beziehungen. Sie nehmen ebenfalls die primäre Bildung eines Superoxyds an, welches sich sofort in ein Lacton umlagert.

Das zweite Spaltungsprodukt des Camphenozonids ist Camphenilon. Wegen ihrer großen Flüchtigkeit gelang es uns nicht, diese Substanz in einwandfreier Weise quantitativ zu bestimmen. Nach ungefährer Schätzung betrug die Ausbeute daran aber mindestens 30%. Wir wiesen es vermittels des Semicarbazons vom Schmp. 222° bis 223° nach.

0,150 g Sbst.: 0,3361 g CO_2, 0,1204 g H_2O.

$C_{10}H_{17}N_3O$.   Ber. C 61,47, H 8,79.

Gef. ,, 61,11, ,, 8,98.

Außer wenig Formaldehyd konnten wir andere Spaltungsprodukte in greifbaren Mengen bei der Zersetzung des Camphenozonids mit Eisessig nicht auffinden.

Aus dem Mitgeteilten geht klar hervor, daß die Konstitution des Camphens durch Formel III wiedergegeben wird, seine Bildung aus Bornylchlorid (I) erklärt sich nach der Pinakolinumlagerung, d. h. Chlor und die Gruppe $-CH_2-CH_2-R$ wechseln ihre Plätze:

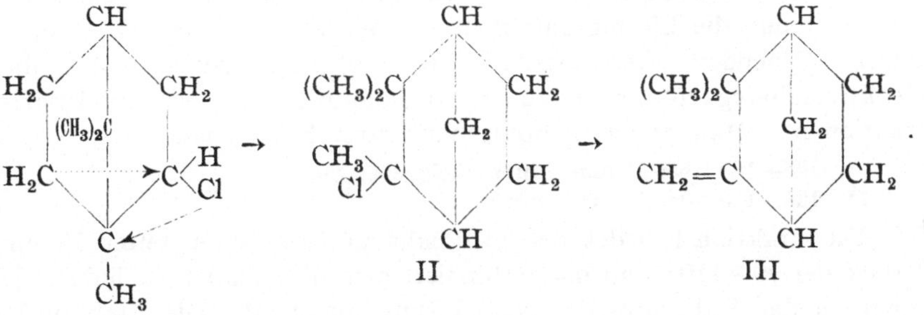

Dies hat Wagner[2]) schon vor 10 Jahren mit bewunderungswürdiger Schärfe erkannt, aber auch die alte Tiemannsche Camphenformel kommt in gewisser Weise wieder zu Ehren.

Kiel und Helsingfors.

---

[1]) Berichte d. Deutsch. chem. Gesellschaft **33**, 858 [1900].
[2]) Berichte d. Deutsch. chem. Gesellschaft **33**, 2124 [1900].

76. C. Harries und Reinhold Haarmann: Über Bornylenozonid.

Aus dem Chemischen Laboratorium der Universität Kiel.
Berichte der Deutschen chemischen Gesellschaft **46**, 2595 (1913).
(Eingegangen am 28. Juli 1913.)

Bei der Ozonisation des Apobornylens hatte Hintikka[1]) im hiesigen Laboratorium einen Dialdehyd erhalten, der aber sehr schnell in Apocamphersäure überging. Es war von Interesse zu erfahren, wie sich das Bornylen selbst bei dieser Reaktion verhalten würde. Nach dem schönen Verfahren von Tschugaeff[2]) ist das Bornylen verhältnismäßig leicht in reinem Zustande zu bereiten.

Bei der Behandlung des Bornylens in Hexanlösung mit gewaschenem Ozon (8%) fällt ein festes weißes Ozonid aus, das abfiltriert werden kann. Die Ausbeute beträgt ca. 80%. Es ist flüchtig und nicht explosiv, bei längerem Stehen wird es zunächst klebrig und zersetzt sich dann allmählich unter Braunfärbung. Beim Kochen mit Wasser wird es nur sehr wenig gespalten. Nach der Analyse liegt ein normales Ozonid vor.

0,1964 g Sbst. (im Vakuum getrocknet): 0,4614 g CO_2, 0,1545 g H_2O.

$C_{10}H_{16}O_3$.   Ber. C 65,20, H 8,77.
Gef. ,, 64,07, ,, 8,80.

Um die Spaltung durchzuführen, wurde das Bornylen nicht in Hexan, sondern in Eisessig ebenfalls mit gewaschenem Ozon erschöpfend ozonisiert und die Lösung darauf im Wasserbade ungefähr 30 Minuten erhitzt. Nachdem die Gasentwicklung aufgehört hatte, wurde die Reaktionsflüssigkeit im Vakuum eingedampft und der Rückstand fraktioniert. Man erhielt hauptsächlich zwei Fraktionen:

I. 105—125° bei 18 mm Druck; hellgelbes Öl.
II. 125—150° desgl.; wird fest.

Die Fraktion I siedet bei nochmaligem Destillieren unter 16 mm Druck bei 90—110° und charakterisiert sich als Dialdehyd, indem sie schon in der Kälte Fehlingsche Lösung reduziert. Die Fraktion II enthält wahrscheinlich die Aldehydosäure, da sie noch in der Wärme reduziert. Beide Verbindungen sollen einer eingehenden Untersuchung unterworfen werden[3]).

---

[1]) Komppa u. Hintikka, Annalen d. Chemie u. Pharmazie **387**, 293 [1911].
[2]) Berichte d. Deutsch. chem. Gesellschaft **32**, 3332 [1899]; Annalen d. Chemie u. Pharmazie **288**, 280 [1911].
[3]) Vgl. Dissertation, Kiel 1915.

77. C. Harries und Alfred Himmelmann: Zur Kenntnis des Citrals.

Aus dem Chemischen Institut der Universität Kiel.
Berichte der Deutschen chemischen Gesellschaft 40, 2823 (1907).
(Eingegangen am 31. Mai 1907.)

Gemeinschaftlich mit Langheld[1]) hat der eine von uns das technische Citral auf sein Verhalten gegen Ozon untersucht. Leitet man in den öligen Aldehyd ohne Lösungsmittel Ozon ein, so entsteht ein Sirup, der nach den Resultaten der Analyse durch Anlagerung von 4 Atomen Sauerstoff an 1 Mol. Citral entstanden zu sein scheint. Die Molekulargewichtsbestimmungen ergaben Werte, die eher auf das doppelte als auf das einfache Molekül hindeuteten. Bei der Zersetzung mit Wasser bildete sich neben Acetonsuperoxyd ein zersetzlicher Aldehyd, dessen genauere Charakterisierung nicht gelang. Bei der Wiederaufnahme dieser Untersuchungen wurde zunächst darauf Gewicht gelegt, das technische Citral nach der Vorschrift von Tiemann[2]) in Citral a und Citral b zu trennen und dann ozonisierten wir diesmal beide Modifikationen in Lösungsmitteln. Hierbei zeigte es sich, daß die Art des Lösungsmittels nicht ohne Einfluß auf die Zusammensetzung der resultierenden Ozonide ist. Bei Anwendung von Petroläther scheidet sich schon beim Einleiten des Ozons ein wasserklarer Sirup ab, der die Zusammensetzung des Langheldschen Ozonids $C_{10}H_{16}O_5$ besitzt; dagegen wird bei Benutzung von Tetrachlorkohlenstoff oder Eisessig als Lösungsmittel ein glasiges Produkt von der empirischen Formel $C_{10}H_{16}O_7$ gewonnen. In letzterem Falle ist also ein normales Diozonid durch Anlagerung von 2 Mol. Ozon an 1 Mol. Citral entstanden. Dies Diozonid verhält sich auch bei der Spaltung mit Wasser anders als das erste. Es zerfällt quantitativ in Aceton, Lävulinaldehyd bzw. Lävulinsäure und einen Sirup, der wahrscheinlich Glyoxal enthält:

$$(CH_3)_2C\underset{O:O:O}{\underline{\qquad}}CH.CH_2.CH_2.\underset{\underset{CH_3}{O:O:O}}{C\underline{\qquad}}CH.CHO$$

$$\rightarrow (CH_3)_2CO + OCH.CH_2.CH_2.CO + (OCH.CHO).CH_3$$

---

[1]) Annalen d. Chemie u. Pharmazie 343, 351 [1905].
[2]) Berichte d. Deutsch. chem. Gesellschaft 32, 117 [1899]; 33, 880 [1900].

Und zwar gewinnt man sowohl aus Citral a wie Citral b die gleichen Resultate. Darnach ist es wohl bewiesen, daß die von Tiemann als Modifikationen des Citrals bezeichneten beiden, leicht ineinander überführbaren Aldehyde nicht im Verhältnis der Strukturisomerie zueinander stehen, ihre Verschiedenheit vielmehr auf stereochemische Lagerung des Moleküls, wie es Tiemann immer angenommen hat, zurückzuführen ist.

Bemerkenswert ist, daß bei der Spaltung der Diozonide kein Lävulinaldehyddiperoxyd wie beim Diozonid aus Kautschuk beobachtet werden konnte.

Experimenteller Teil.

Monozonide der Citrale a und b.

Die beiden Aldehyde wurden nebeneinander untersucht. Sie wurden in getrocknetem Petroläther, Sdp. 50—60°, aufgenommen und so lange mit ozonisiertem Sauerstoff behandelt, als sich aus der Lösung noch etwas abschied. Von den ausgefällten wasserklaren Sirupen wurde der darüber stehende Petroläther abgegossen. Diese Sirupe zeigen die Eigenschaften der Ozonide: sie sind in Essigester leicht, in Äther, Alkohol, Benzol weniger, in Petroläther schwer löslich. Man kann sie durch Aufnehmen in Essigester und Fällen mit Petroläther reinigen. Sie sind auch im vakuumgetrockneten Zustande ölig und wenig explosiv. Bei den Analysen dieser Präparate wurden ähnliche Resultate wie früher von Langheld gefunden, d. h. die Citrale haben ungefähr 4 Atome Sauerstoff aufgenommen.

Citral a.   0,1194 g Sbst.: 0,239 g CO_2, 0,0839 g H_2O.

$C_{10}H_{16}O_5$.   Ber. C 55,6, H 7,4.
           Gef. ,, 54,6, ,, 7,8.

Citral b.   0,1334 g Sbst.: 0,2693 g CO_2, 0,0897 g H_2O.

$C_{10}H_{16}O_5$.   Ber. C 55,60, H 7,4.
           Gef. ,, 55,06, ,, 7,5.

Die weitere Untersuchung hat es nun sehr wahrscheinlich gemacht, daß die Monozonide $C_{10}H_{16}O_5$ keine einheitlichen Körper, sondern Gemische von normalen Monozoniden $C_{10}H_{16}O_4$ und normalen Diozoniden $C_{10}H_{16}O_7$ sind. Wären nämlich die Monozonide $C_{10}H_{16}O_5$ Peroxyde, nach der Formel

$$(CH_3)_2C\text{———}CH . CH_2 . CH_2\, C : CH . CHO : O$$
$$O:O:O CH_3$$

oder

$$(CH_3)_2C : CH . CH_2 . CH_2 . C\text{———}CH . CHO : O$$
$$O:O:O$$
$$CH_3$$

zusammengesetzt, wie wir es früher angenommen haben, so müßte nach dem Waschen mit Wasser und Natriumbicarbonat ein Sauerstoffatom herausgenommen werden und Ozonide der Formel $C_{10}H_{16}O_4$, also normale Monozonide, entstehen. Denn die Ozonidperoxyde verlieren hierbei 1 Atom Sauerstoff, wie in anderen Fällen gezeigt worden ist. Bei dieser Behandlung bleiben aber die Monozonide $C_{10}H_{16}O_5$ ganz unverändert, wie durch Analyse festgestellt werden konnte. Auch das Verhalten der Monozonide $C_{10}H_{16}O_5$ gegen Wasser beim Erwärmen spricht dafür, daß kein einheitlicher Körper, sondern ein Gemisch vorliegt, in dem allerdings die normalen Monozonide $C_{10}H_{16}O_4$ überwiegen. Diese Körper sind nämlich ungesättigt, denn sie entfärben Brom in Eisessig. Durch Erwärmen mit Wasser werden sie leicht zerlegt. Die wässerige Lösung zeigt starke Wasserstoffsuperoxydreaktion, reduziert Fehling-sche Lösung in der Kälte und liefert, mit Ammoniak und Essigsäure gekocht, die Pyrrolreaktion. Der Aldehyd, welcher die beiden letzteren Reaktionen anzeigt, ist der Lävulinaldehyd. Dies konnte dadurch nachgewiesen werden, daß die Reaktionsmasse mit Wasserdampf destilliert wurde. Hierbei schied sich aus dem Destillat beim Zusatz von essigsaurem Phenylhydrazin und etwas Salzsäure das bekannte Methylphenylpyridazin vom Schmp. 197° ab, indessen ist die Menge davon sehr gering; als Hauptprodukt entsteht ein anderer, schwer mit Wasserdampf flüchtiger Aldehyd, der sich nicht isolieren ließ. Außerdem wurde die Bildung von Acetonsuperoxyd beobachtet. Hieraus kann man entnehmen, daß vorwiegend das Ozonid

$$(CH_3)_2C\underset{O:O:O}{-\!\!-\!\!-\!\!-\!\!-}CH . CH_2 . CH_2 . \underset{CH_3}{C} : CH . CHO$$

entstanden ist. Das Auftreten des Lävulinaldehyds spricht für das Vorhandensein eines gesättigten Diozonids in dem Ausgangsmaterial.

Diozonide der beiden Citrale a und b. Leitet man in die Lösungen der beiden Aldehyde in gut getrocknetem Tetrachlorkohlenstoff Ozon ein, so bemerkt man ebenfalls die Abscheidung von dicken, hellen Ölen, welche man ähnlich wie vorhin beschrieben isolieren und durch Aufnehmen in Essigester und Fällen mit Petroläther reinigen kann. Beim Trocknen im Vakuum werden diese Öle vollkommen fest und lassen sich zu Pulver zerreiben. Die Monozonide sind in Tetrakohlenstoff leicht, die Diozonide schwer löslich.

Citral a. 0,1076 g Sbst.: 0,1978 g CO_2, 0,0642 g H_2O.
$C_{10}H_{16}O_7$. Ber. C 48,4, H 6,4.
Gef. ,, 50,1, ,, 6,6.

Citral b. 0,1814 g Sbst.: 0,3232 g CO_2, 0,1078 g H_2O.
$C_{10}H_{16}O_7$. Ber. C 48,4, H 6,4.
Gef. ,, 48,5, ,, 6,6.

Molekulargewichtsbestimmungen nach der Gefriermethode im Raoult-Beckmannschen Apparat:

I. Eisessig 32,9 g, Sbst. 0,1697 g, Δ 0,09. — II. Benzol 21,185 g, Sbst. 0,1057 g, Δ 0,01.

Mol.-Gewicht: Ber. 248. Gef. I. 224, II. 253.

Die Diozonide zeigen im allgemeinen die gleichen Reaktionen wie die Monozonide, nur entfärben sie nicht mehr Brom; auch sie sind wenig explosiv. Durch Erwärmen auf dem Wasserbade am Rückflußkühler werden sie nach kurzer Zeit vollständig zerlegt. Die quantitative Untersuchung des Verlaufs dieser Spaltung ergab folgende Resultate: 10 g Diozonid wurden auf dem Wasserbade bis zur vollständigen Lösung erwärmt; dabei setzt sich im Rückflußkühler eine reichliche Menge Acetonsuperoxyd ab, die nur schätzungsweise bestimmt werden konnte, ca. 1 g. Darauf wurde die wässerige Flüssigkeit zur Gewinnung des in ihr enthaltenen Acetons unter Verwendung eines Kolonnenaufsatzes vorsichtig destilliert. Hierbei ging bei 56—57° eine farblose Flüssigkeit über (1 g), die durch das Semicarbazon vom Schmp. 187° als reines Aceton charakterisiert wurde.

Der Lävulinaldehyd wurde darauf aus der Reaktionsmasse mit Wasserdampf abgeblasen; das Destillat ergab 2,7 g Methylphenylpyridazin vom Schmp. 197°; dies entspricht etwa 2 g Lävulinaldehyd, wenn man die Ausbeute von Pyridazin auf 80% anrechnet.

Der Rückstand von der Wasserdampfdestillation wurde im Vakuum zur Trockne eingedampft und der ölige Rückstand zur Trennung der Lävulinsäure und des Glyoxals mit Äther behandelt. Erstere geht in Lösung und verbleibt nach dem Verdampfen des Äthers als Öl zurück. Von demselben destillierten bei 130—150° unter 10 mm Druck 1,7 g, während 0,5 g als Rückstand gewogen wurden. Das Öl kristallisiert beim Abkühlen, schmilzt bei 33° und liefert ein Phenylhydrazon vom Schmp. 108°; es ist also reine Lävulinsäure. Der geringe Rückstand ist jedenfalls auch noch dieser Säure hinzuzurechnen. 2,2 g Lävulinsäure entsprechen 1,9 g Lävulinaldehyd.

Die Analyse hatte also folgendes Resultat:

10 g angewandte Sbst.: Ber. 4,0 g Lävulinaldehyd, 2,3 g Aceton.
Gef. 3,9 „ „ ca. 2 „ „

Der in Äther unlösliche Rückstand mußte das Glyoxal enthalten, er war aber zu gering, um dieses daraus zu isolieren. Auch bei einem in größerem Maßstabe angesetzten Versuch gelang es nicht, das Glyoxal genauer zu charakterisieren.

Wir sind augenblicklich damit beschäftigt, die anderen Glieder der aliphatischen Terpenkörper nach derselben Methode zu bearbeiten.

78. C. Harries und Alfred Himmelmann: Zur Kenntnis der Verbindungen der Citronella-Reihe.

Aus dem Chemischen Institut der Universität Kiel.
Berichte der Deutschen chemischen Gesellschaft **41**, 2187 (1908).
(Eingegangen am 15. Juni 1908.)

Die Verbindungen der Citronellareihe sind zwar schon recht ausführlich untersucht worden, indessen sind ihre Konstitutionsverhältnisse immer noch nicht ganz einwandsfrei festgelegt.

Tiemann und Schmidt[1]) oxydierten das Citronellal mit Permanganat und erhielten dabei 50 proz. Aceton und β-Methyladipinsäure, deren Quantität nicht bestimmt wurde.

Aus diesem Ergebnis leiteten sie für das Citronellal folgende Formel ab: $(CH_3)_2C : CH.CH_2.CH_2.CH(CH_3).CH_2.CHO$. Da sich Citronellal, wie sie zeigen konnten, in 80 proz. Ausbeute zu dem Citronellol reduzieren, Citronellaloxim durch Wasserabspaltung und Verseifung, wie Semmler[2]) früher gefunden hatte, in Citronellasäure überführen läßt, so teilten sie diesen beiden Verbindungen die analogen Formeln zu:

$$(CH_3)_2C : CH.CH_2.CH_2.CH(CH_3).CH_2.CH_2OH;$$
$$(CH_3)_2C : CH.CH_2.CH_2.CH(CH_3).CH_2.COOH.$$

Barbier[3]) hat dann zuerst auf Grund des Übergangs von Citronellal in Menthylglykol die Formel desselben folgendermaßen umgestaltet:

$$\begin{matrix} CH_3 \\ CH_2 \end{matrix}\!\!\rangle C . CH_2 . CH_2 . CH_2 . CH(CH_3) . CH_2 . CHO,$$

und der eine von uns hat später verschiedene Experimentaluntersuchungen ausgeführt, welche diese Formel begründeten.

Erstens geht Citronellal bei der Behandlung mit Essigsäureanhydrid nach Tiemann und Schmidt[4]) in Isopulegol über. Im Isopulegol

---

[1]) Berichte d. Deutsch. chem. Gesellschaft **29**, 903 [1896].
[2]) Berichte d. Deutsch. chem. Gesellschaft **26**, 2256 [1893]; vgl. auch E. Kremers, Amer. chem. Journ. **14**, 203 [1892].
[3]) Compt. rend. de l'Acad. des Sc. **124**, 1308 [1897].
[4]) Berichte d. Deutsch. chem. Gesellschaft **30**, 22 [1897].

bzw. Isopulegon liegt aber nach Harries und Röder[1]) die Doppelbindung in (8,9)-Stellung:

$$\begin{array}{c}CH_3 \\ CH_2\end{array}\!\!>\!\!C-CH\!\!<\!\!\begin{array}{c}CH_2 . CH_2 \\ CO-CH_2\end{array}\!\!>\!\!CH . CH_3 .$$

Sodann läßt sich durch vorsichtige Oxydation[2]) des Citronellalacetals mit Permanganat ein Glykol gewinnen, welches bei weiterer Oxydation mit Chromsäure einen Ketoaldehyd $C_9H_{16}O_2$ liefert. Diese Resultate konnten am besten in folgender Weise erklärt werden:

$$\begin{array}{c}CH_3 \\ (OH)CH_2\end{array}\!\!>\!\!C(OH) . CH_2 . CH_2 . CH_2 . CH(CH_3) . CH_2 . CH(OCH_3)_2$$
$$\rightarrow \ CH_3 . CO . CH_2 . CH_2 . CH_2 . CH(CH_3) . CH_2 . CHO .$$

Eine weitere Stütze erfuhr diese Anschauung durch Ergebnisse früherer Arbeiten von Wallach[3]) über Menthocitronellal, von dem er gezeigt hatte, daß es mit Citronellal nicht identisch ist, und von Bouveault[4]), der im Rosenöl das l-Rhodinol auffand. Dieses läßt sich in einen dem Citronellal isomeren Aldehyd umwandeln, der mit Essigsäureanhydrid Menthon und nicht Isopulegon liefert. Aller Wahrscheinlichkeit nach besitzt infolgedessen das Rhodinal die Formel, welche Tiemann und Schmidt dem Citronellal zuerst zugewiesen hatten:

$$\begin{array}{c}CH_3 \\ CH_3\end{array}\!\!>\!\!C:CH . CH_2 . CH_2 . CH(CH_3) . CH_2 . CHO .$$

Zu bemerken ist aber, daß die Übergänge, auf die es ankommt, nicht quantitativ genau genug verfolgt werden konnten. Infolgedessen erschien es notwendig, noch einmal eine schärfere Methode zur Konstitutionsaufklärung anzuwenden.

Wir haben nun vor kurzem[5]) gezeigt, daß man mit Hilfe des Ozons die Konstitution der beiden Citrale in exakter Weise durch quantitative Bestimmung der Spaltungsprodukte ihrer Diozonide mit Wasser aufklären kann; es erschien daher aussichtsreich, in derselben Weise auch die Glieder der Citronellalreihe zu bearbeiten.

Wenn die Reaktion hier normal verliefe, sollte man erwarten, daß die zunächst entstehenden Monozonide unter Zugrundelegung der Citronellalformel von Barbier und Harries bei der Spaltung mit Wasser unter Bildung von Formaldehyd in Ketone mit einer Kette von 9 Kohlenstoffatomen übergehen würden:

---

[1]) Harries u. Röder, Berichte d. Deutsch. chem. Gesellschaft **32**, 3357 [1899].
[2]) Harries u. Schauwecker, Berichte d. Deutsch. chem. Gesellschaft **34**, 2981 [1901].
[3]) Annalen d. Chemie u. Pharmazie **278**, 302 [1893]; **296**, 131 [1897].
[4]) Bull. de la Soc. chim. [3] **23**, 458, 463 [1900].
[5]) Berichte d. Deutsch. chem. Gesellschaft **40**, 2823 [1907].

I. $CH_3.CO.CH_2.CH_2.CH_2.CH(CH_3).CH_2.CH_2.OH$ aus Citronellol,

II. $CH_3.CO.CH_2.CH_2.CH_2.CH(CH_3).CH_2.CHO$ aus Citronellal,

III. $CH_3.CO.CH_2.CH_2.CH_2.CH(CH_3).CH_2.COOH$ aus Citronellsäure.

In der Tat erhielten wir aus allen drei Verbindungen Ozonide[1]), welche aber zunächst nicht dem normalen Typus entsprechen. Sie lassen sich auch durch Wasser spalten, aber die Trennung der Spaltstücke war mit so großen Schwierigkeiten verknüpft, daß wir schließlich darauf verzichten mußten, die gesuchten Ketone C_9 in reinem Zustande zu isolieren.

Wir machten aber folgende interessante Beobachtung, die für die Beurteilung der Konstitution dieser Körperklasse von Wichtigkeit sein dürfte.

In allen drei Fällen, besonders aber beim Citronellalozonid, konnten wir die Bildung von Acetonsuperoxyd bei der Spaltung mit Wasser feststellen. Dies führte uns dazu, auch auf Aceton zu prüfen, und hierbei fanden wir bei den drei Verbindungen der Citronellareihe das Auftreten von Aceton. Wenn Aceton vorhanden war, mußte sich auch β-Methyladipinsäure gebildet haben, und in der Tat konnte auch diese Säure isoliert werden. Bei der quantitativen Bestimmung fanden wir nun das Resultat, daß das gebildete Aceton an Menge der β-Methyladipinsäure entspricht, nur beim Citronellol konnte diese Säure nicht konstatiert werden.

Die Erklärung hierfür ist darin zu suchen, daß bei der Spaltung des Citronellalozonids neben dem Ketonaldehyd $C_9H_{16}O_2$ zunächst β-Methyladipindialdehyd gebildet wird, welcher sehr leicht über den β-Methyladipinsäurehalbaldehyd in die β-Methyladipinsäure durch Oxydation oder Autoxydation übergeht. Dasselbe ist bei dem Citronellasäureozonid der Fall. Hier entsteht neben der Ketosäure $C_9H_{16}O_3$ ebenfalls zunächst der leicht veränderliche β-Methyladipinsäurehalbaldehyd.

Beim Citronellolozonid dagegen tritt neben dem Ketonalkohol $C_9H_{18}O_2$ in erster Phase ein Aldehydalkohol auf $OCH.CH_2.CH_2.CH(CH_3).CH_2.CH_2.OH$, und dieser wird nicht so leicht in β-Methyladipinsäure umgewandelt. Infolgedessen gewinnt man bei unserem Verfahren nur das diesem Aldehyd entsprechende Aceton.

Wir erhielten folgende Werte:

Ozonide	angew. Menge g	Aceton			β-Methyladipinsäure		
		gef. g	ber. g	%	gef. g	ber. g	%
Citronellol	15	0,8	3,7	21	—	—	—
Citronellal	25	2,0	6,2	32	6,0	17,1	35
Citronellasäure	20	2,6	4,9	52	8,0	13,6	58

[1]) Das Citronellalozonid ist schon von Langheld, Annalen d. Chemie u. Pharmazie **343**, 351 [1905], beschrieben worden.

Man sieht hieraus, daß die für Aceton und Methyladipinsäure gefundenen Werte recht gut übereinstimmen. Es ist immer etwas mehr von der Säure als vom Aceton ermittelt worden, was sich daraus leicht erklären läßt, daß das letztere schwieriger als die erstere isoliert werden kann. Die der β-Methyladipinsäure entsprechenden Aldehyde scheinen beim Citronellal und der Citronellasäure ganz verschwunden zu sein. Ferner sieht man, daß, je negativer der Komplex wird, sich desto mehr Aceton und Säure bilden.

Man kann nun diese Beobachtung in zweierlei Richtung interpretieren.

Einmal könnte das primär an die Doppelbindung (8,9) angelagerte Ozon bei der Spaltung mit Wasser weitergreifend oxydieren:

$$CH_3 . C . CH_2 . CH_2 . CH_2 \ldots$$
$$CH_2 . O_3$$

Es wäre dies dann ein Beispiel dafür, daß Ozon nicht immer an der Stelle oxydierend wirkt, wo es sich anlagert.

Wir kennen in der Tat einen solchen Fall, der für eine derartige Erscheinung sprechen könnte, Pulegonozonidperoxyd, $C_{10}H_{16}O_5$, geht nämlich außerordentlich leicht in β-Methyladipinsäure, und zwar zu mindestens 80% über. Eigentlich sollte man hier das Auftreten von Methylcyclohexandion als Zwischenglied erwarten:

$$\begin{array}{c} H_3C \\ H_2C \end{array}\!\!\!>\!C\!-\!C\!<\!\!\!\begin{array}{c} CH_2 . CH_2 \\ CO_2 . CH_2 \end{array}\!\!\!>\!CH . CH_3 \quad \rightarrow$$
$$O_3$$

$$OC\!<\!\!\!\begin{array}{c} CH_2 . CH_2 \\ \\ OC\!-\!-\!CH_2 \end{array}\!\!\!>\!CH . CH_3 \quad \rightarrow \quad \begin{array}{c} CH_2 . CH_2 \\ HOOC \\ HOOC\!-\!-\!-\!CH_2 \end{array}\!\!\!>\!CH . CH_3 .$$

Gegen diese Auffassung spricht aber unseres Erachtens die Bildung des Acetons, welches bei einer Verbindung der oben gegebenen Formulierung gar nicht entstehen kann, sondern bei der weitergreifenden oxydativen Spaltung ebenfalls zerstört werden müßte.

Naheliegender erscheint vielmehr die zweite Erklärung zu sein, nämlich die drei bisher als einheitlich angesehenen Glieder der Citronellareihe sind Gemische von Verbindungen der Formel

$$\begin{array}{c} CH_3 \\ CH_2 \end{array}\!\!\!>\!C . CH_2 \ldots \quad \text{und} \quad \begin{array}{c} CH_3 \\ CH_3 \end{array}\!\!\!>\!C = CH . CH_2 \ldots$$
$$\text{Citronellareihe} \qquad\qquad\qquad \text{Rhodinareihe}$$

Die gefundenen Quantitäten Aceton und Methyladipinsäure rühren von einer normalen Spaltung der Verbindung der Rhodinareihe her. Und zwar enthält dann nach den Analysen das Citronellol mindestens

20% von Rhodinol, das Citronellal desgleichen ca. 40% von Rhodinal, die Citronellasäure desgleichen ca. 60% von Rhodinasäure. Je saurer die den Sauerstoff am endständigen Kohlenstoffatom tragende Gruppe wird, desto unbeständiger wird die Konfiguration $\mathrm{CH_2{\diagdown}\atop CH_2{\diagup}}C.CH_2\ldots$ und desto mehr hat sie die Neigung, sich bei ihrer Entstehung in $\mathrm{CH_3{\diagdown}\atop CH_3{\diagup}}C$ $=CH\ldots$ umzulagern. Letztere müssen wir demnach als die beständigere ansehen. Im stark negativen Citral ist gar keine oder sehr wenig Neigung zur Bildung der erstgenannten Konfiguration vorhanden.

Mit dieser Interpretation stimmen auch die früheren Befunde überein, ja einige scheinbar miteinander im Widerspruch stehende Beobachtungen lassen sich nun zwanglos erklären.

Besonders möchten wir hier die Beobachtung von Tiemann und Schmidt hervorheben, welche bei der Behandlung von Citronellal mit Essigsäureanhydrid nur ca. 50% Isopulegol erhalten konnten. Weiter hat der eine von uns mit Schauwecker[1]) gezeigt, daß, wenn man Citronellalacetal mit Permanganat in wässeriger Lösung oxydiert, ein Teil — etwa die Hälfte — das Acetal des Halbaldehyds der β-Methyladipinsäure liefert, während der andere Teil in ein Glykol umgewandelt wird. Ersterer entspricht der im technischen Citronellal vorhandenen Menge an Rhodinal, letzterer der an Citronellal. Und es ist möglich, daß im wesentlichen nur dieses Glykol dann später mit Chromsäure und Eisessig zu dem Ketoaldehyd $C_9H_{16}O_2$ oxydiert wurde. Das technische Citronellal verschiedener Herkunft ist aber anscheinend nicht gleichartig zusammengesetzt. Denn während bei Citronellal von Schimmel & Co. bis zu 60% von dem Halbacetal der β-Methyladipinsäure erhalten wurden, konnten bei später ausgeführten Versuchen mit Citronellal von Haarmann & Reimer nur ca. 40% dieser Verbindung isoliert werden. Damit würde die Analyse des Citronellals vermittels Ozon übereinstimmen, welche wir jetzt ausgeführt haben. Dieses Citronellal hatte uns wieder die letztere Firma geliefert.

Die Derivate der Verbindungen der Citronellareihe haben auch selten einen scharfen Schmelzpunkt, so hat man insbesondere bei der Darstellung und Reinigung des Semicarbazons des Citronellals nach Tiemann den Eindruck, als habe man es mit einem Gemenge von zwei Substanzen zu tun. Das von Bouveault[2]) untersuchte Rhodinal wird dagegen eine reinere Verbindung sein, denn sonst hätte er bei der Kondensation mit Essigsäureanhydrid neben Menthon auch Iso-

---

[1]) Berichte d. Deutsch. chem. Gesellschaft **34**, 1498 [1901].

[2]) loc. cit.

pulegol, einen ungesättigten Alkohol, beobachten müssen. Wir möchten uns daher für die zuletzt angeführte Interpretation aussprechen, wenn sie auch noch nicht einwandsfrei erwiesen ist. Da hiernach die Verbindungen der Citronellareihe Gemische sind, so müssen auch die im folgenden beschriebenen Ozonide ebenfalls als solche angesehen werden. Die Ausbeuten an den Ozoniden sind, wie in den meisten untersuchten Fällen, quantitativ. Infolge der im experimentellen Teile beschriebenen Reinigung durch Umlösen entstehen aber kleine Verluste, die je nach der Löslichkeit des betreffenden Körpers verschieden sind.

Experimenteller Teil.

Citronellal[1]).

Während, wie wir kürzlich zeigten, das Citral ein Monozonid $C_{10}H_{16}O_4$ und ein Diozonid $C_{10}H_{16}O_7$ je nach den Lösungsmitteln bildet, indem für jede Doppelbindung nur 1 Mol. Ozon addiert wird, finden wir bei dem Citronellal ein ganz verschiedenes Verhalten.

Citronellalozonidperoxyd.

Verhalten des Citronellals gegen Ozon ohne Lösungsmittel.

Schon Langheld[2]) zeigte, daß, wenn Citronellal ohne Lösungsmittel ozonisiert wird, ein dicker Sirup entsteht, dessen Zusammensetzung ziemlich genau auf die Formel $C_{10}H_{18}O_5$ und nicht, wie man erwarten sollte, auf $C_{10}H_{18}O_4$ stimmende Werte liefert.

Wir haben nun die Angaben von Langheld nachgeprüft und bestätigt gefunden. Langheld hat das Ozonid keinem Reinigungsprozeß unterworfen. Wir haben dagegen das durch direkte Ozonisierung erhaltene Öl in wenig Essigester aufgenommen (dabei schied sich eine kleine Menge Acetonsuperoxyd ab), und die filtrierte Lösung mit Petroläther gefällt. Nach dreimaliger Wiederholung dieses Prozesses wurde das dicke Öl im Vakuumexsiccator bis zur Gewichtskonstanz getrocknet. Auch das so gereinigte Ozonid zeigte dieselben Analysenresultate wie Langheld sie gefunden hat.

0,137 g Sbst.: 0,2804 g CO_2, 0,1043 g H_2O.

$C_{10}H_{18}O_5$. Ber. C 55,0, H 8,3.
Gef. ,, 55,8, ,, 8,5.

Der von Langheld seinerzeit gegebenen Beschreibung der Eigenschaften ist nichts Besonderes hinzuzufügen.

---

[1]) Das für die folgenden Versuche verwendete Citronellal wurde nach der Vorschrift von Tiemann u. Schmidt (Berichte d. Deutsch. chem. Gesellschaft **29**, 904 [1896]) über die Bisulfitverbindung sorgfältig gereinigt. Vgl. auch diese Berichte d. Deutsch. chem. Gesellschaft **32**, 817 [1899].

[2]) Annalen d. Chemie u. Pharmazie **343**, 350 [1905].

Das so erhaltene Ozonderivat des Citronellal ist also analog wie andere Verbindungen mit Carbonyl zusammengesetzt. Es ist nun früher gezeigt worden[1]), daß in solchen Ozonidperoxyden ein Sauerstoffatom durch Waschen mit Wasser und Natriumbicarbonat herausgenommen und dadurch ein normales Ozonid gewonnen werden kann. Wir versuchten, diese Methode auch bei dem Citronellalozonidperoxyd anzuwenden, und konnten konstatieren, daß sich die Zusammensetzung des gewaschenen Produktes wesentlich ändert und derjenigen eines normalen Ozonides nahekommt. Ganz rein haben wir das normale Ozonid allerdings nicht erhalten können.

Normales Citronellalozonid.

Das Citronellalozonidperoxyd wurde in der dreifachen Menge Äther gelöst und mehrere Male mit Wasser und Natriumbicarbonat durchgeschüttelt. Die Waschwässer gaben die Reaktion auf Wasserstoffsuperoxyd. Nach dem Verdampfen des Äthers im Vakuum wurde das Präparat im Vakuum über Schwefelsäure getrocknet.

0,120 g Sbst.: 0,2522 g CO_2, 0,0942 g H_2O. — 0,1303 g Sbst.: 0,2768 g CO_2, 0,1032 g H_2O.

$C_{10}H_{18}O_5$.   Ber. C 55,0,   H 8,3.
$C_{10}H_{18}O_4$.   ,,   ,, 59,4,   ,, 8,9.
          Gef. ,, 57,3, 57,9, ,, 8,7, 8,9.

Die Zahlen der 2. Analyse stammen von einem Produkt, welches durch nochmaliges Waschen eines Präparates erhalten war, das zunächst die Werte I ergeben hatte. Das n-Citronellalozonid unterscheidet sich in seinen Eigenschaften wenig von dem ersteren.

Verhalten des Citronellal gegen Ozon in einem Lösungsmittel.

Oxozonidperoxyd $C_{10}H_{18}O_6$.

Die Lösung des Citronellal in Tetrachlorkohlenstoff wird durch Ozon bei guter Kühlung in eine dickliche Flüssigkeit verwandelt. Man leitet so lange ein, bis die Lösung eine blaue Färbung annimmt. Das Ozonid wird durch Petroläther als dicker, farbloser Sirup abgeschieden, der durch Aufnehmen in Essigester und Fällen mit Petroläther in der vorhin beschriebenen Weise gereinigt und getrocknet wird.

Die Analysen verschiedener Präparate gaben untereinander übereinstimmende Resultate, aus denen hervorgeht, daß in diesem Ozonid noch mehr Sauerstoff vorhanden ist.

----

[1]) Vgl. **Harries** u. **Thieme**, Berichte d. Deutsch. chem. Gesellschaft **39**, 2844 [1906].

0,165 g Sbst.: 0,3158 g CO_2, 0,1118 g H_2O. — 0,1786 g Sbst.: 0,3374 g CO_2, 0,1170 g H_2O. — 0,1464 g Sbst.: 0,2768 g CO_2, 0,0943 g H_2O.

$C_{10}H_{18}O_4$.   Ber. C 59,4,   H 8,9.
$C_{10}H_{18}O_5$.   ,,   ,, 55,0,   ,, 8,3.
$C_{10}H_{18}O_6$.   ,,   ,, 51,3,   ,, 7,7.
        Gef. ,, 52,2, 51,5, 51,5, ,, 7,5, 7,3, 7,2.

Man hätte denken können, daß bei dieser Ozonisierung das Citronellal in das Citronellasäureozonidperoxyd, $C_{10}H_{18}O_6$, übergegangen sei, allein, wie nachher gezeigt wird, sind die Eigenschaften der beiden Verbindungen verschieden. Das letztere ist in Tetrachlorkohlenstoff unlöslich.

Das beschriebene neue Ozonid ist ein farbloser, dicker Sirup von äußerst stechendem Geruch, wahrscheinlich rührt dieser von kleinen Mengen Formaldehyd her, die sich abspalten. Es ist in allen gebräuchlichen organischen Solvenzien, außer Petroläther, leicht löslich und besitzt alle Eigenschaften der Ozonide, nur ist es nicht explosiv. Beim Erwärmen mit Wasser wird es schneller als das Citronellalozonidperoxyd zersetzt, dabei geht es in Lösung. In derselben ist Wasserstoffsuperoxyd nachweisbar. Fehlingsche Flüssigkeit wird stark reduziert.

Spaltung der Citronellalozonide mit Wasser.

Für die Spaltung wurden die Verbindungen $C_{10}H_{18}O_5$ und $C_{10}H_{18}O_6$ benutzt; bei beiden erhielten wir in jeder Hinsicht die gleichen Resultate.

25 g Ozonid wurden mit 300 g Wasser eine halbe Stunde auf dem Wasserbade unter Rückfluß erhitzt. Im Rückflußkühler setzen sich kleine Mengen von Acetonsuperoxyd ab, das Ozonid geht bis auf einen kleinen Teil in Lösung. Zunächst wird dieselbe zur Isolierung des Acetons vermittels einer Kolonne bei gewöhnlichem Druck destilliert, wobei eine farblose Flüssigkeit bei 56—58° übergeht, welche sich als reines Aceton identifizieren läßt; sie beträgt 2 g. Dann wurde die Flüssigkeit im Vakuum vorsichtig eingedampft, wobei als Rückstand 18 g eines hellgelben Öles hinterblieben. Bei der nunmehr vorgenommenen Fraktionierung unter 12 mm Druck färbte sich dieses Öl bald dunkel; von 100—190° gingen 7 g über, welche Fehlingsche Flüssigkeit reduzierten und aldehydische Bestandteile, sehr wahrscheinlich auch den gesuchten Ketoaldehyd, $C_9H_{16}O_2$, enthielten. Es war aber sehr schwer, auch bei öfter wiederholter Destillation, daraus ein einigermaßen einheitliches Produkt abzuscheiden, so daß wir auf die weitere Verarbeitung dieser Fraktion schließlich verzichteten. Der Ketoaldehyd $C_9H_{16}O_2$ scheint zur Selbstkondensation zu neigen, wobei dann ein hydroaromatisches Keton entstehen würde. Es dürfte zu weit führen,

hier auf diese Verhältnisse, deren Aufklärung wir viel Zeit vergeblich opferten, näher einzugehen.

Nach 190° stieg das Thermometer auf ca. 200°, und das nun übergehende Öl erstarrte in der Vorlage zu einem hellgelben Kristallkuchen, ca. 6 g. Als Destillationsrückstand hinterblieben 5 g einer schwarzen harzigen Masse.

Der Kristallkuchen wurde zur weiteren Reinigung in wenig Wasser gelöst und von kleinen, nicht aufgenommenen, öligen Anteilen filtriert. Beim Einengen scheidet sich die Verbindung rein weiß ab und kann durch nochmaliges Umkristallisieren aus Benzol-Chloroform (3:1) unter Zusatz von Petroläther in feinen Nadeln erhalten werden, die bei 89° schmelzen.

Die Analyse bestätigte die Annahme, daß β-Methyladipinsäure vorlag.

0,1246 g Sbst.: 0,2388 g CO_2, 0,0838 g H_2O.

$C_7H_{12}O_4$.   Ber. C 52,5, H 7,5.
Gef. ,, 52,3, ,, 7,5.

25 g Ozonid ergaben demnach 2 g Aceton und 6 g β-Methyladipinsäure oder 32% bzw. 35% der berechneten Menge.

Citronellasäure.

Diese Säure, aus Citronellalaldoxim durch Wasserabspaltung und durch Verseifen des entstandenen Nitrils nach Semmler[1]) gewonnen, verhält sich ganz ähnlich wie das Citronellal, indem auch bei ihr die Bildung von drei verschiedenen Ozoniden konstatiert werden konnte.

Citronellasäureozonidperoxyd, $C_{10}H_{18}O_6$,

bildet sich zunächst immer, wenn man die Säure in Tetrachlorkohlenstofflösung mit Ozon so lange behandelt, bis eine Probe der Flüssigkeit, mit Brom-Eisessig versetzt, diesen nicht mehr entfärbt. Es scheidet sich bei der Ozonisierung als dicker, farbloser Sirup ab, welcher außer von Tetrachlorkohlenstoff auch von Äther und Petroläther nicht aufgenommen wird; in Essigester, Benzol, Alkohol ist er dagegen löslich. Er besitzt die Eigenschaften der Ozonide, ist aber wenig explosiv. Zur Analyse wurde er wie früher gereinigt und getrocknet.

0,2650 g Sbst.: 0,5112 g CO_2, 0,1908 g H_2O.

$C_{10}H_{18}O_6$.   Ber. C 51,3, H 7,7.
Gef. ,, 52,6, ,, 8,0.

Die Citronellasäure verhält sich also ganz ähnlich wie die Ölsäure. Es wurde deshalb wie bei dieser versucht, durch Waschen mit

---

[1]) loc. cit.

Wasser ein Sauerstoffatom herauszunehmen, um aus dem Ozonidperoxyd das normale Citronellasäureozonid zu erhalten; Bicarbonat konnte in diesem Falle aus experimentellen Rücksichten nicht benutzt werden, weil das Ozonid in Äther unlöslich ist.

Es konnte in der Tat konstatiert werden, daß die Waschwässer Wasserstoffsuperoxyd enthielten, nicht aber die Fehlingsche Flüssigkeit reduzierten, ein Zeichen, daß die eigentliche Ozonidgruppe unangegriffen blieb. Die Analyse deutet darauf hin, daß der Kohlenstoffgehalt bei einem so behandelten, im Vakuum getrockneten Präparat eine Zunahme erfährt.

0,1255 g Sbst.: 0,2484 g CO_2, 0,0882 g H_2O.

$C_{10}H_{18}O_5$.   Ber. C 55,0, H 8,3.
Gef. ,, 53,9, ,, 7,8.

Oxozonidperoxyd $C_{10}H_{18}O_7$.

Behandelt man die Tetrachlorkohlenstofflösung der Citronellasäure sehr lange mit Ozon, so daß die Flüssigkeit durch letzteres blau gefärbt wird, und reinigt und trocknet das ausgeschiedene Öl in der vorher beschriebenen Weise, so findet man bei der Analyse Werte, welche darauf hinweisen, daß noch ein weiteres Sauerstoffatom eingetreten ist. Das Produkt unterscheidet sich in seinen Eigenschaften sonst nicht besonders von dem Citronellasäureozonidperoxyd.

0,1318 g Sbst.: 0,2336 g CO_2, 0,0878 g H_2O.

$C_{10}H_{18}O_7$.   Ber. C 48,0, H 7,2.
Gef. ,, 48,3, ,, 7,4.

Ob hier wirklich eine neue Verbindung vorliegt oder nicht, müssen weitere Untersuchungen an einfacheren Körpern zeigen; zu bemerken ist nur, daß auch die Ölsäure in Tetrachlorkohlenstofflösung bei sehr lang andauernder Behandlung mit Ozon noch ein fünftes Sauerstoffatom aufzunehmen und dabei in eine Ozonidverbindung $C_{18}H_{34}O_2 . O_5$ überzugehen scheint.

Spaltung der Citronellasäureozonide mit Wasser.

Die Ozonide der Citronellasäure verhalten sich beim Erwärmen mit Wasser ganz ähnlich wie diejenigen des Citronellals. Nach einhalbstündigem Erwärmen auf dem Wasserbade gehen sie bis auf einen kleinen öligen Rückstand in Lösung. Dieselbe gibt die Reaktion auf Wasserstoffsuperoxyd und reduziert in der Wärme Fehlingsche Flüssigkeit.

Die Verarbeitung und Isolierung der Spaltprodukte wurde genau nach der beim Citronellal beschriebenen Methode ausgeführt.

So erhielten wir aus 20 g Ozonid 2,6 g Aceton und 12 g eines Öles, welches beim Abdampfen des Wassers im Vakuum zurückblieb. Dasselbe wurde durch Destillation im Vakuum unter 12 mm Druck in folgende Fraktionen zerlegt:

1 g Vorlauf von 100—180°,
1 „ Öl von 180—190°; aus demselben konnte kein festes Semicarbazon isoliert werden,
8 „ β-Methyladipinsäure, Sdp. ca. 200°,
2 „ harziger Rückstand.

Da wir vermuteten, daß die β-Methyladipinsäure evtl. die gesuchte Ketonsäure $C_9H_{16}O_3$ beigemengt enthielt, führten wir die um 200° siedende Fraktion nach der E. Fischerschen Methode in den Di-äthylester über, um evtl. die verschiedenen Ester durch Destillation trennen zu können. Wir erhielten aber ein ganz einheitlich siedendes Produkt, welches bei 10 mm Druck von 123—126° überging. Die Hauptmenge sott bei 124° und wurde analysiert.

0,1079 g Sbst.: 0,2432 g CO_2, 0,0928 g H_2O.

$C_{11}H_{20}O_4$.   Ber. C 61,1, H 9,2.
Gef. „ 61,4, „ 9,6.

Es lag daher ganz reine β-Methyladipinsäure vor. Die Spaltung hatte also folgendes Resultat:

Aceton 2,6 g, β-Methyladipinsäure 8 g oder 52% bzw. 58% der berechneten Werte.

Bei der Spaltung der Citronellasäureozonide gehen regelmäßig etwa 3,4 g verloren, denn aus 20 g Ozonid sollte man statt 14,6 g ungefähr 18 g Spaltungsprodukte gewinnen.

Citronellol[1]).

Das Citronellol verhält sich beim Ozonisieren sehr merkwürdig. Wir erwarteten, daß es als ein ungesättigter Alkohol nur 1 Mol. Ozon aufnehmen würde. Das beim Behandeln einer Citronelloltetrachlor-kohlenstofflösung ausfallende, dicke, farblose Öl ergab aber bei den Analysen Werte, welche zeigten, daß hier ein anormal zusammen-gesetztes Produkt entsteht. Dieselben differieren auch untereinander erheblich. Zur Analyse wurde das Ozonid, wie früher beschrieben, durch Umlösen aus Essigester-Petroläther gereinigt und im Vakuum

---

[1]) Bezogen von C. A. F. Kahlbaum, Berlin, wurde vor der Behandlung mit Ozon sorgfältig fraktioniert und nur die Fraktion 117—118° (17 mm) benutzt. Es scheint aber, daß diese Reinigung nicht genügt, und daß das Citronellol noch andere Stoffe beigemengt enthält, welche ebenfalls mit Ozon reagieren. Vgl. dazu die Arbeit auf S. 373. Weitere Untersuchungen über das Citronellol siehe die Inaug.-Diss. von Comberg, Kiel 1913, ebenda über Linalool.

getrocknet. Es ist nicht explosiv und besitzt die Eigenschaften der Ozonide.

0,1939 g Sbst.: 0,3580 g CO_2, 0,1308 g H_2O. — 0,1231 g Sbst.: 0,2388 g CO_2, 0,0884 g H_2O.

$C_{10}H_{20}O_4$. Ber. C 58,8,   H 9,8.
           Gef. ,, 50,3, 52,9, ,, 7,5, 8,0.
$C_{10}H_{20}O_6$. Ber. ,, 50,8,   ,, 8,5.

Die Spaltung des Citronellolozonids

mit Wasser verläuft genau wie beim Citronellalozonid, auch die Verarbeitung wurde in der gleichen Weise vorgenommen. Aus 15 g Ozonid gewannen wir 0,8 g Aceton oder 21% von der berechneten Menge. Beim Eindampfen der wässerigen Lösung erhielten wir ein Öl, welches bei der Destillation im Vakuum in eine große Anzahl Fraktionen 60 bis 120°, 120—140°, 140—170°, 170—200°, 200—230° zerlegt werden konnte. Alle diese Fraktionen besitzen aldehydischen Charakter und reduzieren Fehlingsche Flüssigkeit; es gelang uns nicht, einheitliche Körper, insbesondere β-Methyladipinsäure, daraus abzuscheiden.

Man müßte, um hier Erfolg zu haben, bedeutend größere Quantitäten Citronellolozonid zur Spaltung verwenden, als uns zurzeit zur Verfügung standen.

79. C. Harries und Reinhold Haarmann: Zur Kenntnis des Farnesols.

Aus dem Chemischen Institut der Universität Kiel.
Berichte der Deutschen chemischen Gesellschaft **46**, 1737 (1913).
(Eingegangen am 13. Mai 1913.)

In der vorhergehenden Abhandlung[1]) hat Herr Dr. Kerschbaum, Holzminden, als Konstitutionsformel für das Farnesol diejenige eines aliphatischen Terpenalkohols,

$$(CH_3)_2C : CH.CH_2.CH_2.C : CH.CH_2.CH_2.C : CH.CH_2.OH$$
$$\qquad\qquad\qquad\qquad CH_3 \qquad\qquad\qquad CH_3$$

aufgestellt.

Da indessen die von ihm vorgenommenen Umwandlungen des Farnesols eine Veränderung der Lage der Doppelbindungen nicht völlig ausschlossen, erschien es wünschenswert, die Konstitution mit Hilfe der Abbaumethode vermittels Ozon nachzuprüfen. Wir möchten aber gleich vorwegnehmen, daß auch die letztere einwandfrei zu denselben Resultaten führte, wie sie Kerschbaum gewonnen hat.

Das Farnesol, welches wir der Freundlichkeit der Firma Haarmann & Reimer, Holzminden, verdanken, liefert je nach dem Lösungsmittel, in welchem es ozonisiert wird, zweierlei Ozonide. Aus Hexanlösung scheidet sich ein dickes Öl ab, welches sich als fast reines Diozonid erwies. Nimmt man dieses in Chloroform auf und ozonisiert weiter, so gelingt es, auch die dritte Doppelbindung abzusättigen und man erhält das Triozonid.

Ersteres wurde nicht weiter untersucht, dagegen letzteres der Spaltung und einer eingehenden analytischen Prüfung unterworfen.

Entsprechend früheren Erfahrungen und unter Zugrundelegung der Formel von Kerschbaum sollte das Farnesoltriozonid bei der Zerlegung mit Wasser Aceton, Lävulinaldehyd bzw. Lävulinsäure und Glykolaldehyd bzw. dessen Umwandlungsprodukte liefern:

$$(CH_3)_2C \diagdown\diagup CH.CH_2.CH_2.C \diagdown\diagup CH.CH_2.$$
$$O\ \ O\ \ O \qquad CH_3\ O\ \ O\ \ O$$

$$CH_2.C \diagdown\diagup CH.CH_2.OH + 3 H_2O$$
$$CH_3\ O\ \ O\ \ O$$

$$= (CH_3)_2CO + O : CH.CH_2.CH_2.CO + O : CH.CH_2.CH_2.CO$$
$$\qquad\qquad\qquad\qquad\qquad CH_3 \qquad\qquad\qquad\qquad CH_3$$

$$+ O : CH.CH_2.OH + 3 H_2O_2.$$

---

[1]) Berichte d. Deutsch. chem. Gesellschaft **46**, 1732 [1913].

Neben Aceton wurde in der Tat Lävulinaldehyd und Lävulinsäure aufgefunden. Die Menge der beiden Produkte zusammen lieferte zwar nicht die von der Theorie für 2 Mol. Lävulinsäure berechneten Werte, jedenfalls aber bedeutend mehr Lävulinsäure, als einem Molekül davon entspricht. Der Glykolaldehyd ließ sich dagegen nicht nachweisen, statt dessen entstanden Ameisensäure und etwas Essigsäure. Die Bildung der Ameisensäure erklären wir nach der Peroxydumlagerung aus dem Glykolaldehyd nach folgendem Schema:

$$R-C\overset{\displaystyle \underset{CH_3\,O-O-O}{\diagup\diagdown}}{\vrule}CH.CH_2.OH + O = R-\underset{CH_3}{CO} + 2\,H.COOH$$

Zu erwähnen ist noch, daß wir auch das Farnesen, den vierfach ungesättigten, dem Farnesol zugehörigen Kohlenwasserstoff ozonisiert haben, wobei wir ganz glatt ein Tetraozonid, $C_{15}H_{24}O_{12}$, erhielten, welches in Anbetracht der vielen Ozonidgruppen merkwürdig beständig war.

Experimentelles.

Das Farnesol wurde über die Phthalestersäure[1]) nochmals gereinigt und hatte dann den Sdp. 157—162° bei 10 mm.

Die Ozonisierung wurde mit gewaschenem 5—6 proz. Ozon ausgeführt, und zwar in Hexanlösung. Das Ozonid fiel als gallertartige Masse aus und gab eine Ausbeute von ca. 83%.

0,1348 g Sbst.: 0,2748 g CO_2, 0,0979 g H_2O.

$C_{15}H_{26}O_{10}$.   Ber. C 49,15, H 7,16.
$C_{15}H_{26}O_{7}$.   „ „ 56,57, „ 8,22.
            Gef. „ 55,60, „ 8,12.

Danach war also ein Diozonid entstanden.

Zur vollständigen Absättigung wurde das Ozonid nun wieder in trockenem Chloroform gelöst und unter denselben Bedingungen wie oben weiter ozonisiert. Diesmal trat keine Abscheidung ein. Nach dem Abdunsten des Chloroforms im Vakuum bei 20° blieb ein zähes Gallert zurück — die Ausbeute betrug ca. 85%.

Nach zweimaligem Umfällen aus Essigsäure mit Petroläther und Trocknen im Vakuum lieferte es folgende Analysenwerte:

0,1936 g Sbst.: 0,3496 g CO_2, 0,1244 g H_2O.

$C_{15}H_{26}O_{10}$.   Ber. C 49,15, H 7,16.
            Gef. „ 49,25, „ 7,19.

Die dritte Doppelbindung war also jetzt ebenfalls mit Ozon abgesättigt.

Das Ozonid gab mit Wasser gekocht folgende Reaktionen:

1. auf Wasserstoffsuperoxyd (mit Chromsäure und Äther, Blaufärbung des Äthers),

2. auf die Gruppe C.CO.C.C.CHO (Pyrrolprobe),

3. auf Aldehyde (Reduktion von Fehlingscher Lösung).

---

[1]) Berichte d. Deutsch. chem. Gesellschaft **29**, 901 [1896].

Das gereinigte Ozonid wurde zur Spaltung mit Wasser versetzt und zwar je 100 g Wasser auf $^1/_{20}$ Grammolekül Ozonid. Nach $^3/_4$- bis 1 stündigem Kochen war es gespalten, ohne einen Rückstand zu hinterlassen.

Um auch die leichtflüchtigen Reaktionsprodukte zu erhalten, wurde der auf dem hierzu verwendeten Kolben befestigte Wasserkühler mit einem mit Äther und fester Kohlensäure gekühlten Gefäß durch ein Rohr verbunden. Ebenso wurden später bei der Destillation der wässerigen Reaktionsflüssigkeit zwei Gefäße vorgelegt, deren erstes mit Salz und Eis und deren zweites mit Äther und Kohlensäure gekühlt wurde.

Es wurden zwei Spaltungen durchgeführt. Bei der ersten wurden 15,95 g, bei der zweiten 10,30 g Ozonid angewandt.

In der mit Äther und Kohlensäure gekühlten Vorlage waren einige Tropfen einer leichtbeweglichen, farblosen Flüssigkeit vorhanden, die mit essigsaurem p-Nitrophenylhydrazin versetzt, einen roten Körper ausschieden, der nach dem Umkristallisieren aus Wasser den Schmp. 120° zeigte. Nach Bamberger[1]) liegt der Schmelzpunkt des Aceton-p-nitrophenylhydrazons bei 148—148,5°. Die Erniedrigung des Schmelzpunktes ist durch Beimengung von Lävulinaldehydnitrophenylhydrazon zu erklären.

Aus der ersten Spaltung resultierte ein wässeriges Destillat, das sauer reagierte. Um die darin enthaltenen Säuren zu gewinnen, wurde es mit Calciumcarbonat neutralisiert und eingedampft, wobei als Rückstand eine feste, weiße, kristallinische Masse gewonnen wurde. Das Gemenge der Calciumsalze (ca. 4 g) zeigte starke Reaktion auf Ameisensäure (Reduktion von Silberlösung und schwache Reaktion auf Essigsäure, Kakodylprobe) an.

Die Calciumsalze wurden zur weiteren Verarbeitung wieder in Wasser gelöst, mit Schwefelsäure angesäuert und die Säuren mit Wasserdampf übergetrieben.

Die Gesamtmenge der Säuren entsprach 518,70 ccm $^1/_{10}$ n-Natronlauge = 2,075 g Natronlauge.

Die Ameisensäure wurde dann durch Kochen mit Quecksilberoxyd zerstört und die Lösung wieder titriert. Die Essigsäure brauchte 28,2 ccm $^1/_{10}$ n-Natronlauge = 0,113 g Natronlauge, diese entsprechen 0,1695 g Essigsäure. Der Ameisensäure entsprechen dann 2,075 bis 0,113 = 1,962 g Natronlauge = 2,257 g Ameisensäure. Theoretisch müßten 4,01 g Ameisensäure entstehen. Die gefundenen Werte für die beiden Säuren entsprechen 3,413 g Calciumsalzen oder ca. 86%.

Das von den Calciumsalzen im Vakuum abgedampfte wässerige Destillat wurde beide Male mit essigsaurem Phenylhydrazin und etwas

---

[1]) Berichte d. Deutsch. chem. Gesellschaft **26**, 1306 [1893].

Chlorwasserstoffsäure versetzt. Es fiel das **Phenylmethyldihydro-pyridazin** aus, das, aus abs. Alkohol umkristallisiert, den Schmp. 197° nach Harries[1]) zeigte und quantitativ bestimmt wurde.

Die Destillation des öligen Rückstandes ergab folgende Fraktionen:

I. Spaltung.

```
1. 30— 50° 10 mm . . . . 1,15 g ⎫
2. 30— 80° 10  „   . . . . 0,37 „ ⎬ Lävulinaldehyd
                                  ⎭
3. 80—146° 10  „   . . . . 3,10 „
4. 146—190° 10  „   . . . . 3,13 „
```

3. und 4. wurden nochmals fraktioniert.

```
a) 60— 80° 10 mm . . . . 0,78 g Lävulinaldehyd
b) 125—190° 10  „   . . . . 4,88 „ Lävulinsäure
              Rückstände 1,69 „
```

II. Spaltung.

```
1. 25— 75° 12 mm . . . . 3,73 g Lävulinaldehyd
2. 75—170° 13  „   . . . . 3,13 „
```

2. wurde nochmals fraktioniert.

```
a) 30— 80° 11 mm . . . . 0,35 g Lävulinaldehyd
b) 100—140° 12  „   . . . . 2,14 „ Lävulinsäure
              Rückstände 1,74 „
```

Aus den Fraktionen I 1., 2. und a), sowie II 1. und a) wurde das Phenylmethyldihydropyridazin wie aus den wässerigen Destillaten gefällt und mit diesen vereint.

Fraktion I b und II b wurde als **Lävulinsäure** durch das Phenyl-hydrazon vom Schmp. 108° nachgewiesen.

Die Ausbeute an Phenylmethyldihydropyridazin insgesamt betrug bei I 4,03 g, bei II 4,14 g, die Ausbeute an Lävulinsäurephenylhydrazon bei I 8,67 g, bei II 2,89 g. Zur näheren Bestimmung wurde beides auf Lävulinsäure umgerechnet.

		Theoretisch für 2 Mol.	Praktisch	Prozente
Lävulinsäure.	I. Spaltung . .	10,11	7,60	75,17
	II. Spaltung . .	6,51	4,42	67,91

Bei der zweiten Spaltung wurde aus dem Destillat, welches sich in der mit Äther und Kohlensäure gekühlten zweiten Vorlage angesammelt hatte, eine bei 763 mm zwischen 30° und 70° siedende Flüssigkeit isoliert, welche nach Eigenschaften, Geruch und vermittels essigsaurem p-Nitrophenylhydrazin diesmal leicht als **Aceton** identifiziert werden konnte. Die Ausbeute betrug aber nur 25% der Theorie.

Farnesentetraozonid.

Das Rohfarnesol, welches wir zu unseren Versuchen von der Firma **Haarmann & Reimer** erhielten, hatte mehrere Jahre gestanden. Bei der Destillation im Vakuum zeigte es sich, daß ein großer Teil

---

[1]) Berichte d. Deutsch. chem. Gesellschaft **31**, 43 [1898].

verändert und durch Abgabe von Wasser in Farnesen, $C_{15}H_{24}$, umgewandelt war. Wir erhielten leicht eine Fraktion vom Sdp. 129—133°,
12 mm, welche der Ozonisierung in Tetrachlorkohlenstoff mit gewaschenem, ca. 8proz. Ozon unterworfen wurde.

Hierbei schied sich das Ozonid als zähe, gallertartige, recht beständige Masse aus, welche durch Dekantieren vom Lösungsmittel befreit, nach dem Umfällen aus Essigester-Petroläther glasig erstarrte
und sehr lebhaft verbrannte. Die Ausbeute betrug ca. 85%.

0,2003 g Sbst.: 0,3429 g CO_2, 0,1206 g H_2O.

$C_{15}H_{24}O_{12}$.   Ber. C 45,43, H 6,11.

             Gef. „ 46,69, „ 6,74.

Das Ozonid ließ sich durch Kochen mit Wasser spalten. Als Spaltungsprodukt konnte Lävulinaldehyd durch das Phenylmethyldihydropyridazin vom Schmp. 197° nachgewiesen werden.

80. Georg Lénárt: Über α-Pyridylaldehyd.

Aus dem Chemischen Institut der Universität Kiel.
Berichte der Deutschen chemischen Gesellschaft **47**, 808 (1914).
(Eingegangen am 23. Februar 1914.)

Kaufmann und Vallette[1]) haben vor kurzem gezeigt, daß sich α-Picolinjodmethylat nach der **Sachs**schen Reaktion mit Nitrosodimethylanilin kondensieren läßt, woraus bei der Spaltung auf etwas umständlichem Wege Pyridylaldehyd gewonnen wird. Der letztere ist bisher nur ganz wenig beschrieben worden.

Schon vor längerer Zeit sind im hiesigen Laboratorium Versuche gemacht worden, aus Picolyl-Kondensationsprodukten, wie C_5H_4N . $CH : CH.CH_3$ oder $C_5H_4N.CH : CH.C_6H_5$ durch Ozon den α-Pyridylaldehyd zu gewinnen. Sie haben jetzt zu dem Erfolge geführt, daß dieser Aldehyd verhältnismäßig leicht aus α-Stilbazol bereitet werden kann. Wie es scheint, geht die Reaktion bei der Spaltung des Ozonids wie folgt vor sich:

$$1.\ C_5H_4N.CH : CH.C_6H_5 \rightarrow C_5H_4N.CHO + \begin{matrix} O \\ \vdots \\ O \end{matrix}\!\!\!> CH.C_6H_5,$$

$$2.\ C_5H_4N.CH : CH.C_6H_5 \rightarrow C_5H_4N.CH <\!\!\!\begin{matrix} O \\ \vdots \\ O \end{matrix} + OCH.C_6H_5.$$

Die vorübergehend gebildeten Peroxyde lagern sich dann in die Säuren um.

Im allgemeinen kann ich die von **Kaufmann** gegebene Beschreibung des **Pyridylaldehyds** bestätigen, im einzelnen sind aber recht abweichende Beobachtungen gemacht worden, insbesondere in betreff des Siedepunktes, den ich bei 180° und 750 mm (Benzaldehyd unter gleichen Bedingungen 178°) fand, während er dort bei 210° und 725 mm angegeben worden ist. Vielleicht haben **Kaufmann und Vallette** zu geringe Mengen Substanz zur Verfügung gehabt.

Pyridyl - 2 - methanal, $C_5H_4N.CHO$.

α-Stilbazol wird in der zehnfachen Menge konz. Salzsäure gelöst und unter Kühlung mit gewaschenem, schwachem (6—8 proz.) Ozon behandelt. Die Dauer der Ozonisation beträgt pro Gramm Stilbazol

---

[1]) Berichte d. Deutsch. chem. Gesellschaft **45**, 1742 [1912]; **46**, 55 [1913]; vgl. auch **Engler** u. **Kiby**, Berichte d. Deutsch. chem. Gesellschaft **22**, 599 [1889].

ca. 2 Stunden. Sobald Bromwasser nicht mehr entfärbt wird, ist die Reaktion zu Ende. Die erhaltene Lösung wird, um etwa vorhandenes Ozonid zu zersetzen, 1 Stunde auf dem Wasserbade erwärmt. Dann wird im Vakuum bei 40—50° zur Trockne verdampft; Benzaldehyd geht mit der Salzsäure über. Man äthert aus und nimmt den Rückstand in Wasser auf, übersättigt mit Kaliumcarbonat und bläst den in Freiheit gesetzten Pyridylaldehyd mit Wasserdampf ab.

Das Destillat versetzt man mit überschüssiger Salzsäure und dampft im Vakuum bis zur Kristallisation ein. Aus dem salzsauren Salz wird der Aldehyd durch eine konz. Lösung von Pottasche wieder in Freiheit gesetzt, mit Äther aufgenommen und über Kaliumcarbonat getrocknet. Die Ausbeute an rohem Aldehyd beträgt aus 70 g Stilbazol 11 g oder 27%. α-Pyridylaldehyd siedet konstant bei 62—63° (Quecksilberfaden ganz im Dampf) unter 13—14 mm Druck und 180° bei 750 mm. Benzaldehyd siedet unter den gleichen Bedingungen bei 178°.

Spez. Gewicht: $\frac{18,5}{4}$ = 1,1255; $n_d^{18,5}$ = 1,53886.
Mol.-Refraktion: Ber. 3 $\vert$ ‾ 29,46. Gef. 29,78.

Er bildet eine wasserklare, stark lichtbrechende Flüssigkeit mit stechendem, charakteristischem Geruch.

0,1693 g Sbst.: 0,4148 g CO_2, 0,0726 g H_2O. — 0,1224 g Sbst.: 14,2 ccm N (21°, 762 mm).

C_6H_5ON.　Ber. C 67,3, H 4,7, N 13,1.
　　　　　Gef. ,, 67,3, ,, 4,8, ,, 13,2.

Der Aldehyd ist in Wasser, Alkohol, Äther und in Essigester sehr leicht löslich. Die wässerige Lösung reduziert Fehlingsche Lösung in der Wärme, ammoniakalische Silberlösung bei gewöhnlicher Temperatur.

[Pyridyl-2-methanal]-phenylhydrazon.

Nach dreimaligem Umkristallisieren aus verdünntem Alkohol erhält man schwach gelbe, feine Nadeln oder Blättchen, die bei 173°, bei raschem Erhitzen bei 176° schmelzen. Da Kaufmann und Vallette 180—182° angeben, wurde das Phenylhydrazon über das salzsaure Salz gereinigt; der Schmelzpunkt blieb unverändert. Hingegen schmilzt das salzsaure Salz höher als Kaufmann und Vallette angeben, nämlich bei 196° (statt 188°).

0,1786 g Sbst.: 0,4787 g CO_2, 0,0907 g H_2O. — 0,0989 g Sbst.: 18,3 ccm N (15°, 760 mm).

$C_{12}H_{11}N_3$.　Ber. C 73,1, H 5,6, N 21,3.
　　　　　　Gef. ,, 73,1, ,, 5,7, ,, 21,6.

Das salzsaure Salz bildet, aus Alkohol umkristallisiert, seidenglänzende, ziegelrote, feine Nadeln, die auch in kaltem Wasser löslich sind.

[Pyridyl-2-methanal]-oxim. Das Oxim bildet feine, verfilzte, stark glänzende, weiße Nadeln. Es ist in heißem Wasser und Alkohol leicht löslich. Nach viermaligem Umkristallisieren aus Wasser lag der Schmelzpunkt bei 113,5°.

0,1608 g Sbst.: 0,3632 g CO_2, 0,0776 g H_2O. — 0,1032 g Sbst.: 21,1 ccm N (22°, 758 mm).

$$C_6H_6ON_2. \quad \text{Ber. C 59,0, H 4,9, N 23,0.}$$
$$\text{Gef. ,, 59,4, ,, 5,2, ,, 23,0.}$$

[Pyridyl - 2 - methanal] - semicarbazon. Diese Verbindung kristallisiert aus Alkohol in mikroskopischen, glänzenden Nadeln, die rechtwinklig begrenzt sind. Das Semicarbazon ist in heißem Wasser ziemlich, in Alkohol leicht löslich. Einmal aus Wasser und zweimal aus Alkohol umkristallisiert, schmilzt es scharf ohne Zersetzung bei 195—196°. Beim raschen Erhitzen wurde der Schmelzpunkt bei 199° gefunden.

0,1340 g Sbst.: 40,3 ccm N (22°, 757 mm).

$$C_7H_8ON_4. \quad \text{Ber. N 34,1. Gef. N 33,8.}$$

Der α-Pyridylaldehyd zeigt in seiner Reaktionsfähigkeit große Ähnlichkeit mit dem Benzaldehyd. Die Derivate kristallisieren schön und sind leicht zu erhalten. Ich beabsichtige, sie noch weiter zu untersuchen.

81. C. Harries: Über die Einwirkung des Ozons auf organische Verbindungen.

Aus dem Chemischen Institut der Universität Kiel.
Annalen der Chemie und Pharmazie 410, 1 [1915].
(Eingegangen am 12. April 1915.)

[Vierte Abhandlung.]

Meine bisherigen Untersuchungen[1]) über die Einwirkung des Ozons auf organische Verbindungen sind im wesentlichen nach drei Richtungen ausgeführt worden, nämlich: in erster Linie, um den Reaktionsverlauf bei der Einwirkung des Ozons festzustellen, wobei auch die Beantwortung der Frage nach der Zusammensetzung des Rohozons einbezogen wurde. In zweiter Linie, um diese Reaktion zur Konstitutions- und Konfigurationsbestimmung von ungesättigten Körpern zu benutzen, nachdem sie in allen Hauptzügen aufgeklärt war. Hierbei handelte es sich meistens um die Festlegung der noch unsicheren Lage ihrer Doppelbindungen. Endlich, um die Reaktion zur präparativen Bereitung von neuen Körpern anzuwenden, welche auf bisher betretenen Wegen nicht zugänglich waren. — Auch in der letzten Zeit sind eine Anzahl von Arbeiten entstanden, welche noch einige hierbei offen gebliebene Probleme zu lösen versuchten. — Ehe ich aber die bemerkenswertesten Resultate derselben bespreche, fasse ich kurz noch einmal die allgemeinen Ergebnisse der Ozonreaktion zusammen.

Betrachtungen über die Ozonreaktion im allgemeinen.

Ein Fachgenosse hat kürzlich behauptet, die Ozonreaktion wäre lange nicht so anwendbar wie die Wasserstoffreduktion mit katalytisch wirkenden Metallen. Ich habe mich bisher stets gehütet, einen solchen Vergleich zu ziehen. Da diese beiden Reaktionen aber nun einmal in Parallele gesetzt worden sind, möchte ich mich über ihre Vorzüge und Nachteile eingehender aussprechen. — Allerdings kann man zugestehen, daß eine gewisse Ähnlichkeit in ihrer Anwendbarkeit besteht. In beiden Fällen bringt man außer dem Wasserstoff oder Sauerstoff

---

[1]) Annalen d. Chemie u. Pharmazie 343, 311 [1905]; 374, 288 [1910]; 390, 236 [1912].

nichts herein, was die Isolierung der Reaktionsprodukte später erschweren könnte. Weiter lassen sich auch überall, wo man mit Wasserstoff und Platin oder Palladium hydrieren kann, Ozonide herstellen und selbst die Reaktionsphasen verlaufen ähnlich. So hat Willstätter[1]) gezeigt, daß Naphthalin mit Platin und Wasserstoff nur an einem Kern unter Aufnahme von 4 Atomen Wasserstoff zu Tetrahydronaphthalin hydriert wird, während früher festgestellt wurde, daß Naphthalin ein Diozonid[2]) liefert. Willstätter zog aus seinen Ergebnissen für die Konstitution des Naphthalins ähnliche Schlußfolgerungen wie ich früher. Man kann sagen, daß man überall da, wo sich ein Körper katalytisch hydrieren läßt, auch Ozonderivate aus ihnen erhalten wird, aber nicht umgekehrt. Z. B. war bisher alle Mühe vergeblich, den Kautschuk zu hydrieren, obwohl sich die Einwirkung des Ozons außerordentlich leicht vollzieht. In dieser Richtung ließen sich noch mehrere Beispiele auffinden. Ein wesentlicher Vorzug der katalytischen Hydrierungsmethode nach Paal, Skita und Willstätter besteht in ihrer äußerst bequemen und wohlfeilen Anwendbarkeit, während der komplette Ozonapparat eine kostspielige Einrichtung verlangt, die sich nicht jedes Laboratorium leisten kann. Außerdem ist die Bearbeitung der Ozonide schwieriger und verlangt von Fall zu Fall eine individuelle experimentelle Behandlung. Von Fachgenossen, die die Methode anwenden wollten und keine Erfolge damit erzielen konnten, wurde gewöhnlich der Fehler begangen, daß sie nicht genügend Material opfern mochten, um die Untersuchung durchzuführen. Bei Anwendung von Permanganat oder Chromsäure hätten sie aber im gleichen Falle sicher stets viel mehr Material verschwenden müssen.

In technischer Beziehung kann die neue Hydrierungsmethode als geradezu ideal bezeichnet werden und mit ihrer Hilfe ist Außerordentliches geleistet worden. Ich erinnere an die Hydrierung der Phenole zu Ketohexamethylenen nach Sabatier und die Härtung öliger Fette. Die Ozonmethode kann auf solche Erfolge noch nicht zurückblicken, das Ozon stellte sich immer noch zu teuer und läßt sich auch im großen unbequem anwenden, doch wird sich dies wohl in Zukunft auch ändern.

Es sei mir aber gestattet, einige unbedingte Vorzüge der Ozonmethode hervorzuheben. Nach meiner Meinung besitzt die Hydrierungsmethode im wesentlichen nur Wert in präparativer Hinsicht, indem sie gestattet, neue Körper direkt aus den ungesättigten Verbindungen herzustellen. Über die Stellung der Doppelbindung erfährt man durch die Hydrierung nichts. Mit Hilfe des Ozons gelingt es aber, auch diese Stellung genau festzulegen. Gesetzt den Fall, man sollte die Lage der

¹) Willstätter u. Hatt, Berichte d. Deutsch. chem. Gesellsch. **45**, 1471 [1912].
²) Annalen d. Chemie u. Pharmazie **343**, 337 [1905].

Doppelbindung in einem aromatischen Körper mit ungesättigter Seitenkette ermitteln

$$\text{I. } (y)C_6H_xCH = CH.CH_3 \quad \text{oder} \quad \text{II. } (y)C_6H_xCH_2.CH = CH_2.$$

Durch Hydrierung kann ich nur erfahren, daß eine Doppelbindung überhaupt in der Seitenkette liegt, aber nicht ihren Ort. Bei der Ozonisierung kann ich schon aus dem leicht oder schwer zersetzlichen Charakter des Ozonids ersehen, ob die Doppelbindung I oder II vorhanden ist[1]), sicherer natürlich durch die Isolierung der Spaltprodukte. Man kann daher ruhig sagen, die Ozonmethode ist nicht nur allgemeiner anwendbar als die Hydrierungsmethode, sondern sie dringt viel tiefer in das Wesen der Verbindung ein.

Zweierlei Schwierigkeiten bei ihrer Anwendung, welche sich im Laufe der Zeit öfters unbequem bemerkbar gemacht haben, möchte ich aber nicht unerwähnt lassen. Lange Zeit war es unmöglich, bei gewissen Körperklassen, besonders Alkoholen der Terpenkörper und ungesättigten Phenolen, einheitliche normale Ozonderivate herzustellen. Dieses Problem erscheint aber jetzt als gelöst, nachdem gezeigt worden ist, daß man das Rohozon vor dem Einleiten mit 5 proz. Natronlauge und konz. Schwefelsäure waschen und weiter in solchen Fällen in sehr verdünnter Lösung arbeiten muß[2]). Es hat sich bei diesen Untersuchungen beweisen lassen, daß starkes Ozon, wie z. B. beim Cholesterin, Terpineol u. a. m., wasserabspaltend wirken kann und man dann Ozonderivate von zweifach ungesättigten Körpern erhält. — Sodann erhielt man bei zyklischen hydrierten Kohlenwasserstoffen Ozonide, deren Zusammensetzung zwischen denen des normalen (O_3) und des Oxozonids (O_4) lag. Durch richtige Behandlung, die eben geschildert, gelingt es jetzt in fast allen Fällen, je nach Wunsch die normalen oder die Oxozonide zu gewinnen.

Die zweite Schwierigkeit, die auch jetzt noch nicht vollständig behoben ist, besteht darin, daß bei der Zerlegung der Ozonide durch Wasser oder Eisessig häufig sehr beständige Peroxyde der Aldehyde oder Ketone auftreten können, deren Existenz man vor der Ozonreaktion überhaupt nicht kannte. Sind diese Peroxyde kristallisierbar, wie z. B. das Nonylaldehydperoxyd aus Ölsäureozonid[3]),

$$CH_3(CH_2)_7CH - CH(CH_2)_7COOH$$
$$O-O-O$$

$$\rightarrow CH_3(CH_2)_7CH{<}^{O}_{O} + OCH(CH_2)_7COOH,$$

[1]) Harries, Annalen d. Chemie u. Pharmazie **374**, 306 [1910].
[2]) Harries u. Seitz, Berichte d. Deutsch. chem. Gesellschaft **45**, 941 [1912]. — Harries u. Haarmann, ebd. **48**, 32 [1915].
[3]) Harries u. Frank, Annalen d. Chemie u. Pharmazie **374**, 364 [1910].

so ist die Verbindung verhältnismäßig einfach aufzuklären. Unangenehmer liegt die Sache, wenn ölige Peroxyde entstehen, die meistens Gemische mit den öligen Aldehyden bilden und durch ihre Oxydationsfähigkeit verhindern, daß man diese mit den gewöhnlichen Reagenzien, wie Phenylhydrazin, Semicarbazid und Hydroxylamin, in fester Form abscheiden kann.

In solchen Fällen sind zwei Möglichkeiten vorhanden, entweder man zerstört die Peroxyde mit Alkali oder Alkalicarbonaten und führt sie dadurch in die zugehörigen Ketone oder Säuren über — die Aldehyde werden allerdings hierbei meistens verharzt — oder man reduziert die Ozonide in ätherischer Lösung mit Zinkstaub und Essigsäure. Letztere Methode haben wir kürzlich mit Erfolg bei den Phenolen mit ungesättigter Seitenkette[1]) angewendet, sie führt zur Erhaltung der Aldehyde.

Für die präparative Weiterbehandlung der Spaltungsprodukte der Ozonide und ihre Isolierung, namentlich wenn es sich um zahlreiche Möglichkeiten handelt, ist zu empfehlen, die neulich ausgeprobte Methode anzuwenden, die darin besteht, daß man die wässerige Lösung, in welcher die Ozonide bis zur Zersetzung gekocht wurden, sofort mit gefälltem Calciumcarbonat neutralisiert, auf welchem Wege man die neutralen von den sauren Bestandteilen trennt und eine verharzende Einwirkung der letzteren auf die ersteren beim Eindampfen herabsetzt[2]).

Zur Charakteristik der Ozonide.

In der dritten Abhandlung habe ich gemeinschaftlich mit Evers[3]) gezeigt, daß das symmetrische Butylen vier verschiedene Ozonderivate zu liefern vermag, nämlich mit gewaschenem Ozon ein destillierbares normales monomeres Ozonid $(CH_3CH)_2O_3$, dann ein dicköliges dimolekulares, nicht destillierbares Ozonid derselben Zusammensetzung, welches gleichzeitig mit dem ersteren entsteht. Mit ungewaschenem Ozon bildet sich ein destillierbares monomeres Oxozonid $(CH_3CH)_2O_4$ und gleichzeitig ein dimeres Dioxozonid, welches sich analog dem dimolekularen normalen Ozonid verhält. — Ich weise aber darauf hin, daß die Resultate der Molekulargewichtsbestimmungen, welche nach der kryoskopischen Methode erzielt wurden, nicht einwandfrei erscheinen, weil sich die Verbindungen in Lösung sehr leicht zersetzen. Mit Sicherheit kann man aber sagen, daß die dicköligen im Gegensatz zu den flüssigen Ozoniden polymer sind.

Ich habe damals die Vermutung ausgesprochen, daß das Ozon wie das Oxozon bei niederer Temperatur möglicherweise dimolekular seien,

$$2\,O_3 \rightleftharpoons (O_3)_2 \quad \text{und} \quad 2\,O_4 \rightleftharpoons (O_4)_2,$$

---

[1]) Harries u. Haarmann, a. a. O.
[2]) Harries u. Fonrobert, Annalen d. Chemie u. Pharmazie **406**, 206 [1914].
[3]) Harries u. Evers, Annalen d. Chemie u. Pharmazie **390**, 238 [1912].

und sich als dimolekulare Verbindungen anlagern. Wenn diese Annahme richtig ist, so müßten sich bei starkem Abkühlen mehr von den polymeren Ozoniden und Oxozoniden als von den flüssigen bilden, während umgekehrt bei steigender Temperatur eine Zunahme der letzteren zuungunsten der ersteren erfolgen sollte.

In der Tat scheinen die dahingehenden Experimente für diese Annahme zu sprechen.

Seitz[1]) fand bei der Wiederholung der Versuche von H. Neresheimer[2]) über die Ozonisierung des Pinens folgende Verschiebung:

	bei etwa 12°	0°	bei —20°
festes Ozonid	0,3%	3,5%	18,5%
flüssiges Ozonid	99,7%	96,5%	81,5%

Beim Wiederholen der Versuche über das Cyclohexen[3]) fand Seitz neu ein dünnflüssiges, destillierbares, also monomeres Ozonid; dieses entstand bei 10—12° in einer Ausbeute von 14—17%, bei 0° aber nur in 6,6 proz. Ausbeute, das andere war festes, polymeres Ozonid.

Wagner[4]) konnte, als er das von Tank[5]) zuerst bearbeitete Cyclopenten unter gleichen Gesichtspunkten ozonisierte, analoge Beobachtungen machen.

Beim Ozonisieren des Cyclopentens in Chloräthyl bei tiefer Temperatur erhielt er ein kristallinisches normales polymeres Ozonid neben Spuren einer monomeren Verbindung; ozonisierte er aber bei einer Temperatur von +5 bis 10°, so bildete sich öliges, anscheinend monomeres Ozonid. Diese Resultate regen an, das Ozon selbst daraufhin zu untersuchen, ob es bei niederer Temperatur eine andere Molekulargröße als bei Zimmertemperatur, bei der Ladenburg seine Molbestimmungen ausführte, besitzt.

Zur Beurteilung der Frage, ob bei der Einwirkung des Ozons eine Umlagerung der Doppelbindung eintreten kann.

Die Beantwortung dieser Frage, ob bei der Einwirkung des Ozons ein Bindungswechsel ähnlich wie bei derjenigen des Permanganats eintreten kann, ist wichtig, weil darin letzten Endes die Zuverlässigkeit der Anwendung der Ozonreaktion für die Konstitutionsbestimmung

---

[1]) Inaug.-Diss. Kiel 1913.

[2]) Harries u. H. Neresheimer, Berichte d. Deutsch. chem. Gesellschaft **40**, 38 [1907].

[3]) Harries u. v. Splawa - Neyman, Berichte d. Deutsch. chem. Gesellschaft **41**, 3552 [1908].

[4]) Inaug.-Diss. Kiel 1913.

[5]) Harries u. Tank, Berichte d. Deutsch. chem. Gesellschaft **41**, 1701 [1908]. — Über eine ähnliche Untersuchung, das Methylcyclopenten betreffend, s. H. Berger, Inaug.-Diss. Kiel 1914.

enthalten ist. Allerdings sind die Fälle, wo eine Umlagerung vor sich gehen kann bzw. wo der Verdacht vorliegt, daß durch das Ozon eine Umlagerung bewirkt worden ist, verhältnismäßig wenig zahlreich. Es handelt sich, soweit nach unseren umfangreichen Untersuchungen bisher beobachtet worden ist, hauptsächlich um die Gruppierung

$$\begin{matrix} CH_3 \\ CH_3 \end{matrix}\Big\rangle C = C- \quad \text{und} \quad \begin{matrix} CH_3 \\ CH_2 \end{matrix}\Big\rangle C-\ ,$$

wie sie bei den Terpenkörpern offenen und isozyklischen Charakters mitunter vorkommt. Das beste Beispiel, um über diese Verhältnisse Klarheit zu erhalten, bildet das Citronellal, für dessen Konstitution ich früher die Formel

$$\begin{matrix} CH_3 \\ CH_2 \end{matrix}\Big\rangle C . CH_2 . CH_2 . CH_2 . CH . CH_2 . CHO \\ \overset{|}{CH_3}$$

wahrscheinlich gemacht habe[1]). — Bei der Einwirkung wässerigen Permanganats[2]) erhält man hier immer insofern eindeutige Resultate, als man nur Abkömmlinge der Gruppierung

$$\begin{matrix} CH_3 \\ CH_3 \end{matrix}\Big\rangle C = CH-$$

erhält. Nur mit Permanganat in Acetonlösung lassen sich Zwischenprodukte isolieren, auf die ich nachher näher eingehen will. Auch bei der Einwirkung des Ozons gewinnt man Ergebnisse, wie schon früher gezeigt worden ist, die ähnlich wie beim Permanganat verlaufen, aber immerhin darauf hindeuten, daß im Citronellal ein Gemisch von Verbindungen vorliegt. Man kann nämlich nach diesen Untersuchungen[3]) aus der Menge von Aceton bzw. Acetonsuperoxyd und β - Methyladipinsäure, welche zunächst als einzig faßbare Spaltungsprodukte isoliert wurden, auf einen Gehalt von mindestens 40% der Verbindung

$$\begin{matrix} CH_3 \\ CH_3 \end{matrix}\Big\rangle C = CH . CH_2 . CH_2 . CH . CH_2 . CHO \\ \overset{|}{CH_3}$$

des sog. Rhodinals schließen.

Da diese Untersuchungen nicht hinreichende Klarheit gebracht haben, setzte ich sie mit meinem Schüler Georg Wagner[4]) fort. Wir

---

[1]) Harries u. Schauwecker, Berichte d. Deutsch. chem. Gesellschaft **34**, 2981 [1901].

[2]) Tiemann u. Schmidt, Berichte d. Deutsch. chem. Gesellschaft **29**, 903 [1896].

[3]) Harries u. Himmelmann, Berichte d. Deutsch. chem. Gesellschaft **41**, 2187 [1908].

[4]) G. Wagner, Inaug.-Diss. Kiel 1913.

ließen Ozon, nicht wie früher direkt auf den Aldehyd einwirken, sondern auf dessen Dimethylacetal. Aber auch die Spaltung des Ozonids des Dimethylacetals führte nicht zu dem gewünschten Ergebnis, weil im wesentlichen nur Acetonsuperoxyd und β-Methyladipinsäure nachzuweisen waren. Es gelang allerdings, noch einen neuen Körper aus den Spaltungsprodukten herauszudestillieren, für den Wagner die Formel eines Ketoaldehyds annahm:

$$CH_3.CO.CH_2.CH_2.CH_2.CH.CH_2.CHO.$$
$$CH_3$$

Dieses Produkt müßte identisch sein mit dem Ketoaldehyd, der früher durch Oxydation des Dihydroxycitronellalacetals mit Chromsäure in kleiner Menge erhalten wurde[1]), war es aber nicht, denn der vermeintliche Ketoaldehyd lieferte nur ein Monosemicarbazon. Wagner konnte diesen Befund noch nicht erklären. — Sowohl Himmelmann als auch Wagner beobachteten bei der Ozonidzersetzung das Auftreten von Peroxyden, die bei der Trennung der Spaltprodukte durch Destillation im Vakuum sich teilweise in Säuren umlagerten und als solche verharzend auf die neutral reagierenden Anteile einwirkten. Festgestellt wurde ferner von Wagner, daß bei der Zerlegung des Ozonids des Citronellaldimethylacetals durch Wasser die Acetalgruppen abgespalten werden, daß also das Ziel, die Aldehydgruppe durch Acetalisierung vor den Veränderungen zu schützen, nicht erreicht worden war.

Da bei der Untersuchungsmethode der Zersetzungsprodukte der Ozonide in den letzten Jahren wesentliche Verbesserungen erzielt worden sind, die namentlich darauf hinausgingen, die verharzende Wirkung der Säuren und Peroxyde auf die entstehenden Aldehyde und Ketone aufzuheben und die Peroxyde, wie vorhin geschildert wurde, zu zerstören, so griff ich das Problem in Gemeinschaft mit Friedrich Comberg[2]) von neuem an. — Wir sind, wenn auch nicht zu erschöpfenden, so doch zu wesentlich besseren Resultaten gelangt. Hierbei ist auch eine ganz neue Reaktion bei der Zerlegung der Ozonide beobachtet worden, auf die ich nachher zurückkomme.

Wenn man die Resultate, welche bei Zerlegung des Citronellaldimethylacetalozonids erhalten werden, verstehen will, so ist es notwendig, sich zunächst einmal klarzumachen, welche Verbindungen überhaupt nach den beiden Formeln des Citronellals und Rhodinals in Betracht kommen können. Es sind dies folgende, wenn man die Acetale außer Rücksicht läßt:

---

[1]) Harries u. Schauwecker, a. a. O.
[2]) Inaug.-Diss. Kiel 1914.

I. $\begin{array}{c}CH_3\\CH_2\end{array}\!\!>\!\!C . CH_2 . CH_2 . CH_2 . CH . (CH_3) . CH_2 . CHO \quad \rightarrow$
Citronellal

$$CH_3\!\!>\!\!C . CH_2 . CH_2\, CH_2 . CH(CH_3) . CH_2 . CHO$$
$$CH_2\text{-}O_3$$

$$CH_3 . CO . CH_2 . CH_2 . CH_2 . CH(CH_3) . CH_2 . CHO$$
$$CH_3 . CO . CH_2 . CH_2 . CH_2 . CH(CH_3) . CH_2 . COOH$$
$$CH_2O + HCO_2H + CO_2$$

II. $(CH_3)_2C = CH . CH_2 . CH_2 . CH(CH_3) . CH_2 . CHO \quad \rightarrow$
Rhodinal

$$(CH_3)_2C - CH . CH_2 . CH_2 . CH(CH_3) . CH_2 . CHO$$
$$O_3$$

$$OCH . CH_2 . CH_2 . CH(CH_3) . CH_2 . CHO$$
$$OCH . CH_2 . CH_2 . CH(CH_3) . CH_2 . COOH$$
$$HOOC . CH_2 . CH_2 . CH(CH_3) . CH_2 . COOH$$

$$CH_3CO . CH_3 + (CH_3)_2C\!<\!\!\begin{array}{c}O\\O\end{array}\!\!>\!\!C(CH_3)_2 \; .$$

Obwohl das Auftreten dieser zahlreichen Verbindungen schon genügend Schwierigkeiten für ihre Trennung und Identifizierung gemacht haben würde, hat die Untersuchung gelehrt, daß diese Möglichkeiten durchaus nicht die einzigen sind, sondern daß auch noch Zwischenprodukte derselben, nämlich Peroxyde, entstehen. Um diese zu entfernen, werden die Zersetzungsprodukte, welche sich nicht an Calciumcarbonat binden lassen, in ihren niedriger siedenden Anteilen mit 10 proz. Kaliumcarbonatlösung, in ihren höher siedenden, bei denen geringere Polymerisationsgefahr vorlag, mit 10 proz. Natronlauge behandelt. Aus den Peroxyden der Ketone bilden sich hierbei Ketone. Allerdings wirkt die Natronlauge kondensierend, und so ist es nicht verwunderlich, daß man an Stelle der offenen unter Abspaltung von Wasser zyklische Produkte erhält. Es sind so gefunden worden:

Von indifferenten Produkten das Peroxyd des Methyloctanonals

$$CH_3 . CO . CH_2 . CH_2 . CH_2 . CH . CH_2 . CHO$$
$$O \qquad\qquad\qquad CH_3$$

Dieses geht durch Erhitzen mit Kalilauge in ein zyklisches Derivat über, das Äthanoyl-4-methylcyclohexen-(1), von folgender Formel:

$$\text{I} \qquad\qquad \text{II}$$

$$
\begin{array}{cc}
CH_3 & CH_3 \\
| & | \\
CO_2 & CO \\
| & | \\
CH_2 & C \\
H_2C{\diagup}\ \ CHO & H_2C{\diagup}{\diagdown}CH \\
H_2C{\diagdown}{\diagup}CH_2 \quad\rightarrow & H_2C{\diagdown}{\diagup}CH_2 \\
CH & CH \\
| & | \\
CH_3 & CH_3
\end{array}
$$

Die Konstitution dieser Verbindung II war leicht dadurch aufzuklären, daß sie sich als identisch erwies mit einem Keton, welches Wallach[1]) vor mehreren Jahren auf einem anderen Wege gewonnen hatte. Wallach ging vom 1,4-Methylcyclohexenäthan aus. Dessen Nitrosylchlorid-Additionsprodukt wurde mittels Natriumacetat Salzsäure entzogen. Das hierbei entstehende Oxim geht bei der Verseifung in das Tetrahydro-p-acettoluol über. Wagner hat dieses Keton schon in den Händen gehabt, aber für das Methyloctanonal gehalten.

Das Tetrahydro-p-acettoluol kann sich nur aus dem Ketoaldehydperoxyd der Formel I gebildet haben, welches seinerseits aus dem echten Citronellal bei der Oxydation durch Ozon entstehen muß.

Während so das Vorkommen des echten Citronellals im käuflichen Citronellal bewiesen worden ist, kann andererseits eine Reihe von Verbindungen erhalten werden, welche auf eine Beimischung an Rhodinal hindeuten (siehe die Übersicht S. 538). So erhielten wir außer der schon früher beobachteten β-Methyladipinsäure den Halbaldehyd derselben neben Acetonsuperoxyd, dann eine neue Säure, die wir als 5-Methylcyclopentencarbonsäure ansprechen und ihre Entstehung aus dem Halbperoxyd der β-Methyladipinsäure nach folgendem Schema erklären:

$$
\begin{array}{cc}
H_2C{-}{-}CH_2 & H_2C{-}{-}CH_2 \\
CH_3.HC{\diagdown}\ HC{\diagup}{\begin{smallmatrix}O\\|\\O\end{smallmatrix}} \quad\rightarrow & CH_3.HC{\diagdown}{\diagup}CH \\
CH_2 & C \\
| & | \\
COOH & COOH
\end{array}
$$

Auch der Dialdehyd selbst scheint sich zu bilden, denn es kann ein leicht flüchtiges Produkt isoliert werden, welches wahrscheinlich einen Methylcyclopentenaldehyd darstellt, durch Wasserabspaltung aus dem Methyladipindialdehyd entstanden.

Diese Resultate würden darauf hindeuten, daß das Citronellal ein Gemisch von zwei Körpern ist. Himmelmann hatte schon an-

---

[1]) Wallach u. Evans, Annalen d. Chemie u. Pharmazie **360**, 54 [1908].

genommen, daß in demselben mindestens 40% Rhodinal, nach den aufgefundenen Quantitäten Acetonsuperoxyd einerseits und der Methyladipinsäure andererseits berechnet, vorliegen müsse.

Da jetzt noch größere Mengen vom Halbaldehyd der β-Methyladipinsäure isoliert werden konnten, so stellt sich das Ergebnis anders dar und wir müssen danach berechnen, daß das Verhältnis umgekehrt ist als bisher angenommen wurde, nämlich 60% Rhodinal und 40% Citronellal.

Mit diesen Befunden steht nun nicht im Einklang, daß das Citronellal ein schon von Tiemann und Schmidt[1]) beschriebenes Semicarbazon liefert, dessen Schmelzpunkt konstant bei 84° liegt. Wir untersuchten infolgedessen dieses Produkt in der Annahme, daß es ebenfalls ein Gemisch darstelle, näher, konnten aber trotz sehr sorgfältiger Untersuchung durch Umkristallisieren keine Schmelzpunktveränderung feststellen und können nur die Ergebnisse der Untersuchung von Tiemann und Schmidt bestätigen. Auch aus der Mutterlauge konnte kein anders schmelzendes Semicarbazon isoliert werden. Danach sollte man annehmen, daß das Citronellal mit Semicarbazid nur nach einer Richtung reagiert.

Als wir nun das Semicarbazon mit Ozon behandelten, fanden wir zunächst, daß dabei glatt 1 Mol. Ozon angelagert wird, während die Semicarbazongruppe unverändert bleibt. Bei der Spaltung dieses Ozonids konnten wir aber zwei Semicarbazone isolieren. Ferner erhielten wir Ameisensäure, Kohlensäure und Acetonsuperoxyd. Letzteres allerdings in ganz geringer Menge.

Wir identifizierten die beiden Semicarbazone als Methyloctanonalmonosemicarbazon

$$CH_3.CO.CH_2.CH_2.CH_2.CH.CH_2.CH = N.NH.CO.NH_2,$$
$$\overset{|}{C}H_3$$

welches also dem normalen Citronellal entspricht, und als Semicarbazon des Halbaldehyds der γ-Methyladipinsäure

$$HOOC.CH_2.CH_2.CH.CH_2.CH = N.NHCO.NH_2,$$
$$\overset{|}{C}H_3$$

welches sich vom Rhodinal herleitet.

Nach diesem Ergebnis berechnet sich das Mengenverhältnis vom Citronellal zum Rhodinal wieder anders, nämlich: 60% Citronellal gegenüber 40% Rhodinal. Hiernach müßte man eigentlich annehmen, daß das Ozon eine umlagernde Wirkung auf die Doppelbindung ausüben kann, da das Semicarbazon einen durchaus einheitlichen Ein-

---

[1]) Berichte d. Deutsch. chem. Gesellschaft 30, 34 [1897]; 31, 3307 [1898].

druck macht. Bewiesen scheint mir diese Annahme allerdings noch nicht, da es doch nicht ausgeschlossen ist, daß in dem Citronellalsemicarbazon ein außerordentlich schwer zu trennendes Gemenge von Semicarbazonen vorliegt, welch letztere selbstverständlich die größte Ähnlichkeit miteinander besitzen müssen.

An Hand der Erfahrungen, welche bei der Untersuchung des Citronellalacetals mit Ozon gemacht wurden, erscheint es angebracht, jetzt die älteren[1]) Ergebnisse der Oxydation dieses Körpers zu erläutern. In wässeriger Lösung erhält man in einer Ausbeute von $50-60\%$ das Acetal des Halbaldehyds der β-Methyladipinsäure neben dem Glykol Dihydroxycitronellalacetal. Wird letzteres mit Chromsäure weiter behandelt, so kann man zwei Körper isolieren, einen flüssigen Ketonaldehyd, der als γ-Methyloctanonal angesprochen wurde:

$$\begin{matrix} CH_3 \\ H_2COH \end{matrix}\!\!>\!\!C(OH).CH_2.CH_2.CH_2.CH(CH_3).CH_2CHO \rightarrow$$
$$CH_3.CO.CH_2.CH_2.CH_2.CH(CH_3).CH_2.CHO,$$

sodann ein dickes Öl $C_{10}H_{18}O_3$ von aldehydischen Eigenschaften, dem die Formel eines Oxydialdehyds beigelegt wurde:

$$\begin{matrix} CH_3 \\ H_2COH \end{matrix}\!\!>\!\!C(OH).CH_2.CH_2.CH_2.CH(CH_3).CH_2.CHO \rightarrow$$
$$\begin{matrix} CH_3 \\ OCH \end{matrix}\!\!>\!\!C(OH).CH_2.CH_2.CH_2.CH(CH_3).CH_2.CHO .$$

Es ist aber jetzt wahrscheinlicher, daß dieser Körper vom Rhodinal abstammt. Auch seine Eigenschaften, wie seine Beständigkeit sprechen mehr für einen Oxyketonaldehyd als für einen Oxydialdehyd. Seine Entstehung wäre dann in folgender Weise zu erklären:

$$(CH_3)_2.C(OH).CH(OH).CH_2.CH_2.CH(CH_3).CH_2.CHO \rightarrow$$
$$(CH_3)_2.C(OH).CO.CH_2.CH_2.CH(CH_3).CH_2.CHO .$$

Er würde dann in Analogie zu setzen sein mit dem Oxydiketon, welches man durch Oxydation des Dihydroxymethylheptenons mit Chromsäure erhalten kann und dessen Konstitution sichergestellt ist[2]).

$$(CH_3)_2 : C(OH).CH(OH).CH_2.CH_2.CO.CH_3 \rightarrow$$
$$(CH_3)_2 : C(OH).CO.CH_2.CH_2.CO.CH_3 .$$

Über eine neue Reaktion bei der Spaltung der Ozonide.

Bisher ist stets die Bildung der Zersetzungsprodukte, welche bei der Zerlegung der Ozonide gewonnen wurden, ganz einheitlich nach

[1]) **Harries** u. **Schauwecker**, Berichte d. Deutsch. chem. Gesellschaft **34**, 2981 [1901].

[2]) **Harries**, Berichte d. Deutsch. chem. Gesellschaft **35**, 1179 [1902]; s. a. **Ciamician** u. **Silber**, ebd. **46**, 3083 [1913].

folgenden Gleichungen zu erklären gewesen. Es entstehen entweder Aldehyd bzw. Säure oder Keton, als Zwischenprodukte die Peroxyde.

$$>\!\!C\!-\!\!-\!\!-\!\!C\!\!< \;\rightarrow\; >\!\!CO + OC\!\!< + O \quad \text{bzw.}$$
$$\underset{O-O-O}{}$$

$$>\!\!CO + \overset{O}{\underset{O}{|}}\!\!>\!\!C\!\!< \quad \text{oder} \quad >\!\!C\!\!<\overset{O}{\underset{O}{|}} + OC\!\!<.$$

Jetzt hat sich herausgestellt, daß sich als Umsetzungsprodukt des Citronellalozonids (auch des Citronellolozonids) Acetol, $CH_3.CO.CH_2OH$, bildet, also ein Ketoalkohol. Zunächst ist die Bildung desselben verblüffend. Man kann sie aber auch erklären, indem man annimmt, daß sich an das Citronellal normalerweise Ozon anlagert und dann eine peroxydartige Umlagerung in folgender Weise statthat:

$$\begin{array}{ccc}
\underset{H_2C}{H_3C}\!\!>\!\!C\!-\!\!-CH_2\ldots & \rightarrow & \underset{H_2COH}{CH_3}\!\!>\!\!CO + OCH\ldots\;.\\
\end{array}$$

Man könnte diese Reaktion zu einer Deutung heranziehen, wie aus dem normalen Citronellal Verbindungen entstehen von einem Typus, der eigentlich vom Rhodinal abstammt, wie Methyladipindialdehyd und die ganze Reihe der möglichen Oxydationsprodukte bis zur β-Methyladipinsäure. Ich würde auch ohne weiteres annehmen, daß das Auftreten dieser letzteren Reihe von Verbindungen einer solchen Reaktion ihre Entstehung verdanke, wenn nicht die gefundene Menge des Acetols recht gering wäre.

Außerdem gewinnt man merkwürdigerweise das Acetol bei der Zerlegung des Ozonids des Citronellalsemicarbazons nicht einmal in Spuren, wo doch auch nachgewiesen werden kann, daß beiderlei Abkömmlinge gebildet werden. Damit wird die vorstehend gegebene Erklärung für die allgemeine Reaktion hinfällig; es soll aber nicht bestritten werden, daß eine Nebenreaktion in dieser Weise stattfindet.

Weitere Beiträge zur Verwendung des Ozons als Hilfsmittel zur Konstitutionsaufklärung, insbesondere bei stickstoffhaltigen Verbindungen.

Bisher sind stickstoffhaltige Verbindungen noch wenig auf ihr Verhalten gegen Ozon untersucht worden. Ich habe früher einmal erwähnt, daß die Oximidogruppe durch Ozon als Salpetersäure unter Regenerierung des Carbonyls abgetrennt werden kann. Im vorigen Kapitel ist mitgeteilt worden, daß die Semicarbazongruppe intakt bleibt. Es war noch weiter eingehend zu bearbeiten, ob sich die doppelte

Bindung in Aminen ganz allgemein wie im Allylamin verhält, von dem ich gezeigt habe, daß es in normaler Weise unter Bildung von Formaldehyd und Aminoacetaldehyd oxydiert wird[1]).

Bekanntlich erhielt im Jahre 1881 A. W. von Hofmann[2]) bei der erschöpfenden Methylierung des Piperidins neben dem zweifach ungesättigten Kohlenwasserstoff Piperylen eine Base von der Zusammensetzung $C_7H_{15}N$, die er Dimethylpiperidin nannte. Von Ladenburg[3]) und besonders G. Merling[4]) ist die Reaktion in der Weise aufgeklärt worden, wie sie noch heute Gültigkeit besitzt. Sie zeigten, daß hierbei zunächst eine Ringaufspaltung stattfindet und schließlich bei erschöpfender Methylierung Trimethylamin unter Bildung eines aliphatischen, zweifach ungesättigten Kohlenwasserstoffes, des Piperylens, abgetrennt wird.

Nach Ladenburg und Merling besitzt das sog. Dimethylpiperidin die Formel I

während sich für das Piperylen die Formel II ergeben würde.

Nun hat aber Thiele[5]) auf Grund experimenteller Versuche dem Piperylen eine andere Formel, nämlich diejenige eines α-Methylbutadiens, $CH_3 . CH = CH . CH = CH_2$ zugewiesen. Bei der Oxydation mit Permanganat erhielt er nämlich Essigsäure und Ameisensäure, die er als Spaltungsprodukte eines Körpers der letzten Formel erklärt. Oxalsäure jedoch, die als Mittelspaltungsstück hätte entstehen müssen, konnte er nicht nachweisen. — Gelegentlich der Untersuchungen von Schönberg[6]) über den Piperylenkautschuk war beobachtet worden, daß das Piperylen zwei verschiedene Tetrabromide, ein kristallinisches und ein flüssiges bildet, daß ferner sein Siedepunkt ziemlich unscharf ist und endlich die Polymerisation des Piperylens zum entsprechenden Kautschuk sehr träge verläuft.

[1]) Harries u. Reichard, Berichte d. Deutsch. chem. Gesellschaft **37**, 612 [1904]. — Harries u. Petersen, ebd. **43**, 634 [1910].

[2]) Hofmann, Berichte d. Deutsch. chem. Gesellschaft **14**, 659 [1881].

[3]) Ladenburg, Berichte d. Deutsch. chem. Gesellschaft **16**, 2057 [1883].

[4]) Merling, Berichte d. Deutsch. chem. Gesellschaft **19**, 2621 [1886]; Annalen d. Chemie u. Pharmazie **264**, 310 [1891].

[5]) Thiele, Annalen d. Chemie u. Pharmazie **319**, 226 [1901].

[6]) Annalen d. Chemie u. Pharmazie **395**, 243 [1912]. — W. Schönberg, Inaug.-Diss. Kiel 1913.

Man muß das Piperylen, um es zu polymerisieren, bedeutend höher als das Isopren und das einfache Butadien erhitzen. Sodann tritt auch bei sehr langem Verweilen auf der höheren Temperatur nur eine geringfügige Polymerisation ein. Immer bleibt ein unverhältnismäßig großer Teil des Piperylens unverändert. Dieser unveränderte Kohlenwasserstoff, welcher einen ungenauen Siedepunkt hat, läßt sich durch weiteres Erhitzen noch viel schwerer zur Polymerisation bringen, liefert aber trotzdem die beiden verschiedenen Tetrabromide, das kristallinische und das flüssige. Es lag also der Gedanke nahe, anzunehmen, daß das bisher als einheitlich angesehene Piperylen die ihm von Thiele zugewiesene Konstitution nicht besitzt oder wenigstens ein Gemisch sei. Wenn das Piperylen nämlich 1,4 - Pentadien wäre, würde sich die geringe Polymerisationsfähigkeit erklären lassen. — Unter diesen Gesichtspunkten wurde das Problem von mehreren Seiten experimentell von Friedrich Düvel angegriffen. — Zuerst war zu erweisen, daß sich in dem Hofmannschen Dimethylpiperidin die doppelte Bindung in der von Ladenburg und Merling angenommenen Stellung befindet. Dies konnte einerseits durch Synthese des Dimethylpiperidins aus Pentamethylendibromid und Trimethylamin, andererseits durch direkte Oxydation des Hofmannschen Dimethylpiperidins durch Ozon erwiesen werden. Die Einwirkung von Trimethylamin direkt auf Pentamethylendibromid führt in der Hauptsache unter Abspaltung von einem Molekül Bromwasserstoff zu dem Dimethylpiperidin.

Die Reaktionen lassen sich in folgenden Gleichungen wiedergeben:

$$BrCH_2.CH_2.CH_2.CH_2.CH_2.Br + 2\,N(CH_3)_3 \rightarrow$$
$$N(CH_3)_3HBr + CH_2 = CH.CH_2.CH_2.CH_2N(CH_3)_2 \rightarrow$$
$$CH_2 = CH.CH_2.CH = CH_2 \quad oder \quad CH_3CH = CH - CH = CH_2.$$

Bei der erschöpfenden Methylierung erhält man hieraus dasselbe Piperylen wie aus Piperidin.

Bei der Oxydation des Dimethylpiperidins durch Ozon entstand Dimethylaminobutyraldehyd (4 - Dimethylaminobutanal):

$$CH_2 = CH.CH_2.CH_2.CH_2.N(CH_3)_2 \rightarrow OCH.CH_2.CH_2.CH_2.N(CH_3)_2.$$

Aus diesem Befunde kann mit Sicherheit geschlossen werden, daß sich die doppelte Bindung in der bisher angenommenen 4,5-Stellung befindet, denn wäre sie in 3,4-Stellung, so müßte sich Dimethylaminopropionaldehyd nachweisen lassen. — Der Dimethylaminobutyraldehyd, einer von den bisher wenig bekannten Vertretern der Aminoaldehyde, ist eingehend untersucht worden.

Nun käme es noch darauf an nachzuweisen, ob beim Übergang des Dimethylpiperidins in Piperylen gemäßt der Thieleschen Annahme eine Verschiebung der Doppelbindung eintritt. Infolgedessen versuchten wir die Aufklärung des Piperylens selbst durch Ozon auszuführen. Diese stellte sich als außerordentlich schwierig heraus, da das Piperylen mit Ozon ein furchtbar explosives Diozonid liefert. Es gelang zwar, die Spaltungsprodukte dieses Ozonids herzustellen, aber geradeso wie beim Permanganat war es nicht möglich, einen entscheidenden Rückschluß aus den Spaltungsprodukten auf die Konstitution des Piperylens zu ziehen, so daß dieser Teil der Untersuchung als nicht abgeschlossen angesehen werden muß.

Im weiteren Verlauf der Untersuchungen ist noch das Allylamin resp. das Carbäthoxyallylamin herangezogen worden. Es hat sich herausgestellt, daß man durch Einführung der Carbäthoxygruppe in das Allylamin die Aminogruppe so weit schützen kann, daß es gelingt, den Carbäthoxyaminoacetaldehyd in freiem Zustande zu isolieren.

Über diese Versuche, die vorzeitig abgebrochen werden mußten, ist bereits kurz[1]) referiert worden.

An die Arbeiten, welche die Absicht verfolgten, sowohl die Konstitution aufzuklären wie gleichzeitig die dabei gebildeten neuen stickstoffhaltigen Körper zu isolieren, lehnen sich ähnliche Untersuchungen von Morrell und Sidney Smith[2]) an.

Morrell[3]) hat früher schon gezeigt, daß durch Oxydation des Benzoyldihydrocarvylamins mit Ozon ein 1-Methyl-2-benzoylamino-4-äthanoylcyclohexan entsteht, woraus hervorgeht, daß die Lage der Doppelbindung im Dihydrocarvylamin noch dieselbe wie im Carvoxim ist, nämlich sich in 8,9 befindet.

Ferner hat Morrell[4]) bewiesen, daß durch Einwirkung von Chlorwasserstoffsäure aus dem Dihydrocarvylamin das Dihydroterpenylamin entsteht, bei dem die Doppelbindung von 8,9 nach 8,4 gewandert ist. Er konnte dies erhärten durch Oxydation der Benzoylverbindung mit Ozon, indem er dabei das 1-Methyl-2-benzoylaminocyclohexanon (4) in zwei Formen erhielt.

Die Benzoylaminoketone sind außerordentlich beständig, das Benzoyl läßt sich selbst nach stundenlangem Erhitzen mit konz. Salzsäure im geschlossenen Rohr bis 120° nicht abspalten. Geht man jedoch mit der Temperatur höher, so wird die freie Ketobase zerstört.

---

[1]) Harries u. Düvel, Berichte d. Deutsch. chem. Gesellschaft **47**, 3344 [1914].

[2]) Inaug.-Diss. Kiel 1914.

[3]) Berichte d. Deutsch. chem. Gesellschaft **44**, 2565 [1911]; Inaug.-Diss. Kiel 1912.

[4]) Inaug.-Diss. Kiel 1912.

Smith hat nun in einer Reihe von Versuchen festgestellt, daß sich auch das Formyl-, das Acetyl-, das Semioxalyl- und das Carboxäthyldihydrocarvylamin zu entsprechenden Ketonen oxydieren lassen. Dabei stellte sich heraus, daß das Formyl- und Semioxalylderivat sich am leichtesten spalten lassen, das Carboxäthyl sich aber, obgleich es etwas schwieriger spaltbar ist, am besten zur Verseifung eignet, und es gelang durch Salzsäure, hier die freie Base zu erhalten.

Diese Arbeit wird gegenwärtig noch, da sie zu einer Reihe sehr interessanter Substanzen geführt hat, von Jean Müller fortgesetzt, wurde aber leider durch den Krieg unterbrochen.

Bei allen zuletzt beschriebenen Verbindungen handelt es sich um stickstoffhaltige Körper, Aminoaldehyde und Aminoketone, welche mit Hilfe des Ozons präparativ zugänglich gemacht wurden.

Hierher gehört auch eine Untersuchung von Georg H. Lénárt über Aldehyde der Pyridinreihe. Lénárt[1]) hat schon kurz über das Resultat berichtet. Er zeigt, daß man durch Oxydation des α-Stilbazols zum α-Pyridylaldehyd kommen kann. Mit Hilfe des α-Pyridylaldehyds sind eine Reihe Derivate hergestellt worden, die beweisen, daß dieser Aldehyd sich ganz analog wie der Benzaldehyd verhält. Die Derivate kristallisieren fast ebenso schön wie diejenigen des Benzaldehyds. Auch der β-Pyridylaldehyd hat sich nach dieser Methode aus dem von Pinner[2]) entdeckten Benzoylmetanicotin isolieren lassen:

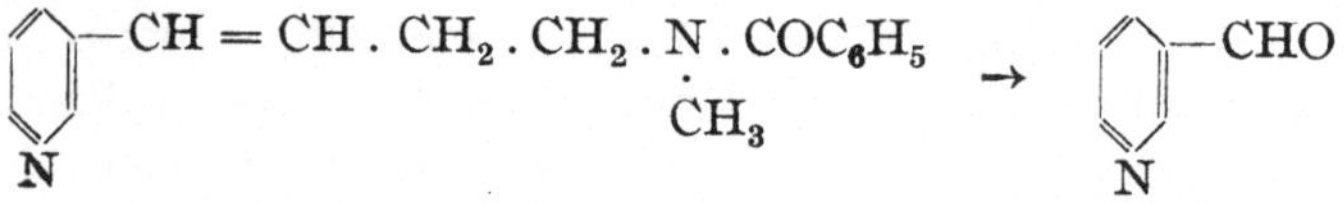

$$\text{(Pyridin)}-CH = CH . CH_2 . CH_2 . N . COC_6H_5 \rightarrow \text{(Pyridin)}-CHO$$
$$\overset{|}{CH_3}$$

Benzoylmetanicotin β-Pyridylaldehyd.

Dieser β-Pyridylaldehyd zeigt in seinen Eigenschaften, soweit sie bisher untersucht worden sind, die größte Ähnlichkeit mit dem α-Aldehyd.

---

[1]) Berichte d. Deutsch. chem. Gesellschaft **47**, 808 [1914]; Inaug.-Diss. Kgl. Techn. Hochschule Berlin 1914.

[2]) Pinner, Berichte d. Deutsch. chem. Gesellschaft **27**, 1057, 2863 [1894]. — Löffler, Berichte d. Deutsch. chem. Gesellschaft **42**, 3433 [1909].

82. Richard Seitz: Zur Kenntnis der Ozonide des Pinens und Cyclohexens.

Annalen der Chemie und Pharmazie **410**, 21 (1915).

Von H. Neresheimer[1]) ist zuerst ein festes und ein öliges Pinen-ozonid beschrieben worden; es gelang ihm aber nicht, mit Rohozon, wie damals üblich, ein festes Pinenozonid der normalen Zusammen-setzung $C_{10}H_{16}O_3$ darzustellen, er erhielt nur Gemische von $C_{10}H_{16}O_3$ und $C_{10}H_{16}O_4$ und fand den Zersetzungspunkt $80-85°$.

Pinen.

Das Pinen gewann ich aus französischem Terpentinöl, indem ich die Fraktion $159-160°$ zweimal unter gewöhnlichem Druck und schließ-lich im Vakuum destillierte ($46°$ bei 11 mm Druck).

Zunächst studierte ich das Verhalten des Pinens gegen einen Ozon-Sauerstoffstrom, dessen Gehalt an Ozon durch Waschen mit 5 proz. Natronlauge und konz. Schwefelsäure auf $4,8-9,3\%$ herab-gedrückt war (bei $10-15\,l$ Stundengeschwindigkeit). Dieses Reinozon leitete ich in eine Lösung von 9 g Pinen in 50 ccm Hexan, bis Brom nicht mehr addiert wurde. Es schied sich dabei ein weißer, fester und ein gelblicher, öliger Körper aus. Nach dem Abgießen des Hexans löste ich das Öl in absolutem Äther und verdampfte das Hexan im Vakuum. Ungelöst blieben in dem Äther 1,3 g festes Ozonid, das im Vakuum getrocknet und dann analysiert wurde (I):

I. 0,1279 g Sbst.: 0,3016 g CO_2, 0,1021 g H_2O. — II. 0,1366 g Sbst.: 0,3241 g CO_2, 0,1064 g H_2O. — III. 0,1225 g Sbst.: 0,3025 g CO_2, 0,0994 g H_2O.

	Ber. für $C_{10}H_{16}O_3$	Gef. I	II	III	Neresheimer fand:
C	65,18	64,31	64,71	67,35	62,95
H	8,76	8,93	8,71	9,07	8,52

Aus dem Äther erhielt ich 8 g eines sirupösen, im Vakuum sich stark aufblähenden Ozonids (Analyse II).

Der Rückstand aus dem Hexan (3,2 g) war öliger Konsistenz und lieferte die Analysenzahlen in III.

---

[1]) Berichte d. Deutsch. chem. Gesellschaft **41**, 38 [1908].

Einfluß der Temperatur auf die Bildung der öligen und festen Ozonide.

Um zu sehen, welchen Einfluß die Temperatur bei der Ozonisation auf die Ausbeute an festem und flüssigem Ozonid hat, behandelte ich je 10,0 g Pinen, gelöst in 50 ccm Petroläther, mit gewaschenem Ozon und erhielt bei Kühlung mit

	Kältemischung	Eis	Wasser
	I	II	III
Festes Ozonid	2,6	0,5	0,04
Aus dem Äther: halbfestes Ozonid .	7,2	9,5	11,0
Aus dem Petroläther: öliger Körper .	5,2	5,5	5,9
	15,0	15,5	16,9

Aus dem öligen Produkt konnte ich im Vakuum bis 85° (15 mm Druck) eine dünnflüssige, stechend riechende Flüssigkeit isolieren, und zwar aus

I 0,9 g   II 1,0 g   III 1,4 g

Der Rückstand war von dickflüssiger Konsistenz. Die Gesamtausbeute an halbfestem Ozonid betrug daher aus

I 11,5 g   II 14,0 g   III 15,5 g

Untersuchung des dünnflüssigen Destillates.

Um zu untersuchen, ob in dem dünnflüssigen Destillat ein Ozonid des Pinen vorliegt, stellte ich eine größere Menge davon her. Aus 100,0 g Pinen erhielt ich beim Eindampfen des Petroläthers einen Rückstand, der im Vakuum bei 18 mm Druck 19,2 g eines dünnflüssigen Destillates lieferte.

Bei dessen Fraktionierung erhielt ich:

    1. Fraktion bis 60° (18 mm Druck) . . . . . . 10,0 g
    2.   „   60—75° . . . . 3,0 g
    3.   „   75—90° . . . . 4,0 g
    4. Rückstand . . . . 2,0 g
                                                 19,0 g

Die Fraktion 3 trocknete ich über Chlorcalcium und destillierte sie darauf nochmals. Alsdann gab sie die folgende Analyse I:

I. 0,1775 g Sbst.: 0,4235 g CO_2, 0,1543 g H_2O. — II. 0,1182 g Sbst.: 0,2770 g CO_2, 0,1091 g H_2O.

	Ber. für $C_{10}H_{16}O_3$	Gef. I	II
C	65,18	65,03	63,91
H	8,76	9,72	10,33

Die Fraktion 2 destillierte ich zum zweitenmal, Analyse II.

Nach diesen Analysenergebnissen läßt sich darauf schließen, daß ein Ozonid in diesen Fraktionen enthalten ist.

Da es sich aber herausstellte, daß das Destillat noch Brom entfärbte, wurde die weitere Untersuchung als zu schwierig, auf diesem Wege zu einem reinen, normalen, monomeren Ozonid zu gelangen, aufgegeben.

Cyclohexen.

Die Ozonisierung des Cyclohexens ist zuerst von H. Neresheimer[1] untersucht worden. Er fand ein festes Ozonid neben wenig eines öligen. v. Splawa-Neyman[2] zeigte, daß sich das feste Ozonid in zwei durch ihren Schmelzpunkt verschiedene Anteile trennen läßt, von denen er das höher schmelzende (bei $115-120°$) das β-, und das niedriger schmelzende (bei etwa $75°$) das α-Ozonid nannte. Die Analysenwerte des letzteren stimmten bereits leidlich mit den für das normale Ozonid $C_6H_{10}O_3$ berechneten überein, während das β-Ozonid Werte lieferte, die mehr nach denen eines Oxozonids $C_6H_{10}O_4$ hinneigten. Es war daher von Interesse, diese Körper noch einmal nach den neueren Erfahrungen zu bereiten und auch festzustellen, ob das Cyclohexen ein destillierbares öliges Ozonid wie das Butylen bildet, da a priori anzunehmen ist, daß die festen Verbindungen polymer, wahrscheinlich dimer sind. — In der Tat hat sich dieses ölige monomere Ozonid, wenn auch nur in kleiner Menge, auffinden lassen.

Sodann wurde gezeigt, daß sich das feste polymere Ozonid unter allen Umständen bildet, ob man nun in verdünnter oder konzentrierter Lösung mit gewaschenem oder starkem, ungewaschenem Ozon arbeitet.

Ein Cyclohexenoxozonid entsteht in geringer Menge, wenn beim Ozonisieren in Chloroform oder Tetrachlorkohlenstoff Spuren von Carbonylchlorid auftreten. Ein ganz reines Oxozonid war bisher überhaupt nicht zu erhalten. G. Wagner zeigte, daß man eine solche Verbindung gewinnen kann, wenn man Cyclohexen in Chloroform mit $18-20$ proz. Rohozon möglichst lange behandelt. Man nennt jetzt das α- und das β-Ozonid von Splawa-Neyman richtiger polymeres Cyclohexenozonid und polymeres Cyclohexenoxozonid.

Das monomere Cyclohexenozonid.

Um das flüssige Ozonid, welches bei der Ozonisation des Cyclohexens in kleiner Menge entsteht, zu bereiten, ozonisierte ich dasselbe mit gewaschenem $6-9$ proz. Ozon und erhielt aus $17{,}0$ g Cyclohexen

---

1) Berichte d. Deutsch. chem. Gesellschaft **39**, 2848 [1906].
2) Berichte d. Deutsch. chem. Gesellschaft **41**, 3552 [1908].

in 340 ccm Hexan 12 g festes Ozonid, welches ausfiel, und 2,4 g dünnflüssiges Ozonid durch Verdunsten der Hexanmutterlauge. Letzteres wurde bei 10 mm Druck zweimal destilliert. Die von 47—52° unter 10 mm siedende Fraktion ergab die Werte in I, während die von II aus einem bei 59—59,5° unter 15 mm siedenden Anteil gewonnen wurden.

I. 0,1706 g Sbst.: 0,3512 g CO_2, 0,1276 g H_2O. — II. 0,1886 g Sbst.: 0,3883 g CO_2, 0,1293 g H_2O.

	Ber. für $C_6H_{10}O_3$	Gef. I	II
C	55,35	55,82	56,15
H	7,75	8,31	7,66

Das Ozonid bildet eine bewegliche, stark lichtbrechende Flüssigkeit von stechend unangenehmem Geruch, es ist in kaltem Wasser schwer, in warmem leichter löslich, wobei es schon zum Teil zersetzt wird. Man ersieht dies daraus, daß die wässerige Lösung starke Reaktion auf Wasserstoffsuperoxyd anzeigt und Fehlingsche Lösung reduziert. Explosive Eigenschaften besitzt es wenig.

Das feste polymere Ozonid.

Diese Verbindung erhält man leicht, wenn man das Cyclohexen, in Hexan im Verhältnis 5 : 100 gelöst, mit gewaschenem 9 proz. Ozon (Analyse I), aber auch mit ungewaschenem stärksten Ozon gerade eben bis zur Sättigung behandelt (II), dabei verursacht Gegenwart von Spuren von Chlorwasserstoff keine Änderung der Zusammensetzung, III und IV.

Die ausfallende feste weiße Masse wird mit abs. Äther angerührt, wobei sie körnig wird. Sie schmilzt dann ungefähr bei 60—65° und explodiert beim Erhitzen auf etwa 140—150° heftig. Sie wird nur von wenigen Lösungsmitteln, wie siedendem Alkohol, abs. Äther, Chloroform, aufgenommen. Sehr wahrscheinlich besitzt die Verbindung die doppelte Molekulargröße.

I. 0,1247 g Sbst.: 0,2506 g CO_2, 0,0909 g H_2O. — II. 0,1239 g Sbst.: 0,2519 g CO_2, 0,0886 g H_2O. — III. 0,1226 g Sbst.: 0,2483 g CO_2, 0,0832 g H_2O. — IV. 0,1220 g Sbst.: 0,2477 g CO_2, 0,0870 g H_2O.

	Ber. für $(C_6H_{10}O_3)_2$	Gef. I	II	III	IV
C	55,35	55,07	55,45	55,24	55,37
H	7,75	8,19	7,99	7,59	7,97

Nahm man dagegen die Ozonisierung in Chloroform oder Tetrachlorkohlenstoff vor, so erhielt man Werte, die zwischen denen für $C_6H_{10}O_3$ und $C_6H_{10}O_4$ lagen, wie sie schon von Splawa - Neyman erhalten wurden. Setzte man zur Hexanlösung eine kleine Menge Carbonylchlorid, so erhielt man ähnliche Analysenwerte. Auch in Chloräthyl gewann ich dieselben Abweichungen.

Bestimmung der Zersetzungsgeschwindigkeit
(nach Harries und v. Splawa - Neyman).

Sbst. 6,2 g.   Wasser 95 ccm.   Temp. 120°.

0 Stunde	. . . . 6,2 g		$1^1/_2$ Stunden	. . . 0,52 g
$^1/_2$,,	. . . . 3,85 g		2 ,,	. . . 0,25 g
1 ,,	. . . . 1,43 g		$2^1/_2$,,	. . . 0,1 g

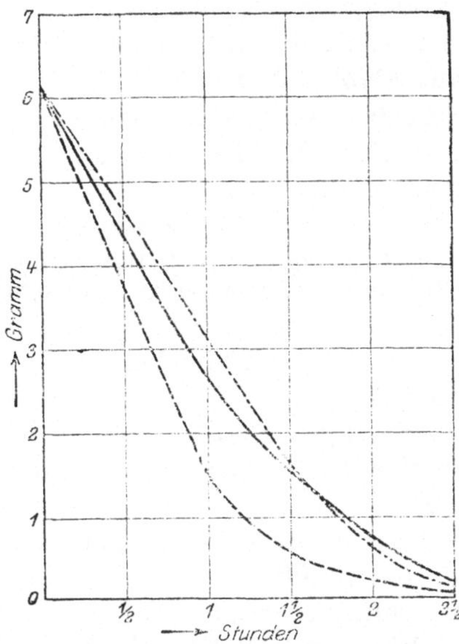

Fig. 16.   Spaltungskurven der Cyclohexenozonide.

————— normales Ozonid.

. . . . α-Ozonid von v. Splawa-Neyman bestimmt.

————— β-Ozonid von v. Splawa-Neyman bestimmt.

Isolierung der Spaltungsprodukte.

20,0 g Cyclohexenozonid erhitzte ich in zwei Portionen mit je 60,0 g Wasser 2—3 Stunden im Glycerinbade bei 120—125°. Ungelöst blieben 0,5 g.

Nachdem bei möglichst niedriger Temperatur im Vakuum das Wasser abdestilliert war, unterwarf ich den braunen Rückstand der fraktionierten Destillation:

$$
\begin{aligned}
&\text{1. Fraktion} \quad 55\text{—}67° \quad (15\text{ mm}) \quad . \quad 0{,}9\text{ g}\\
&\text{2.} \qquad „ \qquad 67\text{—}115° \quad . . . . . \quad 0{,}8\text{ g}\\
&\text{3.} \qquad „ \qquad 115\text{—}185° \quad . . . . . \quad 5{,}2\text{ g}\\
&\text{4. Rückstand} \quad . . . . \quad 7{,}2\text{ g}\\
&\qquad \text{3. Fraktion a) } 115\text{—}155° \quad . . \quad 0{,}6\text{ g}\\
&\qquad\qquad\qquad\quad \text{b) } 155\text{—}162° \quad . . \quad 3{,}3\text{ g}\\
&\qquad\qquad\qquad\quad \text{c) Rückstand} \quad . . \quad 1{,}2\text{ g}
\end{aligned}
$$

Zur Kontrolle identifizierte ich die aufgefundenen Zersetzungsprodukte durch den Schmelzpunkt ihrer Derivate.

Die erste Fraktion besteht aus Cyclopentenaldehyd, dessen Semicarbazon aus verdünntem Alkohol umkristallisiert, den Schmp. 208 bis 209° zeigte.

Die zweite Fraktion gab mit p-Nitrophenylhydrazin das Bisnitrophenylhydrazon des Adipindialdehyds; Schmelzpunkt nach dem Umkristallisieren aus Alkohol 169—170°.

Bei dieser Gelegenheit sei eine Bestimmung der optischen Konstanten des reinen Adipindialdehyds mitgeteilt, die v. Splawa-Neyman[1]) früher ausgeführt hat:

Mol.-Refraktion: $D_{40}^{190} = 1{,}003$; $n_d^{190} = 1{,}43067$; $n_\alpha = 1{,}42861$; $n_\gamma = 1{,}44097$. MR_d ber. Dialdoform 30,09, gef. 29,40; ber. Halbenol 32,031; ber. Dienol 31,972.

Mol.-Dispersion: $M_{\alpha-\gamma}$; ber. Dialdoform 0,76, gef. 0,74, ber. Halbenol 0,929, ber. Dienol 1,09.

Daraus geht hervor, daß der Adipindialdehyd ein wahrer Dialdehyd wie der Succindialdehyd ist.

Auch aus dem wässerigen Destillat konnte der Adipindialdehyd, der mit Wasserdämpfen leicht flüchtig ist, durch dasselbe Derivat nachgewiesen werden.

Die Fraktion 3. besteht aus Aldehydosäure und wurde ebenfalls als Nitrophenylhydrazon gefällt.

Der Rückstand schließlich zeigte nach dem Umkristallisieren aus heißem Wasser den Schmelzpunkt der Adipinsäure (124—125°).

Aus diesen Zahlen ergibt sich eine Ausbeute von 16% Aldehydosäure und 36% Dicarbonsäure.

---

[1]) Inaug.-Diss. Kiel 1910. S. 28.

83. Hans Wagner: Zur Kenntnis der Ozonide des Cyclopentens.
Annalen der Chemie und Pharmazie 410, 29 (1915).

Monomeres Ozonid.

Zur Darstellung dieses Ozonids wurden die von Tank[1]) gegebenen Vorschriften benutzt.

10 g Cyclopenten, in der 30 fachen Menge trockenen Hexans gelöst, wurden unter sorgfältiger Kühlung durch Kältemischung mit gewaschenem Ozon behandelt. Das zähflüssige Ozonid setzte sich teils an dem Einleitungsrohr, teils am Boden des Ozonisierungsgefäßes ab. Es erwies sich als vollkommen identisch mit dem von Tank erhaltenen normalen Ozonid.

Eine Probe des zähflüssigen Ozonids erwärmte ich im Vakuum unter 10 mm auf dem Ölbade. Das Ozonid siedete bei $60-62°$; in der durch Kältemischung gekühlten Vorlage kondensierte sich ein gelbliches, zähflüssiges Produkt. Zurück blieb ein minimaler Rückstand. Bei dem Versuch, 1,5 g Ozonid zu destillieren, um mit dem Destillat die physikalischen Messungen anzustellen, kam es bei einer Temperatur von $50-55°$ im Ölbad zu einer heftigen Explosion, weswegen diese Versuche aufgegeben wurden.

Polymeres explosives Ozonid.

6 g Cyclopenten verdünnte ich mit 100 ccm Chloräthyl und leitete bei der Temperatur der Kohlensäure-Äthermischung gewaschenes, 5 proz. Ozon ein. Das Gasstrom wurde so reguliert, daß man die Gasblasen eben noch zählen konnte. Das Ableitungsrohr war mit einem Phosphorpentoxydrohr versehen, um von außen keine feuchte Luft eintreten zu lassen. Während der Ozonisation setzte sich am Einleitungsrohr ein weißes, kristallinisches Produkt ab, welches sich durch Explosion beim Erhitzen auf dem Platinblech sowie durch Braunfärbung einer Jodkaliumlösung als Ozonid erwies. Nach 27 Stunden — auf 1 g also $4^1/_2$ Stunden — färbte sich die Lösung von überschüssigem Ozon blau, ein Zeichen, daß kein ungesättigtes Cyclopenten mehr vorhanden

---

[1]) Berichte d. Deutsch. chem. Gesellschaft 41, 1703 [1908].

war. Die Ozonisation wurde nun unterbrochen und, um das Ozonid zu isolieren, welches sich an den Wandungen des Gefäßes und am Einleitungsrohr festgesetzt hatte, wurde das Ozonisierungsgefäß aus der Kältemischung gezogen, nachdem die Zu- und Ableitungsröhren mit Phosphorpentoxydtrockenröhren versehen waren. Bei gewöhnlicher Temperatur siedete dann allmählich das Chloräthyl ab und das Ozonid blieb zunächst in weißen, elastischen Klümpchen zurück. Das Ozonid wurde beim Digerieren mit abs. Äther kristallinisch und dann filtriert. Die Konstistenz des Rohozonids ließ darauf schließen, daß wohl auch das monomere Ozonid, wenn auch in äußerst geringem Maße, sich gebildet hatte. An festem Ozonid konnte ich 9,3 g nachweisen, das sind 90,8% Ausbeute.

0,1229 g Sbst.: 0,2328 g CO_2, 0,0784 g H_2O.

	Ber. für $C_5H_8O_3$	Gef.
C	51,7	51,66
H	6,9	7,13

Das dimere Ozonid ist in den gebräuchlichsten organischen Solvenzien unlöslich. Es ist stärker explosiv als das entsprechende Cyclohexenderivat. Im Schmelzröhrchen auf dem Ölbade erhitzt, explodiert es bei 94°.

Mit konz. Natronlauge zersetzt sich das Ozonid unter Braunfärbung; mit konz. Schwefelsäure reagiert es stark. Kocht man das Ozonid mit Wasser, so reduziert die Lösung Fehlingsche Flüssigkeit und alkalische Quecksilberlösung. Bringt man fuchsinschweflige Säure in die Lösung, so tritt momentan intensive Rotfärbung ein. Die Bildung von Wasserstoffsuperoxyd konnte durch Titanschwefelsäure nachgewiesen werden.

Bei der Bestimmung der Spaltungskurve des dimeren festen Ozonids hielt ich mich an die früher angegebenen Vorschriften für die Zersetzung der Ozonide. Ein Vergleich der Zersetzungsgeschwindigkeit des dimeren Cyclopentenozonids mit denen des monomeren und des Cyclohexenozonids, bestimmt von Seitz, zeigt, daß das dimere Cyclopentenozonid am leichtesten von Wasser zerlegt wird; schon nach einer halben Stunde ist es fast ebenso weit zersetzt wie das dimere Cyclohexenozonid nach 2 Stunden.

Polymeres nicht explosives Ozonid.

Die Darstellung dieses Ozonids erfolgte unter eigenartigen Umständen. Monomeres, zähflüssiges Ozonid war unter den üblichen Bedingungen erhalten worden. Nach der Beendigung des Ozonisationsprozesses wurden mehrere Portionen den Strahlen der Mittagssonne ausgesetzt. Nach zweistündiger Belichtung war der größte Teil des ausgeschiedenen, zähflüssigen Ozonids in eine elastische gallertartige Masse verwandelt, welche bei der Digestion mit abs. Äther fest und mikrokristallinisch wurde. Die Elementaranalyse, das kristallinische Aussehen des Ozonids sowie sein passives Verhalten gegenüber den organischen Lösungsmitteln stellen den Körper vollkommen an die Seite des kristallinischen dimeren Ozonids, von dem es sich nur in seinem geringen Explosionsvermögen unterscheidet.

0,1241 g Sbst.: 0,2328 g CO_2, 0,0788 g H_2O.

	Ber. für $C_5H_8O_3$	Gef.
C	51,7	51,15
H	6,9	7,10

Meine Bemühungen, eine Depolymerisation des festen Ozonids durch Erhitzen im Schmelzröhrchen einzuleiten, verliefen erfolglos, das Produkt blieb hierbei unverändert.

Die Spaltungskurve des nichtexplosiven, dimeren Ozonids verläuft gleich wie die des explosiven.

Monomeres und polymeres Oxozonid.

Um den Einfluß von hochprozentigem, ungewaschenem Ozon auf das Cyclopenten zu studieren, ließ ich zunächst starkes Ozon auf Cyclopenten in Tetrachlorkohlenstofflösung einwirken. Hierbei schied sich ein zähflüssiges Ozonid ab, welches durch die Analyse als normales Ozonid identifiziert wurde.

0,1326 g Sbst.: 0,2464 g CO_2, 0,0822 H_2O.

	Ber. für $C_5H_8O_3$	Gef.
C	51,7	50,68
H	6,9	6,93

Ich versuchte nun an Stelle von Tetrachlorkohlenstoff als Lösungsmittel Chloroform anzuwenden. Ich löste 10 g Cyclopenten in etwa 300 ccm Chloroform und behandelte das Gemisch mit starkem (ungewaschenem) Ozon, bis die Lösung von überschüssigem Ozon blau gefärbt war. Um eine möglichst hohe Konzentration des Ozonstromes zu erreichen, wurde das Ozon sehr schnell eingeleitet, wodurch allerdings bei der großen Flüchtigkeit des Cyclopentens, trotz der Kühlung durch Kältemischung, die Ausbeute ungünstig beeinflußt wurde. Festes Ozonid hatte sich in geringen Mengen an dem Einleitungsrohr abgesetzt. Das zähflüssige, monomere Oxozonid war in Lösung geblieben. Nach zweistündigem Stehen hatte sich die bis dahin klare Lösung in eine dicke Emulsion verwandelt, aus welcher sich beim Umrühren mit einem Glasstabe ein kristallinisches Produkt ausschied. Das feste Oxozonid ist durch Abfiltrieren leicht zu isolieren und kann durch Digestion mit abs. Äther gereinigt werden. Das dimere Produkt bildet eine schneeweiße, kristallinische Masse. Die Ausbeute ergab

$$
\begin{array}{ll}
\text{an festem Ozonid} \dots\dots\dots\dots & 8{,}8 \text{ g} \\
\text{an zähflüssigem Ozonid} \dots\dots\dots\dots & \underline{4{,}0 \text{ g}} \\
& 12{,}8 \text{ g, d. s. } 67{,}5\%.
\end{array}
$$

Analysen des festen polymeren Oxozonids.

I. 0,1270 g Sbst.: 0,2178 g CO_2, 0,0741 g H_2O. — II. 0,1217 g Sbst.: 0,1978 g CO_2, 0,0710 g H_2O.

	Ber. für $C_5H_8O_4$	Gef. I	II
C	45,4	46,73	44,53
H	6,06	6,52	6,52

Die Substanz war nicht chlorhaltig.

Das polymere Oxozonid ist wie das polymere Ozonid unlöslich in den organischen Lösungsmitteln. Mit konz. Schwefelsäure reagiert es lebhaft, mit Natronlauge zersetzt es sich nicht. Beim Erhitzen auf dem Platinblech zeigt es sich noch bedeutend explosiver als das polymere Ozonid. In seinem Verhalten gegen fuchsinschweflige Säure, Titanschwefelsäure gleicht es dem polymeren Ozonid. Quecksilberchlorid wird von der wässerigen Lösung nur schwach reduziert; dieses geringe Reduktionsvermögen läßt darauf schließen, daß bei der Spaltung durch Wasser vorwiegend Säure gebildet wird.

Über die Zersetzungsgeschwindigkeit des dimeren Oxozonids gibt die Spaltungskurve am Schlusse Auskunft. Das polymere Oxozonid wird viel schneller und leichter von Wasser angegriffen und zerlegt als das polymere Ozonid.

Monomeres Oxozonid.

Das monomere Oxozonid ist in Chloroform löslich und kann durch Verdunsten des Lösungsmittels isoliert werden. Es hinterbleibt ein gelbes, ziemlich dünnflüssiges Liquidum von äußerst penetrantem Geruch. Den Rückstand spülte ich durch Essigester, welcher das Ozonid leicht aufnahm, aus dem Kolben und fällte mit Petroläther um. Zur Entfernung der letzten Spuren Chloroform wurde es im Vakuumexsiccator getrocknet. Bei längerem Stehen verändert das Oxozonid hierbei seine sirupöse Konsistenz und geht in eine klebrige, glasige Masse über. Das Oxozonid ist explosiv. Es ist löslich in Chloroform, Essigster und Eisessig; beim Altern nimmt jedoch seine Löslichkeit in Eisessig schnell ab. Es verhält sich sonst gegen die anderen Reagenzien wie das monomere Ozonid. Konz. Schwefelsäure wirkt explosionsartig auf das Oxozonid ein.

Mol.-Bestimmung: Eisessig = 29,35 g; Depression = 0,321, Sbst. = 0,2900 g.

Ber. für $C_5H_8O_4$: 132. Gef.: 123.

I. 0,1179 g Sbst.: 0,1975 g CO_2, 0,0671 g H_2O. — II. 0,1049 g Sbst.: 0,1880 g CO_2, 0,0631 g H_2O. — III. 0,1243 g Sbst.: 0,2304 g CO_2, 0,0760 g H_2O.

	Ber. für		Gef.		
	$C_5H_8O_4$	$C_5H_8O_3$	I	II	III
C	45,4	51,7	46,79	48,8	50,55
H	6,06	6,9	6,37	6,71	6,84

I. Nach mehrstündigem Stehen im Exsiccator, II. nach 24 stündigem Stehen, III. nach dreitägigem Stehen.

Dieses Verhalten des monomeren Oxozonids zeigt, daß es in hohem Grade unbeständig ist und bei längerem Stehen im Vakuum unter

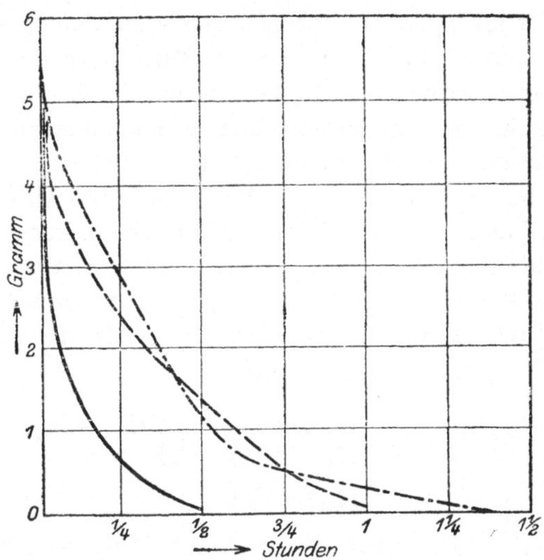

Fig. 17. Spaltungskurven der Cyclopentenozonide und -Oxozonide.

———— Kurve des dimeren Oxozonids.
— — — Kurve des dimeren explosiven Ozonids.
— — — Kurve des dimeren nicht explosiven Ozonids.
—·—·— Kurve des monomeren Ozonids.

Abgabe von 1 Atom Sauerstoff in das normale Ozonid übergeht. Sobald sich dieses stabile Ozonid gebildet hat, zeigt die Analyse konstante Zahlen.

Dimeres Cyclohexenoxozonid.

Beim Durchleiten von starkem, ungewaschenem Ozon durch eine Lösung von 5 g Cyclohexen in 200 ccm Chloroform schieden sich geringe Mengen (0,7 g) festen Ozonids ab, welche ich nach der Sättigung durch Abfiltrieren von dem Lösungsmittel isolierte. Aus dem Chloroform konnte durch Eindampfen im Vakuum die Hauptmenge des Ozonids als gallertartige, weiße Masse erhalten werden, die mit abs. Äther gewaschen wurde.

0,1263 g Sbst.: 0,2238 g CO_2, 0,0802 g H_2O.

	Ber. für $C_6H_{10}O_4$	Gef.
C	49,26	48,33
H	6,9	7,10

Die Löslichkeitsverhältnisse sind die des dimeren Cyclopenten-oxozonids (s. S. 524). Der Schmelzpunkt liegt bei etwa 115—120°, wie von v. Splawa - Neyman[1] für das β-Cyclohexenozonid angegeben worden ist.

Über Nebenprodukte bei der Reduktion des Cyclopentens.

Bei der Reduktion des Cyclopentanons zu Cyclopentanol, welches zur Bereitung des Cyclopentens dienen sollte, nach der Vorschrift von Wislicenus und Hentzschel[2] konnte ich die Beobachtung machen, daß dieselbe ganz verschieden verläuft, je nachdem man mit Natrium und absolutem oder gewöhnlichem Äther reduziert. Bei Anwendung von letzterem bildeten sich sehr viel höher siedende Anteile. Die nähere Untersuchung hat gelehrt, daß der gewöhnliche Äther Alkohol enthält, welcher mit Natrium das Alkoholat bildet. Dieser wirkt zuerst auf 2 Mol. Cyclopentanon kondensierend[3] ein, während der nascierende Wasserstoff das entstandene Keton zum gesättigten Alkohol weiter reduziert:

$$
\underset{\begin{smallmatrix}H_2C\\ \\ H_2C\end{smallmatrix}}{\overset{CO}{\bigwedge}}C=C\underset{CH_2}{\overset{CH_2}{\diagdown}}\underset{CH_2}{\overset{CH_2}{}} \;\rightarrow\; \underset{\begin{smallmatrix}H_2C\\ \\ H_2C\end{smallmatrix}}{\overset{\overset{\textstyle H\ OH}{C}}{\bigwedge}}CH-CH\underset{CH_2-CH_2}{\overset{CH_2-CH_2}{}} \;\rightarrow\; \overset{CO}{\bigwedge}\diagup\diagdown .
$$

Durch Oxydation wurde dieser Alkohol in das gesättigte Keton übergeführt, welches nur mit einem Molekül Benzaldehyd reagiert. Dieses Keton ist früher schon auf anderem Wege von Godchot und Taboury[4] durch katalytische Hydrierung des Cyclopentanons vermittels Nickel und Wasserstoff bei 125° erhalten worden.

Reduziert man das Cyclopentanon mit Natrium in abs. Äther und Wasser, so erhält man nur das Cyclopentanol und als höher siedendes Nebenprodukt das normale Pinakon.

α - Cyclopentylcyclopentanol.

Zur Darstellung des Cyclopentanons wurde das von den Elberfelder Farbenfabriken ausgearbeitete Verfahren[5] zur Darstellung von zyklischen Ketonen durch Erhitzen von Adipinsäure in Gegenwart

[1] a. a. O.
[2] Annalen d. Chemie u. Pharmazie **275**, 322 [1893].
[3] Vgl. Wallach, Berichte d. Deutsch. chem. Gesellschaft **29**, 2963 [1896].
[4] Compt. rend. **152**, 881 [1911].
[5] Patentanm. F **33 624** IV/12, 0,2; einger. 21. XII. 1911.

von die Zersetzung befördernden Mitteln benutzt. Als Zusatz bewährte sich zur Beschleunigung der Reaktion bei der Adipinsäure Bariumhydroxyd, während der Destillationsprozeß bei einer Beimengung von Eisen infolge Überschäumens keinen glatten Verlauf nahm.

Am besten geht der Prozeß in Portionen zu 200 g. Das Gemisch von Adipinsäure und Bariumhydroxyd wurde nach einstündigem Vorerwärmen langsam auf 290—295° erhitzt. Die überdestillierte Flüssigkeit wurde durch Trocknen mit Pottasche von H_2O befreit und das Cyclopentanon durch Destillation im Vakuum isoliert; es siedet unter 17 mm bei 37—38°, unter 12 mm bei 31—32°.

Die Ausbeuten schwanken zwischen 81,5 und 83%.

790 g Pentanon lieferten bei der Reduktion mit Natrium, Äther und Wasser[1]) 267 g Alkohol, d. i. eine Ausbeute von nur 33,4%. Diese überaus schlechte Ausbeute ist auf die Verwendung von gewöhnlichem anstatt absolutem Äther bei der Reduktion des Ketons zurückzuführen.

Der braune, ölige Rückstand wurde im Vakuum, um einer Zersetzung vorzubeugen, auf dem Ölbade destilliert.

Die erste Fraktion siedete unter 16 mm Druck bei 128—130°; in der Vorlage sammelte sich ein gelbliches Öl, welches nach wiederholtem Destillieren bei 118° (18 mm) siedete. Nach dem Trocknen über $MgSO_4$ siedete das Öl bei 116—117° unter 12 mm Druck. Der hohe Siedepunkt ließ schon darauf schließen, daß ein bicyclischer Körper vorlag. Die Analyse gab mit dem für $C_{10}H_{18}O$ berechneten Wert übereinstimmende Zahlen. Das Cyclopentylcyclopentanol entfärbt nicht Bromlösung und ist gegen Permanganat in der Kälte beständig.

0,1198 g Sbst.: 0,3411 g CO_2, 0,1217 g H_2O.

	Ber. für $C_{10}H_{18}O$	Gef.
C	77,9	77,65
H	11,7	11,37

Die zweite Fraktion, welche das Pinakon $C_{10}H_{18}O_2$ enthielt, bildete ein Öl, welches bei 130—140° überging und in der Vorlage zu weißen Kristallen erstarrte, welche in den meisten Solvenzien löslich waren. Umkristallisiert aus Petroläther, wurde der Körper in feinen farblosen Kristallnadeln erhalten, die bei 108° schmolzen. Die Analyse bestätigt die Vermutung, daß in diesem höher siedenden Anteil des Rückstandes das Pinakonderivat vorliegt, welches schon früher von Meiser[2]) auf demselben Wege erhalten war.

0,1291 g Sbst.: 0,3343 g CO_2, 0,1222 g H_2O.

	Ber. für $C_{10}H_{18}O_2$	Gef.
C	70,59	70,67
H	10,57	10,59

---

1) Wislicenus u. Hentzschel, a. a. O.
2) Berichte d. Deutsch. chem. Gesellschaft **32**, 2053 [1900].

Meiser isolierte sein Pinakon aus der Fraktion 130—160° bei 17 mm. Er gibt den Schmelzpunkt zu 106,5—108° an.

Oxydation des α-Cyclopentylcyclopentanols zum α-Cyclopentylcyclopentanon.

Die Oxydation wurde genau entsprechend den von Beckmann[1] für die Oxydation des Menthols angegebenen Vorschriften ausgeführt. Zu einer Lösung von 60 g $K_2Cr_2O_7$ und 50 g konz. H_2SO_4 in 300 g Wasser von 30° fügte ich auf einmal 45 g des Alkohols. Es trat sofort eine Farbenänderung und Temperaturerhöhung ein. Durch Umschütteln wurde die Reaktion beschleunigt. Auf der erkalteten dunkelgefärbten Chrommischung schwamm das gebildete Keton als eine bräunlich gefärbte ölige Schicht. Die Lösung wurde mit Äther extrahiert, die Beimengungen durch Waschen mit Wasser und verdünnter Natronlauge entfernt. Zur vollständigen Reinigung wurde dann das Öl nach dem Verdunsten des Äthers mit Wasserdampf destilliert und mit Magnesiumsulfat getrocknet. Das nach wiederholtem Destillieren farblos übergehende Öl hatte einen zarten Pfefferminzgeruch und siedete unter 13 mm bei 117—118°, in völliger Übereinstimmung mit dem Befund der beiden französischen Forscher[2]. Durch den Schmelzpunkt des Semicarbazons konnte ein weiterer Beweis für die Identität der beiden Öle gebracht werden.

Mit essigsaurem Phenylhydrazin bildete das Keton ein öliges Hydrazon.

Mit essigsaurem Nitrophenylhydrazin konnte ebenfalls kein kristallinisches Produkt erhalten werden.

Kondensation des Ketons mit Benzaldehyd.

10 g Keton wurden mit der äquimolekularen Menge Benzaldehyd (7 g), 200 ccm 10 proz. Natronlauge und 10 ccm Alkohol versetzt und die Mischung 12 Stunden auf der Maschine geschüttelt. Es hatte sich nach dieser Zeit ein tiefbraunes, oben schwimmendes Öl abgeschieden, welches im Scheidetrichter von der Natronlauge getrennt wurde. Das Öl wurde im Vakuum (10 mm) von dem überschüssigen Benzaldehyd befreit und dann fraktioniert. Bei 240° destillierte eine gelbe Flüssigkeit über, welche schon im Kolbenansatz und der Vorlage zu Kristallen erstarrte. Die Kristalle waren leicht löslich in Äther, Petroläther und abs. Alkohol, unlöslich in Wasser. Aus Alkohol umkristallisiert, bildeten sie feine, schwachgelbe Kristallnadeln. Der Schmelzpunkt lag bei 97—98°. Als ungesättigter Körper entfärbte er Brom in Eisessiglösung.

---

[1] Annalen d. Chemie u. Pharmazie **250**, 325 [1888].
[2] a. a. O. Vgl. auch O. Wallach, Annalen d. Chemie u. Pharmazie **389**, 179 [1912].

0,1255 g Sbst.: 0,3899 g CO_2, 0,0929 g H_2O.

	Ber. für $C_{17}H_{20}O$	Gef.
C	84,99	84,73
H	8,33	8,28

Es gelang mir weder ein Oxim noch ein Phenylhydrazon von der Benzalverbindung darzustellen, denn bei wiederholten Versuchen erhielt ich immer das unveränderte Keton zurück.

α-Cyclopentylcyclopenten.

25 g Alkohol wurden nach der Vorschrift von Wallach[1]) mit 50 g geschmolzenem Kaliumbisulfat im Ölbad am aufsteigenden Kühler auf 180—190° reichlich eine Stunde erwärmt. Der ungesättigte Körper siedet unter 17 mm bei 82—83°, unter 13 mm bei 79°. Er ist unlöslich in Wasser, löslich in abs. Alkohol, Äther, Benzol und Chloroform.

0,1044 g Sbst.: 0,3364 g CO_2, 0,1082 g H_2O.

	Ber. für $C_{10}H_{16}$	Gef.
C	88,2	87,88
H	11,8	11,59

Mol.-Refraktion: $D_{40}^{22,5^0} = 0,8953$; $n_d^{22,5^0} = 1,48627$; $n_\alpha = 1,48284$; $n_\gamma = 1,49979$. MR_d ber. 43,13, gef. 43,67.
Mol.-Dispersion: $M_{\gamma-\alpha}$ ber. 1,2, gef. 1,29.

Cyclopentylcyclopentenozonid.

3 g des ungesättigten Kohlenwasserstoffs wurden in 30 g Petroläther gelöst und mit gewaschenem Ozon unter Eiskühlung behandelt. Zuerst trat wie bei der Ozonisation des Cyclopentens weiße Nebelbildung auf. Nach $2^3/_4$ Stunden war die Sättigung erreicht. Das Ozonid bildete nach der Reinigung im Vakuum ein dickflüssiges Liquidum von goldgelber Farbe ohne den typischen Ozonidgeruch. Das Ozonid scheint wenig beständig zu sein; beim längeren Stehen im Vakuum bräunt es sich.

0,1225 g Sbst.: 0,2817 g CO_2, 0,0918 g H_2O.

	Ber. für		Gef.
	$C_{10}H_{16}O_3$	$C_{10}H_{16}O_4$	
C	65,2	60,0	62,72
H	8,7	8,0	8,38

Die Analyse deutet also auf ein Gemisch von normalem Ozonid und Oxozonid hin.

---

[1]) Annalen d. Chemie u. Pharmazie **230**, 257 [1885]. **389**, 179 [1912].

---

84. Friedrich Comberg: Zur Kenntnis der Konstitution des Citronellals.

Annalen der Chemie und Pharmazie **410**, 40 (1915).

Ozonisation des Citronellaldimethylacetals[1]).

Wie schon Harries und Kaiser[2]) gezeigt haben, läßt sich das Citronellaldimethylacetal am besten nach der von L. Claisen[3]) angegebenen Methode herstellen.

Das Ozonid des Citronellaldimethylacetals erhielt Wagner[4]) leicht in reiner Ausbeute, wenn er auf eine Lösung des Körpers in Hexan gewaschenes Ozon bei tiefer Temperatur einwirken ließ. Mich genau an die von Wagner gegebene Vorschrift haltend, stellte ich Dimethylacetalozonid in größeren Mengen dar.

Auch ich konnte feststellen, daß bereits während der Oxydation ein weißer Körper sich abzuscheiden begann. Da der Schmelzpunkt desselben bei etwa 134° lag, glaubte Wagner, Acetonsuperoxyd vor sich zu haben; es mußte also schon während des Ozonisierens eine partielle Spaltung stattfinden, eine Vermutung, die ich nur bestätigen kann. Denn eine Mischprobe mit dem nach der Methode von Baeyer und Villiger[5]) dargestellten dimolekularen Acetonsuperoxyd gab unverändert den Schmp. 134°.

Zerlegung des Ozonids und Untersuchung der Spaltprodukte[6]).

460 g Ozonid wurden mit 700 ccm Wasser aufgenommen und 2 Stunden am Rückflußkühler zum Sieden erhitzt.

Während der Zersetzung schieden sich am Halse des Kolbens und im Rückflußkühler größere Mengen Acetonsuperoxyd vom Schmp. 134° ab.

---

[1]) Zur Verfügung stand mir das technische Citronellal von Schimmel & Co., Miltitz bei Leipzig.

[2]) Harries u. Kaiser, Berichte d. Deutsch. chem. Gesellschaft **33**, 857 [1900].

[3]) L. Claisen, Berichte d. Deutsch. chem.· Gesellschaft **31**, 1010 [1898].

[4]) Wagner, Inaug.-Diss. Kiel 1913.

[5]) Baeyer u. Villiger, Berichte d. Deutsch. chem. Gesellschaft **32**, 3632 [1899]; **33**, 858 [1900].

[6]) Siehe Übersicht, S. 538.

Der Kühler war verbunden worden mit einem Ableitungsrohr, das mit dem anderen Ende in Bariumhydroxydlösung eintauchte. Während der Zerlegung, wie auch nachher, als die im Kolben und Kühler noch befindliche Kohlensäure verdrängt wurde, fiel Bariumcarbonat in dichten Flocken aus. Pro Gramm Ozonid 0,025 g $BaCO_3$ = 0,007 g CO_2.

Die im Kolben befindlichen Spaltprodukte erwiesen sich zum großen Teil als in Wasser unlöslich. Als gelbes Öl hatten sie sich auf dem Boden des Gefäßes abgesetzt. Durch Ausschütteln mit Äther wurden sie von den wasserlöslichen Bestandteilen isoliert und getrennt untersucht.

I. Untersuchung der in Äther löslichen Spaltprodukte.

Wagner beobachtete, daß die in der ätherischen Lösung enthaltenen Säuren bei höherer Temperatur auf die übrigen im Äther befindlichen Produkte verharzend einwirkten. Ich setzte darum etwas Wasser und Calciumcarbonat zu, um die Säuren zu neutralisieren. Nach Beendigung der Reaktion trennte ich die ätherische, Aldehyde, Ketone und Peroxyde enthaltende Schicht (A) von der wässerigen (B), in der sich die Calciumsalze aufgelöst hatten.

Aldehyde, Ketone bzw. deren Peroxyde.

Nach dem Abdestillieren des Äthers blieb ein angenehm riechendes, gelbes Öl zurück, das mit Magnesiumsulfat getrocknet wurde. Dasselbe wurde zunächst nur so lange im Vakuum destilliert, bis der Rückstand sich eben zu bräunen begann. Bei 110°, 13 mm wurde die Destillation beendet.

1. Die niedrig siedenden Anteile betrugen . . 45 g
2. Der Rückstand betrug. . . . . 168 g

1. Untersuchung der niedrig siedenden Aldehyde, Ketone und Peroxyde.

Von dem Acetonsuperoxyd, das in größerer Menge mit hinübergegangen war, wurde abfiltriert. Das farblose ölige Liquidum färbte fuchsinschweflige Säure rot, entfärbte Brom und alkalische Permanganatlösung, reduzierte Fehlingsche Lösung, ammoniakalische Silberlösung und schied aus Kaliumjodid sofort Jod ab. Mit Semicarbazid versetzt, fielen nur Spuren eines Semicarbazons aus. Ein kristallinisches p-Nitrophenylhydrazon war nicht zu gewinnen.

Wie die Versuche zeigten, lagen hauptsächlich Peroxyde vor, die sich als recht beständig erwiesen. Es gelang aber durch Einwirkung von Alkalien, aus den Aldehydperoxyden entsprechende Säuren zu erhalten und die Peroxyde der Ketone in die Ketone selbst unter Sauerstoffabspaltung überzuführen.

34*

35 g wurden mit 10 proz. Kaliumcarbonatlösung bei einer Temperatur von 50—60° so lange heftig geschüttelt, bis eine Probe nach Zusatz von Kaliumjodid kein Jod mehr in Freiheit setzte. Alsdann wurde ausgeäthert und die ätherische Schicht (1a), enthaltend die Aldehyde und Ketone, abgehoben. Der Rückstand (1b) aber, die Kaliumsalze von Säuren darstellend, wurde angesäuert und wieder ausgeäthert.

1a. Nach dem Entfernen des Äthers und Trocknen mit Magnesiumsulfat blieben 15 g zurück, die der fraktionierten Destillation im Vakuum bei 13 mm unterworfen wurden.

Fraktion I. — 75°, 6 g, ölig, farblos, überaus stechender Geruch.
  „   II. — 100°, 4 g, ölig, farblos.
  „   III. — 130°, 4 g, ölig, gelblich.
Rückstand: 0,5 g.

Fraktion I. Die farblose Flüssigkeit entfärbte momentan Brom, rötete fuchsinschweflige Säure und gab ein Semicarbazon, das in methylalkoholischer Lösung dargestellt und mit Wasser ausgefällt wurde. Es war löslich in Alkohol und Aceton, unlöslich in Äther und Wasser. Nach einmaligem Umkristallisieren aus Aceton lag der Schmp. bei 181°. Dieser Körper war nicht identisch mit Acetonsemicarbazon (Schmp. 186 bis 187°), wie mit Hilfe eines Vergleichspräparates festgestellt werden konnte.

0,0364 g Sbst.: 7,77 ccm Stickgas bei 21,2° und 775,5 mm Druck.

	Ber. für $C_8H_{13}N_3O$	Gef.
N	25,1	24,76

Wie die Analysenwerte zeigen und in Anbetracht der Eigenschaften des Produktes besteht die Wahrscheinlichkeit, daß hier das Semicarbazon des kondensierten Dialdehyds der β-Methyladipinsäure vorliegt, für den folgende beide Formeln in Frage kommen:

$$CH_3 . HC{-}CH_2 \quad\quad\quad CH_3 . HC{-}C . CHO$$
$$H_2C\diagdown CH \quad oder \quad H_2C\diagdown CH$$
$$C . CHO \quad\quad\quad CH_2$$

Zu einer genaueren Untersuchung reichte das Material nicht aus.

Fraktion II. Sie entfärbte Brom und rötete fuchsinschweflige Säure, gab aber weder mit essigsaurem Semicarbazid noch mit p-Nitrophenylhydrazin kristallinische Derivate.

Fraktion III. Das gelblich gefärbte Öl entfärbte Brom und rötete fuchsinschweflige Säure und gab ebenfalls keine Derivate.

1 b. Von der sauren Lösung wurde der Äther abdestilliert und der Rückstand mit Magnesiumsulfat getrocknet; er betrug 10 g. Die Destillation bei 13 mm ergab folgende Fraktionen:

Fraktion I. — 100°, 3 g, farblos.
,, II. — 130°, 5 g, gelblich.
Rückstand: 0,4 g.

Fraktion I. Die Fraktion entfärbte Brom, rötete fuchsinschweflige Säure und gab weder mit essigsaurem Semicarbazid noch mit p-Nitrophenylhydrazin kristallinische Produkte.

Fraktion II. Das gelbliche Öl entfärbte Brom, rötete fuchsinschweflige Säure und lieferte ein Silbersalz.

I. 0,0716 g AgCl aus 0,1148 g Sbst. — II. 0,0624 g AgCl aus 0,0977 g Sbst.

	Ber. für $C_7H_9O_2Ag$	Gef. I	II
Ag	46,31	46,94	47,1

Die Fraktion enthält demnach wahrscheinlich die kondensierte Halbaldehydo - β - methyladipinsäure, der folgende Konstitution

$$CH_3 . HC \quad \begin{array}{c} H_2C - CH_2 \\ \diagdown \diagup \\ C . COOH \end{array} CH$$

5-Methylcyclopenten-1-carbonsäure-(1)

zukommt.

2. Untersuchung der höher als 110° unter 13 mm siedenden Aldehyde, Ketone und Peroxyde.

Das gelbliche, fast bräunliche Öl färbte fuchsinschweflige Säure rot, reduzierte Fehlingsche Lösung, schied aus Kaliumjodid Jod aus und lieferte weder mit essigsaurem Semicarbazid noch mit p-Nitrophenylhydrazin einen kristallinischen Niederschlag.

Ein Teil des gelben Öles wurde im Vakuum destilliert. Es gelang, daraus ein Produkt zu isolieren, das bei etwa 100° unter 14 mm sott.

0,1662 g Sbst.: 0,3752 g CO_2, 0,1358 g H_2O.

	Ber. für $C_9H_{16}O_3$	Gef.
C	62,8	61,6
H	9,3	9,1

Diesem Körper, der Kaliumjodid sofort oxydierte, kommt wahrscheinlich die folgende Konstitution zu:

$$CH_3 . C \diagup \begin{array}{c} O \\ | \\ O \end{array} . CH_2 . CH_2 . CH_2 . CH . CH_2 . CHO .$$
$$CH_3$$

Methyloctanonalperoxyd

Um die beständigen Peroxyde zu zerstören, wurde die Hauptmenge, 160 g, mit 10 proz. Natronlauge eben aufgekocht. Nach dem Erkalten wurde mit Äther extrahiert, um die Aldehyde und Ketone (2a) aus dem Gemisch zu isolieren. Der wässerige Rückstand, die Salze der Säuren enthaltend, wurde mit verdünnter Schwefelsäure versetzt und abermals ausgeäthert, um die freien Säuren (2b) zu gewinnen.

2a. Nach dem Abdestillieren des Äthers und Trocknen mit Magnesiumsulfat blieben 8,7 g eines gelben, öligen Produktes zurück, welches keine Peroxydreaktionen mehr anzeigte. Zwecks näherer Untersuchung wurde sie im Vakuum bei 13 mm destilliert.

Fraktion I. — 125°, 5,5 g, farblos, zunächst etwas brenzlig riechend, in verdünntem Zustand erinnerte der Geruch stark an Anis. Sdp. 212—215°, 760 mm.
Fraktion II. — 170°, 2 g, gelbes Öl.
Fraktion III. — 210°, 0,7 g, gelbes, zähflüssiges, ranziges Öl.
Rückstand: 0,5 g.

Fraktion I. Das farblose Öl entfärbte Brom und lieferte, mit essigsaurem Semicarbazid versetzt, in größerer Menge ein Semicarbazon, das nach einmaligem Umkristallisieren aus acetonfreiem Methylalkohol bei 219—220° schmolz.

0,1084 g Sbst.: 20,6 ccm Stickgas bei 20° und 757,8 mm Druck. — 0,1040 g Sbst.: 0,2333 g CO_2, 0,0808 g H_2O.

	Ber. für $C_{10}H_{17}ON_3$	Gef.
C	61,46	61,18
H	8,7	8,69
N	21,54	21,64

Die Eigenschaften des Ketons und der Schmelzpunkt des Semicarbazons zeigen, daß dieser Körper identisch ist mit dem von Wallach[1]) beschriebenen Acet-p-tetrahydrotoluol

$$CH_3.CH \underset{\diagdown CH_2.CH \diagup}{\overset{\diagup CH_2.CH_2 \diagdown}{}} C.CO.CH_3.$$

Fraktion II. Die gelbe Flüssigkeit entfärbte Brom und rötete fuchsinschweflige Säure. Es wurde vergebens versucht, daraus kristallinische Semicarbazone oder p-Nitrophenylhydrazone zu gewinnen.
Fraktion III. Der zähflüssige Sirup entfärbte Brom und rötete fuchsinschweflige Säure. Semicarbazone oder p-Nitrophenylhydrazone fielen nicht aus.

---

[1]) Wallach, a. a. O.

2b. Die sauren Produkte erwiesen sich nach dem Abdestillieren des Äthers und Trocknen als schwachbraune Masse von 141 g. Durch Destillation im Vakuum bei 13 mm gewann ich folgende Fraktionen:

> Fraktion   I. — 100°, Vorlauf, hellgelb.
> „   II. — 175°, 9 g, gelb.
> „   III. — 220°, 84 g, feste Masse.
> Rückstand: 20 g.

Fraktion I. Neben Wasser enthielt diese Fraktion nur Spuren aldehydischer Bestandteile.

Fraktion II. Das gelbe Öl reduzierte Fehlingsche Lösung, färbte fuchsinschweflige Säure und lieferte in kleiner Menge ein Semicarbazon, das identisch war mit dem des Halbaldehyds der β-Methyladipinsäure.

Fraktion III. Nach dem Umkristallisieren lag der Schmelzpunkt der weißen Masse bei 84°. Es liegt demnach β-Methyladipinsäure vor.

Untersuchung der sauren, in Äther löslichen Spaltprodukte.

Aus den Calciumsalzen der sauren Bestandteile wurden die Säuren durch verdünnte Mineralsäure in Freiheit gesetzt und durch Ausäthern isoliert. Der Äther wurde abdestilliert, der Rückstand über Magnesiumsulfat getrocknet und durch fraktionierte Destillation im Vakuum zerlegt. Die Gesamtmenge betrug 33 g.

> Fraktion   I. — 90°, 3,3 g, farblos.
> „   II. — 150°, 2 g, farblos.
> „   III. — 190°, 4 g, hellgelb, bald dunkler werdend.
> „   IV. — 220°, 14 g, gelbliche, zähe Masse.
> Rückstand: 0,5 g.

Fraktion I. Die farblose Flüssigkeit reduzierte ammoniakalische Silberlösung und färbte fuchsinschweflige Säure schwach rot. Zur Hauptsache war Ameisensäure zugegen.

Fraktion II. Nach den Reaktionen zu schließen, lagen geringe Mengen aldehydischer Produkte vor. Ein Semicarbazon oder p-Nitrophenylhydrazon war nicht erhältlich.

Fraktion III. Das anfänglich hellgelbe Öl reduzierte Fehlingsche Lösung und gab ein Semicarbazon, das nach dem Umkristallisieren aus Methylalkohol bei 156—157° schmolz. Es war das Semicarbazon des Halbaldehyds der β-Methyladipinsäure[1]).

0,0962 g Sbst.: 17,22 ccm Stickgas bei 19° und 761 mm Druck. — 0,1656 g Sbst.: 0,2878 g CO_2, 0,1115 g H_2O.

---

[1]) Harries u. Schauwecker, a. a. O.

	Ber. für $C_8H_{15}O_3N_3$	Gef.
C	47,7	47,4
H	7,46	7,5
N	20,89	20,61

Fraktion IV. Der gelbliche halbfeste Sirup bestand zur Hauptsache aus β - Methyladipinsäure.

II. Untersuchung der in Wasser löslichen Spaltprodukte.

Ebenso wie die ätherische enthielt die wässerige Lösung neutral reagierende neben sauer reagierenden Körpern, die gleichzeitig nicht destilliert werden konnten, da sonst Polymerisation und Zersetzung der ersteren einzutreten pflegte. Es wurde also auch hier Calciumcarbonat zugesetzt, solange dieses aufgenommen wurde. Alsdann destillierte ich das Wasser bei einer Badtemperatur von 35—40° im Vakuum ab. Der Rückstand bestand aus Calciumsalzen und einer sirupösen, gelben Flüssigkeit, die durch Ausäthern isoliert wurde.

Untersuchung des Destillates, Acetol.

Die fast ausschließlich aus Wasser bestehende Flüssigkeit hatte einen angenehmen Geruch, sie reduzierte Fehlingsche Lösung in der Kälte, gab mit ammoniakalischer Silberlösung einen Silberspiegel und färbte Lackmuspapier rot. Neben geringeren Mengen Ameisensäure enthielt das Destillat Acetol: denn mit essigsaurem Semicarbazid versetzt, fiel in prächtigen langen Nadeln ein Semicarbazon aus, dessen Schmelzpunkt nach dem Umkristallisieren aus Wasser bei 196° [1]) lag.

I. 0,1288 g Sbst.: 35,2 ccm Stickgas bei 15° und 768 mm Druck. — II. 0,1024 g Sbst.: 28,4 ccm Stickgas bei 18° und 760 mm Druck. — I. 0,1460 g Sbst.: 0,1964 g CO_2, 0,094 g H_2O. — II. 0,1211 g Sbst.: 0,1638 g CO_2, 0,0741 g H_2O.

	Ber. für $C_4H_9N_3O_2$	Gef. I	II
C	36,7	36,7	36,8
H	6,9	6,9	6,8
N	32,0	32,3	32,1

Mit essigsaurem Phenylhydrazin kurze Zeit auf 100° erhitzt, lieferte das Destillat einen bei 148° schmelzenden Körper, der sich als identisch erwies mit dem Osazon des Methylglyoxals[2]), ein weiterer Beweis für die Gegenwart des Acetols.

0,1353 g Sbst.: 26 ccm Stickgas bei 18° und 762 mm Druck.

	Ber. für $C_{15}H_{16}N_4$	Gef.
N	22,2	22,24

<hr>

[1]) Harries u. Pappos, Berichte d. Deutsch. chem. Gesellschaft **34**, 2980 [1901].

[2]) Laubmann, Annalen d. Chemie u. Pharmazie **243**, 248 [1888].

Um das Acetol quantitativ zu bestimmen, verarbeitete ich die gesamte von **460 g** Citronellaldimethylacetalozonid herstammende Zersetzungsflüssigkeit auf das Semicarbazon, wobei ich 5,5 g erhielt.

1. Untersuchung der neutral reagierenden Produkte.

Die neutralen in Wasser löslichen Produkte betrugen 9,5 g. Sie wurden im Vakuum bei 14 mm destilliert.

Fraktion I. — 100°, 3,3 g, farblos.
„ II. — 200°, 5 g, gelblich.
Rückstand: 1 g.

Fraktion I. Das Öl entfärbte Brom, reduzierte ammoniakalische Silberlösung, rötete fuchsinschweflige Säure und gab geringe Mengen Acetolsemicarbazon vom Schmp. 196°.

Fraktion II. Die gelbliche Flüssigkeit, die fuchsinschweflige Säure färbte und Fehlingsche Lösung reduzierte, enthielt den Halbaldehyd der β-Methyladipinsäure. Mit Semicarbazid fiel ein bei 156—157° schmelzender Körper aus. Eine Mischprobe mit dem Semicarbazon des Halbaldehyds, auf bekannte Weise dargestellt[1]), gab unverändert den Schmp. 156—157°.

2. Untersuchung der sauren Produkte.

Die Gesamtmenge der Calciumsalze betrug 45 g. Aus ihnen setzte ich die organischen Säuren durch verdünnte Schwefelsäure in Freiheit. Unter Zusatz von Magnesiumsulfat wurden sie abgeschieden und dann ausgeäthert. Die so erhaltenen Säuren, 30 g, zerlegte ich durch fraktionierte Destillation unter 13 mm.

Fraktion I. —100°, 5,9 g, farblos.
„ II. —180°, 6 g, gelb.
Rückstand: 16,5 g.

Fraktion I. Die farblose Flüssigkeit, die einen stechenden Geruch besaß, Fehlingsche Lösung reduzierte und aus ammoniakalischer Silberlösung Silber abschied, war fast reine Ameisensäure.

Fraktion II. Das hauptsächlich bei 150° siedende gelbliche, bald dunkler werdende Öl ließ sich auf Grund seines in essigsaurer Lösung bereiteten Semicarbazons als Halbaldehyd der β-Methyladipinsäure charakterisieren.

Rückstand. Der beim Erkalten des Kolbens erstarrende Rückstand schmolz nach mehrmaligem Umkristallisieren bei 84°. Es lag also β-Methyladipinsäure vor.

---

[1]) a. a. O.

Übersicht über die Resultate der Untersuchung über das Citronellaldimethylacetal.

Durch Spaltung des Ozonids mit Wasser wurden erhalten:

I. In Äther lösliche Produkte.

Mit Calciumcarbonat wurden diese getrennt in:

A. Aldehyde, Ketone und Peroxyde.

Durch Destillation erhielt ich hieraus:

1. Unter 110°, 13 mm, siedende Anteile, Acetonsuperoxyd.
2. Über 110°, 13 mm, siedende Anteile, Methyloctanonalperoxyd.

Beide Fraktionen wurden mit Alkalien behandelt:

1a. Methylcyclopentenaldehyd.
1b. β - Methylcyclopenten - 1 - carbonsäure(-1).
2a. Acet - p - tetrahydrotoluol.
2b. Halbaldehyd der β - Methyladipinsäure.

B. Säuren: Ameisensäure und Halbaldehyd der β - Methyladipinsäure, β - Methyladipinsäure.

II. In Wasser lösliche Produkte.

A. Destillat: Ameisensäure und Acetol.

B. Rückstand.

1. Aldehyde: Halbaldehyd der β - Methyladipinsäure.
2. Säuren: Ameisensäure und Halbaldehyd der β - Methyladipinsäure, β - Methyladipinsäure.

Ozonisation des Citronellalsemicarbazons.

Das Semicarbazon wurde dargestellt nach den Angaben von Tiemann und Schmidt[1]). Zur Ozonisation benutzte ich es erst, nachdem es durch Lösen in Chloroform und Fällen mit Ligroin mehrere Male sorgfältig gereinigt worden war. Der Schmelzpunkt lag bei 84°.

a) Lösungsmittel Essigäther. 3 g Semicarbazon wurden in 50 ccm Essigäther gelöst und so lange mit gewaschenem Ozon behandelt, bis Brom nicht mehr momentan entfärbt wurde. Als zähflüssiger gelblicher Sirup hatte sich das Ozonid auf dem Boden des Gefäßes abgeschieden; teilweise war es aber im Essigäther gelöst und wurde daraus gewonnen durch Abdampfen des Lösungsmittels im Vakuum. Beim Trocknen im Exsiccator wurde das anfänglich sirupartige Produkt hart und bröckelig. Eine kleine Probe des Ozonids, in die Bunsenflamme gebracht, verbrannte langsam ohne aufzupuffen. Der Zersetzungspunkt lag bei etwa 55—60° (Analyse I).

---

[1]) Tiemann u. Schmidt, Berichte d. Deutsch. chem. Gesellschaft **30**, 34 [1897]; **31**, 3307 [1898].

b) **Lösungsmittel Tetrachlorkohlenstoff.** 3 g Semicarbazon wurden in 75 ccm Tetrachlorkohlenstoff gelöst und mit gewaschenem Ozon behandelt. Als amorphe, gelblich gefärbte Masse schied sich das Ozonid auf dem Lösungsmittel schwimmend ab. Nach mehrmaligem Auswaschen mit Essigäther wurde es im Vakuumexsiccator getrocknet. (Analyse II und III).

I. 0,1365 g Sbst.: 0,2496 g CO_2, 0,1104 g H_2O. — II. 0,1252 g Sbst.: 0,2284 g CO_2, 0,0843 g H_2O. — III. 0,1404 g Sbst.: 18,3 ccm Stickgas bei 13° und 770,7 mm Druck.

	Ber. für $C_{11}H_{21}O_5N_3$	I	II	III
C	48,0	49,83	49,76	—
H	7,6	9,05	7,5	—
N	15,3	—	—	15,6

Die gefundenen Werte scheinen dafür zu sprechen, daß es sich hier um ein Oxozonid handelt; es war unmöglich, ein reines Ozonid zu erhalten, da der Endpunkt der normalen Ozonisation sich durch die Bromentfärbungsprobe nicht einwandfrei feststellen ließ.

Die Ozonisation in Tetrachlorkohlenstoff wurde in größerem Maßstabe wiederholt; dabei ergaben 30 g Semicarbazon, in 1500 ccm Lösungsmittel mit gewaschenem Ozon behandelt, 36 g Ozonid = 98% der Theorie.

Spaltung des Oxozonids und Untersuchung der Spaltprodukte.

30 g Oxozonid wurden mit 250 ccm Wasser 2 Stunden lang am Rückflußkühler auf dem Wasserbade erwärmt.

Neben Sauerstoff entwichen bei der Spaltung größere Mengen Kohlensäure. Um diese quantitativ zu bestimmen, wurde die Ozonidspaltung nochmals, aber in kleinerem Maßstabe wiederholt. Es wurden 4,27 g Ozonid unter den gleichen Bedingungen wie oben zersetzt und die Kohlensäure in einem Kaliapparat aufgefangen. Es hatten sich 0,1284 g CO_2 entwickelt oder pro Gramm 0,0301 g CO_2.

Nach der Spaltung wurde die gelbe, angenehm riechende wässerige Lösung von den unlöslichen Produkten abdekantiert und beides getrennt untersucht.

Untersuchung des Rückstandes: Monosemicarbazon des Methyloctanonals.

$$CH_3.CO.CH_2.CH_2CH_2.CH(CH_3).CH_2CH = N.NH.CO.NH_2.$$

Der Rückstand wurde im Vakuumexsiccator getrocknet, weiterhin pulverisiert und durch mehrmaliges Auswaschen mit Äther von den verschmierenden Produkten nach Möglichkeit gereinigt.

I. 0,1296 g Sbst.: 0,2737 g CO_2, 0,0956 g H_2O. — II. 0,1466 g Sbst.: 23,5 ccm Stickgas bei 16° und 759,2 mm Druck. — III. 0,1047 g Sbst.: 0,2189 g CO_2, 0,0815 g H_2O.

	Ber. für $C_{10}H_{19}N_3O_2$	I	II	III
C	56,4	57,6	—	57,0
H	8,9	8,4	—	8,7
N	19,7	—	18,7	—

Da die Analysenwerte I und II noch nicht hinreichende Genauigkeit anzeigten, wurde das pulverisierte Produkt mit Äther häufig extrahiert. Hierbei gelang es, einen Körper zu isolieren, der nach einmaligem Umkristallisieren aus Methylalkohol in gelblichen Nädelchen anschoß, die bei 185° schmolzen (Analyse III).

30 g Ozonid gaben 15 g von diesem Körper.

Untersuchung der wässerigen Lösung.

$$HOOC.CH_2.CH_2.CH.CH_2.CH = N.NHCO.NH_2$$
$$|$$
$$CH_3$$

Die gelbe, etwas trübe, vom Rückstand abdekantierte Flüssigkeit enthielt kleine Mengen von dem eben beschriebenen Monosemicarbazon. Durch Schütteln mit Äther wurden sie isoliert. Der Schmelzpunkt lag nach einmaligem Umkristallisieren aus Alkohol bei 185°.

Die vom Äther aufgenommenen Mengen Monosemicarbazon wogen 0,3 g.

Die ausgeätherte wässerige Lösung wurde nun im Vakuum bei einer Badtemperatur von 35° eingedampft.

Während der Destillation setzten sich im Ableitungsrohr des Kolbens kleine Mengen weißer Kristalle ab, die nach dem Schmelzpunkt (125°) zu urteilen, Acetonsuperoxyd sein dürften. Das Destillat selbst enthielt auch etwas Ameisensäure; Acetol dagegen konnte nicht nachgewiesen werden.

Beim Abdampfen des Wassers blieben 9 g einer sirupartigen, gelben Masse zurück, die im Vakuumexsiccator getrocknet wurde. Versuche, das Produkt durch Umkristallisieren zu reinigen, mißglückten. Der Schmelzpunkt lag bei 120—125°.

0,1263 g Sbst.: 0,2191 g CO_2, 0,0908 g H_2O. — 0,1116 g Sbst.: 21, ccm Stickgas bei 21° und 762,2 mm Druck.

	Ber. für $C_8H_{15}N_3O_3$	Gef.
C	47,7	47,31
H	7,5	8,04
N	20,9	21,6

Nach den Analysenwerten ist anzunehmen, daß hier das Semicarbazon des Halbaldehyds der γ-Methyladipinsäure vorlag, welches nach seiner Entstehung isomer mit dem schon bekannten Semicarbazon des Halbaldehyds der β-Methyladipinsäure vom Schmp. 156—157° sein muß.

85. Friedrich Düvel: Zur Kenntnis der Konstitution des Dimethylpiperidins und des Piperylens.

Annalen der Chemie und Pharmazie **410**, 54 (1915).

Über eine Synthese des Dimethylpiperidins von A. W. v. Hofmann[1]).

Je 18 g Pentamethylendibromid[2]) werden mit 45 g einer 33proz. absolut alkoholischen Trimethylaminlösung im Bombenrohre eingeschlossen. Beim Zusammengeben der Reaktionsflüssigkeiten tritt lebhafte Selbsterwärmung ein, und es scheidet sich sofort ein feinkristallinischer weißer Niederschlag aus. Man erwärmt noch 24 Stunden auf 80° unter öfterem Umschütteln und saugt nach dem Erkalten die Kristallmasse ab. Den Rest erhält man durch Einengen der Mutterlauge und Fällen mit Äther. Die Masse des rohen Reaktionsproduktes beträgt 26 g; das entspricht 81% der Theorie.

Der Körper zeigte dieselben Löslichkeitsverhältnisse wie das bisquaternäre Ammoniumsalz des Methyltetramethylendibromids[3]), war also löslich in Alkohol, Methylalkohol und Wasser, unlöslich in Äther, Ligroin und Benzol. Er kann aus Alkohol durch schwaches Erwärmen und darauffolgendes starkes Abkühlen in Eis-Kochsalzmischung umkristallisiert werden, wobei aber eine geringe Menge unter Abspaltung von Trimethylaminohydrobromid und Bildung des entsprechenden ungesättigten Monobromides zersetzt wird:

$$(CH_3)_3 N . CH_2 . CH_2 . CH_2 . CH_2 . CH_2 N(CH_3)_3 \rightarrow$$
$$\dot{B}r \qquad\qquad\qquad \dot{B}r$$
$$CH_2 = CH . CH_2 . CH_2 . CH_2 N(CH_3)_3 + N(CH_3)_3 . HBr .$$
$$\dot{B}r$$

Dieses zeichnet sich durch geringe Löslichkeit in kaltem Alkohol aus und kann daher abfiltriert und durch weiteres Umkristallisieren gereinigt werden. Permanganat wird entfärbt, nicht aber Bromlösung. Die Kristalle bestehen aus weißen, derben Prismen, die keinen Schmelzpunkt haben.

---

[1]) A. W. v. Hofmann, Berichte d. Deutsch. chem. Gesellschaft **14**, 663 [1881].

[2]) Nach v. Braun dargestellt.

[3]) C. Neresheimer, Annalen d. Chemie u. Pharmazie **383**, 167 [1911].

Ungesättigtes quaternäres Ammoniumbromid.

I. 0,1154 g Sbst.: 0,1089 g AgBr. — II. 0,1436 g Sbst.: 0,1354 g AgBr. — III. 0,2481 g Sbst.: 14,5 ccm Stickgas bei 17° und 764 mm Druck.

	Ber. für $C_8H_{18}NBr$	Gef. I	II	III
Br	38,4	40,2	40,1	—
N	6,73	—	—	6,81

Der Körper ist, nach den für Brom ermittelten Werten zu schließen, nicht rein; da sich der Bromgehalt selbst nach fünfmaligem Umkristallisieren nicht wesentlich änderte, enthält derselbe wahrscheinlich noch folgende Verbindung:

$$CH_2 = CH.CH_2.CH_2.N(CH_3)_2.HBr,$$

d. h. das Reaktionsprodukt des Penthamethylendibromids mit Dimethylamin, dessen Gehalt an Brom sich auf 41,18% und an Stickstoff auf 7,21% berechnet. In der Tat enthielt das zur Reaktion benutzte Kahlbaumsche Trimethylaminhydrochlorid eine nennenswerte Menge des Dimethylaminsalzes als Verunreinigung, wie die intensive Blaufärbung seiner Lösung in Gegenwart von Acetaldehyd und Nitroprussidnatrium erkennen ließ.

Das bisquaternäre Ammoniumbromid kristallisiert aus der in Kältemischung abgekühlten Lösung in farblosen dünnen Stäbchen, die bei 300° noch nicht schmelzen.

Die Mutterlauge enthält hauptsächlich Trimethylaminhydrobromid, welches durch seine Kristallform (Nädelchen), Schmelzpunkt und die Eigenschaft, mit Natronlauge Trimethylamin zu entwickeln, identifiziert worden ist.

Bisquaternäres Ammoniumbromid.

I. 0,1373 g Sbst.: 0,1488 g AgBr. — II. 0,1620 g Sbst.: 0,1754 g AgBr. — III. 0,2163 g Sbst.: 0,2987 g CO_2, 0,1595 g H_2O. — IV. 0,2674 g Sbst.: 18,35 ccm Stickgas bei 19° und 774 mm Druck.

	Ber. für $C_{11}H_{28}N_2Br_2$	Gef. I	II	III	IV
Br	45,9	46,12	46,07	—	—
C	37,92	—	—	37,66	—
H	8,10	—	—	8,25	—
N	8,05	—	—	—	7,88

Überführung des bisquaternären Ammoniumbromides in die freie Ammoniumbase und ihre trockne Destillation[1]).

Die gesamte Kristallmenge (60 g) wird in 300 g Wasser gelöst und mit einem Überschuß von frisch gefälltem Silberoxyd nach und

---

[1]) Vgl. J. v. Braun, Annalen d. Chemie u. Pharmazie **386**, 292 [1911].

nach unter beständigem Umschütteln versetzt. Die sofort eintretende Reaktion zeigt sich an der Abscheidung von Bromsilber. Nach einer halben Stunde filtriert man vom gebildeten Bromsilber und überschüssigem Silberoxyd ab und engt die stark alkalisch reagierende Flüssigkeit, die schwach gelblich gefärbt erscheint, unter stark vermindertem Druck im Wasserbad von höchstens $40-50°$ Temperatur ein. Der Rückstand bildet einen dicken Sirup, der durch ausgeschiedenes, fein verteiltes Silberoxyd geschwärzt ist, und besteht aus der freien Ammoniumbase:

$$(CH_3)_3N-CH_2.CH_2.CH_2.CH_2.CH_2.N(CH_3)_3$$
$$OH \qquad\qquad\qquad\qquad\qquad OH$$
$$bzw.\ CH_2 = CH-CH_2.CH_2.CH_2.N(CH_3)_3$$
$$OH$$

Jetzt wird nach Anbringen geeigneter Vorlagen unter Atmosphärendruck weiter erhitzt, wobei die Masse stark ins Schäumen gerät. Bei etwa $60°$ geht ein leicht flüchtiges Öl und Wasser über und das Thermometer steigt bis auf $120°$. In der ersten ungekühlten Vorlage sammelt sich Wasser und darin gelöst Trimethylamin an, daneben aber auch eine Schicht einer leichteren Flüssigkeit, die durch ihre Löslichkeit in verdünnter Schwefelsäure basischen Charakter verrät. Man versetzt das Flüssigkeitsgemisch mit festem Kali und äthert aus. Nach dem Verdunsten des Äthers wird die zurückbleibende Flüssigkeit über Natrium destilliert, wobei diese bei $118°$ konstant siedet.

Synthetisches Dimethylpiperidin (Dimethylaminopenten-4).

I. 0,1424 g Sbst.: 0,3892 g CO_2, 0,1730 g H_2O. — II. 0,1417 g Sbst.: 14,8 ccm Stickgas bei $18°$ und 765 mm Druck.

	Ber. für $C_7H_{15}N$	Gef.
C	74,25	74,53
H	13,37	13,6
N	12,38	12,14

$$D_{40}^{17,50} = 0,7548;\ n_d^{17,50} = 1,42017;\ n_\alpha = 1,41706;\ n_\gamma = 1,43174.$$

Mol.-Refraktion: MR_d ber. 37,0, gef. 37,94.
Mol.-Dispersion: $M_{\gamma-\alpha}$ ber. 1,213, gef. 1,57.

Oxalat der Base: $(CH_3)_2N.CH_2.CH_2.CH_2.CH = CH_2, (COOH)_2$.

Gibt man zu der ätherischen Lösung der Base eine gesättigte ätherische Lösung von wasserfreier Oxalsäure, so fällt sofort ein weißer, flockiger Niederschlag aus. Nach zweimaligem Umkristallisieren aus abs. Alkohol ist der Körper rein. Er ist äußerst leicht löslich in Wasser, weniger in Alkohol und Chloroform. Aus Alkohol kristallisiert derselbe in farblosen flachen Stäbchen und schmilzt bei 122°. Nach der Analyse liegt das saure Salz vor:

0,1300 g Sbst. (nach Dennstedt): 0,2542 g CO_2, 0,1002 g H_2O. — 0,1213 g Sbst.: 7,3 ccm Stickgas bei 19° und 758 mm Druck.

	Ber. für $C_9H_{17}O_4N$	Gef.
C	53,16	53,33
H	8,44	8,62
N	6,9	6,95

Es lag nahe, daß die von mir dargestellte Base mit dem von Hofmann[1]) bei der erschöpfenden Methylierung von Piperidin mittels Jodmethyl erhaltenen Dimethylpiperidin identisch sei. In der Tat zeigte Hofmanns Dimethylpiperidin dieselben physikalischen Konstanten und bildete ein Oxalat, welches dieselben Löslichkeitsverhältnisse, die gleiche Kristallform und denselben Schmelzpunkt wie das von mir erhaltene Oxalat besaß. Die Reaktion ist daher nach folgendem Schema verlaufen:

$$(CH_3)_3N.CH_2.CH_2.CH_2.CH_2.CH_2.N(CH_3)_3 \rightarrow$$
$$\underset{OH}{} \qquad\qquad\qquad \underset{OH}{}$$
$$CH_2 = CH.CH_2.CH_2.CH_2.N(CH_3)_2 + N(CH_3)_3 + CH_3OH + H_2O.$$

Piperylen.

In der zweiten Vorlage, die mit Eis-Kochsalzmischung gekühlt wurde und in der mit Äther-Kohlensäure gekühlten dritten Sicherheitsvorlage kondensierten sich etwa 8 ccm Flüssigkeit. Diese wird, um sie von dem Trimethylamin zu befreien, mit stark gekühlter verdünnter Schwefelsäure bis zum Verschwinden des Trimethylamingeruches gewaschen, von der wässerigen Schicht abgehoben, mit wenig Chlorcalcium getrocknet und über demselben aus dem Wasserbade bei etwa 55° destilliert, wobei der Kohlenwasserstoff zwischen 42 und 44° übergeht. Zum Schluß wird noch einmal über Natrium destilliert. Die sofort vorgenommene optische Untersuchung ergab folgende Werte:

$$D_{40}^{16,500} = 0,6957; \quad n_d^{16,50} = 1,44020; \quad n_\alpha = 1,43264; \quad n_\gamma = 1,46009.$$

Mol.-Refraktion: MR_d ber. 24,36, gef. 25,79.

Mol.-Dispersion: $M_{\gamma-\alpha}$ ber. 0,912, gef. 1,39.

Zur Überführung des Kohlenwasserstoffes in das Tetrabromid wurden 0,5 g in Chloroform gelöst und unter guter Kühlung mit einer Lösung von Brom in Chloroform allmählich versetzt, bis die Farbe des Broms nicht mehr verschwindet. Nach kurzem Digerieren auf dem Wasserbade in einer flachen Schale, wobei Chloroform und überschüssiges Brom verdunsten, erstarrte der Rückstand zu einer weißen Masse von

---

[1]) a. a. O.

glänzenden Schüppchen, welche auf Tonplatten gestrichen und zweimal umkristallisiert den Schmp. 114—115° zeigten. Denselben Schmelzpunkt hat das Piperylentetrabromid Hofmanns, welches ich zur Kontrolle nach dessen Methode darstellte, und eine Mischung beider Tetrabromide ergibt keinerlei Depression. Der Kohlenwasserstoff enthält daher das bereits von Hofmann dargestellte Piperylen.

Ozonisation des Piperylens.

Da die Konstitution des Piperylens bisher noch nicht einwandfrei nachgewiesen wurde, versuchte ich dieselbe durch Oxydation mittels Ozon zu ergründen. Es wurde mir von Herrn Dr. Schönberg Piperylen zur Verfügung gestellt, welches derselbe von der Polymerisation von Piperylen zum Kautschuk wiedergewonnen hatte und das sich nur noch schwer weiter polymerisieren ließ. Da dies Piperylen aber noch ein festes und ein öliges Tetrabromid lieferte, so war anzunehmen, daß dasselbe noch ein Gemisch der beiden Isomeren enthalte:

$$CH_3.CH = CH-CH = CH_2 \quad \text{und} \quad CH_2 = CH-CH_2-CH = CH_2.$$

Das Diozonid selbst konnte nicht isoliert werden, weil es äußerst explosiv ist[1]). Am zweckmäßigsten erwies sich für die Untersuchung der Spaltungsprodukte eine Mischung von 200 g Essigester und 100 g Eisessig als Lösungsmittel für das Piperylen. Hierin wurden 5 g Piperylen unter Kühlung mit Kältemischung ozonisiert, bis Brom nicht mehr entfärbt wurde, wozu etwa 20 Stunden nötig waren. Da also das Ozon ziemlich langsam aufgenommen wird, erscheint es sicher, daß ein Körper mit konjugierter Doppelbindung im Piperylen, wie Thiele annimmt, enthalten ist, wofür auch die Resultate der Molrefraktion und -dispersion sprechen. Der Ozonstrom, der nicht mit Natronlauge gewaschen wurde, mußte gut getrocknet werden. Nachdem der Essigester im Vakuum verdampft war, wurde der Eisessig, der das Ozonid gelöst enthielt, im Wasserbade allmählich auf 60° erwärmt, wobei die Zersetzung des Ozonids nicht zu stürmisch verläuft. Wenn die Gasentwicklung schwächer wird, erhitzt man vorsichtig weiter bis 80°. Zum Schluß hält man die Temperatur noch eine halbe Stunde auf 100°. Die anfangs wasserhelle Lösung nimmt bei der Zersetzung eine gelbliche Farbe an. Die entweichenden niederen Aldehyde wurden in Äther-Kohlensäure kondensiert. In der so gekühlten Vorlage hatte sich eine kleine Menge einer leichten Flüssigkeit angesammelt, die den charakteristischen Geruch des Acetaldehyds zeigte und ammoniakalische Silberlösung und Fehlingsche Lösung reduzierte. Mit p-Nitrophenylhydrazin wurden 5,7 g Hydrazon erhalten, die 1,4 g Acetaldehyd entsprechen. Das Hydrazon

---

[1]) Inaug.-Diss. Schönberg, Kiel 1913.

zeigte nach zweimaligem Umfällen den Schmp. 128,5 des Acetaldehyd-p-nitrophenylhydrazons.

Da nun aber früher gezeigt worden ist, daß Essigester selbst durch Ozon zu Acetaldehyd oxydiert wird, so kann die hier gefundene Menge desselben nicht zur Konstitutionsbestimmung einbezogen werden.

Die eisessigsaure Lösung wurde im Vakuum eingedampft, wobei als Rückstand ein gelblicher Sirup hinterblieb, der durch sein starkes Reduktionsvermögen gegenüber Fehlingscher Lösung aldehydischen Charakter zeigte. Es gelang jedoch nicht, ein Phenylhydrazon, Nitrophenylhydrazon, Oxim, Semicarbazon in fester Form zu erhalten. Auch irgendwelche Salze konnten nicht bereitet werden. Wahrscheinlich liegt hier eine Aldehydosäure, aber nicht Glyoxylsäure vor, deren Phenylhydrazon leicht abgeschieden werden kann.

Die bei der Ozonspaltung auftretende Ameisensäure wird zugleich mit dem Eisessig beim Eindampfen der Lösung im Vakuum in die Vorlage übergetrieben. Da das Destillat noch eine geringe Menge Acetaldehyd enthält, kann der qualitative Nachweis der Ameisensäure mittels ammoniakalischer Silberlösung erst nach Entfernung des Aldehyds geschehen. Die stark essigsaure Lösung wird mit Wasser verdünnt und mit Calciumcarbonat neutralisiert. Dann wird auf dem Wasserbade zur Trockne gebracht, wobei auch die letzten Reste des Aldehyds mit entweichen; die zurückbleibenden weißen Calciumsalze werden mit verdünnter Schwefelsäure zersetzt und ausgeäthert. Das nach dem Verdunsten des Äthers hinterbliebene Säuregemisch zeigt die Anwesenheit von Ameisensäure durch Silberspiegelbildung.

Ozonisation des Dimethylpiperidins.

Da nach Thiele die Doppelbindungen im Piperylen sich in der Stellung 1,3 und nicht in 1,4 zueinander befinden, so erschien es möglich, daß das Dimethylpiperidin bereits seine Doppelbindung in 1,3-Stellung besitzen könnte. Um dies zu entscheiden, wurde das Dimethylpiperidin der Oxydation mit Ozon unterworfen.

$$\text{I} \quad (CH_3)_2N.CH_2.CH_2.CH = CHCH_3$$
$$\text{II} \quad (CH_3)_2N.CH_2.CH_2.CH_2.CH = CH_2.$$

Nach Formel I hätte man Dimethylaminopropionaldehyd, nach II Dimethylaminobutyraldehyd erhalten sollen. Letzterer bzw. die entsprechende Säure wurde allein gewonnen.

δ-Dimethylaminobuttersäure.

Am zweckmäßigsten erwies sich die Ozonisation des salzsauren Salzes in wässeriger, schwach salzsaurer Lösung. Auf diese Weise wurden je 25 g der Base in 50 ccm verdünnter Salzsäure gelöst und nach Zusatz von 200 g Wasser unter Eiskühlung mit starkem Ozon beladen, bis Brom nicht mehr entfärbt wurde, wozu etwa 40 Stunden nötig waren. Die Lösung, die noch viel unzersetztes Ozonid enthielt, wurde im Wasserbade erhitzt, wobei die Zersetzung bei etwa 50° unter starker Formaldehydentwicklung eintrat und nach einer Stunde beendet war. Die Lösung, die nur ganz schwache gelbliche Färbung angenommen hatte, wurde im Vakuum eingedampft und das Eindampfen einige Male mit Wasser wiederholt, um allen Formaldehyd in die Vorlage überzutreiben. Das Destillat reduzierte ammoniakalische Silberlösung und ergab ein p-Nitrophenylhydrazon, das nach dem Umkristallisieren aus Benzol den Schmp. 181° des Formaldehydnitrophenylhydrazons anzeigte. Als Rückstand verblieb eine klare, ein wenig gelbliche sirupöse Masse, die Fehlingsche Lösung stark reduzierte und die nach einigen Stunden eine kleine Menge Kristalle ausschied, die durch starkes Absaugen von dem Sirup getrennt werden konnte. Die weiße Kristallmasse wurde aus Alkohol-Äther, aus welchem der Körper in Form von zu Büscheln vereinigten Nädelchen herauskam, umkristallisiert und zeigte den Schmp. 146°. Wie die Analyse erkennen ließ, lag das Chlorwasserstoffsalz der Dimethylaminobuttersäure vor.

I. 0,1578 g Sbst.: 0,1342 g AgCl. — II. 0,1587 g Sbst.: 0,1361 g AgCl. — III. 0,1206 g Sbst.: 0,1893 g CO_2, 0,0916 g H_2O. — IV. 0,2053 g Sbst.: 14,7 ccm Stickgas bei 20° und 764,5 mm Druck.

	Ber. für $C_6H_{13}O_2N.HCl$	I	II	III	IV
C	42,96	—	—	42,81	—
H	8,42	—	—	8,49	—
N	8,36	—	—	—	8,21
Cl	21,16	21,04	21,21	—	—

Platinsalz der Aminosäure. Setzt man zu der alkoholischen Lösung des Salzes der Aminosäure eine alkoholische Lösung von Platinchlorid, so fällt das Platinsalz sofort als gelbbraunes Pulver aus. Es ist leicht löslich in Wasser und kristallisiert daraus auf Zusatz von Alkohol in unregelmäßig verzweigten Stäbchen, die bei 170° unter Zersetzung schmelzen.

I. 0,1681 g Sbst.: 0,0490 g Pt. — II. 0,1737 g Sbst.: 0,1350 g CO_2, 0,0701 g H_2O.

	Ber. für $(C_6H_{13}O_2N.HCl)_2PtCl_4$	I	II
C	21,42	—	21,2
H	4,19	—	4,50
Pt	29,04	29,15	—

35*

δ-Dimethylaminobutyraldehyd.

Die von dem auskristallisierten Chlorhydrat der Säure befreite sirupöse Flüssigkeit, die auf keine Weise zur Kristallisation zu bringen war, ließ durch ihr starkes Reduktionsvermögen gegenüber Fehlingscher Lösung und ammoniakalischer Silberlösung aldehydischen Charakter erkennen. Als einziges festes Derivat konnte das p-Nitrophenylhydrazon in Form eines braunen, amorphen Pulvers erhalten werden, das sich aber infolge seiner äußerst geringen Löslichkeit in den üblichen Lösungsmitteln nicht reinigen ließ. Um aus dem salzsauren Salz den freien Aldehyd zu isolieren, wurde versucht, die Salzsäure mit frisch gefälltem Bleihydroxyd zu neutralisieren, jedoch zeigte es sich, daß dasselbe selbst nach zweistündigem Schütteln mit diesem Reagens unverändert geblieben war. Erst beim Behandeln mit gesättigter Kaliumcarbonatlösung unter vorsichtigem gelinden Erwärmen schied sich über der Lösung eine ölige gelbliche Schicht ab, die mit viel Äther abgehoben wurde. Nach dem Trocknen der ätherischen Lösung und Verdampfen des Äthers hinterblieb ein gelbliches, klares Öl von stark basischem Geruch, das bei der Destillation im Vakuum zwei Fraktionen ergab:

Fraktion I. 2 g, Sdp. 42— 45° (12 mm Druck).
„ II. 11 g, „ 135—145° (12 „ „).

Die erste Fraktion, deren Geruch dem des Dimethylpiperidins ähnlich ist, reduzierte stark Fehlingsche Lösung und stellte ein wasserhelles, dickliches Öl dar, welches vermutlich den freien Dimethylaminobutyraldehyd und etwas Wasser enthält, das von der spontanen Polymerisation resp. Kondensation des Aldehyds herzurühren scheint; denn es wurde beobachtet, daß bei wiederholter Fraktionierung stets eine kleine Menge der höher siedenden Fraktion II entsteht.

Hierauf deuten auch die Werte der nach wiederholtem Fraktionieren im Vakuum vorgenommenen Analysen hin.

Der Aldehyd ließ sich auf keine Weise trocknen, da er bei Behandlung mit den verschiedenen Trockenmitteln zum größten Teil in das Kondensationsprodukt überging.

Die zweite Fraktion, die den widerlichen Geruch von faulem Fleisch hatte, war ein gelbliches, stark alkalisch reagierendes Öl von nur sehr geringem Reduktionsvermögen. Nach mehrmaligem Destillieren sott es bei 142° unter 11 mm Druck und ergab folgende Analysenwerte, die auf einen dimeren Aldehyd (2 Mol. Aldehyd minus 1 H_2O) hindeuten:

I. 0,1391 g Sbst.: 0,2700 g CO_2, 0,1042 g H_2O. — II. 0,1209 g Sbst.: 0,2982 g CO_2, 0,1209 g H_2O. — III. 0,1302 g Sbst.: 14,9 ccm Stickgas bei 22° und 744 mm Druck. — IV. 0,1736 g Sbst.: 19,3 ccm Stickgas bei 22° und 743 mm Druck.

	Ber. für $C_{12}H_{24}ON_2$	Gef. I	II	III	IV
C	67,86	67,5	67,48	—	—
H	11,3	10,94	10,93	—	—
N	13,2	—	—	12,63	12,78

Die von diesen beiden Fraktionen hergestellten Derivate, Semicarbazon, Oxim und p-Nitrophenylhydrazon, bildeten dicke Sirupe, die nicht zur Kristallisation zu bringen waren.

δ - Dimethylaminobutyraldehyddiäthylacetal.

Um nun die Anwesenheit des δ-Dimethylaminobutyraldehydes in der monomeren Form einwandfrei nachzuweisen, versuchte ich, sein Acetal darzustellen und verfuhr dabei in folgender Weise. 25 g der Base wurden wie oben als salzsaures Salz in wässeriger Lösung erschöpfend ozonisiert, das gelöste Ozonid zersetzt und im Vakuum zu dickem Sirup eingedampft. Das sirupöse Chlorhydrat des Aminoaldehyds wird von dem Salz der nebenher entstehenden Aminosäure, welches nach ein paar Stunden auskristallisiert, durch scharfes Absaugen getrennt und zur völligen Entfernung des Wassers noch zweimal mit abs. Alkohol im Vakuum eingedampft. Der Rückstand wird nunmehr mit 250 ccm abs. Alkohol aufgenommen und in die Lösung scharf getrocknete Salzsäure unter Kühlung mit Eis-Kochsalzmischung bis zur Sättigung eingeleitet. Um das bei der Acetalisierung sich bildende Wasser, das das Acetal zum Teil wieder verseifen und die Ausbeute herabsetzen würde, zu entfernen, wird die gesamte Operation, Eindampfen und Sättigen mit Salzsäure, noch einmal wiederholt. Dann wurde die Lösung zur Entfernung des größten Teiles der Salzsäure wieder eingedampft, mit 250 g abs. Alkohol aufgenommen und bis zur schwach alkalischen Reaktion mit sorgfältig getrocknetem Ammoniakgas behandelt. So wird die freie Salzsäure unter Vermeidung von Wasserabspaltung neutralisiert. Die vom Chlorammonium durch Absaugen befreite Lösung wurde im Vakuum eingedampft und der Rückstand, in wenig Wasser gelöst, mit eiskalter konz. Kalilauge versetzt. Dabei schied sich das freie Aminoacetal als ölige Schicht über der wässerigen Lösung ab und wurde ausgeäthert. Die ätherische Lösung wurde 12 Stunden mit Kalistangen getrocknet und der Äther dann verdampft. Als Rückstand hinterblieb eine schwach gelbliche, basisch riechende Flüssigkeit, die noch längere Zeit mit viel Bariumoxyd getrocknet wurde. Zum Schluß wurde über Bariumoxyd im Vakuum fraktioniert, wobei die Flüssigkeit bei 92—98° (11 mm Druck) überging. Ausbeute: 11 g. Der Hauptanteil sott bei 94—95° (11 mm Druck), wurde getrennt aufgefangen und gelangte nach nochmaligem Fraktionieren zur Analyse:

0,1611 g Sbst. (nach Dennstedt): 0,3735 g CO_2, 0,1421 g H_2O. — 0,1690 g Sbst.: 10,4 ccm Stickgas bei 20° und 766 mm Druck.

	Ber. für $C_{10}H_{23}O_2N$	Gef.
C	63,42	63,23
H	12,25	12,43
N	7,4	7,1

$$D_4^{20,5°} = 0,8662; \quad n_d^{20,5°} = 1,42267.$$

Mol.-Refraktion: MR_d ber. 55,61, gef. 55,81.

Das Dimethylaminobutyraldehyddiäthylacetal ist eine wasserklare Flüssigkeit von basischem Geruch.

Saures Oxalat. Berechnete Mengen des Acetals und wasserfreier Oxalsäure werden in ätherischer Lösung zusammengebracht. Das Oxalat fällt als allmählich erstarrendes Öl aus und besteht nach dreimaligem Umkristallisieren aus Alkohol-Äther aus zarten Blättchen, die bei 118° schmelzen.

0,1502 g Sbst.: 0,2828 g CO_2, 0,1199 g H_2O. — 0,2684 g Sbst.: 12,3 ccm Stickgas bei 20° und 761 mm Druck.

	Ber. für $C_{12}H_{25}O_6N$	Gef.
C	51,57	51,35
H	9,02	8,93
N	5,02	5,23

Das Pikrat des Acetals fällt auf Zusatz von ätherischer Pikrinsäurelösung zu der Lösung des Acetals in Äther sofort als intensiv gelbes Pulver aus. Man läßt zur vollständigen Abscheidung eine Stunde stehen und saugt dann den Niederschlag ab. Er ist leicht löslich in Alkohol, weniger leicht in Äther und kristallisiert aus ersterem Lösungsmittel in dünnen Stäbchen, aus Äther in kurzen Prismen. Der Schmelzpunkt lag nach viermaligem Umkristallisieren aus Alkohol bei 113° bis 114°.

0,1466 g Sbst.: 0,2462 g CO_2, 0,0803 g H_2O. — 0,1837 g Sbst.: 21,40 ccm Stickgas bei 19° und 771 mm Druck.

	Ber. für $C_{16}H_{26}O_9N_4$	Gef.
C	45,91	45,80
H	6,26	6,13
N	13,4	13,54

Verseifung des Acetals. Eine geringe Menge des Acetals wurde mit einem kleinen Überschuß von konz. Salzsäure vorsichtig versetzt und in den Vakuumexsiccator über Schwefelsäure gebracht. Nach einigen Stunden hatte der Körper starkes Reduktionsvermögen gegenüber Fehlingscher und ammoniakalischer Silberlösung angenommen, das Acetal war also zum Aldehyd verseift worden. Das erhaltene Chlorhydrat des Aldehyds bildete einen klaren zähen Sirup, der nicht zum Erstarren zu bringen war.

Erschöpfende Methylierung des Dimethylaminobutyraldehydacetals. Crotonaldehyddiäthylacetal.

Durch Überführung des Acetals in das Jodmethylat und trockne Destillation des daraus mittels Silberoxyd erhaltenen Ammoniumhydroxyds sollte bei normalem Reaktionsverlauf das Acetal des dem Crotonaldehyd isomeren 3-Butenaldehyds entstehen nach dem Schema:

$$(CH_3)_2N.CH_2.CH_2.CH_2.CH(OC_2H_5)_2 + CH_3J$$
$$J(CH_3)_3N.CH_2.CH_2.CH_2.CH(OC_2H_5)_2 \rightarrow CH_2 = CH.CH_2.CH(OC_2H_5)_2.$$

Jodmethylat.

Zu einer absolut alkoholischen Lösung des Aminoacetals wird allmählich die berechnete Menge Jodmethyl hinzugetropft, wobei man zur Mäßigung der unter starker Wärmeentwicklung verlaufenden Reaktion für geeignete Kühlung zu sorgen hat. Ist alles Jodmethyl eingetropft, läßt man die Lösung zur vollständigen Umsetzung noch einige Zeit stehen und dampft dieselbe auf dem Wasserbade zur Trockne. Der rückständige farblose Sirup erstarrt beim Reiben in der Kälte. Auf Tonplatten abgestrichen, hinterbleibt ein weißes Pulver, das bei 40° weich wird und erst bei 50° vollständig geschmolzen ist. Es ist äußerst leicht löslich in Wasser und Alkohol, unlöslich in Äther. Das auf Ton abgestrichene Präparat ist auf Grund der Analyse fast rein.

0,1824 g Sbst.: 0,1307 g AgJ. — 0,2439 g Sbst.: 0,3534 g CO_2, 0,1685 g H_2O.

	Ber. für $C_{11}H_{26}O_2NJ$	Gef.
C	39,86	39,52
H	7,91	7,73
N	4,23	3,98
J	38,33	38,73

Trockne Destillation der quaternären Ammoniumbase.

Das Jodmethylat wird in wenig Wasser gelöst und mit einem Überschuß von frisch gefälltem Silberoxyd nach und nach versetzt. Die sofort eintretende Reaktion wird an der Abscheidung von Jodsilber erkannt und ist nach einer halben Stunde Digerierens beendet. Es wird vom gebildeten Jodsilber und überschüssigen Silberoxyd abgesogen und das gelbliche, stark alkalische Filtrat im Vakuum bei niedriger Temperatur (25°) bis zur Sirupkonsistenz eingedampft. Dann wird aus einem Ölbad von etwa 220° unter einem Druck von etwa 130 mm Quecksilber destilliert, wobei die Zersetzung der Base unter heftigem Schäumen vor sich geht. Zuerst geht Wasser und darin gelöst Trimethylamin über; dann steigt das Thermometer schnell bis 140° und es destilliert eine gelbliche klare Flüssigkeit, die als ölige Schicht auf dem wässerigen Vorlauf schwimmt. Auf Zusatz von Kaliumcarbonat wird eine weitere Menge aus der wässerigen Lösung abgeschieden. Die abgehobene Flüssigkeit wird mit kalter verdünnter Schwefelsäure zur Entfernung des Trimethylamins gewaschen und ausgeäthert. Nach dem Verdunsten des Äthers wird mit Kaliumcarbonat kurze Zeit getrocknet und fraktioniert. Der weitaus größte Teil geht unter 10 mm Druck zwischen 40—44° über, eine geringe Menge, die aber nicht näher untersucht wurde, siedet bei 90—95°. Die erste Fraktion stellt eine wasserhelle Flüssigkeit dar, die Brom und Permanganat sofort entfärbt; sie ist löslich in Alkohol, Äther und Eisessig, wenig löslich in Wasser. Nach wiederholtem Fraktionieren ergab die Analyse folgende Werte:

0,1587 g Sbst.: 0,3807 g CO_2, 0,1556 g H_2O.

	Ber. für $C_8H_{16}O_2$	Gef.
C	66,61	66,38
H	11,10	10,98

Um zu entscheiden, ob das vorliegende ungesättigte Acetal mit dem Crotonacetal isomer oder identisch ist, wurde das letztere zum Vergleich nach der von Wohl und Frank[1]) ausgearbeiteten Methode hergestellt. Beide Körper zeigen denselben typischen Geruch, den gleichen Siedepunkt und besitzen dasselbe spezifische Gewicht. Die optischen Konstanten stimmen bei beiden ebenfalls fast überein.

$$D_{40}^{18°} = 0,8473.$$
$$n_d^{18°} = 1,41618.$$

Mol.-Refraktion ber. $\overline{\overline{1}}$ 41,96.
gef.   42,72

Crotonacetal nach Wohl:
$$D_{40}^{18°} = 0,8472.$$
$$n_d^{18°} = 1,41867.$$

Mol.-Refraktion ber. $\overline{\overline{1}}$ 41,96.
gef.   42,91.

Die Körper sind daher aller Wahrscheinlichkeit nach identisch und es hat sich hier gezeigt, daß geradeso wie beim Übergang des Trimethylpiperidiniumhydroxyds in Piperylen eine Verschiebung der Doppelbindung eintritt:

$$(CH_3)_3 . N . CH_2 . CH_2 . CH_2 . CH(OC_2H_5)_2 \rightarrow CH_3 . CH = CH . CH(OC_2H_5)_2 .$$
$$OH$$

Versuch zur Umlagerung des 1,4 - Dimethylaminopentens in das 1,3 - Dimethylaminopenten.

Die Konstitution des Dimethylpiperidins ist auf Grund der durch die Ozonspaltung erhaltenen Körper nunmehr als feststehend zu betrachten. Ob die Lage der Doppelbindung stabil oder unter dem Einfluß geeigneter Reagenzien wanderungsfähig ist, wurde durch einen

---

[1]) Berichte d. Deutsch. chem. Gesellschaft **35**, 1904 [1902].

Umlagerungsversuch geprüft. In 250 g gereinigten Amylalkohols wurden 20 g Natrium gelöst und nach Zusatz von 20 g Dimethylpiperidin wurde das Gemisch unter Rückflußkühlung 24 Stunden auf Siedetemperatur gehalten. Nach dem Erkalten wurde die Lösung unter guter Kühlung allmählich in konz. Salzsäure gegossen und vom ausgeschiedenen Kochsalz abgesogen. Das Filtrat wurde im Vakuum eingedampft und aus dem Rückstand die Base mit konz. Natronlauge in Freiheit gesetzt, mit Äther abgehoben, getrocknet und fraktioniert. Es resultierte eine starke Base, die bei 118°, dem Siedepunkt des Dimethylpiperidins, sott. Zur weiteren Identifizierung wurde das Oxalat hergestellt, das denselben Schmelzpunkt von 122° wie das Oxalat des Dimethylpiperidins anzeigte. Der Versuch läßt also erkennen, daß die Lage der Doppelbindung im Dimethylpiperidin im hohen Grade stabil ist.

86. George Francis Morrell: Über Dihydrocarvylamin, Dihydroterpenylamin und Carvylamin.

Annalen der Chemie und Pharmazie **410**, 70 (1915).

In einer früheren Mitteilung[1]) habe ich gezeigt, daß Dihydrocarvylamin leicht Chlorwasserstoff unter Bildung von 8-Chlor-2-amino-p-menthan addiert, aus dem durch Wiederabspaltung von Chlorwasserstoff Dihydroterpenylamin in zwei anscheinend stereoisomeren Formen gewonnen werden kann. Es gelang mir, durch Oxydation der Benzoylverbindungen nachzuweisen, daß durch diesen Vorgang eine Wanderung der Doppelbindung von 8,9 nach 4,8 eingetreten ist.

Es wurde bereits das 8-Chlortetrahydrocarvylamin bzw. sein Chlorhydrat beschrieben; durch Pyridin im Einschlußrohr bei 80° wird daraus vorwiegend α-Dihydroterpenylamin gewonnen, erhitzt man dagegen höher, auf 140—145°, so erhält man ein Gemenge von α- und β-Dihydroterpenylamin. Die Trennung dieses Basengemisches erfolgt am besten durch fraktionierte Kristallisation seiner Chlorhydrate, das Chlorhydrat der α-Base ist in abs. Äther leicht löslich. Das Benzoylderivat der α-Base schmilzt bei 219°, dasjenige der β-Base bei 178—179°. Diese beiden Verbindungen stehen im Cis-Transverhältnis und ebenso die daraus gewonnenen Benzoylaminoketone:

Cis → Schmelzp. 184—185° ; Trans → Schmelzp. 150—151°.

Veröffentlicht wurde ferner die Oxydation des Benzoyldihydrocarvylamins und diejenige vom α-Benzoyldihydroterpenylamin mit Ozon zu den entsprechenden Benzoylaminoketonen; Derivate davon, ebenso die Oxydation des α-Benzoyldihydroterpenylamins sind noch nicht beschrieben worden.

---

[1]) Berichte d. Deutsch. chem. Gesellschaft **44**, 2560 [1911].

Oxydation des Benzoyldihydrocarvylamins mittels Ozon.

10 g des Benzoyldihydrocarvylamins[1]), fein zerrieben, werden in 100 ccm Eisessig suspendiert und so lange mit 10—12 proz. Ozon behandelt, bis eine klare Lösung, die nicht mehr Brom entfärbt, entstanden ist. Es bildet sich anscheinend kein Ozonid, sondern gleich das Spaltungsprodukt desselben, welches durch Verdünnen mit Wasser direkt ausfällt. Durch Umkristallisieren aus verdünntem Alkohol erhält man schöne weiße Nadeln vom Schmp. 218—219°. Die Ausbeute beträgt etwa 4 g. Die Analyse des entstandenen 1 - Methyl - 2 - benzoylamino - 4 - acetylcyclohexans ist bereits publiziert.

Der Körper ist in organischen Lösungsmitteln viel löslicher als das Benzoyldihydrocarvylamin, in Wasser ist er unlöslich. Die Benzoylgruppe läßt sich sehr schwer abspalten. Nach stundenlangem Erhitzen mit Eisessig oder konz. Salzsäure im geschlossenen Rohr bei 120° blieb die Substanz unverändert; wenn dieselbe jedoch mit Chlorwasserstoffsäure bei noch höherer Temperatur behandelt worden war, schien die freie Ketobase gleichzeitig zerstört zu sein. Daher wurden die Versuche in dieser Richtung aufgegeben.

Daß der Körper Ketoneigenschaften besitzt, läßt sich durch Überführung in ein Semicarbazon bzw. Nitrophenylhydrazon leicht nachweisen.

Zur Darstellung des Nitrophenylhydrazons wurden 0,5 g des Ketons in Methylalkohol gelöst und zu einer essigsauren Lösung von p-Nitrophenylhydrazin zugesetzt.

Sogleich fielen feine gelbe Nadeln aus, die, aus Methylalkohol umkristallisiert, bei 252° schmelzen.

0,1002 g Sbst.: 12,6 ccm Stickgas (feucht) bei 21° und 754 mm Druck.

	Ber. für $C_{22}H_{26}N_4O_3$	Gef.
N	14,21	14,23

Zur Darstellung des Semicarbazons wurde $^1/_2$ g des in Methylalkohol gelösten Ketons mit einer wässerigen Lösung von je 0,5 g Kaliumacetat und Semicarbazidchlorhydrat gemischt und die klare Lösung über Nacht stehen gelassen. Durch Verdünnen mit Wasser fielen weiße, mikroskopisch feine Nadeln aus, deren Schmelzpunkt gegen 200° lag.

Oxydation der Benzoyldihydroterpenylamine durch Ozon.
Cis - 2 - Benzoylamino - 1 - methylcyclohexanon - (4),
$CH_3.C_6H_8O.NHCOC_6H_5$.

3 g des reinen α-Benzoylderivats des Dihydroterpenylamins wurden genau wie vorher in feingepulvertem Zustand in 25 ccm Eisessig suspendiert und mit Ozon behandelt.

---

[1]) Wallach, Annalen d. Chemie u. Pharmazie **275**, 123 [1893].

Die Spaltung des zuerst entstehenden Ozonids erfolgte schon in kalter Lösung, doch schadet ein wenige Minuten dauerndes Erwärmen unter Rückflußkühlung auf dem Wasserbade nichts; die letzten Spuren Ozonid werden dadurch zersetzt. Die Flüssigkeit wurde alsbald im Vakuum eingedampft, wobei die erste Fraktion bis etwa 20° getrennt aufgefangen wurde. Sie bestand zum großen Teil aus Aceton, das mit Nitroprussidnatrium nachgewiesen werden konnte. Der weiße sirupartige Rückstand, aus sehr verdünntem Alkohol umkristallisiert, bildete kleine Nadeln, die bei 180—184° schmolzen. Nach einmaligem Umkristallisieren erhielt ich 1,5 g von dem Keton in kleinen, weißen Nadeln, deren Schmelzpunkt bei 184—185° lag.

Die Analyse wurde bereits mitgeteilt.

Dieses Benzoylaminoketon wird von Eisessig und Alkohol spielend aufgenommen, auch in Wasser ist es derart löslich, daß es aus seiner alkoholischen oder essigsauren Lösung durch Zusatz von Wasser nicht gefällt wird. Da es die Carbonylgruppe enthält, bildet es mit Semicarbazid bzw. Phenylhydrazin Kondensationsprodukte, die aber in reinem Zustand schwierig zu erhalten sind.

Das **Nitrophenylhydrazon** wurde durch Zugeben von Nitrophenylhydrazin in Essigsäure zu einer methylalkoholischen Lösung des Ketons dargestellt. Es fiel ziemlich gelatinös aus. Nach dem Trocknen zeigte es eine undeutliche Kristallform und schmolz gegen 248° unter Zersetzung.

Das **Semicarbazon** wurde nach der gewöhnlichen Methode dargestellt und durch Abdampfen der Lösung gewonnen. Der aus Wasser unter Zusatz einer Spur Alkohol umkristallisierte Körper bildet büschelförmige Nadeln, die bei 194° unter Zersetzung schmelzen. Vollkommen rein war es aber nach den analytischen Ergebnissen auch noch nicht.

0,0850 g Sbst.: 14,2 ccm Stickgas bei 22° und 747 mm Druck.

	Ber. für $C_{15}H_{20}N_4O_2$	Gef.
N	19,44	18,71

Trans-2-benzoylamino-1-methylcyclohexanon-(4), $CH_3.C_6H_8O.NHCOC_6H_5$.

1 g β-Benzoyldihydroterpenylamin wurde auf genau dieselbe Weise wie die entsprechende α-Verbindung ozonisiert. Die Reaktion schien indessen in diesem Falle nicht so glatt vor sich zu gehen, und eine Menge Harz war dabei entstanden. Das aus schwachem Alkohol umkristallisierte Hexanonderivat bestand aus Nadeln, die der oben beschriebenen α-Verbindung glichen. Sie schmelzen scharf bei 150—151°.

0,1152 g Sbst.: 0,3063 g CO_2, 0,0770 g H_2O.

	Ber. für $C_{14}H_{17}NO_2$	Gef.
C	72,72	72,51
H	7,36	7,42

Wegen der geringen Menge β-Benzoyldihydroterpenylamin, die zur Verfügung stand, war ich nur imstande, etwa 0,2 g des Ketons zu erhalten, und dies reichte zur Darstellung eines Semicarbazons nicht aus.

Überführung des Dihydroterpenylamins in ein Menthadien.

Die Entziehung von Ammoniak aus dem Dihydroterpenylamin läßt sich auf verschiedene Weise herbeiführen; aber um lediglich einen Kohlenwasserstoff der Terpenreihe als Endprodukt zu bereiten, und gleichzeitiges Auftreten von Cymol usw. auszuschließen, bedarf es ganz besonderer Vorsichtsmaßregeln. Die erwünschte Reaktion geht sehr glatt vonstatten, wenn man das Phosphat der Trockendestillation unterwirft[1].

20 g Dihydroterpenylamin wurden in das Phosphat übergeführt und der entstandene Brei über Schwefelsäure im Vakuum einige Tage getrocknet, dabei bildet es schwach klebrige Massen. Der Destillationskolben wurde mit einer durch Kältemischung gekühlten Vorlage verbunden und zwischen dieser und der Wasserstrahlpumpe ein in flüssige Luft gesenktes U-Rohr eingeschaltet. Die flüssige Luft bezweckte die Kondensation von Ammoniak, Kohlendioxyd, Wasserdampf usw., die während der Destillation gebildet werden. Als das Barometer einen Druck von 8 mm anzeigte, wurde die Destillation langsam vorgenommen. Am Ende der Reaktion hinterblieb im Kolben eine weiße, feste Masse, wahrscheinlich Ammoniumpyrophosphat, und ein leicht gelb gefärbtes Öl mit Wasser hatte sich in der Vorlage angesammelt. Die ölige Schicht wurde abgehoben, mit verdünnter Phosphorsäure und schließlich mit Wasser gewaschen, über Calciumchlorid getrocknet und fraktioniert. Es gingen über bei 12 mm Druck:

$$\begin{array}{lr}
\text{1. zwischen } 60\text{—}63° \ldots \ldots & 6 \text{ g} \\
\text{2. zwischen } 63\text{—}68° \ldots \ldots & 2 \text{ g} \\
\text{Rückstand} \ldots \ldots \ldots \ldots & 0,5 \text{ g}
\end{array}$$

Ein Teil der Fraktion (1) wurde zur weiteren Reinigung langsam über Natrium im Vakuum destilliert und die folgenden physikalischen Konstanten bestimmt:

$$D^{18,5°}_{18,5°} = 0,8474; \quad n^{18,5°}_d = 1,48724; \quad n_\alpha = 1,48333; \quad n_\gamma = 1,50701.$$

$$\begin{array}{ccc}
 & \text{Ber. für } C_{10}H_{16} \,|\overline{2} & \text{Gef.} \\
\text{MR}_d & 45,25 & 46,19
\end{array}$$

Der Kohlenwasserstoff liefert mit Brom eine dunkle violette Färbung, aber kein kristallinisches Tetrabromid, wodurch die Anwesenheit von bedeutenden Mengen Terpinolen als ausgeschlossen erschien. Dagegen erhielt ich bei einem Probeversuch mit 1 g der oben erwähnten Fraktion (2) durch salpetrige Säure 0,25 g kristallinisches Nitrosit,

---

[1] Harries, Annalen d. Chemie u. Pharmazie 328, 322 [1903].

ebensoviel wie Harries und Majima[1]) aus einem angeblich reinen Terpinen (Carvenen) zu isolieren vermochten. Es ist also anzunehmen, daß der Hauptbestandteil dieser höher siedenden Fraktion als Terpinen anzusprechen ist. Es bestand aber auch die Möglichkeit, daß das von Harries[2]) aus Dihydrocarvylamin erhaltene Menthadien ebenfalls darin enthalten war, insbesondere da die Konstanten der beiden Terpene sehr gut übereinstimmten. Um diese Frage zu erledigen, wurde der Rest des Kohlenwasserstoffes mit salpetriger Säure behandelt. 5 g wurden mit 2,5 g Eisessig und 1 g Wasser versetzt, eine gesättigte wässerige Lösung von 2,5 g Natriumnitrit allmählich zugegeben und die Mischung 3 Tage lang stehen gelassen. Das abgeschiedene Terpinennitrosit wurde dann abfiltriert, mit Wasser gewaschen und auf Ton gepreßt. Der getrocknete Niederschlag betrug 0,4 g; er schmolz, aus Alkohol umkristallisiert, bei 155—156°. Das Filtrat wurde der Wasserdampfdestillation unterworfen, wodurch das unangegriffene Terpen von den dabei entstandenen verharzten Substanzen getrennt wurde. Das wiedergewonnene Terpen betrug 2,5 g und wurde nochmals mit salpetriger Säure während mehrerer Tage behandelt. Dabei erhielt ich noch weitere 0,15 g Terpinennitrosit und etwa 1,5—2 g Terpen, das kein Nitrosit mehr lieferte und daher terpinenfrei war. Es besaß einen ziemlich konstanten Siedepunkt, nämlich 63—65° bei 14 mm Druck, und gab folgende Werte für die Brechung, die von der des ursprünglichen Gemisches nicht wesentlich abweicht.

$$D_{19^0}^{19^0} = 0{,}8466; \quad n_d^{19^0} = 1{,}49013; \quad n_\alpha = 1{,}48621; \quad n_\gamma = 1{,}50845.$$

Allem Anscheine nach ist dies auf diesem Wege erhaltene Terpen mit dem Harriesschen Menthadien identisch[3]).

Carvylamin,

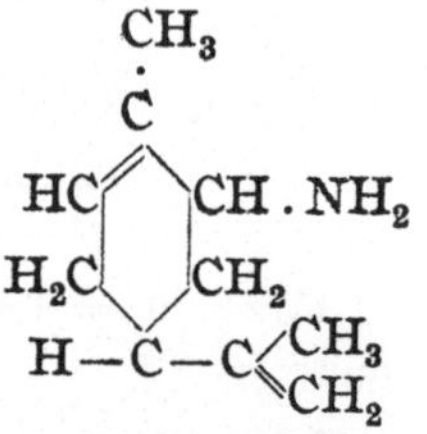

$$
\begin{array}{c}
CH_3 \\
| \\
C \\
HC \diagup \; \diagdown CH\cdot NH_2 \\
H_2C \;|\quad| \; CH_2 \\
H{-}C{-}C\diagup_{\diagdown CH_2}^{CH_3}
\end{array}
$$

Diese Base ist schon vor längerer Zeit von Goldschmidt[4]) durch Reduktion von Carvonoxim mit Zinkstaub und Essigsäure erhalten

---

[1]) Harries u. Majima, Berichte d. Deutsch. chem. Gesellschaft **41**, 2527 [1908].
[2]) Harries, a. a. O.
[3]) Über Versuche, das Menthadien durch Ozon zu oxydieren, vgl. Inaug.-Diss. 1912.
[4]) Goldschmidt u. Kisser, Berichte d. Deutsch. chem. Gesellschaft **20**, 486 [1887]. — Goldschmidt u. Fischer, ebd. **30**, 2069 [1897].

worden. Doch bekam er nach den von ihm angegebenen Vorschriften nur eine Ausbeute von knapp 20% der Theorie; eine beträchtliche Menge Harz wurde dabei gebildet, und obendrein bestand das erhaltene Carvylamin aus einem Gemisch von zwei Stereoisomeren, von denen reine Derivate nur mit großer Mühe hergestellt werden konnten. Es schien nicht recht begründet, daß die Reduktion so schlechte Ausbeuten lieferte, da Harries und de Osa[1]) bei der Reduktion des Benzalacetonoxims mit Zinkstaub und Essigsäure in alkoholischer Lösung sehr gute Resultate erhalten hatten. Deshalb wendete ich diesmal die von diesen Forschern angegebenen Bedingungen zur Reduktion des Carvonoxims an.

20 g Carvonoxim wurden in einer Mischung von je 160 ccm Eisessig und abs. Alkohol aufgelöst und 60 g Zinkstaub unter Eiskühlung und ständigem Schütteln nach und nach eingetragen. Wenn alles Zink hinzugegeben war, wurde die Mischung eine Stunde in Eis stehen gelassen und endlich einige Minuten auf dem Wasserbade erwärmt. Nach beendigter Reaktion gab eine Probe nach Zusatz von Wasser keinen Niederschlag mehr. Die wieder abgekühlte Reaktionsmasse wurde hierauf filtriert und der Rückstand eingehend mit Alkohol gewaschen. Das klare saure Filtrat wurde dann der Dampfdestillation unterworfen, damit der Alkohol vollständig verjagt wurde. Dem abgekühlten Rückstand wurde starke Ätzkalilösung zugefügt, bis das Carvylamin sich abgeschieden hatte. Die freie Base wurde darauf mit Wasserdampf abgeblasen, über Kaliumhydroxyd getrocknet und schließlich destilliert. Das auf diese Weise erhaltene Öl siedet fast konstant um 120° bei 25 mm Druck und geht, ohne einen bedeutenden Rückstand zu hinterlassen, über. Die Ausbeute betrug durchschnittlich 15 g, oder etwa 80% der Theorie. Zur Analyse und weiteren Reinigung der Base wurde das Chlorhydrat durch Einleitung von Chlorwasserstoff in die ätherische Lösung bis zur Neutralisation dargestellt. Es bildet ein in Wasser und Alkohol außerordentlich lösliches, weißes Pulver, das bei 215° sintert und gegen 220° schmilzt.

0,1029 g Sbst.: 0,2418 g CO_2, 0,0892 g H_2O. — 0,1979 g Sbst. verbrauchten 10,7 ccm $^1/_{10}$ n-$AgNO_3$ = 0,0379 g Cl.

	Ber. für $C_{10}H_{15}NH_2HCl$	Gef.
C	64,00	64,09
H	9,62	9,64
Cl	18,93	19,19

Die aus einer wässerigen Lösung des Chlorhydrats ausgeschiedene Base bildet nach der Destillation eine farblose Flüssigkeit von schwachem

---

1) Harries u. de Osa, Berichte d. Deutsch. chem. Gesellschaft 36, 3002 [1903].

Geruch, die Kohlendioxyd aus der Luft anzieht, aber nicht so begierig wie Dihydroterpenylamin oder Dihydrocarvylamin. Da keine physikalischen Konstanten von Goldschmidt publiziert worden sind, war es von Interesse, diese Werte zu bestimmen.

Kochpunkt: 94—95° bei 12,5 mm; $D_{19°}^{19°} = 0,9168$; $\alpha_d = -97,0°$ für 1 dcm-Rohr; $[\alpha]_d^{19°} = -105,8°$; $M = 159,8$; $n_d^{19°} = 1,49820$; $n_\alpha = 1,49474$; $n_\gamma = 1,51369$ Die γ-Linie war stark absorbiert.

Ber. MR_d für $C_{10}H_{17}N$ $\sqrt{2}$ 48,7; gef. 48,3.

Betreffs der Reinheit der Base wurde durch Vergleich mit der von Goldschmidt dargestellten und ihren Derivaten festgestellt, daß die vorliegende bedeutend einheitlicher als die Goldschmidtsche war und nur geringe Beimengungen der β-Base enthielt. Das Chlorhydrat z. B., direkt aus der Goldschmidtschen Verbindung gewonnen, schmolz bei 180° [1]; dagegen schmilzt mein auf dieselbe Weise bereitetes Salz bei 220°. Durch Benzoylieren der Base nach Schotten und Baumann vermochte ich auch schon bei einmaligem Umkristallisieren ein reines α-Benzoylcarvylamin zu gewinnen. Nach dem Konzentrieren der Mutterlauge wurde noch eine weitere Ausbeute des ziemlich reinen Körpers gewonnen. Das α-Benzoylderivat schmilzt scharf bei 174° und bildet feine Nadeln. Goldschmidt[2] hatte diese Verbindung nur mit beträchtlicher Mühe erhalten können, und der von ihm angegebene Schmp. 169° muß ebenfalls berichtigt werden. Damit kein Zweifel bestehen konnte, daß ein Benzoylcarvylamin vorlag, wurde eine Kohlenwasserstoffbestimmung ausgeführt.

0,0908 g Sbst.: 0,2652 g CO_2, 0,0677 g H_2O.

	Ber. für $C_{10}H_{15}NHCOC_6H_5$	Gef.
C	80,00	79,66
H	8,23	8,28

Versuche, dieses Benzoylderivat nach derselben Methode, wie sie bei Benzoyldihydroterpenylamin angewendet war, zu ozonisieren, ergab kein festes kristallinisches Produkt und wurden deshalb nicht fortgesetzt.

Daß allerdings die Base gewisse Beimengungen der Isomeren enthält, geht aus der folgenden Beobachtung hervor. Durch Neutralisieren mit Salpetersäure erhielt ich eine feste Masse, das Nitrat. Es war in Alkohol und Wasser sehr löslich, aber durch langsames Verdunsten einer alkoholischen Lösung bei gewöhnlicher Temperatur bildeten sich

---

[1] Goldschmidt u. Kisser, Berichte d. Deutsch. chem. Gesellschaft **20**, 487 [1887].

[2] Goldschmidt u. Fischer, Berichte d. Deutsch. chem. Gesellschaft **30**, 2071 [1897].

zentimeterlange Tafeln, doch nur in verhältnismäßig sehr geringer Menge. Sie schmolzen bei 195—196° unter Zersetzung. Durch Schütteln mit Natronlauge und Benzoylchlorid bildeten diese Kristalle ein Benzoylderivat, das nach dem Umkristallisieren bei der mikroskopischen Betrachtung ziemlich einheitlich aussah und bei 110° schmolz. Es war zweifellos das β-Benzoylderivat, das nach Goldschmidt bei 101° schmilzt.

Dichlorhydrat des Carvylamins,

CH_3

C

$HC \diagup \diagdown CH . NH_2 . HCl$

$H_2C \diagdown \diagup CH_2$

CH

$CCl(CH_3)_2$

Wie Dichlorhydrocarvylamin, ist Carvylamin fähig, sich mit 2 Mol. Chlorwasserstoff unter Bildung des Chlorhydrats einer chlorhaltigen Base zu vereinigen. Die Aufnahme des zweiten Moleküls erfolgt aber in diesem Falle mit erheblicher Schwierigkeit, und erst nach längerem Einleiten von Chlorwasserstoff in die ätherische Lösung der Base.

Damit der Vorgang beschleunigt wird, stellt man die Lösung am besten in einen schmalen, mit einem doppeltdurchbohrten Korken verschlossenen Zylinder hinein. Durch die eine Bohrung geht das Einleitungsrohr, die andere wird mit Glaswolle verstopft. Nach zweistündigem Einleiten von Salzsäuregas in eine Lösung von 10 g Carvylamin in 100 ccm abs. Äther wurde das zunächst ausfallende Monochlorhydrat wieder in Lösung gebracht. Der Äther wurde darauf abgedampft und es blieb das Dichlorhydrat als eine harte weiße Masse zurück. Wenn dagegen die ätherische Lösung stark gekühlt wird, fällt etwas Dichlorhydrat kristallinisch aus. So bereitet schmilzt es gegen 145°. Das Salz ist in Äther, Alkohol und Wasser äußerst löslich. Nach einigen Stunden Trocknens im Vakuum ergab eine Chlorbestimmung nach Carius folgende Werte:

0,1552 g Sbst.: 0,1886 g AgCl.

	Ber. für $C_{10}H_{18}NCl . HCl$	Gef.
Cl	31,70	30,63

Durch Zusatz von Kalilauge scheidet sich die entsprechende chlorhaltige Base als eine farblose Flüssigkeit von schwachem Geruch ab. Sie liefert kein festes Benzoylderivat und ist zunächst nicht weiter untersucht worden.

$$\textbf{Terpenylamin,}$$

$$
\begin{array}{c}
CH_3 \\
\cdot \\
C \\
HC \diagup \bigcirc \diagdown CH \cdot NH_2 \\
H_2C \diagdown \diagup CH_2 \\
C \\
\parallel \\
C(CH_3)_2
\end{array}
$$

Durch Abspaltung des Chlorwasserstoffes von der vorstehend beschriebenen Hydrochlorbase entsteht Terpenylamin, möglicherweise in zwei isomeren Formen, und nebenbei eine bedeutende Menge regeneriertes Carvylamin. Das gleiche Verfahren, wie es seinerzeit zur Darstellung der Dihydroterpenylamine angewendet wurde, kann auch hier ohne Abänderung verfolgt werden, nur daß zwei- bis dreistündiges Erhitzen bei 100° schon genügt, den locker gebundenen Chlorwasserstoff abzuspalten. Man erhitzt also 15 g Carvylamindichlorhydrat auf 100° mit 60 ccm Pyridin 3 Stunden lang; die Reaktionsmasse wird dann genau wie bei der Darstellung des Dihydroterpenylamins verarbeitet. Bei einem Versuch, von 10 g Carvylamin ausgehend, erhielt ich 15 g Dichlorhydrat, und daraus 8,5 g Rohprodukt, das hauptsächlich zwischen 94—98° bei 11 m Druck überging. Zur Reinigung wurde das Chlorhydrat dargestellt durch Einleiten von Chlorwasserstoff in eine ätherische Lösung der Base. Das Salz wurde mit Äther gründlich gewaschen und daraus die Base wieder ausgeschieden, mit Äther aufgenommen, über Kaliumhydroxyd getrocknet und im Vakuum destilliert. Die so gewonnene und gereinigte Substanz wies die folgenden Konstanten auf:

Siedepunkt: 101—104° bei 13 mm; $\alpha_d^{190} = -30{,}50°$ im Dezimeterrohr. $n_d^{190} = 1{,}50895$; $n_\alpha = 1{,}50505$; $n_\gamma = 1{,}52537$.

Da das Terpenylamin inaktiv sein dürfte, so geht aus der beobachteten Drehung hervor, daß beinahe 30% des Gemisches aus dem regenerierten Carvylamin besteht, welches im Dezimeterrohr eine Drehung von —97° besitzt. Aus diesem Gemisch von wahrscheinlich drei oder vier isomeren Substanzen ist es mir nicht gelungen, reine Derivate der Terpenylamine darzustellen. Nach mehrfachem Umkristallisieren waren die untersuchten Derivate immer noch Gemische, die nie einheitlicher wurden. Deshalb wurde die Untersuchung über diesen Gegenstand abgebrochen.

---

87. Sydney Smith: Über 1-Methyl-2-amino-4-äthanoylcyclohexan.

Annalen der Chemie und Pharmazie **410**, 82 (1910).

Die vorliegende Untersuchung bildet die Fortsetzung der Arbeit von Morell und hatte den Zweck, die freie Ketobase

$$
\begin{array}{c}
CH_3 \\
| \\
CH \\
H_2C \diagup\ \diagdown CH.NH_2 \\
H_2C \diagdown\ \diagup CH_2 \\
CH \\
| \\
CO.CH_3
\end{array}
$$

kennenzulernen. Dies wurde am besten erreicht durch Spaltung des Carbäthoxyketoamins, während Acetyl, Formyl, Oxalyl als weniger geeignet befunden wurden.

Acetyldihydrocarvylamin[1]).

30 g des Amins wurden mit 35 ccm Essigsäureanhydrid einige Augenblicke gekocht. Die rötlich gefärbte Lösung wurde auf dem Wasserbade eingedampft und zur völligen Entfernung des Anhydrids über Kaliumhydroxyd im Vakuumexsiccator stehen gelassen. Nach dem Abpressen auf Tonplatten blieben 15 g der rohen Acetylverbindung zurück. Aus heißem Wasser oder verdünntem Aceton umkristallisiert, schmilzt sie bei 131—132°, wie Wallach schon angegeben hat.

Oxydation des Acetyldihydrocarvylamins.
1-Methyl-2-acetylamino-4-äthanoylcyclohexan,

$$
C_6H_9 \diagdown \begin{array}{l} CH_3 \\ -NH.CO.CH_3 \\ CO.CH_3 \end{array}
$$

2,8 g Acetyldihydrocarvylamin wurden in 28 ccm Eisessig gelöst und unter Wasserkühlung mit 10—12 proz. ungewaschenem Ozon oxydiert, bis eine Probe nicht mehr Brom entfärbte. Die Oxydation dauerte 4 Stunden. Nach viertelstündigem Erhitzen auf dem Wasserbad wurde

---

[1]) Vgl. Wallach, Annalen d. Chemie u. Pharmazie **257**, 122 [1893].

das Lösungsmittel im Vakuum abgedampft. Der Rückstand erstarrte bald beim Stehen über Kaliumhydroxyd im Vakuumexsiccator und betrug 1,5 g nach dem Abpressen auf Tonplatten. Aus Essigäther umkristallisiert, bildet er feine, seidenartige Nadeln, die bei 193—194° schmelzen.

0,1270 g Sbst.: 0,3120 g CO_2, 0,1112 g H_2O. — 0,1138 g Sbst.: 7,6 ccm Stickgas bei 20° und 762 mm Druck.

	Ber. für $C_{11}H_{19}NO_2$	Gef.
C	67,00	67,00
H	9,64	9,79
N	7,11	7,50

Der Körper ist in Alkohol, Benzol und Aceton sehr leicht löslich. Von Essigäther wird er leicht, von Wasser ziemlich leicht und von Äther und Petroläther recht schwer aufgenommen.

Das Acetylaminoketon ist gegen konz. Salzsäure sehr beständig. Nach dreistündigem Erhitzen mit konz. Salzsäure im Einschlußrohr auf 120° konnte die Substanz unverändert zurückgewonnen werden. Da bei höherer Temperatur das Ketoamin angegriffen wird, wie schon Morrell bei dem entsprechenden Benzoylaminoketon erwähnt hat, wurden andere Derivate in der Hoffnung dargestellt, daß sie sich als leichter spaltbar erweisen würden.

Semicarbazon. Das Semicarbazon bildet sich sehr leicht, wenn man das in Wasser gelöste Keton mit einer wässerigen Lösung von Semicarbazidchlorhydrat und Kaliumacetat behandelt. Ein weißer, kristallinischer Niederschlag fällt sofort aus, dessen Schmelzpunkt nach dem Trocknen bei 234—235° (unter Aufschäumen) lag.

Nitrophenylhydrazon. Das p-Nitrophenylhydrazon wird mittels p-Nitrophenylhydrazinchlorhydrat in wässeriger Lösung dargestellt. Der hellgelbe Niederschlag schmilzt bei 229° unter Gasentwicklung.

0,0800 g Sbst.: 11,7 ccm Stickgas bei 18,5° und 764 mm Druck.

	Ber. für $C_{17}H_{24}O_3N_4$	Gef.
N	16,87	17,04

Oxim. Das Oxim wurde in wässeriger Lösung durch Zufügen von Hydroxylaminchlorhydrat angesetzt. Nach dem Neutralisieren mittels Natriumcarbonat wird die Lösung über Nacht stehen gelassen. Ein weißer, kristallinischer Niederschlag schied sich aus, der den Zersetzungspunkt 221° anzeigte.

0,1485 g Sbst.: 17,3 ccm Stickgas bei 20° und 760 mm Druck.

	Ber. für $C_{11}H_{20}O_2N_2$	Gef.
N	13,21	13,08

Formyldihydrocarvylamin.

1. Einwirkung von wasserfreier Ameisensäure auf Dihydrocarvylamin.

Das Amin wurde mit dem doppelten Volumen wasserfreier Ameisensäure etwa 7 Stunden gekocht. Die Ameisensäure wurde dann im Vakuum abdestilliert. In der Vorlage befand sich außer der Ameisensäure eine kleine Menge eines auf der Flüssigkeit schwimmenden Öls, das nach dem Waschen mit Wasser einen terpenartigen Geruch besitzt und Brom leicht entfärbt. Wahrscheinlich hat eine Ammoniakabspaltung und Terpenbindung stattgefunden. Der Rückstand in dem Fraktionierkolben wurde mit Wasser gekocht. Dadurch wurde der Hauptteil gelöst. Ein öliger Körper blieb zurück, aus welchem durch Umfällen mit abs. Äther weiße Nadeln erhalten wurden. Aus der wässerigen Lösung konnte kein reiner Körper isoliert werden. Die Kristalle wurden aus Aceton umkristallisiert und analysiert. Schmp. 152—153°.

0,1062 g Sbst.: 0,2826 g CO_2, 0,0978 g H_2O. — 0,1366 g Sbst.: 9,5 ccm Stickgas bei 21° und 760 mm Druck.

	Ber. für $C_{11}H_{19}ON$	Gef.
C	72,93	72,57
H	10,50	10,53
N	7,7	7,73

Der Körper bildet schöne, feine Nadeln, die in Benzol, Methylalkohol, Äthylalkohol und Essigäther leicht löslich sind. In Aceton ist er weniger löslich und in abs. Äther fast unlöslich.

Durch Oxydation des Körpers in Eisessiglösung mittels Ozon konnte kein festes kristallinisches Produkt erhalten werden. Die Konstitution dieses Formylderivates ist noch unaufgeklärt; es ist vielleicht **Formyldihydroterpenylamin.**

2. Einwirkung von Ameisensäureäthylester auf Dihydrocarvylamin.

50 g des Amins wurden mit 26,5 g Ameisensäureäthylester in zugeschmolzenem Rohr 6 Stunden lang auf 125° erhitzt. Die hellbraune Flüssigkeit wurde dann im Vakuum fraktioniert, wobei neben unverändertem Amin 38 g des Formylderivates erhalten wurden.

0,2376 g Sbst.: 0,6368 g CO_2, 0,2256 g H_2O. — 0,2126 g Sbst.: 15,3 ccm Stickgas bei 21° und 759 mm Druck.

	Ber. für $C_{11}H_{19}ON$	Gef.
C	72,93	73,09
H	10,50	10,64
N	7,73	8,18

Dichte $D_{15°}^{15°} = 0,9934$.

Formyldihydrocarvylamin bildet ein farbloses, dickflüssiges Öl, das gegen 179—180° bei 15 mm Druck ohne Zersetzung destilliert. In organischen Lösungsmitteln ist es leicht löslich, von Wasser wird es wenig aufgenommen.

Oxydation des Formyldihydrocarvylamins.
1 - Methyl - 2 - formylamino - 4 - äthanoylcyclohexan.

$$C_6H_9 {\Large \diagdown} \begin{matrix} CH_3 \\ NH \cdot CHO \\ CO \cdot CH_3 \end{matrix}$$

22 g Formyldihydrocarvylamin wurden in 220 ccm Eisessig gelöst und mit 10—12 proz. ungewaschenem Ozon in gewöhnlicher Weise oxydiert. Nach völliger Oxydation wurde die gelbe Lösung eine Viertelstunde auf dem Wasserbad erhitzt, wobei sie sich rötlichbraun färbt. Die Essigsäure wurde im Vakuum entfernt, der Rückstand fraktioniert und folgende Fraktionen erhalten: Druck 25 mm.

1.	bis 180°	3,2 g
2.	180—225°	5,5 g
3.	225—230°	5,0 g
	Verkohlter Rückstand	5,0 g

Nach zweitägigem Stehen wurden die Fraktionen 2 und 3 teilweise fest und lieferten durch Absaugen 3 g des rohen Ketons. Bei der Destillation tritt starke Verkohlung ein und bei einem Versuch mit größeren Mengen fand eine heftige Explosion statt. Das Formylaminoketon läßt sich auch durch Abdampfen der Essigsäure im Vakuum und Aufbewahrung des Rückstandes im Vakuum über Ätzkali isolieren. Das zurückbleibende Öl wird langsam teilweise fest und liefert beim Abpressen einen stark braungefärbten Rückstand, der ohne Zersetzung im Vakuum destilliert werden kann. Jedenfalls wird nur eine geringe Ausbeute erhalten. Aus Benzol umkristallisiert, schmilzt es bei 120 bis 121°.

0,1640 g Sbst.: 0,3936 g CO_2, 0,1378 g H_2O. — 0,3086 g Sbst.: 22,2 ccm Stickgas bei 21,5° und 755 mm Druck.

	Ber. für $C_{10}H_{17}O_2N$	Gef.
C	65,57	65,45
H	9,29	9,42
N	7,65	7,95

Das Formylaminoketon bildet schöne, weiße Prismen, die in Alkohol, Methylalkohol, Benzol, Essigäther und Aceton leicht löslich sind. In Petroläther und Äther löst es sich schwer. Kocht man das Formylaminoketon mit konz. Salzsäure, so entsteht eine braungefärbte

Lösung, aus welcher durch Eindampfen im Vakuum das Chlorhydrat des freien Aminoketons gewonnen werden kann.

O x i m. Das Oxim wurde in verdünnter methylalkoholischer Lösung dargestellt. Ein weißer Niederschlag fiel bald aus, der, aus Essigäther umkristallisiert, feine seidenartige Nadeln bildet, die gegen 179° schmelzen.

0,1270 g Sbst.: 16,2 ccm Stickgas bei 17° und 746 mm Druck.

	Ber. für $C_{10}H_{18}O_2N_2$	Gef.
N	14,14	14,31

N i t r o p h e n y l h y d r a z o n. Das p-Nitrophenylhydrazon wurde in verdünnter methylalkoholischer Lösung dargestellt. Der bald ausfallende gelbe Niederschlag wurde aus Alkohol umkristallisiert. Schöne, feine, gelbe Nadeln wurden erhalten, die sich bei 239° zersetzten.

0,0910 g Sbst.: 14,6 ccm Stickgas bei 22° und 753 mm Druck.

	Ber. für $C_{16}H_{22}O_3N_4$	Gef.
N	17,61	17,61

S e m i c a r b a z o n. Das Semicarbazon entsteht durch Vermischen des in verdünntem Methylalkohol gelösten Ketons mit einer wässerigen Lösung von Semicarbazidchlorhydrat und Kaliumacetat. Es fällt alsbald ein weißer Niederschlag aus, der, aus Alkohol umkristallisiert, weiße Körnchen bildet, welche bei 201° unter Gasentwicklung schmelzen.

0,1526 g Sbst.: 32,3 ccm Stickgas bei 22° und 752 mm Druck.

	Ber. für $C_{11}H_{20}O_2N_4$	Gef.
N	23,33	23,20

Oxalsäurederivate des Dihydrocarvylamins.

50 g Dihydrocarvylamin werden mit 52 g Oxalsäureäthylester am Rückflußkühler in einem Ölbad auf 135° erhitzt. Nach 8 Stunden wird die Reaktionsmasse in heißem Benzol gelöst. Beim Abkühlen kristallisiert 7,5 g einer Substanz aus, die, aus Benzol umkristallisiert, bei 250° schmilzt und die normale Oxalylverbindung ist. Die Mutterlauge wurde im Vakuum destilliert. Nach dem Abdampfen des Benzols erhielt man die folgenden Fraktionen bei 15 mm Druck:

I.	100—125°	16,5 g
II.	125—195°	5,3 g
III.	195—210°	37,2 g
IV.	210—240°	7,2 g

Fraktion III wurde schnell fest und betrug nach dem Abpressen auf Tonplatten 31,5 g. Aus Ligroin (Sdp. 70—100°) umkristallisiert, schmilzt sie bei 94°.

Substanz Schmp. 250°.

0,1360 g Sbst.: 0,3650 g CO_2, 0,1235 g H_2O. — 0,1146 g Sbst.: 8,2 ccm Stickgas bei 21° und 761 mm Druck.

	Ber. für $(C_{11}H_{18}ON)_2$	Gef.
C	73,27	73,20
H	10,05	10,02
N	7,78	8,00

Oxalyldihydrocarvylamin, $C_{10}H_{17}NH.CO.CO.NH.C_{10}H_{17}$, bildet feine, weiße Nadeln. Es ist in Alkohol, Aceton und Essigäther schwer löslich. In Ligroin und Benzol ziemlich löslich, in Äther unlöslich.

Substanz Schmp. 94°.

0,2016 g Sbst.: 0,4892 g CO_2, 0,1608 g H_2O. — 0,3466 g Sbst.: 17,5 ccm Stickgas bei 20° und 765 mm Druck.

	Ber. für $C_{14}H_{23}O_3N$	Gef.
C	66,40	66,19
H	9,09	8,94
N	5,54	5,84

Semioxalyldihydrocarvylamin, $C_{10}H_{17}NH.CO.COOC_2H_5$, bildet schöne weiße Nadeln, die in Alkohol, Methylalkohol, Essigäther, Benzol und Aceton leicht löslich und in Ligroin (Sdp. 70—100°) schwer löslich sind.

Oxydation des Semioxalyldihydrocarvylamins.
Semioxalylverbindung des 1 - Methyl - 2 - amino - 4 - äthanoylcyclohexans,

$$C_6H_9{\Big\langle}\begin{matrix}CH_3\\ NH.COCO.OC_2H_5 \\ CO.CH_3\end{matrix}.$$

10 g Semioxalyldihydrocarvylamin wurden in 100 ccm Eisessig gelöst und unter Wasserkühlung so lange mit 10—12 proz. ungewaschenem Ozon behandelt, bis Brom nicht mehr entfärbt wurde. Die Essigsäure wurde im Vakuum abgedampft und der bald erstarrende Rückstand von öligen Verunreinigungen durch Abpressen gereinigt. Der weiße feste Rückstand betrug 5 g. Nach dem Umkristallisieren aus Ligroin bildet er schöne, weiße Nadeln, die bei 107° schmelzen.

0,2446 g Sbst.: 0,5478 g CO_2, 0,1828 g H_2O. — 0,2338 g Sbst.: 12,5 ccm Stickgas bei 21,5° und 747 mm Druck.

	Ber. für $C_{13}H_{21}O_4N$	Gef.
C	61,13	61,08
H	8,20	8,38
N	5,49	5,84

Die Verbindung löst sich leicht in Benzol, Essigäther, Aceton und Alkohol. Sie ist ziemlich löslich in Wasser, recht schwer in Petroläther und unlöslich in Äther. Durch Kochen mit konz. Salzsäure auf dem Wasserbade kann der Körper leicht verseift werden. Nach dem Eindampfen im Vakuum bleibt das Chlorhydrat des freien Ketons als ein beinahe farbloser Rückstand zurück.

Oxim. Das Oxim bildet sich sehr leicht, wenn man das in Wasser gelöste Keton mit wässeriger Hydroxylaminchlorhydratlösung behandelt und etwas Natriumcarbonat hinzufügt. Nach kurzem Stehen fallen weiße, feine Nadeln aus, die bei 140° unter Zersetzung schmelzen.

0,0735 g Sbst.: 6,8 ccm Stickgas bei 22° und 760 mm Druck.

	Ber. für $C_{13}H_{22}O_4N_2$	Gef.
N	10,37	10,35

Nitrophenylhydrazon. Das p-Nitrophenylhydrazon ließ sich leicht darstellen. Das Keton wurde in verdünntem Methylalkohol gelöst und zu einer wässerigen Lösung von p-Nitrophenylhydrazinchlorhydrat zugesetzt. Das p-Nitrophenylhydrazon schied sich fast sofort ab und wurde aus Alkohol umkristallisiert. Es bildet feine gelbe Nadeln, die gegen 218—219° unter Zersetzung schmelzen.

0,1604 g Sbst.: 20,2 ccm Stickgas bei 20,5° und 760 mm Druck.

	Ber. für $C_{19}H_{26}O_5N_4$	Gef.
N	14,36	14,12

Semicarbazon. Zur Darstellung des Semicarbazons wurde das in verdünntem Methylalkohol gelöste Keton zu einer wässerigen Lösung von Semicarbazidchlorhydrat und Kaliumacetat hinzugefügt. Nach einigen Minuten fiel ein weißer Niederschlag aus, der bei 168° schmilzt.

0,0900 g Sbst.: 14,3 ccm Stickgas bei 22° und 760 mm Druck.

	Ber. für $C_{14}H_{24}O_4N_4$	Gef.
N	17,95	17,60

Carbäthoxydihydrocarvylamin,

$$C_6H_9\underset{\diagdown C(CH_3)=CH_2}{\overset{\diagup CH_3}{<}}NH.CO_2C_2H_5 .$$

Zur Darstellung des Carbäthoxyderivats wurde die Methode von Claisen[1]) angewandt. Zu einer Lösung von 80 g Amin in 500 ccm Äther wurden 74 g getrocknetes Kaliumcarbonat zugesetzt. Die Mischung wurde auf dem Wasserbade erhitzt und 56 g Chlorkohlensäureäthylester unter beständigem Umschütteln langsam eintropfen gelassen. Nach

---

1) Claisen, Berichte d. Deutsch. chem. Gesellschaft 27, 3182 [1894].

dreistündigem Erhitzen wurde die Reaktionsmasse in Eis gekühlt und mit Eiswasser verdünnt. Die ätherische Lösung wurde mit verdünnter Schwefelsäure und Wasser gewaschen, über Chlorcalcium getrocknet und der Rückstand nach Entfernung des Äthers im Vakuum über Ätzkali stehen gelassen. Das zurückbleibende Öl (102 g) wurde bald fest und betrug nach dem Abpressen auf Ton 57 g. Von der aus Alkohol umkristallisierten reinen Substanz wurden 41 g erhalten. Der Schmelzpunkt liegt bei 88°.

0,1682 g Sbst.: 0,4260 g CO_2, 0,1556 g H_2O. — 0,2198 g Sbst.: 12,1 ccm Stickgas bei 20° und 760 mm Druck.

	Ber. für $C_{13}H_{23}O_2N$	Gef.
C	69,27	69,07
H	10,29	10,37
N	6,22	6,18

Der Körper bildet schöne weiße Nadeln. Er ist in Alkohol, Methylalkohol, Essigäther, Äther und Benzol leicht löslich, in Wasser und Petroläther schwer löslich.

Oxydation des Carbäthoxydihydrocarvylamins.
1 - Methyl - 2 - carbäthoxamino - 4 - äthanoylcyclohexan,

$$C_6H_9\!\!\underset{CO.CH_3}{\overset{CH_3}{<}}\!\!NH.CO_2C_2H_5\,.$$

40 g Carbäthoxydihydrocarvylamin, in 400 ccm Eisessig gelöst, wurden mit einem etwa 10—12 proz. Ozonstrom der Ozonisierung zwecks völliger Oxydation unterworfen. Die farblose Flüssigkeit wurde alsdann im Vakuum bei einer Wasserbadtemperatur von 50° auf etwa ein Drittel eingedampft. Beim Verdünnen mit Wasser fiel ein weißer kristallinischer Niederschlag (16 g) aus. Die Mutterlauge wurde unter Eiskühlung mit Natronlauge neutralisiert. Dadurch wurden noch 9 g des Carbäthoxyderivats erhalten.

Aus verdünntem Alkohol umkristallisiert, schmilzt es bei 127°.

0,1568 g Sbst.: 0,3635 g CO_2, 0,1320 g H_2O. — 0,1346 g Sbst.: 7,4 ccm Stickgas bei 20° und 748 mm Druck.

	Ber. für $C_{12}H_{21}O_3N$	Gef.
C	63,39	63,23
H	9,22	9,43
N	6,16	6,19

Die Substanz bildet schöne weiße Nadeln, die in Alkohol, Methylalkohol, Essigäther und Benzol leicht löslich sind. In Ligroin (Sdp. 100° bis 130°) sind sie ziemlich und in Petroläther (Sdp. 40—70°) schwer löslich.

Nitrophenylhydrazon. Das p-Nitrophenylhydrazon wird mittels p-Nitrophenylhydrazinchlorhydrat in verdünnter methylalkoholischer Lösung leicht erhalten. Es kristallisiert aus Alkohol in feinen gelben Nadeln vom Schmp. 200°.

0,1940 g Sbst.: 27,3 ccm Stickgas bei 22° und 752 ccm Druck.

	Ber. für $C_{18}H_{26}O_4N_4$	Gef.
N	15,47	15,42

Semicarbazon. Bei dem Zusammenbringen des Ketons mit Semicarbazidchlorhydrat und Kaliumacetat bildet sich das Semicarbazon rasch. Dieser Körper kristallisiert aus verdünntem Methylalkohol in weißen Körnchen vom Schmp. 181°.

0,0940 g Sbst.: 16,7 ccm Stickgas bei 21° und 752 mm Druck.

	Ber. für $C_{13}H_{24}O_3N_4$	Gef.
N	19,71	19,63

Oxim. Das Oxim wurde durch Zugeben von Hydroxylaminchlorhydrat in Methylalkohol zu einer methylalkoholischen Lösung des Ketons dargestellt. Beim Verdünnen mit Wasser fielen feine Nadeln aus, die nach dem Umkristallisieren aus Methylalkohol den Schmp. 144—145° anzeigten.

0,1339 g Sbst.: 13,9 ccm Stickgas bei 19° und 752 mm Druck.

	Ber. für $C_{12}H_{22}O_3N_2$	Gef.
N	11,57	11,60

Spaltung des Carbäthoxyaminoketons.

1 - Methyl - 2 - amino - 4 - äthanoylcyclohexan,

$$C_6H_9 \begin{cases} CH_3 & (1) \\ NH_2 & (2) \\ CO.CH_3 & (4) \end{cases}$$

15 g des Carbäthoxyaminoketons wurden mit 45 ccm konz. Salzsäure im zugeschmolzenen Rohr auf 105° 3 Stunden lang erhitzt, wobei sich ein erheblicher Druck entwickelte. Die hellbraune Lösung wurde von einer kleinen Menge eines teerartigen Produktes abfiltriert und auf dem Wasserbad zur Trockne eingedampft. Es blieb ein hellbrauner Rückstand (11,7 g) zurück, der, aus abs. Alkohol umkristallisiert, schöne weiße Nadeln bildete, deren Schmelzpunkt unter Schäumen bei 183—185° lag.

0,3250 g Sbst.: 20,3 ccm Stickstoff bei 18° und 765 mm Druck.

	Ber. für $C_9H_{18}ONCl$	Gef.
N	7,31	7,15

Das **Chlorhydrat** ist in Alkohol, Methylalkohol, Wasser leicht löslich. In Aceton, Äther, Essigester, Benzol und Ligroin ist es unlöslich.

Das Chlorhydrat des Aminoketons wurde in Wasser gelöst und unter Eiskühlung mit der berechneten Menge Kaliumhydroxyd zersetzt. Die Lösung wurde sechsmal ausgeäthert, die ätherische Lösung über Kaliumhydroxyd getrocknet, der Äther verjagt und der Rückstand im Vakuum destilliert. Der Siedepunkt lag zunächst bei 110° bis 125° unter 13 mm Druck. Nochmals destilliert ging die ganze Menge zwischen 110—115° bei 11 mm Druck über. Bei einer dritten Destillation ging aber der Hauptteil bei 65—68° unter 11 mm Druck über. Es scheint daher eine Depolymerisation stattgefunden zu haben.

Die Fraktion 65—68° bildet eine farblose, leicht bewegliche Flüssigkeit, die aber schnell fest wird. Der Schmelzpunkt der erstarrten Substanz liegt dann bei 119—122°.

0,1246 g Sbst.: 0,3167 g CO_2, 0,1240 g H_2O. — 0,1514 g Sbst.: 12,3 ccm Stickgas bei 23° und 770 mm Druck.

	Ber. für $C_9H_{17}ON$	Gef.
C	69,68	69,32
H	10,97	11,15
N	9,03	9,07

Zum Beweis der Konstitution des Aminoketons wurde die bei 65—68° siedende Flüssigkeit nach der Schotten-Baumann-Methode benzoyliert. Dadurch entsteht ein Benzoylderivat, das mit dem durch direkte Oxydation des Benzoyldihydrocarvylamins erhaltenen vollkommen identisch ist. Die beiden Körper schmelzen bei 218° und der Mischschmelzpunkt zeigte keine Depression. Der feste Körper lieferte dagegen unter denselben Bedingungen kein Benzoylderivat. Es ist daher höchst wahrscheinlich, daß er ein Polymeres ist.

Oxim. Das Oxim wurde aus dem Chlorhydrat in alkoholischer Lösung dargestellt. Die Lösung wurde über Nacht stehen gelassen und das Oxim durch Zusatz von Kaliumcarbonatlösung ausgefällt. Aus Alkohol umkristallisiert, bildet es feine weiße Nadeln, die bei 151° schmelzen.

0,1042 g Sbst.: 15,3 ccm Stickgas bei 20° und 760 mm Druck.

	Ber. für $C_9H_{18}ON_2$	Gef.
N	16,47	16,49

Um die Eigenschaften dieses Körpers genauer zu studieren, wird die Arbeit mit größeren Materialmengen fortgesetzt.

Zusammenfassung.

Spaltung der Derivate des Aminoketons.

Derivat	Verhalten gegen konz. HCl
Benzoyl	Bei 120° unverändert, bei höherer Temperatur wird die Base zerstört.
Acetyl	Unverändert bei 120°.
Formyl	Verseift auf dem Wasserbad.
Semioxalyl	Verseift auf dem Wasserbad.
Carbäthoxyl	Verseift bei 105°.

Obgleich die Formyl- und Semioxalylderivate sich am leichtesten spalten lassen, sind sie wegen ihrer geringen Ausbeute nicht so geeignet als das Carbäthoxyderivat, das leicht darstellbar ist und ohne Schwierigkeiten oxydiert und verseift werden kann.

88. Georg H. Lénárt: Über Aldehyde der Pyridin- und Piperidinreihe.

Annalen der Chemie und Pharmazie **410**, 95 (1915).

In einer kurzen Notiz[1]) habe ich bereits mitgeteilt, daß man aus α-Stilbazol leicht den α-Pyridylaldehyd erhalten kann. Ich schließe jetzt eine ausführliche Beschreibung dieses Körpers und seiner Derivate an.

Das zur Verwendung gelangte α-Picolin wurde von den Rütgerswerken Erkner bezogen und durch fünfmaliges Fraktionieren mit dem achtkugeligen „Birektifikator" gereinigt. Aus 6 kg Rohbase konnten etwa 1200 g zwischen 128—131° siedendes α-Picolin gewonnen werden.

Zur Darstellung des α-Stilbazols[2]) wurden frisch destillierter Benzaldehyd, Picolin und Chlorzink im Verhältnis von 3 : 2 : 1 im Autoklaven 24 Stunden lang auf 200° erhitzt. Der Druck steigt auf 5—6 Atmosphären. Nach der angegebenen Zeit versetzt man den erkalteten, dickflüssigen, grünbraun gefärbten Inhalt mit Salzsäure. Aus dieser Lösung wird der im Überschuß verwandte Benzaldehyd mit Wasserdampf abgeblasen und mit Natronlauge übersättigt. Das α-Stilbazol scheidet sich hierbei als eine rotbraune, undurchsichtige Ölschicht ab. Aus der alkalischen Lösung entfernt man das unangegriffene Picolin durch Wasserdampf. Beim Abkühlen erstarrte das Stilbazol zu kleinen Körnern, welche mit Wasser gewaschen und im Vakuumexsiccator getrocknet werden können. Die Ausbeute an diesem Rohprodukt beträgt 92—95% der Theorie.

Zum Zwecke der Reinigung ist es am besten, das Rohstilbazol im Vakuum zu destillieren. Sdp. 194°, 14 mm. Man erhält nach einmaliger Destillation ein schneeweißes Produkt, welches, aus verdünntem Alkohol ein- bis zweimal umkristallisiert, den richtigen Schmelzpunkt von 91° anzeigt.

α-Stilbazolozonid.

Diese Verbindung erhält man, wenn man 1 Teil Stilbazol in 50 Teilen gut getrocknetem Tetrachlorkohlenstoff löst und in diese stark gekühlte Lösung 6—8 proz. gewaschenes Ozon einleitet. Das Ozonid scheidet sich hierbei meistens als ein flockiger, voluminöser Niederschlag ab,

---

[1]) Berichte d. Deutsch. chem. Gesellschaft **47**, 808 [1914].

[2]) Baurath, Berichte d. Deutsch. chem. Gesellschaft **20**, 2719 [1887]; **21**, 818 [1888]. — Ladenburg, ebd. **36**, 119 [1903].

der sich nur schwer vom Lösungsmittel trennen läßt, da er sich bald zersetzt. In einem Falle schied sich das Ozonid als ein feinkörniger, rein weißer Körper ab, der sich gut filtrieren ließ, auf dem Filter aber wieder verharzte. Seine Konstitution ergibt sich aus der Bildungsweise und aus der Spaltung des Ozonids durch verdünnte Salzsäure, wobei Benzoesäure, Benzaldehyd, Pyridylaldehyd und Picolinsäure nachgewiesen wurden.

α-Pyridylaldehyd.

Von den zahlreich versuchten und modifizierten Darstellungsweisen sei nur diejenige ausführlich mitgeteilt, welche sich am besten bewährt hat und nach welcher größere Mengen des Aldehyds dargestellt wurden.

α-Stilbazol wird in der 10fachen Menge konz. Salzsäure gelöst und unter Kühlung mit gewaschenem, schwachem (6—8proz.) Ozon behandelt. Die Dauer der Ozonisation beträgt pro Gramm Stilbazol etwa 2 Stunden. Sobald Bromwasser nicht mehr entfärbt wird, ist die Reaktion zu Ende. Die erhaltene Lösung wird, um etwa vorhandenes Ozonid zu zersetzen, eine Stunde auf dem Wasserbade erwärmt. Dann wird im Vakuum bei 40—50° zur Trockne verdampft; der Benzaldehyd geht mit der Salzsäure über. Den Rückstand nimmt man in Wasser auf, übersättigt mit Kaliumcarbonatlösung und bläst den in Freiheit gesetzten α-Pyridylaldehyd mit Wasserdampf ab. Das Destillat versetzt man mit überschüssiger Salzsäure und dampft im Vakuum zur Kristallisation ein. Aus der Lösung des salzsauren Salzes wird der freie Aldehyd durch eine konz. Pottaschelösung abgeschieden, mit Äther aufgenommen und über Kaliumcarbonat getrocknet. Die Ausbeute an rohem Aldehyd beträgt aus 100 g α-Stilbazol 20 g oder 31%.

α-Pyridylaldehyd siedet konstant bei 62—63° unter 13—14 mm, bei 70—71° unter 16—17 mm und bei 181° bei 760 mm (Quecksilberfaden ganz in Dampf). Benzaldehyd siedet unter den gleichen Bedingungen bei 65,5° bzw. 180° unter 16—17 mm bzw. 760 mm. Der Pyridylaldehyd bildet eine wasserklare, stark lichtbrechende Flüssigkeit mit scharfem, stechendem, charakteristischem Geruch und brennend scharfem Geschmack. Er ist in Wasser, Alkohol, Äther und Essigäther leicht löslich. Die wässerige Lösung reagiert alkalisch, reduziert Fehlingsche Lösung in der Wärme und ammoniakalische Silberlösung bei gewöhnlicher Temperatur. — Die analytischen Befunde wurden bereits publiziert, nicht aber die Refraktion und Dispersion.

$D_{40}^{18,50} = 1,1255$; $n_d^{18,50} = 1,53886$; $n_\alpha = 1,53284$; $n_\beta = 1,55396$; $n_\gamma = 1,56749$.
[γ Undeutlich wegen starker Absorption im Violett.]

Mol.-Refraktion: $MR_d \sqrt{3}$ . . . . . ber. 29,461,   gef. 29,789
Mol.-Dispersion: $M_{\beta-\alpha}$ . . . .   „   0,737,   „   0,982
$M_{\gamma-\alpha}$ . . . .   „   1,179,   „   1,595

Um einen Einblick in die Ozonspaltung zu gewinnen, wurden 20 g Stilbazol in der angegebenen Weise ozonisiert. Nach dem Zersetzen des etwa vorhandenen Ozonids wurde die salzsaure Lösung mit Äther extrahiert. Benzoesäure und Benzaldehyd gingen in den Äther über; die Art ihrer Trennung ergibt sich von selbst. Zur Identifizierung wurde die Benzoesäure zweimal aus Wasser umkristallisiert und schmolz dann richtig bei 121°. Die Gegenwart des Benzaldehyds konnte durch seinen Siedepunkt (178—180°) und durch den Schmelzpunkt seines Phenylhydrazons (152°) bewiesen werden.

Die salzsaure Lösung wurde nun wie angegeben auf Pyridylaldehyd verarbeitet. Aus der alkalischen Lauge konnte die Picolinsäure durch das Kupfersalz nach den Angaben von Weidel[1]) und Pinner[2]) abgeschieden werden. Die freie Säure zeigt den Schmelzpunkt von 134° (statt 135°).

Es wurden somit alle vier theoretisch möglichen Spaltungsstücke nachgewiesen. Ihre Menge betrug im einzelnen:

1,9 g Benzoesäure
5,9 g Benzaldehyd
2,1 g Pyridylaldehyd
6,3 g Picolinsäure,
2,6 g Rückstand (Nebenprodukt)
―――――
18,8 g

Nebenprodukt bei der Ozonisation des Stilbazols.

Wenn Stilbazol in konzentriert-salzsaurer Lösung fertig ozonisiert ist, so bemerkt man am Gefäßboden ein meist rot gefärbtes Öl, das im wesentlichen aus Benzaldehyd besteht. Am oberen Teil der Gefäßwand ist eine dicke, kristallinische Kruste von Benzoesäure ausgeschieden. Wird nun das ganze Gemisch auf dem Wasserbade erwärmt, dann die Salzsäure und mit ihr der Benzaldehyd im Vakuum eingedampft, so bleibt ein fester Rückstand zurück, der aus den salzsauren Salzen des Pyridylaldehyds und der Picolinsäure, aus Benzoesäure und noch einem festen Körper besteht. Nimmt man den Rückstand im Wasser auf, so bleiben Benzoesäure und der letztgenannte Körper ungelöst, sie wurden filtriert und dann mit Äther behandelt, worin Benzoesäure sich löst, indes das Nebenprodukt zurückbleibt.

Nach dreimaligem Umkristallisieren aus Alkohol lag sein Schmelzpunkt konstant bei 153—154°. Bei der näheren Untersuchung erwies sich die Verbindung als stickstoff- und halogenhaltig.

―――――――――

[1]) Berichte d. Deutsch. chem. Gesellschaft **12**, 1993 [1879].
[2]) Berichte d. Deutsch. chem. Gesellschaft **33**, 1226 [1900].

Die Analysen und die Molekulargewichtsbestimmung sowie die Entstehungsweise machen die folgende Konstitution wahrscheinlich:

$$\text{Pyridyl}-CH_2-CHCl-\text{Phenyl} \qquad \text{oder} \qquad \text{Pyridyl}-CHCl-CH_2-\text{Phenyl}.$$

Ihre Bildung aus Stilbazol bei den genannten Bedingungen ist ohne weiteres verständlich.

Das Hydrochlorid dieses Körpers entsteht in etwa 12—15% des angewandten Stilbazols. Er bildet farblose, gelbe Prismen, die in Wasser, Äther löslich, in Alkohol, Benzol leicht löslich sind.

	Ber. für $C_{13}H_{12}NCl$, HCl	Gef.
C	61,4	62,00
H	5,1	5,3
N	5,5	6,1
Cl	28,0	28,3

0,2813 g Sbst. in 21,89 Benzol 0,288° Erniedrigung. — 0,4174 g Sbst. in 21,89 Benzol 0,418° Erniedrigung.

	Ber. für $C_{13}H_{13}NCl_2$	Gef.	
M	254	228	233

Pyridylaldehydchlorhydrat.

Reiner Pyridylaldehyd wurde in verdünnter Salzsäure gelöst, wobei sich die Mischung stark erhitzte. Die erhaltene wässerige Lösung wurde bei Zimmertemperatur im Vakuum über Kaliumhydroxyd und Schwefelsäure eingedunstet. Nach einigen Tagen erstarrte der Rückstand zu einem strahlig kristallisierten Gebilde. Es ist in keiner Weise gelungen, das salzsaure Salz des Pyridylaldehyds durch Umkristallisieren oder Umfällen zu reinigen. Zwecks Reinigung wurde deshalb die Masse mit Aceton, dem einige Tropfen Alkohol zugesetzt waren, ausgekocht. Dadurch gingen die Verunreinigungen in Lösung und es hinterblieben rein weiße prismatische Nadeln, die abgesaugt, mit Aceton und dann mit Äther gewaschen wurden. Der Schmelzpunkt lag unscharf zwischen 103—107°.

Das salzsaure Salz des α-Pyridylaldehyds ist in Wasser und Alkohol ungemein leicht löslich, in Äther, Aceton, Benzol, Chloroform, Essigäther unlöslich. Das Salz enthält 1 Mol. Kristallwasser, wie aus der Analyse hervorgeht.

0,1321 g Sbst.: 0,2140 g CO_2, 0,0620 g H_2O. — 0,1533 g Sbst.: 0,1377 g AgCl

	Ber. für $C_6H_5ON \cdot HCl \cdot H_2O$	Gef.
C	44,6	44,2
H	4,9	5,2
Cl	22,0	22,2

Pyridylaldehydpikrat entsteht durch Vermischen absolut ätherischer Lösungen des Aldehyds und Pikrinsäure. Es bildet gelbe sternförmig gruppierte Nadeln, die sich am besten aus heißem Wasser umkristallisieren lassen. Der Schmelzpunkt liegt bei $101-102°$ (unscharf).

Pyridylaldehyd und Natriumbisulfit. Wenn man den freien Aldehyd mit einer konz. Lösung von Natriumbisulfit versetzt, so erwärmt sich das Gemenge stark und scheidet beim Erkalten weiße, glänzende, feine Nadeln aus. Diese Verbindung ist jedoch nicht das erwartete Additionsprodukt des Natriumbisulfits an den Aldehyd, sondern wahrscheinlich das saure schwefligsaure Salz des Pyridylaldehyds. Es enthält kein Natrium, ist in kaltem Wasser sehr schwer, in heißem mäßig löslich, in Alkohol unlöslich.

Die Verbindung sublimiert bei etwa $160°$, ohne vorher zu schmelzen.

Die Bestimmung der schwefligen Säure durch Titration mit Jod und Thiosulfat scheint auf die Formel $C_6H_5ON, H_2SO_3 . H_2O$ hinzudeuten.

0,1837 g verbrauchten 0,2266 Jod, während die Formel 0,2337 g Jod erfordert.

(Der geringe Mehrverbrauch an Jod erklärt sich dadurch, daß der Aldehyd zum kleinen Teil in die Säure übergeht.)

Pyridylaldehyd und Ammoniak, $(N \vdots C_5H_4 . CH : NH)_3$.

Übergießt man den Aldehyd mit der vierfachen Menge konz. wässerigen Ammoniaks, so färbt sich die Mischung unter Selbsterwärmung gelb und scheidet nach einigem Stehen gelbe Kristalle aus. Schönere Kristalle erhält man, wenn man den Aldehyd in dem doppelten Volumen Äther löst, dann Ammoniak zufügt und über Nacht stehen läßt. Dieselben wurden filtriert, mit Wasser, Alkohol und Äther gewaschen; es sind citronengelbe, derbe Prismen, die in Wasser, kaltem Alkohol, Äther, Aceton, Benzol, Essigäther schwer löslich, in heißem Alkohol mäßig, in Chloroform und Bromoform schon in der Kälte sehr leicht löslich sind.

Beim längeren Kochen mit Wasser oder Alkohol zerfällt die Verbindung wieder in ihre Komponenten, läßt sich daher durch Umkristallisieren nicht reinigen. Löst man sie dagegen in Chloroform, so läßt sie sich leicht in reinem Zustande mit abs. Äther fällen. Auf diese Weise erhält man feine, schwach gelb gefärbte Nadeln, die scharf bei $126°$ unter Zersetzung schmelzen. Die Verbindung hat noch basische Eigenschaften, da sie in verdünnter Salz- oder Essigsäure leicht löslich ist. Durch Alkali läßt sie sich in Form voluminöser Flocken wieder ausfällen.

0,1292 g Sbst.: 0,3240 g CO_2, 0,0687 g H_2O. — 0,1320 g Sbst.: 30,4 ccm Stickgas bei 18° und 752,6 mm Druck. — 0,1121 g gaben in 58,09 Bromoform 0,089° Erniedrigung. — 0,1994 g gaben in 58,09 Bromoform 0,160° Erniedrigung.

	Ber. für $(C_6H_6N_2)_3$	Gef.	
C	67,9	68,4	—
H	5,7	5,9	—
N	26,4	26,3	—
M	318	312	309

Das Pyridyl-α-methanaloxim ist schon früher beschrieben worden, ebenso das Pyridyl-α-methanalsemicarbazon.

α-Pyridaldazin, $N:C_5H_4.CH = N : N = CH.C_5H_4:N$.

2,2 g Pyridaldehyd und 0,5 g Hydrazinhydrat wurden vermischt. Die Flüssigkeit erwärmte sich stark und erstarrte bald zu einer gelben Kristallmasse.

Das so erhaltene Azin wurde zweimal aus Alkohol umkristallisiert, der Schmelzpunkt lag dann konstant bei 149°. Das Pyridaldazin besteht aus gelben, glänzenden Nadeln oder Prismen, die in heißem Wasser nur schwer, in Alkohol, Äther, Aceton, Benzol, Chloroform, Essigäther leicht löslich sind. Beim Erwärmen wird die Verbindung mit Leichtigkeit von verdünnter Essigsäure aufgenommen; in verdünnter Salzsäure ist sie bereits in der Kälte leicht löslich. Die Eisessiglösung entfärbt kräftig Brom, wahrscheinlich unter Bildung eines dem Benzaldazintetrabromid analog zusammengesetzten Tetrabromids.

0,1116 g Sbst.: 26,2 ccm Stickgas bei 20° und 758 mm Druck.

	Ber. für $C_{12}H_{10}N_4$	Gef.
N	26,7	26,8

α-Pyridalanilin, $N:C_5H_4CH : N.C_6H_5$.

Molekulare Mengen von Aldehyd und Anilin werden zusammengebracht. Die Flüssigkeit trübte sich infolge Wasserausscheidung; nach 15 Minuten langem Erhitzen auf 150° war die Reaktion beendet. Das entstandene Kondensationsprodukt wird in Äther aufgenommen und über Kaliumcarbonat getrocknet. Nach dem Abdestillieren des Lösungsmittels hinterbleibt ein dickes Öl, welches unter 13 mm Druck bei etwa 165° übergeht.

Das Pyridalanilin ist eine schwach grünliche, fast farblose Flüssigkeit mit anilinartigem Geruch. Sie ist in Alkohol, Äther, Benzol leicht, in Wasser unlöslich. In Säuren, selbst in Essigsäure, ist die Base leicht löslich und wird durch Alkali anscheinend unverändert ölig gefällt.

0,1336 g Sbst.: 17,8 ccm Stickgas bei 20° und 761 mm Druck.

	Ber. für $C_{12}H_{10}N_2$	Gef.
N	15,4	15,3

37*

Ähnlich wie Benzalanilin vermag die Verbindung in Eisessiglösung Brom zu addieren. Bei Anwendung berechneter Mengen entsteht das Dibromid,

$$N : C_5H_4 . CHBr—NBr . C_6H_5,$$

welches beim Verdünnen mit Wasser als ein weißer Niederschlag ausfällt. Unter dem Mikroskop erkennt man feine Nadeln.

Das Pyridyl - α - methanalphenylhydrazon wurde bereits beschrieben.

Pyridyl-α-methanal-p-nitrophenylhydrazon.

Diese Verbindung stellte ich für den Vergleich mit dem p-Nitrophenylhydrazon des β-Piperidinaldehyds dar. Sie läßt sich am besten in salzsaurer Lösung gewinnen. Man verfährt wie folgt:

p-Nitrophenylhydrazin wird in heißer, verdünnter Salzsäure gelöst und mit etwas weniger als der berechneten Menge Aldehyd, in möglichst wenig Salzsäure, versetzt. Nach kurzer Zeit entsteht eine orangerote mikrokristallinische Fällung, die beim Erkalten nach einigen Stunden vollständig wird. Man erhält so das salzsaure Salz des Nitrophenylhydrazons in ziemlicher Reinheit. Das abgesogene, mit wenig verdünnter Salzsäure gewaschene Produkt schmilzt bei 273°. Das Salz ist in Wasser, Alkohol in der Siedehitze ziemlich leicht, in Äther unlöslich. Es bildet aus Alkohol, dem einige Tropfen Chlorwasserstoffsäure zugesetzt waren, feine, rotgelbe Nadeln, die etwa bei 260° sintern und bei 277° unter starker Zersetzung schmelzen.

0,2139 g Sbst.: 0,1100 AgCl.

	Ber. für $C_{12}H_{10}O_2N_4 . HCl$	Gef.
Cl	12,73	12,84

Das freie Nitrophenylhydrazon entsteht aus dem Chlorhydrat durch Zersetzung desselben mit heißer Kaliumcarbonatlösung. Das so gewonnene Rohprodukt bildet ein gelbes Pulver, das bei 228° sintert und bei 235° unscharf schmilzt. Es ist in Wasser unlöslich und wird in Salzsäure oder Essigsäure mit gelber Farbe aufgenommen. Beim Lösen in Alkohol oder Aceton tritt bei Gegenwart einer Spur Alkali eine tiefviolettrote Färbung auf. In Äther ist die Verbindung nicht löslich. Mit konz. Schwefelsäure übergossen gibt sie eine kirschrote Lösung, deren Farbe auf Zusatz von Eisenchlorid nicht vertieft wird und beim Verdünnen in Gelb umschlägt.

Addition von Jodmethyl: Pyridyl-α-methanaljodmethylat.

Pyridylaldehyd wurde mit der berechneten Menge frisch über Silber destillierten Jodmethyls im Einschmelzrohr 12 Stunden auf 95° erhitzt.

Die Bildung des Jodmethylats erfolgt unter diesen Umständen quantitativ. Beim Öffnen des Rohres war kein Druck zu bemerken. Das so gewonnene Produkt war durch ein wenig ausgeschiedenes Jod rotbraun gefärbt und wurde deshalb mit einigen Tropfen schwefliger Säure entfärbt.

Das Pyridylaldehydjodmethylat ist eine farblose Flüssigkeit, die in Wasser, Alkohol, Aceton, Eisessig leicht löslich, in Äther und Essigäther unlöslich ist.

Zur Charakterisierung des Jodmethylats wurde sein Phenylhydrazon dargestellt.

Pyridyl-α-methanaljodmethylatphenylhydrazon.

Diese Verbindung erhielten schon Kaufmann und Valette[1]), jedoch auf ganz anderem Wege.

Das Phenylhydrazon bildet sich beim Zusammenbringen des Jodmethylats mit Phenylhydrazin in essigsaurer Lösung. Es fällt dann ein orangeroter, kristallisierter Körper aus, der nach zweimaligem Umkristallisieren aus heißem Wasser bei 239—240° unter Zersetzung schmilzt.

Er kristallisiert mit 2 Mol. Wasser in feinen Nadeln und ist in Alkohol, Aceton, Wasser leicht, in Äther unlöslich. Im Vakuum über Schwefelsäure verliert die Verbindung Wasser, und die orangegelben Kristalle zerfallen in ein rotes Pulver.

Dies Phenylhydrazon gibt die Bülowsche Reaktion. Die von Kaufmann und Valette gegebene Beschreibung kann ich in allen Punkten bestätigen, bis auf den Schmelzpunkt, den ich statt bei 244° bei 239—240° fand.

0,1803 g Sbst. (lufttrocken): 0,1138 AgJ.

	Ber. für $C_{13}H_{18}N_3J$, $2\,H_2O$	Gef.
J	33,85	34,12

Pyridyl α-methanaldiäthylacetal, $N\!:\!C_5H_4.CH(OC_2H_5)_2$.

30 g Pyridylaldehyd wurden in verdünnter Salzsäure gelöst, die Lösung im Vakuum zur Trockne verdampft, der Rückstand in abs. Alkohol aufgenommen und nochmals bis zur Sirupkonsistenz eingedunstet. Der Rückstand wurde in 180 g abs. Alkohol gelöst und mit 15 g 40proz. absolut alkoholischer Salzsäure versetzt, so daß die Lösung im ganzen etwa 3% freie Säure enthielt. Sie wurde bei Zimmertemperatur 3 Tage sich selbst überlassen, dann wurde der Alkohol im Vakuum abdestilliert, der Rückstand erst mit verdünnter, dann mit konz. Pott-

---

[1]) Berichte d. Deutsch. chem. Gesellschaft **46**, 56 [1913].

aschelösung übersättigt. Dabei scheidet sich ein Öl aus, welches in Äther aufgenommen, über Kaliumcarbonat getrocknet, dann unter vermindertem Druck fraktioniert wird.

Pyridaldehydacetal ist eine angenehm gewürzig riechende farblose Flüssigkeit, die in Wasser, Alkohol, Aceton, Benzol, Chloroform leicht löslich ist. Ihr Siedepunkt liegt unter 14 mm Druck bei 110—112°.

Da die Fraktionierung keine völlige Trennung des Acetals vom Aldehyd zuließ und auch mit Hilfe der Salze keine Methode für die Reinigung des Acetals gefunden wurde, so konnten bei der Analyse keine gutstimmenden Zahlen erhalten werden.

Reduktion des Acetals: Piperidylaldehyddiäthylacetal,

$$\begin{array}{c} CH_2 \\ H_2C \diagup \quad \diagdown CH_2 \\ H_2C \diagdown \quad \diagup CHCH(OC_2H_5)_2 \\ NH \end{array}$$

5 g der Acetalfraktion 110—112° (14 mm) wurden in 100 ccm abs. Alkohol gelöst, auf dem Wasserbade unter Rückflußkühlung zum Sieden erhitzt und rasch mit 15 g Natrium versetzt. Gegen Ende der Reaktion wurde abs. Alkohol zugegeben. Nach dem Erkalten wird das entstandene Natriumalkoholat durch Wasser in Lösung gebracht, der Alkohol im Vakuum abgedampft, wodurch dann ein auf der alkalischen Lauge schwimmendes Öl zurückbleibt. Letzteres wird mit Äther ausgeschüttelt. Nach dem Abdestillieren des Äthers wird der ölige Rückstand über Kaliumcarbonat getrocknet und im Vakuum fraktioniert.

Die Hauptmenge ging unter 14 mm Druck bei 95—105° über.

Das so gewonnene α-Piperidylaldehydacetal ist eine leicht bewegliche farblose Flüssigkeit mit aminartigem Geruch. Sie ist in Wasser und in den gebräuchlichen organischen Lösungsmitteln löslich. Die wässerige Lösung reagiert stark alkalisch. Nach der Spaltung des Acetals mit rauchender Salzsäure reduziert der freie α-Piperidylaldehyd Fehlingsche Lösung.

p-Nitrophenylhydrazon des Piperidylaldehydchlorhydrats.
$$HCl.HN : C_5H_9.CH : N.NH.C_6H_4NO_2.$$

Piperidylaldehydacetal wurde tropfenweise unter Kühlung mit der doppelten Menge rauchender Salzsäure versetzt, und dann 10 Minuten auf dem Wasserbade erwärmt. Die so erhaltene salzsaure Lösung des Piperidylaldehyds wird zu der berechneten Menge p-Nitrophenylhydrazins, in heißer verdünnter Salzsäure gelöst, gegeben. Es scheidet sich nach einigen Stunden beim Stehen in Eis ein feinkörniger, ziegelroter Niederschlag aus; nach dem Lösen in möglichst wenig abs. Alkohol fällt auf Zusatz von abs. Äther das salzsaure Salz aus, welches so erhalten ein gelbes Pulver bildet. Es ist in Wasser und Alkohol löslich, in Äther unlöslich. Schmp. 228° unter starker Zersetzung.

0,0916 g Sbst.: 0,1685 g CO_2, 0,0522 g H_2O. —0,0995 g Sbst.: 17,0 ccm Stickgas bei 21° und 764 mm Druck.

	Ber. für $C_{12}H_{16}O_2N_4 \cdot HCl$	Gef.
C	50,8	50,2
H	6,0	6,4
N	19,7	19,6

Oxydation und Reduktion des Pyridylaldehyds: α-Pyridylcarbinol und α-Pyridylcarbonsäure,

$$\bigcirc_N \cdot CH_2OH \qquad \bigcirc_N \cdot COOH$$

10 g Pyridylaldehyd wurden unter Kühlung und stetem Schütteln mit der gleichen Menge 50 proz. Kalilauge tropfenweise versetzt. Unter starker Erwärmung trat die Reaktion ein. Das Gemisch erstarrte zu einem dicken Brei. Nun wurde über Nacht stehen gelassen, dann mit dem doppelten Volumen Wasser versetzt und schließlich Kohlendioxyd bis zur Sättigung eingeleitet. Der freie Alkohol wurde in Äther aufgenommen und über Kaliumcarbonat getrocknet. Nach dem Abdestillieren des Lösungsmittels hinterblieb ein sehr dickflüssiges Öl, welches im Vakuum bei etwa 112—113° überging (16—17 mm).

Das Pyridylcarbinol ist eine wasserklare, sirupöse Flüssigkeit von schwachem pyridinartigem Geruch. Es löst sich leicht in Wasser und organischen Lösungsmitteln. Zur Charakterisierung wurden das Pikrat und das Chloroplatinat dargestellt und analysiert.

Pyridylcarbinolpikrat. Dieses Salz erhält man, wenn man zu einer heißen konz. alkoholischen Pikrinsäurelösung den freien Alkohol hinzufügt. Es scheidet sich dann das Pikrat in goldgelben, glänzenden Kristallen aus. Das so erhaltene Salz wurde dreimal aus Alkohol umkristallisiert. Es ist in kaltem Alkohol sehr schwer, in heißem leicht löslich. Schmp. 159°.

0,1279 g Sbst.: 18,8 ccm Stickgas bei 16° und 753 mm Druck.

	Ber. für $C_6H_7ON \cdot C_6H_2(OH)(NO_2)_3$	Gef.
N	16,6	17,0

Pyridylcarbinolchloroplatinat. Berechnete Mengen des Alkohols, in wenig Salzsäure gelöst, wurden mit der berechneten Menge 10 proz. Platinchloridlösung versetzt. Die Lösung wurde im Vakuumexsiccator bei gewöhnlicher Temperatur über Schwefelsäure und Kaliumhydroxyd zur Trockne verdampft. Der kristallisierte Rückstand wurde aus abs. Alkohol umkristallisiert. Das Salz besteht aus feinen, konzentrisch gruppierten, rotgelben Nadeln, die bei 179° unter Zersetzung schmelzen; sie sind in Wasser leicht, in Alkohol schwer löslich.

0,1237 g Sbst.: 0,0383 Pt.

	Ber. für $(C_6H_7ON . HCl)_2PtCl_4$	Gef.
Pt	31,08	30,94

Picolinsäure.

Die nach dem Ausäthern des Pyridylcarbinols zurückbleibende wässerige Lösung enthält die bei der Reaktion als zweites Produkt entstandene Picolinsäure als Kaliumsalz gelöst. Die alkalische Lauge wurde mit Essigsäure neutralisiert, auf 70° erwärmt und die Picolinsäure mit einer kaltgesättigten Kupferacetatlösung als Kupfersalz gefällt, das abfiltriert und aus heißem Wasser umkristallisiert wurde. Beim Erkalten scheiden sich die charakteristischen blauvioletten Nadeln des Picolats ab. Daraus wurde die Säure durch Schwefelwasserstoff in Freiheit gesetzt, ihre von Schwefelkupfer filtrierte Lösung zur Kristallisation eingedampft und die Säure aus Benzol umkristallisiert. Der Schmelzpunkt lag dann bei 135°.

α-Pyridoin (α-Pyridoylpyridylcarbinol),

$$\text{(Pyridyl)} . CH(OH) . CO . \text{(Pyridyl)}$$

2,2 g Pyridylaldehyd wurden mit 10 g Wasser verdünnt und mit einer Lösung von 0,2 g Cyankalium in 1 g Wasser versetzt. Das Gemisch erwärmte sich spontan und erstarrte zu einem intensiv gelb gefärbten Kristallbrei. Die Reaktion wurde durch halbstündiges Erhitzen zu Ende geführt.

Das entstandene Pyridoin wurde mehreremal aus Alkohol unter Zusatz von Blutkohle umkristallisiert. Es resultierten zentimeterlange, feine, glänzende, gelbe Nadeln, die bei 156° schmolzen. Die Verbindung ist in heißem Alkohol leicht löslich, in Aceton, Benzol, Chloroform, Essigäther schon bei gewöhnlicher Temperatur leicht löslich. Mit verdünnter Salzsäure entsteht eine gelbe, mit verdünnter Essigsäure eine rote Lösung. In Wasser ist die Verbindung so gut wie unlöslich. Wie das Benzoin, so reduziert auch Pyridoin kräftig Fehlingsche Lösung. Das Pyridoin enthält ein asymmetrisches Kohlenstoffatom.

0,1240 g Sbst.: 0,3068 g CO_2, 0,0574 g H_2O. — 0,1166 g Sbst.: 13,6 ccm Stickgas bei 20° und 750 mm Druck.

	Ber. für $C_{12}H_{10}O_2N_2$	Gef.
C	67,3	67,5
H	4,7	5,2
N	13,1	13,1

Mol.-Bestimmung: 0,1257 g Sbst. gaben in 21,764 g Benzol 0,149° Erniedrigung.

Ber. 214.   Gef. 197.

α-Pyridil (2,2-Dipyridylglyoxal),

$$\text{.CO.CO.}$$

2,2 g Pyridylaldehyd wurden zum Pyridoin kondensiert. Das erhaltene Produkt wurde mit Wasser und wenig Alkohol gewaschen, dann im Vakuum vollständig getrocknet. Die feste Masse wurde hierauf fein zerrieben und mit der fünffachen Menge konz. Salpetersäure übergossen. Es fand eine lebhafte Reaktion statt, die durch einstündiges Erwärmen auf dem Wasserbade zu Ende geführt wurde. Zum Teil schied sich das salpetersaure Pyridil in Form eines weißen kristallinischen Pulvers aus. Das Reaktionsgemisch wurde nun mit einer wässerigen Pottaschelösung übersättigt. Dabei fiel das Dipyridylglyoxal als ein voluminöser Niederschlag aus, der abgesaugt, mit Wasser und Alkohol gewaschen wurde. Das Rohprodukt war schwach braungelb gefärbt, seine Menge betrug 2 g.

Beim Umkristallisieren aus Alkohol konnten kleine Kristalle, anscheinend des rhombischen Systems, erhalten werden, die hell citronengelb gefärbt waren und bei 154—155° schmolzen.

0,1226 g Sbst.: 0,3063 g CO_2, 0,0443 g H_2O. — 0,1227 g Sbst.: 14,2 ccm Stickgas bei 17° und 750,5 mm Druck.

	Ber. für $C_{12}H_8O_2N_2$	Gef.
C	67,9	68,1
H	3,8	4,0
N	13,2	13,2

α, α-Dipyridyläthylen (Pyridostilben),

$$\text{—CH = CH—}$$

2,0 g α-Pyridylaldehyd wurden mit 3,0 g α-Picolin und 2,0 g Chlorzink im Einschlußrohr 24 Stunden lang auf 200° erhitzt. (Das hier verwandte α-Picolin war nach dem Verfahren von Ladenburg über das Quecksilbersalz gereinigt.) Nach dem Erkalten war im Rohr kein

Druck vorhanden. Sein flüssiger, braunschwarzer Inhalt wurde in verdünnter Salzsäure aufgenommen und nach dem Übersättigen mit Natronlauge zur Entfernung des unveränderten α-Picolins mit Wasserdampf behandelt. Es hinterblieb über der Lauge ein dunkles, fast schwarzes, harzartiges Öl, das in Chloroform aufgenommen und über geglühtem Natriumsulfat getrocknet wurde. Nach dem Abdestillieren des Lösungsmittels wurde der pechartige Rückstand in einem weithalsigen Fraktionierkolben mit angeschmolzener Säbelvorlage im Vakuum destilliert. Bei etwa 200° unter 17 mm Druck ging ein hellgelbes Öl über, welches in der Vorlage alsbald kristallinisch erstarrte. Die Ausbeute an diesem Produkt betrug 62% der Theorie.

Aus Äther erhielt ich prächtige, farblose, stark glänzende Nadeln, deren Schmelzpunkt bei 118—119° lag. Einige Kristalle waren mehrere Zentimeter lang.

Das Pyridostilben ist in Alkohol, Chloroform bereits in der Kälte, in Äther in der Wärme leicht löslich, in Wasser dagegen unlöslich. Seiner basischen Natur zufolge löst es sich leicht in Salzsäure oder Eisessig.

0,1172 g Sbst.: 15,3 ccm Stickgas bei 17° und 774 mm Druck.

	Ber. für $C_{12}H_{10}N_2$	Gef.
N	15,4	15,4

Symm. α, α-Dipyridyläthylendibromid,
$NC_5H_4 . CHBr . CHBr . C_5H_4N$.

Zu der Eisessiglösung von 0,2 g Dipyridyläthylen wurde die berechnete Menge Brom (0,17 g), gleichfalls in Eisessig gelöst, in kleinen Portionen und unter Kühlung zugefügt. Nach einigem Stehen hatten sich gelbschillernde Kristalle abgeschieden, wahrscheinlich die des Perbromids. Das Reaktionsgemisch wurde nach 24stündigem Stehen mit Kaliumcarbonat neutralisiert. Der abgeschiedene Niederschlag wurde abgesaugt, mit Wasser gewaschen und durch Umkristallisieren aus verdünntem Alkohol gereinigt.

Es resultierten kleine, weiße Prismen, die in verdünnter Salzsäure und Chloroform schon bei gewöhnlicher Temperatur, in Alkohol, Benzol, Aceton, Eisessig beim Erwärmen leicht löslich, in siedendem Äther und in verdünnter Essigsäure mäßig, in Wasser unlöslich sind.

Der Schmelzpunkt lag nach dreimaligem Umkristallisieren aus Alkohol bei 153—154°.

0,1220 g Sbst.: 0,1355 g AgBr.

	Ber. für $C_{12}H_{10}N_2Br_2$	Gef.
Br	46,74	47,27

Kondensation mit Dimethylanilin. p₂-Tetramethyldiamino-diphenyl-α-pyridylmethan,

$$(CH_3)_2N . C_6H_4 . CH . C_6H_4 . N(CH_3)_2$$

1 Teil Pyridylaldehyd wurde mit $2^1/_2$ Teilen Dimethylanilin und 2 Teilen Chlorzink auf dem Wasserbade erwärmt. Die Reaktionsmasse färbt sich braun und wird dickflüssig. Nach häufigem Durchrühren ist die Reaktion in 4 Stunden beendet; es hat sich ein dicker, brauner Sirup gebildet, der beim Erkalten erstarrt. Aus alkalischer Lösung wurde nun das unveränderte Dimethylanilin mit Wasserdampf abgetrieben, die Leukobase schied sich beim Erkalten teils in Form runder Bälle, teils als ein körniges Pulver aus. Sie wurde filtriert, mit Wasser gewaschen und aus verdünntem Alkohol umkristallisiert, woraus sie sich in Gestalt farbloser, durchsichtiger, feiner Blättchen oder bräunlich gefärbter Kristalle ausschied. Schmp. 110°.

0,1235 g Sbst.: 13,9 ccm Stickgas bei 18° und 751 mm Druck.

	Ber. für $C_{22}H_{25}N_3$	Gef.
N	12,7	12,8

Oxydation der Leukobase. Tetramethyldiaminodiphenyl-α-pyridylcarbinol.

0,3 g der eben beschriebenen Leukobase wurden in 1,8 ccm 18 proz. Salzsäure gelöst und mit 50 ccm Wasser verdünnt. Zu der Lösung wurden 0,4 g Bleisuperoxyd, in 5 ccm Wasser aufgeschlämmt, in kleinen Portionen unter fortwährendem Umschwenken zugegeben. Hierbei nahm die Lösung augenblicklich eine intensive grüne Färbung an. Das Gemisch wurde noch 10 Minuten geschüttelt und dann filtriert.

Die Farbstofflösung wurde nun mit 0,7 g Chlorzink versetzt und das Chlorzinkdoppelsalz mit heiß gesättigter Kochsalzlösung gefällt; dabei fiel ein metallisch glänzender Niederschlag aus, der durch Absaugen von der Lösung getrennt wurde.

Bei der Untersuchung des Farbstoffes kam es im wesentlichen darauf an, denselben mit dem analog zusammengesetzten Kondensationsprodukt des Benzaldehyds zu vergleichen.

Es wurden daher 0,02 g beider Leukobasen in der berechneten Menge Salzsäure gelöst und mit Bleisuperoxyd zum Farbstoff oxydiert. Nach dem Filtrieren wurden beide so weit verdünnt, bis die Absorptionsstreifen am schärfsten zu sehen waren. Dies war der Fall bei einer Verdünnung von 1 : 25 000 und 1 cm Schichtdicke. Dabei war bereits ein mit dem bloßen Auge deutlich sichtbarer Farbenunterschied zu bemerken, indem das Malachitgrün gelbstichiger, das Pyridingrün blaustichiger erscheint. Beide Lösungen wurden im Spektralapparat auf ihren Absorptionsbereich geprüft. Folgende beiden Kurven veranschaulichen diese Beobachtungen:

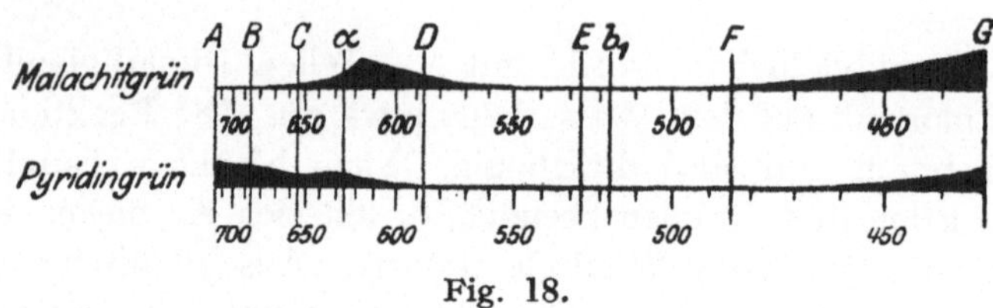

Fig. 18.

Wie daraus ersichtlich, zeigt das Malachitgrün eine starke Absorption im Rot, dessen Maximum bei $\lambda = 616$ liegt. Das Pyridingrün zeigt hingegen eine an dieser Stelle beginnende schwächere Absorption, welche kontinuierlich gegen das Ultrarote wächst. Dieses Band zeigt eine Abnahme der Intensität bei etwa $\lambda = 635$, wie aus der Figur deutlich zu ersehen. Im blauvioletten Teil des Spektrums zeigt Malachitgrün eine sehr unscharf, etwa bei $\lambda = 484$ beginnende Absorption, welche gegen Violett allmählich zunimmt. Pyridingrün zeigt ebenfalls eine Absorption im Blauvioletten, doch ist sie schwächer und beginnt etwa erst bei $\lambda = 450$.

Kondensation mit Cyclohexanon.

2 g Aldehyd wurden in 5 g Wasser gelöst, dann mit 0,7 g Cyclohexanon und 1 g 10proz. wässeriger Natronlauge versetzt. Die Mischung erwärmte sich stark und ließ beim Schütteln ein Öl ausfallen, welches allmählich zu einem gelben Körper erstarrte. Nun wurde 24 Stunden lang stehen gelassen und vom ausgeschiedenen, festen Körper abfiltriert. Dieser wurde in heißem Alkohol gelöst. Aus der noch warmen Lösung schieden sich feine, weiße Nadeln aus, die vom Lösungsmittel getrennt wurden (A).

Beim völligen Erkalten schieden sich aus dem Alkohol dagegen lange, gelbe Nadeln (B). — Der Körper A wurde zweimal aus Alkohol umkristallisiert. Die so erhaltenen feinen weißen Nadeln sind in heißem Alkohol, verdünnter Salzsäure und Essigsäure leicht, in Äther, Aceton, Benzol, Chloroform, Essigester und Wasser fast unlöslich, Schmp. 193°. Der Körper B wurde ebenfalls mehrere Male aus verdünntem Alkohol umkristallisiert. Er bildet intensiv gelbe, feine, lange Nadeln und ist in Salzsäure, Essigsäure, aber auch in Äther, Alkohol, Aceton, Benzol, Chloroform, Essigester, im Gegensatz zu der weißen Verbindung leicht löslich, in Wasser ist er gleichfalls unlöslich, Schmp. 127°.

Die Analysen machen für den gelben Körper (A) die Formel

$$N \vdots C_5H_4 . CH = C \underset{\diagdown CO \diagup}{\overset{\diagup CH_2 \diagdown}{\underset{H_2C \quad CH_2}{\big| \quad \big|}}} C = CH . C_5H_4 \vdots N$$

wahrscheinlich, während dem weißen Körper (B) die folgende Konstitution

$$N \vdots C_5H_4 . CH(OH) . CH \underset{\diagdown CO \diagup}{\overset{\diagup CH_2 \diagdown}{\underset{CH_2 \quad CH_2}{\big| \quad \big|}}} CH(OH)CH . C_5H_4 \vdots N$$

zukommen kann.

A. 0,1195 g Sbst.: 0,3401 g CO_2, 0,0648 g H_2O. — 0,1082 g Sbst.: 9,9 ccm Stickgas bei 20° und 763 mm Druck.

	Ber. für $C_{18}H_{16}ON_2$	Gef.
C	78,3	77,6
H	5,8	6,1
N	10,1	10,5

B. 0,1290 g Sbst.: 0,3285 g CO_2, 0,0757 g H_2O. — 0,1188 g Sbst.: 8,9 ccm Stickgas bei 16° und 757 mm Druck.

	Ber. für $C_{18}H_{20}O_3N_2$.	Gef.
C	69,2	69,4
H	6,4	6,6
N	9,0	8,7

β-Pyridylaldehyd,

$$\underset{N}{\bigcirc} . CH = CH . CH_2 . CH_2 . \underset{\dot{C}H_3}{\overset{\displaystyle}{N}} . OC . C_6H_5 \quad \rightarrow \quad \underset{N}{\bigcirc} . CHO \ .$$

Das Benzoylmetanicotin wurde genau nach der von Löffler[1]) modifizierten Pinnerschen Vorschrift dargestellt. Die Ozonisation desselben, die Isolierung und Reinigung des Aldehyds geschieht in gleicher Weise, wie beim α-Aldehyd ausführlich beschrieben ist. Der einzige Unterschied der Gewinnungsweise besteht darin, daß das Benzoylmetanicotin nicht in konzentrierter, sondern in 15 proz. wässeriger Salzsäure gelöst wird. Ich erhielt beim ersten Versuch aus 30 g Ausgangsmaterial 3,0 g Aldehyd.

Der β-Pyridylaldehyd bildet eine bei 95—97° unter 15 mm Druck siedende, farblose Flüssigkeit. Sein Geruch ist chinolinartig, doch weniger stark als der des α-Aldehyds. In Wasser und organischen Lösungsmitteln ist die Verbindung leicht löslich. Im allgemeinen zeigt sie mit dem α-Aldehyd die größte Ähnlichkeit.

Zur Charakterisierung wurde der Aldehyd in das Phenylhydrazon übergeführt.

---

[1]) a. a. O.

Pyridyl - β - methanalphenylhydrazon.

Essigsaure Lösungen von Aldehyd und Phenylhydrazin geben nach dem Zusammengießen einen großen, kristallisierten Niederschlag.

Nach dem Umkristallisieren aus Alkohol schmilzt die Verbindung bei 158°. Sie bildet feine, blaßgelbe Blättchen, die in Wasser unlöslich, in Alkohol, Äther, Aceton, Benzol, Chloroform leicht löslich sind. In verdünnter Salzsäure löst sich das Phenylhydrazon mit intensiv gelber Farbe auf, desgleichen in Eisessig. In konz. Schwefelsäure erhält man eine purpurrote Lösung, die auf Zusatz von Eisenchlorid eine schmutzig-grünliche Fällung gibt. Dieselbe geht beim Verdünnen mit Wasser mit brauner Farbe in Lösung.

0,1257 g Sbst.: 0,3367 g CO_2, 0,0694 g H_2O. — 0,1200 g Sbst.: 22,7 ccm Stickgas bei 20° und 761 mm Druck.

	Ber. für $C_{12}H_{11}N_3$	Gef.
C	73,1	73,0
H	5,6	6,2
N	21,3	21,7

Versuch zur Darstellung des α-Pyridylaldehyds durch trockne Destillation von picolinsaurem und ameisensaurem Kalk.

Picolinsäure wurde nach der von **Pinner** verbesserten **Weidel**schen Methode durch Oxydation des α-Picolins mit Kaliumpermanganat erhalten. Die Säure wurde über das Kupfersalz gereinigt, mit Schwefelwasserstoff aus dem Salz in Freiheit gesetzt und mit Calciumcarbonat als Calciumsalz gefällt.

30 g picolinsaurer Kalk wurden mit 13 g Calciumformiat aus einer Retorte rasch destilliert. Das ölige Destillat wurde nun einer Fraktionierung unter vermindertem Druck unterworfen. Es konnten zwei Fraktionen erhalten werden. Die eine bestand im wesentlichen aus Pyridin, die andere aus einem dicken Öl, welches bei 145° (13 mm) überging.

Die Vermutung lag nahe, daß in dem hochsiedenden Anteil das bisher unbekannte Dipyridylketon,

$$N : C_5H_4 . CO . C_5H_4 : N,$$

zu suchen ist. Doch ist es nicht gelungen, ein p-Nitrophenylhydrazon desselben darzustellen.

Unter den genannten Bedingungen ist sicher kein α-Pyridylaldehyd entstanden[1]).

---

[1]) Vgl. **Engler** u. **Kiby**, Berichte d. Deutsch. chem. Gesellschaft **22**, 599 [1889].

89. C. Harries: Über den Abbau des Parakautschuks vermittels Ozon.

Aus dem I. Chemischen Universitätslaboratorium Berlin.
Berichte der Deutschen chemischen Gesellschaft **37**, 2708 [1904].
(Vorgetragen in der Sitzung vom Verfasser.)

Einen regelrechten Abbau der Kautschuk-Kohlenwasserstoffe mit den bisherigen chemischen Methoden auszuführen erschien zurzeit fast unmöglich.

Dem sonst üblichen Permanganat gegenüber, welches in der Terpenchemie zur Aufklärung der Konstitution ungesättigter Verbindungen mit so vielem Erfolge angewendet wurde, erweist sich der Parakautschuk merkwürdig beständig[1]). Die Nitrosite[2]), welche ich durch Einwirkung von salpetriger Säure auf Kautschukarten erhalten habe, setzten ihrem weiteren Abbau große Schwierigkeiten entgegen, auch war nicht ausgeschlossen, daß bei der Einwirkung der salpetrigen Säure tiefergehende Umlagerungen im Molekül eintreten könnten. Daher waren die Oxydationsprodukte dieser Körper immerhin mit Reserve zu behandeln.

Ich suchte deshalb nach einer neuen Methode, einen einwandfreien Abbau des Kautschukmoleküls zu bewirken und fand diese in der Oxydationswirkung des Ozons.

Ich habe in einer Anzahl von Untersuchungen gezeigt[3]), daß ungesättigte Verbindungen, für sich oder in wasserfreier Lösung mit Ozon behandelt, auf jede Doppelbindung das Molekül des Ozons anzulagern vermögen. Die dabei entstehenden explosiblen Ozonide zerfallen

---

1) Anm. Zur Oxydation des Parakautschuks mit Permanganat wurde eine Benzollösung desselben (2 g in 200 ccm) mit einer wässerigen Lösung von Permanganat (3,1 g $KMnO_4$ in 150 g Wasser) 30 Stunden geschüttelt. Alsdann war alles Permanganat verbraucht. Die abgehobene Benzollösung hinterließ beim Verdunsten einen farblosen, dicken Sirup, der die Löslichkeitsverhältnisse des Kautschuks nicht mehr besitzt. Die Analyse weist aber noch auf die unveränderte Formel $C_{10}H_{16}$ hin. Aus der alkalischen Mutterlauge wurde durch Ansäuern und Ausäthern eine geringe Menge einer Fettsäure erhalten. Anscheinend hat der Kautschuk durch Behandlung mit Permanganat seine Molekulargröße geändert, ist also depolymerisiert worden. Ich behalte mir vor, diese Verhältnisse näher zu untersuchen.

2) Berichte d. Deutsch. chem. Gesellschaft **35**, 3256, 4429 [1902]; **36**, 1937 [1903].

3) Berichte d. Deutsch. chem. Gesellschaft **37**, 839, 842, 845 [1904].

beim Erwärmen mit Wasser in Aldehyde bzw. Ketone und Wasserstoffsuperoxyd

$$>\!C = C\!< + O_3 \; = \; >\!C\!\!\underset{O\,:\,O\,:\,O}{-\!\!\diagup\!\!\diagdown\!\!-}\!\!C\!< + H_2O \; = \; >\!CO + >\!CO + H_2O_2 .$$

Diese Beobachtung legte ich meinen weiteren Untersuchungen des Kautschuks zugrunde.

Reiner Parakautschuk wird nun für sich viel weniger als der vulkanisierte von Ozon angegriffen. Wenn man aber den Kautschuk in Chloroform löst und nachher diese Lösung mit Ozon behandelt, so bleibt beim Verdunsten des Chloroforms im Vakuum ein farbloser Sirup zurück, der beim Trocknen im Vakuum glasig erstarrt. Dieser Körper zeigt alle kürzlich für die Ozonide angegebenen Eigenschaften, verpufft auf Platinblech, gibt, mit Wasser gekocht, starke Wasserstoffsuperoxydreaktion, und alle Löslichkeitsverhältnisse des Kautschuks sind total verändert. Er ist in Alkohol, Essigester, Eisessig, Benzol leicht, in Petroläther nicht löslich. Man kann das Ozonid reinigen, indem man es in Essigester aufnimmt und mit Petroläther fällt. Diese Operation wurde viermal wiederholt und dann das im Vakuum getrocknete Produkt analysiert. Hierbei stellte sich heraus, daß es eine regelmäßige Zusammensetzung besitzt, die auf die Formel $C_{10}H_{16}O_6$ hindeutet, also Anlagerung von 2 Ozongruppen an die Gruppe $C_{10}H_{16}$.

$C_{10}H_{16}O_3$.   Ber. C 65,17, H 8,75.   Gef. C 48,84, H 6,90.
$C_{10}H_{16}O_6$.   ,,   ,, 51,72, ,, 6,9.   ,,   ,, 49,06, ,, 6,95.
$C_{10}H_{16}O_9$.   ,,   ,, 42,84, ,, 5,76.   ,,   ,, 47,76, ,, 6,71.
                                              ,,   ,, 51,67, ,, 6,79.
                                              ,,   ,, 52,39, ,, 7,0.

Die Molekulargröße wurde auf ca. 526 ermittelt, woraus hervorgeht, daß bei der Einwirkung des Ozons, ähnlich wie bei der Behandlung des Kautschuks mit der salpetrigen Säure, ein Zerfall des hohen Moleküls erfolgt. Das doppelte Molekül für $C_{10}H_{16}O_6$ beträgt **464**, es ist somit noch nicht scharf entschieden, ob das Parakautschukozonid die Formel $(C_{10}H_{16}O_6)_2$ oder $(C_{10}H_{16}O_6)_3$ besitzt. Zu bemerken ist noch, daß das auf die angegebene Art bereitete Ozonid stets eine geringe Menge Chlor enthält, da das Chloroform nicht ganz entfernt werden kann.

Es wurde nun die Zerlegung des Ozonids mit Wasser verfolgt. Kocht man dasselbe kurze Zeit mit Wasser auf, so erhält man mit der farblosen, wässerigen Lösung folgende sehr charakteristischen Reaktionen:

1. Starke Reduktion von Fehlingscher oder ammoniakalischer Silberlösung.

2. Braunfärbung und Verharzung mit konz. Alkalien.

3. Mit Ammoniak und Essigsäure intensive Pyrrolreaktion.

4. Stechenden Geruch der fortgehenden Wasserdämpfe.

5. Auftreten von Wasserstoffsuperoxyd.

Diese Reaktionen (1—4) sind typisch für die von mir selbst früher entdeckten Keto-[1]) und Dialdehyde[2]), den Lävulinaldehyd und Succinaldehyd.

Es tritt also, genau wie früher bei den einfachen Kohlenwasserstoffen beobachtet wurde, auch beim komplizierten Kautschukmolekül die Aldehydspaltung ein. Zunächst wurde versucht, diese Aldehyde zu isolieren und zu trennen; indessen wurde dies aufgegeben, weil sich alsbald ein einfacherer Weg für die Aufklärung der Abspaltungsprodukte zeigte.

Kocht man das Ozonid nämlich längere Zeit mit Wasser unter Rückfluß, so tritt allmählich vollständige Lösung ein und die Wasserstoffsuperoxydreaktion verschwindet, d. h. das Wasserstoffsuperoxyd oxydiert die primär gebildeten Aldehyde zu Säuren. Wenn man dann die nicht oxydierten, flüchtigen Bestandteile [Lävulinaldehyd[3]), Aceton] mit Wasserdampf abbläst und den Destillationsrückstand eindampft, so erhält man einen hellgelben Sirup, welcher ein Gemenge von den den Aldehyden entsprechenden Säuren darstellt. Aus diesem Rückstand scheiden sich Kristalle einer bei 195° schmelzenden Säure ab, welche man leicht trennen kann. Bei der Destillation des Sirups im Vakuum geht der größte Anteil unter 10 mm Druck bei ca. 140 bis 150° über; er besteht aus reiner Lävulinsäure. Ausbeute etwa 70% der Theorie. Die genaue Identifizierung geschah durch Analyse des schön kristallisierenden Phenylhydrazons (Schmp. 108°).

0,1409 g Sbst.: 0,3285 g CO_2, 0,0937 g H_2O. — 0,1370 g Sbst.: 16,2 ccm N (21°, 760 mm).

$C_{11}H_{14}N_2O_2$.   Ber. C 64,02, H 6,84, N 13,62.
Gef. ,, 63,59, ,, 7,44, ,, 13,53.

Ein kleiner Teil siedet unter Zersetzung bei 170—190°, er liefert dieselbe Säure, welche direkt herauskristallisiert und welche aus Wasser gereinigt bei 195° schmilzt. Diese Säure hat sich als eine Bernsteinsäure erwiesen (Zinkstaubdestillation des Ammoniaksalzes gibt Pyrrolreaktion), indessen ist sie mit den bekannten Bernsteinsäuren nicht zu identifizieren. Ihre Konstitution konnte bisher nicht ermittelt werden, und ich will die analytischen Belege darüber noch nicht mitteilen.

---

[1]) Berichte d. Deutsch. chem. Gesellschaft **31**, 37 [1898].

[2]) Berichte d. Deutsch. chem. Gesellschaft **35**, 1183 [1902].

[3]) Der Lävulinaldehyd läßt sich im Destillat durch die Phenylhydrazinverbindung vom Schmp. 197° leicht nachweisen.

Was nun das Hauptprodukt der Oxydation, die Lävulinsäure, angeht, so rührt sie zweifellos von zunächst bei der Spaltung entstandenem Lävulinaldehyd her, und man kann aus ihrer Bildung mit Sicherheit auf die Lage zweier Doppelbindungen im einfachen Molekül $C_{10}H_{16}$ schließen, nämlich:

$$\begin{array}{c} C \\ C \end{array}\!\!\!> C : CH . CH_2 . CH_2 \, C : CH . \overset{\displaystyle .}{C} . \\ \overset{\displaystyle .}{C}H_3$$

Dieser Komplex wird im Ozonidmolekül zwei- oder dreimal nebeneinander bestehen und durch den Rest, aus welchem sich die kristallinische Säure bildet, verkettet werden.

Darauf hinzuweisen ist, daß keine Spur von Oxalsäure auftritt, während bei anderen Oxydationen des Kautschuks oder seiner Derivate große Mengen davon gefunden werden. Man sieht daraus, daß die Oxalsäure kein direktes Spaltungsprodukt ist.

Ich halte durch die angegebene Methode das Problem des Abbaues des Kautschuks im Prinzip gelöst. Denn sie ist denkbar einfach, verläuft ohne jede Bräunung oder Verharzung, und kein Spaltungsprodukt kann entschlüpfen. Ich werde in kurzem die noch bestehenden Lücken in einer ausführlichen Mitteilung ergänzen.

Meinen Assistenten, Herren Dr. F. Reuter und Dr. G. Hans Müller, danke ich für ihre Hilfe bestens.

Nachschrift. Wie ich gemeinschaftlich mit Herrn K. Langheld gefunden habe, besitzen die Ozonide die Fähigkeit, Strahlen auszusenden, deren Wirkung auf die photographische Platte viel stärker als vom Ozon[1]) selbst zu sein scheint. Im hohen Grade zeigt dies auch das vorher beschriebene Kautschukozonid.

----

[1]) Vgl. Richarz u. L. Graetz.

Verlagsbuchhandlung von Julius Springer
in Berlin W. 9, Linkstr. 23/24.

Soeben erschien: Oktober 1913.

Aus dem Kaiser Wilhelm-Institut für Chemie

Untersuchungen über Chlorophyll
Methoden und Ergebnisse

von

Professor Dr. Richard Willstätter

und

Dr. Arthur Stoll

432 Seiten mit 16 Textfiguren und 11 Tafeln

Preis M. 18.—; in Halbleder gebunden M. 20.50

Vorwort.

Diese Abhandlung umfaßt unveröffentlichte Untersuchungen, die ich in den letzten Jahren gemeinsam mit Herrn Arthur Stoll ausgeführt habe; sie betreffen
die Isolierung des Chlorophylls,
die Trennung und quantitative Bestimmung aller Komponenten des Blattfarbstoffes und
die Hydrolyse des Chlorophylls.
In diesen Arbeiten sind neue Methoden für die Darstellung und den Abbau des Chlorophylls geschaffen worden; mit den neuen Erfahrungen und den leichter zugänglichen Stoffen wurden dann die früheren Versuche über die Umwandlungen des Chlorophylls wiederholt und die meisten älteren Verfahren verbessert.

Weitere Neuerscheinungen usw. auf Seite 4 u. ff.

Um die Arbeit zu einer Darstellung unserer Kenntnis vom Chlorophyll zu vervollständigen, wird sie mit den Ergebnissen der Untersuchungen ergänzt, die ich mit meinen Mitarbeitern in den letzten sieben Jahren in Liebigs Annalen der Chemie veröffentlicht habe. Eine weitere Ergänzung bilden einige noch unveröffentlichte Untersuchungen, die ich mit Herrn H. J. Page über die Pigmente der Braunalgen und mit Herrn M. Fischer über die Beziehungen zwischen Chlorophyll und Hämin ausgeführt habe. Chlorophyll und Hämin werden zu einer gemeinsamen Stammsubstanz abgebaut mit Hilfe von Reaktionen, die einige Aufschlüsse über wesentliche Unterschiede in der Konstitution von Chlorophyll und Hämin geben.

Die folgende Mitteilung macht das Chlorophyll und seine Derivate für künftige Untersuchungen leicht zugänglich. Indem ich gemeinsam mit Herrn A. Stoll die gewonnenen Erfahrungen mitteile, hoffe ich, es dem Chemiker und dem Physiologen zu erleichtern, sich an der Erforschung des Blattfarbstoffes zu beteiligen. **Richard Willstätter.**

Inhaltsverzeichnis.

Im Oktober 1913 erschien:

Anleitung zur Darstellung phytochemischer Übungspräparate

für Pharmazeuten, Chemiker, Technologen u. a.

Von

Dr. D. H. Wester

Mit 59 Textfiguren. — Preis M. 3.60; in Leinwand gebunden M. 4.20

Aus dem Vorwort.

Da die Phytochemie in den letzten Jahrzehnten einen bedeutenden Aufschwung genommen hat und nun wieder die ihr gebührende Stellung neben der synthetisch-organischen Chemie einnimmt, schien mir der Augenblick gekommen, Vorschriften für phytochemische Übungspräparate zusammenzustellen, die sich zur Darstellung im Laboratorium eignen. Diese Sammlung entspricht meiner Meinung nach schon deshalb einem Bedürfnis, weil der Praktikant beim Nacharbeiten vieler Literaturangaben mehrmals schlechte Resultate erhält, entweder weil die Präparate ungeeignet oder zu schwer sind, oder aber weil leider manche Angaben zu unvollständig, bisweilen sogar ganz falsch sind.

Aus einigen Hunderten von mir eingehend geprüften Präparaten habe ich 58 für diese Sammlung ausgewählt, die von einem einigermaßen geübten Praktikanten ohne allzuviel Material-, Zeit- und Kostenaufwand dargestellt werden können, und die trotzdem möglichst viele Gruppen von Pflanzenstoffen vertreten. Auch sollen sie ihn mit einer großen Verschiedenheit von Isolierungsmethoden bekannt machen.

Das Buch zerfällt in einen allgemeinen Teil: Arbeitsmethoden, und einen speziellen: Präparate. Aus didaktischen Gründen habe ich eine ausführliche Beschreibung der Arbeitsmethoden aufgenommen, deren Verständnis durch zahlreiche Figuren erleichtert wird. Besonders wurde auch den neuern Anschauungen der physikalischen Chemie Rechnung getragen.

Die Präparate sind zu Gruppen von Pflanzenstoffen zusammengefaßt, welchen eine Definition und eine allgemeine Übersicht der Isolierungsmethoden vorausgeht. Obschon diese Einteilung nicht wissenschaftlich genannt werden darf, habe ich sie doch vorgenommen, weil dadurch die zusammengehörigen Pflanzenstoffe in übersichtlicher Weise besprochen werden können. Am Anfang des zweiten Teils habe ich zugleich mit einigen allgemeinen Bemerkungen über die Präparate angegeben, wie von leichteren zu schwierigeren Übungsbeispielen übergegangen werden kann. Jedem Präparat werden Erläuterungen über die Ausbeute, Prüfung auf Reinheit, das Wesen und die Bedeutung der Isolierungsmethode, sowie in geeigneten Fällen auf ähnliche Weise isolierte Pflanzenstoffe und einige allgemeine Gruppenreaktionen beigefügt, wodurch zugleich die theoretischen Kenntnisse des Praktikanten erweitert werden.

Inhaltsverzeichnis.

Allgemeiner Teil.

Grundzüge d. chemischen Pflanzenuntersuchung

Von

Dr. L. Rosenthaler

Privatdozent und I. Assistent am pharmazeutischen Institut der Universität Straßburg i. E.

1904. In Leinwand gebunden Preis M. 2.40

Unterzeichneter bestellt hiermit aus dem Verlage von **Julius Springer** in **Berlin**

durch die Buchhandlung...

.... Expl. **Willstätter-Stoll, Untersuchungen über Chlorophyll.** Geb. M. 20.50.

.... „ — Dasselbe. Broschiert M. 18.—.

.... „ **Palladin, Pflanzenphysiologie.** Geb. M. 9.—.

.... „ — Dasselbe. Broschiert M. 8.—.

.... „ **Wester, Anleitung zur Darstellung phytochemischer Übungspräparate.**
Geb. M. 4.20.

.... „ — Dasselbe. Broschiert M. 3.60.

.... „ **Rosenthaler, Grundzüge der chem. Pflanzenuntersuchung.** Geb. M. 2.40.

.... „ **Pringsheim, Die Reizbewegungen der Pflanzen.** Geb. M. 13.20.

.... „ — Dasselbe. Broschiert M. 12.—.

.... „ **Armstrong-Unna, Die einfachen Zuckerarten** u. s. w. Geb. M. 5.60.

.... „ — Dasselbe. Broschiert M. 5.—.

Ferner .... Expl. ....

....

Betrag folgt anbei — ist in Rechnung zu stellen — durch Nachnahme zu erheben.
(Nichtgewünschtes gefl. durchstreichen.)

Ort und Datum: Name und Wohnung:

Bücherzettel.

An die Buchhandlung

Verlag von Julius Springer in Berlin

Anfang 1912 erschien:

Die Reizbewegungen der Pflanzen

Von

Dr. Ernst G. Pringsheim

Privatdozent an der Universität Halle.

Mit 96 Abbildungen. — Preis M. 12.—; in Leinwand gebunden M. 13.20

Aus den Urteilen.

Zeitschrift f. allgem. Physiologie. Heft 1. 1912.

Das vorliegende Buch ist die erste monographische Darstellung der pflanzlichen Reizbewegungen und muß hier referiert werden, weil es nach des Autors Intentionen nicht etwa dem Fachmann eine ins Detail gehende Darstellung der pflanzlichen Reizphysiologie gibt, sondern vor allem darauf ausgeht, die Perspektive dieses Gebietes auch für den Nicht-Botaniker zu enthüllen.

Die Einleitung erörtert kurz die Bedeutung der Irritabilität für die Ökologie der Organismen, ja für ihre Daseinsmöglichkeit schlechthin. Festgehalten sei hier der gute Satz: „Die Lehre von der Abstammung der höheren Lebewesen von niederen muß auch die Wissenschaft durchdringen, die ich hier im Sinne habe, die vergleichende oder allgemeine Physiologie." Es ist in der Tat merkwürdig, wie wenig bis jetzt der Entwicklungsgedanke die physiologische (und biochemische) Forschung beeinflußt hat.

Der zweite Abschnitt des Buches stellt die Erscheinungsformen der pflanzlichen Reizreaktionen dar, also die freie Ortsbewegung der Einzeller, Plasmaströmung, Wachstums- und Turgorbewegung. Die Behandlung dieser Phänome in einem eigenen Abschnitt ist durchaus zweckmäßig. Dadurch wird das rein Äußerliche der Reizerscheinungen erledigt und Freiheit für eine vernünftige Gliederung des Stoffes gewonnen.

Die Darstellung der einzelnen Reizvorgänge folgt dem durch die Arbeiten der letzten Jahre immer klarer werdenden Reizkettenschema: es werden — unter Berücksichtigung und Verarbeitung der Literatur bis 1910 — der Akt der Reizperzeption, die Reizleitung, die Reizinduktion und die bis heute festgestellten mathematischen Beziehungen zwischen Reizanlaß und Reaktion dargestellt. Ein detaillierteres Eingehen auf die einzelnen Kapitel verbietet sich hier natürlich.

Bei den immer engeren Beziehungen, die in den letzten Jahren zwischen tierischer und pflanzlicher Reizphysiologie gewonnen werden, ist das Pringsheimsche Buch speziell den Tierphysiologen aufs wärmste zu empfehlen.

Es erübrigt noch die Feststellung, daß der Verf. das Buch mit einer Reihe ausgezeichneter und instruktiver Originalphotographien ausgestattet hat.

Biologisches Zentralblatt. Nr. 9. 20. 9. 1912.

Das vorliegende Buch gibt einen sehr schönen Überblick über die Reizbewegungen der Pflanzen und erreicht sicher sehr gut das Ziel, das sich der Verfasser im Vorwort gesteckt hat, nämlich dem Nichtbotaniker eine Einführung in die pflanzliche Reizphysiologie zu sein. Abgesehen aber davon, wird es auch der Fachmann vielfach mit Nutzen konsultieren können, besonders auch, da darin zum erstenmal die neueren Ergebnisse der Reizphysiologie mit verarbeitet sind.

Im zweiten Kapitel werden die verschiedenen Arten der Bewegung und die Mittel, mit denen sie ausgeführt werden, behandelt. Im weitern werden dann die Reizwirkungen der Schwerkraft eingehend behandelt. Ebenso werden die Bewegungen, die auf Lichtreiz erfolgen, ausführlich dargestellt, worauf mechanische und chemische Reizung foloan. Am Schluß orientiert ein zusammenfassendes Kapitel über Wesen und Entwickelung der Reizbarkeit.

Die gegebenen Schilderungen werden durch sehr gute Abbildungen erfolgreich unterstützt und ergänzt. Diesen Abbildungen liegen vielfach Originalaufnahmen des Verfassers zugrunde. Die Lebendigkeit des Dargestellten wird durch die hier und dort eingestreuten biologischen Abschnitte angenehm erhöht.

Apotheker-Zeitung. Nr. 16. 1912.

Aus dem weiten Gebiete der Pflanzenphysiologie hat der Verfasser einen der interessantesten Abschnitte gewählt, um ihn, wie er im Vorwort sagt, in „anschaulicher Breite, aber ohne den Zwang der Vollständigkeit vorzuführen". Meines Erachtens ist ihm dieses Vorhaben trefflich gelungen. Gerade die anschauliche Breite macht das Buch dem, der dem behandelten Gegenstand ferner steht, lieb. Das gilt besonders für die eingehend beschriebenen und mit zahlreichen Abbildungen erläuterten Experimente, das gilt für die ruhige und sachliche Art, mit der sie gedeutet, und mit der die verschiedenen Anschauungen kritisiert werden ...

Im Juni 1913 erschien:

Die einfachen Zuckerarten und die Glucoside

Von

E. Frankland Armstrong, D. Sc., Ph. D.

Autorisierte Übersetzung der 2. englischen Auflage von **Eugen Unna**

Mit einem Vorwort von **Emil Fischer**

Preis M. 5.—; in Leinwand gebunden M. 5.60

Vorwort von Emil Fischer.

Die Chemie der Kohlenhydrate ist in so raschem Fortschritt begriffen, daß die nur selten erscheinenden zusammenfassenden Werke mancherlei Lücken zeigen.

Unter diesen Umständen ist es mir als ein glücklicher Gedanke erschienen, daß Herr Dr. Frankland E. Armstrong sich entschlossen hat, eine kurze Monographie der einfachen Kohlenhydrate, die man in Deutschland gewöhnlich mit dem Namen „Zucker" zusammenfaßt, zu verfassen und durch rasch folgende neue Auflagen zu ergänzen.

Da er durch eigene erfolgreiche Versuche in verschiedenen Teilen dieses Gebietes mit der Materie wohl bekannt ist und durch kritisches Urteil das Wichtige von dem Nebensächlichen zu unterscheiden vermag, so ist der Zweck des Buches, eine rasche und ziemlich vollständige Übersicht über das große experimentelle Material zu geben, in glücklicher Weise erreicht.

Ich habe deshalb die beiden ersten englischen Auflagen selbst öfters benutzt und gern meinen jungen Mitarbeitern zum Studium empfohlen.

Durch die Übersetzung, die Herr Dr. E. Unna mit Verständnis besorgt hat, wird der Gebrauch des Büchleins für den deutschen Gelehrten viel bequemer, und ich glaube deshalb der Erwartung Ausdruck geben zu können, daß es nicht allein bei Chemikern, sondern auch bei den Biologen, die sich über den jetzigen Stand der Chemie der Kohlenhydrate unterrichten wollen, freundliche Aufnahme finden wird.

Synthese der Zellbausteine in Pflanze und Tier. Lösung des Problems der künstlichen Darstellung der Nahrungsstoffe. Von Prof. Dr. Emil Abderhalden, Direktor des Physiologischen Instituts der Universität zu Halle a. S. 1912. Preis M. 3.60; in Leinwand gebunden M. 4.40

Neuere Anschauungen über den Bau und den Stoffwechsel der Zelle. Von Prof. Dr. Emil Abderhalden, Direktor des Physiologischen Instituts der Universität zu Halle a. S. Vortrag, gehalten auf der 94. Jahresversammlung der Schweizerischen Naturforscher-Gesellschaft in Solothurn, 2. August 1911. 1911. Preis M. 1.—

Physiologisches Praktikum. Chemische und physikalische Methoden. Von Prof. Dr. Emil Abderhalden, Direktor des Physiologischen Instituts der Universität zu Halle a. S. Mit 271 Figuren im Text. 1912. Preis M. 10.—; in Leinwand gebunden M. 10.80

Abwehrfermente des tierischen Organismus gegen körper-, blutplasma- und zellfremde Stoffe, ihr Nachweis und ihre diagnostische Bedeutung zur Prüfung der Funktion der einzelnen Organe. Von Prof. Dr. Emil Abderhalden, Direktor des Physiologischen Instituts der Universität zu Halle a. S. 2., vermehrte Auflage der „Schutzfermente des tierischen Organismus". Mit 11 Textfiguren und 1 Tafel. 1913. Preis M. 5.60; in Leinwand gebunden M. 6.40

Im März 1912 wurde vollständig:

Biochemisches Handlexikon, unter Mitwirkung hervorragender Fachleute herausgegeben von Prof. Dr. Emil Abderhalden, Direktor des Physiologischen Instituts der Universität zu Halle a. S. In sieben Bänden. Preis M. 324.—; in Moleskin gebunden M. 345.—. Die Bände sind auch einzeln käuflich! *Ergänzungsbände werden das Werk auf der Höhe halten.*

Untersuchungen über Aminosäuren, Polypeptide und Proteine. 1899—1906. Von Emil Fischer. 1906. Preis M. 16.—; in Leinwand gebunden M. 17.50

Untersuchungen über Kohlenhydrate und Fermente. 1884—1908. Von Emil Fischer. 1909. Preis M. 22.—; in Leinwand gebunden M. 24.—

Untersuchungen in der Puringruppe. 1882—1906. Von Emil Fischer. 1907. Preis M. 15.—; in Leinwand gebunden M. 16.50

90. C. Harries: Zur Kenntnis der Kautschukarten: Über Abbau und Konstitution des Parakautschuks.

Aus dem Chemischen Institut der Universität Kiel.
Berichte der Deutschen chemischen Gesellschaft **38**, 1195 (1905).
(Eingegangen am 13. März 1905.)

Das Resultat der von mir angekündigten[1]) weiteren Untersuchung über den Abbau des Parakautschuks durch Ozon ist sehr einfach. Bei derselben hat sich nämlich herausgestellt, daß durch Zerlegung des primär entstehenden Ozonides, $C_{10}H_{16}O_6$, nur Lävulinaldehyd bzw. die zugehörige Säure, die Lävulinsäure, entsteht, wie quantitativ nachgewiesen wurde. Es bildet sich weder Aceton noch ein anderer Aldehyd oder eine andere Säure.

Die von mir früher beschriebene Verbindung vom Schmp. 197°, welche ich in kleiner Menge neben Lävulinsäure erhielt, ist keine eigentliche Säure, sondern ein Superoxyd des Lävulinaldehyds von

$$\text{sauren Eigenschaften, der Formel} \quad \begin{matrix} O : C(CH_3).CH_2.CH_2.CH : O \\ \ddot{O} ========================= \ddot{O} \end{matrix}, \quad \text{und}$$

ihre Entstehung läßt sich nach einer neuen Spaltungsweise der Ozonide erklären, die man durch folgende Gleichung zum Ausdruck bringen kann[2]):

$$(CH_3)_2C : CH . R + O_3 = \begin{matrix} (CH_3)_2C ——— CH . R \\ \dot{O} . O . \dot{O} \end{matrix}.$$

$$\begin{matrix} (CH_3)_2C ——— CH . R \\ \dot{O} . O . \dot{O} \end{matrix} = (CH_3)_2C{<}\begin{matrix} O \\ \dot{O} \end{matrix} + OCH . R .$$

Diese Reaktion vollzieht sich bisweilen spontan, ohne daß man vorläufig genau die Bedingungen für ihr Eintreten angeben könnte. Nach derselben ist nun auch die Spaltung des Kautschukozonids zu erklären:

$$C_{10}H_{16}O_6 = \begin{matrix} O : C(CH_3).CH_2.CH_2.CH : O \\ \ddot{O} ===================== \ddot{O} \end{matrix} + CH_3.CO.CH_2.CH_2.CHO .$$

---

[1]) Berichte d. Deutsch. chem. Gesellschaft **37**, 2708 [1904].

[2]) Eine entsprechende Publikation über diesen Gegenstand wird alsbald erfolgen.

Danach müßte aber aus einem Molekül $C_{10}H_{16}O_6$ etwa die Hälfte des Peroxyds entstehen; diese Annahme ließ sich durch Versuche ungefähr bestätigen. Das Lävulinaldehydperoxyd zerfällt beim längeren Kochen mit Wasser seinerseits weiter in Lävulinaldehyd bzw. Lävulinsäure und Wasserstoffsuperoxyd.

Wenn sich nun allein Lävulinaldehyd bei der Spaltung des Kautschukozonides mit Wasser bildet, so muß der Kautschuk-Kohlenwasserstoff aus einem Kohlenstoffring bestehen und nicht, wie bisher angenommen wurde, aus einer offenen Kohlenstoffkette. Dies ist prinzipiell das wichtigste Ergebnis der vorliegenden Untersuchung. Da die frühere einmalige Bestimmung der Molekulargröße des Ozonids annähernd die Formel $C_{20}H_{32}O_{12}$ ergeben hat, so würde man als chemisches Molekül des Parakautschuks die Formel $C_{20}H_{32}$ und einen großen Ring von 16 Kohlenstoffatomen erhalten. Allein später sind bei Verwendung von reinerem Material Zahlen gefunden worden, die recht genau für die Molekulargröße $C_{10}H_{16}O_6$ sprechen, und die früheren konnten nicht wieder erhalten werden. Danach würde sich das chemisch reagierende Molekül überraschend einfach gestalten und einer bisher nicht in der Natur beobachteten Körperklasse angehören, nämlich der Gruppe der hydrierten Achtringe, indem es sich als 1,5-Dimethylcyclooctadien - (1,5) darstellt.

$$\text{Parakautschuk} \quad (C_{10}H_{16})_x + \text{Ozon} = x \begin{bmatrix} \overset{\text{Kautschukozonid}}{CH_3.C.CH_2.CH_2.CH} \\ O{<}^O \qquad\qquad {}^O{>}O \\ O \qquad\qquad\qquad O \\ HC.CH_2.CH_2.C.CH_3 \end{bmatrix}$$

$$= \frac{x}{2}\begin{bmatrix} \overset{\text{Lävulinaldehydperoxyd}}{O:C(CH_3).CH_2.CH_2.CH:O} \\ \overset{..}{O}\!=\!=\!=\!=\!=\!\overset{..}{O} \end{bmatrix} + \frac{x}{2}\Big(\overset{\text{Lävulinaldehyd}}{CH_3.CO.CH_2.CH_2.CHO}\Big).$$

Man darf dem Parakautschuk selbst dann die Strukturformel geben:

$$\begin{bmatrix} CH_3.\overset{..}{C}.CH_2.CH_2.CH \\ H\overset{..}{C}.CH_2.CH_2.\overset{..}{C}.CH_3 \end{bmatrix}_x .$$

Die Größe dieses physikalischen Moleküls bleibt noch zu bestimmen. Die Polymerie muß aber durch einfache, lose Addition der einzelnen Dimethylcyclooctadien-Moleküle zustande kommen, sonst würde der leichte Zerfall durch Ozon nicht zu erklären sein.

Man könnte noch eine andere Kombination beim Zusammentritte der Reste $CH_3.\overset{..}{C}.CH_2.CH_2.CH:$, welche bei der Oxydation den Lävulinaldehyd liefern, annehmen. Zieht man jedoch die Konstitution der Produkte in Rücksicht, welche bei der trockenen Destillation des Parakautschuks auftreten — Isopren, Dipenten —, so trägt allein die oben gegebene Formel einer einfachen Bildung dieser Verbindungen Rechnung. Bei der Destillation zerreißt das Molekül an den mit punktierten Strichen bezeichneten Stellen, indem je ein Wasserstoffatom wandert und neben den Sprengungsstellen eine neue Doppelbindung entsteht:

$$CH_3 . \overset{..}{C} - CH_2 . CH_2 . CH$$
$$\overset{..}{C}H . CH_2 . CH_2 . \overset{..}{C} . CH_3 \;=\; \frac{CH_3}{CH_2} {>} C . CH_2 . CH_2 : CH$$
$$H_2C : CH . \overset{..}{C} . CH_3$$

$$\frac{CH_3}{CH_2} {>} C . CH : CH_2 \quad \text{oder} \quad \frac{CH_3}{CH_2} {>} C . CH {<} \frac{CH_2 . CH}{CH_2 . CH_2} {>} C . CH_3 .$$

Zunächst würde sich so Diisopren bilden, das aber entweder bei der pyrogenen Reaktion weiter zerfällt oder durch Kondensation in Dipenten bzw. dessen Umwandlungsprodukte übergeht. Die punktierten, einfachen Striche zeigen die Diisopren- bzw. Dipenten-, die punktierten Doppelstriche die Isoprenspaltung an, und es wird nun klar, wie die verzweigten Kohlenstoffketten der Spaltungsprodukte zustande kommen. Der Kautschuk ist allerdings ein Vielfaches der Formel C_5H_8, aber nicht des Isoprens, eines Kohlenwasserstoffes mit verzweigter Kette, sondern eines solchen mit gerader Kette, $CH_3 . \overset{..}{C}$ $. CH_2 . CH_2 . CH :$ (Pentadienyl). Der Name Polypren, welcher von Isopren abgeleitet wurde, entspricht nicht dem wirklichen Zusammenhange[1]).

In dem chemischen Molekül des Parakautschuks sind demnach auf die empirische Formel $C_{10}H_{16}$ zwei Doppelbindungen enthalten; dies steht in Übereinstimmung mit unserer Kenntnis über seine Additionsfähigkeit gegenüber Halogenen bzw. Halogenwasserstoff. Die Ansicht, daß auf die Formel $C_{10}H_{16}$ drei Doppelbindungen entfallen, ist durch nichts gestützt.

Weiter geht aus der Formel hervor, daß der Parakautschuk optisch inaktiv sein muß, da in der Formel kein asymmetrisches Kohlenstoff-

---

[1]) Der Befund, daß der Parakautschuk ein Polymeres des 1,5-Dimethyloctadiens-(1,5) ist, läßt es möglich erscheinen, daß unter den Destillationsprodukten des Parakautschuks auch dieser Kohlenwasserstoff als direktes, pyrogenes Spaltungsprodukt auftritt; hierbei sei daran erinnert, daß ich selbst unter diesen Destillationsprodukten zwei zweifach ungesättigte Kohlenwasserstoffe $C_{10}H_{16}$ isoliert habe, von denen vielleicht eines das Dimethyloctadien ist. Diese Verbindungen haben nunmehr erneutes Interesse erlangt. Bis jetzt ist schon sicher nachgewiesen, daß die von 160—170° siedenden Anteile, mit Ozon behandelt, dem Kautschukozonid sehr ähnliche, glasige Sirupe geben und letztere beim Kochen mit Wasser die Reaktion auf Lävulinaldehyd zeigen. In dieser Fraktion ist also sehr wahrscheinlich das Dimethylcyclooctadien enthalten.

atom vorhanden ist. Dieses entspricht den Tatsachen, denn es konnte weder bei dem Kohlenwasserstoff selbst, noch bei seinen löslichen Derivaten eine Drehung des polarisierten Lichts beobachtet werden.

Die vorliegende Untersuchung gestattet auch einen interessanten Einblick in die pflanzenphysiologische Entstehung des Parakautschuks. Es läßt sich daraus ersehen, daß dieser Kohlenwasserstoff ein Vielfaches des Pentadienylrestes C_5H_8 ist, ähnlich wie Cellulose und Stärke Multianhydride des Traubenzuckers sind. Die Spaltung erfolgt allerdings in letzterem Falle nur durch einfache Hydrolyse. Mir scheint nun, daß die Annahme, nach welcher die Zuckerarten in der Pflanze die Quelle für alle anderen chemischen Produkte bilden, durch meine Untersuchung eine neue Stütze erhalten hat, indem sich nämlich auch der Kautschuk hiernach als ein Umwandlungsprodukt der Zuckerarten darstellt. Die Zucker, vielleicht vorwiegend die Pentosen, werden reduziert zu dem Rest C_5H_8 und dieser kondensiert sich in statu nascendi zum Komplex $(C_{10}H_{16})_x$. Der chemische Zusammenhang des dem Rest C_5H_8 entsprechenden Lävulinaldehyds mit den Zuckerarten ist ja bekannt. Emil Fischer und Laycock[1]) haben gezeigt, daß Zucker bei der trockenen Destillation in ein Gemisch von methylierten Furanen übergeht. Diese Furane lassen sich nach Paal aufspalten zu Diketonen. Ich habe selbst das α-Methylfuran[2]) aus dem Buchenholzteer isoliert, in den es, nach der Fischerschen Arbeit, wohl durch pyrogenen Zerfall von Cellulosearten hineingelangt. Das α-Methylfuran läßt sich sehr leicht aufspalten zum Lävulinaldehyd, so wurde letzterer seinerzeit entdeckt[3]). Der leichte Übergang der Zuckerarten in die Lävulinsäure ist ja allbekannt.

Ich möchte aber noch weiter gehen und die Vermutung aussprechen, daß sämtliche Terpenkörper in der geschilderten Weise pflanzenphysiologisch mit den Zuckerarten zusammenhängen und ihre Entstehung aus denselben als Reduktionsprodukte dem Pentadienyl verdanken, wobei die Kautschukkohlenwasserstoffe vielleicht Zwischenglieder und die Terpenkörper Sprengungsstücke der ersteren sind.

Experimenteller Teil.

Zur schon publizierten Voruntersuchung[4]) war sog. gereinigter Parakautschuk benutzt worden, für die jetzt mitgeteilten Versuche wurde auf die chemische Reinigung dieses Produktes weit mehr Sorgfalt verwendet. Der Parakautschuk wurde zweimal in Benzol gelöst und mit Alkohol ausgefällt, dann 24 Stunden mit Aceton im Soxhlet behandelt, wieder in Benzol gelöst, mit Alkohol gefällt

---

[1]) Berichte d. Deutsch. chem. Gesellschaft 22, 101 [1889].
[2]) Vgl. Atterberg, Berichte d. Deutsch. chem. Gesellschaft 13, 879 [1880].
[3]) Berichte d. Deutsch. chem. Gesellschaft 31, 37 [1898].
[4]) loc. cit.

und von neuem mit Aceton im Soxhlet extrahiert. Dann wurde das Produkt im Vakuumexsiccator über Schwefelsäure bis zur Gewichtskonstanz getrocknet. Eine Elementaranalyse zeigte, daß ein Kohlenwasserstoff ($C_{10}H_{16}$) von hoher Reinheit vorlag:

0,1590 g Sbst.: 0,5110 g CO_2, 0,1746 g H_2O.

$C_{10}H_{16}$.   Ber. C 88,23, H 11,76.
Gef. „ 87,85, „ 12,28.

Ozonid des Parakautschuks.

Der so gewonnene reine Parakautschuk wird nun in Chloroform gelöst, 10 g in 1 l Chloroform, und das Chloroform hernach im Vakuum auf ca. 120 ccm eingedampft. Man erhält hierbei eine dickliche Lösung. In dieselbe wird unter guter Kühlung ein 5,5—6% Ozon enthaltender langsamer Strom von Sauerstoff eingeleitet. Gewöhnlich beansprucht 1 g Kautschuk 1 Stunde Einleiten von Ozon. Danach wird die Chloroformlösung im Vakuum zur Sirupskonsistenz eingedampft, wobei die Temperatur des Wasserbades nicht über 20° steigen darf, weil sonst heftige Explosionen eintreten können; die Ausbeute an nicht umgelöstem Produkt ist quantitativ. Der Rückstand wird dann mit ca. 2 Volumen Essigester aufgenommen und durch Petroläther (ca. 20 Volumen) gefällt. Es scheidet sich ein fast farbloses, dickes Öl ab, welches meistens im Vakuumexsiccator nach einigen Stunden glasig erstarrt (Schmp. ca. 50°). In diesem Zustande ist es explosiv; es verpufft, schnell erhitzt, unter Umständen mit Heftigkeit; seine Reaktionen sind schon früher angegeben worden.

Nochmals ausgeführte Elementaranalysen ergaben recht genau auf die Formel $C_{10}H_{16}O_6$ stimmende Werte, woraus hervorgeht, daß in der Formel $C_{10}H_{16}$ zwei Doppelbindungen vorhanden sind.

0,124 g Sbst.: 0,3070 g CO_2, 0,1112 g H_2O. — 0,1504 g Sbst.: 0,2853 g CO_2, 0,1021 g H_2O.

$C_{10}H_{16}O_6$.   Ber. C 51,72,   H 6,90.
Gef. „ 51,56, 51,73, „ 7,66, 7,59.

Molekulargewichtsbestimmung nach der Gefriermethode im Beckmannschen Apparat.

I. 0,2045 g Sbst., 23,9 g Eisessig: Δ 0,147. — II. 0,3037 g Sbst., 27,06 g Eisessig: Δ 0,195. — III. 0,1453 g Sbst., 28,35 g Eisessig: Δ 0,081.

$C_{10}H_{16}O_6$. Ber. Mol.-Gewicht 232. Gef. Mol.-Gewicht I. 227, II. 224,5, III. 246,8.

Die frühere Bestimmung[1]) war in Benzol vorgenommen und ergab abweichende Werte.

Molekulargewichtsbestimmung nach der Siedemethode im Landsberger-Riiberschen Apparat 0,1597 g Sbst., 22,73 g Methylacetat: 0,06 Erhöhung.

Ber. 232.   Gef. 241,2.

---

[1]) Harries, loc. cit.

Lävulinaldehyd aus Parakautschuk.

Gießt man das Kautschukozonid auf etwas Wasser und behandelt mit Wasserdampf, so geht dasselbe allmählich in Lösung, und der Lävulinaldehyd destilliert mit dem Wasserdampf vollständig über. Das Destillat, welches stark Fehlingsche Flüssigkeit reduziert und die Pyrrolprobe intensiv anzeigt, wird zum Nachweis des Pentanonals mit essigsaurem Phenylhydrazin versetzt. Hierbei scheidet sich zuerst ein Sirup ab, der bei der Berührung mit verdünnter Mineralsäure fest wird. Aus Alkohol umkristallisiert, schmelzen die schönen, fast weißen Nädelchen bei 197°, sind also identisch mit dem früher beschriebenen **Phenylmethyldihydropyridazin**[1]), welches man aus reinem Lävulinaldehyd erhalten kann.

0,1158 g Sbst.: 0,3266 g CO_2, 0,0766 g H_2O. — 0,1571 g Sbst.: 21,9 ccm N (19°, 761 mm).

$C_{11}H_{12}N_2$.   Ber. C 76,74, H 6,99, N 16,27.
Gef. ,, 76,92, ,, 7,40, ,, 16,10.

Behandelt man das wässerige Destillat mit Hydroxylaminchlorhydrat und Natriumbicarbonat, dampft nachher im Vakuum zur Trockne ein und nimmt den Rückstand mit Äther auf, so erhält man beim Eindunsten des Äthers das schön kristallisierende Dioxim[2]) des Lävulinaldehyds vom Schmp. 67—68°, das sich aus Benzol schwierig umkristallisieren läßt und hernach bei ca. 70° schmilzt.

0,1495 g Sbst.: 28,3 ccm N (19°, 766,8 mm).
$C_5H_{10}N_2O_2$.   Ber. N 21,53.   Gef. N 21,95.

Schließlich habe ich auch noch den freien Lävulinaldehyd isoliert und seinen Siedepunkt bestätigt gefunden. Hierzu darf man aber das Kautschukozonid nicht mit Wasserdampf behandeln, sondern muß es mit möglichst wenig Wasser unter Rückfluß kochen, weil der Aldehyd sich nur aus konz. Lösung durch Kaliumcarbonat aussalzen und in Äther aufnehmen läßt.

$D^{21,5} = 1{,}016$; $n_d^{21,5} = 1{,}42695$.

2 C : O.   Mol.-Refraktion: Ber. 25,305 (Brühl).   Gef. 26,032.

Zu bemerken ist, daß die Wasserdampfdestillate auch immer etwas Wasserstoffsuperoxyd, von der Spaltung des Ozonids herrührend, enthalten.

Verarbeitung des Rückstands von der Wasserdampfdestillation.

Lävulinsäure. Wenn die Behandlung des Ozonids mit Wasserdampf so weit getrieben wird, daß das übergehende Destillat keine

---

[1]) Harries, loc. cit.
[2]) loc. cit.

Pyrrolprobe mehr gibt, so enthält der Rückstand der Wasserdampf-destillation fast nur Lävulinsäure. Zu deren Gewinnung braucht man nur, wie früher angegeben, den Rückstand im Vakuum einzudampfen und den zurückbleibenden Sirup zu destillieren. Bei ca. 140—145° unter 10 mm Druck siedet die Lävulinsäure über. Die Analyse des Phenylhydrazons wurde bereits publiziert. Irrtümlich ist daselbst an-gegeben, daß die Ausbeute an Lävulinsäure ca. 70% vom Ozonid beträgt, es wurde bei vielen Versuchen durchschnittlich nur ca. 25% beobachtet.

Lävulinaldehyddiperoxyd. Läßt man auf das Kautschuk-ozonid den Wasserdampf nur kurze Zeit einwirken und die entstandene Lösung erkalten, so scheiden sich reichlich Kristalle ab, die, abgepreßt und aus Wasser umkristallisiert, bei 197° unter Zersetzung schmelzen. Aus ca. 6 g Ozonid werden 2,5 g Peroxyd erhalten. Unter dem Mikro-skop bieten sich lange, breite Blättchen dar. Das Peroxyd läßt sich aus den gewöhnlichen Lösungsmitteln schwer, am besten noch aus Wasser, umkristallisieren. Zu dem Zweck suspendiert man es in Wasser und leitet so lange Wasserdampf ein, bis alles gelöst ist; beim Erkalten scheidet es sich dann in langen Nadeln ab. Leitet man länger Wasser-dampf ein, so tritt vollständige Spaltung zu Lävulinaldehyd bzw. -säure ein.

0,1130 g Sbst.: 0,1897 g CO_2, 0,0638 g H_2O. — 0,1289 g Sbst.: 0,2142 g CO_2, 0,0764 g H_2O.

$C_5H_8O_4$.	Ber. C 45,45,		H 6,06.
Gef. ,, 45,42, 45,32,	,, 6,26, 6,63.

Der Körper besitzt die Eigenschaften eines Peroxyds, indem er aus Jodkalium Jod frei macht, verdünnte Kaliumpermanganat- und Indigolösung entfärbt, ammoniakalische Silberlösung schwach redu-ziert, beim schnellen Erhitzen verpufft, die Fehlingsche und die Pyrrolprobe zwar nicht direkt, wohl aber nach längerem Erhitzen mit Wasser, liefert, weil nämlich hierbei freier Lävulinaldehyd gebildet wird. Von Chloroform, Benzol, Petroläther, Äther wird er nicht, von Alkohol, Essigester und Wasser beim Erwärmen aufgenommen. Der Körper besitzt die Eigenschaften einer Säure, er löst sich leicht in Natronlauge und liefert ein schwerlösliches Silbersalz. Nach der Titration mit $^1/_{10}$ n-Natronlauge besitzt er ein saures Wasserstoffatom.

Molekulargewichtsbestimmung nach der Gefriermethode:
0,2940 g Sbst., 21,8 g Eisessig: $\varDelta$ 0,4247 g.

M: Ber. $C_5H_8O_4$ 132. Gef. $C_5H_8O_4$ 123,8.

Nach diesen Resultaten ist es sehr wahrscheinlich, daß ein normales Peroxyd des Lävulinaldehyds vorliegt der Formel

$$O : C(CH_3) . CH_2 . CH_2 . CH : O$$
$$O \text{\textemdash\textemdash\textemdash\textemdash} O .$$

Beide Carbonyle müssen gegenseitig gebunden sein, da es nicht möglich war, ein Phenylhydrazon zu erhalten. Die sauren Eigenschaften besitzt wohl das Wasserstoffatom an dem Aldehydcarbonyl, welches durch die Peroxydgruppe acidifiziert wird. Aus Lävulinaldehyd und Wasserstoffsuperoxyd entsteht das Peroxyd nicht.

Das Superoxyd scheidet sich auch bisweilen aus der ozonisierten wasserfreien Chloroformlösung ab, und zwar erhält man so aus 10 g Parakautschuk ca. 1 g davon; es verdankt seine Entstehung einer direkten Spaltung des Ozonids ohne Wasser, wie schon auseinandergesetzt wurde, und in dem Rohozonid ist dann freier Lävulinaldehyd enthalten.

Nachweis, daß keine anderen flüchtigen Aldehyde oder Ketone bei der Spaltung des Ozonids entstehen. Zu diesem Zwecke wurden 20 g Kautschukozonid in 500 g Wasser so lange am Rückflußkühler gekocht, bis alles in Lösung gegangen war. Danach wurde die Lösung in eine Kupferblase gegeben und mit einer 15 kugligen Le-Bel-Kolonne destilliert. Wäre Aceton oder ein niedrig siedender Aldehyd zugegen gewesen, so hätte man in den ersten übergehenden Tropfen diese Körper beobachten müssen bzw. durch Semicarbazid isolieren können. Indessen zeigte es sich, daß die Temperatur der übersiedenden Anteile sofort über 100° stieg, und daß die ersten Tropfen eine reine, wässerige Lösung von Lävulinaldehyd darstellten. Mithin konnte auf diesem Wege die vollständige Abwesenheit anderer Stoffe, neben den schon beschriebenen, festgestellt werden.

Quantitative Bestimmung der bei der Spaltung des Ozonids entstehenden Produkte. Zur Spaltung des Ozonids mit Wasser wurden 5 g desselben abgewogen und mit Wasserdampf behandelt. Der aus dem Destillat mit essigsaurem Phenylhydrazin entstehende Niederschlag an Pyridazin wog fast 4 g, was 2,3 g Lävulinaldehyd entspricht. Der Rückstand von der Wasserdampfdestillation wurde im Vakuum zur Sirupskonsistenz eingedampft und dann destilliert, hierbei ging 1 g Lävulinsäure über; der nicht destillierbare, z. T. zersetzte Rückstand wog 0,7 g und bestand z. T. aus Superoxyd und z. T. aus Verharzungsprodukten. Unverändertes Ozonid blieb im Kolben 0,5 g zurück. Ein anderer Versuch II bestätigte die zuerst gewonnenen Resultate. Also je 5 g Ozonid gaben:

bei I)	2,3 g Aldehyd.	bei II)	2,0 g Aldehyd.
	1,0 ,, Säure.		1,5 ,, Säure.
	0,7 ,, Superoxyd und Harz.		0,2 ,, Superoxyd.
	0,5 ,, unverändertes Ozonid.		0,5 ,, unverändertes Ozonid.
Summa:	4,5 g	Summa:	4,2 g

5 g Ozonid müssen bei der Zerlegung mit Wasser theoretisch 4,3 g Aldehyd und 0,7 g Wasserstoffsuperoxyd geben oder 5 g Lävulinsäure.

Da der Lävulinaldehyd mit Hilfe des Phenylhydrazins nachgewiesen wurde und diese Methode auf ca. 80—90% genau ist, so sieht man, daß diese Zahlen recht befriedigend stimmen.

Nach dieser Methode wird es leicht sein, alle Kautschukarten hinsichtlich ihrer Konstitution und Zusammengehörigkeit durchzuprüfen. Zunächst ist die Guttapercha herangezogen worden. Andererseits aber kann man jetzt auch daran denken, zu synthetischen Versuchen überzugehen, und ich bin zurzeit mit solchen beschäftigt.

Herrn Dr. Richard Weil, der mich bei diesen Arbeiten mit großer Ausdauer und feinem Verständnis unterstützte, danke ich herzlich.

91. C. Harries: Über Diacetyl-propan 2,6-Heptandion aus Kautschuk.

Aus dem Chemischen Institut der Universität Kiel.
Berichte der Deutschen chemischen Gesellschaft **47**, 784 (1914).
(Eingegangen am 23. Februar 1914.)

In einer „Über den Nachweis des Acht-Kohlenstoffringes in den normalen Kautschukarten" betitelten Abhandlung[1]) habe ich vor einiger Zeit ein kristallisierendes Diketon beschrieben, welches nach seinen Eigenschaften und der Zusammensetzung seines Disemicarbazons als 1,5-Cyclooctandion, $C_8H_{12}O_2$, angesprochen wurde.

Bei Wiederholung der Versuche mit größeren Materialmengen hat sich nun herausgestellt, daß hier ein bedauerlicher Irrtum vorliegt, denn das Diketon hat nicht die Zusammensetzung $C_8H_{12}O_2$, vielmehr $C_7H_{12}O_2$ und ist keine zyklische, sondern eine offene Verbindung. Allerdings bietet auch diese allgemeines Interesse, denn sie ist das einzige noch fehlende, schon längst gesuchte Diketon der niederen Fettreihe, $CH_3.CO.CH_2.CH_2.CH_2.CO.CH_3$, welches seinen Platz zwischen dem Acetonylaceton und dem von Perkin jun.[2]) entdeckten Diacetylbutan einnimmt. Wäre es früher gelungen, nach den schönen Knoevenagel- und Hagemannschen Synthesen aus Acetessigester mit Formaldehyd oder Methylenjodid dieses Produkt zu isolieren, so wäre mir diese große Enttäuschung erspart geblieben. Da ich annahm, daß das Diacetylpropan nicht existenzfähig sei, zog ich seine Bildungsmöglichkeit zuerst überhaupt nicht in Betracht. Man sieht aber jetzt leicht ein, daß es auf jenen Wegen unmöglich war das Diacetylpropan zu isolieren, da es schon mit kleinen Mengen Alkali außerordentlich leicht Wasser abspaltet, wobei das bekannte 1 - Methylcyclohexen - (1) - on - (3) entsteht:

$$
\begin{array}{ccc}
\begin{array}{c}
CO.CH_3 \\
\diagup \\
CH_2 \quad CH_3 \\
| \qquad | \\
CH_2 \quad CO \\
\diagdown \diagup \\
CH_2
\end{array}
& \longrightarrow &
\begin{array}{c}
C.CH_3 \\
\diagup\!\!\diagdown \\
CH_2 \quad CH \\
| \qquad | \\
CH_2 \quad CO \\
\diagdown \diagup \\
CH_2
\end{array}
\end{array}
$$

---

[1]) Berichte d. Deutsch. chem. Gesellschaft **46**, 2590 [1913].

[2]) Marshall u. Perkin, Journ. of the chem. Soc. **57**, 241 [1890]; vgl. ferner H. Hofer, Berichte d. Deutsch. chem. Gesellschaft **33**, 656 [1900]. — Blaise u. Koehler, Bull. de la Soc. chim. [4] **5**, 684 [1909].

Hieraus geht andererseits in einwandfreier Weise seine Konstitution hervor.

Aber diese leichte Übergang erklärt auch, warum ich zuerst glaubte annehmen zu müssen, daß in dem Körper eine Verbindung der Formel $C_8H_{12}O_2$ vorläge. Man erhält nämlich zunächst immer Gemische von dem Diketon $C_7H_{12}O_2$ mit seinem Anhydrisierungsprodukt $C_7H_{10}O$, dem Methylcyclohexenon, deren Siedepunkte im Vakuum gar nicht weit auseinanderliegen. In den Gemischen wird aber der Kohlenstoffgehalt so weit heraufgedrückt, daß man leicht auf die Vermutung, es läge die Verbindung $C_8H_{12}O_2$ vor, kommen konnte. Übrigens ist es auch später nicht gelungen, aus dem reinen Diketon ein Disemicarbazon zu erhalten, welches auf die Verbindung $C_7H_{12}(:N.NH.CO.NH_2)_2$ genau stimmende Werte lieferte. Selbst bei der Einwirkung von freiem Semicarbazid nach Bouveault[1]) findet immer eine partielle Ringschließung statt, wodurch ein Kohlenstoff- und Stickstoffgehalt von der Formel $C_8H_{12}(:N.NH.CO.NH_2)_2$ selbst nach vielfachem Umkristallisieren vorgetäuscht wird. In ähnlicher Weise verhält sich der Körper gegen essigsaures Nitrophenylhydrazin. Erst als ich Hydroxylamin in neutraler Lösung auf das Diketon einwirken ließ, erhielt ich ein schön kristallisierendes Dioxim, welches die genaue Zusammensetzung $C_7H_{12}(NOH)_2$ anzeigte. Die Bildung des Diacetylpropans aus dem über das Dihydrochlorid vermittels Pyridins regenerierten Kautschuk[2]) ist nun leicht zu deuten. Legt man die bisher gebrauchte Cyclooctadienformel zugrunde, so erhält man folgendes Schema:

$$\left(\!\!\begin{array}{c} CH_3 \\ \\ \\ CH_3 \end{array}\!\!\right)_x \rightarrow \left(\!\!\begin{array}{c} CH_3\;Cl \\ \\ \\ CH_3\;Cl \end{array}\!\!\right)_y \rightarrow \left(\!\!\begin{array}{c} CH_3 \\ \\ \\ CH_3 \end{array}\!\!\right)_z \rightarrow \begin{array}{l} CO.CH_3 \\ CH_2 \\ CH_2 \\ CH_2 \\ CO.CH_3 \end{array} + \begin{array}{l} CHO \\ CH_2 \\ CHO \end{array}.$$

Hierbei müßte als Nebenprodukt Malondialdehyd[3]), Malonhalbaldehydsäure bzw. Malonsäure entstehen. Von diesen drei Verbindungen habe ich bisher keine nachweisen können. Malonhalbaldehydsäure müßte bei der Temperatur, welche zum Zersetzen des Diozonids mit Wasser angewendet wird, leicht in Kohlendioxyd und Acetaldehyd[4]) zerfallen. Diese beiden Zerfallprodukte sind auch beobachtet

<hr>

1) Bouveault u. Locquin, Bull. de la Soc. chim. [3] **33**, 162 [1905].
2) Es wurde bisher nur natürlicher Parakautschuk verwendet.
3) Vgl. Claisen, Berichte d. Deutsch. chem. Gesellschaft **36**, 3664 [1903].
4) Wohl u. Emmerich, Berichte d. Deutsch. chem. Gesellschaft **33**, 2760 [1900].

worden. Die Malonsäure läßt sich möglicherweise noch in dem Gemenge der Calciumsalze, welches durch Neutralisieren der bei der Zersetzung des Diozonids durch Wasser erhaltenen Lösung mit Calciumcarbonat entsteht, auffinden. Dieses ist noch nicht genau genug daraufhin untersucht worden, und die Untersuchung wird noch längere Zeit in Anspruch nehmen. Ich habe aber geglaubt, schon jetzt das vorliegende Material publizieren zu müssen, um den erkannten Irrtum alsbald zu berichtigen.

Für die Konstitutionsbestimmung des Kautschuks bedeutet der Nachweis, daß sich bei seiner Umlagerung über das Hydrochlorid eine doppelte Bindung um ein Kohlenstoffatom vorschiebt, immerhin eine Förderung, und es ist bewiesen worden, daß tatsächlich die bisher angenommene Konfiguration:

$$
\begin{array}{ccc}
& C.CH_3 & \\
HC & \diagup \diagdown \, C.. & \\
| & & \\
H_2C & \longrightarrow & \\
| & & \\
H_2C & & \\
& \diagdown \diagup \, C.. & \\
& C.CH_3 &
\end{array}
\qquad
\begin{array}{c}
C.CH_3 \\
H_2C \diagup \diagdown \, C.. \\
| \\
H_2C \\
| \\
H_2C \\
\diagdown \diagup \, C.. \\
C.CH_3
\end{array}
$$

darin vorkommt.

Weiter ergibt sich daraus, daß der Kautschuk trotz seines hohen Moleküls und seiner kolloidalen Natur dieselben chemischen Reaktionen anzeigt, wie die einfachen Terpenkörper. Wie groß aber das dem Kautschuk zugrunde liegende Kohlenstoffgebilde ist, ob ein 8-, 12-, 16- oder etwa noch größerer Ringe vorhanden ist, dürfte auch damit noch nicht entschieden sein. Die Untersuchung der Nachläufe vom Diacetylpropan hat sehr interessante, z. T. prächtig kristallisierende Körper ergeben, deren Aufklärung möglich erscheint, aber noch viele Arbeit erfordert.

Experimentelles.

Meiner früher gegebenen Beschreibung der Umlagerung des Kautschuks über das Hydrochlorid habe ich nur wenig hinzuzufügen. Es wurden zu den folgenden Versuchen ca. 1200 g Regenerat in Portionen von 40 g in 800 ccm Essigester in monatelanger Arbeit ozonisiert und ca. 1500 g Diozonid erhalten, welche nicht umgefällt zu je 100 g mit je 600 ccm Wasser 1 Stunde unter Rückfluß verkocht wurden. Darauf neutralisierte man mit Calciumcarbonat unter Turbinieren, filtrierte und dampfte im Vakuum bei ca. 50° möglichst zur Trockne ein. Die Calciumsalze lassen sich dann im Soxhlet durch fünfmalige Extraktion mit abs. Äther vollkommen pulverig erhalten, wozu wieder monate lange Arbeit erforderlich ist. Der wässerige Vorlauf wird mit Kochsalz abgesättigt und wiederholt ausgeäthert. Hierbei erhält man noch einen beträchtlichen Teil des Ketongemisches. Dieser wurde mit dem Anteil, der durch Extrahieren der Calciumsalze im Soxhlet gewonnen war, vereint, nach dem Trocknen über Magnesiumsulfat zuerst durch sorgfältiges Dephlegmieren vom Äther befreit und nachher mit einem vierkugeligen Aufsatz mit evakuiertem Glasmantel fraktioniert. Es ergaben sich folgende Fraktionen unter 10 mm Druck:

I. von 60—70° hauptsächlich Lävulinaldehyd[1]),

II. von 75—90° (wenig), entfärbt Brom, enthält Methylcyclohexenon,

III. von 90—110° erstarrt in Eis, enthält das Diacetylpropan,

IV. von 110° usw.

Diacetylpropan.

Die Fraktion III, welche von 90—110° im Vakuum siedet, wird mit Eis-Kochsalz-Mischung abgekühlt und die erstarrte Masse in einem kalten Raume auf der Nutsche abgepreßt. Man bringt die abgepreßte weiße Masse darauf zum Schmelzen und durch Einstellen in Kältemischung wieder zum Erstarren und preßt nochmals auf der Nutsche ab. Dann wird die Masse zweimal aus heißem Petroläther umkristallisiert, schließlich im Vakuum destilliert und abermals aus Petroläther umkristallisiert. Man erhält so eine prächtig in weißen, perlmutterglänzenden Schuppen kristallisierende Substanz, deren Schmp. bei 33° bis 34° liegt. So lange man nicht die letzten Spuren von Verunreinigungen entfernt hat, ist die Substanz nicht haltbar, sie sintert bald zusammen und wird gelblich-opak. Nach dem angegebenen Reinigungsverfahren bereitet, läßt sie sich aber lange Zeit unverändert aufbewahren. Es sind so aus 1500 g Diozonid etwa 70 g des reinen Körpers gewonnen worden.

Der Siedepunkt liegt bei 764 mm Druck bei 221—222° (Naphthalin siedet unter gleichen Bedingungen bei 219,8°). Er ist nicht ganz konstant, wohl infolge einer kleinen Zersetzung. Unter 10 bis 11 mm Druck siedet der Körper völlig konstant bei 96,5—97° (Naphthalin 97,5°).

Analyse der im Vakuum über Schwefelsäure getrockneten Substanz. 0,1280 g Sbst.: 0,3076 g CO_2, 0,1099 g H_2O.

$C_7H_{12}O_2$. Ber. C 65,6,   H 9,4.
Gef. ,, 65,54, ,, 9,61.

---

[1]) Der Hauptanteil des Lävulinaldehyds geht beim Eindampfen der neutralisierten Lösung mit dem Wasser über und verbleibt in der mit Kochsalz versetzten Lösung; durch Wasserdampf kann man ihn daraus übertreiben und mit Phenylhydrazin als Pyridazin fällen.

Mol. - Bestimmung nach Beckmann: 0,2297 g Sbst., 24,78 g Benzol, Depression 0,35°.

$$\text{Ber. 128.   Gef. 132.}$$

Mol.-Refraktion und -Dispersion (im geschmolzenen Zustand): $D_4^{37} = 0,94986$, $n_d^{37} = 1,42767$, $n_\alpha = 1,42610$, $n_\beta = 1,43430$.

Mol.-Refraktion für 2 Carbonyle: 34,55, gef. 34,68.

$$M_{\beta-\alpha} \text{ ber. } = 0,56, \text{ ,, } 0,56.$$

Die γ-Linie war nicht zu bestimmen, da die Substanz augenscheinlich ein starkes Absorptionsvermögen für violettes Licht besitzt.

Das Diacetylpropan ist fast geruchlos und entfärbt nicht Brom in Eisessig. Es löst sich spielend leicht in Wasser, Alkohol, Äther, Benzol, Essigester, etwas schwerer in Hexan. Es ist mit Wasserdampf flüchtig und läßt sich aus der wässerigen, mit Kochsalz abgesättigten Lösung durch Äther ausschütteln. Mit Kaliumcarbonat ebenso Ammoniumsulfat versetzt, scheidet es sich zwar ab, die ölige Schicht bräunt sich aber. Der Körper reduziert beim Erhitzen Fehlingsche und ammoniakalische Silberlösung, liefert nicht die Pyrrolprobe und mit Eisenchlorid keine Färbung.

Derivate des Diacetylpropans.

Von ihnen ist das Dioxim am schönsten ausgebildet. Das Bisphenylhydrazon konnte nicht zum Kristallisieren gebracht werden.

Ein reines Bisnitrophenylhydrazon erhielt man nur, wenn das Keton mit freiem Nitrophenylhydrazin in alkoholischer Lösung versetzt wurde. Das Disemicarbazon konnte nicht rein gewonnen werden, wahrscheinlich weil Semicarbazid basisch ist.

2,6 - Dioximinoheptan.

Man bereitet diesen Körper am besten, indem man die Lösung des Diacetylpropans in Wasser mit der berechneten Menge Hydroxylaminchlorhydrat (2 Mol.), ebenfalls in Wasser gelöst und vorher mit Natriumbicarbonat neutralisiert, versetzt und dann 24 Stunden stehen läßt. Nach dieser Zeit wird das Oxim durch gesättigte Kaliumcarbonatlösung vollständig abgeschieden und in Äther aufgenommen. Es erstarrt beim Stehen im Exsiccator allmählich zu großen, strahligen Gebilden, die aus Essigester, Petroläther, nach dreimaligem Umkristallisieren, in dicken, glasglänzenden Prismen anschießen und bei 87° schmelzen.

I. 0,1226 g der im Vakuum bei 50° getrockneten Sbst.: 0,2378 g CO_2, 0,0956 g H_2O. — 0,1254 g Sbst.: 19,1 ccm N (11°, 747,6 mm).

II. 0,1236 g Sbst.: 0,2431 g CO_2, 0,1017 g H_2O. — 0,1205 g Sbst.: 18,5 ccm N (20°, 764 mm).

$C_7H_{14}O_2N_2$.

Ber. C   53,2,   H   8,8,   N   17,7.
Gef. ,, I. 52,9, II. 53,64, ,, I. 8,72, II. 9,2, ,, I. 17,86, II. 17,64.

Das Disemicarbazon, nach Bouveault[1]) in wässeriger Lösung bereitet, scheidet sich als weißes, undeutlich kristallinisches Pulver ab und ist sehr schwer löslich in heißem, abs. Alkohol. Der Schmelzpunkt konnte nach häufigem Umkristallisieren aus 70proz. Sprit bis 214° hinaufgetrieben werden. (Das erstemal wurde nach fünfmaligem Umkristallisieren aus Wasser der Schmp. 185,5° gefunden.) Aber auch hier ist der Schmelzpunkt noch unscharf. Die Analyse lieferte keine stimmenden Werte.

0,1364 g der im Vakuum bei 100° getrockneten Sbst.: 0,2356 g CO_2, 0,1011 g H_2O. — 0,1164 g Sbst.: 34,2 ccm N (20°, 764,4 mm).

$C_9H_{18}O_2N_6$.   Ber. C 44,6,   H 7,44, N 34,7.
Gef. „   47,11,   „   8,29, „ 33,78.

Das Disemicarbazon ist sehr oft dargestellt und analysiert worden.

Bisnitrophenylhydrazon. Diese Verbindung fällt sofort kristallinisch aus, wenn man alkoholische Lösungen des Ketons und von Nitrophenylhydrazin vermischt. Dreimal aus abs. Alkohol umkristallisiert, bildet es goldgelbe, büschelförmig zusammenstehende Nädelchen, die bei 182—183° schmelzen.

0,1180 g der im Vakuum bei 100° getrockneten Sbst.: 0,2493 g CO_2, 0,0612 g H_2O. — 0,1221 g Sbst.: 22,2 ccm N (22°, 776,8 mm). — 0,1173 g Sbst.: 21,5 ccm N (20°, 772 mm).

$C_{19}H_{22}N_6O_4$.   Ber. C 57,3,   H 5,5, N 21,1.
Gef. „   57,62,   „   5,8, „ 21,0, 21,32.

Überführung des Diacetylpropans in 1 - Methyl-cyclohexen - (1) - on - (3).

Hierzu löst man das Diacetylpropan etwa in 3 Teilen Wasser, fügt einige Tropfen 40proz. Natronlauge hinzu und erwärmt gelinde auf 30—40°. Hierbei trübt sich die Lösung plötzlich und scheidet an der Oberfläche ein gelbliches Öl von dem charakteristischen Geruch des Methylcyclohexenons ab, welches in Äther aufgenommen und nach dem Absieden des letzteren direkt fast rein erhalten wird.

Zum genauen Vergleich wurde ein Präparat von Methylcyclohexenon nach dem Verfahren von Knoevenagel[2]) aus Methylendiacetessigester durch Verseifen mit Schwefelsäure dargestellt. Der Siedepunkt des aus dem Diketon erhaltenen Öles lag direkt bei 194—196°, während das Vergleichspräparat bei 198—200° sott.

Das erstere besaß $D_4^{21} = 0,9738$; $n_d^{21°} = 1,49299$; $n_\alpha = 1,48909$; $n_\beta = 1,50360$; $n_\gamma = 1,51320$.

Mol.-Refraktion: Ber. 31,85, gef. 32,86.

Das Vergleichspräparat besaß $D_4^{21} = 0,9721$; $n_d^{21°} = 1,49395$; $n_\alpha = 1,49005$; $n_\beta = 1,50455$; $n_\gamma = 1,51415$.

Mol.-Refraktion: Ber. 31,85, gef. 32,97.

---

[1]) loc. cit.
[2]) loc. cit.

Rabe[1]) hat sehr ähnliche Daten für die α-Verbindung angegeben, während Auwers[2]) etwas höhere Werte findet.

Zur weiteren Identifizierung wurde das Semicarbazon[3]) dargestellt und verglichen. Aus beiden Präparaten erhielt man weiße Produkte, die, aus Alkohol umkristallisiert, bei 199—200° schmolzen; der Mischschmelzpunkt ergab keine Depression. Schließlich wurde das nach der neuen Methode bereitete Semicarbazon noch analysiert.

0,1328 g der im Vakuum bei 100° getrockneten Sbst.: 0,2820 g CO_2, 0,0946 g H_2O. — 0,1172 g Sbst.: 25 ccm N (17°, 763,5 mm).

$C_8H_{13}N_3O$.   Ber. C 57,5,   H 7,80, N 25,10.
Gef. ,, 57,91, ,, 7,97, ,, 24,89.

Zu bemerken ist, daß auch beim Aufkochen des Diacetylpropans mit Ammoniak mit und ohne Essigsäure in der Hauptsache Methylcyclohexenon entsteht, nur zum Teil wird hierbei, wie es scheint, eine Lutidinbase gebildet.

Ich beabsichtige, die Untersuchung über das Diacetylpropan fortzusetzen und zu versuchen, ob man es nun, nachdem man seine Eigenschaften genau kennt, nicht auf einfacherem Wege darstellen kann.

Für die schwierige und langwierige Untersuchung fand ich in der Person des Herrn Dr. Ewald Fonrobert einen ausgezeichneten Mitarbeiter, dem ich für seinen hingebenden Eifer auch an dieser Stelle herzlich danke.

---

[1]) Berichte d. Deutsch. chem. Gesellschaft **40**, 2486 [1907].
[2]) Journ. f. prakt. Chemie [2] **84**, 18 [1911].
[3]) Vorländer u. Gaertner, Annalen d. Chemie u. Pharmazie **304**, 23 [1898].

92. C. Harries: Über Versuche zur Spaltung des Caseins vermittels Ozon.

Kurze Mitteilung aus dem Chemischen Institut der Universität Kiel.
Berichte der Deutschen chemischen Gesellschaft **38**, 2990 [1905].
(Eingegangen am 12. August 1905.)

v. Gorup-Besanez[1]) hat bereits ozonisierte Luft auf in Lösung gebrachte Eiweißstoffe und speziell Casein einwirken lassen. Obgleich er eine Veränderung der untersuchten Stoffe durch das Ozon feststellen konnte, gelang es ihm nicht, zu charakteristischen Spaltprodukten zu gelangen. Wirkliche Resultate im Abbau des Caseins sind bislang nur bei der Behandlung desselben mit kochender, konz. Salzsäure erzielt worden. Hier ist es Emil Fischer[2]) gelungen, die bei der Aufteilung des Caseins durch Salzsäure erhaltenen Amidosäuren durch fraktionierte Destillation ihrer Ester zu trennen. Immerhin ließ sich aus den Resultaten dieser Abhandlungen entnehmen, daß sich bisher ein nicht unerheblicher Spaltungsanteil des Caseins der Untersuchung entzogen hat. Es schien daher bei dem jetzigen Stande der Ozonmethode nicht ausgeschlossen, daß die Spaltung des Caseins durch Ozon mit Erfolg wiederaufzunehmen sei. Hierzu wurde wie folgt verfahren.

Das Casein wird in der gerade notwendigen Menge $^1/_{10}$ n-Natronlauge gelöst und so lange der Einwirkung des Ozons ausgesetzt, bis verdünnte Salzsäure keinen Niederschlag von unverändertem Casein mehr hervorruft. Die so erhaltene, farblose, schwach saure Lösung enthält im Gegensatz zu den bisher von mir bei der Ozonisation gemachten Erfahrungen kein Wasserstoffsuperoxyd und reduziert nur schwach Fehlingsche Lösung. Indessen sind salpetrige Säure und Salpetersäure darin nachzuweisen. Nach einigem Stehen zeigt die ozonisierte Lösung einen charakteristischen Geruch nach geschmolzenem Zucker. Daraufhin wurde zunächst versucht, die zuckerartige Substanz vermittels Phenylhydrazin zu isolieren. Zu dem Ende wurde die Lösung mit salzsaurem Phenylhydrazin und Natriumacetat auf dem Wasserbade während $1^1/_2$ Stunden erwärmt. Hierbei schied sich nach Zusatz von Normalsalzsäure ein gelbes, flockiges Osazon in einer Aus-

---

[1]) Annalen d. Chemie u. Pharmazie **110**, 96 [1859].
[2]) Zeitschr. f. physiol. Chemie **33**, 151 [1901]; **39**, 155 [1903]; **42**, 540 [1904]; vgl. Skraup, ebd. **42**, 244 [1904]; Abderhalden, Chem. Centralbl. 1905, I, 891.

beute von 1 g aus 3 g ozonisiertem Casein ab. Dieses Osazon enthält fast den gesamten Phosphor des Caseins und besitzt saure Eigenschaften, es reduziert Fehlingsche Lösung wie dasjenige des Milchzuckers, ist aber schwer löslich in Wasser. Bei oft wiederholten Darstellungen zeigte es sich, daß die Analysenresultate dieser Verbindung wenigstens in bezug auf den Stickstoffgehalt nicht in Übereinstimmung zu bringen waren. Infolgedessen wurde die ozonisierte Lösung mit Bleiacetat versetzt, wobei ein weißer Niederschlag eines Bleisalzes entstand. Aus dem Bleiniederschlage läßt sich durch geeignete Behandlung mit Schwefelwasserstoff ein schöner, weißer, in Wasser leicht löslicher Körper gewinnen, der sich bei ungefähr 135° unter Aufschäumen zersetzt; von den anderen gebräuchlichen Lösungsmitteln wird er nicht aufgenommen. Die Ausbeute berechnet sich auf mindestens 30% vom angewandten Casein. Der Körper enthält fast 2% Phosphor und über 40% Sauerstoff, während der Stickstoffgehalt ca. 5—7% beträgt. Die Lösung der Substanz reagiert sauer, gibt keine Biuretreaktion und mit Phosphorwolframsäure keine Fällung. Erwärmt man die genau neutralisierte, wässerige Lösung des Körpers mit salzsaurem Phenylhydrazin und Natriumacetat gelinde während $1^{1}/_{2}$ Stunden auf dem Wasserbade, so kann man aus ihr durch Zusatz von Normalsalzsäure dasselbe gelbe Osazon abscheiden, welches man auch direkt aus der ozonisierten Flüssigkeit erhält; es zersetzt sich bei ca. 200°. Die Erörterung der Konstitution dieses Phosphorkörpers möchte ich mir für später vorbehalten. Es ist nicht unwahrscheinlich, daß derselbe einen zuckerartigen Körper als Bestandteil enthält. Aus der Mutterlauge des mit Bleiacetat gefällten Bleisalzes kann man nach dem Entbleien mit Schwefelwasserstoff und Eindampfen im Vakuum ein gelatinöses, in Wasser leicht lösliches Produkt erhalten, welches sowohl noch die Biuretprobe, wie mit Phosphorwolframsäure den weißen Niederschlag liefert und den Bestandteil darzustellen scheint, aus dem bei der Spaltung durch Salzsäure die Amidosäuren entstehen. Die weitere Untersuchungsweise ergibt sich aus dem Gesagten von selbst.

Zu den Untersuchungen benutzte ich Casein „Kahlbaum - Hammarsten". Dasselbe enthielt durchgängig 0,85% Phosphor.

Herrn Dr. Langheld danke ich für seine wertvolle Unterstützung bei dieser Untersuchung freundlichst.

93. C. Harries und K. Langheld: Über das Verhalten des Caseins gegen Ozon.

Aus dem Chemischen Institut der Universität Kiel.
Zeitschrift für physiologische Chemie **51**, 342 (1907).
(Der Redaktion zugegangen am 19. März 1907.)

Die Resultate, auf denen sich unsere heutige Kenntnis der Eiweißchemie aufbaut, beruhen im wesentlichen auf den Ergebnissen der Säure- und Alkalispaltung, den Beobachtungen am lebenden Organismus und der Verfolgung der durch Fermente oder Bakterien eingeleiteten Spaltprozesse. In allen Fällen handelt es sich um die nähere Untersuchung eines weitgehenden hydrolytischen Teilungsvorganges des Eiweißmoleküls. Diese gemeinsame Grundlage im Verein mit der chemischen Gleichartigkeit der entstehenden Trennstücke bedingt die Schwierigkeiten, die der stufenweisen Verfolgung des Abbaus bei den bis jetzt verwandten Verfahren im Wege stehen. Bis vor wenigen Jahren war unser Wissen selbst über die äußersten Spaltstücke des Eiweißes, die Aminosäure, noch recht lückenhaft. Emil Fischer[1]) war einer der ersten, der den großen experimentellen Hindernissen mit Erfolg zu begegnen wußte. Das von ihm ausgearbeitete Verfahren der Trennung der Aminosäuren durch fraktionierte Destillation ihrer Ester[2]) ermöglichte zunächst eine genauere Erforschung der Bausteine des Proteidmoleküls. Die so gewonnenen Resultate haben im Verein mit den Ergebnissen der Kosselschen Methode[3]) zur Bestimmung der Diaminosäuren unsere Kenntnis über den Aufbau der verschiedenen Eiweißarten ganz bedeutend gefördert. Um zu Trennungsverfahren für die höheren Spaltstücke der Proteide zu gelangen, hat Emil Fischer[4]) alsdann die synthetische Verkettung der bei der Spaltung aufgefundenen Aminosäuren in Angriff genommen. Diese Arbeiten haben zu Substanzen geführt, die den natürlichen Peptonen in ihrem Verhalten äußerst ähnlich sind und von ihrem Entdecker als Polypeptide bezeichnet werden. Schließlich ist es ihm und Abderhalden gelungen, auf

---

[1]) Vgl. Emil Fischer, Berichte d. Deutsch. chem. Gesellschaft **39**, 530 [1906].
[2]) loc. cit.
[3]) Vgl. A. Kossel, Zeitschr. f. physiol. Chemie **31**, 165 [1900].
[4]) loc. cit.

Grund so gesammelter Erfahrung das Vorkommen von Dipeptiden unter den hydrolytischen Spaltstücken des Seidenfibroins[1]) und des Elastins[2]) zu entdecken und so den direkten Nachweis für das Vorhandensein von Polypeptidkomplexen im Proteidmolekül zu erbringen. Lassen diese für die Zukunft noch viel versprechenden Versuche auch erkennen, daß man unter Benutzung der bislang meist geübten Spaltungsmethoden schließlich zu Resultaten gelangen kann, so muß doch die Auffindung von neuen Wegen erwünscht sein, in denen das Eiweiß an anderen Stellen als bisher angegriffen wird und so vielleicht leichter voneinander trennbare Spaltkörper erhalten werden könnten. Aus diesen Überlegungen heraus wurden die Versuche von Gorup - Besanez[3]) über die Einwirkung von Ozon auf Eiweiß wiederaufgenommen, nachdem dieses Oxydationsverfahren durch den einen von uns und seine Schüler[4]) jetzt allmählich zu einer brauchbaren Methode ausgearbeitet worden ist.

Vor nunmehr Jahresfrist ist kurz mitgeteilt worden, daß sich das Casein[5]) in alkalischer Lösung durch Ozon oxydieren läßt. Ein Oxydationsprodukt wurde durch essigsaures Phenylhydrazin als osazonartiges Produkt isoliert. Bei der weiteren Untersuchung stellte sich aber heraus, daß dieser Körper weder ein einheitliches Individuum ist, noch wahrscheinlich zu dem Casein in einfachen Beziehungen steht. Daher wurden die Methoden zur Isolierung der Spaltstücke unter folgenden Gesichtspunkten verändert.

Man hätte denken können, daß das Proteid an einigen Stellen seines Moleküls aliphatische Doppelbindungen enthielte, daß an diesen die Oxydation einsetze, und so verschiedenartige Trennstücke erzeuge. Allerdings war vorauszusehen, daß die Molekulargröße der letzteren noch sehr hoch und die Untersuchung wegen der Schwierigkeit der Reinigung solcher Produkte sehr erschwert, wenn nicht unmöglich gemacht werden würde. Trotzdem wurde durch kombinierte Fällung mit Phosphorwolframsäure und Bleiacetat der Versuch gemacht, solcher Spaltstücke habhaft zu werden. Die oxydierte Caseinlösung wurde zunächst mit Phosphorwolframsäure gefällt und sowohl der aus dem Niederschlag regenerierte Teil 1 wie die Mutterlauge 2 mit Bleiacetat versetzt. Es zeigte sich dabei, daß Teil 1 mit Bleiacetat teilweise,

[1]) Vgl. Emil Fischer u. Emil Abderhalden, Berichte d. Deutsch. chem. Gesellschaft **39**, 752 [1906].

[2]) Vgl. Emil Fischer u. Emil Abderhalden, Berichte d. Deutsch. chem. Gesellschaft **39**, 2315 [1906]. — Vgl. auch P. A. Levene u. W. A. Beatty, Berichte d. Deutsch. chem. Gesellschaft **39**, 2060 [1906].

[3]) Vgl. v. Gorup-Besanez, Annalen d. Chemie u. Pharmazie **110**, 96 [1859].

[4]) Vgl. C. Harries, Annalen d. Chemie u. Pharmazie **343**, 311 [1905].

[5]) Vgl. C. Harries, Berichte d. Deutsch. chem. Gesellschaft **38**, 2990 [1905].

die durch Phosphorwolframsäure nicht mehr fällbaren Spaltprodukte 2 auch nicht mehr durch Bleiacetat niedergeschlagen werden. Die Menge der durch Phosphorwolframsäure nicht fällbaren Körper ist gering. Die aus den drei so erhaltenen Fraktionen wiedergewonnenen Substanzen — aus dem Bleiniederschlag 1, aus der Mutterlauge hiervon 2, aus der Mutterlauge von der Phosphorwolframsäurefällung 3 — waren nur im Vakuum fest, aber äußerst hygroskopisch und zum Teil (2 und 3) auch mit anorganischen Salzen durchsetzt. Sie luden nicht zu einer weiteren Untersuchung ein. Dagegen konnten wir aus dem bei direkter Fällung einer ozonisierten Caseinlösung mit Bleiacetat erhaltenen Niederschlage durch Zerlegung mit Schwefelwasserstoff ein weißes festes, aber amorphes peptonartiges Produkt gewinnen, dessen nähere Untersuchung zeigte, daß wir es auch hier wahrscheinlich noch nicht mit einem einheitlichen Körper zu tun hatten.

Diese Versuche waren in bezug auf den Endzweck, zu dem sie unternommen waren, ergebnislos, ließen aber mit einiger Sicherheit erkennen, daß die Spaltung durch Ozon stets in demselben Sinne vor sich geht. Sie waren, wie schon oben angedeutet ist, von Anfang an nicht sehr aussichtsvoll und konnten es um so weniger sein, als in dem Casein ein äußerst kompliziertes Proteid vorliegt. Man wird uns fragen, warum wir gerade zuerst das Casein herangezogen haben, dessen Einheitlichkeit nicht einmal feststeht. Wir haben das Casein zunächst deshalb verwendet, weil es einmal in ständig gleichbleibender Beschaffenheit leicht zu erhalten ist und weil es uns in der Hauptsache nur darauf ankam, die Wirkungsweise des Ozons an sich auf die Proteide festzustellen.

Aus unseren Versuchsergebnissen scheint nun mit Sicherheit hervorzugehen, daß das Casein an mehreren, aber bestimmten Punkten durch das Ozon angegriffen wird. Eine Ozonidbildung findet nicht statt. Vielleicht erfolgt eine direkte Spaltung des Moleküls, wie es der eine von uns und Thieme[1]) in ähnlicher Weise bei der Ozonisation des ölsauren Natriums in wässeriger Lösung beobachteten. Die Spaltung scheint jedenfalls an anderen Stellen wie bei den bisher angewandten Methoden vor sich zu gehen. Dieser Umstand, sowie derjenige, daß die Polypeptide gegen Ozon wahrscheinlich beständig sind, könnten zunächst den Schluß zulassen, daß im Proteidmolekül die einzelnen Atomkomplexe nicht nur nach Art der Polypeptide miteinander verkettet sind, sondern daß noch andere Bindungssysteme, wie z. B. Kohlenstoffoder Kohlenstoffstickstoffdoppelbildungen vorhanden sind, an denen die Wirkung des Ozons ansetzt. Nachweislich werden bei der Spaltung

---

[1]) Vgl. C. Harries u. C. Thieme, Annalen d. Chemie u. Pharmazie **343**, 354 [1905].

auch Substanzen mit Keto- und Aldehydgruppen gebildet. Diese können aber sowohl dadurch entstehen, daß die Doppelbindung in dem geschilderten Sinne gesprengt wird, als auch dadurch, daß die Phenylkerne der aromatischen Aminosäureradikale zerstört werden, ohne daß dabei die polypeptidartige Verkettung verändert wird. Auf letzteren Punkt kommen wir nachher zurück. Vielleicht läßt sich einmal auf diesem Vorhandensein von reaktionsfähigen Carbonylen eine Methode zur Isolierung größerer Trennstücke begründen. Die Aufspaltung des Eiweißes durch Ozon gibt auch eine einfache Erklärung für die von E. Buchner[1] u. a. beobachtete Aufhebung der Gärfähigkeit von Hefe durch Ozon. Es findet dabei eine Zerstörung der dem Eiweiß ähnlich gebildeten Zymase statt.

Als wir festgestellt hatten, daß die aus den Blei- und Phosphorwolframsäureniederschlägen regenerierten Oxydationsprodukte des Caseins nach den zurzeit bekannten Reinigungsmethoden nicht zu einheitlichen Produkten führten, untersuchten wir dieselben weiter nach folgenden Gesichtspunkten. Setzen wir den Fall, das Casein bestände aus einem Komplex $R_I = R_{II} = R_{III}$ und es würde durch die Oxydation in die drei Teile R_IO; $R_{II}O_2$; $R_{III}O$ zerlegt, von denen sich $R_{II}O_2$ durch Phosphorwolframsäure und Bleiacetat, R_IO durch Phosphorwolframsäure und nicht durch Bleiacetat und schließlich $R_{III}O$ durch keines von beiden Fällungsmitteln niederschlagen ließen, so könnte man vermuten, daß diese Reste R_IO, $R_{II}O_2$ und $R_{III}O$ unter sich Differenzen zeigen müßten. Verschiedene Aminosäuren könnten an ihrem Aufbau beteiligt sein. Diese Frage war nun experimentell nicht so schwer zu entscheiden und hätte sie zu positiven Resultaten geführt, so wäre damit vielleicht ein nicht unwesentlicher Schritt zur Aufhellung der Struktur des Proteins getan worden.

Man brauchte nur die aus den verschiedenen Niederschlägen regenerierten Spaltstücke mit Salzsäure zu hydrolysieren, die entstehenden Aminosäuren nach der Emil Fischerschen Methode[2] zu esterifizieren und die Ester zu fraktionieren. Hierbei hat sich herausgestellt, daß sich nach dieser Methode beim Casein keine bestimmten Gruppierungen nachweisen lassen, außer daß die durch Phosphorwolframsäure und Bleiacetat nicht fällbaren Spaltprodukte $R_{III}O$ kein oder jedenfalls nur wenig Leucin enthalten. Bei der Spaltung erhält man immer ähnliche Gemenge der verschiedenen Aminosäuren, die in bekannter Weise getrennt und identifiziert wurden. Hierbei ist die Abwesenheit von Phenylalanin hervorzuheben. Auch Tyrosin konnte nach den gebräuchlichen Methoden nicht nachgewiesen werden. Die ozonisierte Lösung

---

[1] Privatmitteilung.
[2] Vgl. loc. cit.

gibt weder die für das Tyrosin typische Millonsche noch die Tryptophanreaktion. Dies rührt davon her, daß der aromatische Kern in Verbindung mit einer basischen Gruppe durch Ozon zerstört wird[1]), wobei reduzierende Verbindungen entstehen, die mit Phenylhydrazin reagieren. Die so entstehenden Keto- und Aldehydkörper dürften sich mit in dem Phenylhydrazon befinden, das der eine von uns in der ersten Mitteilung beschrieben. Wie wir schon hervorhoben, könnte sich die Aufspaltung des Eiweißmoleküls auch ohne die Annahme anderer als der Polypeptidbindungen allein durch die Zerstörung der aromatischen Ringe erklären lassen. Dieser Einwand dürfte nicht ohne weiteres von der Hand zu weisen sein. Wenn nämlich die Aufspaltung der Benzolkerne an sich eine Teilung des polypeptidartig gebundenen Moleküls nicht bedingen, sondern nur eine Umwandlung der ursprünglich aromatischen Aminosäureradikale in aliphatische zur Folge haben sollte, so wäre damit doch die sehr wesentliche Veränderung der Eigenschaften des Caseins nach der Oxydation hinreichend erklärt.

Bei der näheren Untersuchung der aus den Estern wieder in Freiheit gesetzten Aminosäuren sind an verschiedenen Stellen Substanzen beobachtet worden, die mit den sonst auf diese Weise erhaltenen Aminosäuren nicht identisch zu sein scheinen, aber vorläufig wegen der nur geringen vorhandenen Mengen nicht genauer untersucht werden konnten.

Experimenteller Teil.

Ozonisation von Casein.

Je 200 g Casein puriss. nach Hammarsten dargestellt, wurden unter Zusatz von 475 ccm Normalnatronlauge in $3^{1}/_{2}$ l Wasser gelöst. Die trübe Lösung färbte sich beim Einleiten des Ozons unter starker Nebelbildung zunächst dunkelbraun, um nach 30 stündiger Einwirkung des ozonisierten Sauerstoffs bei gleichzeitigem Aufhören der Dämpfe wieder wasserklar zu werden. Nach ca. 10 stündiger Oxydation war die alkalische Reaktion aufgehoben. Die Lösung rötete alsdann blaues Lackmuspapier. Gleichzeitig hiermit setzte ein starkes Schäumen der Flüssigkeit ein, das bis zum Schluß der Oxydation anhielt. Die Ozonisation wurde als beendigt angesehen, wenn auf Zusatz von Salzsäure zu einer Probe der ozonisierten Lösung kein Niederschlag entstand. Die Einleitungsdauer betrug für 200 g ca. 110 Stunden, und während dieser Zeit wurden ungefähr 5000 l Sauerstoff mit einem Ozongehalt von etwa 12% durchgeleitet. Bei der Verarbeitung kleinerer Mengen

---

[1]) Vgl. C. Harries u. V. Weiß, Annalen d. Chemie u. Pharmazie **343**, 369 [1905], und siehe folgende Abhandlung.

ist die Ausnutzung des Ozons eine weit schlechtere. 40 g Casein in entsprechender Weise gelöst, beanspruchen fast die gleiche Oxydationszeit wie 200 g. Der Sauerstoffverbrauch beträgt dabei ca. 1500 l.

I. Die ozonisierte Lösung.

A. Allgemeines Verhalten.

Die ozonisierten Lösungen rochen zuckerartig, reduzierten ammoniakalische Silbernitrat-, aber nicht Fehlingsche Lösung. Das Reduktionsvermögen stieg, wenn man die oxydierten Lösungen mit Salzsäure versetzte und einige Zeit sich 'selbst überließ. Sie zeigten eine schwache Reaktion auf Salpetersäure. Die Probe auf Wasserstoffsuperoxyd fiel stets negativ aus. Die Flüssigkeiten reagierten stark sauer und röteten blaues Lackmuspapier. Freie Oxalsäure war in keinem Falle nachweisbar, ebensowenig freie Phosphorsäure. Von Eiweißfarbreaktionen war nur die Biuretprobe positiv. Die Xanthoprotein-, Millonsche und Adamkiewicz - Hopkinsche Reaktion versagten. Die diese Farbreaktionen verursachenden Atomkomplexe des Phenylalanins, Tyrosins und Tryptophans müssen demnach durch Ozon zerstört werden. Durch Sättigen mit Ammonsulfat konnten bis zu $^{1}/_{10}$ des Gewichts des angewandten Caseins aus der ozonisierten Lösung ausgesalzen werden. Die üblichen Fällungsmittel für Eiweißstoffe gaben sämtlich unter geeigneten Bedingungen Niederschläge. Auch Barythydrat- und Magnesiumsulfatlösung[1]) unter Beigabe von Ammoniak brachten verhältnismäßig geringe Mengen von schwer filtrierbaren Barium- oder Magnesiumsalzen zur Abscheidung. Wurde eine 25 g Casein entsprechende Flüssigkeitsmenge im Vakuum eingedunstet, so blieb ein weißer, glasig spröder Körper im Gewicht von 29,5 g (nach Abzug des vorhandenen Natriums) zurück.

B. Prüfung auf mit Wasserdampf flüchtige oder alkohollösliche Spaltstücke.

Zur Prüfung auf etwa gebildete flüchtige aliphatische Säuren wurde die ozonisierte Lösung von 25 g Casein unter Zusatz von Schwefelsäure bei starker Kühlung der Vorlage im Vakuum eingedunstet. Das absolut geruchlose Destillat zeigte gegen Lackmus schwachsaure Reaktion, die schon nach Zugabe einiger Tropfen Normalnatronlauge in alkalische umschlug. Der beim Eindampfen hinterbleibende Rückstand enthielt keine Spur von organischer Substanz. Er bestand nach den Reaktionen aus Natriumnitrat. Zur Untersuchung auf alkohollösliche Spaltprodukte wurden 25 g Casein entsprechende Flüssigkeitsmengen

1. nach genauer Neutralisation der zugesetzten Natronlauge durch Salzsäure,
2. nach Zusatz überschüssiger Salzsäure

---

[1]) Vgl. folgende Abhandlung.

unter vermindertem Druck zur Trockne gedampft und die zurückbleibenden glasigen, gelblich gefärbten Körper mit abs. Alkohol ausgekocht. Beim Eindunsten des Alkohols blieben in beiden Fällen nur
geringe Reste, die wieder in Alkohol unlöslich waren.

C. Verhalten gegen Phenylhydrazin.

Setzte man zu der ozonisierten Lösung essigsaures Phenylhydrazin,
so trübte sie sich und nach eintägigem Stehen hatte sich ein brauner
amorpher Körper ausgeschieden, der in allen bekannten Lösungsmitteln, außer Eisessig, der ihn aber zersetzte, unlöslich war. Derselbe
wurde von Alkalien aufgenommen und war durch Säuren wieder fällbar. Mit Ausnahme seiner langsamen Bildung zeigte er ähnliche Eigenschaften wie die in der folgenden Arbeit beschriebenen, aus dem Phenylalanin, Tyrosin und Tryptophan erhaltenen Phenylhydrazinderivate.
Zu seiner Darstellung wurde schließlich folgender Weg eingeschlagen.
Die ozonisierte Lösung wurde nach Zusatz des gleichen Volumen Wassers
mit $^1/_{10}$ n-Natronlauge unter Benutzung von Phenolphthalein als Indicator genau neutralisiert. Es wurden dann $^3/_4$ der Gewichtsmenge
des angewandten Caseins an salzsaurem Phenylhydrazin und die fünffache Menge Natriumacetat hinzugefügt. Nach anderthalbstündigem
Erwärmen der Mischung auf dem Wasserbade wurde die rotbraun
gefärbte Lösung abgekühlt, von geringen Ausscheidungen durch Filtration getrennt und das Phenylhydrazinderivat durch Zugabe überschüssiger Normalsalzsäure abgeschieden. Die so gewonnene Substanz
war ein hellgelber amorpher Körper, der zwischen 180 und 200° schmolz.
Er reduzierte Fehlingsche Lösung in der Wärme und zeigte die schon
erwähnten Löslichkeitsverhältnisse. Ob der Körper noch die Biuretreaktion gab, konnte wegen der braunen Farbe der Lösung nicht einwandfrei festgestellt werden. Die Ausbeute betrug 33% des angewandten Caseins. Die Verbrennungen gaben vor allen in den Stickstoff-
werten große Differenzen. Es wurden folgende Resultate erhalten:

C	H	N
54,03%	6,70%	15,82%
54,47%	6,55%	12,10%
53,58%	6,62%	13,48%
53,07%	6,73%	8,34%
53,10%	7,27%	14,38%

Phosphor war in den auf die oben bezeichnete Weise dargestellten
Produkten entgegen der früheren Mitteilung nur in Spuren vorhanden,
ebenso Schwefel.

II. Allgemeine Untersuchung der aus der ozonisierten Caseinlösung durch Fällung erhaltenen Fraktionen.

A. Fraktionierung durch direkte Fällung mit Bleiacetat.

Wurde zu der ozonisierten Caseinlösung eine konzentrierte Blei-acetatsolution gegeben, so entstand ein reichlicher Niederschlag. Dieser Bleikörper wurde durch Schwefelwasserstoff zerlegt. Da bei der Zersetzung durch einfaches Einleiten des Schwefelwasserstoffs auch bei mehrfacher Wiederholung der Operation stets größere Mengen der Eiweißsubstanz im Niederschlage zurückblieben, wurde schließlich die Zerstörung der Substanz unter Rühren und Einleiten des H_2S unter Druck vorgenommen. Hierbei fand ein in geeigneter Weise modifizierter Apparat, wie ihn Emil Fischer in seiner Anleitung zur Ausführung organischer Präparate (Präparat 22) beschreibt, Anwendung. Als Sperrflüssigkeit wurde Quecksilber benutzt. Wurde die Bleifällung von 200 g angewandtem Casein in dieser Weise 6 Stunden lang der Einwirkung des Schwefelwasserstoffs ausgesetzt, der Niederschlag mehrfach mit heißem Wasser ausgezogen und abgepreßt, so enthielt er nur noch Spuren von organischer Substanz. Das Filtrat vom Bleisulfid hinterließ beim Eindampfen unter vermindertem Druck einen schönen, weißen, glasig spröden Körper, der in allen bekannten Lösungsmitteln, außer Wasser, unlöslich war. Er zeigte undeutlich die Biuretreaktion, reduzierte ammoniakalische Silbernitratlösung in der Wärme, aber nicht Fehlingsche Lösung. Phosphorwolframsäure in schwefelsaurer Lösung und die anderen Eiweißfällungsmittel ergaben Niederschläge. Die Substanz schäumte beim Erwärmen im Schmelzpunktröhrchen zwischen 116 und 120° auf, ohne sich zu färben. Die Ausbeute betrug 39—40% des angewandten Caseins. Das Produkt resp. das Gemenge der dasselbe ausmachenden Körper zeigte, auch wenn es in verschiedenen Operationen und aus verschiedenen Caseinen dargestellt war, große Konstanz der Eigenschaften. Es brauchte beispielsweise je 1 g zur Neutralisation 51,29 ccm, 49,11 ccm, 50,86 ccm, 52,11 ccm, 52,18 ccm $^1/_{10}$ n-Natronlauge. Auch die Drehung des polarisierten Lichtes durch verschiedene Proben gab annähernd übereinstimmende Werte.

1,8236 g Substanz in 30 ccm H_2O gelöst drehten im 2 dm-Rohr 6,70° nach links

$$(\alpha)_{18} = 58,4°.$$

1,8214 g Substanz gelöst in 30 ccm H_2O drehten im 2-dm-Rohr 6,53° nach links

$$(\alpha)_{20} = 56,97°.$$

Zwei Verbrennungen von Körpern verschiedener Darstellung gaben folgende Resultate:

1. C = 39,69%   H = 5,99%
2. C = 38,82%   H = 5,63%

Zur Prüfung der Einheitlichkeit wurde der Körper in der 15fachen Menge Wasser gelöst und die fünffache Quantität Alkohol hinzugefügt. Es fiel alsdann eine Substanz aus, die in ihrem Verhalten wesentlich von dem Ausgangskörper abwich. Je 1 g derselben erforderte zur Neutralisation 18,84 ccm resp. 20,70 ccm $^1/_{10}$ n-Natronlauge.

1,7350 g Substanz in 30 ccm H_2O gelöst drehten im $^1/_2$-dm-Rohr 1,53° nach links

$$(\alpha)_{21} = 55,97°.$$

0,8601 g Substanz in 15 ccm H_2O gelöst drehten im $^1/_2$-dm-Rohr 1,43° nach links

$$(\alpha)_{21} = 52,76°.$$

Von Körpern verschiedener Darstellung wurden folgende Verbrennungsresultate erhalten:

	C	H	N
1.	44,01%	7,02%	12,81%
2.	44,44%	6,33%	12,29%
3.	44,97%	6,69%	—
4.	—	—	12,65%
5.	44,98%	7,64%	12,37%

Diese so erhaltene neue Substanz zeigte bis 300° erhitzt keine Veränderung. Wiederholte Fällungen aus Wasser durch Alkohol oder Aceton ließen erkennen, daß auch hier wie häufig in der Eiweißchemie, trotz der ziemlich übereinstimmenden Analysen, noch kein einheitliches Produkt vorlag. Die angeführten Beobachtungen vermitteln zwar keine wichtigen chemischen Aufschlüsse, sind aber insofern von Interesse, als sie den ständig gleichen Verlauf der Spaltung dartun.

Das Filtrat vom Bleiniederschlage wurde vom überschüssigen Bleiacetat durch Einleiten von Schwefelwasserstoff befreit. Der Niederschlag wurde zweimal mit Wasser ausgekocht und abgepreßt. Beim Eindunsten des zunächst wasserklaren, später braun gefärbten Filtrats im Vakuum hinterblieb ein dunkler amorpher hygroskopischer Körper, der Fehlingsche Lösung nicht, wohl aber ammoniakalisches Silbernitrat in der Wärme reduzierte. Er gab alle Reaktionen der ozonisierten Caseinlösung. Sein Gewicht betrug 40—50% des angewandten Caseins, wenn das vorhandene Natrium als Natriumacetat in Rechnung gestellt wurde.

Das unter I C beschriebene Phenylhydrazinderivat konnte nur aus dem durch Blei fällbaren Teil erhalten werden. Beide Fraktionen gaben aber nach Ansäuern mit Schwefelsäure Fällungen mit Phosphorwolframsäure. Stark eingeengte Lösungen der zwei Teile wurden zur Kristallisation drei Wochen in den Eisschrank gestellt, ohne daß sich Spuren von kristallinischen Substanzen abgeschieden hätten. Tyrosin oder Leucin scheinen demnach im freien Zustande nicht vorhanden zu sein.

B. Kombinierte Fällung mit Phosphorwolframsäure und Bleiacetat.

Wurde die ozonisierte Caseinlösung mit so viel Schwefelsäure versetzt, daß der Säuregehalt 5% betrug und eine konzentrierte Auflösung von Phosphorwolframsäure hinzugefügt, so fiel ein weißer Körper aus, der im exsiccatortrockenen Zustande das gleiche Gewicht wie das angewandte Casein aufwies. Ein Überschuß an Phosphorwolframsäure war peinlichst zu vermeiden, da er lösend wirkte. Die Zerlegung der Fällung wurde zunächst in der bekannten Weise durch Schütteln mit überschüssigem Baryt versucht. Hierbei schied sich das Bariumphosphorwolframat in einer solchen Form aus, daß auch nach längerem Stehen eine Filtration selbst mittels einer Pukalschen Zelle unmöglich war. Diese unangenehme Eigenschaft des Niederschlages dürfte von den schon unter I A erwähnten, sich bei Zusatz einer Barythydratlösung zu der ozonisierten Caseinflüssigkeit bildenden Bariumsalzen, die gleichfalls außerordentlich schwer filtrierbar sind, herrühren. Am besten gelang noch die Trennung, wenn man den Niederschlag in möglichst wenig Ammoniak löste, mit einer warm gesättigten Barythydratlösung versetzte und nach einigem Stehen so lange Essigsäure hinzufügte, bis der Niederschlag anfing sich zusammenzuballen. Das Filtrat vom Bariumphosphorwolframat, das nach Entfernung des überschüssigen Baryts durch Schwefelsäure alle Reaktionen der ozonisierten Caseinlösung einschließlich des Phenylhydrazinderivates gab, war frei von anorganischer Substanz. Der abfiltrierte Niederschlag enthielt aber auch nach mehrfachem Auskochen mit Wasser noch große Mengen von Spaltprodukten. Diese Lösung wie das von Schwefel- und Phosphorwolframsäure durch Baryt befreite Filtrat der Phosphorwolframsäurefällung wurden mit Bleiacetat behandelt. Die Substanzen der ersten Flüssigkeit wurden fast gänzlich niedergeschlagen, während in der durch Phosphorwolframsäure nicht fällbaren Fraktion auch Bleiacetat keine Ausscheidung bewirkte. Diese letztere gab nach dem Entbleien noch die Biuretprobe, reduzierte aber nicht mehr und bildete auch kein Phenylhydrazinderivat. Ein 20 g Casein entsprechender Teil dieser Lösung wurde zur Prüfung auf etwa vorhandene freie Aminosäuren auf 50 ccm eingeengt und nach den Angaben von Emil Fischer und Peter Bergell[1]) unter Zusatz von Natronlauge mit einer ätherischen Lösung von 10 g β-Naphthalinsulfosäurechlorid 6 Stunden lang geschüttelt. Beim Ansäuern trat nur eine geringe Trübung auf, eine Abscheidung von schwer löslichen Derivaten der Aminosäuren oder niedrigeren Peptiden fand aber nicht statt. Solche Körper scheinen also bei der Ozonisation nicht gebildet zu werden.

---

[1]) Vgl. Emil Fischer u. Peter Bergell, Berichte d. Deutsch. chem. Gesellschaft **35**, 3779 [1902].

Die beim Eindampfen der drei Fraktionslösungen verbleibenden Körper waren im Vakuum fest, aber äußerst hygroskopisch. Sie wurden ihrer unangenehmen Eigenschaften wegen nicht weiter untersucht.

III. Untersuchung der einzelnen Fraktionen nach dem Esterverfahren.

A. Direkte Fällung mit Bleiacetat.

a) Regenerierung des Spaltungsproduktes aus dem Bleiniederschlage und seine Zerlegung durch Salzsäure.

Der durch Fällen einer 200 g Casein enthaltenden ozonisierten Lösung gewonnene Bleikörper im Gewicht von 80 g wurde durch achtstündiges Kochen mit 1 l konz. Salzsäure aufgespalten. Die Flüssigkeit färbte sich während des Kochens braun, ohne aber feste Stoffe abzuscheiden. Sie enthielt geringe Mengen von Oxalsäure. Die Reaktionsmasse wurde unter vermindertem Druck unter starker Kühlung der Vorlage eingedunstet. Zur Untersuchung auf etwa entstandene mit Wasserdampf flüchtige Körper wurde ein Teil des Destillats durch Schütteln mit Silberoxyd von der Salzsäure befreit. Nach der Filtration zeigte die so behandelte Flüssigkeit kein Reduktionsvermögen und gab unter Zusatz von Natronlauge im Vakuum eingedampft einen Rückstand, der keine organischen Substanzen enthielt. Auch das abfiltrierte Gemisch von Silberchlorid und Silberoxyd enthielt keine organischen Körper. Demnach entstanden auch bei der Spaltung des Bleikörpers keine flüchtigen Stoffe. Das Gemisch der salzsauren Spaltprodukte wurde mit wenig Wasser aufgenommen, mit Salzsäure gesättigt und mit einem Kristall von salzsaurer Glutaminsäure geimpft. Nach zweitägigem Stehen im Eisschrank hatten sich 2 g von salzsaurer Glutaminsäure ausgeschieden. Der Trockenrückstand der Lösung wurde nach den Angaben von Emil Fischer[1]) durch Übergießen mit 800 ccm abs. Alkohol und Sättigen mit Salzsäure verestert. Zur Vervollständigung der Reaktion wurde der Prozeß nach jedesmaligem vorhergehenden Eindampfen im Vakuum dreimal wiederholt. Der abdestillierte Alkohol, der nicht esterartig roch, wurde trotzdem zur Untersuchung auf etwa vorhandene nicht basische, leicht flüchtige Ester bei 20° unter stark vermindertem Druck eingedunstet. Es hinterblieb kein Rückstand. Das Gemenge der salzsauren Ester wurde in 500 ccm abs. Alkohol gelöst, wobei nur das gebildete Ammoniumchlorid zurückblieb. Es war frei von organischen Beimischungen und wog 5 g. Die Ester wurden nach dem Verfahren von Curtius durch Eintragen von Silberoxyd in die alkoholische Lösung unter starker Kühlung in Frei-

---

1) Vgl. Emil Fischer, Zeitschr. f. physiol. Chemie **33**, 151 [1905].

heit gesetzt. Die die freien Ester enthaltende Flüssigkeit wurde von dem Silberchlorid filtriert, der Niederschlag zweimal mit warmem abs. Alkohol ausgezogen und die vereinigten Lösungen im Vakuum unter starker Kühlung der Vorlage eingedampft. Das Destillat wurde unter Zusatz von Salzsäure zur Gewinnung der mitgerissenen Ester abermals eingedunstet. Der geringe Rückstand (0,8 g) gab in wenig Alkohol gelöst nach Sättigung mit Salzsäure und Impfung mit einem Kristall von salzsaurem Glykokollester keine Ausscheidung des genannten Körpers. Nach Entfernung der Salzsäure durch Silberoxyd wurde der freie Ester zu den übrigen gegeben. Das Gemisch der Ester wurde alsdann mit viel Äther aufgenommen. Der beim Verdampfen des Äthers verbleibende Rest im Gewicht von 45,3 g wurde nach den Angaben von Emil Fischer[1]) weiter verarbeitet. Bei der fraktionierten Destillation wurden folgende Teile erhalten:

$$
\begin{array}{lllllll}
1. & \text{Bei} & 15 & \text{mm Druck bis} & 60°\,{}^{2}) & = & 2{,}2 \text{ g} \\
2. & ,, & 15 & ,, \quad ,, \quad ,, & 100° & = & 2{,}2 \;,, \\
3. & ,, & 0{,}2 & ,, \quad ,, \quad ,, & 105° & = & 11{,}5 \;,, \\
4. & ,, & 0{,}1 & ,, \quad ,, \quad ,, & 185° & = & 10{,}3 \;,, \\
5. & \text{Rückstand} & & & & = & 19{,}1 \;,, \\
\end{array}
$$

$$45{,}3 \text{ g}$$

Die erste Fraktion wurde auf Glykokoll nach der schon oben erwähnten Methode erfolglos untersucht. 2 und 3 wurden alsbald nach der Destillation durch fünfstündiges Kochen mit Wasser verseift. Es wurden durch allmähliches Eindunsten der so gewonnenen Aminosäurelösung auf dem Wasserbade folgende Kristallfraktionen erhalten:

1. 0,5 g	Fast nur	Gef. Fraktion 1: $C = 54{,}81\%$; $H = 10{,}65\%$
2. 0,6 „	Leucin.	Sbst.: $0{,}1223$ g; CO_2: $0{,}2458$ g; H_2O: $0{,}1173$ g
3. 0,4 „	Berechnet	Gef. Fraktion 3: $C = 54{,}23\%$; $H = 10{,}26\%$
4. 0,5 „	für $C_6H_{13}O_2N$:	Subst.: $0{,}1202$ g; CO_2: $0{,}2390$ g; H_2O: $0{,}1110$ g
5. 0,4 „	$C = 54{,}96\%$ $H = 9{,}92\%$	Gef. Fraktion 5: $C = 53{,}16\%$; $H = 10{,}02\%$
	F. n. Amino-	Subst.: $0{,}1216$ g; CO_2: $0{,}2370$ g; H_2O: $0{,}1097$ g
6. 0,4 g	valeriansäure. Berechnet	
	für $C_5H_{11}O_2N$:	
7. 0,3 g	$C = 51{,}28\%$	Gef. Fraktion 7: $C = 48{,}33\%$; $H = 9{,}39\%$
	$H = 9{,}40\%$	Subst.: $0{,}1220$ g; CO_2: $0{,}2162$ g; H_2O: $0{,}1032$ g
8. 0,6 g	Alanin und unbek. Säuren.	Gef. Fraktion 8: $C = 41{,}13\%$; $H = 8{,}49\%$
		Subst.: $0{,}1256$ g; CO_2: $0{,}1894$ g; H_2O: $0{,}0942$ g
	Ber.f.$C_3H_7O_2N$:	
9. 1,0 g	$C = 40{,}45\%$; $H = 7{,}87\%$	
10. 2,8 g	in Alkohol löslich.	

7,5 g

Die Fraktionen von 6 ab wurden stets nach dem Auskochen mit Alkohol zur Wägung gebracht. 9 wurde durch Versetzen der restierenden Masse mit dem gleichen Volumen Alkohol erhalten. Die oben angeführten Verbrennungsresultate sind durch direkte Analysierung der einzelnen Fraktionen gewonnen. Sie zeigen, daß bis 5 einschließlich fast reines Leucin vorlag. Durch gemeinsames Umkristallisieren der fünf ersten Teile wurde 1 g Leucin erhalten, das bei der Verbrennung folgende Resultate lieferte:

0,1215 g Sbst.: 0,2461 g CO_2, 0,1120 g H_2O.

Berechnet für $C_6H_{13}O_2N$: C $= 54,96\%$; H $= 9,92\%$
Gefunden: C $= 55,24\%$; H $= 10,24\%$

Aus der Mutterlauge und den Fraktionen 6 und 7 wurden 0,4 g Aminoisovaleriansäure gewonnen:

0,1230 g Sbst.: 0,2297 g CO_2, 0,1076 g H_2O. — 0,1334 g Sbst.: 14,1 ccm N bei 773 mm und 20°.

Berechnet für $C_5H_{11}O_2N$: C $= 51,28\%$; H $= 9,40\%$; N $= 11,95\%$
Gefunden: C $= 50,93\%$; H $= 9,71\%$; N $= 12,26\%$

Aus den beiden letzten Fraktionen konnte kein einheitlicher Körper isoliert werden. Sie bestanden aus mindestens zwei, wenn nicht drei verschiedenen Substanzen, von denen eine wahrscheinlich Alanin ist. Löste man das Produkt in möglichst wenig heißem Wasser, so schied sich beim Abkühlen zunächst ein in Wasser schwerer löslicher Körper ab, der Aminoisovaleriansäure sein dürfte. Auf Zusatz des halben Volumens Alkohol kristallisierte bei längerem Stehen im Eisschrank eine Substanz in kleinen harten, kugelförmigen Kristallgefügen aus, die sich bei 216° unter starkem Aufblähen, aber ohne die Farbe zu ändern, zersetzte. Wurde jetzt der Alkoholgehalt der Lösung weiter erhöht, so fiel ein leichter weißer Körper aus, der in der Hauptsache Alanin sein dürfte, aber noch beträchtliche Mengen des vorerwähnten Produktes enthielt, wie die Untersuchung im Schmelzpunktröhrchen zeigte. Auch nach nochmaligem Umkristallisieren ließ der Stickstoffgehalt erkennen, daß noch nicht reines Alanin vorlag.

0,1509 g Sbst.: 14,6 ccm N bei 748 mm und 16°.

Berechnet für $C_3H_7O_2N$: 15,73%
Gefunden: 11,10%

Die geringe Menge des vorhandenen Produktes gestattete keine genauere Untersuchung.

Die in Alkohol lösliche zehnte Fraktion von sirupöser Konsistenz war auch nach verschiedentlichem Umlösen aus Alkohol nicht zum Kristallisieren zu bringen. Sie wurde deshalb zur Isolierung des etwa vorhandenen Prolins durch Kochen mit überschüssigem Kupferoxyd in das Kupfersalz verwandelt und dieses darauf durch Auskochen mit Alkohol in einen löslichen und einen unlöslichen Teil getrennt. Beim Eindampfen der wässerigen Kupfersalzlösungen konnte ein Geruch nach Pyrollidin nicht beobachtet werden. Aus dem unlöslichen Kupfersalz wurden 0,65 g Aminosäuren wieder erhalten, von denen 0,1 g in abs. Alkohol löslich waren. Beim Verdunsten der alkoholischen Lösung hinterblieb ein wasserklarer Sirup, der nach längerem Stehen zu einem weißen Kristallmagma erstarrte, das wieder in Alkohol unlöslich war. Inaktives Prolin kann demnach nur in Spuren vorhanden sein. Das in Alkohol lösliche Kupfersalz ergab 0,95 g Aminosäuren, von denen 0,1 g von Alkohol nicht aufgenommen wurde. Der beim Verdampfen des Alkohols zurückbleibende Sirup konnte weder durch Fällen mit Äther aus seiner alkoholischen Lösung, noch durch langsames Eindunsten derselben im Vakuum zum Kristallisieren gebracht werden. Er wurde daher nochmals in das Kupfersalz verwandelt. Die regenerierten Säuren waren wieder völlig in Alkohol löslich, gaben aber auch jetzt keine kristallinischen Ausscheidungen. Nach abermaliger Reinigung über das Kupfersalz wurde der durch langsames Eindampfen der alkoholischen Lösung im Vakuumexsiccator erhaltene Sirup bei vermindertem Druck und niedriger Temperatur drei Wochen sich selbst überlassen. Nach dieser Zeit hatten sich kleine Kristallmengen abgeschieden, die auf Ton von dem anhaftenden Sirup befreit, in Alkohol unlöslich waren. Es wurde alsdann versucht, aus dem Sirup nach den Angaben von Emil Fischer[1]) das für das Prolin typische Phenylhydantoin zu gewinnen. Der Erfolg war negativ. Auch aktives Prolin konnte demnach nicht isoliert werden. Wir möchten indessen ausdrücklich hervorheben, daß es uns nicht angängig erscheint, aus diesem negativen Befunde, der sich später bei allen untersuchten Fraktionen wiederholt, auf die völlige Abwesenheit des Prolins unter den bei der kombinierten Aufspaltung von Eiweiß durch Ozon und Säuren auftretenden Spaltprodukten schließen zu wollen, denn bei den kleinen Mengen des bis jetzt gleichzeitig verarbeiteten Caseins und der dadurch bedingten geringen Quantitäten von Estern könnte das Prolin übersehen worden sein. Wir wollen deshalb aus der Abwesenheit des Prolins keine vorzeitigen Schlüsse ziehen.

Die vierte Esterfraktion schied beim Stehen einen in feinen Nadeln kristallisierenden Körper ab. Sein Gewicht betrug nur 0,25 g, so daß eine genauere Untersuchung ausgeschlossen war. Die Substanz enthielt Stickstoff, schmolz unscharf bei 110° und war in Alkohol, Äther und Wasser sehr leicht löslich, in Petroläther unlöslich. Die abfiltrierte

---

[1]) Vgl. Emil Fischer, Zeitschr. f. physiol. Chemie **33**, 168 [1901].

Estermenge wurde mit der fünffachen Menge Wasser versetzt, von dem sie klar aufgenommen wurde, und die Lösung mit dem gleichen Volumen Äther zur Isolierung etwa vorhandenen Phenylalaninesters durchgeschüttelt. Nach mehrmaligem Waschen des Äthers mit Wasser wurde er im Vakuum verdunstet. Es hinterblieb 1 g Ester. Dieser wurde zur Verseifung mit Salzsäure behandelt und die Lösung auf dem Wasserbade eingedunstet. Es hinterblieb ein brauner Sirup, der nicht kristallisierte. Er wurde mit Wasser aufgenommen und die Salzsäure durch Silberoxyd entfernt. Eine Probe der so erhaltenen stark eingeengten Lösung gab mit Schwefelsäure und überschüssigem Kaliumbichromat erhitzt nicht den charakteristischen Geruch nach Phenylacetaldehyd. Das Phenylalanin wird also in Übereinstimmung mit den Ergebnissen der folgenden Abhandlung, da es auch in der durch Blei nicht fällbaren Fraktion unauffindbar ist, durch Ozon zerstört.

Der Rest der Ester der vierten Fraktion wurde durch anderthalbstündiges Erhitzen mit warm gesättigter Barythydratlösung verseift. Nach zweitägigem Stehen hatte sich eine kleine Menge von asparaginsaurem Barium abgeschieden, das durch die äquivalente Menge Schwefelsäure zerlegt wurde. An freier Säure konnten nur 0,06 g erhalten werden. Aus der abfiltrierten Lösung wurde der Baryt durch Schwefelsäure entfernt und dieselbe auf ein kleines Volumen eingedampft. Nach Sättigung mit Salzsäure schieden sich daraus 2,2 g salzsaure Glutaminsäure ab. Aus einem Teil des Salzes wurde durch Schütteln der wässerigen Lösung mit Silberoxyd die Säure frei gemacht. Die Verbrennung derselben gab folgende Resultate:

0,1210 g Sbst.: 0,1807 g CO_2, 0,0638 g H_2O.

Berechnet für $C_5H_9O_4N$:   C = 40,81%;   H = 6,12%
Gefunden: C = 40,73%;   H = 5,85%

Die salzsaure Mutterlauge wurde durch Silberoxyd von Salzsäure befreit und zum Sirup eingedampft. Dieser kristallisierte beim Stehen im Eisschrank. Sein Gewicht betrug 1,2 g. Er war in Alkohol völlig unlöslich und wurde von konz. Salzsäure leicht aufgenommen. Um etwa darin noch enthaltene Asparaginsäure zu gewinnen, wurde er in das Kupfersalz verwandelt. Aus der eingeengten Kupfersalzlösung kristallisierte kein schwer lösliches Salz aus. Der regenerierte Körper zersetzte sich beim Erhitzen bei 162°. Er wurde zur Reinigung aus seiner wässerigen Lösung durch Alkohol gefällt. Er schied sich daraus in amorpher Form aus und gab bei der Verbrennung folgende Resultate:

0,1222 g Sbst.: 0,1761 g CO_2, 0,0743 g H_2O. — 0,1260 g Sbst.: 11,5 ccm N bei 768 mm und 22°.

C = 39,30%;   H = 6,75%;   N = 10,45%.

Die Analyse gibt über die Natur der Substanz keine Aufschlüsse.

40*

b) Regenerierung der nicht durch Bleiacetat fällbaren Spaltprodukte und ihre Zerlegung durch Kochen mit Salzsäure.

Die nach dem schon beschriebenen Verfahren aus 200 g Casein erhaltene, nicht durch Bleiacetat fällbare Fraktion im Gewicht von 77 g (Gewicht des Gesamtrückstandes 116 g, ab 39 g Natriumacetat, entsprechend 11 g Natrium) wurde in einem Liter konz. Salzsäure gelöst und von dem sich ausscheidenden Kochsalz abfiltriert. Die salzsaure Lösung roch etwas nach Chlor. Die weitere Verarbeitung erfolgte analog der des Bleikörpers. Das Gewicht des gewonnenen Salmiaks, der nur durch wenig Kochsalz verunreinigt war, betrug 12,7 g. Es wurden 1,6 g salzsaure Glutaminsäure erhalten. Flüchtige, nicht basische Substanzen und Glykokoll konnten nicht nachgewiesen werden. Es konnte aber die Anwesenheit von wenig Oxalsäure festgestellt werden. Die fraktionierte Destillation ergab bei einer Gesamtmenge von in Äther löslichen Estern von 40,9 g folgende Teile:

$$
\begin{array}{llllll}
\text{1. Bei} & 15 & \text{mm Druck bis} & 60° = & 1,9 \text{ g} \\
\text{2. } & 15 & ,, \quad ,, \quad ,, & 100° = & 3,8 \text{ ,,} \\
\text{3. } & 0,2 \text{ ,,} & ,, \quad ,, & 105° = & 12,9 \text{ ,,} \\
\text{4. } & 0,08 \text{ ,,} & ,, \quad ,, & 175° = & 9,5 \text{ ,,} \\
\text{5. Rückstand} & & & = & \underline{12,8 \text{ ,,}} \\
& & & & 40,9 \text{ g}
\end{array}
$$

Die erste Fraktion enthielt kein Glykokoll. Die Fraktionen 2 und 3 wurden durch vierstündiges Kochen mit Wasser verseift. Aus der Aminosäurelösung wurden Kristallfraktionen in folgenden Gewichten erhalten:

1. 0,4 g	Fast reines Leucin.	Gef. Fraktion 1: $C = 54,56\%$; $H = 10,63\%$	Subst.: 0,1134 g; CO_2: 0,2268 g; H_2O: 0,1085 g
2. 0,6 g	Berechnet für $C_6H_{13}O_2N$: $C = 54,96\%$		
3. 0,6 g	$H = 9,92\%$	Gef. Fraktion 3: $C = 53,78\%$; $H = 9,85\%$	Subst.: 0,1202 g; CO_2: 0,2371 g; H_2O: 0,1066 g
4. 0,5 g	F. r. Aminovaleriansäure. Berechnet	Gef. Fraktion 4: $C = 52,53\%$; $H = 10,09\%$	Subst.: 0,1219 g; CO_2: 0,2348 g; H_2O: 0,1100 g
5. 0,3 g	für $C_5H_{11}O_2N$: $C = 51,28\%$ $H = 9,40\%$	Gef. Fr. 5: $C = 50,79\%$; $H = 9,94\%$; $N = 12,19\%$	Subst.: 0,1228 g; CO_2: 0,2287 g; H_2O: 0,1099 g Subst.: 0,1168 g; N: 12,3 ccm bei 754 mm u. 16°
6. 0,4 g	$N = 11,95\%$		
7. 0,7 g	Alanin und unbekannte	Gef. Fr. 8: $C = 38,88\%$; $H = 7,00\%$; $N = 11,39\%$	Subst.: 0,1209 g; CO_2: 0,1719 g; H_2O: 0,0763 g
8. 1,0 g	Säuren.		Subst.: 0,1316 g; N: 13,4 ccm bei 762 mm u. 25°.

9. 4,1 g in Alkohol löslich.

<u>8,6 g</u>

Die ersten drei Fraktionen waren nach den Verbrennungen fast reines Leucin, während 4 und 5 in der Hauptsache Aminovaleriansäure enthielten. 6, 7 und 8 wurden gemeinschaftlich analog den schon in A a gemachten Angaben in äußerst wenig Wasser gelöst und nach Abscheidung des in Wasser schwerer löslichen Teils durch Fällung mit Alkohol fraktioniert. Es wurden dabei dieselben Beobachtungen wie in A a gemacht. Die erste Fraktion enthielt noch viel Aminovaleriansäure, wie die Verbrennung anzeigte.

0,1199 g Sbst.: 0,2007 g CO_2, 0,0933 g H_2O. — 0,1389 g Sbst.: 15,2 ccm N bei 745 mm und 23°.

Berechnet für $C_5H_{11}O_2N$:   C = 51,28% ; H = 9,40% ; N = 11,95%
Gefunden: C = 45,65% ; H = 8,64% ; N = 12,09%

Die Untersuchung der 10. in Alkohol löslichen Fraktion auf Prolin über die Kupfersalze ergab noch 1 g in Alkohol unlöslicher Aminosäuren. Der aus dem in Alkohol unlöslichen Kupfersalze gewonnene in Alkohol lösliche Teil der Säuren im Gewicht von 0,08 g wurde, da er den für Prolin angegebenen Zersetzungspunkt von 207° zeigte, verbrannt. Die Resultate waren

0,0778 g Sbst.: 0,1327 g CO_2, 0,0560 g H_2O.

Berechnet für $C_5H_9O_2N$:   C = 52,18% ; H = 7,83%
Gefunden: C = 46,52% ; H = 7,99%

Ein Phenylhydantoin konnte aus dem Sirup, der das aktive Prolin hätte enthalten müssen, nicht gewonnen werden.

Die vierte Esterfraktion, die keinen kristallisierten Körper ausschied, wurde ohne Ergebnis auf Phenylalanin geprüft. Der in Äther lösliche Teil zeigte gegen Salzsäure das gleiche Verhalten wie die entsprechende Gruppe in A a. Es konnten 0,08 g Asparaginsäure aus dem Bariumsalz isoliert werden. Ferner wurden 3,1 g salzsaure Glutaminsäure erhalten.

0,2031 g Sbst.: 0,1598 g AgCl.

Berechnet für $C_5H_{10}O_4NCl$:   Cl = 19,12%
Gefunden: Cl = 19,23%

Der schließlich verbleibende kristallinische Rückstand von 1,2 g gab kein schwer lösliches Kupfersalz, war in Alkohol absolut unlöslich und wurde von konz. Salzsäure leicht aufgenommen. Nach der Fällung aus Wasser durch Alkohol ergab die Verbrennung

0,1215 g Sbst.: 0,1710 g CO_2, 0,0748 g H_2O. — 0,1342 g Sbst.: 10 ccm N bei 762 mm und 23°.

C = 38,38% ; H = 6,84% ; N = 8,42%.

B. Untersuchung der durch kombinierte Fällung mit Phosphorwolframsäure und Bleiacetat erhaltenen Fraktionen.

a) Spaltung der durch Phosphorwolframsäure und durch Bleiacetat fällbaren Fraktion durch Salzsäure.

Die aus 300 g Casein gewonnene, durch Phosphorwolframsäure und Bleiacetat fällbare Fraktion von 70 g wurde nach ihrer Regenerierung wie in A a durch Kochen mit Salzsäure zerlegt und dann verestert. Flüchtige, nicht basische Stoffe wurden nicht gefunden. Oxalsäure war in Spuren vorhanden. Die Isolierung der Ester wurde nach dem Verfahren von Emil Fischer[1]) durch Zugabe von Natronlauge und Kaliumcarbonatlösung zu der mit Äther überschichteten wässerigen Solution der salzsauren Ester bewirkt. Bei der Destillation unter vermindertem Druck wurden folgende Fraktionen erhalten:

$$
\begin{array}{llllll}
1. & \text{Bei } 14 & \text{mm Druck bis} & 60° = & 4,4 \text{ g} \\
2. & \,,\ \ 14 & \,,\quad \,, & \,, \ 100° = & 1,5 \,, \\
3. & \,,\ \ 0,18 \,, & \,, & \,, \ 105° = & 11,3 \,, \\
4. & \,,\ \ 0,18 \,, & \,, & \,, \ 190° = & 8,0 \,, \\
5. & \text{Rückstand} & & & 8,5 \,, \\
& & & & \overline{33,7 \text{ g}}
\end{array}
$$

Die erste Fraktion enthielt keinen Glykokollester. Sie wurde mit zwei verseift und kristallisiert und hierbei ergaben sich folgende Teile:

1. 0,12 g
Fast reine Aminovaleriansäure.
Ber. für $C_5H_{11}O_2N$:
$C = 51,28\%$
$H = 9,40\%$

Gef. Fraktion 1: $C = 48,76\%$
$H = 9,74\%$
Substanz . . . 0,1221 g
CO_2 . . . . . 0.2183 ,,
H_2O . . . . . 0,1035 ,,

2. 0,3 g
Fast reines Alanin.
Berechnet für $C_3H_7O_2N$:
$C = 40,45\%$
$H = 7,87\%$

Gef. Fraktion 2: $C = 40,48\%$
$H = 8,09\%$
Substanz . . . 0,1210 g
CO_2 . . . . . 0,1796 ,,
H_2O . . . . . 0,0891 ,,

3. 0,08 g   nicht kristallinisch.

Das Produkt 2 verändert sich beim Erhitzen im Schmelzpunktröhrchen bis 255° nicht. Es dürfte daher hier reines Alanin vorliegen. Die dritte Esterfraktion wurde wie folgt zerlegt:

1. 0,42 g
2. 0,30 g
3. 0,30 g
1,02 g

Fast nur Leucin.
Berechnet für $C_6H_{13}O_2N$:
$C = 54,96\%$
$H = 9,92\%$

Gef. Fraktion 1: $C = 53,99\%$
$H = 10,33\%$
Substanz . . . 0,1248 g
CO_2 . . . . . 0,2471 ,,
H_2O . . . . . 0,1125 ,,

---

[1]) Vgl. Emil Fischer, Zeitschr. f. physiol. Chemie **33**, 151 [1901].

<table>
<tr><td>4. 0,30 g</td><td rowspan="3">Fast nur Aminovalerian-
säure.
Ber. für $C_5H_{11}O_2N$:
C = 51,28%</td><td>Gef. Fraktion 4:</td><td>C = 51,95%</td></tr>
<tr><td></td><td></td><td>H = 9,74%</td></tr>
<tr><td></td><td>Substanz . . . 0,1242 g</td><td></td></tr>
</table>

$$4.\ 0,30\ \text{g}$$

4. 0,30 g | Fast nur Aminovalerian-
          säure.
          Ber. für $C_5H_{11}O_2N$:
          C = 51,28%
5. 0,20 g | H = 9,40%

Die ersten Kristallfraktionen bestanden wieder aus Leucin, die folgenden aus Aminovaleriansäure. Die Fraktion 6 verhielt sich wie die entsprechenden Gruppen in A a und A b. Bei der Prüfung auf Prolin wurde aus der 7. Fraktion noch zusammen 0,6 g in Alkohol unlösliche kristallinische Aminosäuren erhalten, die aus Wasser mit Alkohol gefällt folgende Analysenwerte ergaben:

0,1262 g Sbst.: 0,1961 g CO_2, 0,0969 g H_2O.

Berechnet für Valeriansäure, $C_5H_{11}O_2N$: C = 51,28% ; H = 9,40%
Berechnet für Alanin, $C_3H_7O_2N$:   C = 40,45% ; H = 7,87%
Gefunden: C = 42,38% ; H = 8,53%

Nach zweimaliger Reinigung über das Kupfersalz wurde der Teil, welcher das aktive Prolin hätte enthalten müssen, nach langem Trocknen im Vakuumexsiccator über Schwefelsäure verbrannt.

0,1396 g Sbst.: 0,2334 g CO_2, 0,1014 g H_2O.

Berechnet für $C_5H_9O_2N$: C = 52,10; H = 7,82%
Gefunden: C = 45,59% ; H = 8,07%

Das Phenylhydantoin konnte aus ihm nicht erhalten werden. Das unlösliche Kupfersalz hatte nur 0,05 g alkohollösliche Substanz ergeben.

Die vierte Esterfraktion, die keinen kristallisierenden Körper enthielt, wurde ergebnislos auf Phenylalanin durch Ausschütteln mit Äther untersucht. Aus dem schwer löslichen Bariumsalz wurden 0,7 g Asparaginsäure erhalten. An Glutaminsäure wurden 1,7 g isoliert.

0,1204 g Sbst.: 0,1789 g CO_2, 0,0704 g H_2O.

Berechnet für $C_5H_9O_4N$: C = 40,81% ; H = 6,28%
Gefunden: C = 40,52% ; H = 6,49%

Der Rest wurde mit einer ätherischen Lösung von β-Naphthalinsulfosäure unter Zugabe von Natronlauge 6 Stunden geschüttelt. Beim Ansäuern fiel ein Öl aus, das nicht zum Kristallisieren gebracht werden konnte.

b) Zerlegung der durch Phosphorwolframsäure, nicht aber durch Bleiacetat fällbaren Fraktion durch Salzsäure.

Die aus 300 g erhaltene Fraktion wurde analog den anderen gespalten und verestert. Die Ester wurden nach dem Verfahren von
Emil Fischer in Freiheit gesetzt. Bei der Destillation wurden erhalten:

$$
\begin{aligned}
&\text{1. Bei } 14 \text{ mm Druck bis } 60° = 0,6 \text{ g}\\
&\text{2. ,, } 14 \text{ ,, ,, ,, } 100° = 1,1 \text{ ,,}\\
&\text{3. ,, } 0,1 \text{ ,, ,, ,, } 105° = 2,9 \text{ ,,}\\
&\text{4. ,, } 0,1 \text{ ,, ,, ,, } 180° = 1,1 \text{ ,,}\\
&\text{5. Rückstand } \qquad\qquad = 2,2 \text{ ,,}\\
&\hphantom{\text{5. Rückstand } \qquad\qquad = } \overline{7,9 \text{ g}}
\end{aligned}
$$

Die Probe auf Glykokoll fiel negativ aus. Die Fraktionen 1—3
wurden gemeinschaftlich verarbeitet:

1. 0,3 g	Fast nur Leucin.	Gef. Frakt. 1: $C = 54,13\%$; $H = 9,75\%$.	
	Ber. für $C_6H_{13}O_2N$:	Substanz: 0,1227 g	
	$C = 54,96\%$	CO_2: 0,2434 g; H_2O: 0,1078 g	
2. 0,2 g	$H = 9,92\%$		
3. 0,3 g	Fast nur Aminovalerian-	Gef. Fraktion 3:	
	säure.	$C = 51,74\%$; $H = 9,62\%$; $N = 11,10\%$	
	Ber. für $C_5H_{11}O_2N$:	Substanz: 0,1208 g	
	$C = 51,28\%$	CO_2: 0,2292 g; H_2O: 0,1046 g	
	$H = 9,40\%$	Substanz: 0,1481 g	
4. 0,3 g	$N = 11,95\%$	$N = 14,5$ ccm bei 753 mm und 20°	
	Alanin und andere		
	Säuren.	$C = 44,27\%$; $H = 6,08\%$	
5. 0,4 g	Ber. für $C_3H_7O_2N$:	Substanz: 0,1242 g	
	$C = 40,45\%$	CO_2: 0,2016 g; H_2O: 0,0680 g	
	$H = 7,87\%$		
6. 1,3 g	in Alkohol löslich.		

2,8 g

Die ersten Fraktionen enthielten wieder Leucin und Aminovaleriansäure. Die letzte kristallinische Fraktion konnte wegen der nur vorhandenen geringen Menge nicht genauer untersucht werden. Die sechste
Fraktion ergab noch 0,3 g in Alkohol unlösliche Substanz. Die das
eventuell inaktive Prolin enthaltende Menge war nicht wägbar. Ein
Phenylhydantoin konnte nicht erhalten werden.

Die vierte Esterfraktion gab 0,3 g einer kristallinischen Substanz.
Sie wurde in Wasser aufgenommen und die Lösung mit Salzsäure
gesättigt. Es schied sich alsdann 0,1 g salzsaure Glutaminsäure ab.

c) Zerlegung der durch Phosphorwolframsäure und Bleiacetat nicht
fällbaren Fraktion durch Salzsäure.

Eine 475 g Casein entsprechende Menge wurde, wie früher angegeben, verestert. Die Ester wurden nach dem Verfahren von Fischer

in Freiheit gesetzt. Bei der Destillation wurden folgende Fraktionen erhalten:

$$
\begin{array}{llllll}
1. & \text{Bei } 14 & \text{mm Druck bis} & 60° & = 2,0 \text{ g} \\
2. & \text{,, } 14 & \text{,,} & \text{,,} & \text{,,} & 100° = 3,2 \text{ ,,} \\
3. & \text{,, } 0,1 & \text{,,} & \text{,,} & \text{,,} & 105° = 5,5 \text{ ,} \\
4. & \text{,, } 0,1 & \text{,,} & \text{,,} & \text{,,} & 190° = 6,6 \text{ ,,} \\
5. & \text{Rückstand} & & & & = 8,0 \text{ ,,} \\
\hline
& & & & & 25,3 \text{ g}
\end{array}
$$

Die erste Fraktion, die keinen Glykokollester enthielt, wurde gemeinschaftlich mit der zweiten verarbeitet.

1. 0,15 g — Wenig Leucin, sonst Aminovaleriansäure.

Ber. für $C_6H_{13}O_2N$:
C = 54,96%
H = 9,92%

Ber. für $C_5H_{11}O_2N$:
C = 51,28%

2. 0,23 g

3. 0,40 g — H = 9,40%

Gef. Fraktion 1:
C = 53,65% ; H = 9,92%
Substanz: 0,1223 g
CO_2: 0,2406 ; H_2O: 0,1092 g

Gef. Fraktion 2:
C = 53,24% ; H = 9,86%
Substanz: 0,1212 g
CO_2: 0,2366 g; H_2O: 0,1076 g

4. 0,70 g — Alanin und andere Säuren.

Ber. für $C_3H_7O_2N$:
C = 40,45%
H = 7,87%

Gef. Fraktion 4:
C = 41,45% ; H = 8,00%
Substanz: 0,1219 g
CO_2: 0,1853 g; H_2O: 0,0878 g

5. 0,06 g — Rückstand.

$\overline{\quad 1,54 \text{ g} \quad}$

Es lag hier nach den Analysen wenig Leucin neben Aminovaleriansäure vor. Die vierte Kristallfraktion enthielt nach ihrem Verhalten im Schmelzpunktröhrchen nicht nur Aminovaleriansäure und Alanin, sondern auch die in A a beschriebene, sich bei 216° zersetzende Substanz:

Die dritte Esterfraktion gab folgende Teile:

1. 0,2 g — Fast reine Aminovaleriansäure.

Ber. für $C_5H_{11}O_2N$:
C = 51,28%
H = 9,40%

2. 0,12 g

Gef. Fraktion 1:
C = 51,93% ; H = 9,79%
Substanz: 0,1231 g
CO_2: 0,2344 g; H_2O: 0,1084 g
Gef. Frakt. 2: C = 50,78% ; H = 8,82%
Substanz: 0,1224 g
CO_2: 0,2279 g; H_2O: 0,0971 g

3. 0,62 g — Alanin und andere Säuren.

Ber. für $C_3H_7O_2N$:
C = 40,45%
H = 7,87%

Gef. Fraktion 3:
C = 39,89% ; H = 6,89%
Substanz: 0,1225 g
CO_2: 0,1792 g; H_2O: 0,0760 g

4. 2,2 g — in Alkohol löslich.

$\overline{\quad 3,14 \text{ g} \quad}$

Auffällig war, daß Leucin fast nicht vorhanden war. Der nicht durch Phosphorwolframsäure und Bleiacetat fällbare Teil der aus dem Casein durch Behandlung mit Ozon erhaltenen Spaltstücke scheint demnach nicht oder nur wenig Leucin zu besitzen. Aus der vierten Fraktion wurden noch 0,8 g in Alkohol unlösliche Aminosäuren gewonnen. Prolin war wieder nicht nachweisbar.

Der in Äther lösliche Teil von 0,6 g der vierten Esterfraktion enthielt kein Phenylalanin. Es wurden über das Bariumsalz 0,07 g Asparaginsäure erhalten. Weiter wurden 1,6 g Glutaminsäure gewonnen.

0,1234 g Sbst.: 0,1838 g CO_2, 0,0723 g H_2O.

Berechnet für $C_5H_9O_4N$: C = 40,81% ; H = 6,2%
Gefunden: C = 40,62% ; H = 6,51%

Der Rest wurde wie in B a mit β-Naphthalinsulfosäurechlorid behandelt. Ein kristallinisches Derivat konnte nicht erhalten werden.

Untersuchung der in Äther nicht löslichen Ester des Bleikörpers und des Destillationsrückstandes auf Diaminosäuren.

Die Menge der nicht in Äther löslichen Ester des Bleikörpers wurden gemeinsam mit dem Destillationsrückstand in Wasser gelöst, von geringen Quantitäten Silberchlorid abfiltriert, mit Schwefelsäure angesäuert und durch vierstündiges Kochen verseift. Zur Isolation der drei Diaminosäuren wurde die Lösung nach den Angaben von Kossel[1]) verarbeitet. Es wurden an den betreffenden Stellen gefunden:

I. 0,6 g Argininnitrat. Die Silberbestimmung seines Silbersalzes ergab bei 0,1860 g Substanz 0,0489 g Silber.

Berechnet: 26,53% Ag
Gefunden: 26,29% Ag

II. 0,4 g Histidinchlorid.

III. 0,6 g Lysinpikrat.

Die beiden letzten Körper konnten bei der nur geringen vorhandenen Menge nicht weiter wie durch ihre Fällungsreaktionen identifiziert werden.

Tabellarische Übersicht über die nach dem Esterverfahren erhaltenen Resultate.

1. Fraktionierung durch direkte Fällung mit Bleiacetat.

Angewendete Menge: 200 g Casein.

Bleifällung.	Filtrat der Bleifällung.
Regenerierte Substanz . . . . 80 g	Regenerierte Substanz . . . . 77 g
Gewicht der Ester . . . . . . 45,3 ,,	Gewicht der Ester . . . . . . 40,9 ,,

---

[1]) Vgl. A. Kossel, loc. cit.

Fraktionen.

1. 15 mm bis 60° . . . = 2,2 g
2. 15 „   „ 100° . . . = 2,2 „
3. 0,2 „   „ 105° . . . = 11,5 „
4. 0,1 „   „ 185° . . . = 10,3 „
5. Rückstand . . . . . . = 19,1 „
                           ————
                           45,3 g

Kristallfraktionen der Aminosäuren aus den Esterfraktionen
2 und 3:

1. 0,5 g ⎱
2. 0,6 „ ⎱
3. 0,4 „ ⎭ Fast reines Leucin.
4. 0,5 „ ⎱
5. 0,4 „ ⎭
6. 0,4 „ ⎱ Fast reine Aminovalerian-
7. 0,3 „ ⎭   säure.
8. 0,6 „ ⎱   Alanin und nicht
9. 1,0 „ ⎭ charakteristische Säuren.
10. 2,8 „ in Alkohol löslich
   ————
   7,5 g   (später unlöslich 0,6 g).

Esterfraktion 4.

Krist. Ester . . . . 0,25 g
Ätherlösliche Ester . . . . . 1,0 „

Aus den ätherunlöslichen Estern gewonnene Aminosäuren:

Asparaginsäure . . . . 0,06 g
Glutaminsäure . . . . 1,8 „
Nicht identifizierte Säuren . . 1,2 „
                               ————
                               3,06 g

Direkt gew. Glutaminsäure . . 1,6 g
Ammoniak gew. als NH$_4$Cl . . 1,6 „

Fraktionen.

1. 15 mm bis 60° . . = 1,9 g
2. 15   „   „ 100° . . = 3,8 „
3. 0,2 „   „ 105° . . = 12,9 „
4. 0,08 „   „ 175° . . = 9,5 „
5. Rückstand . . . . . . = 12,8 „
                          ————
                          40,9 g

Kristallfraktionen der Aminosäuren aus den Esterfraktionen
2 und 3:

1. 0,4 g ⎱
2. 0,6 „ ⎭ Fast reines Leucin.
3. 0,6 „ ⎭
4. 0,5 „ ⎱ Fast reine Aminovalerian-
5. 0,3 „ ⎭   säure.
6. 0,4 „ ⎱   Alanin und nicht
7. 0,7 „ ⎭ charakteristische Säuren.
8. 1,0 „ ⎭
9. 4,1 „ in Alkohol löslich
  ————   (später unlöslich 1,0 g).
  8,6 g

Esterfraktion 4.

Krist. Ester . . . . — g
Ätherlösliche Ester . . . . . . 0,8 „

Aus den ätherunlöslichen Estern gewonnene Aminosäuren:

Asparaginsäure . . . . 0,08 g
Glutaminsäure . . . . 2,5 „
Nicht identifizierte Säuren . . 1,2 „
                               ————
                               3,06 g

Direkt gew. Glutaminsäure . . 1,6 g
Ammoniak gew. als NH$_4$Cl . . 4,0 „

2. Kombinierte Fällung mit Phosphorwolframsäure und Bleiacetat.

Angewendete Menge: 475 g Casein.

Phosphorwolframsäureniederschlag.
(Von dem Niederschlage wurde nur ein 300 g Casein
entsprechender Teil bis zu den Aminosäuren weiter
verarbeitet.)

Filtrat vom
Phosphor-
wolframsäure-
niederschlag.

Fällung der regenerierten
Substanz mit Bleiacetat.

(Keine Fällung
mit Bleiacetat.)

	Bleinieder- schlag	Filtrat vom Blei- niederschlag	
Regenerierte Substanz . .	70 g	unbest.	unbest.
Estermenge	33,7 „	7,9 g	25,3 g

	Fraktionen	Fraktionen	Fraktionen
1. 14 mm bis 60° . . .	4,4 g	0,6 g	2,0 g
2. 14 „ „ 100° . . .	1,5 „	1,1 „	3,2 „
3. 0,1 „ „ 105° . . .	11,3 „	2,9 „	5,5 „
4. 0,1 „ „ 195° . . .	8,0 „	1,1 „	6,6 „
5. Rückstand	8,5 „	2,2 „	8,0 „
	33,7 g	7,9 g	25,3 g

| Bleiniederschlag | Filtrat vom Blei-niederschlag | Filtrat vom Phosphorwolfram-säureniederschlag |

Esterfraktion: 1 u. 2

1. 0,12 g { F. n. Amino-valeriansäure
2. 0,3 „ Alanin
3. 0,08 „ n. krist.

 0,5 g

1 und 2

1. 0,15 g } wenig Leucin sonst F. r.
2. 0,23 „ }
3. 0,40 „ } Amino-valeriansäure
4. 0,70 „ { Alanin u. an-dere Säuren
5. 0,06 „ nicht krist.

 1,54 g

Esterfraktion 3:

1. 0,4 g }
2. 0,3 „ } Fast reines Leucin
3. 0,3 „ }
4. 0,3 „ { F. r. Amino-valeriansäure
5. 0,2 „ } Alanin u. and.
6. 0,8 „ } nicht charakt. Säuren
7. 2,9 „ { In Alkohol löslich (später unlösl. 0,65 g)

 5,2 g

1 bis 3

1. 0,3 g }
2. 0,2 „ } Fast reines Leucin
3. 0,3 „ }
4. 0,3 „ { F. r. Amino-valeriansäure
5. 0,4 „ { Alanin u. and. nicht charakt. Säuren
6. 1,3 „ { In Alkohol löslich (später unlösl. 0,3g)

 2,8 g

3

1. 0,2 g }
2. 0,1 „ } Fast reine Amino-valeriansäure
3. 0,6 „ { Alanin u. and. nicht charakt. Säuren
4. 2,2 „ { In Alkohol löslich (später unlösl. 0,8 g)

 3,1 g

Esterfraktion:	4	4	4
Davon ätherlöslich	0,8 g	—	0,6 g
Aus dem Äther schwer lös-liche Aminosäuren:			
Asparaginsäure.	0,07 „	—	0,07 „
Glutaminsäure	1,7 „	0,1 g	1,6 „

Zusammenfassung der Resultate.

1. In der Arbeit wurde angestrebt, aus dem Gemenge der durch die Ozonisation des Caseins in alkalischer Lösung erhaltenen Spaltstücke

a) durch Abscheidung der Keto- oder Aldehydgruppen enthaltenden Körper als Phenylhydrazinderivate,

b) durch Fällung mit Bleiacetat und fraktionierte Fällung der aus dem Bleiniederschlage regenerierten Substanz mit Alkohol,

c) durch kombinierte Behandlung mit Phosphorwolframsäure und Bleiacetat,

zu chemisch einheitlichen größeren Abbauprodukten des Caseins zu gelangen. Die Versuche zeigten zwar, daß die Oxydation des Proteids wahrscheinlich stets in dem gleichen Sinne vor sich geht, allein chemisch einheitliche Körper konnten nicht isoliert werden.

2. Das Gemisch der durch die Ozonisation erhaltenen Spaltkörper wurde

a) durch direkte Fällung mit Bleiacetat,

b) durch sukzessive Behandlung mit Phosphorwolframsäure und Bleiacetat

in 2 bezüglich 3 Fraktionen geschieden und diese zur Untersuchung auf die in ihnen enthaltenen Aminosäuren durch Kochen mit konz. Salzsäure gespalten. Aus den Reaktionsmassen wurden die Aminosäuren nach dem von Emil Fischer[1]) ausgearbeiteten Esterverfahren isoliert.

Die auf diese Weise gewonnenen Resultate sind in den Tabellen am Schluß des experimentellen Teils zusammengestellt. Sie zeigen, daß die einzelnen Fraktionen in bezug auf ihren Gehalt an Aminosäuren wenig voneinander abweichen, außer daß der durch Phosphorwolframsäure nicht fällbare Teil wenig oder kein Leucin enthält.

Es dürfte aussichtsreich sein, die am Casein gemachten Erfahrungen bei der Ozonisation anderer einfacherer Proteide wie die des Seidenfibroins anzuwenden. Auch die direkte Säurespaltung der durch die Oxydation mit Ozon erhaltenen Spaltprodukte würde Erfolg versprechen. Die genauere Untersuchung der Ester und der daraus regenerierten Aminosäuren dürfte vielleicht zu noch unbekannten Spaltstücken führen, die über die Angriffspunkte des Ozons und damit über neue Atomkomplexverknüpfungen im Eiweiß Aufschluß geben könnten.

---

[1]) Vgl. loc. cit.

94. C. Harries und K. Langheld: Über das Verhalten der Eiweißspaltprodukte und einiger Zuckerarten gegen Ozon.

Aus dem Chemischen Institut der Universität Kiel.
Zeitschrift für physiologische Chemie **51**, 373 (1907).
(Der Redaktion zugegangen am 19. März 1907.)

Die Erfahrungen, die wir bei der Untersuchung des Caseins machten, führten uns dazu, das Verhalten der Aminosäuren selbst gegen Ozon eingehend zu studieren. Dabei hat sich herausgestellt, wie wir es auch nicht anders erwarteten, daß die fetten Aminosäuren einschließlich des Serins, von Ozon nicht verändert werden. Denn der eine von uns und Reichard[1]) haben früher gezeigt, daß sogar der Aminoacetaldehyd gegen ozonisierten Sauerstoff relativ beständig ist. Auch Asparagin, das wir auf das Verhalten seiner Säureamidgruppe hin prüften, und Guanidin, das an Stelle des uns nicht zugänglichen Arginins untersucht wurde, werden nur wenig von Ozon angegriffen.

Dagegen werden die aromatischen Eiweißspaltprodukte, wie Phenylalanin, Tyrosin und Tryptophan, unter Zerstörung des Phenylkerns und Bildung reduzierender Substanzen weitgehend verändert. Es ist uns bis jetzt noch nicht gelungen, den Spaltungsvorgang aufzuklären. Die Wirkung des Ozons ist von der Reaktion der Lösung abhängig, am stärksten in alkalischer und am schwächsten in saurer Lösung.

Die drei Diaminosäuren wie die a-Pyrrolidincarbonsäure haben wir wegen ihrer schwierigen Darstellung nicht näher untersucht. Nach den Resultaten der vorliegenden Arbeit und den früheren Erfahrungen mit Ozon dürften diese Aminosäuren vielleicht mit Ausnahme des Histidins, von ozonisiertem Sauerstoff nicht angegriffen werden.

Im Anschluß hieran ist auch noch das Verhalten einiger Zuckerarten untersucht worden. Die Einwirkung des Ozons auf d-Glucose ist sehr gering. Mannit wird in Mannose und Fructose übergeführt, wie es in ähnlicher Weise Emil Fischer und Josef Hirschberger[2]) bei

---

[1]) Vgl. C. Harries u. Paul Reichard, Berichte d. Deutsch. chem. Gesellschaft **37**, 612 [1904].

[2]) Vgl. Emil Fischer u. Josef Hirschberger, Berichte d. Deutsch. chem. Gesellschaft **21**, 1805 [1888].

der Oxydation des genannten Alkohols mit Salpetersäure beobachteten. Dulcit liefert bei der Ozonisation wahrscheinlich Galaktose.

Schließlich möchten wir darauf hinweisen, daß bei den vorliegenden Versuchen die Einleitungsdauer des ozonisierten Sauerstoffs weit über die bisher üblichen Zeiten ausgedehnt wurde, um zu einwandfreien Resultaten zu kommen.

Experimenteller Teil.

I. Ozonisation der fetten Eiweißspaltprodukte.

A. Glykokoll, Alanin und Leucin.

Zu der Untersuchung wurden die synthetisch gewonnenen racemischen Modifikationen des Glykokolls, Alanin und Leucin benutzt. In allen Fällen wurde je 1 g des zu prüfenden Körpers

1. in wässeriger neutraler Lösung,

2. unter Zusatz einer äquimolekularen Menge von Normalsalzsäure und

3. einer äquimolekularen Menge von Normalnatronlauge

8 Stunden lang ozonisiert, wobei die Gesamtflüssigkeitsmenge stets 20 ccm betrug. Nach der Ozonisation zeigten die Lösungen ein gegen vorher unverändertes Verhalten, außer daß sie geringe Spuren von Salpetersäure enthielten, die sich leicht durch Ferrosulfat und konz. Schwefelsäure nachweisen ließen. Sie wurden nach genauer Neutralisation der eventuell zugegebenen Salzsäure oder Natronlauge im Vakuum eingedunstet und der Rückstand in geeigneter Weise umkristallisiert. Es konnten regelmäßig 0,6—0,7 g wieder erhalten werden. Die Identität der zurückgewonnenen Substanzen mit den Ausgangskörpern wurde durch Vergleich ihres Verhaltens beim Erhitzen im Schmelzpunktröhrchen wie ihrer Löslichkeitsverhältnisse festgestellt.

Außer den schon erwähnten geringen Spuren von Salpetersäure waren keine Oxydationsprodukte nachweisbar. Phenylhydrazinderivate konnten in keinem Fall erhalten werden.

Bei der Ozonisation einer Aufschwemmung von Leucin in Wasser wurde gegen Schluß der Ozonbehandlung eine merkliche Abnahme des ungelösten Leucins beobachtet. Nach dem Eindunsten zeigte der Rückstand eine gesteigerte Löslichkeit in Alkohol. Aus der alkoholischen Lösung fiel aber nach längerem Stehen unverändertes Leucin wieder aus, das vielleicht durch die geringen Mengen der gebildeten Salpetersäure zunächst gelöst gehalten wurde.

Eine wesentliche Einwirkung des Ozons auf Glykokoll, Alanin oder Leucin konnte demnach nicht festgestellt werden.

B. Serin.

Das Serin wurde nach dem Verfahren von Cramer[1]) dargestellt. Die Ausbeute betrug im Durchschnitt 4,5—5 g Serin aus 100 g Sericin. Der so gewonnenen Substanz, die in allen Fällen optisch-inaktiv war, haften hartnäckig geringe Spuren von Tyrosin an, die leicht zu Trugschlüssen über das Verhalten des Serins gegen Ozon führen können. Um für die Ozonisation ein absolut tyrosinfreies Produkt zu erhalten, wurde das Rohserin, das nach der Elementaranalyse nahezu rein war, in der 30fachen Menge kalten Wassers gelöst, filtriert und durch Eindampfen wieder zum Auskristallisieren gebracht. Dieser Reinigungsprozeß wurde noch dreimal wiederholt. Erst dann versagte die Probe mit Millonschem Reagens. Die so erhaltene Substanz wurde unter den gleichen Bedingungen wie die einfachen Monoaminosäuren mit Ozon behandelt. Die ozonisierten Lösungen reduzierten undeutlich Fehlingsche Lösung in der Wärme und zeigten die Salpetersäurereaktion. Sie waren frei von Oxalsäure. Ein Phenylhydrazinderivat konnte außer in Spuren weder in der Kälte noch in der Wärme erhalten werden. Bleiacetat, basische Bleiacetat- oder Barythydratlösung verursachten keine Fällung, die bei Anwesenheit von Glycerinsäure, Aminomalonsäure oder verwandter Stoffe hätte eintreten müssen. Nach Neutralisation der eventuell zugefügten Salzsäure oder Natronlauge konnte stets das Serin durch Eindunsten und Umkristallisieren wieder rein erhalten werden. Es wurde durch sein in kaltem Alkohol schwer lösliches β-Naphthalinsulfosäurederivat vom Schmp. 210° identifiziert.

C. Asparagin- und Glutaminsäure.

Die racemischen Formen der Asparagin- und Glutaminsäure wurden in gleicher Weise wie die Monoaminosäuren untersucht. Es wurde nur der Zusatz der Normalnatronlauge auf die doppeltmolekulare Menge gesteigert. Auch hier konnte das Auftreten kleiner Mengen von Salpetersäure beobachtet werden. Durch Eindunstung der Lösungen im Vakuum und Umkristallisieren aus Wasser konnten stets 0,7 g der angewandten Substanz zurückerhalten werden. Die Glutaminsäure wurde noch durch ihr in konz. Salzsäure unlösliches salzsaures Salz identifiziert. Weitere Einwirkungsprodukte konnten nicht isoliert werden.

D. Asparagin.

In neutraler Lösung war eine Einwirkung des Ozons nicht nachweisbar. Durch Eindampfen im Vakuum konnte der Körper quantitativ zurückerhalten werden. Seine Identität wurde durch den un-

---

[1]) Vgl. Cramer, Journ. f. prakt. Chemie [1] **96**, 76 [1865].

veränderten Zersetzungspunkt von 214° festgestellt. Ebensowenig wurde das Asparagin in salzsaurer Lösung angegriffen. Nach dem Entfernen der Salzsäure durch Silbersulfat und der Schwefelsäure durch Baryt konnten 0,9 g von 1 g Ausgangssubstanz durch Eindampfen wieder gewonnen werden.

In alkalischer Lösung wird bei der Ozonisation wahrscheinlich etwas Asparaginsäure gebildet. Jedenfalls entsteht beim Versetzen der oxydierten Flüssigkeit mit Barythydrat alsbald ein geringer Niederschlag, der als das schwerlösliche Bariumsalz der inaktiven Asparaginsäure anzusprechen sein dürfte. Um einen Einblick über die quantitative Seite des Vorgangs zu gewinnen, wurden 0,78 g Asparagin in 20 ccm H_2O unter Zusatz der äquivalenten Menge Normalnatronlauge gelöst und 10 Stunden lang oxydiert. Die Flüssigkeit wurde alsdann im Vakuum eingedunstet und der Rückstand 5 Stunden lang mit konz. Salzsäure zur Aufspaltung des noch vorhandenen Asparagins gekocht. Zu der Reaktionsmasse wurde alsdann überschüssige Natronlauge gegeben und das freie Ammoniak in $^1/_{10}$-Normalschwefelsäure durch Kochen übergetrieben. Es waren 75 ccm $^1/_{10}$-Normal-H_2SO_4 vorgelegt, nicht neutralisiert wurden 21,6 ccm, mithin verbraucht 53,4 ccm. Theoretisch werden 61,4 ccm verlangt. Es wurden also nur ca. 13% des Asparagins durch die Ozonisation zerstört, was bei der sehr langen Oxydationsdauer nicht als bedeutend bezeichnet werden kann.

E. Guanidin.

1 g Guanidinchlorhydrat wurde in 30 ccm Wasser gelöst 8 Stunden lang ozonisiert. Die Flüssigkeit zeigte nach der Unterbrechung des Ozonstroms die gleichen Eigenschaften wie vorher, auch Salpetersäure war nicht nachweisbar. Beim Eindampfen im Vakuum hinterblieb ein kristallinischer Rückstand im Gewicht von 0,9 g, der nach den Löslichkeitsverhältnissen unverändertes Guanidinchlorhydrat war. Er wurde in Wasser gelöst, mit Silbernitrat versetzt und das Chlorsilber abfiltriert. Das Filtrat gab mit Mercurinitratlösung keinen Niederschlag, was die Abwesenheit von Harnstoff dartut. Der Nachweis von Harnstoff neben salzsaurem Guanidin durch Mercurinitrat nach voraufgehender Fällung der Salzsäure durch Silbernitrat (nicht Silberoxyd) wurde durch verschiedene blinde Versuche als empfindlich und eindeutig bestätigt.

1 g salzsaures Guanidin wurde unter Zusatz der $1^1/_2$ fachen Menge Normalnatronlauge bei gleichen Bedingungen wie vorher untersucht. Die oxydierte Lösung zeigte die Salpetersäurereaktion. Die Lösungen wurden nach Zugabe überschüssiger Salzsäure unter vermindertem Druck eingedampft, mit abs. Alkohol ausgezogen und die alkoholische

Lösung eingedunstet. Die zurückbleibende weiße, kristallinische Masse wurde in der oben angegebenen Weise auf Harnstoff untersucht. Es konnte nur die Bildung kleiner Mengen dieser Substanz auf diese Weise dargetan werden. Die Stickstoffdoppelbindung ist demnach gegen Ozon sehr beständig.

Dieser Befund wie die Auffindung des Arginins unter den Abbauprodukten des durch Ozon gespaltenen Caseins dürfte auf die Beständigkeit dieser Diaminosäure gegen Ozon schließen lassen.

II. Ozonisation der aromatischen Spaltprodukte.

A. Phenylalanin.

Das Phenylalanin wurde nach dem Verfahren von Emil Fischer[1]) aus Benzylmalonsäure dargestellt. Es wurde als salzsaures Salz, Natriumsalz und in wässeriger Aufschlämmung ozonisiert. Die alkalische und neutrale Lösung färbte sich dabei alsbald unter starker Nebelbildung dunkelbraun, während die saure wasserklar blieb. Die Oxydationsdauer betrug in allen Fällen bei 1 g angewendeter Substanz 8 Stunden. Erst nach so langer Einwirkung des Ozons verlor die Lösung des Natriumsalzes ihre Braunfärbung. Die oxydierten Flüssigkeiten wurden beim Stehen alle bald dunkelbraun, reduzierten ammoniakalische Silberlösung direkt und Fehlingsche Lösung in der Wärme. Oxalsäure konnte in keinem Falle gefunden werden. Salpetersäure war in Spuren vorhanden. Die Lösungen gaben mit Barythydrat, Bleiacetat und basischem Bleiacetat Fällungen. Aus der sauren Lösung war die Salzsäure vor diesen Proben durch Silberoxyd entfernt worden. Beim Eindampfen der Lösungen im Vakuum hinterblieben dunkle, braune Substanzen, aus denen einheitliche Körper nicht zu gewinnen waren. Bei Zusatz von essigsaurem Phenylhydrazin zu den Lösungen schied sich in der Kälte ein osazonartiges Produkt aus, das in allen bekannten Lösungsmitteln außer Eisessig, der es zersetzte, schwer löslich war. Es wurde auch von verdünnter Natronlauge gelöst und durch Säuren wieder abgeschieden. Da es nicht umkristallisiert werden konnte, waren einwandfreie Analysen nicht zu erhalten. Der Zersetzungspunkt lag zwischen 175 und 200°.

B. Tyrosin.

Das Tyrosin wurde anfänglich als Nebenprodukt bei der Darstellung des Serins in einer Ausbeute von 4% berechnet auf das angewandte Sericin, gewonnen. Später wurde es durch Zerlegung des Seidenfibroins

---

[1]) Vgl. Emil Fischer, Berichte d. Deutsch. chem. Gesellschaft **37**, 3062 [1904].

mit 25 proz. Schwefelsäure dargestellt. In diesem Falle ergaben 100 g Ausgangsmaterial ca. 8 g Tyrosin. Zur Prüfung seines Verhaltens gegen Ozon wurde der Körper in wässeriger Lösung unter Zusatz von

1. der äquimolekularen Menge von Normalsalzsäure,
2. der äquimolekularen Menge von Normalnatronlauge,
3. der doppeltmolekularen Menge Normalnatronlauge

bei 40 ccm Gesamtflüssigkeit pro Gramm ozonisiert. Die salzsaure Flüssigkeit zeigt während des Einleitens außer dem allmählichen Verschwinden des zunächst unvollständig gelösten Tyrosins keine Veränderung. Dagegen färben sich die alkalischen Lösungen sofort unter starker Nebelbildung dunkelbraun. Ist in der reagierenden Masse nur die äquimolekulare Menge Natronlauge vorhanden, verschwindet die Braunfärbung nach kurzer Zeit unter gleichzeitigem Aufhören der Nebel. Bei Anwesenheit der doppeltmolekularen Quantität Lauge wird die Flüssigkeit erst nach vielstündigem Einwirken des Ozons (8 Stunden bei Oxydierung von 1 g) wieder klar und farblos. Hier äußert sich auch die oxydierende Wirkung des Ozons am stärksten, denn nur unter diesen Bedingungen entstehen bei der Ozonisation beträchtliche Mengen von Oxalsäure (0,2 g pro 1 g Tyrosin), die sonst nur in kleinsten Quantitäten gebildet wird. Im übrigen zeigen die verschiedenen Lösungen gleiches Verhalten und dieselben Reaktionen. Sie geben nicht mehr die Millonsche Probe, färben sich nach der Unterbrechung der Ozonisation alle bald braun, reduzieren ammoniakalische Silbernitratlösung direkt und Fehlingsche Lösung in der Wärme. Sie geben mit Barythydrat-, Bleiacetat- und basischer Bleiacetatlösung Fällungen, von denen die letztere alle vorhandenen Spaltprodukte niederschlägt. Aus der sauren Lösung war vor diesen Proben die Salzsäure durch Silberoxyd entfernt worden. Beim Eindunsten der Lösungen nach vorhergehender Neutralisation der zugesetzten Salzsäure oder Natronlauge hinterblieb ein dunkel gefärbter, in Äther unlöslicher, in Alkohol teilweise löslicher, amorpher Rückstand, aus dem aber einheitliche Körper nicht isoliert werden konnten. Die so gewonnenen Spaltprodukte von 2 g in saurer Lösung ozonisiertem Tyrosin wurden mit Alkali geschmolzen, um klarzustellen, ob wirklich eine Aufspaltung des Benzolkernes bei der Ozonisation eintritt. Die angesäuerte Lösung der Schmelze wurde ausgeäthert und der Äther verdampft. Die zurückbleibenden Spuren wurden mit Ferrichlorid auf die Anwesenheit von etwa aus den Oxydationsprodukten des Tyrosins gebildeten Phenolen ergebnislos geprüft, was die Zerlegung des Ringes bei der Ozonisation sicher erweist. Aus allen Lösungen fällt auf Zugabe von essigsaurem Phenylhydrazin ein dunkelbrauner, in Wasser schwer löslicher Körper in einer Menge von 0,1—0,2 g pro Gramm Tyrosin aus. Dieses Phenylhydrazinderivat ist in allen bekannten Lösungsmitteln, mit Ausnahme von Eisessig, der es aber zersetzt, unlöslich. Es wird von verdünnten Laugen aufgenommen und durch Säuren wieder gefällt. Es ist bis jetzt noch nicht gelungen, dasselbe in einwandfreier Form zur Analyse zu bringen. Der Zersetzungspunkt schwankt zwischen 180 und 205°. Dieser Körper gleicht in seinen Eigenschaften dem beim Phenylalanin in ähnlicher Weise erhaltenen Phenylhydrazinderivat außerordentlich. Es wird dadurch wahrscheinlich, daß die Spaltung bei beiden Substanzen im gleichen Sinne erfolgt.

Aus diesen Beobachtungen folgt für die Aufspaltung des Benzolkernes, daß sie nicht in einer einfachen Spaltung der im Ringe vorhandenen drei Doppelbindungen bestehen kann. Denn in diesem Falle

$$\text{HOC} \underset{\substack{\text{HC} \\ \text{CH}}}{\overset{\text{CH}}{\bigcirc}} \text{CH} \quad \text{CCH}_2\text{CHNH}_2\text{COOH}$$

würden Glyoxal und Glyoxylsäure als primäre Spaltprodukte auftreten, die entweder eine Reduktion Fehlingscher Lösung bereits in der Kälte bewirken oder bei völliger Oxydation zu Säure große Mengen von Oxalsäure (1 g für das Gramm Tyrosin) liefern müßten.

C. Tryptophan.

Das Tryptophan wurde nach dem Verfahren von Hopkins und Cole[1]) aus Casein in einer Ausbeute von 1% erhalten. Es wurde unter den gleichen Bedingungen wie das Phenylalanin oxydiert. Sämtliche Lösungen färbten sich bei Ozonisation dunkel, die neutralen und die alkalischen unter Nebelbildung. Die mit Ozon behandelten Flüssigkeiten gaben keine Blaufärbung mit Glyoxylsäure und konzentrierter Schwefelsäure mehr. Sie waren frei von Oxalsäure, reduzierten Fehlingsche Lösung in der Kälte und gaben Fällungen mit Barythydrat, Bleiacetat und basischem Bleiacetat. Beim Kochen mit Natronlauge entwich Ammoniak. Das in der Kälte ausfallende Phenylhydrazinderivat ist teilweise in verdünnten Alkalien löslich und durch Säuren fällbar. Der Schmelzpunkt des unlöslichen Teils schwankt zwischen 160° und 170°, der des löslichen zwischen 180° und 200°. Einheitliche Körper konnten nicht isoliert werden.

---

1) Vgl. Hopkins u. Cole, Journ. of Physiol. **27**, 418 [1901]; **29**, 451 [1903].

III. Ozonisation von Zuckerarten.

A. Traubenzucker.

6 g d-Glucose wurden in 100 ccm Wasser gelöst und 24 Stunden lang der Einwirkung des Ozons ausgesetzt. Die ozonisierte Flüssigkeit reduzierte Fehlingsche Lösung in der Kälte und gab eine schwache Wasserstoffsuperoxydreaktion. Bei Eintragung von 12 g in 50proz. Essigsäure gelösten Phenylhydrazins trat sofort in der Kälte die Abscheidung eines hellgelben Körpers ein. Nach viertelstündigem Stehen in Kältemischung wurde filtriert und die Substanz aus Alkohol umkristallisiert. Sie bestand aus kleinen gelben, gut ausgebildeten Nädelchen vom Zersetzungspunkt 192°, der sich auch nach zweimaligem Umkristallisieren nicht änderte. Die Ausbeute betrug nur 0,4 g aus 6 g Glucose. Zwei Analysen ergaben:

1. 0,1245 g Sbst.: 0,2727 g CO_2, 0,0730 g H_2O.
N-Bestimmung: Sbst.: 0,1315 g = 17,9 ccm N bei 21° und 763 mm Druck.
2. 0,1216 g Sbst.: 0,2661 g CO_2, 0,0741 g H_2O.
N-Bestimmung: Sbst.: 0,1172 g = 15,6 ccm N bei 25° und 770 mm Druck.

1. C = 59,74% ; H = 6,55% ; N = 15,56%
2. C = 59,68% ; H = 6,81% ; N = 15,05%

Theorie für Glucosazon:

C = 60,33% ; H = 6,14% ; N = 15,65%

Die erhaltenen Mengen der Substanz waren zu klein, um eine genaue Untersuchung derselben durchführen zu können. Die mit dem Glucosazon fast übereinstimmenden Analysen lassen für den Verlauf der Oxydation nur zwei Möglichkeiten offen, nämlich entweder die Bildung von Glucoson oder des fast gleich zusammengesetzten, bisher unbekannten Dialdehyds. Auf den letzteren würde die Beobachtung hinweisen, daß Fehlingsche Lösung bereits in der Kälte reduziert wird.

Wurde die ozonisierte filtrierte Lösung zwei Stunden auf dem Wasserbade erwärmt, so schieden sich reichliche Quantitäten von Glucosazon aus. Die erhaltene Menge betrug 65% des theoretisch aus dem angewandten Traubenzucker zu gewinnenden Osazons. Dasselbe zeigte nach dem Umkristallisieren den Schmelzpunkt 205°, der auch in der Literatur für d-Glucosazon angegeben wird.

B. Mannit.

3 g Mannit wurden in 60 ccm Wasser gelöst und 10 Stunden lang ozonisiert. Die Flüssigkeit reduzierte alsdann Fehlingsche Lösung und zeigte schwache Wasserstoffperoxydreaktion. Bei Zugabe von essigsaurem Phenylhydrazin fiel sofort ein gelber Körper aus. Nach halbstündigem Stehen wurde filtriert und die Substanz aus Wasser

umkristallisiert. Sie schmolz bei 195° unter Zersetzung. Es wurden 0,5 g aus 3 g Mannit erhalten. Nach den Löslichkeitsverhältnissen, der Bildung und dem Zersetzungspunkt von 196°, wie seinem starken Reduktionsvermögen Fehlingscher Lösung in der Wärme gegenüber, kann es sich hier nur um Mannosephenylhydrazon handeln. Emil Fischer[1]) gibt an, daß der Zersetzungspunkt des Mannosephenylhydrazons zwischen 195 und 200° liegt. Diese Ansicht wird noch dadurch bestätigt, daß die Substanz, genau wie es Emil Fischer und Josef Hirschberger[2]) beschreiben, in der vierfachen Menge konz. Salzsäure gelöst, sich leicht unter Abscheidung von salzsaurem Phenylhydrazin spaltet. Beim Erwärmen der restierenden ozonisierten Lösung schieden sich noch 0,6 g einer Substanz aus, die durch den Schmp. von 205° als Glucosazon erkannt wurde.

Dieses Glucosazon kann dem Ausgangsmaterial nach nur von durch die Ozonisation gebildeter Fructose herrühren. Die Oxydation mit Ozon verläuft hier in der gleichen Weise, wie es zuerst Dafert[3]) und später auch Emil Fischer und Hirschberger[4]) bei der Einwirkung von Salpetersäure auf Mannit beobachteten, nämlich unter Bildung von Mannose und Fructose.

Ozonisation von Dulcit.

3 g Dulcit wurden unter den gleichen Bedingungen wie der Mannit untersucht. Die mit Ozon behandelte Flüssigkeit reduzierte Fehlingsche Lösung in der Kälte und gab eine schwache Reaktion auf H_2O_2. Bei Zugabe von essigsaurem Phenylhydrazin blieb die Flüssigkeit zunächst klar. Beim Erwärmen schied sich ein Osazon aus, das, aus Alkohol umkristallisiert, sich bei 190° zersetzte. Es war außer in Alkohol in allen bekannten Lösungsmitteln unlöslich. Nach dem Schmelzpunkt dürfte es vielleicht als Galaktosazon anzusprechen sein. Emil Fischer[5]) gibt als Schmelzpunkt des Galaktosazons bei schnellem Erhitzen 193—194° (unter Gasentwicklung) an.

---

[1]) Vgl. Emil Fischer, Berichte d. Deutsch. chem. Gesellschaft **20**, 832 [1887].

[2]) Emil Fischer u. Josef Hirschberger, Berichte d. Deutsch. chem. Gesellschaft **21**, 1805 [1888]; **22**, 1156 [1889].

[3]) Vgl. Dafert, Berichte d. Deutsch. chem. Gesellschaft **17**, 227 [1884].

[4]) Vgl. loc. cit.

[5]) Vgl. Emil Fischer, Berichte d. Deutsch. chem. Gesellschaft **20**, 826 [1887].

95. Robert Viner Stanford, M. Sc.: Über den Abbau des Sericins durch Ozon.

Auszug aus der Inaugural-Dissertation, Kiel 1909.

Die Arbeit über Casein war in der Hauptsache dazu bestimmt, die Wirkungsweise des Ozons auf einen typischen Eiweißkörper aufzuklären. Dagegen sollte das Ozonisieren des Sericins einen direkten Versuch bilden, aus einem Eiweißstoff von einfacherer Zusammensetzung zu faßbaren kleineren Spaltstücken zu gelangen. In dieser Hinsicht stellte das Ozonisieren in reiner wässeriger Lösung einen erheblichen Fortschritt dar; denn die Ozonisation in Lauge, wie es beim Casein und auch am Anfang von mir ausgeführt wurde, liefert immer Produkte, aus denen man später den anorganischen Stoff nicht entfernen kann. Bei der Behandlung mit Ozon in wässeriger Lösung oder Aufschwemmung wird nichts außer dem zur Oxydation nötigen Sauerstoff hereingebracht. Im anderen Falle erhält man nicht wesentlich andere Resultate als mit den gewöhnlichen Oxydationsmitteln.

Die Ergebnisse der Ozonisation sind in zweierlei Hinsicht auffallend. Erstens betrug das Gesamtgewicht von allen Spaltungsprodukten des Sericins nicht mehr als 65% des Ausgangsmaterials. Ein erheblicher Teil des Moleküls muß also von dem Ozon vollständig zerstört werden. Dies erinnert indessen an die Tatsache, daß die Gesamtmenge der bei der totalen Hydrolyse durch Säuren erhaltenen Spaltstücke nur 22,5% des Sericins beträgt. Ein Versuch zeigte, daß die Menge entweichender Kohlensäure nur 8,8% betrug, entsprechend dem Kohlenstoffgehalt von 5,5% des Sericins. Folglich wird der Kohlenstoff nicht in diese Form übergeführt. Ob viel Stickstoff mit dem Gasstrom entweicht, ließ sich infolge des Stickstoffgehaltes des angewandten Sauerstoffes nicht bestimmen.

Zweitens entstand bei dem Ozonisieren nur ein Körper, der die Merkmale einer einheitlichen Substanz anzeigte und in Zusammensetzung und Eigenschaften den Polypeptiden von Emil Fischer ähnlich war. Es besitzt nach zweimaligem Umlösen aus Wasser mit Methylalkohol konstante Zusammensetzung und konstante optische Drehung. Es bildet ein leicht hydrolysierbares Salz mit Jodwasserstoffsäure.

welches die Zusammensetzung hat, die aus der Analyse des Polypeptides selbst für ein monojodwasserstoffsaures Salz zu erwarten wäre. Vier Bestimmungen der Molekulargröße, auf ganz unabhängigen Wegen ausgeführt, lieferten alle fast das gleiche Resultat.

Die Ausbeute an Polypeptid, die in verschiedenen Ozonisationen erhalten wurde, schwankte erheblich. Eine Erklärung für diese Abnormalität vermag ich nicht zu geben. Eine Verschiedenheit in den Eigenschaften der bei den einzelnen Ozonisationen entstehenden Produkte konnte ich nicht konstatieren.

Bei der totalen Hydrolyse des Polypeptides, welches aus Rohsericin gewonnen war, durch Säuren wurden die Monoaminosäuren nach der Estermethode von Fischer, die Diaminosäuren nach der Methode von Kossel und Kutscher bestimmt. Die Resultate der Spaltung sind in der folgenden Tabelle wiedergegeben. Die gefundenen Mengen sind als Prozente des angewandten Polypeptides ausgedrückt.

Kohlensäure	8,8 %
Ammonchlorid	9,2 %
Glycin . . . . ca.	0,5 %
Alanin . . . . ca.	1,0 %
Valin (oder Leucin)	0,3 %
Serin	13,1 %
Asparaginsäure.	0,25%
Glutaminsäure	0,4 %
Arginin	+
Lysin	0,35%
Zusammen	33,9 %

Die qualitative Zusammensetzung des Polypeptides, wenigstens so weit es aus schon bekannten Aminosäuren besteht, ist somit einigermaßen aufgeklärt. Wie bei dem Ozonisieren und bei der Hydrolyse des Sericins selbst durch Säuren, geschieht auch hier ein merkwürdiger Substanzverlust, so daß die quantitative Zusammensetzung sich nicht berechnen läßt. Wenn man nämlich annimmt, daß die gefundenen Prozente von Alanin oder Asparaginsäure je einem Alanin- resp. Asparaginsäurerest entsprechen, so kommt man zu einem enorm hohen Wert für die Molekulargröße. Man muß aber bedenken, daß im Rohsericin, wenn auch in geringem Maße, noch andere Stoffe vorhanden sind als im Reinsericin.

Schließlich soll noch eine Eigentümlichkeit bei dem Ozonisieren erwähnt werden. In der ozonisierten Sericinlösung ist nämlich keine Spur von den im Sericin enthaltenen Phenylgruppen zu finden. Die Reaktion auf Tyrosin versagt, und bei der Spaltung mit Säuren ist nachher kein aromatisches Produkt isoliert worden. Dies war auch bei dem Casein der Fall, ist aber hier um so bemerkenswerter, weil die

Ozonisation in neutraler, wässeriger Lösung geschah. Unter diesen Bedingungen könnte man eine ziemliche Beständigkeit der Phenylgruppen erwarten, und die Tatsache, daß sie doch nach dem Ozonisieren nicht mehr nachzuweisen sind, könnte vielleicht zu der Vermutung Anlaß geben, daß solche Gruppen im Sericinmolekül auch vorher nicht vorhanden sind. Ihre Entstehung während der Hydrolyse könnten sie einer Ringschließung verdanken, die durch die Säure bewirkt wird.

Die chemische Zusammensetzung des Sericins ist bisher wesentlich nur von Fischer und Skita[1]) untersucht worden. Cramer[2]) hat seinerzeit die Substanz hydrolytisch gespalten, vermochte aber mit den damaligen Methoden nur das Tyrosin zu bestimmen. Von dieser Oxyaminosäure fand er 5% des angewandten Sericins. Ferner hat er bei dieser Gelegenheit das Serin entdeckt, und soll auch Andeutungen auf Leucin unter den Spaltungsprodukten beobachtet haben. Bei der Untersuchung nach der Estermethode fanden Fischer und Skita Alanin, Arginin und Spuren von Glycin und Lysin. Die bisher bestimmten Spaltungsprodukte des Sericins sind in der folgenden Tabelle wiedergegeben; wenn nicht anders bezeichnet, stammen die Angaben von Fischer und Skita.

Glycin	0,1%	Tyrosin	5%[2])
Alanin	5 %	Arginin	4%
Leucin	+[2])	Lysin	+
Serin	6,6%	Ammoniak	1,9%[3])

Es ist bemerkenswert, daß die bis jetzt gefaßten Spaltstücke des Sericinmoleküls nur etwa 20% desselben betragen, was zu der Vermutung führt, daß die Substanz eine große Atomgruppe enthält, die bei der Spaltung zugrunde geht.

Darstellung des Sericins.

300 g gelbe Rohseide wurden mit 8 l Wasser 5 Stunden ausgekocht, und die Seide sodann mit einer Wringmaschine ausgepreßt. Nach dem Erkalten wurde die braungefärbte Flüssigkeit so lange mit Bleiessig versetzt, bis keine weitere Fällung eintrat. Der Niederschlag wurde durch ein Koliertuch abfiltriert, in einer Presse gut abgepreßt, mit kaltem Wasser gewaschen, und wieder gut abgepreßt, dann schließlich mit Wasser zweimal ausgekocht und jedesmal mittels der Presse von der Flüssigkeit möglichst befreit. Bei der Fällung ist ein Überschuß an Bleiessig zu vermeiden, weil er auf den Niederschlag lösend wirkt.

---

1) E. Fischer u. Skita, Zeitschr. f. physiol. Chemie **35**, 221 [1902].
2) Cramer, Journ. f. prakt. Chemie **96**, 76 [1865].
3) Wetzel, Zeitschr. f. physiol. Chemie **29**, 386 [1900].

Der Bleisalzniederschlag aus mehreren Portionen Seide wurde in Wasser suspendiert, und unter gutem Rühren in einem geschlossenen Gefäß 15—30 Stunden mit Schwefelwasserstoff behandelt. Das Bleisulfid wurde abfiltriert und mehrmals mit Wasser ausgekocht, und Filtrat und Waschwasser dann bis auf ein Volumen von 1—2 l eingedampft. Nach dem Erkalten wurde zu der Flüssigkeit so lange Alkohol zugesetzt, bis ein bleibender Niederschlag vorhanden war. Die filtrierte klare Flüssigkeit wurde mit hinreichenden Mengen Alkohol versetzt, worauf das reine Sericin in weißen Flocken ausfiel. Nach zweitägigem Stehen wurde der Niederschlag abfiltriert und im Vakuumexsiccator getrocknet.

Die Ausbeuten an gereinigtem Sericin, die nach dieser Methode erhalten wurden, waren wenig befriedigend. Sie betrugen im Durchschnitt nicht mehr als 2—3% der angewandten Seide. Wie nachher beschrieben wird, erhält man beim Ozonisieren des Sericins als Hauptprodukt einen Körper, der in seinen physikalischen und chemischen Eigenschaften den synthetischen Polypeptiden von Emil Fischer ähnlich ist. Zur Erklärung der Konstitution wurde er durch Hydrolyse vollständig gespalten. Zu diesem Zweck waren größere Mengen Ausgangsmaterial nötig, deren Herstellung aus dem kostspieligen gereinigten Sericin unmöglich war. Es stellte sich aber heraus, daß dasselbe Polypeptid auch aus dem rohen Sericin in guter Ausbeute entsteht, wenn auch nicht in solch reinem Zustande. Das ungereinigte Sericin ist auch schon bei der Untersuchung der Aminosäuren des Sericins von Emil Fischer angewendet worden; es wurde durch Auskochen der Seide mit Wasser und Einengen des Extraktes erhalten.

Über das Verhalten des Sericins gegen Ozon.

Wegen seiner Unlöslichkeit in Wasser haben Harries und Langheld[1]) das Casein zum Ozonisieren in verdünnter Natronlauge gelöst. Das Sericin ist auch in kaltem Wasser schwer löslich, wenn auch löslicher als das Casein.

Ozonisieren des Sericins in wässeriger Lösung. 100 g gereinigten Sericins wurden in 1500 ccm destillierten Wassers auf dem Wasserbade möglichst vollständig gelöst. Nach dem Erkalten blieb der ungelöste resp. ausgeschiedene Teil des Eiweißkörpers in Flocken in der Flüssigkeit suspendiert. In die Lösung wurde nun unter kräftigem Rühren bei gewöhnlicher Temperatur 12 proz. Ozon eingeleitet. Während des Ozonisierens entfärbte sich die Lösung allmählich, und war zum Schluß nur noch schwach gelblich. Ebenso verschwanden auch die Sericinflocken; an ihrer Stelle erschien ein schwach braungefärbter Niederschlag. Die Menge dieses Niederschlages schwankte

---

[1]) Siehe dieses Buch S. 417.

erheblich bei den einzelnen Ozonisationen, betrug aber nie mehr als 5% des angewandten Sericins. Er zeigte alle Eiweißreaktionen des Sericins, war aber in Wasser unlöslich und veränderte sich auch bei sehr langem Ozonisieren nicht mehr. Es ist möglich, daß dieser Körper ein höheres Abbauprodukt des Sericins darstellt, aber die geringen Mengen des Materials gestatteten keine weitere Untersuchung.

Das Verschwinden der Xanthoprotein- und Millonschen Reaktion zeigte den Endpunkt des Ozonisierens an, dessen Dauer in der Regel für 100 g Sericin ca. 40 Stunden betrug. Die Flüssigkeit wurde dann filtriert, und so lange mit einer konz. Lösung von neutralem Bleiacetat versetzt, bis keine Fällung mehr entstand. Der geringe ölige Niederschlag wurde abfiltriert, und das Filtrat mittels Schwefelwasserstoff entbleit. Das Filtrat vom Bleisulfidniederschlag wurde im Vakuum bei 30—40° bis zu einem kleinen Volumen eingedampft. Das abdestillierte Wasser reagierte sauer gegen Lackmus, konnte aber schon durch ein paar Tropfen Ammoniak neutralisiert werden. Die Flüssigkeit hinterließ beim Eindampfen fast keinen Rückstand.

Der Destillationsrückstand war eine trübe, dickflüssige wässerige Lösung, die etwas gelblich gefärbt war. Um die Flüssigkeit klar zu erhalten, wurde sie durch ein Faltenfilter filtriert. Sie kristallisierte auch bei langem Stehen nicht. Auf Zusatz von Methylalkohol fiel aber ein Körper aus, der beim Stehen mit der Lösung bald erstarrte. Der Zusatz von Methylalkohol wurde fortgesetzt, bis nichts mehr ausfiel. Nachdem am anderen Tage die Substanz schnell abgesaugt worden war, wurde sie mit Methylalkohol angerieben und wieder scharf abgesaugt; dann im Vakuumexsiccator getrocknet. Die Ausbeute schwankte bei verschiedenen Versuchen zwischen 35% und 50% des angewandten Sericins.

Für dieses Schwanken der Ausbeute ist schwer eine Erklärung zu finden, um so mehr, weil das Polypeptid aus verschiedenen Ozonisationen immer dieselben Eigenschaften zeigte. Auch waren die Mengen der Rückstände (Bleiacetatniederschläge usw.) nicht entsprechend größer, wenn das Hauptprodukt mit schlechter Ausbeute entstanden war. Selbstverständlich wurde immer sorgfältig versucht, bei den einzelnen Ozonisationen die Bedingungen gleichzuhalten. In einigen Fällen rührte die Verschiedenheit sicher von dem angewandten Sericin her; dagegen aber wurde bei dem Ozonisieren von einer Lieferung Sericin[1]) in zwei Portionen aus je 100 g, 39 g und 50 g Polypeptid erhalten.

Die methylalkoholischen Mutterlaugen wurden mit viel Äther versetzt. Es fielen dabei geringe Mengen einer Substanz aus, die dem

---

[1]) Von der Kahlbaumschen chemischen Fabrik nach dieser Vorschrift hergestellt.

Hauptprodukt ähnlich war. In anderen Fällen wurde die Mutterlauge im Vakuum bei 30° wieder eingedampft und der Rückstand mit viel Methylalkohol versetzt. Es wurden auch auf diese Weise weitere kleine Portionen des Hauptproduktes erhalten. Um die Gesamtmenge der Substanz zu ermitteln, die in den Mutterlaugen bleibt, wurden diese schließlich möglichst eingedampft. Der dunkle, ölige Rückstand wog 7 g.

Die quantitativen Verhältnisse der Ozonspaltung des Sericins lassen sich nach den oben beschriebenen Resultaten wie folgt zusammenfassen:

100 g Sericin liefern durchschnittlich
Nichtozonisierbaren Rückstand . . . . . 2— 5 g
Bleiacetatniederschlag . . . . 1— 5 „
Durch Methylalkohol gefälltes Produkt. . 35—50 „
Rückstand in den Mutterlaugen . . . . . ca. 7 „

Es wurden also im günstigsten Falle nicht mehr als 65% des Ausgangsmaterials in der ozonisierten Lösung wiedergefunden. Der Rest muß während des Ozonisierens gasförmig entweichen. Diese Zertrümmerung eines Teiles von dem Sericinmolekül ist sehr auffallend. Es darf vielleicht erwähnt werden, daß Gorup-Besanez[1] seinerzeit eine ähnliche Beobachtung gemacht hat, und zwar besonders beim Eieralbumin. Dagegen aber hat Herr cand. chem. Petersen, der zurzeit mit der Untersuchung der Eiweißstoffe im hiesigen Institut beschäftigt ist, gefunden, daß eine ozonisierte Lösung von Eieralbumin beim Eindampfen einen Rückstand hinterläßt, dessen Gewicht fast gleich dem des angewandten Eieralbumins ist. Es ist möglich, daß das Sericin in dieser Hinsicht eine Ausnahme bildet, denn auch bei der totalen Hydrolyse durch Säuren geht der Hauptteil seines Moleküls zugrunde.

Um zu sehen, ob vielleicht ein erheblicher Teil des Kohlenstoffes von dem Ozon direkt zu Kohlendioxyd oxydiert wird, wurden 5 g Sericin in Wasser gelöst, und der ozonisierte Sauerstoff erst durch die Eiweißlösung, dann durch Kalilauge geleitet. Nach beendetem Ozonisieren wurde die von der Kalilauge absorbierte Kohlensäure als Bariumcarbonat bestimmt. Nebenbei wurde eine Bestimmung der in der Lauge schon vorhandenen Kohlensäure ausgeführt. Der absorbierten Kohlensäure entsprachen 2,1 g Bariumcarbonat oder 0,12 g Kohlenstoff. Da nach den Analysen von Bondi[2] das Sericin ca. 45% C enthält, so entspricht dieser Menge ungefähr 5,5% des Sericins. Der Hauptteil des Kohlenstoffes scheint demnach nicht in dieser Form zu entweichen.

---

[1] Siehe dieses Buch S. 416.
[2] Zeitschr. f. physiol. Chemie **34**, 481 [1902].

Die interessante Frage nach dem Schicksal des Sericinstickstoffes bleibt indessen dahingestellt, weil die Bestimmung der gasförmigen Produkte in der großen Menge Sauerstoff unmöglich erscheint.

Ozonisation des rohen Sericins. Es ist schon erwähnt worden, daß das Polypeptid auch aus dem ungereinigten Sericin sich gewinnen ließ. Zu diesem Zweck wurden 650 g gelber Rohseide mit ca. 12 l destillierten Wassers 6 Stunden gekocht. Die Seide wurde heiß gut abgepreßt, und die Flüssigkeit bis auf ein Volumen von 2—3 l eingedampft. Der Rückstand war nach dem Erkalten eine dunkle, gelatinöse Masse, die ohne weitere Behandlung zur Ozonisierung verwendet wurde. Die Dauer des Einleitens betrug ca. 50 Stunden, und es war durchaus nötig, die Flüssigkeit während dieser Operation sehr kräftig zu rühren, damit die Ozonblasen in der steifen Masse verteilt wurden. Der Verlauf des Ozonisierens und die Behandlung der ozonisierten Lösung war ebenso wie beim reinen Sericin. Die Ausbeute betrug 65 g oder 10% der angewandten Rohseide. Zum Vergleich darf daran erinnert werden, daß die Ausbeute an Polypetid aus dem über das Bleisalz gereinigten Sericin nie mehr als 1% der angewandten Seide, für gewöhnlich aber viel weniger betrug. Von der Reinheit des aus dem rohen Sericin erhaltenen Polypeptids wird weiter unten die Rede sein (S. 460).

Über die Reinigung, Eigenschaften und Zusammensetzung des durch Ozonisieren erhaltenen Polypeptids.

Das Polypeptid ist in Wasser sehr leicht löslich, in den anderen gebräuchlichen Lösungsmitteln aber unlöslich. Aus den konzentriertesten wässerigen Lösungen schied sich auch beim langen Stehen nichts aus. Die Lösungen in Wasser reagieren sauer gegen Lackmus, und da das Umkristallisieren ausgeschlossen war, so wurde zur Reinigung versucht, Salze oder sonstige Verbindungen des Körpers darzustellen.

Nach der Art ihrer Entstehung schien es möglich, daß die Substanz Aldehydcharakter besitzen könnte; Versuche, mittels Phenylhydrazin oder Nitrophenylhydrazin Derivate herzustellen, schlugen aber fehl.

Es schien interessant festzustellen, ob sich durch Einwirkung von α-Naphthalinsulfochlorid und Natronlauge Aminogruppen nachweisen lassen würden. Es sollte in diesem Falle ein schwerlöslicher Niederschlag ausfallen. Eine solche Verbindung konnte jedoch nicht beobachtet werden.

Dagegen ließ sich ein Silbersalz durch Behandeln mit Silbernitrat und Ammoniak leicht erhalten. Es stellte einen braunen, flockigen Niederschlag dar, welcher sich beim Erwärmen zersetzte.

Durch Zusatz von Platinchlorid konnte nur ein äußerst geringer, anscheinend kristallinischer Niederschlag erhalten werden. Zusatz von Calciumchlorid und Ammoniak, wie auch von Kupferacetat, gaben keine Fällung.

Neutrales Bleiacetat ergab ebenfalls keine Fällung; auf Zusatz von Ammoniak fiel aber eine weißgelbe Verbindung aus, die sich sofort zusammenballte, und beim Erwärmen braun wurde. Die weitere Untersuchung des Bleisalzes, die jetzt beschrieben werden soll, zeigt, daß die Einwirkung von Bleiacetat und Ammoniak auf das Polypeptid eine ziemlich komplizierte sein muß, und wahrscheinlich nicht als eine einfache Salzbildung aufzufassen ist.

Untersuchung des Bleisalzes. Der obenerwähnte Versuch wurde mit einer kleinen Menge Polypeptid ausgeführt, die schon nach einer anderen Methode gereinigt worden war. Um zu sehen, ob man über das Bleisalz eine Reinigung erzielen kann, wurden 1,8 g Polypeptid, welches 16,3% Stickstoff enthielt, in Wasser gelöst, und mit einer frisch bereiteten und filtrierten Lösung von 0,6 g neutralen Bleiacetats versetzt. Die angewandte Menge Bleiacetat war 1,7 mal größer als zur Salzbildung erforderlich war. Bei vorsichtigem Eintropfen der Bleilösung bildete sich an der Stelle, an welcher der Tropfen einfiel, ein Niederschlag, der beim Umrühren wieder verschwand. Nach vollständigem Zusatz der Bleilösung war eine geringe Menge eines tiefgelb gefärbten Niederschlages zu bemerken, wobei auch die Flüssigkeit eine gelbe Farbe angenommen hatte. Auf Zusatz von Ammoniak wurde die abfiltrierte Lösung orangerot, aber es fiel nichts aus. Weiterer Zusatz von Bleiacetatlösung zu der ammoniakalischen Flüssigkeit fällte jedoch eine gelbe, amorphe Substanz aus. Die Bleilösung wurde so lange hinzugesetzt, bis keine Fällung mehr entstand; dann wurde der Niederschlag abfiltriert, mit Schwefelwasserstoff zerlegt und aus der eingedampften Lösung das regenerierte Polypeptid durch Methylalkohol gefällt. Nach dem Abfiltrieren und Trocknen wurde das Präparat analysiert.

0,1565 g Sbst.: 22,2 ccm N bei 25° und 739 mm, wonach N 15,8%.

Das auf anderem Wege gereinigte Polypeptid enthält 17,5% Stickstoff, und man muß deswegen annehmen, daß diese Methode keine Reinigung bewirkt. Wie unten beschrieben wird, wurde es auch versucht, auf diese Weise das Polypeptid aus dem rohen Sericin zu reinigen, jedoch ohne Erfolg.

Untersuchung des jodwasserstoffsauren Salzes. Das Polypeptid hat nicht nur saure Eigenschaften. Es löst sich auch in Säuren, und es wurde versucht, mit Hilfe solcher Verbindungen den Körper zu reinigen. Das Polypeptid wurde in Jodwasserstoffsäure gelöst, und

Tabelle I.

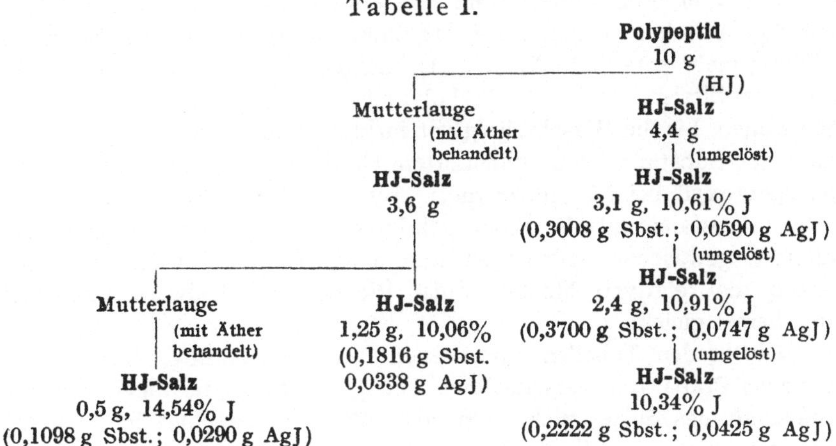

Tabelle II.

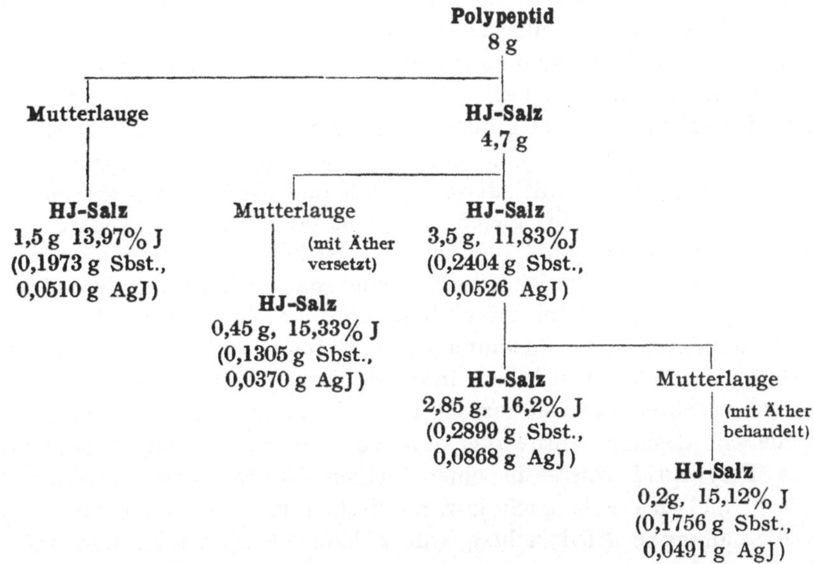

beim Zusatz von Alkohol fiel eine feste Substanz aus, die sich als ein jodwasserstoffsaures Salz des Polypeptides erwies. Eine lange Reihe von Umlösungen wurde ausgeführt, in der Hoffnung, ein reines, einheitliches Produkt zu erhalten. Die Resultate dieser werden in den vorstehenden Tabellen I und II wiedergegeben.

Das Umlösen wurde immer in der Weise ausgeführt, daß z. B. zu 5 g in 10 ccm Wasser gelöst 10 ccm Jodwasserstoffsäure vom spez.

Gewicht 1,96 hinzugesetzt, und die Flüssigkeit nach zwei- bis dreistündigem Stehen so lange mit Äthylalkohol versetzt wurde, bis keine Fällung mehr entstand. Nach dreistündigem Stehen wurde der Niederschlag abfiltriert, und mit Alkohol und schließlich mit Äther so lange gewaschen, bis die Waschflüssigkeit farblos wurde. Zur Analyse wurde dann die Substanz bis zu konstantem Gewicht im Vakuum über Phosphorpentoxyd bei 55° getrocknet. Aus der Mutterlauge konnte noch etwas Substanz mittels Äther gefällt werden; dies wurde auch abfiltriert, gewaschen, getrocknet und analysiert. Bei jedem Umlösen waren die relativen Mengen Salz, Wasser und Jodwasserstoffsäure annähernd gleich.

Die in den Tabellen enthaltenen Analysenresultate, die übrigens aus zwei Präparaten verschiedener Fertigung stammen, zeigen, daß der Jodgehalt des Salzes nicht von einer Beimengung eines jodreicheren Körpers stammt, weil die Jodgehalte aller verschiedenen Fraktionen nicht sehr verschieden sind. Der Vergleich der beiden Versuchsreihen zeigt aber auch, daß trotz der ziemlich übereinstimmenden Werte in der Tabelle I ein einheitliches Produkt sich auf diese Weise nicht gewinnen läßt. Das Umlösen scheint vielmehr von einer fortwährenden Hydrolyse begleitet zu sein, weil der Jodgehalt der Substanzen aus den Mutterlaugen immer größer ist, als der der zuerst ausgeschiedenen Fraktionen. Ferner ist in jedem Falle das Gesamtgewicht der beiden Fraktionen (Fraktion mit Alkohol gefällt und Fraktion aus der Mutterlauge mit Äther gefällt) gleich höchstens 80% der angewandten Salzmenge. Die übrigen 20% müssen in der Alkohol-Äthermischung gelöst bleiben; das Salz selbst ist jedoch in einer solchen Mischung nicht löslich.

Es wurde zu einem später beschriebenen Zweck versucht, wenigstens annähernd die Zusammensetzung festzustellen. Bei der Darstellung des Salzes wurde im Sinne der oben gegebenen Betrachtungen darauf geachtet, die Gelegenheit zum Hydrolysieren möglichst auszuschließen; deshalb wurde das Salz vor der Analyse nicht umgelöst. Das Polypeptid wurde in einer kleinen Menge Jodwasserstoffsäure gelöst, und das Salz nach kurzem Stehen mit Alkohol gefällt. Der weiße, amorphe Niederschlag wurde bald pulverförmig, und sobald dies erreicht war, wurde die Substanz abgesaugt und mit Alkohol und schließlich mit Äther gewaschen. Unter dem Mikroskop beobachtet, schien das Pulver kristallinisch zu sein. Es wurde im Vakuum über Phosphorpentoxyd bei 55° bis zu konstantem Gewicht getrocknet, und gab bei der Analyse folgende Zahlen:

0,1446 g Sbst.: 0,1991 g CO_2, 0,0708 g H_2O. — 0,1331 g Sbst.: 16,6 ccm N bei 21° C und 746 mm. — 0,1953 g Sbst.: 0,0519 g AgJ.

C 37,55%, H 5,47%, N 14,21%, J 14,37%.

Es darf mit einiger Sicherheit angenommen werden, daß diese Zahlen annähernd die wahre Zusammensetzung des Salzes darstellen; denn aus den später ausgeführten Analysen des reinen Polypeptides läßt sich für das jodwasserstoffsaure Salz ungefähr diese Zusammensetzung berechnen.

Die Reinigung und Analyse des Polypeptides. Es blieb jetzt nur übrig, zu versuchen, die Reinigung des Polypeptides durch Umlösen aus Wasser zu bewirken. Vorversuche zeigten, daß Methylalkohol das geeignetste Fällungsmittel war, und daß es zweckmäßig ist, eine ziemlich starke, ca. 20proz. Lösung des Polypeptides anzuwenden. Der Körper fällt bei den ersten Umlösungen als eine schwachgelbe, klebrige Masse aus, die beim Stehen bald fest wurde. Dies geschah noch schneller, wenn der Niederschlag mit der Lösung angerieben wurde. Bei den späteren Umlösungen fiel die Substanz gewöhnlich sofort als Pulver aus, welches sich unter dem Mikroskop als undeutlich kristallinisch erwies. Die Substanz war auch am Anfang sehr hygroskopisch; diese Eigenschaft wurde durch eine Beimengung bedingt, die durch wiederholtes Umfällen oder Anreiben mit Methylalkohol sich entfernen ließ.

Eine Reihe von Umlösungen wurde ausgeführt, und es stellte sich heraus, daß die Substanz bald konstante Analysenzahlen und eine konstant optische Drehung zeigte.

Als Ausgangsmaterial dienten 13 g des Polypeptides, die durch Ozonisieren nach der früher angegebenen Vorschrift aus 60 g gereinigtem Sericin erhalten wurden. Von diesem Material wurde Kohlenstoff-, Wasserstoff- und Stickstoffgehalt bestimmt; ebenso die optische Drehung.

0,1963 g Sbst.: 0,3036 g CO_2, 0,0946 g H_2O. — 0,1367 g Sbst.: 20,5 ccm N bei 20° C und 748 mm. — 0,1814 g Sbst.: 27,0 ccm N bei 19° C und 757 mm.

C 42,2%, H 5,39%, N 16,9%, 17,3%.

Optische Drehung:

$$[\alpha]_d^{20^0} = \frac{100\,\alpha}{c.\ d.l.} = -54{,}0°.$$

$$(\alpha = -3{,}1°;\ c = 10{,}92;\ D_{4^0}^{20^0} = 1{,}051;\ 1 = {}^1/_2).$$

Die Substanz (12,5 g) wurde dann in etwa der fünffachen Menge kalten destillierten Wassers gelöst, und die Lösung mit Methylalkohol versetzt, bis keine weitere Fällung eintrat. Nach zweistündigem Stehen wurde der Niederschlag abfiltriert, mit wenig Methylalkohol gewaschen, und zuerst im Vakuumexsiccator, dann im Vakuum über Phosphorpentoxyd bei 100° C getrocknet. Die Analyse ergab folgende Zahlen:

0,1456 g Sbst.: 0,2328 g CO_2, 0,0784 g H_2O. — 0,2122 g Sbst.: 33,0 ccm N bei 19° C und 747 mm. — 0,1421 g Sbst.: 21,8 ccm N bei 21° C und 749 mm.

C 43,6%, H 6,02%, N 17,8%, 17,5%.

Optische Drehung:

$$[\alpha]_d^{20^0} = -58{,}5^\circ.$$
$$(\alpha = -3{,}17^\circ; \quad c = 10{,}83; \quad 1 = {}^1/_2).$$

Die Substanz (9,9 g) ergab nach dem zweiten Umlösen folgende Resultate.

0,1589 g Sbst.: 0,2575 g CO_2, 0,0817 g H_2O. — 0,1498 g Sbst.: 23,3 ccm N bei 21° C und 756 mm.

C 44,2%, H 5,75%, N 17,9%.

Optische Drehung:

$$[\alpha]_d^{19^0} = -56{,}7^\circ.$$
$$(\alpha = -2{,}85^\circ; \quad c = 10{,}05; \quad 1 = {}^1/_2).$$

Endlich wurde die Substanz noch ein drittes Mal auf dieselbe Weise umgelöst und gab dann die folgenden Analysenzahlen:

0,1547 g Sbst.: 0,2488 g CO_2, 0,0809 g H_2O. — 0,1507 g Sbst.: 23,0 ccm N bei 20,5° C und 754 mm.

C 43,9%, H 5,85%, N 17,5%.

Optische Drehung:

$$[\alpha]_d^{18,5} = -60{,}1^\circ.$$
$$(\alpha = -3{,}09^\circ; \quad c = 10{,}28; \quad 1 = {}^1/_2).$$

Die Resultate dieser Analysen sind in der folgenden Tabelle zusammengefaßt:

	C	H	N	Drehung
1.	42,2	5,4	17,1	—54,0
2.	43,6	6,0	17,7	—58,5
3.	44,2	5,75	17,9	—56,7
4.	43,9	5,85	17,5	—60,1

Die Einheitlichkeit und Zusammensetzung des Polypeptides. In diesem Falle, wie so oft in der Eiweißchemie, handelt es sich um einen Körper, bei welchem nicht nur die gewöhnlichen Reinigungsmethoden, sondern auch die sicheren Reinheitskriterien nicht zur Verfügung stehen; folglich kann man die Einheitlichkeit der Substanz nur indirekt beweisen. Den obigen Analysen zufolge ändert sich die prozentische Zusammensetzung des Polypeptides nach dem zweiten Umlösen nicht mehr; man ist deswegen geneigt, anzunehmen, daß die Substanz rein und einheitlich sei. Die Beweiskraft der Analysen ist aber an sich nicht sehr groß, weil gerade die Beimengungen, die am meisten zu befürchten sind, wahrscheinlich eine ähnliche Zusammensetzung haben würden. Bemerkenswert ist jedoch die Tatsache, daß auch die Drehung konstant bleibt.

Ein indirekter Beweis läßt sich aus den folgenden Überlegungen ziehen. Das Mittel der Analysen 2, 3 und 4 ist

C 43,9%, H 5,85%, N 17,7%, O 32,55%.

Dieser Zusammensetzung entspricht die empirische Formel
$$C_{29}H_{48}N_{10}O_{16}.$$

Das jodwasserstoffsaure Salz kann durch Anlagerung von **einem** oder von mehr als **einem** Molekül Jodwasserstoffsäure entstehen. Nehmen wir an, daß **ein** Molekül sich addiert, so wird die Formel des Salzes
$$C_{29}H_{49}N_{10}O_{16}J,$$
welcher folgende prozentische Zusammensetzung entspricht:

C 37,9%, H 5,22%, N 15,2%, J 13,8%.

Durch Analyse des Salzes wurde gefunden:

C 37,55, H 5,47%, N 14,21%, J 14,37%.

Das gute Resultat spricht sehr zugunsten der Annahme, daß die Substanz einheitlich ist. Dies wird auch weiter bestätigt durch die Übereinstimmung von den Werten für die Molekulargröße des Polypeptides, die auf verschiedene Weisen erhalten wurden.

Die Molekulargröße des Polypeptides. Das Molekulargewicht des Körpers läßt sich auf vier unter sich unabhängige Weisen bestimmen.

1. Der empirischen Formel $C_{29}H_{48}N_{10}O_{16}$ des Polypeptides entspricht ein Molekulargewicht von 792, unter der Annahme, daß die Substanz monomolekular ist.

2. Das Molekül des jodwasserstoffsauren Salzes muß mindestens ein Atom Jod enthalten. Wenn wir annehmen, daß in jedem Molekül nur ein Atom Jod sich befindet, so läßt sich aus dem gefundenen Jodgehalt (14,37%) auf ein Molekulargewicht von $\dfrac{127 \times 100}{14,37} = 884$ schließen.

3. Wie schon erwähnt, reagieren die wässerigen Lösungen des Polypeptides sauer, und sie lassen sich mit Basen titrieren. Wenn Lackmus als Indicator benutzt wird, so ist der Umwandlungspunkt schwer zu erkennen; mit Phenolphthalein dagegen ist er ganz scharf. In einem Versuch verbrauchte 0,2338 g Polypeptid 2,75 ccm N/10 $\times$ 0,9505 Natronlauge. Unter der Annahme, daß das Molekül eine saure Gruppe besitzt, berechnet sich daraus ein Molekulargewicht von $\dfrac{2338}{2,75 \times 0,9505} = 895.$

4. Schließlich wurde eine Bestimmung auf kryoskopischem Wege ausgeführt.

0,3000 g Substanz in 17,1 g Wasser gelöst erniedrigten den Gefrierpunkt um 0,038° C, woraus sich ein Molekulargewicht von 854 berechnen läßt.

42*

Wie schon oben gesagt worden ist, bildet die gute Übereinstimmung dieser Molekulargewichtsbestimmungen wieder einen indirekten Beweis für die Richtigkeit der Annahme, daß das Polypeptid ein chemisches Individuum ist, welchem die empirische Formel $C_{29}H_{48}N_{10}O_{16}$ zukommt. Daraus lassen sich aber auch einige allgemeine Schlüsse über die Konstitution der Substanz ziehen. Denn nach den neueren Forschungen auf diesem Gebiet ist es wenigstens sehr wahrscheinlich, daß sie aus zusammengeketteten Aminosäureresten besteht, und zwar sind die Aminosäuren, die bei der Spaltung der Eiweißkörper bisher gefunden worden sind, entweder Monoaminosäuren, Oxyaminosäuren oder Diaminosäuren.

Den im Molekül enthaltenen 10 Stickstoffatomen entsprechen aber 10 Mono- resp. Oxyaminosäurereste oder 5 Diaminoreste. Man kann also mit einiger Sicherheit sagen, daß das Polypeptid aus nicht weniger als 5 und nicht mehr als etwa 10 Aminosäureresten besteht. Die Resultate der vollständigen Hydrolyse des Körpers durch Säuren, die unten beschrieben sind, haben gezeigt, daß er verschiedene Monoaminosäuren enthält, und demnach ist die höhere Zahl wahrscheinlicher.

Zu ungefähr demselben Schluß gelangt man, wenn der Sauerstoffgehalt als Ausgangspunkt für die Berechnung benutzt wird. Die Spaltung hat nämlich 13,1% Serin geliefert. Wenn die Substanz e i n e n Serinrest enthält, so würde sie, quantitativ gespalten, 13,3% Serin liefern. Man muß also mindestens einen Serinrest im Molekül annehmen, und wahrscheinlich mehr, weil die Ausbeute an anderen Produkten zeigt, daß der Verlauf der Spaltung keineswegs ein quantitativer ist. Wenn wir als Minimum 2 Serinreste annehmen, so entsprechen diese schon 4 Atomen Sauerstoff, so daß wir nur noch Sauerstoff für 11 Mono- resp. Diaminosäurereste übrig haben.

„Rohes" Polypeptid. Bevor die Spaltung des Polypeptides durch Säuren beschrieben wird, scheint es zweckmäßig, das rohe Polypeptid, welches zu diesem Zweck benutzt wird, nochmals zu besprechen.

Die Gewinnung des ungereinigten Sericins und sein Ozonisieren sind schon beschrieben worden. Das Produkt glich in seinen physikalischen Eigenschaften, Lösungsverhältnissen usw. dem aus gereinigtem Sericin erhaltenen Polypeptid vollständig. Der Stickstoffgehalt wurde nach zweimaligem Umlösen auf die früher beschriebene Weise ermittelt.

0,1973 g Sbst.: 28,6 ccm N bei 24° C und 752 mm, wonach N 16,4%.

Durch weiteres Umlösen ließ sich ein reineres Produkt gewinnen, welches bei der Analyse folgende Zahlen gab:

0,1753 g Sbst.: 26,2 ccm N bei 25° C und 751 mm. — 0,1583 g Sbst.: 0,2444 g CO_2, 0,0804 g H_2O.   C 42,1%, H 5,7%, N 16,85%.

Für das reine Polypeptid wurde gefunden:

C 43,9%, H 5,85%, N 17,7%.

Das Produkt war also zweifellos nicht ganz rein. Ein Versuch, die Reinigung über das Bleisalz zu erzielen, war erfolglos. Zu der Spaltung wurde das Rohprodukt verwendet.

Die Spaltung des Polypeptides durch Säuren.

Die Monoaminosäuren. Die Bestimmung der Monoaminosäuren wurde durch Hydrolyse mit starker Salzsäure und Veresterung des erhaltenen Aminosäurengemisches nach der Methode von Emil Fischer ausgeführt.

100 g Polypeptid, aus ungereinigtem Sericin nach der schon angegebenen Vorschrift dargestellt, wurden in 270 ccm konz. Salzsäure in der Kälte gelöst, und die braune Lösung 6 Stunden unter Rückfluß gekocht. Nach dem Erkalten war keine Ausscheidung fester Substanz zu bemerken. Die dunkle Flüssigkeit wurde auf dem Wasserbade bis zu einem Drittel des anfänglichen Volumens eingeengt und der Rückstand in der Kälte mit gasförmiger Salzsäure gesättigt. Selbst bei langem Stehen im Eisschrank schied sich keine salzsaure Glutaminsäure aus.

Der Sirup wurde dann im Vakuum möglichst weit eingedampft und der Rückstand mit 500 ccm abs. Alkohols übergossen. In die Flüssigkeit wurde nun trockne Salzsäure bei Zimmertemperatur bis zur Sättigung eingeleitet; schließlich wurde der Kolben auf das Wasserbad gestellt und die Einleitung der Salzsäure fortgesetzt, bis fast alles gelöst war. Die Lösung mit dem kleinen Rückstand wurde dann im Vakuum bei 50° möglichst eingedampft und dieser ganze Prozeß noch zweimal wiederholt. Nach der dritten Veresterung wurde die Flüssigkeit, die einen kristallinischen Niederschlag enthielt, durch eine Tonplatte an der Pumpe filtriert. Die Kristalle bestanden aus fast reinem Ammonchlorid und wogen 8,8 g. Das Filtrat wurde im Vakuum eingeengt und nach Einimpfen mit salzsaurem Glycinester in den Eisschrank gestellt. Nach langem Stehen wurde die kleine Menge ausgeschiedene Substanz abfiltriert. Sie wog 0,4 g und bestand ebenfalls aus Salmiak.

Die alkoholische Lösung von den Hydrochloriden wurde im Vakuum möglichst eingedampft und der Rückstand mit dem halben Volumen Wasser und mit dem $1\frac{1}{2}$fachen Volumen Äther versetzt. Die Mischung wurde dann bis 15° C abgekühlt und die Ester durch portionsweisen Zusatz von starker Natronlauge in Freiheit gesetzt. Um die in Wasser löslichen Ester auszusalzen, wurde auch ein Überschuß an gepulvertem Kaliumcarbonat zugegeben. Nach jedem Zusatz von Natronlauge wurde das Gemisch tüchtig durchgeschüttelt, und darauf der Äther durch neuen ersetzt.

Die ätherische Lösung wurde dann mit Kaliumcarbonat und schließlich mit Natriumsulfat getrocknet, dann im Vakuum bei gewöhnlicher Temperatur möglichst eingedampft.

Das Destillat wurde mit etwas abs. Alkohol versetzt und mit gasförmiger Salzsäure gesättigt. Beim Stehen schied sich eine kleine Menge langer, nadelförmiger Kristalle ab, die nach dem Umkristallisieren aus Alkohol bei 144—146° schmolzen und demnach sehr wahrscheinlich aus Glycinesterhydrochlorid (Schmp. 144°) bestanden. Beim Einengen der Lösung im Vakuum wurde noch eine kleine Menge fester Substanz erhalten, die aber nicht in guten Zustand übergeführt werden konnte. Die Menge war ebenfalls sehr gering (0,05 g).

Der Rückstand der ätherischen Lösung wurde im Vakuum von 11—12 mm aus dem Wasserbade destilliert, wobei folgende Fraktionen erhalten wurden. Die angegebenen Temperaturen sind die des Wasserbades.

$$
\begin{array}{lll}
\text{I.} & \text{Bis } 27° & (15 \text{ mm}) \\
\text{II.} & 27—35° & (12 \;\; ,, \;\;) \\
\text{III.} & 35—60° & (12 \;\; ,, \;\;) \\
\text{IV.} & 60—80° & (12 \;\; ,, \;\;) \\
\text{V.} & 80—100° & (12 \;\; ,, \;\;)
\end{array}
$$

Diese Fraktionen wurden dann bei einem Druck von 11—12 mm über freier Flamme wieder fraktioniert. Es wurden auf diese Weise folgende zwei Fraktionen erhalten. Die Temperaturen sind die des Dampfes.

$$
\begin{array}{lll}
\text{1.} & \text{Bis } 40° & .\;\; . \;\; 7,5 \text{ g} \\
\text{2.} & 40—50° & .\;\; . \;\; 3,5 \;\; ,, \\
& \text{Rückstand} & . \;\; 1,0 \;\; ,,
\end{array}
$$

Der Rückstand von der ersten Destillation wurde sofort im hohen Vakuum aus dem Ölbad destilliert, wobei folgende Fraktionen erhalten wurden. Die Temperaturen beziehen sich auf das Ölbad.

$$
\begin{array}{llll}
\text{3.} & \text{Bis } 100° & (0,08 \text{ mm}) & .\;.\;.\;\; 4,2 \text{ g} \\
\text{4.} & 100—120° & (0,08 \;\; ,, \;\;) & .\;.\;.\; 16,2 \;\; ,, \\
\text{5.} & 120—135° & (0,06 \;\; ,, \;\;) & .\;.\;.\;\; 6,0 \;\; ,, \\
\text{6.} & 136—160° & (0,06 \;\; ,, \;\;) & .\;.\;.\;\; 4,9 \;\; ,, \\
& \text{Rückstand} & .\;.\;.\;.\;.\;.\;.\;.\; & 7,2 \;\; ,,
\end{array}
$$

Der Rückstand war ein dunkles Harz, das nicht weiter untersucht wurde.

Der Rückstand von der zweiten Destillation (bei 11 mm Druck) war ein farbloses Öl. Es wurde zu der ersten Fraktion im hohen Vakuum (Nr. 3) zugegeben. Diese Fraktion, sowohl wie Fraktion 2, wurde gleich nach beendeter Destillation durch Kochen mit Wasser verseift. Die weitere Verarbeitung der einzelnen Fraktionen geschah wie folgt.

Fraktion 1, bis 40° C. Diese Fraktion wurde mit etwas abs. Alkohol versetzt und mit gasförmiger Salzsäure bei gewöhnlicher Temperatur gesättigt. Beim Eindampfen der salzsauren Lösung im Vakuum hinterblieb ein sehr kleiner, öliger Rückstand, der bald zu einer Masse feiner Nadeln erstarrte. Nach dem Umkristallisieren aus Alkohol zeigten sie den Schmp. 144—146°. Sie bestanden mithin sehr wahrscheinlich aus salzsaurem Glycinester, dessen Schmp. bei 144° liegt. Die Menge der Substanz betrug nur 0,05 g.

Fraktion 2, 40—50°. Fast die Gesamtmenge dieser Fraktion wurde bei der Destillation bei der konstanten Temperatur 49—50° erhalten. Sie wurde gleich nach dem Destillieren durch siebenstündiges Kochen mit der fünffachen Menge Wasser verseift. Zum Schluß war die alkalische Reaktion der Flüssigkeit verschwunden. Die Lösung wurde mit Tierkohle aufgekocht, filtriert, und auf dem Wasserbade bis zur beginnenden Kristallisation eingeengt. Beim Stehen schieden sich dann Kristalle aus, die am anderen Tage abgesaugt wurden. Die getrocknete Substanz wog 0,95 g und gab bei der Analyse folgende Zahlen:

0,1450 g Sbst.: 0,1884 g CO_2, 0,975 g H_2O.

$$\text{Gef.} \quad C\ 35,4\%, \quad H\ 7,52\%$$
$$\text{Ber. für Alanin, } C_3H_7NO_2, \quad C\ 40,4\%, \quad H\ 7,86\%$$
$$\text{,,} \quad \text{,, Glycin, } C_2H_5NO_2, \quad C\ 32,0\%, \quad H\ 6,66\%.$$

Die Mutterlauge wurde zur Trockne eingedampft und der weiße, kristallinische Rückstand mit Alkohol ausgekocht. Das getrocknete Präparat wog 0,55 g und gab folgende Analyse:

0,1312 g Sbst.: 0,1792 g CO_2, 0,0883 g H_2O.

$$\text{Gef. } C\ 37,3\%, \quad H\ 7,53\%.$$

Die Analysen lassen auf Alanin schließen, das noch durch etwas Glycin verunreinigt war. Die geringe Menge Substanz und die große Ähnlichkeit zwischen Alanin und Glycin gestatteten keine weitere Trennung.

Fraktion 3, bis 100° im hohen Vakuum, mit dem Rückstand von der zweiten Destillation. Diese Fraktion wurde ebenfalls gleich nach dem Destillieren durch siebenstündiges Kochen mit der siebenfachen Menge Wasser verseift. Nach der Verseifung war die Flüssigkeit nicht mehr alkalisch. Sie wurde mit etwas Tierkohle aufgekocht, filtriert und auf dem Wasserbade eingeengt. Beim Stehen schied sich eine weiße, kristallinische Substanz aus, die am anderen Tage abfiltriert wurde. Das getrocknete Präparat wog 0,2 g und gab bei der Analyse folgende Zahlen:

0,1457 g Sbst.: 0,2652 g CO_2, 0,1238 g H_2O.

$$\text{Gef. } C\ 49,6\%, \quad H\ 9,50\%.$$

$$\text{Ber. für Valin, } C_5H_{11}O_2N, \quad C\ 51,2\%, \quad H\ 9,48\%$$
$$\text{,,} \quad \text{,, Leucin, } C_6H_{13}O_2N, \quad C\ 54,9\%, \quad H\ 10,0\%$$
$$\text{,,} \quad \text{,, Serin, } C_3H_7O_3N, \quad C\ 34,3\%, \quad H\ 6,67\%$$

Beim Erhitzen im Capillarrohr wurde die Substanz gegen 240° braun und zersetzte sich gegen 255°.

Die Lösung wurde dann weiter eingedampft, und beim Stehen wurde noch eine Kristallfraktion erhalten, die nach dem Absaugen und Trocknen 0,45 g wog und folgende Analyse gab:

0,1348 g Sbst.: 0,2317 g CO_2, 0,1088 g H_2O.

Gef.   C 46,9%,   H   9,03%
Ber. für Valin   C 51,2%,   H   9,48%
 ,,   ,,   Leucin C 54,9%,   H 10,0 %
 ,,   ,,   Serin   C 34,3%,   H   6,67%

Im Capillarrohr erhitzt, fing die Substanz gegen 240° an, braun zu werden, und zersetzte sich gegen 255°.

Die Mutterlauge von der zweiten Kristallfraktion wurde weiter eingedampft und so lange mit Alkohol versetzt, bis eine bleibende Trübung vorhanden war. Beim Stehen schieden sich Kristalle aus, die abgesaugt und mit Alkohol ausgekocht wurden. Das getrocknete Präparat wog 0,4 g und gab bei der Analyse folgende Zahlen:

0,1586 g Sbst.: 0,1988 g CO_2, 0,1004 g H_2O.

Gef. C 34,2%,   H 7,08%
Ber. für Serin   C 34,3%,   H 6,67%.

Beim Erhitzen wurde die Substanz gegen 220° braun und zersetzte sich gegen 240°. Nach Fischer und Leuchs[1]) wird inaktives Serin gegen 225° braun und schmilzt unter Gasentwicklung gegen 240°.

Es läßt sich mit einiger Sicherheit annehmen, daß die letzte Fraktion reines, inaktives Serin war. Für die erste Fraktion stimmt die Analyse mit den berechneten Werten für Valin (α-Aminovaleriansäure) überein; die Substanz war außerdem schön kristallisiert und machte den Eindruck eines einheitlichen Körpers. Es könnte aber ebensogut ein Gemisch von Serin mit Leucin sein, und dies ist insofern wahrscheinlicher, als Cramer bei der totalen Hydrolyse des Sericins[2]) die Entstehung von Leucin beobachtete. Dagegen haben aber Fischer und Skita weder Valin noch Leucin unter den hydrolytischen Spaltungsprodukten fassen können[3]).

Die zweite Kristallfraktion ist offenbar ein Gemisch von Valin oder Leucin mit Serin.

Die Mutterlauge von der dritten Fraktion hinterließ beim Eindampfen nur noch 0,1 g schlecht kristallisierten Rückstand. Der Alkohol, in dem das Rohprodukt gekocht wurde, gab beim Eindampfen nur einen sehr geringen Rückstand.

---

[1]) E. Fischer u. Leuchs, Berichte d. Deutsch. chem. Gesellschaft **35**, 3792 [1902].

[2]) Cramer, loc. cit.

[3]) E. Fischer u. Skita, loc. cit.

Fraktionen 4, 5 und 6 wurden getrennt nach einer von Emil Fischer angegebenen Methode verarbeitet, wodurch die vier möglicherweise vorhandenen Ester (Serinester, Phenylalaninester, Asparaginsäureester und Glutaminsäureester) voneinander getrennt werden. Jede Fraktion wurde mit einigen Prozent Wasser und dann mit dem fünffachen Volumen Petroläther versetzt. Nach gutem Schütteln wurde die untere ölige Schicht getrennt und noch dreimal mit dem gleichen Volumen Petroläther durchgeschüttelt. Die weitere Verarbeitung der vereinigten Petrolätherextrakte, die die Asparagin- und Glutaminsäureester enthalten, wird unten beschrieben.

Die in Petroläther unlösliche Schicht wurde mit der fünffachen Menge Wasser versetzt und die wässerige Lösung mit dem gleichen Volumen Äther geschüttelt. Phenylalaninester, wenn vorhanden, wird auf diese Weise aus der wässerigen Lösung des Serinesters entfernt. Da aber auch ein Teil des Serinesters von dem Äther aufgenommen wird, so wurde die ätherische Lösung dreimal mit der gleichen Menge Wasser extrahiert. Die weitere Behandlung der vereinigten Ätherextrakte wird unten beschrieben.

Die wässerigen Lösungen wurden durch zweistündiges Erhitzen mit einem Überschuß von Baryt auf dem Wasserbade verseift. Das Baryt wurde quantitativ mit Schwefelsäure entfernt und die Lösungen nach Abfiltrieren des Bariumsulfats im Vakuum bei $30-40°$ zur Trockne eingedampft. Die Verarbeitung der Rückstände, die nach der Entstehungsmethode nur aus Serin bestehen könnten, soll in den drei einzelnen Fällen getrennt beschrieben werden.

Serin aus Fraktion 4. Der Rückstand wurde mit Alkohol ausgekocht und wog nach dem Abfiltrieren und Trocknen 7,8 g. Die alkoholische Lösung enthielt nur sehr kleine Mengen organischer Stoffe.

Das Rohprodukt wurde in siedendem Wasser gelöst, mit Tierkohle aufgekocht und filtriert. Beim Erkalten schieden sich Kristalle aus, die am anderen Tag abfiltriert und getrocknet wurden. Die Analyse lieferte folgende Resultate:

0,1280 g Sbst.: 0,1670 g CO_2, 0,0656 g H_2O.

Gef. C 35,6%, H 5,73%

Ber. für Serin C 34,3%, H 6,67%

Die Fraktion wog 2,45 g.

Die Mutterlauge wurde auf dem Wasserbade bis zu einem Drittel des anfänglichen Volumens eingeengt. Beim Stehen kristallisierte noch eine Portion aus, die abgesaugt und getrocknet wurde. Sie wog 1,35 g und gab bei der Analyse folgende Zahlen:

0,1685 g Sbst.: 0,2169 g CO_2, 0,0943 g H_2O.

Gef. C 35,1%, H 6,26%

Ber. für Serin C 34,3%, H 6,67%.

Das Filtrat von der zweiten Fraktion wurde so lange in der Wärme mit Alkohol versetzt, bis eine bleibende Trübung vorhanden war. Beim Stehen im Eisschrank schieden sich Kristalle aus, die nach einigen Tagen abgesaugt wurden. Sie wogen 1,4 g und lieferten folgendes Resultat:

0,1104 g Sbst.: 0,1424 g CO_2, 0,0652 g H_2O.

Gef. C 35,2%, H 6,61%
Ber. für Serin C 34,3%, H 6,67%.

Die wässerig-alkoholische Lösung gab beim Eindampfen nur einen kleinen, öligen Rückstand, der nach langem Stehen im Eisschrank teilweise erstarrte. Die Menge reichte zu einer Analyse nicht aus.

Es geht aus diesen Analysen hervor, daß alle drei Kristallfraktionen Serin enthielten.

Serin aus Fraktion 5. Der in der schon beschriebenen Weise aus Esterfraktion 5 erhaltene Rückstand wog nach dem Auskochen mit Alkohol 2,9 g. Dieses Rohprodukt wurde analysiert und ergab die folgenden Zahlen:

0,1129 g Sbst.: 0,1473 g CO_2, 0,0664 g H_2O.

Gef. C 35,6%, H 6,58%
Ber. für Serin C 34,3%, H 6,67%.

Durch Umkristallisieren aus heißem Wasser wurde eine erste Kristallfraktion vom Gewicht 0,8 g erhalten, die folgendes Resultat ergab:

0,1426 g Sbst.: 0,1861 g CO_2, 0,0727 g H_2O.

Gef. C 35,6%, H 5,70%
Ber. für Serin C 34,3%, H 6,67%.

Wie beim Serin aus Fraktion 4 ließen sich auch hier die Verunreinigungen durch Umkristallisieren nicht entfernen.

Serin aus Fraktion 6. Der Rückstand nach dem Eindampfen (S. 665) wurde mit Alkohol ausgekocht und im Exsiccator getrocknet. Das so erhaltene Rohprodukt wog 1,8 g und lieferte bei der Analyse folgendes Resultat:

0,1047 g Sbst.: 0,1343 g CO_2, 0,0566 g H_2O.

Gef. C 35,0%, H 6,05%
Ber. für Serin C 34,3%, H 6,67%.

Diese Fraktion schien also wie die anderen Serin zu sein. Sie wurde aus heißem Wasser umkristallisiert und die kristallinische Substanz abgesaugt und getrocknet. Sie wog 0,65 g und gab folgende Zahlen:

0,1301 g Sbst.: 0,1691 g CO_2, 0,0638 g H_2O.

Gef. C 35,4%, H 5,46%
Ber. für Serin C 34,3%, H 6,67%.

Demnach war auch in diesem Falle ein reines Serin nicht zu erhalten.

Die Petrolätherlösungen. Wie schon erwähnt, bestanden die Esterfraktionen 4, 5 und 6 in der Hauptsache aus einem Öl, welches die Löslichkeitsverhältnisse des Serins zeigte. Bei der Reinigung desselben nach der früher beschriebenen Methode wurden aber auch noch zwei Extrakte erhalten, ein Petrolätherextrakt und ein ätherischer Extrakt.

Die Petrolätherlösung sollte die Ester von Asparaginsäure, Glutaminsäure und Phenylalanin enthalten, wenn diese Substanzen in dem ursprünglichen Gemisch vorhanden waren. Das Vorhandensein von Phenylalanin war übrigens nicht zu erwarten, da es nach den Versuchen von Harries und Langheld von Ozon zerstört wird.

Die drei Lösungen wurden zusammen im Vakuum bei gewöhnlicher Temperatur möglichst eingedampft. Es hinterblieb ein kleiner, öliger Rückstand. Zur Beseitigung von etwa vorhandenem Phenylalaninester wurde der Rückstand in der vierfachen Menge Wasser gelöst, und die Flüssigkeit mit dem gleichen Volumen Äther geschüttelt. Die ätherische Schicht wurde weiter mit dem gleichen Volumen Wasser dreimal extrahiert und dann zu den schon erhaltenen drei ätherischen Extrakten zugegeben.

Die vereinigten wässerigen Lösungen wurden durch zweistündiges Erhitzen mit einem Überschuß von Baryt verseift. Beim Erkalten schied sich eine geringe Menge einer kristallinischen Substanz aus, die wahrscheinlich asparaginsaures Barium war. Die filtrierte Flüssigkeit wurde mit Schwefelsäure genau neutralisiert, von dem Bariumsulfat abfiltriert und auf dem Wasserbade stark eingeengt. Beim Stehen kristallisierte ein weißer Körper aus, der nach dem Absaugen und Trocknen 1,0 g wog und folgende Analyse lieferte:

0,1576 g Sbst.: 0,2200 g CO_2, 0,0828 g H_2O.

Gef. C 38,1%, H 5,87%

Ber. für Asparaginsäure, $C_4H_7O_4N$ C 36,1%, H 5,26%

„ „ Glutaminsäure, $C_5H_9O_4N$ C 40,8%, H 6,1 %.

Das Präparat schien mithin ein Gemisch von den beiden Säuren zu sein. Zur Trennung wurde die von Fischer empfohlene Methode angewendet, wobei die Glutaminsäure als schwerlösliches Hydrochlorid aus der salzsauren Lösung gefällt wird. Das Produkt wurde in starker Salzsäure gelöst, bei 0° mit gasförmiger Salzsäure gesättigt und einige Tage im Eisschrank stehen gelassen. Es schied sich allmählich eine schön kristallisierte Substanz aus, deren Menge 0,7 g betrug. Bei der Chlorbestimmung lieferte sie folgendes Resultat:

0,6595 g Sbst.: 0,5586 g AgCl.

Gef. Cl 20,9%

Ber. für Glutaminsäurehydrochlorid Cl 19,1%.

Aus dem Filtrat von Glutaminsäurehydrochlorid wurde das Chlor durch Eintragen von Silberoxyd entfernt, der Überschuß an Silber durch Schwefelwasserstoff. Die vom Silbersulfid abfiltrierte Flüssigkeit wurde auf dem Wasserbade bis zu beginnender Kristallisation eingeengt. Beim Stehen kristallisierte 0,25 g Substanz aus, die nach dem Abfiltrieren und Trocknen folgende Analysenzahlen ergab:

0,1454 g Sbst.: 0,2010 g CO_2, 0,0706 g H_2O.

Gef. C 37,7%, H 5,43%
Ber. für Asparaginsäure, C 36,1%, H 5,26%.

Die Analyse zeigt, daß noch nicht reine Asparaginsäure vorlag.

Die ätherischen Extrakte von den Esterfraktionen 4, 5 und 6 wurden schließlich gemeinsam mit dem obenerwähnten ätherischen Extrakt aus den Petrolätherlösungen untersucht.

Die vereinigten Lösungen wurden im Vakuum bei gewöhnlicher Temperatur möglichst eingedampft und hinterließen einen geringen öligen Rückstand. Nach der Art seiner Entstehung hatte dieser Rückstand aus Phenylalaninester bestehen sollen. Eine Probe mit verdünnter Schwefelsäure und Kaliumbichromat erhitzt gab aber den Geruch des Phenylacetaldehyds nicht, was auf die Abwesenheit des Phenylalanins schließen läßt. Wie schon erwähnt, war dies schon aus anderen Gründen wahrscheinlich.

Der Rückstand wurde durch zweistündiges Erhitzen mit Barytlösung auf dem Wasserbade verseift, aus der verseiften Flüssigkeit wurde das Baryt quantitativ mit Schwefelsäure entfernt, und darauf die filtrierte Lösung bis zur beginnenden Kristallisation auf dem Wasserbade eingeengt. Das braune Rohprodukt wurde aus heißem Wasser umkristallisiert. Die Substanz war auch jetzt etwas gefärbt und kristallisierte nur schlecht. Beim Erhitzen im Capillarrohr fing sie gegen 245° an sich zu zersetzen. Die Menge reichte zu einer Analyse nicht aus.

Die Diaminosäuren. Die Bestimmung der Diaminosäuren, die bei der totalen Hydrolyse des Polypeptides entstehen, wurde nach der Methode von Kossel und Kutscher[1]) ausgeführt. Das Verfahren gestaltet sich im allgemeinen wie folgt.

Die Eiweißsubstanz wird mit verdünnter Schwefelsäure, deren Konzentration so gewählt ist, daß auf 1 Gewichtsteil Eiweiß 3 Gewichtsteile Schwefelsäure kommen, 8 Stunden lang gekocht. Die Flüssigkeit wird darauf mit Barythydrat annähernd von Schwefelsäure befreit, das Ammoniak aus ihr durch Destillation mit Bariumcarbonat ausgetrieben, und das gelöste Barium durch Barythydrat abgeschieden. Die von Ammoniak und Bariumcarbonat befreite Flüssigkeit wird mit

---

1) Zeitschr. f. physiol. Chemie **26**, 586 [1898]; **31**, 165 [1900].

Silbersulfat und Barythydrat zur Abscheidung von Histidin und Arginin versetzt. Nach Entfernung der Silberverbindungen dieser beiden Basen wird die Flüssigkeit durch Schwefelwasserstoff und Schwefelsäure vom überschüssigen Baryt und Silber befreit und nunmehr das Lysin bei schwefelsaurer Reaktion der Flüssigkeit durch Phosphorwolframsäure ausgefällt.

100 g Polypeptid aus ungereinigtem Sericin wurden mit einer Mischung von 300 g konz. Schwefelsäure und 600 g Wasser am Rückflußkühler 8 Stunden gekocht. Die heiße Lösung wurde darauf so lange mit einer konz. Barytlösung versetzt, bis die Reaktion nur noch schwach sauer war. Das abgeschiedene Bariumsulfat wurde abfiltriert und dreimal mit Wasser ausgekocht. Das Filtrat mit den Waschwässern wurde dann zur Entfernung des Ammoniaks mit einem Überschuß von Bariumcarbonat auf dem Wasserbade erhitzt. Die filtrierte Flüssigkeit wurde mit Schwefelsäure angesäuert, dann der Bariumsulfatniederschlag abfiltriert und gut ausgewaschen. Das Filtrat wurde bis zu einem Volumen von ca. 3 l aufgefüllt, auf dem Wasserbade erwärmt und so lange mit Silbersulfat versetzt, bis ein Tropfen der Flüssigkeit mit Barytwasser eine gelbe Fällung erzeugte. Sobald dies der Fall war, wurde die Lösung bis 40° abgekühlt, mit gepulvertem Baryt gesättigt und der entstehende Niederschlag an der Pumpe abgesaugt. Das Filtrat wurde, wie unten beschrieben, auf Lysin verarbeitet.

Der Niederschlag wurde mit Barytlösung angerieben und mit barythaltigem Wasser ausgewaschen, darauf in verdünnter Schwefelsäure aufgeschwemmt und mit Schwefelwasserstoff zersetzt. Das Filtrat vom Silbersulfid wurde etwas eingedampft, um den Schwefelwasserstoff zu verjagen, und mit Baryt neutralisiert. Die Lösung hätte nach Abfiltrieren des Bariumsulfats Histidin und Arginin als Sulfate enthalten sollen. Um diese in die Nitrate zu verwandeln, wurde Bariumnitratlösung hinzugesetzt; es trat aber keine Fällung ein. Die Anwesenheit der beiden Basen in der Lösung war somit sehr unwahrscheinlich gemacht. Trotzdem wurde die Flüssigkeit weiter verarbeitet.

Sie wurde bis auf ein Volumen von 300 ccm eingeengt und so lange mit Silbernitrat versetzt, bis eine Probe mit Barytwasser eine gelbe Fällung gab. Die Lösung wurde dann mit Baryt genau neutralisiert. Die neutrale Flüssigkeit gab mit ammoniakalischem Silbernitrat keine Fällung, mithin war Histidin nicht vorhanden.

Die Lösung wurde mit gepulvertem Baryt gesättigt, der Niederschlag abgesaugt, mit Barytwasser angerieben und ausgewaschen und schließlich in verdünnter Schwefelsäure aufgeschwemmt und mit Schwefelwasserstoff zerlegt. Das Filtrat vom Schwefelsilber wurde durch Baryt von überschüssiger Schwefelsäure, durch Kohlensäure von überschüssigem Baryt befreit. Die Lösung, die das Arginin hatte enthalten sollen, reagierte fast neutral und wurde durch ein paar Tropfen verdünnter Salpetersäure schon sauer gemacht. Beim Eindampfen auf dem Wasserbade wurde sie wieder schwach alkalisch, worauf noch eine kleine Menge Salpetersäure hinzugesetzt wurde. Es hinterblieb schließlich eine geringe Menge einer wässerigen Lösung, die beim Stehen ein paar Kristalle ausschied.

Diese Kristalle waren sechsseitige Tafeln, die sich beim Erhitzen zersetzten ohne zu schmelzen. Da die Menge sehr gering war, war es unmöglich, festzustellen, ob sie das erwartete saure Nitrat des Arginins darstellte.

Das Filtrat vom ersten Silberniederschlag wurde mit Schwefelsäure angesäuert und vom überschüssigen Silber durch Schwefelwasserstoff befreit. Das Filtrat vom Schwefelsilber wurde bis zu einem Volumen von 500 ccm eingedampft, dann mit Schwefelsäure versetzt, bis der Gehalt 5% betrug, und mit Phosphorwolframsäure so lange behandelt, bis kein weiterer Niederschlag entstand. Das Phosphorwolframat wurde abgesaugt, mit 5 proz. Schwefelsäure ausgewaschen und schließlich mit Baryt zerlegt. Das Filtrat vom unlöslichen Bariumsalz wurde vom Überschuß an Baryt mit Kohlensäure befreit, fast zur Trockne eingedampft, dann in Wasser aufgenommen und vom Bariumcarbonat abfiltriert. Die klare, bräunliche Flüssigkeit hinterließ beim Einengen auf dem Wasserbade einen braunen, schmierigen Rückstand. Dieser wurde wieder in Wasser gelöst und mit einer alkoholischen Lösung von Pikrinsäure versetzt. Beim Erkalten kristallisierte ein gelber Körper aus, der nach dem Umkristallisieren aus heißem Wasser 0,65 g wog und nach einem zweiten Umkristallisieren die folgenden Analysenzahlen ergab:

0,1300 g Sbst.: 0,1831 g CO_2, 0,0552 g H_2O.

Gef. C 38,4%, H 4,75%
Ber. für Lysinpikrat $C_{12}H_{17}O_9N_5$C 38,4%, H 4,56%.

Die Substanz zersetzte sich beim Erhitzen gegen 235°.

Diese Arbeit mußte leider abgebrochen werden, da der Verfasser genötigt war, die Universität vorzeitig zu verlassen. Die Aufklärung des Polypeptides wäre nicht unmöglich gewesen.

96. Edgar Paulsen: Beitrag zur Kenntnis der Harze.

Auszug aus der Inaugural-Dissertation, Kiel 1910.

Bei der Ozonisation des im Tetrachlorkohlenstoff gelösten Dammarharzes[1]) zeigte es sich, daß ein grundlegender Unterschied zwischen dem Ozonid des Kautschuks und dem des Dammar besteht. Während das Kautschukozonid[2]) sich im Tetrachlorkohlenstoff löst und nur durch Verdampfen des Lösungsmittels in zäher Form erhalten werden kann, fällt das Ozonid des Dammar quantitativ aus und sammelt sich an der Oberfläche des Lösungsmittels in Form einer flockigen, weißen Masse, die sich bequem abfiltrieren und auswaschen läßt. Dieses Ozonid ist nicht, wie viele andere Ozonide, unter diesen auch das des Kautschuks, explosiv, sondern verbrennt im Gegenteil eher etwas schwerfällig. Ein weiterer Unterschied zwischen diesem Dammarharzozonid und dem Kautschukozonid besteht darin, daß das Kautschukozonid sich beim Erwärmen mit Wasser allmählich löst und sich in Lävulinperoxyd, Lävulinsäure und Lävulinaldehyd zersetzt, welche drei Körper in dem Wasser gelöst enthalten sind. Dagegen entsteht beim Zersetzen des Dammarozonides mit Wasser nur wenig Säure, wie durch Titration nachgewiesen wurde; der Hauptbestandteil ist ein festes, in Wasser unlösliches, gelbes Spaltungsprodukt.

Durch einfaches Lösen in Tetrachlorkohlenstoff und Ozonisieren ist es also leicht möglich, nachzuweisen, ob Harze im Kautschuk enthalten sind oder nicht, denn nicht nur das Dammarharz, sondern auch andere Harze verhalten sich, wie unten gezeigt werden wird, analog. Außerdem kann dieser Nachweis sogar annähernd quantitativ gestaltet werden. Es hat sich zwar ergeben, daß nach dem Abfiltrieren des ausgefallenen Ozonides, wenn man die Lösung eindampft, noch ein Rest zurückbleibt; dieser Rest ist aber nicht etwa unozonisiertes Harz, sondern auch ein Ozonid. Das Harz wird demnach quantitativ in ein Ozonid übergeführt. Beim Ozonisieren einer Lösung, in welcher Kautschuk und Harz gelöst sind, wird also eine Spur Harzozonid neben

---

[1]) Diese Untersuchung hat Herr G. Wallmark aus Stockholm begonnen. Da er aber krankheitshalber Kiel verlassen mußte, habe ich sie auf Anregung von Herrn Prof. Harries fortgesetzt.

[2]) C. Harries, Berichte d. Deutsch. chem. Gesellschaft **38**, 1195 [1905].

Kautschukozonid gelöst bleiben, diese kann jedoch durch Wasserdampf in den in Wasser unlöslichen Zersetzungskörper übergeführt und so entfernt werden.

Untersucht wurden Dammar, Mastix, Sandarak, Kauri-Buschkopal, fossiler Kaurikopal, Kautschukharz, Guttaperchaharz, Dammarkopal „braun" und „blond", französisches Kolophonium, amerikanisches Kolophonium, amerikanisches Harz Handelsmarke B, Elemi und Galipot, und zwar in der Weise, daß die Harze anfangs einfach in Tetrachlorkohlenstoff gelöst wurden, worauf man Ozon einleitete; ungelöst blieben nur bei den Kaurikopalen, Dammarkopalen, beim Sandarak und schließlich beim Mastix mehr oder weniger große Mengen.

Es wurde zwar nur eine beschränkte Anzahl von Harzen untersucht, es ist jedoch anzunehmen, daß auch die übrigen Harze ähnlicher Natur wie die angeführten Ozonide von analogem Verhalten liefern. Man kann daher als ein wichtiges Ergebnis dieser Arbeit die Tatsache betrachten, daß es gelungen ist, ein Mittel zu finden, Harze im Kautschuk nachzuweisen.

Dann aber dürfte durch die Ozonidmethode auch ein neuer Weg erschlossen sein, um in das immer noch herrschende Dunkel der Harzchemie etwas Licht hineinzutragen. Man darf von einer solchen „Pionierarbeit" nicht erwarten, daß sie auf einem, wenn auch begrenzten Gebiet, vollkommen Klarheit schafft, sie soll nur hinweisen auf ein Mittel, von dessen weiterer Anwendung Erfolg zu erwarten ist und zeigen, auf welche Weise ein Versuch zur Aufklärung unternommen wurde.

Herr G. Wallmark hatte bei dem direkten Lösen des Dammarharzes in Tetrachlorkohlenstoff und darauffolgenden Ozonisieren Ozonide erhalten, deren Analysen stark voneinander abwichen. Der Kohlenstoffgehalt schwankte zwischen 54,55 und 66,83%. Daraus geht hervor, daß das Dammarozonid, welches auf diesem direkten Wege erhalten wurde, keinesfalls einen einheitlichen Körper darstellt.

Es wurde daher versucht, durch vorherige Abtrennung einiger Harzbestandteile und Ozonisieren des Restes das dann zu erhaltende Ozonid einheitlicher zu erhalten. Zu diesem Zwecke wurden die Harze mit heißem Eisessig behandelt und nach Ausfällen des gelösten Anteils mit Wasser, Aufnehmen mit Äther, Neutralisieren, Verdunsten des Äthers, das so gewonnene Produkt in Tetrachlorkohlenstoff gelöst und ozonisiert. Dadurch wurden einerseits reinere Ozonide erhalten, andererseits bekam man durch diese systematische, gleichmäßige Behandlung der Harze Ozonprodukte, welche man wohl untereinander vergleichen konnte. Von den Harzen, welche sich auch in Eisessig vollkommen lösten, brauchte natürlich kein Eisessigauszug hergestellt zu werden; diese Harze wurden direkt in Tetrachlorkohlenstoff gelöst und ozonisiert.

Es zeigte sich, daß alle untersuchten Harze feste Ozonide lieferten, welche eine bald größere, bald geringere Neigung, zäh zu werden, besaßen. Nach intensivem Trocknen im Vakuumexsiccator hielten sie sich in verschlossenen Flaschen meist gut. Die Farbe der Ozonide war durchgehends hell und zwar rein weiß, weiß mit gelbem Stich oder gelblich. Der Schmelzpunkt[1]) schwankte zwischen 53 und 81°. Die Löslichkeit[1]) der Ozonide war überall geringer als die der entsprechenden Harze. Bemerkenswert ist die äußerst geringe Löslichkeit der Ozonide in Petroläther, die geringe Löslichkeit in Tetrachlorkohlenstoff. Klar löslich sind alle Ozonide in Alkohol, Essigäther, Aceton, Eisessig. Auch die Spaltungsprodukte zeigen hinsichtlich ihrer Löslichkeit mancherlei Übereinstimmung. Alle sind so gut wie unlöslich in Petroläther, verhältnismäßig wenig löslich in Tetrachlorkohlenstoff; alle werden von Alkohol, Essigäther, Aceton, Eisessig, die meisten auch von Chloroform vollkommen aufgenommen.

Nach der Spaltung wurde sowohl das Wasser, welches im Kolben zurückgeblieben war, als auch dasjenige, welches überdestilliert war und sich in der Vorlage kondensiert hatte, mit $^1/_2$n-Kalilauge titriert und auf seine reduzierende Wirkung hin geprüft. Es zeigte sich dabei, daß die Anzahl der Kubikzentimeter $^1/_2$n-KOH, die zur Neutralisation des zurückgebliebenen Wassers gebraucht wurde, beträchtlich größer war als die, welche das überdestillierte beanspruchte. Immerhin ist die durch die Zersetzung entstandene lösliche Säure recht gering. Bei der Zersetzung von 1 g Harzozonid entstand nie mehr Säure als 0,36 g Essigsäure entspricht, meistens beträchtlich weniger. Es ist nicht völlig ausgeschlossen, daß ein Teil der Säure von Spuren von Salzsäure herrührt, die fast immer beim Einleiten von Ozon in Tetrachlorkohlenstoff in sehr geringer Menge entsteht. Fehlingsche Lösung wurde von dem überdestillierten Wasser nie reduziert, dagegen ammoniakalische Silbernitratlösung stark. Andererseits reduzierte das zurückgebliebene Wasser Fehlingsche Lösung, wenn auch nur in geringem Maße; neutrale Silbernitratlösung wurde dagegen nicht, oder nur ganz außerordentlich wenig reduziert. Das Zersetzungswasser hatte stets einen terpenartigen Geruch und zeigte die Wasserstoffsuperoxydreaktion.

Dem Beispiele Tschirchs[1]) folgend, wurden die Harze, Ozonide und Spaltungsprodukte nach der Salkowsky - Hesseschen und der Liebermannschen Methode auf Cholesterin geprüft. Es gab jedoch keine der untersuchten Substanzen ganz scharf und exakt die Phytosterin- oder Isocholesterinreaktion. Daraus ist jedoch noch nicht ohne weiteres auf die Abwesenheit von Phytosterin zu schließen, vielmehr

---

[1]) Tschirch, Die Harze und die Harzbehälter. 1906. S. 35.

kann diese Reaktion durch andere Reaktionen beigemengter Körper übertönt worden sein.

Die „Säurezahlen" der Harze, Ozonide und Spaltungsprodukte, ebenfalls auf Tschirchsche Weise festgestellt, ergaben keine allgemeine Übereinstimmung, sondern nur eine Übereinstimmung zwischen den Harzen usw. einiger Gruppen. Immerhin bewegten sich die Zahlen in den Grenzen von 126—285 für die Ozonide, von 112—238 für die Spaltungsprodukte, während die Säurezahlen der Harze zwischen 5 und 152 schwankten.

Auch die Elementaranalysen ergaben keine genaue Übereinstimmung zwischen allen Ozoniden bzw. Spaltungsprodukten der verschiedenen Harze. Der Kohlenstoffgehalt schwankte bei den Ozoniden zwischen 47% und 61%, der Wasserstoffgehalt zwischen 6% und 11%. Bei den Spaltungsprodukten war der Unterschied nicht so groß: Kohlenstoffgehalt zwischen 60,8% und 69%. Wasserstoffgehalt zwischen 8% und 10%.

Unter Berücksichtigung aller dieser Faktoren lassen sich, ohne Bezugnahme auf schon früher gemachte Einteilungen der Harze, die vierzehn untersuchten, verhältnismäßig reinen und einheitlichen Harze, die zu den Terpenen und Sesquiterpenen wohl meist in naher Beziehung stehen, in folgende vier Gruppen einordnen.

I. Gruppe: Dammar, Mastix, Sandarak.

II. Gruppe: Die Dammarkopale braun und blond, und diesen nahestehend die Kaurikopale rezent und fossil.

III. Gruppe: Kautschukharz und Guttaperchaharz.

IV. Gruppe: Französisches Kolophonium, amerikanisches Harz Handelsmarke B, und diesen nahestehend Elemi und Galipot.

Nach Tschirchs Einteilung sind diese Harze in folgenden Gruppen untergebracht:

B. Resenharze:
Elemi, Mastix, Dipto-Dammar.

C. Resinolsäureharze:
a) Rezente Coniferenharze:
Sandarak, Galipot, Kolophonium.
b) Rezent-fossile Coniferenharze:
Kaurikopal, Manilakopal.
c) Lactoresine:
Guttaperchagruppe, Kautschukgruppe.

Es zeigt sich, daß die Harze fast in der gleichen Weise geordnet sind; nur Elemi und Sandarak haben die Plätze getauscht.

I. Gruppe.

Die Löslichkeit der drei Harze Dammar, Mastix und Sandarak ist sehr verschieden, die der Ozonide und Zersetzungskörper dagegen sehr ähnlich: ein Zeichen dafür, daß durch das Ausziehen mit Eisessig eine weitgehende und günstige Trennung erzielt worden ist. Auch die Übereinstimmung der Säurezahlen der Ozonide und Spaltungsprodukte, sowie die der Analysen erlaubt die Zusammenfassung dieser drei Harze zu einer Gruppe.

Eine noch größere Übereinstimmung zwischen den Ozoniden einerseits und den Spaltungsprodukten andererseits zeigte sich, als die Harze fraktioniert ozonisiert wurden. Die Arbeitsweise war folgende: Von den drei Harzen wurde eine bestimmte Menge in der 20fachen Menge Tetrachlorkohlenstoff gelöst und die Ozoneinleitung nach der gleichen Anzahl Stunden unterbrochen. Nach dem Abfiltrieren des Ozonides wurde die Lösung weiter ozonisiert, nach einer bestimmten Einleitungsdauer der zweite Teil des Ozonides abfiltriert und schließlich bis zur Blaufärbung des Lösungsmittels und darüber hinaus Ozon eingeleitet. Es zeigte sich dabei, daß die zuletzt ausgefallenen Ozonide der drei Harze übereinstimmten; ebenso die entsprechenden Spaltungsprodukte:

	Ozonide		Spaltungsprodukte	
Dammar	52,05% C,	6,49% H.	66,94% C,	8,29% H.
Mastix	53,57% C,	6,71% H.	66,13% C,	8,28% H.
Sandarak	51,51% C,	6,48% H.	66,41% C,	8,23% H.

Es ist einerseits nicht unmöglich, daß im Anfang mehrere verschiedene Körper als Ozonide ausfallen, zuletzt aber die den drei Harzen gemeinsamen. Dieses des näheren zu untersuchen, ging jedoch über den Rahmen der vorliegenden Arbeit hinaus. Andererseits ist es auch sehr wohl denkbar, daß im Anfang Produkte ausfallen, welche mit weniger Sauerstoff beladen sind als die später ausfallenden, daß beispielsweise bei Körpern mit konjugierter Doppelbindung bei kürzerer Ozonisation nur die eine Doppelbindung durch Ozon abgesättigt wird, bei längerer Ozonisation alle beide.

Die durch fraktionierte Ozonisation erhaltenen drei Ozonide des Mastix wurden analysiert und hatten folgenden Sauerstoff- und Wasserstoffgehalt:

Mastix-Ozonid.

I. kurz ozonisiert	60,79% C,	8,19% H.
II. mittel ozonisiert	59,53% C,	7,73% H.
III. lang ozonisiert	53,57% C,	6,71% H.

Entsprechend sind die Analysen der dazu gehörigen Spaltungsprodukte:

I.	71,12% C,	9,22% H.
II.	70,36% C,	8,83% H.
III.	66,13% C,	8,28% H.

Von den drei Harzen der I. Gruppe wurde das Dammarharz am eingehendsten untersucht.

Bei der Behandlung mit Eisessig ging nur ein Teil des Harzes in Lösung, ca. 82—83%. Ungelöst blieben 17—18% zurück. Dieser Rückstand war weiß, durchsetzt mit einigen Verunreinigungen. Durch häufiges Lösen in Petroläther und Fällen mit Essigsäure wurde er gereinigt und man erhielt einen vollkommen weißen, amorphen Körper vom Schmp. 211°, der trotz eingehender Bemühungen nicht kristallisierte. Die Elementaranalyse ergab im Mittel 86,77% C und 11,75% H.

Es ist anzunehmen, daß hier ein Kohlenwasserstoff vorliegt, denn es ist durchaus möglich, daß der Körper im Laufe etlicher Tage 1,48% Sauerstoff aufgenommen hat. Es steht fest, daß die Harze reichlich Sauerstoff aus der Luft aufnehmen und dadurch ihr Verhalten (Löslichkeit usw.) verändern. Es ist außerdem bekannt, daß hohe Kohlenwasserstoffe leicht Sauerstoff addieren. Darum ist es nicht verwunderlich, in einem Harze einen Kohlenwasserstoff zu finden, der völlig sauerstofffrei nicht zu erhalten ist. Es wäre diesem Kohlenwasserstoff dann etwa die Formel $(C_{10}H_{16})_{16}$ zuzuerkennen und das Molekulargewicht 2176, gefunden wurde 2323.

Der Kohlenwasserstoff ließ sich ozonisieren und das Ozonid durch Wasser zersetzen.

Ozonid des Kohlenwasserstoffs . . . . . . 60,37% C, 8,84% H.
Zersetzungskörper des Kohlenwasserstoffs. . 68,05% C, 9,37% H.

Die Eisessiglösung wurde wie oben angegeben, behandelt, das gewonnene Produkt in Tetrachlorkohlenstoff gelöst und ozonisiert, das Ozonid zersetzt. Aus diesem Spaltungsprodukt von der Zusammensetzung 66,41% C und 8,23% H ließen sich durch Lösen in Chloroform und Ozonisieren zwei Ozonide gewinnen; eines, welches aus der Lösung ausfiel, von der Zusammensetzung 49,70% C und 5,88% H, und eines, welches man nach Verdampfen des Chloroforms erhielt von der Zusammensetzung 53,39% C und 6,44% H. Das erste wurde mit Wasser zersetzt und gab das Spaltungsprodukt 59,69% C und 7,26% H. Die Versuche, aus dem normalen Spaltungsprodukt ein Phenylhydrazon zu erhalten, hatten kein positives Ergebnis; auch ein Oxim ließ sich nicht gewinnen.

Durch die Methode von Zeisel konnte die Abwesenheit von Methoxyl in dem Spaltungsprodukt des normalen Ozonides nachgewiesen werden, ein Ergebnis, das nicht anders zu erwarten war, da auch M. Bamberger[1]) mittels des von Benedikt und Güsser angegebenen Apparates Methoxyl weder im Dammar noch im Mastix oder im Sandarak fand.

---

[1]) Monatshefte f. Chemie **11**, 84—86 [1890]; Ref. in den Berichten d. Deutsch. chem. Gesellschaft **23**, R. 389 [1890].

II. Gruppe.

Die Löslichkeiten der Harze, Ozonide und Zersetzungskörper von den beiden Dammarkopalen sind annähernd die gleichen; auch die Kaurikopale stehen sich in dieser Beziehung nahe und unterscheiden sich von den Dammarkopalen nur in einigen Punkten bedeutender. Die Schmelzpunkte der Ozonide sind 64° und 68° bzw. 53° und 51°, während die Harze bei 154° und 158° bzw. bei 92° und 119° zu schmelzen beginnen. Die Säurezahlen sind 198 und 201 bzw. 131 und 126. Auch die Analysenzahlen, besonders der Spaltungsprodukte, weisen große Ähnlichkeit auf.

III. Gruppe.

Die Zusammenfassung des Kautschuk- und Guttaperchaharzes lag sehr nahe; die Löslichkeit der Harze, Ozonide und Zersetzungskörper stimmt fast genau überein. Die bei der Zersetzung der Ozonide entstehende Säuremenge ist annähernd dieselbe; zur Neutralisation waren 1,2 bzw. 2,1 ccm $^1/_2$ n-KOH erforderlich. Der Schmelzpunkt der Ozonide ist 63° und 70°, derjenige der Spaltungsprodukte 92° und 87°. Ähnliche Übereinstimmung zeigen die Säurezahlen und die Analysen.

IV. Gruppe.

Die Harze dieser Gruppe: Französisches und amerikanisches Kolophonium, amerikanisches Harz Handelsmarke B, sowie Elemi und Galipot lösen sich in annähernd gleicher Weise, ebenso ihre Ozonide und Spaltungsprodukte. Die Quantität der bei der Zersetzung entstehenden Säure ist annähernd die gleiche: verbraucht wurden von Kubikzentimeter $^1/_2$ n-KOH: 4,2 bzw. 6,2 bzw. 4,3 und bei Elemi und Galipot 2,9 und 2,7. Die Schmelzpunkte der Ozonide, welche übrigens wie die der Harze selbst und der Spaltungsprodukte nie scharf zu bestimmen sind, schwankte nur zwischen 56° und 68° bzw. beim Elemi und Galipot zwischen 54° und 72°; die der Spaltungsprodukte zwischen 62° und 79° bzw. zwischen 76° und 78°. Die Säurezahlen liegen zwischen 121 und 285 bzw. bei 162 und 168; die der Spaltungsprodukte zwischen 218 und 231 bzw. bei 168 und 184. Der Kohlenstoffgehalt endlich liegt bei den Ozoniden zwischen 47,5% und 51% bzw. zwischen 52,6% und 56%; bei den Spaltungsprodukten zwischen 62% und 65% bzw. 65% und 66%.

Experimenteller Teil.

I. Gruppe.

1. Dammarharz.

Das von der Firma R. Walter, Kiel, bezogene, aus Sumatra stammende Harz bestand aus lichtgelben, glasigen, unregelmäßigen

Stücken von der Größe einer Erbse bis zu einer Walnuß. In der Durchsicht erschienen die Stücke, die von einer schwachen Schicht weißen Pulvers bedeckt waren, fast gänzlich farblos. Der Bruch war hart, glasig und muschelig, der Geruch balsamisch, aber gering. Beim Kauen klebte das Harz nicht an den Zähnen, sondern zerbröckelte.

Das gepulverte Harz begann bei 82° zu schmelzen. Es löste sich klar in Chloroform, Benzol, Tetrachlorkohlenstoff, zu 76—77% in abs. und 96proz. Alkohol, 98—99% in Äther, 85—87% in Petroläther, 85—86% in Essigäther, 84—85% in Aceton, 82—83% in Eisessig.

Diese Löslichkeitsversuche, wie auch die folgenden, wurden in der Weise angestellt, daß eine genau abgewogene Menge von 1 g und mehr — bisweilen bis zu 100 g — bei den Harzen, von $^1/_2$ g bis 1 g bei den Ozoniden und Spaltungsprodukten mit der 70—100fachen Menge des Lösungsmittels übergossen wurden und unter häufigem Umrühren 6—8 Stunden bei Zimmertemperatur stehen blieben. Nach dem Abfiltrieren des Ungelösten wurde die Lösung in einer Kristallisierschale abgedampft, vollständig getrocknet und genau gewogen. Durch Zurückwägen der Schale wurde die in Lösung gegangene Menge festgestellt.

Diese Arbeitsweise bewährte sich bei mir besser als die von anderen geübte: Abfiltrieren des Ungelösten, Trocknen bei 100°, Wägen, Zurückwägen des Filters. Bei den häufig zähen Rückständen war ein solches Mittel meist nicht anwendbar. Zu bemerken ist, daß das Harz Äther gegenüber ein eigentümliches Verhalten zeigte: 1 g Harz löste sich in 2—3 ccm Äther glatt, auf Zusatz von mehr Äther entstand jedoch eine Fällung. Diese Tatsache wurde auch schon von anderen beobachtet.

Zur Charakterisierung der untersuchten Harze wurden stets, dem Beispiele Tschirchs folgend, die Säurezahlen sowohl direkt wie indirekt bestimmt[1]).

Bestimmung der Säurezahl.

Zu den Titrationen wurde eine alkoholische $^1/_2$ n-KOH und $^1/_2$ n-Salzsäure verwandt; als Indicator diente stets Phenolphthalein. Die verbrauchten Kubikzentimeter $^1/_2$ n-KOH wurden dann mit 28 multipliziert und so die Säurezahl erhalten.

1 g Harz verbrauchte   direkt 0,84 ccm $^1/_2$ n-KOH = 23,52 S.-Z. direkt.

1 g Harz verbrauchte indirekt 0,84 ccm $^1/_2$ n-KOH = 23,52 S.-Z. indirekt.

Das Harz wurde in wenig Äther gelöst. Als Kontrollversuche wurden Bestimmungen gemacht, bei denen das Harz in Chloroform gelöst war:

1 g Harz verbrauchte direkt 0,84 ccm $^1/_2$ n-KOH = 23,52 S.-Z. direkt.

Versuche ohne vorhergehende Reinigung.
Ozonisation.

Anschließend an die Versuche von Wallmark wurden zunächst zur Gewinnung des Ozonides von dem feingepulverten Harz 3,5—6 g

---

[1]) Tschirch u. Koch, Über das Harz von Dammara orientalis. **Archiv** d. Pharmazie **240**, 204 [1902].

jedesmal in der 20fachen Menge Tetrachlorkohlenstoff gelöst, und in die klare Lösung ca. 12proz. Ozon eingeleitet. Das Ozonisierungsgefäß wurde mit Eiswasser gekühlt. Die Einleitungsdauer betrug 2 Stunden pro 1 g Harz. Das Ozonid sammelte sich in Flocken an der Oberfläche der Lösung, wurde abfiltriert, mit Tetrachlorkohlenstoff gewaschen und im Vakuumexsiccator getrocknet; es war dann weiß mit einem Stich ins Gelbliche. Nach dem Filtrieren wurde des weiteren Ozon eingeleitet. Es bildete sich noch eine, wenn auch nicht sehr große Menge Ozonid. Die Elementaranalysen vom I. und II. Ozonid hatten folgendes Ergebnis:

I. 0,1312 g Sbst.: 0,2973 g CO_2, 0,0996 g H_2O = 61,78% C, 6,74% H. — II. 0,1406 g Sbst.: 0,2582 g CO_2, 0,0864 g H_2O = 50,08% C, 6,87 % H.

5 g Harz in 100 ccm Tetrachlorkohlenstoff gelöst und pro Gramm $1^1/_4$ Stunden ozonisiert, ergaben 4,3 g Ozonid I und nach weiterem Ozonisieren 1,6 g Ozonid II. Die Elementaranalysen der beiden Ozonide ergaben:

I. 0,1527 g Sbst.: 0,3331 g CO_2, 0,1247 g H_2O = 59,35% C, 9,13% H. — II. 0,1525 g Sbst.: 0,2777 g CO_2, 0,0846 g H_2O = 49,66% C, 6,20% H.

Die Analysenresultate der von Wallmark auf demselben Wege erhaltenen Ozonide waren folgende:

I. 0,1246 g Sbst.: 0,2492 g CO_2, 0,0806 g H_2O = 54,55% C, 7,23% H. — II. 0,1240 g Sbst.: 0,2584 g CO_2, 0,0856 g H_2O = 56,83% C, 7,72% H. — III. 0,1236 Sbst.: 0,2644 g CO_2, 0,0855 g H_2O = 58,34% C, 7,74% H. — IV. 0,1238 g Sbst.: 0,3030 g CO_2, 0,0970 g H_2O = 66,75% C, 8,76% H. — V. 0,1270 g Sbst.: 0,3112 g CO_2, 0,1056 g H_2O = 66,83% C, 9,30% H.

Da die Ozonide augenscheinlich nicht reine Körper waren, wurden Reinigungsversuche mit den Harzen vor dem Ozonisieren vorgenommen.

**Ozonisation nach vorhergegangener Reinigung.
Behandlung des Harzes mit Eisessig.[1]**

100 g Dammarharz wurden mit 2 kg Eisessig $1^1/_2$ Stunden lang in einem mit Rückflußkühler versehenen Kolben im Wasserbade er-

---

[1] Es wurde auch eine Reinigung durch Behandeln des Harzes mit Kalilauge versucht.

5 g des feingepulverten Harzes wurden in einem mit Rückflußkühler versehenen Kolben mit 100 ccm alkoholischer Kalilauge 4 Stunden lang erhitzt, wobei der größte Teil in Lösung ging. — Der Rückstand schmolz bei 130°. — Bei 12 mm Druck wurde der größte Teil des Alkohols abdestilliert und durch Salzsäure ein gelblichweißer Körper ausgefällt. Von diesem wurden 2,1 g in 45 ccm Tetrachlorkohlenstoff gelöst und in die Lösung $3^1/_2$ Stunden lang, bis zur Blaufärbung des Lösungsmittels, unter Eiskühlung Ozon eingeleitet. Das erhaltene Ozonid war weiß und hatte den Zersetzungspunkt 80°.

Elementaranalyse.

0,1448 g Sbst.: 0,2905 g CO_2, 0,0918 g H_2O = 54,72% C, 7,09% H.

wärmt. Das Ungelöste wurde nach dem Abfiltrieren in derselben Weise noch dreimal mit je 100 ccm Eisessig im Wasserbade je 1 Stunde lang erhitzt. Ungelöst blieben 17,5 g eines weißen körnigen Körpers.

A. Der unlösliche Teil.

Dieser wurde durch wiederholtes Lösen in Petroläther und Fällen mit Essigäther gereinigt. So wurde ein reiner, weißer, amorpher Körper erhalten, der jedoch trotz mehrfacher Bemühungen nicht kristallisierte. Schmp. 211°.

Elementaranalysen.

I. 0,1257 g Sbst.: 0,4003 g CO_2, 0,1312 g H_2O = 86,85% C, 11,65% H. — II. 0,1546 g Sbst.: 0,4914 g CO_2, 0,1637 g H_2O = 86,69% C, 11,85% H.

Das Molekulargewicht wurde nach der Beckmannschen Methode der Gefrierpunktserniedrigung bestimmt:

0,4086 g Sbst. gelöst in 17,59 g Benzol: $\varDelta$ = 0,05° C, M = 2323. Berechnetes Molekulargewicht für $(C_{10}H_{16})_{16}$ M = 2176.

Dem Kohlenwasserstoff würde also die Formel $(C_{10}H_{16})_{16}$ zuzuerkennen sein.

Ozonisation des unlöslichen Teiles.

17 g wurden in 340 ccm CCl_4 gelöst und in die Lösung unter Wasserkühlung Ozon eingeleitet. Das reine weiße Ozonid wurde abfiltriert, Ausbeute 20 g. Zersetzungspunkt 122°.

Elementaranalyse.

0,1283 g Sbst.: 0,2788 g CO_2, 0,0958 g H_2O = 60,37% C, 8,84% H.

Aus einem Vergleich der Analysen des Kohlenwasserstoffes und des Ozonides geht hervor, daß sich eine beträchtliche Menge Sauerstoff angelagert hat.

Durch Kochen mit Wasser wird ein Produkt erhalten, das ärmer an Sauerstoff ist. 2 g Ozonid wurden mit 20 ccm Wasser in einem mit Rückflußkühler versehenen Kolben im Glycerinbade 1 Stunde lang auf 100° erhitzt. Das weiße Ozonid zersetzte sich unter Aufschäumen und es resultierte ein gelber amorpher Körper, der mit heißem Wasser gewaschen, dann getrocknet wurde. Ausbeute 1,5 g. — Die wässerige Lösung reagierte sauer, reduzierte Fehlingsche Lösung nicht. Wasserstoffsuperoxyd konnte in ihr nachgewiesen werden. — Der Zersetzungskörper wurde in normaler Natronlauge gelöst und daraus durch Salzsäure gefällt. Zersetzungspunkt 192°.

Elementaranalyse.

0,0897 g Sbst.: 0,2238 g CO_2, 0,0752 g H_2O = 68,05% C, 9,37% H.

B. Der gelöste Teil.

Die Eisessiglösung des Dammarharzes war klar und braun gefärbt. Bei 12 mm Druck wurde die Hauptmenge Eisessig abdestilliert, die eingeengte Lösung mit Wasser versetzt, wodurch ein bräunlichweißes Produkt ausgefällt wurde. Dieses wurde mit Äther aufgenommen, mit wässeriger Natriumcarbonatlösung bis zur Neutralisation geschüttelt und die wässerige Lösung von der ätherischen getrennt. Nach Verdampfen des Äthers wurde eine klebrige, dunkelbernsteinfarbene, zähe Masse erhalten. Diese wurde im Vakuumexsiccator, in dem sie sich zu einer ballonartigen Kugel aufblähte, nicht ohne Schwierigkeit getrocknet. Ausbeute 75 g einer gelben, pulverigen Masse aus 100 g Dammarharz.

Ozonisation des gelösten Teiles.

Je 20 g hiervon wurden in je 400 ccm Tetrachlorkohlenstoff gelöst und bis zur Blaufärbung des Lösungsmittels ozonisiert, wobei das Gefäß wie vorher mit Eiswasser gekühlt wurde.

Das Ozonid

sammelte sich an der Oberfläche und war weiß mit einem Stich ins Gelbliche. Ausbeute bis zu 21 g. Schmp. 77—79°. Es löste sich glatt in abs. und 96 proz. Alkohol, Essigäther, Chloroform, Aceton, Eisessig, einem Gemisch von gleichen Teilen Alkohol und Äther; zu 90—91% in Äther, 19—22% in Benzol, 4,8—5,2% in Tetrachlorkohlenstoff, 0—0,5% in Petroläther.

Bestimmung der Säurezahl.

1 g Ozonid gebraucht direkt   4,9 ccm $^1/_2$n-KOH = 137,2 S.-Z. direkt.
1 g Ozonid gebraucht indirekt 5,2 ccm $^1/_2$n-KOH = 145,6 S.-Z. indirekt.
Lösungsmittel: Absoluter Alkohol.
Ein Unterschied zwischen der direkten und indirekten Säurezahl ist bei ähnlichen Bestimmungen von Tschirch und auch von Dietrich stets beobachtet worden[1]).

Elementaranalyse.

0,1469 g Sbst.: 0,2875 g CO_2, 0,0885 g H_2O = 53,38% C, 6,73% H.

Zersetzung des Ozonides.

5 g des Ozonides wurden mit 100 ccm Wasser in einen Kolben gebracht, der mit einem abwärts gerichteten Wasserkühler verbunden war und in einem auf 105—108° geheizten Glycerinbade $^3/_4$ Stunden lang erhitzt wurde. Zur Beschleunigung der Zersetzung wurde ein Dampfstrom in den Kolben geleitet. Nach Beendigung der Zersetzung

---

[1]) Archiv d. Pharmazie **240**, 205 [1902].

befanden sich in der Vorlage 120 ccm Wasser. Dieses war sauer und gab die Wasserstoffsuperoxydreaktion; es reduzierte Fehlingsche Lösung nicht, ammoniakalische Silbernitratlösung aber intensiv. Zur Neutralisation wurden 6,3 ccm $^1/_2$n-KOH gebraucht, das ist pro 1 g zersetzten Ozonides 1,26 ccm. Das Wasser im Kolben war ebenfalls sauer, roch terpenartig und gab die Wasserstoffsuperoxydreaktion. Fehling wurde wenig reduziert, ammoniakalische Silberlösung kaum. Zur Neutralisation waren 8,9 ccm $^1/_2$n-KOH nötig, d. i. pro 1 g zersetzten Ozonides 1,78 ccm.

Es wurden aus 5 g Ozonid 3,1 g des gelben, amorphen Spaltungsproduktes erhalten.

Das Spaltungsprodukt

begann bei 117° zu schmelzen und löste sich glatt in abs. Alkohol, 96proz. Alkohol, Essigäther, Chloroform, Aceton, Eisessig, einem Gemisch von gleichen Teilen Alkohol und Äther; zu 96% in Äther, 34% in Benzol, 1,3—2% in Tetrachlorkohlenstoff. In Petroläther war es unlöslich.

Bestimmung der Säurezahl.

1 g des Spaltungsproduktes brauchte direkt   5,9 ccm KOH = 165,2 S.-Z. direkt. — 1 g des Spaltungsproduktes brauchte indirekt 6,0 ccm KOH = 168,0 S.-Z. indirekt.

Elementaranalyse.

0,1239 g Sbst.: 0,3101 g CO_2, 0,0935 g H_2O = 68,26% C, 8,44% H.

Eine nach der Gefrierpunktserniedrigungsmethode nach Beckmann vorgenommene Molekulargewichtsbestimmung ergab M = 247. Das Produkt kann jedoch nicht als einheitlich angesehen werden.

Das Spaltungsprodukt des Ozonides näher zu identifizieren bzw. es in eine charakteristische Verbindung überzuführen, wurde auf verschiedene Weise versucht. Zu diesem Zweck wurden 4,4 g des Produktes mit 170 ccm normaler Natronlauge versetzt und geschüttelt. Nach einigen Stunden wurde filtriert. Aus dem rotgelben Filtrat erhielt man mit Nitrophenylhydrazin eine gelbe, flockige Fällung, welche nicht kristallisiert zu erhalten war. Auf Zusatz von verdünnter Salzsäure oder Schwefelsäure fiel aus dem Filtrat eine gelatinöse, kolloidale, weiße Masse aus. Da auf diese Weise kein Resultat zu erhalten war, wurde versucht, auf einem anderen Wege das Spaltungsprodukt aufzuklären.

Es wurde in Äther gelöst und zu der rotgelben Lösung etwas Wasser und festes Natriumbicarbonat zugesetzt, bis kein Aufschäumen mehr stattfand. Am anderen Tage wurden die Ätherlösung und wässerige Lösung voneinander getrennt.

Die Ätherlösung wurde bei 12 mm Druck eingedampft. Es verblieb ein zähes, gelbes Produkt, welches sich im Vakuumexsiccator trocknen ließ. Schmp. 100°. Dieses Produkt ist löslich in Eisessig, woraus durch Wasser ein weißer, amorpher Körper ausgefällt werden kann. Mit Nitrophenylhydrazin erhält man eine harzige, rote Fällung, jedoch nur dann, wenn der Körper in Eisessig, das Nitrophenylhydrazin in 50proz. Essigsäure gelöst war. Löste man das letztere ebenfalls in Eisessig, so wurde keine Fällung erhalten. Dagegen erhielt man auf Zugabe von 50proz. Essigsäure zu dem in Eisessig gelösten Körper eine Fällung, die dasselbe Aussehen hatte, wie die mit Nitrophenylhydrazin erzeugte. — Es ist daher anzunehmen, daß das durch Nitrophenylhydrazin, gelöst in 50proz. Essigsäure, erhaltene Produkt, sowohl das von mir wie das von Herrn Wallmark hergestellte, nicht als Hydrazon anzusprechen war, worauf auch die Unmöglichkeit, es zu reinigen, hinzuweisen scheint.

Es wurde versucht, von einem Teil des getrockneten, zähen, gelben Produktes vom Schmp. 100° durch Lösen in Methylakohol und Zusetzen von Hydroxylaminchlorhydrat und Natriumcarbonat ein Oxim zu erhalten. Freiwillig kristallisierte kein Oxim aus. Auf Zugabe von Wasser erhielt man eine weiße Fällung, die abgesaugt und getrocknet den Schmp. 128—132° hatte, sich aber nicht als Oxim identifizieren ließ.

Die alkalisch reagierende wässerige Lösung gab, nachdem sie von dem überschüssigen Natriumbicarbonat abfiltriert war, mit Nitrophenylhydrazin eine gelblichweiße, harzige Fällung, welche nicht weiter identifiziert werden konnte.

Durch verdünnte Salzsäure wurde ein flockiger, weißer Niederschlag erhalten, welcher filtriert und getrocknet den Schmp. 150—160° hatte. Er war löslich in Alkohol und Essigäther, wurde zwecks Reinigung von etwa noch vorhandenen Spuren von NaCl mehrmals aus Essigäther mit Petroläther umgefällt und hatte dann den Schmp. 151°.

Elementaranalyse.

0,1469 g Sbst.: 0,3494 g CO_2, 0,1122 g H_2O = 64,87% C, 8,54% H.

Molekulargewichtsbestimmung nach Beckmann: 0,2453 g Sbst. gelöst in 20,75 ccm Eisessig. $\Delta = 0{,}21$. M = 219,5.

Um ein Kupfersalz vom Spaltungsprodukt herzustellen, wurden Kupferacetat sowohl wie das Spaltungsprodukt in Eisessig gelöst und unter guter Kühlung zusammengegeben. Nach längerem Stehen schied sich eine blaugrüne Kristallmasse ab, die sich aber als Kupferacetat erwies. Auch durch Eindampfen der Lösung konnte kein Kupfersalz erhalten werden.

Kalium- oder Natriumsalze ließen sich nicht herstellen, desgleichen kein Oxim.

Durch Oxydation mit Chromsäure erhielt man einen weißen, amorphen Körper vom Schmp. 128—137°; dieser ließ sich jedoch nicht umkristallisieren.

Durch Schmelzen von 2 g des Körpers mit 4 g Kali und darauf mit weiteren 10 g Kali, wobei die Temperatur, um ein regelrechtes Schmelzen zu erzielen, auf 270° gesteigert werden mußte, erhielt man eine dunkelrotbraune Schmelze, die sich größtenteils in heißem Wasser löste. Aus der wässerigen Lösung wurde durch Salzsäure ein roter Niederschlag erhalten, der sich in Äther glatt löste. Nach Verdunsten des Äthers blieb ein festhaftender Lack zurück. Es gelang nicht, kristallisierte Salze von diesem Lack herzustellen.

Methoxyl konnte in dem Zersetzungskörper des normalen Ozonides nicht nachgewiesen werden.

Ozonisation des Spaltungsproduktes.

Es wurde versucht, aus dem Spaltungsprodukt durch Ozonisieren einen näher definierbaren Körper zu erhalten. Es wurde daher in Chloroform gelöst, und in diese Lösung bis zur Blaufärbung Ozon eingeleitet. Man erhielt auch ein Ozonid, und zwar von anderer Zusammenstellung als das ursprüngliche.

Elementaranalyse.

0,1228 g Sbst.: 0,2238 g CO_2, 0,0646 g H_2O = 49,70% C, 5,88% H.

Nach Verdampfen der Chloroformlösung verblieb eine weiße Substanz, die sich ebenfalls als ein Ozonid erwies.

Elementaranalyse.

0,1225 g Sbst.: 0,2398 g CO_2, 0,0706 g H_2O = 53,39% C, 6,44% H.

Aus dem ausgefallenen Ozonid wurde durch Zersetzen mit Wasser ein Zersetzungskörper gewonnen.

Elementaranalyse.

0,0996 g Sbst.: 0,2180 g CO_2, 0,0647 g H_2O = 59,69% C, 7,26% H.

Fraktionierte Ozonisation des gelösten Teiles.

Ein anderer Teil des Eisessigauszuges wurde fraktioniert ozonisiert. 10 g wurden in 200 ccm Tetrachlorkohlenstoff gelöst und unter Kühlung des Gefäßes mit Eiswasser Ozon in die Lösung eingeleitet. Nach $3^1/_2$ stündigem Ozonisieren wurde das bis dahin gebildete Ozonid abfiltriert, mit Petroläther gründlich gewaschen und dann getrocknet. Das Filtrat wurde weiter ozonisiert, nach 5 Stunden das Ozonid abfiltriert und das nunmehrige Filtrat ozonisiert, bis sich der Tetrachlorkohlenstoff dunkelblau gefärbt hatte.

Das zuletzt ausgefallene Ozonid hatte folgende Zusammensetzung:

Elementaranalyse.

0,1225 g Sbst.: 0,2338 g CO_2, 0,0711 g H_2O = 52,05% C, 6,49% H.

Das Ozonid wurde in der üblichen Weise durch Wasser zersetzt.

Elementaranalyse des Spaltungsproduktes:

0,1243 g Sbst.: 0,3051 g CO_2, 0,0921 g H_2O = 66,94% C, 8,29% H.

Prüfung auf Cholesterin.

Die Prüfung auf Cholesterin wurde sowohl nach dem Verfahren von Salkowsky - Hesse als auch nach dem von Liebermann vorgenommen.

Salkowsky - Hessesche Reaktion.

Etwa 0,03 g Substanz wurden in 3 ccm Chloroform gelöst und mit 3 ccm konz. Schwefelsäure durchgeschüttelt. Nach einigem Stehen ließ man dann einige Tropfen der Chloroformlösung auf einer Porzellanschale verdunsten: Tropfenfärbung.

Dammar-Harz: Chloroform: rötlich; Schwefelsäure: kirschrot; Fluorescenz: vorhanden: Tropfenfärbung: schmutzig violett.

Ozonid: Chloroform: gelblich; Schwefelsäure kirschrot; Fluorescenz: vorhanden; Tropfenfärbung: farblos.

Spaltungsprodukt: Chloroform: farblos: Schwefelsäure kirschrot; Fluorescenz: vorhanden; Tropfenfärbung: farblos.

Zum Vergleich sei hier das Verhalten von Phytosterin aus Grasblättern und Isocholesterin nach Tschirch angegeben:

Phytosterin: Chloroform: kirschrot; Schwefelsäure: gelb; Fluorescenz: stark; Tropfenfärbung: blau, grün, gelblich.

Isocholesterin: Chloroform: farblos, dann rosa; Schwefelsäure: hellgelb; Fluorescenz —; Tropfenfärbung: —.

Liebermannsche Reaktion.

Etwa 0,03 g Substanz wurden in 10 Tropfen Essigsäureanhydrid gelöst und 3 Tropfen konz. Schwefelsäure unter Kühlung zugesetzt. Die Farbtöne sind abhängig von der Menge der Substanz und der Temperatur. Die Farbübergänge hintereinander, Endreaktion nach 24 Stunden.

Dammar-Harz: Farben: rot — braunrot — braunviolett.

Ozonid: Farben: gelb — orange — gelbbraun.

Spaltungskörper: Farben: rotgelb — rot — braun.

Zum Vergleich die Farben von Phytosterin aus Gras und Isocholesterin nach Tschirch:

Phytosterin: Farben: rot — violett — blaugrün.

Isocholesterin: Farben: rot — gelb.

2. Mastix.

Das von der Firma R. Walter, Kiel, bezogene Harz bestand aus ganz hellgelblichen, fast wasserklaren kleinen Tropfen, die stark durchsichtig waren, so daß man Buchstaben durch das Harz fast lesen konnte. Es roch wenig intensiv, war fast geschmacklos und haftete beim Kauen an den Zähnen.

Das gepulverte Harz begann bei 74° zu schmelzen. Es löste sich glatt in Essigäther, Chloroform, einem Gemisch von gleichen Teilen Alkohol und Äther, bis auf ganz geringe Spuren in Eisessig. 92—93% waren löslich in abs. Alkohol und in 96 proz., 98—99% in Äther, 25 bis 27% in Petroläther, 92—93% in Benzol, 97—98% in Aceton, 96% in Tetrachlorkohlenstoff. Zu bemerken ist, daß sich, wie beim Dammarharz, 1 g des Harzes in 2—3 ccm Äther gut löste, daß aber auf weiteren Zusatz von Äther eine Fällung eintrat.

1 g Harz brauchte direkt 2,18 ccm $\frac{1}{2}$n-KOH = 61,04 S.-Z.   direkt.
1 ,,   ,,   ,,   ,, 2,17 ,,   ,,   ,, = 60,76 ,,   ,,
1 ,,   ,,   ,, indirekt 2,20 ,,   ,,   ,, = 61,60 ,,   indirekt
1 ,,   ,,   ,,   ,, 2,17 ,,   ,,   ,, = 60,76 ,,   ,, [1]).

Das Harz wurde in einem Gemisch von gleichen Teilen Alkohol und Äther gelöst.

Behandlung des Harzes mit Eisessig.

10 g des feingepulverten Harzes wurden in einem Kolben mit 2 kg Eisessig übergossen und auf dem Wasserbade 2 Stunden lang erhitzt. Nach dem Erkalten wurde filtriert, das Ungelöste noch zweimal mit je 100 g Eisessig in gleicher Weise behandelt. Ungelöst blieb nur eine ganz geringe Menge von Verunreinigungen zurück. Das rotbraune Filtrat wurde bei 12 mm Druck zu einer dunkelbraunen, dickflüssigen Masse eingedampft. Mit Wasser behandelt erhielt man, wie beim Dammarharz, eine gelbweiße Masse, die vom Wasser getrennt und in Äther gelöst wurde. Diese Lösung wurde mit wässeriger Natriumcarbonatlösung neutralisiert, die Ätherlösung vom Wasser getrennt, filtriert und nach dem Trocknen über Chlorcalcium der Äther verdampft. Es wurde wie beim Dammarharz eine zähe Masse erhalten, die im Vakuumexsiccator nicht ohne Mühe getrocknet wurde.

Normale Ozonisation.

Wie beim Dammarharz wurde dieses Produkt in der 20fachen Menge Tetrachlorkohlenstoff gelöst und Ozon eingeleitet, während das Ozonisierungsgefäß mit Eis gekühlt wurde. Aus 10 g Harz wurden 11,8 g Ozonid erhalten.

Nach dem Filtrieren des Ozonides verblieb beim völligen Eindampfen des Lösungsmittels im Vakuum ein größerer Tropfen eines gelben Öles, der sich als Ozonid erwies. Durch Einleiten von Wasserdampf wurde dieses Ozonid zersetzt.

---

[1]) Der von Tschirch untersuchte Mastix aus Chios hatte folgende Säurezahl im Mittel: S.-Z. direkt = 59,2; S.-Z. indirekt: 58,9.

Das Ozonid

war weiß mit gelblichem Stich, es begann bei 81° zu schmelzen und löste sich glatt in abs. und in 96 proz. Alkohol, Essigäther, Aceton, Eisessig, einem Gemisch von gleichen Teilen Alkohol und Äther, zu 70% in Äther, 98—99% in Chloroform, 40—45% in Benzol, 5,4% in Tetrachlorkohlenstoff, 0—1% in Petroläther.

Bestimmung der Säurezahl.

1 g Ozonid brauchte direkt   4,95 ccm $^1/_2$n-KOH = 138,60 S.-Z. direkt.
1 „   „   „   „   4,66 „   „   „   = 131,48 „   „
1 „   „   „   indirekt 5,18 „   „   „   = 145,14 „   indirekt.
1 „   „   „   „   4,76 „   „   „   = 133,28 „   „
Gelöst wurde in abs. Alkohol.

Elementaranalyse.

0,1226 g Sbst.: 0,2439 g CO_2, 0,0755 g H_2O = 54,26% C, 6,89% H.

Zersetzung des Ozonides.

2,75 g Ozonid wurden wie beim Dammarharz zersetzt. Das in die Vorlage überdestillierte Wasser — 110 ccm — brauchte zur Neutralisation 1,6 ccm $^1/_2$n-KOH, d. i. pro 1 g zersetzten Ozonides 0,6 ccm. Fehlingsche Lösung wurde von diesem Wasser nicht reduziert, ammoniakalische Silberlösung deutlich. Im Kolben befanden sich 85 ccm Wasser, welche 5,0 ccm $^1/_2$n-KOH brauchten, d. i. pro 1 g 1,8 ccm. Es reduzierte Fehlingsche Lösung wenig, ebenso Silbernitratlösung.

Das Spaltungsprodukt

war hellgelb, fest, ohne Neigung zäh zu werden. Es beginnt bei 73° zu schmelzen und löst sich glatt in abs. Alkohol, Essigäther, Chloroform, Aceton, Eisessig, einem Alkohol-Äthergemisch; zu 72% in verdünntem Alkohol, 66% in Äther, 29% in Benzol, 3% in Tetrachlorkohlenstoff; nicht in Petroläther.

Bestimmung der Säurezahl.

1 g des Spaltungsproduktes brauchte direkt   3,95 ccm $^1/_2$n-KOH = 110,60 S.-Z. direkt.
1 g des Spaltungsproduktes brauchte direkt 4,23 ccm $^1/_2$n-KOH = 118,44 S.-Z. direkt.
1 g des Spaltungsproduktes brauchte indirekt 4,27 ccm $^1/_2$n-KOH = 119,56 S.-Z. indirekt.
1 g des Spaltungsproduktes brauchte indirekt 4,37 ccm $^1/_2$n-KOH = 122,36 S.-Z. indirekt.

Elementaranalyse.

0,1246 g Sbst.: 0,3060 g CO_2, 0,0943 g H_2O = 66,98% C, 8,46% H.

Fraktionierte Ozonisation.

Ein anderer Teil des Eisessigauszuges wurde wie beim Dammarharz fraktioniert ozonisiert. Von den drei Ozoniden wurde getrennt Ausbeute, Schmelzpunkt, Kohlenstoff- und Wasserstoffgehalt bestimmt.

I. (kurz ozonisiert) 2,9 g, Schmp. 79—82°. Analyse: 0,1524 g Sbst.: 0,3437 g CO_2, 0,1130 g H_2O = 60,79% C, 8,19% H.

II. (mittel ozonisiert) 2,3 g, Schmp. 72—74°. Analyse: 0,1226 g Sbst.: 0,2676 g CO_2, 0,0848 g H_2O = 59,53% C, 7,73% H.

III. (lang ozonisiert) 3,8 g, Schmp. 71—74°. Analyse: 0,1230 g Sbst.: 0,2416 g CO_2, 0,0738 g H_2O = 53,57% C, 6,71% H.

Die Ozonide wurden, jedes für sich, zersetzt.

Zersetzungskörper I strohgelb, Schmp. 90—94°. Analyse: 0,1224 g Sbst.: 0,3192 g CO_2, 0,1008 g H_2O = 71,12% C, 9,21% H.

Zersetzungskörper II, hellgelb, Schmp. 108—111°. Analyse: 0,1228 g Sbst.: 0,3186 g CO_2, 0,0970 g H_2O = 70,36% C, 8,38% H.

Zersetzungskörper III, gelb, Schmp. 130—133°. Analyse: 0,1262 g Sbst.: 0,3060 g CO_2, 0,0934 g H_2O = 66,13% C, 8,28% H.

Von dem Zersetzungskörper III wurde nach der Beckmannschen Methode eine Molekulargewichtsbestimmung gemacht:

$$0{,}2590 \text{ g Sbst.}: 21{,}50 \text{ g Eisessig}, \quad \varDelta = 0{,}170°, \quad M = 270.$$
$$0{,}5153 \text{ ,, } \quad \text{,, } 21{,}50 \text{ ,, } \quad \text{,, } \quad \varDelta = 0{,}331°, \quad M = 282.$$
$$0{,}7083 \text{ ,, } \quad \text{,, } 21{,}50 \text{ ,, } \quad \text{,, } \quad \varDelta = 0{,}470°, \quad M = 273.$$

Ein Oxim konnte von dem Körper nicht hergestellt werden.

Prüfung auf Cholesterin.

Salkowsky - Hessesche Reaktion.

Harz: Chloroform: hellrotgelb; Schwefelsäure rot; Fluorescenz: vorhanden; Tropfenfärbung: farblos.

Ozonid: Chloroform: hellgelblich; Schwefelsäure: rot; Fluorescenz: vorhanden; Tropfenfärbung: farblos.

Spaltungsprodukt: Chloroform: hellgelblich; Schwefelsäure: rot; Fluorescenz: vorhanden; Tropfenfärbung: farblos.

Liebermannsche Reaktion.

Harz: Farben: rot-orange-purpur — braunrot.

Ozonid: Farben: rot — rotbraun — braun.

Spaltungsprodukt: Farben: rot — rotbraun — braun.

3. Sandarak.

Das von der Firma E. Walter, Kiel, bezogene Harz bestand aus unregelmäßigen Stücken vom Aussehen langer, walzenartiger Tropfen, deren Länge bis zu 2 cm betrug. Die gelben bis rotgelben Stücke waren durchscheinend, von wenig Staub bedeckt; sie zerbröckelten beim Kauen, klebten nicht an den Zähnen und hatten einen bitteren Geschmack.

Das feingepulverte Harz begann bei 124° zu schmelzen, es löste sich glatt in abs. und 96 proz. Alkohol und im Alkohol-Äthergemisch; 60—62% lösten sich in Äther, 58—60% in Essigäther, 42—43% in Chloroform, 15—19% in Benzol, 93—94% in Aceton, 76% in Eisessig, 18% in Tetrachlorkohlenstoff, 1% in Petroläther.

Bestimmung der Säurezahl.

1 g Harz brauchte direkt 4,74 ccm $\frac{1}{2}$n-KOH = 132,72 S.-Z. direkt.
1 „ „ „ „ 4,78 „ „ „ = 133,84 „ „
1 „ „ „ indirekt 4,79 „ „ „ = 134,12 „ indirekt.
1 „ „ „ „ 4,79 „ „ „ = 134,12 „ „
Das Harz wurde in abs. Alkohol gelöst[1]).

Behandlung des Harzes mit Eisessig.

50 g des feingepulverten Harzes wurden mit 1 l Eisessig auf dem Wasserbade erhitzt und das Ungelöste in derselben Weise mit je 300 g Eisessig behandelt. Unlöslich blieben 12,0 g = 24%, gelöst hatten sich 76%.

Der gelöste Teil.

Nachdem die Eisessiglösung bei 12 mm Druck durch Verdampfen eingedickt worden war, wurde durch Wasser ein gelbliches Produkt ausgefällt, das mit Äther aufgenommen wurde. Nach dem Trocknen mit Chlorcalcium wurde der Äther verdampft; es resultierte eine zähe Masse, die im Vakuumexsiccator getrocknet, ganz das Aussehen und Verhalten des beim Dammarharz erhaltenen Produktes hatte.

Normale Ozonisation.

10 g wurden in 200 ccm Tetrachlorkohlenstoff gelöst und wie vorher beim Dammar und Mastix unter Eiskühlung ozonisiert. Das an der Oberfläche sich sammelnde Ozonid wurde abfiltriert, der Tetrachlorkohlenstoff im Vakuum völlig eingedampft und der geringe ölige gelbe Rest mit Wasser zersetzt.

Das Ozonid

war weiß mit champagnerfarbenem Stich; es begann bei 74° zu sintern, bei 81° zu schmelzen. Es löste sich klar in abs. und 96 proz. Alkohol, Essigäther, Chloroform, Aceton, Eisessig, einem Alkohol-Äthergemisch. In Äther lösten sich 94—96%, in Benzol 38—42%, in Tetrachlorkohlenstoff 4,5—5%, in Petroläther etwa $\frac{1}{2}$%.

---

[1]) Tschirch fand bei den verschiedenen Sandaraksorten folgende Säurezahlen: Marokkanischer Sandarak: S.-Z. direkt 138,6—140,0; S.-Z. indirekt 141,4 bis 142,8.

Australischer Sandarak je nach Qualität: S.-Z. indirekt 129,87—157,28.

Kleinasiatischer Sandarak: S.-Z. indirekt 179,01—179,71.

Harries, Untersuchungen. 44

Bestimmung der Säurezahl.

1 g Ozonid brauchte direkt 5,66 ccm $^1/_2$n-KOH = 158,48 S.-Z. direkt.
1 „   „   „   „   5,63 „   „   „   = 157,64 „   „
1 „   „   „   indirekt 6,04 „   „   „   = 169,12 „   indirekt.
1 „   „   „   „   6,05 „   „   „   = 170,24 „   „
Gelöst wurde in abs. Alkohol.

Elementaranalyse.

0,1216 g Sbst.: 0,2524 g CO_2, 0,0755 g H_2O = 56,61% C, 6,94% H.

Zersetzung des Ozonides.

2,8 g des Ozonides wurden in der üblichen Weise zersetzt. Das in der Vorlage befindliche Wasser — 125 ccm — brauchte 6 ccm $^1/_2$n-KOH zur Neutralisation, das ist pro 1 g zersetzten Ozonides 0,21 ccm; es reduzierte Fehling nicht, Silbernitratlösung deutlich. Das im Kolben befindliche Wasser — 250 ccm — brauchte 10,4 ccm $^1/_2$n-KOH, d. i. pro 1 g Ozonid 3,71 ccm; es reduzierte Fehling nicht, Silbernitratlösung nur wenig.

Das Spaltungsprodukt

war gelb, ohne Neigung zäh zu werden; es begann bei 77° zu schmelzen und löste sich glatt in abs. und 96 proz. Alkohol, Essigäther, Chloroform, Aceton, Eisessig und einem Alkohol-Äthergemisch. In Äther lösten sich 98%, in Benzol 27—29%, in Tetrachlorkohlenstoff 2—3%; in Petroläther war es unlöslich.

Bestimmung der Säurezahl.

1 g des Spaltungsproduktes brauchte direkt 5,82 ccm $^1/_2$n-KOH = 162,96 S.-Z. direkt. — 1 g des Spaltungsproduktes brauchte indirekt 5,82 ccm $^1/_2$n-KOH = 162,96 S.-Z. indirekt.

Elementaranalyse.

0,1263 g Sbst.: 0,3122 g CO_2, 0,0996 g H_2O = 67,42% C, 8,82% H.

Fraktionierte Ozonisation.

Ein anderer Teil des Eisessigauszuges wurde wie beim Dammar und Mastix fraktioniert ozonisiert. Das am längsten ozonisierte Ozonid wurde analysiert.

Elementaranalyse.

0,1238 g Sbst.: 0,2338 g CO_2, 0,0718 g H_2O = 51,51% C, 6,48% H.

Dieses Ozonid wurde in derselben Weise wie vorher zersetzt. Das Spaltungsprodukt war sauer. Wasserstoffsuperoxyd konnte nachgewiesen werden. Das Spaltungsprodukt war gelb.

Elementaranalyse.

0,1232 g Sbst.: 0,3000 g CO_2, 0,0907 g H_2O = 66,41% C, 8,23% H.

Prüfung auf Cholesterin.

Salkowsky-Hessesche Reaktion.

Harz: Chloroform: gelblich; Schwefelsäure: kirschrot; Fluorescenz: vorhanden;
 Tropfenfärbung: farblos.
Ozonid: Chloroform: rotgelblich; Schwefelsäure: rot; Fluorescenz: vorhanden;
 Tropfenfärbung: farblos.
Spaltungsprodukt: Chloroform: gelblich; Schwefelsäure: rot; Fluorescenz: vor-
 handen; Tropfenfärbung: farblos.

Liebermannsche Reaktion.

Harz: Farben: rot — rotbraun — braungrün.
 Ozonid: Farben: rot — rotbraun — braun.
Spaltungsprodukt: Farben: rot — rotbraun — braun.

B. Der ungelöste Teil.

Der in Eisessig unlösliche Anteil des Harzes war weder in Tetrachlorkohlenstoff, noch in Aceton, noch in Chloroform löslich; er wurde
daher nicht ozonisiert.

II. Gruppe.

4. Dammarkopal „braun".

Das von der Firma Traine & Hauff, Mainz, bezogene Harz
bestand aus völlig undurchsichtigen und undurchscheinenden Stücken
von verschiedener Größe. Sie wiesen glasigen und muscheligen Bruch
auf, waren von geringem, hellem Staub bedeckt, geruch- und geschmacklos und hafteten beim Kauen nicht an den Zähnen.

Das feingepulverte Harz begann bei 154° zu schmelzen; es war glatt
löslich nur in Chloroform, zu 31% in abs. Alkohol; 27% in 96 proz.
Alkohol, 65% in Äther, 44—45% in Petroläther, 41% in Essigäther,
95—97% in Benzol, 38% in Aceton, 44% in Eisessig, 96% in Tetrachlorkohlenstoff.

Bestimmung der Säurezahl.

1 g Harz brauchte direkt 0,64 ccm $^1/_2$n-KOH = 17,92 S.-Z. direkt.
1 „   „   „   „   0,61 „   „   „   = 17,08 „   „
Lösungsmittel: Chloroform.

Behandlung des Harzes mit Eisessig.

Zur Gewinnung eines Eisessigauszuges wurden 50 g des feingepulverten Harzes mit 1 l Eisessig in einem mit Rückflußkühler versehenen Kolben im Wasserbade 1 Stunde lang erhitzt, das Ungelöste
in derselben Weise dreimal mit je 300 ccm Eisessig behandelt. Ungelöst blieben 28,1 g einer sandfarbenen Masse, gleich 56,2%. In Lösung
gegangen waren also 21,9 g = 43,8%.

A. Der gelöste Teil.

Die Eisessiglösung wurde bei 12 mm Druck eingedampft bis sie eingedickt war. Auf Zusatz von Wasser fiel eine gelbbraune Masse aus, die mit Äther aufgenommen wurde. Nach der Neutralisation wurde der Äther abgezogen, über Nacht getrocknet und dann verdampft.

Es verblieb eine zähe Masse, die im Vakuumexsiccator allmählich fest und pulverig wurde. 10 g davon wurden in 200 ccm Tetrachlorkohlenstoff gelöst und in gewohnter Weise ozonisiert.

Das Ozonid

sammelte sich an der Oberfläche in Flocken und wurde bald zäh. Im Vakuumexsiccator getrocknet, wurde es glasig fest und weiß. Ausbeute 11,8 g. Es schmolz bei 64°, löste sich glatt in abs. und in 96 proz. Alkohol, Aceton, Essigäther, Eisessig, einem Alkohol-Äthergemisch; zu 56—58% in Äther, 89—90% in Chloroform, 17—18% in Benzol, 1,5% in Tetrachlorkohlenstoff; in Petroläther war es so gut wie unlöslich.

Bestimmung der Säurezahl.

1 g Ozonid brauchte direkt 7,1 ccm $^1/_2$n-KOH = 198,8 S.-Z. direkt.
1 g „　　　„　　indirekt 7,4 „　　„　　„　= 207,2　„　indirekt.
Lösungsmittel: abs. Alkohol.

Elementaranalyse.

0,1316 g Sbst.: 0,2788 g CO_2, 0,0973 g H_2O, = 57,78% C, 8,27% H.

Zersetzung des Ozonides.

4 g des Ozonides wurden in der üblichen Weise zersetzt. Das in die Vorlage überdestillierte Wasser brauchte 3,1 ccm $^1/_2$n-KOH, d. i. pro 1 g zersetzten Ozonides 0,77 ccm; es reduzierte Fehlingsche Lösung nicht, Silbernitratlösung deutlich. Das im Kolben befindliche Wasser brauchte 15,3 ccm $^1/_2$n-KOH, d. i. pro 1 g Ozonid 4,82 ccm, reduzierte Fehling wenig, Silbernitratlösung nicht.

Das Spaltungsprodukt

war gelb und begann bei 81° zu schmelzen. Es löste sich glatt in abs. und in 96 proz. Alkohol, Essigäther, Aceton, Eisessig, einem Alkohol-Äthergemisch; zu 80—82% in Äther, 96—97% in Chloroform, 20 bis 22% in Benzol, 1,1% in Tetrachlorkohlenstoff; nicht in Petroläther.

Bestimmung der Säurezahl.

1 g des Spaltungsproduktes brauchte direkt 7,0 ccm $^1/_2$n-KOH = 196,00 S.-Z. direkt. — 1 g des Spaltungsproduktes brauchte indirekt 7,1 ccm $^1/_2$n-KOH = 198,80 S.-Z. indirekt.

Elementaranalyse.

0,1246 g Sbst.: 0,2949 g CO_2, 0,0939 g H_2O = 64,54% C, 8,43% H.

Prüfung auf Cholesterin.

Salkowsky - Hessesche Reaktion.

Harz: Chloroform: hellrot; Schwefelsäure: rot; Fluorescenz: vorhanden; Tropfenfärbung: braunviolett.

Ozonid: Chloroform: farblos: Schwefelsäure: rot; Fluorescenz :vorhanden; Tropfenfärbung: farblos.

Spaltungsprodukt: Chloroform: farblos; Schwefelsäure: rot; Fluorescenz: vorhanden; Tropfenfärbung: farblos.

Liebermannsche Reaktion.

Harz: Farben: rotviolett — rotbraun — braungrün.

Ozonid: Farben: rot — rotbraun — braun.

Spaltungsprodukt: Farben: rot — rotbraun — braun.

B. Der ungelöste Teil.

Der in Eisessig unlösliche Teil hatte den Schmp. 188—192°. Er löste sich glatt in Tetrachlorkohlenstoff und in Chloroform, wenig in Aceton.

5 g dieses Produktes wurden in 40 ccm Tetrachlorkohlenstoff gelöst und in üblicher Weise ozonisiert. Es wurden 6,5 g eines flockigen, rein weißen Ozonides erhalten.

5. Dammarkopal „blond".

Das von der Firma **Traine & Hauff** in Mainz bezogene Harz bestand aus völlig undurchsichtigen und undurchscheinenden „blonden" Stücken, welche von sehr wenig Staub bedeckt waren und bis zu 250 g wogen. Die feuersteinartigen Stücke waren von rotfarbenen Streifen durchzogen, hatten muscheligen Bruch, waren fast geruchlos und hafteten beim Kauen nicht an den Zähnen.

Das feingepulverte Harz begann bei 158° zu schmelzen; es löste sich glatt in Chloroform, zu 21% in abs. Alkohol und 96 proz. Alkohol, zu 44—46% in Äther, 42% in Petroläther, 23% in Essigäther, 98% in Benzol, 26—28% in Aceton, 30% in Eisessig, 82% in Tetrachlorkohlenstoff.

Bestimmung der Säurezahl.

1 g Harz brauchte direkt 0,94 ccm $^1/_2$n-KOH = 26,32 S.-Z. direkt.

1 „ „ „ „ 0,93 „ „ „ = 26,04 „ „

Lösungsmittel: Chloroform.

Behandlung des Harzes mit Eisessig.

Zur Gewinnung eines Eisessigauszuges wurden 50 g des feingepulverten Harzes mit 1 l Eisessig in einem mit Rückflußkühler versehenen Kolben im Wasserbade 1 Stunde lang erhitzt. Das Ungelöste wurde in derselben Weise dreimal mit je 300 ccm Eisessig behandelt, bis der

Eisessig sich nicht mehr färbte. Ungelöst blieben 35 g = 70%, bestehend aus einer hellbräunlichen Masse, die von einigen schwarzen Partikelchen, mechanischen Verunreinigungen, durchsetzt war. In Lösung waren also gegangen: 15 g = 30%.

A. Der gelöste Teil.

Der Eisessig wurde, wie üblich, bei 12 mm Druck abgedampft, durch Wasser eine gelbbraune Masse ausgefällt und diese mit Äther aufgenommen. Nach dem Neutralisieren mit Natriumcarbonat wurde der Äther abgezogen, über Nacht getrocknet und verdampft. Es verblieb eine zähe Substanz, die im Vakuumexsiccator allmählich trocknete und dann pulverig war. 10 g davon wurden in 200 ccm Tetrachlorkohlenstoff gelöst, die geringe Trübung abfiltriert, die Lösung wie sonst ozonisiert.

Das Ozonid des löslichen Teiles

sammelte sich an der Oberfläche, war anfangs flockig, wurde aber bald zäh. Nach dem Trocknen im Vakuumexsiccator war es weiß bis hellgelblich und begann bei 68° zu schmelzen. Ausbeute 11,9 g. Es löste sich klar in abs. Alkohol, Essigäther, Aceton, Eisessig, einem Alkohol-Äthergemisch, zu 98—99% in gewöhnlichem Alkohol, 50% bis 52% in Äther, 94—96% in Chloroform, 10—11% in Benzol, 1—2% in Tetrachlorkohlenstoff. In Petroläther war es so gut wie unlöslich.

Bestimmung der Säurezahl.
1 g Ozonid brauchte   direkt 7,2 ccm $^1/_2$n-KOH = 201,6 S.-Z. direkt.
1 „   „   „   indirekt 7,4 „   „   „   = 207,2   „   indirekt.
Lösungsmittel: Abs. Alkohol.

Elementaranalyse.
0,1272 g Sbst.: 0,2886 g CO_2, 0,0904 g H_2O = 61,88% C, 7,95% H.

Zersetzung des Ozonides.

4 g des Ozonides wurden in der üblichen Weise zersetzt. Das in die Vorlage überdestillierte Wasser — 140 ccm — brauchte 2,7 ccm $^1/_2$n-KOH, d. i. pro 1 g Ozonid 0,68 ccm. Es reduzierte Fehlingsche Lösung nicht, Silbernitratlösung deutlich. Das im Kolben befindliche Wasser — 165 ccm — brauchte 14,6 ccm, d. i. pro 1 g 3,65 ccm. Es reduzierte Fehling wenig, Silbernitratlösung nicht.

Das Spaltungsprodukt

war gelb und begann bei 130° zu schmelzen. Es löste sich glatt in abs. Alkohol, Essigäther, Chloroform, Aceton, Eisessig, einem Alkohol-

Äthergemisch; zu 99% in gewöhnlichem Alkohol, 65% in Äther, 13% in Benzol, 1,5% in Tetrachlorkohlenstoff, nicht in Petroläther.

Bestimmung der Säurezahl.

1 g des Spaltungsproduktes brauchte direkt 6,6 ccm $^1/_2$n-KOH = 184,8 S.-Z. direkt. — 1 g des Spaltungsproduktes brauchte indirekt 6,8 ccm $^1/_2$n-KOH = 190,4 S.-Z. indirekt.

Elementaranalyse.

0,1280 g Sbst.: 0,3240 g CO_2, 0,1218 g H_2O = 69,04% C, 10,64% H.

Prüfung auf Cholesterin.

Salkowsky-Hessesche Reaktion.

Harz: Chloroform: schmutzig rotviolett; Schwefelsäure: dunkelrot; Fluorescenz: vorhanden; Tropfenfärbung: schmutzig violett.

Ozonid: Chloroform: hellgelblich-rot; Schwefelsäure: rot; Fluorescenz: vorhanden; Tropfenfärbung: farblos.

Spaltungsprodukt: farblos; Schwefelsäure: rot; Fluorescenz: vorhanden; Tropfenfärbung: farblos.

Liebermannsche Reaktion.

Harz: Farben: rot — rotbraun — braungrün.

Ozonid: Farben: rotorange — rot — rotbraun.

Spaltungsprodukt: Farben: rot — rotbraun — rotbraun.

B. Der ungelöste Teil.

Der in Eisessig unlösliche Teil des Harzes hatte den Schmp. 188° bis 192°; er löste sich glatt in Chloroform und Tetrachlorkohlenstoff. 5 g dieses Produktes in 40 ccm Tetrachlorkohlenstoff gelöst und wie üblich ozonisiert, ergaben 6,4 g eines tadellos weißen Ozonides, das bei 102° zu sintern, bei 124° zu schmelzen begann. 1 g dieses Ozonides brauchte direkt und indirekt 8,5 ccm $^1/_2$n-KOH = 238,0 S.-Z.

6. Kauri-Buschkopal.

Das von der Firma Traine & Hauff in Mainz bezogene Harz kommt von Neuseeland und wurde von noch existierenden Bäumen „gepflückt". Es bestand aus unregelmäßigen, bis zu 130 g schweren, hellgelb gefärbten, stark durchscheinenden Stücken, die von Staub bedeckt waren. Das Harz zeigte glasigen Bruch, war fast geruch- und geschmacklos, klebte beim Kauen nicht an den Zähnen und schmolz, feingepulvert, bei 92°. Es löste sich klar nur in einem Gemisch von gleichen Teilen Alkohol und Äther. In abs. Alkohol lösten sich 48%, in gewöhnlichem Alkohol 32%, in Äther 32%, in Petroläther 4—5%, in Essigäther 33%, in Chloroform 32%, in Benzol 24%, in Aceton 36%, in Eisessig 70%, in Tetrachlorkohlenstoff 20%.

Bestimmung der Säurezahl.

1 g Harz brauchte   direkt 2,2 ccm $^1/_2$n-KOH $= 61,6$ S.-Z. direkt.
1 ,,   ,,   ,,   ,,   2,2   ,,   ,,   ,, $= 61,6$,,   ,,
1 ,,   ,,   ,,   indirekt 2,23   ,,   ,,   ,, $= 62,4$,,   indirekt.
1 ,,   ,,   ,,   ,,   2,23   ,,   ,,   ,, $= 62,4$,,   ,,

Das Harz wurde in einem Gemisch von gleichen Teilen Alkohol und Äther gelöst.

Behandlung des Harzes mit Eisessig.

50 g des feingepulverten Harzes wurden mit 1 l Eisessig auf dem Wasserbade 1$^1/_2$ Stunden lang erhitzt. Nach dem Erkalten und Filtrieren wurde das Ungelöste mit je 100 g Eisessig noch dreimal in der gleichen Weise behandelt. Das Ungelöste wurde an der Luft zäh und mußte im Vakuumexsiccator getrocknet werden; 15,0 g $= 36\%$. In Lösung gegangen waren also 35 g $= 70\%$.

A. Der gelöste Teil.

Die Eisessiglösung wurde wie sonst unter vermindertem Druck eingedampft, mit Wasser versetzt, die Fällung mit Äther aufgenommen. Nach der Neutralisation wurde der Äther abgetrennt, getrocknet, verdampft. Die verbleibende zähe Masse wurde wie sonst im Exsiccator getrocknet.

Ozonisation des gelösten Teiles.

15 g dieses Eisessigauszuges wurden mit 300 ccm Tetrachlorkohlenstoff auf dem Wasserbade erwärmt; nach dem Filtrieren und wiederholtem Ausschütteln mit CCl_4 blieben ungelöst 5,8 g zurück, so daß 9,2 g in Lösung gegangen waren. Die rotgelbe Lösung wurde in der gewohnten Weise ozonisiert.

Das Ozonid

sammelte sich an der Oberfläche, war jedoch nicht flockig, sondern zäh; erst im Exsiccator wurde es fest und glasig. Es war gelb und begann bei 53° zu schmelzen. Es löste sich glatt in abs. und in 96proz. Alkohol, Essigäther, Chloroform, Aceton, Eisessig, einem Alkohol-Äthergemisch; zu 99% in Äther, 50—51$\%$ in Benzol, 5% in Tetrachlorkohlenstoff, etwa 1% in Petroläther

Bestimmung der Säurezahl.

1 g Ozonid brauchte direkt 4,7 ccm $^1/_2$n-KOH $= 131,6$ S.-Z. direkt.
1 ,,   ,,   ,,   indirekt 4,8   ,,   ,,   ,, $= 134,4$,,   indirekt.
Lösungsmittel: abs. Alkohol.

Elementaranalyse.

0,1263 g Sbst.: 0,2410 g CO_2, 0,942 g $H_2O = 52,04\%$ C, 8,34$\%$ H.

Zersetzung des Ozonides.

4 g Ozonid wurden in der üblichen Weise mit Wasser zersetzt. Das in der Vorlage kondensierte Wasser gebrauchte zur Neutralisation 1,5 ccm $^1/_2$ n-KOH, d. i. pro 1 g zersetzten Ozonides 0,31 ccm; es reduzierte Fehling nicht, Silbernitratlösung deutlich. Das Wasser im Kolben brauchte 16,1 ccm, d. i. pro 1 g Ozonid 4,02 g; es reduzierte Fehling wenig, Silbernitratlösung nicht.

Das Spaltungsprodukt

war gelb und begann bei 94° zu schmelzen. Es löste sich glatt in abs. und in 96 proz. Alkohol, Essigäther, Chloroform, Aceton, Eisessig, einem Gemisch von Alkohol und Äther; zu 74% in Äther, 35% in Benzol, 6% in Tetrachlorkohlenstoff, nicht in Petroläther.

Bestimmung der Säurezahl.

1 g des Spaltungsproduktes brauchte direkt 4,1 ccm $^1/_2$ n-KOH = 114,8 S.-Z. direkt. — 1 g des Spaltungsproduktes brauchte indirekt 4,3 ccm $^1/_2$ n-KOH = 120,4 S.-Z. indirekt.

Elementaranalyse.

0,1263 g Sbst.: 0,2986 g CO_2, 0,1050 g H_2O = 64,48% C, 9,30% H.

Prüfung auf Cholesterin.

Salkowsky - Hessesche Reaktion.

Harz: Chloroform: hellgelb; Schwefelsäure: purpur; Fluorescenz: vorhanden; Tropfenfärbung: farblos.
Ozonid: Chloroform: farblos; Schwefelsäure: purpur; Fluorescenz: vorhanden; Tropfenfärbung: farblos.
Spaltungsprodukt: Chloroform: farblos; Schwefelsäure: purpur; Fluorescenz: vorhanden: Tropfenfärbung: farblos.

Liebermannsche Reaktion.

Harz: Farbe: rot — rotbraun — braungrün.
Ozonid: Farbe: rot — rotbraun — braun.
Spaltungsprodukt: Farbe: rot — rotbraun — braun.

B. Der ungelöste Teil.

Der in Eisessig unlösliche Teil des Harzes löste sich nicht glatt in Tetrachlorkohlenstoff, Chloroform, Benzol oder Aceton. Es wurde daher nicht ozonisiert.

Ebenso verhielt es sich mit dem in Tetrachlorkohlenstoff unlöslichen Teil des getrockneten Essigauszuges.

7. Fossiler Kaurikopal.

Das von der Firma Traine & Hauff in Mainz bezogene Harz ist ein rezent fossiler, also ein gegrabener und von der Erdkruste gereinigter, geschabter Kopal. Das Harz bestand aus unregelmäßigen bis zu 80 g schweren Stücken, die teils mehr, teils weniger durchscheinend und von wenig Staub bedeckt waren. Die Stücke zeigten glasigen Bruch, hatten geringen Geruch und Geschmack, zerbröckelten beim Kauen und hafteten nicht an den Zähnen.

Das gepulverte Harz begann bei 119° zu schmelzen. Es löste sich glatt in einem Gemisch von abs. Alkohol und Äther. In abs. Alkohol löste es sich zu 77%, in verdünntem zu 65%, in Äther zu 42—44%, in Petroläther zu 0—0,5%, in Essigäther zu 52—53%, in Chloroform zu 32—33%, in Benzol zu 19—20%, in Aceton zu 64%, in Eisessig zu 75%, in Tetrachlorkohlenstoff zu 21%.

Bestimmung der Säurezahl.

1 g Harz gebraucht	direkt	2,73	ccm	$^1/_2$n-KOH	=	76,52	S.-Z.	direkt.	
1 „ „	„	„	2,51	„	„	„	=	70,33	„ „
1 „ „	„	indirekt	2,79	„	„	„	=	78,12	„ indirekt.
1 „ „	„	„	2,56	„	„	„	=	71,82	„ „ [1]).

Behandlung des Harzes mit Eisessig.

50 g des feingepulverten Harzes wurde geraden so wie beim Kauri-Buschkopal mit Eisessig behandelt. Das Ungelöste wurde im Petroläther getrocknet: 12,5 g = 25%. In Lösung gegangen also: 37,5 = 75%.

A. Der gelöste Teil.

Bei 12 mm Druck wurde die Eisessiglösung eingedampft. Auf Zusatz von Wasser fiel eine bräunlichweiße Masse aus, die mit Äther aufgenommen wurde. Nach dem Neutralisieren mit Natriumcarbonat wurde die Ätherlösung abgetrennt, getrocknet, dann der Äther verdampft. Die zurückgebliebene zähe Masse wurde im Vakuumexsiccator getrocknet.

Ozonisation des gelösten Teiles.

16,5 g dieser Masse wurden mit 300 ccm Tetrachlorkohlenstoff auf dem Wasserbade erwärmt; das Ungelöste wurde abfiltriert und noch mehrere Male in der gleichen Weise mit CCl_4 behandelt. Ungelöst blieben 6,5 g, gelöst hatten sich also 10 g. In diese Lösung wurde wie sonst Ozon eingeleitet.

---

[1]) Tschirch fand bei dem von ihm untersuchten fossilen Kaurikopal aus Neuseeland folgende Zahlen: S.-Z. direkt 103,6—106,4; S.-Z. indirekt 106,4—112,0.

Das Ozonid

war anfangs flockig, wurde bald zäh und sammelte sich an der Oberfläche der Flüssigkeit. Nach dem Abfiltrieren des Ozonides wurde die Lösung völlig eingedampft. Der zurückbleibende Rest erwies sich als Ozonid und wurde mit Wasser zersetzt. Das ausgefallene Ozonid wurde im Vakuumexsiccator bald fest und trocken. Es war gelb und begann bei 51° zu schmelzen. Es löste sich glatt in abs. und in 96proz. Alkohol, Essigäther, Aceton, Eisessig, einem Alkohol-Äthergemisch; in Äther lösten sich 78—80%, in Chloroform 99%, in Benzol 49—50%, in Tetrachlorkohlenstoff 3—4%, in Petroläther 5—6%.

Bestimmung der Säurezahl.

1 g Ozonid gebraucht   direkt 4,5 ccm $^1/_2$n-KOH = 126,0 S.-Z. direkt.
1 „   „   „   indirekt 4,6 „   „   „   = 128,8   „   indirekt.
Lösungsmittel: abs. Alkohol.

Elementaranalyse.

0,1264 g Sbst.: 0,2288 g CO_2, 0,0767 g H_2O = 49,37% C, 6,78% H.

Zersetzung des Ozonides.

9 g Ozonid wurden in der üblichen Weise zersetzt. Das in der Vorlage kondensierte Wasser gebrauchte 3,5 ccm $^1/_2$n-KOH, d. i. pro 1 kg Ozonid 0,39 ccm; es reduzierte Fehling nicht, Silbernitratlösung deutlich. Das Wasser im Kolben brauchte 38,0 ccm $^1/_2$n-KOH, d. i. pro 1 g Ozonid 4,22 ccm; es reduzierte Fehling wenig, Silbernitratlösung nicht.

Das Spaltungsprodukt

war gelb und begann bei 82° zu schmelzen. Es löste sich glatt in abs. und 96proz. Alkohol, Essigäther, Chloroform, Aceton, Eisessig, einem Gemisch von Alkohol und Äther; zu 95—96% in Äther, zu 42% in Benzol, zu 10—11% in Tetrachlorkohlenstoff, 0—0,5% in Petroläther.

Bestimmung der Säurezahl.

1 g des Spaltungsproduktes brauchte direkt 6,0 ccm $^1/_2$n-KOH = 168,0 S.-Z. direkt. — 1 g des Spaltungsproduktes brauchte indirekt 6,1 ccm $^1/_2$n-KOH = 170,8 S.-Z. indirekt.
Lösungsmittel: abs. Alkohol.

Elementaranalyse.

0,1226 g Sbst.: 0,2902 g CO_2, 0,0876 g H_2O = 64,56% C, 7,99% H.

Prüfung auf Cholesterin.

Salkowsky - Hessesche Reaktion.

Harz: Chloroform: hellgelb; Schwefelsäure: purpur; Fluorescenz: vorhanden; Tropfenfärbung: farblos.

Ozonid: Chloroform: farblos; Schwefelsäure: purpur; Fluorescenz: vorhanden; Tropfenfärbung: farblos.

Spaltungsprodukt: Chloroform: farblos; Schwefelsäure: purpur; Fluorescenz: vorhanden; Tropfenfärbung: farblos.

Liebermannsche Reaktion.

Harz: Farbe: rot — rotbraun — braungrün.

Ozonid: Farbe: rot — rotbraun — braun.

Spaltungsprodukt: Farbe: orange — rot — rotbraun.

B. Der ungelöste Teil.

Der in Eisessig unlösliche Teil löste sich nicht glatt in Chloroform, Tetrachlorkohlenstoff, Benzol und wurde daher nicht ozonisiert.

Ebenso verhielt es sich mit dem in CCl_4 unlöslichen Teil des getrockneten Eisessigauszuges.

III. Gruppe.

8. Kautschukharz.

Das von den Berliner Kautschukwerken G. m. b. H. bezogene Harz gehörte zu der Reihe der Pontianakharze. Es bestand aus gelbbraunen Stücken von verschiedener Größe, welche durchscheinend waren und Luftbläschen eingeschlossen enthielten. Es wurde durch Lösen in Alkohol gereinigt.

Das Harz begann bei 98° zu schmelzen, löste sich klar in Chloroform, Alkohol, Benzol, Eisessig, Tetrachlorkohlenstoff, Schwefelkohlenstoff, bis auf ganz geringe Spuren in Äther, Essigäther, Aceton, zu 96% in Petroläther.

Bestimmung der Säurezahl.

1 g Harz brauchte direkt   0,23 ccm $^1/_2$n-KOH = 6,44 S.-Z. direkt.
1 „   „   „   „   0,18 „   „   „   = 5,24 „   „
1 „   „   „   indirekt 0,23 „   „   „   = 6,44 „   indirekt.
Lösungsmittel: abs. Alkohol.

Elementaranalyse des gereinigten Harzes.

0,1224 g Sbst.: 0,3578 g CO_2, 0,1213 g H_2O = 79,72% C, 11,08% H.

Ozonisation.

10 g des feingepulverten Harzes wurden in 200 ccm Tetrachlorkohlenstoff gelöst, in die Lösung 29 Stunden lang Ozon eingeleitet. Das Ozonid, welches hellgelb, z. Z. dunkler gefärbt war und in einer zähen Masse auf der Lösung schwamm, wurde abfiltriert und erstarrte

im Vakuumexsiccator zu einer glasigen Masse. Nach dem Filtrieren wurde der Tetrachlorkohlenstoff eingedampft. Es verblieb ein gelber, öliger Tropfen, der sich als Ozonid erwies.

Das Ozonid

begann bei 63° zu schmelzen. Ausbeute 13,9 g. Es löste sich glatt in Alkohol, Essigäther, Chloroform, Aceton, Eisessig, einem Alkohol-Äthergemisch; zu 82—83% in Äther, 25—27% in Benzol, 4—4,5% in Tetrachlorkohlenstoff; 0—1% in Petroläther.

Bestimmung der Säurezahl.

1 g Ozonid brauchte direkt　6,26 ccm $^1/_2$ n-KOH = 175,28 S.-Z. direkt.
1 ,,　　,,　　　,,　　　,,　　6,31 ,,　,,　　,,　 = 176,68 ,,　　　,,
1 ,,　　,,　　　,,　　　,,　　6,33 ,,　,,　　,,　 = 177,24 ,,　　　,,
1 ,,　　,,　　　,,　　indirekt 6,61 ,,　,,　　,,　 = 185,08 ,,　 indirekt.
1 ,,　　,,　　　,,　　　,,　　6,81 ,,　,,　　,,　 = 190,68 ,,　　　,,
1 ,,　　,,　　　,,　　　,,　　6,74 ,,　,,　　,,　 = 188,72 ,,　　　,,
Lösungsmittel: abs. Alkohol.

Elementaranalyse.

0,1270 g Sbst.: 0,2278 g CO_2, 0,0950 g H_2O = 48,92% C, 8,37% H.

Zersetzung des Ozonides.

3,5 g Ozonid wurden in gewohnter Weise mit Wasser zersetzt. Das in der Vorlage kondensierte Wasser brauchte 0,6 ccm $^1/_2$ n-KOH, d. i. pro 1 g zersetzten Ozonides 0,17 ccm; es reduzierte Fehling nicht, Silbernitratlösung deutlich. Das Wasser im Kolben gebrauchte 4,4 ccm $^1/_2$ n-KOH; d. i. pro 1 g Ozonid 1,25 g; es reduzierte Fehling und Silbernitratlösung nicht.

Das Spaltungsprodukt

war hellbraun, amorph, im Vakuumexsiccator getrocknet und gepulvert hellgelb. Es begann bei 92° zu schmelzen und löste sich glatt in Alkohol, Essigäther, Chloroform, Aceton, Eisessig, einem Alkohol-Äthergemisch; zu 97% in Äther, 21% in Benzol, 2—2,5% in Tetrachlorkohlenstoff, 0% in Petroläther.

Bestimmung der Säurezahl.

1 g des Spaltungsproduktes brauchte direkt 6,73 ccm $^1/_2$ n-KOH = 188,44 S.-Z. direkt. — 1 g des Spaltungsproduktes brauchte direkt 6,58 ccm $^1/_2$ n-KOH = 184,24 S.-Z. direkt. — 1 g des Spaltungsproduktes brauchte indirekt 6,82 ccm $^1/_2$ n-KOH = 196,84 S.-Z. indirekt. — 1 g des Spaltungsproduktes brauchte indirekt 6,58 ccm $^1/_2$ n-KOH = 184,24 S.-Z. indirekt.
Lösungsmittel: abs. Alkohol.

Elementaranalyse.

0,1293 g Sbst.: 0,2881 g CO_2, 0,1043 g H_2O = 60,80% C, 9,02% H.

Prüfung auf Cholesterin.

Salkowsky-Hessesche Reaktion.

Harz: Chloroform: intensiv rot; Schwefelsäure: dunkelrot; Fluorescenz: vorhanden; Tropfenfärbung: violett.

Ozonid: Chloroform: hellgelblich: Schwefelsäure: dunkelrot; Fluorescenz: vorhanden; Tropfenfärbung: gelblich.

Spaltungsprodukt: Chloroform: hellgelblich; Schwefelsäure: dunkelrot; Fluorescenz: vorhanden; Tropfenfärbung: farblos.

Liebermannsche Reaktion.

Harz: Farbe: purpur — rotbraun — braungrün.

Ozonid: Farbe: orange — rotbraun — braunrot.

Spaltungsprodukt: Farbe: orange — rotbraun — braunrot.

9. Guttaperchaharz.

Das von der Firma Fr. Kaiser, Waiblingen, übersandte Harz, Provenienz unbekannt, bestand aus undurchsichtigen und undurchscheinenden schwarzen Stücken, die von wenig weißem Staub bedeckt waren. Schmp. 68—69°. Der Geruch des gepulverten Harzes war stark lysolartig. Es löste sich klar in Alkohol, Chloroform, Benzol, einem Alkohol-Äthergemisch; zu 98% in Äther, 96—97% in Petroläther, 97—98% in Essigäther, 98% in Aceton, 95% in Eisessig, 98% in Tetrachlorkohlenstoff.

Bestimmung der Säurezahl.

1 g Harz brauchte direkt   0,30 ccm $^1/_2$n-KOH = 8,40 S.-Z. direkt.
1 „   „   „   indirekt 0,34 „   „   „   = 9,52   „   indirekt.
Lösungsmittel: abs. Alkohol.

Behandlung des Harzes mit Eisessig.

Da das Harz in Eisessig nicht glatt löslich war, mußte ein Eisessigauszug gewonnen werden. 15 g des gepulverten Harzes wurden mit 550 ccm Eisessig $^3/_4$ Stunden lang im Wasserbade erwärmt. Nach dem Filtrieren wurde der Rückstand noch je dreimal mit je 400 ccm Eisessig je $^1/_2$ Stunde lang im Wasserbade unter Umschütteln erwärmt. Der letzte Auszug war nicht mehr gefärbt. Ungelöst blieben 0,3 g, teilweise Verunreinigungen, bestehend aus Rindenteilchen und Pflanzenfasern. Diese geringe Menge wurde nicht weiter untersucht.

Der gelöste Teil.

Der Eisessig wurde bei 12 mm Druck abdestilliert; der Rückstand, der im Gegensatz zu den entsprechenden Rückständen der anderen Harze nicht zähe, sondern amorph war, wurde im Vakuumexsiccator vollkommen getrocknet.

Ozonisation.

Von diesem Produkt wurden 6 g in 120 ccm Tetrachlorkohlenstoff gelöst; die Lösung erfolgte glatt. Es wurde wie gewöhnlich ozonisiert und zwar noch einige Stunden über erfolgte Blaufärbung des Lösungsmittels hinaus. Nach Abfiltrieren des Ozonides, das sich in einer dicken, zähen Schicht an der Oberfläche gesammelt hatte, wurde der Tetrachlorkohlenstoff verdampft, der geringe zähe Rückstand mit Wasser zersetzt.

Das Ozonid

wurde im Vakuumexsiccator getrocknet und war dann weiß mit gelblichem Stich. Ausbeute 6,9 g. Es beginnt bei 70° zu schmelzen und löst sich glatt in Alkohol, Essigäther, Chloroform, Aceton, Eisessig, einem Alkohol-Äthergemisch; zu 81% in Äther, 14% in Benzol, 6—7% in Tetrachlorkohlenstoff; in Petroläther ist es so gut wie unlöslich.

Bestimmung der Säurezahl.

1 g Ozonid gebraucht direkt   6,45 ccm $^1/_2$n-KOH = 180,60 S.-Z. direkt.
1 „   „   „   indirekt 6,60 „   „   „ = 184,80 „ indirekt.

Elementaranalyse.

0,1281 g Sbst.: 0,2485 g CO_2, 0,0755 g H_2O = 52,91% C, 6,59% H.

Zersetzung des Ozonides.

3,6 g Ozonid wurden mit Wasser zersetzt. Das in die Vorlage überdestillierte Wasser — 150 ccm — gebrauchte zur Neutralisation 1,2 ccm $^1/_2$n-KOH, d. i. pro 1 g zersetzten Ozonides 0,33 ccm. Es reduzierte Fehling nicht, Silbernitratlösung intensiv. Das im Kolben befindliche Wasser — 90 ccm — brauchte 7,8 ccm $^1/_2$n-KOH, d. i. pro 1 g 2,17 ccm; es reduzierte Fehling sehr wenig, Silbernitratlösung nicht.

Das Spaltungsprodukt

war gelb und begann bei 87° zu schmelzen. Es löste sich glatt in Alkohol, Äther, Essigäther, Chloroform, Aceton, Eisessig, einem Gemisch von Alkohol und Äther; zu 96% in Benzol, 2% in Tetrachlorkohlenstoff. In Petroläther war es unlöslich.

Bestimmung der Säurezahl.

1 g des Spaltungsproduktes brauchte direkt 6,8 ccm $^1/_2$n-KOH = 190,40 S.-Z. direkt. — 1 g des Spaltungsproduktes brauchte indirekt 6,9 ccm $^1/_2$n-KOH = 193,20 S.-Z. indirekt.

Elementaranalyse.

0,1239 g Sbst.: 0,2808 g CO_2, 0,0911 g H_2O = 61,81% C, 8,22% H.

Prüfung auf Cholesterin.

Salkowsky - Hessesche Reaktion.

Harz: Chloroform: farblos; Schwefelsäure: rot; Fluorescenz: vorhanden; Tropfenfärbung: farblos.

Ozonid: Chloroform: farblos; Schwefelsäure: rot; Fluorescenz: vorhanden; Tropfenfärbung: farblos.

Spaltungsprodukt: Chloroform: farblos; Schwefelsäure: rot; Fluorescenz: vorhanden; Tropfenfärbung: farblos.

Liebermannsche Reaktion.

Harz: Farbe: rot — rotbraun — braun.

Ozonid: Farbe: orangerot — rot — rotbraun.

Spaltungsprodukt: Farbe: orangerot — rot — rotbraun.

IV. Gruppe.

10. Französisches Kolophonium.

Das von der Firma Traine & Hauff, Mainz, bezogene Harz war lichtgelb, klar, stark durchscheinend. Die unregelmäßigen Stücke zeigten muscheligen Bruch und waren von wenig weißem Staub bedeckt.

Das gepulverte Harz begann bei 59° zu schmelzen. Es löste sich klar in Alkohol, Äther, Essigäther, Chloroform, Benzol, Aceton, Eisessig, Tetrachlorkohlenstoff; zu 98—99% in Petroläther.

Bestimmung der Säurezahl.

1 g Harz brauchte direkt   5,6 ccm $^1/_2$n-KOH = 156,8 S.-Z. direkt.

1 „ „   „   indirekt 5,7 „   „   „   = 159,6 „   indirekt.

Ozonisation.

5 g feingepulverten Harzes wurden in 130 ccm Tetrachlorkohlenstoff gelöst, die ganz geringen Verunreinigungen abfiltriert und die klare Lösung bis zur Blaufärbung ozonisiert. Das reine weiße Ozonid fiel flockig aus, schwamm an der Oberfläche und hatte keine Neigung zähe zu werden. Nach Abfiltrieren des Ozonides wurde nochmals 10 Stunden lang ozonisiert, wodurch weitere 0,3 g Ozonid abgeschieden wurden. Ausbeute 6,9 g. Der Tetrachlorkohlenstoff wurde bei 12 mm Druck völlig eingedampft. Es verblieb ein größerer öliger Tropfen. Dieser wurde wie üblich mit Wasserdampf behandelt und erwies sich als Ozonid.

Das Ozonid

war rein weiß und begann bei 68° zu schmelzen. Bei 71° war es völlig geschmolzen. Es löste sich klar in Alkohol, Äther, Essigäther, Aceton, Eisessig; zu 99% in Chloroform; 14—16% in Benzol, 1,4—2% in Tetrachlorkohlenstoff. In Petroläther war es so gut wie unlöslich.

Bestimmung der Säurezahl.

1 g Ozonid brauchte direkt　　8,8 ccm $^1/_2$n-KOH = 246,4 S.-Z. direkt.
1 „　　„　　„　　indirekt 9,4　„　　„　　„　= 263,2　„　indirekt.

Elementaranalyse.

0,1247 g Sbst.: 0,2229 g CO_2, 0,0688 g H_2O = 48,75% C, 6,17% H.

Zersetzung des Ozonides.

3,5 g Ozonid wurden wie früher zersetzt. Das in die Vorlage überdestillierte Wasser — 80 ccm — brauchte zur Neutralisation 2,1 ccm
$^1/_2$n-KOH, d. i. pro 1 g zersetzten Ozonides 0,6 ccm; es reduzierte
Fehling nicht, Silbernitratlösung intensiv. Das im Kolben befindliche
Wasser — 60 ccm — brauchte 14,7 ccm $^1/_2$n-KOH, d. i. pro 1 g 4,2 ccm;
es reduzierte Fehling wenig, Silbernitratlösung nicht.

Das Spaltungsprodukt

war gelb, begann bei 69° zu schmelzen und war bei 81° völlig geschmolzen. Es löste sich glatt in Alkohol, Äther, Essigäther, Chloroform,
Aceton, Eisessig; zu 49—50% in Benzol, 12—13% in Tetrachlorkohlenstoff, nicht in Petroläther.

Bestimmung der Säurezahl.

1 g des Spaltungsproduktes brauchte direkt 8,25 ccm $^1/_2$n-KOH = 231,0 S.-Z.
direkt. — 1 g des Spaltungsproduktes brauchte indirekt 8,4 ccm $^1/_2$n-KOH = 235,2
S.-Z. indirekt.
Lösungsmittel: abs. Alkohol.

Elementaranalyse.

0,1243 g Sbst.: 0,2952 g CO_2, 0,0919 g H_2O = 64,77% C, 8,27% H.

Prüfung auf Cholesterin.

Salkowsky - Hessesche Reaktion.

Harz: Chloroform: rotgelblich; Schwefelsäure: purpur; Fluorescenz: vorhanden;
　　Tropfenfärbung: farblos.
Ozonid: Chloroform: hellgelblich; Schwefelsäure: purpur; Fluorescenz: vorhanden;
　　Tropfenfärbung: farblos.
Spaltungsprodukt: Chloroform: farblos; Schwefelsäure: purpur; Fluorescenz: vor-
　　handen; Tropfenfärbung: farblos.

Liebermannsche Reaktion.

Harz: Farbe: rot — rotbraun — grünbraun.
Ozonid: Farbe: rot — rotbraun — grünbraun.
Spaltungsprodukt: Farbe: rot — rotbraun — grünbraun.

11. Amerikanisches Kolophonium.

Das von der Firma Traine & Hauff gütigst zur Verfügung
gestellte Harz war orangegelb, völlig klar und durchsichtig. Die unregelmäßigen Stücke zeigten muscheligen Bruch und waren von weißem
Staub bedeckt. Das gepulverte Harz begann bei 62° zu schmelzen
und war bei 76° völlig geschmolzen. Es löste sich klar in Alkohol,
Äther, Essigäther, Chloroform, Benzol, Aceton, Eisessig, Tetrachlorkohlenstoff; zu 86—88% in Petroläther.

Bestimmung der Säurezahl.

1 g Harz brauchte direkt   6,0 ccm $^1/_2$n-KOH = 168,0 S.-Z. direkt.
1 ,,   ,,   ,,   indirekt 6,0 ,,   ,,   ,,   = 168,0 ,,   indirekt[1]).
Lösungsmittel: 96proz. Alkohol.

Ozonisation.

5 g des feingepulverten Harzes wurden in 150 ccm Tetrachlorkohlenstoff gelöst und bis zur Blaufärbung unter Eiswasserkühlung
ozonisiert. Das an der Oberfläche schwimmende rein weiße, flockige
Ozonid wurde abgesaugt und die durch Verdunstung auf ein kleineres
Volumen reduzierte Lösung wiederum 10 Stunden lang ozonisiert. Das
nachträglich noch ausgefallene Ozonid wurde filtriert und ergab mit
dem vorigen zusammen 6,9 g.

Der Tetrachlorkohlenstoff wurde wie üblich eingedampft. Die
zurückbleibende geringe Menge gelben Öles wurde wie sonst mit Wasser
zersetzt und erwies sich als Ozonid.

Das Ozonid

war reinweiß, nicht explosiv, begann bei 73° zu schmelzen und löste
sich glatt in Alkohol, Essigäther, Aceton, Eisessig, einem Gemisch von
Alkohol und Äther; zu 81—83% in Äther, 98—99% in Chloroform,
16—18% in Benzol, 6—7% in Tetrachlorkohlenstoff. In Petroläther
war es unlöslich.

Bestimmung der Säurezahl.

1 g Ozonid gebraucht direkt   10,2 ccm $^1/_2$n-KOH = 285,6 S.-Z. direkt.
1 ,,   ,,   ,,   indirekt 10,4 ,,   ,,   ,,   = 291,2 ,,   indirekt.
Lösungsmittel: abs. Alkohol.

Elementaranalyse.

0,1247 g Sbst.: 0,2173 g CO_2, 0,0684 g H_2O = 47,52% C, 6,13% H.

---

[1]) Tschirch fand folgende Säurezahlen: α-Abietinsäure direkt 176,40;
indirekt 178,80. β-Abietinsäure direkt 173,6; indirekt 173,6. γ-Abietinsäure direkt
182,0; indirekt 183,4.

Zersetzung des Ozonides.

3,5 g Ozonid wurden wie sonst zersetzt. Das in die Vorlage überdestillierte Wasser brauchte 3,10 ccm $^1/_2$n-KOH, d. i. pro 1 g zersetzten Ozonides 0,9 ccm; Fehling wurde von diesem Wasser nicht reduziert, Silbernitratlösung stark. Im Kolben befanden sich 70 ccm Wasser, die 21,6 ccm $^1/_2$n-KOH verbrauchten, d. i. pro 1 g Ozonid 6,2 ccm. Fehlingsche Lösung wurde wenig reduziert, eine Reduktion der Silbernitratlösung konnte kaum wahrgenommen werden.

Das Spaltungsprodukt

war gelb, amorph und begann bei 62° zu schmelzen, bei 76° war es völlig geschmolzen. Es löste sich glatt in abs. und 96 proz. Alkohol, Äther, Essigäther, Chloroform, Aceton, Eisessig; zu 35—40% in Benzol, 8—9% in Tetrachlorkohlenstoff; nicht in Petroläther.

Bestimmung der Säurezahl.

1 g des Spaltungsproduktes brauchte direkt 8,5 ccm $^1/_2$n-KOH = 238,0 S.-Z. direkt. — 1 g des Spaltungsproduktes brauchte indirekt 9,0 ccm $^1/_2$n-KOH = 252,0 S.-Z. indirekt.

Lösungsmittel: Alkohol.

Elementaranalyse.

0,1264 g Sbst.: 0,2913 g CO_2, 0,0981 g H_2O = 62,85% C, 8,03% H.

12. Amerikanisches Harz, Handelsmarke B.

Das von der chemischen Fabrik A. Wingenroth in Mannheim gütigst zur Verfügung gestellte Harz war dunkelbraun gefärbt und durchscheinend. Die Stücke zeigten muscheligen Bruch und waren von wenig Staub bedeckt. Das feingepulverte Harz begann bei 63° zu schmelzen und war klar löslich in Alkohol, Äther, Essigäther, Chloroform, Benzol, Aceton, Eisessig; zu 76% in Petroläther, zu 99,6% in Tetrachlorkohlenstoff.

Bestimmung der Säurezahl.

1 g Harz brauchte direkt   5,65 ccm $^1/_2$n-KOH = 158,20 S.-Z. direkt.
1 „   „   „   indirekt 5,70 „   „   „   = 159,6   „   indirekt.
Lösungsmittel: verdünnter Alkohol.

Ozonisation.

5,5 g Harz wurden mit 120 ccm Tetrachlorkohlenstoff gelöst, nach dem Abfiltrieren eines unlöslichen Rückstandes von 0,02 g wurde wie sonst bis über die Blaufärbung des Lösungsmittels hinaus Ozon eingeleitet. Das Ozonid schied sich wie beim Kolophonium in weißen Flocken an der Oberfläche ab. Nach Abfiltrieren des Ozonides und

Eindampfen des CCl_4 verblieb als Rückstand eine geringe Menge eines hellgelben Öles, das wie früher mit heißem Wasser behandelt wurde und sich als Ozonid erwies.

Das Ozonid

war weiß und begann bei 56° zu schmelzen. Ausbeute 7,1 g. Es war klar löslich in Alkohol, Essigäther, Chloroform, Aceton, Eisessig, zu 88—90% in Äther, zu 23% in Benzol, zu 3% in Tetrachlorkohlenstoff; unlöslich in Petroläther.

Bestimmung der Säurezahl.

1 g Ozonid gebraucht direkt   7,6 ccm $^1/_2$n-KOH $= 212,8$ S.-Z. direkt.
1 „   „   „   indirekt 7,8 „   „   „ $= 218,4$ „   indirekt.
Lösungsmittel: abs. Alkohol.

Elementaranalyse.

0,1208 g Sbst.: 0,2260 g CO_2, 0,0770 g $H_2O = 51,02\%$ C, 7,16% H.

Zersetzung des Ozonides.

3,6 g Ozonid wurden wie bisher mit Wasser zersetzt. Das in die Vorlage überdestillierte Wasser — 80 ccm — gebrauchte zur Neutralisation 1,2 ccm $^1/_2$n-KOH, d. i. pro 1 g zersetzten Ozonides 0,33 ccm; es reduzierte Fehling nicht, Silbernitratlösung stark. Das im Kolben befindliche Wasser — 120 ccm — gebrauchte 15,8 ccm $^1/_2$n-KOH, d. i. pro 1 g Ozonid 4,39 ccm; es reduzierte Fehling und Silbernitratlösung kaum.

Das Spaltungsprodukt

war gelb und begann bei 79° zu schmelzen. Es löste sich glatt in Alkohol, Äther, Essigäther, Chloroform, Aceton, Eisessig, zu 63% in Benzol, zu 19—20% in Tetrachlorkohlenstoff; nicht in Petroläther.

Bestimmung der Säurezahl.

1 g des Spaltungsproduktes brauchte direkt 7,8 ccm $^1/_2$n-KOH $= 218,4$ S.-Z. direkt. — 1 g des Spaltungsproduktes brauchte indirekt 8,1 ccm $^1/_2$n-KOH $= 226,8$ S.-Z. indirekt.

Elementaranalyse.

0,1252 g Sbst.: 0,3004 g CO_2, 0,0932 g $H_2O = 65,44\%$ C, 8,32% H.

Prüfung auf Cholesterin.

Salkowsky-Hessesche Reaktion.

Harz: Chloroform: rötlich; Schwefelsäure: purpur; Fluorescenz: vorhanden; Tropfenfärbung: farblos.
Ozonid: Chloroform: hellrötlich; Schwefelsäure: purpur; Fluorescenz: vorhanden; Tropfenfärbung: farblos.
Spaltungsprodukt: Chloroform: hellrötlich; Schwefelsäure: purpur; Fluorescenz: vorhanden; Tropfenfärbung: farblos.

Liebermannsche Reaktion.

Harz: Farbe: violett — rot — braunrot — grünbraun.
Ozonid: Farbe: rot — rotbraun — grünbraun.
Spaltungsprodukt: Farbe: rot — rotbraun — grünbraun.

13. Elemi.

Das von der Firma Traine & Hauff gütigst zur Verfügung gestellte Harz stammte aus Manila, roch stark aromatisch, war weiß, weich und daher in Blechbüchse verpackt. Es löste sich glatt in Alkohol, Äther, Petroläther, Essigäther, Chloroform, Benzol, Aceton, Eisessig und Tetrachlorkohlenstoff.

Bestimmung der Säurezahl.

1 g Harz brauchte direkt   0,58 ccm $^1/_2$n-KOH = 16,24 S.-Z. direkt.
1 „   „   „   indirekt 0,62 „   „   „   = 16,36 „   indirekt[1]).

Ozonisation.

6 g Harz wurden in 200 ccm Tetrachlorkohlenstoff gelöst, die geringen Verunreinigungen wurden abfiltriert. Die Ozonisation geschah wie früher. Das Ozonid schied sich an der Oberfläche gut ab, war flockig und hatte geringe Neigung zäh zu werden. Der Tetrachlorkohlenstoff wurde im Vakuum verdampft; es blieb ein geringer öliger Rest, der mit Wasser zersetzt wurde und sich als ein Ozonid erwies.

Das Ozonid

war gelb, begann bei 54° zu schmelzen und war bei 64° völlig geschmolzen Es löste sich glatt in Alkohol, Essigäther, Chloroform, Aceton, Eisessig, Alkohol-Äthergemisch; zu 75—76% in Äther, 15—17% in Benzol, 1,5—2% in Tetrachlorkohlenstoff; in Petroläther war es unlöslich.

Bestimmung der Säurezahl.

1 g Ozonid brauchte direkt   5,8 ccm $^1/_2$n-KOH = 162,4 S.-Z. direkt.
1 „   „   „   indirekt 6,0 „   „   „   = 168,0 „   indirekt.

Elementaranalyse.

0,1270 g Sbst.: 0,2452 g CO_2, 0,0761 g H_2O = 52,66% C, 6,70% H.

Zersetzung des Ozonides.

$3^1/_2$ g Ozonid wurden wie früher durch Kochen mit Wasser zersetzt. Das in die Vorlage überdestillierte Wasser — 104 ccm — brauchte

---

[1]) Die von Tschirch untersuchten Elemi-Harze hatten folgende Säurezahlen: Manila-Elemi weich: S.-Z. direkt 19,6; S.-Z. indirekt 22,4. Manila-Elemi hart: S.-Z. direkt 22,4; S.-Z. indirekt 25,2. Archiv d. Pharmazie **240**, 299 [1902].

zur Neutralisation 1,5 ccm $^1/_2$n-KOH, d. i. pro 1 g Ozonid 0,43 ccm; es reduzierte Fehling nicht, gab aber mit Silbernitrat einen intensiven Spiegel. Das im Kolben befindliche Wasser — 80 ccm — brauchte 10,20 ccm $^1/_2$n-KOH, d. i. pro 1 g Ozonid 2,92 ccm; es reduzierte Fehling sehr wenig, Silbernitratlösung nicht.

Das Spaltungsprodukt

war gelb und begann bei 76° zu schmelzen. Es löste sich glatt in Alkohol, Essigäther, Aceton, Eisessig, einem Alkohol-Äthergemisch, zu 90° bis 91% in Äther, 99,9% in Chloroform, 21% in Benzol, 1—1,5% in Tetrachlorkohlenstoff; in Petroläther war es unlöslich.

Bestimmung der Säurezahl.

1 g des Spaltungsproduktes brauchte direkt 6,0 ccm $^1/_2$n-KOH = 168,0 S.-Z. direkt. — 1 g des Spaltungsproduktes brauchte indirekt 6,3 ccm $^1/_2$n-KOH = 176,4 S.-Z. indirekt.

Elementaranalyse.

0,1238 g Sbst.: 0,2968 g CO_2, 0,0914 g H_2O = 65,38% C, 8,25% H.

Prüfung auf Cholesterin.

Salkowsky-Hessesche Reaktion.

Harz: Chloroform: gelb; Schwefelsäure: rot; Fluorescenz: vorhanden; Tropfenfärbung: farblos.
Ozonid: Chloroform: hellgelb; Schwefelsäure: rot; Fluorescenz: vorhanden; Tropfenfärbung: farblos.
Spaltungsprodukt: Chloroform: farblos; Schwefelsäure: rot; Fluorescenz: vorhanden; Tropfenfärbung: farblos.

Liebermannsche Reaktion.

Harz: Farbe: rotviolett — rotbraun — grünbraun.
Ozonid: Farbe: rot — rotbraun — braun.
Spaltungsprodukt: Farbe: rot — rotbraun — braun.

14. Galipot.

Das von der Firma Traine & Hauff gütigst zur Verfügung gestellte Harz war bröckelig-klebrig, gelblichweiß, von rötlichen und hellen Verunreinigungen (Rindenteilen usw.) durchsetzt. Es schmolz bei 83°, löste sich glatt in Alkohol, Äther, Essigäther, Chloroform, Benzol, Aceton, Eisessig, Tetrachlorkohlenstoff; zu 85—87% in Petroläther.

Bestimmung der Säurezahl.

1 g Harz brauchte direkt 5,5 ccm $^1/_2$n-KOH = 154,0 S.-Z. direkt.
1 „ „ „ indirekt 5,5 „ „ „ = 154,0 „ indirekt.
Lösungsmittel: gewöhnlicher Alkohol.

Ozonisation.

6 g des Harzes wurden in 140 ccm Tetrachlorkohlenstoff gelöst. Nach dem Abfiltrieren der Verunreinigungen — 0,15 g — wurde wie sonst ozonisiert. Das Ozonid schied sich in weißen Flocken an der Oberfläche ab. Nach dem Filtrieren des Ozonides wurde wie vorher verdampft, der zurückbleibende helle, ölige Rest mit Dampf zersetzt. Er erwies sich als ein Ozonid.

Das Ozonid

war weiß, begann bei 74° zu schmelzen. Ausbeute 7,4 g aus 5,85 g Harz. Es löste sich klar in Alkohol, Essigäther, Chloroform, Aceton, Eisessig, einem Alkohol-Äthergemisch; zu 98—99% in Äther, 26% in Benzol, 5—6% in Tetrachlorkohlenstoff. In Petroläther ist es unlöslich.

Bestimmung der Säurezahl.

1 g Ozonid brauchte direkt   6,0 ccm $^1/_2$n-KOH = 162,4 S.-Z. direkt.
1 „   „   „   indirekt 6,2 „   „   „ = 173,6   „   indirekt.

Elementaranalyse.

0,1262 g Sbst.: 0,2604 g CO_2, 0,0814 g H_2O = 56,19% C, 7,20% H.

Zersetzung des Ozonides.

2,85 g wurden wie früher zersetzt. Das in die Vorlage überdestillierte Wasser — 150 ccm — brauchte 2,2 ccm $^1/_2$n-KOH, d. i. pro 1 g zersetzten Ozonides 0,77 ccm; es reduzierte Fehling nicht, Silbernitratlösung deutlich. Das im Kolben befindliche Wasser brauchte 7,8 ccm $^1/_2$n-KOH, d. i. pro 1 g Ozonid 2,74 ccm, es reduzierte Fehling und ammoniakalische Lösung kaum.

Das Spaltungsprodukt

war gelblich und begann bei 78° zu schmelzen. Ausbeute 1,6 g. Es löste sich glatt in Alkohol, Äther, Essigäther, Chloroform, Aceton, Eisessig; zu 95% in Benzol, zu 14% in Tetrachlorkohlenstoff, zu etwa 0,4% in Petroläther.

Bestimmung der Säurezahl.

1 g des Spaltungsproduktes brauchte direkt 6,6 g $^1/_2$n-KOH = 184,8 S.-Z. direkt. — 1 g des Spaltungsproduktes brauchte indirekt 6,75 g $^1/_2$n-KOH = 189,0 S.-Z. indirekt.

Elementaranalyse.

0,1249 g Sbst.: 0,3047 g CO_2, 0,0974 g H_2O = 66,53% C, 8,72% H.

Prüfung auf Cholesterin.

Salkowsky - Hessesche Reaktion.

Harz: Chloroform: rot; Schwefelsäure: dunkelrot; Fluorescenz: vorhanden; Tropfenfärbung: schmutzig-violett.

Ozonid: Chloroform: hellgelblich; Schwefelsäure: rot; Fluorescenz: vorhanden; Tropfenfärbung: farblos.

Spaltungsprodukt: Chloroform: farblos; Schwefelsäure: rot; Fluorescenz: vorhanden; Tropfenfärbung: farblos.

Liebermannsche Reaktion.

Harz: Farbe: violett — braunviolett — dunkelolivgrün.

Ozonid: Farbe: rot — rotbraun — braungrün.

Spaltungsprodukt: Farbe: rot — rotbraun — braungrün.

Anm.: Löslichkeitstabellen der Harze, der Ozonide und ihrer Spaltungsprodukte befinden sich in der Dissertation.

Sachregister.